U0251792

中国环境通史

第三卷（五代十国—明）

侯甬坚　聂传平　夏宇旭　赵彦风　等 编著

中国环境出版集团·北京

图书在版编目（CIP）数据

中国环境通史. 第三卷，五代十国—明/侯甬坚等编著.
—北京：中国环境出版集团，2020.9
　ISBN 978-7-5111-3834-7

　Ⅰ. ①中… 　Ⅱ. ①侯… 　Ⅲ. ①环境－历史－中国－五
代十国时期-明代 　Ⅳ. ①X-092

中国版本图书馆 CIP 数据核字（2018）第 212044 号

审图号：GS（2018）5892 号

ZHONGGUO HUANJING TONGSHI DI-SANJUAN WUDAI SHIGUO—MING

出 版 人　武德凯
责任编辑　李雪欣
责任校对　任　丽
封面设计　宜然鼎立文化发展（北京）有限公司

出版发行　中国环境出版集团
　　　　　（100062　北京市东城区广渠门内大街 16 号）
　　　　　网　　　址：http://www.cesp.com.cn
　　　　　电子邮箱：bjgl@cesp.com.cn
　　　　　联系电话：010-67112765（编辑管理部）
　　　　　发行热线：010-67125803，010-67113405（传真）
印　　刷　北京中科印刷有限公司
经　　销　各地新华书店
版　　次　2020 年 9 月第 1 版
印　　次　2020 年 9 月第 1 次印刷
开　　本　787×1092　1/16
印　　张　51.5
字　　数　863 千字
定　　价　260.00 元

弁　言

《中国环境通史》编纂工作从立项至今已逾10年，现在终于要出版了。作为编者，我们百感交集，心情忐忑，于此略赘数言，述其原委，表明心迹，谨致谢忱。

2008年7月间，全国环境史学同仁在南开大学举行"社会—生态史研究圆桌会议"，探讨中国环境史学科理论和研究进路等问题。会议期间我们获悉原环境保护部拟组织编纂《中国环境通史》和《中国环境百科全书·环境史卷》，我和几位环境史领域的同仁也被授权负责或参与编纂工作。这个突然降临的重要信息让我们感到既兴奋又纠结。所以兴奋者，是主管部门已把支持环境史研究列入工作计划，同仁将学有所用；所以纠结者，是国内环境史学研究刚刚起步，基本学理尚且不明，知识体系更待建构，素来拘谨的历史学者何敢贸然编纂"通史"并且还要编撰《中国环境百科全书·环境史卷》？经过一番"讨价还价"，我们决定组织力量先启动中国环境史编写工作，至于百科全书的环境史卷则暂且搁置，以待时机成熟。

以当时的相关学术积累，编纂一套大型的中国环境史实有极大困难，我们勉力承接这一重要任务，既是鉴于国际环境史学发展迅速，洋学者已经编写出版了两部通史性质的中国环境史，我们必须加快步伐迎头赶上；更是因为中国环境保护事业发展如火如荼，形势催人奋进，同时也是受到环保战线同志白手创业、勇往直前精神的感召。

众所周知，新中国环境保护事业，从最初对突发环境事件的临时应急，到如今生态文明建设事业全面展开，经历了一个从无到有、从小到大，由局部到整体、由表层向基底，日益壮阔和不断深化的过程。在我们承接本书编纂任务之前不久，2007 年 10 月中国共产党第十七次全国代表大会胜利召开，首次明确提出了"建设生态文明"的战略任务，不仅更加确认了环境保护这个基本国策，而且做出了意义极其深远的新型文明抉择。作为一个坚定的国家意志，中国率先提出的建设生态文明，关乎中华民族永续发展和长远福祉，引领人类文明前进方向，是一个空前伟大的文明壮举。作为历史学者，我们对其丰富而深刻的时代意蕴及其在历史坐标上的重要地位具有特殊体认，深感探究历史上的人与自然关系演变过程和规律，积极服务生态文明建设大业，是新时代历史学者必须担当的重大学术责任。

我们注意到：当代环境保护事业自 20 世纪 70 年代肇兴以来，相关行政、法制、科技、工程、产业等硬件建设一日千里，而生态文化建设则相当滞后，作为其重要基础的中国环境史研究更加显得迟缓，优质学术产品严重短缺，导致大众对当今环境生态问题缺乏应有的历史理性认知，一些错误观点广泛流播，对此我们身负重责。作为中国环境史研究较早的一批寻路垦荒者，我们自认肩负着一项特殊文化使命，胸怀着推动这门新史学在本土落地生根和建构中国特色环境史学体系的强烈愿望；我们理解国家环境保护管理部门专门设置这个项目的良苦用心：虽然此前已有学者开展了许多有益的探索，发表了数量可观的论著，但中国环境史研究总体处于随机、零散、话语分异和各自为战状态，思想知识缺少必要的整合和汇通，组织开展一项大型编纂工程，有助于相关知识的系统化，有利于加快推出紧缺学术产品以满足生态文明建设事业迅猛发展之亟需，这与历史学者骎骎汲汲、志欲提升中国环境史学水平的愿望极相契合。

在原环境保护部政策法规司和原中国环境科学出版社有关领导的召唤下，来自多所高校和科研机构的一众学人集结起来。起初，大家因学术背景差异，视角不同，腔调各异，其情形颇似黄梅戏发展初期的"草台班子"和"三打七唱"。但是基于共同的学术理想和文化使命感，10 多年来，我们互相学习，彼此砥砺，凝结共识，很快成为了亲密无间的同志。我们深知：这项编纂任务很光荣也极繁重，因为它是一次必须跨越人文、社会和自然科学疆界和鸿沟的漫长思想旅行，在框架设计、资料搜集、内容拣择、事象解说、价值判断等方面都无可循之先例，进路不明，必须面对大量不曾有过的困难和障碍。事实证明：即便我们从一开始就做了最为困难的估计，实际遭遇的困难仍然远超当初预期。

编纂工作前后迁延了 10 多年，其间发生了多次人事等方面的变动，几位主要编写者的科研、教学任务层层叠加，一位老同志还因之过劳成疾。唯一感到心安的是，我们认真地付出过，顽强地坚持了。全书四卷二百余万字，单论卷帙字数，或可算得上是一项有规模的"工程"，但显而易见它是一项应急的工程，其成果更毫无疑问只是一个"急就章"，对此我们深有自知之明。我们努力将各种资料和史实摆到一起，尽量编写成一部我们心中想象的环境史。一些章节是我们独立探究的新成果，但也有许多章节是汇集和吸收了历史地理学、农林渔牧史、生物学史、灾荒史、气候史……众多领域学者的相关论著，好在"集众家之长，参之以己意，立一家之言"是符合规范的大型历史编纂通例的。由于所涉历史问题和学科知识过于庞杂，难免错会和误解前人之意，相信众多前贤愿意宽宥。更需坦白的是：一个大型编纂能否成为"通史"具有若干基本标准，比如是否具有圆融自洽的学理架构，是否提供了上下贯通、左右周顾的完整知识体系等。以此衡之，这套《中国环境通史》恐有名不符实之嫌。站在编者角度，我们更愿意称之为《中国环境史初稿》。对环境史同仁和相邻领域学者来说，它很可能只是一个批判的靶子。换言之，我们理想中的编纂目标并未实现。

即便如此，作为迄今最大的一套多卷本中国环境史，本书承载着不少领导同志的期望，浸透了多位编辑老师的心血。项目进行期间，原环境保护部的有关部领导给予我们很多重要勉励和支持；杨朝飞同志曾是项目的直接领导者，若无他的卓越努力就不可能有此项编纂；李庆瑞、别涛以及冯燕等同志也一直关心、支持项目进展。唐大为同志在前期策划和组织中付出了不少辛劳。李恩军同志在中后期编纂工作中做了许多协调组织工作。十分感谢中国环境出版集团的领导，没有他们的支持，也不可能取得今天的成果。另外特别感谢季苏园、陶克菲、李雪欣等几位责任编辑，正是他们的敬业精神和辛勤工作使得本书增色许多。李雪欣编辑还参加了个别章节的编写工作，付出了辛劳。还有许多同志为本书编纂出版提供过支持和帮助，在此一并表示衷心感谢！

最后还要特别感谢一位刚刚逝世的长者——著名的马克思主义经济史家、中国环境史研究的重要引路人，大家都非常崇敬的李根蟠先生。李先生曾经多次参加本书编纂工作会议并提供真知灼见，还审阅过部分书稿并提出具体修改意见。但是天妒贤才，不待本书出版，他便猝然驾鹤远游，我们失去了一位最具高卓识见的明师，这是一件多么令人痛惜和感伤的事情！然则哲人虽逝，其道犹存。我们将赓续其学术，绍述其志业，更加努力探寻中华民族的"生生之道"，守护中国文明的自然之根，传载祖国河山的文化之魂，为生态文明和美丽中国建设不断提供历史文化资源！

编著者（王利华代笔）

2019 年 9 月 11 日凌晨

前面的话

在十分艰难地离开唐代后期藩镇割据状态之后，中国社会进入了封建社会后半期，在各个地方与自然环境的共处中，中国人的生存条件和特点又增加了不少新的内容。

五代十国至明朝的气候环境，是接续中世纪温暖期下来的。就平均气温考察，唐后期已比较冷，两宋之际更冷些，元朝有所和缓，明清两朝进入小冰期，气候寒冷之势延续了五百多年。辽代史料反映，在大康八年至天庆三年（1082—1113 年）的 32 年间，共有 7 次冻害，平均每 4~5 年就发生一次，从农历一月到九月都有发生，过早陨霜，伤害庄稼，大雪罢猎等灾害严重影响了契丹人的生产生活，特别是高寒的天气使人畜冻死。作为旁证，辽代中后期气候寒冷的情况，从宋人笔记中也得到了证实。

北纬 40 度以北的草原森林地区气候寒冷，游牧民族突破生存环境压力的一种豪迈方式，即为纵马南下，攻入长城要塞，进行物质人口掠夺和军事占领，乃至建国称王，完全可以称之为中国历史上草原民族的再次崛起。建立了西夏、辽国、金国和元朝的党项、契丹、女真、蒙古民族，也就大大扩展了原有的生存范围，分别进入到南面的温带、暖温带、亚热带地域生活，并与这些地区的民众开始了直接的接触，仿造汉人伐取了大量的木料来修建高大的宫殿建筑，身体渐渐适应南方暑热的天气，可以说是增强了与不同地区自然环境状况的交融度。

相较于隋唐两朝，五代十国以后都城东移，中原地区的洛阳、汴梁（今开封），杭州湾的临安（今杭州），长江流域的南京，海河流域的北京，陆续成为各个王朝都城的选建之所。这些都城所在地及其周边区域，皆为各地民众通过不断辛勤开发，逐步成长起来的农业区域，其劳作经验、人口数量和财富聚集在增长，内河航线在增长，运输网在增大，运河沿线城市和港口城市都在兴起和发展，而对于中国环境史方面的贡献（如地方经验、生态恢复方式、生态弹性）也是十分明显的。与隋唐及其以前中国社会具有黄河轴心时代的显著特点相比较，从五代十国开始，事实上是愈加进入到长江轴心的时代。两宋逐渐走向兴盛的长江下游地区有了"苏湖熟，天下足"的称道，明代长江中游地区有了"湖广熟，天下足"的赞誉，即为最明显的例证。

元代海运江南粮以补北方之需，在中国漕运史上占有重要地位。元朝海运历经至元十九年（1282年）、至元二十九年（1292年）、至元三十年（1293年）三次航路开辟，建立了一条由长江口到直沽的运粮航线，保障了大都的用粮需求。在这个过程中，元朝航海人遇到了水域浅沙多、海上风浪大等影响海运的难题。出于航海安全的需要，航海人一是通过改变航道进入深水区，二是通过在浅沙水域用号船挂旗作为标示以引导，同时招募有经验的水手，并总结编写了能够避开风浪的歌诀。这些办法是元朝航海人对海洋不利环境的应对之策，对海上运粮船队的安全保障起到积极的促进作用。

古代中国总人口自北宋突破一亿大关，人口的分布重心逐渐偏向东南地域，潼关以东的黄河中下游地区经济在恢复中趋于稳定，淮河和长江流域虽然承受着越来越大的经济和人口压力，其实力却不降反升，甚至连珠江流域也在这种压力下增长着实力。在对明代江南民户生产细节的考察中，得知其水稻栽培，从整田、育秧、插秧、施肥、除草、收割到贮藏等各个环节，步步应对自然环境，种植技术越来越讲求，水稻产量不断得到提高，充分显露了中国南方农业精耕细作技术中适应自然条件的一面。

在狭乡人口迁往宽乡的过程中，还有许多民众进入山地进行自己擅长的垦殖作业，在捍海塘的庇护下，就连沿海滩涂也成了展开垦殖作业的地方，不少水乡在连续的排水过程中垦殖土地，创造了沙田、垛田、梯田等适合当地生态特点的开发方式，因此也就开辟出了更大面积的农田。渔业、林业、矿业等方面的开发，展示出当时的人们在生活和生产资源的获取方式上有了长足的进步。

这一时期内地与边疆地区的物质文化交流，对于增强各民族民众的体质产生了很大的作用。宋初，饮茶习俗还仅限于吐蕃部落上层，熙河之役后四川专以川茶博马，并设"茶马司"专司其事，致使流入吐蕃部落的茶叶大增，西北吐蕃人的饮茶习俗最终得以形成。从有关典籍记载中可知，西夏境内生长着一种沙地植物肉苁蓉，是十分珍贵的药材和补品，党项人就将肉苁蓉作为贡品和商品，在与宋、辽两国的交往中获得了许多好处，同时也有助于食用者的身体趋于健壮。

在黄河约"八百年安流期"结束之后，这条华北平原上的大河又开始泛滥。在宋代和元代的历史上，黄河河患的加重是华北地区生态环境恶化的一个重要表现与推动力。河患加重致使华北地区民生艰难，民众的生存环境趋于恶化，尽管北宋也曾出现过淤田这种变水害为水利的创举，却因二者相互影响和掣肘，并不足以从根本上扭转黄河流域生态环境恶化的趋势。

总体而言，由于历史上的长期累积，北宋黄河中下游地区出现一定的生态恶化趋势及林木资源过度消耗等问题，这给北方地区的民生与社会经济发展带来了较大的负面影响，但宋代北方地区的民众也在主动地改造和适应环境。而南宋所辖地区，尤其是在长江流域，人类对自然环境的开发不断向纵深发展，为支持宋代社会的发展提供了物质基础，人与环境的相互影响也在加深。

更由于历史进程接续 10—13 世纪北方民族陆续南下的步骤而来，元朝出现了战事不断、人口减少、社会元气受到损伤的状况。当然，社会经济总体上处于逐步恢复之中，人地关系总体上处于一种和缓的状态（不排除有的方面在累积作用下出现的紧张态势，如黄河大肆泛滥），生态环境所承受的压力减弱，元人在广阔的地域内展开生产、生活活动，并与周围环境进行了广泛的互动。

引人注目的明朝是充满光彩也是比较含蓄的朝代，由于汉族精英主政，先秦以来历代前贤的治国理念得以从容实施。皇家代表国家之威严，不仅在连续的郑和下西洋、多批使臣驶往琉球国的册封等活动中得以体现，而且也在宦官出镇及四处攫取财富中遭到世人的厌弃。明朝政府按照职业划分人群，形成民户、灶户、马户、蛋户等职业户，订立户籍，"在籍永业"成为这一时期环境史考察的绝佳路线。各行各业务尽其能，城市经济呈上升态势，市民阶层异常活跃，士人阶层最为开心，在书画作品中留下了属于这一个时代的思想和艺术。

　　有鉴于五代十国至明朝这七百多年，学术界所展开的环境史研究还相当有限，本卷不得不采取全面铺开的专题研究方式来展开具体的探讨，以期满足这一历史时期的通史撰述工作。上述工作，业已揭开了诸多研究题目的头绪，描绘了这一历史时期环境史的大致轮廓，取得了一系列初步的认识，甚至在学界展现出了一种勇于研究环境史的姿态，同时也培养和锻炼了多名年轻的学者。

目　录

第一章

五代十国的环境与社会

第一节 五代十国环境史概说

五代十国泛指唐宋更迭之际（907—960年）在汉人主要活动区域出现的诸多政权，北方中原地区相继出现了梁、唐、晋、汉、周五个"中央"王朝，是为"五代"；南方先后出现的吴、南唐、吴越、闽、南汉、楚、荆南、前蜀、后蜀等政权，以及北方的北汉政权，合称"十国"。此外还有燕、岐、归义军及定难军等地方割据势力[1]。这些割据政权的并存或更迭出现，是唐朝后期以来藩镇势力的延续和发展，社会总体特征是政权林立与割据混战。

由于时代短促、战乱频仍，有关五代十国时期的史料相对残缺、分散，学界关于五代十国时期的研究较之前后的唐代、两宋要少得多，且以政治、军事、经济与文化为主要方向。至于该时期自然与社会环境层面的探讨，所见论著更显难得[2]。

围绕"人"的环境史研究，从史料反映的内容来看，或主要体现在两个方面：其一，出于对新地域或新事物的好奇，在与其不断接触中体会着或利或弊的认知与适应过程；其二，既有环境在面对较为显著的外部条件变动时，表现

---

[1] 周振鹤主编，李晓杰著：《中国行政区划通史·五代十国卷》，复旦大学出版社，2014年，第1页。

[2] 笔者所见有鲁挑建、郑炳林：《晚唐五代时期金河黑水水系变迁和环境演变》，《兰州大学学报（社会科学版）》2009年第3期；刘闯：《五代时期汴州城市环境初探》，硕士学位论文，陕西师范大学，2014年等。按，王双怀作有《五代时期关中生态环境的变迁》一文（发表于《中国历史地理论丛》2001年增刊），通读全文，主要内容为唐末五代战争对长安城及关中地区的破坏，不利的时局和大幅减少的人口造成了社会恢复上的困难，进而引起了耕地荒芜、河渠阻塞的变化，考虑到环境史与历史地理在研究模式上的区别（侯甬坚：《历史地理学、环境史学科之异同辨析》，《天津社会科学》2011年第1期），将该文划入环境史范畴或不太合适。

出相应的不适应与寻求革新的诸多努力。史料注解的主体是人，但自然也存在众多的被认知方式——为己所用是永恒的主旨，也成为诸类自然物种在与人类的反复较量中不断退却或弥合所需的深刻印迹。

对环境史的理解，要立足于古代人与自然的互动关系[1]，从两者之间可能存在多个回合的冲突与较量中，揭示出人类对生存环境趋利性改造的途径。这一过程可能源于对自然灾害被动性的"自卫"，如开平四年（910年）钱镠在钱塘江北岸修筑捍海塘，大大减轻了江潮对杭州的"冲激"[2]；或是主动性的消弭"灾异"，像天福八年（943年）在北方地区发生大面积旱蝗灾害时，华、雍二镇节帅"命百姓捕蝗一斗，以禄粟一斗偿之"[3]的应对举措。但不论他们以什么样的方法，有着怎样的作为，多数最终会转化为营造其更为宜居之家园路上的宝贵经验，体现着先人卓越的生存智慧。

如何才能更全面、更合理地反映五代十国的环境状况，颇值得深思：集中于几个点，难免会顾此失彼；大尺度地考察，必然对局部区域发生的深刻变革认知不深，进而对变革之后的境况感到突兀。因此，对本时段环境史的书写，笔者有意选取了几个有代表性的事件，或发生于广大范围，或集中于典型区域，以点面结合的形式加以论述。因自己的研究旨趣较多地偏向于城市，对于典型区域的探讨，更多地体现在少数有明显变革的城市方面。

一、北方地区的环境

五代时期的北方地区，大致位于今秦岭—淮河以北、阴山以南区域，主要为中原王朝辖境。五代时期北方地区的环境状况，在史料中反映较突出的有以下几例：①黄河频繁地在下游地区决溢，给沿岸民众的生产生活带来了较大影响，其在下游的摆动，也导致了沿岸城市（如棣州）城址的迁移；②以天福七至八年（942—943年）大范围的自然灾害为典型，自然灾害对北方社会造成了严重创伤；③五代后期开封的政治中心地位稳定下来，大量民众集聚于此，对

---

[1] ［美］J. 唐纳德·休斯著，梅雪芹译：《什么是环境史》，北京大学出版社，2008年，书后封页。

[2] 钱文选辑：《钱氏家乘》卷8《武肃王筑塘疏》，上海书店，1996年，第186-187页。

[3] 《旧五代史》卷141《五行志》，中华书局，1976年，第1887页。

原有的城市环境形成了严峻挑战，促成了周世宗柴荣对罗城的创建[1]。从民众的角度来审视其周边环境的变化，有较为明显的被动适应意味，但也不乏寻求趋利避害而做出的积极尝试。

1. 黄河的频繁决溢

已有研究显示，黄河在唐末五代（874—960年）决溢达34次，其中唐末有3次，五代达30次[2]。而据谭其骧先生统计，黄河在李唐近300年间决溢才16次[3]，对比可知五代时期黄河决溢的频率之高。

至于决溢的地区，以河南道最多，受灾范围主要集中在今河南、山东一带。黄河决溢不但造成大面积受灾，修治河堤亦颇费时日。后梁龙德三年（923年）、后晋天福六年（941年）黄河先后两次决口，第一次修成河堤费时超过了一年半，第二次也用时半年多[4]。后晋开运元年（944年）黄河在滑州决口，不仅殃及下游的曹、单、郓等州沿河地区，而且河水在梁山周边汇集，使得原来的巨野泽成长为在北宋名噪一时的梁山泊[5]。

黄河下游的棣州，在五代时备受黄河改道之苦："州城每年为河水所坏，居人不堪其苦"，后梁时刺史华温琪不得不"徙于新州以避之，民赖其利。"[6]然而在后唐、后周时，仍难免河患之苦[7]。

2. 天福旱蝗灾害

五代时期北方地区的自然灾害较多，有一些时段因持续时间长、影响范围广而显得格外严重，其中后唐同光二至三年（924—925年）的水灾和后晋天福七至八年（942—943年）的旱蝗之灾，史料记载尤多，反映出这两次灾害对当

---

[1]（宋）王溥撰：《五代会要》卷26《街巷》《城郭》，上海古籍出版社，1978年，第414、第417页。

[2] 杜君政：《唐末五代黄河水患及其影响》，《青海师院学报（哲学社会科学版）》1979年第1期。按，作者在统计上存在细微差池，后梁时只有2次人工河决，896年的那次尚在唐末。

[3] 谭其骧：《何以黄河在东汉以后会出现一个长期安流的局面》，《学术月刊》1962年第2期。

[4]《资治通鉴》卷273《后唐纪》2，中华书局，1956年，第8923页；《旧五代史》卷141《五行志》，中华书局，1976年，第1883页。

[5]《中国自然地理·历史自然地理》，科学出版社，1982年，第48页。

[6]《旧五代史》卷90《华温琪传》，中华书局，1976年，第1184页；《新五代史》卷47《华温琪传》，中华书局，1974年，第519页。

[7]《旧五代史》卷141《五行志》言"长兴二年（931年）四月，棣州上言，水坏其城"，是否为黄河泛滥所致，还有待进一步判断。《资治通鉴》卷292《后周纪》3记载："显德元年（954年）十月，（河）又东北坏古堤而出，灌齐、棣、淄诸州，至于海涯，漂没民田庐不可胜计，流民采菰稗、捕鱼以给食，朝廷屡遣使者不能塞。"

时社会造成了相当大的危害。天福年间的旱蝗灾害为害最烈，最具代表性，笔者将这次灾害定义为"天福旱蝗灾害"。

天福七至八年（942—943年）的蝗灾与其时的旱灾相伴而生，然而，由于灾害首年的史料记载较为笼统，如"州郡十六处蝗""州郡十八奏旱蝗"[1]等，要确定具体地域还有一定难度[2]。不过，从是年八月"河中、河东、河西、徐、晋、商汝等州蝗"及春季情况来看，发生地域已遍及北方的较大范围区域。

次年，灾害持续发生，对社会的危害程度更为深刻。然而在大灾面前，后晋为了维系政权收支，对百姓搜括过甚，又进一步加剧了灾害的破坏力，"是岁，春夏旱，秋冬水，蝗大起，东自海壖，西距陇坻，南逾江淮，北抵幽蓟。原野、山谷、城郭、庐舍皆满，竹木叶俱尽。重以官括民谷，使者督责严急，至封碓硙，不留其食。有坐匿谷抵死者，县令往往以督趣不办，纳印自劾去。民馁死者数十万口，流亡不可胜数。"[3]据不完全统计，其灾害造成了"天下饿死者数十万人"[4]，这无疑是本时段北方社会发展进程中遭遇到的重大挫折。

鉴于这两年蝗灾对北方自然与社会环境的严重破坏，在《中国蝗灾史》中，作者章义和将其认定成了最高等级，在整个10世纪也是较为罕见的[5]。

3. 五代后期的开封城

五代时期，中原王朝的政治中心从关中转移到了河南，早期在开封与洛阳之间徘徊，后晋至后周时稳定在了开封[6]。

其实对于五代时期的开封城而言，基于其在汴河交通线上的重要位置而发展起来的繁荣商业状况，继续沿袭唐建中二年（781年）李勉所拓之城[7]已略显拥挤，这从该时期开封城内繁荣的房屋租赁业就可窥知一二——政府也把减免

---

[1]《旧五代史》卷80《晋高祖本纪》6，中华书局，1976年，第1061页。

[2] 按，笔者曾有意以"天福七至八年旱蝗灾害研究"为题写作自己的硕士学位论文，但因具体地域难以确定而最终放弃。以关西为例，华、雍两镇节帅均有百姓捕蝗一斗而补偿其一斗粟的奖励规定，足见当地蝗灾的严重程度，而查相关方志，只有乾隆《盩厔县志》、道光《宁陕厅志》、光绪《重修通渭县志》有所记载。周至、宁陕属秦岭山区，通渭则在今甘肃西部，而关中核心区则失于记载。

[3]《资治通鉴》卷283《后晋纪》4，中华书局，1956年，第9257-9258页。

[4]《旧五代史》卷82《晋少帝本纪》2，中华书局，1976年，第1085页。

[5] 章义和：《中国蝗灾史》，安徽人民出版社，2008年，第59-60页。

[6] 张其凡：《五代都城的变迁》，《暨南学报（哲学社会科学版）》1985年第4期。当然，如果从国家祭祀的角度审视，都城的迁移直到后周时才得以实现，参见 [日] 久保和田男著，赵望秦、黄新华译：《五代宋初的洛阳和国都问题》，《中国历史地理论丛》2001年第3辑。

[7]《旧唐书》卷12《德宗本纪》上，中华书局，1975年，第328页。

房租屋税作为社会赈济、缓解创伤的重要手段[1]。

当然，后周时期北方局势趋于稳定，开封作为王朝的中心势必吸引着大量民众，这无疑会给开封城的居住环境造成负面影响。原来较为宽广的街道由于民众的侵街造屋致使"通车者盖寡"[2]，加之庞大的流动人口、发达的商业、以木质为主的建筑，民众的居住环境并不乐观："屋宇交连，街衢湫隘，入夏有暑湿之苦，居常多烟火之忧。"[3]

雄才大略的周世宗柴荣自然不会让这种状况长期存在，于是在显德三年（956年）增筑了开封罗城，较之前的面积增加了4倍。在建设期间，柴荣又下诏在街道两旁专门留出空间用以种树掘井和修造凉棚[4]，对城市绿化和宜居环境的营建大有裨益，近现代建筑学家梁思成先生称赞这一做法"富于市政设计观念"[5]，体现出此诏令在古代城市规划中颇具先见性。查阅反映北宋开封境况的《清明上河图》，凉棚在城内街道旁尚且比较常见，当属对五代新政的沿袭。

当然，反映五代时期北方地区环境变化的史实还有一些，如洛阳在后唐时的城市建设，从天成四年（929年）两次下诏鼓励民众在京城空地盖造屋舍[6]，到长兴二年（931年）的诸多侵地纠纷[7]，体现出较短时间内洛阳城市环境发生的明显变化，也反映出古代政治诏令对社会发展的深刻影响，尤其是在都畿之内；后汉乾祐二年（949年）北方地区的蝗灾也相当严重，以兖州为例，是年六月捕蝗两万斛，七月更达四万斛[8]——章义和将其等级定为最严重的四级，与天福蝗灾一样，足见其对社会的危害之大。

二、南方地区的环境

五代十国时期的南方分布着多个相对独立的割据政权，它们大多由唐末地方藩镇（割据势力）发展而来，主要有江淮地区的吴国与南唐、四川盆地的前

---

[1] 刘闯：《五代时期汴州城市环境初探》，硕士学位论文，陕西师范大学，2014年，第31页。

[2] 《资治通鉴》卷292《后周纪》3，中华书局，1956年，第9532页。

[3] （宋）王溥撰：《五代会要》卷26《城郭》，上海古籍出版社，1978年，第417页。

[4] （宋）王溥撰：《五代会要》卷26《街巷》，上海古籍出版社，1978年，第414页。

[5] 梁思成：《中国建筑史》，百花文艺出版社，2005年，第151页。

[6] 《旧五代史》卷40《唐明宗本纪》6，中华书局，1976年，第551、第554页。

[7] （宋）王溥撰：《五代会要》卷26《街巷》，上海古籍出版社，1978年，第411-414页。

[8] 《旧五代史》卷102《汉隐帝本纪》中，中华书局，1976年，第1358、1359页。

蜀与后蜀、湘江流域的楚国、岭南的南汉、今福建省域的闽国等。吴越国相对特殊一点，其缔造者钱镠在地区争战中合浙东与浙西两道为一个区域，而杭州在区域内较苏、越二州的地理区位优势更为明显，成就了其区域中心的地位[1]。

本时段南方地区的环境变化，笔者择取比较有代表性的两个内容加以论述：①杭州的御潮举措；②犀象活动。之所以认为以上两个内容有代表性，是因为其反映的环境变化更为深刻，更能体现民众开发不同区域的史实和对周边环境的有效认知。一些区域的开发相对滞后，如今广东西部、广西中东部和海南岛，在北宋灭亡南汉之后的数年在此省并州县达100多个[2]。楚国基于"海贼攻（蒙）州城，州人祷于神，城得不陷"[3]而向后汉请求对其城隍神加以封授，无疑也是上述广大区域人烟稀少的一大明证——海贼要到达蒙州，必然要途经上述区域。对其加以较多论述，显然是画蛇添足的。当然，因南方区域广大，自然环境与社会环境差异显著，典型案例显然难以反映五代十国时期南方地区的环境史全貌，只待随着更多反映环境史内容的材料被发现与审视，再作更为全面的补充。

1. 杭州的御潮举措

杭州城在唐代后期有过较为深刻的变革，促进了城市的崛起：李泌凿六井、白居易修治西湖与疏浚六井，从根本上解决了杭城民众饮水的难题[4]。随着地区开发的进行，城外的东南方向也逐渐集聚了民众。唐宋间杭州湾发生了显著的变化——迅急的潮水、抗冲力差的沙坎特质，导致钱塘江河口河槽大冲大淤，岸线大涨大坍，沧海桑田变化非常频繁[5]，对杭州城及周边地区民众的生命财产安全构成了严峻的挑战[6]。

唐光启三年（887年）钱镠出任杭州刺史一职，之后缔造了割据两浙地区的吴越国。钱氏政权以杭州为都，对其进行了颇值大书特书的建设：数次展筑杭州城池，扩大了城市面积；整治西湖、凿池掘井，改善了城市饮水，密

---

[1] 谭其骧：《杭州都市发展之经过》，《东南日报》1948年3月6日，《云涛》（副刊）第26期。此文后收入氏著《长水集》（人民出版社，1987年）一书。

[2] （宋）乐史撰，王文楚等点校：《太平寰宇记》卷157-169，中华书局，2007年，第3009-3248页。

[3] （宋）王钦若等编：《册府元龟》卷34《帝王部·崇祭祀3》，中华书局，1960年，第374页。

[4] 《新唐书》卷119《白居易传》，中华书局，1975年，第4303页。

[5] 《中国自然地理·历史自然地理》，科学出版社，1982年，第240页。

[6] 陈桥驿编：《浙江灾异简志》，浙江人民出版社，1991年，第9-11页。

切了城湖唇齿相依的联系[1]；罗刹石的消没，成就了"舟楫辐辏，望之不见其首尾"[2]的盛况。当然，最可贵的是钱氏在杭州城南、钱塘江北岸修筑的捍海塘，在极大程度上改善了杭州民众的生存环境[3]，促进了对相应区域的农田开发。

2. 南方的犀象活动

肇始于安史之乱所引发的北方民众南迁浪潮，一直持续到五代时期。民众的大量南迁，在促进迁入区域社会经济发展的同时，也在一定程度上影响了大型野生动物的分布变迁。史料对它们的记载，固然是以人的视角加以审视的结果，但也是人与自然互动的反映。异而录之，大型野生动物在一个区域的突然出现，其实也是本区域虽适宜其生存但正在走向绝迹事实的标示。

宝正六年（931年）秋七月，有象入信安境；广顺三年（953年），东阳有大象自南方来[4]。信安、东阳位于吴越国境中西部的今金衢平原，应是从南方的江西或福建前来——两地以野象入境为奇，指示了本地这一物种或已趋于绝迹的事实。雍熙四年（987年）"有犀自黔南入万州"[5]，也映射出野犀的分布北界彼时或已退缩至云贵高原。

当然，岭南地区因本时段开发力度相对较弱，仍然有相当数量的野象存活，南汉尚有"巨象指挥使"军职之设，反映出大象被当地民众加以训练之后用在战场上的史实，并真切地体现在南汉防御北宋的征伐中[6]。

统而言之，五代时期的环境变化，北方地区和南方地区表现出较多的异样状态。北方地区战乱频繁，自然灾害也相对较多，而南方地区的战争和灾害相对较少，加之诸政权大多推行保境安民政策[7]，推动了各自区域的开发。该时期的环境变化在南、北方也有大体一致的地方，如城市建设所引起的城市环境改变，在一些中心城市表现得格外突出，如北方的开封和洛阳，南方的杭州、金陵等。

---

[1] 陈桥驿：《历史时期西湖的发展和变迁——关于西湖是人工湖及其何以众废独存的讨论》，《中原地理研究》1985年第2期。
[2] 《旧五代史》卷133《世袭列传》2，中华书局，1976年，第1771页。
[3] 钱文选辑：《钱氏家乘》卷8《武肃王筑塘疏》，上海书店，1996年，第186-187页。相关论述也可参考刘闯：《与潮水的抗争——从钱镠"射潮"看五代时期杭州地区居民的生存环境》，《原生态民族文化学刊》2014年第4期。
[4] （宋）钱俨撰，李最欣点校：《吴越备史》卷1《武肃王》、卷4《大元帅吴越国王》，杭州出版社，2004年，第6217、6251页。
[5] 《宋史》卷66《五行志》4，中华书局，1977年，第1450页。
[6] （清）吴任臣撰，徐敏霞、周莹点校：《十国春秋》卷65《李承渥传》，中华书局，2010年第2版，第914页。
[7] 曾国富：《五代时期南方九国的保境安民政策》，《湛江师范学院学报（哲学社会科学版）》2011年第1期。

第二节　黄河的决溢

自东汉王景治河以来，在经历了数百年的安流之后，黄河在唐末又开始频繁决溢起来。固然，唐末至五代初有过三次人为决河，但从决溢的地点来看，并非完全集中在人为决堤的滑州与杨刘。尤其是在五代后期，决口之处向上游移动，尤以原武县（属郑州）为多[1]。

黄河决溢必然造成水流在沿岸地区的泛滥与泥沙淤积，从而以重塑原有地貌的形式影响相应地区民众的生产生活环境，轻则毁坏民田、庐舍，重则漂溺人户。在灾难面前，如修治黄河大堤这种大型治水工程自然由国家（政治）来承担[2]，以减轻其对社会的危害程度和防御类似事件的再度发生。而民众因抗灾能力有限，多是被动地流亡他处。

一、五代时期黄河的决溢

据杜君政先生统计，黄河在五代时有30次决溢，较唐代的16次多了近1倍[3]。唐代时长近300年，五代仅为54年，足见此时的频率之高。其中，后梁2次，后唐6次，后晋13次，后汉3次，后周6次。若考虑五朝的时长，则以后晋及后汉最为频繁，后晋11年中竟有13次决溢，合每10个月就有1次；后汉4年则为3次，合16个月发生1次。

笔者在杜氏的基础上又对决溢地点作了统计与归纳，制作表1-1以更细致地加以分析。不过，对一些不够明晰的记载给予了排除，如后唐同光二年（924年）"江南大雨溢漫，流入郓州界"[4]，记载十分含混。而后晋开运元年（944

---

[1] 据杜君政统计表格分析。相关内容参见杜君政：《唐末五代黄河水患及其影响》，《青海师院学报（哲学社会科学版）》1979年第1期。

[2] 冀朝鼎著，朱诗鳌译：《中国历史上的基本经济区与水利事业的发展》，中国社会科学出版社，1981年，第61-62页。

[3] 杜君政：《唐末五代黄河水患及其影响》，《青海师院学报（哲学社会科学版）》1979年第1期。按，岑仲勉对五代时段黄河决溢的统计为18次，张了且只统计了河南境内的河决，为12次，均不及杜氏详细，参见岑仲勉：《黄河变迁史》，人民出版社，1957年，第338-340页；张了且：《历代黄河在豫泛滥纪要》，《禹贡》（半月刊）第4卷第6期，1935年11月16日。

[4]《旧五代史》卷141《五行志》，中华书局，1976年，第1882页。

年）六月，"原武、荥泽县河决"[1]，因两县同属郑州，故算作1次。

表1-1 五代时期黄河决溢地点统计表

具体地名	所属州府	决溢次数	南/北岸	时间（年）	备注
杨刘	郓州	2	南	918、946	918年为人工决河
		4		931、932、936、937	
阳谷		1		955	
	滑州	8	南	923、924、936（2次）、941、944、946、952	923年为人工决河
鱼池		2		946、948	
	濮州	1	南	936	
巩县	河南府	1	南	925	
	澶州	3	北	936、946、953	
观城		1		946	
博平	博州	1	北	939	
原武	郑州	5	南	944、946、948、950、959	
		1		952	
	怀州	1	北	946	
	卫州	1	北	946	
河阴	孟州	1	南	953	"新堤坏300步"

说明："具体地名"一栏空白处为史料记载决溢地点即"×州"，因与右栏名称重复故加以省略。其他空格则为无相关内容。

资料来源：①杜君政：《唐末五代黄河水患及其影响》，《青海师院学报（哲学社会科学版）》1979年第1期；②刘石农：《五代州县表》，《师大月刊》第11期，1934年4月；③周振鹤主编，李晓杰著：《中国行政区划通史·五代十国卷》，复旦大学出版社，2014年，第20、第62、第114、第148、第174页。

由表1-1可知，五代时期黄河发生决溢的地点与次数共10州（府）、33次，分别为：郓州7次、滑州10次、郑州6次、澶州4次，而濮州、河南府、博州、怀州、卫州和孟州各1次。其中，以南岸居多，达26次，北岸则为7次。唐末、后梁之时朱氏为阻李克用骑兵南下，在杨刘和滑州决河，之后黄河在两地共发生了10次决溢，为害甚重，"梁主决河连年为曹、濮患，命右监门上将军娄继英督汴兵塞之，未几复坏。"[2]这是后唐同光二年（924年）七月的事，待河堤修成

---

[1]（宋）王溥撰：《五代会要》卷11《水溢》，上海古籍出版社，1978年，第182页。

[2]《资治通鉴》卷273《后唐纪》2，中华书局，1956年，第8923页。

已是8个月之后了[1]。

据《黄河变迁史》所列史料，笔者统计了唐代黄河的决溢地点，则大致为陕州1次、齐州1次、孟州3次、博州1次、魏州1次、怀州1次、卫州1次、郑州2次、滑州5次、济州2次[2]。其中，发生在南岸的有8次，北岸的则为6次。其中，前期（618—755年）以北岸为主，后期以南岸为主。

对比唐与五代时期不难发现，唐代黄河决溢的地点较为分散，较多的是滑州，后期有4次。而五代则以滑、郓、郑、澶四州最为集中。而以上四州，基本上都在黄河下游的中间段。由于五代时期黄河在决溢时间上的频繁化、地点上的集中化，对沿岸地区尤其是决溢处与其下游的危害也就更大，影响范围也会更广。另外，黄河在北岸的澶州有4次决溢，成为北宋时黄河改道北流的滥觞[3]。

单从五代时期黄河决溢的地点来看，以滑、郓两州最多，达17次，占到了总数的一半以上，但从后晋开运三年（946年）起，黄河在郑、澶二州的决溢变得多了起来，其中郑州发生了4次，澶州则有2次，同时期的滑、郓两州则各为1次——存在从下游向上游移动的趋势。

二、社会的应对

面对黄河的决溢，中央政权能够做的，也是最直接且易见成效的莫过于对河堤的修治。而沿岸民众面对家园被毁，所行所做就显得无能为力了。

后梁龙德三年（923年）八月，时逢李存勖率军南下攻梁，走向衰落的后梁为防御李氏，"自滑州南决河堤，使水东注，曹、濮之间至于汶阳，弥漫不绝。"[4]其实早在唐末的乾宁三年（896年）也曾出现人为决河："河涨，将毁滑州城，朱全忠命决为二河，夹滑城而东，为害滋甚。"[5]不过，滑州城即便得以暂时保全，但却位于黄河两股河道之间，形势危殆。

时值政权交替，加上后唐建立后以洛阳为都，以及后唐同光二年（924年）北

[1]《旧五代史》卷32《后庄宗本纪》6，中华书局，1976年，第446页。
[2] 岑仲勉：《黄河变迁史》，人民出版社，1957年，第318-321页。另外，黄河还在北岸的棣州发生过4次决溢。因五代时对棣州的情况记载较为模糊，故在此不做探讨。
[3] 谭其骧主编：《中国历史地图集》第6册《宋·辽·金时期》之《河北东路·河北西路·河东路》图幅，中国地图出版社，1982年，第16-17页。按，北宋时黄河改道北行的地点在开德府，恰是五代时澶州辖域。
[4]《旧五代史》卷29《唐庄宗本纪》3，中华书局，1976年，第407页。
[5]《资治通鉴》卷260《唐纪》76，中华书局，1956年，第8484页。

方较高强度的降雨天气，对修治河堤构成了极大的挑战：因后梁在滑州人为决河，给下游的曹、濮等州带来了水患，后唐同光二年（924年）七月后唐指派娄继英修补决堤，虽完成了此事，但"未几复坏"的状况恰说明了这样的事实。次年二月，"（青州节度使）符习奏，修（酸枣）堤役夫遇雪寒，逃散"，更是反映出恶劣天气之下工程修筑的困难。三月"修河堤毕功"[1]，或在一定程度上得益于北方转晴的天气[2]。不过，工程完成距同光元年（923年）人为决河已过了1年7个月，如此长的时间，加上同光二年（924年）的高强度降雨，无疑增加了沿岸民众的苦难。

当然，官方关注的多是工程进度和功成后的立碑扬名[3]，民众的命运却要悲惨得多：后晋天福六年（941年）九月，"滑州河决，一溉东流，乡民携老幼登丘冢，为水所隔，饿死者甚众"。不久，下游的兖州上言，"水自西来，漂没秋稼。"十月，朝廷派官员"分往滑、濮、郓、澶视水害苗稼"[4]，"并抚问遭水百姓"[5]。显然，这次河决的影响范围是比较大的，尤其是滑州与下游的毗邻数州，因水势较大、时间较长，对民众的危害也相对严重一些。否则，滑州受灾民众完全可以等待河水很快退却或减弱后渡过泛滥区域而流亡他地。从《五代会要》卷一一《水溢》中的记载来看，后晋政府的灾后安抚是积极的，但与民众有意识地自救相比，应有较多需要落实的空间。直到次年闰三月王朝才命宋州节度使率丁夫堵塞河堤，这一借他处行工的举动或也流露出沿河地区的荒凉状况。粗算时间，距河决已有半年之久。

三、棣州城的迁移

唐代时黄河即在下游的棣州有过多次决溢，对当地社会造成严重的危害，如长寿二年（693年）五月，黄河决溢竟"坏民居二千余家"[6]。而对其州城的破坏，也已在大和二年（828年）发生[7]。

---

[1] 《旧五代史》卷32《后庄宗本纪》6，中华书局，1976年，第446页。
[2] 《资治通鉴》卷273《后唐纪》2，中华书局，1956年，第8933-8934页。按，史籍对本年三月并没有大旱的直接记载，但四月河南一带的大旱和"数旬不雪"，也间接指示着三月以晴朗为主的天气状况。
[3] 《宋史》卷269《杨昭俭传》，中华书局，1977年，第9246页。
[4] 《旧五代史》卷80《晋少帝纪》6，中华书局，1976年，第1053-1054页。
[5] （宋）王溥撰：《五代会要》卷11《水溢》，上海古籍出版社，1978年，第181页。
[6] 《新唐书》卷36《五行志》3，中华书局，1975年，第929页。
[7] 《新唐书》卷8《文宗本纪》，中华书局，1975年，第231页。

这样的状况在五代时仍然存在，且有愈演愈烈之势："州城每年为河水所坏，居人不堪其苦。"新任棣州刺史华温琪鉴于这样的状况，"表请移于便地"[1]。在得到后梁朝廷准许后，另择他处板筑州城。待城池修建完毕，"赐立纪功碑"，旌表华氏为民请命而迁移州城的功绩。

从棣州"民赖其利"[2]的反响来审视华温琪的此番作为，可以说是相当成功了，反映了地方官员在灾害面前的积极应对，尽管在强大的自然力面前有着明显的退避色彩。由于史料失于记录，棣州人在迁城前有何应对是不得而知的，不过，被动地受难显然不合常理，笔者推测应该有一定的防范措施与工具，如洪水之时的乘舟逃离、对城墙易坏处的常规性修治等。而刺史华温琪想民之所想，做民之想做，成为后人颂扬的显例[3]。

其实从棣州城"历有徙置"的史实来看，棣州人因受河患侵逼而对州城有着相当程度的依赖。金代对棣州州城有过修筑，这尽管是官方主导的工程，但当地民众表现出异乎寻常的热情：

> 此虽暂劳，可以永逸，故兴役之日，云屯雾合、鼓舞谣歌，不知其劳疲。至有持羊载酒乐犒其勤者，不劝而自至；负畚荷锸愿助其役者，不召而自来。[4]

这只是修治城池时的情况，笔者相信五代时刺史华温琪宣布迁移城池（或张贴政府文告）和新修州城时，棣州人应该也是欢呼雀跃的，较金代民众的行为或更为积极。因为城池的修建会使当地民众在与自然灾害的较量中，增加一层保护以及心理上的安全感。

不过，棣州所遭受的黄河水患是相当可怕的。时至后唐长兴三年（932年），州城再次为河水所坏[5]。显然，棣州人与黄河的斗争，还在随着时间的推移继续进行着。金代修城时的状况，在一定程度上流露出他们寻求"一劳永逸"地消弭灾害的心声。

---

[1]《旧五代史》卷84《华温琪传》，中华书局，1976年，第1184页。

[2]《新五代史》卷47《华温琪传》，中华书局，1974年，第519页。

[3] 笔者在爱如生数据库——中国地方志检索"华温琪"（书名为"武定"），嘉靖《武定府志》下帙《职官志》10、咸丰《武定府志》卷19《宦迹志》对其事迹都有收录。

[4] 嘉靖《武定州志》上帙《城池志》，爱如生数据库——中国地方志。

[5]《旧五代史》卷141《五行志》，中华书局，1976年，第1882页。

小 结

较唐代而言，五代时期的黄河决溢明显增多，并且呈现出向滑、郓、郑、澶四州集中的趋势，尤其是五代后期，决溢地点向上游转移，更多地发生在郑、澶两州。另外，黄河在北岸的决溢向澶州的集中，成为北宋黄河改道北行的滥觞。

棣州作为黄河末端沿岸上的城市，在五代时期遭受了更为直接和频繁的水患，后梁时华温琪任职棣州刺史，为民请命，将州城迁移到了他处，取得了较好的效果。不过，受自然条件影响，棣州的河患在之后的历史长河里仍然存在。

第三节 天福旱蝗灾害

作为我国历史上最为频发且对农业危害最大的虫害[1]，蝗灾在五代时有13个年份发生，并且破坏程度很高的三、四级就有7个年份，说明该时期的蝗灾相对较为严重，尤其是后晋、后汉两朝[2]。其中又以天福七至八年（942—943年）的旱蝗灾害最为严重，对当时北方地区的自然与社会环境产生了深刻影响。

一、蝗灾的发生条件与蝗虫的迁徙路线

蝗灾的发生通常与水旱灾害相伴而生，因为蝗虫的成虫喜高温、干燥，而幼蝻的成长必须有相对湿润的环境。水灾过后，如果旱灾随之而来，保证了温度和湿度的受淹地区就成了幼蝻生存的乐土。

马世骏等把我国东亚飞蝗发生的区域分为河泛蝗区、内涝蝗区、滨湖蝗区和沿海蝗区四大类型[3]。受地形、河流、气候等自然条件影响，河南东部、山东西部是典型的河泛、内涝蝗区。

干旱的环境为蝗虫的滋生、繁殖提供了适宜的条件。随着蝗虫的增多，其逐渐向周边地区递进式地迁飞，危害区域也随之不断扩大。黄淮平原有着

---

[1] 邹树文：《中国昆虫学史》，科学出版社，1981年，第94页。

[2] 章义和：《中国蝗灾史》，安徽人民出版社，2008年，第59、第268-270页。

[3] 马世骏等：《中国东亚飞蝗蝗区的研究》，科学出版社，1965年，第20-22页。

相对平坦的地形和大规模的粮食作物种植，为蝗灾的蔓延提供了有利条件（见图1-1）。

资料来源：郑云飞：《中国历史上的蝗灾分析》，《中国农史》1990年第4期，第44页。

图1-1　古代蝗虫迁飞路线图

二、天福七至八年（942—943年）蝗灾发生的背景

后晋天福六年（941年）九月，黄河在滑州（今河南滑县）决口，一溉东流，不久之后兖、濮、郓、澶等州（今河南濮阳东南部至山东菏泽、济宁北部一带）也随之蒙灾。这次河堤溃决，一直到天福七年（942年）闰三月才得到了有效封堵。

黄河长达半年的泛流，受灾区域远超过之前的四州之域。与此同时，天福

七年（942年）春季的北方地区，却遭受着大范围的干旱："是春，邺都、凤翔、兖、陕、汝、恒、陈等州旱"[1]，受灾地区遍及关中、河南、河北、山东。后晋朝臣在三月进行的祷雨活动，也映射出旱灾的严重性。与天福七年（942年）春旱同时发生的，还有"郓、曹、澶、博、相、洺诸州蝗"。而位于黄河泛滥区域的，就达到了一半（郓、曹、澶三州）。可以说，黄河长时间的泛滥与持续的干旱天气，恰满足了蝗灾产生的条件。

三、天福七至八年（942—943年）的干旱与蝗灾

肇始于天福七年（942年）春季的干旱，在北方地区一直延续到天福八年（943年）的八月。笔者粗略梳理了天福七至八年（942—943年）的旱灾与政府文书、祷雨活动，如表1-2所示。

表1-2 天福七至八年（942—943年）干旱史料统计表

时间	地域	相关史料	资料出处
（天福七年，942年）春	邺都、凤翔、兖、陕、汝、恒、陈等州	旱	《旧》80
三月	—	（高祖）分命朝臣诸寺观祷雨	《旧》80
五月	十八州郡	中书门下奏："时属炎蒸，事宜简省"	《旧》80
九月	—	（出帝）分命朝臣诣寺观祷雨	《旧》81
十一月	—	（出帝）诏宰臣等分诣寺庙祷雪	《旧》81
十二月	—	诏："诸道州府，每遇大祭祀……雨雪未晴，不得行极刑，如有已断下文案，可取次日及雨雪定后施行"	《旧》81
（天福八年，943年）一月	—	旱	《旧》81
四月	河南、河北、关西诸州	旱	《旧》81
五月	—	以旱蝗大赦；（出帝）命宰臣等分诣寺观祷雨、幸相国寺祈雨	《新》9、《旧》81
六月	—	遣供奉官卫延韬诣嵩山投龙祈雨	《旧》81
八月	—	分命朝臣一十三人分检诸州旱苗	《旧》82
春、夏	—	旱	《资》282

说明：① "—"表示因史料记载简略，地域难以确切定位，一般指代较为广大的区域范围；② "资料出处"一栏中"《旧》80"为"《旧五代史》卷80"的简写，《新》《资》则为《新五代史》《资治通鉴》的简写，本章其他表格中的"资料出处"一栏采用与之相同的处理方法，下不赘述。

---

[1]《旧五代史》卷80《晋高祖本纪》6，中华书局，1976年，第1059页。

　　与干旱相伴生的，多是蝗灾。而为了更确切地认知蝗灾对社会的危害程度，需要对其进行等级划分。宋正海把我国历史时期的蝗灾分为特大、大、中等、小、微小五等[1]；章义和则分其为一、二、三、四几个等级[2]；李钢结合旱灾的等级划分与章氏的分级思想，将蝗灾分为Ⅰ、Ⅱ、Ⅲ、Ⅳ四等[3]。笔者更认可李钢的分级，即Ⅰ级指"有蝗，蝗生，蝝生"；Ⅱ级指"蝗害稼，蝗食禾"；Ⅲ级指"大蝗，禾稼大伤"；Ⅳ级指"大蝗，人相食，饿殍载道"。结合天福七至八年（942—943年）的具体情况，笔者将第Ⅲ级界定为"捕蝗"和不同形式赈济的推行，这明显较第Ⅱ级的"蝗害稼"严重一些。同时，此等蝗灾还没有造成粮食作物的颗粒无收，尚有一定的补救意义。至于"祭蝗"，则视具体情形而定。

　　笔者对天福七至八年（942—943年）多个月份的蝗灾进行了简单统计，对不同时期的灾情加以分析和定级，如表1-3所示。

表1-3　天福七至八年（942—943年）多月份蝗灾灾级表

时间	区域	灾情	灾级	备注
（天福七年，942年）春	郓、曹、澶、博、相、洺州	蝗	Ⅰ	
闰三月	天兴	蝗食麦	Ⅱ	
四月（1）	成都	蝗	Ⅰ	可能涉及成都周边地区
四月（2）	山东、河南、关西诸郡	蝗害稼	Ⅱ	大范围发生
五月	十八州郡	蝗	Ⅰ	大范围发生，可能是四月蝗灾发生区域的延续及扩散
六月	河南、河北、关西	蝗害稼	Ⅱ	大范围发生
六月	江淮一带	（烈祖）命州县捕蝗瘗之	Ⅲ	大范围发生，可能涉及江南部分地区
七月	十七州郡	蝗	Ⅰ	大范围发生，可能是六月蝗灾发生区域的延续及扩散
八月	河中、河东、河西、徐、晋、商、汝等州	蝗	Ⅰ	大范围发生
（天福八年，943年）一月	河南府等州郡	百姓流亡，饿死者千万计	Ⅳ	大范围发生
三月	—	蝗	Ⅰ	可能为大范围发生

[1] 宋正海等：《中国古代自然灾异动态分析》，安徽教育出版社，2002年，第371-373页。

[2] 章义和：《中国蝗灾史》，安徽人民出版社，2008年，第51页。

[3] 李钢：《历史时期中国蝗灾记录特征及其环境意义集成研究》，博士学位论文，兰州大学，2008年，第75-76页。

时间	区域	灾情	灾级	备注
四月	天下诸州	飞蝗害田，食草木叶皆尽，人民流移，饥者盈路	IV	大范围发生
五月	中都	捕蝗	III	大范围发生
六月	诸州郡	大蝗，所至草木皆尽，逃户	IV	大范围发生
七月	京畿	捕蝗	III	
九月	二十七州郡	蝗，饿死者数十万	IV	大范围发生

说明：资料来源于《旧五代史》卷80～82、卷141，《新五代史》卷8～9，《十国春秋》卷15；"—"指地域因史料原因难以确定，但据当时境况分析，应包含较大范围。

当然，表1-3中很多地方还有待补充完善。比如史料主要来源于正史，且某些记载对蝗灾发生区域的描述过于模糊，因此需要进一步核对相关史料加以补正。同时，某个时段的蝗灾从总体上看表现得相当严重，然而在某些地区却不够明显[1]。

四、天福七至八年（942—943年）蝗灾对环境的影响

天福七至八年（942—943年）的蝗灾，持续时间长，影响范围大。从最初的较小区域逐步扩大，危害也呈不断加重的趋势。这次跨年的严重蝗灾与持续的干旱天气有关，后晋王朝的祈雨活动颇为频繁，甚至一度把降雨（雪）与行刑加以联系，也体现出本时段北方地区的干旱程度已十分严重。

1. 自然环境

从史料记载来看，天福七年（942年）的蝗灾对自然环境造成的破坏相对较小。一方面，史料中并没有出现如天福八年（943年）"草木叶皆尽"这样的记载；另一方面，为了应对蝗旱灾害，天福七年（942年）政府层面的祈雨活动虽然屡次出现，但尚不算频繁[2]。

进入天福八年（943年），蝗灾对自然环境的破坏力凸显出来。该年一月至

---

[1] 按，天福八年（943年）六月，北方的诸多区域发生严重蝗灾，遍满山野，草木食尽，很多地方如河南府、陕州出现民众逃往、饿死状况，而宿州却"飞蝗抱草干死"，曹骥先生分析认为这一现象为蝗病所致。详见沧州地区防蝗站、河北省农作物病虫综合防治站编印：《东亚飞蝗研究文献汇编》，1986年，第11页。
[2] 天福七年（942年）的蝗灾发生在春季至八月之间，而后晋王朝在此期间的祈雨活动只有三月、五月两次。

三月，旱蝗灾害持续发生，民众流亡、饿死者甚众。如此境况的出现，原因在于天福七年（942年）的干旱引起作物的减产，加之粮食秋收后距此时已有4个月光景，无论是民众剩余还是政府储备都已所剩不多。严峻的生存危机造成了人与自然之间关系的紧张。入春后发芽生叶的植物，必然会遭到饥饿灾民的采食，使植被受损。

四月，"天下诸道州飞蝗害稼，食草木叶皆尽。"[1]之前在人口密集地区承受着巨大压力的自然植被，因蝗虫的来临几乎遭到灭顶之灾。五月的旱蝗灾情应有所缓解，史料记载"己亥，飞蝗自北翳天而南"[2]，明显是从东京（开封）观察所得。结合东亚飞蝗的迁飞距离进行推断，此次蝗灾影响区域大致在河南东部及周边地区[3]。而此时"泰宁军节度使安审信捕蝗于中都"[4]，中都即今天的汶上县，位于山东省西南部。由此可见，五月的蝗灾不仅发生范围较四月小很多，灾情也不如其严重。尽管后晋朝廷在五月"以旱蝗大赦"，但补救四月严重蝗灾对社会巨大创伤的成分应更大一些。

而六月的蝗灾又显得严重起来："诸州郡大蝗，所至草木皆尽。"[5]具体到受灾区域，如河南府，"飞蝗大下，遍满山野，草苗木叶食之皆尽"；陕州也比较严重："飞蝗入界，伤食五稼及竹木之叶。"朝廷委派官员到嵩山祈雨，反映出至少在河南府一带存在着干旱天气，而蝗灾对当地植被的危害相当严重。

七至八月又是一个短暂恢复期。七月"京师雨水深三尺"，对之前此地的旱情无疑是有效的缓解。而蝗灾主要发生于"京畿"地区，范围相对有限。八月，后晋朝廷委派官员到各地"分检旱苗"，也映射出田地尚可以种植庄稼，并未发生土地龟裂、作物枯死的现象。然而好景不长，时至九月，二十七州郡发生蝗灾，对自然环境又是巨大的威胁。

总之，天福七至八年（942—943年）的旱蝗灾害，对自然环境产生了巨大影响。相比较而言，第一年旱灾相对较轻，尽管蝗灾发生的地域较大，但对自

---

[1]（宋）王溥撰：《五代会要》卷11《蝗》，上海古籍出版社，1978年，第183页。

[2]《旧五代史》卷81《晋出帝本纪》1，中华书局，1976年，第1077页。

[3] 按，我国北方地区的蝗虫为东亚飞蝗，是长距离飞行昆虫，蝗群迁飞距离可达数百千米，散栖个体亦可迁飞扩散或集中到百里以外的地区。假设天福八年（943年）五月的这次蝗群迁飞距离为南北方向400千米，笔者利用"百度地图"测绘工具进行了粗略测量，以开封为中心，北方约抵河北省邯郸市城区，南方约至河南省驻马店市城区。由于古代的观测有一定误差，南北方向或有一定偏差，但区域范围大致可限定在河南东部及周边。

[4]《新五代史》卷9《晋本纪》9，中华书局，1974年，第92页。

[5]《旧五代史》卷81《晋出帝本纪》1，中华书局，1976年，第1078页。

然植被的影响相对有限。第二年严重的蝗灾对自然植被破坏极大，在一些月份一度出现了"草木皆尽"的状况，结合较长时段的干旱，加重了植被恢复的难度。当然，某些月份旱蝗灾害相对较轻，对自然环境的恢复应是较为有利的。然而有一点也值得注意，即天福八年（943年）自然环境受到更为严峻的考验，除了与严重的旱蝗灾害有关，也与民众在灾害面前的生存需求有较大关系——食物短缺，必然导致饥民把食物来源转向较易得到且可以食用的植物之果、叶乃至根茎。

2. 社会环境

天福七至八年（942—943年）的旱蝗灾害，在严重影响到自然环境的同时，对社会环境造成的危害更大。所谓"民以食为天"，而政权的维持也主要依赖于普通民众所缴纳的赋税。而这次跨年的旱蝗灾害，即便农作物没有达到绝收的地步，大面积、大幅度的减产是不言自明的。民众在缺衣少食之际不得不走向流亡之路，而后晋王朝尽管也在尝试着捕蝗赈济、减免赋税等补救手段，但在收入减少而开支增多之时却表现出了"穷极奢侈"的统治阶层本性，最终发展到向民众借粮，甚至强行搜刮的地步，加剧了阶级矛盾。

在严重的旱蝗灾害面前，后晋王朝首先表现出形式上的重视，如祭祀、赦宥等，以弥补因皇帝"失德"而遭受到的上天"责罚"。祭祀是统治者与上天"交流"的重要途径，自然格外重视。较为频繁的祈雨活动自不用说，后晋王朝还把灾害与祭祀的器具维护加以联系，以弥补长期以来可能存在的"不敬"：天福七年（942年）十一月，诏"天地宗庙社稷及诸祠祭等，访闻所司承管，多不精洁。宜令三司预支一年礼料物色，于太庙置库收贮，差宗正丞主掌，委监察使监当，祭器祭服等未备者修置。"[1]赦宥诏令的颁布也是后晋政权对上天"责罚"的积极回应[2]，于自身也有诸多好处，如减少刑狱开支、宣扬皇恩以减缓阶级矛盾、弥补人口大量死亡造成的劳动力紧缺等。

当然，祭祀、赦宥只是政府的一种态度，在与实际利益直接相关的诸多领域，后晋王朝表现出更多的务实性。笔者粗略梳理了后晋政权在旱蝗灾害发生期间的诸多表现（见表1-4），以体现其明显的阶级本质。

---

[1]《旧五代史》卷81《晋出帝本纪》1，中华书局，1976年，第1073页。

[2]《新五代史》卷9《晋本纪》，中华书局，1974年，第92页。

表1-4　天福七至八年（942—943年）旱蝗灾害面前后晋政府经济作为统计表

时间	活动	活动性质	利益出入
（天福七年，942年）七月	宣制：天下有虫蝗处，并与除放租税	减免赋税	出
十一月	诏：州郡税盐，过税斤七钱，住税斤十钱，州府盐院并省司差人勾当	征收赋税	入
十一月	吴越王遣使奉晋铤银五千两、绢五千匹、丝一万两等①	外臣贡献	入
（天福八年，943年）一月	诏：诸道以廪粟赈饥民，民有积粟者，均分借便，以济贫民	赈济	出
—②	（安）彦威开仓赈饥民	赈济	出
四月	华州节度使杨彦询、雍州节度使赵莹命百姓捕蝗一斗，以禄粟一斗偿之	救灾赈济	出
六月	括借民粟，杀藏粟者	征借粮食	入
八月	募民捕蝗，易以粟	救灾赈济	出
九月	幸榻景延广府第	巨额进赏	—③
九月	诸州郡括借到军食，以籍来上，吏民有隐落者，并处极法	强征粮食	入

说明：①后晋出帝即位后，于天福七年（942年）九月加吴越王钱弘佐食邑（《旧五代史》卷81《晋少帝本纪》1），仍改赐功臣名号。吴越王本次的进献，带有明显的谢恩意味。②安彦威开仓赈济灾民是在他任职西京留守之后至离任此职之前，大致在天福七年（942年）九月至开运元年（944年）四月期间。结合河南府的旱蝗灾害发生时间，大致判定安氏开仓赈济的时间在天福八年（943年）的可能性极大。③有关出帝幸临景延广府第时景氏的进献与出帝的赏赐，《旧五代史》记载相对简略，《新五代史》言之较详，且进与赐是"等称"的。

　　尽管表1-4反映出后晋政府在灾害面前的"出多入少"，但赈济行为多为地方官员推行，并非中央主导。即便在天福八年（943年）一月下诏赈济，"民有积粟者，均分借便"的言辞若被德行低劣的官员另加发挥，很可能转化为对下层民众的掠夺，从而失去了朝廷的初衷。在残酷的天灾面前，运作机制失常的后晋政权从征收盐税到借粮、抢粮，同时又要维持虚荣的封赏行为，无疑离积极的赈济越来越远——史官评论其"晋祚自兹衰矣"[1]，甚为中肯。

　　与统治阶层的穷奢极欲相比，普通民众则身处水深火热之中。除却表1-4所列部分地方赈济之外，加上政府组织的一些捕蝗活动，很难再见到其他的利民举措。依据史料记载，天福八年（943年）一月诸多地区就已出现了百姓流亡，饿死者兼之。随着灾情的延续，时至八月，"诸县令佐以天灾民饿，携牌印纳者五"[2]，可见普通民众逃亡已相当普遍和严重。饿死者也在不断增多，如

[1]《旧五代史》卷141《五行志》，中华书局，1976年，第1887页。
[2]《旧五代史》卷82《晋出帝本纪》2，中华书局，1976年，第1081页。

天福八年（943年）一月全国就已有"千万计"，五月的河南府"人多饿死"，九月全国"饿死者数十万"。灾难远未至此结束，其后续影响更大：十二月河南诸州"饿死者二万六千余口"；开运元年（944年）四月，陇州"饿死者五万六千口"；五月，泽、潞二州又言"饿死者凡五千余人"。

五、对天福七至八年（942—943年）灭蝗之法的探讨

面对泛滥成灾的蝗虫，本时段的灭蝗之法基本上继承了前代的既有做法，甚至在一些方面退步了。不过，灭蝗多由政府推行，体现出作为个体的民众在面对严重灾害时，防范力量终究是有限的。

古代普遍把蝗灾视为皇帝失德所致，社会各界迷信地认为皇帝应该修德，检讨自己的行为，从而使得蝗灾自行消除。唐玄宗时宰相姚崇力排众议，大力推行捕蝗，虽取得了一定的效果，但并未得到社会的积极肯定[1]。时至天福七至八年（942—943年），捕蝗已成为灭蝗的主要手段，得到较多运用——不仅在北方的后晋辖境，割据江淮的南唐也是如此[2]。而华、雍二州官员"捕蝗易粟"的做法[3]，在唐玄宗时就已出现，德宗时也曾推行，这对激发下层民众捕蝗的积极性、减轻蝗灾对社会的创伤无疑是有利的。然而，史料也较多地反映出后晋王朝迷信蝗灾的一面，如修治祭祀器具、赦宥囚犯等。天福八年（943年）六月在开封皋门的祭蝗活动，表现得也相当明显。

现代研究表明，蝗虫可做食物，且富含蛋白质等营养成分。而且，在唐德宗时就已出现饥民食蝗充饥的例子："兴元元年（784年）四月，自春大旱，麦枯死，禾无苗。关中有蝗，百姓捕之，蒸暴，扬去足翅而食之"[4]，"贞元元年（785年）夏四月，关中饥民蒸蝗虫而食之。"[5]不过，这种科学而务实的方法实属政府赈济不力、民众为饥困所迫之下的无奈之举，并未得到广泛的推广。时至天福七至八年（942—943年），面对"行则蔽地，起则蔽天"[6]的蝗虫，饥

[1] 幺振华：《唐代灭蝗思想与对策》，《东南文化》2005年第6期。

[2] 《十国春秋》卷15《南唐烈祖本纪》，中华书局，2010年第2版，第199页。

[3] 《旧五代史》卷141《五行志》，中华书局，1976年，第1887页。

[4] （宋）王溥撰：《唐会要》卷44《螟蜮》，上海古籍出版社，2006年，第925页。

[5] 《旧唐书》卷12《德宗本纪》上，中华书局，1975年，第348页。

[6] （五代）王仁裕撰：《玉堂闲话》卷4《蠡斯》，杭州出版社，2004年，第1914页。

民却对此束手无策而被迫逃亡。前代的先例显然只是个案，有其特殊性，一百余年后或已被民众遗忘。

小 结

天福七至八年（942—943年）的旱蝗灾害在五代时期的诸多蝗灾中是最严重的一次，在我国蝗灾历史上也是罕见的，对自然与社会的破坏程度相当严重。因为这次旱蝗灾害发生地域广泛、持续时间较长，无论是统治阶层还是普通民众，都遭受了严重冲击。只是，统治者受阶级本质、军事需要等影响，最终依靠掠夺民众粮食来维系政权运作，在很大程度上加剧了普通民众的受灾程度。然而本时段的灭蝗方法却相对保守，基本延续了唐代的做法。

第四节　五代时期的开封城市环境

五代时期有4个中原王朝（后梁、后晋、后汉、后周）以开封为都[1]。由地方中心城市一跃而成为北方政权的首善之区，开封能否胜任新的历史使命呢？答案是否定的，至少在五代末期如此。毕竟，相对于其首届一指的政治、经济地位，开封城所沿袭的唐建中二年（781年）李勉扩建后的城市规模[2]，显然过于拥挤了。

一、开封城及其周边的地理环境

地理环境又称自然环境，通指存在于人类社会周围的自然界，包括地质、地貌、气候、生物等自然要素。它是社会存在和发展的必要条件，但不是起决定性作用的因素[3]。要知晓五代时期开封的城市环境是怎样的，显然需要对其地理环境有所了解。

---

[1] 张其凡：《五代都城的变迁》，《暨南学报（哲学社会科学版）》1985年第4期。
[2] （明）李濂撰，周宝珠、程民生点校：《汴京遗迹志》卷1《宋京城》引述《宋会要》，中华书局，1999年，第2页。
[3] 《地理学词典》"地理环境"词条，上海辞书出版社，1983年，第278页。

1. 地貌

开封在地貌上属于华北坳陷盆地，卑湿的状况由来已久，西汉文帝时梁孝王刘武就曾为此而迁都[1]。华北平原相对平坦的地形，决定了健全的排水系统成为实际所需，城市内部更是如此，否则，就容易形成内涝。北宋时"汴都地势广平，赖沟渠以行水潦"[2]，说明了城市排水设施对解决城市内涝的重要性。五代对开封城基础设施的改造是在后周末期，而在此之前曾有过4次内涝，折射出本时段相应设施的落后。

2. 湖泊

地形上高低起伏，低洼之处就容易形成地面积水。五代时期开封城周围就有一些水域，例如凝碧池，"在陈州门里繁台之东南，唐为牧泽，宋真宗时改为池。"[3]皇家庄园中也多是人工开凿的池陂，它们固然是人为修造的，但依天然坑洼之处再加开建，不失为省时省力的良法——五代时开封城外的南庄、大年庄中均有相当面积的水域[4]，特别是大年庄，开运三年（946年）五月后晋少帝于此泛舟，而该年四月的中原地区发生了大旱，五月也没有大量或连续降雨的记录。北宋时开封西郊的金明池，由后周世宗为征伐江南而训练水军所凿，也应是对原低洼之地的有效利用[5]。

3. 植被

从数条记载五代时期开封天气状况的史料分析，其城内应有一定数量的树木，然而城外应是相对匮乏的。自安史之乱后，中原地区战乱不断，可做成寨篱、浮桥、车辆、弓箭等的树木势必会遭到掠夺性的采伐。如贞明五年（919年）后梁在顿丘（今河南省清丰县）与晋军夹河对峙，"运洛阳竹木造浮桥，自

---

[1] （唐）李吉甫撰，贺次君点校：《元和郡县图志》卷7《河南道》3，中华书局，1983年，第175页。

[2] （明）李濂撰，周宝珠、程民生点校：《汴京遗迹志》卷7《河渠》3，中华书局，1999年，第98页。

[3] （明）李濂撰，周宝珠、程民生点校：《汴京遗迹志》卷7《河渠》3，卷9《台地园苑洞峡渚泮》，中华书局，1999年，第98、第124页。

[4] 《旧五代史》卷84《后晋少帝本纪》4，中华书局，1976年，第1114、第1115页。

[5] 有研究认为，北宋开封城外的金明池其前身可追溯到战国时期的"灵沼"，后周世宗在"灵沼"基础上进行过修凿，宋太宗又重新开凿成为金明池。"灵沼"一直没有淤废，至后周时还可以"停水"。刘晨曦：《北宋东京金明池探略》，《中国古都研究》（第二十八辑），三秦出版社，2015年，第27-29页。

滑州馈运相继。"[1]这样的事实，在一定程度上折射出周边的滑州、开封一带可能已经没有粗大的木材可供采伐了。天福四年（939年）冬开封一带遭遇了严寒，"大雪害民，五旬未止"，后晋高祖"因令出薪炭米粟给军士贫民"[2]，开封城薪炭供给紧张，除了特殊灾害天气外，还应与开封周边林木资源不足有一定关系。

4．气候

据程遂营研究，唐宋时期开封地区的气候以温湿为主[3]。由于他对五代时期开封的相关史料在论文中仅引用了一条，难以全面反映出本时段开封的天气特征。有鉴于此，笔者梳理出49条相关内容，如表1-5所示。

表1-5　五代时期开封天气状况统计表

时间	天气状况	备注	资料出处
开平二年（908年）二月	大旱	久无时雨	《旧》4
开平二年（908年）六月辛亥	旱	亢阳，（后梁太祖）虑时政之阙	《旧》4
开平二年（908年）七月甲戌	大霖雨	（后梁太祖）帝幸右天武军河亭观水	《旧》4
同光二年（924年）四月	寒霜	春霜害稼，茧丝甚薄	《资》273
同光二年（924年）八月辛巳	大雨	大水损稼	《旧》32
同光二年（924年）十月己卯	大雨	大水	《旧》32
同光三年（925年）七月乙卯	大雨	汴水泛涨，恐漂没城池，于州城东西权开壕口，引水入古河；自是（六月壬申）大雨，至于九月……江河漂溢，堤防坏决，天下皆诉水灾	《旧》33
天成三年（928年）二月	久雨	三月丁未朔，以久雨，（后唐明宗）诏文武百辟极言时政得失	《旧》39
天成三年（928年）七月	霖雨	稍甚	《册》145
天成三年（928年）八月	稍旱	—①	《册》145
天成三年（928年）闰八月二十七日	大雨	大水，河水溢	《旧》39
天成三年（928年）冬	旱	以十月至是月（十二月）少雪	《册》145
长兴二年（931年）六月壬戌	大雨	大雨，雷震文宣王庙讲堂	《旧》141
天福二年（937年）十二月甲辰	大旱	（后晋高祖）车驾幸相国寺祈雪	《旧》76
天福四年（939年）闰七月庚午朔	雨	百官不入阁，雨沾服故也	《旧》78
天福四年（939年）十二月	大雪	大雪害民，五旬未止	《旧》78
天福八年（943年）五月	大旱	癸巳，（后晋少帝）命宰臣等分诣寺观祷雨；甲辰，以旱、蝗大赦；乙巳，幸相国寺祷雨	《旧》81、《新》9

[1]《资治通鉴》卷270《后梁纪》5，中华书局，1956年，第8848页。
[2]《旧五代史》卷78《晋高祖本纪》4，中华书局，1976年，第1034页。
[3] 程遂营：《唐宋开封的气候和自然灾害》，《中国历史地理论丛》2002年第1辑。

时间	天气状况	备注	资料出处
天福八年（943年）六月	大旱	（后晋少帝）遣供奉官卫延韬诣嵩山投龙祈雨	《旧》81
天福八年（943年）七月丁丑朔	大雨	京师雨水深三尺	《旧》82
天福八年（943年）秋	久雨	秋霖经月不歇	《旧》89
开运元年（944年）七月辛未朔	大雷雨	都下震死者数百人	《旧》83
开运二年（945年）六月	旱	（后晋少帝）遣刑部尚书窦贞固等分诣寺观祷雨	《旧》84
开运三年（946年）四月	大旱	乙亥，宰臣诣寺观祷雨；戊寅，（后晋少帝）幸相国寺祷雨	《旧》84
开运三年（946年）九月甲辰	霖雨不止	京城公私僦舍钱放一月	《旧》84
开运三年（946年）十二月己丑②	寒雨	雨木冰	《旧》141
开运三年（946年）十二月戊戌②	寒霜	霜雾大降，草木皆如冰	《旧》141
乾祐元年（948年）四月	大旱	丁亥，（后汉隐帝）幸道宫、佛寺祷雨	《旧》101
乾祐元年（948年）七月	大旱	久旱，（后汉隐帝）幸道宫、佛寺祷雨	《旧》101
乾祐元年（948年）七月丙辰	大雨	是日大澎	《旧》101
乾祐元年（948年）九月乙丑	雪	—	《旧》101
乾祐元年（948年）冬	雾	是冬，多昏雾，日晏方解	《旧》101
乾祐二年（949年）二月丙子	大雾	黑雾四塞	《旧》102
乾祐二年（949年）二月戊戌	大雨霖	—	《旧》102
乾祐二年（949年）四月	大旱	辛丑，（后汉隐帝）幸道宫祷雨	《旧》102
乾祐三年（950年）闰五月癸巳	大风雨	坏营舍，吹郑门扉起，十数步而堕，拔大木数十，震死者六七人，水平地尺余，池隍皆溢	《旧》103
乾祐三年（950年）十一月丙子	浮尘	晴霁无云，而昏雾濛濛，有如微雨	《旧》103
广顺二年（952年）四月	旱	（后周太祖）分命群臣祷雨	《旧》112
广顺二年（952年）七月丙辰	大风雨	破屋拔树；暴风雨，京师水深二尺，坏墙屋不可胜计	《旧》112、141
广顺二年（952年）冬	旱	是冬无雪	《旧》112
广顺三年（953年）三月癸巳	大风雨土	—	《旧》113
广顺三年（953年）六月	大雨	大雨，水	《新》11
广顺三年（953年）八月丁卯	霖雨	京师霖雨不止	《旧》113
广顺三年（953年）九月	阴曀	是月多阴曀，木再华	《旧》113
广顺三年（953年）十二月戊申②	寒雨	雨木冰	《旧》113
显德元年（954年）正月	雾	自朔日后，景色昏晦，日月多晕，及嗣君即位之日，天气晴朗（约20天）	《旧》113
显德元年（954年）三月甲午	大雨	—	《旧》114
显德六年（959年）六月辛卯辰巳间	大雨	天地晦冥，澎雨骤降，雨中有腥气（约3天）	《五》11
显德六年（959年）九月	霖雨	是月，京师及诸州郡霖雨逾旬，所在水潦为患，川渠泛溢	《旧》120
显德六年（959年）十二月乙未	大雨	大霖，昼昏，凡四日而止	《旧》120

说明：①"—"指代无相应备注内容；②不同文献对该天气的具体发生时间记载存在偏差，但与此表反映的主要内容关联不大，此处不作相应辨证。

在表1-5中所列的49次天气记录中，旱热天气为15次（含阴霾），雨雪等冷湿天气为30次。开封位于华北地区，气候特征是夏季（6—8月）雨热同期。春、秋、冬三季因降水较少，发生干旱的概率很大。如果把表1-5中的时间统一换算为公历，则显示共有12次的大（霖）雨并非发生在夏季，且出现了"四月寒霜""九月雪"的极端天气。而在14次干旱天气（不含阴霾）中，夏旱有5次。略加分析可得，五代时期开封天气的寒热波动比较明显，但以冷湿为主。五代前半期（后梁至后唐）有13次气象记录，夏旱1次，非夏季降雨4次，加上"四月寒霜"1次，冷湿特征更为明显。后半期记录为36次，4次夏旱天气，8次非夏季降雨天气，1次"九月雪"，冷热波动更为剧烈。

开封城周边低洼不平的地貌，加之多雨的气候，容易产生较多的积水区域，这就为蚊虫滋生创造了条件，加之五代时城内发生的内涝，都不利于城市管理者对疾病在人口密集的城内的防控。诸多自然要素的存在，并不利于开封城宜居环境的营造，而人口在此大量集聚的事实，也加重了塑造良好城市环境的难度。

二、窘迫的居住环境

五代前期中原王朝的都城徘徊在开封与洛阳之间，后期则完全稳定于开封。随着开封政治、经济、文化中心地位的日益稳固，吸引着大量人口集聚于此。后周广顺三年（953年）十二月"乙丑，（王）殷入朝，诏留殷充京城内外巡检。"[1]在这之前，皇帝出巡（征）时任命留守京城的大臣皆为"京城巡检"，此处增加的"内外"二字颇值玩味——五代后期开封城外（此时罗城尚未修筑）已居住有相当数量的民众，而城内或已经人满为患了。这么说或有些夸张，但至迟在显德三年（956年）周世宗增筑罗城前夕，城内已是"闾巷隘狭""屋宇交连"[2]，"民侵街衢为舍，通大车者盖寡"[3]的状况。

然而，这是五代末期的情形，之前的更长时段呢？得益于大运河的开凿，开封（汴州）在唐代发展成为中原地区重要的商业、军事城镇，尽管在后期频

[1]《资治通鉴》卷291《后周纪》2，中华书局，1956年，第9497页。

[2]（宋）王溥撰：《五代会要》卷26《街巷》《城郭》，上海古籍出版社，1978年，第414、第417页。

[3]《资治通鉴》卷292《后周纪》3，中华书局，1956年，第9532页。

繁发生军乱[1]，但仍集聚着相当数量的民众和军队。当然，五代时期也是如此，特别是在其政治地位得到提升之后[2]。

应该说，五代时期开封城内的居住环境是比较窘迫的，这在一定程度上推动了民众（尤其是商人）对房屋的有效利用，催生了该城发达的房屋租赁业。在开封城经历了战乱或自然灾害之后，减免房租屋税成为政府怀柔社会、减轻创伤的一种方式，如表1-6所示。

表1-6　五代时期开封城房租屋税减免统计表

朝代	时间	事件	相关记载	资料出处
后唐	同光元年（923年）十月	后唐庄宗攻破汴州，后梁灭亡	残欠赋税，及诸务悬欠积年课利，及公私债负等，其汴州城内，自收复日已前，并不在征理之限	《旧》30
后唐	天成二年（927年）十月	汴州节度使朱守殷叛乱	应汴州城内百姓，既经惊恸，宜放两年屋租	《旧》38
后晋	开运三年（946年）九月	霖雨不止，水入城郭	应京城公私僦舍钱放一月	《旧》84
后汉	天福十二年（947年）六月	契丹侵扰汴州	东、西京一百里内及京城，今天屋税并放一半	《旧》100

五代史籍对其他城市的房租屋税如洛阳[3]、襄州[4]也有提及，但尤以开封城为多。根据表1-6可知：其一，五代时期开封城经历的变故较多；其二，五代时期的开封城人口密集，房屋租赁业发达，房租屋税成为城内民众经济活动的重要组成部分；其三，或因开封城内空间有限，政府机构、官员且有大量承租民间屋舍的状况。这一情形尚且持续到北宋时期，"大臣多不及建里第，而僦居民间"。[5]

从史料对开封城的受灾记录也能看到，城内居住的民众相当多。如表1-5

---

[1] 王力平：《关于唐后期汴乱原因的分析》，《河北学刊》1987年第5期。

[2] 按，五代时期开封作为中原王朝都城的时间较长，在此驻守的禁军应唐时要多；在商业方面，至迟在后周之前，开封已存在了西、南、北三个市场（《旧五代史》卷108《苏逢吉传》、卷109《李守贞传》），而唐代的长安有东西二市，洛阳为三市，但开封城市规模远较长安、洛阳小。

[3]《旧五代史》卷46《唐末帝本纪》上，中华书局，1976年，第632页。

[4]《旧五代史》卷81《晋少帝本纪》1，中华书局，1976年，第1071页。

[5]（宋）陈绎：《新修东府记》，（明）李濂撰，周宝珠、程民生点校：《汴京遗迹志》卷15《艺文》2，中华书局，1999年，第266页。

中的"开运元年（944年）七月"条，一次大雷雨竟然"震死数百人"；"广顺二年（952年）七月"大风雨引发的城市内涝，更是"坏墙屋不可胜记"。

三、五代后期皇帝、官宦对开封城市环境的感知

虽然开封城内的普通民众才是对城市环境最直接的感受群体，但五代史料中的相关内容极少，笔者不得不把考察视角转向具有雄厚物质条件的社会上层，特别是皇帝、官宦，他们对生活舒适度的追求在史书中有所反映。

1．皇帝

五代后期，开封作为王朝都城的地位稳定下来，皇家开始在城外修造庄园。皇帝频繁游幸庄园，作为亲近自然山水、愉悦身心的重要方式。笔者对五代后期诸皇帝游幸城外庄园略作统计，如表1-7所示。

表1-7　五代后期诸皇帝游幸开封城外庄园统计表

皇帝①	时间②		大年庄③	南庄	西庄	各年次数
后晋末帝	天福八年（943年）	二月	④	1		3
		七月		1		
		九月	1			
	开运三年（946年）	二月		1		3
		五月	1			
		八月		1		
后周太祖	广顺元年（951年）	一月			1	8⑤
		三月		2		
		四月		1		
		五月		1		
		六月			1	
		八月			1	
		十二月			1	
	广顺二年（952年）	三月		1		2
		十二月			1	
	广顺三年（953年）	一月		2		7
		二月		1		
		三月		1		
		八月		1		
		十月		1	1	

皇帝①	时间②		大年庄③	南庄	西庄	各年次数
后周世宗	显德元年（954年）	七月		1		2
		八月		1		

说明：①此表以皇帝自发地游幸汴州城外庄园为统计原则；②以后晋出现皇帝游幸汴州城外庄园为始，止于显德三年（956年）正月周世宗扩建汴州罗城；③"大年庄"仅出现于后晋一朝，之后再未见诸记载，或因废弃及更名所致；④表中空格，实指0次，笔者有意将"0"舍去；⑤广顺元年（951年）十一月，后周太祖"命王峻出征晋州，帝幸西庄以伐之"，为其特殊情况下对西庄的临幸，未予统计。

资料来源：两《五代史》之"后晋""后周"本纪。史料中未见后汉诸帝对开封城外庄园的游幸，笔者推测可能是契丹攻灭后晋时有所损毁，而后汉王朝持续时间不长，对城外庄园并未加以有效地修缮。

　　后晋末帝两年游幸城外庄园6次，时间分布相对均匀，应属于正常的休闲娱乐活动。

　　游幸庄园最多的莫过于后周太祖，三年内游幸达17次。史料显示，周太祖执政时或囿于政府财力，表现出颇为节俭的执政作风[1]。面对开封城内日益攀升的人口数量和相对有限的空间，他选择了频繁游幸城外庄园以改善居住环境。这固然是权宜之计，但也流露出周太祖本人对开封城市居住环境不佳的消极应对。广顺三年（953年）周太祖"自入秋得风痹疾，害于饮食及步趋。十二月，帝朝享太庙，左右掖以登阶，俯首不能拜而退。显德元年（954年）正月，帝祀圜丘，仅能瞻仰致敬而已。"[2]周太祖不久即驾崩了。风痹，中医学指因风寒湿侵袭而引起的肢节疼痛或麻木的病症。广顺三年（953年）秋、冬开封都有降雨天气，九月的阴霾对疾病的治疗也较为不利，加之开封城内本来就人口密集，疾疫容易扩散传播，极有可能成为周太祖身体恶化的一大诱因。

　　周世宗柴荣在位期间游幸开封城外庄园的次数并不多，共2次，这是因为：其一，他长期在外征战，居于开封的时间相对较少；其二，他在显德三年（956年）增筑了罗城，开封城市面积扩大了4倍，在扩城前加以规划，"富于市政设计观念"[3]，城市环境有了一定程度的改善。其实在周太祖时，柴荣就对日益狭迫的开封城市空间很有感触："太祖尝令世宗诣（范）质，时为亲王，轩车高大，门不能容，世宗即下马步入。及嗣位，从容语质曰：'卿所居旧宅耶，门楼一何小哉？'因为治第。"[4]因为按照常理，宅第之门的大小与面临街道的宽窄存在对应关系。而周世宗在镇守澶州时，就对其州城进行过整治，"先是，澶之

[1]《旧五代史》卷111、卷113《周太祖本纪》2、4，中华书局，1976年，第1468、第1503页。
[2]《资治通鉴》卷291《后周纪》2，中华书局，1956年，第9496-9499页。
[3] 梁思成：《中国建筑史》，百花文艺出版社，2005年，第417页。
[4]（宋）王君玉编：《国老谈苑》卷1，《丛书集成补编》，商务印书馆（上海），1936年，第5页。

里弄隘，公署毁圮，帝即广其街肆，增其廨宇，吏民赖之"[1]，这也为日后扩建开封城积累了经验[2]。

2. 官宦

享有特权的官宦阶层，不甘于城内府第有限的面积以及由此带来的不够适宜的居住环境，进而采取了诸如城外置园、侵占邻舍、异地置第等方式，以便为自己和家人营造一个更为适宜的居住环境。

（1）城外置园

相对而言，官宦在开封城外修造私园，需要有雄厚的经济实力及显赫的政治地位，并非普通官吏所能为之。

后晋朝中重臣杜威、桑维翰就是这样的显例：开运三年（946年）二月"壬午，（少帝）幸南庄，命臣僚泛舟饮酒，因幸杜威园，醉方归内"。[3]而桑家的私园应不止一处，契丹南下攻破开封城时，桑氏已死，"戎主厚抚其家，所有田园邸第，并令赐之。"[4]

（2）侵占邻舍

后晋少帝时，"以杨光远东京第赐之（李守贞）。守贞因取连宅军营，以广其第，大兴土木，治之岁余，为京师之甲。"[5]后汉时，作坊使贾延徽受宠于汉隐帝，"与魏仁浦为邻，欲并仁浦所居以自广，屡谗仁浦于帝，几至不测。"[6]

李守贞、贾延徽二人凭借皇帝对其本人的宠信，为扩大自己的宅第面积可谓处心积虑，这固然有其贪婪、虚荣的成分，但在一定程度上也体现出他们改善生活环境的迫切程度。

（3）洛阳置第

由于洛阳较开封的城市面积大，且政治、经济、文化地位在五代后期不及开封重要，在此置办宅第的成本小很多，城居环境相比开封则要舒适。如此一

---

[1]《旧五代史》卷114《周世宗本纪》1，中华书局，1976年，第1510页。
[2] 按，据《旧五代史》卷128《王朴传》，柴荣镇守澶州时，朝廷以王朴为记室（参军），这是一掌章表、书记、文檄诸事的文职，从后来周世宗增筑开封罗城时对王朴的重用来分析，整治澶州城之事极有可能是王朴具体主持的。
[3]《旧五代史》卷84《晋少帝本纪》4，中华书局，1976年，第1114页。
[4]《旧五代史》卷89《桑维翰传》，中华书局，1976年，第1168页。
[5]《旧五代史》卷109《李守贞传》，中华书局，1976年，第1438页。按，民宅与军营杂处，也是五代时期开封城市空间高效利用的佐证。
[6]《资治通鉴》卷289《后汉纪》4，中华书局，1956年，第9438页。

来，洛阳自然而然地成为朝中官宦致仕后颐养天年的一大选择。这样的例子很多，如后晋时的梁文矩、郑韬光[1]，后周时的安叔千、王守恩[2]等。

还有一点或更值得关注，那些从外地入朝的官宦对开封城市环境的感知，也是反映开封城内状况的一面镜子。在史籍中，不乏因对开封城市环境不适应而在短期内染疾死亡的例子，如后晋时的刘处让，于天福八年（943年）二月随少帝从邺都返回开封，寄居于封禅寺，遇疾当月就不幸去世了[3]。后周时的王继弘[4]、张彦成[5]和李彦頵[6]也是如此，三人去世的月份与开封存在不佳天气状况（降雨、阴曀）的时间有很强的契合度，或暗示出气象因子对开封城市环境某种程度的影响。

小　结

受气候、地形、经济因素等条件制约，五代时期开封城市环境不尽理想。末期不容乐观的状况，在此前已或多或少地存在着，只是随着后晋以来都城地位的稳固，人口大量积聚，城市问题凸显出来，周世宗改善城市环境的举措，是开封城市发展的客观需要。

面对这样的城市环境，皇帝、官宦做出了不同方式的应对，如皇帝对城外庄园的游幸，官宦在开封城外建园、洛阳置第等，从而积极地寻求改善自身的生活环境。而天气对城市环境也有一定程度的影响，进而影响到个人的身体状况，这在入京的某些官宦身上有所反映。

---

[1]《旧五代史》卷 92《梁文矩传》《郑韬光传》，中华书局，1976 年，第 1217、第 1222 页。

[2]《旧五代史》卷 123《安叔千传》、卷 125《王守恩传》，中华书局，1976 年，第 1622、第 1641-1642 页。

[3]《旧五代史》卷 81《晋少帝本纪》1、卷 94《刘处让传》，中华书局，1976 年，第 1075、第 1251 页。

[4]《旧五代史》卷 113《周太祖本纪》4、卷 125《王继弘传》，中华书局，1976 年，第 1497、第 1643 页。按，王氏于广顺三年（953 年）六月入京进觐，当月遇疾而卒。

[5]《旧五代史》卷 113《周太祖本纪》4、卷 123《张彦成传》，中华书局，1976 年，第 1499、第 1622 页。按，张氏于广顺三年（953 年）七月召入开封任职，卒于十月。

[6]《旧五代史》卷 120《周恭帝本纪》、卷 129《李彦頵传》，中华书局，1976 年，第 1595、第 1701 页。按，李氏于显德六年（959 年）秋受代归阙，遇疾卒于九月。

第五节　与潮水的抗争——从钱镠"射潮"看五代时期
杭州地区居民的生存环境

历史上，浙江地区遭受的海潮侵袭相当严重。出于对安宁生活的向往，浙江有不少地名表达着当地官民在主观意识里，对海定波宁的美好期冀，如海宁、宁波、镇海、定海等[1]，并一直沿用到了今天。而在我国其他沿海省份，虽然也有类似的地名，如静海（天津）、海安（江苏），但为数不多，远无法同浙江相比。显然，浙江的这些地名，究其深层原因，应与历史上沿海海潮肆虐存在密切的关联。

浙江地区的海潮灾害，在钱塘江[2]沿岸地区表现得格外严重（见表1-8）。历史上该地区很早就有了海塘这样的工程[3]，以减轻潮汐危害、改善当地民众的生存环境。当地普通民众在和海潮长期的交流中，也逐渐萌生了从敬畏到抗争的思维转变。

表1-8　五代前后杭州地区的海潮灾害与筑塘史迹

时间（年）	地区	灾害情况	文献出处
大历八年（773年）	杭州	大风潮溢，垫溺无算	《读史方舆纪要》卷90"钱塘江"
大历十年（775年）	杭州	七月己未夜，杭州大风，海水翻潮，飘荡州郭五千余家，船千余只，全家陷溺者百余户，死者四百余人	《旧唐书·五行志》
长庆年间（821—824年）	钱塘县	石姥庙……其神石瑰，当唐长庆间江涛为患，神竭家资筑堤捍之，竟死于事……咸通中封潮王，故俗称潮王庙	《西湖游览志》卷23"石姥庙"
会昌六年（846年）	杭州	杭州刺史李播修钱塘江防潮堤	《杭州市志》第1卷《大事记》上

[1] 按，这些寄托了统治者和临海地区民众美好愿望的市县（区）名称，一般都有着较长的历史。如设置最晚的定海（1688年设），距今也有300多年历史，且其之前是从镇海（909年始设）划出的。至于海宁、宁波，都是14世纪更为今名，距今也有600多年的沿用历史。
[2] 按，钱塘江自源头始，全称为浙江，浙江下游的杭州段才称钱塘江。受历史上钱塘（唐）与杭州的密切关系，"钱塘江"的知名度逐渐提升，超过并取代了"浙江"的地理含义，故钱塘江即为浙江是较为普遍但错误的看法。为避免混淆，笔者暂定义与"浙江"同义的"钱塘江"为广义的钱塘江，而仅指杭州段的"钱塘江"为狭义的钱塘江。本书所指的"钱塘江"为狭义的钱塘江。
[3] （北魏）郦道元著，陈桥驿校证：《水经注校证》卷40《浙江水》，中华书局，2007年，第939、第971页。

时间（年）	地区	灾害情况	文献出处
咸通元年 （860年）	钱塘县	钱塘县旧县之南五里，潮水冲激江岸，奔轶入城，势莫能御……刺史崔彦曾开三沙河以决之	《海塘新志》卷3
光化三年 （900年）	杭州	浙江又溢坏民居	《读史方舆纪要》卷90"钱塘江"
后梁开平元年至乾化元年 （907—911年）	钱塘江中	罗刹石，在山之东南，横截江涛，海舶经此，多为风浪击覆……后改名镇江石，五代开平中，为潮沙涨没	《西湖游览志》卷24
大中祥符五年 （1012年）	杭州	浙江击西北岸益坏，稍逼州城，居民危之。即遣使者同知杭州戚纶、转运使陈尧佐书防捍之策。纶等因率兵力，籍梢楗以护其冲	《宋史·河渠志》
大中祥符七至九年 （1014—1016年）	杭州	江淮发运使李溥同内供奉官卢守勤按视，复依钱氏立木积石之制……时水方大溢，（大中祥符）九年，郡守马亮祷于子胥祠下，明日潮为之却，又涨横沙数里，堤遂以成	咸淳《临安志》卷31"捍海塘"
景祐三年 （1036年）	杭州	暴风，江潮溢决堤，（俞）献卿大发卒凿西山，作堤数十里，民以为便	《宋史·俞献卿传》、咸淳《临安志》卷46"俞献卿"
景祐四年 （1037年）	杭州	六月乙亥，杭州大风雨，江潮溢岸，高六尺，坏堤千余丈	《宋史·五行志·水（上）》
景祐四年 （1037年）	杭州	杭州江岸率多薪土，潮水冲激，不过三岁辄坏，（张）夏令作石堤一十二里	《四朝闻见录》，转引自《两浙海塘通志》
庆历四年 （1044年）	杭州	六月，大风驱潮，江岸土石啮去殆半	咸淳《临安志》卷46"杨偕"

说明：①本表据宋正海主编：《中国古代重大自然灾害和异常年表总集》（广东教育出版社，1992年）、陈桥驿等编：《浙江灾异简志·水灾志》（浙江人民出版社，1991年）、（清）琅玕撰：《海塘新志》（成文出版社，1970年）、咸淳《临安志》（成文出版社，1970年）等资料制作而成；②所参考史籍有关"大水""水"等灾害的表述，因难以辨别其洪水或潮水性质，有所省略。

一、本地区民众的"潮神"信仰

汹涌无羁的钱塘江潮水，虽得到了古代无数文人墨客的赞颂，但对于生活在本地区，出于生计的需要，在钱塘江沿岸开垦田地的普通民众而言，在钱塘潮面前，他们显得过于渺小了。为了应对肆虐的潮水灾害，钱塘江沿岸民众逐渐萌生了独特的"潮神"信仰。

杭州地区民众眼中的"潮神"最早是春秋末期的伍子胥。相传伍子胥出于对吴王夫差不信任自己且又妄加迫害的不满，死后化成"潮神"，肆虐于钱塘江两岸，以泄其怨愤。《越绝书》云："胥死之后……（吴）王使人捐于大江口。勇士执之，乃有遗响，发愤驰腾，气若奔马；威凌万物，归神大海。仿佛之间，音兆常在。后世称述，盖子胥水仙也。"[1]学者刘传武等研究认为，这是"第一次把伍子胥上升到'神'的位置，实为潮神之滥觞。"[2]《史记》中相关的记载是："吴人怜之，为立祠于江上，因命曰胥山。"[3]这一描述以地域的视角传达了古时当地民众对伍子胥的同情与纪念。唐后期任杭州刺史的白居易[4]延续了《越绝书》上的成说，在其《祭浙江文》中写道："谨以清酌少牢之奠，敢昭告于浙江神……以醴币羊豕沉奠于江，惟神裁之"[5]，该段文字虽然没有明言"浙江神"即为伍子胥，不过，白居易把伍子胥视为"江神"，在他的一些诗歌中是有直接反映的[6]。

北宋初期成书的《宋高僧传》有这样的一段记载："（宝）达……哀其桑麻之地，悉变为江，遂诵咒止涛神之患。一夜，江涛中有伟人……谓达曰：弟子是吴伍员，复仇雪耻者。"[7]显然，他也是把"涛神"与伍子胥相提并论了。南宋著作《锦绣万花谷》把这一传说表达得更为直白："子胥乘素车为潮神。"[8]

需要说明的是，在后世被供奉为钱塘江"潮神"的武肃王钱镠，其生活年代为唐末五代，他本人也觉得钱塘江上澎湃的大潮其实是伍子胥基于"忠愤之气"作怪的结果[9]——这足以说明，其实在宋代以前，生活在钱塘江沿岸的民众所供奉的"潮神"一直是春秋末的伍子胥。

二、钱王"射潮"

钱王即钱镠，祖籍杭州临安，五代十国时期吴越国的缔造者，谥号"武肃"。

---

[1] 袁康、袁平辑录，俞纪东译注：《越绝书全译》卷14，贵州人民出版社，1996年，第272页。

[2] 刘传武、何剑叶：《潮神考论》，《东南文化》1996年第4期。

[3]《史记》卷66《伍子胥列传》，中华书局，1959年，第2180页。

[4] 按，白居易在杭州的任职时间是822—824年。参见郁贤皓：《唐刺史考全编》卷141《杭州》，安徽大学出版社，2000年，第1983页。

[5]《全唐文》卷680《祭浙江文》，中华书局，1983年，第6957页。

[6]（唐）白居易著，顾学颉校点：《白居易集》卷20《杭州春望》、卷23《微之重夸州居，其落句有西州罗刹之谑。因嘲兹石，聊以寄怀》，中华书局，1979年，第443、第502页。

[7]（宋）赞宁撰，范祥雍点校：《宋高僧传》卷21《唐杭州灵隐寺宝达传》，中华书局，1987年，第547页。

[8]（宋）无名氏撰：《锦绣万花谷》卷5《潮》，上海古籍出版社，1991年，第58页。

[9] 钱文选辑：《钱氏家乘》卷8《遗文·射潮记》，上海书店，1996年，第193页。

唐末钱镠因追随本地军阀董昌而崛起，逐步取得了江浙地区的霸主地位，且得到了李唐的承认和加封。出于军事、政治需要，钱氏在大顺元年（890年）和景福元年（892年）两次扩建了杭州城池，尤其是景福元年（892年）的那一次，"新筑罗城，自秦望山由夹城东亘江干"[1]，把杭州城的范围扩展到了钱塘江岸，在相当程度上强化了杭州"东眄巨浸，辏闽粤之舟檝；北依郭邑，通商旅之宝货"[2]的既有繁盛局面。

钱氏取得了浙江地区的统治地位以后，境内局势趋于稳定，为何还要"射潮"呢？这自然是有其原因的：从当时杭州地区民众所处的生存环境而言，"潮神"的"逞凶"威胁颇大。钱塘江潮水"逞凶"为患主要体现在两个方面：一是潮水侵袭，"自秦望山东南十八堡数千万亩田地，悉成江面。民不堪命……目击平原沃野，尽成江水汪洋。"[3]二是新增沙岸的突然崩坍，"人坠垫溺……庶俾水反归壑，谷迁为陵。土不骞崩，人无荡析。"[4]需要指出的是，在这一轮钱塘江潮水成灾的背后，其实隐含着杭州地区民众在生存环境上的巨变——潮水淹没了开垦出来的良田，民众集聚而成的村落为潮水所漂溺——反映出从唐代后期以来杭州地区民众开始的一轮与江水争地的社会活动。杭州地区民众把此前任凭海潮泛滥的滩涂之地改造成了农田与村落，而这也成为日后潮水侵袭破坏的前提。其实就连钱镠新修筑的杭州城池也存在遭受钱塘潮侵袭的风险，这也是钱镠不得不直面潮水的社会原因。

面对"潮神"的"逞凶"，钱镠回顾了潮水成灾的历史过程及其成因："溯自唐贞观以前，居民修筑，不费官帑，塘堤不固，易于崩坍。迨后兵戈顿兴，民亦屡迁，遂废修塘之工。"而后，钱氏"虽值干戈扰攘之后，即兴筑塘修堤之举"[5]。通过这则文字可以看到，钱镠虽然在竭力表现自己为民请命、救民于水火的政绩，但从侧面也能够看出，在如何应对钱塘江潮水的侵袭上，在过去较长的岁月里并未引起官方过多的重视，或者说官方的作为并不能有效满足基层民众的现实需要，而民众所进行的努力在自然面前又显得相当无力——这成

---

[1]（清）吴任臣撰，徐敏霞、周莹点校：《十国春秋》卷77《吴越·武肃王世家上》，中华书局，2010年第2版，第1053页。

[2]（清）吴任臣撰，徐敏霞、周莹点校：《十国春秋》卷77《吴越·武肃王世家上》，中华书局，2010年第2版，第1053页，同上揭书，第1054页。

[3] 钱文选辑：《钱氏家乘》卷8《遗文·射潮记》，上海书店，1996年，第193页。

[4]《全唐文》卷680《祭浙江文》，中华书局，1983年，第6957页。

[5] 钱文选辑：《钱氏家乘》卷8《遗文·武肃王筑塘疏》，上海书店，1996年，第186页。

为统治者面临的全新问题，相应的工程与技术并不完备，官府没有有效组织人力物力修治，已有的工程设施很难发挥成效是在情理之中的事情。钱镠在建立吴越政权之后，杭州地区成为其立国的根基，如果不能有效地控制钱塘江潮水的危害，对他既有的统治势必会产生诸多不利影响，这应是他选择直面钱塘潮危害的关键动因。

开平元年（907年），钱镠被后梁进封为吴越王，进一步确立了其在浙江地区的统治地位。在危害日益加剧的钱塘潮面前，钱镠必须采取措施，以便安抚杭州地区的民心。"先是江涛汹涌，板筑不时就"[1]，因为当时正值农历八月，是"潮神"最能逞展威风之时，如何应对钱塘江潮水带来的挑战就变得相当迫切了。于是，把"潮神"当作自己宣誓威严的"箭靶"，将镇服潮神化为巩固王权的垫脚之石，成为钱氏策划其战则必胜而做的一场表演，"射潮"被推上了时代的前台。"（吴）地其俗信鬼神，好淫祀"[2]，钱镠出生在江南的杭州地区，对这一习俗应当是知之甚深的，因此在他版筑海塘以抵御钱塘潮失败之后，不得不开展了一次盛大的祭祀：

> 武肃王以梁开平四年（910年）八月筑捍海塘……版筑不就。表告于天，云：愿退一两月之怒涛，以建数千年厚业，生民蒙福。复祷胥山祠，云：愿息忠愤之气，暂收汹涌之潮。函诗一章，置海门山，以达海神[3]。

仔细体会这段祭文则不难看出，钱氏祈祷的首要对象是"天"，这与我国古代传统的观念并无二致。不同之处在于，钱氏随之又亲自告慰了作为"潮神"的伍子胥。与此同时，还把一首诗以仪式告白于海神，其目的也是希望海神能够给予自己一臂之力——暂息潮水的澎湃，使钱镠有充足的时间去修治崩塌了的海塘。在祭文中还提到了各方神怪：

> 以丙夜三更子时，属丁日，上酒三行。祷云：六丁神君、玉女阴神……镠今斋洁，奉清酒美脯，伏望神君歆鉴……射蛟灭怪，渴海枯渊，千精百鬼，勿

[1]（清）吴任臣撰，徐敏霞、周莹点校：《十国春秋》卷78《吴越·武肃王世家下》，中华书局，2010年第2版，第1085页。

[2]（宋）范成大撰，陆振岳点校：《吴郡志》卷2《风俗》，江苏古籍出版社，1999年，第8页。

[3] 钱文选辑：《钱氏家乘》卷8《遗文·射潮记》，上海书店，1996年，第193页。

使妄干。唯愿神君佐我助我，令我功行早就。[1]

在这段祭文里，有三方面的内容应该重视：其一，钱镠"射潮"希望镇服的对象不是钱塘潮，而是破坏修堤的"蛟龙"，所以称其为"射潮"其实并不妥当，应当纠正为"射蛟"；其二，在祭文中钱氏提到的众多神灵各有其职守及地位上的差异，上天是他祈祷的主要对象。钱镠认知的基础在于由他主持修治的捍海塘本是上膺天命、下顺民心的善举，却在进行时遭遇不测，因而只好求助于上天为他主持"公道"，"管束"好其下的各方神灵，不允许再来干扰他的"射潮"之举；其三，在这段祭文中钱氏还提到了诸多罕见于中原地区的神灵名号，这当然是吴越地区的传统信仰使然。不过，钱氏对这些地方神灵的告慰，仅止于期望他们不要来干扰他的"射潮"活动。总之，分析钱氏的这一段祭文，不仅看到了钱镠在修筑捍海塘失败之后所面对的困境，也折射出海塘修筑的迫切性。由于古人在认知自然力上存在诸多局限性，遭遇失败是常有的事。更重要的是，这样的失败其实也揭示了一个重要的事实：凭借人力改变自然环境，使之适应人类生存所需，并非一两项简单工程就可以一劳永逸地解决。当然，"射潮"是当时社会环境下的一种应对措施：

命将督兵卒，采山阳之竹，使矢人造为箭三千只。羽以鸿鹭之羽，饰以丹朱，炼刚火之铁为镞。既成，用苇敷地，分箭六处。币用东方青九十丈，南方赤三十丈，西方白七十丈，北方黑五十丈，中央黄二十丈……从官兵士，六千万人……命强弩五百人以射涛头，人用六矢，每潮一至，射以一矢。及发五矢，潮乃退钱塘，东趋西陵。余箭埋于候潮、通江门浦滨，镇以铁幢。誓云"铁坏此箭出。"[2]

这样的"射潮"举动实在是前无古人之举，可取之处只在于通过如此形式的虚张声势之后，的确给当地民众壮了胆识。万众一心之下修筑的捍海塘无疑取得了巨大成功，这才使得钱王的"射潮"壮举为后人传为佳话，进而钱镠也被后世供奉成了"潮神"。不过，真正发挥功效的不是"射潮"，反倒是修筑的捍海塘，其在御潮上的成功标志着当地民众在为护卫农耕而不断奋斗过程中取

[1] 钱文选辑：《钱氏家乘》卷8《遗文·射潮记》，上海书店，1996年，第193页。
[2] 钱文选辑：《钱氏家乘》卷8《遗文·射潮记》，上海书店，1996年，第193页。

得了可贵胜利。从此以后，原来的滩涂转化为少受潮水侵袭的良田，当地民众的生存环境也为之一变，进而奠定了杭州城之后的繁华。因而，"射潮"之举尽管有附会神灵信仰的迷信成分，但在现实中却也反映了人与自然在反复较量中民众努力向好意愿与作为的真谛。

三、奠定钱王"射潮"成功的社会文化根基

就史实而论，钱王"射潮"只不过是一场"作秀"罢了，这当然不足以支撑当地民众对他冠以"潮神"这样高规格的敬仰之情。其实民众有这样的意愿，主要基于他为抵御海潮侵袭而做出的积极行动，即修筑捍海塘。钱氏"按神禹之古迹，考前人之治堤，其水仍导入海。"[1]就筑塘而言，钱镠"大庀工徒，凿石填江"[2]，具体的做法是："大竹破之为器，长数十丈，中实巨石。取罗山大木，长数丈，植之横为塘，依匠人为防之制。内又以土填之，外用木立于水际，去岸二丈九尺，立九木，作六重，象易既济，未济二卦"[3]，规模可以说异常浩大，"计费十万九千四百四十缗，堤长三十三万八千五百九十三丈"[4]，对于之前"居民修筑，塘堤不固"和年久失修的状况，显然是巨大的改变。

这种在竹笼内填充石料并与椵柱相结合的筑塘固塘方法是一大创新，具有划时代的意义，更是在海塘技术史上一次质的飞跃，"筑塘以石，自吴越王始"[5]，足见这一创新型技术对后世海塘修筑的重要意义。笔者认为，其创新之处有四个方面：其一，筑堤的过程就是在竹笼内装载巨石，再用巨大的木材让其固定位置，这一方法可以说与四川都江堰宝瓶口之做法如出一辙，这与普通堤坝并不相同，因为它并不是实心堤坝，而是潮水可以从中穿行的乱石坝。因为汹涌的潮水能够穿过堤坝，所以其冲袭力在通过堤坝时被极大地消减了，这样就确保了堤坝在修成之后能够得到长期地使用并保持其牢固的状态。其二，在堤坝的背面，并不是直接靠近需要加以保护的农田，而是顺

---

[1] 钱文选辑：《钱氏家乘》卷 8《遗文·武肃王筑塘疏》，上海书店，1996 年，第 186 页。

[2]《旧五代史》卷 133《世袭列传》2，中华书局，1976 年，第 1771 页。

[3] 钱文选辑：《钱氏家乘》卷 8《遗文·射潮记》，上海书店，1996 年，第 193 页。

[4] 钱文选辑：《钱氏家乘》卷 8《遗文·武肃王筑塘疏》，上海书店，1996 年，第 186 页。

[5]（清）喀西吉善、（清）方观承等总裁，（清）王师、叶存仁督修：《两浙海塘通志》卷 20《艺文》"与杨令论萧山县北海塘书"。

着堤坝预留有二丈九尺宽的空地用作缓冲地带，在涨潮时可积聚海水，故称之为塘。这也和普通江、河之堤的修治方法不同，这样做的目的是留出一条相对较宽的缓冲地带，以便容纳溢进的多余潮水，避免潮水过多而直接冲刷到后面的农田。能意识到这一点，应该是当地民众在常年与潮水抗争中总结的经验使然。单从这一点，就足以说明钱氏所依托的地方社会文化并没有全部照搬传统的经验，而是在特定的社会文化背景下所做的非同寻常的创新。其三，如此形式的堤塘结构并非封闭式的储水塘，而是与江流、大海连为一体的水域。待潮水退去之后，存积在塘中的潮水便会自然地流入江海，继续作为空地以迎接下一次潮水的"光顾"。虽说这是在"按神禹之古迹"，但它实质上与大禹治水有着本质上的区别：不是把汹涌的潮水引入堤内，而是利用海潮落差发挥其缓冲水势的作用，这也只会是滨海地区民众才能够想象出来的创新举措。其四，外用木桩以加固海堤。据上述引文，"外用木立于水际，去岸二丈九尺，立九木，作六重，象易既济，未济二卦"，这样的技术性措施和内地的江河堤塘修筑之法也大不一样。这些木桩打在河床的水陆交界面上，涨潮时会浸泡到海水中，而退朝后又要露出水面。根据常理分析，这类木材是很容易腐烂的，很难确保它们常年保持稳固的状态。其实不然，在海陆交错地带，木桩所处的状态与在陆地上有很大差别：海水是咸水，而河水则为淡水，海水与河水的交替变换以及木材在不断地被水浸和晾干，淡水生物与咸水生物均无法在这类木桩上存活，从而使得看似容易腐朽的木材在实际被这样利用之后，反而能够长期不被腐蚀，这同样也是滨海地区民众才会积累的特有生态知识和生存智慧，钱氏只不过是把这些特有的经验加以采纳利用而已。总之，修堤的成功，不只是特定社会文化影响下的产物，也是当地民众生存智慧的结晶。钱镠作为这一历史事件的推动者和组织者，日后被民众尊为"潮神"，显然不只是感情使然，更包括了如此庞大的社会文化群体真实意愿的表达——滨海地区社会文化才是钱氏被神化的根基所在。

　　除了修筑防御潮水的捍海塘工程，钱镠为确保杭州城免受潮汐冲袭还"建候潮、通江等城门，又置龙山、浙江两闸，以遏江潮入河"[1]，确保钱塘江大潮来临时不至于漫入杭州城，避免了潮水对杭州城的威胁。此外，钱塘江中还

---

[1]（清）吴任臣撰，徐敏霞、周莹点校：《十国春秋》卷78《吴越·武肃王世家下》，中华书局，2010年第2版，第1086页。

有一巨石名叫"罗刹石"，对钱塘江航运构成了极大危害："横截江涛，海舶经此，多为风浪击覆"[1]，钱氏将"罗刹石"削"平"[2]、削低，遂在"五代开平中，为潮沙涨没"[3]。自此以后，海船可直抵杭州城，江船也可沿江顺利入海，大大改善了杭州的水运条件，对促进杭州城的发展贡献颇大。

海塘修筑后给当地民众带来了可观的利益，笔者将其归纳为两个方面：其一，奠定了杭州城繁荣的基础。"江挟海潮，为杭人患，其来已久。"[4]钱氏修成捍海塘以后，在相当程度上减轻了钱塘江大潮对杭州城的威胁，杭州城成为钱塘江流域经济、政治中心的条件更为充分了。罗刹石被削平之后，杭州城的航运条件也得到很大程度上的改善，成就了日后"舟楫辐辏，望之不见其首尾"[5]的盛况，从而大大提高了杭州城的地位——可以说，没有钱氏的诸多积极作为，就没有杭州城在五代及其后的繁荣。而如果没有滨海地区民众本土知识的积累与技术上的创新，钱氏也不可能完成其划时代的功业。

其二，有效地捍卫了杭州地区普通民众的生命财产安全，特别是保证了滨海新垦农田的日常生产。捍海塘的修治，使得"边江石岸无冲垫之失，缘堤居民无惊溺之虞。"[6]"昔之汪洋浩荡，今成沃壤平原。"[7]"久之，乃为城邑聚落，凡今之平陆，皆昔时之江也。"[8]在基本的生存安全得到有效防护之后，地区发展也就有了根本性的保障，"钱塘富庶，由是胜于东南"[9]。对于捍海塘修成后的情形，清代所修《两浙海塘通志》做了如下追记："钱氏所筑之塘，至大中祥符间遂决。"[10]由此看来，钱氏修筑的捍海塘着实牢靠，沿用了较多时间，也折射出滨海地区民众本土知识与技术所包含的科学性与合理性。

---

[1]（明）田汝成撰：《西湖游览志》卷24《罗刹石》，浙江人民出版社，1980年，第259页。

[2]《旧五代史》卷133《世袭列传》2，中华书局，1976年，第1771页。

[3]（明）田汝成撰：《西湖游览志》卷24《罗刹石》，浙江人民出版社，1980年，第259页。按，有研究表明，罗刹石的消失实为沙涨淤没，并非人为凿平，参见李志庭：《"罗刹石"考》，《浙江学刊》1995年第1期。

[4]（宋）潜说友撰：咸淳《临安志》卷31《捍海塘》，成文出版社，1970年，第324页。

[5]《旧五代史》卷133《世袭列传》2，中华书局，1976年，第1775页。

[6]（宋）潜说友撰：咸淳《临安志》卷82《六和塔》，成文出版社，1970年，第812页。

[7] 钱文选辑：《钱氏家乘》卷8《遗文·武肃王筑塘疏》，上海书店，1996年，第186页。

[8]（宋）潜说友撰：咸淳《临安志》卷31《捍海塘》，成文出版社，1970年，第324页。

[9]（清）吴任臣撰，徐敏霞、周莹点校：《十国春秋》卷78《吴越·武肃王世家下》，中华书局，2010年第2版，第1087页。

[10]（清）喀西吉善、（清）方观承等总裁，（清）王师、（清）叶存仁督修：《两浙海塘通志》卷20《艺文》"捍海塘考"。

长期以来，世人常有这样的认识：在汉文化圈的内部无论地域性的差异，任何人只要能够建功立业，都有可能被民众推上"神"榜。不过，在深入剖析钱氏创新性地修筑捍海塘的技术细节之后不难发现，滨海地区的汉族民众其实还掌握着另一套区别于内地的知识系统，并且更适应于滨海潮汐环境。钱氏所建立的功绩及其在后世所获之殊荣，其实恰是杭州地区滨海地域文化支撑下的产物。因而，对于这样的功绩和与之相关的信仰，需要结合其存在的社会文化背景来一并考量，才有助于去深化对这一史实的有效认知，也更有利于我们发掘滨海地区特有的本土知识与技术。

四、"神化"钱镠的余波

在后世神化钱镠的余波中，最有趣的莫过于造福民众的捍海塘逐渐淡出了人们的视野，而作秀式的"射潮"活动反倒成了神化钱氏的直接由头。这一情况在南宋文人的著述中已经有所体现，咸淳《临安志》载，"钱武肃王……因命强弩手数百以射潮头，又致祷于胥山祠，仍为诗一，章函钥置海门山，既而潮水避钱塘东击西陵。"[1]这段表述明显地夸大"射潮"的作用，即一经放箭潮水即刻便退了回去。

正是因为这样夸大其词的传闻容易被人传布，那么，不管其他人怎样，只要套用这一传说，都能够做到贪天功而为己用，于是表现各类镇海巫术的传闻也就不绝于书了。佛教僧徒也借此分得了一杯羹，且描述得相当离奇："钱氏有吴越时，曾以万弩射潮头，终不能却其势，后有僧智觉禅师延寿同僧统赞宁创建斯塔（六和塔）用以为镇，相传自尔潮习故道"[2]。事实上，类似的传闻还有许多，不足之处是捍海塘的功效却被相应地淹没了，反而是倡导因地制宜的康熙皇帝清醒地意识到了区域性神灵的教化作用，于是把钱氏封为"钱塘江海神"。雍正之时浙江总督李卫奉敕在浙江海宁修建海神庙，更为直接地把钱镠安置在正殿主神的位置以便接受民众的朝拜。

通过对后世一系列"造神"余波的审视后不难发现，对海神的祭祀，其实已经发生了让人目不暇接的转换。伍子胥和钱镠到底谁是"涛神"、谁为"海

---

[1]（宋）潜说友撰：咸淳《临安志》卷31《捍海塘》，成文出版社，1970年，第324页。
[2]（宋）潜说友撰：咸淳《临安志》卷82《六和塔》，成文出版社，1970年，第812页。

神"、谁为"潮神"，在历史的进程中已难以理顺了，不过，这恰是民间信仰的常态。只是区域性本土知识和技术中的常态与之有所不同罢了。这是特定区域文化成就的社会功绩，也存在着诸多的客观见证，任何人都无法篡改或加以置换。因此，民众之所以能够和愿意尊奉钱镠为"潮神"，依托的正是区域性的社会文化。而涉及的与信仰有关的传说，或许只是历史进程中起烘托作用的花絮而已。

笔者以为，杭州地区百姓对钱镠修筑捍海塘所产生的积极效果的"感激"是传说得以长存的内因；儒家文化影响之下普通民众对统治者的崇拜与敬畏是这一传说得以长期延续的动力，尤其是那些积极采取措施，改善民众生产生活环境的统治者；而汹涌澎湃的钱塘江大潮则是传说产生和"神"化钱氏的外因[1]；当然，江浙地区普通民众"信鬼神，好淫祀"的习俗也是传说能够为后人传颂的重要因子。

小　结

从表面上来看，不管钱镠称王于浙江地区，还是他成功地主持修筑的捍海塘造福于民生，甚至被后世奉为神灵，似乎都只属于钱镠个人的相关行为及其结果，其实这种看法很片面。事实上，在钱镠建功立业的过程中，滨海地区特有的社会文化在这期间发挥着极其重要的作用，特别是创新性的抵御海潮的堤塘结构是对滨海地区本土知识和技术的集中展现。因此，他在后世被尊为神灵，其实存在着深厚的社会文化基础，这一点恰是之前被经常忽略的关键问题。唐代中后期以降，农业文化在事实上已发生了深刻变化，随着经济重心的南移，从之前的主要依赖旱地农作转变为更为仰仗精耕细作的稻田经营，在江浙地区沿江、沿海的湿地滩涂被改造成农田。

在不具备体系性的圩田修筑技术之前，浙江地区民众将钱塘江潮水塑造的潮汐地带作为渔猎场所或通商古道加以利用。对稻田耕作而言，必需的生态位处于空缺状况。圩田技术一旦进入到浙江地区，也就意味着浙江地区不仅是一般性的与水争地，还有直接向海洋争地的情况发生，其难度与艰巨性

[1] 刘传武、何剑叶：《潮神考论》，《东南文化》1996年第4期。

是可想而知的。在长时段努力而成效有限的社会背景下，钱镠敢于直面汹涌澎湃的钱塘江大潮，以巫术的形式去安定民心，进而大胆地利用当地民众的本土知识与技术创建了捍海塘，使水稻控制的空缺生态位得到了有效的填补，把原先的洪泛地带改造成了良田沃野。对于钱氏家族来说，这巩固了其在当地的统治地位；对于民众而言，则开辟了千年福泽；对于海塘修筑的技术而言，则是创新了与自然力（海潮）抗争的技术能力。从这个层面来说，钱镠治潮的功绩，被后世奉为神灵，其实并不过分。但令人遗憾的是，钱镠统辖之域仅限于两浙地区，这在当时庞大的汉文化圈内，并不占主流。因而，其真实的功业被淹没，仪式性的"射潮"行为反而得到了彰显。虽然事出有因，却给我们提供了一个重大的启迪：在汉文化圈内，类似的例子俨然还有不少，正等待着我们去发掘和认知。只有客观、恰当地认识与把握特定区域的文化精华，我们才可以抚去历史的尘埃和文化偏见上的干扰，从而让那些精彩而被埋没的地域文化重放异彩。

第六节 五代时期的野犀与野象

唐中叶之后，随着北方民众不断南迁[1]，江南地区得到进一步开发，自然环境受到越来越大的人为干扰。中唐诗人吕渭曾作一诗，有"山用火耕田"[2]之句。放火开荒，必然会对野生动植物的生存造成不利影响，而稍晚，吕温通过诗歌形象地展现了这一画面：

南风吹烈火，焰焰烧楚泽。阳景当昼迟，阴天半夜赤。过处若彗扫，来时如电激。岂复辨萧兰，焉能分玉石。虫蛇尽烁烂，虎兕出奔迫。积秽一荡除，和气始融液。[3]

以此为写照，在原生态环境被人为地开发替换之后，野生动物或死亡，或流移他处。虫蛇、虎兽尚且如此，更不必说体形更大、对周边环境更为敏感的

---

[1] 周振鹤：《唐代安史之乱和北方人民的南迁》，《中华文史论丛》1987 年第 2 期；费省：《论唐代的人口迁移》，《中国历史地理论丛》1989 年第 3 辑；等。
[2] 《全唐诗》卷 307《状江南·仲冬》，中华书局，1960 年，第 3488 页。按，吕渭的生卒年为 735—800 年。
[3] 《全唐诗》卷 371《道州观野火》，中华书局，1960 年，第 4173 页。按，吕温的生卒年为 772—811 年。

犀牛、大象了。

五代时期，南方地区先后出现了吴、吴越、南汉、楚、闽等割据政权，虽呈分裂之势，但对各自区域内的独立发展也有有利的一面——大一统时期受到限制的地方积极性得以释放，原属中央的赋税归于地方，各割据政权普遍推行保境安民政策[1]，北方民众的迁入[2]——诸因素产生的合力，加速了各区域的开发进程。然而，在这一进程中，野生动物，尤其是体形庞大的野象、野犀，与人类的冲突明显增加，分布范围出现了退缩[3]。

一、五代时期野犀、野象的地域分布

对于五代时期野犀、野象的具体分布地域，史籍有些许的零星记载，难以窥其全貌。大一统时期的土贡制度是判断某一事物地理分布的重要依据[4]，故通过对比唐、宋两代犀象制品土贡地域的变化，也可大致推测出五代时期野犀、野象的分布区域。

据文焕然、何业恒梳理研究，唐代尚有15个州郡土产或土贡犀角。这15州郡分布于湘、黔、川、鄂四省的交界地区，且连成一片，为全国犀角的一个主要产区。时至宋代，仅剩邵州和衡州仍土贡犀角，说明江南的野犀正在迅速走向灭亡[5]。据最新研究，隋唐时期犀牛的分布北界大致在今四川、湖北、安徽中部一线，而宋代的分布北界为今重庆南部、湖南北部，地域范围向南有一定的退缩（见图1-2）。

---

[1] 曾国富：《五代时期南方九国的保境安民政策》，《湛江师范学院学报（哲学社会科学版）》2011年第1期。

[2] 吴松弟：《唐后期五代江南地区的移民》，《中国历史地理论丛》1996年第3辑；葛剑雄、吴松弟、曹树基：《中国移民史》第3卷，福建人民出版社，1997年，第260-265页。

[3] 文焕然、文榕生：《再探历史时期中国野象的变迁》，《西南师范大学学报（自然科学版）》1990年第2期；邹逸麟、张修桂主编：《中国历史自然地理》第7章《重要珍稀动物地理分布的变化》之《亚洲象》《犀》，科学出版社，2013年，第152-165页。

[4] 按，五代作为历史分裂时期，土贡制度虽受到一定冲击，但在各相对和平的割据政权内应有相当程度的延续。然因史料缺失相关记载，只能较多地参考大一统王朝时的相关内容。

[5] 文焕然、何业恒：《中国野犀的地理分布及其演变》，《野生动物》1981年第1期。

图例

1 ——— 战国时期以前犀分布北界
2 ——— 西汉时期犀分布北界
3 ——— 隋唐时期犀分布北界
4 ——— 宋代犀分布北界
5 ——— 清代早中期犀分布范围

资料来源：邹逸麟、张修桂主编：《中国历史自然地理》，科学出版社，2013年，第165页。

说明：3、4分别为犀在唐代和宋代的分布北界。

图1-2　历史时期犀地理分布变化略图

野象在土贡制度中反映出的地域分布不够明显，《新唐书》仅言伊州伊吾军、北庭大都护府和岭南道土贡象牙或象[1]，而史籍中对野象的记载远超过这些地域。最新研究成果显示，亚洲象在唐代分布的北界大致等同于秦岭—淮河一线，而宋代则在长江以南地区呈不规则的"M"形线，较唐代有较大程度的退缩（见图1-3）。

[1]《新唐书》卷40《地理志》4、卷43《地理志》7上，中华书局，1975年，第1046、第1047、第1095页。按，伊州和北庭大都护府土贡的象牙名为"阴牙角"，即来自印度的象牙，并非当地所出（夏雷鸣：《阴牙角与速霍角》，《西域研究》2004年第4期）。

资料来源：邹逸麟、张修桂主编：《中国历史自然地理》，科学出版社，2013年，第165页。
说明：4、5分别为亚洲象在唐代和宋代的分布北界。

图1-3　历史时期亚洲象地理分布变化略图

唐宋之间，野犀、野象的分布区域发生了一定程度的南移，尤以野象的地域变化最为显著，从秦岭—淮河一线，退缩至长江以南地区。犀牛的地域变化不太明显，但也有相应的南移。五代时期尽管无相关记载，但至少不会小于宋时的既有分布范围。

长江下游地区，野犀、野象在五代时期的浙南、闽北应有少量分布。史料记载："宝正六年（931年）秋七月，有象入信安境"[1]，"广顺三年（953年），东阳有大象自南方来"[2]。而信安、东阳位于今浙江西、中部[3]，后则史料表

[1]（宋）钱俨撰，李最欣点校：《吴越备史》卷1《武肃王》，杭州出版社，2004年，第6217页。
[2]（宋）钱俨撰，李最欣点校：《吴越备史》卷4《大元帅吴越国王》，杭州出版社，2004年，第6251页。
[3] 信安为五代时期西安（今浙江衢州市）的旧称，参见史为乐主编：《中国历史地名大辞典》"信安"词条，中国社会科学出版社，2005年，第1921页。

明，东阳地区当时已没有野生亚洲象分布，野生亚洲象从南方来，被作为一种非常事件，人们才将其捕获。由此可进一步推测，到五代时期的浙江地区西部野象已很难见到，此时野象分布北界可能已向南大大退缩，其北界可能在福建省北部的武夷山北端[1]。同时，五代时期的闽国，有向中原王朝贡献犀牛的记录[2]，表明此时的福建地区，或有一定数量的野犀生存。

长江中游北部一带，在五代时期应一直存在着野象活动。诗僧贯休曾作《秋末入匡山船行八首》，诗文中有"象迹坏沙汀，莽莽蒹葭赤"[3]之句。通读全诗，可知为写实之作。北宋初年，本地区尚有野象出没的记载，如"建隆三年（962年），有象至黄陂县，又至安、复、襄、唐州。明年十二月，于南阳县获之。"[4]以上野象所经区域，位于今湖北中部至河南西南部一带。野象能够在此活动，表明此时的江北地区，应非仅此一象[5]。而它能够在这一区域流移达一年有余，涉及过冬、采食等方面的问题，表明该区域尚属于野象可生存区域。再南的湖南、岭南地区，则一直有野犀、野象生存，宋代湖南地区有两个州向朝廷土贡犀角，而宋初也有野象在湖南出没。至于五代时期的岭南地区，由于适宜的环境与较少的人类活动干预[6]，野犀、野象且有大量分布[7]。

长江上游的巴蜀一带，五代时期野犀、野象应已极少分布。乾化二年（912年），后梁遣使至（前）蜀增进关系，赠礼中即有"玉犀腰带，通牡丹犀排方腰带一条，犀十一株"[8]。假若巴蜀地区生存着较多的野犀，后梁以犀角及制品作为礼物就难以显示出重视程度。固然同光三年（925年）后唐灭（前）蜀时，掠得"珠玉犀象二万"[9]，但更易获得的珠玉应占主要部分，何况其犀象制品中或包含后梁时的赠礼，以及前蜀通过其他途径所得。到后蜀时，史籍中已极

---

[1] 邹逸麟、张修桂主编：《中国历史自然地理》第 7 章《重要珍稀动物地理分布的变化》之《亚洲象》，科学出版社，2013 年，第 155 页。
[2]（清）吴任臣撰，徐敏霞、周莹点校：《十国春秋》卷 91《闽惠宗本纪》，中华书局，2010 年第 2 版，第 1323 页。
[3]（清）李调元辑：《全五代诗》卷 50《前蜀·贯休》4，商务印书馆（上海），1937 年，第 788 页。
[4]《宋史》卷 66《五行志》4，中华书局，1977 年，第 1450 页。
[5] 按，《宋史》卷 66《五行志》4 言"乾德二年（964 年），又有象涉江，入华容县"，明显指示了野象从江北流动至华容县。华容县位于今湖南北部，北濒长江，南临洞庭湖。
[6] 唐森：《古广东野生象琐议——兼叙唐宋间广东的开发》，《暨南学报（哲学社会科学版）》1984 年第 1 期。
[7] 南汉臣僚黄损在向高祖劝谏时曾言："陛下之国，东抵闽粤，西逮荆楚，北阻彭蠡之波，南负沧溟之险，盖举五岭而表之，犀、象、珠、玉、翠、玳、果、布之富，甲于天下。"（清）梁廷楠著，林梓宗校点：《南汉书》卷 10《黄损传》，广东人民出版社，1981 年，第 53-54 页。
[8]（清）吴任臣撰，徐敏霞、周莹点校：《十国春秋》卷 36《前蜀高祖本纪》下，中华书局，2010 年第 2 版，第 515-516 页。
[9]《旧五代史》卷 33《唐庄宗本纪》7，中华书局，1976 年，第 460 页。

少见犀象制品了[1]。宋初"雍熙四年（987年），有犀自黔南入万州"[2]，映射出野犀的分布北界彼时或已退缩至云贵高原。

二、五代时期南方对犀象的利用

五代时期南方社会对犀象的利用，可大致归为三种方式：其一，取野犀之角、野象之牙贡于中原王朝；其二，诸政权统治阶层的某种需要；其三，作为战争时的骑乘工具参与作战。

犀角、象牙制品作为我国古代社会身份的象征，主要为统治阶层所享有。汉唐大一统时期，中央王朝对犀角、象牙的需求可以通过稳定的土贡制度来实现。而五代时期，尽管全国长期维持着割据分裂之势，土贡制度受到了较大程度的冲击，但南方诸政权的统治者出于维护自身既得利益等需要，对北方的中原王朝尚有进献，而犀角、象牙占了较大比例。在南方诸国中，尤以吴越、闽进献最多（见表1-9）。当然，进献的犀角、象牙占很大部分，也有一定数量的通犀腰带及（象）笏。

表1-9　五代南方诸政权向中原王朝进献犀象统计表

割据政权	时间	中原王朝	相关贡品	资料出处
南汉	乾化元年（911年）①	后梁	犀象若干	《旧》6、《十》58
吴	同光二年（924年）②	后唐	象牙四株、犀角十株	《十》3
南唐	显德三年（956年）	后周	犀带	《十》16
	显德五年（958年）	后周	犀象若干	《旧》118
闽	开平二年（908年）	后梁	犀象若干	《旧》4
	同光二年（924年）	后唐	若干（象牙、犀珠）	《十》90
	天成二年（927年）	后唐	犀牛	《十》91
	天成四年（929年）	后唐	犀牙若干	《十》91
	天福三年（938年）	后晋	犀三十株、牙二十株	《十》91
	天福六年（941年）	后晋	象牙二十株	《十》92
	天福七年（942年）	后晋	象牙十株	《十》92

---

[1] 广政二十八年（965年）宋灭后蜀，迁其宗室入汴，后主孟昶向宋太祖进献通龙凤犀腰带一条（《十国春秋》卷49《后蜀后主本纪》，中华书局，2010年第2版，第738页）。
[2]《宋史》卷66《五行志》4，中华书局，1977年，第1450页。

割据政权	时间	中原王朝	相关贡品	资料出处
吴越	天福三年（938年）	后晋	犀带一副	《十》79
	乾祐二年（949年）	后汉	犀带	《十》81
	乾祐三年（950年）	后汉	犀带一围	《十》81
	显德五年（958年）	后周	犀带	《十》81

说明：史籍中多用"犀象""犀牙"代指"犀角与象牙"，尤其在各地进献的贡品名录中。
①南汉曾向中原王朝进献犀（角）象（牙），其时间《旧五代史》记作乾化元年（911年）十二月，《十国春秋》记作乾化二年（912年），考虑到行程等因素，所指当为同一次进献；②相关史料的某些年份在《十国春秋》中使用的是割据政权年号，笔者换算成了中原王朝年号。

　　表1-9所列内容限于建隆元年（960年）之前，而入宋后，尚有荆南[1]、吴越、清源[2]进献犀象制品的记载。以吴越为例，乾德元年（963年），（忠懿）王以"犀牙各十株"贡宋[3]；"常读宋两朝供奉录，中间称忠懿王入贡，如赭黄犀……及通犀带七十余条。"[4]当然，史籍中还有吴越向契丹贡献犀象制品的记载，体现出五代及宋初南方政权向中原王朝（及契丹）进贡犀象制品的规模之大。

　　五代时期对野犀、野象的利用，较多地体现了其在满足统治者需要方面。首先，犀象制品作为地位与财富的象征，由于统治阶层的扩大，南方诸政权统治者除将其进献中原王朝外，自身占有量或许更多。如入宋后不仅吴越忠懿王进贡了大量犀象制品，其世子惟濬等宗亲进献的相关贡品为数也相当可观[5]；南汉政权的拥有量更多，"珠贝、犀象、瑇瑁、翠羽积于内府，岁久而不可较。"[6]其次，统治者对野生动物的特殊需要。南汉后主刘鋹好行刑之术，"令有罪者搏象击虎，以为笑乐"[7]，显然，野象成了刘鋹的娱乐工具；上文提到宝正六年（931年）入吴越国信安境的野象，武肃王钱镠"命兵士取之，圈而育焉"[8]，应是将大象豢养起来，作赏玩之用。

　　在某些地区，野象被驯化后也被用于战争，尤其是在野象尚有较多数量的岭南地区。南汉在军队中设有"巨象指挥使"一职，南汉末年其在抵御赵宋的

[1]《十国春秋》卷101《荆南侍中继冲世家》，中华书局，2010年第2版，第1453页。
[2] 刘文波：《唐末五代泉州对外贸易的兴起》，《泉州师范学院学报（社会科学版）》2003年第3期。
[3]《十国春秋》卷81《吴越忠懿王世家》上，中华书局，2010年第2版，第1160页。
[4]《十国春秋》卷81《吴越忠懿王世家》上，中华书局，2010年第2版，第1184页。按，此引文为本卷末尾撰者（清人吴任臣）的评论内容。
[5]《十国春秋》卷83《吴越忠懿王子世子惟濬列传》，中华书局，2010年第2版，第1212页。
[6]（清）梁廷楠著，林梓宗校点：《南汉书》卷15《邵廷琄传》，广东人民出版社，1981年，第82页。
[7]《十国春秋》卷66《南汉余延业传》，中华书局，2010年第2版，第925页。
[8]《十国春秋》卷78《吴越武肃王世家》下，中华书局，2010年第2版，第1104页。

征伐时，一度使用驯化的大象参与战斗：

> 宋师连破昭、桂、连、贺诸州，后主署（李）承渥为都统，将兵十余万人，屯韶州之莲花峰下。岭南兵常布象为陈，凡出战，先令兵士操器械乘象前进，每象辄载十数人，以鼓士气。至是，宋帅潘美集劲弩射象，象不能当，率奔踶反走，乘象者皆倾侧坠地，自相蹂躏，军遂大溃。[1]

从"布象为陈（阵）"来看，南汉方面参战的大象数量应不在少数。"常"字更体现出岭南人驯化野象参与战争已有较多的实践经验。

三、五代南方诸政权进献犀象制品的来源

据表1-9与其他相关史籍，南方诸政权中，拥有（含占有、进献）犀象制品最多的为南汉、闽（清源）、吴越，较少的有吴（南唐）、荆南及（前、后）蜀。那么，他们的这些犀象制品从何而来？一般情况下，南方的犀角、象牙与其制品或源自本地土产，或为对外贸易所得。当然，政权间的彼此馈赠，也是一种来源方式，如后梁之于前蜀。只是这类情况见之于记载的不多，难作具体的查证。

上文已述，长江上游的巴蜀地区，五代时期的野犀与野象已极少分布。成书于宋太宗时期的《太平寰宇记》记载南州、夷州、费州尚且土产犀角及象牙，然而三地位于今重庆西南端和贵州北部，均在前（后）蜀辖境之外。考虑到雍熙四年（987年）有野犀自黔南进入万州后"民捕杀之，获其皮角"的命运，加之本地区对外贸易的交通条件不够理想，前蜀"珠玉犀象二万"的积累除后梁赠予外，对本地区本就稀少之野象、野犀的捕杀应是其主要来源。

荆南政权所持有的犀象制品，仅见于入宋后其进献的象牙，数量不详（应不会很多）。考虑到五代宋初该地区为野象可能生存的区域，而复、安、襄等州毗邻荆南辖境，宋初且有野象游走于此，荆南应有在本地域捕杀野象的可能性。同时，荆南地理位置优越，"南汉、闽、楚皆奉梁正朔，岁时贡奉，皆

---

[1]《十国春秋》卷65《南汉李承渥传》，中华书局，2010年第2版，第914页。

假道荆南。"[1]而高氏借此一方面重视发展对外贸易，有犀象制品流入也尚属可能[2]；另一方面又"常邀留其（南汉、闽、楚）使者，掠取其物"[3]，还向周边的南汉、闽、后蜀"称臣，盖利其赐予"，颇有利于犀象制品的获取。楚国的诸多条件与荆南相近，辖境不仅有野象分布，对外贸易也是其获得犀象制品的重要途径：

> （衡阳）王性恶而好货，海商有鬻犀带者，直数百万，昼夜有光，洞照一室，王杀商而取之，逾月光遂灭。[4]

据文焕然研究，开平二年（908年）左右之后，长江下游已无野象[5]。而吴国辖域不仅仅局限于长江下游，今之江西、湖北东部尚在其境内，南唐时甚至扩疆至福建西部。因此，吴（南唐）国曾进献的犀象制品，或来自本国南方土产[6]。当然，吴（南唐）国还有获得犀象制品更为便利的途径：其一，在征伐闽、楚政权过程中获得。楚、闽辖境直到宋代尚有野象分布，其当权者应持有一定数量的犀象制品。而随着两政权为南唐所灭，相关财富也必然会归于胜利一方。其二，无论是江都（扬州）还是江宁（金陵），均为长江沿线重要港口，外商至此贸易当不在少数，在其载运的货品中，应或多或少地带有犀象制品。

吴越国在五代宋初进献于中原王朝的犀象制品为数不少，而本地区野犀、野象已比较少见，其获取途径应更多地来自对外贸易。吴越"平（钱塘）江中罗刹石"[7]，有力地改善了杭州的航运条件，至忠懿王时已是"舟楫辐凑，望之不见其首尾。"[8]同时，本时段吴越国内的明州（今浙江宁波）也是重要的对外贸易港口，向南可达东南亚、阿拉伯地区[9]。

[1]《新五代史》卷69《南平高从诲世家》，中华书局，1974年，第859页。
[2]《江陵志余》云："清泰间，（弥勒瑞像）随吴商叶旺船至荆登岸"，表明五代时期荆南和长江下游的吴国等凭借长江已有较多贸易联系（《十国春秋》卷101《荆南文献王世家》，中华书局，2010年第2版，第1441页）。
[3]《新五代史》卷69《南平高从诲世家》，中华书局，1974年，第859页。
[4]《十国春秋》卷68《楚衡阳王世家》，中华书局，2010年第2版，第949页。
[5] 文焕然：《再探历史时期的中国野象分布》，《思想战线》1990年第5期。
[6] 按，上文提及宝正六年（931年）有野象入吴越国信安（西安）境，查今天衢州周边的地形地貌，可推断出该野象很有可能从江西信州一带流入。这样一来，也间接指示了江西东部尚有野象存活（或从湖南等地流入）。
[7]《旧五代史》卷133《钱镠传》，中华书局，1976年，第1771页。
[8]《十国春秋》卷89《契盈传》，中华书局，2010年第2版，第1290-1291页。
[9] 李小红、谢兴志：《海外贸易与唐宋明州社会经济的发展》，《宁波大学学报（人文科学版）》2004年第5期。

闽国（清源）可谓进献犀象制品最多的割据政权（势力）。福建在五代宋时尚有较多数量的野象分布，如漳州漳浦县，"素多象，往往十数为群"[1]。而广顺三年（953年）进入吴越国东阳县的野象，且"自南方来"。应该说，闽国的犀象制品多来自对本区域内野犀、野象的捕杀。相应地，野犀、野象的分布地域向南退缩，而清源割据势力偏隅福建东南部，进献的犀象制品也应多源于本地土产。当然，泉州作为该地主要的对外贸易口岸，也为东南亚、南亚等地犀象制品的输入提供了便利[2]。入宋后，清源军数次进献的犀角、象牙更多，尤其是象牙，数次都达千斤[3]，远超本地的供应[4]，舶来的比例应占绝大部分。

南汉地处岭南，辖境基本涵盖了今天的广东、广西和海南岛。上文已述，由于自然条件适宜，加之人类对本地区的开发程度较低，野象、野犀有大量分布。南汉统治者占有的大量犀象制品，应是通过对本地域野象、野犀的捕杀所得。一方面，通过这一途径获取犀角、象牙更为容易；另一方面，广州为历史时期我国南方"海上丝绸之路"的重要港口，五代时南汉且能够承唐代贸易之盛，成为外贸致富之国[5]，海外犀象制品输入应有一定数量。然而，南汉刘氏又颇好聚敛宝货，如中宗时"阴令巨舰指挥使暨彦赟以兵入海，掠商贾金帛"[6]，必然会影响到正常贸易的进行。

四、影响五代时期犀象分布的其他因素[7]

对野犀、野象的捕杀是影响其分布最直接的方式，而相应地，除捕杀外，政治、气候、社会开发、海外贸易等因素，也直接或间接地影响着五代时期野犀、野象的地域分布。

---

[1]（宋）彭乘辑撰：《墨客挥犀》卷3《潮阳象》，中华书局，2002年，第306页。

[2] 刘文波：《唐末五代泉州对外贸易的兴起》，《泉州师范学院学报（社会科学版）》2003年第3期。

[3]《宋史》卷483《陈洪进传》，中华书局，1977年，第13961页；（清）徐松辑：《宋会要辑稿》第199册《蕃夷》7，中华书局，1957年，第7842-7844页。

[4] 按，据刘文波一文统计，入宋后，清源节度使共进献象牙一万三千斤［开宝九年（976年）七月的两千斤未统计在内］，考虑到只有雄象才生有象牙，若全部为本地土产，闽南野象必将遭遇灭顶之灾，那么，漳州漳浦县在宋代"多象"的史实也就难以成立。显然，这种假设是不成立的。

[5] 曾昭璇、曾新、曾宪珊：《论中国古代以广州为起点的"海上丝绸之路"的发展》，《中国历史地理论丛》2003年第2辑。

[6]《十国春秋》卷59《南汉中宗本纪》，中华书局，2010年第2版，第856-857页。

[7] 按，由于岭南地区野犀、野象在五代时期仍有较大的密集度，其地域分布应基本未变，故在此不做探讨。

1. 政治因素

犀象制品，历来为统治阶层所占有，尤其是最高统治者及其宗亲。五代时期的南方，脱离了北方王朝的统辖，诸多割据政权的涌现使得统治阶层骤然增多，加之对中原王朝较为频繁地进献、政权间的交聘，对犀象制品的需求增加，由此必然会推动南方地区民众对野犀、野象的捕杀，这种情形，远甚于大一统时期的土贡制度，野犀、野象在某些地区的南退也就成为必然之势。比如吴越国，早期进献的犀象制品或源于其对本地区野犀、野象的捕杀[1]，但五代中后期，面对从南方流移而来的野象，已表现出足够的珍视。

2. 气候因素

野犀、野象喜温暖气候，对温度有较高的要求，北方地区的驯养活动，在冬天不得不通过专门措施才能有所维持[2]。而五代时期的气候冷暖变化，表现出相当的不稳定性（见表1-10），这对南方地区的野犀、野象，尤其是那些活动于靠近分布最北界一带的个体是极为不利的。

表1-10　五代时期极端天气统计表

时间①	相关史料	文献出处
开平元年（907年）五月	荆南高季昌进瑞橘数十颗，质状百味，倍胜常贡。且橘当冬熟，方今仲夏，时人咸异其事	《旧》3
乾化二年（912年）二月	敕曰："今载（洛阳等地）春寒颇甚，雨泽仍愆"	《旧》7
贞明五年（919年）七月	（吴越与吴）战于无锡，时久旱草枯……（苏州）大旱，水道涸	《资》270
长兴三年（932年）三月	（杭州等地）大雪	《十》78
长兴三年（932年）七月	武安静江节度使马希声以湖南比年大旱，命闭南岳及境内诸神祠门，竟不雨	《资》278
天福四年（939年）五月至闰七月	（金陵等地）不雨	《十》15
天福五年（940年）十一月	（后）唐主欲遂居江都，以水冻，漕运不济乃还	《资》282

---

[1] 按，"追求犀銙的热潮，自唐至五代持续了近三百年。这是我国犀牛生存史上的第二次厄运。直到北宋，才兴起'玉不离石，犀不离角，可贵者金也'之说，转以金銙为尚。可是这时犀牛在我国大部分地区已经绝灭了。"引自孙机：《古文物中所见之犀牛》，《文物》1982 年第 8 期。按，銙，音 kua，3 声，腰带饰物，即带扣版（《辞源》，商务印书馆，2009 年修订本纪念版，第 3472 页）。

[2] 吴宏岐、党安荣：《唐都长安的驯象及其反映的气候状况》，《中国历史地理论丛》1996 年第 4 辑。

时间[①]	相关史料	文献出处
天福六年（941年）正月	青州奏，海冻百余里	《旧》79
天福八年（943年）	春夏旱，秋冬水，蝗大起……南逾江、淮……草木叶俱尽	《资》283
乾祐三年（950年）十二月	潭州大雪，平地四尺	《资》289
广顺三年（953年）七月	（后）唐大旱，井泉涸，淮水可涉，饥民度淮而北者相继	《资》291

说明：①为梳理方便起见，笔者统一将史籍中的南方政权年号换算为中原王朝年号。括号内为笔者依据《中华日历通典》（王双怀主编，吉林文史出版社，2006年）换算的公历时间。

资料来源：张德二主编：《中国三千年气象记录总集》第1册，凤凰出版社、江苏教育出版社，2004年；费杰：《历史文献记录的唐五代时期（618—959AD）中国气候冷暖变化及其与火山喷发的关系》，硕士学位论文，中国科学院研究生院，2003年。

时至宋初，气候趋暖，野象有向北流动的记录，这表明气候带的北移与同时期野象北界的北返是吻合的[1]。

3. 社会开发因素

社会开发程度越大，人类活动对自然环境的影响就越深刻。我国古代为农耕社会，一般把社会开发等同于开荒种田，开发的对象或为河湖岸边的沼泽，或为山地森林，这一现象在唐末的南方地区已有发生（如前引诗文）。对沼泽、森林地带的开发，必然会引发其原有自然生态的变化，首当其冲的即为大型动物。

以五代时期的湖南地区为例，位于今湖南芷江的奖州，唐时还比较落后，能够土贡犀角[2]，五代石处温任刺史时，"广事耕垦，常积谷数万石，前后累献军粮二十余万石"[3]，该地域得到很大程度的开发，进而造成了野犀的迁移。唐时土贡犀角的湖南地域广布于中西部，北宋时仅剩下了最南的邵、衡两州。

与之形成鲜明对比的是岭南地区，之所以直到宋代尚且有大量的野犀、野象生存，很大程度上在于其社会开发程度相对较低，得到较好开发的仅限于兴王府（今广东广州）等局部区域。据唐森研究，迟至唐五代时，广东地区由封建官方主修的水利工程项目，依旧保持着仅仅打破了零的一项纪录（甘溪，汉

[1] 文焕然：《再探历史时期的中国野象分布》，《思想战线》1990年第5期。
[2] 《新唐书》卷41《地理志》5，中华书局，1975年，第1074页。
[3] （宋）路振撰，连人点校：《九国志》卷7《后蜀石处温传》，齐鲁书社，2000年，第92页。

或吴时所开，唐代疏浚后可行舟、溉田，南汉时广其为甘泉苑）。入宋后，水利事业才得以快速开展[1]。同时，南汉于开宝四年（971年）归宋时，有民众170 263户[2]，若考虑其辖境仅涵盖广东、广西、海南岛（实际辖域面积较三省区陆地面积略大），则平均每平方千米不足2人[3]，远低于野犀、野象所能承受的最大人口压力[4]。

4. 海外贸易因素

海外贸易也是南方政权获得犀象制品的重要方式，然而受史料限制，只能推测五代后期至宋初南方割据政权（或势力）如吴越、清源，其进献的犀象制品应绝大多数来自海外贸易所得。可以说，这在很大程度上弥补了部分区域内对野犀、野象产品的巨大需求，进而降低了民众对本区域野犀、野象的捕杀动力。这种情况在宋代表现得更为突出，从中也可反推五代时期的相关情形。

宋初，相继在广州、杭州、明州设置市舶司，大量进口海外的犀象制品，并实行政府专买[5]，以至于太平兴国年间（976—984年），由三佛齐、勃泥、占城舶来的犀象、香药珍异品已经充盈中央府库[6]。相对而言，国内"广之属郡潮、循州多野象，牙小而红，最堪作笏"[7]，可塑性或较之舶来的象牙差，而宋代政府对舶来品尚且"择其良者……苦者恣其卖"[8]，在犀象制品的选择上

---

[1] 唐森：《古广东野生象琐议——兼叙唐宋间广东的开发》，《暨南学报（哲学社会科学版）》1984 年第 1 期。

[2]《十国春秋》卷 60《南汉后主本纪》，中华书局，2010 年第 2 版，第 873 页。

[3] 按，人口按每户 5 人计算，总计 851 315 人。三省区陆地面积依据《辞海》第 6 版（上海辞书出版社，2009 年）"广东省""广西壮族自治区""海南岛"相关数据（分别为 17.64 万平方千米、24 万平方千米和 33 825 平方千米），最终结果为 1.89 人/平方千米。

[4] 王振堂等研究认为，犀牛种群承受的人口压力阈值小于 4 人/平方千米；孙刚等人研究认为，20 人/平方千米是我国野象生存可耐受的最大人口压力阈值。详见王振堂、许凤、孙刚：《犀牛在中国灭绝与人口压力关系的初步研究》，《生态学报》1997 年第 6 期；孙刚、许青、金昆、王振堂、朗宇：《野象在我国的历史性消退及与人口压力关系的初步研究》，《东北林业大学学报》1998 年第 4 期。

[5]《宋史》卷 186《食货志》下 8，中华书局，1977 年，第 4558-4559 页。

[6] 转引自张洁：《宋代象牙贸易及流通过程研究》，《中州学刊》2010 年第 3 期。按，三佛齐为 7—13 世纪印度尼西亚苏门答腊古国；勃泥，我国古代对文莱（东南亚加里曼丹岛北部）的称谓；占城乃越南古国，在今越南中南部。

[7]（宋）李昉等编：《太平广记》卷 441《畜兽·杂说》，中华书局，1961 年，第 3604 页。按，此文或有传抄唐人段公路所撰《北户录》卷 2《象鼻炙》（《中国风土志丛刊》，广陵书社，2003 年）之嫌，其文为"广之属城循州、雷州皆产黑象，牙小而红，堪为笏裁，亦不下舶上来者。"全览两文，段文的域外野象视野仅及供御随国（今东印度境）、日南（今越南中南部），推测唐时输入我国的象牙多来自周边区域，野象生存的环境、品种相差不大，也就有了"亦不下舶上来者"的看法。而李文的域外野象视野上至狒林（东罗马帝国）、大食（阿拉伯帝国），表明宋时从更远外域舶来的象牙，在社会消费层面上或已达到了优于本土所产象牙的状况。

[8]《宋史》卷 287《李昌龄传》，中华书局，1977 年，第 9652 页。

也更为偏向海外产品从而降低了对境内犀象制品的需求。

小　结

　　承接唐代，五代初期的南方地区，野犀、野象的分布范围较广，在数量上且有一定的规模。然而，五代处于历史分裂期，南方涌现了诸多割据政权，统治阶层的骤然增多，加之对中原王朝的进献，使得社会对犀象制品的需求大增。南方区域的开发，在一定程度上也加速了南方地区野犀、野象的南退。至五代末至北宋初，海上贸易蓬勃发展，海外犀象制品的大量输入，有效地弥补了土产犀象制品对统治阶层供应上的不足。

第二章

宋代的环境与社会（上）

第一节　两宋环境史概说

宋代是中国历史上一个十分特殊而又耐人寻味的朝代，它既创造了绚丽的经济、文化成就，又有着屈辱的对外关系与军事斗争，宋代历史上诸多谜一样的问题吸引着众多研究者进行探寻。宋代历史发展的一个显著特色就是"变"，即从唐代中期开始至宋代，中国社会在政治、经济、文化、军事等领域均发生了巨大的变化。宋代的自然环境及宋人与环境的关系亦出现了很大的嬗变，引起了学界的关注和研究。目前，学界已认识到自然环境在很大程度上参与到宋代社会发展及演变的进程中，并深受其影响。环境史研究是以探讨历史上人类与自然的互动关系为主旨，既考察人类影响下的自然环境的变迁，又研究自然因素对人类活动造成的影响。本章拟以宋朝统治区域内民众的生产、生活与生态环境的互动关系为主要考察对象，以对生态系统（包括人类社会本身）产生重大影响的自然和人文事件为线索，探讨宋人与生态环境相互作用的过程、机制和影响。

在具体的研究中，本章的主要思路是——采用将宋代的重大环境事件与生态区域相结合的方式，探讨环境事件与生态区域的内在关系。本章并不把宋代统治区看作是一个均质的、一成不变的整体，而是划分为几个既彼此联系、相互影响，又具有较大差异和自身生态特征的生态区域，并探寻生态区域内典型环境事件与社会发展进程之间的互动关系。每个环境事件的产生（或发生）都脱离不开特定的生态区域，而每个生态区域都有其独特的生态特性，以及由此产生的环境事件。需要指出的是，本章所言的生态区域并不像行政区划那样具有明确的界限，而是依据各区域生态要素的特征和差异所做出的概要划分。本章大致将宋朝统治区划分为华北区（黄河下游）、西北边区（主要是黄河上游地区）、河东区、东南平原区（主要为长江下游地区）、东南山区、岭南区等几个生态区域。

　　同时，我们也认识到环境事件的发生及其影响往往不是孤立的，区域环境事件的发生常与整体的时代背景有着错综复杂的联系，其影响也常常是牵一发而动全身。在经济方面，宋廷为加强中央集权而实行财赋转运制度，在地方设置转运使和发运使，依据地方所产将各类钱粮财货收聚中央，京师（东京、临安）也因此成为巨大的消费中心和物质能量（主要指粮食、原材料、能源等）流动中心。以京师为中心的物质能量流动则为各地的有机联系建立了纽带，从而使各个区域与京师构成一个整体。物质能量的生产、流动、转化是人类社会存在和发展的前提，而人类社会对物质能量的生产、加工、转化则是联系人类与自然交往的桥梁[1]。在本章的研究中，生态区域的划分与财赋转运区是大致重合的，如西北边区林木资源丰富，是三门白波发运司转运木材和燃料入京的职能区；东南平原区农业发达、粮食富足，是江淮发运司转运漕粮入京的职能区。宋朝设立的财赋转运区是以该区域内物产的富集程度为基础，而一个生态区域盛产何种物产则是由当地的自然条件所决定的。

　　在环境史研究领域存在这样一种倾向，即过分关注由人类活动引发的负面环境效应，似乎人类的开发活动总是难以避免地造成对环境的"破坏"，而生态环境自身的修复能力和自净能力则被忽视。在"破坏"思维和语境的支配下，一部分学者也易于去探寻那些因人类活动影响而出现恶化的自然环境变迁，以及这种变迁对人类社会造成的负面影响。具体到宋史研究领域，一提到森林采伐就联想到水土流失、环境质量下降；一提到江南水乡的农业开发就联想到围湖垦田、水利破坏；一涉及山林开发就想到乱砍滥伐与植被破坏。虽然这样的推论也有一定的道理，但是却忽视了生态过程的复杂性和多样性，陷入简单机械的因果对应关系之中，不利于我们进一步探讨人类社会与生态环境相互作用

[1] 该研究思路深受王利华先生在环境史研究中提出的"物质能量基础论"（王利华：《浅议中国环境史学建构》，《历史研究》2010年第1期；又见王利华：《徘徊在人与自然之间——中国生态环境史探索》，天津古籍出版社，2012年，第68-69页）观点启发，谨表谢忱。

的复杂机制。从生态伦理角度而言，我们并不完全主张"生态中心主义"，没有人类活动的纯自然对人类而言是没有意义的，亦非环境史研究的主旨所在。环境史研究在肯定自然环境的价值和作用的同时，还要兼顾人类的利益与福祉，并为协调人类与自然环境的共同利益提供历史经验。在这里笔者十分赞同王利华先生在环境史研究中引入的"人类生态系统"概念[1]，"人类生态系统"概念是将人类社会看成是一类以人的行为为主导，以自然环境为依托，以资源流动为命脉，以社会体制为经纬的自然—社会—经济复合生态系统。"人类生态系统"是由社会系统和自然系统组成的统一体，其核心思想是反映人类与环境的统一，追求人与自然的和谐发展。在"人类生态系统"中人与周遭的生态环境是相互依存、彼此互利的共生关系。

本章的撰写将立足于宋人与环境的双向互动，探寻人与环境相处的有益模式。但唯物辩证法告诉我们，事物矛盾双方是既对立又统一的。在人类社会发展进程中，因缺乏合理规划和制度管理，不免有时会付出一定的生态代价，而自然环境对人类的反馈也并不总是友好的，还包括生态危机与惩罚。尽管如此，我们不能因噎废食，放弃社会发展而一味寻求保护所谓"原生态环境"。我们应以"了解之同情"[2]的态度来探讨宋人改造环境的进程，理解宋人（尤其是与环境更多直接打交道的下层民众）与自然环境相处的不易，尊重宋人在改造和利用环境中所付出的努力与所取得的成就。这就要求我们将以往环境变迁研究中，晦暗不明、若隐若现的"地域人群"作为重要的研究与观察对象——他们既是环境的改造者，又是环境变化的承受者，只有将地域人群凸显出来，才能更好地理解人类社会与自然环境的互动进程，也更符合环境史研究的理论诉求。本章所言的"地域人群"是指与特定区域自然环境相结合的人类群体，文中地域人群的划分是与生态区域划分相结合，每个生态区域都有其相对特定的、"有血有肉"的地域人群。环境史研究要从各地域人群的社会发展阶段、经济水平、生活地域、民族习惯等方面，考察他们所处阶段所展开的活动，及其与所处自然环境的互动关系。

---

[1] 参见王利华：《生态环境史的学术界域与学科定位》，《学术研究》2006 年第 5 期；又见王利华：《徘徊在人与自然之间——中国生态环境史探索》，天津古籍出版社，2012 年，第 31-34 页。
[2] 此语来自陈寅恪《冯友兰中国哲学史上册审查报告》，全句为"凡著中国古代哲学史者，其对于古人之学说，应具了解之同情，方可下笔。"

第二节　北宋东京的木材与燃料

公元960年（后周显德七年，赵匡胤即位后改元建隆元年），后周殿前都点检赵匡胤发动"陈桥兵变"，代周建宋，是为宋太祖。建立宋王朝后，宋太祖因周旧制，奠都"东京"（又称汴京、汴梁、卞都、开封等）。东京城经过北宋历代统治者的不断营建，成为当时国内最大、最繁华的城市，也是同时期世界上首屈一指的大都市。学界一般认为东京人口最盛时超过百万[1]。作为全国的首善之区，东京城云集了皇室宗亲、官僚贵族、平民百姓、驻军及家属各色人等，史称"户口日滋，栋宇密接，略无容隙"[2]。繁多的人口、便捷的交通使东京成为一个巨大的消费中心，而其自身生产能力却十分有限，因此东京的衣食住行之需多仰各地供给。

从生态学的角度而言，城市是一个大型的人工生态系统，对外部的物质和能量具有很强的依赖性。在古代社会，木材是最重要的建筑材料，燃料是最主要的能量来源。北宋东京作为一个巨大的消费中心，对木材和燃料的消耗都是极为浩大的。东京居民（包括官僚贵族与平民百姓）消耗的木材与燃料来自何处？北宋官方是如何组织运输以及管理的？给生态环境带来了何种影响？这都是值得探讨的问题。

一、东京木材来源及其消费

在东京城的各项物资消费中，除粮食外，木材的消费地位也尤为重要。在东京城的建筑、交通（主要是车船）、手工业中，木材都是不可或缺的原材料。而东京周边地区经过历史上的长期采伐，已几乎无林可伐。北宋政府为了满足东京庞大的木材消费需求，组织大量人力、物力深入山林进行采伐，将各类木

---

[1] 学界关于北宋东京人口研究有多种结论，周宝珠在其专著《宋代东京研究》中认为"北宋东京人口最多时达150万左右"（河南大学出版社，1992年，第324页）；陈振《十一世纪前后的开封》一文认为北宋东京有120万人左右（《中州学刊》，1982年第1期，第131页）；吴涛《北宋都城东京》则认为东京人口最高时可达140万人左右（河南人民出版社，1984年，第37-38页）；而周建明《北宋漕运与东京人口》则估计相对低一些，认为"北宋东京的人口不会超过一百万"（《广西师范大学学报》1989年第2期，第66页）。虽然结论并不一致，但大体上认为北宋东京人口最多时超过100万人。

[2] （清）徐松辑：《宋会要辑稿》方域四之二三，中华书局，1957年，第7381页。

材源源不断地运往京城，这对维持东京社会经济的发展及木材供给地的生态环境都产生了重要影响。

1. 东京木材消费之概况

中国古代的建筑以木构建筑为主，大型建筑的修建往往需要耗费大量的木材。在北宋东京的木材消费中，建筑用材消耗量最为巨大，在建筑用材中又以殿阁和宫观寺院建造最为突出。北宋立国后，气象更新，宋太祖即着力于都城营建。建隆三年（962年），宋太祖下令扩建帝居所在的宫城，并依洛阳宫殿样式对宫城内的宫殿进行重新修缮。宋人叶梦得在其《石林燕语》中对这次增修大内的情况有较详细的记载：

> 太祖建隆初，以大内制度草创，乃诏图洛阳宫殿，展皇城东北隅，以铁骑都尉李怀义与中贵人董役，按图营建。初命怀义等，凡诸门与殿须相望，无得辄差，故垂拱、福宁、柔仪、清居四殿正重，而左右掖于升龙、银台等门皆然，惟大庆殿与端门少差尔。[1]

此次营缮仿洛阳宫殿建造，大兴土木，工役费时数年，至开宝元年（968年）始告成功。自此，"皇居始壮丽矣"[2]。宋太祖重修营缮大内，建造宏伟壮丽的皇宫必然会耗费大量木材，建隆三年（962年），出知秦州的高防在该州夕阳镇（今甘肃天水西北的新阳镇）建采造务，"岁获大木万本，以给京师"[3]，即当与此有关。宋太宗时，京师的土木之役有增无减，其中太宗命喻浩所修开宝寺塔用材尤多，该塔在京师诸塔中最高，塔高一十三层[4]。开宝寺塔全部为木结构建造，耗用木材十分巨大。为合理使用木材，宋太宗于天平兴国七年（982年）在东京开仁坊堂置事材场，专事"度材朴斫，以给营缮"[5]，是一个供应京师土木建设的大型官方木料作坊。太宗为满足京师建设对木材的需求，遣张平市木秦陇，"以春秋二时联巨筏，自渭达河，历砥柱以集于京。期岁之间，良

[1]（宋）叶梦得：《石林燕语》卷1，《唐宋史料笔记丛刊》，中华书局，1984年，第2页。

[2]《宋史》卷85《地理志一》，中华书局，1977年，第2097页。

[3]（宋）李焘：《续资治通鉴长编》卷3，建隆三年（962年）六月辛卯，中华书局，2004年，第68页。

[4]（宋）文莹撰：《玉壶清话》卷2，《唐宋史料笔记丛刊》，中华书局，1984年，第21页。

[5]（清）徐松辑：《宋会要辑稿》食货五四之一五，中华书局，1957年，第5744页。

材山积。"[1]张平将秦陇地区的巨木良材编成木筏，浮渭河、黄河而下，运抵东京，以供京师木材之需。

宋真宗、仁宗时，随着政局的稳定，社会经济的发展，统治者奢心大作，在都城内大兴土木工程。其中，宋真宗建玉清昭应宫将该时期的土木之役推向高潮。玉清昭应宫始建于大中祥符元年（1008年），选址于旧城北天波门外，工程竣工后，总计两千六百一十区，东西310步，南北430步[2]，规模极其宏伟，耗用木材无算。建玉清昭应宫所用木材不但来源于北方的秦陇、河东地区，而且还遍及江南诸州木材产区（下文将详述，此处不赘），其木材来源地的广泛性也从侧面体现出木材需求量之大。仁宗继承乃父遗风，崇道信佛，在位期间广修寺院宫观，一度造成木材供不用求，如天圣七年（1029年），因修造太一宫、洪福院耗材巨大，而"市材木陕西"[3]。

宋神宗熙宁七年（1074年）九月，京师三司大火，"焚屋千八十楹，案牍等殆尽"[4]。此次火灾损失相当惨重，三司衙署几乎焚毁殆尽，不得不重新修建。当月神宗就下诏："将作监检计三司地基，分布修盖，除副使、判官不置堂外，余修如故。买民居，增广地步。所用材木，令熙河采伐输运"[5]。此次宋廷重修三司，在原有地基的基础上，购买民居，进行增扩，所耗用木材需要到设立不久的熙河路采伐。

宋徽宗是一位好大喜功的皇帝，为追求享乐，粉饰太平，在东京大搞土木工程建设。徽宗在京城先后修建了玉华阁、亲蚕殿、燕宁殿、保和殿、玉清神霄宫、上清宝阴宫等众多的殿台楼阁。政和三年（1113年）春，徽宗还扩大宫城，"新作（延福宫）于大内北拱辰门外"[6]。宫南向，有延福殿、蕊珠、碧琅玕亭组成宫内的中心建筑，延福宫的东边有穆清、成平等七殿，此外东西还各有十五阁，组成一个殿阁密布的建筑群体，而修造这一建筑群所耗费的木材是难以估算的。政和七年（1117年），徽宗大建皇家园林"万岁山"（后改名"艮

[1]《宋史》卷276《张平传》，中华书局，1977年，第9405页。

[2]（宋）李攸：《宋朝事实》卷7《道释》，赵铁寒主编：《宋朝资料萃编》（第一辑），海文出版社，1967年，第284页。

[3]《宋史》卷314《范仲淹传》，中华书局，1977年，第10286页。

[4]（宋）李焘：《续资治通鉴长编》卷256，熙宁七年（1074年）九月壬子，中华书局，2004年，第6256页。

[5]（宋）李焘：《续资治通鉴长编》卷256，熙宁七年（1074年）九月乙卯，中华书局，2004年，第6261页。

[6]《宋史》卷85《地理志一》，中华书局，1977年，第2100页。

岳"），艮岳内"楼台亭馆，虽略如前所记，而月增日益，殆不可以数计。"[1]
而这些楼台亭馆的修建无疑会消耗巨量的木材。宋徽宗为满足东京土木工程对
木材的需求不得不从各地采伐、调运木材进京，甚至设河东路木植司，采伐该
路禁山林木[2]。

在东京的木材消费中，除了以宋廷为主导的殿阁和寺院宫观，官僚贵族私
人宅邸的建筑耗材也实为大宗。太祖初年，"时权要多冒禁市巨木秦、陇间，以
营私宅"[3]。其中尤以宰相赵普最为典型，"尝遣亲吏诣市屋材，
联巨筏至京师
治第"[4]。宋太祖以后周禁军将领的身份取而代之，亦恐权臣效尤，故以富贵
易权柄。权臣们失去权力后，多广拓宅邸，安享富贵，而其中一些人在修造宅
邸的时候不惜犯禁市买木材。徽宗时，蔡京、童贯、王黼等人竞相建造富丽的
宅院，如王黼第"宏丽壮伟，其后堂起高楼大阁，辉耀相对。"[5]而建造这些高
楼危阁，必然会耗费大量的木材。

北宋东京城作为当时国内最大的消费性都会，一些娱乐性设施的修建也会
消耗大量木材。东京城内遍布各种酒楼、邸店，据《东京梦华录》记载，仅在
京正店（大型酒楼）就有72家，其余脚店则"不能遍数"。大型酒楼一般都以高
层建筑之楼房作为门面房，其中"白矾楼后改为丰乐楼，宣和间更修三层相高，
五楼相向，各有飞桥栏槛，明暗相通，珠帘绣额，灯烛晃耀"[6]。如不消耗大
量木材就难以修建起这些高大壮丽的酒店。

东京城大量普通民居所消耗的木材也是难以计数的。因民居建设用材并未
纳入官方直接管理的木材购销系统，因此关于东京民居用材情况的记载甚少。
但东京城户口长期保持在10万以上，按每户一宅计，即可想见其木材消耗之巨。
此外，东京城的造船、修桥、手工业等用材也因史料记载不明，其具体木材消
耗情况难以详知，不过考虑到东京城人口众多、建造浩繁，木材消耗量当不在
少数。

关于北宋东京木材的年消费量，存世史料中的记载十分有限，不过《续资

[1]《宋史》卷85《地理志一》，中华书局，1977年，第2101页。
[2]（宋）李埴撰，燕永成校注：《皇宋十朝纲要》卷17，徽宗政和六年（1116年）九月乙卯，中华书局，2013
年，第490页。载："提举京西路常平盛勋言河东路木植司，自政和二年（1112年）秋，始被诏采伐官山林木。"
[3]《宋史》卷264《沈伦传》，中华书局，1977年，第9113页。
[4]《宋史》卷256《赵普传》，中华书局，1977年，第8933页。
[5]（宋）徐梦莘：《三朝北盟会编》卷31，靖康元年（1126年）正月二十四日庚寅，许涵度校刻本。
[6]（宋）孟元老撰，尹永文笺注：《东京梦华录笺注》卷2《酒楼》，中华书局，2006年，第174页。

治通鉴长编》卷一三九"庆历三年正月丙子条"所记："三司言在京营缮，岁用材木凡三十万，请下陕西转运司收市之。诏减三之一，仍令官自遣人就山和市，无得抑配于民。"[1]为我们了解东京木材的消耗量提供了一个大致依据。从此条记载看，仁宗庆历三年（1043年）以前，东京城每年"营缮"所耗费木材达到30万条，此后，诏减为20万条。"岁用材木"数量为三司向皇帝上报的数额，当为可信数据。那是否可据此认为东京城每年消费的木材达到30万条或20万条了呢？恐怕还不能这样认为。这些"在京营缮"木材，是由陕西转运司收市而来，由三司进行管理，显然是属于官方支配和使用的木材。30万条应属于仁宗前期大兴土木时的需求量，而20万条可能更接近常态。若以每年20万计，那么北宋167年间，仅官方的木材消耗量就达到3 300余万根。如果再加上难以统计的民间木材消费，其数量只会更多。

2. 官营木业的采伐、运输和管理

早在立国之初，北宋政府就将京师木材的供给问题放在重要位置。上揭建隆三年（962年），高防在秦州夕阳镇建采造务，"岁获大木万本，以给京师"，是史料中首次出现宋朝官方设立采木机构，采伐木材供给京师。太宗时，又在关中设都木务，遣张平市木秦陇。宋真宗时期，在陇州设三处采木务[2]。此外，其他一些木材产区还设有竹木务、木植司等名目不一的采木机构，这些采木机构因设立地点与时间的不同而名称有所差异，但"采造务"是一个比较常用的名称，故下文用"采造务"总其名。采造务的职责主要是负责木材的采伐、搬运出山以及林区的防护等事宜。

采造务中的伐木劳动主要由招募而来的兵匠承担，如高防建于夕阳镇的采造务就"募卒三百"[3]，进山采伐。这些招募而来的士卒属于厢军系统的专业生产兵，王韶在收复熙、河等州时，就曾"勒厢军采木"[4]。采造务士卒常年深入山林地带采伐、搬运木材，其劳作环境十分艰辛。应募从事采伐的士卒在通过艰苦的劳役为官府生产出大量木材的情况下，自身的境遇却难以得到改观，

[1]（宋）李焘：《续资治通鉴长编》卷139，庆历三年（1043年）正月丙子，中华书局，2004年，第3337页。

[2]（宋）李焘：《续资治通鉴长编》卷82，大中祥符七年（1014年）六月己巳，中华书局，2004年，第1881页。

[3]《宋史》卷270《高防传》，中华书局，1977年，第9261页。

[4]（宋）李焘：《续资治通鉴长编》卷235，熙宁五年（1072年）七月丙午，中华书局，2004年，第5719页。

这不能不引起他们的不满，甚至反抗，"以故贫不胜役，亡命为盗"[1]。而宋廷为了缓和采造务士卒的不满情绪，也不得不给予其某些优恤。大中祥符五年（1012年），真宗"赐秦州小洛门采造务兵匠缗钱，仍委中使王怀信具勤瘁者名闻，咸与迁补"[2]。宋廷不但赏赐采造务兵匠缗钱，而且还对勤劳或生病的士卒予以升迁。

　　各地采造务采伐的木材往往是巨木修楠，要将这些大木运往京城并非易事。当时条件下，陆运费时费力，因此各地运木材进京，都尽可能选择走水路。如上文提及张平市木秦陇时，"以春秋二时联巨筏，自渭达河，历砥柱以集于京。"可见，秦陇地区的木材采伐后，先运到渭河，然后编成筏浮渭河而下达黄河，再循黄河而入汴河，最终运抵京师。各地木材在向东京水运时，一般都编成木材纲运输，如盛勋所言河东路木植司自政和二年（1112年）秋被诏采伐官山林木时，"总得柱梁四十一万五百条有奇，为二百五纲赴京"[3]，每纲木材高达2 000条。

　　负责将木材纲运入京的主要机构是三门白波发运司。宋代各地纲运是由转运司、发运司负责运往京城，而北宋木材纲主要来自西北的秦陇地区，因此木材纲多由负责西北地区财赋转运的三门白波发运司运送。《宋会要辑稿》食货四五之一所载："三门白波发运司，有催促装纲二人，以京朝官三班充。河阴至陕州、自京至汴口，催纲各一人，并以三班以上充……又有三门白波都大提举辇运都大提举一人，同提举二人，河阴一人，三门一人，并以朝官充，掌辖三门、河阴、汾洛人般，以备辇运之事。"从这则史料中可见，白波发运司下属的催纲主要负责监运黄河至汴河这一段的纲运，陕州以上渭河河段大概是由陕西转运司负责，而都大提举、同提举主管夫役及陆路转运。北宋后期，白波发运司几乎成为木材纲的专运机构，以致时人发出"白波纲运，昔但闻有竹木，不闻有粮食"[4]的呼声。

　　在押运木材纲的过程中，官吏常犯禁走私或偷盗木材，以获取私利。如开宝六年（973年）供备库使李守信受太祖之遣，前往秦陇地区采办木材，而李守信竟与其婿、秦州通判马适串通，贪渎木材，结果被下属告发，李守信惶恐自

[1]（清）徐松辑：《宋会要辑稿》刑法二之一七、一八，中华书局，1957年，第6503-6594页。
[2]（宋）李焘：《续资治通鉴长编》卷78，大中祥符五年（1012年）八月甲辰，中华书局，2004年，第1779页。
[3]（宋）李埴撰，燕永成校注：《皇宋十朝纲要》卷17，徽宗政和六年（1116年）九月乙卯，中华书局，2013年，第490-491页。
[4]（宋）苏辙撰，李郁校注：《龙川略志》卷5《言水陆运米难易》，三秦出版社，2003年，第70页。

杀，"（马）适坐弃市，仍籍其家，余所连及者，多至破产"[1]。雍熙四年（987年）十一月，宋廷下诏指出当时由秦陇发至东京的竹木纲被盗，"多是押运使臣、纲官、团头、水手，通同偷卖竹木，交纳数少，即妄称遗失。"[2]宋政府针对押运失责及盗卖官木现象制定了严格的赏罚措施，木材运输过程中的减损由承担押运的衙前吏卒承担，"吏自渭涉河输木京师，漂没备偿及不中程者，至破家产"[3]。河水漂没或官员走私造成的木材损减被转嫁到押运吏卒身上，甚至致使押运人破产或受刑，"陕西衙前最苦者押木筏纲，无不被刑破产。"[4]押运木材纲的吏卒不但要承担繁重的劳役，而且还要冒着赔偿木材损失的风险，因此押运木材纲被视为畏途。

北宋时期，东京周边地区已基本无林可采，宋廷不得不到各地木材产区设立相关机构采伐或市买木材，以供京师需求。终北宋一代，秦陇地区始终是东京最主要、最稳定的木材供应地。唐朝"安史之乱"后，陇右一带陷没于吐蕃，此后陇右地区长期以来成为吐蕃诸部的分布地，吐蕃部落分布的东界已逾秦州（今甘肃天水）。吐蕃部落的经济生活以畜牧业为主，农业多分布在河谷地带，其居住形式以毡帐为主，对木材的利用程度不高，故汉唐时期屡遭砍伐的森林得到了较好的恢复，"熙河山林久在羌中，养成巨材，最为浩翰"[5]。此处虽仅言熙河路山林"浩瀚"，事实上，包括秦州在内的西北吐蕃分布区内森林分布是十分广泛的，且多为巨木良材，如秦州"产巨材，森郁绵亘，不知其极"[6]，为时人所称道；大、小洛门"皆巨材所产"[7]，成为宋人采伐的重要地点。秦陇地区的森林资源分布广泛而且材质优良，因而从宋太祖、太宗直到徽宗末年，一直是东京木材的主要供给地。

除秦陇地区外，河东地区也是东京木材的一个供应地，宋真宗建玉清昭应宫就曾砍伐"岚、石、汾、阴（疑为"隰"）之柏"，岚、石、汾、隰诸州位于吕梁山区，北宋时期还保存有相当数量的森林。韩琦称在仁宗嘉祐之前，"三司

[1]（宋）李焘：《续资治通鉴长编》卷14，开宝六年（973年）五月丙辰，中华书局，2004年，第300-301页。

[2]（清）徐松辑：《宋会要辑稿》食货四二之二，中华书局，1957年，第5562页。

[3]（宋）胡宿：《文恭集》卷36《志铭》，武英殿聚珍版丛书本。

[4]（宋）文彦博：《潞公集》卷17《秦陕西衙前押木筏纲》，明嘉靖五年（1526年）刻本。

[5]（宋）李焘：《续资治通鉴长编》卷310，元丰三年（1080年）十二月乙酉，中华书局，2004年，第7528页。

[6]（宋）文莹撰：《玉壶清话》卷2，《唐宋史料笔记丛刊》，中华书局，1984年，第20页。

[7]（宋）李焘：《续资治通鉴长编》卷73，大中祥符三年（1010年）四月丙寅，中华书局，2004年，第1667页。

岁取河东木植数万上供"[1]，说明在某些时段河东地区也是东京重要的木材供给地。但由于河东是宋辽间的边防重地，森林具有阻遏敌骑的作用，因而宋政府一般采取限制砍伐的措施，如宋高宗所言："河东黑松林，祖宗时所以严禁采伐者，正为藉此为阻，以捍御外夷耳。"[2]因此，河东地区对东京的木材供给并不是持续的，一般是在京师大规模建设，用材不足的情况下才去砍伐。北宋末年，徽宗在京师大兴土木建设，导致木材不足，始开放山禁伐木，即盛勋所言的"河东路木植司自政和二年秋，始被诏采伐官山林木"。此外，南方地区的两浙路、江南西路、荆湖南路等一些木材所产州县也有向东京供应木材的记载[3]，但是这类记载并不多见，说明南方地区并不是东京木材主要的供给地，只能算作一个补充。

3．东京木材消费之环境后效

宋廷为了满足东京城木材的消费需求，耗用了大量的人力、物力资源。由于东京周边森林资源已经所剩无几，因此东京城所消费的木材绝大多数来自各地的山林地带。在东京城所消费的木材中，最主要的来源地是西北边地的秦陇地区，该地区因位于吐蕃部落的分布区而保存了大片的森林资源。此外，河东的吕梁、太行山区，江南的两浙、福建、江西、湖南等地区也先后向东京城输送木材。为了向京师输送木材，各地林区采伐了为数甚众的巨木良材，这给当地生态环境带来的影响也是不能低估的。

（1）森林分布的退缩和珍贵树种的采伐

北宋东京木材消费首先会造成木材供给地森林分布的退缩，这在西北地区表现得尤为明显。普通的采伐，如采伐得当、抚育合理一般不会引起太大的负面影响。但宋廷在各林区设立的采造务等机构为完成供给京师木材的任务，采伐强度非常大。宣和元年（1119年），"朝廷有大营造"，令诸州进木，汾州却遭遇大旱，"川流涸竭，而修楠巨梓，积于汾之境内者不啻数万计"[4]。汾州因河流枯竭，丧失水运能力，致使数万根优良木材无法外运，这亦可从侧面反映出

---

[1]（宋）王严叟：《忠献韩魏王家传》卷4，明正德九年（1514年）张士隆刻本。
[2]（宋）李心传：《建炎以来系年要录》卷100，绍兴六年（1136年）四月辛酉，中华书局，2013年，第1903页。
[3]（宋）洪迈：《容斋随笔·三笔》卷11《宫室土木》，中华书局，2005年，第556页。
[4]（宋）周炜：《润济侯记》，见（明）胡谧：《（成化）山西通志》卷14《坛庙类》，民国二十二年（1933年）景钞明成化十一年（1475年）刻本。

当地木材采伐量之大。诸如此类为供给京师建造而进行的大强度采伐，往往超出了森林的自然恢复能力，导致森林分布出现了较大的退缩。如北宋初年采伐线在秦州的夕阳镇[1]，三十年后，采伐重点推移至大、小洛门（详见本章第五节），熙宁（1068—1077年）之后甚至达到熙河路一带（今甘肃省临夏市）[2]。采伐线由渭河流域逐步推进到洮河流域，除北宋控制区域扩展的因素外，还应与旧采伐点因持续采伐，致使木材供给能力不足有关。

东京城的大型土木工程多用优质木材，如玉清昭应宫，"且今来所创立宫，规模宏大，凡用材木，莫非梗楠。"[3]梗楠指黄梗木和楠木，皆是珍稀树种。采造务供输东京的木材一般都是质地优良的巨木，士卒为了获取优质木材，往往深入山林，有选择地采伐珍贵树种，长此以往，必然会造成某些珍贵树种的不断减损。同时森林是一个以乔木为主体的多层次的复杂生态群体，士卒在采伐木材时，为便于采伐难以避免地会对一些相对低矮的树木和灌丛一同砍伐。此外，采造务士卒在休息、取暖和运输的过程中也会消耗掉许多的林木。

（2）自然灾害的增加

良好的森林生态系统是社会经济发展的绿色屏障。森林具有完整的生态调节功能，在自然环境中发挥着调节气候、防风固沙、涵养水源、防止水土流失等巨大的生态效益。然而，北宋时期采造务等木材采伐机构却对森林资源进行了大强度的采伐，导致森林的生态调节功能大大减弱，一定程度上增加了自然灾害的频率。作为当时东京木材主要来源地的西北地区，水旱灾害就有明显增加，有人据《宋史·五行志》做粗略统计，宋代西北地区大小水灾几近50次[4]，较前代增加显著。

采造务的大规模采伐，加之普遍存在的垦荒、放牧，造成地表疏松，水土流失，进而还会出现地质灾害。雍熙三年（986年），"阶州福津县常峡山圮，壅白江水，逆流高十许丈，坏民田数百里。"[5]这是一次典型的山体崩塌现象，"坏民田数百里"损失不可谓不小。然而，神宗熙宁五年（1072年）华州还发生了

[1]《宋史》卷 257《吴延祚传》，中华书局，1977 年，第 8948 页。
[2] 如上揭熙宁七年（1074 年），宋神宗下令重修三司，"令熙河采伐输运（木材）"；而《宋史》卷 452《忠义传·景思忠传附景思立传》载宋军士卒在河州一带伐木，不过并不确定此次伐木是为了供给京师。
[3]（宋）李焘：《续资治通鉴长编》卷 71，大中祥符二年（1009 年）六月丁酉，中华书局，2004 年，第 1612 页。
[4] 何玉红：《宋代西北森林资源的消耗形态及其生态效应》，《开发研究》2004 年第 6 期，第 124 页。
[5]《宋史》卷 67《五行志五》，中华书局，1977 年，第 1488 页。

一次更大的山体崩塌事件，该年"九月丙寅，华州少华山前阜头峰越八盘领及谷，摧陷于石子坡。东西五里，南北十里，溃散坟裂，涌起堆阜，各高数丈，长若堤岸。至陷居民六社，凡数百户，林木、庐舍亦无存者。"[1]这些地质灾害的出现与当地采伐林木供给京师是有一定关系的，如景德元年（1004年），鲁国公主就曾"遣人于华州市木"[2]，说明华州应是京师木材的一个供给地。

东京木材消费需求，致使各地采造务等机构驱使士卒、役夫深入山林采伐，导致采伐区森林植被质量与数量的下降，森林植被消退后，水土流失加重，河流泥沙含量增加。史念海先生研究认为，唐代时，汾水相对清澈，甚至可以用来浣纱，而宋代变得相当浑浊，就只能用来淤田了[3]。而当时汾水流域林木资源的减损与河东木植司在这一带的采伐是不无关系的。而北宋时期，黄河中游水土流失的加重又是导致黄河水患频仍一个不能忽略的因素。

（3）城市火灾：东京木构建筑的处境

北宋东京是一个具有百万以上人口的大都市，"户口日滋，栋宇密接，略无容隙"，城内布满了宫殿、官署、寺观、民居等各种建筑，其中多数建筑为木构建筑。由于木料的易燃性，这些木构建筑在给东京居民提供舒适住所的同时，也带来了很大的火灾隐患。北宋时期，东京城内火灾频发，据有人统计仅大火就达44次[4]。下面略举几例损失比较惨重的火灾：

[天圣七年（1029年）六月]丁未大雷雨，玉清昭应宫灾。宫凡三千六百一十楹，独长生崇寿殿存焉。[5]

[明道元年（1032年）八月壬戌]是夜，大内火，延燔崇德、长春、滋福、会庆、崇徽、天和、承明、延庆八殿。上与皇太后避火于苑中。[6]

重和元年（1118年）九月，掖庭大火，自甲夜达晓，大雨如倾，火益炽，凡爇五千余间，后苑广圣宫及宫人所居几尽，焚死者甚众。[7]

[1]《宋史》卷67《五行志五》，中华书局，1977年，第1488页。

[2]（宋）李焘：《续资治通鉴长编》卷57，景德元年（1004年）九月丙午，中华书局，2004年，第1259页。

[3] 史念海：《黄土高原主要河流流量变迁》，《中国历史地理论丛》1992年第2辑，第33页。

[4] 周宝珠：《宋代东京研究》，河南大学出版社，1992年，第85页。

[5]（宋）李焘：《续资治通鉴长编》卷108，天圣七年（1029年）六月丁未，中华书局，2004年，第2515页。

[6]（宋）李焘：《续资治通鉴长编》卷111，明道元年（1032年）八月壬戌，中华书局，2004年，第2587页。

[7]《宋史》卷63《五行志二上》，中华书局，1977年，第1379页。

从中可看出，东京城建筑的火灾造成的损失极为惨重。城市火灾，不但造成了大量的人员死伤，而且还焚毁许多住宅，使普通百姓无家可归，而建筑物的重修或改建又会加大东京木材的消费量。如上文提及的熙宁七年（1074年）三司大火，神宗为重修三司，而令新开拓的熙河路采伐输送木材。

总之，北宋东京作为一个巨大的木材消费中心，官私各方对木材的消费需求极大。因作为帝都的特殊性，在东京的木材消费中，以宋廷主持建造的宫殿、寺观、园林等对木材的消耗量最为巨大。宋廷为确保东京的木材供给，设立各种相应机构，从全国各木材主要产区采伐、运输木材以供京师，其中西北的秦陇地区是东京最主要、最稳定的木材供给地。至北宋后期，负责西北黄河、渭河运输的三门白波发运司几乎成为专运木材的机构。而由于东京对木材的大量消耗，引起了部分木材产区的过度采伐，对生态环境也造成一定的负面影响。

二、个案分析：玉清昭应宫的木材来源及其消耗

玉清昭应宫又简称为"昭应宫"或"玉清宫"（以下除标题外，简称昭应宫），建于宋真宗大中祥符年间（1008—1016年），是真宗朝最为引人瞩目的一项土木工程，该宫的建设规模浩大、耗材良多，对时局产生重大影响。以往的研究多将昭应宫的建设与宋代道教发展，及其在国家祭典中的作用相联系，认为昭应宫的玉皇祭典"保存着独立的道教性质并与郊祭礼形成分庭抗礼的局面"[1]，主要关注点集中在上层政治层面。然而作为一项超大型土木工程，在昭应宫建设中所体现出人与森林及土地等自然资源的互动亦需引起我们的关注。

1．玉清昭应宫的建设

宋廷建设昭应宫的直接原因是为供奉"天书"。"澶渊之盟"后宋朝国内迎来了久违的和平环境，为宋廷的政治文化重建，强化赵宋皇权的合法性与权威性提供了契机。宋真宗在王钦若等人的怂恿下，发起一场"天书封祀"运动，伪造天书降临，并东封泰山，西祀汾阴，而这场运动的高潮和实际举措就体现在昭应宫的建设上。

---

[1] 吴铮强、杜正贞：《北宋南郊神位变革与玉皇祭典的构建》，《历史研究》2011 年 5 期，第 47 页。

　　宋廷下诏修建昭应宫的时间是在大中祥符元年（1008年）四月，是月"丙午，诏于皇城西北天波门外作昭应宫以奉天书，命皇城使刘承珪、入内副都知蓝继宗典其役。"[1] 但事实上，此时真宗君臣正忙于泰山封禅，而无暇付诸行动。实际的动工时间是在大中祥符二年（1009年）四月，该月"乙亥，以三司使丁谓为修昭应宫使，翰林学士李宗谔为同修宫使，皇城使刘承珪为副使，供备库使蓝继忠（宗）为都监，筑印给之。"[2] 其中丁谓以善于理财著称，在泰山封禅活动中供给甚为得力，且对真宗修宫观持支持态度，因此被真宗委以修宫重任，成为主要的修宫负责人（见图2-1）。

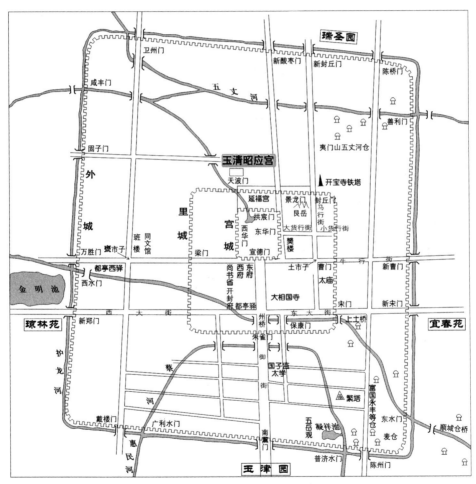

说明：本图以周宝珠所著《北宋东京研究》（河南大学出版社，1992年）"图一 北宋东京图"为底图改绘而成。

图2-1　北宋东京及玉清昭应宫区位示意图

[1]（宋）李焘：《续资治通鉴长编》卷68，大中祥符元年（1008年）四月丙午，中华书局，2004年，第1534页。

[2]（宋）李焘：《续资治通鉴长编》卷71，大中祥符二年（1009年）四月乙亥，中华书局，2004年，第1602页。

做好人事安排后，紧接着就是土木石料的准备与地基筑造。修宫石料主要采自郑州贾谷山，大中祥符二年（1009年）四月"昭应宫言：'郑州贾谷山采修宫石段，辇载颇难，望遣使计度自汴河运送。'从之"[1]。由于石料笨重，因此宋廷采用了以汴河水运的方式运输。当月"辛丑，知秦州杨怀忠言本州采木，请开疆百里，召地主给以茶彩"[2]。此次秦州采木之主要目的就是为供给昭应宫的建设需求，而为了顺利采伐木材甚至要开疆拓土。在地基筑造方面更是劳费颇大，因昭应宫址"多黑土疏恶"，而不得不"于东京城北取良土易之，自三尺至一丈有六不等，日役工数万"，由于要先垫三尺至一丈六尺的地基，劳役甚重，真宗乃命三司以空船给昭应宫运土，并且浚治河道，"自新城北壕舟运，由广济河入旧城"[3]。

昭应宫工役浩大，参与修建人员众多，不但有厢军、禁军，还有各地征调的工匠，"凡役工日三四万，发京东西、河北、淮南州军，调诸州工匠，每季代之。"[4]宋代设立的厢军本身就是承担各类杂役的地方军，在昭应宫建设中亦主要由厢军参与，除厢军外，部分禁军也参与到工程修建中。在兴工之初，"殿前、侍卫司言虎翼以下禁军，愿赴昭应宫效力。从之，令别定添给，频与换易"[5]。其后，大中祥符二年（1009年）七月，宋廷"诏昭应宫隶役禁军，自今每月更代，厢军及冬并休息之。初，禁军每季一易，上欲均其给赐，复有是命"[6]。宋代禁军一般不参与工程建设，此次修宫有相当数量的禁军参与，由此也可见工役规模之大。军队之外，各地的能工巧匠也应征赴役，江淮发运使李溥与修宫使丁谓为邀宠，"尽括东南巧匠以附会帝意"[7]，即征括东南地区的能工巧匠参与昭应宫的建设。

督修昭应宫的官员为了加快工程进度，采取各种方式增强劳役强度。如修宫使丁谓"欲速宫成，请三伏不赐休假"，此举遭到宰臣王旦的反对，最终朝廷采取折中方式，诏"修昭应宫役夫，三伏日执土作者，悉罢之。自余工徒，如

[1]（宋）李焘：《续资治通鉴长编》卷71，大中祥符二年（1009年）四月乙亥，中华书局，2004年，第1603页。
[2]（宋）李焘：《续资治通鉴长编》卷71，大中祥符二年（1009年）四月辛丑，中华书局，2004年，第1603页。
[3]（宋）李焘：《续资治通鉴长编》卷71，大中祥符二年（1009年）六月辛丑，中华书局，2004年，第1617页。
[4]（宋）李攸：《宋朝事实》卷7《道释》，赵铁寒主编：《宋朝资料萃编》（第一辑），文海出版社，1967年，第282页。
[5]（宋）李焘：《续资治通鉴长编》卷71，大中祥符二年（1009年）四月癸丑，中华书局，2004年，第1605页。
[6]（宋）李焘：《续资治通鉴长编》卷72，大中祥符二年（1009年）七月癸丑，中华书局，2004年，第1624页。
[7]（宋）李焘：《续资治通鉴长编》卷78，大中祥符五年（1012年）八月丙午，中华书局，2004年，第1779页。

天气稍凉，不须停作。"[1]即使三伏天仍然没有完全放弃工役。更甚者是夜晚都不辍工，"初料功须十五年，令以夜继日，每绘一壁给二烛，遂七年而成。"[2]日夜不辍的兴工令工期比原先预计缩短一半以上。但沉重的劳役致使一些督修官员都不忍视，"西染院使谢德权初预修宫，德权患其劳役过甚，日与同职忿争不能制，遂求罢。"[3]规制宏伟的昭应宫是在修宫兵卒、役夫沉重的劳役下建成的。

昭应宫规模宏大，耗费颇巨，宋廷为满足修宫所需的各项物料，从全国各地广泛搜求，采伐木石之处遍及京东西、陕西、淮南、江南、两浙、荆湖等路[4]，深入山林采伐搬运，劳费无算，如王曾所言："自经始以来，庀徒斯广，辇他山之石相属于道途，伐豫章之材，远周于林麓。累土陶甓，挥锤运斤，功极弥年，费将巨万。"[5]可见，宋政府几乎是竭全国之力以修昭应宫。

昭应宫在北宋朝野上下的全力营建下，于大中祥符七年（1014年）十月，终于毕功，"宫宇总二千六百一十区"[6]，"东西三百一十步，南北四百三十步"[7]。规模极为宏大。昭应宫有宫殿门名超过五十所，"其中诸天殿外，二十八宿亦各一殿。梗楠杞梓，搜穷山谷；璇题金榜，不能殚纪；朱碧藻绣，工色巧绝；薨栱栾楹，全以金饰；入者惊恍褫魄，迷其方向，所费巨亿万，虽用金之数，亦不能会计。"[8]如此壮丽的宫宇不知要耗费多少人力、物力资源。

2．玉清昭应宫的建筑材料来源与供给

昭应宫作为一项大型土木工程，在建设过程中要耗费大量的木材、石料、砖瓦，而且对修宫物料质量也有很高的要求，这不是一地之力所能供应的，因而宋廷不得不从全国各地广为搜求。宋人洪迈在《容斋随笔·三笔》中将昭应宫所用木材及土石漆铁诸物的产地一一列出：

　　大中祥符间，奸佞之臣，罔真宗以符瑞，大兴土木之役，以为道宫。玉清

---

[1]（宋）李焘：《续资治通鉴长编》卷72，大中祥符二年（1009年）六月丁酉，中华书局，2004年，第1611页。
[2]（宋）李焘：《续资治通鉴长编》卷83，大中祥符七年（1014年）十月甲子，中华书局，2004年，第1899页。
[3]（宋）李焘：《续资治通鉴长编》卷72，大中祥符二年（1009年）六月丁酉，中华书局，2004年，第1611页。
[4]（宋）佚名编：《宋大诏令集》卷179《政事三十二·令采木石处建道场设醮诏》，中华书局，1962年，第648页。
[5]（宋）李焘：《续资治通鉴长编》卷71，大中祥符二年（1009年）六月丁酉，中华书局，2004年，第1612页。
[6]（宋）李焘：《续资治通鉴长编》卷83，大中祥符七年（1014年）十月甲子，中华书局，2004年，第1899页。
[7]（宋）李焘：《续资治通鉴长编》卷71，大中祥符二年（1009年）六月己酉，中华书局，2004年，第1617页。
[8]（宋）田况：《儒林公议》卷上，明刻本。

昭应之建，丁谓为修宫使，凡役工日至三四万，所用有秦、陇、岐、同之松，岚、石、汾、阴之柏，潭、衡、道、永、鼎、吉之梌、楠、楷，温、台、衢、吉之梼，永、澧、处之槻、樟，潭、柳、明、越之杉，郑、淄之青石，衡州之碧石，莱之白石，绛州之班石，吴越之奇石，洛水之石卵，宜圣库之银朱，桂州之丹砂，河南之赭土，衢州之朱土，梓信之石青、石绿，磁相之黛，秦、阶之雌黄，广州之藤黄，孟泽之槐华，虢州之铅丹，信州之土典，河南之胡粉，衡州之白恶，郓州之蚌粉，兖泽之墨，归、歙之漆，莱芜、兴国之铁。其木石皆遣所在官部兵民入山谷伐取。又于京师置局化铜为鍮、冶金薄、锻铁已给用。[1]

　　洪迈所举诸物均为各地名产，但《容斋随笔》毕竟具有笔记小说的性质，所记是否为史实，尚需其他史料的印证。昭应宫殿宇高阔宏伟，所用木料皆是优质良材，然而东京所处的华北地区经过历史时期长期伐斫，早已无大木可采，建昭应宫所需木材要到西北边地的秦陇及南方诸州林区采伐。其中，地处西垂的秦州自北宋开国以来就是京师木材的重要供给地，昭应宫动工伊始，知州杨怀忠即着手开采秦州西境吐蕃部落控制的木材资源，此后宋政府频频在秦州的大、小洛门一带采木，大中祥符五年（1012年）正月，真宗"遣内供奉官王怀信、侍禁李宴诣秦州小洛门置寨采木，令秦州以骑兵百人，步军五百人防从"[2]。该年八月，真宗又"赐秦州小洛门采造务兵匠缗钱，仍委中使王怀信具勤瘁者名闻，咸与迁补"[3]。真宗之所以派遣亲近侍从到秦州采木，并赏赐、升迁伐木兵匠，就是为了伐取边地的优质木材供给昭应宫建设需求。至于河东路所属岚、石、汾、阴（疑为"隰"）等州是否贡木京师的昭应宫建设，缺乏其他史料的直接记载，不过考虑到仁宗时韩琦曾言："三司岁取河东木植数万上供"，因此《容斋随笔》所记"岚、石、汾、阴之柏"供给昭应宫建设应当是可信的。

　　南方诸路亦有多个出产林木的州军向昭应宫供给木材，这些州军多分布在两浙、江南、荆湖等路的山林地带。大中祥符四年（1011年）七月，宋廷"诏奖淮南、江、浙、荆湖制置发运使李溥，两浙转运使陈尧佐，荆湖南路转运使孙冕，知温州胡则，知郴州袁延庆，知濠州定远县王仲微，以规画供修玉清昭

[1]（宋）洪迈：《容斋随笔·三笔》卷11《宫室土木》，中华书局，2005年，第555-556页。
[2]（宋）李焘：《续资治通鉴长编》卷77，大中祥符五年（1012年）正月甲申，中华书局，2004年，第1751页。
[3]（宋）李焘：《续资治通鉴长编》卷78，大中祥符五年（1012年）八月甲辰，中华书局，2004年，第1779页。

应宫材木无阙故也"[1]。朝廷诏奖这些官吏是因为他们将本部出产的木材运送京师供修宫之用的缘故。

各地供给建昭应宫所需木材以官办为主，由地方官府派遣厢军和役夫入山采伐，如《容斋随笔》所言"其木石皆遣所在官部兵民入山谷伐取"，然后搬运出山，再循河流运送上京。此外为了扩大木材来源，宋廷也鼓励商人入中木材，如大中祥符二年（1009年）六月，规定："商贾入官木在路税算，悉蠲免之，官收市者，即赐给直，无得抑配。"[2]通过免税、优给其值的方式从民间获取更多的木材供昭应宫建设之需。

建昭应宫之木材皆为巨木良材，若依靠陆路长途运输多有不便，因此各地木材运输进京都尽可能地依靠水路进行。西北秦陇、河东地区的木材就是依靠渭河、汾河运到黄河，然后再循黄河入汴河转运进京。这一路线开辟时间很早，如前述太宗时张平运秦陇木材入京，"以春秋二时联巨筏，自渭达河，历砥柱以集于京"。负责这一路线运输的管理机构为三门白波发运司，"三门白波发运司，有催促装纲二人，以京朝官三班充。河阴至陕州、自京至汴口，催纲各一人，并以三班以上充"[3]。三门白波纲运实行分段设官，各司其职。

南方诸州的木材运输主要依靠运河和长江航运进行，各地采伐木材后，搬运至长江各级支流，然后顺流而下进入长江，再循长江进入运河（淮南运河及汴河），最后抵达京师。负责该路线运输的主要是江淮制置发运使，时任江淮发运使的李溥在真宗建昭应宫过程中表现十分得力，不但因供木无缺获得真宗嘉奖，而且还挖空心思地搜集奇木怪石上贡朝廷，迎合真宗追求富丽奢华的心理。

木材运输进京，路途遥远，水运条件复杂，负责押运的下级官吏和水手在长途运输中，不但要承受风霜劳苦，而且还面临着赔偿路途损失的风险。大中祥符六年（1013年）四月，宋政府重定"山、平河亏失筏木条格"，规定："筏头以一筏为准，团头、纲副、监官、殿侍以一纲为准，山河以笞，平河以杖，筏头、团头以家赀偿官，不足则杖之，殿侍杖而勿偿。"[4]若筏木失损，负责押运的筏头、团头等不但要承担损失，甚至还要遭受杖罚。因而宋政府不得不采取一些奖励性措施，以提高其劳役积极性，如大中祥符三年（1010年）四月，

[1]（宋）李焘：《续资治通鉴长编》卷76，大中祥符四年（1011年）七月庚辰，中华书局，2004年，第1728页。
[2]（宋）李焘：《续资治通鉴长编》卷71，大中祥符二年（1009年）六月己酉，中华书局，2004年，第1617页。
[3]（清）徐松辑：《宋会要辑稿》食货四五之一，中华书局，1957年，第5594页。
[4]（清）徐松辑：《宋会要辑稿》食货四二之四，中华书局，1957年，第5563页。

"壬子，诏两浙路赴京木筏职员、军士月给缗钱。"[1]

修昭应宫所用石料来源亦较为广泛，据李攸《宋朝事实》载："其石则淄郑之青石，卫州之碧石，莱州之白石，绛州之斑石，吴越之奇石，洛水之玉石。"[2]文中所列均为各地助修昭应宫之名石。但因石料质重，长途运输实非易事，所以修宫所用石料还是以邻近京师的京东、京西等路供给为主，如上揭昭应宫修建之初，于京西路所属之郑州贾谷山采修宫石段。其后京东路的莱州掖县（今山东莱州市）也成为石料的一个重要来源地，大中祥符七年（1014年）十一月，昭应宫建成后，朝廷因掖县采玉石供给之劳，而减免当地赋税，"莱州掖县采玉石处，免夏税什之三，他县什之二"[3]，莱州供石的重要性可见一斑。至于石料运输，贾谷山是利用汴河水运，而莱州掖县则因附近没有通航水道可资利用，运石方式很可能是辇运至广济河，然后再利用水运抵达京师。

3. 玉清昭应宫修建之环境影响

昭应宫建设旷日持久，耗费之人力、物力难以计数，给生态环境造成的影响也是显著而深远的。首先，最直接的影响就是过度消耗了林木资源。昭应宫建设过程中，各出产木材的州军为足额供给建宫之需，进行的高强度采伐是历史上所不多见的。

北宋时，平原地带已经难觅大木良材，各地采木一般都要入山谷伐取，采伐对象以优质树种为主，"楩楠杞梓，搜穷山谷"。在此次大规模伐木过程中，采伐强度相当大，如"温州雁荡山天下奇秀，然自古图牒未尝有言。祥符中因造玉清宫伐山取材，方有人见之"。[4]雁荡山本是林木郁闭、人迹罕至的山林，因造昭应宫，进入深山采伐，此山方现于世人面前。随着木材采伐的推进，山谷中的林木不断后退，仁宗曾对辅臣言到："比来诸处营造，内侍直省宣谕，不由三司，而广有支费，且闻伐山采木，山谷渐深，辇致劳苦。"[5]这里所讲的"比来诸处营造"主要就是指大中祥符年间以昭应宫为主，包括景灵宫、会灵观、祥源观等四宫观的建造，而"山谷渐深"则说明采伐林木不断向深谷推进。

[1]（宋）李焘：《续资治通鉴长编》卷73，大中祥符三年（1010年）四月壬子，中华书局，2004年，第1662页。
[2]（宋）李攸：《宋朝事实》卷7《道释》，赵铁寒主编：《宋朝资料萃编》（第一辑），文海出版社，1967年，第284页。
[3]（宋）佚名编：《宋大诏令集》卷180《政事三十三·玉清昭应宫成德音》，中华书局，1962年，第651页。
[4]（宋）沈括撰，金良年点校：《梦溪笔谈》卷24《杂志一》，上海书店出版社，2009年，第200页。
[5]（宋）李焘：《续资治通鉴长编》卷100，天圣元年（1023年）三月甲辰，中华书局，2004年，第2318页。

关于建昭应宫所消耗的木材数量，由于史缺有间，难以详知。上揭庆历三年（1043年）三司所言的在京营造所用木材数量可为我们提供一个大致参考："三司言在京营缮，岁用材木凡三十万，请下陕西转运司收市之。诏减三之一，仍令官自遣人就山和市，无得抑配于民。"真宗修昭应宫耗用木材量之大，以致出现"山木已竭，人力已尽"[1]的局面，当不会比庆历三年（1043年）之前"岁用材木凡三十万"少，昭应宫实际修建时间约有六年，该段时间昭应宫是宋廷最主要的一项土木工程，进京木材主要用于昭应宫建设，"余材始及景灵、会灵二宫观"[2]。若保守地以二分之一计，六年时间当有约百万根木材用于修建昭应宫，其数量不可谓不大。

而北宋政府为修宫所采伐的林木要远大于实际修建所耗费的木材量，因为除了在运输途中的损耗外，在砍伐过程中还会有大量的树木被毁坏。士卒和役夫在采伐时，虽以巨木良材为直接目标，但在深入山林的过程中会有很多不合式的树木被砍伐用作燃料或运输的辅助材料，甚至直接被焚烧以开辟道路、驱赶野兽，这些被人为毁掉的树木是难以估算的。正是在这种高强度的砍伐下，时人发出了"山木已尽"的感叹。

森林是生态系统中重要的一环，具有涵养水源、防风固沙、调节气候、净化环境、保护生物多样性等多种生态效益，其中森林涵养水源主要表现在截留降水、补充地下水、抑制蒸发、缓和地表径流等，对抑制干旱有显著作用。若森林遭到过度采伐，将会导致地表径流难以蓄积，水分蒸发加快，突出表现为干旱加剧。而古语有言"久旱必有蝗"，干旱往往会与蝗灾联系在一起，蝗虫是一种喜欢温暖干燥的昆虫，干旱的环境有利于它们繁殖、生长发育和存活，而且蝗虫必须在植被覆盖率低于50%的土地上产卵，若一个地方植被茂密，没有裸露的土地，蝗虫就很难繁衍。

昭应宫建成不久后的大中祥符九年（1016年）、天禧元年（1017年），接连两年出现有宋一代所罕见的蝗灾与旱灾。此次蝗灾首次见于记载是在大中祥符九年（1016年）六月甲申，是日李士衡言："河北螟虫多不入田"[3]。紧接着就是包括开封府在内，河东、淮南、京东、京西、河北诸路的蝗灾相继出现[4]。

[1]（宋）李焘：《续资治通鉴长编》卷108，天圣七年（1029年）七月己丑，中华书局，2004年，第2529页。
[2]（宋）田况：《儒林公议》卷上，明刻本。
[3]（宋）李焘：《续资治通鉴长编》卷87，大中祥符九年（1016年）六月甲申，中华书局，2004年，第1993页。
[4]（宋）李焘：《续资治通鉴长编》卷87，大中祥符九年（1016年）七月乙卯，中华书局，2004年，第1999页。

与此同时，各地的旱情也到了非常严重的地步，八月戊子，宋廷"诏以旱罢近臣社日饮会，又罢秋宴。"[1]直到进入九月后出现降雨，各地蝗旱灾害才稍有缓解，"诸州蝗旱，今始得雨，方在劝稼，所宜省事。常制务假，其更延一月。八年（1015年）以前婚、田未得受理，俟丰稔如故。凡诸处营造悉罢之。"[2]朝廷为缓解蝗旱灾害造成的压力，而停罢京师的诸处营造工程。

然而天禧元年（1017年），蝗旱灾出现进一步加重的趋势。入春以后，各地久旱不雨，蝗蝻滋生，是年五月"丙辰，开封府及京东、陕西、江淮、两浙、荆湖路百三十州军，并言二月后蝗蝻食苗。诏遣使臣与本县官吏焚捕，每三五州令内臣一人提举之。"[3]此次出现蝗旱灾情的开封府及京东、陕西、江淮、两浙、荆湖诸路恰是供给修昭应宫所需木石最主要的几个路，这并不是简单的巧合而已。蝗旱灾害的发生是多种因素综合作用导致的，虽不能将其简单归咎于修昭应宫引起的植被资源过度消耗，但因修宫而造成的植被资源大面积减损至少成为蝗旱灾害的重要诱发因素，而且修宫所造成的人力、物力、财力损耗，还在很大程度上制约了救灾力量的投入，赈济和防治不力又导致蝗旱危害程度进一步加重。

昭应宫是一项劳民伤财的大型土木工程，真宗为修建此宫耗费甚大。修昭应宫采木石处几乎遍及全国各地，其中木材主要采自陕西、河东、两浙、江南、荆湖诸路，石料主要来自京东、京西路。木石资源的采伐、运输成为当时各地方官府和百姓的一项沉重负担，损耗了大量的人力、物力资源。昭应宫是满足统治阶层政治文化建设所需的一个道具，对下层百姓来说并无实际的意义，但却让他们承担了沉重的劳役负担乃至各项赋税。

建造昭应宫给当时的生态环境造成严重的负面影响，作为一座皇帝亲命修建的大型皇家宫观，该宫建设对木材的消耗量极大，为了满足建设需求，各地进行了大规模的采伐。在宋代平原地区森林所剩无几的情况下，为采伐木材往往要深入深山老林，对山地地区森林植被的消耗相当大，而森林植被的过度采伐又易引起旱蝗灾害，大中祥符九年（1016年）、天禧元年（1017年）接连出现严重的旱蝗灾害，与大中祥符年间昭应宫等宫观的建设有密切的联系。

[1]（宋）李焘：《续资治通鉴长编》卷87，大中祥符九年（1016年）八月戊子，中华书局，2004年，第2006页。
[2]（宋）李焘：《续资治通鉴长编》卷87，大中祥符九年（1016年）九月丁巳，中华书局，2004年，第2016页。
[3]（宋）李焘：《续资治通鉴长编》卷89，天禧元年（1017年）五月丙辰，中华书局，2004年，第2061页。

三、东京的燃料供给与消费

燃料是人类日常生活中必不可缺之物，对维持人类社会的发展和进步具有难以替代的作用。然而对中国古代城市而言，一般却不具有燃料的自我生产能力，大多要依赖周边乡村的供给。北宋东京作为一个云集了百万人口的大型消费城市，其燃料需求必然十分浩大。东京的燃料来源于何地？如何组织运输？以及燃料消费对东京居民日常生活的影响，都是值得探讨的问题。

1. 北宋前期东京的燃料来源与供给

在北宋前期，东京的燃料消费以柴薪和木炭为主，柴薪与木炭的来源极为广泛。东京周边诸河流大多承担着一定的向京师运送柴炭的功能，天禧四年（1020年），宋廷在诏令中称准许江淮、两浙、荆湖五路"部纲殿侍"携带家属随行，"其惠民、石塘、广济、黄、御、蔡河押薪炭者望令准例"[1]，这说明惠民等六条河流均可运送一定数量的柴炭至京师。其中经黄河，入汴河至东京的运输路线承担着大部分京师的柴炭供给，《文献通考》载，治平二年（1065年），"京西、陕西、河东运薪炭至者，薪以斤计，为一千七百一十三万；炭以秤计，为一百万。"[2]陕西、河东运薪炭至京师均是由黄河入汴河，京西的薪炭则可通过汴河直接运往京师。上文中我们已述及，陕西、河东是东京主要的木材来源地，而事实上，这两路同样也是东京燃料的重要供给地。《宋史》卷九三《河渠志三·汴河上》在提到汴河的漕运功能时，称"又下西山之炭薪"，此处的"西山"主要就是指陕西、河东两路的山林地带。而且我们已知陕西、河东两路是东京主要的木材来源地，而这两路运往京师的，损坏及不中式的木材也会被用作燃料，如淳化四年（993年），"夏四月，有司调退材给东窑务为薪"。[3]其他地区中，京东路也是东京较为重要的燃料供给地，《宋会要辑稿》刑法二之九七中提到"朝廷比令六曹寺监条具逐岁抛科，物色多不尽实闻，即令京东所科买，如泗水上供绵、木炭及燕山丝之类"，所谓"泗水上供绵、木炭"应是指京东路

---

[1]（宋）李焘：《续资治通鉴长编》卷95，天禧四年（1020年）三月戊寅，中华书局，2004年，第2186页。

[2]（元）马端临：《文献通考》卷25《国用考三·漕运》，中华书局，1986年，第245页。

[3]（宋）李焘：《续资治通鉴长编》卷34，淳化四年（993年）夏四月，中华书局，2004年，第748页。

沿泗水、经广济河运送木炭等物入京。

东京燃料的来源方式上也比较多样，既有官府设采柴务直接采伐的方式，也有通过赋税征收的方式。采柴务是官方在山林地带设置的，役用厢军士卒专司采伐柴薪的机构，如宋廷曾在京西路设采柴务，不过在景祐二年（1035年）七月"废京西采柴务，以山林赋民，官取十之一"[1]。朝廷并没有永久废除京西采柴务，其后应又复设，大约生活于宋神宗时期的范子仪就曾监京西采柴务，此时采柴务役卒"日有定课，虽祁寒暑雨，必如其数，卒或买薪输官"[2]。可见采柴务役卒是十分劳苦的，采伐的柴薪数量亦当不在少数。另外，官方还要从民间百姓中征收一定的柴薪作为税赋，在至道末，官府所收天下柴薪数额高达"蒿二百六十八万余围，薪二十八万余束，炭五十三万余秤"[3]；天禧末，官府征收柴炭数额高达"木炭、薪蒿三千余万斤、束"[4]。宋朝自祖宗以来即实行财赋转运制度，地方征收的财赋通过转运使、发运使转运至京师，供京师消费或调度，上述所提及的征收柴炭数额应是当年各地方官府上供朝廷的总额。

宋廷设在东京总的柴炭管理机构为司农寺，《宋史》卷一六五《职官志五》所记"司农寺"的职责之一就是"储薪炭以待给用"[5]。具体的执掌管理部门则是炭场，宋廷最初在东京设立三个炭场，"三炭场在京掌年额税炭，木炭供内外之用。京西二场分南北，南场在大通门外，北场在开远门外，城南一场在安上门外天马坊，并以受纳四十万秤为一界"[6]。此后宋廷又陆续有所增设，有位于敦教坊的新置炭场，"新置炭场在敦教坊，所掌与上并同"，另还有城南新置炭场，"城南并新置炭场，自来受纳石塘河纲炭，并支遣抽税"[7]。可见炭场除了储藏纲运而来柴炭外，还应具有对进入东京的柴炭进行抽税的功能。这在《续资治通鉴长编》卷六四，"景德三年（1006年）九月甲子"条中也有提及，"令京城税炭场，自今抽税，特减十之三"[8]。

以上东京薪炭来源方式均是官方主导的，而官方组织采伐、运输的薪炭主

[1]（宋）李焘：《续资治通鉴长编》卷117，景祐二年（1035年）七月戊申，中华书局，2004年，第2784页。

[2]（宋）范纯仁：《范忠宣公文集》卷16《范大夫墓表》，元刻明修本。

[3]（宋）李焘：《续资治通鉴长编》卷42，至道三年（997年）十二月戊午，中华书局，2004年，第902页。

[4]（宋）李焘：《续资治通鉴长编》卷97，天禧五年（1021年）十二月戊子，中华书局，2004年，第2259-2260页。

[5]《宋史》卷165《职官志五》，中华书局，1977年，第3904页。

[6]（清）徐松辑：《宋会要辑稿》食货五四之一一，中华书局，1957年，第5742页。

[7]（清）徐松辑：《宋会要辑稿》食货五四之一一，中华书局，1957年，第5742页。

[8]（宋）李焘：《续资治通鉴长编》卷64，景德三年（1006年）九月甲子，中华书局，2004年，第1426页。

要供给皇室、官僚以及其他官方机构，有余才会向民间售卖。民间百姓的燃料来源则以市场为主，不过因市场运输成本的问题，东京通过市场来源的柴炭范围较小，以东京附近的乡村供给为主，"京城浩穰，乡庄人户般载到柴草入城货卖，不少多被在京官、私牙人出城接买"[1]，京师的柴炭市场被中间商所垄断，他们低价收买、高价卖出，邀求厚利，扰乱市场。柴炭贸易的厚利致使一部分皇亲国戚也参与其中，他们利用自身的特权，免征税算，获利倍增。如驸马都尉柴宗庆纵"家僮自外州市炭入京城，所过免算，至则尽鬻以取利"[2]。朝廷也不得不对特权阶层参与贩卖薪炭的行为加以约束，大中祥符八年（1015年），宋廷诏："皇族及文武臣僚、僧、道，诸河般载薪炭、刍粟州（舟）船，止准宣敕及中书、枢密院所降圣旨札子内只数与免差遣，如许令将钱出京城门，即置簿拘管。其见今行运有河分交互者，取索元降文字，令行纳换。"[3]试图以此限制权贵、僧道阶层贩运柴炭、刍粟等物。

2. 东京居民的燃料消费

北宋东京百万居民的燃料需求十分巨大，官方转运至京的柴薪要优先满足宫廷、官僚、军队以及各级官方机构的需求。北宋宫廷的燃料所需是特供的，不但数量上保证供应无缺，质量上也有特殊规定。如宣和年间（1119—1125年），"御炉炭样，方广皆有尺寸，炭纹必如胡桃文、鹁鸽色"[4]。因宫廷所需的木炭要求质量上乘，价格亦奇高，京东路所科买上供木炭，"止督价钱，炭每秤、每两皆至六百"[5]，每秤或每两炭的价格高达六百文，可谓骇人。因史料记载的不足，北宋宫廷每年耗费的薪炭总额已难以详知，不过从宫廷御厨每年所需的柴炭数额中可窥其一斑。据《宋会要辑稿》方域四之一〇所载，熙宁十年（1077年）御厨所用燃料为"柴一百四十五万四百一十三斤半，炭三千五百五十七秤六斤"[6]。如果再加之宫廷每年烤火取暖等所耗用的柴炭，其数量必定更加巨大。

东京数以万计的官员按照一定的级别每月从朝廷领取数额不等的柴炭，

---

[1]（清）徐松辑：《宋会要辑稿》食货三七之一二，中华书局，1957年，第5453页。

[2]（清）徐松辑：《宋会要辑稿》刑法二之一〇，中华书局，1957年，第6500页。

[3]（清）徐松辑：《宋会要辑稿》食货五〇之一，中华书局，1957年，第5656页。

[4]（宋）叶绍翁撰：《四朝闻见录》乙集《胡桃文鹁鸽色炭》，《唐宋史料笔记丛刊》，中华书局，1989年，第76页。

[5]（清）徐松辑：《宋会要辑稿》刑法二之九七，中华书局，1957年，第6543页。

[6]（清）徐松辑：《宋会要辑稿》方域四之一〇，中华书局，1957年，第7375页。

作为薪俸的一部分。在乾德四年（966年），宋廷"始赐百官薪火"[1]，此后逐渐演变为官吏薪俸中的一项。《宋史》卷一七一《职官志十一》记载了宰相及以下各级官吏每月所领的薪炭数额：最高级的宰相、枢密使月给薪千二百束，最低级的防、团军事推官薪十束、蒿二十束；宰相、枢密使在每年十月至次年正月还会领取炭二百秤，其他月份则为一百秤，而无实权的阁臣，如文明殿学士、资政殿大学士、龙图阁学士则为十五秤[2]。东京大量的驻军及其家属所需燃料常依赖于朝廷赏赐或官方供给，大中祥符五年（1012年）十二月，宋廷"赐诸班直、诸军及剩员薪炭有差，军士外戍家属在营者半之"[3]；天禧元年（1017年）十二月，宋廷又"诏赐诸军班直、六军修仓装卸兵健已上柴炭，以岁寒故也。柴六百七十五万，炭七百二十七万"[4]。类似上述宋廷赐在京诸军薪炭的记载在史书中是比较常见的。而负责宫廷宿卫的禁军还可从内柴炭库领取薪炭，"内柴炭库，掌储薪炭，以给宫城及宿卫班直军士薪炭、席荐之物"[5]。

东京的诸类官营手工作坊，如窑务、铸钱监、军器监、煎胶务、将作监、作坊、染院等所耗用的燃料数额也是十分巨大的。如窑务负责烧制营缮所用的砖瓦，染院掌染丝、枲、幣、帛等丝织品，均需消耗大量的燃料，据廖刚《高峰文集》称，"窑务、深（染）院每岁赋民蒿数十万，乃令以木柿代之，遂减折科之半"[6]，可见窑务、染院每年耗费燃料数量之大。熙宁七年（1074年），江陵县尉陈康民言："勘会在京窑务，所有柴数于三年内取一年最多数，增成六十万束，仍与石炭兼用"[7]。在京窑务所用燃料多的年份，在与石炭兼用的情况下，仍高达六十万束。

官方主导的燃料供给基本可满足东京宫廷、官僚、驻军以及各类官营手工作坊的燃料需求，而东京普通百姓的燃料需求却常常出现窘乏的局面。因北宋中前期东京柴炭市场经常性供不应求，致使柴炭的价格往往较高，"民间乏炭，其价甚贵，每秤可及二百文。虽开封府不住条约，其如贩夫求利，唯

[1]（宋）李焘：《续资治通鉴长编》卷7，乾德四年（966年）三月甲戌，中华书局，2004年，第168页。

[2]《宋史》卷171《职官志十一》，中华书局，1977年，第4124-4125页。

[3]（宋）李焘：《续资治通鉴长编》卷79，大中祥符五年（1012年）十二月丙寅，中华书局，2004年，第1807页。

[4]（清）徐松辑：《宋会要辑稿》礼六二之三五，中华书局，1957年，第1171页。

[5]《宋史》卷165《职官志五》，中华书局，1977年，第3905页。

[6]（宋）廖刚：《高峰文集》卷6《八月初三日进故事》，文渊阁四库全书本。

[7]（清）徐松辑：《宋会要辑稿》食货五五之二一，中华书局，2004年，第5758页。

务增长。"[1]在冬寒季节，柴炭缺乏导致东京平民百姓饥寒而死或因抢购柴炭践踏而死的现象时有发生。大中祥符五年（1012年）冬，朝廷因民间乏炭，而置场减价出卖炭薪，东京百姓蜂拥抢购，"人颇拥并至，有践死者"[2]。庆历四年（1044年）正月，"京城积雪，民多冻馁，其令三司置场，减价出米谷、薪炭以济之"[3]。嘉祐四年（1059年）正月的一场大寒，更是造成了严重的人员伤亡，据知开封府欧阳修称：

今自立春以来，阴寒雨雪，小民失业，坊市寂寥，寒冻之人，死损不少。薪炭、食物其价倍增。民忧冻馁，何暇遨游。臣本府日阅公事，有投井、投河不死之人，皆称因为贫寒，自求死所。今日有一妇人，冻死其夫，寻亦自缢。窃惟里巷之中，失所之人，何可胜数？[4]

阴寒雨雪天气下，百姓乏薪缺食而造成的惨状跃然纸上。总体而言，在北宋中前期，东京平民百姓的燃料需求非常大，仅靠市场并不能充分满足，而且市场受供求关系的影响，价格波动较大。加之东京的燃料商们每逢燃料缺乏时，便趁机哄抬物价，"贩夫求利，惟务增长"，致使平民百姓更无力支付薪炭钱。

官府为了改善东京百姓薪炭缺乏的状况，采取了相关的救助措施。每逢冬寒，燃料告急或价格暴涨之时，朝廷采取置场减价出买的措施，以缓解百姓对燃料的压力，"京邑之大，生齿繁众，薪炭之用，民所甚急。朝廷置场出卖，本以抑兼并而惠平民。"[5]大中祥符五年（1012年）冬，因连日大雪苦寒，宋廷"令三司出炭四十万，减市直之半，以济贫民"，并且鉴于冬寒时节，柴炭供给不足，价格过高，"仍令三司常贮炭五七十万，如常平仓，遇价贵则出粜之。"[6]宋廷仿常平仓制，命三司储存柴炭，在柴炭价高时出粜，以平抑市价，此举对缓解柴薪压力，改善东京百姓的民生是有所助益的。大中祥符六年（1013年），宋真

[1]（清）徐松辑：《宋会要辑稿》食货三七之六，中华书局，1957年，第5450页。
[2]（清）徐松辑：《宋会要辑稿》食货三七之六，中华书局，1957年，第5450页。
[3]（宋）李焘：《续资治通鉴长编》卷146，庆历四年（1044年）正月庚午，中华书局，2004年，第3517页。
[4]（宋）李焘：《续资治通鉴长编》卷189，嘉祐四年（1059年）正月丁酉，中华书局，2004年，第4547页。
[5]（清）徐松辑：《宋会要辑稿》职官二七之二二，中华书局，1957年，第2947页。
[6]（宋）李焘：《续资治通鉴长编》卷79，大中祥符五年（1012年）十二月己巳，中华书局，2004年，第1807页。

宗曰："今岁民间阙炭，朕寻令使臣于新城内外减价置场，货卖四十万秤，颇济贫民。今若自夏秋收买，必恐民间增钱，少人兴贩。宜令三司于年支外，别计度五十万秤，般载赴京以备济民。"[1]大中祥符八年（1015年），宋廷"诏三司以炭十万秤，减价出粜，以济贫民……自是蓄藏薪炭之家无以邀致厚利，而小民获济焉。"[2]

3. 熙宁以后石炭的推广普及

中国是世界上最早发现和使用煤炭的国家，一般认为在两汉至魏晋时期我国古代人民就已开始使用煤炭[3]。在中国古代文献中，煤炭被称为"石炭"，本章为了行文的方便，下文中亦以"石炭"称之。至北宋时期石炭得到了较为普遍的开采和使用，成为北方地区的一种重要燃料[4]。

东京众多的消费人口导致燃料供给时有不周，柴薪的不足是常有的事情，石炭的使用则在一定程度上缓解了燃眉之急。庄绰在《鸡肋编》中称："昔汴都数百万家，尽仰石炭，无一家然（燃）薪者"[5]。此说虽不无夸大其词，但也在一定程度上反映了石炭对柴薪的替代和补充作用。关于北宋东京是在什么时间开始使用石炭为燃料，史书中缺乏明确记载。以石炭为燃料是一个从无到有、由少到多的渐进过程，在最开始使用石炭时，其使用范围十分有限，引不起时人的关注，也就很难被记载下来。生活于两宋之交的朱弁在《曲洧旧闻》中就称："石炭不知始何时，熙宁间初到京师"[6]。然而，朱弁所谓"初到京师"，实际上是石炭为燃料在京师普及使用的阶段[7]。大中祥符六年（1013年）十二月，宋廷在诏令地方财赋入京仓储、管理、支用时，规定："因众所利，资其不

[1]（清）徐松辑：《宋会要辑稿》食货三七之六、七，中华书局，1957年，第5450-5451页。

[2]（清）徐松辑：《宋会要辑稿》食货三七之七，中华书局，1957年，第5451页。

[3] 李仲均：《中国古代用煤历史的几个问题考辨》（《李仲均文集——中国古代地质科学史研究》，西安地图出版社，1998年）认为"中国开采煤炭始于西汉"；许惠民《北宋时期煤炭的开发利用》（《中国史研究》1987年第2期）亦认为"我国差不多从两汉时就知道了以煤作燃料"。王仲荦《古代中国人民使用煤的历史》（《文史哲》1956年第12期）依据史料将最早大规模使用煤的时间定于西晋初年陆云与兄陆机信中提到的东汉末曹操在三台窖藏石炭一事；王曾瑜《锱铢编》之《辽宋金的煤炭生产》（河北大学出版社，2006年）认为"中国古代历史文献中最早的石炭记录，大致可上推到三国时代"。

[4] 许惠民：《北宋时期煤炭的开发利用》，《中国史研究》1987年第2期。

[5]（宋）庄绰：《鸡肋编》卷中《石炭》，《唐宋史料笔记丛刊》，中华书局，1983年，第77页。

[6]（宋）朱弁：《曲洧旧闻》卷4《石炭》，《唐宋史料笔记丛刊》，中华书局，2002年，第137页。

[7] 许惠民、黄淳：《北宋时期开封的燃料问题——宋代能源问题研究之二》，《云南社会科学》1988年第2期。该文认为神宗熙宁年间，开封（东京）开始普及用煤，而开封开始用煤的时间还要更早。不过该文并未指出开封开始用煤的具体时间。

给，则归石炭场"[1]。此处明确提及"石炭场"，而《宋史》卷一六五《职官志五》言"石炭场"的职责为"掌受纳出卖石炭"[2]。因此，我们推定至迟在大中祥符年间（1008—1016年）东京已开始使用石炭。

从熙宁年间（1068—1077年）开始，石炭在东京的使用得到了很大的推广。熙宁元年（1068年），宋廷在其颁布的诏令中称："石炭自怀至京不征"[3]，即从怀州运石炭至京师免征税算，朝廷之所以免除怀州运送京师的石炭税算，应是为了鼓励客商向京师运送煤炭。熙宁七年（1074年），江陵府江陵县尉陈康民建言，在京窑务所用石炭，除场驿课扑外，"召人户断扑，自备船脚，其石炭自于怀州九鼎渡、武德县收市"[4]。由此也可见，怀州是京师所需石炭的主要供应地。运输方式是私家大户自备船只运抵京师，由官府收买。运输路线应是由怀州九鼎渡过黄河后，利用汴河水运。

石炭运往东京后，除在京诸窑务用作燃料外，石炭亦开始成为东京寻常百姓家的燃料。元符元年（1098年）冬十一月，三省言"闻访市中石炭价高，冬寒细民不给"，朝廷因而"诏专委吴居厚措置出卖在京石炭"[5]。朝廷将在京存储的石炭减价出卖给"细民"，说明当时普通百姓已将石炭作为燃料。鉴于熙宁以后，石炭逐渐成为京师居民重要的燃料，宋廷实行石炭官卖制度，以获取厚利。负责石炭官卖的官方机构是市易务，元符三年（1100年）宋廷改市易务为平准务，是年尚书省言："平准务官吏等给费多，并遣官市物，搔动于外。近官鬻石炭，市直逓增，皆不便民。"宋廷于是"诏罢平准务，及官鬻石炭"[6]。

然而石炭官卖的丰厚利润是宋朝官方不可能真正放弃的。宋廷很快恢复了石炭官卖制度，"徽宗自崇宁来，言利之言殆析秋毫。其最甚，若沿汴州县，创增锁栅，以牟税利。官卖石炭，增卖二十余场，而天下市易务，炭皆官自卖。"[7]可见官卖石炭之利十分丰厚，是官府的一项重要税收来源，同时这也从侧面反映了京师使用石炭的普遍性。官方通过设场的方式向民间售

[1]（清）徐松辑：《宋会要辑稿》职官二七之三，中华书局，1957年，第2937页。

[2]《宋史》卷165《职官志五》，中华书局，1977年，第3908页。

[3]（元）马端临：《文献通考》卷14《征榷考一·征商》，中华书局，1986年，第146页。

[4]（清）徐松辑：《宋会要辑稿》食货五五之二一，中华书局，1957年，第5758页。

[5]（宋）李焘：《续资治通鉴长编》卷504，元符元年（1098年）十一月己未，中华书局，2004年，第12002页。

[6]《宋史》卷186《食货志下八》，中华书局，1977年，第4554页。

[7]（元）马端临：《文献通考》卷19《征榷考六·杂征敛》，中华书局，1986年，第186页。

卖石炭，宣和二年（1120年）八月，吏部状"元丰年选人曾任下项窠阙"时，提及"河南第一至第十石炭场，河北第一至第十石炭场，京西软炭场、抽买石炭场、丰济石炭场、城东新置炭场"等24个石炭场。其中，河南第一至第十石炭场，河北第一至第十石炭场均是分布在京师汴河南北两岸，这是因为石炭顺汴河纲运而来后，石炭场沿河分布便于石炭装卸和仓储。元符元年（1098年），京西排岸司言："西河石炭纲有欠，请依西河柴炭纲欠法"[1]。应是汴河石炭纲运没有达到官方规定的数目，京西排岸司申请按照柴炭纲不足的方法处置。

东京的石炭除了由官办石炭场售卖外，应该还存在一些经官府许可的民间设立的小型石炭场，负责向普通百姓零售石炭。政和五年（1115年），开封府尹王革言："都下石炭，私场之家并无停积。窃虑下流官司阻节，欲望下提举措置炭事所司，今后沿流官司不得阻节邀拦，及抑勒炭船，多行搔扰，许客人经尚书省陈诉"，于是宋廷"诏依，敢有阻节，以违御笔论"[2]。所谓"私场之家"就是指民间设立的小型石炭场，而这种"私家"石炭场很容易受到官府的勒索。不过民间设立的小型石炭场对京师居民购买石炭是有一定便利的。

为了更便利、有效地利用石炭，石炭商人还对石炭进行了初步加工。据《东京梦华录》所载，在东京的"诸色杂卖"中有"供香饼子、炭团"等石炭制品[3]。其中炭团类似于现在的煤球、煤团一类，而"供香饼子"则是为焚香而制成的一种煤饼。欧阳修《归田录》载："香饼，石炭也，用以焚香，一饼之火可终日不灭。"[4]东京燃料市场上产生炭团、香饼等物，说明当时东京百姓对石炭的使用已有比较充分的认识，亦可体现出石炭是当时比较常见的一种燃料。

熙宁以后石炭在东京的普及使用，必然会使柴薪和木炭的使用相应减少。据《宋会要辑稿》载，大观三年（1109年），"京西转运司御炉木炭四千秤减作二千秤"；宣和七年（1125年），"汜水白波辇运司柴三十六万斤减二十万斤"[5]。虽然文中并未交代木炭、柴薪使用减少的原因，但根据北宋后期石炭在东京的

[1]（宋）李焘：《续资治通鉴长编》卷497，元符元年（1098年）四月壬午，中华书局，2004年，第11817页。
[2]（清）徐松辑：《宋会要辑稿》职官二七之二二，中华书局，1957年，第2947页。
[3]（宋）孟元老撰，尹永文笺注：《东京梦华录》卷3《诸色杂卖》，中华书局，2006年，第373页。
[4]（宋）欧阳修：《归田录》卷2，《唐宋史料笔记丛刊》，中华书局，1981年，第27页。
[5]（清）徐松辑：《宋会要辑稿》崇儒七之五八、五九，中华书局，1957年，第2316-2317页。

使用情况来推测，很可能是石炭使用的增加替代了相当一部分木炭和柴薪。石炭的使用大大缓解了东京燃料短缺的问题，对京师居民尤其是下层百姓所产生的影响是不可低估的。在北宋前期，东京屡屡出现燃料短缺的问题，冬寒季节因柴薪不足而冻死人的现象时有发生，但是在熙宁以后，史籍中已甚少出现因燃料缺乏而冻死人的记载。上揭元符元年（1098年），东京出现"石炭价高，冬寒细民不给"的情况，朝廷诏令"吴居厚措置出卖在京石炭"，就体现出石炭在缓解东京居民燃料不足方面所发挥的重要作用。

第三节　汴河的漕运与治理

北宋奠都东京，然而东京四周平旷无阻，难于固守，北宋统治者不得不采取屯重兵以拱卫京师的策略。如此虽在一定程度上使东京获得了安全保障，但如何解决京师驻军及士庶大众的粮食供给问题，却成为时常困扰北宋统治者的难题。北宋统治者采取漕运诸路，尤其是江淮粮食上供京师的措施。在京师的漕运诸河中以汴河最为重要，如宋人张方平所言："今日之势，国依兵而立，兵以食为命，食以漕运为本，漕运以河渠为主……惟汴河所运一色粳米，相兼小麦，此乃太仓畜积之实。今仰食于官廪者，不惟三军，至于京师士庶，以亿万计，大半待饱于军稍之余，故国家于漕事至急至重。"[1]汴河承担着大部分的京师漕粮运输职能，其对北宋王朝的重要性是不言而喻的。

尽管汴河漕运事关京师大众的粮食供给安全问题，然而汴河却不是一条长期安澜无事的水上交通线。汴河首承黄河，是一条以黄河为主要水源的人工渠，含沙量甚高的黄河水长期运行于汴河河道，势必造成泥沙淤积，河床升高，形成与黄河下游河道相类似的"地上河"。汴河成为地上河不但影响漕运的正常进行，而且对沿河两岸民众，尤其是东京居民的生命财产也造成很大的威胁，因此北宋政府采取一系列的措施治理汴河，以维持漕运，加强河防。

---

[1]（宋）李焘：《续资治通鉴长编》卷269，熙宁八年（1075年）十月壬辰，中华书局，2004年，第6592页。

一、汴河的漕运

1. 汴河的漕运量

汴河的前身是隋炀帝时所开凿的通济渠，唐代更名为广济渠，在隋唐两代为南北交通之"动脉"。然而历经唐末五代乱局，汴河湮废，漕运不通。直到五代末，周世宗先后两次征用民夫浚治，汴河方才恢复了水运功能。不过在后周时，因尚未统一南方割据政权，汴河的漕运功能并不显著。随着宋太祖、宋太宗渐次翦灭南方各割据政权，汴河在沟通南北交通中的重要性逐渐凸显出来（见图2-2）。东京军民的粮食供给越来越依赖于汴河漕运，正如淳化二年（991年）宋太宗在亲自带人堵汴河决口时所言："东京养甲兵数十万，居人百万，转漕仰给在此一渠水，朕安得不顾。"[1]

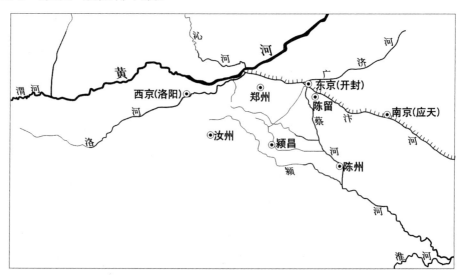

说明：本图以谭其骧主编《中国历史地图集》第6册（1）《辽、北宋时期图组》之"京畿路 京西南路 京西北路"图幅为底图改绘而成。

图2-2   东京漕运诸河

在汴河漕运初始，漕运量并未有定额，但整体上数量不大。开宝五年（972年），因"京师岁费有限，漕事尚简"，汴、蔡两河公私船只所漕运入京师的江

---

[1]（宋）李焘：《续资治通鉴长编》卷32，淳化二年（991年）六月乙酉，中华书局，2004年，第716页。

淮米只有"数十万石"[1]。但随着南唐、吴越相继平定，汴河的漕运量也有了明显的增加。太平兴国六年（981年），"始制汴河岁运江淮粳米三百万石，豆百万石；黄河粟五十万石，豆三十万石；惠民河粟四十万石，豆二十万石；广济河粟十二万石，凡五百五十万石。"[2]汴河漕运量占京师四漕渠漕运总量的72.5%，由此也可见汴河漕运的重要性。太宗至道初年（995年），汴河漕运量又进一步增至580万石[3]。

宋真宗在位期间是汴河漕运的繁盛时期，此时汴河的漕运量达到了历史的最高值。在景德三年（1006年），朝廷从江淮发运副使李溥之请，"始定六百万石为岁额"[4]，即以每年漕运600万石为定额。此后汴河漕运量大体维持在600万石左右，但仍时有突破。大中祥符初，汴河漕运量达到"七百万石，此最登之数也"[5]。此时汴河漕运700万石，虽被称为"最登之数"，但其后还出现过更高的记载。天禧年间（1017—1021年），薛奎任江淮制置发运使时，"岁以八百万石食京师"[6]，这是史载汴河漕运量的最高额。

从宋仁宗嘉祐年间（1056—1063年）开始，因纲运制度的废弛及汴河河道逐渐淤积浅涩（下文详述），汴河漕运量常出现不足额的现象，汴河漕运呈现衰落的趋势。元祐七年（1092年），时任知扬州的苏轼言："臣以此知嘉祐以前，岁运六百万石，而以欠折六七万石为多。访闻去岁止运四百五十余万石，运法之坏一至于此。"[7]可知在嘉祐七年（1062年）之前，汴河漕运量已略有亏欠，不过数额很小。而至元祐六年（1091年），汴河漕运量只有450余万石，距宋廷规定的岁额600万石，已亏欠近150万石。到绍圣元年（1094年），汴河漕运出现了更大的衰落，据时任户部尚书的蔡京称："本部岁计，皆藉东南漕运，今年上供物，至者十无二三。"[8]虽然"上供物"并非漕米一色，但总体上运抵京师的上供物"十无二三"，那么"上供米"的缺额也应是很大的。

尽管北宋后期汴河漕运额出现了较大的波动，但是汴河依然是东京最主要

[1]《宋史》卷175《食货志上三》，中华书局，1977年，第4250页。
[2]（清）徐松辑：《宋会要辑稿》食货四六之一，中华书局，1957年，第5604页。
[3]（清）徐松辑：《宋会要辑稿》食货四六之一，中华书局，1957年，第5604页。
[4]（宋）李焘：《续资治通鉴长编》卷64，景德三年（1006年）十二月甲午，中华书局，2004年，第1439页。
[5]（清）徐松辑：《宋会要辑稿》食货四六之一，中华书局，1957年，第5604页。
[6]（宋）欧阳修：《欧阳文忠公集·居士集》卷26《资政殿学士尚书户部侍郎简肃薛公墓志铭》，四部丛刊景元本。
[7]（宋）李焘：《续资治通鉴长编》卷475，元祐七年（1092年）七月庚戌，中华书局，2004年，第11326页。
[8]《宋史》卷94《河渠志四·汴河下》，中华书局，1977年，第2333页。

的漕运河渠，承担了绝大部分的漕粮运输入京的职责。事实上，汴河不仅承担着江淮、两浙、荆湖诸路的漕粮运输，广南之金银、香药、犀象、百货，川益诸州"租市之布"，江南、荆湖、两浙、建、剑诸州军"租市之茶"，通过长江及其各支流过淮南运河抵淮河后，最终均通过汴河运往京师[1]。可见，汴河是沟通东京与南方诸路最为重要的一段运河，京师大众所需的粮食、朝廷用度所消耗的财货，最终都是通过此河运抵东京，我们将其称为北宋王朝的"水上生命线"也是不为过的。正如《宋史·河渠志》所言："（汴河）岁漕江、淮、湖、浙米数百万，及至东南之产，百物众宝，不可胜计。又下西山之薪炭，以输京师之粟，以振河北之急，内外仰给焉。故于诸水，莫此为重。"[2]

2. 汴河漕运的管理与制度

宋廷为了保障汴河漕运能够顺畅、足额地运抵东京，逐步制定了较为完备的漕运制度。在北宋初年，宋廷通过"和雇百姓驾船"的方式，漕运江浙熟米进京，但是"有和雇之名，其实扰人"[3]。所谓"和雇"，其实更多的是以很低的雇值甚至无偿征用民夫来承担漕运的职责，不但给百姓带来了负担，而且效率也比较低。宋太宗得知此事后，"特令给每船所用人数顾（雇）召之直，委主纲者取便顾（雇）人，不得更差扰百姓。"[4]即朝廷根据每只漕船所雇用的人数，拨付专用雇值，由负责漕运的官吏雇用专门的漕运人员，而不得随意征用百姓。随着北宋社会经济的发展，宋政府越来越多地用厢军代役，因此一部分厢军兵卒参与到漕运之中。如下文将述及的"放冻"政策中，"河冬涸，舟卒亦还营，至春复集"[5]，这些冬季河枯时还营的"舟卒"应该就是职业厢军士卒。这部分漕运兵卒是十分辛劳的，"挽舟卒有终身不还其家，而老死河路者，籍多空名"[6]。

关于负责押纲之人，起初"诸道州、府多差部内有物力人户，充军将部押钱帛粮斛赴京"，而至于押送途中，"篙工水手"等侵盗官物及路途漂没所造成

[1]（清）徐松辑：《宋会要辑稿》食货四六之一，中华书局，1957年，第5604页。
[2]《宋史》卷93《河渠志三·汴河上》，中华书局，1977年，第2317页。
[3]（清）徐松辑：《宋会要辑稿》食货四六之二，中华书局，1957年，第5604页。
[4]（清）徐松辑：《宋会要辑稿》食货四六之二，中华书局，1957年，第5604页。
[5]（宋）李焘：《续资治通鉴长编》卷188，嘉祐三年（1058年）十一月己丑，中华书局，2004年，第4534页。
[6]（宋）李焘：《续资治通鉴长编》卷188，嘉祐三年（1058年）十一月己丑，中华书局，2004年，第4535页。

的损失均由"主纲者填纳"，往往造成这些人的亡家破产，因而宋廷诏令："差军将、大将管押，其江淮、两浙诸州一依前诏，不得差大户押纲。"[1] 即以低级武职将吏代替有财力的民户押运。元丰二年（1079年），宋廷又进而规定："运押汴河江南、荆湖纲运，七分差三班使臣，三分军大将、殿侍。"[2] 崇宁五年（1106年），刑部尚书王能甫亦言："国家仰给诸路，纲运全赖军大将管押。"[3] 押纲人员由民户转为职业将吏，既有利于加强对纲运的管理，也有利于减轻民户负担。

汴河漕舟采取纲运之法，起初以十船编为一纲，每纲由使臣或军大将一人主之，然而押运者常勾结漕卒侵盗官物。大中祥符九年（1016年），淮南江浙荆湖制置发运使李溥将三纲合并为一纲，以三十只漕船编为一纲，押运事宜"以三人共主之"，这样押纲之人可以相互监督，大大减少了侵盗现象。结果当年初运往东京的125万石漕粮只损失了200石[4]。可见此次改革的效果相当明显。然而时间既久，亦滋生弊端，漕运吏卒上下共为侵盗贸易，甚至故意凿坏漕船，托言风水沉没，以消灭罪证，由此每年造成的损失不下二十万斛。熙宁二年（1069年），江淮等路发运使薛向"始募客舟与官舟分运，互相检察，旧弊乃去。岁漕常数既足，募商舟运至京师者又二十六万余石而未已"[5]。客舟与官舟分运，二者相互监督，因此侵盗漕粮的情况大为减少。而且，客舟受雇于官府，漕运量与雇值挂钩，调动了其积极性，因而当年的漕运量超出的年额26万石有余。

北宋初年，汴河纲运运输效率低，每年只能运行三次，每运80天，一度出现京师仓储只尽翌年二月的窘境，宋太祖由此大怒。知客押衙陈从信建言："但令起程，即计往复日数，以粮券并支，可责其必归之限。运至陈留，即预关主司，戒运徒先候于仓，无淹留之弊"，如此可节省"淹留虚程二十日"，每年增加一运，朝廷"遂立为永制"[6]。汴河纲运从此由一年三运变为一年四运。

转般法是宋代漕运中极为重要的一项制度。转般法最早始自唐代开元年间（713—741年）裴耀卿改革漕法，"置仓河口，以纳东租，然后官自顾载，分入河、洛。度三门东西各筑敖仓"[7]，于汴口设仓，实行汴河、黄河分段运输。

---

[1]（清）徐松辑：《宋会要辑稿》食货四六之二，中华书局，1957年，第5604页。
[2]《宋史》卷175《食货志上三》，中华书局，1977年，第4254页。
[3]（清）徐松辑：《宋会要辑稿》食货四七之三、四，中华书局，1957年，第5613页。
[4]（宋）李焘：《续资治通鉴长编》卷87，大中祥符九年（1016年）五月壬子，中华书局，2004年，第1990页。
[5]《宋史》卷175《食货志上三》，中华书局，1977年，第4253页。
[6]（宋）文莹：《玉壶清话》卷8，《唐宋史料笔记丛刊》，中华书局，1984年，第83页。
[7]《新唐书》卷127《裴耀卿传》，中华书局，1975年，第4453页。

唐代宗宝应年间（762—763年），刘晏进一步加以改革，在扬州、河阴、渭口分别设转运仓，在各航运河段实行分段运输之法，"江船不入汴，汴船不入河，河船不入渭，江南之运积扬州，汴河之运积河阴，河船之运积渭口，渭船之运入太仓。"[1]北宋建都东京后，承袭唐代的转般法，漕运航线虽然大为缩短，但是转般法却愈加详备和严密。

宋代的"转般之法，东南六路斛斗自江浙起纲，至于淮甸以及真、扬、楚、泗，为仓七，以聚蓄军储，复自楚、泗置汴纲般运上京，以发运使董之。"[2]即先将东南六路（淮南路，两浙路，江南东、西路，荆湖南、北路）的漕粮运至淮南，在淮南运河沿岸的真州、扬州、楚州、泗州设置七个转般仓，接受来自东南六路的漕粮，然后再从楚州、泗州起纲，转至汴河纲运入京，由发运使总体上负责此事。宋廷在真、楚、泗等州设立转般仓，实行转般法，对漕粮运输发挥了相当大的作用，"祖宗建立真、楚、泗州转般仓，一以备中都缓急；二以防漕渠阻节；三则纲船装发，资次运行，更无虚日。"[3]

首先，转般仓可以储备各地漕粮，调剂余缺。由于各地上供漕粮的数额容易受到年成丰歉的影响，在收成不好的年份难以保障足额上供，而转般法则较好地解决了这一问题。朝廷在真、楚、泗等州设立转般仓，给以籴本，收储诸路上供米。在丰年谷贱时，以中价收籴，尽可能多地收储漕粮；在荒年，则以"折纳上等价钱，谓之'额斛'，计本州岁额，以仓储代输京师，谓之'代发'"[4]。这样既可以防止谷贱伤农，又能在一定程度上避免粮食价高时，与民争粮。转般仓因而具有类似平籴的功能，"江湖有米，可籴于真，两浙有米，可籴于扬，宿亳有麦，可籴于泗。坐视六路丰歉，有不登处则以钱折斛，发运司得以斡旋之，不独无岁额不足之忧，因可以宽民力。"[5]转运仓通过调剂诸路粮食余缺，保障了上供漕粮的足额供给。

其次，转般法提高了运输效率。由于各漕运河段水位深浅不一，涨落时间不同，各漕运段漕船的吃水深度也有很大差别，在涨落水时不便行船，要等到水势平稳时方可行船，为此虚费了不少时间。而实行转般法，各漕运河段有专

[1]《新唐书》卷53《食货志三》，中华书局，1957年，第1368页。

[2]（元）马端临：《文献通考》卷25《国用考三·漕运》，中华书局，1986年，第246页。

[3]《宋史》175《食货志上三》，中华书局，1977年，第4258页。

[4]（元）马端临：《文献通考》卷25《国用考三·漕运》，中华书局，1986年，第246页。

[5]《宋史》175《食货志上三》，中华书局，1977年，第4259页。

门的漕船负责纲运，只要将漕粮运至转般仓即可返回，而转般仓储粮则可依据水势情况，随时发纲启运。因此转般法解决了各段运河阻滞漕船的问题。

再次，转般法与般盐法相结合，提高了运输效益。淮南的通、泰、海州与涟水军是宋代最主要的产盐区，宋廷在真州、涟水设转般仓，收储淮盐。运粮纲船至真、楚、泗等州转般仓卸粮后，返回时正好可于真州等储盐转般仓载盐以归，运销江南、荆湖等路。"陆路之粟至真州入转船仓，自真方入船，即下贮发运司，入汴方至京师。诸州回船，却自真州请盐，散于诸州。诸州虽有费，亦有盐以偿之"[1]。运粮船返程时载盐以归，避免了放空，又解决了运盐问题，而且售盐收入还可补充漕运经费，可谓一举兼得。

最后，转般法实行的"放冻"政策，给了漕卒以休整时间。漕卒常年运行河上，极为劳苦，易出现逃亡现象。汴河并非四季通航，每年冬季河枯水浅，宋廷允许漕卒还营，"河冬涸，舟卒亦还营，至春复集，名曰放冻。卒得番休，逃亡者少"[2]。"放冻"政策给了漕卒休整的机会，减少了漕卒的逃亡。

转般法保证了东京的粮食供给，"常有六百万石以供京师，而诸仓常有数年之积"，"国家建都大梁，足食足兵之法，无以加于此矣"[3]，乃北宋漕运之良法也。然而北宋末年，随着形势的转变，转般法受到种种冲击[4]，转般法时或为直达法所替代，二者时常交互使用，"大观以后，或行转般，或行直达，诏令不一"[5]，这从侧面也反映出北宋末年的一种乱象。

二、北宋对汴河的治理

汴河是东京的"命脉"，维持了东京一个半世纪的繁华与稳定。然而汴河"首承大河"，决定了其易于淤积的特点，只有时常维护和浚治，方能维持汴河的长久使用。因而北宋政府不得不采取多种措施，以加强对汴河的治理和维护。

---

[1]（宋）章如愚：《山堂考索·后集》卷 55《财赋门·漕运类》，文渊阁四库全书本。

[2]（宋）李焘：《续资治通鉴长编》卷 188，嘉祐三年（1058 年）十一月己丑，中华书局，2004 年，第 4534 页。

[3]（元）马端临：《文献通考》卷 25《国用考三·漕运》，中华书局，1986 年，第 246 页。

[4] 周建明：《论宋代漕运转般法》，《史学月刊》1988 年第 6 期，第 18-22 页。

[5]（元）马端临：《文献通考》卷 25《国用考三》，中华书局，1986 年，第 247 页。

1. 汴口的治理

汴河的水源主要来自黄河，可以说汴河是依赖黄河而存在的，因此汴口（引黄入汴之口）对汴河的存废具有至关重要的作用。北宋对汴口的治理也极为重视，《宋史》卷九三《河渠三·汴河上》载："宋都大梁，以孟州河阴县南为汴首受黄河之口，属于淮、泗。每岁自春及冬，常于河口均调水势，只深六尺，以通行重载为准……其浅深有度，置官以司之，都水监总察之。然大河向背不常，故河口岁易；易则度地形，相水势，为口以逆之。"[1]这里提到的"孟州河阴县南为汴首受黄河之口"并不是指一特定的"汴口"，而是代表一个大致方位。因"大河向背不常，故河口屡易"，北宋政府不得不时常根据地形、水势的变化，组织人力开浚汴口。黄河暴涨暴落的特性，导致汴口位置变动不居，故"汴水每年口地有拟开、次拟开、拟备开之名，凡四五处。"[2]

由于汴口"每岁随河势向背改易，不常其处"[3]，因而并不适合在汴口修建永久性的闸门以控制水量。宋政府主要是通过人力施工的方法来"均调水势"：在水大时，将汴口垫高塞窄，以减少入水量；在水小时，则将汴口挖宽加深，以增大入水量。然而"均调水势"却存在很大的难度，大中祥符二年（1009年）九月，汴河涨溢，浸坏京师至郑州道路，朝廷"诏选使乘传减汴河水势"，结果却矫枉过正，"既而水势斗减，阻滞漕运，复遣使浚汴口"[4]，可见控制汴口入水量的大小并非易事。

汴口屡易，岁兴夫役，给宋政府带来很重的财政负担，因而宋人总想寻求一个"万世不易之口"，以图一劳永逸地解决汴河取水问题。汜水县孤柏岭下的訾家口因有利的地势，是修建汴河取水口较为理想的地点。早在大中祥符四年（1011年），白波发运判官史莹上言："孟州汜水县孤柏岭下，缘南岸山址导河入汴，甚为便利"，但却因为朝廷担心"役大而流悍，非人力可御"，而没有付诸实施[5]。然此后随着汴口的不断淤塞及汴河河床升高，汴口取水越来越困难，在孤柏岭下建一新汴口便被重新提上日程。熙宁四年（1071年）十月，河阴同

---

[1]《宋史》卷93《河渠志三·汴河上》，中华书局，1977年，第2316-2317页。
[2]（宋）李焘：《续资治通鉴长编》卷233，熙宁五年（1072年）五月壬辰，中华书局，2004年，第5655页。
[3]（宋）司马光：《涑水纪闻》卷15，《唐宋史料笔记丛刊》，中华书局，1989年，第300页。
[4]（宋）李焘：《续资治通鉴长编》卷72，大中祥符二年（1009年）九月癸亥，中华书局，2004年，第1633页。
[5]（宋）李焘：《续资治通鉴长编》卷76，大中祥符四年（1011年）十月丁卯，中华书局，2004年，第1738页。

提举催促辇运、都官郎中应舜臣上言："汴口得便利处可岁岁常用，何必屡易，公私劳费。"应舜臣因而在王安石的支持下创开訾家口，"訾家口在孤柏岭下最当河流之冲，水必不至乏绝。自今请常用之，勿复更易。或水小，则为辅渠于下流以益之；大，则开诸斗门以泄之。"[1]应舜臣选择訾家口为取水口是有一定合理性的，因其位于孤柏岭下，水流大，所引黄河水不至乏绝，而且山岭之下，土质较硬，水口不易被河水冲决，因而成为一个相对理想的取水口。在应舜臣的设计中，为了控制水流的大小，在訾家口的下流另开一辅渠，以备水小之时增加水流，并在汴河之上设斗门，水大时则开斗门以泄水流。

宋政府组织人力创开訾家口，"日役夫四万，饶一月而成。"[2]然而关于开訾家口与否，在宋廷内部却存在不同的意见，应舜臣开訾家口的建议得以实施与王安石、侯叔献等人的支持是分不开的。汴口位置固定于訾家口后，免每岁开修之苦，于公私劳费大有减省。但是开訾家口后，又另开辅渠以益水量，宋政府所建的辅渠是指在訾家口以下黄河干道上另建一取水口，通过开渠引水入汴河。两口并存，便会加大管理的难度，对于调控水量亦有不便之处。因此，应舜臣开訾家口后，便遭到北宋内部部分官员的反对。反对开訾家口的官员主要有御史盛陶、判都水监宋昌言，其背后得到宰臣韩绛、吕惠卿的支持。熙宁七年（1074年）春，汴河出现"河水壅溢，积潦败堤"的情况，八月御史盛陶趁机言开两口非便，朝廷派往河口相度水势的宋昌言亦"请塞訾家口，而留辅渠"[3]，朝廷从之，遂闭訾家口。

然而闭訾家口后却出现了新的问题，因辅渠水流过小，导致"水势不调，屡开屡塞，最后费六十万工乃济漕运，论者归罪于闭訾家口故也"，于是朝廷在熙宁八年（1075年）闰四月，"遣（侯）叔献复通訾家口"[4]。此后訾家口的开闭再未见争议，其使用时间应延续至元丰二年（1079年）导洛通汴工程的实施。尽管訾家口的开闭掺杂了变法派与守旧派之间的党争，以及侯叔献与宋昌言之间的私人恩怨，[5]但客观上反映了熙宁年间（1068—1077年）因汴河河床升高，

---

[1]（宋）李焘：《续资治通鉴长编》卷227，熙宁四年（1071年）十月庚辰，中华书局，2004年，第5535页。
[2]《宋史》卷93《河渠三·汴河上》，中华书局，1977年，第2323页。
[3]《宋史》卷93《河渠三·汴河上》，中华书局，1977年，第2324页。
[4]（宋）李焘：《续资治通鉴长编》卷263，熙宁八年（1075年）闰四月甲午，中华书局，2004年，第6421页。
[5]（宋）李焘：《续资治通鉴长编》卷263，熙宁八年（1075年）闰四月甲午条及注文，中华书局，2004年，第6421-6423页。

汴口引黄取水之难，訾家口虽一定程度上更有利于解决汴河取水问题，然而因大河水势向背无常，所谓的"万世不易之口"是不存在的，因此訾家口仍然不可能从根本上解决汴河取水问题。

宋廷对汴口的开闭和日常管理十分重视，设有勾当汴口、提举汴口、同提举汴口等专职差遣官进行管理。而具体负责汴口日常维护的则是以河清兵为主的专业厢军。熙宁十年（1077年），权判都水监俞充在论及汴口治理等事宜时，其中就涉及驻汴口的兵力问题：

> 汴口旧管河清三指挥，广济、平塞各一指挥，并以八百人为额，计四千人。昨减并平塞并河清地（第）三两指挥，欲乞只将见管河清、广济三指挥，并依添作八百人为额，据见少人数，乞下外都水监丞司，于北京以下埽分，割移河清人兵千人，赴汴口填配。余数即令招填，比旧亦减一千六百余人。[1]

可知汴口旧常驻河清、广济、平塞共五指挥，总计4 000名厢军，其中以河清兵为主力，共三指挥，2 400人。后来，减并河清、平塞各一指挥，余2 400人。俞充虽是在熙宁十年（1077年）提及减并河清、平塞役卒之事，事实上却发生在熙宁八年（1075年）。据《宋史》卷九三《河渠志三·汴河上》载：熙宁八年（1075年）七月，侯叔献言："岁开汴口作生河，侵民田，调夫役。今惟用訾家口，减人夫、物料各以万计，乞减河清一指挥。"[2]此事与俞充所言应为一事，减省河清、平塞役卒与开訾家口后所需人夫、物料减少密切相关。虽然在汴口驻有河清兵等役卒，但每年春首开汴口时，工役浩大，非驻汴口役卒独力可完成，因此还需"发数州夫治之"[3]，征用民力开汴口。而从訾家口建成后，"减人工、物料各以万计"来看，每年修汴口所需的工费十分巨大，王安石曾言每年闭汴口，"有时费至百万"[4]，可见劳费之巨。

2. 汴河的疏浚

汴河引黄河水的一大弊端就是，高含沙量的黄河水入汴河后非常容易引起

---

[1] （清）徐松辑：《宋会要辑稿》方域一六之九，中华书局，1957年，第7579页。

[2] 《宋史》卷93《河渠三·汴河上》，中华书局，1977年，第2324页。

[3] （宋）李焘：《续资治通鉴长编》卷227，熙宁四年（1071年）十月庚辰，中华书局，2004年，第5535页。

[4] （宋）李焘：《续资治通鉴长编》卷248，熙宁六年（1073年）十一月壬寅，中华书局，2004年，第6039页。

河道淤积，故汴河河道需要经常疏浚，方能维持长久使用。宋初对汴河的治理十分重视，"国朝汴渠，发京畿辅郡三十余县夫岁一浚。"[1]当时采用的疏浚汴河的方法是在每年冬春闭河后直接进行人工清挖，挖河役夫由官府从开封府界及临近州县征调。天圣九年（1031年）正月，宋廷"调畿内及近州丁夫五万浚汴渠"[2]，这些征调来疏浚汴河的丁夫被称为"汴夫"。疏浚河道时，有较为严格的规定和标准，据宋人王巩《闻见近录》载："汴河旧底有石板石人，以记其地里（理）。每岁兴夫开导，至石板石人以为则，岁有常役，民未尝病之，而水行地中。"[3]北宋政府在河底安置了石板石人，每年清淤时以挖到石板石人为标准，十分便于清淤工作的进行。王巩所记此事"至元祐五年（1090年）实七十年"，也就是约在真宗天禧年间（1017—1021年），可见在此时，汴河淤积尚不严重，并未形成地上河。

然而事实上，汴河"岁一浚"的制度并没有很好地坚持下去。大中祥符八年（1015年），供奉官、阁门祗候韦继昇在经度开浚汴河时提出，"自今汴河淤淀，可三五年一浚"[4]，朝廷从之。这就开了一个很坏的先例，汴河淤积无法得到及时疏浚，年深岁久，河道淤积与汴堤升高不可避免。正如沈括在《梦溪笔谈》中所言："祥符中，阁门祗候使臣谢德权领治京畿沟洫，权借浚汴夫，自尔后三岁一浚，始令京畿民官皆兼沟渠河道，以为常职。久之，治沟洫之工渐弛，邑官徒带空名，而汴渠有二十年不浚，岁岁堙淀。"[5]在得不到及时有效疏浚的情况下，汴河不出现淤积是不可能的。此后，汴河时常出现"浅涩"，乃至干涸的情况。至皇祐三年（1051年），汴河淤积已十分严重，"（汴）河涸，舟不通，令河渠司自口浚治，岁以为常。"[6]宋廷试图重新恢复每岁修汴河的制度。但此项规定似乎也没有坚持太长时间，因在十年后的嘉祐六年（1061年），再次出现了"汴河久不浚"[7]的情况。

熙宁年间（1068—1077年），汴河泥沙淤积严重，河堤增高，已明显形成地上河之势，"自汴流堙淀，京城东水门下至雍丘、襄邑，河底皆高出堤外平地一

[1]（宋）沈括撰，金良年点校：《梦溪笔谈》卷25《杂志二》，上海书店出版社，2009年，第210页。

[2]（宋）王应麟：《玉海》卷22《地理·河渠》，文渊阁四库全书本。

[3]（宋）王巩：《闻见近录》，宋刻本。

[4]（清）徐松辑：《宋会要辑稿》方域一六之四，中华书局，1957年，第7577页。

[5]（宋）沈括撰，金良年点校：《梦溪笔谈》卷25《杂志二》，上海书店出版社，2009年，第210页。

[6]《宋史》卷93《河渠志三·汴河上》，中华书局，1977年，第2322页。

[7]（清）徐松辑：《宋会要辑稿》方域一六之六，中华书局，1957年，第7578页。

丈二尺余，自汴堤下瞰民居，如在深谷。"[1]宋神宗问王安石何故导致河底渐高？王安石答曰：

> 旧不建都，即不如本朝专恃河水，故诸陂泽、沟渠清水皆入汴，诸陂泽、沟渠清水皆入汴，即沙行而不积。自建都以来，漕运不可一日不通，专恃河水灌汴，诸水不复得入汴，此所以积沙渐高也。[2]

王安石认识到汴河"专恃"黄河水，是造成汴河积沙渐高的原因，无疑是很有见地的。清水入汴与汴河淤积是一个悖论关系，汴河为获取充足稳定的水源而"专恃"黄河水，导致诸陂泽、沟渠清水不入汴河，清水不入汴河导致汴河河床淤积升高，汴河河床升高致使清水更难以入汴。在神宗时，汴河的淤积升高已成难以逆转之势，若不加强治理，汴河漕运便会越来越困难。因此神宗时期，宋政府对汴河治理格外重视，并且创造性地采用了浚川杷疏浚河道，以及实施导洛通汴工程等措施。

浚川杷的前身是铁龙爪，它们最早是为疏浚黄河而发明。熙宁六年（1073年），有个叫李公义的人提出用铁龙爪浚河的方法，"其法用铁数斤为爪形，沉之水底系絙，以船曳之而行。"[3]即以船拖拽爪型铁器驶于河上，以涤荡河沙，达到清淤的目的。其后宦官黄怀信将铁龙爪改进为浚川杷，"其法以巨木长八尺，齿长二尺，列于木下如杷状，以石压之，两旁系大绳，两端碇大船，相距八十步，各用滑车绞之，去来挠荡泥沙，已又移船而浚之。"[4]浚川杷是用大石将杷状巨木压于水底泥沙中，然后用大绳索将浚川杷系于两边的船上，再用置于船上的滑车绞动绳索使杷前行，杷下的木齿就会将河底泥沙"挠荡"而起，泥沙随水流而下。

浚川杷首先用于黄河疏浚，并取得一定成效，"以浚川杷浚黄河，自二十八日卯时至二十九日申时，凡增深九寸至一尺八寸。"[5]因而王安石请将浚川杷用于汴河疏浚，并"制百千枚杷"以疏浚汴河、广济河等漕运河流，而省却计工开浚之费。熙宁七年（1074年）三月，权许州观察推官李公义、右侍禁李希杰、

[1]（宋）沈括撰，金良年点校：《梦溪笔谈》卷25《杂志二》，上海书店出版社，2009年，第210页。
[2]（宋）李焘：《续资治通鉴长编》卷248，熙宁六年（1073年）十一月壬寅，中华书局，2004年，第6040页。
[3]（宋）李焘：《续资治通鉴长编》卷248，熙宁六年（1073年）十一月丁未，中华书局，2004年，第6042页。
[4]《宋史》卷92《河渠志二·黄河中》，中华书局，1977年，第2282页。
[5]（宋）李焘：《续资治通鉴长编》卷248，熙宁六年（1073年）十一月丁未，中华书局，2004年，第6042页。

三边借职王尹、句容县令耿宪、开封府界提点司勾当公事邹极均因"用浚川杷、铁龙爪疏浚汴河增深"而被朝廷进官赏爵[1]。李公义等人受到朝廷奖赏说明用浚川杷、铁龙爪疏浚汴河是取得一定成效的。

但是浚川杷用于疏浚汴河也引起很大的争议，甚至成为新旧两党相互攻讦的工具。宋廷在熙宁六年（1073年）置浚河司，以浚川杷、铁龙爪等新式器械疏浚河道，属于新法的一部分，以王安石为首的变法派自然会竭力推行，但保守派则想方设法予以攻讦。如保守派的熊本、陈佑甫等人均认为浚川杷不便，进而实现"天下言新法不便者必蜂起"[2]的目的。

浚川杷成为新旧两党斗争的工具，对浚川杷作用的评价呈两极对立之势，因此从双方的言论中已经很难真实体现出浚川杷的实际功用。客观而言，浚川杷既不像变法派说的那样"处处危急可用"[3]，也非保守派所言的"天下指笑以为儿戏"[4]。在北宋后期黄河、汴河淤积日益严重，地上河显著形成之时，使用浚川杷可在一定程度上减缓泥沙的淤积速度，是宋人在疏浚汴河河道中的一项重要创举，但要单纯依靠浚川杷根治河道淤积也是不现实的。此外，用浚川杷疏治汴河与疏治黄河的效果是有区别的，黄河水势大、水位深、含沙量更高，疏治的效果相对不明显；而汴河水势小、水位浅、含沙量相对低一些，因而疏治的效果要好一些。范子渊就曾言："以浚川杷于汴河试验有效"[5]。然而随着王安石再次罢相，变法派失势，以及导洛通汴工程的实施，浚川杷被束之高阁，再无用武之地。

3. 狭河与治堤

汴河泥沙淤积造成水流散漫，影响汴河漕运的正常进行，因而宋政府采取狭河措施，约束水流。大中祥符二年（1009年），供奉官、阁门祇候韦继昇言：

泗洲至开封府界，岸阔底平，水势薄，不假开浚。……仍请于沿河作头踏道擗岸，其浅处为锯牙，以束水势，使水势峻急，河流得以下泻，卒就未放春

[1]（宋）李焘：《续资治通鉴长编》卷251，熙宁七年（1074年）三月戊申，中华书局，2004年，第6114页。
[2]（宋）李焘：《续资治通鉴长编》卷282，熙宁十年（1077年）五月庚午，中华书局，2004年，第6911页。
[3]（宋）李焘：《续资治通鉴长编》卷248，熙宁六年（1073年）十一月丁未，中华书局，2004年，第6043页。
[4]《宋史》卷313《文彦博传》，中华书局，1977年，第10262页。
[5]（宋）李焘：《续资治通鉴长编》卷281，熙宁十年（1077年）三月甲戌，中华书局，2004年，第6887页。

水前，令逐州长吏、都监、令佐督役。[1]

因为泗州至开封府界汴河段"岸阔底平"，水势浅，因此在河道浅处做锯牙，以约束水势，加速水流，从而浚深河道。关于做锯牙的材料，因为需要挡水之冲，并不适合用土石材料，故而很可能就是后来做木岸所用的树枝等木质材料。

天圣九年（1031年），都大巡检汴河堤孙昭"请雍丘县湫口治木岸以束水势"[2]，得到朝廷允可。这是史料中首次记载在汴河河身"治木岸"。所谓木岸是指将树木枝梢扎成捆状，捆捆相连，并排置于河岸，用木桩将其钉牢，形成人造木质河岸。通过修造木岸，可促狭河道，约束水流，既便于航运，又有利于防止水流漫溢，因而北宋政府逐步在汴河河道上推行此技术。

嘉祐元年（1056年），宋廷诏："三司自京至泗州置狭河木岸，仍以入内供奉官史昭锡都大提举，修汴河木岸事。"[3]泗州位于汴河入淮口附近，也就是自京师至入淮口段汴河均置狭河木岸，该段河道已经占据了汴河河道的大部分，可见此役兴工的规模是很大的。嘉祐六年（1061年），都水监奏："汴河自西以上至南京，道直流驶，不须浚治，自南京水道至汴河口，水阔散漫，以故多浅。欲乞自南京至都门三百里，修狭河木岸，扼束水势，令深驶为之可足。"可见嘉祐元年（1056年）兴工的京师至南京段狭河工程此时尚未完工，故而要继续施工。此役开工后，所需"梢桩竹索"十分浩大，汴河沿岸"岸木"不足，又募民出"杂稍"，"凡用梢椿（桩）竹索三百八十四万四千，为岸二万一千四百步。"[4]修建木岸后，可约束水流，起到束水攻沙的效果，都大管勾汴河使符惟忠认为："渠有广狭，若水阔而行缓，则沙伏而不利于舟，请即其广处束以木岸。"[5]

元丰三年（1080年）二月，导洛通汴工程完成后，汴河水源不足导致水流散漫，河道浅涩，朝廷听从都大提举导洛通汴宋用臣的意见，兴工狭河，"用臣上狭河六百里，为二十一万六千步。诏给坊场钱二十余万缗，仍伐并河林木以足梢桩之费。"[6]该年四月，都大提举导洛通汴司又言："所狭河道，欲留水面

[1]（清）徐松辑：《宋会要辑稿》方域一六之四，中华书局，1957年，第7577页。

[2]（宋）李焘：《续资治通鉴长编》卷110，天圣九年（1031年）九月丙子朔，中华书局，2004年，第2566页。

[3]（宋）李焘：《续资治通鉴长编》卷184，嘉祐元年（1056年）九月癸卯，中华书局，2004年，第4448页。

[4]（宋）孙逢吉：《职官分纪》卷23《都水使者》，文渊阁四库全书本。

[5]《宋史》卷463《符惟忠传》，中华书局，1977年，第13555页。

[6]（宋）李焘：《续资治通鉴长编》卷302，元丰三年（1080年）二月丙午，中华书局，2004年，第7354页。

阔八十尺以上，束水水面阔四十五尺"，朝廷诏："狭河处留水面百尺"[1]。此项工程持续近三年时间，直到元丰五年（1082年）十月方毕功，但工程效果非常明显，江淮等路发运司言狭河后，"不置草屯浮堰"[2]，草屯浮堰是为"雍水以通漕舟"而设，不置草屯浮堰说明木岸狭河已经发挥很好的作用。

宋政府设置木岸狭河主要是为了约束水流，达到通航的目的，但客观上也起到了束水攻沙，保护河堤的作用。事实上，宋政府是非常重视河堤的维护的，采取了一系列专门的护堤措施。北宋设有专门机构和官员负责对汴堤的巡防和维护，如景德三年（1006年）十月，真宗命谢德权"提总京城四排岸司领护汴河"，对汴河河堤进行修治。谢德权修护汴堤时，要求十分严格，"以沙尽至土为限，弃沙堤外，遣三班使者分地以主其役，又为大锥以试筑堤之虚实，或引锥可入者即坐，所辖官吏多被谴免者。"[3]以大锥试验汴堤的坚实程度，以锥不入方为合格，可见宋人修汴堤的坚固。并且宋政府还设有专门的役卒在汛期护堤，每当汴河水涨，威胁汴堤安全时，即遣役卒加强河防，"旧制，水增七尺五寸，则京师集禁兵、八作、排岸兵负土列河上，以防河。"[4]

此外，宋人还采用生物技术固护汴堤，即在汴堤上种植榆柳。榆树、柳树均是生长快、根系发达的树种，在汴堤上种植榆柳，其发达的根系会深入堤脚之下，将堤岸与土基紧密连接在一起，对防止河水侵蚀和雨水冲刷有显著作用。北宋政府十分重视在汴堤上植树护堤，开宝五年（972年），宋廷诏令地方官课民在黄、汴河堤上植榆柳，"委长吏课民别种榆柳，及所宜之木，仍按户籍高卑定为五等，第一等岁种五十本，第二等四十本，余三等依此第而减之，民欲广种树者亦自任。"[5]谢德权修汴堤时，亦"植树数十万以固堤岸"[6]。

4. 导洛通汴

宋代汴河淤积日渐严重、河堤不断增高的根本原因在于其水源为含沙量甚高的黄河水，要从根本上扭转汴河不断淤积的问题就必须用"清水"取代黄河

[1]（宋）李焘：《续资治通鉴长编》卷303，元丰三年（1080年）四月庚戌，中华书局，2004年，第7383页。
[2]（清）徐松辑：《宋会要辑稿》方域一六之一六，中华书局，1957年，第7578页。
[3]（宋）李焘：《续资治通鉴长编》卷64，景德三年（1006年）十月丁酉，中华书局，2004年，第1432页。
[4]《宋史》卷93《河渠三·汴河上》，中华书局，1977年，第2322页。
[5]（宋）佚名编：《宋大诏令集》卷182《政事三十五·沿河州县课民种榆柳及所宜之本诏》，中华书局，1962年，第658-659页。
[6]（宋）李焘：《续资治通鉴长编》卷64，景德三年（1006年）十月丁酉，中华书局，2004年，第1432页。

水，作为汴河新的水源。宋人对这一问题已有比较清晰的认识，因而也在努力寻求新的、含沙量低的水源替代黄河水，其中导洛通汴工程是宋人为解决汴河水源问题而进行的工程量最大且取得一定成效的尝试。

早在仁宗皇祐年间（1049—1054年），同提举百司及南北作坊郭咨首次提出了导洛通汴的设想，"自巩西山七里店孤柏岭下凿七十里，导洛入汴，可以四时行运。"[1]可惜未及付诸实施，郭咨就赍志而殁，导洛通汴的提议亦不了了之。元丰元年（1078年），西头供奉官张从惠再次提出导洛通汴的建议，都水监丞范子渊"画十利以献"[2]。最终朝廷听从他们的建议，决定兴工实施导洛通汴工程。

元丰二年（1079年）三月，宋廷任命入内东头供奉官宋用臣"都大提举导洛通汴"，四月即兴工实施。导洛通汴工程以汜水县任村沙谷口为起点，沿黄河故滩向东开渠，至河阴县瓦亭子故汴口，引洛水入汴，引水渠长51里，两岸筑堤总长103里[3]。在宋廷的支持下，工程进展顺利，自四月甲子至六月戊申，凡四十五日毕功。

导洛通汴能够顺利实施与黄河主泓的北移密切相关，此前导洛通汴之议未付诸实施的一个重要原因就是黄河河道紧贴广武山而行，导洛通汴患黄河侵蚀广武山，且须凿山岭十五丈至十丈方可通行，"功大不可为"[4]。元丰元年（1078年）七月，黄河暴涨后而水落，主泓北移，距广武山麓七里，退滩高阔，为凿渠引洛水入汴提供了便利条件。但同时也存在黄河故滩沙质松软，易被黄河冲决的隐患，因此导洛通汴成败的关键就在于能否修筑坚固的堤埽抵挡住黄河对引水渠的侵逼。因而宋廷命范子渊"修护黄河南岸堤埽，以防侵夺新河"，同时拨付两万缗给范子渊为固护黄河南岸薪刍之费[5]。元丰六年（1083年）八月，范子渊又请"于武济山麓至河岸并嫩滩上修堤及压埽堤，又新河南岸筑新堤，计役兵六千人，二百日成。"[6]范子渊在新洛口及引水渠上建起广武三埽，以捍黄河。为了"节湍急之势"，宋政府在引水渠上每20里置一"束水"，"束水"是

[1]《宋史》卷326《郭咨传》，中华书局，1977年，第10532页。
[2]（清）徐松辑：《宋会要辑稿》方域一六之一一，中华书局，1957年，第7580页。
[3]（宋）李焘：《续资治通鉴长编》卷298，元丰二年（1079年）六月丙寅，中华书局，2004年，第7257页。
[4]（宋）李焘：《续资治通鉴长编》卷297，元丰二年（1079年）三月庚寅，中华书局，2004年，第7224页。
[5]（清）徐松辑：《宋会要辑稿》方域一六之一三，中华书局，1957年，第7581页。
[6]《宋史》卷94《河渠四·汴河下》，中华书局，1977年，第2329页。

用刍楗所做，由水渠两岸呈锯齿状突入水中，以控制水流。洛河水量不稳定，为了在枯水季节增加水源，又"引古索河为源，注房家、黄家、孟王陂及三十六陂高仰处，潴水为塘，以备洛水不足。" 而为防止古索河暴涨后，威胁汴堤，又设置"魏楼、荥泽、孔固三斗门泄之"[1]。可见，负责导洛通汴的宋用臣、范子渊等人对该工程进行了相当周全的考虑和设计。

虽然导洛通汴工程的实质是引洛河水替代黄河水为汴河水源，但并没有完全切断汴河与黄河的联系，而是尽可能利用黄河在航运、补充水源及泄洪方面的作用。宋政府在汜水关北开河连通黄汴二河，"自汜水阙北开河五百步，属于黄河，上下置闸，启闭以通黄、汴二河船筏。即洛河旧口置水汏，通黄河，以泄伊、洛暴涨之水。"[2]新开口，除可通黄汴航运外，还能在洛河水源不足时，引黄济汴。此外旧洛口所置水汏，则在伊、洛河汛期可泄洪入黄河。导洛通汴工程完工后，宋廷"闭汴口，徙官吏、河清卒于新洛口"[3]。洛河正式取代黄河成为汴河的主要水源（见图2-3）。

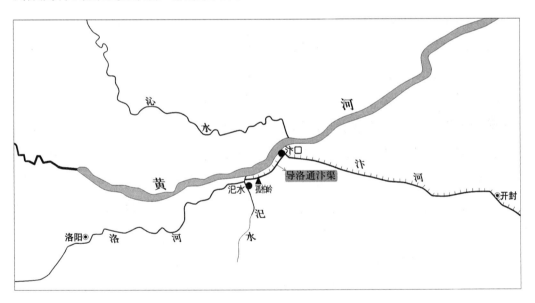

图2-3 导洛通汴渠示意图

导洛通汴完成后，发挥了很好的航运与生态效益。首先，相较于高含沙量

[1]（宋）李焘：《续资治通鉴长编》卷297，元丰二年（1079年）三月庚寅，中华书局，2004年，第7225页。
[2]（宋）李焘：《续资治通鉴长编》卷297，元丰二年（1079年）三月庚寅，中华书局，2004年，第7225页。
[3]《宋史》卷94《河渠志四·汴河下》，中华书局，1977年，第2328页。

的黄河水，洛河水含沙量明显低，对抑制汴河淤积和汴堤升高有显著作用。其次，汴河的通航期延长，三司言："发运司岁发头运粮纲入汴，旧以清明日。自导洛入汴，以二月一日。今自去冬汴水通行，不必以二月为限。"[1]再次，导洛通汴后水流稳定，航行的安全性大为提高，都提举汴河堤岸司言："泗州普济院，自元丰二年（1079年）七月洛水入汴，至三年（1080年）闰九月止，得流尸五百四十人，比常年减千五百人。盖以安流少所抛失"[2]。此外，汴河的纲运及维护人员大有减省，元丰三年（1080年）五月，权江淮发运副使卢秉言："黄河入汴水势湍激，纲船破，人数多，今清汴安缓，理宜裁减。欲令六百料重船上水减一人，下水减二人，空船上水减二人，下水减三人，余以差减。"[3]元丰八年（1085年）五月，宋廷诏："提举汴河堤岸司隶都水监，专一制造军器所隶军器监。"[4]提举汴河堤岸司隶属都水监，负责制造军器，说明导洛通汴后，汴河安流，几无工役。

尽管导洛通汴带来了颇多益处，但同时也面临着一些弊端。首先，导洛通汴引水渠是在黄河故滩上开凿而成，而黄河主泓滚动无常，引水渠堤埽常面临被黄河冲决的隐患，一旦冲决堤埽，黄汴合流，京师将面临严重威胁。其次，旧汴口分流一部分黄河水，而导洛通汴后，黄河水不入汴河，导致水患加重。"汴口析其三分之水，河流常行七分也，自导洛而后，频年屡决。"[5]再次，洛河水量不稳定，枯水期常引起汴河乏流，影响汴河漕运。因而导洛通汴后，也引起一部分官员的异议，其中尤以御史中丞梁焘反对最力。元祐四年（1089年）冬，梁焘上疏反对导洛通汴，请求重开汴口，"为今之计，宜复为汴口，依旧引大河一支，启闭以时，还祖宗百年以来润国养民之赐，诚为得策。"[6]于是元祐五年（1090年）十月，朝廷诏"导河水入汴"[7]。

元祐五年（1090年）虽"导河水入汴"，实际上并没有堵塞新洛口，而是"于黄河拨口，分引浑水，令自抵上流入洛口"[8]，同时将黄河、洛河作为汴河水

[1]（宋）李焘：《续资治通鉴长编》卷302，元丰三年（1080年）正月癸巳，中华书局，2004年，第7351页。
[2]（宋）李焘：《续资治通鉴长编》卷310，元丰三年（1080年）十二月甲戌，中华书局，2004年，第7526页。
[3]（清）徐松辑：《宋会要辑稿》方域一六之一六，中华书局，1957年，第7583页。
[4]（宋）李焘：《续资治通鉴长编》卷356，元丰八年（1085年）五月庚子，中华书局，2004年，第8514页。
[5]《宋史》卷94《河渠四·汴河下》，中华书局，1977年，第2332页。
[6]（宋）李焘：《续资治通鉴长编》卷436，元祐四年（1089年）十二月甲子，中华书局，2004年，第10521页。
[7]（宋）李焘：《续资治通鉴长编》卷449，元祐五年（1090年）十月癸巳，中华书局，2004年，第10786页。
[8]《宋史》卷94《河渠四·汴河下》，中华书局，1977年，第2334页。

源。但两河并引，颇难调节水势。至绍圣四年（1097年）五月，提举汴河堤岸贾种民言："乞将汴河依元丰年已修狭河身丈尺深浅，检计合用物力，具数申尚书省，复元丰清汴，立限修浚，通放洛水，复为清汴，及乞依元丰年例复置洛斗门，依旧通放西河官私舟船。"[1]朝廷从之，重新恢复导洛通汴，并一直持续到北宋灭亡。

三、汴河"地上河"的形成

国朝汴渠，发京畿辅郡三十余县夫，岁一浚。祥符中，阁门祗候使臣谢德权领治京畿沟洫，权借浚汴夫，自尔后三岁一浚，始令京畿民官皆兼沟洫河道，以为常职。久之，治沟洫之工渐弛，邑官徒带空名，而汴渠有二十年不浚，岁岁埋淀。异时京师沟渠之水皆入汴，旧尚书省都堂壁记云："疏治八渠，南入汴水"是也。自汴流埋淀，京城东水门下至雍丘、襄邑，河底皆高出堤外平地一丈二尺余。自汴堤下瞰，民居如在深谷。[2]

上述引文是沈括《梦溪笔谈》卷二五《杂志二》中的一段文字，从中我们可以看到彼时汴河由于"埋淀"，已经形成地上河，汴堤高于堤外平地达"一丈两尺余"。此条记录为"熙宁中议改疏洛水入汴"时，沈括"按行汴渠"亲自观察到的情况，应该具有比较高的可信性。沈括将汴河淤积的原因归咎于大中祥符年间（1008—1016年），谢德权借调浚治汴河的民夫，修治京畿沟渠，导致汴河由"岁一浚"变为"三岁一浚"。而此后，管理汴河的官吏因循懈怠，汴河修浚制度逐渐废弛，致使汴河不断埋淀淤高。

学界在提及北宋汴河淤积、河床升高时，常常引用沈括的这条记载，并把谢德权"借浚汴夫"用作他役，作为汴河修浚制度渐趋废弛的起因。但细究之下，沈括所提出的汴河淤积原因却存在诸多的疑问。谢德权"借浚汴夫"修治京畿沟渠影响汴河的疏浚，汴河会逐渐淤高，为什么反而导致汴河由一年一浚变为三年一浚？京畿民官兼沟洫河道似是为加强管理，为什么却导致"治沟洫之工渐弛"？汴河"漕引江、湖，利尽南海，半天下之财赋，并山泽之百货，

---

[1]（宋）李焘：《续资治通鉴长编》卷488，绍圣四年（1097年）五月乙亥，中华书局，2004年，第11588页。

[2]（宋）沈括撰，金良年点校：《梦溪笔谈》卷25《杂志二》，上海书店出版社，2009年，第210页。

悉由此路而进"[1]，乃北宋国之命脉，为何会出现"有二十年不浚，岁岁堙淀"的情况？要解决这些疑问，就需要我们在广泛搜集并分析史料的基础上，结合时代背景，厘清事情的本来面目。

1. 谢德权抑或张君平：关于疏治京畿沟渠的传说与史实

沈括在《梦溪笔谈》中提到大中祥符年间（1008—1016年）谢德权借调浚治汴河的民夫，修治京畿沟渠一事，在官方史籍中是如何记载的呢？《宋史》卷三〇九《谢德权传》中关于谢德权在大中祥符年间（1008—1016年）修治京师沟渠的记载只有一条："复领京城仓草场，导金水河自皇城西环太庙，凡十余里。"此处"复领"是指大中祥符二年（1009年）六月，谢德权与刘承珪督建玉清昭应宫时产生矛盾，而自求罢职，故被任命差遣"领京城仓草场"。其后谢德权督工疏导金水河，"自天波门并皇城至乾元门，历天街东转，缭太庙……复东引，由城下水窦入于濠。"当年九月即告完工[2]。从金水河工期及施工长度来看，此役规模显然不大，不可能因此大规模征调浚汴夫，而且也并没有出现令京畿民官皆兼沟渠河道的情况，所以其与《梦溪笔谈》所言显然不是一回事。

既然谢德权没有"借浚汴夫"，修治京畿沟渠，那《梦溪笔谈》的这段记载又从何而来呢？笔者以为此段记载的产生很可能是与张君平建言疏治京畿沟渠一事混同的结果。北宋仁宗朝有名的理财专家张方平在上疏论及汴河漕运时有言："此渠漕引江湖，利尽南海。天圣以前每岁开理，缘河人户各蓄开河器备，名品甚多，未尝有堙壅也。天圣初有张君平者，陈利见，始罢春夫，继以浅妄小人苟规赏利，樽减役费以为劳绩，致兹淤塞，有妨通漕。"[3]除时间、人物不同外，该事件过程与《梦溪笔谈》有颇多吻合之处，二者很可能存在某种内在联系。

下面让我们看一下官方史料中是如何记载张君平"陈利见"，导致"始罢春夫"的。《宋会要辑稿》（以下简称《辑稿》）方域一六之二九对张君平建言疏治京畿沟渠事记载为：

---

[1]《宋史》卷93《河渠三·汴河上》，中华书局，1977年，第2321页。

[2]（宋）李焘：《续资治通鉴长编》卷72，大中祥符二年（1009年）九月乙丑，中华书局，2004年，第1633页。

[3]（宋）张方平：《乐全集》卷23《论京师军储事》，宋刻本。

仁宗天圣二年（1024 年）三月，内殿崇班、阁门祗候张君平言："近京诸州古来沟河堙塞，望差官开浚。"诏君平往诸州同长吏规度渐次开治，务为悠久之利。因诏开封、应天府、陈、许、亳、宿、颍（笔者按：应为"颍"）、蔡州长吏县令兼开治沟洫事。四月诏开封府应食禄官员等，今后更不得令人下罾网打鱼，拦截河道，妨公私舟船往来……七月同提典开封府诸县镇公事张君平言："府界逐州甚有古沟洫，可以疏决，望自今后逐县界沟洫河道，如令佐能多方设法劝谕部民开浚深快，值雨别无积潦，显著劳绩，替日委批历具状保明闻奏。令佐与免选，家便注官，京朝官家便优与差遣。知州同（通）判劝课催督，亦量劳绩旌赏。"从之。[1]

李焘《续资治通鉴长编》（以下简称《长编》）载：

（天圣二年，1024 年，三月）己丑，同提点开封府界诸县镇公事张君平言，南京、陈、许、徐、宿、亳、曹、单、蔡、颍等州，古沟洫与畿内相接，岁久不治，故京师数罹水患，请委官疏凿之。诏从其请。[2]

《辑稿》与《长编》对张君平建言疏治京畿河渠之事的记载是大致相同的，只是详略有差。《辑稿》与《长编》的史料来源主要是宋代官方档案，对该事件记载的可信性要比后来私人著述中的追记更高。从中可以看到，天圣二年（1024年）三月，张君平建言疏凿开封、应天府及陈、许、亳、宿、颍、蔡诸州古沟渠，以解决京师及近京诸州的水患问题。朝廷因而诏令上述诸府州长吏兼开治沟洫事，并令其劝谕、招募部民开浚，以此作为考核官员的凭据。地方官为追求政绩，大力征调民夫修治辖区内的沟渠，以致影响汴河修治，即张方平所言的"继以浅妄小人苟规赏利，樽减役费以为劳绩，致兹淤塞，有妨通漕。"

将《乐全集》《辑稿》与《长编》关于此事的记载结合起来考察，基本可以复原天圣二年（1024年）张君平建言疏治京师及近京诸州沟渠之事的梗概。而沈括《梦溪笔谈》所记谢德权"借浚汴夫"修京畿沟渠之事，很可能是误读宋代有关记载，或听信传言，将谢德权开金水河与张君平建言疏治京师及近京诸

[1]（清）徐松辑：《宋会要辑稿》方域一六之二九，中华书局，1957 年，第 7590 页。
[2]（宋）李焘：《续资治通鉴长编》卷 102，天圣二年（1024 年）三月己丑，中华书局，2004 年，第 2352 页。

州沟渠之事混为一谈，导致出现张冠李戴的情况。

2. 汴河疏治与河床升高

尽管沈括在《梦溪笔谈》中对汴河淤积原因的解释存在很大问题，但他所观察到的河床淤高却是实情。王安石所言也印证了这一点，"今沟首皆深，汴极低。又观相国寺积沙几及屋檐"[1]。可见，在神宗熙宁年间（1068—1077年），汴河河床淤积升高，形成"地上河"已经十分明显，成为人所共知的事情。虽然我们已经知道谢德权"借浚汴夫"修治京畿沟渠的不可靠性，但这件事却与张君平建言疏治京师及近京诸州沟渠事有共同的逻辑，即都认为疏治京畿及近京诸州沟渠，妨害了汴河的治理，进而引起河床淤积，汴堤升高。

汴河是北宋王朝的漕运大动脉，京师大众的粮食需求几乎全赖此河漕运。王安石所言"漕运不可一日不通"[2]，虽有所夸张，但若汴河漕运停废一年，北宋国家机构必定难以正常运转。因此宋政府十分重视汴河的疏浚维护，一般要维持六尺左右的水深，方可通行重载的漕船，"止深六尺，以通行重载为准"[3]。但当汴水涨及七尺五寸时，则要遣防河兵沿河巡护，"旧制，水增七尺五寸，则京师集禁兵、八作、排岸兵负土列河上。"[4]负责日常疏浚及防汛任务的军队除禁兵、八作、排岸兵外，还有专事河防及水利的河清兵[5]。每年冬春闭汴口后，宋政府还要征调春夫，对汴河进行浚治。

虽然宋政府对汴河的维护颇为用心，但是因汴河主要是引黄河水而通漕，黄河水本身的含沙量甚高，因而汴河的清淤难度非常大，而且役夫在清理过程中经常将河底泥沙就堤堆放，汴河泛溢后很容易将清理出来的泥沙重新冲到河中，导致汴河淤积。景德三年（1006年），谢德权针对以前浚治汴河的弊病，进行了一次比较彻底的修浚。

先是岁役浚河夫三十万，而主者因循，堤防不固，但挑沙拥岸趾，或河水泛溢，即中流复淤矣。德权须以沙尽至土为限，弃沙堤外，遣三班使者分地以

[1]（宋）李焘：《续资治通鉴长编》卷248，熙宁六年（1073年）十一月壬寅，中华书局，2004年，第6040页。
[2]（宋）李焘：《续资治通鉴长编》卷248，熙宁六年（1073年）十一月壬寅，中华书局，2004年，第6040页。
[3]《宋史》卷93《河渠三·汴河上》，中华书局，1977年，第2316页。
[4]（宋）李焘：《续资治通鉴长编》卷173，皇祐四年（1052年）七月庚午，中华书局，2004年，第4164页。
[5] 淮建利：《北宋河清兵考论》，《史学集刊》2008年第4期，第28-35页。

主其役。又为大锥以试筑堤之虚实，或引锥可入者，即坐所辖，官吏多被谴免者，植树数十万以固堤岸。[1]

　　谢德权在汴河清淤时，督工十分严格，务求将河沙全部清除，以挖到泥土为限，挖出来的河沙则要求抛到河堤外；同时谢德权对汴堤进行了加固，筑堤时以大锥锥之不入为准，若引锥可入，主事官吏则面临责罚；此外，谢德权还采用了在河堤上植树的方法，以固护堤岸。可见，谢德权此次兴工修汴劳费很大，治理也比较彻底。

　　但汴河"首承黄河"的特性决定了不可能一劳永逸地解决淤积问题，每有淤淀妨害通漕时，宋廷仍需及时疏治。大中祥符八年（1015年）七月汴河淤积，水流"浅涩"，八月，太常少卿马元方请求疏浚汴河中流"阔五丈，深五尺，可省堤防之费"。朝廷命供奉官、阁门祇候韦继昇计度，韦继昇提出"于沿河作头踏道搦岸，其浅处为锯牙以束水势，使其浚成河道"[2]的建议，朝廷从之。此法是采用建"锯牙"促狭河道，束水攻沙的方法来疏通河道，虽对治理汴河淤积可起到一定效果，但仍然是一种治标而不治本的措施。韦继昇却建言"自今汴河淤淀，可三五年一浚"，这可能就是沈括《梦溪笔谈》所谓"自尔后三岁一浚"的来源依据。时间日久必然会导致河床淤高，汴堤随之上升的结果。

　　至仁宗天圣年间（1023—1032年），汴河淤积加重，不得不采取措施进行疏治。天圣九年（1031年）正月，宋廷："调畿内及近州丁夫五万，浚汴渠"[3]。当年九月，宋廷又从都大巡检汴河堤孙昭所请："自雍丘县潢口治木岸以束水势"[4]。采取设置木岸的方式，主要是为了束缚河道，以通漕运，对治理淤积的作用并不大。仁宗康定年间（1040—1041年）、庆历年间（1041—1048年），宋王朝几乎举全国之力应对宋夏战争，而无暇顾及对汴河的治理，汴河淤积出现积重难返的情况。嘉祐元年（1056年），时为右司谏的马遵上疏仁宗称："本朝旧制，每岁兴功开浚汴河，故水行地中而无滥溢、填闭之患。祥符中，巡护使臣韦继昇表请罢修一年，以省物力，又请今后三五年一浚，徒见目前苟简之

---

[1]（宋）李焘：《续资治通鉴长编》卷64，景德三年（1006年）十月丁酉，中华书局，2004年，第1431-1432页。

[2]（清）徐松辑：《宋会要辑稿》方域一六之四，中华书局，1957年，第7577页。

[3]（宋）李焘：《续资治通鉴长编》卷110，天圣九年（1031年）正月庚申，中华书局，2004年，第2552页。

[4]（宋）李焘：《续资治通鉴长编》卷110，天圣九年（1031年）九月丙午朔，中华书局，2004年，第2566页。

利，而不能思患于久远，故近年以来河底渐高。"[1]三司使张方平亦言："汴河控引江、淮，利尽南海。天圣以前，岁发民浚之，故河行地中。有张君平者，以疏导京东积水，始辍用汴夫，其后浅妄者争以裁减费役为功，河日以堙塞。今仰而望河，非祖宗之旧也。"[2]暂且不论马遵与张方平关于汴河淤积升高原因的认识正确与否，仅从汴河需"仰而望"来看，此时汴堤明显高于地面，地上河之势已成。宋廷为了维持汴河漕运，只得继续推行沿河设置木岸的方法，"诏三司自京至泗州置狭河木岸，仍以入内供奉官史昭锡都大提举修汴河木岸事。"[3]

修置木岸不可能从根本上解决汴河淤积，河床不断上升的趋势，至神宗熙宁年间（1068—1077年），汴河出现"京城东水门下至雍丘、襄邑，河底皆高出堤外平地一丈二尺余"的危势。汴河河床不断升高，不但威胁京师的安全，而且也影响到汴河引黄通漕，北宋君臣再也不能安枕而卧了，因而不得不寻求新的解决方式，由此出现上文述及的开訾家口引黄及导洛通汴工程的实施。

由上可见，宋代汴河淤积是由汴河的自然特性所决定的，汴河淤积日积月累必然会导致河床上升，汴堤随之增高。北宋政府在治理汴河的过程中，以维持通漕及京师安全为主要目的，为实现这个目的就需要不断地疏浚治理。宋廷为疏治汴河不惜投入大量的人力与物力，在一定程度上遏制了汴河淤积与河床上升的趋势。但治理相比淤积总是具有滞后性，宋人对汴河大规模的修治均是在汴河出现较严重的状况下实施的。而且宋人的治理基本上都是淤积出现后，采取"头疼医头，脚疼医脚"式的治理，终因河性使然及政治上的因循惰性，汴河仍难以避免地成为地上河。宋人在治理汴河的同时，也在总结汴河河床不断淤积升高的原因，不论是所谓的谢德权还是张君平，征借浚汴夫用于他役，妨害汴河治理；抑或韦继昇请三五年一浚汴河，虽不尽符合历史事实，却都客观上反映了宋人在努力从人为治理的角度探寻汴河淤积升高的原因，并为新的治理提供借鉴。

3. 清水入汴与汴堤上升

宋人在治理汴河方面的种种努力，都是为了尽可能地限制汴河的"害"，充

---

[1]（宋）赵汝愚编：《宋朝诸臣奏议》卷127《方域门·上仁宗议开浚汴河》，上海古籍出版社，1999年，第1397页。

[2]（宋）李焘：《续资治通鉴长编》卷183，嘉祐元年（1056年）八月癸亥，中华书局，2004年，第4436页。

[3]（宋）李焘：《续资治通鉴长编》卷184，嘉祐元年（1056年）九月癸卯，中华书局，2004年，第4448页。

分发挥汴河"利"的一面。然而汴河长期引黄河水为水源，具有与黄河相似的特性，运行既久，必然面临着河道淤积、河堤升高的问题。只有用"清水"取代黄河水为水源，才能扭转这种趋势。北宋的一部分有识之士对此已有充分的认识，正如王安石回答宋神宗疑惑时所言："旧不建都，即不如本朝专恃河水，故诸陂泽、沟渠清水皆入汴，诸陂泽沟渠清水皆入汴，即沙行而不积。"既然宋人已认识到清水入汴对解决汴河泥沙淤积方面的作用，那么为什么没有维持清水入汴的局面呢？这是因为，汴河所引的"诸陂泽沟渠"之水普遍水量较小，不足以维持汴河通行重载，鉴于汴河漕运对供给京师官民粮食之需乃至北宋政权运转的重要性，北宋政府不得不引用含沙量高但水量亦大的黄河水，以保障漕运的顺利进行。但是长期以黄河水作为水源，必然会导致汴河河床淤积，汴堤随之上升，汴堤升高又阻碍了清水入汴，二者陷入恶性循环，终使汴河形成地上河，清水不复入汴。

　　汴河开凿之初即以黄河为主要水源，但为了增加水量，降低含沙量亦引周边小的河流、湖陂入汴。宋政府引清水入汴一方面是通过设立水柜的方式，水柜是用于储积水量以助漕运的湖泊、陂塘，同时还具有沉积泥沙的作用。在北宋初年，宋政府即建水柜以补充汴河水量，建隆二年（961年）二月，太祖幸"城南观修水柜"[1]，体现出宋廷对水柜的重视程度。在京师以上河段，亦有水柜设立，元丰二年（1079年）宋用臣导洛通汴时，"引古索河为源，注房家、黄家、孟王陂及三十六陂高仰处，潴水为塘，以备洛水不足则决以入河。"[2]宋用臣以房家、黄家、孟王陂及三十六陂为水柜，储古索河为水源，以补充导洛通汴后汴河水源的不足。

　　另一方面，宋政府疏导汴河附近的河流、沟渠及积水入汴。真宗天禧初年，京师顺天门远门外汴河以西出现积水浸营房道路的情况，朝廷诏内侍雷允恭规度输入汴河，雷允恭督八作司"开汴河西第三坐斗门，渐次通流入汴"[3]，既解决了京师积水问题，又增加了汴河水量。仁宗时曾任宰相的王曾言："凡梁宋之地畎浍之利凑流此渠，以成其大"，指京师及其附近的沟渠之水汇流汴河，以增大其水流，只不过王曾并未言明是何时梁宋之地的沟渠凑流此渠，但这种情

---

[1]（宋）李焘：《续资治通鉴长编》卷2，建隆二年（961年）二月甲戌，中华书局，2004年，第39页。

[2]（宋）李焘：《续资治通鉴长编》卷297，元丰二年（1079年）三月庚寅，中华书局，2004年，第7225页。

[3]（清）徐松辑：《宋会要辑稿》方域一六之二九，中华书局，1957年，第7589页。

况只能出现在北宋初期及之前汴河未形成地上河以前，王曾说这句话的目的是为了与当时因汴河筑堤，"旧所凑水悉为横绝散漫无所故，宋亳之地遂成沮洳卑隰"[1]的局面形成一个鲜明的对比。

在宋真宗及仁宗初期，随着汴河淤积，汴堤的不断升高，清水入汴越来越困难。早在大中祥符二年（1009年）时，因京东地区积水难泄，朝廷令转运司分视诸州积水及理堤防[2]。天圣时，张君平建言疏导京师及附近诸州积水，并命地方官兼管沟渠，说明当时积水下泄已比较困难。清水不入汴，导致汴河更加依赖黄河水，而引黄的结果是汴河淤积加重，宋政府为使汴河顺利通漕，采取木岸狭河措施，木岸狭河又进一步增加了清水入汴的困难。在这一过程中，汴堤不断增高，汴河成为地上河，若无人工措施，沟渠之水已不可能汇流到汴河中，朝廷为了治理京畿及附近诸州积水，不得不命地方官负责治理辖区积水，并将此作为一项政绩考核。

汴河是一条人工开凿，引黄河水而成的运河，它的存废一定程度上影响着北宋政权的兴衰，北宋对汴河的治理与维护亦是朝野上下十分关注的事情和话题。但随着时间的推移，汴河淤积也是势所难免的，汴河淤积导致河床升高，汴堤随之上升，进而引起汴河附近的水系紊乱，清水无法入汴，积水成灾，宋政府又不得不加强对汴河周边积水的治理。北宋中后期，宋人在面临汴河成为地上河的困局时，采取了多种措施加以治理，虽然没有逆转汴河河道淤积与河堤升高，但也基本维持了汴河的漕运功能。

第四节　北宋河患加重背景下的华北生态与民生

北宋时期是中国历史上黄河河患最为突出、为害最为严重的时段之一。为了治理黄河河患，北宋政府投入了极大的人力、物力和财力，然而却不能从根本上改变河患多发的态势。黄河河患是牵动北宋政治、经济、国防的重要问题，伴随着北宋王朝的兴衰，影响甚为深远。目前，学界对于宋代黄河河患及其治

---

[1]（宋）王曾：《王文正公笔录》，明刻历代小史本。
[2]（清）徐松辑：《宋会要辑稿》方域一六之二八，中华书局，1957年，第7589页。

理已进行了较为深入的研究[1]。其中，郭志安在前人研究的基础上，对宋代黄河漕运、河患概况、河患影响及河患治理中的诸问题进行了较系统的研究[2]。然而，学界已有的研究主要集中在北宋黄河变迁、河患概况及其影响与官方治理等方面，而对于黄河河患与生态环境的关系以及黄河河患对下游民众生产、生活的影响尚有待深入研究。

一、黄河决溢改道与趋于恶化的华北生态环境

北宋时期，黄河决溢、改道之频繁程度乃历史上所罕见。据不完全统计，在北宋167年的统治时间内，黄河决溢泛滥的年份高达85年[3]，平均不到两年黄河就决口泛滥一次（见图2-4）。正如明代学者李濂所言"黄河之患，终宋之世，迄无宁岁"[4]。北宋政府在治理黄河水患过程中投入了难以计数的人力、物力、财力，黄河水患在相当大的程度上制约了北宋社会的发展。北宋黄河水患的受灾区域主要是华北地区[5]，其中尤以河北东、西路最为严重。黄河水患不但给受灾地区民众的生命财产带来严重损失，同时也深刻改变了华北地区的生态面貌，是宋代华北生态环境趋向恶化的重要推动力。

1. 土地质量的下降

黄河在北宋屡次决溢，对华北地区土地质量的影响甚大。首先，黄河的决

---

[1] 学界关于宋代黄河河患及其治理方面的相关研究成果较多，如邹逸麟：《黄淮海平原历史地理》，安徽教育出版社，1993 年；王颋：《黄河故道考》，华东理工大学出版社，1995 年；姚汉源：《黄河水利史》，黄河水利出版社，2003 年；岑仲勉：《黄河变迁史》，中华书局，2004 年；李华瑞：《北宋治河与防边》，《宋夏史研究》，天津古籍出版社，2006 年；石涛：《黄河水患与北宋对外军事》，《晋阳学刊》2006 年第 2 期；魏华仙：《北宋治河物料与自然环境——以梢为中心》，《四川师范大学学报（社会科学版）》2010 年第 4 期；等等。

[2] 郭志安：《宋代黄河中下游治理若干问题研究》，博士学位论文，河北大学，2007 年；《北宋黄河治理弊病管窥》，《中州学刊》2009 年第 1 期；郭志安：《论北宋河患对农业生产的破坏与政府应对——以黄河中下游地区为例》，《中国农史》2009 年第 1 期；郭志安、张春生：《北宋黄河的漕粮运营》，《保定学院学报》2009 年第 1 期；郭志安、张春生：《略论黄河河患影响下北宋河北地区的人口迁移》，《赤峰学院学报（汉文哲学社会科学版）》，2010 年第 2 期；郭志安、王晓薇：《论北宋黄河治理中的民众负担》，《保定学院学报》2011 年第 6 期，郭志安、淮建利：《论北宋黄河物料的筹集和管理》，《历史教学》2011 年第 24 期。

[3] 该统计依据郭志安：《宋代黄河中下游治理若干问题研究》第一章第一节"黄河中下游的水患概况"中的黄河中下游水灾概况表所统计。

[4] （明）李濂：《汴京遗迹志》卷 5《河渠一·黄河》，中华书局，1999 年，第 71 页。

[5] 本书所言的"华北地区"主要是宋代黄河中下游流域，包括宋代的河北西路、河北东路、京东西路及京东东路、京畿路、京西南路、京西北路。

溢泛滥淹没了沿岸大片土地，致使很多可耕地变成了沼泽沮洳。华北地区整体地势比较低平，每次黄河决溢泛滥都要淹浸相当数量的沃地良田，造成农业生产环境的恶化。如乾德四年（966年）六月，黄河决郓州东河县，"河水溢，损民田"[1]；大中祥符五年（1012年）二月，"河决滨、棣州，畎亩积水，民不安其居"[2]；自熙宁二年（1069年）闭断黄河北流后，"累横决于许家港及清水镇，下入蒲泊，水势散漫，淹浸民田"[3]。

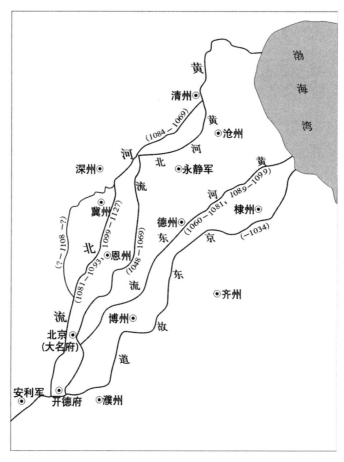

说明：本图以谭其骧主编《中国历史地图集》第6册（1）《辽、北宋时期图组》之"河北东路 河北西路 河东路"图幅为底图改绘而成。

图2-4 北宋黄河河道变迁图

黄河决溢造成的水灾，致使积水侵占民田，不但使百姓难以耕种，而且还

---

[1]（清）徐松辑：《宋会要辑稿》方域一四之一，中华书局，1957年，第7545页。

[2]（宋）《续资治通鉴长编》卷77，大中祥符五年（1012年）二月丙寅，中华书局，2004年，第1758页。

[3]（宋）《续资治通鉴长编》卷254，熙宁七年（1074年）六月丙申，中华书局，2004年，第6218页。

很容易造成次生盐渍化。黄河决溢带来的积水导致地下水位上升，盐分随毛管水上升到地表，水分蒸发后，盐分积累到土壤表层中，极易导致土壤盐渍化。宋代史籍中所载的河北路一带"颇杂斥卤"[1]，难以耕种，就与黄河等河流决溢泛滥引起的土壤盐渍化有关。河北西路的相、魏、磁、洺诸州靠近漳河之地，"屡遭决溢，今皆斥卤不可耕。"[2]这里所言虽是漳河，但黄河与漳河同是高含沙量的河流，都易于决溢泛滥，且黄河河道向北摆动时，漳河常注入，两河的水文状况类似，造成沿河两岸土壤盐渍化的因素是一致的。欧阳修称黄河沿岸澶州诸县的下等田"有白碱带咸地，并咸卤沙薄可殖地，死沙不可殖地，并一例均摊税数"[3]。澶州在北宋时屡遭黄河决溢之患，盐渍化与沙化都比较严重。

其次，由于黄河含沙量非常高，黄河决溢后高含沙量的河水四处漫流，而洪水退后，泥沙沉积，大片土地尽被沙压，造成比较严重的土地沙化。北宋时，黄河下游河水泛滥地区土地沙化已经引起了比较严重的后果。紧邻黄河干流，屡遭黄河决溢之苦的滑州就面临着十分严重的沙化问题，甚至熙宁年间（1068—1077年）滑州被废也与此有关。熙宁五年（1072年），在朝廷讨论废郑州为县时，"滑州亦以状言：'本州自天禧河决后，市肆寂寥，地土沙薄，河上差科频数，民力凋敝，愿隶府界，与郑俱为畿邑为便'"[4]。滑州乞请废州的一个重要原因就是"地土沙薄"，所谓"地土沙薄"就是黄河在当地决溢泛滥后，河沙淤积到土壤表层，致使土壤瘠薄，农作物产量低下。由此引起"民力凋敝"，无力承担治河的徭役与课征，因而当地民众请求废州，"愿隶府界"。黄河沿岸的澶州、魏州土地沙化问题也较为严重，除上揭欧阳修提到澶州下等田的沙化问题外，宋代诗人贺铸在其《过澶魏被水民居二首》诗中也有明确反映："带沙畎亩几经淤，半死黄桑绕故墟。"[5]可见澶、魏州一带水灾后，农田已被黄沙覆盖。

北宋时期，华北地区受到黄河等河流泛滥引起的土壤沙化是具有相当普遍性的，凡河水泛滥所及，往往均能造成一定程度的土壤沙化。除黄河外，汴河、滹沱河、漳河引起的土壤沙化也是不可低估的。王安石在庆历七年（1047年）

[1]《宋史》卷86《地理志二》，中华书局，1977年，第2131页。
[2]（宋）李焘：《续资治通鉴长编》卷104，天圣四年（1026年）八月辛巳，中华书局，2004年，第2415-2416页。
[3]（宋）欧阳修：《欧阳文忠公集·奏议》卷17《论均税札子》，四部丛刊景元本。
[4]（宋）李焘：《续资治通鉴长编》卷237，熙宁五年（1072年）八月辛巳，中华书局，2004年，第5759页。
[5]（宋）贺铸著，王梦隐、张家顺校注：《庆湖遗老诗集校注》卷9《过澶魏被水民居二首》，河南大学出版社，2008年，第431页。

所作的《读诏书》一诗中云："去秋东出汴河梁，已见中州旱势强。日射地穿千里赤，风吹沙度满城黄。"[1]可见当时京师以东已出现严重的沙化问题。宋人罗大经在《鹤林玉露》中亦提到："本朝都大梁，地势平旷，每风起，则尘沙扑面，故侍从跨马，许重戴以障尘。"[2]京畿一带主要是汴河引起的沙化。而河北路的沙化主要是滹沱河、漳河引起的，"河北郡县，地形倾注，诸水所经，如滹沱、漳、塘类皆湍猛不减黄河，流势转易不常。民田因缘受害，或沙积而淤昧，或波啮而昏垫，昔有者今无，昔肥者今瘠。"[3]由此可见，当时黄河、滹沱河、漳河等因"流势转易不常"，容易引起民田"沙积"状况，致使昔日肥沃的田土变得瘠薄。

2. 水系紊乱与塘泊淤积

北宋时期，黄河河势变移无常，或南或北，或东或西，时常袭夺其他河道入海，严重扰乱了其他河湖水系的常态。如宋真宗初年，黄河决溢，"并济为一"，侵占济水河道，因黄河泥沙含量过高，"泥淤为岸数百尺"，在黄河恢复故道后，济水故道却被湮塞，河水不能向下游流入大海，"仍停于郓之西南，为大泽，作民患三十年"。直到天圣十年（1032年），朝廷发郓州、齐州诸县三万人，"疏济故道，通济入海"[4]，方解决济水下游河道淤积，河水无法顺利入海的问题。又熙宁十年（1077年）七月，黄河大决于澶州曹村，北流断绝，河道南徙，又向东汇于梁山、张泽泺，河道分为两股，"一合南清河入于淮，一合北清河入于海"[5]。黄河河道迁徙侵占其他河道，又会带来新的淤积问题。元丰元年（1078年），京东路体量安抚黄庶因"本路被水灾"请求调丁夫浚治沟河，并称"梁山、张泽两泺累岁填淤，浸民田"，亦乞请自下游浚治[6]。可见，黄河河道迁徙侵占其他河道后，因黄河的高含沙量，会造成河床逐步淤淀升高，行水不畅，当黄河再次决口改道后，被袭夺河道的河流却难以利用故道行水，往往导致该河流湮塞漫流。

---

[1]（宋）王安石：《临川集》卷25《读诏书》，四部丛刊景明嘉靖本。

[2]（宋）罗大经：《鹤林玉露》丙编卷6《风水》，《唐宋史料笔记丛刊》，中华书局，1983年，第345页。

[3]（清）徐松辑：《宋会要辑稿》食货一之四、五，中华书局，1957年，第4803页。

[4]（宋）石介：《徂徕石先生文集》卷19《新济记》，中华书局，1984年，第225-227页。

[5]《宋史》卷92《河渠志二·黄河中》，中华书局，1977年，第2284页。

[6]（清）徐松辑：《宋会要辑稿》食货六一之一〇三，中华书局，1957年，第5924页。

北宋时河北路的水系受黄河水道摆动影响颇大。黄河向北决口后，河水北流，经常袭夺河北境内的河道，其中尤以御河被侵占河道次数最为频繁、造成的影响也至关重大。御河本为隋炀帝所开永济河之故道，自西南向东北贯穿河北平原，"御河源出卫州共城县百门泉，自通利、乾宁入界河，达于海。"[1]御河在北宋时期是河北路最为重要的一条水上运输通道，承担着向河北驻军运输军粮的重任。北宋自建国以来，一直视北方的辽朝为心腹大患，但是因后晋割燕云十六州与辽，宋失长城之险，不得不屯重兵于河北以防辽。然入宋以来，河北农业生态条件恶化，粮食自给都困难，是没有多少余粮供给军队的，因而北宋主要依靠御河转运来自江淮的粮食等物资，"昔大河在东，御河自怀、卫经北京，渐历边郡，馈运既便，商贾通行。"[2]但是在北宋时期御河河道却屡屡受到黄河决溢的危害，早在淳化三年（992年），就出现"澶州黄河决，水西北流入御河，浸大名府城"[3]的情况；大中祥符四年（1011年），"河决通利军，又合御河，流注大名府城"[4]。不过在庆历八年（1048年）黄河在澶州商胡埽决口，改道北流之前，黄河水决溢入御河持续时间一般不长，危害也不太重。然而庆历八年（1048年）黄河决于商胡埽，翌年河道北徙，"（黄）合永济渠（御河）注乾宁军"[5]入于海。此后黄河以北流为主，御河河道长期被侵占，渐趋湮塞，航运功能也随之大大减弱。元祐二年（1087年），右司谏王觌就曾称："今御河淤淀，转输艰梗"[6]。自商胡决口河道北徙后，北宋朝野屡兴回河东流之议，其中的重要理由就是"使御河、胡卢（葫芦）河下流各还故道，则漕运无雍遏，邮传无滞留"[7]。虽然宋廷出于国防考虑，倾向于东流，并采取工程措施回河东流，但因"逆河之性"，往往结果适得其反。嘉祐元年（1056年）四月，宋廷组织人力塞商胡北流，引水入六塔河，结果因六塔河狭窄，不能容纳黄河之水，当晚黄河复决于商胡口，"溺兵夫、漂刍藁不可胜计"[8]。黄河重新合御河北流。

[1]《宋史》卷95《河渠志五·御河》，中华书局，1977年，第2351页。
[2]（宋）李焘：《续资治通鉴长编》卷416，元祐三年（1088年）十一月甲辰，中华书局，2004年，第10114页。
[3]《宋史》卷61《五行志一上》，中华书局，1977年，第1323页。
[4]（清）徐松辑：《宋会要辑稿》方域一四之五，中华书局，1957年，第7547页。
[5]《宋史》卷91《河渠志一·黄河上》，中华书局，1977年，第2267页。
[6]（宋）李焘：《续资治通鉴长编》卷396，元祐二年（1087年）三月丙子，中华书局，2004年，第9661页。
[7]《宋史》卷91《河渠志一·黄河上》，中华书局，1977年，第2277页。
[8]《宋史》卷91《河渠志一·黄河上》，中华书局，1977年，第2273页。

　　黄河河道北流后，河北路诸水下游入海河道被黄河河道截断，除御河外，漳河、葫芦河、滹沱河等河下游河道均在一定程度上与黄河合流。然而，由于黄河的高含沙量，其下游河道的淤积是不可避免的。随着黄河河道淤积，河床上升，河北路诸水注入黄河会越来越困难，出水通道逐渐被黄河壅死。如冀州有一条小漳河，"向为黄河北流所壅"[1]。黄河北流横截从太行山流下的诸水，造成诸水无法顺利下泄，漫溢横流，给河北平原带来了严重水患，王岩叟就称："（黄河）横遏西山之水，不得顺流而下，蹙溢于千里，使百万生齿居无庐，耕无田，流散而不复。"[2]

　　黄河河道迁徙还时常造成塘泊淤积，其中尤以北宋北部边境的塘泊淤积后果最为严重。宋廷为了限制辽朝骑兵"驰突"，在河北沿边自边吴淀至泥姑海口，蓄水建造"绵亘七州军，屈曲九百里"[3]的一系列塘泊。这些塘泊一方面可起到军事防御的作用，另一方面也为发展屯田提供了灌溉水源，故宋廷十分重视对塘泊的维护。然而黄河北流后，河水冲注塘泊，大量泥沙也随之注入塘泊，遂使塘泊有湮塞之虞。熙宁二年（1069年），张巩上奏请求塞北流，其中一个原因就是"塘泊无淤浅"[4]，有利于边防。元祐二年（1087年），王觌在提及黄河北流的危害时亦称："塘泊之设，以限南北，浊水所经，即为平陆。"[5]可见黄河对北部沿边塘泊的淤淀作用是很强的。

3. 治河物料的采伐

　　鉴于黄河决溢造成的危害，北宋政府几乎每年都要投入大量人力、物力、财力治河，其中治河物料的筹备与消耗是一项十分庞大的支出。每年孟秋，北宋政府都要筹备大量来年的治河物料，谓之"春料"，"春料"的种类较为繁多，有梢芟、薪柴、楗橛、竹石、茭索、竹索等，数量"凡千余万"。物料多是砍伐的竹木和芦荻等植被资源，"凡伐芦荻谓之'芟'，伐山木榆柳枝叶谓之'梢'，辫竹纠芟为'索'。"[6]在治河中，物料被广泛用于保护堤岸、堵塞决口、疏浚

---

[1]《宋史》卷95《河渠志五·漳河》，中华书局，1977年，第2352页。

[2]（宋）李焘：《续资治通鉴长编》卷399，元祐二年（1087年）四月丁未，中华书局，2004年，第9732页。

[3]《宋史》卷95《河渠志五·塘泺缘边诸水》，中华书局，1977年，第2359页。

[4]《宋史》卷91《河渠志一·黄河上》，中华书局，1977年，第2277页。

[5]（宋）李焘：《续资治通鉴长编》卷396，元祐二年（1087年）三月丙子，中华书局，2004年，第9661页。

[6]《宋史》卷91《河渠志一·黄河上》，中华书局，1977年，第2265页。

泥沙，其作用是难以替代的。治河物料的消耗极为巨大，北宋政府采取了多种多样的筹集方式，以保证治河的顺利实施。

（1）官方组织的采伐

北宋政府筹备治河物料的各种方式中，最直接、快捷的方式就是组织兵卒和民夫就近采伐梢芟竹索。如天禧四年（1020年）七月，黄河在滑州决口，朝廷"令滑州规度所须梢芟，以军士采伐"[1]，军士采伐的梢芟应是来自旁近地区。北宋政府为了护堤，组织百姓在沿黄、汴等河种植了大量榆柳[2]，这些榆柳也常被用作治河物料。天圣元年（1023年），宋廷为塞滑州决河，除募京东、河北、陕西、淮南民输薪刍外，"又发卒伐濒河榆柳"[3]。景祐元年（1034年），三门白波发运使文洎言："诸埽须薪刍竹索，岁给有常数，费以巨万计，积久多致腐烂。岂委官检核实数，仍视诸埽紧慢移拨，并斫近岸榆柳添给，免采买搬载之劳。"[4]熙宁四年（1071年），御史刘挚弹劾程昉等开修漳河耗用物料数量浩大时言："除转运司供应秆草梢桩之外，又自差官采漳堤榆柳，及监牧司地内柳株共十万余，皆是逐州自管津岸。"[5]在沿河州县就近采伐，尤其是采伐河堤所栽榆柳，既可免除长距离运输物料的劳苦，亦能在较短时间内筹集物料，是紧急情况下常用的物料筹集方法。

治河所需的庞大物料是单纯依赖沿河州县出产梢芟所不能满足的，为了广泛筹集物料，北宋政府不得不组织人力到各处山林采伐。例如，陕西路的陕、虢、解州与河东路绛州每年组织两万丁夫"至西京（洛阳）等处采黄河梢木，令人夫于山中，寻逐采斫"[6]。从官方组织人力跨路级政区"寻逐采斫"来看，采伐"梢木"的数量与强度应是很大的。陕西路的渭河上游谷地林木资源比较丰富，三门白波发运司时常会组织运输梢木到黄河下游，用于治河。大中祥符九年（1016年），三门白波发运使奏称："沿河山林约采得梢九十万，计役八千

---

[1]（宋）李焘：《续资治通鉴长编》卷96，天禧四年（1020年）七月辛酉，中华书局，2004年，第2205页。

[2]（清）徐松辑：《宋会要辑稿》方域一四之一，中华书局，1957年，第7545页，载：开宝五年（972年）正月诏"自今沿黄、汴、清、御河州县人户，除准先敕种桑枣外，每户并须创柳及随处土地所宜之木，量户力高低分五等，第一等种五十株，第二等四十株，第三等三十株，第四等二十株，第五等十株。如人户自欲广种者亦听，孤老残患女户无男女丁力作者，不在此限。"

[3]（宋）李焘：《续资治通鉴长编》卷101，天圣元年（1023年）八月乙未，中华书局，2004年，第2330页。

[4]（宋）李焘：《续资治通鉴长编》卷115，景祐元年（1034年）十二月癸未，中华书局，2004年，第2709页。

[5]（宋）李焘：《续资治通鉴长编》卷223，熙宁四年（1071年）五月乙未，中华书局，2004年，第5422页。

[6]（明）黄淮、杨士奇编：《历代名臣奏议》卷330《御边》，上海古籍出版社，1989年，第4276页。

夫一月"[1]；天禧三年（1019年），为筹备治河物料，"三司言白波发运司采梢三百万，计用船三千只"，请求朝廷从泗州拨借公私船运输[2]。由上亦可见，治河物料需求量非常大、来源范围十分广泛，黄河水患影响范围之外的陕西路、河东路亦需参与到物料筹集或征夫采伐当中。

（2）课征与进纳

课征是北宋政府筹备治河物料的一个重要手段。天禧四年（1020年），为堵塞白马军黄河决口，宋廷"凡赋诸州薪石芟竹千六百万"[3]；另宋廷为堵塞商胡决口，"科配一千八百万梢芟，搔动六路一百有余州军"[4]。北宋政府关于物料的课征既有无偿的征收，有时也以物料折纳租税，如天禧三年（1019年），"三司请于开封府等县敷配修河榆柳杂梢五十万，以中等以上户秋税科折"[5]；天圣三年（1025年），宋廷"诏河北、京东路，于中等以上户以二税折科塞河梢芟"[6]；景祐二年（1035年），宋廷诏"自横陇河决，尝下河北、京东西路以民租折纳梢芟五百余万"[7]。宋廷对民间治河物料的课征扩大了物料的来源，但也不免会加重民众的负担。

除课征外，宋廷还采取一定的补偿条件，劝诱民间进纳物料。庆历八年（1048年），黄河在商胡埽决口后，为尽快筹备治河物料，宋廷即"分遣内臣往河北、陕西、河东、京东、京西、淮南六路，劝诱进纳修河梢芟"[8]。宋廷对进纳者一般会采用授予官职或免徭役的奖励措施。景祐二年（1035年），宋廷"诏澶州输梢芟授官者免本户徭役，物故者勿免，其迁至七品，自如旧制。"[9]庆历七年（1047年），判大名府贾昌朝、河北转运使皇甫泌等人，"乞募人于澶、贝、德、博、沧、大名、通利、永静八州军进纳修河物料，等第与恩泽。"[10]庆历八年（1048年），权发遣三司户部判官燕度为鼓励百姓进纳物料，建言在原进纳物料授官职的额度基础上减十分之一，并对进纳授官者"于所受文字内与落'进纳'

---

[1] （清）徐松辑：《宋会要辑稿》方域一四之七，中华书局，1957年，第7548页。
[2] （宋）李焘：《续资治通鉴长编》卷94，天禧三年（1019年）八月戊子，中华书局，2004年，第2164页。
[3] （清）徐松辑：《宋会要辑稿》方域一四之八，中华书局，1957年，第7549页。
[4] （宋）欧阳修：《欧阳文忠公集·奏议》卷12《论修河第一状》，四部丛刊景元本。
[5] （清）徐松辑：《宋会要辑稿》方域一四之八，中华书局，1957年，第7549页。
[6] （宋）李焘：《续资治通鉴长编》卷103，天圣三年（1025年）二月庚申，中华书局，2004年，第2376页。
[7] （宋）李焘：《续资治通鉴长编》卷116，景祐二年（1035年）正月庚戌，中华书局，2004年，第2719页。
[8] （清）徐松辑：《宋会要辑稿》方域一四之一六，中华书局，1957年，第7553页。
[9] （宋）李焘：《续资治通鉴长编》卷116，景祐二年（1035年）六月癸丑朔，中华书局，2004年，第2735-2736页。
[10] （宋）李焘：《续资治通鉴长编》卷161，庆历七年（1048年）十一月辛未朔，中华书局，2004年，第2889页。

二字"[1]。宋廷劝诱进纳授官者，一般是针对资产较为雄厚的大户人家，进纳物料授官所需的额度也很高，杂秆湿重五十斤，从一万五千束至六万束不等；秆草每束湿重十五斤，从两万束到九万五千束不等[2]。如此数量的进纳物料是普通百姓所力有不逮的，但大户人家进纳物料，会在一定程度上减轻普通百姓的负担。

（3）市场购买

由官府出资，向民间购买也是筹备治河物料的一种重要方式。至道元年（995年），京兆府通判杨覃言："官买修河竹六十万"[3]，引起宋太宗的关注。熙宁之后，宋廷开始越来越多地采取购买的方式筹备治河物料。北宋政府关于物料的购买分为置场收买、和买与科买等方式。置场收买是官府在固定地点设置收买场，购买当地百姓的物料。熙宁五年（1072年），同管勾外都水监丞程昉言："塞决河当增市芟草三百二十万，乞举官四员置场于怀、卫州，及举官一员提举并优立赏格。"朝廷为防止地方官府科配百姓，同意程昉的建议，并给常平司钱十万缗[4]。宣和五年（1123年），中书言，将京西转运司每年应筹集的400万束广武埽芟草，其中110万束按本色赋税形式征收，另290万束则"于黄河沿流去处置场收买"[5]。此处置场购买的比重要明显多于赋税征收的比重。

和买与科买虽然名义上都是官府出钱向民间购买，但实质上差别很大，和买具有一定的自愿性质，价格较高，科买则带有强买强卖性质，价格远低于市场价，往往成为百姓负担。元祐四年（1089年），朝廷在讨论为回河东流而筹备物料时，左谏议大夫梁焘等言："访闻修河计置物料万数浩瀚，沿流州县多被科买，期限迫促，甚为骚扰。臣等窃谓河朔之民久罹水灾，若更加科率，实所不堪。今河流向背尚未可知，不宜重困民力。乞约束逐路监司及都水官吏，应缘修河所用物料，除朝廷应副，并须官和买，不得扰民。"殿中侍御史孙升则认为："今回河之役既兴，而河北首被其害，兵夫若干，物料若干，臣访闻即日稍草之价，其贵数倍。若一切用市价和买，则难以集办，必至抑配与等第人户，一路骚然，不安其居。"因而建议"应收买物料并须宽为期限，添长价直，不得非理

---

[1]（清）徐松辑：《宋会要辑稿》职官五五之三五、三六，中华书局，1957年，第3615-3616页。
[2]（清）徐松辑：《宋会要辑稿》职官五五之三五，中华书局，1957年，第3615页。
[3]（清）徐松辑：《宋会要辑稿》方域一四之三，中华书局，1957年，第7546页。
[4]（宋）李焘：《续资治通鉴长编》卷229，熙宁五年（1072年）正月辛卯，中华书局，2004年，第5568页。
[5]（清）徐松辑：《宋会要辑稿》方域一五之三一，中华书局，1957年，第7574页。

抑配"[1]。可见，和买一般是按市场价自愿进行，而科买则近于"抑配"，扰民甚重。但是对官方而言，科买所需的成本很低，而筹集效率则较快，仍然是常用的一种方式。绍圣元年（1094年），广武埽出现险情，为尽快筹备梢草，京西转运使兼南丞公事郭茂恂言："广武埽危急，计置梢草二百万束，如和买不及，即乞依编敕于人户科买。"[2]

北宋政府购买治河物料的经费支付方式分为现钱支付和赐予度牒两种方式。元丰元年（1078年），都水监言："自曹村决溢后，诸埽物料遂无生计准备，乞支见钱二十万缗，趁时市稍草封桩，如来年河埽无事，自可兑充次年"[3]；元丰二年（1079年），朝廷"诏司农寺出坊场钱十万缗，赐导洛通汴司增给吏兵食钱，内以二万缗给范子渊为固护黄河南岸薪刍之费"[4]；元丰六年（1083年），京西转运判官江衍言："广武埽年计梢草，西京河阳充军粮草，并阙钱应副，乞借五十万缗。"宋廷所给现钱则有所缩减，"诏南北路提举司共支坊场钱三十万缗"[5]。度牒是官府颁发给僧尼的身份凭证，僧尼持度牒可免丁钱徭役，宋代度牒具有法定的价格，可充当货币来使用。熙宁、元丰年间，宋廷常采用赐予度牒作为购买修河物料的资本。熙宁八年（1075年），宋廷"赐都水监丞司度僧牒二百，市埽岸物料"[6]；元丰元年（1078年），宋廷"赐度僧牒二百，付河北转运司，以市年计修河物料"[7]；元丰六年（1083年），宋廷又"赐开封府提点司度僧牒五百，市阳武等埽物料"[8]。宋廷通过赐度牒的形式增加了购买治河物料的本钱。

由上可见，北宋时期治河物料的采伐形式多种多样，各级官府为筹备治河物料不遗余力，而治河物料的来源地区也非常广泛，从直接受河患危害的河北路、京西路、京东路，到基本无河患威胁的陕西路、河东路乃至淮南路均在一定程度上承担过治河物料的筹集。这均从不同角度反映出北宋时期的治河物料需求量之大。宋廷关于治河物料的筹集给地方官司及民众带来了非常大的压力，

---

[1]（宋）李焘：《续资治通鉴长编》卷434，元祐四年（1089年）十月壬寅，中华书局，2004年，第10460页。
[2]（清）徐松辑：《宋会要辑稿》方域一五之一九，中华书局，1957年，第7568页。
[3]（宋）李焘：《续资治通鉴长编》卷294，元丰元年（1078年）十一月癸巳，中华书局，2004年，第7171页。
[4]（宋）李焘：《续资治通鉴长编》卷297，元丰二年（1079年）四月庚戌，中华书局，2004年，第7231页。
[5]（宋）李焘：《续资治通鉴长编》卷333，元丰六年（1083年）二月丁卯，中华书局，2004年，第8023页。
[6]（宋）李焘：《续资治通鉴长编》卷265，熙宁八年（1075年）六月戊戌，中华书局，2004年，第6485页。
[7]（宋）李焘：《续资治通鉴长编》卷288，元丰元年（1078年）三月辛丑，中华书局，2004年，第7056页。
[8]（宋）李焘：《续资治通鉴长编》卷336，元丰六年（1083年）闰六月乙未，中华书局，2004年，第8102页。

导致了一些乱砍滥伐与过度采伐现象，一部分园林和护堤林木被砍伐。在开宝五年（972年），宋廷就已注意到，"每岁河堤常须修补，访闻科取梢楗，多伐园林，全亏劝课之方，颇失济人之理。"[1]至道元年（995年），京兆府官员在谈到买修河竹时，宋太宗称："闻关右百姓竹园，官中斫伐殆尽，不及往日蕃盛，此盖三司失计度所致。自今官所须竹，量多少采取，厚偿其直，存其竹根，则新竹可望矣。"[2]可见，当时官府采伐关右竹林强度很大，甚至连根斫伐，已影响到竹子资源的可持续利用。

因治河物料时常出现匮乏的情况，有时连河堤林木也被砍伐充作物料。程昉等人在修治漳河时，因"所用物料本不预备，需索仓猝"，而派人"采漳堤榆柳及监牧司地内柳株，共十万余"[3]。苏轼亦尝言："自小吴之决，故道诸埽皆废不治，堤上榆柳，并根掘取，残零物料，变卖无余"，如此伐木掘根，将河堤毁坏无遗，使故道失去重新利用的价值，若河复故道，"横流之灾必倍于今"[4]。因治河物料需求量巨大，获取不易，导致贩卖物料可致厚利，一些亡命之徒乃至河清士卒就参与盗伐护堤榆柳。景德二年（1005年），宋廷不得不"申严盗伐河上榆柳之禁"[5]。尽管如此，并不能完全禁绝盗伐河堤榆柳事件的发生，元丰七年（1084年），中书省言："河北路频奏群党一二十人以至三二百人盗取河堤林木梢芟等"[6]。可见，当时盗伐河堤林木已是成群结党，团伙参与，并引起朝廷注意，盗伐林木数量必定不在少数。河堤林木具有固土护堤的作用，滥伐、盗伐河堤林木致使河堤失去树木根系的固护，更易溃决，此举无异于剜肉补疮。

北宋时期，为治理黄河河患，耗费了难以计数的治河物料。治河物料以梢芟为主，而梢芟主要是各类树木与芦荻等绿色植被。北宋政府为了筹备足量的治河物料，大量采伐林木和芦荻，致使华北地区的植被质量和数量不可避免地呈下降趋势，植被质量与数量的下降又会加重华北地区的河患与沙化问题，进而导致生态环境出现恶化。通过上述我们可以看出，北宋华北地区生态环境的恶化，或直接或间接几乎都与黄河河患的加重存在关联。

[1]（清）徐松辑：《宋会要辑稿》方域一四之一，中华书局，1957年，第7545页。
[2]（清）徐松辑：《宋会要辑稿》方域一四之三，中华书局，1957年，第7546页。
[3]（宋）李焘：《续资治通鉴长编》卷223，熙宁四年（1071年）五月乙未，中华书局，2004年，第5422页。
[4]（宋）李焘：《续资治通鉴长编》卷414，元祐三年（1088年）九月戊申，中华书局，2004年，第10056页。
[5]（宋）李焘：《续资治通鉴长编》卷61，景德二年（1005年）十月乙卯，中华书局，2004年，第1369页。
[6]（宋）李焘：《续资治通鉴长编》卷345，元丰七年（1084年）四月戊子，中华书局，2004年，第8278页。

二、民生多艰：华北民众生计种种

北宋时期，华北地区民众徭役、赋税之沉重，生计之艰难是当时宋统治区域内所不多见的，尤其是靠近西北二边的河北路更称得上是民众生计最为困苦的地方。王安石有诗为证，其《河北民》一诗曰：

河北民，生近二边长苦辛。家家养子学耕织，输与官家事夷狄。今年大旱千里赤，州县仍催给河役。老小相携来就南，南人丰年自无食。悲愁白日天地昏，路傍过者无颜色。汝生不及贞观中，斗粟数钱无兵戎。[1]

此诗深刻反映了北宋河北路民众多灾多难的境遇，赋税、河役、旱灾、动乱等接踵而至，导致当地百姓民不聊生，流离失所。但在该诗中却并没有直接提及北宋河北路最主要的苦难——黄河河患。原因可能在于该年河北大旱，黄河河患并不严重，没有直接危及河北民众的安全，但即使如此，"州县仍催给河役"。北宋时，因黄河河灾的频发，黄河治理与河役征发已呈常态化，成为普通民众"无计以免"[2]的沉重负担。总体而言，北宋华北地区民众生计的艰难程度、生存环境的恶劣都是非常突出的。

1. 河患与河役：华北民众的苦难与负担

北宋黄河河患是华北地区民众最主要的生命财产威胁，也是其他许多苦难的根源。每次黄河决溢，沿岸百姓均面临着洪水漂溺之危险，而史籍中关于黄河泛滥、漂溺人畜的记载不胜枚举。现依据史籍记载对黄河泛滥造成的人口损失举要说明（见表2-1）：

---

[1]（宋）王安石撰，（宋）李壁注：《王荆公诗注》卷21《河北民》，文渊阁四库全书本。诗中"输与官家事夷狄"一句原作"输与官家事馈邻国"，但原句并不符合古诗格式与韵律。此据（宋）叶寘：《爱日斋丛抄》卷3所录该诗修改，守山阁丛书本。

[2]（清）徐松辑：《宋会要辑稿》方域一五之二三，中华书局，1957年，第7570页。

表2-1 北宋时期黄河泛滥导致人口损失概况表

时间（年）	黄河决溢地点、概况	人口损失概况	资料来源
乾德五年（967年）	黄河决谥于卫州，毁坏州城	没溺者甚众	《宋史》卷61《五行志一上》
淳化三年（992年）	澶州黄河涨，冲陷北城	民溺死者甚众	《宋史》卷61《五行志一上》
大中祥符四年（1011年）	河决通利军，大名府御河溢	人多溺死	《宋史》卷61《五行志一上》
天禧三年（1019年）	黄河决滑州城西南	死者甚众	《宋史》卷61《五行志一上》
庆历八年（1048年）	商胡决口，淮汝以西、关陕以东，数千里之间罹于水忧者	甚则溺死，不甚则流亡……略计百万人	刘敞：《公是集》卷31《上仁宗论修商胡口》
皇祐五年（1053年）	堵塞商胡决口失败	澶、魏、滨、棣、德、博多水死	王安石：《临川先生文集》卷87《赠司空兼侍中文元贾公神道碑》
嘉祐元年（1056年）	导黄河入六塔河，复决	溺兵夫、漂刍薹不可胜计；水死者数千（疑为"十"）万人	《宋史》卷91《河渠志一》；《续资治通鉴长编》卷144，嘉祐元年十一月甲辰
熙宁元年（1068年）	黄河决恩、冀州	漂溺居民	《宋史》卷61《五行志一上》
熙宁二年（1069年）	黄河决沧州饶安	漂溺居民	《宋史》卷61《五行志一上》
元丰二年（1079年）	导洛通汴，"大河注汴，坏堤覆舟"	人多溺死	《续资治通鉴长编》卷298，元丰二年六月甲寅条注
元丰四年（1081年）	澶州临河县小吴河溢北流	漂溺居民	《宋史》卷61《五行志一上》
元符二年（1099年）	陕西、京西、河北大水，黄河溢	漂人民	《宋史》卷61《五行志一上》
元符三年（1100年）	黄河滨等数州，昨经河决，连亘千里	人民孳畜，没溺者不可胜计	《宋会要辑稿》职官五二之一三
大观元年（1107年）	河北、京西黄河溢	漂溺民户	《宋史》卷61《五行志一上》
政和七年（1117年）	瀛洲、沧州黄河决	民死者百余万	《宋史》卷61《五行志一上》

由表2-1中我们可以看出，北宋时期黄河河患给华北地区带来了相当严重的人口损失，而这只是记录在案的人口损失。事实上，黄河河患造成的人口损失

要比史籍记载中的多得多，如吕陶所言："大河为患，岁岁决溢，朔方诸郡，冲溃不常，生民之死于垫溺者，为不少。"[1]而除了黄河河患所造成的直接人口损失，灾后因饥荒、疾疫所死亡的人口更不在少数。黄河决溢泛滥不但淹毙人口，还会淹浸房屋、土地，导致幸存下来的受灾人口缺衣少食、无地以耕、流离失所，常出现冻饿而死的情况。天禧元年（1017年），"河决滑州，大兴力役，饥殍相望"[2]，黄河决口造成的水灾，加之繁重的河役，造成大量人口饥饿而死。陈襄在《古灵集》中称黄河商胡决口后，"水灾之余，田庐漂溺，流离饿殍之民，相望道路"[3]。元符三年（1100年），臣僚言河北沿黄州县经水灾后，"米斗不下三四百钱，饥冻而死者相枕藉，甚可哀也"[4]。水灾后，粮价甚高，导致很多灾民冻饿而死。建中靖国元年（1101年），给事中上官均亦称："昨因大河移改决溢，潏浸田庐，又累年饥荒，流移饿殍人数不少。"[5]此外，黄河水灾之后，灾民流离失所，饥寒交迫，加之聚集程度高，为疾疫传播创造了有利条件。尤其是在河役中，大量民夫聚集到一起，容易造成疾疫传播，至和元年（1054年），朝廷诏书中就称"调民治河堤，疫死者众"[6]。

为了维护堤防、修治决河，宋廷频兴河役，耗费人力、物力、财力非常大，给华北民众造成极为沉重的负担。首先，在黄河治理中，力役的投入十分巨大。宋人曾自诩："宋有天下，悉役厢军，凡役作、工徒、营缮，民无与焉，故民力全固，永平百年。"[7]然而这种情况却并不适用于河役。北宋时，治河力役所需浩大，王安石就称："举天下之役，其半在于河渠堤埽"[8]。如此大规模的河役，是单纯依赖厢军所难以完成的，因此宋廷把征发民夫参加河役作为治河的常规手段。乾德五年（967年），鉴于黄河屡屡决溢泛滥，宋廷"分遣使者发畿县及近郡丁夫数万治河堤。自是岁以为常，皆用正月首事，季春而毕。"[9]从此大规模征发民夫参与治河成为一种定制。开宝四年（971年），宋廷又将征发黄河夫

[1]（明）黄淮、李士奇编：《历代名臣奏议》卷41《治道·究治上》，文渊阁四库全书本。

[2]《宋史》卷262《刘温叟传·刘烨附传》，中华书局，1977年，第9074页。

[3]（宋）陈襄：《古灵集》卷20《驾部陈公墓志铭》，宋刻本。

[4]（清）徐松辑：《宋会要辑稿》食货五九之六，中华书局，1957年，第5841页。

[5]（宋）赵汝愚：《宋朝诸臣奏议》卷108《财富门·上徽宗乞罢河北榷盐》，上海古籍出版社，1999年，第1177页。

[6]（宋）李焘：《续资治通鉴长编》卷176，至和元年（1054年）二月庚子，中华书局，2004年，第4353页。

[7]（宋）章如愚：《山堂考索》后集卷41《兵制门·州兵》，文渊阁四库全书本。

[8]（宋）王安石：《临川先生文集》卷62《议曰废都水监》，四部丛刊景明嘉靖本。

[9]（宋）李焘：《续资治通鉴长编》卷8，乾德五年（967年）正月戊戌，中华书局，2004年，第186页。

役的范围进一步明确，据《宋会要辑稿》食货一二之一所载：

> 应河南、大名府、宋、亳、宿、颍、青、徐、兖、郓、曹、濮、单、蔡、陈、许、汝、邓、济、卫、淄、潍、滨、沧、德、贝、冀、澶、滑、怀、孟、磁、相、邢、洺、镇、博、瀛、莫、深、扬、泰、楚、泗州、高邮军，所抄丁口，宜令逐州判官互相往彼，与县令佐仔细通检，不计主户、牛客、小客尽底通抄。差遣之时，所贵共分力役。[1]

可见，当时宋廷规定的黄河夫役的征发范围十分广泛，遍及河北、京东、京西、淮南诸路，而这种关于丁口的清查统计，成为官府征发河役丁夫的主要依据。元祐七年（1092年），宋廷诏令自次年开始，除征调诸路沟河夫外，"诸河防春夫每年以十万人为额"[2]。北宋时，华北地区民众被征发河役是普遍存在的情况，也是一项难以摆脱的力役负担。

除了几乎每年都要进行的常规征发外，当黄河河防出现重大险情或朝廷大规模修河时，往往要更大规模地征发民夫。开宝五年（972年）五月、六月，黄河相继决于濮阳县、阳武县，宋太祖即"诏发开封、河南十三县夫三万六千三百人，及诸州兵一万五千人，修阳武县堤，澶、濮、魏、博、相、贝、磁、洺、滑、卫等州兵夫数万人塞澶州河。"[3]开宝八年（975年）五月、六月，黄河又相继决于濮州郭龙村、澶州顿丘县，宋廷"遣内衣库副吏阎彦进，发丁夫数万修之"[4]。庆历八年（1048年），黄河在商胡埽决口北流后，宋廷出于防御辽国考虑，屡次兴工回河东流，征发的丁夫数量非常大（下文将详述，此处不赘）。

对被征发的民夫而言，修河是一项十分繁重的力役，风餐露宿，劳苦不堪。熙宁四年（1071年），御史刘挚称程昉等人在修漳河时，"所役人夫，莫非虐用，往往逼使夜役"[5]；曾肇亦称在回河东流之役中，"驱数路之民聚之河上，暴露

---

[1] （清）徐松辑：《宋会要辑稿》食货一二之一，中华书局，1957年，第5008页。

[2] （清）徐松辑：《宋会要辑稿》方域一五之一四，中华书局，1957年，第7566页。

[3] （清）徐松辑：《宋会要辑稿》方域一四之二，中华书局，1957年，第7546页。

[4] （清）徐松辑：《宋会要辑稿》方域一四之二，中华书局，1957年，第7546页。

[5] （宋）李焘：《续资治通鉴长编》卷223，熙宁四年（1071年）五月乙未，中华书局，2004年，第5422页。

风雨，饥冻苦迫，弱者羸瘠死亡，强者逋窜或转为盗贼"[1]。可见，河役十分劳苦，体弱者可能劳累而死，身强者则想方逃亡，甚或武力反抗。此外，民夫在参与河役时还具有很大的风险性，尤其是在堵决口及堤埽出现险情时，常出现河水漂溺修河丁夫的情况。嘉祐元年（1056年），李仲昌、蔡挺等人导黄河入六塔河失败，黄河复决，"溺兵夫、漂刍藁不可胜计"，宦官刘恢奏称"六塔之役，水死者数千万人"[2]。在导河入六塔之役中，因黄河突然决口，参加此役的大批丁夫、士卒来不及撤离而葬身鱼腹。元丰年间（1078—1085年），范子渊在"修堤开河"时，亦造成"护堤压埽之人溺死无数"[3]。丁夫参加河役不但艰辛、危险，而且还会间接影响到农事的正常进行，大批农业劳动力被征发河役，正常的农业生产难以维系，"每岁春首，骚动良民，数路户口不获安居，内有地里遥远，科夫数多，常至败家破产以从役事。民力用苦，无计以免。"[4]河役征发以致出现"败家破产"的情况，对农业生产干扰之大也就可以想见。

北宋华北地区民众负担沉重，生计艰难，也引起了北宋统治者的关注。除了征调部分厢军代役外，宋廷从熙宁末开始，还在一定程度上实行雇募民夫参与河役的措施。在熙宁十年（1077年）的曹村埽之役中，因"夫功至重，远及京东、西、淮南等路，道路既远，不可使民间一一亲行，故许民纳钱以充雇直（值）。"此为在河役中，实行雇募法之始，但这时还只是临时采取的权宜之计。自元祐三年（1088年），"朝廷始变差夫旧制为雇夫新条，因曹村非常之例，为诸路永久之法。"[5]河夫雇募法从此成为定制，并广泛推行，直至北宋灭亡。河夫雇募制名义上由国家出钱雇夫，目的是所谓"宽省民力"，然而却逐步演变为聚敛民财的一种手段。官府在征发雇夫钱时，"计口出钱"，而修河夫则"名为和雇，实多抑配"，故苏辙批评"雇夫之法，名为爱民，阴实剥下"[6]。御史中丞梁焘亦称"雇夫只是名为和雇，其实差科"[7]。可见，河夫雇募制不但没有宽省民力，实际上还进一步加重了民众负担。

---

[1]（宋）李焘：《续资治通鉴长编》卷417，元祐三年（1088年）十一月戊辰，中华书局，2004年，第10130页。

[2]《宋史》卷91《河渠志一·黄河上》，中华书局，1977年，第2273页。按：从常理推断，此处所谓"水死者数千万人"不可能是被黄河决口淹死人口的实际统计，有人认为"千"为"十"之误，但也很可能"数千万人"只是形容淹死人数之多的夸张说法。

[3]（宋）李焘：《续资治通鉴长编》卷374，元祐元年（1086年）四月甲午，中华书局，2004年，第9077页。

[4]（清）徐松辑：《宋会要辑稿》方域一五之二三，中华书局，1957年，第7570页。

[5]（宋）苏辙：《栾城集》卷46《论雇河夫不便札子》，上海古籍出版社，1987年，第1016页。

[6]（宋）苏辙：《栾城集》卷46《论雇河夫不便札子》，上海古籍出版社，1987年，第1017页。

[7]（宋）李焘：《续资治通鉴长编》卷444，元祐五年（1090年）六月辛酉，中华书局，2004年，第10696页。

除了力役负担外，物料的征收也是北宋华北民众一项极为沉重的负担。在上文中我们已经论述了北宋修河物料需求量之大，为了获取足够的治河物料，向民间科配征收也成为一种重要的筹集方式。然而官府在课征治河物料时，征收数量大，期限紧迫，民众甚以为苦。天圣元年（1023年），在官府课征修河物料时，"京东、西路先配率塞河梢芟数千万，期又峻急，民苦之"[1]。课征治河物料，民众负担之大，以至于民间有典卖田产者，北宋名相吕夷简就称，为修塞滑州决河，官府课征物料，致"诸州有贱典卖庄田者，盖虑科率梢芟，无以出办"[2]。而陕府、虢、解、绛等州征发民夫入西京（洛阳）等处采伐修黄河梢木时，梢木却被当地居民抢先采伐，"致人夫贵价于居人处买纳，及纳处邀难，所费至厚。每一夫计七八贯文，贫民有卖产以供夫者。"[3]可见，治河物料已经成为可居之奇货，获取不易，因而负责采伐的民夫负担非常重。

2. "蓄水以限戎马"：防辽的代价

北宋立国后，始终以北方的辽朝为大患。宋太宗在渐次消灭南方诸割据政权及北汉后，相继于太平兴国四年（979年）、雍熙三年（986年），两次出兵攻辽，意图收复燕云十六州，建立对辽防御的北部屏障。然而，北宋的两次用兵均以失利告终。在雍熙北伐失败后，宋太宗失去对辽作战的信心，不再轻易言兵，国防战略也趋向于消极保守。宋廷在北部边防重镇屯重兵以御辽，黄河以北的河北路最重要的战略作用就是防御辽朝的进攻。辽朝对北宋最大的武力威胁来自其机动能力迅捷的骑兵部队，为了抵御和迟滞辽朝军队尤其是骑兵的长驱南下，北宋尽可能地利用于己有利的自然条件，如利用塘泊、黄河等天然屏障限制辽朝骑兵的奔冲。然而北宋在高度重视国防的同时，却忽视了民生，甚或将部分国防负担转嫁到民众身上，成为华北地区尤其是河北路民众生计艰难的一个重要原因。

位于北部边境的塘泊是北宋御辽的第一道防线。咸平年间（998—1003年），宋真宗惧辽骑南下，屡遣内侍问计于知雄州何承矩，承矩密献"以水泉而作固，

---

[1]（宋）李焘：《续资治通鉴长编》卷101，天圣元年（1023年）九月己巳，中华书局，2004年，第2333页。

[2]（清）徐松辑：《宋会要辑稿》方域一四之九，中华书局，1957年，第7549页。

[3]（明）黄淮、（明）杨士奇编：《历代名臣奏议》卷330《御边》，上海古籍出版社，1989年，第4276页。

建设陂塘"，利用西山川渎泉源，"广之，制为塘埭"之议[1]。何承矩的建议得到宋廷的认可，其后何承矩以黄懋为判官，发展屯田，并筑堤储水，"凡并边诸河，若滹沱、胡庐、永济等河，皆汇于塘。"[2]塘泊面积得以增广之。明道二年（1033年），刘平由知雄州徙知成德军时建言以开方田的名义，引曹河、鲍河、徐河、鸡距泉注沟中，以扩大塘泊。朝廷以葛怀敏主其事，结果"塘日益广，至吞没民田，荡溺丘墓，百姓始告病，乃有盗决以免水患者"[3]。尽管如此，宋廷仍然会尽力维持塘泊，以发挥其所谓的限辽功能。元丰三年（1080年），宋神宗诏谕边臣曰："比者契丹出没不常，不可全恃信约以为万世之安。况河朔地势坦平，略无险阻，殆非前世之比。惟是塘水实为碍塞，卿等当体朕意，协力增修，自非地势高仰，人力所不可施者，皆在滋广，用谨边防。盖功利近在目前而不为，良可惜也。"[4]可见，宋廷为了防辽而想方设法扩大塘泊，而塘泊也在一定程度上增强了其心理上的安全。

缘边塘泊是否能够真正发挥防御辽兵的作用，因在澶渊和议之后，宋辽之间长期无大的战事发生，已无从验证。然而塘泊占没大批可耕地，制约当地农业发展则是实情。天圣年间（1023—1032年），当朝廷欲增广塘泊时，议者曾言："夫以无用之塘，而废可耕之田，则边谷贵，自困之道也。不如勿广，以息民为根本。"[5]其后，欧阳修亦曾上书称："河北之地，四方不及千里，而缘边广信、安肃、顺安、雄、霸之间，尽为塘水，民不得耕者十八九。"[6]大片的可耕地被塘泊占用，缘边百姓缺少耕地，而仅有的一点耕地还经常面临塘泊涨水淹没的危险，"河北沿边州军，逐县户口至少，虽有田土，以迫近塘泊，递年例皆淤涝。"[7]此外，所谓依靠塘水灌溉而发展的屯田，效果也很差，根本无法满足大量缘边驻军的军粮消费，"（屯田）在河北者，虽有其实，而岁入无几，利在蓄水以限戎马而已"[8]。

庆历八年（1048年）黄河在商胡埽决口后，河道北徙，贯御河，合界河（今

---

[1]《宋史》卷273《何承矩传》，中华书局，1977年，第9328页。

[2]《宋史》卷95《河渠志五·塘泺缘边诸水》，中华书局，1977年，第2359页。

[3]《宋史》卷95《河渠志五·塘泺缘边诸水》，中华书局，1977年，第2359-2360页。

[4]《宋史》卷95《河渠志五·塘泺缘边诸水》，中华书局，1977年，第2359-2360页。

[5]（宋）李焘：《续资治通鉴长编》卷112，明道二年（1033年）三月己卯，中华书局，2004年，第2608页。

[6]（宋）欧阳修：《欧阳文忠公集·河北奉使奏草》卷下《论河北财产上时相书》，四部丛刊景元本。

[7]（宋）包拯：《包孝肃奏议》卷7《请免沿边人户折变》，文渊阁四库全书本。

[8]《宋史》卷176《食货志上四》，中华书局，1977年，第4266页。

海河）入海。河道宽广的黄河历来被宋廷视为一条限阻辽兵的天然防线，宋廷担心河道不断北徙，最终入辽国境，北宋因而失去防御屏障。元祐四年（1089年），尚书省言："大河东流为中国之要险，自大吴决后，由界河入海，不惟淤坏塘泺，兼浊水入界河，向去浅淀，则河必北流。若河尾直注北界入海，则中国全失险阻之限，不可不为深虑。"[1]因而一部分朝臣出于防边考虑，仍然"不顾地势，不念民力，不惜国用，力建东流之议"[2]。宋廷亦以国防安全为要，先后三次大兴回河东流之役。嘉祐元年（1056年），李仲昌、蔡廷等人主持塞商胡北流，入六塔河，结果因六塔河河道狭窄，"不能容，是夕复决，溺兵夫、漂刍藁不可胜计"[3]，黄河重又北流。熙宁元年（1068年），宋昌言又提出闭断北流、回河东流之议，得到宋神宗与王安石等人的支持，熙宁二年（1069年）七月，宋廷遣张茂则等人主持闭断北流，导河入二股河东流。八月，张巩等奏："丙午，大河东徙，北流浅小。戊申，北流闭。"[4]然而闭塞北流，黄河东流后，又多次出现决溢的情况，熙宁十年（1077年），黄河大决于澶州曹村，为害甚重。元丰元年（1078年）四月塞决口，"五月甲戌，新堤成，闭口断流，河复归北。"[5]黄河恢复北流。元祐年间（1086—1094年），回河东流之议再起，文彦博、吕大防、安焘皆持其说，元祐四年（1089年）八月宋廷组织实施回河，"诏以回复大河，置都提举修河司，调夫十万人"[6]。元祐七年（1092年）十月，回河成功，大河东流。但是至元符二年（1099年）六月，"河决内黄口，东流遂断绝"[7]，第三次回河东流亦以失败结束，黄河北流局面持续到北宋灭亡。

北宋三次回河东流失败是由黄河水性和下游地势决定的。河流就下乃古今之常理，而东流地势高仰，北流地势坦平，显然北流更利于行水。而宋廷为发挥黄河的防边作用，不顾地势，强行回河东流，结果均无法取得预期效果。在宋廷三次回河之役中，华北地区民力损耗极大。至和二年（1055年），欧阳修在上书反对塞商胡决口，开横陇故道时曾言："往年河决商胡，是时执政之臣不慎计虑，遽谋修塞。科配一千八百万梢芟，搔动六路一百有余州（军）……今者

[1]（宋）李焘：《续资治通鉴长编》卷425，元祐四年（1089年）四月戊午，中华书局，2004年，第10280页。
[2]《宋史》卷93《河渠志三·黄河下》，中华书局，1977年，第2310页。
[3]《宋史》卷91《河渠志一·黄河上》，中华书局，1977年，第2273页。
[4]《宋史》卷91《河渠志一·黄河上》，中华书局，1977年，第2278页。
[5]《宋史》卷92《河渠志二·黄河中》，中华书局，1977年，第2285页。
[6]（宋）李焘：《续资治通鉴长编》卷432，元祐四年（1089年）八月乙丑条注文，中华书局，2004年，第10433页。
[7]《宋史》卷93《河渠志三·黄河下》，中华书局，1977年，第2309页。

又闻复有修河之役，聚三十万人之众，开一千余里之长河，计其所用物力数倍往年"[1]。可见在回河之役中课征物料的数量与征发丁夫的人数均十分巨大，比一般的河役要高出不少。元祐三年（1088年），苏辙在上书反对朝廷回河之议时尝言："黄河西流，议复故道，事之经岁，役兵二万人，蓄聚稍椿等物三千余万。方河朔灾伤，困敝之余，而兴必不可成之功，吏民窃叹，劳苦已甚。"[2]回河之役耗费人力、物力，大大加重了民众的负担。元祐五年（1090年），范祖禹亦批评回河之役，"今来回河，上违天意，下逆地理，骚动数路，几半天下，枉害兵民性命，空竭公私财力，投之洪流，不知纪极，非徒无益，更取患害。"[3]回河之役不但消耗民力十分巨大，而且因回河"逆地势、戾水性"，强行回河之后往往复决，进而加重了黄河水患的为害程度。元符三年（1100年），臣僚言："河北滨等数州，昨经河决，连亘千里，人民孳畜没溺死者，不可胜计。"[4]即反映了上一年黄河决内黄后，泛滥北流，给河北民众造成了严重的灾患。总之，回河之役虽使宋廷获得了国防上的心理安全，而河役的负担与灾患则被转嫁到华北民众，尤其是河北民众的身上，河北民众成为回河之役最主要的牺牲者。

北宋华北地区，尤其是河北路的监牧所领之牧马地挤占了大片可耕地，加剧了华北民众耕地匮乏的局面。北宋立国后，国土主要限于内地农耕区，西北草原地带尽失，因而缺少牧马草场。宋廷为了对抗辽国铁骑，以及其后崛起的西夏骑兵，必须建立一支有战斗力的骑兵队伍，所以宋廷十分重视马政的发展。为此北宋在黄河南北设置了多个牧监以蓄息马匹，有洺州广平监、相州安阳监、卫州淇水监、管城原武监、澶州镇宁监、大名府大名监、白马灵昌监、同州沙苑监、西京洛阳监、郓州东平监、单镇新置马监、北京元城监、定州定武监、真州府直（真）定监、高阳关高阳监、太原府太原监[5]。在这些监牧中，以河北路分布最为密集，其中广平监、安阳监、淇水监、镇宁监、大名监、元城监、定武监、真定监、高阳监均位于河北路。监牧设置于内地农耕区，占用民田面积十分广大，叶清臣"在三司陈监牧之弊，占良田九万余顷，岁费钱百万缗"[6]。

[1]（宋）欧阳修：《欧阳文忠公集奏议》卷12《论修河第一状》，四部丛刊景元本。

[2]（宋）苏辙：《栾城集》卷42《论开孙村河札子》，上海古籍出版社，1987年，第920-921页。

[3]（明）黄淮、李士奇编：《历代名臣奏议》卷251《水利》，上海古籍出版社，1989年，第3297页。

[4]（清）徐松辑：《宋会要辑稿》职官五二之一三，中华书局，1957年，第3566页。

[5]（清）徐松辑：《宋会要辑稿》礼二五之四〇，中华书局，1957年，第974页。

[6]（宋）王应麟：《玉海》卷149《兵制·马政下》，文渊阁四库全书本。

其中仅广平二监就占"邢、洺、赵三州民田，万五千顷，率用牧马"[1]。监牧占用了大批原本可用于耕种的土地，导致耕地资源的紧张，包拯曾言："缘河北西路，惟漳河南北最是良田，牧马地已占三分之一。东路又值横陇、商胡决溢，占民田三分之二，乃是河北良田六分，河水、马地已占三分，其余又多是高柳及泽卤之地，俾河朔之民何以存济？"[2]可见牧马地占据了大片可耕地，是造成河北之民耕地不足、生计艰难的重要原因，因此包拯请求朝廷将牧马地租给百姓耕种。

此外，宋廷为防御辽国，在河北路屯驻重兵，"河北屯兵无虑三十余万"[3]，如此庞大的驻军所耗用的军费及物资对当地民众而言也是一个沉重负担。庆历八年（1048年），判大名府贾昌朝言："朝廷以朔方根本之地，御备契丹，取财用以馈军师者，惟沧、棣、滨、齐最厚。"[4]可见，河北路是承担当地驻军的军费支出的，而且以沧、棣、滨、齐等州所出为多，这可能是因为上述诸州近海，富鱼盐之利有关。河北路驻军的一部分军用物资的筹集也直接取索于当地，河北、京东路诸州军修防城器具时，所用木材就直接向当地民众科配，而澶州、濮州等地因治河物料的消耗，缺乏林木，"澶州之民为无木植送纳，尽伐桑柘纳官……闻澶州民桑，已伐及三四十万株"[5]。澶州民众为了完成官府的科配任务不得不将用于发展丝织业的桑柘砍伐，由此也可见军用物资筹集给当地造成的负担之大。

3. 恶性循环

在水灾、河役、土地退化、军费负担等多方面的冲击和压力下，宋代华北民众的生活越来越窘迫。古语言"民以食为天"，食物生产和来源的不足是华北民众生计艰难的一个重要原因与表现。因各类灾害的多发和政府课征无厌等原因，导致华北地区民众经常性地面临粮食短缺问题，在宋代史籍中有大量有关官府发粮赈济或减价出籴予华北地区灾民的记载，实际上反映了当地民众粮食短缺的状况。如咸平五年（1002年），朝廷"遣中使诣雄、霸、瀛、莫、深、沧

[1]《宋史》卷316《包拯传》，中华书局，1977年，第10316页。

[2]（宋）包拯：《包孝肃奏议》卷7《请将邢、洺州牧马地给予人户依旧耕佃第一章》，文渊阁四库全书本。

[3]（宋）包拯：《包孝肃奏议》卷1《对策》，文渊阁四库全书本。

[4]（宋）李焘：《续资治通鉴长编》卷165，庆历八年（1048年）十二月庚辰，中华书局，2004年，第3977页。

[5]（宋）欧阳修：《欧阳文忠公集·奏议》卷7《论乞止绝河北伐民桑拓札子》，四部丛刊景元本。

州、乾德军，为粥以赈饥民"[1]；景德三年（1006年），京东路齐、淄、青、维（潍）、登、莱等州，人户有阙食者，宋廷令京东转运司"依近降敕命，于封桩仓分支遣赈贷"[2]；景德四年（1007年），因雄州、安肃、广信军，人户艰食，宋廷诏令河北转运司以"食米万斛，减价出粜以济之"[3]。华北地区，尤其是河北路民众"艰食"的状况引起北宋朝廷的关注，为了维持社会的稳定，朝廷采取了一定的赈济措施。

华北民众在面临大规模的灾害与饥荒时，与其坐等饿死，不如流亡他乡寻找活路，逃亡也就成为他们无奈而普遍的一种选择。庆历八年（1048年）春夏两季阴雨不止，农作物受损，加之黄河决口，"河北之民尤罹弊苦，粒食罄阙，庐室荡空，流离乡园，携挈老幼，十室而九，自秋徂冬，嗷嗷道涂（途），沟壑为虑。"[4]水灾导致"河北之民"粮食罄竭、房屋损毁，不得不扶老携幼，流离家园。建中靖国元年（1101年），右正言任伯雨称："臣闻前日河北水灾，居民流移，自永静以北，居民所存三四；自沧州以北，所存一二。其他郡大率类此。千里萧条，间无人烟，去年虽丰，无人耕种，所收苗稼，十不一二。"[5]由此可见水灾过后，河北路一带流民在当地人口中所占比例之高，而大批受灾民众在流亡他乡之后，造成了土地抛荒、人烟萧条的景象。宣和六年（1124年），朝廷在诏书中提及"河北、京东夏秋水灾，民户流移，系踵于道。"[6]亦对灾民逃荒的场景有所反映。

频繁的灾害和沉重的夫役对北宋华北民众的心理造成了不可低估的负面影响，向外迁徙越来越成为逃避灾荒的重要选择，即使在正常年景也有人选择迁徙他乡。元祐二年（1087年），右司谏王觌就曾指出："伏见河北人户转徙者多……然耕耘失时，而流转于道路者不已，二麦将熟，而寓食于四方者未还……虽遇稔岁，亦无还集之期，忧夫后者，虽非凶年，亦有转徙之意。"[7]河北路民众将田地抛荒，流离他乡，即使遇到丰稔之年也无意还乡。华北民众不能安心于农业生产，农业将更趋衰落，农业产出的不足，所供养的人口必然会减少，由此

---

[1]（清）徐松辑：《宋会要辑稿》食货五七之三，中华书局，1957年，第5811页。

[2]（清）徐松辑：《宋会要辑稿》食货五七之四，中华书局，1957年，第5812页。

[3]（清）徐松辑：《宋会要辑稿》食货五七之四，中华书局，1957年，第5812页。

[4]（清）徐松辑：《宋会要辑稿》礼五四之八，中华书局，1957年，第1575页。

[5]（宋）赵汝愚编：《宋朝诸臣奏议》卷45《上徽宗论月晕围昴毕》，上海古籍出版社，1999年，第471页。

[6]（清）徐松辑：《宋会要辑稿》食货五七之一六，中华书局，1957年，第5818页。

[7]（宋）李焘：《续资治通鉴长编》卷396，元祐二年（1087年）三月丙子，中华书局，2004年，第9661页。

导致新的人口迁徙。欧阳修就曾言："自京以西，土之不辟者，不知其数。非土之瘠而弃也，盖人不勤农，与夫役重而逃尔。"[1]"人不勤农"习俗的形成与"夫役重"及灾害频发是密切相关的，而这些因素又合力导致"土之不辟"，当地民众将土地抛荒而逃亡。

在生计艰难的境况下，除了逃亡，铤而走险也是华北民众迫不得已的一种选择。在北宋时，华北地区尤其是京东路素以"多盗"而闻名。天圣年间（1023—1032年），司马光上奏称："今岁府界、京东、京西水灾极多，严刑峻法以除盗贼，犹恐春冬之交，饥民啸聚，不可禁御"[2]；元祐二年（1087年），苏辙亦上奏言："伏见二年以来……非水即旱，淮南饥馑，人至相食；河北流移，道路不绝；京东困弊，盗贼群起"[3]；元祐三年（1088年），中书舍人曾肇称："今岁河北并边稍熟，而近南州郡亦皆亢旱，京东即今米价斗百余钱，盗贼并起"[4]。所谓"饥民啸聚""盗贼群起"乃是在严重灾害时，民众生计难以为继，不得已而举行的暴动。宋廷从维护自身统治的角度出发，必然会武力镇压此类暴动，由此也会引起社会动荡，民众稳定的生产环境遭到破坏。

北宋华北地区民众的生计方面，除了食物不足外，柴薪也较为匮乏。北宋的黄河治理所需物料较为庞大，我们在上文中对治河物料的消耗数量已有所论述，华北当地所产物料已经不能满足治河所需，黄河上游的陕西、河东路都被纳入了物料征集的范围。治河物料大部分都是木本植物和草本植物的茎、叶、枝、杈等，大批物料用于治河，可用作柴薪的植物资源自然会相应减少，民众的柴薪来源也就变得困难起来。刘挚曾称："河北难得薪柴，村农惟以麦藃等烧用"[5]。说明当时华北地区柴薪获取已相当困难，民众只得以庄稼秸秆做燃料。因柴薪来源不足，华北农村普遍出现了伐桑枣为薪的情况。建隆三年（962年），宋太祖曾下诏规定："民伐桑枣为薪者罪之，剥桑三工以上，为首者死，从者流三千里；不满三工者，减死配役，从者徒三年。"[6]此时北宋尚未统一南方诸国，

---

[1]（宋）欧阳修：《欧阳文忠公集·居士集》卷45《通进司上书》，四部丛刊景元本。

[2]（宋）司马光：《司马文正公文集》卷31《除盗札子》，四部丛刊景宋绍兴本。

[3]（宋）苏辙：《栾城集》卷41《因旱乞许群臣面对言事札子》，上海古籍出版社，1987年，第901页。

[4]（宋）李焘：《续资治通鉴长编》卷417，元祐三年（1088年）十一月戊辰，中华书局，2004年，第10130页。

[5]（宋）刘挚：《忠肃集》卷7《劾程昉开漳河》，文渊阁四库全书补配文津阁四库全书本。

[6]《宋史》卷173《食货志上一》，中华书局，1977年，第4158页；《续资治通鉴长编》卷3，建隆三年（962年）九月丙子。按：关于此条律令的记载《宋史·食货志上一》并没有确切的纪年，只提到"建隆以来"，而《续资治通鉴长编》卷3，建隆三年（962年）九月丙子条载："禁民伐桑枣为薪"，因此将此招令颁布的时间定为建隆三年（962年）。

此诏令颁行的范围理应在北宋控制的华北一带。宋廷以如此严苛的法律禁止百姓伐桑枣为薪，则从反面体现出当时民间伐桑枣为薪是较为普遍的现象，宋廷不得不采取严刑峻法予以禁止。其后太平兴国二年（977年），宋廷"又禁伐桑枣为薪"[1]。

在古代社会，桑树是发展丝织业的重要原材料，枣子则是旱灾发生时民间重要的食物补充来源，二者被视为衣食之资，因而受到朝廷法令的保护。然而，因北宋时期华北燃料的严重短缺，朝廷法令并不能完全禁绝伐桑枣为薪事件的发生。百姓之所以冒禁砍伐桑枣为薪，大都是因为当前的生计出现了严重困难而采取的权宜之法。范仲淹在庆历年间（1041—1048年）上疏言事时，认为百姓负担过重，"贫弱之民困于赋敛，岁伐桑枣，鬻而为薪"[2]。熙宁七年（1074年），韩维批评青苗钱使畿内诸县百姓不堪重负时称，"至伐桑为薪以易钱货"[3]，即百姓砍伐桑树为薪，卖钱后还所贷官府的青苗钱。韩维本意是抨击青苗法增加了百姓负担，但也从侧面反映了当时华北地区燃料的匮乏。采伐桑枣为薪是一种饮鸩止渴的行为，虽然暂时满足了民众的燃料需求，但在长远上却使民众的衣食获取更为不易，生计更加艰难，进而更多的砍伐桑枣，"鬻而为薪"，由此也会引起生态环境趋向恶化。

黄河商胡决口北流后，御河河道逐渐湮塞，华北水运条件转劣。北宋时，在黄河多次决溢泛滥等原因的影响下，华北地区尤其是河北路农业生产环境恶化，粮食产出不足，不但河北驻军的粮食供给主要依靠御河转运江淮漕粮，即使当地民众也不时依靠江淮漕粮救济。而御河河道被黄河侵夺后，通航能力时断时续，河北路的粮食供给大受影响。在御河逐渐湮塞后，不得不将河北路的漕粮运输转向黄河，元丰五年（1082年），提举河北黄河堤防司言："御河狭隘，堤防不固，不足容大河分水，乞令纲运转入大河，而闭截徐曲。"[4]但因黄河水势峻急，河道易淤，借黄河漕运河北军粮，并不能从根本上解决问题。元祐年间（1086—1094年），御河已基本失去通航能力，但仍受到朝廷上下的关注。元祐二年（1087年），右司谏王觌称："缘边漕运，独赖御河，今御河淤淀，转输

---

[1]（元）马端临：《文献通考》卷4《田赋考四·历代田赋之制》，中华书局，1986年，第54页。

[2]（宋）赵汝愚：《宋朝诸臣奏议》卷147《总议三·上仁宗答诏条陈十事》，上海古籍出版社，1999年，第1672页。

[3]（宋）李焘：《续资治通鉴长编》卷251，熙宁七年（1074年）三月乙丑，中华书局，2004年，第6138页。

[4]《宋史》卷95《河渠志五·御河》，中华书局，1977年，第2357页。

艰梗"[1]；元祐三年（1088年），户部右曹苏辙在上疏反对回河东流时亦称："昔大河在东，御河自怀、卫经北京，渐历边郡，馈运既便，商贾通行。今河既西流，御河埋灭，失此大利"[2]。所谓"御河埋灭，失此大利"是指御河失去漕运能力，河北路获取外部粮食供给更为困难。在此情况下，粮食本就不足的河北路必然会承担更多的军粮供给。

三、变害为利：北方淤田的发展

北宋时期，黄河下游河道频繁决溢泛滥，给华北民众的生产与生活均带来诸多不利影响。但是黄河决溢带来的也不全是灾患，华北等地区的民众就创造出了一种变害为利的生产方式——淤田。淤田是水利田的一种，它是指用决水之法将河水中挟带的肥沃淤泥漫浸到盐卤之地而垦殖的农田。农田经过灌淤之后，土壤性状往往会得到较大改善，可改良土壤的水、肥、气、热、盐状况，达到农业增产的目的。

1. 北方淤田发展概况及分布

黄河流经的黄土高原是世界上水土流失最为严重的地区，河水中含有大量泥沙。黄河下游地区因泥沙淤积形成地上河，造成了黄河的频繁泛滥决口，给下游地区的百姓带来了深重的苦难，但同时河水泥沙中富含营养物质，也给土壤改良提供了有利条件。宋人对此已有一定的认识，早在淳化二年（991年），京东转运使柴成务就曾上言："河水所经地肥沃，愿免其租税，劝民种艺"，朝廷从之[3]。真宗时，知应天府李防凿府西障口为斗门，泄汴水"淤旁田数百亩，民甚利之"[4]。仁宗嘉祐年间（1056—1063年），程师孟为河东路提点刑狱兼河渠事，他利用"本路多土山，旁有川谷，每春夏大雨，水浊如黄河矾山水，俗谓之'天河'，可以淤田"的自然条件，在绛州正平县南董村马壁谷水开渠淤瘠田五百余顷，其后又将淤田经验在河东路九州二十六县内渐次推广，"有天河水及泉源处，开渠筑堰，皆成沃壤，凡九州二十六县兴修田四千二百余顷，并修

---

[1]（宋）李焘：《续资治通鉴长编》卷396，元祐二年（1087年）三月丙子，中华书局，2004年，第9661页。

[2]（宋）苏辙：《栾城集》卷42《论开孙村河札子》，上海古籍出版社，1987年，第921-922页。

[3]《宋史》卷306《柴成务传》，中华书局，1977年，第10114页。

[4]《宋史》卷303《李防传》，中华书局，1977年，第10039页。

复旧田五千八百余顷，计万八千余顷。"[1]

　　总体而言，在神宗熙宁年间（1068—1077年）以前，淤田还是个别地方官在其辖区内试验推行的，淤田方式主要是利用黄河支流灌淤，或被动利用黄河决溢后河水所淤土地，淤田的规模和开展地区都还比较有限。宋神宗即位后，励精图治，任用王安石推行新法，在全国范围内掀起了一股兴修水利的高潮。其中熙宁二年（1069年）颁布的"农田利害条约"对各地兴修水利起到了重大的推动作用，很快就形成了"四方争言农田水利，古陂废堰悉务兴复"[2]的局面。在此次兴修水利的高潮中，华北地区的淤田得到了大规模的推广和发展，成为北方地区发展农田水利的一个重要成果。

　　宋神宗时推行淤田法首先是由秘书丞侯叔献提出的。熙宁二年（1069年），侯叔献针对京师粮食供给紧张问题，提出利用汴河水富含泥沙的特点，放淤灌田，"欲望于汴河南岸稍置斗门，泄其余水分为支渠，及引京索河并三十六陂以灌溉之，岁可得谷数百万硕，已给兵食，此减漕省卒、富国强兵之术也。"[3]侯叔献的奏言很快就得到了神宗的采纳，并派侯叔献与著作佐郎杨汲共同主持开封府界放淤事宜，次年又以侯叔献、杨汲"并权都水监丞，提举沿汴淤溉民田。"[4]汴河以黄河水为水源，富含泥沙，但相比黄河水势却要平稳得多，因而宋廷首先在汴河沿岸推行淤田。

　　朝廷为推动淤田的开展而设立了"沿汴淤田司""都大提举淤田司"等专职机构，各地淤田事宜迅速展开。熙宁四年（1071年），杨汲与侯叔献在开封府以西地区行淤田法，"酾汴流涨潦以溉西部，瘠土皆为良田"，获得神宗嘉奖，并赐所淤田千亩[5]。其后，都水丞俞充提举沿汴淤泥灌田，"为上腴者八万顷"[6]。熙宁六年（1073年），宋廷诏同判都水监侯叔献、权发遣监丞俞充、知主簿刘瑾各升一任，权提点开封府界诸县镇公事吴审礼、刘淑各减磨勘二年，"并以兼提

[1]（清）徐松辑：《宋会要辑稿》食货七之三〇，中华书局，1957年。按：此条史料来自熙宁九年（1076年），时任权判都水监程师孟所言的其在河东路任上的治绩，程氏所言淤田面积疑有夸大，且兴修田（4 200顷）与修复旧田（5 800顷）总计一万顷，而非所谓"计万八千顷"，不过程师孟在河东路利用"天河水"，发展淤田应是实情。

[2]《宋史》卷327《王安石传》，中华书局，1977年，第10545页。

[3]（清）徐松辑：《宋会要辑稿》食货六一之九七，中华书局，1957年，第5921页。

[4]（宋）李焘：《续资治通鉴长编》卷214，熙宁三年（1070年）八月己未，中华书局，2004年，第5198页。

[5]《宋史》卷355《杨汲传》，中华书局，1977年，第11187页。

[6]《宋史》卷333《俞充传》，中华书局，1977年，第10701页。

举淤田有劳"[1]。侯叔献等人因为主持淤田辛劳尽责而受到朝廷的奖赏。宋人黄震称赞侯叔献淤田之功曰："闵东南六路转轮之苦，引矾水溉畿内瘠卤，成淤田四十万顷，以给京师。"[2]黄震此说虽可能有所夸大，但侯叔献引汴河淤畿内瘠田，改良大片盐碱地却是实情。

北宋的淤田不仅在京畿地区取得成效，在黄河流域其他地区也普遍展开。河北路是黄河及其支流泛滥的重灾区，同时，洪水中所含泥沙对土壤也起到了改良作用。如沈括所言："深、冀、沧、瀛间，唯大河、滹沱、漳水所淤方为美田，淤淀不至处悉是斥卤，不可种艺。"[3]黄河、滹沱河、漳河均从黄土高原流出，泥沙含量高，富含有机质，经其淤灌后可显著改良土壤肥力。熙宁年间（1068—1077年），河北路淤田事宜在内侍程昉的主持下取得了显著的进展。熙宁五年（1072年）闰七月，程昉上奏称："引漳、洺河淤地，凡二千四百余顷。"[4]熙宁七年（1074年），程昉又奏称："沧州增修西流河堤，引黄河水淤田种稻，添灌塘泊，并深州开引滹沱河水淤田，及开回胡卢河，并回滹沱河下尾。"[5]程昉不但在沧州引黄河水淤田种稻，而且将滹沱河、胡卢河（葫芦河）引水淤田与河尾泄水治理相结合。熙宁八年（1075年），时任都大提举黄御等河公事的程昉请求引滹沱、葫芦两河水淤南岸魏公、孝仁两乡瘠地万五千余顷，自永静军双陵道口引河水淤溉北岸曲淀等村瘠地万二千余顷[6]。王安石曾褒扬程昉曰："如程昉尽力于河北，……所开闭河四处，除漳河、黄河外，尚有溉淤及退出田四万余顷，自秦以来水利之功，未有及此。"[7]可见，程昉在河北发展淤田取得了很大的成效。此外，熙宁八年（1075年），深州静安令任迪，乞请来年麦收后，"全放滹沱、胡卢两河，又引永静军双陵口河水，淤溉南北岸田二万七千余顷"，朝廷从之[8]。

北宋官府在发展淤田时，除了主动引浑水灌淤外，还尽可能地利用黄河等河流改道后的退滩地开展淤田。尤其是在黄河北流后，河道变徙频繁，黄河故

[1]（宋）李焘：《续资治通鉴长编》卷248，熙宁六年（1073年）十一月乙丑，中华书局，2004年，第6050页。
[2]（宋）黄震：《黄氏日抄》卷92《书侯水监行状》，元后至元刻本。
[3]（宋）沈括撰，金良年点校：《梦溪笔谈》卷13《权智》，上海书店出版社，2009年，第118页。
[4]《宋史》卷95《河渠志五·河北诸水》，中华书局，1977年，第2369页。
[5]（宋）李焘：《续资治通鉴长编》卷249，熙宁七年（1074年）正月甲子，中华书局，2004年，第6076页。
[6]（宋）李焘：《续资治通鉴长编》卷262，熙宁八年（1075年）四月戊寅，中华书局，2004年，第6400页。
[7]（宋）李焘：《续资治通鉴长编》卷263，熙宁八年（1075年）闰四月乙巳，中华书局，2004年，第6440页。
[8]《宋史》卷95《河渠志五·河北诸水》，中华书局，1977年，第2372页。

道在水退后，流下肥沃的淤泥，适宜农作物生长。熙宁二年（1069年），中书省奏称："黄河北流今已于（淤）断，所有恩、冀以下州军，黄河退背田土顷亩不少，深虑权豪之家与民争占。"[1]在熙宁二年（1069年），修二股河后闭断北流，北流故道在水退后淤积出不少退滩地，这些经过黄河泥沙淤积后的田土较为肥沃，因此引起权豪之家与百姓的争占。元丰五年（1082年），都水使者范子渊言："自大名抵乾宁，跨十五州，河徙地凡七千顷，乞募人耕租。"[2]范子渊所称的这七千顷"河徙地"即是黄河改道后退出的土地，因上层被黄河泥沙淤积，适宜耕种，因而"乞募人耕租"。熙宁七年（1074年），都水监上言称，"黄河自熙宁二年（1069年）闭断北流后，累横决于许家港及清水镇，下入蒲泊，水势散漫，潬浸民田"，因而"乞下外监丞司相度，候霜降水落，将清水镇河闭断，筑缕河堤一道，遮栏涨水，使大河复循故道，别无走移壅遏之患。及退出民田数万顷，民得耕种。"[3]使黄河回归故道后，可退出壅遏积水占压的数万顷民田。

京东、京西路临近黄河与汴河，便于进行淤田。在朝廷政策支持与地方官的推动下，京东、京西路淤田取得了较大发展。熙宁八年（1075年）四月，管辖京东淤田的李孝宽上言："矾山涨水甚浊，启开四斗门，引以淤田，权罢漕运再旬"[4]。朝廷依从李孝宽的建议，罢漕运两旬以便于淤田。熙宁九年（1076年）五月，朝廷"命判都水监程师孟兼权都大提举京东、西淤田"[5]，负责京东、京西路的淤田事宜。是年八月，程师孟称："今权领都水淤田，窃见累岁淤变，京东、西咸卤之地尽成膏腴，为利极大"[6]。元丰元年（1078年），都大提举淤田司言："京东、西淤官私瘠地五千八百余顷，乞依例差使臣等管勾。"[7]获得朝廷的准可。熙宁十年（1077年），程师孟等人"引河水淤京东、西沿汴田九千余顷"，朝廷也因此对程师孟等人进行了奖赏[8]。

河东路、陕西路位于黄土高原地区，境内河流泥沙含量高，为发展淤田提供了有利条件。自程师孟在南董村马壁谷水放淤灌田后，淤田法逐步推广到河

[1]（清）徐松辑：《宋会要辑稿》食货六三之一八三，中华书局，1957年，第6077页。
[2]（清）徐松辑：《宋会要辑稿》食货六三之一八八，中华书局，1957年，第6080页。
[3]（宋）李焘：《续资治通鉴长编》卷254，熙宁七年（1074年）六月丙申，中华书局，2004年，第6218页。
[4]《宋史》卷95《河渠志五》，中华书局，1977年，第2372页。
[5]（宋）李焘：《续资治通鉴长编》卷275，熙宁九年（1076年）五月癸未，中华书局，2004年，第6736页。
[6]（清）徐松辑：《宋会要辑稿》食货七之二九、三〇，中华书局，1957年，第4919-4920页。
[7]（宋）李焘：《续资治通鉴长编》卷288，元丰元年（1078年）二月甲寅，中华书局，2004年，第7045页。
[8]（宋）李焘：《续资治通鉴长编》卷283，熙宁十年（1077年）六月壬辰，中华书局，2004年，第6924页。

东路诸州。熙宁八年（1075年），知河中府陆经奏称："管下淤官私田约二千余顷"[1]。至熙宁九年（1076年），程师孟忧虑尚有荒瘠之田未经淤淀，乞朝廷差官检视，于是朝廷派遣"都水监丞耿琬管勾淤河东路田"[2]。陕西路自唐末以来，因频遭战乱，导致水利失修，农业不振。熙宁年间（1068—1077年），在兴修水利、发展淤灌政策的推动下，关中地区的淤田得到了一定的发展。熙宁五年（1072年），朝廷根据权发都水监丞周良儒的建议，开凿自石门至三限口的引泾入渠工程，完工后，郑、白渠的灌溉面积可恢复到三万余顷[3]。泾河的高含沙量为发展淤灌创造了条件，晁补之有诗曰："泾水为渠食万口，一石论功泥数斗"[4]，就是讲引泾淤灌对当地农业的贡献。

由上可知，北宋淤田法发展的高潮是在神宗熙宁、元丰年间（1068—1085年），随着《农田利害条约》的颁布，发展农田水利上升为一种国家政策，而在北方地区发展淤田成为这一政策的重要组成部分。在国家政策的推动下，黄河下游的京畿、京东路、京西路、河北路的淤田事宜得到了普遍的推广和发展，黄河中游的河东路、陕西路淤田也有一定发展。据杨德泉等人研究，熙宁、元丰年间（1068—1085年），淤田总面积估计占当时农田水利总规模的25%，即达2 500万亩上下[5]。这对当时农业的发展起到了重要的推动作用。

2. 淤田的生态效益与工程技术

淤田是一项利用河水中的泥沙富含有机质的特性，而进行引浑灌溉的农业技术，对改造华北地区的盐碱地发挥了重要作用。如宋神宗所言："大河源深流长，皆山川膏腴渗漉，故灌溉民田，可以变斥卤而为肥沃。"[6]指的就是河水淤灌后，可将贫瘠的盐碱地变为"沃壤"。

为什么引浑淤灌会对土壤改良起到如此好的效果呢？这是因为华北的河流中富含泥沙，在引水的同时必然会带来泥沙，泥沙伴随着混浊的河水一起被输送到农田之中。一方面大量的河水灌溉到农田后，对土壤有洗盐压碱的作用，

---

[1]《宋史》卷95《河渠志五·河北诸水》，中华书局，1977年，第2372页。

[2]（宋）李焘：《续资治通鉴长编》卷277，熙宁九年（1076年）月庚戌，中华书局，2004年，第6780页。

[3]（宋）李焘：《续资治通鉴长编》卷240，熙宁五年（1072年）十一月壬戌，中华书局，2004年，第5832页。

[4]（宋）晁补之：《鸡肋集》卷14《复用前韵遣怀呈鲁直唐公成季明略》，四部丛刊景明本。

[5] 杨德泉、任鹏杰：《论熙丰农田水利法实施的地理分布及其社会效益》，《中国历史地理论丛》1988年第1辑，第83页。

[6]（宋）李焘：《续资治通鉴长编》卷295，元丰元年（1078年）十二月甲辰，中华书局，2004年，第7180页。

在河水的作用下盐分被压到一定深度并随着水流一起排走；另一方面泥沙淤积在土壤表面，形成了一层厚薄不一、含盐分少的淤灌层，代替原来含盐分较高的土壤表层。在这两方面的共同作用下达到了改良盐碱地的作用。此外，河流的泥沙中含有一定的腐殖质，可以肥田。腐殖质是指已死的生物体在土壤中经过微生物分解而形成的有机物质，主要组成元素为碳、氢、氧、氮、硫、磷等。腐殖质不仅是土壤养分的主要来源，而且对土壤的物理、化学、生物学性质都有重要影响，是土壤肥力指标之一。经过淤灌后，腐殖质被补充到土壤表层中，增加了土壤肥力，为农作物生长提供各种养分。

北宋官府在发展淤田时，也为治河提供了契机。一般来说，官府放淤灌田并不是单纯的决口引水，而是将灌溉与防洪结合起来。北宋放淤灌田的时间一般选在农历六月，此时华北地区的河流已进入汛期。而华北河流泥沙含量大，下游淤积比较严重，河床普遍较高，很多地方的河堤都要高于周边的平地，给下游地区民众的生命财产造成很大威胁。宋人在放淤时可将部分洪水引到下游低洼的盐碱地上，降低汛期流量，这样就在一定程度上降低了洪水对河堤造成的威胁，同时水量减少也为进一步整治河道创造了条件。熙宁年间（1068—1077年），侯叔献在睢阳开汴河堤引水淤田，"汴水暴至，堤防颇坏陷，将毁，人力不可制"，侯叔献相视"其上数十里有一古城，急发汴堤注水入古城中，下流遂涸，使人急治堤陷，次日古城中水盈，汴流复行，而堤陷已完矣，徐塞古城所决，内外之水平而不流，瞬息可塞。"[1]侯叔献以废弃的古城为泄洪区，通过开堤分流，成功避免了水灾。虽然不是直接通过引洪灌淤方式泄洪，但与引洪淤灌的道理是相似的，而且是侯叔献在主持淤田时，临机应变的一个措施。

经过长期的放淤实践，宋人对放淤灌田的时机与方法已经有了相当准确的认识和掌握。在引水的时机上宋人主要是利用盛夏时的矾山水，"朔野之地，深山穷谷，固阴沍寒，冰坚晚泮。逮乎盛夏，消释方尽，而沃荡山石，水带矾腥，并流于河，故六月中旬后，谓之'矾山水'。"[2]矾山水是指在夏季丰水期，地表径流汇入河流时混有较多的矾石等矿物质成分，从而带有矾腥的河水。盛夏时节是北方降水多发期，强降水形成地表径流时将上一年汛期之后累积的各种矿物质及腐殖质冲入水流中，最终一起汇入河流，使河水中含有多种植物生长

[1]（宋）沈括撰，金良年点校：《梦溪笔谈》卷13《机智》，上海书店出版社，2009年，第120页。
[2]《宋史》卷91《河渠志一·黄河上》，中华书局，1977年，第2265页。

所需的元素和养料，具有很好的肥田效果。因夏季降水强度大，河水中的有机质含量高，因此宋人淤田多选在夏季进行，"水退淤淀，夏则胶土肥腴，初秋则黄灭土，颇为疏壤，深秋则白灭土，霜降后皆沙也。"[1]夏季初汛洪水中泥沙携带着大量的有机质，此时实施淤灌会在土层上留下一层富含有机质的"胶土"，是一种适宜作物生长的上好土壤层，而初秋后，河水中所含的有机质减少，肥力明显下降。

尽管夏季淤田效果最好，但是夏季汛期水流湍急，泥沙不易"留淤"也是一个难题，"河遇平壤滩漫，行流稍迟，则泥沙留淤；若趋深走下，揣激奔腾，惟有刮除，无由淤积。"[2]杨汲在总结前人经验的基础上，改泛淤为按区分片筑堤的方法，"然当时人淤田，只要泛淤。汲随地形筑堤，逐方了当，以免淹浸之患，遂有成功。"[3]这种方法就是在放淤时，按照地势的不同，分区域渐次筑堤，将河水引入其中，逐片放淤，通过堤防来控制水流和放淤面积，这就避免了泛淤所造成的淤泥层厚薄不均的问题，同时还可控制河流水势，防止泛滥漫流。

3. 淤田的成效与淤灌区的百姓生计

熙宁变法时期，华北地区掀起一场轰轰烈烈的淤田热潮，在神宗皇帝与变法派官员不遗余力的推动下，淤田的规模、技术及其所动用的人力、物力都达到了空前的高度。然而关于淤田所带来的效果，历来却褒贬不一，赞誉与毁病兼而有之。究竟该如何评判这场规模浩大的农田水利运动呢？评判的标准不应只看时人对淤田的评价，更应该着眼于淤田给淤灌区百姓生计以及生态环境所带来的影响。

淤田可改良土壤的性状，对提高作物产量很有帮助，百姓对于官方主导下的淤田大多还是持支持态度的。熙宁六年（1073年）十月，阳武县民刑晏等三百六十四户上言："田沙碱瘠薄，乞淤溉，候淤深一尺，计亩输钱，以助兴修。"[4]就是因为沿汴百姓从淤田中获得了实惠，因而自愿出资助官府发展淤田。当冯京等人攻击淤田造成百姓"极劳弊"时，宋神宗反驳称："淤田于百姓有何患苦？比令内臣拔麦苗，观其如何？乃取得于淤田上，视之如细面。然见一寺僧言：

---

[1]《宋史》卷91《河渠志一·黄河上》，中华书局，1977年，第2265页。

[2]《宋史》卷92《河渠志二·黄河中》，中华书局，1977年，第2297页。

[3]（宋）李焘：《续资治通鉴长编》卷264，熙宁八年（1075年）五月甲戌条注文，中华书局，2004年，第6464页。

[4]《宋史》卷95《河渠志五·河北诸水》，中华书局，1977年，第2370页。

'旧有田不可种，去岁以淤田，故遂得麦。'"[1]可见淤田对于改良土壤和促进小麦生长作用显著，而作物产量提高，百姓自然会从中受益。

瘠薄的盐碱地经过淤灌后，其收益往往会成倍地增长，如苏辙曾称："淤厚累尺，宿麦之利，比之他田其收十倍。"[2]淤灌后，虽然田亩的地价会上涨，但是因为产量有了很大增长，百姓仍然会踊跃承买。熙宁五年（1072年），侯叔献等言"见淤官田，今定赤淤地每亩价三贯至二贯五百，花淤地价二贯五百至二贯。见有七十余户，乞依定价承买。"[3]宋神宗也尝言："中人视麦者，言淤田甚佳，有未淤不可耕之地，一望数百里。"[4]经过淤灌的淤田小麦长势甚佳，而未淤的田地则"不可耕"，二者高下立判。这是变法派与反对派围绕淤田利弊进行争论，神宗派遣宦官检视后得出的结果，具有很大的可信性。熙宁九年（1076年），权判都水监程师孟所言则为我们提供了一份地价与粮食产量增长的详细数据："近闻南董村田亩旧直三两千，所收谷五七斗，自灌淤后，其直三倍，所收至三两石。"[5]淤灌前后相较，地价增长3倍，收获量则增长3～6倍，淤灌效果之显著可见一斑。

北宋时期，华北地区深受黄河决口泛滥之苦，土壤盐碱化与沙化严重，该地区农业生产的优势不复存在，河北路等地区甚至呈现衰败迹象，以至于粮食生产都不能自给。除京师需江淮常年运粮供给外，河北、京东、京西等路也都出现过外地调粮救济的情况。而北宋政府所推行的淤田对农业增产起到了显著作用，一定程度上改善了黄河下游地区的民生问题，尤其是对解决黄河泛滥区民众的基本粮食需求问题发挥了不可低估的作用。据王安石估计仅开封府界的淤田每年增收即可达数百万石，"府界淤田，岁须增出数百万石，民食有限，物价须岁加贱，俵粜转之。河北非惟实边，亦免伤农。"[6]开封府界淤田带来的粮食增产，不但能满足当地百姓的粮食需求，而且还可转运到河北粜卖，缓解河北的缺粮问题，可见淤田在解决黄河下游地区民众的粮食需求问题上所发挥的巨大作用。

---

[1]（清）徐松辑：《宋会要辑稿》食货六一之六九，中华书局，1957年，第5907页。

[2]（宋）苏辙：《栾城集》卷42《论开孙村河扎子》，上海古籍出版社，1987年，第922页。

[3]（宋）李焘：《续资治通鉴长编》卷230，熙宁五年（1072年）二月壬子，中华书局，2004年，第5586页。

[4]《宋史》卷95《河渠志五·河北诸水》，中华书局，1977年，第2368页。

[5]（宋）李焘：《续资治通鉴长编》卷277，熙宁九年（1076年）八月庚戌，中华书局，2004年，第6779页。

[6]（宋）李焘：《续资治通鉴长编》卷265，熙宁八年（1075年）六月戊申，中华书局，2004年，第6489页。
按：笔者认为引文中句读应为"俵粜转之河北，非惟实边，亦免伤农"。

　　北宋政府在推广淤田时，有时还把放淤与赈灾结合起来，"以工代赈"。熙宁五年（1072年）九月，宋廷"诏司农寺出常平粟十万石，赐南京、宿、亳、泗州募饥人浚沟河，遣检正中书刑房公事沈括专提举，仍令就相视开封府界以东沿汴官私田可以置斗门引汴水淤溉处以闻。"[1]官府出粟募饥民开沟渠放淤，既有利于降低淤田事宜的费用支出，也为饥民解决了口粮问题，有利于社会秩序的稳定，此乃一举多得的好方式。

　　就淤田本身来说，无疑是一项兴利除弊的"惠民工程"，但在实际的执行之中，由于部分主持官员以追求政绩为主要目的，忽视百姓的实际需求及自然规律，因而在实施淤灌过程中也产生很多弊端。如夏季汛期决河放淤，往往因水势过大，难以控制而造成水灾；而秋后放淤，则因河水泥沙中有机质含量少，达不到改善土壤的效果。苏轼曾言："数年前朝廷作汴河斗门以淤田，议者皆以为不可，竟为之，然卒亦无功。方矾山水盛时放斗门，则河田坟墓庐舍皆被害，及秋深水退而放，则淤不能厚，谓之'蒸饼淤'。"[2]而熙宁七年（1074年），提举河北路常平等事韩宗师劾程昉"导滹沱河水淤田，而堤坏水溢，广害民稼"[3]，就是因为程昉在淤田时，控制水势不当，导致堤坏水溢，浸害农作物，而给反对派留下口实。

　　官府在放淤灌田时，若无统筹合理的规划，则可能出现适得其反的效果。熙宁七年（1074年），同知谏院范百禄言："向者都水监丞王孝先献议，于同州朝邑县界畎黄河淤安昌等处碱地。及放河水，而碱地皆高原不能及，乃灌注朝邑县长丰乡永丰等十社千九百户，秋苗田三百六十余顷。"[4]就因放淤不当，不但没有灌淤盐碱地，反而淹没正常生长的庄稼农田。还有，如何处理泥沙沉淀后产生的清水也是困扰淤田成效的难题，淤田法主要是利用富含泥沙的河水引浑淤灌，但是当河水澄清后，如不合理安排清水的退路，则清水漫流易为水害，如熙宁八年（1075年），"开封界雍丘等县今岁放水淤田地，分其未淤处清水，占压民田。"[5]官府在淤田时没有为清水退路预做安排，而导致清水淹没民田。可见，放淤灌田并不能惠及淤田区的所有百姓，常会产生此地受益、彼地受灾

[1]（宋）李焘：《续资治通鉴长编》卷238，熙宁五年（1072年）九月壬子，中华书局，2004年，第5796页。
[2]（宋）苏轼：《东坡志林》卷4《汴河斗门》，《唐宋史料笔记丛刊》，中华书局，1981年，第77页。
[3]（宋）李焘：《续资治通鉴长编》卷249，熙宁七年（1074年）正月甲子，中华书局，2004年，第6073页。
[4]（宋）李焘：《续资治通鉴长编》卷258，熙宁七年（1074年）十一月丁未，中华书局，2004年，第6291页。
[5]（宋）李焘：《续资治通鉴长编》卷266，熙宁八年（1075年）七月己巳，中华书局，2004年，第6523页。

问题。受益不均也成为反对派攻讦淤田的口实及部分百姓反对淤田的原因。

此外，负责淤田事宜的官员为了追求政绩，而不考虑实际情况，盲目发展淤田，往往只增加了当地百姓的负担，而难以取得实效。熙宁七年（1074年），知谏院邓润甫言："淤田司引河水淤酸枣、阳武县田，已役兵四五十万，后以地下难淤而止。相度官吏初不审议而妄兴夫役，乞加绌罚。"[1]淤田司官吏在缺乏实际勘察的情况下，"妄兴夫役"，结果却无功而止，白白浪费了民力。甚而一些官吏出现谎报政绩、欺上瞒下，在黄河堤上"多置挞口，指决河所侵便为淤田"[2]的情况。正是由于以上这些原因，元丰以后随着变法派的失势，大规模的淤田活动便衰落下去。尤其是元祐以后，"朝廷方务省事，水利亦浸缓矣"[3]。淤田需要从黄河及其支流上引浑水灌淤，工役规模一般都比较浩大，非民间分散的小农力所能及，离开官府的组织和支持，淤田活动也就难以开展。还需要指出的是，汴河沿岸是宋政府开展淤田的重点地区，而元丰年间（1078—1085年）的导洛通汴工程，以洛河水替代黄河水为汴河水源，汴河水中泥沙含量大为减少，已不适宜淤田。

淤田是北宋时期黄河流域水利田的一种重要形式，在华北地区有普遍的开展，河东、陕西亦有一定分布。北宋官民发展淤田是对因黄河泛滥为害而趋于恶化的华北生态环境的主动改造，淤田充分利用北方河流富含泥沙的特点，改良盐碱地，增加土壤肥力，为农业增产提供了保障性作用。淤田的发展一定程度上缓解了华北地区粮食不足的问题，对改善黄河下游民众的生计亦有一定成效。不过北宋官方在实施淤田法时也造成一些负面的作用，如破坏堤防引起决口、清水占田、劳役过重等。尽管如此，这些弊端并不能否定淤田对改良华北农业生态与经济发展曾发挥的作用。

第五节　北宋西北边区的生态、社会与民族

本节所言的北宋西北边区是指北宋西北部临近西夏的边疆地区，在北宋政区设置上包括鄜延、环庆、泾原、秦凤以及熙宁后开拓的熙河路等经略安抚使

---

[1]（宋）李焘：《续资治通鉴长编》卷258，熙宁七年（1074年）十一月壬寅，中华书局，2004年，第6290页。
[2]《宋史》卷468《程昉传》，中华书局，1977年，第13653页。
[3]《宋史》卷95《河渠志五·河北诸水》，中华书局，1977年，第2374页。

路。北宋西北边区在隋唐时期为关中畿辅的外围和屏障，富羊马之利，是隋唐王朝着力经营的地区。天祐元年（904年），朱温挟唐昭宗迁都洛阳，关中从此失去了全国性政治中心的地位，其西北外围也在相当长的时期内受到中央政权（五代及北宋初）的忽视。

北宋西北边区在唐中期曾陷没于吐蕃，成为唐蕃对峙的前沿，而吐蕃政权崩溃后，这一地区的局势愈加纷繁复杂，各方民族势力与地方实力派轮流登场，征伐不已。北宋建立后，随着南方诸割据政权及北汉相继纳土归服，宋廷对西北边地也逐渐重视起来。宋太宗太平兴国年间（976—984年）党项首领李继迁叛宋自立后，党项势力渐成宋王朝大患，西北边地的局势恶化。北宋为了遏制逐渐强大起来的党项势力，逐步加强对西北边地的经营，尤其是在李元昊称帝建西夏后，北宋几近举国之力应对宋夏之间的大规模军事冲突，北宋在西北边区驻屯了数十万军队，修筑了数以百计的堡寨。北宋西北边区的吐蕃部落是该地区宋、夏两国之外最为重要的一股势力，北宋对吐蕃诸部的政策由防范逐步转变为利用和控制，使其成为牵制西夏的重要力量。北宋在西北边地的政治、军事行动离不开农业开发活动的支持，因西北边区自然环境和政治形势的特殊性，当地的农业开发主要是通过屯田的形式进行的。在北宋发展屯田过程中，招募弓箭手屯田成为一种重要方式，随着北宋在西北边地疆域的拓展及其对吐蕃部落影响力的增强，越来越多的吐蕃部民应募为弓箭手，成为北宋政府屯田戍边的重要兵力。与此同时，北宋与吐蕃部落之间的经济文化交往也逐渐密切，茶叶则充当了宋蕃交流的重要媒介。

一、采造务、堡寨、弓箭手：北宋政府对西北吐蕃居地的开发与开拓

北宋时期，西北边地是多民族交错杂居的地区，其中吐蕃诸部是一支具有举足轻重地位的势力，在北宋西北边地的分布也相当广泛，我们将这一地区吐蕃部落分布区称为"西北吐蕃居地"[1]。北宋西北吐蕃居地位于国防的前沿地带，复杂的政治形势与民族关系使其成为牵动国家内政、外交政策制定和施行

---

[1] 本书所言的"西北吐蕃居地"在北宋行政区划上包括：秦、凤、泾、原、仪、渭、熙、河、洮、岷、迭、宕、阶、文、湟、鄯、廓、灵、凉州及德顺、通远、积石军，此外还包括吐蕃与党项杂居的环州、庆州、镇戎军等，即今甘肃南部、宁夏南部、青海东部及四川西北部地区。

的敏感地区。特别是在仁宗朝西夏崛起后，宋夏战争频发，西北吐蕃居地的战略地位更加凸显，加之该地区丰富的森林资源和大片的闲荒地，遂成为宋政府着力经制的重点地区。目前学界对北宋经制西北吐蕃居地的研究主要集中在军事领域[1]，而对于自然环境开发在北宋经制西北吐蕃居地过程中发挥的作用及二者的相互影响则所论甚少。本节拟从人与自然环境互动的角度，结合采造务、堡寨、弓箭手等机构与组织的设立，对北宋政府在西北吐蕃居地的开发和开拓过程及其与自然环境的相互影响做一初步探讨。

1. "不占之占"：森林开发与渭河上游谷地的开拓（960—1037年）

北宋时期的西北吐蕃居地原为汉唐陇右之地，唐"安史之乱"后陷没于吐蕃，此后吐蕃贵族在该地区强制推行吐蕃化，这一地区的居民亦逐步变为吐蕃部民[2]。9世纪中叶，吐蕃王朝崩溃，河西、陇右一带历经军阀混战，陷入各部落互不统属的分裂局面。入宋后，西北吐蕃部落依然是"其国亦自衰弱，族种分散，大者数千家，小者百十家，无复统一"[3]的各自为政局面。

西北吐蕃居地蕴藏有丰富的自然资源，唐代就有"天下称富庶者无如陇右"[4]之誉。该区域内的森林资源最为时人称道，史书载："西北接大薮，材植所出"[5]，"洮岷叠宕连青唐玛尔巴山，林木翳荟交道"[6]，"熙河山林久在羌中，养成巨材，最为浩瀚"[7]，类似有关西北吐蕃居地盛产林木的记载屡见史册。西北吐蕃居地内的渭河上游谷地、洮河谷地及陇山、玛尔巴山等河谷与山地地带分布着丰富的森林资源，而吐蕃部落对森林资源的利用率不高，使森林得到较好的生长。在西北吐蕃居内地的湟水流域还分布有大片草原，曾游历该地的宋人李远曰："海西北皆平衍，无垄断，其人逐善薪草以牧，以射猎为生，

---

[1] 据宫珊珊：《近20年北宋西北边疆军事经略研究综述》（《丝绸之路》2010年第22期）一文统计，近20年来（截至2010年）有关北宋军事经略西北边疆的论著有30余篇（部）。

[2] 汤开建、马明达：《对五代宋初河西若干民族问题的探讨》，《敦煌学辑刊》1983年创刊号，第67-69页；杨铭：《试论唐代西北诸族的吐蕃化及其历史影响》，《民族研究》2010年第4期，第75-83页。

[3] 《宋史》卷492《吐蕃传》，中华书局，1977年，第14151页。

[4]（宋）司马光：《资治通鉴》卷216《唐纪》32"玄宗天宝十二载（753年）"，中华书局，1956年，第6919页。

[5]（宋）李焘：《续资治通鉴长编》卷3，建隆三年（962年）六月辛卯，中华书局，2004年，第68页。

[6]（宋）李焘：《续资治通鉴长编》卷247，熙宁六年（1073年）十月庚辰，中华书局，2004年，第6022页。

[7]（宋）李焘：《续资治通鉴长编》卷310，元丰三年（1080年）十二月乙酉，中华书局，2004年，第7528页。

多不粒食。"[1]这一地带畜牧业发达，盛产马、牛、羊、骆驼等家畜。除森林、草场外，在川原地带还有大片宜耕的闲荒地，由于宋代西北吐蕃部落的经济生活以畜牧业为主，农业在经济结构中不占主导地位，以致内地汉人眼中的大片"良田沃壤"在当时处于闲荒状态。

宋初承唐末五代旧规，在西北地区的实际控制地域大大内缩，大致以六盘山为限，只在渭河谷地最西可达秦州（今甘肃天水）。立国之初，宋王朝的主要精力放在统一战争和对辽作战方面，对西北吐蕃部落主要采取"绥怀"政策，如宋太宗所言："但念其种类蕃息，安土重迁，倘因攘除，必致杀戮，所以置于度外，存而勿论也。"[2]虽属冠冕之语，却也体现出此时宋廷并无意向西北开拓的心态。

地处渭河上游谷地的秦州是宋王朝的西北边陲重镇，该州附近分布有为数甚众的吐蕃族帐，而位于吐蕃部落居地内的巨木良材向被宋人视为利薮。建隆三年（962年），知秦州高防在秦州西北的夕阳镇（今天水市新阳镇）建采造务，"岁获大木万本，以给京师"[3]。采造务或称采木务，是"因事立名者，随事所属"的专职机构，隶属于虞部[4]，其下隶有专司伐木的厢军役卒。夕阳镇本位于吐蕃部落居地内，高防为保障采造务士卒伐木时免受吐蕃部落扰攘，而"辟地数百里，筑堡要地。"然而此举却导致"夏部尚波于等率诸族千余人，涉渭夺木筏，杀役兵。"[5]宋太祖不欲生边事，遂将高防调离秦州，并罢采造务，赐吐蕃部民锦袍、银带以抚慰之。采造务虽旋设旋废，但尚波于部感太祖恩德，不久后即"归伏羌县地"[6]。

伏羌县地纳入宋版图后，北宋是否在此继续设务伐木，史无明文。但考虑到宋代内地木材资源紧缺的形势，宋政府是不可能不加以利用的，而且由于所有权转为己有，反而会为宋政府在伏羌县地采伐木材创造更加便利的条件。到太宗淳化年间（990—994年），北宋政府进一步推进到大洛门（今甘肃武山县鸳鸯镇）、小洛门（今武山县洛门镇）一带采伐。虽然该地"有两马家、朵藏、枭

[1]（宋）李远：《青唐录》，见（明）何镗辑：《古今游名山记》卷7，明嘉靖四十四年（1565年）庐陵吴炳刻本。
[2]《宋史》卷492《吐蕃传》，中华书局，1977年，第14153-14154页。
[3]（宋）李焘：《续资治通鉴长编》卷3，建隆三年（962年）六月辛卯，中华书局，2004年，第68页。
[4]（元）马端临：《文献通考》卷156《兵考八·郡国兵》，中华书局，1986年，第1363页。
[5]《宋史》卷270《高防传》，中华书局，1977年，第9261页。
[6]《宋史》卷1《太祖纪一》，中华书局，1977年，第12页。

波等部，唐末以来，居于渭河之南，大洛、小洛门砦，多产良木，为其所据。"但知秦州温仲舒强迁吐蕃部落于渭北，并设立堡寨据有其地，宋政府从而在大、小洛门"岁调卒采伐给京师"[1]。不过后因宋太宗担心温仲舒"斥逐"吐蕃部民，引起边界纷争，而将其调任他处，大、小洛门采伐点随之被放弃。

大中祥符年间（1008—1016年），宋真宗集全国之财力建玉清昭应宫，耗材无算，京师的木材需求更加仰赖西北边地，大、小洛门一带再次被纳入宋政府的采伐区。大中祥符二年（1009年），杨怀忠知秦州，请于大、小洛门"开疆百余里"采木。但宋廷担心骤然开疆而引发与吐蕃人的冲突，改用"以缗帛求采木"的方式，"取路采木，所经族帐，赍以缗帛。"[2]采木伊始，宋政府尚且较为谨慎，但此后随着采伐的深入，宋政府对大、小洛门的控制亦逐步加强。大中祥符四年（1011年），知秦州张佶设四门寨，"又临渭置采木场"，将采伐地点深入到大洛门一带[3]。大中祥符五年（1012年）正月，宋廷遣内供奉官王怀信等"诣秦州小洛门置寨采木，令秦州以骑兵百人、步军五百人防从"[4]。因供给京师木材的需要，宋政府相继在大、小洛门设堡寨采木，并将其地纳入管控之中。

北宋前期，宋廷在西北吐蕃居地并无开疆拓土的战略意图，对该地区的吐蕃部落以"绥怀"为主。那为什么历任秦州知州却屡屡在渭河上游河谷地带驱逐蕃部，强占蕃地呢？秦州知州之所以实行看似与朝廷政策相左的举措，概因西北吐蕃居地内丰富的森林资源所致。宋初，太祖、太宗、真宗各朝屡次在京师大兴土木建设，其木材主要来源于西北边地[5]。而西北边地供给京师的木材主要来自渭河上游河谷地带，这可就近利用渭河水运，"自渭达河，历砥柱以集于京"[6]。

秦州地方官府担负着向京师供给木材的重任，然而西北边地的森林资源却主要位于吐蕃部落居地内，要获取木材就需深入蕃地砍伐。秦州知州派遣采造务士卒采伐原为吐蕃部落所有的森林资源，与吐蕃部落争利，双方难免发生纷争。为保障伐木不受吐蕃部落的阻扰，秦州知州屡次"斥逐"蕃部，

[1]《宋史》卷266《温仲舒传》，中华书局，1977年，第9182页。

[2]（宋）李焘：《续资治通鉴长编》卷71，大中祥符二年（1009年）四月辛丑，中华书局，2004年，第1063页。

[3]《宋史》卷308《张佶传》，中华书局，1977年，第10151页。

[4]（宋）李焘：《续资治通鉴长编》卷77，大中祥符五年（1012年）正月甲申，中华书局，2004年，第1751页。

[5] 何玉红：《宋代西北森林资源的消耗形态及其生态效应》，《开发研究》2004年第6期。

[6]《宋史》卷276《张平传》，中华书局，1977年，第9405页。

将当地吐蕃部落驱走，进而据有当地森林资源。但此举却极易引发宋与吐蕃部落间的冲突，一旦秦州地方官府难以控制事态发展，造成边患，秦州知州往往成为宋廷"绥怀"政策的牺牲品，这也是秦州知州更迭频繁的一个重要原因。

在北宋政府采伐吐蕃居地内的森林资源时，我们还注意到这样一个现象：无论是夕阳镇还是大、小洛门，在木材采伐点附近都修筑有堡寨。这是因为森林资源在吐蕃居地内，属吐蕃部落所有，北宋政府通过修筑堡寨以确立森林资源的开发权和所有权，同时堡寨内的驻军还可为伐木士卒提供安全保障。这些建于采伐点附近的堡寨很可能就是采造务的物质实体，而采造务周边的林木资源则为堡寨修筑提供了木材。修筑于吐蕃居地内的堡寨成为威慑和管控吐蕃部落的军事据点，宋政府以此为依托逐步拓展了实际控制范围。尽管北宋前期在西北吐蕃部落地区奉行保守的边境政策，力求维持现状，反对开疆，但由于伐木的需要及堡寨的修筑，北宋政府仍然将实际控制范围沿渭河河谷向上游推进，由太祖时的夕阳镇附近推进到真宗时的大、小洛门一带。

北宋前期为满足京师及边防的木材需求，对渭河上游谷地的森林资源进行了大规模的采伐，原为吐蕃部落所有的森林资源也多被北宋官方控制。秦州地方官府之所以在没有开疆压力的情况下，将采伐点沿渭河谷地不断向上游推进，一个合理的解释就是先前的采伐点因砍伐强度过大，超出了森林的再生能力，木材生产难以为继，只得向上游寻求新的采伐点。森林生态系统具有承接雨水，减少落地降水量，使地表径流变为地下径流，涵养水源，减少地表径流功能，对防止水土流失有显著效果。而渭河上游谷地森林资源的过度采伐会在一定程度上加剧渭河流域的水土流失。

2. "屯田进筑"：弓箭手屯田和堡寨修筑（1038—1071年）

宋仁宗时期，党项势力坐大，宝元元年（1038年）李元昊称帝，建大夏国，史称"西夏"，成为宋王朝西北一大劲敌。在三川口、好水川、定川寨等几场宋夏大规模战役中，均以宋方失利告终。西夏的崛起导致北宋的西北边防形势严重恶化，大批吐蕃属户或被西夏杀掠，或反为西夏所用，宋王朝不得不调派大量军队进驻西北边地。至康定元年（1040年），北宋集结在西北的军队达四五十万之多，其中正军（禁军和厢军）就达三十万，"又有十四五万之乡兵"[1]。如此大规模的军队屯驻西北边地，军粮供给成为困扰宋廷的一大难题，如时任太子中允的欧阳修所言："四五十万之人，坐而仰食，然关西之地，物不加多，关东所有，莫能运至……是四五十万之人，惟取足于西人而已，西人何为而不困？"[2]无论是关西就近供给，还是关东长途运粮都存在不易克服的困难和弊端。

北宋西北边区军粮需求之大是单纯依靠外地输粮所不能满足的，宋政府为解决西北驻军的军粮供给问题，于是将宋初既已开始的军队屯田大规模推广开来。宋廷认为军队屯田不但可以部分地解决兵饷粮运问题，而且还可巩固边防，是解决军粮供给问题的长久之计。但在实际执行中却存在较多的问题，如宋政府用正军屯田就存在士卒不力耕而损耗严重的情况，这是因为宋代正军是雇募而来，粮食收成与其兵饷收入并无直接关系，因此其在屯田中往往存在出工不出力的现象，而且多数正军，尤其是禁军不习农作，收益很低。

北宋政府在西北屯田过程中取得较好效果的是招募当地的乡兵进行屯田，其中尤以弓箭手屯田效果最佳。北宋最早招募弓箭手屯田始自知镇戎军曹玮，景德二年（1005年），曹玮上言：

> 边民应募为弓箭手者，皆习障塞蹊隧，解羌人语，能寒苦，有警可参正兵为前锋；而官未尝与器械资粮，难责其死力。请给以境内闲田，永蠲其租。春秋耕敛，出兵而护作之。[3]

朝廷不但批准了其奏请，而且下诏规定："人给田两顷，出甲士一人，及三顷者出战马一匹。"[4]边民应募为弓箭手后，每人授田两顷，出战马者三顷，并且蠲免租税，粮食收成归己所有，调动了其生产积极性。弓箭手的职责是"自备鞍马器械粮食"[5]，轮流"上番"戍边。弓箭手不离乡土，耕战自守，具有兵农合一的特点。通过招募弓箭手屯田，宋廷不但获得一批颇具战斗力的军事

[1]（宋）李焘：《续资治通鉴长编》卷129，康定元年（1040年）十二月乙巳，中华书局，2004年，第3064页。
[2]（宋）李焘：《续资治通鉴长编》卷129，康定元年（1040年）十二月乙巳，中华书局，2004年，第3065页。
[3]（宋）李焘：《续资治通鉴长编》卷60，景德二年（1005年）五月癸丑，中华书局，2004年，第1337-1338页。
[4]（宋）李焘：《续资治通鉴长编》卷60，景德二年（1005年）五月癸丑，中华书局，2004年，第1338页。
[5]（清）徐松辑：《宋会要辑稿》兵四之一，中华书局，1957年，第6820页。

力量，而且还不费钱粮器械，对北宋控制沿边蕃部人口与土地资源发挥了重要作用，因此得到宋廷的支持和推广，"其后，鄜延、环庆、泾原并河东州军，亦各募置。"[1]招募弓箭手屯田戍边成为北宋在西北边区一项重要的边防政策。

宋夏开战后，在西夏的咄咄攻势下，北宋沿边地区的汉蕃人户和农业生产均遭受到严重损失，人口死亡逃移无算，田地荒芜。在夏军的重点打击下，弓箭手所受损失尤为惨重，据贾昌朝估计"其存者十有二三"[2]。弓箭手人马的折损，不但使北宋西北边地的屯田丧失大批劳动力，而且对西夏而言，入侵阻力大为减小，"其所以诱胁熟户、迫逐弓箭手者，其意以为客军不足畏，唯熟户、弓箭手生长极边，勇悍善斗，若先事翦去，则边人失其所恃，入寇可以通行无碍也。"[3]夏军在荡除沿边弓箭手后，往往可直趋近里。

弓箭手组织在宋夏战争中虽然遭受了严重的折损，但同时也引起了宋方的关注，并加大投入，着力经营弓箭手组织。北宋朝野有识之士在战时已认识到弓箭手在屯田戍边方面的重要作用，如知庆州范仲淹上疏言："臣观今之边寨，皆可使弓手、土兵以守之，因置营田，据亩定课，兵获羡余，中粜于官，人乐其勤，公收其利，则转输之患，久可息矣。"[4]弓箭手屯田自守，所获粮食除自给外，还可"中粜入官"，有效缓解了边防驻军的粮食供给问题。因此北宋边臣在西北防边时，均把招募弓箭手作为整饬边防的重要手段。范仲淹在庆州、刘沪在水洛城、种世衡在清涧城招募弓箭手屯垦戍边，均取得很大成效。"范仲淹、刘沪、种世衡等，专务整辑番汉熟户弓箭手，所以封殖其家，砥砺其人者非一道。藩篱既成，贼来无所得，故元昊服臣。"[5]虽然"元昊臣服"之语有夸大其词之嫌，但弓箭手在戍边方面所发挥的作用则是不可否认的。正如论者所言："弓箭手亦兵亦农，兼具前代屯田制与府兵制的优点，它调动了深受尚武传统熏染的西北边民保卫桑梓的热情，在很大程度上弥补了募兵制的不足。"[6]

宋夏战争使沿边地区产生了大量闲荒田，则为宋政府招募弓箭手屯垦提供了便利的条件。宋政府将已掌握的荒地、户绝田、蕃部献田、拓边占地以及一

[1]《宋史》卷190《兵志四》，中华书局，1977年，第4712页。
[2]（宋）李焘：《续资治通鉴长编》卷138，庆历二年（1042年）十月戊辰，中华书局，2004年，第3318页。
[3]（宋）李焘：《续资治通鉴长编》卷206，治平二年（1065年）十二月丁未，中华书局，2004年，第5009页。
[4]（宋）李焘：《续资治通鉴长编》卷134，庆历元年（1041年）十一月乙亥，中华书局，2004年，第3202-3203页。
[5]（元）马端临：《文献通考》卷153《兵考五·兵制》，中华书局，1986年，第1338页。
[6]汪天顺：《关于宋仁宗时期弓箭手田的几个问题》，《中国边疆史地研究》2010年第3期，第38页。

部分职田、官庄用于招募弓箭手。弓箭手屯田基本都位于缘边地带，在西夏军队南侵时首当其冲。宋政府为增强防御能力，在边地险要处修筑堡寨，使弓箭手屯田与戍守堡寨相结合。在宋夏战争结束前夕，韩琦曾提出："沿边无税之地所招弓箭手，必使聚居险要，每一两指挥共修一堡，以完其家，与城寨相应。"[1]要求弓箭手在险要之地修筑堡屯，与城寨为掎角之势，构成一相互支撑的防御体系。事实上，韩琦的规划虽然对北宋的边防政策有一定指导意义，但在施行中却出现了变化。那就是在战火停息后，宋政府为减小军费开支和粮食补给压力，将大批正军撤往内地就粮，弓箭手成为沿边地区戍守的主力，不但堡屯，即使原由正军驻防的城寨也多转由弓箭手戍守。弓箭手组织并没有随着宋夏战争的结束而衰落下去，反而在战后承担了更重要的职责，并得到进一步发展。

宋夏战后，北宋堡寨戍兵逐渐由禁军、厢军为主过渡到"弓箭手全面取代禁军、厢军戍守堡寨"[2]。戍兵性质的变化推动堡寨的功能向屯田转化，一座堡寨往往就代表着一个屯田点，沿边弓箭手以堡寨为依托纷纷进行屯田开垦，西北边区的大片闲荒地被开垦出来。土地的开发利用往往意味着实际占有，宋政府在原属吐蕃部落的土地或两不管的闲荒地上，招募弓箭手屯田，进筑堡寨，堡寨为屯田提供护耕，屯田则对堡寨供给军粮。发展屯田标志着占有土地的开发权，修筑堡寨象征着军事控制权，二者结合成为北宋控制缘边蕃部人口与土地资源、抵御西夏蚕食的有效方式。

在渭河谷地，宋政府通过在吐蕃居地建立堡寨，招募弓箭手屯垦戍边的方式逐步向上游河源地区推进。皇祐五年（1053年），世居古渭寨一带的纳芝临占因掠取夏人牛羊而受到西夏的武力威胁，被迫献地于宋，陕西转运使范祥趁机招抚纳芝临占，据有古渭寨。后范祥又借纳芝临占乞收复被青唐族占据的盐井之机，"多夺诸族地以召弓箭手"[3]。虽然范祥此举引起青唐诸族的反叛及北宋内部官员的反对，范祥亦因此坐责黜官，但被朝廷派遣"度其利害"的傅永坚持城古渭寨，终使北宋在距渭河河源不远的古渭寨建立立足点。古渭寨的建成与宋政府招募弓箭手在此地戍屯是密切相关的，弓箭手不但成为戍守堡寨的防边力量，而且还解决了"艰于馈饷"的补给问题。熙宁三年（1070年），秦凤路

[1]（宋）李焘：《续资治通鉴长编》卷149，庆历四年（1044年）五月壬戌朔，中华书局，2004年，第3599页。

[2] 程龙：《北宋西北战区粮食补给地理》，社会科学文献出版社，2006年，第57页。该文认为北宋堡寨戍兵性质的转变过渡期为康定、庆历初至治平末年；定型期是治平末至北宋末年。

[3]（宋）李焘：《续资治通鉴长编》卷175，皇祐五年（1053年）闰七月己丑，中华书局，2004年，第4226页。

经略使李师中言："前年筑熟羊等堡，募蕃部献地，置弓箭手"[1]，熟羊堡的建立使北宋的控制范围进一步向河源推进。

经过几十年的屯垦经营，西北沿边的闲荒土地已所剩不多，屯田的开垦已趋于饱和。神宗初期沿边一些地区已出现土地资源紧张、无田可授的局面。熙宁五年（1072年）四月，权发遣延州赵卨乞根括陕西沿边闲田，而鄜延路经略安抚使郭逵言："今怀宁新得地百里，已募汉蕃弓箭手，实无闲田以募耕者。"[2]弓箭手屯田的兴起使宋政府掌握的闲荒地减少，以致出现无田招募弓箭手的情况，甚至不得不将一部分职田、官田充屯田以招募弓箭手。

北宋在西北沿边地区招募弓箭手屯田，对当地农业开发及弓箭手生产影响甚大。弓箭手在国家的组织下进行农业生产，提高了应对自然灾害和西夏侵扰的能力。北宋西北边地多属黄土高原地区，沟壑纵横，地形破碎，自然灾害较为多发，且处于宋夏交界地带，常有西夏侵扰之虞，无论是自然条件还是人文环境都不利于个体农业生产，北宋官方则可组织劳力进行武装屯田，且耕且守。在耕牛、粮种、耕具方面宋政府还可提供一定的扶持，如熙宁八年（1075年），宋廷"诏都提举市易司遣官于麟府路博买耕牛，借与环庆路、熙河路蕃弓箭手"[3]，扶植其农业生产。弓箭手屯田推动了西北边区的农业发展，充实了边防，为北宋的边疆开发和戍守提供了物质保障。

弓箭手屯田在解决西北边区军粮供给问题上发挥了难以替代的作用，但需要指出的是，受当地干旱环境的限制，弓箭手屯田对西北吐蕃居地的自然环境也难免会造成一定程度的负面影响。西北吐蕃居地适宜农业开发的荒地主要分布在灌溉条件比较优越的河谷地带，而官府在组织弓箭手屯田时，会尽可能多地根括土地授予弓箭手，一些不宜农耕的瘠田薄壤也被用于屯垦。弓箭手在屯垦时常采用比较粗放的耕作方式，屯田地点往往随着战事起落而游移不定，一旦被放弃，地力和植被恢复起来都比较困难。

3. "武力开边"：熙河之役及其后的拓边与开发（1072—1127年）

宋神宗弱冠继统，锐意进取，对外奉行积极的开边政策，首先将目标确定

---

[1]（元）马端临：《文献通考》卷156《兵考八·郡国兵》，中华书局，1986年，第1358页。

[2]（清）徐松辑：《宋会要辑稿》食货二之四，中华书局，1957年，第4827页。

[3]（宋）李焘：《续资治通鉴长编》卷261，熙宁八年（1075年）三月丙辰，中华书局，2004年，第6364页。

为西北吐蕃部落地区。熙宁五年（1072年），宋政府升古渭寨（今甘肃陇西县）为通远军，并割秦州永宁、宁远、威远、通渭、熟羊、来远六寨隶之[1]，以王韶为知军，将通远军作为进取熙河的前沿阵地，开始向吐蕃部落居地开拓。在宋神宗和王安石的支持下，王韶军事进展顺利，用不到两年的时间，就取得"修复熙州、洮、岷、叠、宕等州，幅员两千余里，斩获不顺蕃部万九千人，招抚小大蕃族三十万帐"[2]的重大战果。宋政府将新复地建为熙河路，以熙、河、洮、岷四州及通远军隶属之。熙河路的设置表明宋政府对西北吐蕃部落政策的一个重大转变，由羁縻安抚变为纳入版籍，直接统辖（见图2-5）。

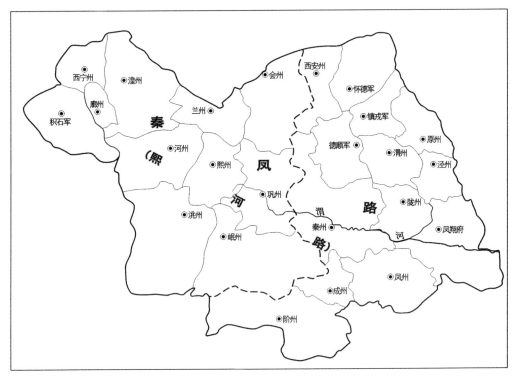

说明：本图以谭其骧主编《中国历史地图集》第6册（1）《辽、北宋时期图组》之"秦凤路"图幅为底图改绘而成。

图2-5　北宋秦凤路（含熙河路）政区示意图

宋军在收复熙河路之后，军粮供给成为困扰宋政府的一大难题，"熙河虽名

---

[1]《宋史》卷87《地理志三》，中华书局，1977年，第2164页。

[2]（宋）李焘：《续资治通鉴长编》卷247，熙宁六年（1073年）九月辛巳，中华书局，2004年，第6022-6023页。其中"修（收）复熙州、洮、岷、叠、宕等州……"中的"州"字疑为"河"字。

为一路，而实无租入，军食皆仰给他道。"[1]熙河路因处于吐蕃腹地，宋政府难以在此推行两税，占领熙河之初，宋军的粮食供给几乎全赖秦凤等路供给。但是外地供给路远难行，损耗颇多，不能从根本上解决问题，因此宋政府还是把着眼点放在弓箭手屯田上。

熙宁六年（1073年）十月，神宗"诏熙河路以公田募弓箭手"；熙宁七年（1074年）正月，"带御器械王中正诣熙河路，以土田募弓箭手"；是年三月，王韶言："河州近城川地招汉弓箭手外，其山坡地招蕃弓箭手，人给地一顷，蕃官两顷，大蕃官三顷"。[2]宋政府在新占的吐蕃领地上广募弓箭手屯田。在屯田分配上将土质较好的近城川地授给汉弓箭手，而相对贫瘠的山坡地则授给蕃弓箭手。但熙河路距内地悬远，当地土著基本都为吐蕃人，故宋政府所募弓箭手以蕃弓箭手为主，这从熙宁五年（1072年）王韶的疏言中可见：

　　今沿边蕃部畸零田地，耕垦所不至者极多，但自来官中须得顷田相连，地段相接者，方始招添弓箭手。臣愚以为本不须地段相连，一段三二十亩以上者，即三五段，便可招一名弓箭手矣。切记沿边诸族，不下十余万帐。大约十余万帐可招弓箭手一万人。以一万人散居十余万帐之间，则何患其心腹不一、思虑不专乎？是则招添弓箭手一万人，便可获蕃兵十余万人之用也。[3]

从这则史料中，我们可以看到宋政府把吐蕃部民作为招募弓箭手的主要对象，并将其作为控制和利用吐蕃部民的一种方式。吐蕃部民应募为弓箭手，获得宋政府的授田后，成为政府所控制的一支军事力量。蕃弓箭手屯田不离乡土，散布在原来族帐之间，起到监控附近族帐的作用，而这些被宋政府控制的吐蕃族帐便可逐渐转化成可为宋王朝所用的熟户。

宋政府在熙河吐蕃居地推行弓箭手屯田制度，其前提条件便是政府掌握大量无主田地。"熙河之役"中宋政府虽然号称开疆两千余里，但这种开拓主要体现在军事管控上，而其土地所有权仍主要掌握在吐蕃部落手里。宋政府要想在熙河路站稳脚跟就需要取得土地的所有权，并进行有效开发。宋政府主要通过

[1]《宋史》卷328《王韶传》，中华书局，1977年，第10581页。

[2]《宋史》卷190《兵志四》，中华书局，1977年，第4714页。

[3]（明）黄淮、（明）杨士奇编：《历代名臣奏议》卷329《御边》，上海古籍出版社，1989年，第4264页。

强占、市买、蕃部献田、根括"闲田"、拘收叛乱蕃部之田等方式，从吐蕃部落手中获取大量土地，以发展弓箭手屯田。在宋政府的努力推动下，很快就取得显著效果，熙宁七年（1074年）年底，熙河路"根括熙、河、岷州地万二百六顷，括弓箭手五千余人"[1]。此时，宋政府因新获土地众多，所募弓箭手开发不及，以致出现调集外地弓箭手入熙河路开垦[2]与暂令厢军垦田[3]的情况。这说明北宋政府在占据熙河后，即着手获取土地所有权，招募弓箭手作为屯田主力进行土地开发。

为促进新复土地的农业开发，宋政府不遗余力地将内地的先进技术和劳力输入到熙河路。熙宁五年（1072年），王韶欲用洮河水利发展水稻种植，宋政府因而刺配南方诸路三百名"谙晓耕种稻田"的犯人到熙河路推广水稻种植技术[4]。熙宁八年（1075年），提点秦凤等路刑狱郑民宪上疏请求兴修熙州水利，"于熙州南关以南开渠堰引洮水，并山东直北通流，下至北关，并自通远军熟羊寨导渭河至军溉田"，得到宋廷支持，"诏民宪相度，如可作陂，即募京西、江南陂匠以往。"[5]在北宋政府的积极推动下，短短几年时间熙河路的开发就初见成效，形成"州、军、城、寨各有蕃部弓箭手官庄，营田水利等事务繁多"[6]的可喜局面。熙宁九年（1076年）九月，"熙河走马承受长孙良臣言，本路岁丰，乞支见钱以广籴。"[7]可见，熙河路在丰收之年已有余粮出售给官府。

宋政府在熙河屯田取得成效后，将弓箭手屯田进一步推向黄河岸边的兰州。元丰四年（1081年），宋政府甫一收复兰州，便着手在当地招募弓箭手进行屯田，"多选募强壮，以备戍守……并募弓箭手，人给两顷"[8]，至第二年招募弓箭手多达5 000人，兰州"川原宽平，土性甚美，属羌数万以就耕锄，新招弓箭手五千"[9]。弓箭手屯田的发展也推动了兰州地位的上升，"熙河路"不久也改为"熙

[1]（宋）李焘：《续资治通鉴长编》卷258，熙宁七年（1074年）十二月丙午，中华书局，2004年，第6290页。
[2]（宋）李焘：《续资治通鉴长编》卷250，熙宁七年（1074年）二月己丑载："泾原弓箭手累经熙河路策应"，中华书局，2004年，第6100页。
[3]（清）徐松辑：《宋会要辑稿》食货六三之四七载："熙河路有弓箭手耕种不及之田，经略安抚司权点厢军田之"，中华书局，1957年，第6010页；（宋）李焘：《续资治通鉴长编》卷272，熙宁九年（1076年）正月丙子载："洮西弓箭手单丁所耕种不尽闲田，权差厢军，官置牛具、农器，人给一顷"，中华书局，2004年，第6662页。
[4]（宋）李焘：《续资治通鉴长编》卷239，熙宁五年（1072年）十月甲辰，中华书局，2004年，第5822页。
[5]（宋）李焘：《续资治通鉴长编》卷263，熙宁八年（1075年）闰四月壬寅，中华书局，2004年，第6434-6435页。
[6]（宋）李焘：《续资治通鉴长编》卷286，熙宁十年（1077年）十二月癸卯，中华书局，2004年，第7001页。
[7]（宋）李焘：《续资治通鉴长编》卷277，熙宁九年（1076年）九月戊寅，中华书局，2004年，第6786页。
[8]（宋）李焘：《续资治通鉴长编》卷316，元丰四年（1081年）九月庚戌，中华书局，2004年，第7652页。
[9]（宋）李焘：《续资治通鉴长编》卷331，元丰五年（1082年）十二月癸丑，中华书局，2004年，第7982页

河兰会路"。

弓箭手作为屯田主力在熙河路农业开发中发挥了重要作用，大片闲荒地被开垦出来，逐步形成通远军、熙州、河州、兰州等几个屯田中心，熙河路的军粮供应渐可自给，"熙河屯田的成效非常显著，当地守军很少需要后方运粮来满足补给。"[1]北宋政府在熙河路招募蕃弓箭手屯田，不但基本解决了军粮供给问题，而且还掌握一批为宋廷所用的强劲兵力，这为北宋政府新的开疆行动提供了物资和兵员准备。

哲宗元符年间（1098—1100年）和徽宗崇宁年间（1102—1106年），宋政府相继进军河湟地区，其中元符年间，宋军虽一度占领河湟，但终因军粮不给，后援难继而被迫退出。崇宁二年（1103年），宋政府再度进军河湟。该年九月，熙河路都转运使郑仅奏请调熙秦等地弓箭手到河湟耕佃官庄，"家选一丁，官给口粮，团成耕夫，使佃官庄。"[2]崇宁四年（1105年）四月，宋政府历经曲折终将湟水谷地纳入版图。在占领河湟后，宋政府遂"多方招刺弓箭手，垦辟闲田，补助边计，以宽飞挽之劳。"[3]时何灌提举熙河兰湟弓箭手，在湟州修葺汉唐故渠，招募弓箭手，仅半年时间就"得善田二万六千顷，募士七千四百人，为他路最。"[4]河湟地区的弓箭手屯田逐步解决了宋军的粮食供给问题，有助于宋政府在该地区站稳脚跟。

北宋政府自熙宁之役以来，收复大片原属吐蕃部落的领地，进行了较有成效的开发。但是毋庸讳言，宋军在开边过程中对当地生态环境也造成一定程度的破坏。王韶在进军熙河时，"林木翳荟交道，狭阻不可行"，王韶乃以伐木为名开道，经砍伐后，"可连数骑以行"[5]；元符二年（1099年），宋军在进占河湟时，采用火攻战术，"焚荡族帐，广数百里，烟尘亘天"[6]。对交战双方来说，为了争取战争胜利，是不会顾惜自然环境的，熙宁开边以来的一系列战争对生态环境造成的负面影响不可忽视。

由上可知，北宋政府对西北吐蕃居地的开发与开拓可分为三个阶段，这三

---

[1] 程龙：《北宋西北战区粮食补给地理》，社会科学文献出版社，2006年，第121页。

[2]《宋史》卷190《兵志四》，中华书局，1977年，第4718页。

[3]《宋史》卷190《兵志四》，中华书局，1977年，第4722页。

[4]《宋史》卷357《何灌传》，中华书局，1977年，第11226页。

[5]（宋）李焘：《续资治通鉴长编》卷247，熙宁六年（1073年）七月庚辰，中华书局，2004年，第6022页。

[6]（宋）李焘：《续资治通鉴长编》卷516，元符二年（1099年）闰九月壬辰，中华书局，2004年，第12288页。

个阶段是环环相扣、逐步深入的。北宋政府经制西北吐蕃居地并不是单纯依赖军事征服，而是将自然环境开发与边疆开拓相结合。自然环境开发与边疆开拓可视为北宋政府经制西北吐蕃居地这一过程中相互推动的两个方面，自然资源的开发为边疆开拓奠定物质基础，边疆的开拓又为自然资源开发提供新的空间。开发与开拓相结合的政策取得显著成效，"安史之乱"后长期脱离中原王朝管辖的西北吐蕃居地重新被纳入中原王朝的统治范围，并且按照中原内地模式建立州县，发展农业生产。虽然北宋经制西北吐蕃居地的进程被金国入侵所打断，但西北吐蕃部落的农业化与内地化进程已经是不可逆的了。

二、西北边区的屯垦开发——以弓箭手屯田为中心

北宋西北边区是宋夏对峙的前沿地带，在宋夏持续一百余年的冲突和对峙中，屡遭浩劫，社会经济发展受到战争的严重制约。北宋军民在长期的战争环境下，不但没有放弃他们赖以生存的衣食之本——农业生产，相反他们还必须充分利用各种自然条件与社会组织发展生产，以满足战争的持续消耗。

较之于内地地区，北宋西北边区的自然条件难以称得上优越，该地区大部位于黄土高原地区，地形破碎，沟壑纵横，降水量偏少，多属于温带半干旱气候类型。宋廷要想在这一地区进行农业生产，就离不开国家力量的组织和管理。在北宋时期，西北边区主要的农业生产形式就是官方组织下的屯田开发，而弓箭手则是屯田开发的主要劳动力。

1．屯田的分布与环境选择

历经唐末五代的大动荡、大变局，入宋后，西北边区处于华夷交错、农牧混杂的局面。北宋初年，姚内斌、董遵诲等宿将镇守于庆州、环州等西北军事重镇，西北边区的局面总体上相对稳定。然而从太宗至道二年（996年）开始，羽翼渐丰的党项首领李继迁率兵围攻军事重地灵州城，北宋与党项在灵州城下进行了长达五年的攻防较量。灵州孤悬西北边塞，在长期的被围困过程中，粮食补给成为守城的最大难题。除宋政府全力从内地运粮接济灵州军民外，就近组织屯田亦成为解决灵州粮食供给之策。知灵州裴济在本州发展屯田，"谋缉八

镇，兴屯田之利，民甚赖之"[1]。另陕西转运副使的郑文宝在距灵州不远的清远军发展屯田，因当地缺少水泉，"文宝发民负水数百里外，留屯数千人，又募民以榆槐杂树及猫狗鸦鸟至者，厚给其直"[2]，但因自然条件的限制及其后清远军的失陷，当地屯田终无实效。

清远失守后，北宋将屯田地点转至镇戎军。镇戎军位于清水河谷地，因"其川原甚广，土地甚良，厥利实博"，陕西转运使刘综"请于镇戎军城四面置一屯田务，开田五百顷，置下军两千人，牛八百头，以耕种之。"[3]宋政府不但在镇戎军开展屯田，"既而原、渭亦开方田"[4]。不过，灵州城不久即告失守，镇戎军屯田也没有发挥多大作用。太宗末年、真宗初年为解灵州之困，宋政府开始在西北边区局部地区发展屯田，但是只将屯田作为一种权宜之计，且规模不大，只限于灵州周边的几个军镇，战争结束后，宋政府也就不再着力经营。

真宗景德年间（1004—1007年），在原有屯田基础上，镇戎军屯田出现了新气象。知镇戎军曹玮乞请在当地招募边民为弓箭手，"给以境内闲田，永蠲其租，春秋耕敛，出兵而护作之。"朝廷允准了曹玮的奏请，而且还做出制度性的规定："人给田两顷，出甲士一人，及三顷者出战马一匹。"[5]弓箭手属于北宋的乡兵组织，具有亦兵亦农的性质，官府授田后，耕种所得为己所有，但上番戍边时"自备鞍马器械粮食"[6]，不费官府钱粮，对减省北宋戍兵的后勤补给甚有裨益。得到宋廷的支持后，曹玮即着手在镇戎军以西的六盘山地区招募弓箭手屯田，"置笼竿等四寨，募弓箭手，给田，使耕战自守。"[7]

虽然镇戎军招募弓箭手屯田对西北地区其他州军的屯田起到带动作用，"其后，鄜延、环庆、泾原并河东州军，亦各募置。"[8]但总的来说，在庆历以前，北宋在西北地区的屯田规模还比较有限，西北驻军的粮食补给主要依靠后方转运。宋仁宗康定（1040—1041年）、庆历（1041—1048年）初年，宋夏战争的爆发客观上刺激和推动了北宋西北地区屯田的发展。为了抵御西夏的攻势，北宋

[1]《宋史》卷308《裴济传》，中华书局，1977年，第10144页。
[2]《宋史》卷277《郑文宝传》，中华书局，1977年，第9427页。
[3]（宋）李焘：《续资治通鉴长编》卷50，咸平四年（1001年）十二月壬戌，中华书局，2004年，第1094页。
[4]（元）马端临：《文献通考》卷7《田赋考七·屯田》，中华书局，1986年，第76页。
[5]（宋）李焘：《续资治通鉴长编》卷60，景德二年（1005年）五月癸丑，中华书局，2004年，第1338页。
[6]（清）徐松辑：《宋会要辑稿》兵四之一，中华书局，1957年，第6820页。
[7]（宋）李焘：《续资治通鉴长编》卷139，庆历三年（1043年）正月辛卯，中华书局，2004年，第3342页。
[8]《宋史》卷190《兵志四》，中华书局，1977年，第4721页。

调集大批军队进驻西北边区，最多时达四五十万人。军粮供给成为宋政府亟待解决的问题，如上揭欧阳修所言："四五十万之人，坐而仰食，然关西之地，物不加多，关东所有，莫能运至……是四五十万之人，惟取足于西人而已，西人何为而不困？"[1] 内地转运不能从根本上解决西北驻军的军粮供给问题，只有就地发展屯田才是满足军需的长久之策。

北宋君臣在战争时期已充分认识到屯田在解决军粮供给方面所发挥的重要作用，陕西用兵时，宋廷"诏转运司度隙地置营田以助边计"[2]。右正言、直集贤院田况亦言："臣谓宜以贼马所践，无人耕种之地，大兴营田，以新拣退保捷军每五百人置一堡，等第补人员，每三两堡置营田官一员，令以时耕种，农隙则教习武艺，以备战斗。"[3] 宋朝君臣所提到的营田是指官府管理下的，以厢军为主要劳力的屯田。在宋廷的支持下，西北边区的屯田迅速发展起来。

在三川口、好水川、定川寨三次宋夏大规模战役中，宋军连遭败绩，边防形势大大恶化。为了巩固边防篱落，北宋将招募军民屯田戍守作为防边的一个重要措施。同知枢密院事陈执中建言："塞门至金明二百里，须列修三城。每城屯精卒千人，招土民为弓箭手"[4]，神宗嘉纳之。其后，西北边将在西夏进攻的重点鄜延路开展了一系列的屯田活动。如鄜延路守臣范仲淹、葛怀敏"领兵驱逐塞门等寨虏骑出境，仍募弓箭手，给地居之"[5]；种世衡在延安东北二百里的故宽州筑清涧城，"开营田二千顷，募商贾，贷以本钱，使通货赢其利，城遂富实"[6]；知延州庞籍"使部将狄青将万余人，筑招安寨于谷旁，却贼数万。募民耕植，得粟以济军"[7]。北宋在鄜延路屯田上用力甚多，其主要目的就是解决当地驻军的粮食供给。

泾原路具有较好的屯田基础，在宋夏战争期间得到了进一步的发展，逐渐成为北宋在西北屯田的重点区域。田况提出营田建议后，在泾原路"兴镇戎军、原渭等州营田"[8]。庆历三年（1043年），宋廷在曹玮招募弓箭手屯田开发的基

[1]（宋）李焘：《续资治通鉴长编》卷129，康定元年（1040年）十二月乙巳，中华书局，2004年，第3065页。
[2]《宋史》卷176《食货志上四》，中华书局，1977年，第4267页。
[3]（宋）李焘：《续资治通鉴长编》卷134，庆历元年（1041年）十一月乙卯，中华书局，2004年，第3197页。
[4]（宋）李焘：《续资治通鉴长编》卷126，康定元年（1040年）三月庚申，中华书局，2004年，第2982页。
[5]（宋）李焘：《续资治通鉴长编》卷128，康定元年（1040年）八月辛亥，中华书局，2004年，第3036页。
[6]《宋史》卷335《种世衡传》，中华书局，1977年，第10742页。
[7]（宋）李焘：《续资治通鉴长编》卷135，庆历二年（1042年）四月戊子，中华书局，2004年，第3238页。
[8]《宋史》卷292《田况传》，中华书局，1977年，第9783页。

础上，升笼竿城（今宁夏隆德县东北）为德顺军，这是宋廷首次在陇山以西新建州军级政区。德顺军的建立为北宋在陇山以西的屯田开发提供了保障，次年宋政府将屯田扩展到水洛城一带，水洛城"西占陇坻，通秦州往来道路，陇之二水，环城西流，绕带河、渭，田肥沃，广数百里，杂氐十余落，无所役属……今若就其地筑城，可得蕃兵三五万人及弓箭手共捍西贼，实为封疆之利。"宋将刘沪首先"进城章川，收善田数百顷，以益屯兵"[1]，然后进一步说服蕃酋献结公、水洛、路罗甘地，"因尽驱其众隶麾下"[2]，招募蕃兵及弓箭手发展屯田。北宋进筑水洛城是屯田向西扩展的重要表现，推动屯田区域由泾河流域逐步向渭河流域发展。

在渭河流域，宋政府通过各种方式从吐蕃部落手中获取土地资源，招募弓箭手发展屯田。古渭寨的修筑大大推动了当地的屯田事宜，该寨位于渭河上游谷地，"距秦州三百里"[3]，周围川原广阔，具有大片可耕地。皇祐五年（1053年），陕西转运使范详趁纳芝临占面临西夏威胁之际，占据古渭寨，并"多夺诸族地以召弓箭手"[4]。在筑古渭寨问题上，虽然由于蕃部的反叛及北宋内部官员的异议，宋廷一度出现犹疑态度，但最终还是建成古渭寨，并在当地招募弓箭手屯田戍守。古渭寨的修筑为北宋进一步向渭河上游开拓屯垦提供了保障。治平初年，"蕃酋药家族作乱，（李参）讨平之，得良田五百顷，以募弓箭手。"[5]熙宁初年，向宝在渭河上游募蕃部献地，因置熟羊堡，并在其地招弓箭手屯垦，但因"所募非良民"[6]，屯田效果不佳。熙宁三年（1070年），秦凤路经略使李师中对此进行重新规划："今当置屯列堡，为战守计。置屯之法，百人为屯，授田于旁寨，置将校领农事，休即教武技。其牛具、农器、旗鼓之属并官予。置堡之法，诸屯并力，自近及远筑为堡，以备寇至，寇退则悉出掩击。"[7]李师中提出的屯堡之法就是将弓箭手以屯为单位组织起来，官给牛具、农器等，并筑堡训练。

宋神宗熙宁、元丰年间（1068—1085年），西北诸路以弓箭手为主的屯田开

[1]《宋史》卷324《刘沪传》，中华书局，1977年，第10494页。

[2]（宋）李焘：《续资治通鉴长编》卷144，庆历三年（1043年）十月甲子，中华书局，2004年，第3486-3487页。

[3]（宋）李焘：《续资治通鉴长编》卷174，皇祐五年（1053年）三月乙卯，中华书局，2004年，第4202页。

[4]（宋）李焘：《续资治通鉴长编》卷175，皇祐五年（1053年）闰七月己丑，中华书局，2004年，第4225-4226页。

[5]《宋史》卷330《李参传》，中华书局，1977年，第10619页。

[6]（元）马端临：《文献通考》卷156《兵考八·郡国兵》，中华书局，1986年，第1358页。

[7]（元）马端临：《文献通考》卷156《兵考八·郡国兵》，中华书局，1986年，第1358页。

发进入繁盛阶段。多地出现土地资源紧张，无闲田招募弓箭手的局面。熙宁五年（1072年）四月，权发遣延州赵卨乞根括陕西沿边闲田，但鄜延路经略安抚使郭逵却称："今怀宁新得地百里，已募汉蕃弓箭手，实无闲田以募耕者。"[1] 宋政府只得加大根括力度，搜集闲田。熙宁五年（1072年），权发遣延州赵卨"根括地万五千九百一十四顷，招汉、蕃弓箭手四千九百八十四人骑，团作八指挥"[2]，得到宋廷嘉奖。熙宁八年（1075年），宋政府派人在陇山一带案视可耕官田，"德顺军、仪州四千八百八十九顷，已募三千九百九十三余户，请佃四千一百七十三顷，岁输租计万三千一百余石"，朝廷令"王广渊籍佃户为弓箭手，免所输租，不愿者听别募人，具所籍人马数以闻。"[3] 元丰四年（1081年）五月，泾原路经略司言："本路弓箭手阙地九千七百顷，以渭州陇山一带川原坡地四千余顷，可募弓箭手二千余人，诸佃户或不愿应募，乞如熙宁八年（1075年）八月诏，收其地入官，及以逃亡弓箭手地均给田少之人。"[4] 元丰四年（1081年），"殿前副都指挥使、武康军节度使刘昌祚奏请根括陇山地凡一万九百九十顷，招置弓箭手人马凡五千二百六十一人、骑。"[5] 由此可见，宋政府根括闲田的重点在屯田发展较好的泾原路以及鄜延路，根括所得闲田主要用于招募弓箭手。

神宗熙宁以来，宋廷致力于西北开边，通过"熙河之役"，收复吐蕃部落所居的熙、河、洮、岷诸州，并建立熙河路。新疆土的开拓需要进行有效开发，以巩固统治，同时也为解决西北沿边屯田所需闲荒地不足提供了后备土地资源。在占领熙河不久，宋政府即着手招募弓箭手，发展屯田，熙宁六年（1073年）十月，神宗"诏熙河路以公田募弓箭手"；熙宁七年（1074年）正月，"带御器械王中正诣熙河路，以土田募弓箭手"；该年三月，王韶言："河州近城川地招汉弓箭手外，其山坡地招蕃弓箭手，人给地一顷，蕃官两顷，大蕃官三顷。"[6] 在宋政府的推动下，熙河路括地及招募弓箭手屯田事宜很快就取得了成效，熙宁七年（1074年）年底，权提点秦凤路刑狱郑民宪"根括熙、河、岷州地万两百六顷，招弓箭手五千余人"[7]。

[1]（清）徐松辑：《宋会要辑稿》食货二之四，中华书局，1957年，第4826页。
[2]（宋）李焘：《续资治通鉴长编》卷238，熙宁五年（1072年）九月壬申，中华书局，2004年，第5802-5803页。
[3]（宋）李焘：《续资治通鉴长编》卷267，熙宁八年（1075年）八月壬寅，中华书局，2004年，第6547-6548页。
[4]（宋）李焘：《续资治通鉴长编》卷312，元丰四年（1081年）五月戊子，中华书局，2004年，第7573页。
[5]（宋）李焘：《续资治通鉴长编》卷435，元丰四年（1081年）十一月己丑，中华书局，2004年，第10489页。
[6]《宋史》卷190《兵志四》，中华书局，1977年，第4714页。
[7]（宋）李焘：《续资治通鉴长编》卷258，熙宁七年（1074年）十一月丙午，中华书局，2004年，第6290页。

北宋在熙河路取得立足点后，又进一步向周边扩展。元丰四年（1081年），宋军占领黄河沿岸的兰州，该地"土田沃壤，足以赡给边兵"[1]，为屯田开发提供了良好的条件。宋将李宪在兰州地区"多选募强壮，以备戍守……并募弓箭手，人给两顷。"[2]第二年，招募效果既已显现，兰州"川原宽平，土性甚美，属羌数万以就耕锄，新招弓箭手五千"[3]。即使如此，仍然存在"膏腴土田占藉未遍"的情况，李宪乞请宋廷"更赐钱帛一二百万缗及厢军万人，速至本路"[4]，以助当地农业生产。

宋哲宗、徽宗时，北宋又进一步将屯田地域拓展到湟水流域。崇宁二年（1103年），熙河路都转运使郑仅奏请调熙秦等地弓箭手到河湟耕佃官庄，"家选一丁，官给口粮，团成耕夫，使佃官庄。"[5]政和五年（1115年），何灌、赵隆在湟、鄯等州开渠引水，招募弓箭手屯田。何灌在湟州修葺汉唐故渠，招募弓箭手，仅半年时间就"得善田二万六千顷，募士七千四百人，为他路最"[6]；赵隆则"引宗河水灌溉本州城东至青石峡一带川地数百顷"[7]。

由上我们可以看出，北宋时西北边地的屯田遍及西北诸路，且有逐步扩展的趋势。西北屯田主要是沿河谷分布的，河谷地区地形相对平整，土壤较肥沃，适宜农耕，而且靠近水源，便于引水灌溉。弓箭手则充当了屯田的主要劳动力，在西北州军屯田时发挥了不可替代的作用。

2．弓箭手屯田的特点与成效

（1）弓箭手屯田的特点

弓箭手田制是什么性质？换言之，弓箭手田制是否属于"屯田"？在学界是存在不同观点的。虽然目前学界多将弓箭手田制视为屯田的一种形式，但在当时宋人眼里弓箭手田制却不属于"屯田"。宋代的屯田是指官方组织劳动力垦种荒地、边远土地或其他属于国家所有的土地，以满足军队给养为主要目的的农业生产组织形式，一般由官府提供粮种、农具，收成输官。宋代屯田还有"营

[1]（宋）李焘：《续资治通鉴长编》卷445，元祐五年（1090年）七月壬辰，中华书局，2004年，第10725页。
[2]（宋）李焘：《续资治通鉴长编》卷316，元丰四年（1081年）九月庚戌，中华书局，2004年，第7652页。
[3]（宋）李焘：《续资治通鉴长编》卷331，元丰五年（1082年）十二月癸丑，中华书局，2004年，第7982页。
[4]（宋）李焘：《续资治通鉴长编》卷331，元丰五年（1082年）十二月癸丑，中华书局，2004年，第7983页。
[5]《宋史》卷190《兵志四》，中华书局，1977年，第4718页。
[6]《宋史》卷357《何灌传》，中华书局，1977年，第11226页。
[7]（清）徐松辑：《宋会要辑稿》食货六三之八二，中华书局，1957年，第6027页。

田""屯田"等名目，并且设务管理，原则上是"屯田以兵，营田以民"，而事实上多是屯田不独以兵，营田不独以民，"兵民参错，固无异也"[1]，二者近于等同。不过，宋代文献中的"屯田"却一般都具有相对明确的含义，特指那些政府设屯田务或营田务进行直接管理、生成归公的国有耕田。

宋代弓箭手田制与宋代文献中的"屯田"存在哪些异同呢？上述已提及，宋廷针对曹玮乞请招募边民为弓箭手屯田时，做出制度性规定："人给田二顷，出甲士一人，及三顷者出战马一匹。设堡戍，列部伍，补指挥使以下，校长有功劳者，亦补军都指挥使，置巡检以统之。"从弓箭手制度实施之初的政策规定我们可以看出，北宋政府招募弓箭手的目的主要是用于戍边，弓箭手田由国家授给，每人两顷，出战马者三顷，弓箭手在授田后，耕种所得归自己所有，但弓箭手在防边时要自备"器械资粮"。宋政府将弓箭手"列部伍"组织起来的方法，是采用宋代正军编制"指挥"为基本编制单位，指挥使以下官职由弓箭手担任，有功劳的弓箭手"校长"亦可补军都指挥使，最终由巡检统一指挥调度。而从"设堡戍"之语来看，弓箭手还需要以堡为依托，进行戍守。

弓箭手获得授田后，在生产上有较大的自主性，收获物归自己支配，因此宋人并不将弓箭手田制视作"屯田"。但同时在组织管理上弓箭手要接受宋政府的领导，并承担戍边的义务，与屯田又有密不可分的联系。屯田的主要目的是解决边境驻军的给养问题，"赡师旅而省转输"[2]，而边境驻军的作用是守卫边疆。弓箭手设立的目的是使边民与土地相结合，且耕且守，不但不需粮饷，而且还承担戍边职责，可见二者的目的基本一致。二者获得粮食的方式，都是通过耕垦国家控制的沿边地区闲荒地而获取。只不过弓箭手垦田所获粮食归自己所有，而"屯田"收获粮食则上缴官府，由官府统一调配。

随着形势的转变，弓箭手制度也出现某些变化，弓箭手与屯田出现一定的结合趋势。宋夏战争期间，时任知庆州的范仲淹就提出利用弓箭手发展营田的建议，"臣观今之边寨，皆可使弓手、土兵以守之，因置营田，据亩定课，兵获羡余，中粜于官，人乐其勤，公收其利，则转输之患，久可息矣。"[3]因战争破坏，沿边地区产生大量闲荒地，范仲淹因而建议组织弓箭手发展营田，而且要

---

[1]（元）马端临：《文献通考》卷 7《田赋考七》，中华书局，1986 年，第 77 页。

[2]（元）马端临：《文献通考》卷 7《田赋考七》，中华书局，1986 年，第 77 页。

[3]（宋）李焘：《续资治通鉴长编》卷 134，庆历元年（1041 年）十一月乙亥，中华书局，2004 年，第 3202-3203 页。

"据亩定课"，即按亩纳税。可见有时弓箭手也被直接用于屯田。熙宁三年（1070年），李师中因熟羊堡所募弓箭手"非良民"，而提出整顿之法："今当置屯列堡，为战守计。置屯之法，百人为屯，授田于旁寨，置将校领农事，休即教武技。其牛具、农器、旗鼓之属并官予。置堡之法，诸屯并力，自近及远筑为堡，以备寇至，寇退则悉出掩击。"[1]通过"置屯列堡"加强对弓箭手的统一管理，并且"其牛具、农器、旗鼓之属并官予"，官方提供生产工具和资料往往意味着粮食收成也要全部或部分归官。这跟宋人所言的"屯田"已无多大差别了。

　　熙河开边后，北宋收复大量原为吐蕃部落所据有的土地。宋政府为了开发这些土地资源，亦在该地区推行屯田，屯田的主要劳动力就是汉蕃弓箭手与部分厢军。宋政府为了获得充足的劳动力，一方面在熙河路地区大力招募弓箭手，另一方面又屡次下令调集秦凤、泾原路弓箭手入熙河路屯垦策应。熙宁七年（1074年），权提点秦凤路刑狱郑民宪上呈熙河营田图籍，朝廷"诏民宪兼都大提举熙河路营田弓箭手"[2]。郑民宪所获新差遣"都大提举熙河路营田弓箭手"，即命郑民宪管理熙河路的营田弓箭手事宜，可知熙河路的弓箭手已被用于营田。元丰五年（1082年），宋廷诏："提举熙河等路弓箭手营田蕃部共为一司，隶泾原路制置司"[3]。弓箭手、营田、蕃部共为一司，说明三者已趋向于合而为一，这是因为熙河路弓箭手主要来源于吐蕃部民，而营田则以弓箭手为主要劳动力。

　　宋政府为了有效组织弓箭手开展营田，还建立了弓箭手官庄。熙宁十年（1077年），经制熙河路边防财用司言："州、军、城、寨各有蕃部弓箭手官庄，营田水利等事务繁多。"[4]可见，熙河路已利用蕃部弓箭手建立起一定数量的官庄。官庄是指官府直接经营的田庄，建官庄之议出自熙河路都转运使郑仅，郑仅提出：

　　朝廷给田养汉蕃弓箭手，本以藩捍边面，使顾虑家产，人自为力。今拓境益远，熙、秦汉蕃弓箭手乃在腹裹，理事移出。然人情重迁，乞且家选一丁，官给口粮，团成耕夫使佃官庄。遇成熟日，除粮种外，半入官，半给耕夫，候

---

[1]（元）马端临：《文献通考》卷156《兵考八·郡国兵》，中华书局，1986年，第1358页。

[2]（宋）李焘：《续资治通鉴长编》卷258，熙宁七年（1074年）十一月辛丑，中华书局，2004年，第6289页。

[3]（宋）李焘：《续资治通鉴长编》卷323，元丰五年（1082年）二月丁卯，中华书局，2004年，第7785页。

[4]（宋）李焘：《续资治通鉴长编》卷286，熙宁十年（1077年）十二月癸卯，中华书局，2004年，第7001页。

稍成次第，听其所便。[1]

从中可以看出，官庄是选募弓箭手，"团成耕夫"，耕佃官庄田地，收成实行对分制，实质上就是屯田的一种形式。

虽然宋代"屯田"因其具有相对特定的含义，宋人并没有将弓箭手田制看作是屯田，但是弓箭手田制与屯田却存在着密不可分的联系。弓箭手田制与屯田有着基本相同的目的，都是为了解决边境驻军的粮食供给问题，加强戍守力量；二者的耕作环境大体一致，都是耕垦沿边地区国家控制的闲荒地，并在一定程度上接受官府的管理；此外还出现弓箭手直接被用于屯田的情况，二者出现一定的合流趋势。所以在本章中，我们将弓箭手田制视作是一种具有自身独特性的屯田形式。

（2）弓箭手屯田的成效

北宋时期，西北边区的弓箭手屯田规模大、分布广，取得的成效较之其他形式的屯田尤为显著，影响也颇为深远。相比北宋官方直接经营的屯田，弓箭手屯田具有一些明显的优势。宋政府所招募的弓箭手主要是沿边地区的土民，土民世居于本乡本土，适应当地的自然环境，习于耕作，应募为弓箭手后，"徙家塞下，重田利，习地势，父母妻子共坚其守，比之东兵不乐田利，不习地势，复无怀恋者，功相远矣。"[2]一般是整个家庭都要随弓箭手迁居到沿边堡屯，家庭成员共同耕垦弓箭手身份田，全家的生计都要依赖授田里的产出，其劳作的积极性必然会很高。

北宋官方直接经营屯田的目的是解决边防驻军的军粮供给问题，但实际的施行效果不佳，经常出现"不偿其费"的情况，"而前后施行，或侵占民田，或差借耰夫，或诸郡括牛，或兵民杂耕，或诸州厢军不习耕种、不能水土，颇致烦扰。至于岁之所入，不偿其费，遂又报罢。"[3]如元丰时知太原府吕惠卿雇五县耕牛，发兵耕种葭芦、吴堡间号称膏腴地的木瓜原，"自谓所得极厚，可助边计"，而实际效果却是"去年耕种木瓜原，凡用将兵万八千余人，马二千余匹，费钱七千余缗，谷近九千石，糇粮近五万斤，草万四千余束；又保甲守御费缗

---

[1]《宋史》卷190《兵志四》，中华书局，1977年，第4718页。

[2]（宋）李焘：《续资治通鉴长编》卷134，庆历元年（1041年）十一月乙亥，中华书局，2004年，第3203页。

[3]《宋史》卷176《食货上四》，中华书局，1977年，第4269页。

费钱千三百，米石三千二百，役耕民千五百，雇牛千具，皆强民为之；所收禾粟、荞麦万八千石，草十万二千，不偿所费。"[1]劳师动众却得不偿失，而且吕惠卿用"将兵万八千人"所开垦的木瓜原荒地只有"五百余顷"，平均每人开荒仅2.8亩，与弓箭手每人（实为一个家庭）开垦200亩相比，耕作效率之低是显而易见的。

非但木瓜原营田效果很差，即使广受时人称许的清涧城营田也难以真正令人满意。史称种世衡在清涧城："开营田二千顷，募商贾，贷以本钱，使通货赢其利，城遂富实。"[2]而据范仲淹所言，实际情况却是："臣昨在延州，见知青涧城种世衡言欲于本处渐兴田利，今闻仅获万硕。"[3]万硕即万石，两千顷产粮万石，平均每顷产粮五石，每亩仅0.05石，也就是仅有五升，产量可谓低矣。

宋政府直接经营的屯田收益差是多方面原因造成的，而其中劳役主要承担者——厢军的劳动积极性低、耕作技能差是一个重要的原因。从事屯田的厢军是宋政府雇募而来，衣食之源主要来自官方的粮饷，与"屯田"粮食收成并不直接相关，而且还常常随着战事变动而调防，因而不可能有很高的劳作成效，营田往往也很难持久经营下去。与之相反的是，弓箭手并不能从官府手中领取粮饷，衣食之源几乎全部来自垦种授田中收获的农作物，所以其劳动积极性高是不言而喻的，而且与"不习农作"的厢军相比，弓箭手个体的劳作素质也明显优于屯田厢军。不过因弓箭手垦田多是个体自主经营，官方记载中很难见到关于其收成的记录。然熙宁年间（1068—1077年）枢密使吴充关于弓箭手垦种"公田"产量的估计给我们提供了一个参考，当时吴充建议取熙河路耕田的十分之一为"公田"，然后使弓箭手"备种粮功力"垦田，收入输官。据吴充估计"大约中岁亩一石"[4]，耕垦"公田"尚且亩收一石，那"自营"的授田收成应该会更高。即使按亩产量一石计，与前面提到的清涧城营田每亩收0.05石相较，已是高下立判。

不仅在劳动效率上，弓箭手屯田远优于官方直接经营的屯田，而且在总的耕种面积上，弓箭手屯田也大大高于官府的屯田。官府经营的屯田一般是较为孤立的点，面积不大，多是几百顷，大者也不过一两千顷。弓箭手个体授田面

[1]《宋史》卷176《食货上四》，中华书局，1977年，第4270页。

[2]《宋史》卷335《种世衡传》，中华书局，1977年，第10742页。

[3]（宋）李焘：《续资治通鉴长编》卷134，庆历元年（1041年）十一月乙亥，中华书局，2004年，第3202页。

[4]《宋史》卷176《食货志上四》，中华书局，1977年，第4268页。

积虽仅为两顷，但弓箭手总数众多，因而总的屯田面积是相当可观的。庆历年间（1041—1048年），弓箭手刚刚经历宋夏战争冲击，人数仍有"诸路总三万二千四百七十四人"[1]。即使不算"马口田"，仅弓箭手身份田就达6.5万顷。弓箭手耕垦的一般都是沿边的荒地、弃地，通过垦荒将这些土地充分利用起来，粮食产出则可满足弓箭手及其家人生活所需。弓箭手在宋夏沿边地区，时常面临战争威胁的情况下，且耕且守，屯田自给，成为北宋赖以为边防篱落的生产主力军，为西北边地的开拓和巩固做出了历史性贡献。

3. 弓箭手屯田对自然环境的影响

要评估弓箭手屯田对当地自然环境造成的影响无疑是一件非常困难的事情。在弓箭手制度实行百余年的时间里，宋政府招募数量众多的弓箭手在沿边地区从事屯田生产，对西北地区的自然环境也施加了显著的影响。因北宋西北边区主要位于黄土高原这一相对特殊的地貌环境中，以往学界在论及屯田对当地自然环境的影响时，多认为是负面的。但事实上西北边区还存在大片宜耕的闲荒地，这些地区的屯田开发并不能先验性地认为都是负面的，其中还存在着一些人与环境的良性互动。

北宋西北边区有渭河、泾河、洛河、延河、清水河、洮河、湟水等较大河流，这些河流谷地地带，川原沃壤，多具有河水灌溉之利，适宜农耕。若进行合理的农业开发，不但可获得维持当地人口所需的粮食，而且还可使农业开发可持续地发展下去。

北宋中前期，屯田的核心区是在陇山（六盘山）一带的镇戎军、德顺军、渭州一带，该地区的泾河、清水河谷地较为宽平，可耕地面积广大，为屯田开发提供了较优越的条件。如镇戎军"川原甚广，土地甚良，若置屯田，厥利实博。"[2]水洛城"其地西占陇坻，通秦州往来道路，陇之二水，环城西流，绕带河、渭，田肥沃，广数百里。"[3]适宜的自然条件使这些地区的弓箭手屯田开发持久延续下来，并且逐步巩固扩大。自景德二年（1005年），宋政府就在此开招募弓箭手屯田之先河。庆历年间（1041—1048年），笼竿城升为德顺军，就是当

---

[1]《宋史》190《兵志四》，中华书局，1977年，第4712页。

[2]（宋）李焘：《续资治通鉴长编》卷50，咸平四年（1001年）十二月壬戌，中华书局，2004年，第1094页。

[3]（宋）李焘：《续资治通鉴长编》卷144，庆历四年（1044年）十月甲子，中华书局，2004年，第3486页。

地屯田开发取得实效的结果。元祐四年（1089年），殿前副都指挥使、武康军节度使刘昌祚"根括陇山地凡一万九百九十顷，招置弓箭手人马凡五千二百六十一人、骑"[1]。这都说明陇山一带的弓箭手屯田开发处于持续发展之中。

熙河开边后，北宋在西北边疆扩展大片新领地，这为新的屯田开发提供了充足的土地资源。其中洮河谷地发展农业的条件较为优越，上揭熙宁五年（1072年），王韶在占领熙州之初就提出利用洮河水利发展水稻种植的建议，宋政府因而刺配南方诸路三百名"谙晓耕种稻田"的犯人到熙河路推广水稻种植技术。宋代北方大部分地区不具备种植水稻的灌溉条件，而地处边陲的洮河流域可以种植水稻，说明当地的自然条件是较为优越的。据刘攽《熙州行》载："岂知洮河宜种稻，此去凉州皆白麦。女桑被野水泉甘，吴儿力耕秦妇织。行子虽为万里程，居人坐盈九年食。"[2]一幅男耕女织、丰衣足食，人与环境和谐相处的画面跃然纸上。

位于黄河上游谷地的兰州，土壤肥沃，发展农业的基础较好，"本汉屯田旧地，田极膏腴，水可灌溉"[3]，具备发展农业的有利自然条件。宋政府因而在此组织"属羌数万以就耕锄，新招弓箭手五千"[4]，发展屯田。兰州西使城"川原地极肥美"，宋政府亦在此"并募弓箭手，人给二顷"[5]。可见，兰州地区很适宜屯垦，当地农业的发展促使北宋在紧邻夏境的兰州站稳脚跟。

湟水谷地"其田悉为膏腴，人之占射者溢数，今西宁、湟、廓一带可入水之地甚多，有汉唐故渠间亦依稀可考"，因此何灌奏请差本路弓箭手利用灌溉之利屯田，"开渠引水，以变荒旷难辟之田，以劝富强难募之民。又地之所入可数倍于旱田，庶得新边立见富强。"[6]施行的结果就是"甫半岁，得善田二万六千顷，募士七千四百人，为他路最。"[7]通过招募弓箭手开渠引水，屯田垦荒，将"荒旷难辟之田"变为善田。

由此可见，北宋西北边区的很多地区，尤其是河谷地带是适宜农耕的。在当时边警不断、田地荒芜的情况下，弓箭手屯田也是一种合理的农业开发方式。

---

[1]（宋）李焘：《续资治通鉴长编》卷435，元祐四年（1089年）十一月己丑，中华书局，2004年，第10489页。

[2]（宋）刘攽：《彭城集》卷8《熙州行》，武英殿聚珍版丛书本。

[3]（宋）苏辙：《栾城集》卷43《乞罢熙河修质孤胜如等寨札子》，上海古籍出版社，1987年，第947页。

[4]（宋）李焘：《续资治通鉴长编》卷331，元丰五年（1082年）十二月癸丑，中华书局，2004年，第7982页。

[5]（宋）李焘：《续资治通鉴长编》卷316，元丰四年（1081年）九月庚戌，中华书局，2004年，第7652页。

[6]（清）徐松辑：《宋会要辑稿》兵四之二二，中华书局，1957年，第6830页。

[7]《宋史》卷357《何灌传》，中华书局，1977年，第11226页。

弓箭手屯田使土地与劳动力相结合，推动了沿边地区土地的开发，闲荒地的开发大大提高了土地的生产力与承载力，营造出适合更多人口生活的环境，人与环境总体上处于一种良性状态。

当然，北宋西北边区复杂多样的自然环境并不总是适合人类居住和开发。该地区大部位于今天陕北、宁夏、陇东一带的黄土高原地区，黄土土质松软，易于侵蚀，在长期流水侵蚀下地面被分割得非常破碎，形成沟壑交错其间的塬、梁、峁。若在坡度较大的梁、峁上垦种是极易造成水土流失的。上述提到的木瓜原、清涧城等地屯田效果不佳，除了与官方经营不善、营田厢军不习耕作相关外，还与当地的生产环境密切相关。木瓜原、清涧城所在的窟野河、清涧河一带，地形极其破碎，是黄土高原水土流失最为严重的区域之一，该地区并不适合大规模垦荒。然而即使鄜延路一带可耕地资源不足，熙宁五年（1072年），知延州赵卨仍然"根括地万五千九百一十四顷，招汉、蕃弓箭手四千九百八十四人骑"[1]。这些强括而来的土地必然包括很多不适宜耕种的坡地。

宋政府授田后，一般由弓箭手本人及其家庭负责经营，粮食收成与政府收入并无关系。宋政府为了招募尽量多的弓箭手，会尽可能将沿边地区各种无主土地，"或川原漫坡地土，今仍荒闲者"[2]用于招募。每名弓箭手（或家庭）至少要耕垦两顷身份田，人均耕作面积较大，在这种情况下弓箭手屯田会更倾向采用广种薄收的粗放经营方式。粗放经营方式下，弓箭手是不会注重地力的保养与恢复的，地力耗尽后，土地就会被抛荒，失去地表植被覆盖后，水土流失便会随之加剧。

北宋时期，弓箭手是西北屯田的主力军，屯田地点如繁星般遍布西北诸路，"诸路并塞之民，皆是弓箭手地分"[3]，弓箭手及其屯田不但为北宋西北边区的戍守和开发发挥了难以替代的历史作用，而且对西北边区的生态环境也施加了相当深刻的影响，其中既有人与环境较为和谐的相处方式，也有不利的负面影响。当然我们仅凭历史存留下来的有限文献还是难以全面估量弓箭手屯田对当地自然环境产生的影响，不过其过程与结果无疑是复杂而深远的。

[1]（宋）李焘：《续资治通鉴长编》卷238，熙宁五年（1072年）九月壬申，中华书局，2004年，第5802-5803页。
[2]（元）马端临：《文献通考》卷7《田赋考七·屯田》，中华书局，1986年，第77页。
[3]《宋史》卷190《兵志四》，中华书局，1977年，第4721页。

三、西北吐蕃部落饮茶习俗的形成及其影响——兼论宋蕃"茶马贸易"的形成过程

北宋西北吐蕃部落散布于黄土高原与青藏高原过渡带的河谷草原地带，经济生活以畜牧业为主，牧养马、牛、羊、骆驼等牲畜，其中尤以盛产良马著称，是宋王朝最主要的马匹供应者。宋廷为了获取西北吐蕃人的马匹，常用茶叶与之贸易，茶叶遂流入草原，为西北吐蕃人饮茶习俗的形成提供了必要条件，而饮茶习俗的形成则推动了茶马贸易的发展。

茶马贸易是西北吐蕃部落获得所需茶叶的主要方式，也是西北吐蕃部落与宋王朝最主要的经济交流形式。学界对宋与吐蕃之间茶马贸易已有较高程度的研究，汤开建、祝启源、刘建丽等人关于宋代西北吐蕃部落的综合性著作对此均有所论及[1]；冯永林、杜文玉、王晓燕、陈武强等人则有专文对宋与吐蕃之间的茶马贸易进行研究[2]。但学界已有的研究主要侧重于以宋朝为本位的经济史与民族关系史，对西北吐蕃人饮茶习俗的形成过程及其与茶马贸易的关系则所论甚少。下文尝试在学界已有研究的基础上，探讨西北吐蕃人饮茶习俗与宋蕃茶马贸易的形成过程及二者间的关系，并以之为视角管窥宋代西北吐蕃人的社会生活及其生态环境。

1. 西北吐蕃人的高原生活与饮茶需求

唐中期"安史之乱"后，陇右、河西陷没于吐蕃。其后，吐蕃统治者陆续迁移大量戍兵来此戍守，并在占领区内强制推行"吐蕃化"政策，陇右、河西地区的汉人、吐谷浑及诸羌逐步融入吐蕃部落。这部分族群既在政治、军事、经济、宗教和文化制度方面带有鲜明的吐蕃化色彩，同时又与内地政权和民族有千丝万缕的联系。宋代，这部分吐蕃（化）部落位于宋王朝的西北边境一带，因此我们称之为"西北吐蕃部落"。西北吐蕃部落大部分位于黄土高原和青藏高

---

[1] 汤开建：《宋金时期安多吐蕃部落史研究》，上海古籍出版社，2007 年；祝启源：《唃厮啰——宋代藏族政权》，青海民族出版社，1989 年；刘建丽：《宋代西北吐蕃研究》，甘肃文化出版社，1998 年。

[2] 冯永林：《宋代的茶马贸易》，《中国史研究》1986 年第 2 期，第 41-48 页；杜文玉：《宋代马政研究》，《中国史研究》1990 年第 2 期，第 22-33 页；王晓燕：《宋代官营茶马贸易兴起的原因分析》，《中国藏学》2008 年第 3 期，第 48-59 页；陈武强：《宋代茶马互市的法律规制》，《石河子大学学报（哲学社会科学版）》2012 年第 1 期，第 100-105 页。

原的过渡带上，境内高原、河谷、山地交错分布；该区内气候多为干旱和半干旱类型，降水由东向西逐渐减少；气温受海拔因素影响比同纬度地区明显偏低，冬季酷寒，夏季凉爽，且年较差和日较差都比较大。西北吐蕃地区特殊的自然条件对人类活动有诸多的限制作用。

不过西北吐蕃地区各类草原分布较为广泛，大面积的优质牧草非常适合家畜的生长繁衍，故西北吐蕃地区的畜牧业比较发达。西北吐蕃人大多过着"其畜牧，逐水草无常所"[1]的游牧生活，李远《青唐录》载："海西北皆衍平，无垄断，其人遂善薮草以牧，以射猎为生，多不粒食。"[2]此处的海西是指河湟谷地一带，该地区地形较平整，草场广袤，"不粒食"说明这一部分吐蕃人不从事农业生产，经济生活以畜牧业为主，同时辅以狩猎。西北吐蕃部落在主要发展畜牧业的同时，在平川、河谷等适宜农耕的地带亦进行一定的农业生产，如韩琦言："秦州古渭之西，吐蕃部族散居山野，不相君长，耕牧自足。"[3]可见，还有一部分吐蕃部民实行农牧结合，以补充单纯游牧型经济的不足。

西北吐蕃地区畜牧业发达，牧养牲畜多种多样，有马、牛、羊、犬、猪、驴及骆驼等类型，其中尤以牛、羊、马居多。品种繁多的牲畜为西北吐蕃人提供了丰富的衣食之资，在西北吐蕃人的食物构成中肉食占主要地位，其"人喜啖生物，无蔬茹酰酱"[4]，体现出西北吐蕃人以肉食为主，很少蔬食的饮食特点。西北吐蕃人的肉食构成以牛羊肉为主，该地区牧养地牛羊数量颇多，文彦博称："臣切见秦凤、泾原沿边熟户番部比诸路最多，秋成以来，禾稼牛羊遍野"[5]，可见北宋缘边一带吐蕃部落拥有的牛羊数量不在少数。熙宁七年（1074年）四月，王韶破踏白、诃诺等城，获牛、羊八万余口[6]，也从侧面反映了熙河地区牛羊数量之巨。

除牛羊外，西北吐蕃部落养马的数量亦为大宗，这从西北吐蕃部落向宋廷进贡或交易马匹的次数与数量即可见一斑，见于记载的西北吐蕃部落向宋廷贡

---

[1]《新唐书》卷 216 上《吐蕃传》，中华书局，1975 年，第 6072 页。

[2]（宋）李远：《青唐录》，见（明）何镗：《古今游名山记》卷 7《西岳华山·陕西诸山泉附》，明嘉靖四十四年（1565 年）庐陵吴炳刻本。

[3]（宋）李焘：《续资治通鉴长编》卷 262，熙宁八年（1075 年）四月丙寅，中华书局，2004 年，第 6387 页。

[4]《宋史》卷 492《吐蕃传》，中华书局，1977 年，第 14163 页。

[5]（宋）文彦博：《潞公集》卷 17《乞令团结秦凤泾原番部》，明嘉靖五年（1526 年）刻本。

[6]（宋）李焘：《续资治通鉴长编》卷 252，熙宁七年（1074 年）四月丁酉，中华书局，2004 年，第 6179 页。

马达52次[1]，其中贡马超过千匹的就有4次，最多的一次为咸平五年（1002年）十一月，"六谷首领潘罗支遣使来贡马五千匹"[2]。另据汤开建等《宋金时期安多藏族与中原地区的马贸易》文中附表统计，神宗、哲宗、徽宗三朝，二十六七年间有明确资料记载的，宋廷所购吐蕃马匹近60万匹[3]，这足以说明宋代西北吐蕃部落养马数量之多。西北吐蕃部落不但养马数量多，而且盛产名马，如青海马，又称青海神驹、青海骢，是吐谷浑人用中亚波斯马与当地马杂交培育而成的良种马；又有河曲马，产于黄河河曲地区（今甘肃玛曲县），直到今天仍是有名的良马。

马匹与西北吐蕃人的生产生活密切相关，西北吐蕃地区地形复杂多样，交通不便，马匹作为主要的交通工具，为吐蕃人出行或游牧提供了不可或缺的脚力，拥有马匹的数量也成为财富多寡的标志。尽管西北吐蕃部落拥有数量巨大的马匹，但是吐蕃人却很少甚至不食用马肉，据《太平寰宇记》载："（吐蕃）俗养牛羊，取乳酪供食，兼取毛为氍而衣焉。不食驴马肉，以麦为麨。"[4]不食驴马肉可能与当地的宗教信仰和饮食习俗有一定关系，至今作为吐蕃后裔的藏族人仍不食马、驴、骡等奇蹄目家畜的肉。

西北吐蕃人食物构成主要是牛、羊肉和乳制品，兼以青稞炒面，这些都属于高蛋白和热性食物，不易消化。因此具有解油腻、助消化作用的茶便深得吐蕃人的青睐，以致逐渐成为吐蕃人生活之必需品，吐蕃人饮食"惟茶为最要，次青稞、炒面、酥油、牛羊乳、牛羊肉等，食米面者颇少"[5]，可见茶在吐蕃人饮食中的重要地位。宋人洪中孚说："番部日饮酥酪，恃茶为命"[6]，而王襄也曾指出"蕃食肉酥，必得蜀茶而后生"[7]，此说虽有夸大之嫌，却明显反映出宋代西北吐蕃人对茶叶的依赖性。

客观而言，吐蕃人嗜茶是有现代科学理论依据的。据研究，茶叶中含有多种对人体有益的成分，其中咖啡碱具有使中枢神经兴奋的作用，同时还可提高胃液的分泌量，增强分解脂肪的能力，促进消化，这对以肉食性食物为主的吐

[1] 汤开建：《宋金时期安多吐蕃部落史研究》，上海古籍出版社，第375页。

[2] （宋）李焘：《续资治通鉴长编》卷53，咸平五年（1002年）十一月甲午，中华书局，2004年，第1162页。

[3] 汤开建、杨惠玲：《宋金时期安多吐蕃部落与中原地区的马贸易》，《中国藏学》2006年第2期，第164页。

[4] （宋）乐史：《太平寰宇记》卷185《吐蕃》，中华书局，2007年，第3536页。

[5] 《宋史》卷492《吐蕃传》，中华书局，1977年，第14163页。

[6] （宋）罗愿：《淳熙新安志》卷7《洪尚书》，清嘉庆十七年（1812年）刻本。

[7] （宋）赵汝愚：《宋朝诸臣奏议》卷45《灾异八·上钦宗论彗星》，上海古籍出版社，1999年，第481页。

蕃人来说是难得的佳饮。此外，茶叶还具有多种药理功效，如茶叶中的主要成分茶多酚具有抗肿瘤、抑制病原菌及病毒的生长发育、缓解肠胃紧张、消炎止泻、促进维生素 C 的吸收、防治维生素 C 缺乏症（坏血病）等多种疗效[1]。尽管西北吐蕃人在当时条件下还不可能认识到饮茶的现代科学依据，但是他们在长期生活实践中逐渐体会到了饮茶的益处，而在意识到饮茶的益处后，逐渐对饮茶形成依赖性，因此我们也就不难理解为什么吐蕃人会"恃茶为命"了。

西北吐蕃人的饮茶习俗具体是在何时形成的呢？这在史料中并无明确记载。吐蕃地区限于气候条件并不产茶叶，其饮茶习俗只能由内地传来。内地的饮茶习俗始于秦汉，唐宋时期获得大发展，唐中期以后饮茶习俗开始在北方普及[2]。虽然唐德宗时，常鲁公（常伯熊）出使吐蕃，曾于赞普帐中见到来自内地的名茶[3]。但是我们并不能单凭这一孤例就对当时吐蕃人饮茶的普及程度给予过高估计，若唐蕃双方没有进行规模较大且持续时间较长的有关茶叶的贸易，吐蕃是不可能获得持续稳定的茶叶供给的。而唐代文献中并无唐蕃间进行有关茶叶贸易的记载，吐蕃贵族所饮用的茶叶很可能来自双方的朝聘贡赐，数量必然有限，且仅限于上层消费。唐末五代时，内地与吐蕃均是战乱频仍，双方交往不多，况且此时南方茶区与北方中原分属不同的政权，茶叶流入西北的陕右地区已非易事，遑论西北吐蕃地区了。因此，北宋以前西北吐蕃地区并不具备形成普遍性饮茶习俗的客观条件。

2. 西北吐蕃部落的茶叶来源及饮茶习俗的形成

（1）北宋前期宋蕃马匹交易与茶叶进入西北吐蕃部落

北宋建立之初，僻处西北边地的西北吐蕃部落并不受宋王朝重视，但是西北吐蕃出产的马匹对常苦战马不足的北宋却具有很大吸引力，马匹交易成为双方的联系纽带。宋太祖时，"岁遣中使诣边州市马"[4]。此时河东、四川尚未纳入宋王朝版图，这里的"边州"主要是指陕右诸州，包括环、庆、延、渭、原、秦、阶、文、灵等州及镇戎军，宋政府在这些州军置场买马，买马对象主要是"诸蕃"，即西北吐蕃部落。起初，西北吐蕃部落卖马于宋，所得马值为铜钱。

[1] 周燕波、陈启荣等：《茶叶成分及其医疗价值》，《中国中医药信息杂志》1997 年第 11 期。

[2] 王利华：《中古华北饮食文化的变迁》，中国社会科学出版社，第 262-286 页。

[3]（唐）李肇：《唐国史补》卷下，上海古籍出版社，1979 年，第 66 页。

[4]《宋史》卷 198《兵志十二》，中华书局，1977 年，第 4933 页。

太平兴国八年（983年）起，茶叶开始成为市马物资，这从盐铁使王明的上奏中可知：

> 沿边岁运铜钱五千贯于灵州市马，七百里沙碛无邮传，冬夏少水，负担者甚以为劳。戎人得铜钱，悉销铸为器，郡国岁铸钱不能充其用，望罢去。自今以布帛、茶及他物市马。[1]

因铜钱质重而不便运输，加之吐蕃人获取铜钱后"销铸为器"既造成了宋朝国内铜钱流通之不足，对宋朝边防而言也是一潜在威胁，所以太宗很快就批准了其奏请，废止用铜钱市马，而改用布帛、茶及他物市马，这是宋代史籍中首次明确记载茶叶用于马匹交易当中。然而由于史缺有间，关于当时茶叶在市马物资中的比重，以茶易马的交易量以及该政策的具体执行情况，我们已经难以详知。不过考虑到当时西北吐蕃的饮茶习俗尚未普及，需求有限，因而此时流入西北吐蕃部落的茶叶量当不会太大。

其后，在宋与西北吐蕃的马匹交易中，布帛和茶叶常被用来充当马值。咸平元年（998年），宋政府在河东、陕西、川峡诸州军设买马务购买马匹，"岁得五千余匹，以布帛、茶、他物准其直。"[2]但是因北宋亟须马匹，使卖马方吐蕃部落处于更加主动的地位，宋政府所付马值往往是根据吐蕃部落的实际需求决定，杂用布帛、茶叶、药材甚至铜铁钱，茶叶在市马物资中地位并不突出。

西北吐蕃部落除了在边州直接与宋政府贸易外，到京师向宋廷贡马往往可获得更高额的回报。早在太祖乾德五年（967年），就有吐蕃部落向宋廷贡马的记载。太宗太平兴国六年（981年），宋廷采取"偿以善价"政策，"诏内属戎人驱马诣阙下者，首领县次续食，且禁富民无得私市。"[3]此后，吐蕃诸部贡马频频见于史册，淳化五年（994年），吐蕃六谷诸族贡马千余匹；咸平元年（998年），折逋游龙钵贡马两千余匹；咸平五年（1002年），潘罗支贡马五千匹[4]。宋廷为了更细致地区分马匹的等级与价值，于咸平元年（998年）十一月设立估马司，蕃部献马由"估马司定其直，三十五千至八千凡二十三等，其蕃部又有

[1]（宋）李焘：《续资治通鉴长编》卷24，太平兴国八年（983年）十一月壬寅，中华书局，2004年，第559页。
[2]（宋）李焘：《续资治通鉴长编》卷43，咸平元年（998年）十一月戊辰，中华书局，2004年，第922页。
[3]《宋史》卷198《兵志十二》，中华书局，1977年，第4933页。
[4]《宋史》卷492《吐蕃传》，中华书局，1977年，第14156页。

直进者，自七十五千至二十千凡三等，有献尚乘者，自百一十千至六十千亦三等。"[1]宋廷用以偿马价的是"钱帛"[2]，但为了更多地招徕吐蕃部落献马，宋廷往往厚加赏赐。如咸平五年（1002年），潘罗支遣使贡马五千匹，真宗"诏厚给马价，别赐彩百缎，茶百斤。"[3]此时，宋廷还只是将茶叶作为额外的赏赐。大中祥符八年（1015年）二月，"西蕃首领唃厮啰、立遵、温逋奇、木罗丹并遣牙吏贡马，估其直约钱七百六十万，诏赐唃厮啰等锦袍、金带、供帐什物、茶药有差，凡中金七千两，他物称是"[4]，似是已将茶药等物当作马价的一部分。

在宋廷主动招诱蕃部献马政策的推动下，出现了"券马"这一具有宋代特色的马匹交易形式，"凡收市马，戎人驱马至边，总数十、百为一券，一马预给钱千，官给刍粟，续食至京师，有司售之，分隶诸监，曰券马。"[5]从表面上看券马是从边境"收市"而来，往往容易使人将其作为边州市马来看待[6]。而事实上，"券马"真正的交易地点在京师，以"献"或"贡"的名义进行，因此更类似于蕃部贡马的形式。《宋会要辑稿》兵二二之五对"券马"的交易过程有较详细的描述：

> 每蕃汉商人聚马五七十匹至百匹，谓之一券，每匹至场支钱一千，逐程给以刍粟，首领续食；至京师，礼宾院又给十五日并犒设酒食之费，方诣估马司估所直，以支度支钱帛。又有朝辞分物锦袄子、金腰带。以所得价钱市物，给公凭免沿路征税，直至出界。[7]

"券马"中的"券"字既是一个量词，表示马匹的数量，同时也是宋政府发放的一个卖马凭证。"一券"就有"五七十匹至百匹"之多，当时有能力将大批马匹运往宋朝出售的往往是西北吐蕃各部首领。宋廷为了笼络吐蕃人诣京师卖马，不但优给马价，而且招待颇丰，礼宾院要设宴招待十五日，在这个过程中，

---

[1]（宋）李焘：《续资治通鉴长编》卷43，咸平元年（998年）十一月戊辰，中华书局，2004年，第922页。

[2]（清）徐松辑：《宋会要辑稿》兵二二之五，中华书局，1957年，第7145页。

[3]《宋史》卷492《吐蕃传》，中华书局，1977年，第14156页。

[4]（宋）李焘：《续资治通鉴长编》卷84，大中祥符二年（1009年）八月甲寅，中华书局，2004年，第1917页。

[5]《宋史》卷198《兵志十二》，中华书局，1977年，第4932页。

[6] 汤开建、杨惠玲：《宋金时期安多藏族部落与中原地区的马贸易》一文就将"券马"放到"边州市马"这一宋蕃马匹交易形式之中讨论。

[7]（清）徐松辑：《宋会要辑稿》兵二二之五，中华书局，1957年，第7145页。

吐蕃人不可能不接触到当时在中原已十分盛行的饮茶习俗。而在吐蕃人离京时，往往会用卖马所得的钱帛购买各色商货，宋廷则对此采取免税政策，虽然史无明文，但吐蕃人所购买商货中很可能就包含他们在京师已接触到的茶叶。

西北吐蕃人获取茶叶的途径，除了有关马匹交易的方式外，还包括宋廷为羁縻蕃部而赏赐的茶叶。如咸平六年（1003年）二月，宋廷因蕃部牛羊、苏家等族与李继迁族帐作战，而赏赐其立功首领茶彩[1]。景祐、宝元年间（1034—1040年），宋廷为了拉拢唃厮啰对抗李元昊，厚加封赏，"景祐二年（1035年）十二月，除授保顺军节度观察留后，月支大彩三十匹，角茶三十斤，散茶一百斤。宝元元年（1038年）十二月，除授保顺军节度使，每年支大彩一千匹，角茶一千斤，散茶一千五百斤。"[2]此时，宋廷赏赐唃厮啰的茶彩是一种类似俸禄的岁赐，而非偶然为之的赏赐，这对推动饮茶习俗在西北吐蕃部落上层的传播起了很大作用。

宋朝为解决边境军需供给而实行入中法，鼓励商贾入中刍粟，"惟入中刍豆则仍计直给茶"[3]，商贾则将茶叶贩运到西北边地出售，茶叶随着宋蕃间的民间贸易而流入西北吐蕃部落。嘉祐通商法的施行为商贾将茶叶贩运到西北边地创造了便利条件，嘉祐四年（1059年）二月，宋廷罢除东南榷茶，颁行通商法，"以所得息钱均赋茶民，恣其买卖，所在收算。"[4]通商法允许茶商与园户自相贸易，有利于茶叶的流通，"而商贾转致于西北，以致散于夷狄，其利又特厚。"[5]不过商贾贩茶西北虽所获不赀，但因宋政府严禁宋蕃民间私相贸易，所以通过民间贸易流入西北吐蕃部落的茶叶数量还是有一定限度的。

北宋前期，西北吐蕃人已通过多种途径接触到茶饮，并且逐步在上层中传播，其中与宋人的马匹交易在西北吐蕃人获取茶叶、习用茶饮的过程中发挥了重要作用。但是这一时期茶马贸易还处在萌芽阶段，茶叶在宋人的市马物资中地位并不突出，西北吐蕃人通过交易所获的茶叶数量尚且有限，且多被部落上层和商人占有，普通部落民众接触茶饮的机会不多，故该时期西北吐蕃人的饮茶习俗还主要局限在部落上层之间。

[1]（宋）李焘：《续资治通鉴长编》卷54，咸平六年（1003年）二月庚辰，中华书局，2004年，第1181页。
[2]（宋）张方平：《乐全先生文集》卷22《秦州奏唃厮啰事》，宋刻本。
[3]（宋）李焘：《续资治通鉴长编》卷188，嘉祐三年（1058年）九月辛未，中华书局，2004年，第4526页。
[4]（宋）李焘：《续资治通鉴长编》卷189，嘉祐四年（1059年）二月戊辰，中华书局，2004年，第4549页。
[5]（元）马端临：《文献通考》卷18《征榷考五·榷茶》，中华书局，1986年，第175页。

（2）榷茶博马：熙宁之后西北吐蕃部落饮茶习俗的普及

茶马贸易制度的确立始于神宗熙宁年间（1068—1077年），宋廷在四川榷茶，专以川茶博马。宋神宗继统后锐意进取，对内任用王安石改革，对外积极开拓。宋廷首先将拓边的矛头指向部族分散而又盛产马匹的西北吐蕃部落。神宗任命熟悉戎情的王韶主持西北边事，王韶到任后，采用招抚与军事打击并行的方式，先后收复熙、河、洮、岷、叠、宕等州，拓地千两百里，招附三十余万口[1]，史称"熙河之役"。是役后，为数众多的西北吐蕃部落被强行纳入北宋版图，宋廷因之设立"熙河路"，这对西北吐蕃人获取茶叶的方式与数量均产生直接而显著的影响。

首先，宋廷对川茶实行官榷，专以川茶博马。熙宁七年（1074年）正月，神宗遣李杞等入蜀办理榷茶博马事宜。李杞在成都府建买茶司，并于"雅州名山县、蜀州永康县、邛州在城等处置场买茶，般往秦凤路、熙河路出卖博马。"[2]熙宁八年（1075年），李杞奏称"卖茶博马，乃是一事，乞同提举买马"[3]，要求买茶司亦提举买马事宜，得到宋廷批准，于是茶马二司首次合并管理。元丰四年（1081年），宋廷进一步设立"都大提举茶马司"（以下简称"茶马司"）。茶马司的职责是："掌榷茶之利，以佐邦用。凡市马于四夷，率以茶易之。应产茶及市马之处，官属许自辟置，视其数之登耗，以诏赏罚。"[4]茶马司统筹兼管茶马二政，使卖茶买马合为一事。榷茶博马政策的实施标志着宋蕃茶马贸易的正式确立。

宋政府为保证充足的茶源以博易蕃部马匹，于熙宁八年（1075年）规定："雅州名山县发往秦熙州等处茶，乞听官场尽买，不许商贩。"[5]建中靖国元年（1101年）时，又增加"兴元府万春、瑞金、大竹、洋州四色纲茶相兼应副博马。"[6]榷茶博马政策使茶马贸易完全掌握在北宋官方手中，同时也为西北吐蕃部落提供了稳定的茶叶来源。元丰元年（1078年），"提举茶场司言岁运官茶四万驮馈边"[7]。每驮茶约百斤，四万驮茶约四百万斤，可见当时输入西北吐蕃部落的

[1]《宋史》卷191《兵志五》，中华书局，1977年，第4758-4759页。

[2]（清）徐松辑：《宋会要辑稿》职官四三之八八，中华书局，1957年，第3317页。

[3]（宋）李焘：《续资治通鉴长编》卷267，熙宁八年（1075年）八月壬子，中华书局，2004年，第6553页。

[4]《宋史》卷167《职官志七》，中华书局，1977年，第3969页。

[5]（宋）李焘：《续资治通鉴长编》卷262，熙宁八年（1075年）四月庚辰，中华书局，2004年，第6402页。

[6]（清）徐松辑：《宋会要辑稿》职官四三之八八，中华书局，1957年，第3317页。

[7]（宋）李焘：《续资治通鉴长编》卷289，元丰元年（1078年）五月壬辰，中华书局，2004年，第7078页。

茶叶数量之多。而到崇宁年间（1102—1106年），由于马价上涨，宋政府运往熙河的茶额进一步增加，"每岁约以五万驮应副熙河""和买五百万斤入熙河"[1]。五百万斤也是见于史籍的输入熙河地区茶额的最高纪录。

其次，宋政府为了就近与西北吐蕃部落博易马匹，在西北吐蕃部落分布区的秦熙等州设立六处买马场[2]，并且每处买马场均分配有定量的茶额。《宋会要辑稿》职官四三之五一详细记载了秦州、熙州、通远军、永宁寨、岷州五处买马场在熙宁十年（1077年）所用茶额及元丰元年（1078年）的再立额，现据此制作表2-2。

表2-2　熙宁十年（1077年）、元丰元年（1078年）熙河路买马场茶额分配

买马场	熙宁十年（1077年）所用茶额/驮	元丰元年（1078年）再立额/驮
秦　州	5 924	6 500
熙　州	10 379	10 900
通远军	6 960	7 600
永宁寨	7 091	7 500
岷　州	3 386	4 000
总　计	33 740	36 500

熙宁十年（1077年），这五处买马场所用茶额达到33 740驮，而元丰元年（1078年）则增为36 500驮。而实际上还有一处买马场失载，《宋史》卷一百六十七《职官志七》、《文献通考》卷一百六十《马政》均明确记载："置熙河路买马场六"。冯永林、杜文玉均认为另一买马场为"宁河寨"[3]。若宁河寨所用茶额按其他五处买马场的平均额计算，熙宁十年（1077年）、元丰元年（1078年）分别为6 748驮、7 300驮，那么六处买马场的总茶额则将分别达到40 488驮和43 800驮，与上文所提及的，元丰五年（1082年）"提举茶场司言岁运官茶四万驮馈边"基本相一致。

宋廷将买马场设于西北吐蕃部落腹地，为宋蕃间的茶马贸易提供了很大的便利，客观上也为吐蕃人获取茶叶创造了更好的条件。宋廷实行榷茶博马政策优先保证以茶博马，但在博马足额后，亦许杂卖，"雅州名山茶令专用博马，候

[1]（宋）吕陶：《净德集》卷3《奏乞罢榷名山等三处茶以广德泽亦不阙边费之备状》，武英殿聚珍版丛书本。
[2]《宋史》卷167《职官志七》，中华书局，1977年，第3969页。
[3] 冯永林：《宋代的茶马贸易》，《中国史研究》1986年第2期；杜文玉：《宋代马政研究》，《中国史研究》1990年第2期，在提及六处买马场时均列有"宁河寨"。

年额马数足，方许杂买。"[1]而对西北吐蕃人来说却非唯以马易茶一种方式，在买马场吐蕃人可杂用金银、粮食、香药、家畜等博买茶货，"蕃部出汉买卖，非只将马一色兴贩，亦有将到金银、斛斗、水银、麝香、茸褐、牛羊之类博买茶货。"[2]西北吐蕃人买茶物资的多元化也意味着各阶层拥有了更多获取茶叶的机会。除了官方控制下的茶马贸易，汉蕃商人为规取厚利还进行私市贸易。元丰二年（1079年），因蕃商由小道避税入秦州私相贸易，宋廷下诏规定："秦、熙、河、岷州、通远军五市易务，募博买牙人，引致蕃货赴市易务中卖，如敢私市，许人告，每估钱一千，官给赏钱二千。"[3]宋政府为保障马源充足，颁布法令严厉打击私市行为。

在榷茶博马政策下，西北吐蕃人获取的茶叶量大增，在神宗熙宁、元丰年间（1068—1085年）和徽宗崇宁年间（1102—1106年）分别达到了四五百万斤之多，而据研究宋代西北吐蕃人口最高达到210万[4]，人均茶叶年消费量当超过两斤。以往论者在提到宋代西北吐蕃人饮茶习俗时，多是静态地看问题，依据史料笼统地表述为"恃茶为命""必得蜀茶而后生"等。事实上，西北吐蕃人饮茶习俗的形成并非一蹴而就，而是一个伴随着茶马贸易的发展而逐步深入，由上到下渐次普及的过程。我们从北宋西北吐蕃部落获取茶叶的方式、途径以及数量来考察，基本可以得出这样一个结论：西北吐蕃人形成全民普遍性的饮茶习俗是在神宗熙宁年间（1068—1077年）榷茶博马政策施行之后。

3. "恃茶为命"：茶马贸易对西北吐蕃人的影响

饮茶习俗在西北吐蕃部落的全面普及为茶马贸易的持续发展提供了内在动力，茶马贸易成为宋蕃双方最主要的经济交往方式。西北吐蕃人以生产过剩之马匹交易自身不能生产之茶叶，对本民族的饮食习俗、生态环境、经济形态乃至政治倾向都产生了深远影响。

茶马贸易的发展为西北吐蕃人提供了稳定的茶源，经过长期饮用后，西北吐蕃人对茶叶形成依赖性。西北吐蕃人大量饮茶对改善其饮食结构，增强体质是有很大益处的。我们已知，西北吐蕃人的食物构成以肉食及乳制品为主，很

[1]（清）徐松辑：《宋会要辑稿》职官四三之五七，中华书局，1957年，第3301页。

[2]（清）徐松辑：《宋会要辑稿》职官四三之五八，中华书局，1957年，第3302页。

[3]（宋）李焘：《续资治通鉴长编》卷299，元丰二年（1079年）七月庚辰，中华书局，2004年，第7272页。

[4] 汤开建：《宋金时期安多吐蕃部落史研究》，上海古籍出版社，2007年，第121页。

少甚至不吃蔬菜，易导致消化困难和营养失衡，增加了罹患高血压、肥胖、癌症等疾病的风险。但是饮茶不但可以助消化和补充体内维生素等多种微量元素的不足，还能在一定程度上代替医药治疗疾病。宋代西北吐蕃人医学不甚发达，"不知医药，疾病召巫觋视之，焚柴声鼓，谓之逐鬼"[1]。在缺医少药的时代，巫鬼是不可能真正给吐蕃人除病的，而具有药理功效的茶叶却在无形中给西北吐蕃人祛病减痛。茶叶解毒疗疾的功效，恰好有利于吐蕃人缓解病痛，增强体质，对西北吐蕃人适应高寒气候和增强抵御疾病的能力发挥了重要作用，故而西北吐蕃人一旦形成饮茶习惯，便会对茶叶产生严重的依赖性，正如宋人洪中孚所说："蕃部日饮酥酪，恃茶为命"[2]。

此外，饮茶还有一个容易被忽略，却在无形中改善吐蕃人体质的功用，那就是促使吐蕃人开始更多地喝热水。宋代普通人一年四季基本都喝生水，这在西北地区尤其明显，庄绰《鸡肋编》卷上言："世谓西北水善而风毒，故人多伤于贼风，水虽冷饮无患。"[3]生活于两宋之交的庄绰，曾在北宋末年宦游于西北地区，此时西北吐蕃地区已纳入宋的版图，因而庄绰所言的"西北"理应包括西北吐蕃地区，而从"水虽冷饮无患"之语来看，当地人是喝生水的。但是饮茶却需要用烧开的热水煮泡，经常性地饮茶使西北吐蕃人可以更多地喝热水，相比生水，热水不但可以杀灭细菌，而且还能将水中的氯气等有害物质蒸发掉，这对改善体质、降低疾病发生概率具有潜移默化的作用。

茶马贸易为西北吐蕃人控制马匹数量提供了重要渠道。西北吐蕃地区虽然草原面积较广，但是草场载畜量是有限度的，如果牲畜数量过分增加，超出草原的承载力，势必会造成草场退化。西北吐蕃地区马匹产量巨大，若任由马匹孳繁而不加控制，马匹的数量超过草场的载畜量，那么过多的马匹就会大量啃食有限的草场资源，造成草场的退化，而草场退化又会导致载畜量的下降，因此要维持草场的生态平衡就需要将马匹数量控制在一个合理的范围内。我们已知在吐蕃人的饮食习俗中是不食马肉的，那么如何处理多余的马匹呢？与缺马的宋人进行交易无疑是一个非常合理的选择，通过茶马贸易既可对外输出多余的马匹，还能够换取到茶叶等生活所需物资，可谓一举兼得。

---

[1]《宋史》卷492《吐蕃传》，中华书局，1977年，第14163页。
[2]（宋）罗愿：《淳熙新安志》卷7《洪尚书》，清嘉庆七年（1802年）刻本。
[3]（宋）庄绰：《鸡肋编》卷上，《唐宋史料笔记丛刊》，中华书局，1983年，第10页。

　　西北吐蕃部落与宋人进行茶马贸易，也有力地促进了本民族商贸活动，丰富了其物质生活。宋蕃间茶马贸易的核心虽然是榷茶博马，但双方贸易又不限于以马易茶，吐蕃商人在与宋人交易时将本族出产的金银器、粮食、香药、家畜之类入汉贩卖，而除茶叶外，汉蕃商人也将盐、铁、绢、帛（按：此等商品多是违禁物品，赖私市贩卖）等贩入蕃界，"沿边州郡惟秦凤一路与西蕃诸国连接，蕃中物货四流，而归于我者，岁不知几百千万，而商旅之利尽归民间。"[1]可见宋蕃间贸易量是很大的。而宋蕃之间活跃的商贸活动，也推动了西北吐蕃境内商业城镇的兴起，青唐、邈川、岷州等皆是当时有名的商贸重镇，这与汉蕃商人将内地物资转入西北吐蕃部落贩卖有密切的关系。

　　因经济结构较为单一，西北吐蕃部落对来自宋朝内地的物资具有很大的依赖性，尤其是茶叶，逐渐成为西北吐蕃部民在饮食上须臾不可或缺之物，但是西北吐蕃地区却并不产茶，其生活所需之茶几乎全部来自宋朝内地。西北吐蕃部落要获得稳定的茶源，必须处理好与宋朝的关系。西北吐蕃地区同时与宋、西夏两大国接壤，是一政治敏感地带，宋与西夏均竭力拉拢和控制西北吐蕃部落，试图在战略上牵制对方。

　　西北吐蕃部落为维持茶马贸易的正常进行，以获取经济实惠和政治扶持，多采取亲宋的态度，常主动向宋廷进贡或附宋抗夏。西北吐蕃部落的亲宋态度也使自身获益颇丰，他们一方面获得宋朝封赏，提升政治地位；另一方面又与宋朝联合，抵御了西夏对西北吐蕃地区的侵扰与蚕食。西夏势力在崛起之初为了进一步扩张势力范围及解除对宋作战的后顾之忧，就屡次对六谷部潘罗支、青唐唃厮啰等西北吐蕃部落诉诸武力。处于宋夏两个大国夹缝中的西北吐蕃部落是很难获得真正独立地位的，必须依附于一方才能获取自身的生存空间。西北吐蕃部落采取联宋御夏的策略，依靠宋朝的支持多次打退夏军，甚至主动攻夏。宋仁宗时，唃厮啰在湟水谷地大败夏军；神宗时，董毡、阿里骨几次配合宋军击败夏军。如苏辙所言："董毡本与西夏世为仇雠，元昊之乱，仁宗赖其牵制，梁氏之篡，神宗籍其征伐。世效忠力，非诸番所比。"[2]宋蕃联合不但保卫了宋疆，也有效抵御了西夏对西北吐蕃的侵扰，而双方联合的基础除了共同的政治利益外，茶马贸易给双方带来的经济实惠也是一个不容忽视的因素。

---

[1]（清）徐松辑：《宋会要辑稿》食货三七之一四，中华书局，1957年，第5454页。

[2]（宋）苏辙：《栾城集》卷41《论西事状》，上海古籍出版社，1987年，第904-905页。

西北吐蕃人饮茶习俗的形成与茶马贸易的发展是一个相互推动的过程，早期的马匹交易为西北吐蕃人提供了接触茶饮的机会，西北吐蕃人饮茶习俗的形成扩大了对茶叶的需求，茶叶需求的增加刺激了茶马贸易的发展。熙河之役后，宋朝实行榷茶博马政策，专以蜀茶博易马匹，茶马贸易制度确立，这也为西北吐蕃人饮茶习俗的全面普及提供了保障。饮茶习俗的形成对西北吐蕃人的草原生活多有裨益，饮茶不但可以解油腻、助消化，而且还具有祛病减痛之功效，可多方面满足西北吐蕃人的生理需求，是西北吐蕃人在饮食上主动适应草原生活的体现。

西北吐蕃部落与宋朝在经济上具有很大的互补性，茶马贸易是双方互通有无、各取所需的经济交流方式。因西北吐蕃人所需的茶叶几乎全部来自宋朝内地，不得不依赖茶马贸易来加强双方的经济交流，密切的经济交往也构成了双方联合对抗西夏的物质基础。茶马贸易是宋蕃双方联系的主要纽带，双方在密切的物质与文化交流中，接触日多，彼此形成依赖，这成为西北吐蕃地区重新纳入中原王朝版图潜移默化的推动力。

第六节 战争与环境："靖康之难"中金军围汴造成的生态灾难

"靖康之难"作为北宋亡国的标志性事件受到学界较多的关注。学界对"靖康之难"的起因、过程及影响等方面均有较深入的研究[1]，这为我们认识该事件的过程和性质发挥了重要作用。然而，学界已有研究成果的关注点基本都是"人事"，关于"靖康之难"对东京及其周边生态环境所造成的影响却鲜有论及。随着史学的发展，人们已经越来越认识到生态环境亦是历史发展进程的参与者，二者相互影响，彼此制约。"靖康之难"不但使东京军民遭受重大的浩劫，而且东京及其周边的生态环境也遭到严重摧残，对东京城其后的发展影响甚大。有

---

[1] 张邦炜：《靖康内讧解析》（《四川师范大学学报（社会科学版）》2001 年第 3 期），罗家祥：《靖康党论与"靖康之难"》（《华中师范大学学报（人文社会科学版）》2002 年第 3 期）等文章从不同角度探讨了"靖康之难"中北宋亡国的内因；王曾瑜：《北宋末开封的陷落、劫难与抗争》（《河北大学学报（哲学社会科学版）》2005 年第 3 期）论述了"靖康之难"中开封（东京）陷落的过程；吴涛：《靖康之变与开封人口的南迁》（《黄河科技大学学报》1999 年第 1 期），张明华：《"靖康之难"被掳被掳宫廷及宗室女性研究》（《史学月刊》2004 年第 5 期）则分别讨论了"靖康之难"对东京不同群体造成的影响。此外，周宝珠：《宋代东京研究》（河南大学出版社，1992 年）第十八章"慷慨悲壮的抗金斗争"对"靖康之难"的过程、东京军民的抗金斗争及金军对东京城的破坏等方面做了较全面的论述。

鉴于此，本节拟对"靖康之难"中金军围攻东京城所造成的生态灾难做一初步探讨。

一、园林尽毁

北宋奠都东京逾一个半世纪之久，不但各色人等云集于此，四方财货亦辐辏其中，东京是当时世界上最大、最繁华的城市。作为全国的首善之区，东京集中大量皇室贵戚、官宦士人与富商大贾，这部分人在追求物质享乐时，大多也比较注重精神生活的品质，他们在东京城内外建造了为数众多的官私园林，以供游憩玩乐。据生活于两宋之交的袁褧《枫窗小牍》所载：

> 汴中苑囿亦以名胜当时，聊记于此：州南则玉津园，西去一支佛园子、王太尉园、景初园。陈州门外园馆最多，著称者奉灵园、灵嬉园。州东宋门外麦家园、虹桥王家园。州北李驸马园。州西郑门外下松园、王大（太）宰园、蔡太师园。西水门外养种园。州西北有庶人园。城内有芳林园、同乐园、马季良园。其他不以名著约百十，不能悉记也。[1]

事实上，又岂止"不以名著"的园林"不能悉记"，就是闻名京师的四园苑，袁褧也仅提到了玉津园，而琼林苑、宜春苑、瑞圣园则均无提及。四园苑是官办大型园林，分别位于东京新城四郊。四园苑内"有殿宇、池亭、田土及管下小园池至多"[2]，而且园内杂植榆柳，绿树成荫，有非常好的绿化。官府对园内林木的保护也比较重视，天禧元年（1017年），宋廷下诏："四园苑自今不得更将榆柳林地土出掘窠木，租赁与人。"[3]此项规定目的在于保护园内林木及土地。

此外，在北宋末年宋徽宗、蔡京一伙借花石纲之役建造了一批规模宏伟、遍植奇花异木的大型园林，其中尤以艮岳最为有名。艮岳原名万岁山，位于东京旧城的东北隅，主峰高九十步，周围十余里，占地面积广大。艮岳不但风景奇秀，恍如仙境，而且其内植被繁茂，郁郁葱葱，既有参天古树，也有茵茵碧

---

[1]（宋）袁褧：《枫窗小牍》卷上，《历代笔记小说大观》，上海古籍出版社，2012年，第28页。

[2]（清）徐松辑：《宋会要辑稿》方域三之一〇、一一，中华书局，1957年，第7348-7349页。

[3]（清）徐松辑：《宋会要辑稿》方域三之一〇，中华书局，1957年，第7348页。

草，"移枇杷、橙柚、橘柑、椰栝、荔枝之木，金蛾、玉羞、虎耳、凤尾、素馨、渠郍、末利、含羞之草，不以土地之殊，风气之异，悉生成长，养于雕栏曲槛。"[1] 其间再点缀以雕栏画栋、假山流水，风景美不胜收。艮岳之内广植青松，遮天蔽日，号"万松岭"[2]，可见栽植青松数量之多。艮岳不但是一个有着良好植被绿化的皇家园林，而且也是一个豢养众多珍禽异兽的皇家动物园。有个叫薛翁的人，善于驯养鸟兽，自请供役于艮岳。薛翁通过仿效禽鸣，招致珍禽，"月余而囿者四集"，徽宗因置"来仪局"，并对薛翁厚加封赏[3]。艮岳内另有"麋鹿成群"[4]，悠游其间。珍禽异兽栖息于园林草木之中，相映成趣，相得益彰。

在花石纲之役中，蔡京、王黼、童贯、梁师成等人也竞相利用南方纲运来的花木奇石建造私家园林。这些权贵的私家园林虽然在整体上难以媲美艮岳，但也自有其别致精丽的一面，且普遍绿化甚佳。如蔡京的蔡太师花园，"花木繁茂，径路交互"[5]，又蔡京府宅之东园"嘉木繁阴，望之如云"[6]；王黼的园第则"穷极华侈，累奇石为山，高十余丈，便坐二十余处……第之西号西村，以巧石作山径，诘屈往返，数百步间以竹篱、茅舍为村落之状"[7]；大宦官童贯更是"其家园池沼，甲于京师"[8]；至于另一有名的大宦官梁师成，因亲董花石纲之役，其私人园林建设当不会亚于上述几人。

北宋东京经过逾一个半世纪的建设，成为北方少有的生态园林城市，城内外官私园林星罗棋布，交相辉映。东京城内外的各类园林不仅为京师士庶民众提供了一个游览休憩、愉悦身心的好去处，而且对改善城市环境亦有不可低估的作用。北宋东京是一个人口逾百万的大城市，史称"户口日滋，栋宇密接，略无容隙"[9]。大量人口聚集于有限的空间内，使城市环境面临很大的压力。广泛分布于东京城内外的官私园林则在一定程度上调节和改善了周边的环境。城市园林中的绿地具有改善气候、净化空气、调节湿度、释放氧气等多种生态

[1]（宋）王明清：《挥尘录·后录》卷2，《历代笔记丛刊》，上海书店出版社，2001年，第57页。
[2]（宋）王明清：《挥尘录·后录》卷2，《历代笔记丛刊》，上海书店出版社，2001年，第58页。
[3]（宋）岳珂：《桯史》卷9《万岁山瑞禽》，《唐宋史料笔记丛刊》，中华书局，1981年，第106-107页。
[4]（宋）陈均：《宋九朝编年备要》卷28，政和七年（1117年）十二月，宋绍定刻本。
[5]（明）徐应秋：《玉芝堂谈荟》卷7《固宠借种》，文渊阁四库全书本。
[6]（宋）周辉撰，刘永翔校注：《清波杂志校注》卷6《东西园》，《唐宋史料笔记丛刊》，中华书局，1994年，第278页。
[7]（宋）徐梦莘：《三朝北盟会编》卷31，靖康元年（1126年）正月二十四日，清许涵度校刻本。
[8]（宋）徐梦莘：《三朝北盟会编》卷52，靖康元年（1126年）八月二十三日，清许涵度校刻本。
[9]（清）徐松辑：《宋会要辑稿》方域四之二三，中华书局，1957年，第7382页。

功能。据研究，一株高25米、冠幅15米的阔叶树，就能将62人呼出的二氧化碳全部吸收，由15亩阔叶树林放出来的氧气可供1 000人呼吸用[1]。东京城内外广泛分布的官私林园充当了人与生态环境的"调节器"，对维持城市生态平衡具有难以替代的功用。

　　然而在金军围攻东京城期间（见图2-6），攻守双方均对园林中的木石资源进行了掠夺性的利用，东京城内外的大部分园林因此被人为毁坏。北宋一代，东京长期无战事，城防工事并不完善。在金军大兵压境的情况下，北宋军民匆忙进行守备，修楼橹，挂毡幕，安炮座，设弩床，以及制备檑木、滚石、火油等城防器具需要耗费大量木石资源。而东京城内园林中的木石资源正可就地取材，木材则被制成炮座、撞竿、檑木，假山奇石则被制成各类炮石、滚石等。如寿岳（艮岳）、寿庵、曲江一带的"佳花美竹"，皆被宋廷降旨："伐竹为军器，其花木皆折而为薪。"[2]金兵在攻西水门时，李纲指挥士兵"运蔡京家山石叠门道间"[3]，即用蔡京家园林中的山石将西水门堵住，以抵御金兵攻势。

　　金军在攻打东京城时，亦尽可能利用城郊园林中的木石资源制造各类攻城器械。第二次围城时，金西路军驻军玉津园附近的青城，玉津园中的木石为其制造攻城器械提供了便利，金兵掳获大量京郊居民"运石伐木造攻城之具"[4]。木材主要被金军制成对楼、云梯、火车、洞子等攻械，金兵为准备攻城，"在城外伐大木为对楼、云梯、火车等攻械"[5]。制造这些攻械所耗用的木材量是非常大的，尤其是制造约与城墙等高的对楼，需要耗费相当多的木材。金军在攻宣化门时，对楼被宋军用撞竿撞到，宋兵争相持草焚烧"木多"的对楼，结果却引燃"城上楼子"[6]，反而客观上帮助了金军攻破城池，由此也可见制造对楼所需木材之多。

　　除了园林中的木石资源被直接用于战争外，被城内居民用作柴薪的园林花木更是难以计数。因金军两次围城都是选择在寒冷的冬春季节，而靖康年间（1126—1127年）冬季又异乎寻常的酷寒[7]，城内居民对柴薪的需求量非常大。

[1] 石文：《建设城市森林生态系统》，《城市开发》1998年第4期，第30页。
[2] （宋）佚名：《靖康要录》卷8，清十万卷楼丛书本。
[3] （宋）李纲：《靖康传信录》卷1，清海山仙馆丛书本。
[4] （宋）丁特起：《靖康纪闻》，朱易安等主编《全宋笔记》（第四编·四），大象出版社，2008年，第98页。
[5] （宋）陈规：《守城录》卷1《陈规靖康朝守金言后序》，清道光瓶花书屋校刊本。
[6] （宋）陈规：《守城录》卷1《陈规靖康朝守金言后序》，清道光瓶花书屋校刊本。
[7] 程民生：《靖康年间开封的异常天气述略》，《河南社会科学》2011年第1期，第147-150页。

在长期被围过程中，城内居民的柴薪无法从城外获取，只有尽可能地利用城内现有资源，于是官私园林中的花木便被充作柴薪。靖康元年（1126年）二月六日，在金军第一次围城时，钦宗就下旨："苑囿宫观有可废以予民者，三省枢密院速条具以闻。"[1]宋廷将苑囿宫观"废以予民"，应是允许城内百姓利用其中的花木做柴薪用。靖康元年（1126年）十二月二十二日，在金军第二次围城时，长期被困的东京百姓因缺乏燃料而多致"冻馁"，宋廷不得不忍痛下诏："万岁山许军民任便斫伐"[2]，军民蜂拥而入，争相伐斫。至二十九日，艮岳竹木已被樵采殆尽，"纵民樵采万岁山竹木殆尽，又诏毁拆屋宇以充薪"[3]。耗费巨大代价营建起来的艮岳尚且如此，其他园林的情况也就可以想见。

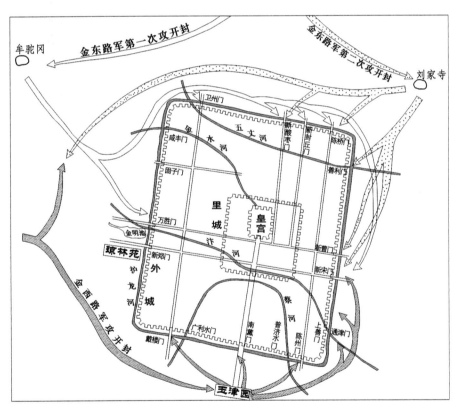

说明：本图引自周宝珠所著《北宋东京研究》（河南大学出版社，1992年）"图二　金兵进攻东京示意图"。

图2-6　金兵进攻东京示意图

---

[1]（宋）佚名：《靖康要录》卷2，清十万卷楼丛书本。

[2]（宋）陈东：《靖康两朝见闻录》卷上，清钞本。

[3]（宋）丁特起：《靖康纪闻》，朱易安等主编《全宋笔记》（第四编·四），大象出版社，2008年，第115页。

长期被围困，导致东京城内食物匮乏，园林中的动植物资源还被直接用来食用。备尝饥饿的城内百姓饥不择食，各种可被利用的动植物，均被食用，如"五岳观保真宫花叶、树皮、浮萍、蔓草之类无不充食"[1]。艮岳内数千头大鹿则被"悉杀之以啖卫士"，"山禽水鸟十余万投诸汴渠"[2]。在极度乏食的情况下，被投入汴渠的禽鸟恐亦难摆脱被食用的命运。园林中的动植物资源是东京城生态系统中的重要组成部分，对维持生态平衡有难以估量的价值，然而在金军围城期间却饱受摧残，大部分被毁弃。

二、水道填淤

水系赋予了东京城生机与活力，维持了城市的运转。北宋东京城及周边水系发达，汴河、惠民河、广济河、金水河诸水环绕，新城四周有护龙河拱卫，城内辅以四通八达的沟渠，使东京城成为名副其实的北方水城。这些水系在东京城的航运、排水、饮水及美化环境等方面发挥了重要的经济价值和生态价值。

汴河是东京的"命脉"，每年漕运东南诸州数百万石粮食入京，惠民河、广济河则分别承担京西路与京东路粮食的入京漕运。宋太祖曾将汴河、惠民河、五丈河（即广济河）形象地比喻成东京的三条宝带。吴越王钱俶向宋太祖进贡了一条"宝犀带"，宋太祖则对钱俶说："朕有三条带与此不同……汴河一条，惠民河一条，五丈河一条。"[3]这几条河流承担了东京城绝大部分的粮食供给，发达的漕运也是北宋定都于此的重要原因。

宋代东京城地势较为低洼，城区存在排水不畅的问题，而城内外的河道则为排出城内积水提供了便利。天禧年间（1017—1021年），京师顺天门远门外汴河以西出现积水浸营房、道路的情况，朝廷诏内侍雷允恭规度疏入汴河，雷允恭督八作司"开汴河西第三坐斗门，渐次通流入汴"[4]。北宋官府还在东京城内开凿了大量沟渠，分注各河，以泄积水，但城内居民却常把生活垃圾倒入其中，以致影响了排水功能。天圣四年（1026年），开封府言："点捡新旧城内东西八作司地分，沟渠有八字九口二百五十三所，多是居人秽恶填塞，阻滞水势，

[1]（宋）丁特起：《靖康纪闻》，朱易安等主编《全宋笔记》（第四编·四），大象出版社，2008年，第123页。
[2]（宋）洪迈：《容斋随笔·三笔》卷13《政和宫室》，中华书局，2005年，第582页。
[3]（宋）范镇：《东斋记事·补遗》，《唐宋史料笔记丛刊》，中华书局，1980年，第45页。
[4]（清）徐松辑：《宋会要辑稿》方域十六之二九，中华书局，1957年，第7590页。

乞委厢界巡捡人察视，不令填塞盖暗。"[1]护龙河更是与京师诸水相连，一旦发大水，便可泄水入护龙河，"自是水有所归，而京城固矣。"[2]

金水河则在东京城供水及绿化方面发挥了重要作用。建隆二年（961年），宋太祖命陈承昭开渠引京水入东京城而形成金水河。乾德三年（965年），"又引贯皇城，历后苑内庭池沼，水皆至焉"[3]，成为皇城后苑池沼的水源。太平兴国三年（978年），宋廷在京师西郊凿池，引金水河注之，"遂名池曰金明"[4]，金水河又成为金明池的水源，金明池乃东京城西郊与琼林苑为一体的风景佳地。大中祥符二年（1009年），供备库使谢德权奉旨对金水河进行整治，"决金水河为渠，自天波门并皇城至乾元门，历天街东转，缭太庙，皆甃以砻甓，树之芳木，车马所度，又累石为梁，间作方井，宫寺民舍，皆得汲用。"[5]金水河不但为京师民众提供了饮用水，而且还是京师的绿化水源。

不但金水河，其他诸河也均具有美化和改善城市环境的功用。北宋官府在京师诸河沿岸种植有大量杨柳，如景德三年（1006年），谢德权在治理汴堤时，"植树数十万以固堤岸"[6]，这些树木除了固堤外，还可美化环境。东京城外的护龙河"濠之内外，皆植杨柳"[7]，东京外城方圆五十里，护城河绕城四周，长度略超过城墙，内外遍植杨柳，俨然一大型环城绿化带。

然而东京城内外的水道在金军围城期间却遭到严重毁坏。护龙河是阻挡金军攻城的一道屏障，因而金军在攻城时，首先要将护龙河填埋。据陈规《守城录》所载，金军在攻城时，"先采湿木编洞屋，以生牛皮盖其上戴之，令人运土木填濠，欲进攻城。"[8]金军用湿木制造洞屋，上面覆以生牛皮，掩护金兵靠近护龙河，然后金兵用土、木、草、石等物填塞护龙河。靖康元年（1126年）闰十一月十四日，宋钦宗登东水门巡视，"见城壕填垒殆尽"，而怒将"守御提举李擢降两官落职"[9]。金兵攻安上门时，"填道渡壕"，宋军校吴革言之守将"使

[1]（清）徐松辑：《宋会要辑稿》方域一六之三一，中华书局，1957年，第7591页。
[2]（宋）李焘：《续资治通鉴长编》卷331，元丰五年（1082年）十二月甲子记事注文，中华书局，2004年，第6988页。
[3]《宋史》卷94《河渠志四·金水河》，中华书局，1977年，第2341页。
[4]（宋）李焘：《续资治通鉴长编》卷19，太平兴国三年（978年）二月甲申，中华书局，2004年，第424页。
[5]（宋）李焘：《续资治通鉴长编》卷72，大中祥符二年（1009年）九月乙丑，中华书局，2004年，第1633页。
[6]（宋）李焘：《续资治通鉴长编》卷64，景德三年（1006年）十月丁酉，中华书局，2004年，第1432页。
[7]（宋）孟元老撰，尹永文笺注：《东京梦华录笺注》卷1《东都外城》，中华书局，2006年，第1页。
[8]（宋）陈规：《守城录》卷1《陈规靖康朝野佥言后序》，清道光瓶花书屋校刊本。
[9]（宋）佚名：《靖康要录》卷13，清十万卷楼丛书本。

泄蔡河水以灌之"，守将初不用其议，后再想用此法时，"则水已涸矣"[1]。史籍中虽未言明是何原因导致"水已涸矣"，但很可能是金军填埋或阻截了蔡河水，以防宋军以水为兵。

东京军民在被围期间，为了防止金兵从水门攻入城内，往往用大石将水门堵住，人为截断城内外河道。如金军首次对东京发起攻势，以大船数十只顺流而下攻西水门，而李纲则指挥宋军运蔡京家山石堵西水门以抵御金军攻势。其后宋钦宗为了守城，不得不下令将艮岳中的木石用于制造防城器具，"翦石为炮，伐竹为笓篱"[2]，结果却使艮岳中的很多大石被委弃于河道中。乾道六年（1170年），范成大使金，入东京，见安远门西侧之金水河，"河中卧石礧磈，皆艮岳所遗"[3]。四十余年后，遗落在金水河中的"卧石"，尚未被清理。

相对于交战双方对河道的直接填埋，战时及其后对护堤林木的砍伐，以及疏于对河道治理，会更深远地影响到河道的兴衰存废，这对汴河的影响最为明显。汴河是引黄河水而形成的一条人工河，河水含沙量高，具有易淤、易决的特性，需要时常维护和清淤方能长久使用。宋政府为了固堤在汴堤上种植了大量杨柳，如上述景德三年（1006年）谢德权在治理汴堤时，就"植树数十万，以固堤岸"。然而金军在攻城时，在城外大量砍伐树木制造攻城器具，所伐之木必然是就近取材，除了城外园林中的大木，汴堤上的树木也应是其重要的木料来源。而在战争期间及其后相当长的一段时间内，东京城几易其手，政局极度不稳，掌控者们均无暇顾及对汴河的疏治，汴河逐渐湮废。乾道五年（1169年），宋使楼钥出使金国，行经汴河一线，"乘马行八十里宿灵壁，行数里，汴水断流……离泗州循汴而行，至此河益堙塞，几与岸平，车马皆由其中，亦有作屋其上。"[4]可见，东京以下汴河河道已完全湮废，根本不具备通航功能，而这正是"靖康之难"后汴河疏于管治的结果。汴河是东京城的生命线，汴河湮废成为东京衰落的重要原因。

---

[1]《宋史》卷452《吴革传》，中华书局，1977年，第13290页。

[2]（宋）洪迈：《容斋随笔·三笔》卷13《政和宫室》，中华书局，2005年，第582页。

[3]（宋）范成大：《揽辔录》，《唐宋史料笔记丛刊·范成大笔记六种》，中华书局，2002年，第13页。

[4]（宋）楼钥：《攻媿集》卷111《北行日录上》，武英殿聚珍版丛书本。

三、疾疫横行

在金军围城前，大批城郊人口涌入东京城内避难，城内的居住环境恶化。不过金军第一次围城持续时间较短，仅一个月时间，且金军也未攻破城池，因此东京城尚无疾疫大规模流行的记载。而金军第二次围城长达半年之久，不但攻占东京城，而且进行大规模的搜刮以及烧掠，造成城内物资的空前窘乏。雪上加霜的是，靖康元年、二年（1126年、1127年）之交的冬季天气酷寒，连降大雪，城内百姓在饥寒交迫中死亡相继，"冻馁死者十五六，遗骸所在枕藉"[1]。动乱的时局下，倒毙的尸体无人瘗埋，成为疫病的传染源。

在金军的长期围困中，东京城的外部物资供给断绝，城内生活物资又被消耗、搜刮殆尽，由此导致食物奇缺，"物价踊贵，米升至三百、猪肉斤六千、羊八千、驴二千，一鼠亦直数百。"[2]而实际上，这些物资更多的是有价无市，普通百姓是无力从市场上购得的，多数东京居民只能以植物的花叶、树皮乃至水藻之类果腹。加之在金兵烧杀掳掠的威胁下，东京居民惶恐万端，"逃隐穷巷，惶惑不知所以为，豪右披毡球，妇女以灰墨涂面，百计求生。"[3]长期生活在紧张、惊恐的状态下会使人体防卫系统遭到损坏，抵御病毒能力下降，易得各类传染病。

靖康二年（1127年）春，天气转暖后，疫病在东京城大规模传播开来。据《靖康要录》言："饿殍不可胜数，人多苦脚气，被疾者不旬浃即死，病目者即瞽。"[4]从"被疾者不旬浃（按：应为'不浃旬'）即死"来看，应当是致死率很高的传染病所致，曹树基先生认为此次大疫可能为斑疹伤寒[5]。斑疹伤寒是由立克次体引起的一种急性传染病，鼠类是其主要的传染源，以恙螨幼虫和虱蚤为媒介将斑疹伤寒传播给人体，多发于冬春季节。斑疹伤寒潜伏期5～21天，多为10～12天，与上文所言的"感染者不足一旬即病亡"基本相符。发病的直接原因可能是饥饿的东京居民大量捕食老鼠，由寄生于老鼠身上的虱蚤将斑疹伤寒传播给人体。而东京城被围期间拥挤、脏乱的居住环境，不洁的饮食均有

---

[1]（宋）佚名：《靖康要录》卷15，清十万卷楼丛书本。
[2]（宋）李心传：《建炎以来系年要录》卷4，建炎元年（1127年）四月辛酉，中华书局，2013年，第105页。
[3]（宋）佚名：《靖康要录》卷14，清十万卷楼丛书本。
[4]（宋）佚名：《靖康要录》卷16，清十万卷楼丛书本。
[5] 曹树基：《地理环境与宋元时代的传染病》，《历史地理》第十二辑，上海人民出版社，1995年，第184页。

助于疾疫的大规模传播。

除了斑疹伤寒外，应还有其他疾疫的发生。如《靖康要录》提到的"病目者即瞽"，即为夜盲症的特征。长期被围导致很多东京居民患上了夜盲症，"围城半年，至是诸门始开，正当围闭之际士民多病夜眼，日中如故，每至黄昏时，则眼不能视物，谓之'夜眼'。"[1]这种普遍性的夜盲症应与食物不足有关，缺乏维生素 A 是导致夜盲症的重要原因。维生素 A 主要存在于动物肝脏、淡水鱼类及绿叶蔬菜中，而在被围期间，"蔬菜绝少，前此金人据城撷采而食，尚余枯枝"[2]，不但动物性食品匮乏，蔬菜也非常难以获得。城内居民在普遍的饥饿中是难以获取满足身体所需的维生素 A 的，故而易得夜盲症。由于东京居民普遍身体羸弱、抵抗力差，即使普通疫病也可能夺去生命。

关于疾疫给东京人口带来的损失，由于缺乏比较详细的记录，难以确知。据《宋史·五行志》载："金人围汴京，城中疫死者几半"[3]。但我们并不能据此就认为"汴城人口的死亡率却高达50%"[4]。在当时东京官民朝不保夕，政局几近瘫痪的情况下是不会有人对疫死率进行详细统计的，所谓"疫死者几半"只不过是一个带有夸张性的虚估而已。

而太学诸生的患疾死亡情况则为我们提供了一个可资推测的实例。据亲历"靖康之难"的太学生丁特起之笔记《靖康纪闻》云："自围闭，诸生困于虀盐，多有疾故者，迨春尤甚，日不下死数人有至十余人者……计自春初在学者才七百人，今物故者三之一，亦可骇也。"[5]作为亲历者，丁特起所载的"物故者三之一"应有相当高的可信性。被围期间，太学生跟大多数东京居民一样，"困于虀盐"，饱经缺衣少食之苦，且聚集程度亦较高，因此太学生的疫死率当有一定的普遍性。疾疫暴发前东京人口约有百万[6]，若以三分之一的疫死率来估算，那么"靖康之难"中东京疾疫造成的人口损失当有三十余万。

疾疫暴发后，政府救助不力是死亡人数过多的一个重要原因。靖康元年

[1]（宋）徐梦莘：《三朝北盟会编》卷 87，靖康二年（1127 年）四月九日，清许涵度校刻本。

[2]（宋）徐梦莘：《三朝北盟会编》卷 87，靖康二年（1127 年）三月二十八日，清许涵度校刻本。

[3]《宋史》卷 62《五行志一下》，中华书局，1977 年，第 1370 页。

[4] 曹树基：《地理环境与宋元时代的传染病》，《历史地理》第十二辑，上海人民出版社，1995 年，第 184 页。

[5]（宋）丁特起：《靖康纪闻》，朱易安等主编《全宋笔记》（第四编·四），大象出版社，2008 年，第 140 页。

[6] 关于北宋东京人口的研究，学界的研究结论差别很大，但普遍性的认为东京人口最多时在百万以上。周宝珠《宋代东京研究》（河南大学出版社，1992 年）对东京各基层人口有较细致的估算，所得结论较为允当，认为"北宋东京人口最盛时（北宋末）有户 13.7 万左右，人 150 万左右"。但东京疫前人口应排除因战争直接死亡、被金军掳走及城破时突围的人口，估计剩余人口约有百万。

（1126年）闰十一月二十五日，金军攻破东京城后，迫降宋廷。其后，金军又将徽钦二帝废为庶人，扶植张邦昌进行统治。但实际上，张邦昌并没有足够的人望维持统治，而城内的宗室、贵戚、高官渐次被金人掳往城外金军大营，东京城内的行政系统近于瘫痪。在这种情况下，开封府当局对疫病患者的救治是十分有限的。张邦昌上台之初，为收揽人心，曾下令俵散官药给患病军民，但却"缘多事之秋，给散不时"[1]，能够获得救助的患病军民定然有限。而城外金军对医工、药材的掠取又进一步恶化了缺医少药的局面，金军在搜括城内诸色人等时曾掠取诸科医工百七十人[2]。靖康二年（1127年）三月二十一日，金军统帅粘罕、斡离不派遣被掳走的医官"入城收买药材、物料之类"[3]，似是城外金军也被传染上疾疫，而这又会促使金军掠夺城内医工和药材，加剧城内缺医少药的窘境。

在官府组织救助并不得力的情况下，东京城内官民只能更多地依赖自救。在治疗实践中人们发现服用"黑豆汤"是一种比较有效的治疗方法，其法为："黑豆二合，炒令香熟，甘草二寸，炙黄，以水二盏煎其半，时时呷之。"[4]据说此法"服之无不效"，但在当时多数东京居民衣食尚且不给的情况下，能够有条件获得此法救助的人数应当有限。

在东京城这个经过高度人工改造的城市生态系统中，人对环境施加的影响可以说是主宰性的。东京居民既是城市生态系统的组成部分，同时又与城市生态系统相互作用，彼此影响。金军围汴引起的城内大疫实为城内居住环境恶化的结果，而大疫之后人口数量与体质下降，无力改善和恢复城市生态环境，因而东京城在"靖康之难"后长期处于残破状态。

北宋一代，东京城凭借着便利的交通条件和全国首善之区的政治优势，被建成一个园林棋布、河渠纵横、人文荟萃的大型都会，城市生态环境总体上处于一个和谐的状态。然而，北宋末年的"靖康之难"打破了东京城生态体系的平衡，园林被毁弃，河道淤积失修，致使城市生态环境的承载力严重下降。金军的长期围困导致了东京城内疾疫的大规模传播，给城内人口造成巨大的损失。东京城居民与生态环境的关系处于一种失衡、恶化的状态，而这也是导致此后东京衰落与城市地位下降的直接原因。

[1]（宋）徐梦莘：《三朝北盟会编》卷86，靖康二年（1127年）三月十七日，清许涵度校刻本。
[2]（宋）徐梦莘：《三朝北盟会编》卷77，靖康二年（1127年）正月二十六日，清许涵度校刻本。
[3]（宋）陈东：《靖康两朝见闻录》卷上，清钞本。
[4]（宋）张杲：《医说》卷3《救疫神方》，明万历刻本。

第三章

宋代的环境与社会（下）

"靖康之难"中宋徽宗、宋钦宗父子被掳往金国腹地，北宋灭亡。徽宗第九子康王赵构在北宋旧臣的支持下，重建宋王朝于东南半壁，是为南宋。南宋统治区退缩于淮水、秦岭以南，版图较北宋缩减三分之一（按：北宋领土面积近300万平方千米，南宋约200万平方千米）。南宋初年，北方兵连祸结，人口大规模南迁，出现了史籍中所称的"建炎之后，江、浙、湖、湘、闽、广，西北流寓之人遍满"[1]的情况。

南宋孝宗以后，社会局势相对稳定，人口进一步增殖。据研究，嘉定十六年（1223年），南宋全境约有1 550万户，8 060万人[2]。在人口压力的推动下，南宋人对自然环境的开发以及环境对人类的反馈都明显增强。南宋时期，南强北弱的经济格局完全奠定，而南方社会经济的发展是在南宋人对自然环境进行深度开发的基础上取得的。这一时期长江下游地区的圩田方兴未艾，将该地区的水环境开发推向深入。圩田是在濒水低洼地带用筑堤方式围垦出的水利田，通过"内以围田，外以挡水"的方式，较好地处理了人、水、农田的关系。

南宋东南山区的农业开发也进入了一个新阶段，梯田的普遍性出现是山区农业开发向纵深发展的重要表现。梯田为山区农业的精耕细作创造了有利条件，也为水田在山区的推广提供了可能性，在精耕细作的条件下，梯田的产出为山区民众生产、生活的稳定及山区社会的发展发挥了重要作用。虽然梯田开发并不能完全避免水土流失，但相比于粗放型的坡地开垦，其水土流失的程度明显要小很多。而岭南地区，随着开发进程的加快，生态面貌也有了显著变化，反

---

[1]（宋）庄绰：《鸡肋编》卷上，《唐宋史料笔记丛刊》，中华书局，1983 年，第 36 页。

[2] 吴松弟：《中国人口史》（第 3 卷），复旦大学出版社，2000 年，第 366 页。

映在人与动物的关系上，出现了"人进兽退"现象，一部分大型兽类的种群数量和分布区域呈现萎缩趋势。

随着人口与经济重心的南迁，南宋时南方地区的开发力度明显增强，生态压力增大。尤其是在经济最为发达的江浙一带，由于人口压力过大，人水争地的现象比较突出，大量的河湖水道被侵占，局部水环境恶化。而山区的大规模垦殖，也造成了植被的退缩，以及出现一定的水土流失现象。

第一节　南宋临安的物资供给与生态环境

一、临安的基本生活物资供给

绍兴八年（1138年），宋高宗赵构定临安为行在所，临安正式成为南宋的都城。临安也由此获得更加有利的发展条件，由东南第一大城逐步发展为当时世界上最大、最繁华的城市之一。大量人口的聚集，尤其是以皇室为首的各类社会上层人物多定居于此，使临安成为一个大型消费性城市。据研究，南宋临安是一个人口超过百万的大都市[1]，要维持如此多的人口长期在此居住、生活，必须要有充足的各类生活物资供给。临安的基本生活物资供给来自南宋境内诸路，通过对临安的基本物资消费及其来源（包括生产、运输等环节）的考察，为我们窥探南宋人与生态环境之间的联系与交往提供了一个视角。

南宋名臣周必大在其《二老堂杂志》中言："车驾行在临安，土人谚云：东门菜，西门水，南门柴，北门米。盖东门绝无民居，弥望皆菜圃；西门则引湖水注城中，以小舟散给坊市；严州、富阳之柴聚于江下，由南门入；苏、湖米则来自北关云。"[2]此则材料高度概括了临安周边物产所出及其供给特点。蔬菜、生活用水、柴薪、粮食均是城市居民最基本的生活物资，只有保证稳定而足量

---

[1] 研究临安城市人口的学者对南宋临安人口的推测并不一致。在诸位学者的相关研究中，笔者以为美籍学者赵冈：《南宋临安人口》（《中国历史地理论丛》1994 年第 2 辑）所用资料可靠，计算方法得当，计算出的结果也较有说服力，该文认为："（到公元 1220 年前后）南宋大临安的高峰人口是 250 万，城内占地 65 平方千米，有 100 万居民，城外郊区 180 平方千米，有 150 万居民"。另林正秋：《南宋都城临安研究》（中国文史出版社，2006 年）认为临安城郊人口加上驻军与宫廷、朝廷官员数，临安人口"肯定超过百万以上"。

[2]（宋）周必大：《文忠集》卷 182，《二老堂杂志》卷 4《临安四门所出》，文渊阁四库全书本。

的供给才能使城市居民与其所生活的环境处于平衡、有序的状态。临安城"四门"（按：非指四个具体的城门，而是指东、南、西、北四个方向的城门）基本生活物资供给的特点反映了周边地区物资产出的情况，而临安周边地区的物资产出则与其自身生态环境特点息息相关（见图3-1）。

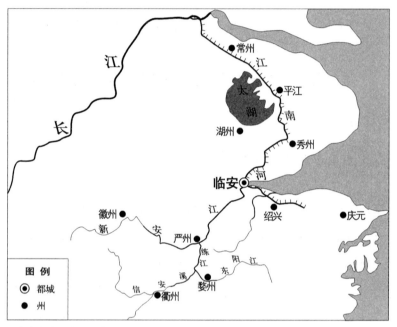

说明：本图以谭其骧主编《中国历史地图集》第6册（2）《金、南宋时期图组》之"两浙西路 两浙东路 江南东路"图幅为底图改绘而成。

图3-1　临安区位及周边水运图

1. "东门菜"

蔬菜中含有人体所必需的多种维生素和矿物质，是人类日常饮食生活中不可或缺的食物之一。临安居民生活所需的蔬菜基本上都是从城东的东青门和崇新门运入城内的，在这两座城门外，分布有大型蔬菜市场。《咸淳临安志》卷一九《疆域四》载："菜市在崇新门外南、北土门及东青门外坝子桥等处"[1]。事实上除了南土门、北土门、坝子桥有大型蔬菜交易市场外，东青门外还有一座菜市桥，亦为大型蔬菜市场，东青门也因而被称为"菜市门"。

南宋时，临安的蔬菜交易之所以在东门外，是因为蔬菜种植主要分布在东

[1]（宋）潜说友：《咸淳临安志》卷19《疆域四》，文渊阁四库全书本。

郊。东郊是临安最大的蔬菜种植基地，当地居民很少，绝大部分以种菜为生，"盖东门绝无民居，弥望皆菜圃"。南宋末词人张炎《台城路·迁居》中"屋破容秋，床空对雨，迷却青门瓜圃"之句就反映了东青门外蔬果弥望的景象。《咸淳临安志》卷五八《风土》"菜之品"条下载："城东横塘一境种菜最美，谚云东菜、西水、南柴、北米。"[1]其下列有苔心、矮黄、大白头、小白头、黄芽等三十余种各类蔬菜，蔬菜品类可谓繁多。

临安城之所以在东郊种植蔬菜是由东郊所处的区位环境决定的。临安城西濒西湖，南邻钱塘江，北面是交通便利、人烟稠密的商业区，只有东门外"绝无民居"，人口稀疏，且临安东郊处于钱塘江河口三角洲地带，土质肥沃，沟渠纵横，十分适宜各类绿叶植物的生长。而且由于临安东郊面积促狭，种植粮食作物非合理选择，只有种植生长周期短、需求量大而价格高的各类蔬菜，才能获取较高的收益。虽然从现有史料中我们对南宋临安东郊蔬菜种植的具体情况知之甚少，但与之情况相类似的北宋都城东京的蔬菜种植可为我们提供一定的参考。据陶谷《清异录》载："汴老圃纪生，一锄莳三十口，病笃，呼子孙戒曰：'此二十亩地，便是青铜海也。'"[2]二十亩蔬菜便可养活三十口，可见种植蔬菜的收益是非常高的，以至于将菜圃比喻为"青铜海"。临安东郊也当有为数不少的像"老圃纪生"这样以蔬菜种植为生的专业户。

因蔬菜易腐败变质、不耐储藏，所以蔬菜种植地与消费区距离不宜太长，只能在周边较短的距离内种植。临安东郊因得天独厚的条件，成为蔬菜最主要的种植区，在临安北郊、西郊、南郊发展成为"各数十里，人烟生聚，市井坊陌，数日经行不尽，各可比外路一小小州郡"[3]的情况下，东郊仍然是弥望无际的菜圃，这既是市场需求决定的，又与东郊的自然条件有关。当然因蔬菜种植对土地面积要求较低，边角畸零之地均可以种，在临安城其他方向的郊区及城中空地都有可能种植。咸淳四年（1268年），临安知府潜说友在东青门内后军寨北建咸淳仓，"乃捐钱买琼华废圃，益以内酒库柴炭屋地"[4]，琼华废圃当是被废弃的菜圃。城内菜圃因种植面积小而零散，在临安蔬菜来源中并不占重要

[1]（宋）潜说友：《咸淳临安志》卷58《风土》，文渊阁四库全书本。

[2]（宋）陶谷：《清异录》卷1《地理》，民国景明宝颜堂秘籍本。

[3]（宋）耐得翁：《都城纪胜》，《东京梦华录　都城纪胜　西湖老人繁胜录　梦粱录　武林旧事》合订本，中国商业出版社，1982年，第15页。

[4]（宋）潜说友：《咸淳临安志》卷9《行在所录》，文渊阁四库全书本。

地位，而且由于城区建设的需求，菜圃的空间会逐渐被挤占。

除了蔬菜外，临安对其他副食品的需求量也很大，尤其是各种淡水鱼类和海产品，在《梦粱录》卷一六《分茶酒店》所列的二百四十余种菜品中，水产海鲜类就占了约半数。临安地处江南鱼米之乡，周边湖淀塘浦密布，为淡水鱼类生产提供了有利条件。《梦粱录》卷一三《团行》中提及的"城北鱼行""坝子桥鲜鱼行"应都是淡水鱼市场，同书卷一八《虫鱼之品》中提到临安水产有鲤、鲫、鳜、鲶、鳊、鳢、鲻、鳣、鲈、鲚、鲇、鲐、黄颡、白颊、石首等不下四十种。其中西湖所产鲤鱼、鲫鱼"骨软肉松"，尤为肥美，南宋初年流寓西湖上的宋五嫂凭借鱼羹而名闻临安城[1]。临安滨海，浙东沿海的温州、台州、四明（宁波）等地捕捞的海产品溯钱塘江，由浑水闸入临安，其中仅卖干鱼的商铺就有一二百家，"姑以鱼鲞言之，此产于温、台、四明等郡，城南浑水闸，有团招客旅，鲞鱼聚集于此，城内外鲞铺，不下一二百余家。"[2]除了晒制的鱼干外，各类新鲜海货也溯浙江运往临安，"明、越、温、台海鲜鱼蟹鲞腊等货，亦上潭通于江浙。"[3]海鲜鱼市位于城东南临钱塘江的候潮门外，即《武林旧事》中所言的候潮门外"鲜鱼行"[4]。

2．"西门水"

水因其易得，在人们的饮食中很少被重视，但水却是生物体中最重要的组成部分之一，对于人体而言是仅次于氧气的重要物质，离开水人类将无法生存。南宋时，临安人就对饮用洁净安全的水有充分的认识，"人非水不生活，水非井不甘洁"[5]。然而对于拥有百万城市人口的临安来说，提供充足而卫生的饮用水却非易事。

《二老堂杂志》中所言"西门水"就是指从城西的钱塘门引西湖水入城，作为城中居民的生活用水，"西门则引湖水注城中，以小舟散给坊市"。引西湖水入城后是通过"井"来储水、供水的，这里所谓的"井"是通过"穴平地以为

[1]（宋）袁裦：《枫窗小牍》卷上，《历代笔记小说大观》，上海古籍出版社，2012年，第19页；（宋）周密：《武林旧事》卷3《西湖游幸》，《东京梦华录 都城纪胜 西湖老人繁胜录 梦粱录 武林旧事》合订本，中国商业出版社，1982年，第42-43页。
[2]（宋）吴自牧撰，符均、张社国校注：《梦粱录》卷16《鲞铺》，三秦出版社，2004年，第247页。
[3]（宋）吴自牧撰，符均、张社国校注：《梦粱录》卷12《江海船舰》，三秦出版社，2004年，第185-186页。
[4]（宋）周密：《武林旧事》卷6《诸市》，《东京梦华录 都城纪胜 西湖老人繁胜录 梦粱录 武林旧事》合订本，第116页。
[5]（宋）卢钺：《咸淳重修井记》，见《咸淳临安志》卷33《山川十二》，文渊阁四库全书本。

凹池，取诸西湖而注之"[1]所形成的，实质上是通过挖掘平地为水池，引西湖水灌注而形成的蓄水池。临安城内最早、最著名的引西湖水而开凿的"井"是唐肃宗时，杭州（即临安）刺史李泌所凿的"六井"，六井分别是相国井、西井、金牛池、方井、白龟池、小方井。六井通过"阴窦"（地下水道）与钱塘湖（西湖）相通，依靠湖水补给，只要时常检修疏通，"虽大旱而井水长足"[2]。六井的开凿对解决一部分临安城内居民的生活用水问题发挥了很大作用。北宋嘉祐年间（1056—1063年），杭州知州沈遘在六井之南又增置一口大井，引西湖水至三桥西边的金文西酒库北，时人称为"南井"，又名"沈公井"。

临安的历任地方官对六井及南井的治理和维护大都比较重视。北宋熙宁五年（1072年），陈襄出任杭州知州，当地居民病"六井不治，民不给于水"，陈襄乃命僧仲文、子珪等人治理六井。仲文、子珪重新铺砌了引水沟渠中的砖石，防止水的渗漏，"发沟易甓，完缉罅漏"。次年，江淮至浙右大旱，井皆竭，唯杭州不受其害，尚有余水"饮牛马，给沐浴"[3]，就是六井发挥了重要作用。元祐五年（1090年），苏轼出知杭州时，六井及南井因缺乏治理，"终岁枯涸"，难以汲用。苏轼于是又请来参与上次修井的子珪负责治理。子珪鉴于上次修井"以竹为管易致废毁"的教训，改竹管为瓦管，"先挖石槽，再埋瓦管，固以底盖，锢捍周密"[4]。瓦管相对于竹管更加经久耐用，这次治理也取得了比较好的效果，六井、南井的使用维持了相当长一段时间。同时，子珪还引六井余波至仁和门外，创为二井，自此"西湖甘水，殆遍一城"[5]。在《咸淳临安志》卷三三《山川十二》提及的引西湖水而形成的"井"还有流福坊井、镊子井、惠利井等，开凿时间均在六井之后，但具体时间不得其详。在引西湖水而形成的临安诸"井"中，以六井开凿时间最早、最为知名，故"六井"也往往成为这一类"井"的总称。

南宋定都临安后，人口大增，对生活用水的需求也随之增加，史称"四方辐辏，百司庶府，千乘万骑，资于水者十倍昔时"[6]。为了解决京师的供水问

---

[1]（宋）卢钺：《咸淳重修井记》，见《咸淳临安志》卷33《山川十二》，文渊阁四库全书本。

[2]（唐）白居易：《白氏长庆集》59《钱塘湖石记》，四部丛刊景日本翻宋大字本。

[3]（宋）苏轼：《苏文忠公全集·东坡卷集》卷31《钱塘六井记一首》，明成化本。

[4]（宋）苏轼：《苏文忠公全集·东坡奏议》卷8《乞子珪师号状》，明成化本。

[5]（宋）潜说友：《咸淳临安志》卷33《山川十二》，文渊阁四库全书本。

[6]（宋）周淙：《乾道重修井记》，见《咸淳临安志》卷33《山川十二》，文渊阁四库全书本。

题，临安地方官府屡次对六井进行修治。绍兴十九年（1149年），因西湖湮塞，影响对六井的供水，临安知府汤鹏举"遂用工开撩及修砌六井阴窦水口，增置斗门、闸板，量度水势，通放入井"[1]，对六井进行了一次较全面的治理。乾道四年（1168年），临安知府周淙对惠迁井、方井、沈公井、相国井、白龟池等引西湖水而形成的"井"再次进行大规模治理，"易用新石，坚厚高广过昔数倍"，"六井毕修，捍蔽周密，可置数百岁，水脉大至，率皆盈溢。"[2]此次治理效果比较理想，六井维持使用约百年时间。

淳祐七年（1247年）大旱，临安知府赵与𥲅奉命负责对西湖及六井进行修治，赵与𥲅将六井引水口挖宽加深，并且加固漕渠，"石版甃砌，木椿外护，环以围墙，建立碑亭，利民甚博。"[3]但赵与𥲅所用的引水管道为木管，时间一久便会腐坏，"顷尝修治，乃反以木为管，苟简特甚，无几时辄坏。"[4]咸淳六年（1270年），临安知府潜说友针对六井"湖水既不应，民居秽恶之流，复浸淫其间"的情况，进行了一次较为彻底的治理，"壅者疏之，狭者广之，石渠之圮者改造之，堤岸之夷者培筑之"[5]，同时又"更作石筒，衰一千七百尺，深广倍旧，外捍内锢，益坚缜，然后水大至。每五十尺，穴而封之，以备淘浣。且于水所从分之处，浚海子口以澄其源。井之上覆以巨石为四川（穿），以便民汲。"[6]潜说友以石筒取代木筒为下水管道，用巨石覆在井口之上，并穿四孔以便居民汲用。

六井引西湖水是采用铺设地下暗道的方式，密闭的水道既可防渗漏，又能保护水源免受污染，但是地下管道的维护和长久使用是一个不易解决的问题。常用的地下管道一般是竹制、木制、陶制和石制等几类，竹制、木制管道易得，而且成本较低，但却存在易腐坏的缺点；陶制、石制管道虽经久耐用，但制作成本较高，使用时间一久也容易淤塞。因此六井的地下管道问题不可能一劳永逸地解决，几乎每次大规模治理，都要重新铺设地下管道。

西湖是六井的水源地，只有保证西湖有充足而洁净的水源方可维持六井的

---

[1]（宋）潜说友：《咸淳临安志》卷32《山川十一》，文渊阁四库全书本。
[2]（宋）周淙：《乾道重修井记》，见《咸淳临安志》卷33《山川十二》，文渊阁四库全书本。
[3]（宋）施谔：《淳祐临安志》卷10《山川》，见《南宋临安两志》，浙江人民出版社，1983年，第192-193页。
[4]（宋）潜说友：《咸淳临安志》卷33《山川十二》，文渊阁四库全书本。
[5]（宋）卢钺：《咸淳重修井记》，见《咸淳临安志》卷33《山川十二》，文渊阁四库全书本。
[6]（宋）潜说友：《咸淳临安志》卷33《山川十二》，文渊阁四库全书本。

长久使用，因而临安地方官府必须采取措施保障西湖水质的洁净和引水口的畅通。在北宋元祐年间（1086—1094年），苏轼所上奏的《乞开杭州西湖状》中提出西湖五不可废之说，其一就是西湖之水供给杭城百姓的饮水，一旦废湖为葑田，"则举城之人，复饮咸苦，其势必自耗散。"[1]南宋定都临安后，人口显著增加，西湖对临安的供水作用更加凸显，因此临安知府多次采取措施保障西湖供给六井水源的充足与洁净[2]，大体来说有以下几种措施：

第一，招置厢军士卒200人，专一浚湖，并委钱塘县尉兼领其事。该措施是绍兴九年（1139年），临安知府张澄治理西湖时所实行，此后，厢军士卒虽有逃亡或挪用他役，但大体上得以坚持实施。

第二，禁止在西湖上种植茭菱和葑田。茭菱和葑田不但侵占湖面，而且在种植时，"夹和粪秽"，污染水质，因此临安府屡次下令禁止种植。淳祐年间（1241—1252年），赵与𥲝治理西湖时，"今仰临安府取次用工，一例掘去菱荡茭荡，须令净尽"，从六井开始掘地施工，依次将钱塘门、上船亭、西林桥、北山第一桥、高桥、苏堤、三塔、南新路、柳洲寺前，"应是荡地开掘，锄去菱根，并无存留"[3]。

第三，禁止污秽湖水。乾道五年（1169年），临安知府周淙上奏朝廷："臣窃惟西湖所贵深阔，而引水入城中诸井，尤在涓洁，累降指挥，禁止抛弃粪土，栽植茭菱及浣衣洗马，秽污湖水，罪赏固已严备。"[4]可见，官府已订立赏格，禁止向湖中倒放粪土、污水。

第四，保持六井水口的清洁、通畅。六井水口是六井的源头，若被堵塞或污染将直接影响到六井的使用，因此临安府在治理西湖时，特别重视对六井水口的疏治。绍兴年间（1131—1162年），汤鹏举奉诏浚治西湖时，"用工开撩及修砌六井阴窦、水口，增置斗门，闸板，通放入井"[5]。赵与𥲝在治理水口时，除了将水口挖掘深阔外，还支拨三万贯买回被权势之家侵占的涌金门至钱塘门一带荷荡，并将荷荡清理走，"用石砌结，疏作石总，立为界限，澄滤湖水，舟

[1]（宋）苏轼：《苏文忠公全集·东坡奏议》卷7《乞开杭州西湖状》，明成化本。

[2] 据徐吉军：《南宋都城临安》（杭州出版社，2008年）统计，南宋临安府大规模治理西湖共有六次；而林正秋：《南宋都城临安研究》（中国文史出版社，2006年）统计，南宋临安府大规模治理西湖则有七次。

[3]（宋）施谔：《淳祐临安志》卷10《山川》，见《南宋临安两志》，浙江人民出版社，1983年，第189页。

[4]（宋）潜说友：《咸淳临安志》卷32《山川十一》，文渊阁四库全书本。

[5]（宋）潜说友：《咸淳临安志》卷32《山川十一》，文渊阁四库全书本。

船不得入，滓秽不得侵，使井口常洁"[1]，为临安城内居民提供了充足而洁净的饮用水。

六井（及其他引西湖水而形成的"井"）是临安城内尤其是临近西湖的西部城区居民最主要的饮用水水源。近井的居民可直接汲取井水，而距离较远的则"以小舟散给坊市"，即通过舟、车将井水输送到缺水的坊市，以至于城区产生一批专门给居民供水为营生的人，"供人家食用水者，各有主顾供之"[2]。

当然，由于临安人口众多，单纯依赖六井并不能满足所有临安城内居民的用水需求，所以临安官私各方还开凿了数量众多的"自然之井"。因临安"海滨斥卤"，地下水多咸苦不宜饮用，所以"自然之井"大多凿于临安城内外诸山山麓、山脚，以泉脉为源。如号称"钱塘第一井"的吴山井就凿于吴山北麓，此井"山脉溶液，泉源所钟，不杂江潮之水，遇大旱不涸。"[3]另天井在宝月山下天井巷，井深五十余尺，广各十尺，水源十分充足，"万家日汲于其下，随取随足，愈用愈不穷。"[4]此外还有沈婆井、郭公井、龙井等名井，据统计临安仅有名的公用大井就有六十余口[5]。而各类私家小井更是难以计数。

3. "南门柴"

"南门柴"是指临安居民日常生活所需柴薪的集散地在临安城南门（城东南候潮门）。事实上，不止柴薪，临安城居民所需木炭、木材等相关林业产品也都主要是通过南门市场供给的，而柴薪、木炭、木材等均来自林木资源，且在一定程度上可以转化，因此本章关于"南门柴"的论述对象也不止柴薪，还包括木炭、木材等相关林业产品。临安南门市场的柴薪、木炭与木材主要来自临安西南山区的严（北宋称"睦州"，今浙江建德，属杭州市）、婺（今金华市）、衢（今衢州市）、徽（北宋称"歙州"，今安徽黄山市）诸州。临安城百万居民在取暖、炊饮及房屋建筑方面对柴炭和木材的需求量非常大，临安城附近地区是难以满足的，而临安西南、钱塘江上游地区地形以低山丘陵为主，气候湿润多雨，分布有大面积的亚热带常绿阔叶林，是临安的柴炭、木材、林产品的主要来源

[1]（宋）施谔：《淳祐临安志》卷10《山川》，见《南宋临安两志》，浙江人民出版社，1983年，第189页。
[2]（宋）吴自牧撰，符均、张社国校注：《梦粱录》卷13《诸色杂卖》，三秦出版社，2004年，第200页。
[3]（宋）吴自牧撰，符均、张社国校注：《梦粱录》卷11《井泉》，三秦出版社，2004年，第162页。
[4]（宋）潜说友：《咸淳临安志》卷37《山川十六》，文渊阁四库全书本。
[5] 林正秋：《南宋都城临安研究》，中国文史出版社，2006年，第125页。

地，钱塘江及其支流则为运输提供了便利。

临安最大的城南炭场位于候潮门外[1]，竹木场务亦分布在城南，其中交木场位于城南嘉会门附近的龙山渡，抽解竹木场在浙江岸[2]。竹木、柴炭在场务经过政府抽税后，流向城内各个交易点。另据《咸淳临安志》卷五五《官寺四》所载，临安城内的柴场有19处之多。柴场主要分布于城内诸坊的河流两岸、桥梁等处，通过河舟运往各处，"寺观庵舍船只，皆用红油艟滩，大小船只往来河中，搬运斋粮、柴薪。"[3]

临安城各阶层所需柴炭的供给方式是有很大区别的，皇室主要由地方特供以满足柴炭所需。绍兴四年（1134年）四月，宋高宗下令"罢婺州市御炉炭，令户部讲究，更有似此之类，并行禁止。时两浙转运司檄婺州市炭，须胡桃文、鹁鸽色。"[4]虽然此处提到高宗罢"市御炉炭"，但主要是在"艰难之时"担心扰人的权宜举措。京城内的官僚主要由朝廷按品级大小发放柴炭，作为薪俸的一部分。《宋史》卷一七一《职官十一》载："薪蒿炭盐诸物之给：宰相、枢密使月给薪千二百束，参知政事、枢密副使、宣徽使签书枢密院事、三司使、三部使、权三司使四百束……"[5]临安普通百姓乃至驻军则主要通过市场购买解决柴薪需求，淳熙十年（1183年）闰十一月，宋孝宗对臣下言："诸军近日教阅，闻得钱甚喜，多有买柴作岁计。"[6]城内禁军获得赏赐后，首先要"买柴作岁计"，可见当时临安柴炭供给的总体形势是比较紧张的。

在北宋时，临安（时称"杭州"）对外部林木资源的依赖性就很强，方勺《泊宅编》称："青溪为睦大邑，梓桐、帮源等号山谷幽僻处，东南趋睦西近歙。民物繁庶，有漆楮林木之饶，富商巨贾，多往来江浙。"[7]清溪（南宋时称"淳安"，属严州）的林木"往来江浙"，其最终的消费市场只能是临安。宋高宗定都临安后，临安居民对林木资源的消耗量有增无减，钱塘江上游主要几条支流流域的州县均不同程度地承担了向临安供给木材、薪炭的职责。

---

[1] （宋）周淙：《乾道临安志》卷2《仓场库务》，见《南宋临安两志》，浙江人民出版社，1983年，第38页。

[2] （宋）潜说友：《咸淳临安志》卷55《官寺四》，文渊阁四库全书本。

[3] （宋）吴自牧撰，符均、张社国校注：《梦粱录》卷12《河舟》，三秦出版社，2004年，第187页。

[4] （宋）李心传：《建炎以来系年要录》卷75，绍兴四年（1134年）四月戊申，中华书局，2013年，第1437页。

[5] 《宋史》卷171《职官十一》，中华书局，1977年，第4124-4125页。

[6] （宋）佚名：《皇宋中兴两朝圣政》卷60，淳熙十年（1183年）闰十一月乙未，北京图书馆出版社，2007年，第449页。

[7] （宋）方勺：《泊宅编》卷下，《唐宋史料丛刊》，中华书局，1983年，第100页。

周密《二老堂杂志》曰："严州、富阳之柴聚于江下，由南门入。"可见严州及杭州的富阳县是临安柴炭的一个重要供给地。严州地处浙西低山丘陵区，"邑境皆山也"，四周皆为山地，只有中间有小面积冲积平原。严州山区生长着大片亚热带常绿阔叶林，据《淳熙严州图经》卷一《物产》记载当地林木有："楮、枫、椆、栎、樬、桑、杨、柳、松、檀、柏、槐、梓、桐、榉"[1] 15种之多。严州所产柴炭、木材可顺钱塘江而下，运抵临安。

新安江（钱塘江正源）上游的徽州地处今天的黄山和天目山山区，境内林木资源亦十分丰富，"木则松、梓、槐、柏、梼、榆、槐、檀、赤白之杉，岁联为桴，以下淛（同'浙'）河，大抵松杉为尤多，而其外则纸、漆、茶、茗以为货。"[2]徽州所产的林木及林产品经采伐加工后，顺新安江而下，运往临安。在徽州所产的木材中以杉木最为有名，范成大在《骖鸾录》中就记载了其宦游严州时见到徽州杉木顺流而下的情景：

> 三日，泊严州。渡江上浮桥，游报恩寺，中有萧洒轩，取吾家文正公"萧洒桐庐郡"之句以名。浮桥之禁甚严，歙浦杉排毕集桥下，要而重征之，商旅大困，有濡滞数月不得过者，余摄歙时，颇知其事。休宁山中宜杉，土人稀作田，多以种杉为业。杉又易生之物，故取之难穷。出山时价极贱，抵郡城已抽解不赀。比及严，则所征数百倍。严之官吏方曰："吾州无利孔，微歙杉不为州矣。"观此言，则商旅之病，何时为瘳。盖一木出山或不直百钱，至浙江，乃卖两千，皆重征与久客费使之。[3]

引文中所言的"歙浦"是指歙县城东南十五里，新安江（歙江）与练江（新安江支流，又名西溪、绩溪）交汇处，此处的"歙浦杉排"显然不单是歙县的杉排而应是顺新安江、练江而下到达严州的杉木排筏。"歙杉"的来源地应是徽州所属新安江流域的歙县、休宁县、绩溪县、黟县。引文中紧接着就提到徽州休宁县适宜种杉树，并产生了专门以种杉树为职业的山民，就是因为临安市场对林木资源的需求引起的。徽州的林木通过新安江运往临安要途经严州，因林

---

[1] （宋）陈公亮：《淳熙严州图经》卷1《物产》，渐西村舍汇刊本。

[2] （宋）罗愿：《淳熙新安志》卷2《叙物产》，清嘉庆十七年（1812年）刻本。

[3] （宋）范成大：《骖鸾录》，《唐宋史料笔记丛刊·范成大笔记六种》，中华书局，2002年，第45页。

木运输量大、利润高，严州官府在本地设卡征税，进而大大增加了林木交易的成本，一定程度上也限制了林木的流通量。同时也反映出严州处于向临安运输林木资源的交通枢纽位置上，而林木税则是严州地方财政的重要收入。

楼钥之兄楼锡任严州知州时，"木柹出于歙郡（徽州），由城下以趋钱塘郡（临安）"，但在严州城下由于官府征取重税，导致"商贾不通"。楼锡乃降低税率，简化通关程序，因而木材流通量大增，反而使木材税总额显著增加，三个月内"钱之入大农者逾十万缗"[1]。如果按范成大所言，杉木入浙江（即钱塘江）后以每根值二千（二缗）计，那么仅这三个月，杉木流通量即超过五万根，由此可见在交通顺畅的条件下，由上游进入临安市场的木材数量之大。

除徽州外，信安溪（今衢江）流域的衢州、东阳江（今金华江，与新安江、衢江并为钱塘江上游三大支流）流域的婺州也是临安木材、柴炭及林产品的供给地。《梦梁录》卷一二《江海船舰》载："其浙江船只，虽海舰多有往来，则严、婺、衢、徽等船，多尝通津买卖往来，谓之'长船等只'，如杭城柴炭、木植、柑橘、干湿果子等物，多产于此数州耳。"[2]可见，除严、徽二州外，衢州、婺州亦向临安供给柴炭、木材和林产品。上文提到的高宗罢婺州"市御炉炭"，就反映出婺州曾向临安供给柴炭。虽然我们没有更多的资料来了解衢州向临安供给林木的详情，但考虑到婺州与徽、婺、严三州相似的自然条件和林木产出，且同处钱塘江上游支流，故该州向临安供给林木的方式应与徽、婺等州大体类似。

古语有言："百里不贩樵，千里不贩籴"，概指从运输成本角度考虑，贩卖柴炭的距离一般不宜超过百里。但是由于临安近郊根本没有足够的林木资源供给临安居民对柴炭、木材的消费需求，因而不得不将供应范围扩大到数百里外的西南部山区诸州[3]。而临安对林木需求过大，导致了周边林木采伐的速度大大超过了林木自然生长的速度，由此也影响到林木资源的可持续利用，"今驻跸吴越，山林之广不足以供樵苏。虽佳花美竹，坟墓之松楸，岁月之间，尽成赤地。根柢之微，斫橛皆偏，芽蘗无复可生。"[4]可见，临安附近一些地区由于过

---

[1]（宋）楼钥：《攻媿集》卷85《先兄严州行状》，武英殿聚珍版丛书本。

[2]（宋）吴自牧撰，符均、张社国校注：《梦梁录》卷12《江海船舰》，三秦出版社，2004年，第185页。

[3] 据《淳熙严州图经》卷1《州境》载严州"北至临安府二百七十里"；《淳熙新安志》卷1《道路》载徽州"趋行在所（临安）者，舟行六百三十里，陆行则南出历昌化、于潜、临安、余杭为三百六十里"；婺州、衢州与临安的距离则大体介于严州、徽州与临安的距离之间。

[4]（宋）庄绰：《鸡肋编》卷中，《唐宋史料笔记丛刊》，中华书局，1983年，第77页。

度樵采已面临植被枯竭的境况。

4."北门米"

中国自古有"民以食为天"的说法，粮食是维系人类生存最基本的生活物资之一，古代都城的粮食供给向来是统治者颇为关心的国之大事。南宋定都临安后，粮食供给问题也时常困扰统治者。临安居民所消费的粮食以稻米为主，需求量十分巨大，但关于具体的消费量历来说法不一。

朱熹《晦庵集》记载：

京师月须米十四万五千石，而省仓之储多不能过两月。[1]

吴自牧《梦梁录》曰：

杭州人烟稠密，城内外不下数十万户，百十万口。每日街市食米除府第、官舍、宅舍、富室及诸司有该俸人外，细民所食每日城内外不下三千余石，皆需之铺家。[2]

周密《癸辛杂识·续集》卷上载：

余向在京幕，闻吏魁云："杭城除有米之家，仰籴而食凡十六七万人，人以二升计之，非三四千石不可以支一日之用。而南北外二厢不与焉，客旅之往来又不与焉。[3]

据朱熹所言，临安每月消费14.5万石米，那每年总共消费约170万石米。而吴自牧、周密所言的"细民所食每日城内外不下三千余石""非三四千石不可以支一日之用"，一年消费100万～140万石粮食，但这显然不是全部临安居民的粮食消费量，而只是"细民"即面向市场购买的那部分普通居民的消费量。那么临安粮食的真实消费量是多少呢？我们可根据临安人口的总量及每人日均消费

---

[1]（宋）朱熹：《晦庵集》卷94《敷文阁直学士李公墓志铭》，四部丛刊景明嘉靖本。

[2]（宋）吴自牧撰，符均、张社国校注：《梦梁录》卷16《米铺》，三秦出版社，2004年，第244-245页。

[3]（宋）周密：《癸辛杂识·续集》卷上《杭城食米》，《唐宋史料笔记丛刊》，中华书局，1988年，第135页。

量做一个大体推算。

虽然各家关于临安人口研究所得的结果并不一致，我们以学界比较认可的下限100万来做保守的推算，一般认为古代成年男性每人每天消费两升（0.02石）口粮，在这100万人口中，假设有50万成年男性（因临安驻军较多，故将成年男性比例估计高一些），50万老弱妇孺，老弱妇孺按每人每天消费一升计之，那临安城一年粮食消费量达到5 475 000石，因此保守的估算临安居民一年的粮食消费量也当超过500万石。

《二老堂杂志》所言的"北门米"是指临安城居民所食粮食主要是通过北关的天宗水门运入的。天宗水门北联浙西运河（又称"江南运河"），苏、湖、常、秀诸州的运米船由浙西运河过清湖闸抵泛洋湖，然后进入天宗水门，在城内运河码头下卸。外地运来的上供米由兵卒肩挑入各大官仓，南宋临安城内共建有省仓上届、省仓中界、省仓下界、丰储仓、丰储西仓、端平仓、淳祐仓、平籴仓、咸淳仓九个大粮仓[1]，可储千万石大米，供宫廷、官员和驻军消费。

临安的普通居民主要是通过市场获取大米。临安米市主要分布在城北的湖州市、米市桥、黑桥等处，"本州所赖苏、湖、常、秀、淮、广等处客米到来，湖州市、米市桥、黑桥俱是米行，接客出粜。"[2]米行大批收购后，由牙商与城内各处米铺联系，然后再批发给米铺，再由米铺出售给普通百姓。米铺向米行批发，约定日期，由米行直接送米到米铺，米市上的"肩驮脚夫"负责搬运，"虽米市搬运混杂，皆无争差，然铺家不劳余力而米径自到铺矣。"[3]

临安食米之所以由北门入，这是由南宋农业生产的总体形势决定的。临安北面的太湖流域一直是宋代农业最为发达、单产最高的地区，号称"苏常熟，天下足"[4]。太湖流域所产粮食除供应本地居民消费外，还可供给京师及其他地区的粮食需求。北宋时，太湖流域就是都城东京所需粮食的主要来源地之一。南宋定都临安后，因地理位置的近便更是承担了大部分向京师供给粮食的职责，"两浙每完秋租，大数不下百五十万斛，苏、湖、明、越其数大半，朝廷经费实本于此。"[5]事实上，浙东路的明（今宁波）、越（今绍兴）二州背山濒海，地

[1]（宋）吴自牧撰，符均、张社国校注：《梦粱录》卷9《诸仓》，三秦出版社，2004年，第136页。

[2]（宋）吴自牧撰，符均、张社国校注：《梦粱录》卷16《米铺》，三秦出版社，2004年，第245页。

[3]（宋）吴自牧撰，符均、张社国校注：《梦粱录》卷16《米铺》，三秦出版社，2004年，第245页。

[4]（宋）陆游：《渭南文集》卷20《常州奔牛闸记》，四部丛刊景明活字本。

[5]（清）徐松辑：《宋会要辑稿》食货七之三四，中华书局，1957年，第4922页。

域促狭，产粮不多，所能供给临安的粮食是十分有限的，朱熹曾说："绍兴地狭人稠，所产不足充用，稔岁亦资邻郡。"[1]而明州也时常有饥馑之忧，乾道九年（1173年）明州岁饥，地方官"乃出二十万缗，遣人籴于浙西"[2]。可见，两浙路中有能力向临安长期供粮的主要是太湖流域的苏、湖、常、秀等州。因而宋廷规定："浙西湖、秀、苏、常、镇江、江阴岁输上供米。"[3]

宋元之际的胡长孺亦曾说：

前此四十四年在虎林，闻故老诵说赵忠惠公为临安尹，会城中见口日食文思院米三千石。民间又藉北关天宗水门米船入四千石，乃为平籴仓二十八厫于盐桥北，籴湖、秀、苏、常州米，置碓房舂治精善，岁六十万石，辄取贱价粜与民。竟尹去十三年，米价不翔，民不食粝恶，驵侩不罹刑。[4]

故事中的赵忠惠公即为淳祐年间（1241—1252年）临安知府赵与𥲅，虽然此则故事对赵与𥲅有明显的溢美之辞，但其中所反映出的临安府"籴湖、秀、苏、常州米"却是历史实情。常州、苏州、秀州临近浙西运河，这三州所产稻米通过浙西运河直接运抵临安天宗水门。浙西运河是向临安运粮路线中最重要的一段通道，"国家驻跸钱塘，纲运粮饷，仰给诸道，所系不轻。水运之程自大江而下至镇江则入闸，经行（浙西）运河，如履平地，川广巨舰，直抵都城，盖甚便也。"[5]浙西运河在向临安物资运输中的重要性可见非同一般。

因浙西运河在漕运中的重要地位，南宋政府对浙西运河的管理和疏浚非常重视。宋廷规定，浙西运河由两浙路厢军负责疏治。绍兴四年（1134年）正月，因浙西运河漕运不通，宋廷征集两浙路厢军四千余人疏浚运河，为调动应役厢军的积极性，规定在疏浚中得到有价值的遗物，抽出十分之四奖赏给役兵。对于河中遗骸，"听僧徒收瘗，数满两百，给度牒一道"[6]。南宋政府还在运河上修建了很多闸、堰，不但可以储水行舟，还可为周边农田提供灌溉。平江阊门

[1]（宋）朱熹：《晦庵集》卷16《奏救荒事宜状》，四部丛刊景明嘉靖本。
[2]（宋）楼钥：《攻媿集》卷86《皇伯祖太师崇宪靖王行状》，武英殿聚珍版丛书本。
[3]（清）徐松辑：《宋会要辑稿》食货四八之一〇，中华书局，1957年，第5627页。
[4]（明）田汝成：《西湖游览志》卷16《祠庙》，明嘉靖本。
[5]《宋史》卷97《河渠志七》，中华书局，1977年，第2406页。
[6]（宋）李心传：《建炎以来系年要录》卷72，绍兴四年（1134年）正月癸酉，中华书局，2013年，第1389页。

至常州有枫桥、许墅、乌角溪、新安溪、将军诸堰，无锡有五泻闸，常州至丹
阳有奔牛、吕城二闸。其中奔牛闸，因所处地势高仰，储水困难，修建难度较
大。嘉泰三年（1203年），常州知州赵善防重修此闸，"凡闸前后左右受水之地，
悉伐石于小河、元山，为无穷计，旧用木者皆易去之。"[1]重修后，奔牛闸"宏
杰牢坚"，对常州丹阳段运河通行发挥了重要作用。

湖州在临安的粮食供给中占有重要地位，临安城北的湖州市主要接纳的就
是湖州运来的大米。湖州所产大米主要是通过宦塘河运抵临安的，宦塘河在余
杭门外，板桥之西。淳祐七年（1247年）大旱，赵与𢽾曾组织人力对其进行开
浚，"以通米舟"[2]。"以通米舟"即为通行湖州至临安的运米船。

李心传《建炎以来系年要录》卷一八三"绍兴二十九年（1159年）八月甲
戌"条所载关于宋廷对该年前后各地上供米粮数额的规定，为我们了解南宋时
各地向临安输送粮食的状况提供了一个很好的参考，现依据此条记录制作表3-1。

表3-1 宋廷所定绍兴二十九年（1159年）前后诸路上供临安米粮数额表

	绍兴二十九年前定额/石	绍兴二十九年后新额/石
两浙路	1 500 000	850 000
江南东路	930 000	850 000
江南西路	1 260 000	970 000
荆湖南路	650 000	550 000
荆湖北路	350 000	100 000
总计	4 690 000	3 320 000

资料来源：（宋）李心传：《建炎以来系年要录》卷183，"绍兴二十九年八月甲戌条"。其中关于绍兴二十九
年（1159年）诸路实发临安的米粮数额记载为"四百五十三万石"，与表格中统计的3 320 000石明显有出入，笔
者以为这是因为除表中五路外，尚有其他路向临安供米。

从表3-1中我们可以看出，南宋时，两江路、两湖路也分别承担了一部分向
临安供粮的职责。朱熹言："京师月须米十四万五千石，而省仓之储多不能过两
月。公请给南库钱以足岁籴之数，又籴洪、吉、潭、衡军食之余，及鄂商舡并
取江西、湖南诸寄积米，自三总领所送输以达中都，常使及二百万石，为一岁
备。"[3]洪、吉两州位于江南西路鄱阳湖流域，潭、衡两州则位于荆湖南路的洞
庭湖流域，分别是这两个路经济最发达、农业产出最高的州。其中江南西路的

[1]（宋）陆游：《渭南文集》卷20《常州奔牛闸记》，四部丛刊景明活字本。
[2]（宋）潜说友：《咸淳临安志》卷36《山川十五》，文渊阁四库全书本。
[3]（宋）朱熹：《晦庵集》卷94《敷文阁直学士李公墓志铭》，四部丛刊景明嘉靖本。

农业产量较高，是京师漕粮的重要产地之一。南宋初年，著名文士吴曾言："（东南漕米）诸路共计六百万石，而江西居三之一。"[1]吴曾作为江西抚州籍人士，可能会对江西漕米的数量有所夸大，但江西作为京师重要的粮食供给地则是无疑的。江南东路向临安供粮的记载较为缺乏，不过从表中统计可见，其向临安供粮的数量也非常可观。荆湖北路因自身农业发展较落后，向临安供粮数额则极为有限。

两江路、两湖路的漕粮在运输时有长江航运之便，"水运之程，自大江而下至镇江则入闸"，然后转入浙西运河，运抵临安。在运输方式上，分为官运和民运两种。官运由司农寺组织纲船运载，一般每纲十船，由纲头管领，每船运载六七百石至千余石不等。民运多是铁头船，所运米为商品米，每船大约可运载五六百石，一家老小大多住在船舱里，往来河上贩运[2]。

《梦粱录》卷一六《米铺》提到："本州所赖苏、湖、常、秀、淮、广等处客米到来"，除了苏、湖、常、秀等州外，淮南、广东等地也向临安供米。绍兴五年（1135年），宋高宗命广东漕臣"市米至闽中，复募客舟赴行在"[3]，以缓解临安缺粮的状况。但由广东向临安运米，海运风险重重，路途遥远，当非定制，应是临安缺粮时的权宜之策。至于两淮路向临安供米的记载则更是极为缺乏，除此条史料提及外，并无其他确切史料记载。"靖康之难"后，两淮沦为宋金交战的前线，屡遭兵燹之灾，人口与农业经济遭受到严重的破坏，史称："田莱之荆榛未尽辟，闾里之创残未尽苏，兵息既久而疮痍或尚存，年丰虽屡而啼号或未免，锄耰耘耨皆侨寄之农夫，介胄兵戈皆乌合之士卒。"[4]两淮路已由北宋时的粮食输出地变为输入地，很难再有余粮供给京师，即使有，数量也必定十分有限，而且持续时间也不会很长。

两宋时，各地基本生活物资向京师供给，既是由京师众多人口庞大的消费需求决定的，也是宋王朝统治者集中地方财赋于京师，削减地方财权的政策需要。南宋临安由于地处东南财赋之地，其供给距离相比北宋东京要更加近便一些，但是要满足临安百万城市人口的基本生活物资供给也并非易事，为此南宋朝廷与临安地方官府也做出了种种努力，基本上确保了临安的物资供给。

---

[1]（宋）吴曾：《能改斋漫录》卷13《唐宋运漕米数》，上海古籍出版社，1979年，第396页。

[2]（宋）吴自牧撰，符均、张社国校注：《梦粱录》卷12《河舟》，三秦出版社，2004年，第187页。

[3]（宋）李心传：《建炎以来朝野杂记》甲集卷15《东南军储数》，江苏广陵古籍刻印出版社，1981年，第332页。

[4]（宋）仲并：《浮山集》卷4《蕲州任满陛对札子》，文渊阁四库全书本。

生活用水、粮食、柴炭、蔬菜都是城市居民生活最不可或缺，而又绝大部分依赖于外部供给的基本生活物资。这几类物资的稳定供给是维持临安城市生态系统平衡的重要条件，只有保障这几类物资稳定而足量的供给才能使城市人口与城市环境处于平衡、有序的状态。临安居民生活所需水、米、柴、菜的来源也反映了临安城周边的自然环境特点，在市场需要的推动下，临安城周边以适宜自身自然条件的物资产出供给临安，维持了临安城市生态系统的平衡。

二、生态西湖：临安的城市"后花园"

南宋初年，在都城的选择问题上，宋廷内部一度产生严重分歧。以李纲为首的抗金派主张建都建康（今江苏南京），认为临安（今杭州）、平江（今苏州）偏狭，非用武之地，"惟建康自昔号为帝王天子之宅，以其江山雄壮，地势宽博，可容万乘，故六朝以来更都之。今銮舆未复旧都，莫若权宜且于建康驻跸，控引二浙，襟带江湖，运漕贮谷无不便利。"[1]总体来说，建康处于进可攻，退可守的有利地势。然而临安亦有其自身优势，首先是临安有重江之险，宋高宗明确指出："朕以为金人所恃者，骑众耳，浙西水乡，骑虽众，不得骋也。"[2]对于畏金如虎的宋高宗来说，临安更能满足其对安全感的需求。除此，临安优美的湖光山色，也成为吸引宋高宗的一个重要原因，高宗"暨观钱塘表里江湖之胜，则叹曰：'吾舍此何适？'"[3]

南宋定都临安也为西湖的建设与景区发展提供了契机，西湖的兴衰与临安的城市发展越来越融为一体。西湖对临安而言具有不可替代的生态价值和实际功用，南宋统治阶层对西湖的建设和维护十分重视，通过不断地增饰和逐渐充实，改变了西湖在南宋以前自然风景占绝对主导的格局，而成为一个自然景色和人文景观并重的生态风景区。南宋的君臣士民将西湖作为一个游览湖光山色、愉悦身心的绝佳去处，著名的"西湖十景"也约在南宋后期正式形成。

临安风景之美甲于东南，风景之美在于湖山之灵秀，宋仁宗曾称赞道："地

[1]（宋）李纲：《梁溪集》卷78《奉旨条具边防厉害奏状》，文渊阁四库全书本。
[2]（宋）李心传：《建炎以来系年要录》卷27，建炎三年（1129年）闰八月丁亥，中华书局，2013年，第616页。
[3]（宋）叶绍翁：《四朝闻见录》乙集《高宗驻跸》，中华书局，1989年，第45页。

有湖山美，东南第一州"[1]。而提到临安的湖，无疑是西湖最负盛名。西湖对南宋临安而言具有极其重要的生态价值与文化价值，甘洁的湖水是临安主要的饮用水水源，秀美的风景既是临安居民放松心情、愉悦身心的好去处，也是文人骚客挥洒才情的灵感源泉。南宋在建都临安（称"行在所"）后，历代中央和临安地方官府对西湖的治理和管护均十分重视，逐步将西湖建成一个风景宜人、园林密布、绿化甚佳的生态景区。

1. 对西湖水体的治理

西湖原名钱塘湖，因位于临安城西故名"西湖"，其源主要出自武林泉，"周回三十里"[2]（见图3-2）。西湖的南、北、西三面环山，其东紧邻临安城，景色优美，号为"游观胜地"。然而西湖是由潟湖衍化而来的"滨浅湖"，湖水较浅，由于河流泥沙的淤积，在地质循环与生物循环过程中，不断发生泥沙淤淀、葑草蔓生的现象，而使湖底逐步淤浅，出现湖泊沼泽化的现象。沼泽化是西湖水体最大的威胁，如不能对西湖进行及时有效的疏治，西湖的沼泽化会越来越严重，并最终淤积成平陆。南宋定都临安后，士庶大众接踵而至，临安人口陡增，"中兴以来，衣冠之集，舟车之舍，民物阜蕃，宫室巨丽，尤非昔比。"[3]临安居民的生活用水主要来自西湖，如此众多的人口需要耗用大量西湖水。为了保证水量的充足与水质的甘洁，临安官府就必须及时对西湖水体进行治理。

然而在人口压力下，南宋时对西湖水体的不合理利用现象明显增多。其一，在湖面栽植菱荷葑田，侵占湖面。湖面上葑菱聚集处，年久腐化变成泥土，水涸成田，因此栽种菱荷葑田会人为加速湖泊的沼泽化。如淳祐年间（1241—1252年），西湖菱荡侵占湖面，加之遇到大旱，大片湖区化为平陆，"比年以来，沿湖居民，私殖菱荡之利，日增月广，湖面侵狭，间遇阙雨，积水易浑。今岁亢旱殊常，汪洋之区，化为平陆。"[4]由于栽种菱荷获利颇丰，沿湖居民竞相栽植，在栽种时，"往往于湖中取泥葑，夹和粪秽，包根坠种，及不时浇灌秽污。"[5]栽种菱荷常以湖泥夹杂粪秽，"包根坠种"，虽然可增加肥力，但却不可避免地

[1]（宋）赵祯：《赐梅挚知杭州》，载《全宋诗》卷354，北京大学出版社，1992年，第4399页。

[2]（宋）王象之：《舆地纪胜》卷2《临安府》，中华书局，1992年，第94页。

[3]（宋）潜说友：《咸淳临安志》卷32《山川十一》，文渊阁四库全书本。

[4]（宋）施谔：《淳祐临安志》卷10《山川》，见《南宋临安两志》，浙江人民出版社，1983年，第188-189页。

[5]（宋）潜说友：《咸淳临安志》卷32《山川十一》，文渊阁四库全书本。

对湖水水质造成污染。

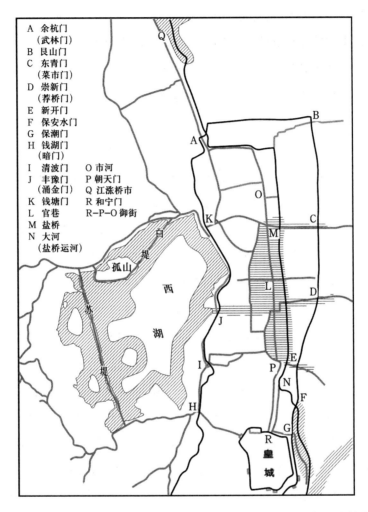

A 余杭门
（武林门）
B 艮山门
C 东青门
（菜市门）
D 崇新门
（荐桥门）
E 新开门
F 保安水门
G 保潮门
H 钱湖门
（暗门）
I 清波门　　O 市河
J 丰豫门　　P 朝天门
（涌金门）　Q 江涨桥市
K 钱塘门　　R 和宁门
L 官巷　　　R-P-O 御街
M 盐桥
N 大河
（盐桥运河）

说明：本图以［日］斯波义信著，方健、何忠礼译：《宋代江南经济史研究》（江苏人民出版社，2012年）前篇第四章第三节"图1　南宋杭州经济中心区域图"为底图改绘而成。

图3-2　南宋临安及西湖示意图

其二，直接将生活垃圾倒入湖中或用湖水洗涤污物，造成水质污染。绍兴二年（1132年），臣僚言："今访闻诸处军兵多就湖中饮马，或洗濯衣服作践，致令污浊不便。"[1]朝廷不得不严令将官约束士卒，并对违反者重行断遣。咸淳年间（1265—1274年），入内内侍省东头供奉官、干办御药院陈敏贤"广造屋宅于灵芝寺前水池，庖厨溷室悉处其上。诸库酝造由此池车灌以入，天地祖宗之

---

[1]（清）徐松辑：《宋会要辑稿》方域一七之一八，中华书局，1957年，第7605页。

祀，将不得蠲洁而亏歆受之福。"[1]陈敏贤也因此而受到殿中御史鲍度的弹劾。

为了维护西湖水体免受侵占和污染，历代临安官府均十分重视对西湖的治理，采取了针对性很强的治理措施，主要有以下几种：

第一，清除湖中的菱、茭、荷荡及葑田，挖掘葑泥，浚深湖水。菱、茭、荷等水生植物蔓生，及在其上种植葑田，会逐步填塞湖面，对西湖生态威胁甚大。绍兴九年（1139年），临安知府张澄奏请治湖，朝廷命钱塘县尉专一负责浚湖，规定："若包占种田，沃以粪土，重置于法"[2]；绍兴十九年（1149年），知府汤鹏举一面禁止请佃栽种莲荷，一面组织厢军兵士"积日累月开撩"[3]西湖；乾道五年（1169年），知府周淙不但增置撩湖军兵负责开湖，同时"不许有力之家种植茭菱及因而包占，增叠堤岸"[4]；淳祐年间（1241—1252年），大旱，朝廷命知府赵与𥲅负责浚治西湖，赵与𥲅组织人力"开浚四至，并依古岸，不许存留菱荷茭荡，有妨水利"[5]；咸淳年间（1265—1274年），知府潜说友治理西湖，"申请于朝，乞行除拆湖中菱荷，毋得存留秽塞，侵占湖岸之间。"[6]

朝廷为了开浚西湖，设置了"专一浚湖"的厢军。这部分专事撩湖的厢军最早设置于绍兴九年（1139年）张澄治理西湖时，当时朝廷命临安府招置厢军士卒二百人，衣食依崇节指挥则例，由钱塘县尉兼领其事，专门负责开湖，不许它役[7]。然而在绍兴十九年（1149年），负责撩湖的厢军只剩下四十余人，知府汤鹏举乃措置拨填，凑及原额，并配置船只、寨屋，作为浚湖专用设施。此外除原由钱塘县尉兼管外，又派武臣一员专管，"逐时检察"[8]，完善了管理制度。在乾道年间（1165—1173年），撩湖厢军又只剩下三十五人，临安知府周淙"增置撩湖军兵以百人为额，专委钱塘县尉并壕塞（寨）官一员，于衔内带主管看湖，专一管辖军兵开撩。"[9]撩湖厢军的人数虽有所减少，但是在管理上进一步加强。

第二，严禁抛撒生活垃圾，污染水质。西湖的水质既关系到临安居民的饮

[1]（宋）潜说友：《咸淳临安志》卷33《山川十二》，文渊阁四库全书本。

[2]《宋史》卷97《河渠志七·东南诸水》，中华书局，1977年，第2398页。

[3]（宋）潜说友：《咸淳临安志》卷32《山川十一》，文渊阁四库全书本。

[4]（清）徐松辑：《宋会要辑稿》食货八之二七，中华书局，1957年，第4947页。

[5]（宋）施谔：《淳祐临安志》卷10《山川》，见《南宋临安两志》，浙江人民出版社，1983年，第188页。

[6]（宋）吴自牧撰，符均、张社国校注：《梦粱录》卷12《西湖》，三秦出版社，2004年，第170页。

[7]（清）徐松辑：《宋会要辑稿》方域一七之二二，中华书局，1957年，第7607页。

[8]（宋）潜说友：《咸淳临安志》卷32《山川十一》，文渊阁四库全书本。

[9]（清）徐松辑：《宋会要辑稿》食货八之二七，中华书局，1957年，第4947页。

水卫生问题，又与西湖生态密切相关。在临安官府所组织的历次西湖治理中，大多严禁向湖中抛撒粪土等生活垃圾，对于违犯之人，则要科罪。乾道年间（1165—1173年），朝廷降旨："禁止官民不得抛弃粪土，栽植荷菱等物，秽污填塞湖港"[1]；咸淳年间（1265—1274年），内侍陈敏贤、刘公正皆因在西湖水口附近建造屋宅，濯秽洗马，严重污染西湖水源，而受到降官处分[2]。

西湖水口是引西湖水入城的取水口，事关一城百姓的用水安全，因此临安官府格外重视此处的治理。汤鹏举在治理西湖时，"用工开撩，及修砌六井阴窦水口，增置斗门闸板，量度水势，通放入井"[3]；淳祐年间（1241—1252年），自涌金门北至钱塘门一带，为六井水口处，却被权势之家占据，栽植荷荡，引起"填塞秽浊"。临安官府支拨三万贯，将其买回，然后"就此处用工，欲更于荷荡界至之处，用石切结疏作宕，总立为界限，澄滤湖水，舟船不得入，滓秽不得侵，使井口常洁，咸享甘泉"[4]；咸淳年间（1265—1274年），玉莲堂、丰乐楼两水口旁皆植荷芡，"污秽尤盛"，知府潜说友命人"乃悉除去，其籍差开湖兵绝所莳本根，使勿复萌蘖，至是讲求水口之利，亦无遗算矣。"[5]经过临安官府的历次整治，基本保持了西湖水口的清洁。

第三，扩大西湖水源。南宋时，西湖水不但供给城市居民生活用水，而且还承担着提供酿酒用水及补给城中运河水量的职能，耗用很大，遇到旱暵之年，常常水量不足。淳祐年间（1241—1252年），西湖水涸，城内诸井无水可引。知府赵与𥲅遂给官钱米，命工自钱塘尉司北望湖亭下凿渠，引天目山水，自余杭河经张家渡河口达于溜水桥斗门，建数座水坝储水，然后在水坝上用水车运水而上，"从尉司畔，流入上湖，城内水口，由是流通，人赖其利"[6]，即通过工程手段引客水入西湖，以补充其水量的不足。

2. 对湖堤、湖岸的修建与治理

（1）湖堤的建造与维护

湖堤既可拦蓄湖水，防洪防涝，又能在湖堤上进行绿化与景观设计，具有

---

[1]（宋）吴自牧撰，符均、张社国校注：《梦粱录》卷12《西湖》，三秦出版社，2004年，第169页。

[2]（宋）潜说友：《咸淳临安志》卷33《山川十二》，文渊阁四库全书本。

[3]（宋）潜说友：《咸淳临安志》卷32《山川十一》，文渊阁四库全书本。

[4]（宋）施谔：《淳祐临安志》卷10《山川》，见《南宋临安两志》，浙江人民出版社，1983年，第189页。

[5]（宋）潜说友：《咸淳临安志》卷33《山川十二》，文渊阁四库全书本。

[6]（宋）施谔：《淳祐临安志》卷10《山川》，见《南宋临安两志》，浙江人民出版社，1983年，第193页。

多方面的价值。唐宋时期，杭州（临安）地方官修建了多条横截湖面的湖堤，大大方便了沿湖往来和游赏。唐代大历年间（766—779年）白居易任杭州刺史时，曾在钱塘门外的石涵桥附近修筑了一条湖堤，被称为"白公堤"，不过后来白公堤与陆地连为一体，已难觅踪迹。两宋时，又先后修建了苏公堤与小新堤。苏公堤为元祐年间（1086—1094年）苏轼任杭州知州时，清理西湖葑田，积葑草为堤，该堤长数里，"横跨南北两山，夹植杨柳。"[1]苏堤将西湖一分为二，西曰里湖，东曰外湖。堤上自南而北建有映波、锁澜、望仙、压堤、东浦、跨虹六座桥，并建有九座亭子，为游人往来观赏提供了很大便利。当地百姓为了纪念苏轼的功绩还在堤上建造了苏公祠，不过后来吕惠卿为知州时奏毁之。

南宋时，临安官府对苏堤时常修治，以期能长久使用。咸淳五年（1269年），朝廷给钱，命知府潜说友增筑，"载砾运土，填洼益库，通高二尺，袤七百五十八丈，广皆六十尺。堤旧有亭九，亦治新之，仍补种花木数百本。"[2]临安官府还在苏堤及其近旁先后建造了各类附属景观，以美化环境，吸引游人。如映波桥西侧建有"先贤堂"，供奉历代贤哲及孝妇贤孙，"入其门，一径萦纡，花竹蔽翳，亭相望。"[3]锁澜桥西建有"湖山堂"，为咸淳年间（1265—1274年），知府洪焘买民地创建，"栋宇雄杰，面势端闳，……由后而望，则芙蕖菰蒲蔚然相扶，若有逊避其前之意。"[4]后二年，潜说友又增建水阁六楹，堂四楹，"环之栏槛，辟之户牖，盖迤延远抱，尽纳千山万景，卓然为西湖堂宇之冠。"望仙桥侧建有"三贤堂"，祭祀白居易、林逋、苏轼三位先贤，三贤堂"正当苏堤之中，前抱湖山，气象清旷；背负长冈，林樾深窈；南北诸峰，岚翠环合，遂与苏堤贯联也。"[5]

小新堤是指自北山第二桥（东浦桥）向西至曲院的湖堤，该堤与苏堤和灵隐天竺路相连。小新堤筑于淳祐二年（1242年），由知府赵与𫘤主持修建，故民间又称"赵公堤"。小新堤两岸夹植花柳，半堤上建有四面堂，又建三个亭馆于道左，以供游人休憩。淳祐九年（1249年），春雨连绵，西湖溢水，冲毁小新堤。赵与𫘤组织人力重新修筑小新堤，"自北山至南山六百九十九丈，帮阔六丈五尺，

[1]（宋）施谔：《淳祐临安志》卷10《山川》，见《南宋临安两志》，浙江人民出版社，1983年，第191页。
[2]（宋）潜说友：《咸淳临安志》卷32《山川十一》，文渊阁四库全书本。
[3]（宋）潜说友：《咸淳临安志》卷32《山川十一》，文渊阁四库全书本。
[4]（宋）吴自牧撰，符均、张社国校注：《梦粱录》卷12《西湖》，三秦出版社，2004年，第172页。
[5]（宋）吴自牧撰，符均、张社国校注：《梦粱录》卷12《西湖》，三秦出版社，2004年，第172页。

曲院小新路一百九十七丈，帮阔三丈五尺，并增高一尺五寸，夹岸总添用松桩一万三千三百三十条，贴青石皮五千八十片。"[1]小新堤两边建有履泰将军庙、永宁崇福院、淳固先生墓、马螾桥等，以及资国院（园）、杨园、裴禧园、香园和史园等私家园林[2]。

此外还有断桥堤，又名孤山（寺）路，西自西泠桥，经处士桥、涵碧桥东至断桥。断桥堤的筑建时间难以考证，不过至晚在白居易任杭州刺史时就已建造。白氏有诗曰："谁开湖寺西南路，草绿裙腰一道斜。"其下自注云："孤山寺路，在湖洲中，草绿时望如裙带。盖孤山自唐时旧有堤也。"[3]断桥堤附近有西陵（泠）桥、孤山、四圣延祥观、西太乙宫、四面堂、处士桥、涵碧桥、断桥等风景名胜。

西湖中的各处湖堤大多进行了非常好的绿化，湖堤两岸及附近景观名胜杂植各色花木。苏公堤"自西迤北，横截湖面，绵亘数里，夹道杂植花柳"[4]；断桥处"万柳如云，望如裙带"[5]；孤山香月亭"环植梅花"[6]。这些景观绿化对西湖具有十分重要的生态价值。绿化植被可吸收二氧化碳，释放氧气，起到清新空气的作用；植物的根系则可以起到固堤与涵养水源的作用。

（2）对湖岸的治理与建设

西湖水较为浅狭，权势之家在近岸湖面上种植菱茭，"增叠堤岸，日益填塞"，久之湖面堙塞成陆，湖岸逐渐收缩。因而临安官府屡次清理湖中菱茭，禁止侵占湖面。乾道五年（1169年），知府周淙奏请"不许有力之家种植茭菱及因而包占，增叠堤岸，或有违戾，许人告抓，以违制论。"[7]当湖面缩减时，临安官府还组织人力开挖，维持原有湖岸。淳祐年间（1241—1252年），因大旱致使湖面缩小，赵与懬组织人力"开浚四至，并依古岸，不许存留菱荷茭荡，有妨水利。"[8]这些措施均在一定程度上保护了湖岸，遏制了湖面的退缩。

---

[1]（宋）施谔：《淳祐临安志》卷10《山川》，见《南宋临安两志》，浙江人民出版社，1983年，第192页。

[2]（宋）周密：《武林旧事》卷5《湖山胜概》，《东京梦华录 都城纪胜 西湖老人繁胜录 梦梁录 武林旧事》合订本，中国商业出版社，1982年，第93页。

[3]（宋）施谔：《淳祐临安志》卷10《山川》，见《南宋临安两志》，浙江人民出版社，1983年，第191页。

[4]（宋）吴自牧撰，符均、张社国校注：《梦梁录》卷12《西湖》，三秦出版社，2004年，第171页。

[5]（宋）周密：《武林旧事》卷5《湖山胜概》，《东京梦华录 都城纪胜 西湖老人繁胜录 梦梁录 武林旧事》合订本，中国商业出版社，1982年，第95页。

[6]（宋）吴自牧撰，符均、张社国校注：《梦梁录》卷12《西湖》，三秦出版社，2004年，第171页。

[7]（清）徐松辑：《宋会要辑稿》食货八之二七，中华书局，1957年，第4947页。

[8]（宋）施谔：《淳祐临安志》卷10《山川》，见《南宋临安两志》，浙江人民出版社，1983年，第189页。

在日常维护上，临安官府通过筑堤的方式来保护湖岸。每年二月，临安府都要拨款，委派官吏"修饰西湖南北二山，堤上亭馆、园圃、桥道，油饰装画一新，栽种百花，映掩湖光景色，以便都人游玩。"[1]可见西湖南北二山的湖岸已筑建湖堤，并且每年二月临安官府要派人修葺、装饰。湖堤上建有环湖路，包括南山路、北山路、葛岭路等，南山路自丰乐楼南经清波门外、赤山、烟霞，至石屋止，包括南高峰、方家峪、大小麦岭等，这一路有园林、寺院、楼塔等数十个景区。其中聚景园为著名的皇家园林，该园位于清波、钱湖门外西湖之滨，园内植物繁茂，绿柳成荫，繁花似锦，释永颐《过聚景园》诗曰："路绕长堤万柳斜，年年春草待香车，君王不宴芳春酒，空锁名园日暮花。"[2]即可见聚景园内优美的绿化，同时也可看出园内滨湖筑有湖堤。北山路自丰乐楼北沿湖至钱塘门外，入九曲路、小溜水桥、玉泉、昭庆教场及西溪等，一路上聚集了诸多贵戚的私家园林。著名者有养渔庄、环碧园、刘氏园、菩提院、玉壶园等，不一而足。这些庄园往往借助西湖进行了很好的绿化与景观设计，如养渔庄临西湖而建，沿湖所栽垂柳颇多，陈埙《退闲录》言养渔庄"临水悉栽垂柳，殆近万树，一名渔庄。"

3. 西湖园林景观与湖区生态

在宋代，尤其是南宋时期，皇室贵戚与官宦士人借助西湖优美的自然山水景观，建造了大批官私园林。据不完全统计，南宋时期临安有大小园林数百处之多，其中西湖是园林分布的一个中心地带，吴自牧《梦粱录》言："杭州苑囿，俯瞰西湖，高控两峰，亭馆台榭，藏歌贮舞，四时之景不同，而乐亦无穷矣。"[3]临安园林多依托西湖及其南北二山的诸山峰而建，巧妙地借景西湖，楼台馆阁错落分布，奇花异木杂植其间，融自然美与人文美于一体。

宋室南渡后，南宋君臣钟情于西湖山水，掀起兴建园林别馆的高潮，西湖四周名园汇聚。皇室在西湖周边修建的御园占有十分突出的地位，西湖上有名的御园"南有聚景、真珠、南屏，北有集芳、延祥、玉壶"[4]。前述清波、钱

[1]（宋）吴自牧撰，符均、张社国校注：《梦粱录》卷1《二月》，三秦出版社，2004年，第12页。
[2]（宋）陈起：《江湖后集》卷16《过聚景园》，文渊阁四库全书本。
[3]（宋）吴自牧撰，符均、张社国校注：《梦粱录》卷19《园囿》，三秦出版社，2004年，第288页。
[4]（宋）周密：《武林旧事》卷3《西湖游幸》，《东京梦华录 都城纪胜 西湖老人繁胜录 梦粱录 武林旧事》合订本，中国商业出版社，1982年，第43页。

湖门外聚景园旧名西园，乃孝宗致养之地。园内各色花木争奇斗艳，花团锦簇，其中尤以牡丹最为妍丽。淳熙年间（1174—1189年），孝宗陪同太上皇（高宗）、太后游幸此园，"遂至锦壁赏大花，三面漫坡，牡丹约千余丛，各有牙牌金字，上张大样碧油绢幕。"[1]此外，园内杨柳、绿竹也十分繁茂，高翥《聚景园口号二首》曰："浅碧池塘连路口，淡黄杨柳护檐牙，旧时岁岁春风里，长见君王出看花"；"竹影参差临断岸，花阴寂历浸清流，游人难到阑干角，尽日垂杨盖御舟。"[2]真珠园一作珍珠园，位于南屏山雷峰塔前，得名于其内的真珠泉，园内梅坡之梅花乃该园的一大景观。陆游《真珠园雨中作》曰："清晨得小雨，凭阁意欣然。一扫群儿迹，稍稀游女船。烟波蘸山脚，湿翠到阑边。坐诵空蒙句，予怀玉局仙。"[3]体现出真珠园烟雨空濛、景色秀丽的特点。南屏园又名翠芳园，建于开庆元年（1259年），该园占地范围较大，东起希夷堂，直抵雷峰下，西至南新路口，水环五花亭外。翠芳园花木甚多，董嗣杲《翠芳园》诗中有"翠挹南山树石苍，五花亭外万花芳"[4]之句。

集芳园又称后乐园，位于西湖北葛岭下，南宋初年建为皇家花园，景定三年（1262年）理宗曾将此园赐予权臣贾似道。集芳园"殿内有古梅、老松甚多"[5]。《齐东野语》称集芳园，"园故思陵旧物，古木寿藤，多南渡以前所植者。积翠回抱，仰不见日，架廊叠磴，幽眇逶迤，极其营度之巧。"[6]四圣延祥观位于西湖西北的孤山之麓，为绍兴年间（1131—1162年）高宗尽徙孤山寺院与坟墓所建，是一风景绝佳的御园。《梦梁录》曰："四圣延祥观御园，此湖山胜景独为冠。顷有侍臣周紫芝从驾幸后山亭，曾赋诗云：'附山结真祠，朱门照湖水。湖流入中池，秀色归净几……'"[7]孤山本身即为"湖山之绝胜"，四圣延祥观与其相互映衬，相得益彰。玉壶园位于钱塘门外菩提院后，因内有玉壶轩而得名。玉壶园原为南宋初年刘光世所建园林，淳祐年间（1241—1252年）归于临安府，知府赵与𥲅建四面堂。景定年间（1260—1264年），理宗收归为皇家花园，又建

[1]（宋）周密：《武林旧事》卷7，《东京梦华录 都城纪胜 西湖老人繁胜录 梦梁录 武林旧事》合订本，中国商业出版社，1982年，第147页。

[2]（宋）陈起：《江湖小集》卷74《高九万菊涧小集》，文渊阁四库全书补配文津阁四库全书本。

[3]（宋）陆游：《剑南诗稿》卷17《真珠园雨中作》，文渊阁四库全书补配文津阁四库全书本。

[4]（宋）董嗣杲：《西湖百咏》卷下《翠芳园》，文渊阁四库全书补配文津阁四库全书本。

[5]（宋）周密：《武林旧事》卷4《故都宫殿》，《东京梦华录 都城纪胜 西湖老人繁胜录 梦梁录 武林旧事》合订本，中国商业出版社，1982年，第58页。

[6]（宋）周密：《齐东野语》卷19《贾氏园池》，《唐宋史料笔记丛刊》，中华书局，1983年，第355页。

[7]（宋）吴自牧撰，符均、张社国校注：《梦梁录》卷19《园囿》，三秦出版社，2004年，第289页。

明秀堂。《淳祐临安志》载"玉壶园，在钱塘门外少南不百步，旧为刘鄜王园，湖光涵映，最为胜绝。"[1]此外，有名的御园还有德寿宫御园、下竺园等。

至于西湖周边的各类私家园林更是难以计数，南渡后中兴诸将、历朝权臣以及权势较大的内侍等各色权贵在西湖周边建造了众多的私家园林。这些园林如繁星般点缀于西湖周边，将西湖装扮得更加秀丽多姿。

宋金"绍兴和议"后，中兴诸将多被解除兵权。退闲下来的诸将效仿高宗悠游西湖，恣情山水，广建园林别馆。韩世忠建有梅庄园、斑衣园，其梅庄园"在西马塍韩蕲王园，广一百三十亩，……又有澄绿堂、水阁、梅坡、芙蓉堆及四时花木，各有亭。"[2]刘光世则有隐秀园、秀野园，隐秀园又称刘光世园，朱翌作有《三月五日游刘光世园》一诗："南高峰下访余春，霁草浮光暖更薰。日转暮山添着色，风旋湖水作回纹……"[3]此外，御园玉壶园最初亦为刘光世所建。云洞园为杨存（沂）中府园，此园"直抵南关，最为广袤"[4]，盛时有园丁四十余人照管花木；高宗还将水月园赐予杨存中，并亲书"水月"二字；另有环碧园也为杨存中所有，该园"在丰豫门外，柳洲寺侧杨郡王府园"[5]。真珠园则原为张俊府园，内有真珠泉、高寒堂、杏堂、梅坡、水心亭、御港等园林景观。

南宋时几位有名的权相均在西湖边拥有私家园林。韩侂胄的私家园林为南园，又名庆乐园，位于瑞石山麓、南山长桥之西。南园本为孝宗御前别园，宁宗庆元三年（1197年）由慈福皇后下旨赐予平原郡王韩侂胄。嘉泰年间（1201—1204年），韩氏大兴土木进行重建，"凿山为园，下瞰宗庙，穷奢极侈，僭拟宫闱。"[6]史弥远建有半春园、小隐园、琼华园，时人称此三园为史府园。琼华园、小隐园"西依孤山，为林和靖故居，花寒水洁，气象幽故"[7]。南宋末年权臣贾似道更是占有多座园林，不但史弥远的史府园归贾似道所有，宋理宗还将集芳园赐给贾似道。贾氏又在葛岭西泠桥一带建水竹院落，园内树竹千挺，架楼临之，

[1]（宋）施谔：《淳祐临安志》卷6《园馆》，见《南宋临安两志》，浙江人民出版社，1983年，第107页。

[2]（宋）潜说友：《咸淳临安志》卷86《园亭》，文渊阁四库全书本。

[3]（宋）朱翌：《潜山集》卷2《三月五日游刘光世园》，知不足斋丛书本。

[4]（宋）潜说友：《咸淳临安志》卷86《园亭》，文渊阁四库全书本。

[5]（宋）潜说友：《咸淳临安志》卷86《园亭》，文渊阁四库全书本。

[6]（宋）叶绍翁：《四朝闻见录》戊集《臣像上言》，中华书局，1989年，第174页。

[7]（宋）周密：《武林旧事》卷4《故都宫殿》，《东京梦华录 都城纪胜 西湖老人繁胜录 梦粱录 武林旧事》合订本，中国商业出版社，1982年，第58页。

理宗御书"奎文之阁""懋德大勋"二阁扁赐之。另贾似道为奉养其母还建有养乐园，"千头木奴，生意满然，生物之府，通名之曰养乐园"[1]。

南宋历朝权势较大的内侍也多在西湖周边建有私家园林。甘昇所建的甘园位于慧照斋宫西面，又名湖曲园，"北临平湖，与孤山相拱揖，柳堤梅冈，左右映发。"[2]内侍卢允升在西湖西南角的大麦岭一带建卢园，园内引花港之水为池，在池中蓄养数十种珍稀鱼类，成为有名的西湖十景之一——"花港观鱼"。总宜园位于孤山路口，为内侍张知省所有，故又被称为张内侍园，此园内植杨柳颇多，"外有滨湖亭宇"[3]，景色秀丽。此外，还有陈源之适安园、刘公正之刘氏园也均为内侍所建的名园。

南宋时期，帝王将相们之所以争相在西湖建造园林，与西湖秀丽的湖光山色是分不开的，西湖的自然风景"清华盛丽""山川如秀"，为园林建设提供了绝佳的布景。而园林则将西湖的自然美融进园艺、绿化和建筑之美当中，自然美与人造美相互映衬，西湖被园林景观点缀得更加妖娆多姿，园林景观则被西湖山水衬托出虽由人作、宛自天成的意境。西湖周边无论是皇家园林还是私家园林，或杂植杨柳，或艺种花草，普遍有着上佳的绿化，这些绿化植被在一定程度上净化空气、调节气候，吸引着游人赏玩。

4."西湖十景"的形成

南宋时，西湖是临安居民最主要的风景游览区，据《武林旧事》载："西湖天下景，朝昏晴雨，四序总宜，杭人亦无时而不游，而春游特盛焉。"[4]一年四季均有游客游西湖，尤其是春季花红柳绿、水暖莺飞时节，最宜游西湖。此时临安官府亦将西湖亭馆、园圃、桥道装饰一新，并栽种各色花木，以便临安居民游玩，知府还组织龙舟竞渡争标的比赛以吸引游人。临安居民纷纷涌上西湖游玩，"都人士女，两堤骈集，几于无置足地。"[5]

在游西湖的群体中，既有帝王将相也有平民百姓。南宋开国皇帝宋高宗赵

[1] （宋）周密：《齐东野语》卷19《贾氏园池》，《唐宋史料笔记丛刊》，中华书局，1983年，第356页。

[2] （宋）施谔：《淳祐临安志》卷6《园馆》，见《南宋临安两志》，浙江人民出版社，1983年，第108页。

[3] （宋）潜说友：《咸淳临安志》卷86《园亭》，文渊阁四库全书本。

[4] （宋）周密：《武林旧事》卷3《西湖游幸》，《东京梦华录 都城纪胜 西湖老人繁胜录 梦梁录 武林旧事》合订本，中国商业出版社，1982年，第43页。

[5] （宋）周密：《武林旧事》卷3《西湖游幸》，《东京梦华录 都城纪胜 西湖老人繁胜录 梦梁录 武林旧事》合订本，中国商业出版社，1982年，第44页。

构就非常热衷于游览西湖，在其禅位孝宗之后，游西湖成为高宗晚年生活的一项重要内容。孝宗时常陪同高宗游西湖，"淳熙间，寿皇（孝宗）以天下养，每奉德寿（高宗），游幸湖山，御大龙舟。宰执从官，以致大珰应奉诸司，及京府弹压等，各乘大舫，无虑数百。"[1]淳熙六年（1179年）三月，孝宗恭请太上皇、太后游幸西湖御园聚景园，"太上、太后并乘步辇，官里（皇帝）乘马，遍游园中，再至瑶津西轩，入御宴。"[2]上行下效，高宗的游湖行为对临安士民游览西湖起到了非常显著的带动作用。

"中兴四大将"之一的韩世忠也对西湖情有独钟，他在被解除兵权之后，决口不言兵，自号"清凉居士"，"时乘小骡，放浪西湖泉石间。一日，至香林园，苏仲虎尚书方宴客，王径造之，宾主欢甚，尽醉而归。明日，王饷以羊羔，且手书二词以遗之。"[3]悠游西湖成为身经百战的韩世忠解甲后最大的生活乐趣。权臣贾似道也十分喜欢游湖，其宅第位于西湖葛岭，贾似道修葺湖上园林，不许游人观赏，"往来游玩舟只，不敢仰视，祸福立见矣。"[4]

南宋时期一些有名的文人雅士亦常流连于西湖山水，西湖的秀丽风景激发了他们的创作灵感，而他们的生花妙笔更是给西湖平添了几分风韵。南宋著名爱国诗人陆游居杭期间，曾多次畅游西湖，据今人于北山著《陆游年谱》[5]统计，陆游一生至少先后八次来临安，而在居杭期间少不了"馆于西湖之上"，与文人唱和。陆游所赋有关西湖的诗词达数十首之多，今录一首《西湖春游》，以与读者共飨：

灵隐前，天竺后，鬼削神剜作岩岫。冷泉亭中一尊酒，一日可敌千年寿。清明后，上巳前，千红百紫争妖妍。冬冬鼓声鞠场边，秋千一蹴如登仙。人生得意须年少，白发龙钟空自笑。君不见，灞亭耐事故将军，醉尉怒诃如不闻。[6]

[1]（宋）周密：《武林旧事》卷3《西湖游幸》，《东京梦华录 都城纪胜 西湖老人繁胜录 梦梁录 武林旧事》合订本，中国商业出版社，1982年，第42页。

[2]（宋）周密：《武林旧事》卷7《乾淳奉亲》，《东京梦华录 都城纪胜 西湖老人繁胜录 梦梁录 武林旧事》合订本，中国商业出版社，1982年，第147页。

[3]（宋）周密：《齐东野语》卷19《清凉居士词》，《唐宋史料笔记丛刊》，中华书局，1983年，第361页。

[4]（宋）吴自牧撰，符均、张社国校注：《梦梁录》卷12《西湖》，三秦出版社，2004年，第170页。

[5] 于北山：《陆游年谱》，上海古籍出版社，1985年。

[6]（宋）陆游：《剑南诗稿》卷53《西湖春游》，文渊阁四库全书补配文津阁四库全书本。

除陆游外，南宋四大诗人中杨万里、范成大也都客居临安多年，并时常游湖赏景，且均有关于西湖的名作传世。

如杨万里《晓出净慈寺送林子方》：

出得西湖月尚残，荷花荡里柳行间。红香世界清凉国，行了南山却北山。毕竟西湖六月中，风光不与四时同，接天莲叶无穷碧，映日荷花别样红。[1]

范成大《寄题西湖并送净慈显老三绝》：

南北高峰旧往还，芒鞋踏遍两山间。近来却被官身累，三过西湖不见山。膏肓泉石痼烟霞，半世游山不着家，老入蒲团三昧定，坐看穿膝长芦芽。中秋月了又黄花，卯后新醅午后茶。别没工夫谭不二，文殊休更问毗耶。[2]

文人墨客们忘情于西湖山水，相互酬唱，吟咏西湖风光，既陶冶了情操，又激发了创作灵感。西湖成为文人士大夫休憩娱乐的佳地与精神自由的空间。

西湖优美的湖光山色是都城士民抒发情感、释放自我的好去处，不唯上层权贵，即使普通百姓也热衷于游湖玩乐，"大抵杭州胜景，全在西湖，他郡无此，更兼仲春景色明媚，花事方殷，正是公子王孙、五陵年少赏心乐事之时，讵宜虚度？至如贫者，亦解质借兑，带妻挟子，竟日嬉游，不醉不归。"[3]在游西湖过程中，游人们摆脱世俗琐务，沉浸于自然山水和园林艺术之中，人与自然的关系更加亲密了。西湖游览缓解了游人压抑的情感，愉悦了身心，故成为都城百姓乐此不疲的娱乐活动。

在临安居民普遍性和经常性的休闲游赏中，人们对西湖景观的认识逐步加深，并对其进行归纳。尤其是一部分南宋画家与文学家，对西湖的主要景点做了高度的提炼和概括，并命之以雅号，给西湖的景点增添了不少的诗情画意。约在南宋中后期，"西湖十景"的提法已经形成。约成书于理宗嘉熙三年（1239年）祝穆之《方舆胜览》卷一载："西湖，在州西，周回三十里……好事者尝命

---

[1]（宋）杨万里：《诚宅集》卷23《晓出净慈寺送林子方》，四部丛刊景宋写本。

[2]（宋）范成大：《石湖诗集》卷31《寄题西湖并送净慈显老三绝》，四部丛刊景清爱汝堂本。

[3]（宋）吴自牧撰，符均、张社国校注：《梦梁录》卷1《八日祠山圣诞》，三秦出版社，2004年，第14页。

十题，有曰："平湖秋月、苏堤春晓、断桥残雪、雷峰落（夕）照、南屏晚钟、曲院风荷、花港观鱼、柳浪闻莺、三潭印月、两峰插云。"[1]

"西湖十景"是西湖诸多景观中最具代表性和观赏性的景观。这十大景观两两相对，如平湖秋月与苏堤春晓，花港观鱼与柳浪闻莺，都是相互对应、相映成趣。而且西湖十景几乎都是自然景观与人造景观的巧妙结合，苏堤春晓、断桥残雪、雷峰落照、南屏晚钟（南屏山净慈寺钟楼傍晚之钟声）、曲院风荷、花港观鱼、三潭（苏堤三塔）印月、柳浪闻莺均是在自然景观的基础上加以人工设计、建造而成，或是在人造景观的基础上附着自然景物而成，而即使看似不着人文痕迹的平湖秋月、两峰插云也并非纯自然景观。平湖秋月的观赏地在苏堤三桥之南的龙王祠，此地"湖际秋益澄，月至秋而逾洁，合水月以观，而全湖精神始出也。"[2]景色虽是自然的，观景地却由人造。而两峰插云从字面上来看是指西湖南北两高峰在云雾缭绕中直插云霄，事实上两峰之巅还各建有一座七级佛塔，以增加两峰的高度和视觉感受。

南宋时期的画家们以西湖十景为题材，创作了诸多名画。如南宋四大画家之一的刘松年画有《断桥残雪》三幅、《三潭印月》一幅、《雷峰夕照》一幅、《苏堤春晓》两幅、《南屏晚钟》两幅等。画院待诏陈清波除作有《西湖全景图》外，还有《三潭印月图》《苏堤春晓图》《断桥残雪图》《曲院风荷图》《南屏晚钟图》《雷峰夕照图》等。此外还有张择端《南屏晚钟图》、马麟《西湖十景册》、叶肖岩《西湖十景图》、若芬《西湖十景图》等传世佳作。

一些文人也以西湖十景为题咏对象，赋诗作词，相互酬答，著名的有王洧《西湖十景》组诗，张矩《应天长·西湖十景》词，周密《木兰花慢·西湖十景》词及陈允平题十景词等。其中周密所作《木兰花慢·西湖十景》辞藻华丽，意境深远，广为流传，限于篇幅，今且录一首《平湖秋月》：

碧霄澄暮霭，引琼驾，碾秋光。看翠阙风高，珠楼夜午，谁捣玄霜？沧茫。玉田万顷，趁仙查，只赤（咫尺）接天潢。仿佛凌波步影，露浓珮冷衣凉。　明珰，净洗新妆。随皓彩，过西厢。正雾衣香，云鬟绀湿，私语相将。鸳鸯。误

[1]（宋）祝穆：《方舆胜览》卷1《临安府》，中华书局，2003年，第7页。
[2]（宋）周密：《苹洲鱼笛谱疏证》卷1《木兰花慢》，清乾隆刻本。

惊梦晓，掠芙蓉，度影入银塘。十二阑干伫立，凤箫怨彻清商。[1]

西湖十景是游人在感受和体会自然美与人文美的基础上，进而产生的一种心理美感。在游览这些景观时，游人在体验山水之乐的同时，也达到了调剂身心、散心探幽的目的，使他们在感官上和心灵上获得愉悦。

南宋定都临安后，给临安城市发展带来了千载难逢的契机，临安（杭州）在此后长时间里成为东南地区的政治、经济、文化中心。而西湖在南宋时已与临安的发展融为一体，二者是休戚与共，相互促进的关系。历经南宋一个半世纪的建设，西湖成为临安城市发展的"调节器"和"蓄电池"，既拓展了临安城区的空间，也为临安居民娱乐休闲、放松身心提供了一个绝好去处。通过不断地增饰和逐渐充实，西湖改变了南宋以前自然风景占绝对主导的格局，而成为一个自然景色和人文景观并重的生态风景区，景区内园林棋布、馆阁相望、山清水秀，自然景色与人文景观和谐统一、彼此增色。

西湖景区是在优美的自然风光基础上，通过人工建设而成的综合性生态风景区。景区内绿化程度极高，园林内、湖堤上广泛栽种各色花木，美化环境，景区内的各种景观，尤其是著名的西湖十景满足了临安居民的审美需求。西湖生态风景区既是各类花鸟虫鱼的乐园，也是临安居民亲近自然，释放自我的绝佳之选。经过持续的建设和维护，西湖生态景区俨然成为临安的城市"后花园"，发挥了重要的生态功能，有效缓解了临安居民对城市的压力，使人、城、湖总体上处于一种较为和谐的状态。

第二节　长江下游地区的圩田与水利

我国长江下游地区水资源丰沛，河湖众多，自古号称"水乡"。历史上这一地区的民众在与水环境打交道的过程中，对水资源的控制和利用能力逐步增强，并使其服务于自身的生产与生活。其中，圩田就是长江下游地区民众探索出的一条人与水相处的有益模式。所谓圩田是指在沿江、滨湖或濒海的低洼地带用筑堤方式围垦出的水利田，内以围田，外以挡水，圩田的堤堰上一般建有涵闸，

---

[1]（宋）周密：《苹洲鱼笛谱疏证》卷1《木兰花慢》，清乾隆刻本。

潦时闭闸御水，旱时则开闸灌田，具备抗旱防涝的功能。

圩田的兴起与长江下游地区的农业开发，尤其是水稻种植密切相关。圩田最早可能出现于春秋时期的太湖流域[1]，唐末五代时期，随着江南地区的开发获得较大发展。两宋时期，长江下游地区的圩田开发臻至鼎盛。北宋时，官方在长江下游两岸地区组织兴修或修复了很多有名的大圩，如万春圩等，官府经营的圩田（官圩）普遍面积很大，收益较高。两宋之交，宋金战争对长江下游，尤其是两淮等地的圩田造成一定程度的毁坏，但战争造成的北方移民南迁也为圩田的恢复和发展提供了充足的劳动力。南宋中后期，在人口压力下圩田的无序、过度拓展，也引起了较多的弊端。

一、长江下游圩田的分布及区域差异

本节所论述的圩田分为狭义的圩田和广义的圩田，狭义的圩田是指唐宋文献中所称的江淮地区的"圩田"，广义的圩田除了江淮地区的"圩田"外，还包括浙西太湖流域的"围田"和浙东沿海平原的"湖田"。在长江下游不同区域因自然环境的差异及人类开发方式的不同，圩田的形式各不相同。浙东的圩田又称湖田，在山地高处的湖泊上辟地修筑而成，而江淮、浙西的圩田筑于低洼地。江淮的圩田虽多单独成圩，但往往规模宏大；浙西太湖流域的圩田则是由众多圩田连片而成的集合体，其单个圩田往往规模较小[2]。下文将简要论述圩田在长江下游诸路的分布及其区域差异。

1. 两浙路

浙西的太湖流域被宋人誉为"国之仓庾"[3]，是两宋时期农业最为发达的地区，堪称宋代的粮仓。太湖流域农业的发展与当地的圩田开发是密切相关的。五代十国时，地处两浙的吴越政权为了增强国力，保境安民，十分重视当地的农田水利建设，利用太湖流域水道纵横的自然条件围垦了颇成规模的圩田。吴越所建的圩田主要分布在吴淞江流域，以面积达数千亩乃至上万亩的大圩为特

---

[1] 缪启愉：《太湖地区塘浦圩田的形成和发展》，《中国农史》1982 年第 1 期，第 14-15 页。

[2] 何勇强：《论唐宋时期圩田的三种形态——以太湖流域的圩田为中心》，《浙江学刊》2003 年第 2 期，第 105 页。

[3] （宋）范仲淹：《范文正公全集》卷 9《上吕相并呈中丞咨目》，四部丛刊景明翻元刊本。

色。入宋后，太湖地区的圩田在数量和总的面积上都有进一步的发展，更多的湖荡和陂塘被开垦成圩田。太湖流域的大圩与塘浦圩田格局逐步被打破，大圩演变为小圩，逐步形成五里一横塘，七里一纵浦的塘浦圩田体系，"其环湖卑下之地，则于江之南北为纵浦以通于江，又于浦之东西为横塘以分其势，而棋布之，有圩田之象焉。"[1]宋代太湖流域的圩田面积一般都不大，"或三百亩，或五百亩，为一圩，盖古之人停蓄水以灌溉民田。"[2]然而由于官府疏于治理，以及民间盲目围垦，导致圩田恶性发展，塘浦圩田制日趋紊乱、隳坏，水流无所通泄。

在浙东路沿海平原地区的圩田开发也普遍兴起，大面积的陂湖被围垦成圩田。如会稽之鉴湖、鄞县之广德湖、萧山之湘湖均被为围垦成田[3]。鉴湖本为浙东一大湖，有很强的蓄水、灌溉能力，北宋以来不断被盗湖为田，湖面日益缩小。大中祥符年间（1008—1016年）有27户，治平年间（1064—1067年）有80余户，围田700余顷，而熙宁年间（1068—1077年）已增至900余顷[4]。以至于宋人沈遘称："鉴湖千顷山四连，昔为大泽今平田"[5]。宋代，浙东地区的圩田形式被时人称为"湖田"，就是因为当地的圩田多是围湖垦田而成的。

2. 江东路

江东地区的圩田开发始于三国之际，而其快速发展则是在两宋时期。入宋后，长江沿岸的江宁、芜湖、宁国、宣州、当涂等地圩田普遍兴起，其中仅宣城圩田就达179所[6]。据史书记载，南宋乾道五年（1169年），江东路建康、宁国、太平、池州等地的官圩即达79万余亩[7]。宋代官府亦通过兴修或修复圩田的方式，推动圩田水利建设。仁宗嘉祐年间（1056—1063年），江南东路转运使张颙、转运判官谢景温、宣州宁国县令沈披倡议重修万春圩，获得朝廷支持，出粟三万斛，募集丁夫万四千人，历时四十日，终于修成"博六丈，崇丈有二

[1]（宋）郑雩：《吴门水利书》，引自（宋）郑虎臣：《吴都文粹》卷5，文渊阁四库全书补配文津阁四库全书本。

[2]（宋）单锷：《吴中水利书》，清嘉庆墨海金壶本。

[3]（宋）李心传：《建炎以来系年要录》卷86，绍兴五年（1135年）闰二月戊申，中华书局，2013年，第1635页。

[4] 韩茂莉：《宋代农业地理》，山西古籍出版社，1993年，第98页。

[5]（宋）沈遘：《西溪集》卷3《鉴湖》，四部丛刊三编景明翻宋刻本。

[6]（清）徐松辑：《宋会要辑稿》食货八之一〇，中华书局，1957年，第4939页。

[7]（宋）王应麟：《玉海》卷176《食货·田制》，文渊阁四库全书本。

尺，八十四里以长"的大圩[1]。

江东路的圩田主要分布在长江南岸的沿江平原地带，韩茂莉教授认为该地区的圩田西起建德，向东一直可达镇江附近，南界大致在南陵、宣城、宁国、广德一线[2]。江东路的圩田普遍规模较大，如"宣州化成、惠民二圩相连，长八十里，芜湖万春、陶新、和政三官圩共长一百四十五里，当涂县广济圩长九十三里，私圩长五十里。"[3]此外，建康的永丰圩田，太平州芜湖县的犹山、永兴、保成、咸宝、保胜、宝丰、衍惠诸圩均是当时有名的大圩。而太平州当涂县仅官圩就有55所之多[4]。

3. 两淮路

两淮路位于长江与淮河之间，与江东路和两浙路毗邻，自然环境差异不大，两淮地区的民众仿效江东、两浙捍水围田，修圩筑堤。庆历年间（1041—1048年），宋廷曾下诏，令江淮、两浙、荆湖等地州军开修圩田[5]。将江淮并提，说明淮南地区的圩田也应成一定规模。两淮路的圩田主要分布在沿江、滨湖地带，其中著名的合肥三十六圩就位于巢湖沿岸，围湖垦田而成。无为军庐江县"周环五十里"的杨柳圩，以及无为县的嘉城圩也都是两淮路有名的圩田[6]。

需要指出的是，两淮路的圩田主要是在北宋时期开发的。建炎南渡后，两淮地区历经战乱，人烟荒芜，水利失修，多数圩田被废毁。史载"民去本业，十室九空，其不耕之田，千里相望。"[7]由于此后两淮地区一直是宋金及其后宋蒙军事斗争的前沿，当地的圩田水利恢复难有起色。

两宋时期的圩田开发主要集中于上述三个水资源较丰富、人口密集的地区。但随着宋代社会经济的发展，圩田作为一种抗旱防涝的水利田向周边地区进一步推广。据研究，在南宋后期，荆湖北路已出现圩田开发[8]。关于与两浙、江东紧邻的江西路由于缺乏文献直接记载，学界在论述宋代圩田时罕有提及，但

---

[1]（宋）沈括：《长兴集》卷9《万春圩图记》，四部丛刊三编景明翻宋刻本。

[2] 韩茂莉：《宋代农业地理》，山西古籍出版社，1993年，第121-122页。

[3]（宋）李心传：《建炎以来朝野杂记》甲集卷16《圩田》，江苏广陵古籍刻印社出版，1981年，第351页。

[4]（清）徐松辑：《宋会要辑稿》食货六一之一三六，中华书局，1957年，第5941页。

[5]（清）徐松辑：《宋会要辑稿》食货六一之九三，中华书局，1957年，第5919页。

[6]（清）徐松辑：《宋会要辑稿》食货七之五六，中华书局，1957年，第4933页。

[7]（宋）李心传：《建炎以来系年要录》卷40，建炎四年（1130年）十二月丁酉，中华书局，2013年，第885页。

[8] 石泉、张国雄：《江汉平原的垸田出现于何时》，《中国历史地理论丛》1998年第1辑。按：荆湖北路位于长江中游地区，不在本书的研究范围内，故不作具体论述。

该地区自然环境与两浙、江东相近，地域相连，在宋代尤其是南宋人口显著增加的情况下，是很可能出现圩田开发的。绍兴五年（1135年），知湖州李光言："诸路如江东、西圩田，苏秀围田，各有未尽利害"[1]，其中就明确提到了江西的圩田。南宋中期，侨居江西信州的赵蕃在其《投王饶州日勤四首》诗中有言"山田小旱熟湖田"[2]，在山田出现旱情的情况下，湖田仍可取得丰稔，此处的"湖田"即应为具备抗旱功能的圩田。

二、圩田的管理和养护

宋代的圩田有官圩和私圩之分，这主要体现了圩田的所有权和管理权的不同。官圩一般都是大圩，所有权属于官府，并设有圩吏进行管理。圩吏一般由圩田所在州县官吏，如通判或知县兼任，绍兴三年（1133年），宋廷诏："应有官圩田州县，通判于御位带兼提举圩田，知县带兼主管圩田。每岁不得使有荒闲，委监司以旧额立定租稻硕斗，尽收以充军储。"[3]官圩由官府召诱百姓承佃，收成按照一定的比例输官。官圩在维护时由官府出面组织人力，而且还要提供钱粮支持，如乾道九年（1173年），官府修葺遭大水损坏的太平州诸圩，"其工费计米两万一千七百五十七硕五升，钱两万三千五百七十贯一百三十七文省。"[4]

私圩属于圩内民户所共有，由圩长负责管理圩内的水利兴修等事务，圩长一般是由圩内人户推举的"有心力，田亩最高之人"，每年秋收后，岁晏水落之时，圩长"集本圩人夫于逐圩增修"[5]。宋人杨万里《圩丁词十解》生动地体现了圩长召集圩丁修圩的热闹场景：

年年圩长集圩丁，不要招呼自要行。万杵一鸣千畚土，大呼高歌总齐声。儿郎辛苦莫呼天，一日修圩一岁眠。六七月头无点雨，试登高处望圩田。[6]

[1]（宋）李心传：《建炎以来系年要录》卷86，绍兴五年（1135年）闰二月戊申，中华书局，2013年，第1635页。
[2]（宋）赵蕃：《淳熙稿》卷17《投王饶州日勤四首》，武英殿聚珍版丛书本。
[3]（清）徐松辑：《宋会要辑稿》食货六三之一九九，中华书局，1957年，第6085页。
[4]（清）徐松辑：《宋会要辑稿》食货八之一七，中华书局，1957年，第4942页。
[5]（清）徐松辑：《宋会要辑稿》食货八之一四，中华书局，1957年，第4941页。
[6]（宋）杨万里：《诚斋集》卷32《圩丁词十解》，四部丛刊景宋写本。

从中我们可以看出，每岁修圩都在圩长的组织下统一进行，修圩虽然十分辛苦，但修成后可保一年收成，与全圩百姓的切身利益密切相关，因而圩内人户对修圩具有很高的积极性。

宋人对圩田的养护十分用心，这首先体现在对圩堤的维护上，圩堤的安全与否关系到圩田的安危，故宋人往往将圩堤修筑的十分高厚，前揭万春圩"博六丈，崇丈有二尺"，其圩堤宽六丈，高一丈二尺，可见圩堤之牢固。而且为了提高圩堤的抗潮程度，宋人还常用石板护堤，这在杨万里的《圩丁词十解》中就有反映："岸头石板紫纵横，不是修圩是筑城。"[1]值得一提的是，宋人对生物措施固堤已有很好的认识，在圩堤上植以榆柳或桑树，然后通过树木发达的根系来巩固圩堤。乾道九年（1173年），户部侍郎叶衡言及江东路诸州圩田，"皆高阔壮实，濒水一岸种植榆柳，足捍风涛。"[2]而万春圩则"夹堤之脊，列植以桑，为桑若千万"，在圩堤上植桑不但起到固堤之效，而且兼收桑蚕之利。

宋人通过建设闸堰沟渠，将圩田建成一完备的水利田，"每一圩方数十里如大城，中有河渠，外有门闸。旱则开闸引江水之利，潦则闭闸拒江水之害。"[3]圩岸高厚如城墙，并且建有门闸，门闸是防涝御旱的关键设施，修筑质量很高，"两旁用石筑叠，及以沙扳安闸，高筑土钳，常加坚实"。官府一般安排有专门守圩人户看护门闸，如圩内出现积水或缺水情况，由守圩人户申官，"集众开斗门（让水）出入，候毕即依旧安闸筑塞"，并且禁止圩民盗掘堤岸，违者要依法受到惩处[4]。圩内一般辟以沟洫，将圩内农田分成一块块方田，以便于排灌和管理，沟洫还可通小舟，便于往来。

为了增强抵御水患的能力，宋人常采用联圩或套圩的方式，使各个圩田形成一个相互联系的集合体。联圩是指通过修筑长堤将诸小圩包裹在内，如"太平州黄池镇福定圩周四十余里，庭福等五十四圩周一百五十余里，包围诸圩在内。"[5]套圩和联圩形制相差不大，区别在于先形成大圩，后在圩内筑堤形成小圩。联圩和套圩通过多重圩堤增强了抵御水患的能力。

[1]（宋）杨万里：《诚斋集》卷34《圩丁词十解》，四部丛刊景宋写本。
[2]（清）徐松辑：《宋会要辑稿》食货八之四，中华书局，1957年，第4936页。
[3]（宋）赵汝愚：《宋朝诸臣奏议》卷147《总议三·上仁宗答诏条陈十事》，上海古籍出版社，1999年，第1672页。
[4]（清）徐松辑：《宋会要辑稿》食货八之五二，中华书局，1957年，第4960页。
[5]《宋史》卷173《食货志上一》，中华书局，1977年，第4186页。

三、圩民的劳作与营生

圩田作为一种高产的水利田，需要投入大量的劳动力进行精耕细作和有效的田间管理，方能维持水田持续稳定的高产。那圩民是通过怎样的劳作和经营达到高产的目的呢？从史料记载来看，圩民对农田的经营用力甚勤。江浙人治圩田，"秋收后便耕田，春二月又再耕，名曰炒田"[1]，耕耘不辍，保持地力常新。耕田之后，对于接下来的选种、下种环节，圩内百姓也事之极为精细，"春间须是拣选肥好田段，多用粪壤拌和种子，种出秧苗。"下种之后的除草培田也是重要环节，"禾苗既长，秆草亦生，须是放干田水，子（仔）细辨认，逐一拔出，踏在泥里，以培禾根。"[2]长期的精耕细作，促使两浙地区出现了"烤（靠）田"技术，这在高斯得《耻堂存稿》卷五《宁国府劝农文》中有较为细致的记载：

见浙人治田比蜀中尤精，土膏既发，地力有余，深耕熟犁，壤细如面，故其种入土坚致而不疏；苗既茂矣，大暑之时，决去其水，使日曝之，固其根，名曰靠田；根既固矣，复车水入田，名曰还水，其劳如此。还水之后，苗日以盛，虽遇旱暵，可保无忧。其熟也，上田一亩收五六石，故谚曰："苏湖熟，天下足。"虽其田之膏腴，亦由人力之尽也。[3]

该文中高斯得虽未明言"浙人治田"所治为圩田，但此田为水田无疑。高斯得为南宋后期人，当时圩田已是苏湖一带最普遍的水利田，加之高斯得在文中还有责农人"不修圩埂"之语，因此这里所言的"田"就是指圩田，至少可以说明当时的"烤田"技术已经应用于圩田。从这则史料中，我们可以看到浙人在烤田过程中放水、还水的技术环节，而圩田内干湿交替的水环境以及农人辛劳的精耕细作推动了水稻土的发育。水稻土是一种具有氧化还原层的种植水稻的土壤，它的形成需要人类长期耕作，使稻田产生耕层、犁底层、渗渍层，

---

[1]（宋）黄震：《黄氏日钞》卷78《公移一》，元后至元刻本。

[2]（宋）朱熹：《晦庵先生朱文公文集》卷99《劝农文》，四部丛刊景明嘉靖本。

[3]（宋）高斯得：《耻堂存稿》卷5《宁国府劝农文》，武英殿聚珍版丛书本。

而且"还需要有效地利用水环境，在排灌条件下完成土壤的渗与渍，最后在耕作所形成的淀积层中产生氧化还原层。"[1]江南地区虽然水热条件较为优越，但是土壤性状不甚理想。该地区的土壤主要是红、黄壤，质地黏重、酸性大、养分低，在开垦初期熟化程度低，耕性不良，保水保肥和抗旱能力弱。但是圩田的发展在一定程度上起到了土壤改良的作用，宋代随着人口的增加，圩田内的休耕逐渐减少，大部分稻田开始年年耕作，同时加之圩田内干湿交替出现的水环境，推动了水稻土氧化还原层的出现。宋元时期，水稻土在江南圩田区普遍形成，这为当地粮食的增产及百姓生计的改善均发挥了不可低估的作用。

圩民的辛勤耕耘，将圩田改造成单产很高的水利田，前述《宁国府劝农文》中提到"上田一亩收五六石"，属于圩田中优质田的产量，而普通圩田产量应稍低一些。嘉定二年（1209年），知湖州王炎奏："本州境内修筑堤岸，变草荡为新田者凡十万亩，亩收三石，则一岁增米三十万硕。"显然此处"亩收三石"是指新开圩田的产量，一般来说新开圩田土壤熟化程度较低，产量不高，因此"亩收三石"应代表中下水平的圩田收成。这与北方粟麦普遍亩收一两石[2]相比，已经算是很高产了。正如杨万里的诗中所体现："圩田岁岁镇逢秋，圩户家家不识愁。夹路垂杨一千里，风流国是太平州。"[3]正常年景圩民的生活基本可保衣食无忧。

然而宋代江浙地区频繁出现的水患却对圩民的生产生活造成很大的干扰。江南"可耕之地皆下湿，厌水濒江，规其地以堤，而艺其中，谓之'圩'"[4]。圩田地区一般地形低下，濒江临水，常常是"水高于田"，一旦发生水灾往往会造成农业产量锐减，百姓生活困苦。如元祐五年（1090年），浙西"淫雨为害，又多大风猝起潮浪"，导致圩堤破损，"有举家田苗没在深水底，父子聚哭，以船筏捞摝，云半米犹堪炒吃，青穄且以喂牛。"[5]境况之惨，难以言表。

[1] 王建革：《宋元时期吴淞江流域的稻作生态与水稻土形成》，《中国历史地理论丛》2011年第1辑，第6页。

[2] 顾吉辰：《宋代粮食亩产量小考》，《农业考古》1983年第2期，第107页。

[3]（宋）杨万里：《诚斋集》卷34《圩丁词十解》，四部丛刊景宋写本。

[4]（宋）沈括：《长兴集》卷21《万春圩图记》，四部丛刊三编景明翻宋刻本。

[5]（宋）李焘：《续资治通鉴长编》卷451，元祐五年（1090年）十一月己丑，中华书局，2004年，第10830页。

四、圩田与围田的异同

圩田（这里指狭义上的圩田，下同）是南方水乡地区民众在长期治水治田实践中创造出的一种水利田，它充分利用了南方独特的水环境，通过筑堤的方式，外以挡水，内以围田，理论上具有防涝御旱的功能。但是要真正实现圩田"有丰年而无水患"[1]的理想模式却并非易事，这需要圩内民户与圩田本身及其周边的水环境彼此协调，良性互动。

我国的长江下游地区地势低洼，河湖众多，降水的季节性较强，水涝灾害多发，成为制约农业发展的一大瓶颈。该地区民众在长期生产实践中，创造了围田挡水的圩田开发模式，水行于圩外，田成于圩内，水与田彼此相依，而互不为害。这就是范仲淹所言的："江南旧有圩田，每一圩方数十里，如大城，中有河渠，外有门闸，旱则开闸，引江水之利；涝则闭闸，拒江水之害，旱涝不及，为农美利。"[2]在范仲淹所描述的圩田中，"旱涝不及"，抵御自然灾害的能力很强。

圩田的发展与人口规模处于一种相互制约的状态，宋代既是圩田的大发展时期，同时也是圩田弊病丛出的一个时期。圩田的发展需要一定的人口规模和农业技术，以推动农田的精耕细作和水环境管理。但是过大的人口规模往往会使人类相应地开垦更多的土地，以维持生计之需，圩田的过度扩展却往往是以侵害与之相依的水环境为代价。北宋中后期以来，两浙一带普遍出现的、围湖垦田而成的"围田"，就是这一现象的体现。"围田"与"圩田"二者有很多的共同之处，因而也有一部分人将其等同而观[3]。著名农学家缪启愉先生则对二者的不同点做了细致的区分："首先，筑堤围田是比较低级的和自发性的，圩田是发展到了有着通盘规划和布局的灌溉系统时的名称。其次，圩田是和灌溉系统相互配合的有机组成部分，是在大片平原上开发建成的田制结构；围田则是围占河湖面为田，它是阻碍和破坏水利系统的，与圩田不相容。"[4]

---

[1]（元）马端临：《文献通考》卷6《田赋考六·水利田》，中华书局，1986年，第70页。

[2]（宋）赵汝愚编：《宋朝诸臣奏议》卷147《总议门·上仁宗答诏条陈十事》，上海古籍出版社，1999年，第1672页。

[3] 如宁可（《宋代的圩田》，《史学月刊》1958年第12期，第21页）、韩茂莉（《宋代农业地理》，山西古籍出版社，1993年，第96页）均认为"圩田"与"围田"是同一事物。

[4] 缪启愉：《太湖地区塘浦圩田的形成和发展》，《农史》1982年第1期，第20页。

从缪启愉先生对"围田"与"围田"的区分来看，二者的不同点是显而易见的，但缪启愉先生对二者的区分似乎又存在绝对化的倾向。事实上"圩田"与"围田"除了有明显的区别外，还有相当大的相似性及密不可分的关联性。首先，在形制上有很大的相似之处，都是在湿地地区筑堤挡水而成的水田；其次，二者的界限并不是绝对的，在一定条件下二者可以相互转化。元代著名农学家王祯在其《王祯农书》中对"圩田"与"围田"的形制有如下论述：

> 围田、筑土作围，以绕田也。盖江淮之间，地多薮泽，或濒水，不时淹没，妨于耕种，其有力之家，度视地形，筑土作堤，环而不断，内容顷亩千百，皆为稼地……复有"圩田"，谓叠为圩岸，捍护外水，与此相类，虽有水旱，皆可救御。[1]

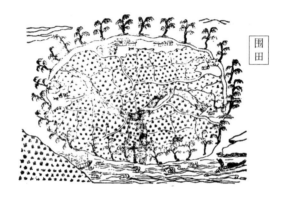

图3-3　《王祯农书》所绘"围田"图

可见，在元人王祯的眼里，"圩田"与"围田"是大致类似、名异而实同的关系，而且在《王祯农书》卷七《农器图谱》所绘"田制"中只绘有"围田"，而无"圩田"，显然是因为王祯将二者视为同一事物（见图3-3）。从广义上而言，圩田与围田确实存在很大的相似性，二者在形制上类同，很难断然区分。不过在发展阶段及其与周遭水环境的关系上二者还是有一定区别的，围田可以看成是圩田开发的初级阶段，先要筑堤围裹沼泽低地，然后将围内的积水排到围堤外，再于围田内划分塍埂，进行逐级开发。若能处理好与水环境的关系，使水不为灾，围田则可能转变为圩田。然而北宋后期在人口压力下，围湖垦田在浙西地区大规模展开，李光曾指出政和年间（1111—1118年）两浙地区的湖泊已

[1]　王毓瑚校：《王祯农书·农器图谱一·田制门》，农业出版社，1981年，第186页。

有"尽废为田"的趋势。到南宋中后期围湖垦田的情况更加普遍，卫泾曾感叹道："隆兴、乾道之后，豪宗大姓相继迭出，广包强占，无岁无之，陂湖之利日朘月削……三十年间，昔之曰江、曰湖、曰草荡者，今皆田也。"[1]建炎以来，大量北方人口南迁，"江、浙、湖、湘、闽、广，西北流寓之人遍满"[2]。无地少地的民众纷纷将陂湖围垦成田，致使"水道浦溆皆为之湮塞，江湖既隔绝，旱无所灌溉，水无所通泄"[3]。围湖垦田造成水系紊乱，水旱灾害加重，反过来使农田受损。对此宋人亦有深刻的认识：

今所以有水旱之患者，其弊在于围田，由此水不得停蓄，旱不得流注，民间遂有无穷之害。[4]

东南地濒江海，旧有陂湖蓄水，以备旱岁，近年以来尽废为田，涝则水为之增益，旱则无灌溉之利，而湖之为田亦旱矣。[5]

浙西自有围田，即有水患。[6]

将湖荡围垦成田后，湖水无所容蓄，河道湮塞，涝时水流无所下泄，旱时无水灌溉。既然围田开发带来的弊端甚多，那为什么在北宋末年以来至南宋时，围田却在两浙一带盛行呢？概因围田可以暂时缓解人口过多对土地造成的压力，带来短期而直接的利益，而弊端则是间接的，往往事后才能显现。此外，有能力进行大规模围田开发的往往是"势家大姓"以及军队，作为既得利益者，他们"障陂湖以为田，日广于旧"[7]，是很少顾及公共水利与贫苦百姓生计的。官方虽已认识到围田带来的危害，并且多次颁布禁止围湖垦田的法令，但在现实人口压力和围田既得利益者的反对下，这些法令往往徒为具文，难以得到切实执行。

虽然围田客观上给水环境造成较大危害，但宋人发展围田的目的绝不是为了破坏水环境，将围田建设成旱涝保收的圩田更符合其长远利益。然而围田发

[1]（宋）卫泾：《后乐集》卷 13《论圩田札子》，文渊阁四库全书补配文津阁四库全书本。
[2]（宋）庄绰：《鸡肋编》卷上，《唐宋史料笔记丛刊》，中华书局，1983 年，第 36 页。
[3]（宋）卫泾：《后乐集》卷 15《郑提举札》，文渊阁四库全书补配文津阁四库全书本。
[4]（宋）龚明之：《中吴纪闻》卷 1《赵霖水利》，知不足斋丛书本。
[5]（清）徐松辑：《宋会要辑稿》食货七之四〇，中华书局，1957 年，第 4925 页。
[6]（宋）卫泾：《后乐集》卷 13《论圩田札子》，文渊阁四库全书补配文津阁四库全书本。
[7]（宋）陈造：《江湖常翁集》卷 33《吴门芹宫策问二十一首》，明万历刻本。

展的盲目与无序，却使现实状况与理想状态背道而驰，毫无长远规划的滥围滥垦，致使河湖草荡等水环境的自然生态逐步恶化。围田的意义在一定程度上已经由"围田"变成了"围水"，也就是将原来的陂湖圈围起来，开垦成田地，即宋人所言的"盗湖为田"。"盗湖为田"导致水旱灾害频发，围田之利得不偿失，不但没有转变为抗旱防涝的圩田模式，反而成了侵害圩田体系的外在因素。

两宋时期，圩田在南方水乡地区获得快速的发展与推广，圩田分布区遍及长江下游的两浙、江淮诸路。圩田的发展推动了两浙、江淮地区农业的整体发展水平，两浙、江淮成为宋代农业最为发达、单产最高的粮食主产区，也是两宋都城（东京、临安）最重要的粮食供给区。圩田是长江下游地区民众探索出的一条人与水环境相处的有益模式，这一模式的维持需要合理的人口数量、有效的管理以及较高的水利技术。然而随着宋代社会经济的发展，人口压力越来越大，部分圩田地区的人地矛盾凸显出来，大量的河湖水面被围垦，造成了人与水环境关系的紧张与失衡，表面上圩田的面积得到扩大，实际上圩田赖以存在的生态基础却遭到侵害。

第三节　宋代东南山区的农业开发——以南宋时期梯田的兴起为中心

宋代被学界普遍认为是我国经济重心南移的最后和完成阶段，尤其是南宋时期，随着南方地区经济的进一步开发，南方经济在全国经济比重中占据明显优势，南强北弱的经济格局基本奠定。在宋代南方经济发展过程中，东南山区[1]的农业开发，尤其是梯田的出现是一项十分有特色，而且对后世影响深远的农业开发活动。随着两宋时期南方局势的相对稳定，人口的持续增长，南方平原地区普遍面临人多地少的压力，山地在农业开发中的作用和地位显著上升。梯田的出现和推广是山地农业开发推向深入的重要表现，宋人开垦梯田既反映了其改造山地能力的增强，反过来又对其生产、生活以及生态环境产生显著影响。

---

[1] 本书所言的东南山区是指北起长江，南到南岭，西起雪峰山，东至大海范围内的中低山与丘陵区，该区域内的山岭主要有黄山、九华山、衡山、丹霞山、武夷山、南岭等，在宋代政区设置上包括两浙路、江南东路、江南西路、荆湖南路、福建路的全部或一部分。而今日行政区划则包括今安徽省、江苏省、江西省、浙江省、湖南省、福建省的部分或全部。

一、山区农业开发与梯田的出现

北宋统一南方后，国家的政治重心虽位于北方，但南方的经济地位却在不断上升，南方的经济稳步发展。南方经济中最发达的地区是以两浙、江淮为主的东南地区，包拯称："东南上游，财赋攸出，乃国家仰足之源，而调度之所出也。"[1] 东南地区不但经济发达，而且是全国最主要的财赋来源地。然而，随着东南地区农业生产水平的提高，人口的增加，人多地少的矛盾开始凸显出来。在两浙、福建等路适宜开垦的平原地区，已普遍感到耕地资源的不足，"浙间无寸土不耕"[2]，"闽浙之邦，土狭人稠，田无不耕。"[3] "地狭人稠"是一相对的概念，耕地资源的不足主要来自人口的不断增长，有限的耕地资源不足以支撑不断增加的人口。宋代东南地区人口基本处于持续增长阶段，仅从《淳熙三山志》所载两宋福州人口的增加情况即可见当时人口增长之一斑：

皇朝德泽深厚，邦民皓首不识兵革，以故生齿繁毓。国初主客户凡九万四千五百一十，景德一十一万四千八百六十二（《九域图》），治平一十九万七千一百七十六（《治平图志》），元丰二十一万一千五百四十六（《九域志》），建炎以来户主二十七万二百有一，口四十万七千三百四十四（《建炎图志》）。以今（笔者按：淳熙年间）较之，户加建炎五之一，口加三之一。[4]

福州人口从北宋初（应在978年，北宋并吴越国，占领福州之后）的94 510户增长到南宋初建炎年间（1127—1130年）的270 201户，407 344口，约一个半世纪的时间内，户数增加了几乎两倍；而在约半个世纪后的淳熙年间（1174—1189年），户数又增加了五分之一，口数增加了三分之一。人口的增加虽然给耕地带来了压力，但也为新的农业开发提供了充足的劳动力。平原地带可耕地的不足则迫使人们不得不将寻求耕地的目光转移到山区。

东南地区地形以丘陵、山地为主，气候为亚热带季风性气候，雨热同期，

---

[1]（宋）包拯：《包孝肃奏议》卷4《请令江淮发运使满任》，文渊阁四库全书本。
[2]（宋）黄震：《黄氏日钞》卷78《咸淳八年春劝农文》，元后至元刻本。
[3]（宋）许应龙：《东涧集》卷13《初至潮州劝农文》，文渊阁四库全书本。
[4]（宋）梁克家：《淳熙三山志》卷10《户口》，文渊阁四库全书本。

温暖湿润，山区广泛分布有亚热带常绿阔叶林。面积广大的山区既在一定程度上成为农业发展的障碍，同时也为农业的发展提供了可开拓的空间。宋代之前，东南山区的农业开发还主要限于自然条件较好的山间盆地与河谷地带，人口和政区治所也主要集中在这些地区。入宋后，东南山区农业开发渐次向山麓、山坡推进，在广度上和深度上都有很大的拓展与深化。

东南山区民众为解决衣食之需，对山坡地进行了广泛的开垦，"耕种于无用之山，荒墟之地，日计之不足，岁计之有余。"[1]耕垦荒山，以日计之，不见产出，似乎是亏空的，但年终收成时，还是有一定的剩余，并不会徒费工力。宋代在东南山区各地，普遍地出现垦山为田的情况，如福建路，"层山之巅，苟可置人力，未有寻丈之地，不丘而为田"[2]；婺州"浦江居山僻间，地狭而人众，一寸之土垦辟无遗。"[3]山区民众对山区可耕地资源的利用已几乎到了极致，在作物品种选择上，根据地形高下及水源情况，"高者种粟，低者种豆，有水源者艺稻，无水源者播麦。"[4]基本做到了因地制宜，合理种植。

但是在垦辟方式上还存在一些不合理之处，尤其是在北宋时期，火耕畲田的方式还普遍存在于山区开垦当中，如杨亿称浙东山区"火耕水耨，获地利以甚微"[5]；吕惠卿之父吕璹为漳浦令时，因当地山林蔽翳，而"教民焚燎而耕"[6]。火耕畲田往往是在开垦山林之初不得已而为之的方式，通过烧荒的方式清除山中荆棘丛林，为垦田创造条件。火耕畲田主要是在地势较高，灌溉不便的丘陵及中低山的山坡上，多采用撂荒游耕制或休耕制，一般不注重地力的保持和水利设施的修建，因而易造成土壤肥力衰竭与水土流失等生态问题。畲田对土地的平整度要求不高，多为坡地，一般都采用旱作耕作方式。

随着山区人口的增加和农业技术的进步，必然会推动土地利用向精细化方向发展，以达到高产和土地资源可持续利用的目的。梯田的出现则在很大程度上推动了山区农业向精耕细作方向发展。梯田是指在山坡地上分段沿等高线建造的阶梯式农田，梯田的边缘一般要用土石修筑田埂，以防止土壤流失。梯田

[1]（宋）韩元吉：《南涧甲乙稿》卷18《又劝农文》，武英殿聚珍版丛书本。

[2]（清）徐松辑：《宋会要辑稿》瑞异二之二九，中华书局，1957年，第2095页。

[3]（宋）倪朴：《倪石陵书》，民国续金华丛书本。

[4]（宋）韩元吉：《南涧甲乙稿》卷18《建宁府劝农文》，武英殿聚珍版丛书本。

[5]（宋）杨亿：《武夷新集》卷12《再贺熟稻表》，明刻本。

[6]《宋史》卷471《吕惠卿传》，中华书局，1977年，第13705页。

是山地长期进行农业开垦的产物，山区民众在长期的山坡种植实践中，逐渐将坡地平整，并修筑围埂，坡地渐而转化为梯田。

梯田出现的具体时间已难以考证，"梯田"名称首次出现于文献记载是在南宋早期著名诗人范成大的游记《骖鸾录》中。乾道年间（1165—1173年），范氏客游袁州（今江西宜春）之仰山，看到仰山"缘山腹乔松之磴甚危，岭阪上皆禾田，层层而上至顶，名'梯田'。"[1]"梯田"之名始见于世，但是作为客观实体之"梯田"的出现时间肯定要早于"梯田"这一名称的出现，只有实体上的"梯田"较普遍地出现，并且经过一定时间，被人们所认知，才会根据其特点以命名。事实上，作为客观实体，梯田在人多地狭的福建路出现的时间还要更早一些，北宋晚期人方勺（生卒年不详，主要生活年代为宋神宗、哲宗时期）在其《泊宅编》中记载：

> 七闽地狭瘠，而水源浅远，其人虽至勤俭，而所以为生之具，比他处终无有甚富者。垦山垄为田，层起如阶级，然每援引溪谷水以灌溉，中途必为之碓，下为碓米，亦能播精。[2]

此处所载，"垦山垄为田"，是指在开垦山坡地时修筑有田垄（埂）；"层起如阶级"表明农田开垦分为一层层如阶梯状的水平面；"每援引溪谷水以灌溉"说明所种似为水田，而在引水途中设置石碓以碓米（稻米）则印证了这一点。可见，至迟在北宋晚期福建一带已经出现了具有一定规模的梯田。福建路是典型的山多地少地区，为了发展农业只能向山地拓展，其梯田开发在当时全国是处于领先地位的，"闽山多于田，人率危耕侧种，塍级满山，宛若缪篆。"[3]沿海的福清县"其民皆垦山种果菜"[4]，内陆的建州、南剑州一带则是一番"山化千般障，田敷百级阶"[5]的景象。到南宋时期福建路的梯田开发已得到普遍的推广。

与福建路相邻的两浙路梯田开发也较为普遍。两浙路的平原地区是宋代农

[1]（宋）范成大：《骖鸾录》，《唐宋史料笔记丛刊·范成大笔记六种》，中华书局，2002年，第52页。
[2]（宋）方勺：《泊宅编》（三卷本）卷中，《唐宋史料笔记丛刊》，中华书局，1983年，第81页。
[3]（宋）梁克家：《淳熙三山志》卷5《水利》，文渊阁四库全书本。
[4]（宋）刘克庄：《后村集》卷88《福清县创大参陈公生祠》，四部丛刊景旧抄本。
[5]（宋）陈藻：《乐轩集》卷1《建剑途中即事》，文渊阁四库全书本。

业最为发达的地区，在平原地区农业用地不足的情况下，不得不向山区拓展，两浙山区梯田逐渐推广。如浙东温州冯公岭一带梯田开发的层级非常多，显然不是一日之功，"百级山田带雨耕，驱牛扶耒半空行"[1]；明州象山县"负山环海，垦山为田"[2]；浙西严州"一亩之地高复低，节节级级如横梯"[3]，就是较典型的梯田景观。

江南东路的南部位于今天的皖南山区，山多田少，南宋时，当地的梯田开垦兴起。地处新安江上游的徽州是江南东路梯田开发较为发达的地区，据《淳熙新安志》载："新安（徽州）为郡在万山闲（间？），其地险狭而不夷……民之田其闲（间？）者层累而上，指十数级不能为一亩，快牛剡耜不得旋其闲（间？）。"[4]方岳《秋崖集》亦言："徽民凿山而田，高耕入云者十半"[5]。此外，宣州宁国县"两山之间开畎亩，石罅著锄那得宽"[6]，亦是反映了当地开垦梯田的景象。

上述范成大《骖鸾录》所载江南西路的袁州（今江西宜春），"缘山腹乔松之磴甚危，岭坡上皆禾田，层层而上至顶，名'梯田'"，体现出当地的梯田开发已粲然可观。袁州于江南西路而言是比较偏远的地区，"袁之为州，地峡田寡，粟才仅仅，州民必山伐陆取。"[7]当地的梯田尚颇具规模，那么其他山区州县亦应具有一定程度的梯田开发。著名诗人杨万里就形容吉州永丰县石磨岭的梯田为："翠带千镮束翠峦，青梯万级搭青天，长淮见说田生棘，此地都将岭作田。"[8]梯田层层叠叠，绕山而上，仿佛连接青天，如此气势的梯田必是长期开发方会出现的景象。

荆湖南路在北宋曾长期是农业开发比较落后的地区，不过土地资源较为充足。至南宋时，荆湖南路的南部山区土地开发已成一定气候，并已垦辟出梯田。乾道年间（1165—1173年），范成大途经衡、永二州间的黄茅岭，有感于山间开垦的不易，作诗云："谓非人所寰，居然见锄犁，山农如木客，上下翾以飞。"[9]

---

[1]（宋）楼钥：《攻媿集》卷7《冯公岭》，武英殿聚珍版丛书本。

[2]（宋）廉布：《修朝宗石碶记》，见（宋）张津：《乾道四明图经》卷10，清刻宋元四明六志本。

[3]（宋）方逢辰：《蛟峰集》卷6《田父吟》，清顺治刻本。

[4]（宋）罗愿：《淳熙新安志》卷2《叙物产》，清嘉庆十七年（1812年）刻本。

[5]（宋）方岳：《秋崖集》卷36《徽州平籴仓记》，文渊阁四库全书本补配文津阁四库全书本。

[6]（宋）沈与求：《龟溪集》卷1《宁国道中》，四部丛刊续编景明本。

[7]（宋）杨万里：《诚斋集》卷129《夏侯世珍墓志铭》，四部丛刊景宋写本。

[8]（宋）杨万里：《诚斋集》卷13《过石磨岭岭皆创为田直至其顶》，四部丛刊景宋写本。

[9]（宋）范成大：《石湖诗集》卷13《黄茅岭》，四部丛刊景清爱汝堂本。

此处虽然不能完全断定山农所垦即为梯田，但从用锄犁耕作来看，已经是比较精细的垦殖了。而乾道元年（1165年），张孝祥出知靖江府，亦途经衡、永一带山区，作《湖湘以竹车激水，粳稻如云，书此能仁院壁》一诗：

> 象龙唤不应，竹龙起行雨。联绵十车辐，伊轧百舟橹。转此大法轮，救汝旱岁苦。横江锁巨石，溅瀑叠城鼓。神机日夜运，甘泽高下普。老农用不知，瞬息了千亩。抱孙带黄犊，但看翠浪舞。余波及井臼，舂玉饮酏乳。江吴夸七蹋，足茧腰背偻。此乐殊未知，吾归当教汝。[1]

诗中所言的竹龙即为筒车，是一种竹制的，以水为动力的提水机械（见图3-4）。通过水流带动筒车转动，可将水提往高处灌溉。从"联绵十车辐"来看，当是多架筒车连绵相续，将水提到比较高的地方。而"甘泽高下普"则表明灌溉的稻田并不是在一个平面上，应是高低错落的，因此我们认为此处灌溉之田为梯田。另外值得注意的是，这种节省人力的筒车技术在被认为是宋代农业技术最为发达的江吴一带（指宋代的两江路与两浙路）却并没有出现，这说明在荆湖南路等原先我们认为经济落后的僻远地区，在南宋时已经有了一定起色，至少有其值得称道的地方。

筒车

图3-4　《王祯农书》所绘"筒车"图

---

[1]（宋）张孝祥：《于湖集》卷4《湖湘以竹车激水，粳稻如云，书此能仁院壁》，四部丛刊景宋本。

综上可见，至迟在北宋晚期梯田已出现在福建等东南沿海人多地狭，山地、丘陵面积较广的地区。而到了南宋时期，梯田在东南山区已是普遍存在的一种山区农业开发方式，在东南诸路几乎均可见梯田的分布。梯田在宋代的出现及发展并不是一种孤立的现象，它是宋代南方经济发展尤其是山区农业开发推向深入的重要体现，同时也与人口增加及农业技术进步密切相关，而南方经济发展与人口增加又是相互推动的关系。此外，梯田的普及主要是在南宋时期，这与"靖康之难"后北方人口大量南迁，南方人地关系趋于紧张也是有密切关联的。

二、山区民众的生计与梯田的垦殖

梯田的开垦需要有一定数量的劳动力。在宋代以前，东南山区普遍人烟稀少，山区民众易于获取衣食之资，依靠山伐渔猎及粗放的刀耕火种即可基本维持生计。北宋中前期，山区的农业开发仍然集中于地势低平、水热条件较好的河谷及山间盆地，而山地的耕作主要是刀耕火种性质的畲田。北宋后期以来，随着人口的不断增加，平原地区缺地少地的农民不得不走向山区寻求生计。人口数量的增加为山地开垦准备了人力上的保障，山区垦殖面积因而有了明显增加，如梁克家撰《淳熙三山志》所载福州垦田及税收增长就十分显著，"以今垦田，若园林山地等顷亩，较之国初殆增十倍，夏税比祥符后加一千余缗，苗米比庆历后加四千余石。"[1]当地垦殖面积的增加主要来自"园林山地"，即山区的开垦。

在可耕地资源有限的情况下，人们会尽可能地利用能够开垦成农田的土地，想方设法增加耕地。这种情况在东南诸州山区是普遍存在的，如明州奉化县"右山左海，土狭人稠，日以垦辟为事。凡山巅水湄有可耕者，累石堑土，高寻丈而延袤数百尺，不以为劳"[2]；福建路"地瘠狭，层山之巅，苟可置人力，未有寻丈之地不丘而为田"[3]；朱行中知泉州时有诗曰："水无涓滴不为用，山到

[1]（宋）梁克家：《淳熙三山志》卷 10《垦田》，文渊阁四库全书本。
[2]（宋）罗濬：《宝庆四明志》卷 14《奉化县志卷一·风俗》，宋刻本。
[3]（清）徐松辑：《宋会要辑稿》瑞异二之二九，中华书局，1957 年，第 2095 页。

崔鬼尽力耕"[1]，亦是反映了当地民众尽力从事垦山之情景。尽管山区民众在寻求土地资源，扩大耕种面积方面做出了非常大的努力，但是因为山区自然条件的限制，他们的生计仍然艰难。明州"象山县负山环海，垦山为田，终岁勤苦，而常有菜色"[2]；浙西严州"地形阻隘，绝少旷土"，其山乡细民"崎岖力耕劳瘁，虽遇丰稔，犹不足食，惟恃商旅般贩斗斛为命。"[3]由此可见山区开垦之不易。

　　山区较之于平原地区，在农业开发中存在诸多不利因素，山区民众要付出的艰辛程度亦倍于平原地区。首先，山地开垦的难度要远大于平原地区，山田高下不平，"下自横麓，上至危巅，一体之间，裁作重磴"，"又有山势峻极，不可展足，播殖之际，人则伛偻蚁沿而上，耨土而种，蹑坎而耘。"[4]不但非常辛劳，而且还有一定的危险性。其次，山区地形高仰，灌溉难度颇大，"倚山历级而上者，水皆无及，其所资以灌溉者，浅涧断溜。"[5]若无较先进的水利设施，是很难给高处的山田灌溉的，往往只能利用一些从高处流下的自然水源。最后，山地垦殖更容易遇到地质灾害与气象灾害，一些强降水引发的冲刷或泥石流常可将多年的付出毁于一旦，"一遇雨泽，山水暴出，则粪壤与禾荡然一空。"[6]

　　山区开垦难度很大，但收获却不能与之成正比，如象山县山民"终岁勤苦，而常有菜色"是东南山区较普遍的事情。生计的艰难迫使山区民众在生产效率上下功夫，尽可能地精耕细作，提高单位面积的产出。山区民众改良山区农业垦殖的一个主要途径就是将坡地改造成梯田，通过"累石堑土"，使田面平整，并逐层开垦，形成"层如阶级"的阶梯状。在垦田的同时，根据山势的高低裁成具有一定层次的台阶，"下自横麓，上至危巅，一体之间，裁作重磴"。形成台阶后，再在每级台阶的边缘修筑田埂，即田塍。田埂既可用泥土修筑，也可用石块垒成，元代著名农学家王祯在其《王祯农书》中所言"如土石相半，则必叠石相次，包土成田"[7]，是指在土石相伴的梯田上，将石块拣出，垒成田埂，石块与石块之间接缝错开，再用泥土弥合，如此田埂便会非常牢固。经过

---

[1]（宋）方勺：《泊宅编》（三卷本）卷中，《唐宋史料笔记丛刊》，中华书局，1983年，第81页。

[2]（宋）廉布：《修朝宗石碑记》，见张津：《乾道四明图经》卷10，清刻宋元四明六志本。

[3]（宋）吕祖谦：《东莱集》卷3《为张严州作乞免丁钱奏状》，民国续金华丛书本。

[4] 王毓瑚校：《王祯农书·农器图谱一·田制门》，农业出版社，1981年，第190-191页。

[5]（宋）潜说友：《咸淳临安志》卷39《堰》，文渊阁四库全书本。

[6]（宋）罗愿：《淳熙新安志》卷2《叙贡赋》，清嘉庆十七年（1812年）刻本。

[7] 王毓瑚校：《王祯农书·农器图谱一·田制门》，农业出版社，1981年，第190页。

逐层开垦后，渐而形成"塍级满山"的壮观景观（见图3-5）。

图3-5 　《王祯农书》所绘"梯田"图

修筑田埂后，就要在田块里平整土地，开沟起垄，以便灌溉和种植。梯田田面一般要求非常平整，以使水稻在灌溉时受水均匀。梯田的出现和推广与水田在山区的扩展是相互结合的，也可以说梯田主要是因为山区种植水稻的需要而产生的[1]。水田是指围有田埂，蓄水种水稻的耕地，水稻种植需要较多的劳动力以及相对精细的耕作。水田因需要保水，所以田面必须是水平的，将坡地改造成水平梯田后，就为山区的水稻种植提供了必要条件。

梯田种植水稻如何解决灌溉水源是一个十分关键的问题，直接关系到梯田的产出和山区民众的生计。东南山区沿海一部分山地，尤其是迎风坡因降水较多，山体顶部泉源相对丰富，可直接开沟引流泉水灌溉。如福建路所垦梯田，自山顶而下，"泉溜接续，自上而下耕垦灌溉，虽不得雨，岁亦倍收。"[2]此处

---

[1] 王毓瑚先生在《我国历史上的土地利用》（原刊于1980年6月北京农业大学《科学研究资料》第8005号，后收录于王广阳、王京阳等主编《王毓瑚论文集》，中国农业出版社，2005年）一文认为"这种田法（梯田）的推广是结合了水田的扩展的"。侯甬坚先生《梯田的诞生为何属于过去的南方山地》一文在王毓瑚先生的观点基础上进一步"坚持梯田必须是水平田面的看法，在生产过程中有可依靠的水源，种植的水稻作物（缺少水源时会改为旱作），构成的是塘堰—水渠—梯田农业生产景观。"笔者认为以上观点把握住了"梯田"的内涵与实质，有助于将梯田和一般性的山区坡地开垦区别开来，本书中对关于"梯田"的认定亦大致以此为依据。

[2]（清）徐松辑：《宋会要辑稿》瑞异二之二九，中华书局，1957年，第2095页。

是指靠近泉源的梯田，通过引水渠将泉水引入梯田灌溉。《王祯农书》中所绘的
"梯田"图中即可见在田边筑起水沟，使泉水从高处逐级流下，以灌梯田的场景。
这种方法不但节省了人力，而且也起到不错的灌溉效果，尤其是在缺少雨水的
季节，其产量相比不灌溉会倍增。

在距水源较远甚至无水源可引的山区，灌溉就是一个比较棘手的问题，但
山区民众为了增加粮食产量仍然会想尽办法引水灌溉。在福建一部分距离水泉
较远的梯田就通过龙骨车引水灌溉，"闽山多于田，人率危耕侧种，塍级满山，
宛若缪篆。而水泉自来，迁绝崖谷，轮吸筒游，忽至其所，濒江善地，梁渎横
从，淡潮四达，而龙骨之声荦确如语。"[1]在水泉"迁绝崖谷"，且距离较远的
情况下，显然不可能通过开沟引流自上而下流入梯田，而只有先依靠龙骨车将
水提到高处，以便灌溉。龙骨车又称翻车，是一种木制的水车，带水的木板用
木榫连接或环带以戽水，多用人力或畜力转动，将水提到高处，然后再通过其
他引流方式将水引至田间灌溉（见图3-6）。

图3-6 《王祯农书》所绘"翻车"（龙骨车）图

上述引文中提到"轮吸筒游"，筒有竹管之意，"筒游"是指水流顺着竹管
流下（入梯田）。在《王祯农书》中提到的引流工具有"连筒"和"架槽"，连
筒是一种中间相通的竹筒（见图3-7），"乃取大竹，内通其节，令本末相续，连

[1]（宋）梁克家：《淳熙三山志》卷15《水利》，文渊阁四库全书本。

延不断；阁之平地，或架越涧谷，引水而至"[1]；架槽是一种木制水槽（见图3-8），"木架水槽也。间有聚落，去水既远，各家共力造木为槽，递相嵌接，不限高下，引水而至。"[2]因此"筒"应该即为连筒。连筒与架槽一定程度上使山区引水灌溉摆脱了地形和距离的限制，"如泉源颇高，水性趋下，则易引也。或在潡下，则当车水上槽，亦可远达。若遇高阜，不免避碍，或穿凿而通；若遇坳险，则置之叉木，架空而过；若遇平地，则引渠相接。"[3]连筒和架槽十分便于山区梯田灌溉，应是山区民众在长期梯田垦殖中发明的，并在较长时间内成为山区引水灌溉的重要方式。直到今天这种用竹管或木漕引流泉水的梯田灌溉方式还存在于广西龙胜各族自治县的大寨梯田之中[4]。

图3-7　《王祯农书》所绘"连筒"图　　　　图3-8　《王祯农书》所绘"架槽"图

连筒和架槽在梯田灌溉中发挥了重要作用，但是山区"水湍悍少潴蓄"，由于相对高差大，水流易泄难蓄，并不利于引水灌溉。山区的官府和民众不得不尽力修建各种塘堰以储蓄水流。只有修筑塘堰储水，方能保证山区梯田灌溉，"田之寿脉者塘堰是也"，即体现出塘堰的重要性。据《咸淳临安志》所载仅天

[1] 王毓瑚校：《王祯农书·农器图谱十三·灌溉门》，农业出版社，1981年，第333页。
[2] 王毓瑚校：《王祯农书·农器图谱十三·灌溉门》，农业出版社，1981年，第333页。
[3] 王毓瑚校：《王祯农书·农器图谱十三·灌溉门》，农业出版社，1981年，第333-334页。
[4] 周小华：《岭南山地梯田环境下的生产与生活——基于龙脊大寨梯田的考察》，硕士学位论文，陕西师范大学，2011年，第36-37页。

目山区的于潜县六乡"计之大小堰约计三百二十捺，又七十所"[1]。《陈旉农书》卷上《地势之宜篇第二》对塘堰灌溉的情况有所介绍：

若高田视其地势，高水所会归之处，量其所用而凿为陂塘，约十亩田即损二三亩以潴畜水。春夏之交，雨水时至，高大其堤，深阔其中，俾宽广足以有容。堤之上疏植桑柘，可以系牛。牛得凉荫而遂性，堤得牛践而坚实，桑得肥水而沃美，旱得决水以灌溉，潦即不致于弥漫而害稼。高田旱稻，自种至收，不过五六月，其间旱干不过灌溉四五次，此可力致其常稔也。[2]

这里所言的"高田"虽不能完全确定是梯田[3]，但顾名思义"高田"应为高处（山地或丘陵）之田，且有"高水"从上而下汇集下来，因此"高田"为山区之田是没有疑问的。对山区灌溉来说，梯田所种水稻更需要水源，而梯田的水平田面也更适宜灌溉，所以山区所建陂塘是适于灌溉梯田，甚至可以说是主要用于梯田灌溉的。《陈旉农书》中所言的陂塘为山区小型水利工程，只有二三亩地的面积，在每年雨季来临之时，加固堤坝，浚深塘底，以扩大储蓄水量。干旱时，放水灌溉农田，雨潦时，泄水入陂，基本做到旱涝无虞，"力致其常稔"。《陈旉农书》还提到一个非常生态化的固堤方法，即在堤上种植桑柘，在树上系牛，树荫可以给牛遮荫，牛蹄则将塘堤踩实，而牛的排泄物还可以给桑树增肥，此种妙法应是山区民众长期生产实践中总结出来的。

梯田在有水源灌溉的情况下，耕垦会趋于精细化，朱行中诗中"水无涓滴不为用，山到崔嵬犹力耕"一句就体现出山区民众充分利用水资源，尽力耕垦的情景。水源灌溉与精耕细作是相互推动的耕作技术，水源灌溉是精耕细作的一个重要条件，精耕细作则要求较充分的水源灌溉。但是精耕细作要求的劳动强度也是非常大的，如徽州山民在每年五六月种田时，"田水如汤，父子袒跣行其中，浘深泥抵隆日，蚊蝇之所扑缘，虫蛭之所攻毒，虽数苦，有不得避，其生勤矣。"[4]因为梯田的田面普遍比较窄，牛耕在梯田耕作中普及程度并不高，

[1]（宋）潜说友：《咸淳临安志》卷39《堰》，文渊阁四库全书本。
[2]（宋）陈旉：《陈旉农书》卷上《地势之宜篇第二》，知不足丛书本。
[3] 毛延寿：《梯田史料》（《中国水土保持》1986年第1期）一文中认为引文中所言即为"我国南方种植水稻的梯田"。但引文中并没有体现出高低不等的水平田面，似乎还不足以完全断定就是梯田。
[4]（宋）罗愿：《淳熙新安志》卷2《叙物产》，清嘉庆十七年（1812年）刻本。

"民之田其闲者层累而上，指十数级不能为一亩，快牛剡耜不得旋其闲（间？）。"[1]因此梯田耕垦主要还是以人力为主。但在一些坡度较缓，田面开阔的梯田上人们还是会尽量利用牛耕，以节省人力，如楼钥《攻媿集》中所载的浙东冯公岭，"百级山田带雨耕，驱牛扶耒半空行。"[2]即体现出当地山民已将牛耕用于梯田耕作。

梯田为山区种稻创造了条件，而水稻的产量要高于旱地作物粟麦等，故山区民众在水源条件允许的梯田会优先选择种稻。但在一些水源不足的梯田，则会因地制宜，种植旱地作物，"高者种粟，低者种豆，有水源者艺稻，无水源者播麦，但使五谷四时有收，则可足食而无凶年之患。"[3]这就是山区民众根据梯田的水源条件和地势高低做出的合理选择。此外，在较为瘠薄的梯田及田垄上人们还会种植一些水果、蔬菜及其他经济作物。如福建福清县"其民皆垦山种果菜"[4]；"浙间无寸土不耕，田垄之上又种桑、种菜"[5]。田垄上植桑、种菜不但可增加收成，还能起到一定的固垄作用。

在宋代还有一种粮食作物在山区开发中发挥了非常重要的作用，那就是占城稻。占城稻是原产于中南半岛占城国的优良稻种，具有抗旱和成熟早的特点，非常适宜山区种植。大约在五代后期或北宋初，占城稻即已通过海路被引入福建一带。大中祥符五年（1012年），江淮两浙遭遇严重旱情，"水田不登"，宋真宗命人"就福建取占城稻三万斛，分给三路为种，择民田之高仰者莳之，盖旱稻也。内出种法，令转运司揭榜示民。其稻比中国者穗长而无芒，粒差小，不择地而生。"[6]"不择地而生"说明占城稻适应性强，而北宋官府"择民田之高仰者莳之"，向地势较高的地区推广此稻，自然会推动占城稻向山区的传播。到南宋时期，东南山区各地普遍种植占城稻，南宋时期编撰的东南各府州方志中多有关于占城稻的记载，在栽植过程中，还培育出多种品系，如《嘉泰会稽志》所载占城稻品系有：蚤（早）占城、白婢暴、红婢暴、八十日、红黄岩、硬秆、白软秆及红占城、寒占城等[7]。占城稻在东南山区的传播与梯田的扩展彼此结

[1]（宋）罗愿：《淳熙新安志》卷2《叙物产》，清嘉庆十七年（1812年）刻本。

[2]（宋）楼钥：《攻媿集》卷7《冯公岭》，武英殿聚珍版丛书本。

[3]（宋）韩元吉：《南涧甲乙稿》卷18《建宁府劝农文》，武英殿聚珍版丛书本。

[4]（宋）刘克庄：《后村集》卷88《福清县创大参陈公生祠》，四部丛刊旧抄本。

[5]（宋）黄震：《黄氏日钞》卷78《咸淳八年春劝农文》，元后至元刻本。

[6]（元）马端临：《文献通考》卷4《田赋考四·历代田赋之制》，中华书局，1986年，第57页。

[7]（宋）施宿：《嘉泰会稽志》卷17《草部》，文渊阁四库全书本。

合，相互推动，占城稻抗旱及适应性强的特点正克服了山区种稻灌溉困难的问题，山区推广种植占城稻则要求将坡地改成梯田——占城稻虽抗旱，但仍需要一定的灌溉。

三、梯田开发影响下的社会与环境

1. 梯田开发对社会的影响

两宋时期，东南山区梯田的出现和推广，改善了山区农业种植的条件，为山区民众获取衣食之资发挥了很大作用。在社会压力增大的情况下，山下的百姓开始向山地进发，垦辟山林，寻找新的生存空间。叶适作《冯公岭》诗云："冯公此山民，昔开此山居，屈盘五十里，陟降皆林庐，公今去不存，耕凿自有余……何必种桃源，始入仙者图，瓯闽两邦士，汹汹日夜趋，辛勤起芒屦，邂逅乘轮车。"[1]冯公开发此山后，不但温州一带的民众陆续迁来，临近的福建百姓也接踵而至，他们迁到冯公岭并不是寻找所谓的世外桃源，而是因为此山"耕凿自有余"，到此寻求新的土地开发。地处浙闽两路交界括苍山区的冯公岭尚且如此，其他适宜农业开发的山区固可推知。

民众进山开发最主要的目的就是解决吃饭问题，他们竭力耕垦，将原本林木郁闭的山林开垦成梯田。梯田所产的粮食为山区民众在山区立足提供了最基本的物质保障，范成大游袁州仰山时，看到当地梯田产米甚多，价格极为低廉，山区民众口粮充足，作诗曰："兹事且置饱吃饭，秭（梯）田米贱如黄埃。"[2]虽然并不是所有山区均能达到梯田米贱如同黄埃的程度，但梯田产米无疑在解决山区民众的吃饭问题上发挥了关键作用。

东南山区民众开垦梯田，代替了原来刀耕火种式的游耕制，种植的田地是相对固定的，土地的产权也就逐渐明晰，这也就为官府的管理和征税提供了便利。严州"介于万山之窟"，当地民众为了维持生计只有垦山为田，"节节级级如横梯状"，富者其田亩尚不满百，当地产粮不足支用，只得仰籴邻郡，

---

[1]（宋）叶适：《水心集》卷6《冯公岭》，四部丛刊景明刻黑口本。
[2]（宋）范成大：《石湖诗集》卷13《游仰山，谒小释迦塔，访孚惠二王遗迹，赠长老混融》，四部丛刊景清爱汝堂本。

"官兵月廪率取米于邻郡以给，而百姓日籴则取给于衢、婺、苏、秀之客舟"，即使如此官府仍然要收取租赋，"民仅以山蚕而入帛"[1]。在粮食不足的情况下，官府向严州山区百姓征取丝织品为赋税，说明官府对山区百姓已有较强的控制能力。

山区民众在梯田开发过程中不但获取了衣食之资，而且在取得稳定的农业生活后，还会更加遵从于当时的社会秩序和道德教化，若有余力，亦会把精力投于对子弟的儒家教育上，这在罗濬撰《宝庆四明志》所载的明州风俗中就有很好的体现：

（明州）右山左海，土狭人稠，日以垦辟为事。凡山巅水湄有可耕者，累石堑土，高寻丈而延袤数百尺，不以为劳，仰事俯育，仅仅无余。人窘于财，亦惮于为非，富家大族皆训子弟以诗书。故其俗以儒素相先，不务骄奢，士之贫者，虽储无担石，而衣冠楚楚亦不至于垢弊。[2]

这则史料在一定程度上体现了梯田开发对明州山区民众性格的塑造，梯田开发的艰辛使明州山区民众养成勤恳的性格，"惮于为非"，同时衣食的来之不易也使他们更加珍视生活，"不务骄奢"。梯田开垦中形成的踏实勤恳的性格对社会教化也产生潜移默化的影响，有财力的富家大族十分重视儒家传统教育，贫困的士人亦非常注重自身的修为。这与惯常情况下人们所形成的山民愚昧无知的形象反差非常大，不能不说以梯田垦殖为主要形式的山地农业开发为其提供了物质基础和精神支持，使山区社会更加开化，与农业文明的主流文化趋向一致。

2. 梯田开发对生态环境的影响

一般而言，山地因地势、地形的限制，并不适宜发展农业种植，而适宜林果、采集、制茶等副业，对山地进行农业开发难免会造成不同程度的山地植被破坏和水土流失。山区民众在开垦山地过程中，因土地资源的有限性，在很多情况下并没有进行合理的规划，而是最大限度地寻求可利用的土地，

---

[1]（宋）方逢辰：《蛟峰集》卷4《严州新定续志序》，清顺治刻本。
[2]（宋）罗濬：《宝庆四明志》卷14《奉化县志卷一·风俗》，宋刻本。

一些坡度较陡，不适宜农业开发的山地仍然被开垦出来，"又有山势峻极，不可展足，播殖之际，人则伛偻蚁沿而上，耨土而种，蹑坎而耘。"[1]在如此陡峭的山地开垦，水土流失是难以避免的。地处黄山山区的徽州，山地陡峭，当地民众在进行梯田垦殖时就造成了较为严重的水土流失，"民之田其闲（间？）者层累而上，指十数级不能为一亩，快牛剡耜不得旋其闲（间？）……一遇雨泽，山水暴出，则粪壤与禾荡然一空。"[2]水土流失的后果显而易见。吴兴郡武康县（今浙江德清县）地处天目山区，建炎南渡后，大量流民入山开垦，引起了严重的水土流失：

县四围皆山，独东北隅小缺，自绍兴以来，民之匿户避役者，多假道流之。名家于山中垦开岩谷，尽其地力，每遇霖潦则洗涤沙石，下注溪港，以致旧图经所载诸渎，厥淤者八九，名存实亡。[3]

武康县山区地带在南宋以前尚未大规模开发，建炎南渡后，大批流民为躲避战乱和徭役，争相入山垦殖。然而流民在山地垦殖过程中并无一定的规划，而只求尽可能地增加耕地面积，结果每当雨季降水冲刷，泥沙俱下，堰塞山下诸渎，以致原先图经所载的诸渎"厥淤者八九"。这则史料清晰地反映了无序开发给山地造成的严重水土流失。武康县流民垦山引起的水土流失具有一定的代表性，"靖康之难"后，大批北方民众迁入南方，南方人口显著增加。在人口压力下，山区农业开发进入高潮阶段，但是山区的农业垦殖却难以避免地带有自发性和盲目性，尤其是在较陡峭的山地进行垦殖，易引起水土流失。

山地开发引起的这些生态问题在梯田开垦中虽不能完全避免，但同时我们也应看到梯田开垦并不是孤立地、突兀地出现的新事物，它是在山地长期开垦过程中，逐步由坡地开垦演进而来。而相比一般性坡地开垦，梯田在蓄水、保土、保肥方面无疑具有很大的优势。

[1] 王毓瑚校：《王祯农书·农器图谱一·田制门》，农业出版社，1981年，第190-191页。
[2] （宋）罗愿：《淳熙新安志》卷2《叙物产》，清嘉庆十七年（1812年）刻本。
[3] （宋）谈钥：《嘉泰吴兴志》卷5《渚》，民国吴兴丛书本。

图3-9　《王祯农书》所绘"水筹"图

　　梯田开垦适宜在坡度较缓、土层较厚的山地进行。在开垦梯田时，因为灌溉和耕作的需求，需要将田面平整，并在梯田边缘砌筑田埂。梯田改变了地面坡度与径流系数，缩短了坡长，且由于田埂的坡度接近90度，田埂斜面上雨量会大大减少，侵蚀量也接近于0。因梯田更利于精耕细作，改良土壤结构，增加了入渗强度，田面上栽培的植物增加了水流阻力，延长了入渗时间，并且田坎还可拦截住梯田间距内产生的径流和冲刷的泥沙[1]。显然，梯田开垦比一般性

[1] 吴发启、张玉斌等：《水平梯田环境效应的研究现状及其发展趋势》，《水土保持学报》2003 年第 5 期，第28 页。

坡地开垦产生的水土流失要小许多。值得注意的是，山区民众在开垦梯田时，还发明了一种叫"水笧"的工具（见图3-9），对防止水土流失具有较大的功效。"水笧，《集韵》云竹箕也，又笼也。夫山田利于水源在上，间有流泉飞下，多经磴级，不无混浊泥沙淤壅畦埂。农人乃编竹为笼，或木条为卷芭，承水透溜，乃不坏田。"[1]水笧"承水透流"，即在引水时将水流透过，而截留住泥沙石块，避免了泥沙"淤壅"冲毁梯田，大大减小了水土流失的危害程度。

宋代东南山区民众将坡地改造成水平梯田后，勤于耕耘，在梯田中及田埂地头栽种禾稼与林木，给山体披上绿装，形成了"束带千镮束翠峦，青梯万级搭青山"的优美画卷，对山区的水土流失也起到一定的遏制作用。总体而言，梯田开垦是山地垦殖中一种收益较大，危害较小的方式。

小　结

东南山地农业开发是宋代农业在空间拓展方面的一个突出表现，农业"上山"亦是宋代尤其是南宋时南方人口持续增加，人地关系趋于紧张的一个重要体现。梯田的出现与推广则反映了在人口压力下，东南山区民众对人多地少这一矛盾的积极应对，在一定程度上容纳了更多的人口。梯田为山区农业的精耕细作创造了有利条件，也为水田在山区的推广提供了可能性。东南山区民众为开垦梯田付出了艰辛的劳动和富有创造性的智慧，在精耕细作下，梯田的产出为山区民众生产、生活的稳定及山区社会的进步发挥了重要作用。虽然梯田开发仍难以完全避免会造成一定的水土流失，但相比一般性的坡地开垦，水土流失的程度明显要小很多，农业开发也更具持续性。

第四节　宋代岭南人与野生动物的关系

两宋时期是岭南地区人类对自然环境开发的一个关键阶段。随着宋代岭南人对自然环境开发的逐步深入，岭南人与野生动物的接触也日渐增多，岭南人对野生动物的了解亦逐步加深，在此基础上岭南人与野生动物也就建立了更加

---

[1] 王毓瑚校：《王祯农书·农器图谱十三·灌溉门》，农业出版社，1981年，第345页。

频繁的互动联系。在宋代岭南人与野生动物越来越多的交往过程中，对人类社会与野生动物均产生了重大而深刻的影响。

岭南地区是一个巨大的动植物资源宝库，该地区分布着许多十分有价值的珍稀野生动物资源，在历史时期与人类共处的过程中，野生动物的种群数量及其分布均发生了很大的变化。学界对历史上岭南地区野生动物的研究已经取得了一批较为可观的成果[1]，不过目前学界已有的成果主要是从历史动物地理或动物史的角度做出的，大多只是将人类活动作为影响历史动物变迁的背景因素，而对人类社会活动与野生动物分布变迁的互动关系考察较为欠缺[2]。事实上，人类与野生动物同为生态系统的有机组成部分，历史时期人类活动与野生动物的分布变迁是一个相互影响、彼此制约的互动演进过程，二者在不断地双向互动中实现自身的演进。因此只有将人类社会活动与野生动物历史变迁有机结合起来考察，互为研究视角，才能对二者各自的演进过程有一个更清晰、更全面的认识。鉴于此，本节拟以宋代岭南人与野生动物的互动关系为研究对象，探讨该时空内人类社会与野生动物的演进过程，以及二者之间的互动关系。

一、宋代岭南人对野生动物的认识与利用

岭南地区位于我国大陆领土的最南端，背靠五岭，面向南海，北回归线从中间穿过（见图3-10），区域内大部分属于亚热带海洋性季风气候，此外雷州半岛和海南岛属于热带海洋性季风气候，总体气候特征为高温多雨。岭南地区夏长冬短，降雨量充足，地貌复杂多样，植被类型以南亚热带常绿阔叶林为主，海南岛与雷州半岛还分布有热带雨林及热带季雨林。适宜的自然条件造就了岭南地区多样化的生态系统，岭南地区植物资源十分丰富，种类繁多，动物资源

---

[1] 相关研究成果有曾昭璇：《论韩江流域的鳄鱼分布问题》，《华南师范大学学报（自然科学版）》1988年第1期；文焕然、何业恒等：《历史时期中国马来鳄分布的变迁及其原因的初步研究》，《华东师范大学学报（自然科学版）》1980年第3期；刘杰：《华南地区的食人鳄鱼》，《化石》1993年第3期；蓝叙波：《广西野象绝迹探析》，《野生动物》2000年第3期；此外何业恒、文焕然：《中国野犀的地理分布及其演变》，《野生动物》1981年第1期；何业恒、文焕然等：《中国鹦鹉分布的变迁》，《兰州大学学报》1981年第1期；文焕然、何业恒：《中国珍稀动物历史变迁的初步研究》，《湖南师院学报（自然科学版）》1981年第2期；高耀亭、文焕然、何业恒：《历史时期我国长臂猿分布的变迁》，《动物学研究》1982年第2期，等等。

[2] 唐森：《古广东野生象琐议——兼叙唐宋间广东的开发》，《暨南学报（哲学社会科学版）》1984年第1期。该文是不多见的一篇将野生动物（象）与人类开发活动结合起来考察的文章，但该文是将野象的分布变迁与唐宋岭南社会经济开发分开论述，二者之间相应的互动演进过程并没有展现出来。

亦多种多样，是全国动物资源最繁盛的地区之一。历史上，由于人类的大规模
开发活动开展较晚，岭南地区的许多珍稀野生动物资源在此存续的时间较长。
两宋时期，随着人口南迁以及经济重心的南移，岭南地区的人类开发活动无论
在广度上还是在深度上都取得了巨大的进展。在人类社会取得进步的同时，部
分野生动物的种群数量与分布却出现了减弱趋势，甚至部分物种在宋代永久性
退出了岭南地区的历史舞台。

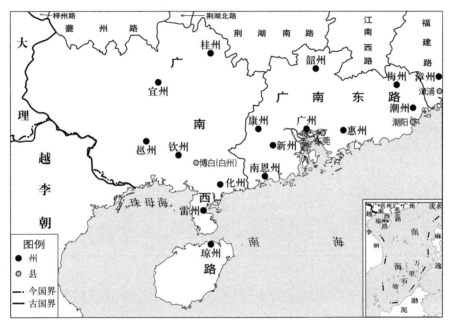

说明：本图以谭其骧主编《中国历史地图集》第6册（1）《辽、北宋时期图组》之"广南东路　广南西路"图幅
为底图改绘而成。

图3-10　宋代广南东路、广南西路政区示意图

1. 宋代岭南人对野生动物的认识

自人类产生以来，人与动物打交道的历史也就开始了，人类与动物的交往
是从人类观察和认识动物开始的。虽然岭南地区人类与野生动物交往的历史非
常久远，但在唐代中期之前，人类对岭南地区野生动物的记载却并不多见。而
唐末以来，随着内地人口的移入，以及开发活动的渐次展开，人类对野生动物
的认识和利用也随之增加，野生动物也更多地出现在当时人的记载中。唐末段

公路以事游南岭，采取民风土俗，因作《北户录》；唐昭宗时出任广州司马的刘恂亦依据见闻，作有《岭表录异》。在这两部著述中对岭南地区的风俗、物产记载较为详备，其中所记载的野生动物种类相当广泛，所记兽类、鸟类、爬行类、水产类、昆虫类等物种繁多，现依据《北户录》《岭表录异》中关于岭南野生动物种类的记载制成表3-2。

表3-2　唐末岭南史料所记岭南动物种类

岭南野生动物种类	《北户录》（段公路）	《岭表录异》（刘恂）
兽类	通犀、绯猿、红蝙蝠、象	鹿、野狸、象、犀牛、红飞鼠
鸟类	孔雀、鹧鸪、鹦鹉、赤白吉了、蚊母（鸟）	秦吉了、越王鸟、带箭鸟、蚊母鸟、北方枭、鸮、鬼车、鸺鹠、韩朋鸟、鹧鸪、孔雀
爬行类	蚺蛇、红蛇	蛇、鳄鱼、鲵、十二时虫、金蛇、蚺蛇、蝮蛇、两头蛇蟥蟮（大山龟）
水产类	蛤蚧、红蟹、乳穴鱼、鱼种、水母、红虾、鳓鱼、嘉鱼	玳瑁、鲩鱼、蛤、蚝蛎、跳鲢、嘉鱼、鲨鱼、黄腊鱼、竹鱼、乌贼鱼、比目鱼、鸡子鱼、鲌鱼、鲮鱼、鹿子鱼、鲍鱼（狗瞌睡鱼）、海鳝、虾、海虾、石矩、紫贝、鹦鹉螺、瓦屋子、水蟹螯、黄膏蟹、蟛蜞、蛤蚧、海镜、蚝（牡蛎）、彭蜞、蝎朴、招潮子、水母
昆虫	蛱蝶、金龟子	蜈蚣、庞蜂、蚁

截至宋代，关于岭南地区野生动物的记载增多，其中以《桂海虞衡志》《岭外代答》两书最为有名，其所反映出的岭南人关于野生动物的认识也有了进一步的提高。乾道八年（1172年）至淳熙二年（1175年），曾任静江（今广西桂林）知府的范成大所作《桂海虞衡志》，以及淳熙年间（1174—1189年）任静江府通判的周去非以《桂海虞衡志》为基础，根据自己的见闻所撰《岭外代答》，均对岭南地区野生动物的种类有较详细的记载。现依据二书所记制成表3-3。

表3-3　南宋初史料《桂海虞衡志》《岭外代答》中所记岭南野生动物种类

岭南野生动物种类	《桂海虞衡志》（范成大）	《岭外代答》（周去非）
兽类	象、麝、火狸、风狸、懒妇（小山猪）、山猪、香鼠、石鼠	象、虎、天马、猿、白鹿、蛬、人熊、山猪、大狸、风狸、仰鼠、香鼠、石鼠、麝、懒妇（小山猪）、山獭

岭南野生动物种类	《桂海虞衡志》（范成大）	《岭外代答》（周去非）
鸟类	孔雀、鹧鸪、鹦鹉、秦吉了、鸟凤、锦鸡、山凤凰、翻毛鸡、长鸣鸡、翡翠、灰鹤、水雀	山凤凰、孔雀、鸟凤、秦吉了、翡翠、雁、灵鹊、骨嘈、鸠、春虫、鹎子
爬行类	蚺蛇、红蛇	蚺蛇、六目龟
水产类	蚌、车磲、玳瑁、青螺、鹦鹉螺、贝子、石蟹、嘉鱼、虾鱼、竹鱼、天虾	鼍玳瑁、蟺、鲟鳇鱼、嘉鱼、河鱼、竹鱼、虾鱼
昆虫	蜈蚣、鬼蛱蝶、黑蛱蝶	鬼蛱蝶、黑蛱蝶、天虾、蜥（变色龙）

《桂海虞衡志》《岭外代答》对岭南野生动物的特征、功用也有较详细的记载，反映出当时岭南人对野生动物较高的认知水平。亚洲象在宋代岭南地区曾是分布比较广泛的一种野生动物，雄性亚洲象的象牙（突出嘴外的獠牙）是其显著的标志，对人类而言也是大象身体部位中最有价值的一部分。《桂海虞衡志》云："象。出交趾山谷中，惟雄者有两牙。《佛书》云'四牙'，又云'六牙'，今无有。"[1]说明当时岭南人已观察到只有雄象才有两枚象牙，而且并没有迷信《佛书》中所谓的"四牙""六牙"之说。周去非的《岭外代答》中则对亚洲象的驯养、捕猎、饮食、各部位的功用有非常详细的记载。如在记载对亚洲象身体部位的利用时言："人杀一象，众饱其肉。惟鼻肉最美，烂而纳诸糟邱，片腐之，食物之一隽也。象皮可以为甲，坚甚。人或条截其皮，硾直而干之，治以为杖，至坚善云。"[2]可见时人对象肉尤其是鼻肉的吃法已很有研究，而象皮或为甲或为杖，可谓物尽其用。宋代岭南人对长臂猿也有较细致的观察，"猿有三种，金线者黄，玉面者黑，纯黑者面亦黑，金线、玉面皆难得，或云纯黑者雄，金线者雌……射杀其母，取其子，子犹抱母皮不释，猎猿者可以戒也。猿性不耐着地，着地辄泻以死，煎附子汁与之，即止。"[3]金丝、玉面、纯黑实际上是一种长臂猿因性别、年龄的差异造成的，纯黑者为成年雄性，金线者为成年雌性，玉面者为幼体或半成体。因长臂猿长期生活在树上，难以适应地面生活，"着地辄泻以死"，可能是长臂猿在地面上生活易得病的缘故。

在对待野生动物的方式上，宋代人比唐代人有所进步。例如，地处岭南东部韩江流域的潮州在唐宋时期曾屡遭鳄鱼之患。唐宪宗元和年间（806—820年），

[1] （宋）范成大：《桂海虞衡志》，《唐宋史料笔记丛刊·范成大笔记六种》，中华书局，2002 年，第 106 页。

[2] （宋）周去非：《岭外代答》卷 9《禽兽门·象》，上海远东出版社，1996 年，第 214 页。

[3] （宋）周去非：《岭外代答》卷 9《禽兽门·猿》，上海远东出版社，1996 年，第 219 页。

韩愈因谏迎佛骨，被贬为潮州司马。当地鳄鱼为害，"食民畜产且尽"，韩愈乃命人将一羊一猪投入恶溪（韩江）以祭鳄鱼，并撰《祭鳄鱼文》以祝之，要求鳄鱼"尽三日，其率丑类南徙于海"，若鳄鱼冥顽不灵，继续为民害，"则选材技吏民操强弓毒矢，以与鳄鱼从事，必尽杀乃止。"[1]结果当天夜里，暴风震电起谷中，几日内溪水尽涸，"（鳄鱼）西徙六十里，自是潮无鳄鱼患。"[2]此处所记显然是夸大了韩愈《祭鳄鱼文》的作用，所谓"操强弓毒矢，以与鳄鱼从事"，不过是恫吓之词，而并没有真正付诸实施，一篇祝文是不可能让鳄鱼迁徙六十里，而消除鳄鱼之患的。宋真宗咸平年间（998—1003年），陈尧佐通判潮州时，当地仍有鳄鱼之患。潮州张氏子年十六，随其母在江边濯衣，不幸被鳄鱼拖入水中，"食之无余"。陈尧佐力排鳄鱼不可捕之议，命郡吏驾舟操巨网前往捕之。鳄鱼入网后，因其力大而网不能举，"由是左右前后力者凡百夫，曳之以出，缄其吻，械其足，槛以巨舟，顺流而至。"鳄鱼被捕获后，陈尧佐"鸣鼓召吏，告之以罪，诛其首而烹之。"[3]陈尧佐开官方组织捕杀鳄鱼之先例，其后潮州地方官府继之。据沈括《梦溪笔谈》载，括少时至闽中［按：应为仁宗康定元年至庆历三年（1040—1043年）沈括父沈周知泉州，沈括随侍期间］，听闻知潮州王举直钓得一条鳄鱼，"其大如船"。钓鳄之法为"土人设钩于大豕之身，筏而流之水中，鳄尾而食之，则为所毙。"[4]以大铁钩钓鳄显然要比网捕更安全、省力，这应是当地官民在实践中摸索出的一种捕鳄鱼的方法。从唐代韩愈用祝文驱鳄到宋代主动捕杀鳄鱼，体现出岭南人对消除鳄鱼为患之方法的进步，亦体现出对鳄鱼认识的提高。

虽然宋代岭南人整体上对野生动物的认识有了较大进步，但受时代的限制，仍然夹杂着一些穿凿附会或以讹传讹的成分。如因火狸毛色如金钱豹，"彼人（岭南人）云：岁久则化为豹，其文先似之矣。"[5]此外岭南人传言（鹤）鹑乃海中黄鱼所化，"黄鱼当秋冬羽翼已化于水中，俟北风拍岸，遂登岸成鹑，便能行入茅苇。海南人捕得黄鱼，有半化为鹑者。"[6]而关于鳄鱼的传言亦荒诞不经，"（鳄

[1]《新唐书》卷176《韩愈传》，中华书局，1975年，第5263页。
[2]《新唐书》卷176《韩愈传》，中华书局，1975年，第5263页。
[3]（宋）吕祖谦：《宋文鉴》卷125《戮鳄鱼文》，四部丛刊景宋刊本。
[4]（宋）沈括撰，金良年点校：《梦溪笔谈》卷21《异事》，上海书店出版社，2009年，第184-185页。
[5]（宋）范成大：《桂海虞衡志》，《唐宋史料笔记丛刊·范成大笔记六种》，中华书局，2002年，第106页。
[6]（宋）周去非：《岭外代答》卷9《禽兽门·鹑子》，上海远东出版社，1996年，第236-237页。

鱼）卵出山谷间，大率为鳄者十二三，其余或为鼋、为龟也。"[1]以上这些说法显然不符合现代生物学常识，应是宋代岭南人根据不同动物间的一些外表相似特征，在错误联想的基础上，以讹传讹造成的。

2. 宋代岭南人对野生动物的利用

宋代岭南人对野生动物的认识是在与野生动物长期的接触和利用中获取的，而岭南人对野生动物认识的提高也为野生动物资源的利用提供了有利条件。宋代岭南地区丰富的野生动物资源兼有食用、药用、器用、观赏或役用等多方面的价值，这为提高当时岭南人的生活水平，乃至推动社会经济的发展都发挥了不可低估的作用。

（1）食用

饮食是人类最基本的生活需求，食用野生动物的肉是人类对野生动物资源最直接、最普遍的一种利用方式。岭南地区绝大部分的野生动物都可为当时岭南人提供一定的肉食来源，而岭南人有着悠久的食用野生动物的历史传统，来源于野生动物的"食谱"十分广泛。宋人张师正《倦游杂录》载："岭南人好啖蛇，其名曰'茅鳝'，草虫曰'茅虾'，鼠曰'家鹿'，虾蟆曰'蛤蚧'，皆常所食者。"[2]由此可见宋代岭南人食材之广泛，但这还远不能涵盖当时岭南人在食用方面对野生动物资源的利用，各种兽类、鸟类、爬行类、水产均可成为食料来源。

大象是陆地上现存最大型的野生动物，但仍然不能避免成为宋代岭南人的捕食对象。前述周去非《岭外代答》所载："人杀一象，众饱其肉。惟鼻肉最美，烂而纳诸糟邱，片腐之，食物之一隽也。"说明大象肉多，一头象的肉可供很多人食用，而其鼻肉最是美味。其他兽类如猿、山（野）猪、鹿、獐、狸、兔、石鼠，乃至熊、虎等均可被食用。事实上，各种野生兽类一旦被人类被捕杀，被食用往往是其最终的结局。

宋代岭南地区多鸟类，而这也成为当时岭南人重要的肉食来源。即使中原人认为十分珍贵的孔雀、鹦鹉在岭南人眼中也是一种肉食。范成大《桂海虞衡

[1]（宋）王辟之：《渑水燕谈录》卷8《事志》，《唐宋史料笔记丛刊》，中华书局，1981年，第98页。

[2]（宋）张居正撰，李裕民校点：《倦游杂录》，上海古籍出版社，2012年，第83-84页。

志》载："民或以鹦鹉为鲊，又以孔雀为腊，皆以其易得故也。"[1]说明当时岭南鹦鹉、孔雀数量多而易得，岭南人习惯将其肉制成腊制品以储藏。周去非《岭外代答》亦曰："孔雀世所常见者，中州人得一则贮之金屋，南方乃腊而食之，物之贱于所产者如此"；"此禽（鹦鹉）南州群飞如野鸟，举网掩群，脔以为鲊，物之不幸如此"；"广西海山多鹑，雷、化间罗为鲊，至富也"[2]。其他如鹧鸪、秦吉了、翡翠、雁、灵鹊等鸟类亦常被用作食料。

蛇类对岭南人来说是一种美食，朱彧《萍洲可谈》曰："广南人食蛇，市中鬻蛇羹。"[3]广南人不但食蛇，而且还在市场上卖蛇羹，可见食蛇之风很普遍。即使大蟒蛇，宋代岭南人也有办法杀之而食其肉。《桂海虞衡志》记载有一种蚺蛇，大者如柱，可捕食野鹿。岭南地区的寨兵善于捕杀蚺蛇，他们头上插花，慢慢靠近蛇，以吸引其注意力，然后趁其不备，突然挥刀斩断蛇头，蛇断头后"力竭乃毙，数十人舁之，一村饱其肉。"[4]不只是蟒蛇，凶猛的鳄鱼有时也会成为岭南人的食物，"鳄鱼状如鼍，有四足，长者二丈，皮如鲮鱼鳞，南方谓之鳄鱼，亦以为鲊。"[5]鳄鱼都可做成鲊，宋代岭南人捕猎野生动物为食的能力可见一斑。

岭南地区濒临南海，内陆河湖众多，水产十分丰富，这为岭南人提供了重要的食物来源。如梧州出产一种嘉鱼，十分美味，"嘉鱼。状如小鲫鱼，多脂，味极腴美。出梧州火山。人以为鲊，以饷远。"[6]岭南人将嘉鱼制成鲊，可馈送给远方的亲友。而漓水出产的虾鱼、竹鱼也很受欢迎，时人"以虾、竹二鱼为珍"。南海中有一种可溯江至浔、象州的鲟鳇鱼，味道鲜美，周去非曾花费四百钱向渔民买了两条鲟鳇鱼，但因不忍吃而放生[7]。南海中所产的玳瑁，也被岭南沿海渔民捕食，"渔者以秋间月夜采捕，肉亦可吃。"[8]

（2）药用

岭南地区的野生动物还具有较为普遍的药用价值。中国传统医学有着悠久

[1]（宋）范成大：《桂海虞衡志》，《唐宋史料笔记丛刊·范成大笔记六种》，中华书局，2002年，第103页。

[2]（宋）周去非：《岭外代答》卷9《禽兽门·鹑子》，上海远东出版社，1996年，第236页。

[3]（宋）朱彧：《萍洲可谈》卷2，《唐宋史料笔记丛刊》，中华书局，2007年，第137页。

[4]（宋）范成大：《桂海虞衡志》，《唐宋史料笔记丛刊·范成大笔记六种》，中华书局，2002年，第110页。

[5]（宋）乐史：《太平寰宇记》卷164《岭南道八》，中华书局，2007年，第3141页。

[6]（宋）范成大：《桂海虞衡志》，《唐宋史料笔记丛刊·范成大笔记六种》，中华书局，2002年，第111页。

[7]（宋）周去非：《岭外代答》卷10《虫鱼门门·鲟鳇鱼》，上海远东出版社，1996年，第247页。

[8]（宋）赵汝适原著，杨博文校释：《诸蕃志校释》卷下《志物》，中华书局，2000年，第214页。

的以野生动物器官入药的历史，岭南地区多样化的野生动物资源为当地的医疗提供了丰富的药材来源，其中有些本地特有的动物性药材对治疗某些疾病有非常好的疗效。《桂海虞衡志》记载了风狸溺及乳汁、石鼠肚、山獭（骨）等动物性药材及其所治疾病，"风狸……其溺及乳汁主治大风疾，奇效"；"石鼠……宾州人以其腹干之，治咽喉疾，效如神，谓之石鼠肚"；"山獭……俗传为补助要药……洞獠尤贵重，云能解药箭毒，中箭者研其骨少许，傅治，立消。"[1]

　　犀角、麝香、象牙等传统名贵中药材在宋代岭南地区都有出产。宋人张世南《游宦纪闻》载："犀，出永昌山谷及益州，今出南海者为上，黔蜀者次之……凡犀入药者有黑白二种，以黑者为胜，其角尖又胜……大率犀之性寒，能解百毒。世南友人章深之，病心经热，口燥唇干，百药不效。有教以犀角磨服者，如其言，饮两碗许，疾顿除。"[2]这里所言的南海主要是指岭南地区，此地出产的犀角质量上乘，犀角性寒，能解百毒。岭南地区的麝香主要产自邕州（今广西南宁市），"自邕州溪峒来者，名土麝，气臊烈，不及西香。然比年西香多伪杂，一脐化为十数枚，岂复有香？南麝气味虽劣，以不多得，得为珍货，不暇作伪，入药宜有力。"[3]邕州所产的南麝虽然气味不及西香，但是西香多杂伪，而南麝则比较纯正，入药后亦可发挥不错的药效。象牙也有非常好的药用价值，北宋著名药学家唐慎微所编《证类本草》曰："象牙无毒，主诸铁及杂物入肉。刮取屑细研，和水傅疮上，及杂物刺等立出。"[4]可见，象牙尤其善于治疗由金属器具入肉造成的创伤。而无论是唐末的《北户录》《岭表录异》，还是南宋初的《桂海虞衡志》《岭外代答》均有关于岭南产象的记载。岭南地区所产的象为象牙药用提供了前提条件。

　　事实上，中国古代传统医学在动物制品的食用和药用方面并不是截然分开的，很多动物的肉食既具有满足口腹之欲的食用价值，又具有滋补健身的药用价值。如《证类本草》载：狸"肉疗诸疰"，獐"肉温补益五藏"[5]。而且中医的药材来源十分广泛，以虎为例，几乎全身都是中药材，不但虎骨、虎肉是药材，虎睛、虎牙、虎筋、虎爪、虎肾、虎胆、虎肚、虎膏（脂肪油）均可入药。

[1]（宋）范成大：《桂海虞衡志》，《唐宋史料笔记丛刊·范成大笔记六种》，中华书局，2002年，第107-108页。

[2]（宋）张世南：《游宦纪闻》卷2，《唐宋史料笔记丛刊》，中华书局，1981年，第14页。

[3]（宋）周去非：《岭外代答》卷9《禽兽门·麝香》，上海远东出版社，1996年，第226-227页。

[4]（宋）唐慎微：《证类本草》卷16《兽部上品总二十种》，四部丛刊景金泰和晦明轩本。

[5]（宋）唐慎微：《证类本草》卷17《兽部中品十七种》，四部丛刊景金泰和晦明轩本。

岭南地区多样化的野生动物资源也是中药材的天然宝库。

（3）器用

人类在与野生动物打交道的过程中，利用动物的皮、毛、骨、甲等制成各类器具，给自身的生活带来了非常大的便利。宋代岭南人也比较充分地利用了野生动物的器官或附属物，制成各种器具。人类对动物皮毛的利用具有十分悠久的历史，"食肉寝皮"一直是人类捕猎野生动物的主要目的之一。岭南地区的多数兽类可提供一定的皮毛资源，岭南人在猎杀各种兽类后，皮毛一般也为人所用。岭南地区有一种叫"蜼"（可能是长尾猴）的兽类，长相似豹，皮毛很珍贵，"捕得则寝处其皮，士夫珍之，以藉胡床"[1]；还有一种大狸，毛色如金钱豹，"皮可以寝，及覆胡床，其大几及豹也"[2]。

岭南地区所产的象牙和犀角除了具有药用价值，还是制作各类器具的珍贵原材料。岭南地区民众捕获大象后，官府一般责令百姓卖牙入官，如淳化二年（991年），曾任知广州的李昌龄向朝廷建议："雷、化、新、白、惠、恩等州，山林有群象。民能取其牙，官禁不得卖。自今宜令送官，以半价偿之，有敢隐匿及私市与人者，论如法。"[3]象牙可雕刻成各种生活器具或艺术品，如可雕刻成象牙杯、筷、梳、饰品等，陆游曾在三峡地区见到当地未嫁少女头上发髻"插大象牙梳，如手大"[4]。岭南地区所产的犀角是当地的一种珍贵贡品，犀角的用途较多，"斑色深者堪为胯具；斑散而浅，即治为盘楪器皿之类。"[5]此外，青螺、鹦鹉螺的螺壳还可雕刻成杯子[6]。鼍、玳瑁的甲壳则可"用以为笾刀筒子"[7]。

岭南地区一部分鸟类的毛羽则可制成实用性器具或装饰品，如静江（今广西桂林市）人善于捕捉飞禽，"以其羽为扇"[8]；邕州右江一带产优等翡翠（鸟），"其背毛悉是翠茸，穷侈者用以捻织"[9]；孔雀羽毛善于黏附龙脑，宋代宫廷中以孔雀羽毛制成翠羽帚，用以清扫为迎接皇帝御驾而抛洒的龙脑，"以翠尾扫之

[1]（宋）周去非：《岭外代答》卷9《禽兽门·蜼》，上海远东出版社，1996年，第220页。
[2]（宋）周去非：《岭外代答》卷9《禽兽门·大狸》，上海远东出版社，1996年，第223页。
[3]《宋史》卷287《李昌龄传》，中华书局，1977年，第9652页。
[4]（宋）陆游：《入蜀记》卷6，景钞宋本。
[5]（唐）刘恂：《岭表录异》卷中，武英殿聚珍丛书本。
[6]（宋）范成大：《桂海虞衡志》，《唐宋史料笔记丛刊·范成大笔记六种》，中华书局，2002年，第111页。
[7]（宋）周去非：《岭外代答》卷10《虫鱼门·鼍玳瑁》，上海远东出版社，1996年，第246页。
[8]（宋）周去非：《岭外代答》卷6《器用门·羽扇》，上海远东出版社，1996年，第113页。
[9]（宋）周去非：《岭外代答》卷9《禽兽门·翡翠》，上海远东出版社，1996年，第233页。

皆聚，无有遗者"[1]。孔雀、鹦鹉毛羽鲜丽，岭南人常取其毛羽作为头上或衣服上的装饰品。

（4）观赏或役用

宋代岭南人在捕猎某些野生动物后，加以驯养，使其具有观赏甚至役用功能。岭南地区的一些鸟类色彩艳丽，鸣声动人，常被岭南人当作宠物豢养，以为观赏娱乐之用。周去非在钦州时曾于聂守（按：当地聂姓知州）处见白鹦鹉、红鹦鹉，白鹦鹉大小如小鹅，羽毛像蝴蝶一样有粉，红鹦鹉色彩为正红色，尾如鸟鸢之尾，这两种鹦鹉显然是聂守所豢养的宠物。钦州还富产一种鹦哥（鹦鹉的一种俗称），聪慧而善于学人言，"土人不复雅好，唯福建人在钦者，时或教之歌诗，乃真成闽音。"[2]在福建人的驯养下，鹦哥竟学会了闽语。孔雀亦是岭南人驯养的一种珍禽，"生高山乔木之上，人探其雏，育之。"[3]前述《岭外代答》所载："孔雀世所常见者，中州人得一则贮之金屋"，中原人所得的孔雀应是已被岭南人驯养之后的宠物。邕州溪峒还出产一种叫"秦吉了"的珍禽，"能人言，比鹦鹉尤慧"[4]，亦是当地人驯养的结果。

一些鹿类温驯可爱，岭南人捕捉后常豢养之。淳熙年间（1174—1189年），钦州太守（知州）郑某花费七百钱从一"野妇"手中购买一头白麛（幼鹿），每日用生牛乳饲之，长大后"驯狎可爱"，郑太守本打算将其进献给朝廷，可惜不知何故而未遂[5]。此外，一部分猿类可能也被岭南人所饲养，《桂海虞衡志》载："猿性不耐着地，着地辄泻以死。煎附子汁与之，即愈。"[6]岭南人已认识到长臂猿在地面上生活易得痢疾，煎附子汁给其饮用，可治愈此病，这很可能是岭南人在对长臂猿进行较长时间的驯养后获得的知识。

岭南人关于野生动物的役用主要是针对亚洲象而言。亚洲象是一种聪明而相对温顺的动物，亚洲象的力量很大，役用期也较长，据研究每只亚洲象可抵20～30人的劳动力，驯化一只亚洲象可用于劳役20年[7]。《岭外代答》对驯象的过程有详细的记载，在捕获野象后，"人乃鞭之以棰，少驯，则乘而制之。凡制

[1]（宋）张邦基：《墨庄漫录》卷1，《历代笔记小说大观》，上海古籍出版社，2012年，第75页。

[2]（宋）周去非：《岭外代答》卷9《禽兽门·鹦鹉》，上海远东出版社，1996年，第231页。

[3]（宋）范成大：《桂海虞衡志》，《唐宋史料笔记丛刊·范成大笔记六种》，中华书局，2002年，第103页。

[4]（宋）范成大：《桂海虞衡志》，《唐宋史料笔记丛刊·范成大笔记六种》，中华书局，2002年，第104页。

[5]（宋）周去非：《岭外代答》卷9《禽兽门·白鹿》，上海远东出版社，1996年，第220页。

[6]（宋）范成大：《桂海虞衡志》，《唐宋史料笔记丛刊·范成大笔记六种》，中华书局，2002年，第106页。

[7] 陈明勇、吴兆录等编著：《中国亚洲象研究》，科学出版社，2006年，第219页。

象必以钩，交人之驯象也，正跨其颈，手执铁钩以钩其头：欲象左，钩头右；欲右，钩左；欲却，钩额；欲前，不钩；欲象跪伏，以钩正按其脑……盖象之为兽也，形虽大而不胜痛，故人得以数寸之钩驯之。久久亦解人意，见乘象者来，低头跪膝，人登其颈，则奋而起行。"[1]大象被驯服后则可从事各种劳役，如伐木、运货、压地基等，甚至还可用于作战。北宋初年，宋廷出兵讨伐割据岭南的南汉政权。南汉都统李承渥率军据守莲花峰，"南汉人教象为阵，每象载十数人，皆执兵仗，凡战必置阵前，以壮军威。"[2]宋军亦不敢直犯其锋，后用劲弩方将"象军"射退，并乘机击溃南汉军。

由上可见，宋代岭南人对野生动物的认识和利用均达到了相当高的程度，这也说明当时岭南人与野生动物的关系更加密切了。

二、宋代岭南地区的开发与野生动物的退却：以象为例

岭南地区社会经济自唐宋以来获得前所未有的发展，其中两宋时期的发展尤为显著。宋代岭南地区社会经济发展的显著标志就是人口的大量增加，以及土地的垦辟，不但平原地带的土地资源得到开垦，山区与河口沼泽地带亦有一定的开发。与之相伴，人类的活动场所与野生动物的生境越来越多地产生交叉与重合，二者发生冲突的概率大大增加了，岭南人与某些野生动物的关系亦逐步趋向紧张。其中对生存环境要求较高，与人类关系密切的野生亚洲象在宋代与人类的冲突明显加剧，自身种群数量与分布区域均呈缩减趋势。

1. 唐宋时期野象在岭南的分布

唐代中期以前，岭南地区无论是开发范围，还是开发强度都很有限，很多地区的生态环境保持了相对原始的状态，人类较少涉足，各类野生动物悠游其间，分布也较为广泛。以野象为例，在唐宋之交岭南地区野象分布十分普遍，段公路《北户录》载："广之属城，循州、雷州皆产黑象"[3]；刘恂《岭表录异》

[1]（宋）周去非：《岭外代答》卷9《禽兽门·象》，上海远东出版社，1996年，第213页。
[2]（宋）李焘：《续资治通鉴长编》卷11，开宝三年（970年）十二月戊寅，中华书局，2004年，第254页。
[3]（唐）段公路：《北户录》卷2《象鼻炙》，清十万卷楼本。

亦曰："广之属郡潮、循州多野象"[1]。由于段公路、刘恂都是以唐末广州为活动中心，他们所记亦是以广州为中心而言的，在关于野象地域分布的记载上有很大的笼统性。唐代岭南地区，广州以东的州级政区只有潮州（治今广东潮州市）和循州（治今广东惠州市），因此《岭表录异》所言"广之属郡潮、循州多野象"，说明广州以东的岭南地区野象是普遍存在的。而关于广州以西野象的分布，《北户录》只提到了"雷州"（治今广东省雷州市），实际上这远不能涵盖广州以西岭南地区的野象分布，前述淳化二年（991年）李昌龄言："雷、化、新、白、惠、恩等州，山林有群象。"这里提到的雷州、化州（治今广东化州市）、新州（治今广东新兴县）、白州（治今广西博白县）、恩州（治今广东阳江市）均在广州以西，且相互毗邻。需要指出的是，"惠州"在广州以东，与上述五州在地域上并不相连，疑"惠州"乃"康州"之误。按《续资治通鉴长编》载，真宗天禧四年（1020年）三月因避太子赵祯（即宋仁宗）讳，而"改祯州为惠州"[2]，这是岭南地区历史上首次出现以"惠州"为名的政区建制，因此淳化二年（991年）岭南是不可能存在"惠州"的。而宋代广南（东）路辖下有"康州"（治今广东德庆县），康州辖区与新州、恩州等毗邻，所以李昌龄所言"雷、化、新、白、惠、恩等州"中的"惠州"很可能为"康州"之误，因"康州"与"惠州"字形相近，而"康州"在南宋初年因高宗潜邸而升为"德庆府"，"康州"之名不存，后世遂将李昌龄所言之"康州"讹成"惠州"，这也正可以解释"雷、化、新、白、惠、恩等州"中，为什么会出现"惠州"独在广州之东，与其他五州不相连的疑问。雷、化、新、白、康、恩等州基本涵盖了今广东省珠江三角洲以西的范围，而"山林有群象"说明这一地区野象分布是较为普遍的。

　　唐宋之交，不但以广州为中心的珠江三角洲两侧普遍有野象分布，即使珠江三角洲内部也有关于野象的记载。南汉后主刘铱大宝年间（958—971年），广州（南汉称"兴王府"）管下东莞县境内，"群象踏食百姓田禾"，南汉小朝廷敕官捕杀，□面招讨使、行内侍监、上柱国邵廷琚率人，"駈（驱）括入栏，烹

---

[1]（唐）刘恂：《岭表录异》卷上，武英殿聚珍丛书本。

[2]（宋）李焘：《续资治通鉴长编》卷95，天禧四年（1020年）三月戊辰，中华书局，2002年，第2185页。按"祯州"乃五代南汉乾亨元年（917年）析归善、博罗、海丰、河源四县置，治归善县（今惠州惠城区），即唐代循州治所故地，而南汉将循州治所迁往龙川县（即今龙川县佗城）。

宰应膳军"，将野象宰杀后，因建石塔以镇之，并作《镇象塔记》[1]。从镇象塔碑文中所记"烹宰应膳军"来看，此次捕杀应是出动了南汉军队，由此也可见当时东莞县境内野象为患的严重程度。

关于岭南西部，即今广西境内野象，在南宋初以前文献记载甚少，而周去非《岭外代答》在记载象产于交趾山中时，提及"钦州境内亦有之"[2]。钦州辖境紧邻交趾，钦州境内的象群很可能是与交趾境内的象群连片分布的。但史料记载的缺乏并不能说明南宋初以前广西境内没有野象分布，而是因为当时广西境内城郭以外，主要是当时统治者目为"蛮獠"的少数民族分布区，而当时少数民族的文化水平不高，基本没有本民族的文字，是不可能记载当地见怪不怪的野象的（事实上，关于岭南地区野象的记载基本上都是出于外地来岭南游宦人士之手）。从下文中我们所论述的宋代潮州、漳州野象分布消退的过程及原因来看，野象在当时之所以记载增多，是人象冲突集中爆发所造成的，而人象冲突的最终结果就是大量野象被猎杀，野象种群及其分布消退。宋代广南西路野象很少被记载则从反面体现出当地的人象冲突并不严重。

2. 野象分布的消退及其原因

唐后期以来，岭南地区的人口与社会经济发展都有了很大提升，岭南各地开发渐次展开，岭南人与野生动物遭遇以及争夺生存地盘的情况更加多见。在人与野生动物的冲突中，人类虽然也付出了一些代价，但最终的胜利者却总是人类，而野生动物则往往成为人类社会发展的牺牲品。在岭南地区开发时间最久，开发最为成熟的地区是以广州为中心的珠江三角洲。自秦汉以来，广州及珠江三角洲地区就是岭南的政治、经济、文化中心，人文荟萃，商贸发达。而珠江三角洲地区的野象也较早地从该地退出，自大宝年间（958—971年），南汉出动军队围剿东莞野象，并建镇象塔后，珠江三角洲一带再也未见关于野象的记载。野象为患严重之时，往往也是人类对野象大肆报复和捕杀的开始，由此也致使野象在某些区域数量的减少乃至消失。

至北宋末年，珠江三角洲东侧的惠州野象也趋于灭绝。据宋徽宗时期贬官

[1]　（清）陆心源：《唐文拾遗·唐文续拾》卷10《镇象塔记》，清光绪刻本；（清）洪颐煊：《平津读碑记·三续》卷下《邵廷珏造石塔记》，清嘉庆二十一年（1816年）刻本。

[2]　（宋）周去非：《岭外代答》卷9《禽兽门·象》，上海远东出版社，1996年，第214页。

惠州的唐庚所撰《射象记》载：政和三年（1113年）三月，"有象逸于惠州之北门，惠人相与攻之，操戈戟弓弩火炬者至数百人，而空手旁观鼓噪以助勇者，亦以千计。既至，皆逡巡不进。"有成百上千的人参与到对野象的围攻中，但众人却皆不敢近距离攻击野象，只有一个名叫蒙顺国的监税官，乃邕州边人，十分勇武，独自一人"挟数十矢射之"。野象被射中受伤流血后，愤怒地对蒙顺国展开攻击，蒙顺国逃跑不及，被野象用象鼻钩膝卷倒在地，"蹂践之"，众人溃散而逃，而野象亦缓缓离开，蒙顺国则"碎首折胁陷胸流肠死矣"[1]。从该事件过程来看，这头"逸"于惠州城北门的野象似乎是从较远的地方游荡而来，惠州当地官民显然缺乏应对经验，面对一头独象而措手不及，蒙顺国鲁莽射象，结果惨死于象足，而野象却顺利地从众人包围中逃脱。据此我们可以推测北宋末年，惠州城附近野象已经比较罕见，而这头游荡到惠州的独象，很可能来自南宋初年还有较多野象分布的潮州、循州一带。

唐宋时期，地处岭南东部韩江流域的潮州以及毗邻的福建漳州是野象的一个重要分布区。宋代潮州与漳州虽然分属广南东路与福建路，但两州地域上相连，交通联系紧密，从潮州至漳州有所谓的"漳浦路"，漳州是东通闽浙的交通枢纽[2]。这两州的野象应该同属一个分布区，可相互往来迁移。唐末至北宋，野象在潮州、漳州的分布十分普遍，而宋室南渡以来，人类活动增强，人象矛盾逐步凸显，在此过程中，野象遭到当地民众方式多样的驱赶与屠杀，并最终在该地区消失。潮州、漳州地区由野象为患严重到野象消失的过程，为我们窥视当地社会发展与野生动物的关系提供了一个很好的案例。

前引刘恂《岭表录异》中言"潮、循州多野象"，说明当时潮州一带是野象的一个重要分布区。不过关于当时野象为害的记载却很罕见，这是因为当时潮州一带人口不多，人口对环境的压力较小，人口分布与土地开发主要集中在河谷地带，这可能也是唐中后期至北宋前期，恶溪（韩江）鳄鱼为患严重的一个原因。然而北宋后期开始，随着当地农业开发的推进，尤其是向山区的拓展，野象逐渐开始成为潮州、漳州地区的主要灾患。据主要生活于宋哲宗时期（1086—1100年），并曾游历过岭南的彭乘所撰《墨客挥犀》载：

---

[1]（宋）唐庚：《眉山唐先生文集》卷9《射象记》，四部丛刊三编景旧钞本。
[2] 陈伟明：《宋代岭南交通路线变化考略》，《学术研究》1989年第3期。

漳州漳浦县地连潮阳，素多象，往往十数为群，然不为害。惟独象遇之，逐人蹂践，至肉骨糜碎乃去。盖独象乃众象中最犷悍者，不为群象所容，故遇之则蹂而害人。[1]

　　漳州漳浦县与潮州［按：潮州在唐天宝年间（742—756年）曾改称"潮阳郡"，宋代郡额为"潮阳郡"，引文中"潮阳"非指潮州治下潮阳县，而是代指"潮州"］相连，二地野象的分布应该是相互连通的。"然不为害"说明当时人象矛盾并不明显，但是独象"蹂而害人"则表明人象冲突仍然在一定程度上存在。
　　宋孝宗乾道年间（1165—1173年）、淳熙年间（1174—1189年），是潮州、漳州野象为患的集中爆发时期，给当地民众的生命安全与农业生产均构成很大威胁，这在时人的记载中就有明显的体现。洪迈《夷坚志·丁志》载：

　　乾道七年（1171年），缙云陈由义自闽入广省其父，提舶司，过潮阳，见土人言："比岁惠州太守挈家从福州赴官，道出于此。此地多野象，数百为群。方秋成之际，乡民畏其蹂食禾稻，张设陷穽（阱）于田间，使不可犯。象不得食，甚忿怒，遂举群合围惠守于中，阅半日不解。惠之迒卒一二百人，相视无所施力。太守家人窘惧，至有惊死者。保伍悟象意，亟率众负稻谷积于四旁。象望见，犹不顾。俟所积满欲，始解围往食之，其祸乃脱。"盖象以计取食，故攻其所必救，尨（庞）然异类，有智如此。然为潮之害，端不在鳄鱼下也。[2]

　　此次发生于乾道七年（1171年）的潮州野象围困惠州太守事件，给我们提供了当时人象关系的丰富信息。首先，潮州地区野象"数百为群"，是十分引人注目的事情。象虽是群居动物，但自然状态下，象群规模一般为十几头，至多几十头，而潮州野象群却罕见地达到了几百头。其次，此次野象围困惠州太守的目的是获取食物，而乡民所种禾稻是野象所喜食的食物，但是乡民在田间设陷阱，阻挡了野象对禾稻的攫食，因而野象围困惠州太守而"索食"。最后，从该事件中可见乾道年间（1165—1173年）野象在潮州地区的为患程度已超过鳄鱼，是当地主要的灾患，但野象最主要的危害似乎不是伤人，而是"蹂食禾稻"。

[1]（宋）彭乘：《墨客挥犀》卷3《潮州象》，《唐宋史料笔记丛刊》，中华书局，2002年，第306页。
[2]（宋）洪迈：《夷坚志·丁志》卷10《潮州象》，《古体小说丛刊》，中华书局，1981年，第624页。

通过此次事件，隐藏于其后的信息是宋代潮州、漳州一带生态环境的变化及其给人象关系带来的影响。入宋以来，福建路获得了持续地发展，经济、文化地位不断提升。福建路社会经济的发展是与当地农业开发的进展密切相关的。宋代福建地区不但平原河谷地带基本开发完毕，就是山区也普遍得到大规模开发，史称："闽地瘠狭，层山之巅，苟可置人力，未有寻丈之地不丘而为田"[1]；"闽山多于田，人率危耕侧种，塍级满山，宛若缪篆。"[2]宋代福建路大规模的开发，尤其是山地垦殖表明当地的人口对土地的压力增大，为了缓解人口对土地的压力，向邻近的人口压力相对较小的岭南地区移民成为一种有效方式。宋代从福建移民到岭南从事开垦的民众被称为"射耕人"，周去非在广南西路的钦州就曾见到来自福建的"射耕人"[3]。实际上，福建人入岭南开垦，更多地会选择邻近的韩江流域，如汀州人入梅州开垦，使梅州"悉藉汀、赣侨寓者耕焉"[4]。而漳州人则主要选择就近入潮州开垦。

值得一提的是"靖康之难"后，宋室南渡，大量人口随之迁入南方，除福建人外，还有大批中原人也迁到岭南，"时江北士大夫多避地岭南者"[5]。建炎以来，大量人口的南迁使南方地区的开发进入一个高潮阶段，尤其是孝宗乾道年间（1165—1173年）、淳熙年间（1174—1189年），历经两宋之交长期的动荡，社会秩序趋于稳定，经济文化呈现繁荣局面，史称"乾淳之治"。而岭南地区也相应地进入此前少有的快速发展阶段，作为古代农业社会发展重要的指标——人口也有了显著增加，而据日本学者斯波义信研究，从隋唐至南宋中期，广南东路东部的潮州、循州及其相邻的福建路漳州、汀州、泉州、建州，人口增长都在1 000%以上[6]。

人口的大量增加相应地也给耕地造成了压力，漳州、潮州一带民众不得不进山开垦，人类垦殖范围的不断扩展，又挤压了野象的生存空间，野象更容易相遇而聚集到一起，这可能就是潮州野象数百只聚集成一个超大象群的原因。据研究，每头亚洲象占据的生境面积可达数十平方千米，每头成年象每天需要

---

[1] （清）徐松辑：《宋会要辑稿》瑞异二之二九，中华书局，1957年，第2095页。

[2] （宋）梁克家：《淳熙三山志》卷15《水利》，文渊阁四库全书。

[3] （宋）周去非：《岭外代答》卷3《外国门下·五民》，上海远东出版社，1996年，第76页。

[4] （宋）祝穆：《方舆胜览》卷36《梅州》，中华书局，2003年，第650页。

[5] （宋）李心传：《建炎以来系年要录》卷56，绍兴二年（1132年）七月甲申，中华书局，2004年，第1147页。

[6] ［美］彼得·J.戈雷斯：《宋代乡村的面貌》，《中国历史地理论丛》1990年第2辑。

150千克左右的植物性食物，亚洲象除以植物的嫩枝、树叶、茎秆为主要食物外，还喜欢吃熟透的农作物、经济作物、瓜菜，而且能记住成熟的季节，庄稼成熟时会进入农田采食作物[1]。适宜亚洲象生存的沟谷缓坡也是山区农业开发相对容易的地带，在人类将山林垦为农田后，野象的天然生境遭到人为侵占，从自然界获取食物的难度增大，但是人类所种植的农作物，却是高能量而且极易获取的食物。野象在品尝了人类所种农作物后，会喜欢上这类适口的食物，因此每到农作物收获季节，野象都要来"踩食禾稻"。不过人类也相应地采取挖掘陷阱的方式阻止野象采食禾稼。潮州野象围攻路过于此的惠州太守，就是在无法获取食物而饥饿难耐的情况下所采取的极端行为。

乾道年间（1165—1173年）、淳熙年间（1174—1189年），野象成为漳州、潮州地区阻碍农业开发的主要危害。当地官府为了推进农业开发，采取了鼓励民间猎象的措施。淳熙五年（1178年），漳州知州赵公绸主持修《（淳熙）临漳志》，该州教授李纶作序曰：

> 岩栖谷饮之民，耕植多踩哺于象。有能以机窑（阱）、弓矢毙之者，方喜害去，而官责输蹄齿，则又甚焉。故民宁忍于象毒，而不敢杀，近有献象齿者，公以还之民，且令自今毙象之家，得自有其齿。民知毙象之有获无祸也，深林巨麓将见其变而禾黍矣。[2]

漳州民众入山垦殖，所种禾稼却"多踩哺于象"。民众采用陷阱、弓矢等方法将野象猎杀后，官府却要"责输蹄齿"，成为一项比象患还要严重的负担，导致当地民众宁肯忍受象患，也不愿猎象后被官府收缴象齿（牙）。而赵公绸不但将百姓上缴的象齿归还，而且还下令猎象之人自得象齿，不需上缴官府。此项政策减轻了漳州民众的负担，大大推动了当地民众开垦山林的热情，"深林巨麓将见其变而禾黍矣"。"深林巨麓"被垦成农田，野象生境进一步被侵占，人象矛盾继续激化，在持续的冲突中，野象不断遭到人类捕杀。

绍熙年间（1190—1194年），朱熹出任漳州知州，因当地有野象踏食百姓禾稼，致使百姓不敢开垦，为鼓励垦荒，朱熹作《劝农文》出榜劝谕百姓："陷杀

---

[1] 陈明勇、吴兆录等编著：《中国亚洲象研究》，科学出版社，2006年，第61-62页。

[2]《（淳熙）临漳志》已佚，序文见（清）李维钰：《（光绪）漳州府志》旧序《宋淳熙临漳志序》，清光绪三年（1877年）刻本。

象兽，约束官司，不得追取牙齿蹄角。今更别立赏钱三十贯，如有人户杀得象者前来请赏，即时支给。庶几去除灾害，民乐耕耘。"[1]榜文下注明时间为绍熙三年（1192年）二月，因此我们至少可以判定在绍熙三年（1192年）漳州地区还是有野象存在的，而不能认为是淳熙三至五年或许至十一年（1176—1178年或至1184年），漳州野象趋于灭绝[2]。

　　潮州一带的野象采食禾稼，给当地百姓带来很大的祸患，"象为南方之患，土人苦之，不问蔬谷，守之稍不至，践食之立尽。"为了对付野象，潮州百姓采用了一种颇具创造性的捕象工具——"象鞋"。象鞋的制作方法是：在一块厚木板上，凿出一个仅能容下象足的深坑，在木坑底部植入一个锥尖向上的铁锥，最后再将木坑四周凿成光滑的斜坡，这样象鞋就做好了。在使用时，将象鞋密密麻麻埋于野象经常往来的道路上，用草将象鞋覆盖好。野象如果不小心踏到象鞋，其足必将滑入木坑中，木坑底部的铁锥将洞贯象足。野象无法将象足从象鞋中拔出，很快就会负痛仆倒在地，无法走动而获取食物，当地人称此为"着鞋"。野象"着鞋"后虽不能辗转移动，但还能以牙伤人，所以此时人们还不敢靠近野象，待数日后，野象气力消耗殆尽，众人一拥而上用长矛"攒杀之"[3]。可以说象鞋捕象法是一种安全而有效率的捕象方法，应是潮州百姓在长期的猎象实践中所发明。

　　上述关于象鞋捕象之法出自朱熹在岭南的著名门徒郑南升（郑南升字文振，潮州潮阳人，生卒年不详）之口。不过郑南升之语能够被记录下来，理应是在其成名之后，而他之所以知名是因为拜师于著名理学家朱熹门下，成为"朱门高弟"。郑南升是在宋光宗绍熙年间（1190—1194年）与揭阳郭叔云共同拜师于寓居潮州的朱熹门下。郑南升潜心好学，得到朱熹赞许，"崛起于光、宁之间"，朱子殁后，他在潮州一带传扬朱子理学，成为"一郡儒宗"[4]。可见，郑南升成名是在宋光宗（在位时间为绍熙年间：1190—1194年）、宋宁宗（在位时间为庆元、开禧、嘉泰、嘉定年间：1195—1224年）时期。笔者推断郑南升所言象鞋捕象法应在宋光宗、宋宁宗在位期间或稍后，而此时潮阳往来内地的必经之路夔江岭一带尚有成群的野象，人们从此处经过，必先使人探路，"或遇其大群，

[1]（宋）朱熹：《晦庵集》卷100《劝农文》，四部丛刊景明嘉靖本。

[2] 文焕然、何业恒等：《历史时期中国野象的初步研究》，《思想战线》1979年第6期，第49页。

[3]（宋）宋莘：《视听抄》，引自（明）陈耀文：《天中记》卷60《象》，文渊阁四库全书。

[4]（明）黄一龙：《（隆庆）潮阳县志》卷12《乡贤列传》，明隆庆刻本。

有数日不去不敢行者。监司巡历则（饬）其保甲鸣逻鼓赶逐之，顽然若无闻也，必俟其自散去，乃敢过。"[1]因此，潮州野象在宋光宗、宋宁宗时期还活跃在潮州地区，其灭绝时间不会早于12世纪末、13世纪初，所以有人认为乾道七年（1171年）以后"历史文献就没有提到潮州有野象活动了"[2]的观点是值得商榷的。

由上观之，潮州、漳州一带野象的灭绝主要是入宋以来，尤其是宋室南渡后，该地区人口持续快速增长，人口对土地的压力不断增大，由此推动人类开发向山林地带开拓，进而导致了人类活动场所对野象生境的干扰和侵占。野象在食物不足的情况下将人类所种禾稼当作食物，引发人类与野象冲突的加剧，在人类花样不断翻新的捕猎技术面前，野象数量持续减少，并最终从该地区消失。

三、由"蛮夷"到"神州"：宋代岭南生态环境的转变

两宋时期，岭南地区的社会经济发展取得了引人注目的进步，随着岭南开发在广度上和深度上的拓展，当地民众的生存环境与生活质量都有了很大改善。在唐宋以前，岭南地区在当时内地人眼中一直是荒蛮之地，气候湿热、林莽密布、毒蛇猛兽横行，更加危险的还有令人闻之色变的瘴气，稍有不慎就可能夺人性命。这一切都显示出唐宋之前岭南似乎并不是一个适宜人类居住的地方。

唐中期至北宋时期（包括五代时期的南汉），尽管岭南地区渐次有所开发，广州、桂州、韶州、潮州逐渐变为人烟稠密之处，但是整体而言岭南地区的生态环境对人类来说仍非宜居之所。刘恂《岭表录异》言："岭表山川，盘郁结聚，不易疏泄，故多岚雾作瘴。人感之多病，腹胀成蛊。俗传有萃百虫为蛊，以毒人。盖湿热之地，毒虫生之，非第岭表之家，性惨害也。"[3]可见唐末时，岭南地区还是瘴疾横行，尤其是外地人非常容易感染，而在时人的认识中瘴疾与湿热环境下孳繁的毒虫有关。从病理学上说，瘴疾包含病种很多，是大致包括热带病、地方病、人体寄生虫病、水源与大气污染所致疾病等一组复杂疾病的统称，具体包括疟疾、痢疾、脚气、黄疸、消渴、克汀病、沙虱热、瘿疽以及瘴

---

[1]（明）黄一龙：《（隆庆）潮阳县志》卷12《乡贤列传》，明隆庆刻本。

[2] 文焕然、何业恒等：《历史时期中国野象的初步研究》，《思想战线》1979年第6期，第49页。

[3]（唐）刘恂：《岭表录异》卷上，武英殿聚珍丛书本。

毒发背、青腿牙病、高山病、硒中毒，或因空气污染所致一氧化碳中毒、汞中毒、硫中毒，以及水污染所致癌肿和砷中毒所致乌脚病等，此外还包括高原反应、肿瘤、浮肿、毒气、花粉过敏、脱发病等[1]。但一般认为瘴疾主要是指疟疾特别是恶性疟疾[2]。疟疾是经按蚊叮咬或输入带疟原虫者的血液而感染疟原虫所引起的虫媒传染病，按蚊吸取人、畜血液，将疟疾传染给人类。岭南地区大部分区域尚未经过人类社会的普遍开发，气候湿热、植被繁茂、水塘众多，非常有利于蚊虫滋繁。同时，岭南地区的一些鸟兽也会成为寄生虫的宿主，或鸟兽本身成为疾病传染源，如岭南新、勤、春等十州，多产鹦鹉，人以"手频触其背，犯者即多病颤而卒，土人谓为'鹦鹉瘴'"[3]。

宋代，岭南瘴疾仍然令人望而生畏，朝廷命官到岭南赴任均视为畏途，担心有去无返，为此朝廷不得不将岭南知州的任期由三年一任改为一年一任，而且令秋冬赴治，并优其俸秩。曾任静江知府的范成大称两广只有桂林无瘴，桂林以南皆是瘴乡，尤以邕州两江最烈，并将瘴疾分为青草瘴、黄梅瘴、新禾瘴、黄茅瘴，其中以黄茅瘴尤毒[4]。其后在静江为官的周去非言，广南西路昭州、广南东路新州因瘴气郁积，杀人很多，竟被称为"大法场"，广南西路横、邕、钦、贵诸州瘴气可与昭州相比，而广南东路的英州也有"小法场"之称[5]。历史上岭南地区的瘴疾不但威胁着人类的生命健康，而且也是阻挡人类开发的巨大障碍。

除了瘴疾，岭南地区广泛分布的各类毒蛇猛兽也是阻挡人类开发的一大障碍。岭南地区在人类大规模开发之前，分布着大片的原始森林与沼泽，活跃于此的毒蛇猛兽对涉足其间的人类无疑是一个重大威胁。除野象外，鳄鱼、蟒蛇、老虎、人熊、豹、狼等均可对岭南人的生命安全构成威胁。唐宋时岭南鳄鱼分布较为普遍，且对人畜构成较大威胁，《岭表录异》载岭南地区有群鳄，喜食鹿类，"南中鹿多，最惧此物。鹿走崖岸之上，群鳄嗥叫其下，鹿怖惧落崖，多为

---

[1] 冯汉镛：《瘴气的文献研究》，《中华医学杂志》1981年第1期，第44-47页；张文：《地域偏见和族群歧视：中国古代瘴气与疟病的文化学角度》，《民族研究》2005年第3期，第69-70页。
[2] 龚胜生：《2000年来中国瘴病分布变迁的初步研究》，《地理学报》1993年第4期，第304-305页；左鹏：《宋元时期的瘴疾与文化变迁》，《中国社会科学》2004年第1期，第197页。
[3] （唐）段公路：《北户录》卷1《鹦鹉瘴》，清十万卷楼本。
[4] （宋）范成大：《桂海虞衡志》，《唐宋史料笔记丛刊·范成大笔记六种》，中华书局，2002年，第128页。
[5] （宋）周去非：《岭外代答》卷4《风土门·瘴地》，上海远东出版社，1996年，第83页。

鳄鱼所得。"[1]这里所言的"南中"即为岭南地区，"群鳄"说明鳄鱼数量当不在少数。又《太平寰宇记》卷一六四《岭南道八·梧州》条下载："思良江在州北二十里，一名多贤水，其中鳄鱼状如鼍，有四足，长者二丈，皮如鲗鱼鳞，南方谓之'鳄鱼'……恒在山涧伺鹿，亦能啖人，故谷汲，往往遇害。"[2]思良江乃珠江干流西江的二级支流，在梧州（今广西梧州市）附近注入西江一级支流桂江，梧州思良江流域的鳄鱼很可能是沿西江水系鳄鱼分布的一部分，该流域的鳄鱼对靠近溪谷汲水的人威胁甚大。《太平广记》亦称："广州人说，鳄鱼能陆追牛马，水中覆舟杀人。"[3]可见，当时鳄鱼已经严重威胁到了岭南民众生产、生活的安全。岭南地区还有一种体型极为巨大的蚺蛇，《岭表录异》称："蚺蛇大者五六丈，围四五尺，以次者亦不下三四丈，围亦称是。"[4]虽然史书中只有蚺蛇食鹿的记载，而没有关于蚺蛇伤人的记录，但如此巨大的蚺蛇对人类的威胁是不言而喻的。岭南梧州还产一种蓝蛇，毒性很大，"蓝蛇，首有大毒，尾能解毒，出梧州陈家洞。南人以首合毒药，谓之'蓝药'，药人立死。"[5]蓝蛇毒性之大可见一斑，若人不幸被蓝蛇咬中，后果非常严重。

　　岭南地区地形复杂多样，植被繁茂，野生动物众多，很适合华南虎的生存。在唐宋时期，岭南地区华南虎的分布是较为普遍的，一直到南宋初年，周去非在《岭外代答》中还称："虎，广中州县多有之"[6]。唐宋时，岭南地区虎伤人事件亦时有发生，《太平寰宇记》载广州四会县有一里名"贞里"，得名于一"里女"，其未婚夫"因虎而死"，"里女"守节未嫁，"奉养舅姑，晨昏不倦，人美其行，故名其里。"[7]另《宋史·五行志》载："淳化元年（990年）十月，桂州虎伤人，诏遣使捕之。"[8]桂州老虎伤人，以致惊动朝廷派人猎捕，说明老虎数量及其伤人规模应该不小。不过南宋以前，人虎冲突的记载集中于广州、桂林等开发程度相对较高、人口密度较大的地区，其他地区则比较少见。然而建炎南渡以来，随着北方人口的大量南迁，岭南地区人与虎的关系整体上趋于紧张。

[1]（唐）刘恂：《岭表录异》卷下，武英殿聚珍丛书本。
[2]（宋）乐史：《太平寰宇记》卷164《岭南道八》，中华书局，2007年，第3141页。
[3]（宋）李昉：《太平广记》卷464《水族一·鼍鱼》，民国景明嘉靖谈恺刻本。
[4]（唐）刘恂：《岭表录异》卷下，武英殿聚珍丛书本。
[5]（唐）段成式：《酉阳杂俎》卷17《虫篇》，四部丛刊景明本。
[6]（宋）周去非：《岭外代答》卷9《禽兽门·虎》，上海远东出版社，1996年，第215页。
[7]（宋）乐史：《太平寰宇记》卷157《岭南道一》，中华书局，2007年，第3020页。
[8]《宋史》卷66《五行志四》，中华书局，1977年，第1451页。

两宋之交，蔡京季子蔡绦流放岭南白州，记录下当地建炎南渡以来，北方流民日多，人虎冲突加剧的情景，"十年之后，北方流寓者日益众，风声日益变，加百物涌贵，而虎寝伤人。今则与内地勿殊，啖人略不遗毛发。"[1]可见人口增多是人虎冲突的一个重要诱因。

岭南广西所产人熊亦能害人，人熊又名马熊、棕熊，性猛力强，可伤害人畜，"人熊在山，能即船害人……其在山中遇人，则执人手，以舌掩面而笑，少焉，以爪抉人目睛而去。"[2]此说虽可能有一定传闻成分，但人熊可伤人则是无疑的。唐宋时期，关于岭南狼、豹等野兽伤人的记载不多见，但并不能说没有此类事情的发生，如广南西路有些地方的居民，"结栅以居，上设茅屋，下豢牛豕，栅上编竹为栈"，他们之所以住在干栏式建筑里，"盖地多虎狼，不如是，则人畜皆不得安。"[3]

整体而言，岭南地区的野生兽类对人类构成的威胁有随着人口增多、开发逐步深入而呈现多发的趋势，但人类的技术和组织优势是各种野生兽类所无法比拟的，岭南人为了维护自身生命、财产安全，营建宜居的生存环境，会采取多种措施驱赶和捕杀各种野生兽类，野生兽类数量减少后，对人类造成的危险就会逐步降低。入宋以来，随着北方人口不断迁入岭南，岭南地区"人民少而禽兽众"的局面逐渐扭转。宋代北方人口向岭南的迁移，在北宋末以来呈加快趋势，在南宋初和南宋末出现过两次高潮，其中具有大片未开发坦地（新增河海边滩地）和河网低洼地的珠江三角洲是北方移民的主要迁入地之一。北方迁户著籍珠江三角洲后对当地开发主要做出两方面的贡献：一是坦地的垦耕，北方移民进入三角洲后，迅速扩散到坦地上垦荒。经过长期垦辟，各县成陆不久的海边坦地多被垦成耕地，沿海的岛屿也有所改观。例如香山岛，神宗时有侨佃户5 880人，广东路转运判官徐九思请求立县，后只置镇，至高宗时，升为香山县[4]。二是堤围的修筑。珠江三角洲较具规模的堤围始筑于宋代，成堤28条，共长66 024丈，护田24 822顷。堤围的修筑有利于固定河床、防洪保收，从而加速三角洲开发[5]。

[1]（宋）蔡绦：《铁围山丛谈》卷6，《唐宋史料笔记丛刊》，中华书局，1983年，第115页。
[2]（宋）周去非：《岭外代答》卷9《禽兽门·人熊》，上海远东出版社，1996年，第221页。
[3]（宋）周去非：《岭外代答》卷4《风土门·巢居》，上海远东出版社，1996年，第86页。
[4]（宋）王象之：《舆地纪胜》卷89《广南东路》，中华书局，1992年，第2831页。
[5]何维鼎：《宋代人口南迁与珠江三角洲的农业开发》，《学术研究》1987年第1期，第59-61页。

北方移民在迁入珠江三角洲开发沼泽低地时常会遭遇到鳄鱼的威胁，但同时他们也会采取各种措施驱赶或者捕杀鳄鱼。新中国成立后，在今天广东省顺德勒流曾出土一副鳄鱼骸骨，骨架基本完整，但脊椎不全，椎骨有被刀砍断的痕迹，深达10厘米，鳄鱼出土地层有北宋典型文物大盖碗等，故定为宋代文化层，即说明该鳄鱼是在宋代被杀死的[1]。顺德出土鳄鱼应是宋代当地开发时，鳄鱼对人类开发活动构成威胁，人类进而将鳄鱼捕杀。宋代岭南地区的开发，推动人类越来越多地进入到鳄鱼的栖息地，人与鳄鱼发生冲突，人类想方设法消灭鳄鱼。此外，成书于南宋中期嘉定（1208—1224年）、宝庆年间（1225—1227年）的《舆地纪胜》载，东莞之东有一方圆数十丈、深不见底的"鳄湖"，因"旧有鳄鱼，故名"[2]。"旧有"则意味着"今无"，说明当时东莞一带鳄鱼趋向灭绝。据研究宋代以后岭南地区马来鳄的分布区逐步缩小，数量也趋于减少。这主要是宋代以来岭南地区人口大增，人类活动破坏了马来鳄生态系统平衡的结果。随着人类捕杀马来鳄之武器与方法的不断提高，两广内陆的广州、惠州、潮州、梅州、梧州，以及大陆沿海的恩、雷等州，约到南宋末就没有马来鳄活动的记载了[3]。人类活动驱赶了鳄鱼，往往是人类开发程度越高的地区，鳄鱼消失的也越早。而实际上不只是鳄鱼，宋代岭南地区的孔雀、犀牛等野生动物随着人类开发的推进，其分布区域都有所消退[4]。

宋代岭南人（以新迁入移民为主）在向山林地带开发时，野象与老虎是最主要的威胁。前已述及，岭南东部潮州、漳州一带，随着当地农业开发向山林的推进，人与野象爆发了严重的冲突。岭南山地的开发也必然会引发人与虎的冲突，据王安石《临川先生文集》所载，王安石之父王益任韶州知州时，韶之属县"翁源多虎，公教捕之"[5]。王益命人捕虎，应是翁源当地老虎为患的结果，而虎患的加重与当地开发有密切关系。例如，宋代福建路就因农业开发的增强，尤其是山地的普遍开发，造成了人虎关系的紧张和老虎伤人事件的普遍

[1] 曾昭璇：《试论珠江三角洲地区象、鳄、孔雀灭绝时期》，《华南师范学报（自然科学版）》1980年第1期，第178-179页。

[2] （宋）王象之：《舆地纪胜》卷89《广南东路》，中华书局，1992年，第2837页。

[3] 文焕然、何业恒等：《历史时期中国马来鳄分布的变迁及其原因的初步研究》，《华东师范大学学报（自然科学版）》1980年第3期，第109-121页。

[4] 曾昭璇：《试论珠江三角洲地区象、鳄、孔雀灭绝时期》，《华南师范大学学报（自然科学版）》1988年第1期；文焕然、何业恒等：《历史时期中国马来鳄分布的变迁及其原因的初步研究》，《华东师范大学学报（自然科学版）》1980年第3期。

[5] （宋）王安石：《临川先生文集》卷71《先大夫述》，四部丛刊景明嘉靖本。

发生[1]。然而老虎伤人并不能阻止岭南人对山林地带的开发，面对老虎为患，正如王益"教人"捕虎，在官方组织和鼓励民间打虎的推动下，老虎逐渐退出山林，人类则据而开发。

宋代岭南的开发还大大减轻了瘴疾的危害。瘴疾的产生与湿热环境下各类毒虫与病菌的孳繁有一定关系，而人类开发使自然环境发生变化，适宜蚊虫生长的山林与水泽大为缩减，瘴疾也随之减轻。明末清初著名学者屈大均言及当时岭南瘴气稀微的原因时云："今日岭南大为仕国，险隘尽平，山川疏豁，中州清淑之气，数道相通。夫惟相通，故风畅而虫少，虫少，故烟瘴稀微，而阴阳之升降渐不乱。盖风主虫，虫为瘴之本。风不阻隔于山林，雷不屈抑于川泽，则百虫无所孳其族，而蛊毒日以消矣。"[2]屈大均对山林开发，环境改变，"百虫"减少导致瘴疾"稀微"的朴素认识也是同样符合宋代的实际情况的。宋代，尤其是北宋中期以后岭南地区的农业开发有了长足发展，史籍所载，南宋初年桂州已垦田"万四十二顷"[3]，相比元丰年间（1078—1085年）官方所统计的整个广南西路田不足五百顷[4]，垦田面积的增长是十分显著的。随着农业开发的推进，山林、川泽变为农田，蚊虫"无所孳其族"，瘴疾也有了明显的减轻。因瘴疾酷烈而号称"大法场"的新州，在南宋初已有了很大改观，"新州州土烝岚瘴，从来只是居流放。于今多住四方人，况复为官气条畅。"[5]新州由"烝岚瘴"到"气条畅"的变化，与新人口移入后的开发是密切相关的。

屈大均在《广东新语》中称岭南"自秦、汉以前为蛮裔（夷），自唐、宋以后为神州"[6]。岭南地区由蛮夷之地向内地神州的转变体现了岭南人对自然环境的改造，在岭南人"筚路蓝缕，以启山林"改造过程中，很多原本不适宜人类生存的"瘴乡"变为适宜人类居住的新家园。不可否认的是，在此过程中也付出了一定的生态代价，一部分对人类生产、生活构成威胁的大型兽类被捕杀或驱赶，一些有经济价值或实用价值的野生动物被捕猎，生物多样性受到一定

---

[1] 曾雄生：《虎耳如锯猜想：基于环境史的解读》，《中国历史地理论丛》2008 年第 2 辑，第 23-32 页。

[2] （清）屈大均：《广东新语》卷 1《天语·瘴》，中华书局，1985 年，第 24 页。

[3] （宋）李心传：《建炎以来系年要录》卷 26，建炎三年（1129 年）八月辛酉，中华书局，2013 年，第 605 页。

[4] 据（元）马端临：《文献通考》卷 4《天赋考四》载："（元丰年间），广南西路田一百二十四顷五十二亩，官田四百二十七顷二十八亩"，两项相加不足五百亩。当然，此数字代表的田亩仅是官方直接控制的那部分，不包括当地少数民族的垦田和未被纳入官方控制的"隐田"。

[5] （宋）胡寅：《斐然集》卷 3《赠朱推》，文渊阁四库全书补配文津阁四库全书本。

[6] （清）屈大均：《广东新语》卷 2《地语·地》，中华书局，1985 年，第 29 页。

程度的损害。但是在当时的历史条件下，这又是一种很难避免的情况，我们不能超越时代背景的限制，过分苛责古人为自身生存与发展所做出的选择和努力。

小　结

在宋代岭南社会发展中，野生动物扮演了重要角色。野生动物及其制品为宋代岭南人提供了很大一部分生活所需，丰富了其社会生活内容。宋代，岭南地区的社会发展水平取得了十分引人注目的跨越，岭南人与野生动物的接触和交往也愈加频繁。当然在岭南开发过程中，导致了岭南人与某些野生动物冲突的加剧，一部分野生动物被驱赶或捕杀。在古代社会，人类与野生动物能否和谐相处、彼此受益？这恐怕是一个两难的选择。人类社会在自身的发展中，必然会对其所处的生态环境进行改造，谋求安全、宜居的生态环境，对威胁人类安全的毒蛇猛兽进行捕杀和驱赶也是在所难免的。"原生态"的环境固然会有利于保护生物多样性，但往往也会对人类社会发展产生很大制约，因此不能因噎废食，放弃对营造人类宜居环境的努力。不过，如何在社会发展与野生动物物种正常存续中求得平衡则是人类需要努力探求的。

第五节　宋人的生态观念

两宋之际，无论是在深度上还是在广度上，宋人对自然环境的开发与利用都有了长足的发展，人与自然环境的关系也愈加密切。与此同时，宋代各阶层对人与自然的关系也有了更深层次的思考，提出一些具有创造性的生态哲学观点，体现出宋人朴素的生态伦理意识。而宋代官方为了体现其仁政思想，以及实现动植物资源的可持续利用，制定有许多保护野生动植物的法规、法令，可以从施政角度窥探宋代官方关于人与环境关系的现实考量。以上对我们今天的生态文明建设均具有一定的启发和借鉴意义。

一、宋代各阶层的生态观念

宋代是儒学发展的一个重要转型期，儒学融合了一部分佛教和道教思想，经过加工改造，形成兼具儒、释、道三家思想的新的儒学思想体系，即对后世影响深远的"道学"（或曰"理学"）。宋代"道学"思想家在提出与创建新的思想观念的同时，对儒学的传统命题"天人关系"做了进一步的思考，提出一些很有价值的生态观念与生态伦理思想，其中张载、程颢、程颐、朱熹等人思想中所蕴含的生态观念最为典型。

1．道学家的生态观念

（1）张载

张载是关中人，为宋代著名的"道学"支派——关学的创始人。张载的学说以自然与人类相统一的思想为主导，提出了"天人合一"的哲学命题。张载指出"儒者则因明致诚，因诚致明，故天人合一，致学而可以成圣，得天而未始遗人。"[1]"天人合一"是将天道与人事放在一起讨论，"天人不须强分，《易》言天道，则与人事一滚论之，若分别则只是薄乎云尔。自然人谋合，盖一体也，人谋之所经画，亦莫非天理。"[2]"天人合一"学说承认自然界的内在价值，自然界的内在价值在于天道、天德。天德不仅是自然界自身所具有的，而且还在生人生物的过程中赋予人并成为人的德性，最终由人来实现。

张载思想之结晶《西铭》集中体现了其"天人合一"的思想。"乾称父，坤称母，予兹藐焉，乃混然中处。故天地之塞，吾其体，天地之帅，吾其性。民吾同胞，物吾与也……"[3]乾坤就是天地，天地即为古人眼中的自然界。乾坤为父母就是要求人们要像敬畏父母那样敬畏自然界，个体的人相对于自然界就像渺小的孩子一样。"浑然中处"说明人与自然界是不可分离的，二者同处于一个无限的生命整体中。张载认为气乃万物之源，充塞于天地之间的气构成了人体，也构成了天地万物之形体。"天地之帅"是说天地之性是天地万物的统帅，天地之性是指天德，天德是人与万物的共同本源，以天德为吾人之性，即说明天地自然界是人的价值之源。基于此，人与人都是同胞兄弟，人与天地万物皆是朋友伙伴，因而人要像热爱朋友兄弟那样热爱自然。张载的哲学观体现了丰富的生态伦理智慧，透射出强烈的生态认知，在一定程度上摆脱了以人为中心

[1]（宋）张载：《正蒙·乾称篇》，《张载集》，中华书局，1978年，第65页。

[2]（宋）张载：《横渠易说·系辞下》，《张载集》，中华书局，1978年，第232页。

[3]（宋）张载：《西铭》，（宋）吕祖谦：《皇朝文鉴》卷73，四部丛刊景宋刊本。

的生态观，把人看作是自然界平等的一员，承认自然界的生物享有与人类相似的权利与价值。

（2）程颢和程颐

程颢、程颐是同胞兄弟，北宋洛阳人，为宋代著名"道学"支派——洛学的创始人。程颢、程颐师承一致，思想观念相近，世称"二程"。二程亦主张"天人一体"观念，"仁者以天地万物为一体"[1]"人与天地一物也"[2]。天地万物是同源一体的，人与天地万物同属于自然界。二程主张草木虫鱼等生物享有与人类平等的生存权利，人类应该善待生灵万物，以己之心来体验虫鱼草木之心，"天地之间非独人为至灵，自家心便是草木鸟兽之心也，但人受天地之中以生尔。"[3]二程深受佛教戒杀思想的影响，反对杀生食肉，"问佛戒杀生之说如何，曰：儒者有两说，一说天生禽兽，本为人食，此说不是，岂有人为蚊虻而生耶。一说禽兽待人而生，杀之则不仁，此说亦不然，大抵力能胜之者皆可食。但君子有不忍之心尔。故曰：见其生不忍见其死，闻其声不忍食其肉，是以君子远庖厨。"[4]虽然在是否杀生食肉方面存在一定的矛盾心理，但最终还是倡导"君子要有不忍之心"，远离庖厨。

二程不但在哲学角度上提出天人共生一体的生态观，而且在具体的行为规范上还奉行关心自然、热爱生命的准则。程颐曾任崇政殿说书，在给宋哲宗侍讲时，"帝尝凭槛偶折柳枝，颐正色曰：'方春时和，万物发生，不当轻有所折，以伤天地之和。'帝颔之。"[5]方春之时，万物生长，此时正是抚育万物的时节，而不当有所折伤，从中体现出程颐的爱物思想。

（3）朱熹

南宋的朱熹被认为是宋代道学的集大成者，在其哲学思想中表现出浓厚的自然主义倾向和爱物思想。朱熹在《四书章句集注》中提出了"因天地自然之利"的生态哲学观，他认为人类只有通过"因天地自然之利，而撙节爱养之事也"[6]，即顺时节用，才能维持生物资源的可持久利用。朱熹认为人类在生物

[1]（宋）程颢：《二程遗书》卷2上《元丰己未吕与叔东见二先生语》，文渊阁四库全书本。
[2]（宋）程颢：《二程遗书》卷11《师训》，文渊阁四库全书本。
[3]（宋）程颢：《二程遗书》卷1《端伯传师说》，文渊阁四库全书本。
[4]（宋）程颢：《河南程氏外书》卷8《游氏本拾遗》，明弘治陈宣刻本。
[5]（明）冯琦：《宋史纪事本末》卷10《洛蜀党议》，明万历刻本。
[6]（宋）朱熹：《四书章句集注》孟子第卷1《梁惠王章句上》，宋刻本。

资源的使用上不应超出其自然生长、繁育的限度，"昆虫草木未尝不顺其性，如取之以时，用之有节，当春生时，不妖夭，不覆巢，不杀胎。草木零落，然后入山林，獭祭鱼，然后虞人入泽梁，豺祭兽，然后田猎。所以能使万物各得其所者，惟是先知得天地本来生生之意。"[1]顺应生物资源生长的自然之性，善加抚育，取用有节，这样不但可使"万物各得其所"，实现生物资源循环持久利用，而且也符合天地的"生生之意"。

朱熹主张善待自然万物，以仁爱之心对待生命，"仁者天地生物之心"[2]"仁是天地之生气"[3]。"仁"不但是人的道德修养，也是对待天地万物的基本准则，将"仁"普施万物才是真正的"仁"。朱熹认为一草一木、一禽一兽的生存，皆有其"理"，即有其存在的合理性。草木春天生长，秋天死亡，好生恶死亦是其自然之理，因此要顺阴阳道理，"仲夏斩阳木，仲冬斩阴木"。朱熹认为"万物均气同体"，因此反对轻易杀生，"见生不忍见死，闻声不忍食肉，非其时不伐一木，不杀一兽，不杀胎，不妖夭，不覆巢，此便是合内外之理。"[4]需要指出的是，朱熹虽然强调善待生命，但并不是一味要求人类放弃生存发展的需要，任生物资源自生自灭而不加利用，而是在不违背生物自然生长的限度内，"和内外之理"，合理而有节制地使用，既能使生物资源生生不息，维持生态平衡，又能物尽其用，满足人类生存发展之需。

朱熹还十分善于观察和思考自然现象，并对其进行解释。如朱熹反对古人认为露是星月之气的说法，而认为"露只是自下蒸上"，由蒸汽形成，"霜只是露结成，雪只是雨结成"[5]；至于虹，民间传统认为"能吸水、吸酒，人家有此，或为妖，或为祥"，将虹附会成一种难以预知的神秘事物。而朱熹则认为"虹非能止雨也，而雨气至是已薄，亦是日色射散雨气了。"[6]朱熹将虹还原为一种自然现象，已认识到虹的本质。虽然朱熹对自然事物的解释仍然没有摆脱传统的阴阳五行思想，如他认为"天地统是一个大阴阳"，"阴阳五行之理须常常看得在目前，则自然牢固矣"[7]。但整体上朱熹对自然事物的认识更加接近其本

---

[1] （宋）黎静德：《朱子语类》卷 14《大学一》，明成化九年（1473 年）陈炜刻本。
[2] （宋）黎静德：《朱子语类》卷 5《性理二》，明成化九年（1473 年）陈炜刻本。
[3] （宋）黎静德：《朱子语类》卷 6《性理三》，明成化九年（1473 年）陈炜刻本。
[4] （宋）黎静德：《朱子语类》卷 15《大学二》，明成化九年（1473 年）陈炜刻本。
[5] （宋）黎静德：《朱子语类》卷 2《理气下》，明成化九年（1473 年）陈炜刻本。
[6] （宋）黎静德：《朱子语类》卷 2《理气下》，明成化九年（1473 年）陈炜刻本。
[7] （宋）黎静德：《朱子语类》卷 2《理气上》，明成化九年（1473 年）陈炜刻本。

质，更符合其真实面貌，这也为朱熹形成较时人更为进步的自然观奠定了基础。

以张载、程颢、程颐、朱熹为代表的宋代道学家对天人关系进行了深入探讨，提出了"天人一体""天人合一"等生态哲学观念。宋代道学家特别强调人与自然的和谐相处，承认自然界的生灵万物与人类存在相似的生存权利和价值，要求人类遵循自然规律，善待生命。宋代道学家提出的关于处理和协调人与自然环境关系的生态伦理观念，丰富了中国历史上的天人关系学说，为理解人与自然统一与和谐的生态伦理原则提供了理论支持。但同时宋代道学家的生态观念也有一定的局限性，道学家多是境遇优渥的上层知识分子，往往通过坐而论道的方式，"空谈性命"，其生态哲学思想多流于纸上思辨的形式，并不能充分体察民间疾苦，如在是否杀生食肉问题上，虽然道学家大谈"君子远庖厨"，反对杀生，却没有顾及尚有大量下层民众食不果腹的现状。

2．文学家的诗性生态观

两宋时期是中国文学史上一个承前启后的重要时代。随着商品经济的发展和市民阶层的涌现，宋代文学逐步扭转了晚唐以来的浮夸文风，文学作品更加日常化、平民化，更多地关注现实，反映民生疾苦。这一趋势在宋代文学家的诗歌创作中就体现得非常明显，相比唐代诗歌的绮丽与恢弘，宋代诗歌更加平实，更加接近自然。关于人与自然关系的描写是宋代诗歌的一个重要创作方向，宋代文人的衣食生活、游历、迁谪均与自然环境密切相关，因而宋代文人的文学创作中描述田园生活、自然风光、动植物情态的诗歌非常多，既表现了宋代文学家追求人与自然和谐的志趣，又透射出强烈的生态伦理精神。

宋代文人的诗歌作品中体现出很强的"物与"情怀，将山川风物、草木虫鱼视为朋友、伙伴，赋予其拟人化的情感。中国文人自古就有乐山乐水的情趣，文人墨客在悠游山水中娱乐身心，感悟自然，并以此寄托自己超凡脱俗的高洁人格。在宋人诗歌中经常出现以山水为友的描述，如苏洞《中秋》诗中："百川我友朋，五岳我弟兄。"[1]李曾伯《过庐山》："世如春梦空头白，山似故人终眼青。"[2]史弥宁《青山》："青山见我喜可掬，我喜青山重盍簪。"[3]在诗人眼中，

---

[1]（宋）苏洞：《泠然斋诗集》卷1《中秋》，文渊阁四库全书本。
[2]（宋）李曾伯：《可斋杂稿》卷28《过庐山》，文渊阁四库全书本。
[3]（宋）史弥宁：《友林乙稿·青山》，宋刻本。

无言的山川是他们的朋友故人，山川以其博大的胸怀接纳了他们，成为他们荡污涤垢、净化心灵的胜地，从中亦体现出诗人们寻求人与自然平等和谐的思想。

自然界的风物景观既是文人的审美对象，也是寄托情感的心灵知交。陆游在其《风月》一诗中就将"风月"比作知己，"老来苦无伴，风月独见知。未尝费招呼，到处相娱嬉。"[1]杨万里诗云："宜江风月冉溪云，总与诚斋是故人。"[2]杨万里将自然风物视作老友，可见其喜爱自然的闲适之情。僧人赞宁亦将白云作为伴侣，"松斋独坐谁为侣，数片斜飞槛外行。"[3]在诗人眼中"白云"已经具有超凡脱俗的品格，正契合了他们以物为友、崇尚自然的心境。

自然界中有生命的动植物更是被宋代文人引为朋友与知己。宋代诗人王质在隐居山林时，陆续写过《山友辞》《水友辞》《山友续辞》《水友续辞》《山水友馀辞》《山水友别辞》，吟咏山水中的各类动植物。在诗中，拖白练、青菜子、泥滑滑、黄栗留、提葫芦、屈陆儿、山和尚、啄木儿等呼为"山友"，鸳鸯、江鸥、野鸭、红鹤、鸬鹚、鱼鹰等视作"水友"[4]。王质对这些野生动植物呼朋道友，体现了其回归自然，以动植物为伴的志趣。

在宋代诗人的笔下，以动植物为友的诗歌非常普遍。晁说之《春色》："莺能嘲客语，花解笑人忙。"[5]诗人将本无意识的花鸟看作是能与自己互动的伙伴。张耒《二十三日即事》："啼鸟似逢人劝酒，好山如为我开眉。"[6]又《发安化回望黄州山》诗曰："几年鱼鸟真相得，从此江山是故人。"[7]而陆游《阆中作》亦曰："莺花旧识非生客，山水曾游是故人。"[8]张耒与陆游诗中均将山水及其中的花鸟看作是朋友、故人。王疏《游天平山二首》："山禽于我情何厚，逐马声声似见留。"[9]诗人眼里山禽何其多情，竟不舍得它离开，实际上正反映了诗人留恋天平山美景及禽鸟的心情。张镃《命鹿》："双鹿林泉友，新居后我成。角低方长旺，斑嫩未分明。濯濯菰塘晚，呦呦草迳晴。仙畴吾种玉，汝辈耦而

[1]（宋）陆游：《剑南诗稿》卷11《风月》，文渊阁四库全书补配文津阁四库全书本。
[2]（宋）杨万里：《诚斋集》卷35《跋常宁县丞葛齐松子固衡永道中行纪诗卷》，四部丛刊景宋写本。
[3]（宋）陈起：《宋高僧诗选》后集卷上《秋日寄人》，清钞本。
[4]（宋）王质：《绍陶录》卷下，清十万卷楼丛书本。
[5]（宋）晁说之：《嵩山文集》卷6《春色》，四部丛刊续编景旧钞本。
[6]（宋）张耒：《张右史文集》卷23《二十三日即事》，四部丛刊续编景旧钞本。
[7]（宋）张耒：《张右史文集》卷23《发安化回望黄州山》，四部丛刊续编景旧钞本。
[8]（宋）陆游：《剑南诗稿》卷3《阆中作》，文渊阁四库全书补配文津阁四库全书本。
[9]（宋）王疏：《游天平山二首》，（清）陆心源：《宋诗纪事补遗》卷89，清光绪刻本。

耕。"[1]张镃将一对小鹿看作是精神伴侣，陪伴自己的田园隐居生活。

松、梅、竹、兰、菊等植物在中国传统文化中被视为君子人格的象征，宋代文人的诗歌创作中常将此类植物拟人化，用以自喻或喻人。张元干《岁寒三友图》高度赞扬了松树的品格："苍官森古鬣，此君挺刚节，中有调鼎姿，独立傲霜雪。"[2]李纲则在其《梁溪四友赞序》中言："山居有松竹兰菊，目为'四友'，且字之松曰'岁寒'，竹曰'虚心'，兰曰'幽芳'，菊曰'粲华'，各为之赞。"[3]李纲将松、竹、兰、菊称为"四友"，并给其各取雅号。家铉翁《雪中梅竹图》曰："梅兄乃我义理朋，竹友从我林壑游。青青不受尘土涴，皓皓肯与红紫侔。"[4]"梅兄""竹友"成为作者的伙伴朋友。宋代文人的精神世界里，松、梅、竹、兰、菊既象征了高洁的君子品格，又体现出作者以物为友，回归自然的价值取向。

宋代文人还创作了许多以戒杀及放生为主题的诗歌，体现出崇生、爱生的生态伦理思想。生命是可贵的、神圣的，中国传统思想中就有好生为尚的生态观念。宋代进一步发展了戒杀爱物思想，十分珍视生命，"虽草木虫鱼之微，亦不当无故而杀伤也"。一些宋诗就明显表现出戒杀爱物的思想。黄庭坚作有《戒杀诗》曰："我肉众生肉，名殊体不殊。元同一种性，只是别形躯。苦恼从他受，肥甘为我须。莫教阎老判，自揣看何如。"[5]陆游亦作有《戒杀》一诗："物生天地间，同此一太虚。林林各自植，但坐形骸拘。日夜相残杀，曾不置斯须。皮毛备裘褐，膏血资甘腴。鸡鹜羊豢辈，尚食稗与刍。飞潜何与汝，祸乃及禽鱼。豺虎之害人，亦为饥所驱。汝顾不自省，何暇议彼欤。"[6]无论是黄庭坚还是陆游，在他们的诗作中都流露出对动物的爱护与不忍之心，认为各类动物与人类同生天地间，享有天然的生存权利，人类不应为自己的口腹之欲而轻易杀生害物。而苏轼在《次韵定慧钦长老见寄八首》曰："钩帘归乳燕，穴纸出痴蝇。为鼠常留饭，怜蛾不点灯。"[7]则表现出了一种近于极端的戒杀爱物思想，即使对于普通人十分厌恶的虫鼠也充满悲怜之情。

---

[1]（宋）张镃：《南湖集》卷4《命鹿》，文渊阁四库全书补配文津阁四库全书本。

[2]（宋）张元干：《芦川归来集》卷4《岁寒三友图》，文渊阁四库全书本。

[3]（宋）李纲：《梁溪集》卷140《梁溪四友赞序》，文渊阁四库全书本。

[4]（宋）家铉翁：《则堂集》卷5《雪中梅竹图》，文渊阁四库全书本。

[5]（明）萧士玮：《陶庵杂记》，清初刻本。

[6]（宋）陆游：《剑南诗稿》卷27《戒杀》，文渊阁四库全书补配文津阁四库全书本。

[7]（宋）苏轼：《苏文忠公全集》东坡后集卷5《次韵定慧钦长老见寄八首》，明成化本。

宋代诗人对生命的爱护并不限于动物，而且还推及各类植物。赵崇鉟《青阳》："青阳满芳荴，流连度丘园。晪睐不忍折，恐伤造物恩。"[1]诗人虽然十分流恋满园芳荴，但却不忍心折一花一木。不但园中观赏花木不忍摧折，诗人张耒对庭院中的杂草都不忍清除，其《庭草》一诗曰："冉冉朝雨霁，欣欣禽哺雏。鲜鲜中庭草，佳色日已敷。童子恶其蕃，谒我尽扫除。我为再三撷，爱之不能锄。人生群动中，一气本不殊。奈何欲自私，害彼安其躯。况我麋鹿性，得此亦可娱。"[2]孔武仲《惜竹》曰："老藓墙阴夕照间，何人折我翠琅玕？即兹绿叶随尘化，犹有低枝带露残。"[3]表现出诗人在翠竹被摧折后的怜惜之情。无论是动物还是植物，均是天地造化所生，都有其生存的权利，人类不当为一己之私而轻易杀生害物。

受佛教戒杀放生思想及官方实际放生行动的影响，一部分文人以好生怜物为尚，创作了一批以放生为题材的诗歌。如许仲蔚诗曰："唐家旧佛祠，楼阁影参差。鱼散不知处，水流无断时。山光朝暮变，人事古今移。惟有好生德，恩波尚满池。"[4]宋代地方官府主持修建的"放生池"，成为人们放生的好去处。鱼类是宋代最主要的放生对象，宋代诗人创作有多首以放鱼为主题的诗歌。邵雍有《放小鱼》诗："纤鳞不足留，此失一生休。放尔江湖去，宽渠鼎镬忧。更宜深避网，慎勿误吞钩。天下多庖者，无令落庶羞。"[5]李复《放鱼》曰："胡忍事一饭，遽使刀俎亲。无罪就死地，恻然伤吾仁。解之谢来客，放尔归通津。不期明珠执（报），相忘乃吾真。"[6]皆表达了作者对水族鱼类的同情与关切，宁可不食鱼，也要放其一条生路。正如王安石《放鱼》诗中所言"物我皆畏苦，舍之宁啖茹。"[7]除了鱼类，鸟类亦是宋人的放生对象，陈宓《放鹧鸪》诗曰："有生惟万类，好恶与人参。以彼刲肠苦，为吾悦口甘。蔬餐人所尚，肉食我诚惭。放汝飞翔去，腾云更宿岚。"[8]陈宓通过放生鹧鸪，倡导蔬食，尽量不杀生食肉。

---

[1] （宋）陈起：《江湖小集》卷 16《赵崇鉟鸥渚微吟》，文渊阁四库全书补配文津阁四库全书本。

[2] （宋）张耒：《张右史文集》卷 14《庭草》，四部丛刊景旧钞本。

[3] （宋）王遂：《清江三孔集》卷 9《惜竹》，文渊阁四库全书补配文津阁四库全书本。

[4] （宋）潜说友：《（咸淳）临安志》卷 38《山川十七·泉》，文渊阁四库全书本。

[5] （宋）邵雍：《击壤集》卷 7《放小鱼》，四部丛刊景明成化本。

[6] （宋）李复：《潏水集》卷 10《放鱼》，文渊阁四库全书。

[7] （宋）王安石：《临川集》卷 3《放鱼》，四部丛刊景明嘉靖本。

[8] （宋）陈宓：《龙图陈公文集》卷 3《放鹧鸪》，清钞本。

宋代以亲近自然、爱护生命为主题的诗歌是文学家对生态环境的一种诗性认知与文学表达，代表了文人士大夫阶层一种对自然带有人文关切的思想，表现出较为浓厚的生态伦理意识。在这一类诗歌中，诗人往往将人类放到与自然万物平等的地位，充满了对自然生命的尊重与爱护。宋代诗歌中所体现的生态伦理思想既受到宋代道学家"天人合一""民胞物与"思想的影响，同时也是对这一思想的进一步阐释和发展。

二、宋代官方的环境法令、措施及其体现的生态观念

宋代官方并不像理学家与文学家那样具备明显诉求的生态伦理意识，但这并不表明宋代官方没有生态观念。宋代官方从自身面临的环境问题及现实问题出发，制定了相当数量的环境法令与措施，从中我们可以窥视宋代的生态观念在意识形态领域的体现。

1. 保护动物的法令、措施

中国古代传统上有将"仁政"思想推及鸟兽的观念，以体现统治者的仁爱。北宋在建国伊始，面临着唐末五代以来混乱时局造成的人心动荡与局地环境恶化的境况。宋代统治者为了稳定人心，亦为了从长远上改善生存环境，着手制定了保护鸟兽和山林的法令及措施。宋太祖登极的翌年（961年）就下诏规定："禁春夏捕鱼射鸟"[1]。而在太平兴国三年（978年），宋太宗则将保护鸟兽的法令进一步具体化："方春阳和之时，鸟兽滋育，民或捕取以食，甚伤生理，而逆时令，自宜禁民，二月至九月无得捕猎及持竿挟弹，探巢摘卵。州县吏严饬里胥，伺察擒捕重置其罪，仍令州县于要害处粉壁，揭诏书示之。"[2]该诏令不但规定了禁猎的时间，而且要求州县地方官张贴诏书进行宣传，对于违犯规定者"重置其罪"。大中祥符三年（1010年），宋真宗下诏："禁方春射猎，每岁春夏所在长吏申明之。"春夏是鸟兽滋长繁育的时节，官府在此时禁民间捕猎正是为了有序合理地利用动物资源，防止对动物资源杀鸡取卵式的利用。大中祥符四年（1011年），因京城居民捕杀禽鸟、水族作为食物，"有伤生理"，宋真宗对近

---

[1]《宋史》卷1《太祖本纪一》，中华书局，1977年，第8页。
[2]（宋）佚名编：《宋大诏令集》卷198《禁约上·二月至九月禁捕猎诏》，中华书局，1962年，第731页。

臣说："如闻内庭洎宗室市此物者尤众，可令约束，庶自内形外，使民知禁。"[1]
真宗显然想通过约束宫廷及宗室食用禽鸟、鱼类，对限制民间捕食禽鸟、鱼类
起一个示范作用。在天禧三年（1019年）十月，宋廷还规定："禁京师民卖杀鸟
兽药"[2]，此举是为了防止对野生动物资源的过度杀戮。

中国古代皇帝有四时于郊野畋猎的传统，并且还设有皇家苑囿，豢养众多
珍禽野兽以供帝王射猎娱乐。北宋的创建者宋太祖就很热衷于射猎，据《宋史》
等史料记载，宋太祖曾多次"畋于近郊""畋近郊"，宋太宗继位初期亦曾多次
畋猎。但在雍熙北伐失利后，太宗调整统治政策，放弃收复幽云诸州的军事行
动，转而对内加强文治，其中一个重要体现就是在端拱元年（988年）"诏罢游
猎，五方（坊）所蓄鹰犬并放之，诸州勿以为献。"[3]而且宋太宗还禁东北女真
进献海东青，并将党项赵保忠（李继捧）所献海东青还之。太宗以降，除了真
宗初年有过几次在都城郊野狩猎，宋代诸帝基本上放弃了历史上延续下来的帝
王狩猎活动。宋代皇帝在放弃狩猎的同时，还禁止地方进贡珍禽异兽。大中祥
符五年（1012年），宋真宗下诏"罢献珍禽异兽"，并且强调"仍令诸州依前诏，
勿以珍禽异兽为献。"[4]宋代帝王放弃狩猎传统，除了推行"仁政"的政治考量，
还体现了最高统治阶层在野生动植物保护方面的一种意识，是官方践行保护野
生动物法令的一种表现。

宋代官方还制定有保护牛、马等家畜的法令，牛、马等家畜在农业、交通
等方面发挥了重要作用，是人类的伙伴和助手。宋政府从保护农业和交通等角
度出发，制定法令，禁屠牛、马，对于犯者严令追捕。景祐二年（1035年），开
封府请求宋廷，凡私宰牛马者，"许人告捉给赏"[5]。绍兴元年（1131年），宋
高宗驻跸会稽（今绍兴），尽管"庶事草创"，但仍然"有旨禁私屠牛甚严"[6]。
宋代官方制定的保护牛、马等家畜的法令是对农业生产力的一种保护，也是对
动物生命的爱惜。

宋代官方对动物资源的保护还体现在禁用奢侈性动物制品方面。宋仁宗景

[1]（清）徐松辑：《宋会要辑稿》刑法二之一五九，中华书局，1957年，第6574页。
[2]（宋）李焘：《续资治通鉴长编》卷94，天禧三年（1019年）十月乙亥，中华书局，2004年，第2169页。
[3]《宋史》卷5《太宗本纪二》，中华书局，1977年，第83页。
[4]（宋）李焘：《续资治通鉴长编》卷79，大中祥符五年（1012年）十一月乙卯，中华书局，2004年，第1806页。
[5]（清）徐松辑：《宋会要辑稿》刑法二之二〇，中华书局，1957年，第6505页。
[6]（宋）洪迈：《夷坚志·丙志》卷5《长生牛》，《古体小说丛刊》，中华书局，1981年，第404页。

祐年间（1034—1038年），北宋上层人士兴起了戴鹿胎冠的风气。一时间杀鹿取胎，制作冠帽的风气十分盛行，大量鹿类因此横遭劫难，死于非命。宋廷为制止此股不良之风，下诏："臣僚士庶之家，不得戴鹿胎冠子。今后诸色人不得采捕杀鹿胎，并制鹿胎冠子。如有违反，并许人陈告，犯人严行断遣。告事人，如告获捕鹿胎人赏钱二十贯；告获戴鹿胎冠并制造人，赏钱五十贯，以犯事人家财充。"[1]此诏令不但禁止士民戴鹿胎冠，而且还鼓励百姓告发佩戴及制造鹿胎冠之人。诏令颁发后也起到了比较好的效果，"自是鹿胎无用而采捕者亦绝"[2]。宋代在上层社会还曾流行乘坐用狨毛皮缝制而成的狨座，"狨似大猴，生川中，其脊毛最长，色如黄金，取而缝之，数十片成一座，价直钱百千。"[3]狨座主要用狨脊的皮毛制成，制作一架狨座要用数十片狨脊皮毛，而狨座柔软舒适，色彩金黄，高官贵族竞相采买，导致对狨的大量捕杀。在天禧元年（1017年），为了限制捕杀狨制作狨座，宋廷"诏禁捕采取狨毛"[4]。该法令的制定无疑会限制官宦对狨座的消费需求，很多狨也因此免遭杀戮。

宋代官方继承唐代在各地修建放生池，放生各种水族鱼类的做法，是彰显官方戒杀爱物思想的重要举措。天禧元年（1017年），宋廷下诏："淮南、江、浙、荆湖旧放生池，废者悉兴之；元无池处，缘江淮州军近城上下各五里，并禁采捕。"[5]东南地区唐末以来废弃的放生池得到了恢复。其中杭州西湖在左迁杭州为官的王钦若大力倡导下，成为全国有名的一处放生池。王钦若以为人主祈福为名，奏请以西湖为放生池，禁捕鱼鸟。每年四月到八月，当地居民汇集湖上放生鱼鸟，"所活羽毛鳞介以百万数"[6]。两宋之交，战乱频仍导致各地放生池多有毁弃，绍兴十三年（1143年），高宗诏："天下访求国朝放生池遗迹，申严法禁，仰祝圣寿。"[7]高宗首先令临安府依天圣故事，恢复西湖为放生池，并禁采捕，后又下诏："诸路州军每遇天申节，应水生之物系省钱赎生，养之于池。"[8]诸路放生池得到一定程度的恢复。

[1]（宋）李攸：《宋朝事实》卷3《诏书》，武英殿聚珍版丛书本。
[2]（宋）李攸：《宋朝事实》卷3《诏书》，武英殿聚珍版丛书本。
[3]（宋）朱彧：《萍洲可谈》卷1，《唐宋史料笔记丛刊》，中华书局，2007年，第116页。
[4]（清）徐松辑：《宋会要辑稿》刑法二之一六〇，中华书局，1957年，第6575页。
[5]（宋）李焘：《续资治通鉴长编》卷90，天禧元年（1017年）十一月壬寅，中华书局，2004年，第2085页。
[6]（宋）苏轼：《苏文忠公全集·东坡奏议》卷7《乞开杭州西湖状》，明成化本。
[7]（清）徐松辑：《宋会要辑稿》刑法二之一六〇，中华书局，1957年，第6575页。
[8]（清）徐松辑：《宋会要辑稿》刑法二之一六〇，中华书局，1957年，第6575页。

2．保护林木的法令、措施

森林被称为地球之肺，具有净化空气、防风固沙、保持水土以及提供木材与燃料等多方面的生态价值和经济价值。宋代官方已经对林木资源的重要性有比较充分的认识，制定了很多法令及相关措施，保护林木资源、鼓励植树造林。北宋在立国之始，宋太祖就制定法令，令百姓按户等种树，"课民种树，每县定民籍为五等，第一种杂树百，每等减二十为差，桑枣半之。"[1]该法令对植树的方式、数量、种类均有规定，其中第一等户须植杂树百棵，桑枣五十，即使第五等户也须植杂树二十棵，桑枣十棵。至开宝五年（972年），宋太祖再次下诏令黄汴等河沿岸州县，"除旧例种艺桑麻外，委长吏课民别种榆柳及土地所宜之木。仍按户籍高卑，定为五等：第一等岁种五十本，第二等四十本，余三等依次第（递）而减之。民欲广树艺者亦自任。其孤、寡、癃、病者，不在此例。"[2]通过国家法令的形式强制百姓种树。宋政府令百姓所种树木中，既有可补充食物来源的桑枣，也有可固护河堤的榆柳。宋太宗至道元年（995年）下诏重申："令诸路州府各据本县所管人户，分为等第，依元定桑枣株数，依时栽种。如欲广谋栽种者，亦听。"[3]天圣二年（1024年），宋廷"下开封府委令、佐劝诱人户栽植桑枣榆柳，如栽种万数倍多，委提点司保明闻奏，各与升差使。"[4]宋廷通过多次发布诏令的形式强化地方官府推行种树的政策。

宋代官方除了鼓励民间种树和制定保护树木的政策，在实际行动中，官方亦直接出面组织种树，并起到了很好的带动作用。官方组织栽种的林木主要是河堤防护林、行道林、军事防御林等。宋代，黄河、汴河、长江等大江大河屡次泛滥决口，给沿岸百姓生命财产造成难以估量的损失，因而宋政府对河流堤岸的防护十分重视，常采取在河堤植树造林的方式固护堤岸。建隆三年（962年），宋太祖诏："沿黄汴河州县长吏，每岁首令地分兵种榆柳，以壮堤防。"[5]真宗景德三年（1006年），谢德权修治汴河堤，"植树数十万，以固堤防"[6]。

[1]（宋）李焘：《续资治通鉴长编》卷2，建隆二年（961年）闰三月丙戌，中华书局，2004年，第43页。
[2]（宋）佚名编：《宋大诏令集》卷182《政事三十五·沿河州县课民种榆柳及所宜之木诏》，中华书局，1962年，第658-659页。
[3]（清）徐松辑：《宋会要辑稿》食货六三之一六三，中华书局，1957年，第6067页。
[4]（清）徐松辑：《宋会要辑稿》食货六三之一七二，中华书局，1957年，第6072页。
[5]（清）徐松辑：《宋会要辑稿》方域一四之一，中华书局，1957年，第7544页
[6]（宋）李焘：《续资治通鉴长编》卷64，景德三年（1006年）十月丁酉，2004年，第1432页。

重和元年（1118年），宋徽宗诏曰："滑州、俊州界万年堤，全籍林木固护堤岸，其广行种植，以壮地势。"[1]令地方在滑州、俊州界黄河堤上广种林木。宋朝官方正是认识到树木在护堤、固堤方面的重要作用，才屡次颁行在河堤上植树的法令，并严禁私自砍伐。而河堤防护林在维护河堤、减缓水患方面所发挥的作用也是不可忽视的。

行道林具有遮阴吸尘、养护道路、美化环境等多方面的作用，因此宋代从朝廷到地方均十分重视行道林的建设。大中祥符五年（1012年），宋廷"令河北缘边官道左右及时植榆柳"[2]。大中祥符九年（1016年），太常博士范应辰言："诸路多阙系官材木，望令马递铺卒夹官道植榆柳，或随地土所宜种杂木，五、七年可致茂盛。供费之外，炎暑之月，亦足荫及路人。"[3]范应辰请求朝廷令马递铺卒在官道上种植榆柳，获得了宋廷的允可。地方官员也积极组织人力在官道旁种树，甚至植树的多少成为考核地方官政绩的一个重要方面。乾德六年（968年），辛仲甫知彭州（今四川彭州市），"州少种树，暑无所休，仲甫课民栽柳荫行路，郡人德之，名为'补阙柳'。"[4]外戚李璋知郓州，"调夫修路数十里，夹道植柳，人指为'李公柳'。"[5]庆历年间（1041—1048年），陶弼调任阳朔令，"课民植木官道旁，夹数百里，自是行者无夏秋暑暍之苦，它郡县悉效之。"[6]蔡襄知泉州时，组织部内"植松七百里以蔽道路，闽人刻碑纪德。"[7]政和六年（1116年）以前，福建八州军驿路旁多未植树，导致行旅"胃热"，易染疾疫，知福州黄裳奏请"委自逐处知州、军指挥所属知县、令、丞劝谕乡保，遍于驿路及通州县官路两畔栽种杉、松、冬青、杨柳等木"，经过各级官府努力，"遍于官驿道路两畔，共栽植到杉松等木共三十三万八千六百株。"[8]从中可以看出，宋代各级官府在种植行道林方面几乎是不遗余力，将其看作是施政的一个重要方面，这是因为他们对行道林在交通及绿化环境方面的作用已经有了比较充分的认识。

---

[1]《宋史》卷93《河渠志三·黄河下》，中华书局，1977年，第2315页。

[2]（宋）李焘：《续资治通鉴长编》卷79，大中祥符五年（1012年）十一月庚申，中华书局，2004年，第1806页。

[3]（宋）李焘：《续资治通鉴长编》卷87，大中祥符九年（1016年）六月辛丑，中华书局，2004年，第1997页。

[4]《宋史》卷266《辛仲甫传》，中华书局，1977年，第9179页。

[5]《宋史》卷464《李用和传附李璋传》，中华书局，1977年，第13566页。

[6]《宋史》卷334《陶弼传》，中华书局，1977年，第10735页。

[7]《宋史》卷320《蔡襄传》，中华书局，1977年，第10400页。

[8]（清）徐松辑：《宋会要辑稿》方域一〇之六，中华书局，1957年，第7476页。

宋代的军事防御林是一个有特殊功能的林木带。宋朝在面对拥有强劲骑兵的辽、西夏、金等少数民族政权时，在国防策略上总体处于守势，而各种用于抵御敌方攻势的防御设施普遍受到宋廷的重视。因军事防御林在迟滞骑兵快速突击方面的作用，宋廷在营建和维护军事防御林方面十分用心。北宋前期在与辽国交界的北方边境地区营建了大片的军事防御林，宋太祖曾令"于瓦桥一带南北分界之所，专植榆柳，中通一径，仅能容一骑。"[1]知雄州李允则积极推行宋廷政策，"令安抚司，所治境有隙地悉种榆。久之，榆满塞下。谓僚佐曰：'此步兵之地，不利骑战，岂独资屋材耶？'"[2]皇祐元年（1049年），河北缘边安抚司"请自保州以西无塘水处，广植林木，异时以限敌马。"[3]熙宁二年（1069年），神宗又命"安肃、广信、顺安军、保州，令民即其地植桑榆或所宜木，因可限阂戎马"，对于所栽树木不但要求数量，而且还要保证一定成活率，"官计其活茂多寡，得差减在户租数，活不及数者罚，责之补种。"[4]北宋时期持续地营建北部军事防御林，取得了非常大的成效。至神宗熙宁八年（1075年），沈括奏报："定州北境先种榆柳以为寨，榆柳植者以亿计。"[5]可见种植军事防御林数量之大。北宋统治者十分重视对军事防御林的保护，对于忻州、代州、宁化军边界一带山林，"仁宗、神宗常有诏禁止采斫。积有岁年，茂密成林，险固可恃。"[6]宋高宗亦曾指出："河东黑松林，祖宗时所以严禁采伐者，正为藉此为阻，以屏捍外国耳。"[7]宋代大规模营建军事防御林虽未能如其所愿，阻敌于国门之外，但在增加林地面积，改善局地环境方面却发挥了实际效果。

宋代官方还制定法令，禁伐林木，对于私伐林木者则有相当严格的制裁措施。早在建隆三年（962年），宋太祖就下诏："桑枣之利，衣食所资，用济公私，岂宜剪伐？如闻百姓斫伐桑枣为樵薪者，其令州县禁止之。"[8]对于盗伐之人，则惩罚非常严厉，"民伐桑枣为薪者罪之，剥桑三工以上为首者死，从者流三千

[1]（宋）王明清：《挥尘录·后录》卷1，《历代笔记丛刊》，上海书店出版社，2001年，第41页。

[2]（宋）李焘：《续资治通鉴长编》卷93，天禧三年（1019年）六月丁酉，中华书局，2004年，第2151页

[3]（宋）李焘：《续资治通鉴长编》卷167，皇祐元年（1049年）十月戊寅，中华书局，2004年，第4019页。

[4]《宋史》卷173《食货志上一》，中华书局，1977年，第4167页。

[5]（宋）李焘：《续资治通鉴长编》卷267，熙宁八年（1075年）八月癸巳，中华书局，2004年，第6543页。

[6]（清）徐松辑：《宋会要辑稿》刑法二之八〇，中华书局，1957年，第6535页。

[7]（宋）李心传：《建炎以来系年要录》卷100，绍兴六年（1136年）四月辛酉，中华书局，2013年，第1903页。

[8]（宋）佚名编：《宋大诏令集》卷198《禁约上·禁斫伐桑枣诏》，中华书局，1962年，第729页。

里；不满三工者，减死配役，从者徒三年。"[1]毁伐桑枣严重者罪至死，可见宋代法令对桑枣等树木的保护力度之大。其后的宋代历朝也多有保护树木的法令。景德二年（1005年），宋廷"又申严盗伐河上榆柳之禁"[2]；庆历二年（1042年），宋仁宗下诏："河北堤塘及所在闲田中官所种林木，毋辄有采伐，违者置其罪。"[3]可见，宋代官方一以贯之地实行保护树木的政策。

宋代官方为保护林木资源，还十分注重防火，这在宋代的法令中就有体现。大中祥符四年（1011年），宋真宗下诏："火田之禁，着在《礼经》，山林之间，合顺时令。其或昆虫未蛰，草木犹蕃，辄纵燎原，则伤生类。诸州县人畲田，并如乡土旧例，自余焚烧野草，须十月后方得纵火。其行路野宿人，所在检察，勿使延燔。"[4]此诏令很好地体现了宋朝官方保护林木及林中动物的思想。宋朝禁山林焚火的依据虽来自经典《礼经》，但其基本的着眼点却是从保护山林中动植物生命出发的。在草木生长、鸟虫繁育的时节，纵火烧荒就会伤害到这些"生类"。因此宋政府要求在十月之后，草木零落，鸟虫蛰伏之时，才许焚烧纵火。而宋代《刑统》对于非时放火及引发山林火灾者则有相应的惩罚，"诸失火及非时烧田野者，笞五十"；"诸于山陵兆域内失火者，徒二年；延烧林木者，流二千里。"[5]火灾是林木的大患，从宋代严格的林木禁火措施来看，其对林木的保护是十分重视的。

宋代官方除制定有直接保护动植物资源的法令、措施外，封禁名山及禁樵采历代帝王陵墓的政策也起到了保护动植物资源和改善生态环境的作用。宋廷对境内的名山及其景观，一般都制定有相应的保护政策。大中祥符二年（1009年）四月，宋廷"诏天下名山洞府并禁樵采"[6]。此外宋真宗在封禅东岳泰山时，还发布《禁泰山樵采诏》：

朕将陟介邱，祗荅鸿贶，方遵先置，已谕至怀。而岳镇之宗，神灵攸处，尤宜妥静，以表寅恭。虑草木之有伤，在斧斤之不入。庶致吉蠲之悫，式符茂

---

[1]《宋史》卷173《食货志上一》，中华书局，1977年，第4158页。

[2]（宋）李焘：《续资治通鉴长编》卷61，景德二年（1005年）十月己卯，中华书局，2004年，第1369页。

[3]（清）徐松辑：《宋会要辑稿》兵二七之二八，中华书局，1957年，第7260页。

[4]《宋史》卷173《食货志上一》，中华书局，1977年，第4162页。

[5]（宋）窦仪：《刑统》卷27《失火》，民国嘉业堂刻本。

[6]（宋）李焘：《续资治通鉴长编》卷71，大中祥符二年（1009年）四月己酉，中华书局，2004年，第1604页。

育之仁，应公私不得于泰山樵采，违者具以名闻，重行科断。[1]

　　宋廷之所以禁泰山樵采一方面是担心打扰了泰山"神灵"的幽静，另一方面是忧虑伤害草木的生命，而违背宋廷宣扬的"茂育之仁"。从中我们可以看到，宋廷对于名山圣地是存在敬畏之心的，对于草木是有慈悯之心的。而所谓宋朝火德兴隆之地的衡山更是受到宋廷严格保护，"南岳衡山系国家火德兴隆之地，崇奉之礼极于严肃，合行封植，以壮形势。"[2]

　　宋廷对于历代帝王、先贤、名宦乃至孝子节妇的陵墓多次颁布禁樵采的法令。宋太祖在乾德四年（966年）颁布《前代帝王置守陵户祭享禁樵采诏》，将始自上古的炎帝、黄帝至五代后唐明宗等"三十八帝陵寝常禁樵采"[3]。宋真宗在景德元年（1004年）颁布《圣帝贤臣陵墓禁樵采诏》，令"诸路管内帝王陵寝、名臣、贤士、义大夫、节妇坟垅并禁樵采"[4]。而在景德四年（1007年），宋廷甚至诏有司"增封唐大历中孝子潘良玉及其子季通墓，仍禁樵采"[5]。虽然宋廷屡次颁布圣帝贤臣陵墓禁樵采诏令的主要目的是彰显当朝皇帝的仁德与宋朝的仁政，但客观上对保护陵寝的植被是有很大作用的。

　　由上我们可以看出，宋代官方无论是对待动物还是植物均制定有相关的保护法令和措施。宋代官方对动物的保护主要集中在珍禽异兽等野生动物和牛马等重要畜力，主要表现为禁杀、放生及禁止私屠滥宰、非时猎捕等。这些法令和政策体现出宋代官方层面上对待万物生命的保护和爱惜，一定程度上反映了宋代官方对待天地生灵的泛爱情感和追求人与动物和谐相处、互惠互利的生态伦理意识。宋代保护动植物资源的法令、政策贯穿着"顺时布政"和将"仁义"推及鸟兽的仁政思想。宋廷禁采捕的季节一般是在阳春时节，此时正是万物生长、鸟兽孵育之时，为使鸟兽虫鱼"各安于物性"，所以此时要禁采捕，"罝罘罗网宜不出于国门，庶无胎卵之伤，用助阴阳之气。"[6]即要按照动物的生长习性，顺应自然界的规律，善加抚育，保持生态平衡。宋廷倡导用仁义之心对待

---

[1]（宋）佚名编：《宋大诏令集》卷117《封禅下·禁泰山樵采诏》，中华书局，1962年，第396页。

[2]（宋）朱熹：《晦庵集》卷100《约束榜》，四部丛刊景明嘉靖本。

[3]（宋）佚名编：《宋大诏令集》卷156《政事九·前代帝王置守陵户祭享禁樵采诏》，中华书局，1962年，第585-586页。

[4]（宋）佚名编：《宋大诏令集》卷156《政事九·圣帝贤臣陵墓禁樵采诏》，中华书局，1962年，第586页。

[5]（宋）李焘：《续资治通鉴长编》卷65，景德四年（1007年）二月戊子，中华书局，2004年，第1446页。

[6]（宋）佚名编：《宋大诏令集》卷198《禁约上·禁采捕诏》，中华书局，1962户，第729页。

动物，顺应动物的自然之性，"国家本仁义之用，违天地之和，春令方行，物性咸遂，当明弋猎之禁，俾无麛卵之伤。"[1]

宋代官方的禁屠及放生政策则反映了对生命的尊重。宋廷为了体现其"好生之德"，在一些重要节日或举行重大庆典时常有禁屠宰的法令，如宋真宗在泰山封禅及建玉清昭应宫迎天书期间就多次颁布禁屠宰的诏令。宋朝官方的放生之举则明显受到佛教放生戒杀思想的影响，通过放生善行使水族鱼类免于被食用的命运。宋朝皇帝"以不杀之仁，再造区宇，推爱人之心，普及舍生，息（恩？）被动植。虽鸟兽奂口，罔不咸若，好生之德，用符旭宗。"[2]宋代官方以好生之德对待虫鱼鸟兽，使生灵万物皆能顺其性，得其宜，在政治教化与意识形态角度为爱惜动物生命树立了典范。

在植物资源的保护和利用方面，宋朝官方更多地着眼于"节用"思想，通过合理而有节制地使用，使植物资源生生不息，实现循环利用。宋代官私各方对植物资源的耗用量非常大，若不加以节制则难以为继，"天地生财，其数有限，国家用财，其端无穷"[3]，因此宋朝官方一方面倡导植树造林，另一方面又制定法令限制乱砍滥伐。在木材的采伐时间上，宋代官方规定秋冬草木零落之时方许入山采伐，而"春夏不得伐木"[4]，体现出取有时，用有节，不违时采捕的思想。

三、宋人生态观的特点与时代背景

两宋时期被认为是中国历史发展的一个转型阶段，人口数量与土地垦辟的增加，商品经济的发展，城市的兴起都显示出与以往不同的气象。与此同时，宋代人与生态环境的关系也愈发密切，并呈现出新的时代特色。人与生态环境关系的发展应视作是宋代社会转变的一个方面，而且也是推动社会变革的重要因素。

人类要维持自身的生存就必须满足衣、食、住、行等基本生活需求，而要满足衣、食、住、行等生活需求就不得不同自然打交道，而人类同自然打

---

[1]（清）徐松辑：《宋会要辑稿》刑法二之一六〇，中华书局，1957年，第6575页。
[2]（清）徐松辑：《宋会要辑稿》刑法二之一六一，中华书局，1957年，第6575页。
[3]《宋史》卷173《食货志上一》，中华书局，1977年，第4157页。
[4]（宋）谢深甫：《庆元条法事类》卷80《采伐山林》，清钞本。

交道的过程实际上是人类向自然索取各种生活、生产资料及自然对人类反馈的过程。宋代虽然疆土较为狭迫，但是人口相比前代却有了显著增长。北宋自立国后，人口基本处于持续增长阶段，据《宋会要辑稿》所载北宋徽宗崇宁（1102—1106年）、大观年间（1107—1110年）全国户口数已经突破2 000万户[1]。而有研究认为，至宣和六年（1124年），全国人口"约有2 340万户、12 600万人"[2]。北宋末年是史学界较为公认的历史上中国人口首次突破亿人大关的时期。南宋初年，历经战乱及国土沦丧，宋朝控制的人口有所减少，但总户数一直维持在1 000万以上，在人口高峰期的嘉定十六年（1223年），南宋全境约有1 550万户，8 060万人[3]。人口的增加必然引起资源消耗的增长，并给自然环境带来压力。

　　两宋时期，在人口密集区，人口对粮食、衣料、木材等生活物资造成的压力已经显现。在东京、临安等大型消费城市，粮食常年须从江浙一带转运供给。福建路因人多地少，出现计产生子现象，杀婴溺婴较为普遍[4]。在人口压力下，对自然资源的不合理利用现象趋于增多。在北方地区主要表现在对林木资源的过度采伐。因政府大型土木工程、官私燃料需求、治河物料所需甚至冶铁、制瓷都要耗费大量的林木资源。宋朝官方主持修建的大型土木工程往往需要耗用大量木材，仁宗庆历年间（1041—1048年），仅官方在京营缮，"岁用材木凡三十万"[5]。柴薪消费对林木资源的消耗也是不可低估的，宋廷每月都要按照官员的级别，发放给在京官员柴炭作为薪俸的一部分。同时官方还在京师设立薪炭场，将各地运来的薪炭卖给百姓。而乡村百姓则因缺乏柴薪，不得不将用来养蚕的桑树砍伐充作柴薪，"村人寒月盗伐桑枝以为柴薪，为害甚大。"[6]大量的林木消耗致使宋代诸路的森林面积出现了普遍的下降，沈括曾不无忧虑地说：

[1] 据《宋会要辑稿》食货六九之七〇载，在崇宁元年（1102年）、崇宁二年（1103年）、大观二年（1108年）、大观三年（1109年），全国的户数分别为20 264 307、20 524 065、20 648 238、20 882 258。可见崇观年间，全国户数已稳定在2 000万以上。
[2] 吴松弟：《中国人口史》（第3卷），复旦大学出版社，2000年，第352页。
[3] 吴松弟：《中国人口史》（第3卷），复旦大学出版社，2000年，第366页。
[4] 据宋人杨时《龟山集》卷17《寄俞仲宽别纸其二》载福建路"建、（南）剑、汀、邵武之民多计产育子，习之成风"。其中南剑州顺昌县计产育子之风盛行，"富民之家不过二男一女，中下之家大率一男而已"。杨时文中所举的建州、南剑州、汀州、邵武军是宋人所习称的福建上四州，位于武夷山区，地瘠民贫，当地人计产育子从自然环境角度来看，显然是因为土地产出无法供养足够多的人口所致。
[5] （宋）李焘：《续资治通鉴长编》卷139，庆历三年（1043年）正月丙子，中华书局，2004年，第3337页。
[6] （宋）庄绰：《鸡肋编》卷上，《唐宋史料笔记丛刊》，中华书局，1983年，第9页。

"今齐鲁间松林尽矣，渐至太行、京西、江南松山太半皆童矣。"[1]沈括之言虽有一定的夸大，但却反映了北宋中期北方的京东、河北、河东、京西诸路乃至南方江南地区出现了林木资源危机的状况。

此外，黄河在宋代进入河患多发期，是华北地区面对的一个突出生态问题。黄河频繁地决口泛滥乃至改道迁徙，一方面引发了严重的人员与财产损失，另一方面还给泛滥区带来严重的沙瘠化和盐碱化问题，致使农业生产环境恶化，大片良田成为不毛之地。宋代官方为了减轻河患，不得不动用大量的人力、物力投入到治河当中。每年秋冬官府都要准备大量的治河物料，"旧制，岁虞河决，有司常以孟秋预调塞治之物。梢芟、薪柴、楗橛、竹石、茭索、竹索凡千余万，谓之'春料'。诏下濒河诸州所产之地，仍遣使会河渠官吏，乘农隙率丁夫水工，收采备用。"[2]其中梢是采伐沿河及周边山木榆柳的枝叶，这是一项非常重要的治河物料，需求量很大。大中祥符九年（1016年），三门白波发运司言："沿河山林约采得梢九十万，计役八千夫一月。"[3]天禧三年（1019年），滑州河决，"白波发运司采梢三百万，计用船二千只"[4]，用于堵决口。庆历年间（1041—1048年），商胡决口，宋政府为了修塞决河，大规模征集物料，"凡科配梢芟一千八百万，骚动六路一百余州军"[5]。可见梢芟征集规模之大，数量之多，由此也可以想象砍伐林木数量是非常大的。

宋代南方地区突出的生态问题主要是人口压力下平原地区河湖水道生态的恶化，以及伴随着山林开发而进行的野生动物滥捕滥杀。随着经济重心的南迁，南方地区的开发力度明显增强。在宋代经济最为发达的江浙一带，由于人口压力过大，人水争地的现象比较突出，大量的河湖水道被侵占，局部水环境恶化。如江宁府（今南京市）北关有玄武湖，可灌田100余顷，天禧年间（1017—1021年）曾将玄武湖改为放生池，以蓄养水族。熙宁年间（1068—1077年），王安石判江宁府。他鉴于当地"人烟繁茂"，耕地匮乏，而玄武湖"空储余波，守之无用"，于是王安石开丁字河源，泄去余水，决沥微渡（波？），将湖水排干。湖水退后，贫苦百姓不但尽得螺蚌鱼虾，而且官借牛种，春耕夏种，开垦为田。

[1]（宋）沈括撰，金良年点校：《梦溪笔谈》卷24《杂志一》，上海书店出版社，2009年，第197页。

[2]《宋史》卷91《河渠志一》，中华书局，1977年，第2265页。

[3]（清）徐松辑：《宋会要辑稿》方域一四之七，中华书局，1957年，第7584页。

[4]（宋）李焘：《续资治通鉴长编》卷94，天禧三年（1019年）八月戊子，中华书局，2004年，第2164页。

[5]（宋）李焘：《续资治通鉴长编》卷179，至和二年（1055年）三月丁亥，中华书局，2004年，第4327页。

官府则可以"随其田土色高低，岁收水面钱，以供公使库之用"。这样看似公私两利，实则"湖田出谷麦所利者小，湖关形势所利者大"[1]，说明废湖为田后获利并不如设想的那么大，而"湖关形势"却遭到毁坏。"湖关形势"虽然主要是从军事防守角度而言的自然形胜，但也关涉到自然景物间的和谐。

玄武湖在宋代废湖为田只是江浙地区围水造田的一个代表性案例，越州境内的鉴湖、越州上虞县的夏盖湖、余姚县的汝仇湖、明州鄞县的广德湖、萧山县的湘湖也普遍遭到大规模开垦。鉴湖是一可灌田9 000余顷的大湖，当地百姓颇受其利。但政和末年，地方官府"务为应奉之计，遂建议废湖为田"，于是"奸民私占无所忌惮"，逐步导致"湖湮废尽矣"[2]。据北宋末年李光所言，东南地区的陂湖已出现"尽废为田"[3]的趋势。南宋隆兴（1163—1164年）、乾道（1165—1173年）后，占湖为田的现象有增无减，宁宗时曾官至参知政事的卫泾不无忧虑地指出："隆兴乾道之后，豪宗大姓相继迭出，广包强占，无岁无之，陂湖之利日朘月削，已亡几何？而所在围田则遍满矣。以臣耳目所接，三十年间，昔之曰江、曰湖、曰草荡者，今皆田也。"[4]对于废湖为田的生态后果，宋人已有了较为深刻的认识。如李光言废湖为田后，"涝则水增益不已，旱则无灌溉之利，而湖之田亦旱矣。"[5]《嘉泰会稽志》载上虞县夏盖湖等被开垦为田后，"若雨不时降，则拱手以视禾稼之焦枯耳"，"一遇旱暵非唯赤子饥饿，僵踣道路，而计司常赋亏失尤多，虽尽得湖田租课，十不补其三四"[6]。占湖为田后，湖陂水体被农田取代，使其失去了蓄纳洪水，调节水旱的功能，雨季洪水无所归依，旱季则无水灌溉，废湖为田所得还不如水旱灾害造成的损失大，最终受损的还是人类的长远利益。

宋代南方山区、林区的开发取得了前所未有的进展，大片山林地带成为人类新的活动场所。与此同时，山区、林区的野生动物与人类接触日渐增多，而人类为了避免野生动物的伤害或获取野味及动物制品，对野生动物展开了强度很大的捕杀，不可避免地导致许多珍稀野生动物的分布范围和种群数量出现缩

[1]（宋）周应和：《景定建康志》卷18《山川志二·江湖》，文渊阁四库全书本。
[2]（清）徐松辑：《宋会要辑稿》食货八之一九，中华书局，1957年，第4943页。
[3]（宋）李光：《庄简集》卷11《乞废东南湖田札子》，文渊阁四库全书本。
[4]（宋）卫泾：《后乐集》卷13《论围田札子》，文渊阁四库全书补配文津阁四库全书本。
[5]（宋）李光：《庄简集》卷11《乞废东南湖田札子》，文渊阁四库全书本。
[6]（宋）施宿：《嘉泰会稽志》卷10《湖》，文渊阁四库全书本。

减，生物多样性受损。

　　大象、老虎、鳄鱼等猛兽对人类的威胁性较大，常有伤害人畜的情况发生，但人类却可凭借技术和组织上的优势对猛兽进行捕杀。建隆三年（962年），有野象至黄陂县，践食民田，后又游荡至安复、襄、唐诸州，朝廷遣使捕杀，一直到了翌年十二月才在南阳县将此象捕杀[1]。岭南地区的雷、化、新、白、康、恩等州"山林有群象"，当地百姓杀象取牙获利，官府强令百姓"送官，以半价偿之，有敢隐匿及私市与人者，论如法。"[2]老虎对人类而言是危险性很大的猛兽，其伤人事件较为多发，因此宋代无论官方还是民间打虎的积极性都很高，官民捕虎、杀虎的记载屡见史册。乾德中，朝廷令右班殿直李继宣前往陕州捕虎，结果"杀二十余，生致二虎、一豹以献。"[3]另据洪迈《夷坚志》所载，绍兴二十五年（1155年），舒州县一民夫为救其妻，深入虎穴，用计杀死四只老虎，并"舆四虎以归，分烹之"[4]。在潮州，鳄鱼对当地民众的生命安全构成较大威胁，当地民众摸索出一种捕杀鳄鱼的有效方法。其法为：以猪为饵，将猪挂在大铁钩上，然后通过船筏带着大铁钩和猪饵顺流而下，"鳄尾而食之则为所毙"[5]。人类为了自身生命财产的安全捕杀猛兽有一定的合理性，但客观上却导致猛兽数量的减少。

　　此外，宋人为了满足口腹之欲或动物制品需求，更是对其他野生动物大量捕杀。除了前述为了制作狨座猎杀狨，制作鹿胎冠子捕杀母鹿外，南方还出产一种大龟，龟壳可用来制作玳瑁装饰，"南方大龟，长二三尺，介厚而白，造玳瑁者用以补裱，名曰龟筒。"[6]在南方很多地方野生动物还是重要的肉食来源，各类珍禽异兽均可成为捕食对象。如荆湖南路的辰、沅、靖诸州少数民族"皆焚山而耕，所种粟豆而已。食不足则猎野兽，至烧龟蛇啖之。"[7]在广南西路，"民或以鹦鹉为鲊，又以孔雀为腊，皆以其易得故也"[8]，因为当地禽类易得，百姓将其捕获后制成腌肉。信州百姓还以穿山甲为食，"信州冬月又以红糟煮鲮

---

[1]《宋史》卷66《五行志四》，中华书局，1977年，第1450页。

[2]《宋史》卷287《李昌龄传》，中华书局，1977年，第9652页。

[3]《宋史》卷308《李继宣传》，中华书局，1977年，第10144页。

[4]（宋）洪迈：《夷坚志·甲志》卷14《舒民杀四虎》，《古体小说丛刊》，中华书局，1981年，第122页。

[5]（宋）沈括撰，金良年点校：《梦溪笔谈》卷21《异事》，上海书店出版社，2009年，第184-185页。

[6]（宋）朱彧：《萍洲可谈》卷2，中华书局，2007年，第137页。

[7]（宋）陆游：《老学庵笔记》卷4，《唐宋史料笔记丛刊》，中华书局，1997年，第44页。

[8]（宋）范成大：《桂海虞衡志》，《唐宋史料笔记丛刊·范成大笔记六种》，中华书局，2002年，第103页。

鲤肉卖。鲮鲤乃穿山甲也"[1]，穿山甲的肉可以煮熟售卖，可见其捕获量应非常可观。

人类与动物均是地球生态系统的一部分，都有生存的权利。人类为了生存而捕猎一部分野生动物是无可厚非的，但事实上，人类为了满足自己的欲望，在缺乏约束和管理的情况下，往往没有节制地滥捕滥猎，竭泽而渔、焚林而猎是常见的捕猎方式。过度的采捕给一部分珍稀动物的生存带来威胁，如历来被视为名贵药材的蕲州白花蛇，经过长期采捕，濒临灭绝，据生活于南宋初的洪迈之《夷坚志》所载已是"今不复有矣"[2]。另据学者研究，在公元1050年（北宋中期），秦岭—淮河一线以南的野象趋于灭绝，野象活动的范围移向纬度更加偏南的岭南地区[3]。而人类的捕猎显然是野象活动范围南移的重要原因。

正是由于宋人所面临的生态问题，激发了宋人对人与环境关系的思考，并促使其采取措施，协调人与环境的关系，维护生态的平衡。宋代的道学家从生态伦理学的角度探讨了人与自然的关系，提出了"天人合一"的生态观念。道学家倡导顺应自然之性，"仁民爱物"，尊重生灵万物生存的权利。宋代文人则从诗歌文学的角度赞美大自然造化之神秀，动植物之千趣百态，倡导人类回归自然，与动植物和谐相处。如果说道学家、文人是从理论思辨角度探讨人与自然的关系，那么宋代官方针对环境问题制定的法规与措施则从具体的施政角度来规范人与环境相处的方式。宋代官方以将仁政推及生灵万物的施政思想出台了很多保护动植物及生态环境的法规与政策，强调帝王的好生之德，宣扬顺时布政和节用思想。

宋代的生态伦理思想与环境保护的法规、措施在维护人类与环境和谐相处方面发挥了多大作用？这是一个很难确切回答的问题，但我们至少可以说宋代的生态伦理思想与环境保护的政策、法规在维护生态平衡方面所发挥的作用是不能低估的。宋代的道学家并非单纯以坐而论道的方式进行哲学思辨，同时也通过授徒布道宣扬自己的思想主张。而且，很多道学家及其门徒同时又是士人乃至官员，他们的思想又会影响到官方政策。如前述程颐任崇政殿说书时，曾力谏宋哲宗勿折柳枝，以免伤天地之和，受到哲宗赞许，这就是道学家的思想

[1]（宋）庄绰：《鸡肋编》卷下，《唐宋史料笔记丛刊》，中华书局，1983年，第118页。
[2]（宋）洪迈：《夷坚志·支志》景卷2《蕲州三洞》，《古体小说丛刊》，中华书局，1981年，第895页。
[3] 文焕然、何业恒等：《历史时期中国野象的初步研究》，《思想战线》1979年第6期，第48页。

影响到最高统治阶层的表现。道学的集大成者朱熹曾多次担任地方官职，还曾短暂出任宝文阁待制，其生态伦理思想也会渗入到施政当中。

宋代官方在维护生态平衡方面颁布的法令与制定的措施是有很强针对性的。面临燃料危机和木材缺乏的局面，宋政府制定奖惩措施，鼓励种树，种树的多少甚至成为衡量地方官政绩的一项标准，因此地方官府种树的积极性很高。而对于违法砍伐则制定有相应的惩罚措施，严重者罪至死。景德元年（1004年），天雄军有虎翼卒二人"辄入村落伐桑枣为薪，已按军法"[1]，两名虎翼卒因砍伐桑枣为薪，而受到军法处置。在动物保护方面，宋代官方严禁非时捕猎，在春夏鸟兽繁育时节实行禁猎政策，在一些重要的节日庆典实行禁屠政策。同时，官府还禁止民间销售杀鸟兽的毒药，禁止使用弹弓、毒矢、黏竿、网罟等捕猎工具。这些法规、政策的制定会在一定程度上限制和制约民间对鸟兽的滥捕滥杀行为。针对南方一些地区出现的废湖为田行为，宋政府屡次出台法规禁止围湖垦田，并且采取措施废湖田，修复湖陂。因豪民巨室包占水荡，围湖垦田，宋廷在嘉定三年（1210年）"复诏浙西提举司俟农隙开掘"[2]。"复诏"说明之前宋廷就有类似开掘围田复为湖陂的诏令，同时也体现出宋廷对该类事件的重视。

宋代官方关于环境保护的法规、措施在意识形态领域规范了宋人与自然环境相处的模式，是应对局部地区出现生态恶化问题的针对性措施。关于保护动植物及生态的法规政策体现出宋代官方试图以法令形式强化百姓环境保护的意识，约束其行为。而且官方还能够以行政强制性来组织修复生态环境的工程，制裁不合法规的行为。可以说，宋代官方一定程度上起到了人与环境关系调节器的作用，有助于避免二者关系的恶性发展。

总之，宋人的生态观念既继承了前代的生态思想和智慧，又有自身的发展和特色。但是无论生态观念如何发展，都不是无源之水，都要根植于当时的生态环境背景，并从时人与环境打交道的实践活动中吸取养分，获得新的认识。

第六节　宋人及其生存环境概说——以衣食住行为中心的考察

宋太祖赵匡胤代周建宋后，渐次平定各地割据势力，结束唐末以来军阀割

[1]（宋）李焘：《续资治通鉴长编》卷58，景德元年（1004年）十二月辛卯，中华书局，2004年，第1294页。
[2]《宋史》卷173《食货志上一》，中华书局，1977年，第4189页。

据混战的局面，传统汉人农耕区基本被纳入宋王朝的统治范围（燕山以南的幽云地区除外）。宋代被认为是中国走向近世的开始，在政治、经济、文化诸领域都出现明显不同于前代的新气象。在社会生活方面，宋代也有其自身的特色。衣食住行是人类最基本的生活需求，为了满足衣食住行之需求，人类就需要或直接或间接地与自然环境打交道。宋人的基本生活需求亦脱离不开自然环境的支持与供给，而自然环境则在很大程度上参与并影响了宋人衣食住行等物质生活的诸多方面。故本节拟从衣食住行角度探讨宋人的生存概况及其与自然环境的关系。

一、宋人的食物与食料

"民以食为天"，食物是维持人类个体生命最基本、最不可或缺的营养物质，人类的一切食物与食料都直接或间接取自于自然界。宋人的主食构成以稻米、粟、麦为主，间以其他杂粮，南、北方因自然条件的差异形成了各有特色的饮食结构。而宋代不同区域间的饮食差异，客观上是由各地区的自然环境及物产的不同所造成的。

1. 南北主食的差异

宋代（指北宋时期）北方居民以粟、麦为主食，这是因为粟、麦是当地主要的粮食作物。宋代北方基本都处于黄河中下游地区，是我国传统的旱作农业区。虽然北方各地的自然条件存在一定的区域差异，但普遍较适宜粟、麦等的旱作农作物的生长，黄河中下游地区大部属于暖温带季风气候，水热条件可基本满足小麦与杂粮作物两年三熟种植制度的需求。北宋时，小麦在宋人的饮食中比重增加，北方诸路种麦较为普遍。苏轼在提及河北旱情时曾言："都城以北，燕蓟之南……麦将槁而禾未生"[1]，苏轼此语的主要目的虽是为了反映当时旱情的严重，但从侧面亦可见当时华北地区种麦的普遍。京东路种麦也很普遍，欧阳修曾言："京东自去冬无雨雪，麦不生苗，以及暮春，粟未布种。"[2]从中可见，京东路似已开始实行粟麦轮作制。河东、陕西二路位于黄土高原地区，

---

[1]（宋）苏轼：《苏文忠公全集·东坡后集》卷16《北岳祈雨祝文一首》，明成化本。

[2]（宋）李焘：《续资治通鉴长编》卷179，至和二年（1055年）三月丁亥，中华书局，2004年，第4328页。

土壤相对瘠薄，小麦种植不如华北地区普遍，主要集中于关中平原和汾河谷地一带。大中祥符八年（1015年），宋廷曾诏令："京兆、河中府，陕、同、华、虢等州贷民麦种"[1]。而且小麦在边地自然条件较好的地方也有一定种植，庄绰就曾提及："陕西沿边地苦寒，种麦周岁始熟，以故粘齿不可食。"[2]说明沿边地区也有（春）小麦种植，只不过限于气候条件，品质较差。

宋代北方很多地区已实行二年三熟的粟麦轮作，种麦的地区普遍也种粟，而且因粟的耐瘠性、抗旱性都要强于小麦，因此粟的种植范围要更广一些，总体产量也更高。如位于邢、洺、赵三州之地的广平监退牧还农后，辟为农田，每年须向国家缴纳粟87 500余石，小麦31 200石[3]。在熙宁十年（1077年）宋政府所征收的二税中，夏税为"斛斗三百四十三万五千七百八十五石"，而秋税为"斛斗一千四百四十五万一千四百七十二石"[4]，秋税额约为夏税额的四倍，夏税以小麦为主，秋税以粟及其他杂粮为主，可见粟等杂粮产量远高于小麦的产量。因此宋代北方居民的主食结构中，粟等杂粮所占比例要高于小麦。

菽（即豆类）也是宋代一种相对重要的杂粮作物，但因菽对土地肥力条件要求较高，需氮量比同产量水平的禾谷类多4～5倍，因此其种植分布不如粟、麦等广泛，主要集中于京西、陕西、淮南等地。太平兴国六年（981年），宋廷所规定的漕运诸渠运粮入京师数额中，菽的数额为：汴河100万石、黄河30万石、惠民河20万石[5]，以上诸渠漕运菽的来源地分别为淮南、陕西、京西等路。从运菽入京的漕运额来看，菽的产量也是比较可观的。除粟、菽外，北方各地还零星种有荞麦、青稞及各种薯类等杂粮作物，以备主粮不足时之用。

我国的江南地区自古就是鱼米之乡，亚热带季风带来的暖湿多雨气候非常适宜水稻的生长，稻米成为南方地区民众最主要的食物。水稻在江淮、两浙、荆湖、四川、福建、岭南诸路的平原地区均有种植，而两浙、江淮是当时全国最主要的粮食生产基地，其中太湖平原的苏、湖、常、秀诸州号称"膏腴千里，国之仓庾"[6]，当地出产的粮食不但自给有余，而且每年还要转运数百万石粮

[1]（宋）李焘：《续资治通鉴长编》卷85，大中祥符八年（1015年）八月戊戌，中华书局，2004年，第1947页。

[2]（宋）庄绰：《鸡肋编》卷上，《唐宋史料笔记丛刊》，中华书局，1983年，第16页。

[3]（宋）包拯：《包孝肃奏议》卷7《请将邢洺州牧马地给与人户依旧耕佃》，文渊阁四库全书本。

[4]（元）马端临：《文献通考》卷4《田赋考四》，中华书局，1986年，第59页。

[5]《宋史》卷175《食货志上三》，中华书局，1977年，第4251页。

[6]（宋）范仲淹：《范文正公文集》卷9《上吕相公并呈中丞咨目》，四部丛刊景明翻元刊本。

食供给京师。两浙、江淮地区的稻米亩产量很高，如苏州"上田一亩收五六石"[1]，正常年景"每亩得米二石至三石"[2]。江浙地区稻米亩产量高既与当地适宜的自然环境相关，又离不开当地民众的辛苦劳作。江浙地区水利设施比较完备，耕作技术先进，精耕细作的程度很高，如高斯得所言："今天下之田称沃衍者莫如吴越闽蜀，其一田所出视他州辄数倍……而今乃以沃衍称者何哉？吴越闽蜀地狭人众，培粪灌溉之功至也。"[3]

除稻米外，粟、麦、菽等旱田作物亦在宋代南方人的主食构成中占有一定比例。粟、麦、菽因产量及口感不及稻米，故而多种植于丘陵山地等土壤较为贫瘠的地方。如泉州邻近山区，"田硬宜豆，山畬宜粟"[4]，就是因地制宜，种植杂粮作物。在粟豆种植时，一般按照"高者种粟、低者种豆"[5]的原则来安排种植。此外，人们还充分利用田间地头畸零土地种植豆类作物，"圩田稻子输官粮，高田豆角初上场"[6]。

2. 宋代的副食：肉食与水产

（1）肉食

在人类的副食品当中，肉食和水产是主要的蛋白质来源。宋人的肉食构成中，羊肉所占比重之大是十分突出的，尤其是在北方人的肉食构成中羊肉占据了非常重要的地位。宋代皇室、官僚普遍喜食羊肉，"御厨止用羊肉"乃宋朝祖宗家法，真宗时，"御厨岁费羊数万口"[7]；神宗熙宁年间（1068—1077年），御厨一年支出"羊肉四十三万四千四百六十三斤四两，常支羊羔儿一十九口，猪肉四千一百三十一斤"[8]，宫廷羊肉消费是猪肉的100多倍。北宋官僚阶层的羊肉消费量也非常大，太宗、真宗朝宰相张齐贤尤嗜羊肉，"每食数斤方厌"[9]。此外，宋廷规定官员外任时，要添给食料羊，"有二十口至二口，凡六等"[10]，

[1]（宋）高斯得：《耻堂存稿》卷5《宁国府劝农文》，武英殿聚珍版丛书本。
[2]（宋）范仲淹：《范文正公政府奏议》卷上《答手诏条陈十事》，四部丛刊景明翻元刊本。
[3]（宋）秦观：《淮海集》卷15《财用下》，四部丛刊景明嘉靖小字本。
[4]（宋）真德秀：《西山文集》卷40《再守泉州劝农文》，四部丛刊景明正德刊本。
[5]（宋）韩元吉：《南涧甲乙稿》卷18《建宁府劝农文》，武英殿聚珍版丛书本。
[6]（宋）舒岳祥：《阆风集》卷2《乐神曲》，文渊阁四库全书本。
[7]（宋）李焘：《续资治通鉴长编》卷53，咸平五年（1002年）十二月丙戌，中华书局，2004年，第1171页。
[8]（清）徐松辑：《宋会要辑稿》方域四之一〇，中华书局，1957年，第7375页。
[9]（宋）吴曾：《能改斋漫录》卷18《张相公食料羊》，上海古籍出版社，1979年，第513页。
[10]《宋史》卷172《职官志十二》，中华书局，1977年，第4134页。

羊肉是他们最常食用的肉食。平民百姓限于经济条件，没有那么多吃羊肉的机会，但还是会想方设法吃上美味的羊肉，这从北宋东京城的餐饮业中就可见一斑。据《东京梦华录》载："其杀猪羊作坊，每人担猪羊及车子上市，动即百数"[1]，关于羊肉的熟食品类有炖羊、入炉羊、头乳饮羊、闹厅羊、虚汁垂丝羊头、羊头签、蒸羊头、羊脚子、羊肚、羊腰等34种之多。这些面向市场的羊肉及其熟食，显然其主要消费群体为京师平民大众。

宋代羊肉的消费量如此大，那羊又产自何处呢？宋代官方的牧羊业比较发达，为宫廷及各级官僚提供了主要的羊肉消费来源。宋廷设有牛羊司，"掌畜牧羔羊、栈饲，以给烹宰之用"，大中祥符三年（1010年）宋廷规定牛羊司"每年栈羊三万三千口"[2]。宋政府还在各个监牧中牧养一定数量的羊，如熙宁七年（1074年），河南监牧使吕希道"请募民于沙苑牧羊"[3]。官牧不足，宋政府又常常市羊于民间，宋真宗曾言："御厨岁费羊数万口，市于陕西颇为烦扰"[4]。此外，宋政府还常于宋辽、宋夏及宋金榷场购买羊，以补充宋朝境内产羊之不足。北宋时，仅河北榷场就"买契丹羊岁数万"[5]。宋代民间的养羊业也很发达，在北方地区，"今河东、陕西及近都州郡（羊）皆有之"[6]。即使是放牧条件并不优越的南方地区，亦有牧羊业，如江南东路歙州"羊昼夜山谷中，不畏露草"[7]，可见是当地所产一种适应性很强的羊。

猪肉也是宋代主要的肉食之一，且价格低廉，尤为下层民众喜食。东京的南熏门每天都有大量猪群由此入城，进入消费市场，"其门寻常士庶殡葬车舆，皆不得经由此门而出，谓正与大内相对。惟民间所宰猪，须从此入京，每日至晚，每群万数。"[8]关于猪群的数量虽有所夸大，但却反映出京城消费猪肉数量之大。宋人在经常食用猪肉的基础上，还出现了高超的猪肉烹制技术。宋代大文豪苏轼就是一个烹制猪肉的高手，其发明的"东坡肉"成为闻名遐迩的美食，苏轼在黄州为官时曾作了一首"食猪肉"的打油诗，"净

[1]（宋）孟元老撰，尹永文笺注：《东京梦华录笺注》卷3《天晓诸人入市》，中华书局，2006年，第357页。

[2]（清）徐松辑：《宋会要辑稿》职官二一之一一，中华书局，1957年，第2857页。

[3]（宋）李焘：《续资治通鉴长编》卷256，熙宁七年（1074年）九月丙午，中华书局，2004年，第6251页。

[4]（清）徐松辑：《宋会要辑稿》职官二一之一一，中华书局，1957年，第2857页。

[5]（宋）李焘：《续资治通鉴长编》卷211，熙宁三年（1070年）五月庚戌，中华书局，2004年，第5136页。

[6]（宋）唐慎微：《证类本草》卷17《兽部中品总一十七种》，四部丛刊景金泰和晦明轩本。

[7]（宋）罗愿：《淳熙新安志》卷2《畜牧》，清嘉庆十七年（1812年）刻本。

[8]（宋）孟元老撰，尹永文点校：《东京梦华录笺注》卷2《朱雀门外街巷》，中华书局，2006年，第100页。

洗铛，少着水，柴头罨烟焰不起，待他自熟莫催他，火候足时他自美。黄州好猪肉，价贱如泥土。贵者不肯吃，贫者不解煮。早晨起来打两碗，饱得自家君莫管。"[1]猪肉的大量消费也带动了养猪业的发展，"秀州东城居民韦十二者，于其庄居豢豕数百，散市杭秀间，数岁矣"[2]；"江陵民某氏，世以圈豕为业"[3]，以上都是宋代出现的养猪专业户。除羊肉、猪肉外，牛、马、驴、骡、驼等役畜也可提供一定的肉食来源，但因政府法令的保护及畜力的重要性，因而这些畜肉并不被宋人所常食，且普通百姓也没有足够的消费能力常吃这一类畜肉。

（2）水产

需要指出的是，肉食对于寻常百姓来说是一种奢侈性消费，除了节庆日，吃肉并不是一件容易的事。相比较而言，鱼虾等水产在水环境优越的地区更为易得，是人们补充动物性蛋白质的主要方式。东京城的新郑门、西水门和万胜门，每日"生鱼有数千担入门。冬月即黄河诸远处客鱼来，谓之'车鱼'，每斤不上一百文。"[4]夏季，水产来自畿辅附近，而冬季则要靠"黄河诸远处"供给，东京每日消费水产的数量很大，但价格却很便宜。北方尚且如此，水产丰富的南方食用鱼虾则更加普遍。苏轼曾有诗曰："粤女市无常，所至辄成区，一日三四迁，处处售虾鱼。"[5]南宋时，有个名叫高师鲁的地方小官因羊肉价高吃不起，而只能吃鱼虾，故写打油诗自嘲："平江九百一斤羊，俸薄如何敢买尝？只把鱼虾充两膳，肚皮今作小池塘。"[6]以鱼虾充两膳，可见平江一带水产的丰富。

宋代水产消费量如此大，必然是以发达的渔业支撑的。著名史学家刘攽在襄州为官时曾作过一首"观鱼"诗："清濠环城四十里，蒹葭苍苍天接水。使君褰帷乘大舸，观鱼今从北阙起。开门渔师百舟入，大罟密罾云雾集。小鱼一举以千数，赤鲤强梁犹百十。"[7]该诗生动描写了护城河中捕鱼的热闹场面，从中亦可见大罟、密罾等捕鱼工具。宋代的淡水养鱼业较为发达，尤其是在南方地

---

[1]（宋）苏轼：《苏文忠公全集·东坡续集》卷10《猪肉颂》，明成化本。

[2]（宋）何薳：《春渚纪闻》卷3《悬豕首作人语》，《唐宋史料笔记丛刊》，中华书局，1983年，第51页。

[3]（宋）洪迈：《夷坚志·支志》卷1《江陵村伧》，《古体小说丛刊》，中华书局，1981年，第883页。

[4]（宋）孟元老撰、尹永文笺注：《东京梦华录笺注》卷5《鱼行》，中华书局，2006年，第447页。

[5]（宋）苏轼：《苏文忠公全集·东坡续集》卷1《雷州八首》，明成化本。

[6]（宋）洪迈：《夷坚志·丁志》卷17《三鸦镇》，《古体小说丛刊》，中华书局，1981年，第683页。

[7]（宋）刘攽：《彭城集》卷87《观鱼》，武英殿聚珍版丛书本。

区多有养殖，《嘉泰会稽志》载："会稽、诸暨以南，大家多凿池养鱼为业，每春初江州有贩鱼苗者，买放池中辄以万计。"养殖的淡水鱼类有青、草、鲢、鲤、鳙等。宋代沿海捕捞业亦初具规模，其中福建、两浙是沿海捕捞最为发达的地区，福建路"漳、泉、福、兴化四郡濒海细民，以渔为业"[1]；浙东"海濒之民以网罟蒲蠃之利，而自业者比于农圃焉"[2]，每年鱼汛时节，浙东七郡渔民出海捕鱼船只"多至百万艘"[3]。即使在北方的河北路，其"沧州大海出鱼，不异南方"，欧阳修因而建议在沧州等地置场收买鱼鳔[4]。虽然宋代南北方肉食与水产都有一定的消费，但总体而言，北方肉食消费更多一些，南方则以水产消费更加突出。

3. 南北饮食的交流

宋代虽有南食、北食之分，但南北饮食的交流是十分广泛的，其中两宋都城东京、临安为两大饮食交流中心。东京城虽位于北方平原地带，但城内居民尤其是社会上层对南方稻米的依赖性很强。北宋时每年要从江淮地区漕运数百万石粮食至京师，景德三年（1006年），朝廷"定六百万石为岁额"[5]，来自江淮地区的稻米成为京师民众的主食。因稻米口感要好于粟、麦等旱地作物，故而家境好的人户多食用稻米。《夷坚志·丙志》中记载了这样一个故事："信州玉山县塘南七里店民谢七妻不孝于姑，每饭以麦，又不得饱，而自食白粳饭"，结果遭到报应而变成牛[6]。故事本身虽荒诞不经，但却反映出时人眼中（小）麦不如（大）米的观念。宋代官僚之家普遍食用稻米，甚或出现浪费无度的现象，宋徽宗宠臣王黼的宅第与一寺为邻，每日王黼宅中水沟都会流出大量雪色饭粒，有一寺僧将饭粒"漉出，洗净晒干，不知几年，积成一囤"[7]。除稻米外，南方的水产也大量运往京师，欧阳修《初食车螯》曰："自从圣人出，天下为一家。南产错交广，西珍富卭巴。水载每连舻，陆输动盈车。溪潜细毛发，

[1] （清）徐松辑：《宋会要辑稿》刑法二之一四四，中华书局，1957年，第6567页。
[2] （宋）朱长文：《元丰吴郡图经续记》卷上《物产》，民国景宋刻本。
[3] （宋）罗睿：《宝庆四明志》卷4《水族之品》，宋刻本。
[4] （宋）欧阳修：《欧阳文忠公集·河东奉使奏草》卷下《乞放行牛皮胶鳔》，四部丛刊景元本。
[5] （宋）李焘：《续资治通鉴长编》卷64，景德三年（1006年）十二月丙申，中华书局，2004年，第1439页。
[6] （宋）洪迈：《夷坚志·丙志》卷8《谢七嫂》，《古体小说丛刊》，中华书局，1981年，第430-431页。
[7] （宋）张端义：《贵耳集》卷下，文渊阁四库全书本。

海怪雄须牙。岂惟贵公侯，闾巷饱鱼虾。"[1]可见南方水产的大量涌入，给平民百姓带来了饱食鱼虾的机会。人们为了在长途运输中保持鱼虾不变质，还发明了一些很新奇的办法，"淮甸虾米用席裹入京，色皆枯黑，无味，以便溺浸一宿，水洗去，则红润如新。"[2]

京师是各色人物汇集的地方，大量南方人在东京做官或经商，带动各种风味的南食传到北方，"向者汴京门南食面店，川饭分茶，以备江南往来士夫，谓其不便北食故耳。"[3]据《东京梦华录》记载，当时东京城的食店可分为北食店、南食店、川食店，其中川食店则有插肉面、大燠面、大小抹肉、淘煎燠肉、杂煎事件、生熟烧饭，南食店则有鱼兜子、桐皮熟脍面、煎鱼饭、瓠羹等特色食品[4]。城内某些街巷南食店十分集中，如寺东门小甜水巷，"巷内南食店甚盛"[5]。可见南食在京师的普及程度。

不但南食传入北方，北食亦流传到南方。尤其是"靖康之难"后，宋室南渡，大批北方民众南迁，北方人的饮食习惯随之被带到南方。北方人习惯吃面食，他们迁到南方后，开始种植小麦，小麦的种植面积大为增加。庄绰《鸡肋编》记载："建炎之后，江、浙、湖、湘、闽、广，西北流寓之人遍满。绍兴初，麦一斛至万二千钱，农获其利，倍于种稻，而佃户输租只有秋课，而种麦之利独归客户，于是竞种春稼，极目不减淮北。"[6]小麦在南方的普遍种植，为面食的推广提供了条件，以致出现了名目繁多的面食品类，临安的蒸作面行卖：四色馒头、细馅大包子、菜蔬皮春茧、生馅馒头、饤子、笑靥儿、金银炙焦牡丹饼、杂色煎花馒头等，花样繁多，不一而足。北方人喜食羊肉的饮食习惯也带到南方，临安城的肥羊酒店有：丰豫门归家、省马院前莫家、后市街口施家、马婆巷双羊店等铺，零卖则有软羊、大骨龟背、烂蒸大片、羊杂熝四软、羊撺四件等[7]。

[1]（宋）欧阳修：《欧阳文忠公集·居士集》卷6《初食车蟹》，四部丛刊景元本。
[2]（宋）周辉撰，刘永翔校注：《清波杂志校注》卷12《拦滩网》，中华书局，1994年，第513页。
[3]（宋）吴自牧撰，符均、张社国校注：《梦粱录》卷16《面食店》，三秦出版社，2004年，第240页。
[4]（宋）孟元老撰，尹永文笺注：《东京梦华录笺注》卷4《食店》，中华书局，2006年，第430页。
[5]（宋）孟元老撰，尹永文笺注：《东京梦华录笺注》卷3《寺东门街巷》，中华书局，2006年，第301页。
[6]（宋）庄绰：《鸡肋编》卷上，《唐宋史料笔记丛刊》，中华书局，1983年，第36页。
[7]（宋）吴自牧撰，符均、张社国校注：《梦粱录》卷16《酒肆》，三秦出版社，2004年，第234页。

二、宋人的衣着与衣料

1. 衣着

人类的生活离不开穿衣吃饭，饮食之外，衣着同样对人类的生存及文化的延续具有不可替代的作用。衣着既有御寒保暖的自然功用，又具有体现身份、等级与审美观念的社会性意义，是中国古代"礼仪"的有机组成部分。宋代的衣着在继承传统衣着服饰的同时，又有自身的特色。

袍子是宋代男子最常穿的服装，不分贫富等级和老少长幼，一年四季多以穿长袍为主。上层人家多穿丝绸制作的黑白袍，称为锦袍。每年端午节、诞圣节，皇帝赐衣服，其中有"袍锦之品四"：天下乐晕锦、盘雕细锦、翠毛细锦、黄师子锦[1]。普通平民百姓则不限颜色，通常穿麻布做的布袍子。袍子一般是紧领口，长袖子，下摆长至脚际，既有宽袖广身，也有窄袖紧身。根据季节的不同，冬季穿棉袍，夏天穿单袍，春秋时则穿双层的夹袍。

除袍子外，袄或称襦，也是平民百姓家居时常穿的上衣，袄比袍子短，一般到大腿中间。袄有单有厚，也有絮棉做的，颜色以皂色为主。平民男子多衣褐，褐是指用麻布做的粗糙上衣，又称粗衣，袖子较短，身长一般只到腰际，便于居家劳作时穿用。还有一种"短后衣"大概是一种简便但下等的服装，沈括曾说："近世士庶人衣皆短后"[2]。宗室子弟赵汝谠年少时，不拘礼节，常衣短后衣，恰巧被叶适遇见，遭到训斥，因此"终身不衣短后衣"[3]。此外，南宋时还有一种叫"貉袖"的短上衣，《格致镜原》引宋人曾三异《同话录》曰："近岁衣制有一种如旋袄，长不过腰，两袖仅掩肘，以最厚之帛为之，仍用夹里，或其中用绵者，以紫皂缘之，名曰'貉袖'。"[4]貉袖起初是为方便骑马而做，后因穿着简便，人们在日常生活中也非常喜欢穿。

宋代女性的上衣一般是袄襦，与男子袄襦不同的是，女子的袄襦更长，一般要到膝盖。袄襦的质地有绢帛的，也有麻布的，夏天是单衣，冬季为夹袄或

---

[1]（宋）江少虞：《新雕皇朝类苑》卷25《官职仪制·赐衣服》，日本元和七年（1621年）活字印本。

[2]（宋）沈括撰，金良年点校：《梦溪补笔谈》卷1《故事》，上海书店出版社，2009年，第237页。

[3]《宋史》卷413《赵汝谠传》，中华书局，1977年，第12397页。

[4]（清）陈元龙：《格物镜原》卷16《袄》，文渊阁四库全书本。

棉袄。袄襦颜色以红紫色为主，其次为黄、青色。裙子是宋代女性常穿的下身衣服，各阶层妇女所穿裙子样式很多，质量不一，裙子上都带褶，褶越多越高级。裙子通过裙带系在腰间，裙子和裙带一般都很长，通常要到脚面。青蓝色是裙子的主要颜色，方岳《农谣》诗中曰："雨过一村桑柘烟，林梢日暮鸟声妍。青裙老姥遥相语，今岁春寒蚕未眠。"[1]青裙就是乡间农妇日常生活中的穿着。制作裙子的衣料以绢帛或细麻布为主，质量比一般衣服要精细一些。此外，妇女的衣装还有大衣、长裙等[2]。

　　至于下衣，无论男性还是女性都要穿裤子。男人的裤子可以露在外面，在袍子的遮盖下露出半截，妇女的裤子则是不能外露的，裤子外面要穿裙子，裙子长至脚面，将裤子完全盖住。做裤子的材料既有丝帛，也有麻布，一般是根据经济状况和社会地位来决定裤子的材料。

　　幞头是宋代比较有特色的冠帽类服饰，它是由头巾发展而来。宋代的幞头有直脚、局脚、交脚、朝天、顺风五等，其中直脚为"贵贱通服"[3]。幞头在宋代非常普及，上至皇帝，下至庶民均常戴用。随皇帝车驾巡幸时，武官所戴的"双卷角幞头"，殿前班所顶的"两脚屈曲向后花装幞头"[4]，应是较高级的幞头。

　　宋代的"衣服之制"体现出明显的阶级属性，皇帝与王公贵族可享用形制繁多的华丽服饰，而下层百姓仅能遮体避寒而已。"天子之服"包括绛纱袍、履袍、衫袍、窄袍、御阅服等，可用于祀享、朝会、视事及燕居等。大臣服饰则分祭服、朝服、公服、时服等，其中公服是品官的常服，根据官员不同的品级，对服色还有规定：宋初，三品以上服紫，五品以上服朱，七品以上服绿，九品以上服青。元丰后，改为四品以上服紫，六品以上服绯，九品以上服绿。公服的形式是圆领、大袖、大裾，加一横襕，腰间束以革带，头戴幞头，脚穿乌皮靴或履[5]。

　　"皂衫纱帽"则被视为下等人之服。张舜民《画墁录》载其兄服"皂衫纱帽"，遭到范鼎臣的训斥，"汝为举子，安得为此下人之服？当为白纻襕，系里织带

[1]（宋）方岳：《秋崖集》卷2《农谣》，文渊阁四库全书补配文津阁四库全书本。
[2]《宋史》卷153《舆服志五》，中华书局，1977年，第3578页。
[3]（宋）沈括撰，金良年点校：《梦溪笔谈》卷1《故事一》，上海书店出版社，2009年，第3页。
[4]（宋）孟元老撰，尹永文笺注：《东京梦华录笺注》卷6《十四日车驾幸五岳观》，中华书局，2006年，第583页。
[5]《宋史》卷153《舆服志五》，中华书局，1977年，第3561-3562页。

也。"[1]北宋名臣杜衍隐退后，居室卑陋，"从者十许人，乌帽、皂绨袍、革带"[2]，生活较为清苦。贫苦人家衣着更为简陋，广南"贫家终身布衣，惟婆妇服绢三日，谓为'郎衣'"[3]。还有一些穷人将防雨用的蓑衣作为衣装，甚至还有衣纸衣者，苏易简《文房四谱》云："山居者常以纸为衣，盖遵释氏云，不衣蚕口衣者也。"[4]所谓"遵释氏"，实际上更可能是一种经济窘迫的体现。

2. 衣料

宋人的衣着原料仍以丝麻为主，其中各类丝织品较贵重，一般只有富贵人家才能穿得起，普通的平民百姓大多穿麻布制作的衣服。此外，棉花在闽广地区已有较大规模的种植，成为仅次于丝麻的衣料，而动物皮毛在西北地区也是重要的衣料来源。

宋代桑麻的种植非常普遍，北方的蚕桑业主要集中在太行山一线以东，太行山以西的陕西关中平原、蒲州以及河东的保德军、岢岚军、宁化军等地也有一些零星分布。桑树在南方地区分布比较普遍，除海南岛及个别边远山区外，几乎都是桑的种植区。麻的分布则更加普遍，几乎遍及全国各地[5]。华北地区在历史上曾长期是我国桑蚕业的中心，唐末五代虽遭到战乱的破坏，但入宋以后又获得重新发展。宋人称"河朔山东养蚕之利，逾于稼穑"[6]；苏轼也称平原、厌次一带"沃野千里，桑麻之富，衣被天下"[7]，这均体现出宋代华北地区桑蚕业的发达。华北地区的河北路、京东路是北宋时进贡丝织品最主要的地区。东南诸路以及西南的川蜀桑蚕业亦十分发达，江东、江西种植桑树十分普遍，"凡低山平原，亦皆种植"[8]。西南地区蚕桑业主要集中在成都平原一带，"蜀地险隘，多硗少衍，侧耕危获，田事孔难。惟成都彭汉，平原沃壤，桑麻满野。"[9]

宋代政府对丝麻业十分重视，制定了多项保护桑麻的法规。宋廷规定："民

[1]（宋）张舜民：《画墁录》，明稗海本。
[2]《宋史》卷310《杜衍传》，中华书局，1977年，第10192页。
[3]（宋）庄绰：《鸡肋编》卷下，《唐宋史料笔记丛刊》，中华书局，1983年，第118页。
[4]（宋）苏易简：《文房四谱》卷4《纸谱三》，清十万卷楼丛书本。
[5]韩茂莉：《宋代桑麻业地理分布初探》，《中国农史》1992年第2期。
[6]（宋）庄绰：《鸡肋编》卷上，《唐宋史料笔记丛刊》，中华书局，1983年，第9页。
[7]（宋）苏轼：《苏文忠公全集·东坡外制集》卷下《王荀龙知棣州》，明成化本。
[8]（宋）程珌：《洺水集》卷19《壬申富阳劝农》，明崇祯元年（1628年）刻本。
[9]（宋）魏了翁：《鹤山全集·重校鹤山先生大全文集》卷100《汉州劝农文》，四部丛刊景宋本。

伐桑枣为薪者罪之，剥桑三工以上为首者死，从者流三千里；不满三工者减死配役，从者徒三年。"[1]对种植桑麻者则有奖励，乾德四年（966年），宋廷下诏规定："自今百姓有能广植桑枣，开荒田者，并令只旧租"[2]。政和元年（1111年），宋廷又诏："监司劝率守令，督责编户植桑柘，广蚕利以丰织纴，基本任满比较赏罚。"[3]宋政府通过制定法令保护桑麻业，主观上是为了征收丝织品，保证官府需求，但客观上也为平民百姓获取衣料来源提供了政策保护。

需要指出的是，棉布也成为宋代一项重要的衣料。北宋乐史《太平寰宇记》记载岭南地区雷州"又有木棉树，一实得绵数两，冬夏花而无实"，记海南岛琼州夷人风俗时则有"以木棉为毯"[4]之语。可见当时岭南地区已有木棉种植，并产生了以木棉为原料的纺织业。两宋之交，岭南、福建一带木棉种植已经比较广泛，宋人方勺言："闽广多种木绵，树高七八尺，叶如柞，结实如大菱而色青，秋深即开，露白绵茸然。土人摘取去壳，以铁杖杆尽黑子，徐以小弓弹令纷起，然后纺绩为布，名曰'吉贝'。"[5]从当地土人已经发明用铁杖除木棉中黑子，以及用小弓弹棉花来看，其种植木棉并织布的历史当不会太短。南宋时，海南岛的少数民族十分善于织棉布，"女工纺织，得中土绮彩，拆取色丝，加木棉，挑织为单幕。又纯织木棉吉贝为布。"[6]而在福建的兴化、莆田一带，"家家余岁计，吉贝与蒸纱"[7]。事实上，南宋时期木棉的种植已不限于闽广地区，据漆侠先生考证，木棉的种植与织造已经逐步地从闽广地区向江南西路、两浙路、江南东路扩展，甚至越过长江，传播到淮南路的扬州[8]。而且《元典章》言向江南百姓"夏税木绵"等纺织品乃是"亡宋例"[9]，即宋亡之前既已在江南等地征收木棉税。从中来看南宋时江西的木棉种植与织造已有相当的普遍性。

宋代木棉的推广，扩大了衣料来源，解决了南方地区很大一部分人的穿衣问题，而且棉布穿着舒适，保暖性强，是一种优质的衣料。南宋著名理学家朱

[1]《宋史》卷173《食货志上一》，中华书局，1977年，第4158页。
[2]（宋）佚名编：《宋大诏令集》卷182《政事·劝栽种开垦》，中华书局，1962年，第754页。
[3]（清）徐松辑：《宋会要辑稿》食货一之三一，中华书局，1957年，第4816页。
[4]（宋）乐史：《太平寰宇记》卷169《岭南道十三》，中华书局，2007年，第3232页。
[5]（宋）方勺：《泊宅编》（三卷本）卷中，中华书局，1983年，第81页。
[6]（宋）赵汝适原著，杨博文校释：《诸蕃志校释》卷下《志物》，中华书局，2000年，第220页。
[7]（宋）刘弇：《龙云集》卷7《莆田杂诗二十首》，民国豫章丛书本。
[8]漆侠：《宋代植棉考》，《求实集》，天津人民出版社，1982年；漆侠：《宋代植棉续考》，《史学月刊》1992年第5期。
[9]（元）佚名编：《元典章》卷24《租税》，元刻本。

熹的父亲朱松在《吉贝》一诗中赞曰：

炎海霜雪少，畏寒直过忧。驼褐阻关河，吉贝亦可裁。投种望着花，期以三春秋。茸茸鹅毳净，一一野茧抽。南北走百价，白氎光欲流。似闻边烽急，缘江列貔貅。裁襦衬铁衣，爱此温且柔。天乎未厌乱，利厚人益偷。谁知海滨客，独叹无人酬。[1]

诗中形象地反映了棉布柔软保暖的特性，以及时人对棉布的喜爱。宋人喜欢穿棉布做成的衣服，带来了新的市场需求，棉布的市场需求则有利于木棉种植的进一步推广。宋代木棉种植的扩大为后来棉布取代丝麻，成为中国最主要的衣料来源奠定了基础。

动物尤其是家畜的皮毛也在一定程度上补充了衣料的不足，特别是西北少数民族对动物皮毛的依赖性比较强。西北吐蕃等少数民族牧区广大，牧养大量的牛、羊、马、驼等家畜，为其提供了衣食之资。史称吐蕃部落"俗养牛羊，取奶酪用供食，兼取毛为褐而衣焉"[2]，说明家畜皮毛是吐蕃人重要的衣料来源。但在内地，家畜数量有限，且家畜的皮、筋是重要的军用物资，官府控制较严，因此内地家畜皮毛用作衣料当不会普遍。

三、宋人的居室与建材

房屋居室不但是遮风避雨的场所，也是人们进行家庭生活的基体。古人对居室的选址十分重视，看重"风水"，对此我们不能简单地以"迷信"概言之，其中也包含了古人选择与适应居住环境的生活经验，一定程度上体现了古人追求人与环境和谐相处的观念。任何建筑的建造都离不开砖瓦木石等建筑材料，古人在选取建筑材料时，就不可避免地要和自然环境打交道，进而对环境产生直接或间接的影响。

宋代的居室建筑继承了前代以木构建筑为主的特点，无论是富丽的皇宫，还是简便的普通民居，多为木构建筑。宋代居室在建材上虽存在一些共同性，

---

[1]（宋）朱松：《韦斋集》卷3《记草木杂诗七首》，四部丛刊续编景明本。
[2]（宋）乐史：《太平寰宇记》卷185《吐蕃》，中华书局，2007年，第3536页。

但是其大小形制却有严格的等级差别。皇帝的宫室极尽奢华，宏伟壮丽，而"民庶家不得施重栱、藻井及五色文采为饰，仍不得四铺飞檐。庶人舍屋，许五架，门一间两厦而已。"[1]王公贵族一般都具有比较雄厚的财力修建宅第，甚至由朝廷直接赐宅或赐钱助建，对普通的中下层百姓而言，修盖房屋是一项重大的家庭支出，常常罄尽一个家庭多年的积蓄。宋人袁采就曾讲过普通人户建造屋宇的规划及其困难：

> 起造屋宇，最人家至难事。年齿长壮，世事谙历，于起造一事，犹多不悉。况未更事，其不因此破家者几希。盖起造之时，必先与匠者谋。匠者惟恐主人惮费而不为，则必小其规模，节其费用，主人以为力可以办，锐意为之。匠者则渐增广其规模，至数倍其费，而屋犹未及半，主人势不可中辍则举债鬻产。匠者方喜兴作之未艾，工钱之益增。余尝劝人起造屋宇须十数年经营，以渐为之，则屋成而家富自若。盖先议基址或平高就下，或增卑为高，或筑墙穿池，逐年渐为之，期以十余年而后成。次议规模之高广，材木之若干，细至椽桷篱壁竹木之属，必籍其数，逐年买取。随即斫削，期以十余年而毕备。次议瓦石之多少，皆预以余力，积渐而储之，虽僦雇之费，亦不取办于仓卒，故屋成而家富自若也。[2]

袁采此文主要是告诫人们建造房屋不宜太快、太奢，而要渐次置办，有序营建。从中我们亦可看到建造房屋之烦费，既需要选好房址，又要购备材木、瓦石等建材，还要准备"僦雇之费"，由此可见建房之不易。

建房时的选址又叫卜居，古人卜居时十分注重"风水"，其中固然包含一些故弄玄虚的迷信成分，但也有很多经验性的认识。南宋时高似孙写过一篇《宅经》，其中体现了宋人在卜居时的一些原则与方法：

> 凡宅东下西高，富贵雄豪。前高后下，绝无门户。后高前下，多足牛马。凡宅地欲坦平，名曰梁土。后高前下，名曰晋土，居之并吉。西高东下，名曰鲁土，居之富贵，当出贤人。前高后下，名曰楚土，居之凶。四面高，中央下，

[1]《宋史》卷154《舆服志六》，中华书局，1977年，第3600页。
[2]（宋）袁采：《袁氏世范》卷3《起造宜以渐经营》，知不足斋丛书本。

名曰卫土，居之先富后贫。[1]

《宅经》中提到的建宅原则看似毫无科学道理，但却具有一定的合理成分，如在建房时，宋人都尽量追求"坦平"，以方便行走；而前高后下的院落，被认为"居之凶"，这是因为这种院落一出正房就是上坡，坐在堂屋向院子看时会产生心理压抑的感觉。宋人在房屋选址时，要尽量选在高爽干燥的地方，避免房屋受潮或被雨水淹没。房屋的主体一般是坐北朝南，这一方面有利于采光，另一方面还可避免冬季北风的直吹。陆游《居室记》曰："东西北皆为窗，窗皆设帘，障视晦明，寒燠为舒卷启闭之节。南为大门，西南为小门。冬则析堂与室为二，而通其小门，以为奥室；夏则合为一室，辟大门以受凉风。"[2]可见陆游的居室就是坐北朝南，这应该也是宋代民居的普遍形式。

在宋代的建筑材料中，木材是使用最广泛、最不可替代的。中国古代的大型建筑多为木构建筑，对木料的依赖性很强。宋代木构建筑发展到了一个新水平，宋初的木工喻浩是我国建筑史上有名的能工巧匠，他主持修建了著名的开宝寺塔，几乎全用木料建成，"在京师诸塔中最高，而制度甚精"[3]。喻浩还根据自己的实践经验撰有《木经》三卷，可惜已经失传。

由于历史时期平原地区森林的长期砍伐，宋代城市建筑所需的木材，很多情况下要从较远的山区采伐供给。这以北宋的东京城最为显著，其木材供给主要来自西北地区的秦陇一带，每年从西北运往东京的木材量非常大。庆历三年（1043年），"三司言在京营缮，岁用材木凡三十万，请下陕西转运司收市之。诏减三之一，仍令官自遣人就山和市，无得抑配于民。"[4]庆历三年（1043年）以前每年京师营缮要消耗掉高达30万根木材，庆历三年（1043年）后，减为20万根。北宋政府为了保证京师的木材供给，在西北的秦州地区设置多个"采造务"负责采伐木材，然后由三门白波发运司运往东京，以至于北宋后期，白波纲运"但闻有竹木，不闻有粮食"[5]，几乎成为木材的专运。这些运往京师的木材首先供给官方尤其是宫廷建设的需要，若有余还可向民间出卖。因京师木材

[1]（宋）高似孙：《纬略》卷10《宅经》，清守山阁丛书本。

[2]（宋）陆游：《渭南文集》卷20《居室记》，四部丛刊景明活字本。

[3]（宋）欧阳修：《归田录》卷1《唐宋史料笔记丛刊》，中华书局，1981年，第1页。

[4]（宋）李焘：《续资治通鉴长编》卷139，庆历三年（1043年）正月丙子条，中华书局，2004年，第3337页。

[5]（宋）苏辙：《龙川略志》卷5《言水陆运米难易》，《唐宋史料笔记丛刊》，中华书局，1982年，第30页。

需求巨大，私贩木材的利润颇高，宋太祖时，宰相赵普为修治府第，遣亲吏市木秦陇，结果"吏因之窃货大木，冒称普市，货鬻都下"[1]。实际上，不止赵普，石保吉、魏咸信、张永德等皇亲贵戚都曾参与到私贩秦陇木材当中，以获取厚利。

普通民户并不具备从远方采办木材建房的能力，他们多是通过自家种植的木材作建筑材料，稍具财力者可通过市买的方式取得木材。宋代华北地区已无大片的原始林，如沈括所言："今齐鲁间松林尽矣，渐至太行、京西、江南，松山太半皆童矣。"[2]要想取得木材并非易事，而且其费用必然不会少。总体来看，宋代人均住房面积比较有限，房源不足，不但大批中下层民众缺房，就连一部分官员也常要租房或借房居住，政府则设立店宅务，参与到房屋出租市场，营取厚利。

宋代房屋建筑顶部多覆瓦，尤其是城镇建筑中以瓦房居多，这一时期由于砖瓦业的发展，官私建筑中瓦的使用得到很大推广。宋代的瓦分为板瓦、筒瓦以及琉璃瓦，宋代建筑学著作《营造法式》中介绍了不同尺寸的筒瓦有六种，板瓦则有七种。由于宋代瓦房的推广，很多城镇还产生专门修理瓦房顶的人，"每大雨过，则载瓦以行，问有屋漏则补之。"[3]在房屋建设中，不但中原城市使用瓦，边远地区亦用瓦覆盖屋顶，"广西诸郡富家大室，覆之以瓦，不施栈板，唯敷瓦于橼间，仰视见瓦，徒取其不藏鼠。"[4]宋代一些地方官为了减少火灾的发生，还有意识地推广瓦屋。叶康直知光化县时，"县多竹，民皆编为屋，康直教用陶瓦，以宁火患"[5]；宋孝宗时，郑兴裔知扬州，"民旧皆茅舍，易焚，兴裔贷之钱，命易以瓦，自是火患乃息。"[6]用瓦取代茅草覆屋顶不但减少火灾的发生，而且也更经久耐用。相比瓦在宋代建筑中的大量使用，砖的应用则不那么普遍，更多的是作为辅助性的建筑材料。

在宋代乡村，贫下人户多是居住于茅草房。乡村中建茅草房时，可就地取材，墙体为土坯或泥巴，屋顶用芦苇、稻草或麦秆等覆盖。这种房子筑造简单，

[1]《宋史》卷256《赵普传》，中华书局，1977年，第8933页。
[2]（宋）沈括撰，金良年点校：《梦溪笔谈》卷24《杂志一》，上海书店出版社，2009年，第197页。
[3]（宋）张镃：《仕学规范》卷29《阴德》，宋刻本。
[4]（宋）周去非：《岭外代答》卷4《屋室》，上海远东出版社，1996年，第86页。
[5]《宋史》卷426《叶康直传》，中华书局，1977年，第12706页。
[6]《宋史》卷465《郑兴裔传》，中华书局，1977年，第13595页。

成本低廉，中下户百姓都能承担得起，但缺点是不耐风吹雨淋，使用寿命比较短，尤其是茅草做的屋顶，"年深损烂，不堪居住"[1]，需要经常修缮方可维持使用。张耒的《芦藩赋》载："张子被谪，客居齐安，陋屋数椽，织芦为藩，疏弱陋拙，不能苟完，昼风雨之不御，夜穿窬之易干"[2]，茅屋草墙，难遮风雨。宋代各地乡村茅草房分布较普遍，范成大言称归一带"满目皆茅茨"[3]；陆游途径鄂西一带，"民屋苦茅，皆厚尺余，整洁无一枝乱"[4]；就连一些军营也常用茅屋为之，"陕西、河北营房大率覆以茨苦"[5]。

此外，各地还结合自身独特的自然环境与物产，出现了一些具有地方特色的居室。如西南地区湿热而多竹，当地居民常居于"干栏"式建筑，四川一带的夷人就"以竹木为楼居"[6]。河东麟州府"城邑之外，穹庐窟室而已"[7]，这里所说的"穹庐"应为帐篷一类的居室，"窟室"则类似于今天黄土高原地区的土窑洞。甚至还有的渔民以舟船为居室，"江淮水为田，舟楫为室居。鱼虾以为粮，不耕自有余。"[8]这些各具特色的居室形式都是与当地独特的自然环境相适应的。

四、宋代的交通运输与交通工具

1. 交通运输概况

交通设施和交通工具的状况与社会经济的发展密切相关，同时从中也可体现出人对自然环境的适应与改造。宋代的交通状况相比前代有自身的特色和发展。都城（东京和临安）是全国的交通枢纽和物质能量流动中心，与全国各地都有一定程度的或直接或间接的交通联系。陆运中大型载重车辆是一种重要而有特色的交通工具，水运（包括内河航运和海运）则进一步兴起，汴河是北宋

[1]（清）徐松辑：《宋会要辑稿》兵六之二六，中华书局，1957年，第6867页。
[2]（宋）张耒：《张友史文集》卷1《芦藩赋》，四部丛刊景旧钞本。
[3]（宋）范成大：《吴船录》卷下，《范成大笔记六种》，中华书局，2002年，第220页。
[4]（宋）陆游：《入蜀记》卷5，景宋抄本。
[5]（宋）李焘：《续资治通鉴长编》卷127，康定元年（1040年）六月甲申朔，中华书局，2004年，第3017页。
[6]（宋）乐史：《太平寰宇记》卷74《剑南西道三》，中华书局，2007年，第1508页。
[7]（宋）上官融：《友会谈丛》卷下，清嘉庆宛委别藏本。
[8]（宋）苏轼：《苏文忠公全集·东坡集》卷13《鱼蛮子》，明成化本。

王朝的交通大动脉，对北宋兴衰影响甚大，海运在宋代尤其是南宋成为重要的运输方式，带动了海上贸易的发展。

宋王朝出于控制地方及收聚财赋的需要，对交通运输十分重视，在陆路方面修建有通往全国的驿路，并且设有驿铺铺兵负责官道日常的维护。每年缴纳夏秋两税之际，官府还组织人力修路，"近制秋夏税赋输纳之际，亦常举行治道路、修桥梁之令，此皆民事之先急，当官者宜为之预虑也。"[1]起初官府是组织民力修路，后因担心扰民，改为厢军役卒修路，太子宾客边光范"计其功，请以州卒代民，官给器用，役不淹久，民用无忧。"[2]对一些险隘难行的路段，宋廷有时会专门下诏命地方官府修治，如建隆三年（962年），宋廷"诏西京修古道险隘处，东自洛之巩，西抵陕之湖城，悉命治之，以为坦路。"[3]洛阳到陕州这一段古道是关东通往关中的要道，故宋廷诏令西京（洛阳）地方官府修治。

北宋官府还采取栽种行道树的方式以维护道路的长久使用。行道树一方面可美化环境、遮阴挡风，另一方面还可提供一定的木材，因此宋代上至朝廷下至地方官府都比较重视行道树的种植。大中祥符五年（1012年），宋廷"令河北缘边官道左右及时植榆柳"[4]；蔡襄知泉州时，"植松七百里以庇道路，闽人刻碑纪德"[5]；徽宗政和年间（1111—1118年），蔡襄知福州，奏福建路诸州军驿路"未曾种植"行道树，宋廷因而专牒委诸处知州军指挥所属知县令丞，劝谕乡保遍于驿路及通州县官路两畔，种植杉、松、冬青、杨柳等各色树木，结果各州郡"官驿道路两畔共栽植到杉松等木共三十三万八千六百株，渐次长茂，已置籍拘管"[6]。官府大规模推广种植行道树对改善交通状况是很有裨益的。

为了增强道路的通行能力，宋代官府还在某些道路上采用了铺砖的方式。不过因为道路铺砖成本比较高，主要在东京、临安等大城市的重要街道，以及经济比较发达的江浙一带采用这种方式。此外，蔡抗、蔡挺兄弟在修筑大庾岭道路时，也采用了以砖铺路的方式，"以砖甃其道，自下而上，自上而下，南北

[1]（宋）苏颂：《苏魏公集》卷19《奏乞修叠京北驿路》，文渊阁四科全书补配文津阁四库全书本。

[2]（宋）李焘：《续资治通鉴长编》卷8，乾德五年（967年）十二月丙子，中华书局，2004年，第197-198页。

[3]（清）徐松辑：《宋会要辑稿》方域一〇之一，中华书局，1957年，第7473页。

[4]（宋）李焘：《续资治通鉴长编》卷79，大中祥符五年（1012年）十一月庚申，中华书局，2004年，第1806页。

[5]《宋史》卷320《蔡襄传》，中华书局，1977年，第10400页。

[6]（清）徐松辑：《宋会要辑稿》方域一〇之六，中华书局，1957年，第7476页。

三十里，若行堂宇间"[1]。还有西南地区的成都因雨天道路泥泞难行，绍兴十三年（1143年），当地地方官用砖铺路两千余丈，34年后，时任四川制置使的范成大继续其未竟工程，工程告成后，"以丈计者三千三百有六十，用甓二百余万，为钱二千万"[2]，大大改善了成都街区的交通状况。

对于号称"天险"的川道，宋朝官府也十分重视入川道路的建设。景德二年（1005年），宋廷"诏兴州青泥路依旧置驿，其新开白水路亦任商旅往来"[3]。对于前代已有的入川阁道，宋代继续加强修治，维持使用。自凤州至利州剑门关的入川道路"桥阁约九万余间"，宋廷命"每年系铺分兵士于近山采木，修整通行"，所需木材浩繁，需要铺兵深入山林二三十里外采伐修栈道的木材，劳费过大，官府转而令入川路沿官道两旁的"逐铺兵士每年栽种地土所宜林木，准备向去修葺桥阁"[4]。即通过在官道两旁种植林木的方式，为修葺栈道提供木材。

古代交通运输条件下，大宗运输走水道相比陆运成本低、运量大，是一种更加便捷的运输方式，因而宋政府对水运尤为重视。北宋东京城是当时全国的水路交通中心，以此为中心，形成覆盖全国各地的水运网络，"有惠民、金水、五丈、汴水等四渠，派引脉分，咸会天邑，舳舻相接，赡给公私，所以无匮乏。"[5]其中汴河是主运道，每年江淮地区数百万石粮食通过此河运往京师，天下转漕，仰给在此一渠水。此外，汴河北接黄河，京师所需的木材、柴薪等主要通过此路运来。五丈河、惠民河则分别承担将京东、京西路的粮食及其他物资运往京师的功能。

南方地区，河湖众多，为水运提供了优越的自然条件。南宋都城临安是大运河的起点，城内外运河纵横，水运繁忙。宋代沿江建有水运码头，以便于泊船，"沿江税场如江州、蕲口、芜湖以至池州、真州皆有岸夹，依泊客舟"[6]。长江沿岸各港口利用长江水道上下往来十分便捷。

宋代的航海也有了超越于前代的显著发展。在航海技术方面，指南针应用

---

[1]（宋）王巩：《闻见近录》，宋刻本。

[2]（宋）程遇孙：《成都文类》卷46《砌街记》，文渊阁四库全书补配文津阁四库全书本。

[3]（宋）李焘：《续资治通鉴长编》卷61，景德二年（1005年）九月丁未，中华书局，2004年，第1364页。

[4]（清）徐松辑：《宋会要辑稿》方域一〇之二，中华书局，1957年，第7474页。

[5]《宋史》卷93《河渠志三·汴河上》，中华书局，1977年，第2321页。

[6]（清）徐松辑：《宋会要辑稿》食货一八之二一，中华书局，1957年，第5117页。

于航海当中，极大地促进了航海业的发展。在北宋宣和年间（1119—1125年），给事中路允迪出使高丽时，就已使用指南针，徐兢在《宣和奉使高丽图经》中称："若晦冥则用指南浮针以揆南北"[1]。赵汝适《诸蕃志》提到海船在南海航行时，"渺茫无际，天水一色，舟舶来往，惟以指南针为则，昼夜守视唯谨。"[2]在海外航线方面，除了传统的日本、朝鲜半岛、南洋诸国，经印度洋向西可达阿拉伯半岛的大食诸国及北非的木兰皮国[3]。同时宋代在气象航海、地文航海、天文航海和航海操作等主要技术环节上都有了很大进步，"说明中国古代的航海史，到宋代已经从'原始航海'时期，进入'定量航海'时期，比西方领先2～3个世纪。"[4]

2. 交通工具

宋代的陆运交通工具中以车辆为主，其中"太平车"是比较有特色的大型车辆，"东京般载车，大者曰'太平'，上有箱无盖，箱如构栏而平，板壁前出两木，长二三尺许，驾车人在中间，两手扶捉鞭绥驾之，前列骡或驴二十余。前后作两行，或牛五七头拽之。"[5]太平车用木料做成，有车厢而无车盖，载重量可达"数十石"之多，需要用二十余头骡驴或五七头牛方能拉载。太平车的优点是载重量大，缺点是笨重迟缓，"日不能三十里，少蒙雨雪，则跬步不进"[6]，因此太平车主要适用于北方平原地区，尤以东京城较为多见，张择端的《清明上河图》中就多处画有众多牛或驴拉载的太平车。还有一种较太平车小的"平头车"，用一头牛便可拉载，酒店多用此载"酒梢桶"。又有一种与平头车相似，但用于载女眷的车子，这类车子上有顶盖，前后有构栏、门垂帘以遮挡。此外还有独轮车、串车、浪子车、痴车等用途不一、各具特色的车辆[7]。

在江南、四川一带流行一种灵活简便的"江东车"，是一种单轮人力小车，"江乡有一等车，只轮两臂，以一人推之，随所欲运，别以竹为篰载，两傍束之

---

[1]（宋）徐兢：《宣和奉使高丽图经》卷34《客州》，知不足斋丛书本。

[2]（宋）赵汝适原著，杨博文校释：《诸蕃志校释》卷下《海南》，中华书局，2000年，第216页。

[3]（宋）周去非：《岭外代答》卷2《海外诸蕃国》，上海远东出版社，1996年，第37页。

[4] 孙光圻：《宋代航海技术综论》，《中国航海》1984年第2期。

[5]（宋）孟元老撰，尹永文笺注：《东京梦华录笺注》卷3《般载杂卖》，中华书局，2006年，第326页。

[6]（宋）李焘：《续资治通鉴长编》卷255，熙宁七年（1074年）八月丙戌，中华书局，2004年，第6240页。

[7]（宋）孟元老撰，尹永文笺注：《东京梦华录笺注》卷3《般载杂卖》，中华书局，2006年，第326页。

以绳，几能胜三人之力，登高度险亦觉稳捷，虽羊肠之路可行。"[1]还有一种与之类似的"羊头车"，也是一种独轮小车，使用时一人在前面拉，一人在后面推，张耒有诗曰："羊头车子毛布囊，浅泥易涉登前冈"[2]，体现出羊头车使用便捷的特点。江东车、羊头车都比较适用于南方多丘陵山地的特点。

轿子或称肩舆、兜子，这一类专用于载人的交通工具在宋代使用逐渐普及。宋代的轿子一般"凸盖无梁，以篾席为障，左右设牖，前施帘，舁以长竿二"[3]，用竹或木做成，根据不同的规格，使用两人、四人、六人或八人抬轿。北宋时规定只有皇室或元老大臣方可乘轿，"惟是元老大臣，老而有疾底，方赐他乘轿"[4]。但事实上，民间却存在很多"僭越"行为，"京城士人与豪右大姓，出入往来率以轿自载，四人舁之，甚者饰以棕盖，彻去帘蔽，翼其左右"[5]，宋廷虽然下令禁止，但也可见当时乘轿已经是较为普遍的行为。建炎元年（1127年），宋高宗驻跸扬州，因南方"路滑"，朝廷"始听百官乘轿"[6]。宋廷承认乘轿合法化后，渐而导致南渡后"则无人不乘轿矣"[7]，虽有夸大，却体现出南宋时轿子已成为普遍性的交通工具。

宋代畜力、人力本身也成为一种重要的运载方式，如东京城"有驼骡驴驮子，或皮或竹为之，如方匾竹篓两搭背上"[8]，就是直接使用家畜作为运载工具。据《梦溪笔谈》所载宋代军需运粮之法为：每名役夫背负六斗，而"驼负三石，马骡一石五斗，驴一石"[9]。宋夏战争期间，镇守关中的韩琦"尽括关中之驴运粮，驴行速，可与兵相继也，万一深入而粮食尽，自可杀驴而食矣。"[10]以驴子作为运载工具在西北边区复杂的交通状况下，是一种较为便捷的方式。马、驴、驼等家畜还可作为直接载人的交通工具。宋代内地缺马，马匹主要用于军事和邮递，民间较少骑乘，驴则是民间较为普遍的骑乘工具，"途之人相逢，

[1]（宋）曾敏行：《独醒杂志》卷9，知不足斋丛书本。
[2]（宋）何汶撰，常振国、绛云点校：《竹庄诗话》卷18《杂编八》，中华书局，1984年。
[3]《宋史》卷150《舆服志二》，中华书局，1977年，第3510页。
[4]（宋）黎靖德编：《朱子语类》卷127《本朝一》，明成化九年（1473年）陈炜刻本。
[5]（清）徐松辑：《宋会要辑稿》舆服四之七，中华书局，1957年，第1796页。
[6]（宋）李心传：《建炎以来系年要录》卷10，建炎元年（1127年）十一月丁亥朔，中华书局，2013年，第269页。
[7]（宋）黎靖德辑：《朱子语类》128《本朝二》，明成化九年（1473年）陈炜刻本。
[8]（宋）孟元老撰，尹永文笺注：《东京梦华录笺注》卷3《般载杂卖》，中华书局，2006年，第326页。
[9]（宋）沈括撰，金良年点校：《梦溪笔谈》卷11《官政一》，上海书店出版社，2009年，第100页。
[10]（宋）魏泰：《东轩笔录》卷4，《唐宋史料笔记丛刊》，中华书局，1983年，第43页。

无非驴也”[1]。

宋代的水上交通工具主要是各类船筏。内河航运中用的是平底船，每年运行于汴河上的纲船就达数千艘。虔州、吉州、潭州、处州、明州、温州、广州是宋代有名的造船中心，除纲船外，还可制作坐船、马船、渡船、龙船、车船等，其中车船是一种十分特色的船只，"其大有至三四十车者，挟以双轮，鼓棹而进"[2]，以人力踩踏板，带动双轮前进。车船在大江巨湖上运行十分快捷，多被宋人用作战船，采石之战中宋军就用其阻挡金军渡江。

东南沿海一带均有海船制造，海船质量以福建为上，其次为广东、广西二路，浙东又次之。因海上风浪大，海船一般都是尖底船，"上平如衡，下侧如刃"[3]。各类海船大小不等，"大者五千料，可载五六百人；中等二千料至一千料，亦可载二三百人；余者谓之'钻风'，大小八橹或六橹，每船可载百余人。"[4] "料"是载重单位，一料即一石，大的海船载重达到五千石，这是一个相当可观的载重量。

宋代的船只无论是海船还是河船基本都是全木结构，如北宋宣和年间（1119—1125年）出使高丽的客舟就是"皆以全木巨枋挼迭而成"[5]。宋代发达的造船业需要消耗大量木材，对自然环境也会造成一些负面影响。南宋初年温州建有造船场，每年造船数量达到100艘，但后来随着造船消耗木材不断增大，导致"山林大木绝少"，造船量也减为10艘[6]。可见温州采木造船已经在一定程度上影响到当地林木资源的可持续利用。

衣食住行是人类的基本生活需要，看似琐碎，实际上却能体现一个时代社会发展程度和自然环境特点。为了满足衣食住行之需，人类与自然环境建立了广泛的联系，或直接取用于自然界，或利用了自然界的再生产能力。宋人的衣食住行有其时代的特点，从中可从某些侧面窥探宋人的基本生存概况，及其对自然环境改造和适应。

[1]（宋）王得臣：《麈史》卷下《杂志》，知不足斋丛书本。

[2]（宋）李纲：《梁溪集》卷103《与宰相论捍贼札子》，文渊阁四库全书本。

[3]（宋）徐兢：《宣和奉使高丽图经》卷34《客舟》，知不足斋丛书本。

[4]（宋）吴自牧撰，符均、张社国校注：《梦粱录》卷12《江海船舰》，三秦出版社，2004年，第184页。

[5]（宋）徐兢：《宣和奉使高丽图经》卷34《客舟》，知不足斋丛书本。

[6]（宋）楼钥：《攻媿集》卷21《乞罢温州造船场》，武英殿聚珍版丛书本。

结　语

　　通过对两宋时期，不同地域人群与自然环境打交道的过程及相互影响的考察，我们既可以看到宋人为适应和改造自然环境所付出的努力与所取得的成果，也可以看到自然环境是如何参与到宋代社会的发展进程之中，并受到人类活动何种程度的影响。

　　宋代相较于前代大一统王朝，疆土大大内缩，统治区域基本局限于传统汉族农耕区。但是在这相对有限的空间内，宋代社会生产力取得了显著的发展，达到中国封建时代的一个高峰阶段，[1]人口总量也在历史上首次突破一亿大关，这无不与宋人对自然环境的深度开发紧密相关。在人口压力和技术推动下，宋人对自然环境的开发与利用向纵深发展，土地利用愈来愈精细化，无论是长江下游的圩田还是东南山区的梯田，都是在传统土地利用方式的基础上，通过精耕细作，提高土地的生产力和承载力。与之相应，自然环境对人类的反馈作用也增强了，一方面自然环境在宋人的改造下以更多的产出来支持宋代社会的发展，另一方面某些自然资源也出现短缺，乃至出现局部环境恶化的情况。

　　与此同时，我们也注意到，宋代不同地域人群与自然环境相互作用的方式、彼此产生的影响是存在很大差异的。总的来说，南北方的差异十分突出，出现了南北分途发展的趋势。而南北社会发展的不同很大程度上受到了自然环境差异及其变迁的影响。宋代北方地区发展的停滞就受到局部生态环境恶化的制约，而南方进入深度开发阶段，为支撑社会经济的发展提供了物质基础。

　　北方黄河流域是中华文明的肇兴之地，在历史上曾长时间是全国的政治、经济、文化、军事重心之所在，社会发展居领先地位。然而两宋时期，全国的经济、文化重心已转移至南方地区，在社会经济发展上出现北不如南的逆转。造成这一局面的原因虽是多方面的，但局部生态环境的恶化无疑是一个不容忽视的因素，而宋代黄河河患的加重则是生态环境恶化的一个重要表现和推动力。北宋是我国历史上河患最为突出、为害最为严重的时期之一。河患的频发造成

---

[1] 著名宋史学家漆侠先生（《宋代社会生产力的发展及其在中国古代经济发展过程中的地位》，《中国经济史研究》1986年第1期）提出，我国封建时代的社会生产的发展，大体上经历了两个马鞍形的过程，秦汉时期是第一个高峰，宋代则达到了一个更高的高峰，认为"在我国封建时代社会生产力两个马鞍形总的发展过程中，宋代社会生产力的发展几乎达到最高峰"。

了土壤沙化、盐渍化、水系紊乱、塘泊淤淀等一系列生态退化现象，在给黄河下游民众带来直接灾难的同时，也加重了他们的劳役和经济负担。北宋政府为了治理黄河需要投入大量的人力、物力，其中治河物料的消耗十分庞大，治河物料的采伐则在很大程度上加剧了华北地区本已出现的林木资源短缺危机，植被的过度采伐和消耗反过来又加重了黄河河患的为害程度。黄河下游，尤其是河北路在河患加重等因素的影响下，民众的生产及物资产出均呈下降的趋势，时有从东京调配粮食，从西北输送物料的情况出现。

北宋的北方平原地区出现了较为严重的木材和燃料短缺危机，林木资源遭到过度采伐，甚至桑枣等经济林木也被盗伐，普通民众获取足够的木材和燃料殊非易事。而北宋都城东京的木材和燃料消费尤为巨大，北宋官方为了保证京师的木材和燃料供给，在西北边区设置了采造务，专司采伐林木，西北边区的林木资源是东京最主要的木材和燃料来源。而从神宗熙宁年间（1068—1077年）开始，煤炭开始在东京推广普及，在一定程度上缓解了东京居民，尤其是下层居民的燃料短缺问题。

西北边区是北宋的国防前沿，为了应对宋夏冲突，北宋在此集中了数十万军队，而规模如此庞大的军队所消耗的军需物资数量也极为巨大。北宋政府为解决西北驻军的给养问题，在当地大力发展屯垦，其中弓箭手制度是将劳动力和土地相结合，寓兵于农的一项政策，不但可部分地解决军队给养问题，而且在戍边和开边过程中均发挥了很大作用。而宋政府利用厢军屯田，则收效甚微，土地利用中也存在一些不合理现象。

虽然总体上，宋代北方地区的生态环境出现一定的恶化趋势，但我们并不能脱离时代背景而一味苛责古人。很大程度上，宋人只是历史时期北方局部地区生态环境长期积累问题而出现恶化的受害者，如黄河河患的加重主要是黄河自身的特性和历史上黄河中游地区不合理的土地利用所导致的，宋人只是更多地承担了这种变化的恶果。而北宋黄河下游的民众却在不利的环境下，变害为利，发展淤田，改善了自身的生产环境。

宋代社会经济的发展更多地体现在南方的发展，至南宋，南强北弱的经济格局完全奠定，而南方社会经济的发展是在宋人对自然环境进行深度开发的基础上取得的。两宋时期，长江中下游的两浙、江淮是全国农业开发最成熟、单产最高的地区之一，也是两宋都城最主要的粮食供给地。宋代圩田的兴起推动了两浙、江淮地区农业与水利的发展，将该地区的农业开发推向深入。圩田是在濒水低洼地带用筑堤方式围垦出的水利田，通过"内以围田，外以挡水"的方式，较好地处理了人、水、农田的关系，是长江下游地区民众探索出的一条人与水环境相处的有益模式。

宋代东南山区的农业开发也进入了一个新阶段，梯田的出现和推广是山区农业开发向纵深发展的重要表现。宋代东南山区民众开垦梯田既反映了其改造山地能力的增强，反过来又对其生产、生活及生态环境产生深刻影响。梯田为山区农业的精耕细作创造了有利条件，也为水田在山区的推广提供了可能性。在精耕细作条件下，梯田的产出为山区民众生产、生活的稳定及山区社会的进步发挥了重要作用。虽然梯田开发并不能完全避免水土流失，但相比一般性的坡地开垦，水土流失的程度明显要小很多，农业开发也更具持续性。

唐代以前，岭南地区对中国而言是较为典型的边疆区，而在唐宋以来，尤其是在宋代，岭南的社会面貌和生态环境都发生了很大的历史转变。宋代岭南人与野生动物的互动演进关系，为我们观察岭南社会与生态的变化提供了一个很好的视角。宋代岭南人对野生动物及其制品的利用为自身提供了很大一部分生活所需，丰富了其社会生活内容。但对野生动物，尤其是一些大型兽类而言，在人类活动的影响下，出现了"人进兽退"，种群数量和分布区域呈现萎缩趋势。虽然不可否认，宋代岭南人对生态环境的开发导致野生动物物种多样性在一定程度上受损，但同时我们也应看到，宋代岭南地区的生态环境也更加适宜人类生存，与内地也更加趋于一致。

总体而言，宋代南方地区人类对自然环境的开发达到了前所未有的高度，这在南宋时期表现得尤为明显，水环境的开发、山区的开发都呈现出方兴未艾的态势。宋代南方地区人类对自然环境的深度开发为经济重心的转移、社会的发展提供了物质基础，人与环境之间的相互作用也显著增强。

宋代社会经济的发展是以宋人对自然环境的深入开发为基础的，宋人对自然环境的开发和利用无论在广度上还是在深度上，都有了非常明显的增强。自然环境也参与到宋代社会的发展进程中，扮演了一个复杂而易变的角色，或为社会发展提供物质支持，或以灾变的形式警示宋人对自然环境的不合理利用。自然环境在参与到宋代社会的发展进程时，自身面貌也发生了很大变化，"原生态"的成分越来越少，人文色彩则逐渐加重，如西北草原、东南山区等之前受人类活动影响较小的区域，在宋代则有越来越多的人群涉足其中，改造环境，寻求生计。在西北边区草原地带的屯垦中，虽然原生植被有所减少，但并没有出现不可逆转的恶化，而屯垦却在边疆戍守和开拓中发挥了很大作用。人类与环境的关系是深刻而复杂的，二者既对立又统一，既非绝对的利益一致，也非单纯的非此即彼，因此我们在考察宋人与自然环境的关系时，就要多角度的综合考察。

　　人类如何协调自然环境开发和维持生态平衡的关系？这是人类在与自然环境打交道过程中一个永恒的、关系到人类未来命运的命题。人类为了自身的生存和发展必然会使自然环境发生某些改变，"原生态"的环境固然有利于生态平衡和物种多样性，但并不能认为人类对"原生态"自然面貌的改变就是对环境的"破坏"。宋代，人类在改造环境过程中，从自然界获取了生活所需的衣食之资和社会发展的动力之源。如果没有对自然环境的深度开发，宋代的社会经济就不可能取得引人注目的发展。对于宋代出现的林木资源减少、水土流失等生态问题，宋人也采取了较为积极的应对措施，并产生了较前代更为系统和明确的生态保护观念。因此我们要肯定宋人改造自然环境在推动社会进步中的意义，而非单纯苛责宋人"破坏"了自然环境。当然，这并不是要求我们忽略宋代出现的生态问题，而是要从中吸取历史经验和教训，避免今后我们在与自然环境打交道的过程中重蹈覆辙。

第四章

辽代的环境与社会

契丹人世代生活在我国北方地区，这里特定的地理区位和生态环境决定了契丹人以游牧为主的生活方式并造就了契丹人适应环境的文化习俗，同时契丹人建国后的土地开发、城市兴建、战争需要等生产生活活动在一定程度上对境内的生态环境也产生了重要影响，这种人与环境的互动体现了契丹社会的发展演变。

第一节　辽境的自然地理环境

契丹人于916年建立辽国，鼎盛时期其疆域"东至于海（今日本海），西至金山（今阿尔泰山），暨于流沙，北至胪朐河（今克鲁伦河）[1]，南至白沟，幅员万里。"[2]"东西三千里"，疆长域广，地形复杂、地貌多样，有山地、丘陵、平原、森林、草原、沙漠等多种地形地貌，气候环境也有别于中原，带有明显的中高纬度的气候特征。

一、气候

气候是影响人类生存环境的决定性因素之一，同时也是反映环境状况的重要指标。短期的如洪涝灾害、旱灾、蝗灾、冻灾、地震、风灾、沙尘等自然灾害会给人们的生产、生活甚至生命造成严重危害；长期的气候变化，会导致生

---

[1] 从《辽史》记载、考古资料证实以及谭其骧主编《中国历史地图集》来看，辽国的北疆已经远远越过胪朐河。
[2]《辽史》卷 37《地理志一》，中华书局，1974 年，第 438 页。

态环境发生改变，从而影响人们的生产、生活方式。辽代文献中虽然没有具体的气象观测记录，但从史籍中一些关于冷暖的描述及自然灾害的记录也能反映出这一历史时期的气候特征。

根据当代著名地理学家、气象学家竺可桢对我国近五千年来气候变化规律的权威性研究，近五千年来我国的气候经历了四个温暖期和四个寒冷期。其中，第三个温暖期在600年至1000年之间，第三个寒冷期在1000年至1200年之间[1]。契丹人916年建国，1125年为女真人所灭，国祚存续200余年，根据竺可桢的研究推算可知，辽代前期，契丹人生活在温暖期；辽代中后期，契丹人生活在寒冷期，这一结论已基本被学界认同。

学者的研究结论与史籍记载是相符的，"辽国其先曰契丹……居辽泽中……高原多榆柳，下隰饶蒲苇"[2]，这段史料显示的就是辽代早期契丹人优越的生存环境。后晋同州郃阳县令胡峤居辽七年（会同九年至应历三年，946—953年），他描述了亲身经历的契丹境内的生态环境，其中有"自上京东去四十里，至真珠寨，……明日东行，地势渐高，西望平地松林，郁然数十里。遂入平川，多草木，……又东行，至袅潭，始有柳，而水草丰美；有息鸡草尤美而本大，马食不过十本而饱。自袅潭入大山，行十余日而出，过一大林，长二三里，皆芜荑，枝叶有芒刺如箭羽。其地皆无草。……自此西南行，日六十里，……至大山门，两高山相去一里，而长松、丰草、珍禽、异兽、野卉。"[3]胡峤从上京东行所经之路有郁然数十里的平地松林，水草丰美的平川，也是珍禽野兽的乐园，一派勃勃生机的自然景观。由此可知，辽朝前期气候的确温暖湿润、降雨量充沛、土壤肥沃、植被丰茂。

辽代洪灾绝大多数都发生在辽朝前期，亦可证明辽代此时期气候温暖，降水量多。降水量多会引发洪涝灾害，影响人们的生活。辽太宗会同九年（946年）"今秋苦雨，川泽涨溢。自瓦桥（今河北雄县旧南关）以北，水势无际"[4]；辽穆宗应历二年（952年）"冬十月，辽瀛（今河北河间）、莫（今河北任丘）、幽（今北京）州大水，流民入塞者数十万口，本国亦不之禁。周诏所在赈给存

[1] 竺可桢：《中国近五千年来气候变迁的初步研究》，《考古学报》1972 年 1 期，第 15-28 页。
[2]《辽史》卷 37《地理志一》，中华书局，1974 年，第 437 页。
[3]（宋）叶隆礼：《契丹国志》卷 25《胡峤陷北记》，上海古籍出版社，1985 年，第 238 页。
[4] 陈述辑校：《全辽文》卷 4，引（辽）刘延祚：《遗乐寿监军王峘请内附书》，中华书局，1982 年，第 68 页。

处之，中国民被掠得归者什五六。"[1]水灾造成了人口迁移，引发局部社会动荡；应历三年（953年），南京"秋霖害稼"；辽圣宗统和九年（991年）"南京霖雨伤稼"；统和十一年（993年）"六月，大雨。秋七月己丑，桑乾、羊河溢居庸关西，害禾稼殆尽，奉圣（今河北涿鹿）、南京居民庐舍多垫溺者。"统和十二年（994年），"潞阴镇（今北京通州南）水，漂溺三十余村"；统和二十七年（1009年）"霖雨，潢（今西拉木伦河）、土（今老哈河）、斡刺、阴凉四河皆溢，漂没民舍。"景福元年（1031年）"夏五月，大雨水，诸河横流，皆失故道"。此后尽管亦有大雨伤稼的情况，但频次降低，而且无漂溺及人口迁徙的记载，说明此后天气逐渐由温湿转为干冷。

以宋真宗咸平三年，即辽圣宗统和十八年（1000年）为界，气候逐渐由暖湿转为干冷，而且据邓辉研究，辽代的气候由暖湿向干冷的转变时间比黄淮海地区还要早约30年[2]。从《辽史》记载来看，11世纪下半叶，辽朝频频发生冻害，契丹人的生存环境也开始逐渐恶化。辽道宗大康八年（1082年）九月"大风雪，牛马多死"；大康九年（1083年）四月"大雪，平地丈余，马死者十六七"；辽道宗大安二年（1086年）八月"以雪罢猎"；天祚帝乾统二年（1102年）三月"大寒，冰复合"；乾统九年（1109年）七月"陨霜伤稼"，八月"雪，罢猎"；天祚帝天庆三年（1113年）正月"猎狗牙山。大寒，猎人多死。"由上述记载可知，从大康八年到天庆三年（1082—1113年）的31年里共有7次冻害，平均每4～5年就发生一次，从农历一月到九月都有发生，过早陨霜，伤害庄稼，大雪罢猎等灾害严重影响了契丹人的生产生活，特别是高寒的天气使人畜冻死，更使契丹人的生命财产受到损害。

辽代中后期气候寒冷的情况还可以从宋人的笔记中得到证实。统和二十二年（1004年），宋辽签订澶渊之盟，这时恰是气候开始转寒之际，盟约签订后，两朝和平相处，双方使者往来不断，虽然这些使臣的足迹没有遍布辽国全境，但他们所经过的地区多是契丹人的核心居住区（上京、中京等地），所以他们关于气候的记录至少反映了契丹人主要居住区域的气候特征。这些使臣使辽的具体时间为：路振（统和二十六年，1008年）、王曾（辽圣宗开泰元年，1012年）、宋绶（开泰九年，1020年）、欧阳修（辽道宗清宁元年，1055年）、陈襄（辽道

---

[1]（宋）叶隆礼：《契丹国志》卷5《穆宗天顺皇帝》，上海古籍出版社，1985年，第51页。

[2] 邓辉：《论燕北地区辽代的气候特点》，《第四纪研究》1998年1期，第51-52页。

宗咸雍三年，1067年）、苏颂（咸雍四年、大康三年，1068年、1077年）、沈括（大康元年，1075年）、彭汝砺（大安七年，1091年）。也就是说，在83年中宋使9次入辽，每一次深入辽国腹地使臣们都有同样的感受就是寒冷，这固然与他们长期生活在中原地区有关，但是从他们记载的寒冷月份及冰冻程度来看，苦寒却是事实。

统和二十六年（1008年），路振出使辽国到中京，途经炭山时记录："炭山即黑山也，地寒凉，虽盛夏必重裘，宿草之下，掘深尺余，有层冰，莹洁如玉，至秋分则消释。山北有凉殿，虏每夏往居之，西北至刑头五百里，地苦寒，井泉经夏常冻。"[1]黑山在庆州境内，庆州在今内蒙古巴林右旗境内，庆州境内还有永安山（今内蒙古西乌珠穆沁旗东境），大康元年（1075年），沈括到永安山辽帝行宫，记录了这里的气候环境，"（永安）四月始稼，七月毕敛；地寒多雨，盛夏重裘。七月阴霜，三月释冻。"[2]路振和沈括前后相差67年到达同一区域，都感受到了该地区的寒冷。据调查，现代巴林右旗的温度与路振、沈括当年的记录相差不多[3]。由此可知，他们所记录的此地"盛夏重裘"，"七月阴霜，三月释冻"的情况是真实的。欧阳修于宋仁宗至和二年，即辽道宗清宁元年（1055年）冬天出使契丹，贺辽道宗即位。此次出使，八月出发，十二月末到达，次年二月回宋，往返都是秋冬季节，这使欧阳修深刻体会到了北方地区的苦寒天气，"马饥啮雪渴饮冰，北风卷地来峥嵘"[4]，"紫貂裘暖朔风惊，潢水冰光射日明。"[5]苏颂曾于咸雍四年、大康三年（1068年、1077年）两次出使契丹，贺辽主生辰，亦都是在冬季，他记录了冰天雪地中的艰难行程。"迢迢归驭指榆津，日日西风起塞尘。沙底暗冰频踬马，岭头危径罕逢人。"[6]"榆津，指榆河（今辽宁凌源西大凌河上游支流）渡口，辽时置榆州，位于中京之南，其西为富谷馆。"[7]沙底暗冰指"道路冰冻多在沙底，彼人谓之暗冰，行马危险百状。"[8]

[1]（宋）路振：《乘轺录》，载赵永春编注：《奉使辽金行程录》，吉林文史出版社，1995年，第20页。

[2]（宋）沈括：《熙宁使契丹图抄》，载贾敬颜：《〈熙宁使契丹图抄〉疏证稿》，《文史》第22辑，中华书局，1984年，第123-124页。

[3]《巴林右旗志》编纂委员会.巴林右旗志.内蒙古人民出版社，1990年；韩茂莉：《草原与田园——辽金时期西辽河流域农牧业与环境》，生活·读书·新知三联书店，2006年，第150-151页。

[4]（宋）欧阳修：《欧阳修集编年笺注》，巴蜀书社，2007年，第226页。

[5]（宋）欧阳修：《欧阳修集编年笺注》，巴蜀书社，2007年，第489页。

[6]（宋）苏颂：《苏魏公文集》卷13《和富谷馆书事》，中华书局，1988年，第167页。

[7]蒋祖怡、张涤云整理：《全辽诗话》，岳麓书社，1992年，第301页。

[8]（宋）苏颂：《苏魏公文集》卷13《和富谷馆书事》，中华书局，1988年，第167页。

他在《发柳河》诗注云："辽土甚沃，而地寒不可种，春深始耕，秋熟即止。"[1]
大安七年（1091年）彭汝砺受哲宗之命出使契丹，在辽境感受到了"朔风白昼
不胜寒，清晓马行霜雪间"。在行程中"沿河踏冰上，每日为常"，异常艰难，
"岁时霜雪多……层冰峨峨霜雪白……一日不能行一驿。"[2]

北宋诗人梅尧臣虽未到过塞外，但对辽地严寒却颇为了解，"尝闻朔北寒尤
甚，已见黄河可过车。……朝供酪粥冰生碗，夜卧毡庐月照沙。"[3] "燕山常苦
寒，汉使涉穷腊。……每食冰生盘，欲饮酒冻槛"[4]，道出了宋人对北国冰雪
严寒的畏惧。

千里冰封的塞外北国给宋人留下极为寒冷的印象，这虽然与他们生活在中
原或江南地区有关，但是总体来说，辽国低温是毋庸置疑的事实，这主要是因
为辽地处于中纬度地区（根据谭其骧《中国历史地图集》，辽国地处北纬37°～
54°），再加之辽中后期气候已经转为寒冷等原因，所以冬季漫长而严寒是辽代
气候的主要特征之一。

另外，辽代中后期旱灾频发也是气候由暖湿转为干冷的证明。辽朝从圣宗
开始旱灾明显增加，特别是道宗和天祚帝时期旱灾更是频频出现。仅以道宗朝
为例，咸雍二年（1066年）七月"以岁旱，遣使振山后贫民。""是岁，南京旱
蝗"；咸雍十年（1074年）"夏四月，旱"；大康六年（1080年）五月"以旱祷雨"；
大安九年（1093年）十月"诏广积贮以备水旱"；辽道宗寿昌六年（1100年）"时
大旱，百姓忧甚"。这种干旱天气使两次出使契丹的苏颂也感受颇深，在其诗《北
帐书事》下注曰："北中久旱，经冬无雨雪"[5]。干旱的气候使土地进一步沙化，
强劲的季风将沙粒吹起，形成遮天蔽日的沙尘天气。可以说，辽朝中后期气候
的主要特征就是冬季寒风凛冽，春季风沙肆虐。

辽国地处温带、寒温带地区，属于温带大陆性季风气候，每年冬春都会长
期刮强劲的西北风。《辽史》中有很多关于风沙的记载。辽圣宗开泰七年（1018
年）五月："大风飘四十三人飞旋空中，良久乃堕数里外。"能将人卷入空中的
大风至少在10级以上，称得上是狂飙。辽兴宗重熙十三年（1044年），萧惠与夏

[1]（宋）苏颂：《苏魏公文集》卷13《和富谷馆书事》，中华书局，1988年，第176页。
[2] 蒋祖怡、张涤云整理：《全辽诗话》，岳麓书社，1992年，第321、第320页。
[3]（宋）梅尧臣：《梅尧臣集编年校注·下》，上海古籍出版社，2006年，第899页。
[4]（宋）梅尧臣：《梅尧臣集编年校注·下》，上海古籍出版社，2006年，第1037页。
[5] 蒋祖怡、张涤云整理：《全辽诗话》，岳麓书社，1992年，第308页。

人战，"夏人千余溃围出，我师逆击。大风忽起，飞沙眯目，军乱，夏人乘之，踩践而死者不可胜计。诏班师。"天祚帝乾统六年（1106年），"有暴风举卧榻空中"及"大风伤草，马多死"极端天气发生。从这些记载可知，辽地风沙肆虐不仅影响契丹人的生产生活，甚至关涉到了战争的胜败。深受其害的契丹人无力改变这一事实，只能求助于神灵的保护，风伯就是契丹人心目中控制风沙的神，辽圣宗就多次祭祀风伯，统和二年（984年）四月"辛卯，祭风伯"；统和七年（989年）五月"祭风伯于儒州白马村"；开泰元年（1012年）四月"己酉，祀风伯"；开泰八年（1019年）二月"丙辰，祭风伯。"由此可知，此时期风灾已经严重干扰了契丹人的生产生活，甚至有的州城都因为风沙的侵袭不得不搬迁，"韩州（今科左后旗城五家子古城[1]），……城在辽水之侧，常苦风沙，移于白塔寨（今吉林双辽市双城子一带）。"[2]契丹境内经常刮旋风，"契丹人见旋风，合眼，用鞭望空打四十九下，口中道'坤不刻'七声。"[3]"坤不刻"是契丹语，汉语意思为"魂风"[4]。契丹人视旋风为妖魔作怪，这种习俗就是要攘灾祛祸。我们知道，风俗习惯来源于生活中经常发生的事，人们习以为常，渐渐地就形成了习俗，正是由于狂风经常呼啸，影响了契丹人的生产生活，才有了契丹人祭祀风伯、驱魂风的习俗。

辽国腹地的风沙天气，使出使契丹的宋朝使臣印象很深，同时也深受其苦。开泰元年（1012年），王曾出使辽国，"自过古北口，即蕃境。居人草庵板屋，亦务耕种，但无桑柘，所种皆从垅上，盖虞吹沙所壅。"[5]欧阳修与刘敞都是在清宁元年（1055年）出使契丹，他们在辽境都有共同的感受，那就是遭受风沙之苦。欧阳修为此作了多首诗专门记录此事，如"旷野多黄沙，当午白日昏。风力若牛弩，飞砂还射人。""北风吹沙千里黄，马行确荦悲摧藏。穷冬万物惨无色，冰雪射日争光芒。一年百日风尘道，安得朱颜长美好？"[6]刘敞也同样记载了辽国的风沙天气，他在黑河馆遭遇了连日大风，感叹"上天限夷夏，自古常风霾……日月惨不光，星辰为之颓"，还有"初出古北口大风"及"十二

[1] 段一平：《韩州四治三迁考》，《社会科学战线》1980 年第 2 期，第 191 页。

[2] （金）王寂著，张博泉注释：《辽东行部志》，黑龙江人民出版社，1984 年，第 60 页。

[3] （宋）叶隆礼：《契丹国志》卷 27《岁时杂记》，上海古籍出版社，1985 年，第 255 页。

[4] 孙伯君、聂鸿音：《契丹语研究》，中国社会科学出版社，2008 年，第 210 页。

[5] （宋）叶隆礼：《契丹国志》卷 24《王沂公行程录》，上海古籍出版社，1985 年，第 231-232 页。

[6] （宋）欧阳修：《欧阳修集编年笺注》，巴蜀书社，2007 年，第 226-227 页。

月二十日齐祠西太一宫是日大风"[1]等记录。由此可见，辽朝中后期经常会有风沙天气，狂风卷着沙粒漫天飞舞，刮得天昏地暗，能见度很低，这一点两位使臣都有切身感受，"当午白日昏""日月惨不光"，而且有时劲风卷着沙粒打在身上非常疼痛，行人颇以为苦。22年后，苏颂出使契丹也同样遭遇了沙尘天气，"北海蓬蓬气怒号，厉声披拂昼兼宵。百重沙漠连空暗，四向茅檐卷地飘。"并且到会同馆"晚夕大风，沙尘蔽日，倍觉苦寒。"[2]苏颂此行遇到了强劲的沙尘暴，狂风怒吼，沙尘蔽日，茅草满空，使出使更加艰难，这就是真实的塞外画面。大安七年（1091年），彭汝砺使辽，依然遭遇契丹的风沙天气，"大风吹沙成瓦砾，头面疮痍手皴坼。"[3]这种风沙天气对行人身体的裸露部位（脸、手等）造成伤害。由上述记载可知，从王曾到彭汝砺这些使臣进入辽境都遭受了风沙之苦，说明从开泰元年至大安七年（1012—1091年）近80年的时间里，辽国的风沙天气是经常存在的，这进一步证明辽代中后期多风多沙是其重要的气候特征之一。

千年后的今天，当年契丹人生活的地域气候环境依然如此。于宝林根据克什克腾旗、林西县、巴林右旗、巴林左旗、阿鲁科尔沁旗、翁牛特旗等地方志的记载，描述了这一地带的气候环境（上述这些地区都是当年的契丹腹地）。"这一带年平均气温在4℃左右，最低气温达零下39℃，平均无霜期115天，不到全年的三分之一。一年四季多风沙，风、雹、寒潮、霜冻、雪等灾害性天气频繁，冬季自11月初到来年4月，大雪封山，因受西伯利亚干燥气流形成的强高压所控制，常为暴风雪天气……冻土层深达4～5尺，积雪最多可达90天……除外，春、夏、秋三季也多狂风。春风危害极大，一刮数天，抽干表土，尘沙蔽空，天昏地暗。"[4]由此可见，契丹人生活的地域，气候环境是比较恶劣的。

综上所述，辽代契丹人生活地域的气候环境前期比较宜人，但水灾频发给他们的生产生活也造成了不同程度的危害；中后期，由于气候由暖湿转为干冷，气候环境恶化，寒风呼啸、风沙肆虐，旱灾、风灾、冻灾频发。同时因辽地处于中纬度地区，属于温带、寒温带大陆季风气候，所以契丹人所生存地区的气候环境总的来说是多寒冷，多风沙，多灾害。正如《辽史》所载："劲风多寒"，

---

[1]（宋）刘敞：《公是集》卷29，中华书局，1985年，第346页。
[2] 蒋祖怡、张涤云整理：《全辽诗话》，岳麓书社，1992年，第304页。
[3] 蒋祖怡、张涤云整理：《全辽诗话》，岳麓书社，1992年，第319-320页。
[4] 于宝林：《契丹古代史论稿》，黄山书社，1998年，第22页。

"大漠之间，多寒多风"，"辽地半沙碛，三时多寒。"这些都是对辽地气候环境的最好概括。可以说，严寒和风沙是辽国中后期契丹人生活的两个最不利的气候因素。

二、水资源

辽国广阔的疆域内分布着众多河流湖泊，构成契丹人生存区域的水文环境，其中较大的水域主要有松花江、嫩江、辽河等，这些河流对调节辽国的生态环境有重要作用，对生活在这片土地上的契丹人影响很大，特别是有些河流、湖泊是契丹人赖以生存的源泉，如潢河（今西拉木伦河）、土河（今老哈河）、鸭子河（混同江，今第二松花江）、挞鲁河（长春河，今洮儿河和嫩江下游）；还有些湖泊，如长泊、鱼儿泺（今月亮泡）及广阔的平淀，如延芳淀、广平淀等，这些与契丹人生产、生活密切相关的水体是契丹民族生存的重要依托。

辽代前期因气候温暖湿润，境内河湖纵横，契丹人青牛白马的传说就起源于潢河和土河，可以说，这两条河流是契丹民族的母亲河，它孕育了契丹先民，缔造了契丹文化，这里成了契丹人世代生活的核心地域，当时的潢河与土河烟波浩渺、锦鳞游泳、水鸟云集，就如苏颂《过土河》诗注所说："此河过山之东，才可渐车，又北流百余里，则奔注弥漫，至冬，冰后数尺，可过车马，而冰底细流涓涓不绝。"[1]潢河与土河是契丹皇帝频频临幸的"春水"之地。《辽史》记载，契丹皇帝数次"钩鱼土河""观渔土河""驻跸土河"以及"驻跸潢河""如潢河"，这足以说明两河给契丹人带来的福祉。

鸭子河（混同江，今第二松花江）、挞鲁河（长春河，今洮儿河和嫩江下游）也是养育契丹人的重要河流，据傅乐焕研究，辽帝捺钵游幸最频的水域就包括"鸭子河（混同江）、挞鲁河（长春河）"[2]。李健才统计，辽代圣宗以后契丹皇帝到混同江29次、鸭子河14次、长春河6次[3]。这些河流水域较大，鱼类、水禽种类繁多，史籍记载，"鸭子河，在大水泊之东，黄龙府之西，是雁鸭生育之处。"[4]所以鸭子河亦是契丹春捺钵之地，即"春捺钵：曰鸭子河泺。……天鹅未至，

---

[1]（宋）苏颂：《苏魏公文集》卷13《过土河》，中华书局，1988年，第172页。

[2] 傅乐焕：《辽史丛考》，中华书局，1984年，第41页。

[3] 李健才：《东北史地考略》，吉林文史出版社，1986年，第79页。

[4]（宋）曾公亮：《武经总要前集》卷22《北蕃地理》，中华书局，1959年，第145页。

卓帐冰上，凿冰取鱼。冰泮，乃纵鹰鹘捕鹅雁。……鸭子河泺东西二十里，南北三十里，在长春州东北三十五里，四面皆沙堨，多榆柳杏林。"由此可见这些河流对契丹人的重要意义。

除河流外，辽境内还有很多湖泊，这些湖泊也是四时游猎的契丹人生活的重要依靠。文献中将契丹人的发祥地西辽河流域称为"辽泽"，说明这里湖泊众多。"契丹，本鲜卑之种也，居辽泽之中，横水之南，……其地东南接海，东际辽河，西北包冷陉，北界松陉山川。东西三千里。地多松柳，泽饶蒲苇。"[1]由此可知，在辽国早期西辽河流域分布众多水草丰美的湖泽，直到大康元年（1075年），沈括使辽途经此地还"行原薮间"，说明长居此地的契丹人当时的生活环境是比较优越的。直到今天"西辽河冲积平原上还保留许多湖泊，如赤峰市地区就有大大小小湖泊100多个。"[2]

辽代帝王游幸最频繁的湖泊是鱼儿泺（今月亮泡），笔者根据《辽史》记载统计，从圣宗到天祚帝，契丹皇帝共有24次"如鱼儿泺""幸鱼儿泺"，说明至少在辽代中后期，鱼儿泺对契丹统治集团来说具有非常重要的意义，由他们频繁游幸此地可以推测，鱼儿泺当时是一个较大的水体，湖水幽深、鹅雁栖集，是一派生机勃勃的自然景观。

湖泊中较大的还有长泊（长泺），辽代长泊生态环境优越，多水鸟，是辽代前期契丹皇帝游幸最频繁的湖泊之一。长泊"周围二百里，泊多野鹅鸭，戎主射猎之所，道出中京之北四日程，经榆林馆、饥鸟馆、香山子馆，南北即长泊。"[3]开泰二年（1013年），出使辽国的晁迥回宋时还言及长泊"多野鹅、鸭。"[4]悠悠湖面，鱼儿不时跳跃而出，水草丰美的湖畔鸥鹭凌空，鹅鸭鸣唱。《武经总要·北蕃地理》记载辽境有一个大水泊"周围三百里。"[5]据李健才先生考证，这个大水泊当即今查干湖[6]。今天的查干湖水域总面积依然有300余平方千米，是全国十大淡水湖之一，这里水产资源丰富，特别是查干湖冬捕，这种古老的凿冰取鱼的狩猎方式经过世代传续现在已经是东北一大美景奇观。同时这里还

---

[1]（宋）王溥：《五代会要》卷29《契丹》，中华书局，1998年，第347页。

[2] 王守春：《10世纪末西辽河流域沙漠化的突进及其原因》，《中国沙漠》2000年第3期，第239页。

[3]（宋）曾公亮：《武经总要前集》卷22《北蕃地理》，中华书局，1957年，第143页。

[4]（宋）叶隆礼：《契丹国志》卷23《渔猎时候》，上海古籍出版社，1985年，第226页。

[5]（宋）曾公亮：《武经总要前集》卷22《北蕃地理》，中华书局，1957年，第144页。

[6] 李健才：《东北史地考略》，吉林文史出版社，1986年，第111页。

是野生动物的天堂和天然的植物园，可以推想，辽代这里的自然环境及资源要比现在好得多、丰富得多，"蓝天白云碧水间，鸿鹄翩翩鸟流连。蒲苇轻拂鱼戏浪，野莲荷花绽笑颜"[1]，是契丹人游猎"春水"的地方。

根据王守春先生考证，契丹境内还有很多湖泊，如西辽河流域有名称可考的有：苇淀、老林东淀、沈子淀、台湖、曲水淀、沙淀、沿柳湖、金瓶淀、挞刺割淀、赤山淀、双淀、阿里淀、萨堤淀、环泥淀、三树淀、挞马淀、长水淀、惠民湖；洮儿河下游、松花江、嫩江会合地区有：白马淀、纳葛淀、多树淀、细葛泊、苍耳淀、黑水淀、大鱼淀等[2]。这些湖泊契丹统治集团大多游幸过，有的还频繁往复，春水驻跸，钩鱼猎鹅，说明这些湖泊大多数水体很大，甚至烟波浩渺水连天，野生鱼类、禽鸟种群数量繁多，能满足契丹"春水"的需要。

除了河流湖泊，契丹境内还有称为"淀"的地方，见于史籍记载的有延芳淀、广平淀、藕丝淀、汤城淀等。傅乐焕认为契丹人所说的淀"专指水旁平地"[3]。《辽史·营卫志》记载："广平淀。在永州东南三十里，本名白马淀。东西二十余里，南北十余里。地甚坦夷，四望皆沙碛，木多榆柳。"[4]也就是说，淀通常都是"地甚坦夷"，面积广大，一马平川，在这广袤平川之域，分布着众多大小湖泊，并且水草丰茂，鸟兽云集。今人推测，"辽代延芳淀可能北起张家湾、台湖，南至凤河北岸，甚至包括天津武清县北部地区，西起羊坊、马驹桥，东到大北关、牛堡屯、于家务、永乐店，范围十分广阔。"[5]淀上有较大的天然湖泊，"辽每季春，（契丹帝王）弋猎于延芳淀，……在京东南九十里。延芳淀方数百里，春时鹅鸳所聚，夏秋多菱芡。"[6]延芳淀能有如此多的鹅鸳等水禽和菱芡等水生植物，而且是辽帝"春水"常去之处，证明方圆数百里的延芳淀中有很大的天然水域，有的学者认为，"辽金时代的延芳淀水域相当宽阔，它是北京地区见于记载的最大的湖泊，其生态功能不可小视。"[7]并且直到明代延芳淀还存在着数顷之大的水域，依然水鸟群集，正如明人徐昌祚所云："漷县西有延芳淀，

[1]《查干湖旅游》编委会编：《查干湖旅游》，辽宁民族出版社，2005年，第45页。
[2] 王守春：《辽代西辽河冲积平原及邻近地区的湖泊》，《中国历史地理论丛》2003年第1辑，第132-137页。
[3] 傅乐焕：《辽史丛考》，中华书局，1984年，第66页。
[4]《辽史》卷32《营卫志中》，中华书局，1974年，第375页。
[5] 尹钧科：《北京郊区村落发展史》，北京大学出版社，2001年，第366页。
[6]《辽史》卷40《地理志四》，中华书局，1974年，第496页。
[7] 孙冬虎：《辽金时期环北京地区生态环境管窥》，《首都师范大学学报》2005年第1期，第11页。

大数顷，中饶荷芰，水鸟群集其中。辽时，每季春必来弋猎。"[1]

综上所述，辽代契丹人生存的境域分布着众多河流湖泊，特别是辽代早期河流湖泊星罗棋布，对契丹社会的生存发展有重要作用。首先，这些天然水体是契丹人获取食物的重要来源，捕鱼、猎鹅鸭等，特别是契丹人"春水"之地多在河流湖泊之处，所以契丹境内的河湖不但关系到契丹人的生存大计，也关涉到契丹王朝的政治军事等军国大事；另外，广阔的天然水体能够调节气候，改善区域生态环境，同时也能蓄洪引流，抗旱防涝，灌溉农田，使契丹脆弱的农业经济得到发展。

三、沙漠

"辽国尽有大漠，浸包长城之境"，"辽地半沙碛，……盖不与中土同矣"，"辽土直沙漠"，上述记载充分说明，辽地沙漠是其境内重要的地貌之一。在其疆域内由东向西主要包括今西辽河流域的科尔沁沙地、西辽河以西浑善达克沙地及蒙古戈壁（东戈壁）等，沙漠地带生态环境非常脆弱，制约了契丹人的生存与发展，可以说，沙漠的生态环境对此地契丹人的生产方式、生活习俗有着决定性的影响。

关于辽代科尔沁沙地史籍多有记载，它位于西辽河流域，属于契丹腹地，王青研究认为，"辽金时期科尔沁沙地的沙漠分布范围与现代相似。"[2]现代科尔沁沙地沙区面积4.3万平方千米[3]。其实，辽代初期科尔沁沙地沙化程度并不严重，这里分布有大面积的平地松林以及广阔的草原，但随着气候日渐干旱寒冷以及人类活动日益频繁，到了中后期，科尔沁沙地上沙化面积逐渐扩大，成为辽地严重沙漠化地区之一。

关于科尔沁沙地宋朝使臣多有记载，他们出使辽国的主要路线都经过科尔沁沙地的边缘地带。辽圣宗太平元年（1021年），宋绶使辽"七十里之香山子馆，前倚土山，依小河，其东北三十里即长泊（位于今奈曼旗西北）也，涉沙碛，

---

[1]（清）厉鹗：《辽史拾遗》卷17引《燕山丛录》，中华书局，1985年，第349页。

[2] 王青：《辽金时期科尔沁沙地的沙地环境与经济形态——科尔沁沙地沙漠考古之三》，吉林大学考古系编：《青果集 吉林大学考古系建系十周年纪念文集》，知识出版社，1998年，第408页。

[3] 张柏忠：《北魏至金代科尔沁沙地的变迁》，《中国沙漠》1991年第1期，第36页。

过白马淀，九十里至水泊馆，渡土河，亦云撞撞水，聚沙成墩。"[1]白马淀位于今老哈河下游，又名广平淀，是契丹皇帝冬捺钵之地。"东西二十余里，南北十余里。地甚坦夷，四望皆沙碛，木多榆柳。其地饶沙，冬月稍暖，牙帐多于此坐冬。"在如此广阔的范围内"聚沙成墩"，"四望皆沙碛"，说明辽代中期老哈河一带有成片的沙漠地貌。47年后，苏颂使辽经过此地，深刻感受到了沙漠之行的艰苦，"沙行未百里，地险已万状。逢迎非长风，狙击殊博浪。"[2]"神水沙碛，约在今内蒙古奈曼旗西部至老哈河一带的沙漠。"[3]由此可知，这里的沙地与宋绶所记载的相比更严重了，已经出现连贯的沙漠景观。

继宋绶之后，陈襄、沈括先后使辽，他们在出使的途中记述了科尔沁沙地西部的西拉木伦河上游南北两侧的沙漠景观，说明这里当时亦是沙漠之地。陈襄赴上京临潢府的途中，"（丰州）又经沙垞六十里，宿会星馆。九日至咸熙毡帐，十日过黄河（今西拉木伦河）。"[4]沈括去永安山途中，从会星馆（距丰州七十里）西行，"稍西北过大碛，二十里至黄河（今西拉木伦河）。过中顿，循河东南行，又二十里，乃北行，稍稍西北十许里，复正北。有三十里至保和馆（在今内蒙古巴林右旗大板镇东南），皆行碛。"[5]陈襄、沈括走的路线大致相同，丰州在今翁牛特旗境内，陈襄过丰州后走了60里沙垞，沈括从会星馆西行过大碛，过黄河（今西拉木伦河）后直到保和馆"皆行碛"，之后前行又见流沙，"自（锅窑）帐稍西北行平川间二十余里，陟沙垞，乃行碛间十余里至中顿。过顿，西北二十里，复逾沙垞十余叠，乃转东北，道西一里许庆州（今内蒙古巴林右旗西北）。"由此可知，从老哈河北行到西拉木伦河之间就出现沙地景观，过西拉木伦河沙漠地貌频频出现，这里沙化现象比较严重，而且面积可观，甚至连成一片，说明此地沙漠分布广泛。据景爱考察，现在这一带亦如此。"沙害相当严重，流沙经常将柏油公路埋没"[6]。

大安五年（1089年），苏辙使辽时记录了木叶山一带的沙漠，"辽土直沙

---

[1]（宋）李焘：《续资治通鉴长编》卷97，引宋绶《契丹风俗》，中华书局，1985年，第2253页。

[2]（宋）苏颂：《苏魏公文集》卷13《和遇神水沙碛》，中华书局，1988年，第165页。

[3]蒋祖怡、张涤云整理：《全辽诗话》，岳麓书社，1992年，第300页。

[4]（宋）陈襄：《神宗皇帝即位使辽语录》，载赵永春编注：《奉使辽金行程录》，吉林文史出版社，1995年，第63页。

[5]（宋）沈括：《熙宁使契丹图抄》，载贾敬颜：《〈熙宁使契丹图抄〉疏证稿》，《文史》第22辑，中华书局，1984年，第147页。

[6]景爱：《科尔沁沙地考察》，《中国历史地理论丛》1990年第4辑，127页。

漠。……兹山亦沙阜"[1]。木叶山位于西拉木伦河与老哈河的交汇处，是契丹人敬仰的神山，这里是科尔沁沙地腹地，故苏辙所见"直沙漠"的景象是真实的，并且由于此地沙漠广布，在强劲的风力作用下，沙粒被吹起，遇到高山阻挡后不断堆积，形成沙阜。两年后彭汝砺出使辽国，记载了老哈河中游以南以及西拉木伦河与老哈河之间三角洲地带的沙漠，此地"南障古北口，北控大沙陀。……大小沙陀深没膝，车不留踪马无迹。"[2]没膝深的黄沙，车马过后都不留痕迹，可见此地沙化的严重程度。

有辽一代是科尔沁沙地变化较大的时期，特别是辽代中期以后，沙化面积不断扩大，土质贫瘠，"多沙碛"。直到今天，"沿西喇木伦河岸多有固定、半固定、流动的沙丘，西喇木伦河北岸沙带、克什克腾旗西部沙地与西辽河两岸沙地相连，属于科尔沁沙地'八百里瀚海'的延伸部分，面积可观。"[3]

科尔沁沙地的沙漠环境对契丹人的生产、生活产生了重要影响。正如宋使所记："自过古北口，即藩境。居草庵板屋，亦务耕种，但无桑柘，所种皆从陇土，盖虞吹沙所壅"[4]，风沙使这里无法成为良田沃野，"奚田可耕凿，辽土直沙漠。蓬棘不复生，条干何由作。兹山亦沙阜，短短见丛薄。"这里的人们只能"逐木草射猎，食业糜粥沙糒。"[5]即经济类型以牧业为主，农业为辅。由于自然环境的限制，经济不发达，无力承担过多人口，所以科尔沁沙地范围内少有人烟，对这里人烟稀少的状况宋使多有记载，宋绶记载，"度土河，……聚沙成墩，少人烟"[6]，苏颂也见到"封域虽长编户少，隔山才见两三家"，"白草悠悠千障路，青烟袅袅数家村"[7]的景象；彭汝励更有"绝域三千里，穷村五七家"[8]的记载，说明这里的环境不适合人居。

除了西辽河流域的科尔沁沙地，史籍记载在辽国北境有一处大沙漠，辽国末年宗室耶律大石因与天祚帝政见分歧，率领200骑兵北走可敦城[9]（根据谭其骧《中国历史地图集》标注，当时的可敦城在今蒙古人民共和国土兀剌河上游），

[1] 北京大学古文献研究所：《全宋诗》，北京大学出版社，1998年，第864页。
[2] 蒋祖怡、张涤云整理：《全辽诗话》，岳麓书社，1992年，第324页。
[3] 于宝林：《契丹古代史论稿》，黄山书社，1998年，第23页。
[4] （宋）叶隆礼：《契丹国志》卷24《王沂公行程录》，上海古籍出版社，1985年，第231-232页。
[5] 北京大学古文献研究所：《全宋诗》，北京大学出版社，1998年，第864页。
[6] （宋）李焘：《续资治通鉴长编》卷97引宋绶《契丹风俗》，中华书局，1985年，第2253页。
[7] （宋）苏颂：《后使辽诗》，载赵永春编注：《奉使辽金行程录》，吉林文史出版社，1995年，第78、第80页。
[8] （清）厉鹗：《辽史拾遗》卷13，中华书局，1985年，第267页。
[9] 可敦城是辽朝西北的军事重镇，辽圣宗统和二十三年（1005年）以可敦城为镇州，选诸部二万余骑充屯军。

在途中经过一片大沙漠，用了三昼夜的时间才得过。《契丹国志》记载了这片沙漠："沙子者，盖不毛之地，皆平沙广漠，风起扬尘，至不能辨色；或平地顷刻高数丈，绝无水泉，人多渴死。大实之走，凡三昼夜始得度，故女真不敢穷追。辽御马数十万，牧于碛外，女真以绝远未之取，皆为大实所得。"[1]这里广阔的沙漠地貌，生态环境极为恶劣，无植被覆盖，大风扬沙，平地顷刻数丈，无水资源，可谓是死亡瀚海。对此《大金国志》这样记载："曷董城自云中由猫儿庄、银瓮口北去地约三千余里，尽沙漠无人之境。是行也，三路之夫死不胜计，车牛十无一二得还。"[2]辽国在沙漠之北设立沙漠府，"沙漠府控制沙漠之北，置西北路都招讨府、奥隗部族衙、胪朐河统军司，倒挞岭衙，镇抚鞑靼、蒙骨、迪烈诸军。"[3]从建置的名称上就可以知道此地的地貌特征。在沙漠府辖境内生活着很多契丹人，由于特殊的地理环境，他们的生产方式以畜牧为主，文献记载："沙子里，在沙院西北，去金国四千里，广有羊马，人藉以为生。五谷惟有糜子、荞麦，一岁一收。地极寒而草茂，冬日不雕，虽枯不梗，马可卧，人亦可卧，柔如毡毯。南接天德云内，北连党项国南关口。到此数程无水，旧契丹有使命往还，用皮球盛水，驼负之。"[4]这片沙漠干旱缺雨，往返的契丹人不得不借助骆驼来完成行程。

辽境内潢水（今西拉木伦河）的西边还有浑善达克沙地。关于这片沙地，辽史中没有明确记载，且宋朝使臣出使辽国亦不曾到过此地，其行程录中自然没有涉及，因此，后人对辽代浑善达克沙地不甚了解，但浑善达克沙地对蒙古人来说并不陌生，辽国灭亡百余年后，蒙古人在此地建立了元上都[5]（在今内蒙古正蓝旗境东闪电河畔[6]），元上都治所毗邻浑善达克沙地，从元人的描述可以推测辽代浑善达克沙地状况。大德二年（1298年），元人张养浩赴上都，在《上都道中二首》中提到："穷洹唯沙漠，昔闻今信然。"[7]张养浩到达上都附近放眼望去尽是沙漠之地，这里正是浑善达克沙地；萨天赐亦云："大野连山沙作堆，

[1]（宋）叶隆礼：《契丹国志》卷19《大实传》，上海古籍出版社，1985年，第185页。

[2]（宋）宇文懋昭撰，崔文印校证：《大金国志校证》卷7《太宗文烈皇帝五》，中华书局，1986年，第111页。

[3]（宋）叶隆礼：《契丹国志》卷22《控制诸国》，上海古籍出版社，1985年，第210页。

[4]（宋）徐梦莘：《三朝北盟会编》卷98，引赵子砥《燕云录》，上海古籍出版社，2008年。

[5] 始建于1256年，名为开平府，1264年改为上都。

[6] 曹佐：《元上都地理方位考》，《青海师范学院学报》1981年第2期，第81页。

[7]（元）张养浩撰，薛祥生、孔繁信选注：《张养浩作品选》，人民文学出版社，1987年，第4页。

白沙平处见楼台。……卷地朔风沙似雪，家家行帐下毡帘。"[1]广漠之地，大风扬沙，干旱少雨。早张养浩几十年的刘秉忠就已经记录了此地的环境状况，其《大碛》诗云："漫川沙石地枯干，入夏无青雨露悭。"[2]可见元代浑善达克沙地沙化面积很大，而且沙化程度亦较严重。可以推想，一百多年前的辽代这里的生态环境应该也并不乐观，属于生态脆弱区是毋庸置疑的。但辽代前期由于气候总体上较为温暖湿润，沙化面积应该不大，植被状况比元代要好，但辽代后期随着气候变化以及人类活动的频繁使这里的生态环境迅速恶化，沙化程度越来越严重，百余年后这里已经是"穷洹唯沙漠"的地貌景观了。现在浑善达克沙地沙化更为严重，今天其主体"位于内蒙古高原东部、阴山北麓，从大兴安岭南部山地西麓克什克腾旗向西一直延伸到苏尼特右旗，北至蒙古国边境。"[3]沙地处于干旱、半干旱区，气候环境相当恶劣、植被覆盖率较低，生态环境非常脆弱。据考察内蒙古浑善达克沙地南缘多伦县境内有大片大片的沙地，"松松软软的沙子，一脚踏下能陷进2～3厘米之深，5～6级的风吹着地下的沙土不停地打着转。天空阴沉、风沙漫天。……这样的天气在多伦县算正常，一年有1/3的日子刮这样的风，起这样的沙。"[4]这种风沙导致生活在这里的百姓不得不生态移民。沙地边缘尚且如此，沙漠腹地的生态环境便可想而知了。

综上所述，辽国境内沙漠地带干旱少雨，风沙肆虐，生态环境极度脆弱，特别是沙漠腹地更是死亡之域，生活在沙漠边缘地带的契丹人由于受自然条件的限制，生产方式只能是以畜牧业为主，农业为辅，正如史籍所记载："大漠之间，多寒多风，……此天时地利所以限南北也。辽国尽有大漠，浸包长城之境，因宜为治。"[5]

四、植被

植被种类与分布状况主要是由气候环境和地理区位决定的，辽国处于北方中纬度地区的气候环境决定其植被主要以草原为主。契丹是游牧民族，草原与

[1] 章荑荪选注：《辽金元诗选》，古典文学出版社，1958年，第176-177页。
[2] （元）刘秉忠撰，李昕太等点注：《藏春集点注》，花山文艺出版社，1993年，第164页。
[3] 刘树林、王涛：《浑善达克沙地地区的气候变化特征》，《中国沙漠》2005年第4期，第557页。
[4] 王芩芳：《深入蒙古戈壁》，《图形科普》2003年第4期，第12页。
[5] 《辽史》卷32《营卫志中》，中华书局，1974年，第373页。

其生产生活息息相关，逐水草而居、四时游猎是契丹人最基本的生活方式，他们所建立的辽国被后人称为草原帝国，足以表明其生活的地域在植被上的特征。

契丹人赖以生存的草原主要集中在辽国上京道和中京道地区，分布范围"东起今齐齐哈尔，经阜新，到渤海湾西岸，西到阿尔泰山西部的斋桑泊以西，南达燕山北麓，北至贝加尔湖以南。相当于今新疆东北部、蒙古国全部、俄罗斯南部、黑龙江及吉林西部、辽宁西南和内蒙古东部及河北北部。"[1]主要包括科尔沁草原、锡林郭勒草原、呼伦贝尔草原等，草原类型有沙地草原、荒漠草原、典型草原和草甸草原等。这些草原一望无际，"春来草色一万里，芍药牡丹相间红"[2]是其真实写照。空旷幽深、水草丰茂、繁花似锦的塞外草原是契丹人赖以生存的天然牧场，供养着上百万群牲畜，契丹社会"自太祖及兴宗垂二百年，群牧之盛如一日。天祚初年，马犹有数万群，每群不下千匹。""马群动以千数，每群牧者才二三人而已，纵其逐水草。"[3]另外，"羊以千百为群，纵其自就水草，无复栏栅，而生息极繁"[4]。马、羊是食草动物，契丹能养百万匹马、千百群羊，足以证明牧场之多，牧草之盛，说明当时其境内草本植被覆盖率之高。

同州邰阳县令胡峤在入辽的见闻中记录了契丹境内的草本植被状况。如辽上京临潢府附近的广阔草原，"自上京东去四十里，至真珠寨，始食菜。明日东行，……遂入平川，多草木，……又东行，至襄潭，始有柳，而水草丰美；有息鸡草尤美而本大，马食不过十本而饱。……至大山门，两高山相去一里，而长松、丰草、珍禽、异兽、野卉。"[5]辽河平原一马平川，茫茫草原，百花争艳，不仅是珍禽异兽的乐园，更是天然牧场，"上京……水草便畜牧"，上京附近的广阔草原蓄养了大量牲畜，《辽史·百官志》中记载了六个群牧机构，即"西路群牧使司，倒塌岭西路群牧使司，浑河北马群司，漠南马群司，漠北滑水马群司，牛群司。"[6]这六个群牧机构就是六个群牧场，"辽代除浑河群牧司设在东京道，倒塌岭西路群牧司设在西京道，其余均在上京道"[7]。天显二年（927

[1] 王淑兰、韩宾娜：《论辽代草原地区城市群体的特点——以上京道城市为例》，《中南大学学报》2011年第1期，第115页。
[2] （宋）姜夔著，夏承焘校辑：《白石诗词集》，人民文学出版社，1959年，第25页。
[3] （宋）苏颂：《苏魏公文集》卷13《契丹马》，中华书局，1988年，第175页。
[4] （宋）苏颂：《苏魏公文集》卷13《辽人牧》，中华书局，1988年，第173页。
[5] （宋）叶隆礼：《契丹国志》卷25《胡峤陷北记》，上海古籍出版社，1985年，第238页。
[6] 《辽史》卷46《百官志》，中华书局，1974年，第733页。
[7] 韩茂莉：《辽金农业地理》，社会科学文献出版社，1999年，第290页。

年），太宗还"阅群牧于近郊（临潢府附近）"，能把此地作为群牧场，说明上京道草原的广阔，草本植被丰茂能承载大量牲畜。胡峤还在今天的巴林右旗一带也见到了广袤的巴林草原，"至汤城淀（今内蒙古巴林右旗境内），地气最温。……其水泉清冷，草软如茸，可藉以寝，而多异花，记其二种：一曰旱金，大如掌，金色烁人；一曰青囊，如中国金灯，而色类蓝，可爱。"[1]胡峤所见的巴林草原，当时牧草繁盛、繁花点缀，这也正是辽国早期西辽河流域平坦广阔的典型草原地貌。

辽代永安山（今内蒙古巴林右旗西北）一带一望无垠的大草原在史籍中多次出现。大康元年（1075年），沈括使辽记录了这里的草原地貌，"永安地宜畜牧，畜以马、牛、羊，草宜荔梃、臬耳。"[2]因为这里水草丰茂，所以永安山的凉陉，就是契丹人夏季捺钵的常去之处，"北人常以五月上陉避暑，八月下陉。"[3]凉陉，契丹人又称曷里浒东川，到金代，世宗根据"莲者连也。取其金枝玉叶相连之义"[4]，更名为金莲川。金莲川草原植被繁茂，金莲花又使这里成为黄色的平野，"莽莽草海虎鹿藏"是其真实写照。

辽国境内的漠北草原广袤无垠，此地"广有羊马，人藉以为生。……地极寒而草茂，冬日不凋，虽枯不硬，马可卧，人亦可卧，柔如毡毯。南接天德云内，北连党项国南关口。"[5]辽代在这里设置了漠北滑水马群司，这个群牧场牧养了数十万匹马，即史籍所载："辽御马数十万牧于碛外"[6]，足见草原的广阔，畜草之茂盛。

开泰五年（1016年）九月，薛映出使辽国，记录了霍林河、洮儿河一带的草原景观："临潢西北二百余里，号凉淀，在漫头山（在今内蒙古通辽市霍林河、洮儿河上游一带）南，避暑之处，多丰草。"[7]洮儿河一带是天然的牧场，是辽帝捺钵游幸最频繁的地区之一，可知这里一定是水草丰美之地。契丹境内的呼伦贝尔草原水草丰美，经过战争，契丹人把那里的乌古、敌烈等部族驱逐出去，此后这里成为契丹人的乐园，契丹人主要在"海拉尔河、乌尔逊河、哈拉哈河

[1]（宋）叶隆礼：《契丹国志》卷25《胡峤陷北记》，上海古籍出版社，1985年，第237页。

[2]（宋）沈括：《熙宁使契丹图抄》，载贾敬颜：《〈熙宁使契丹图抄〉疏证稿》，《文史》第22辑，中华书局，1984年，第123页。

[3]（宋）叶隆礼：《契丹国志》卷4《世宗天授皇帝》，上海古籍出版社，1985年，第45页。

[4]《金史》卷24《地理志上》，中华书局，1975年，第566页。

[5]（宋）徐梦莘：《三朝北盟会编》卷98，引赵子砥《燕云录》，上海古籍出版社，2008年。

[6]（宋）洪皓：《松漠纪闻》，吉林文史出版社，1986年，第27页。

[7]（宋）叶隆礼：《契丹国志》卷24《富郑公行程录》，上海古籍出版社，1985年，第232页。

（其下游今为中蒙界河）、辉河以及克鲁伦河沿岸"[1]游牧、屯田，虽然辽代是呼伦贝尔草原沙漠化的重要时期，但是草本植被的覆盖率还是很高的。

辽代契丹人在"今天内蒙古赤峰，河北省承德、张家口等地北部或周围宜于畜牧的广大地区。向西可能延伸至今天内蒙古呼和浩特一带"[2]放养着数万匹南征马以备不时之需，《辽史》记载："祖宗旧制，常选南征马数万匹，牧于雄、霸、清、沧间，以备燕云缓急。"能承载数万匹战马的草原一定很广阔，且牧草繁茂。这一点史籍多有记载，大中祥符五年（1012年），王曾使辽记录自过古北口，"时见畜牧，牛、马、橐驼"[3]，何天明认为"辽朝中期，古北口以北仍是契丹牧场分布最多的地区。"[4]这与文献记载的"冀北宜马"相印证，说明这一带有广阔的天然草场。早在契丹初期，胡峤就在此处见到了一望无际的草原，"归化洲（今河北宣化）。又三日，登天岭，岭东西连亘，有路北下，四顾冥然，黄云白草，不可穷极。"[5]一望无垠的天然草场是供养数万匹战马的基本保障。

另外，辽代还有"分地以牧"的部族牧地，部族驻牧之处也是草场广袤之地。辽圣宗时期（983—1031年）三十四个部族各有牧地，如"静边城。本契丹二十部族水草地"。"泰州，……辽时本契丹二十部族牧地"，[6]可见辽境内天然牧场之多。

综上所述，契丹境内有广阔草原，草被覆盖率很高，草原是契丹人赖以生存的资源，对契丹人的生产、生活方式产生了重要影响，同时也塑造了契丹人颇具生态特征的习俗文化。"契丹马群，动以千数"驰骋在广袤无垠的草原上，"马逐水草，人仰湩酪，挽强射生，以给日用，糇粮刍茭，道在是矣"[7]是契丹人生活的真实写照，因其境内草本植被的广阔丰茂，使契丹人的生产生活与草息息相关，契丹无论百姓的居所还是帝王的宫廷都喜欢建在茂草之中，文献显示，"大率其（契丹）俗简易，乐深山茂草，与马牛杂居，居无常处"，"胡人乐

[1] 景爱：《走近沙漠》，沈阳出版社，2002年，第25页。
[2] 何天明：《试论辽代牧场的分布与群牧管理》，《内蒙古社会科学》1994年第5期，第46页。
[3]（宋）叶隆礼：《契丹国志》卷24《王沂公行程录》，上海古籍出版社，1985年，第232页。
[4] 何天明：《试论辽代牧场的分布与群牧管理》，《内蒙古社会科学》1994年第5期，第46页。
[5]（宋）叶隆礼：《契丹国志》卷25《胡峤陷北记》，上海古籍出版社，1985年，第237页。
[6]《金史》卷24《地理志》，中华书局，1975年，第563页。
[7]《辽史》卷59《食货志上》，中华书局，1974年，第923页。

茂草，常寝处其间……虽王庭亦在深荐中。"[1]可以说契丹人的衣食住行都体现着草原这一生态特色。

契丹境内不但草原广阔，沙漠众多，而且在其辽阔的疆域内也有不少山地景观，一些山地森林的覆盖率还是比较高的，如大小兴安岭、长白山、千山、七老图山、医巫闾山、大青山、阿尔泰山、肯特山等。这些山区分布着茂密的天然森林，正如欧阳修进入辽境所感受到的"山深闻唤鹿，林黑自生风"[2]。辽代的森林史籍记载较多的是契丹人生活的核心区，如大兴安岭南段、冀北山地等，这些地区的森林是契丹人生活的重要依靠和保障，除了其生态功能，丰富的森林资源给这个游牧民族充分的给养，特别是契丹人的狩猎活动更是离不开森林。

平地松林是辽代史籍中经常提到的天然森林，植被覆盖率很好，是契丹皇帝频频游幸之地，据统计辽代帝王共有17次赴平地松林狩猎[3]。但关于平地松林的具体位置及范围，目前学界仍没有一致的看法。王守春认为"《辽史》中所记载的'平地松林'是一个地域范围非常明确的自然地理单元，其位置应当就在今天克什克腾旗西北部的沙地云杉林自然保护区。辽代'平地松林'的范围有可能会比今天的沙地云杉林自然保护区大一些，但不会大得很多。西辽河源头不在'平地松林'的范围内，西辽河上游地区的燕北山地和大兴安岭西南端也都不应包括在'平地松林'的范围内。"[4]邓辉认为"《辽史》帝王纪中记载的各代辽帝临幸的平地松林应是分布于大兴安岭西侧，今西拉木伦河上源地区。……辽代时期在大兴安岭的东、西两侧各有一个平地松林，两者相距甚远且中间隔着大兴安岭南段山地。"[5]景爱认为"辽代的平地松林是分布在大兴安东麓，从克什克腾旗绵延到巴林右旗和巴林左旗"[6]。韩茂莉认为"所谓平地松林属于西拉木伦河上游的山地，辽代这里以松林连片而得名，是辽代帝王主

[1]（宋）沈括：《熙宁使虏图抄》，载贾敬颜：《〈熙宁使虏图抄〉疏证稿》，中华书局，2004年，第125页。

[2]（宋）欧阳修：《欧阳修集编年笺注》，巴蜀书社，2007年，第487页。

[3] 韩茂莉：《辽代西辽河流域气候变化及其环境特征》，《地理科学》2004年第5期，第551页。

[4] 王守春：《〈辽史〉"平地松林"考》，载邹逸麟、张修桂主编：《历史地理》第20辑，上海人民出版社，2004年，第134页。

[5] 邓辉：《论辽代的平地松林与千里松林——兼论燕北地区辽代的自然景观》，《地理学报》1998年12月，第92页。

[6] 景爱：《平地松林的变迁与西拉木伦河上游的沙漠化》，《中国历史地理论丛》1998年第4辑，第27页。

要行猎之地。"[1]李慎儒认为"平地松林在今内蒙古扎鲁特左翼东南六十里,蒙古呼为阿他尼喀喇莫多,密林丛翳二十余里。"[2]但"平地松林"无论是指一定的范围还是指某一处林地景观,契丹帝王经常游幸的"平地松林"核心区应在西辽河上源地区。

西辽河流域的很多山地都为森林覆盖,契丹起源之地虽被称为"辽泽",但史籍多记载:"地多松柳,泽饶蒲苇"[3],"高原多榆柳,下湿饶蒲苇",形成了森林密布的区域地貌形态。宋绶使辽时在老哈河下游就看到了林地景观,"渡土河,⋯⋯少人烟,多林木。"[4]位于老哈河下游的广平淀,这个契丹帝王经常驻跸的地方亦是"木多榆、柳"。还有位于西拉木伦河和老哈河的交汇处的龙化州(在今内蒙古奈曼旗西北),是契丹奇首可汗设立王庭的地方,在龙化州的东侧分布着天然森林,起初名为满林,后来阿保机在林侧上帝、后尊号,因此将满林更名为册圣林。"实际上龙化州之东,东南到西南的老哈河中下游地区都布满了森林。"[5]西辽河流域的永州的伏虎林也是一处森林密布,虎鹿出没的山地景观。史载:"伏虎林⋯⋯在永州西北五十里。尝有虎据林,伤害居民畜牧。景宗领数骑猎焉,虎伏草际,战栗不敢仰视,上舍之,因号伏虎林。"永州在今内蒙古翁牛特旗东,西北五十里,在大兴安岭东侧的丘陵地区,契丹皇帝常在七月中旬,自纳凉处起牙帐,入山射鹿及虎。

辽上京临潢府位于巴林左旗林东镇南,西拉木伦河的北岸。其周围不仅有广阔的草原,还有众多山地为森林覆盖。庆州在上京西北,今巴林右旗索博日嘎苏木,查干沐伦河河西岸的冲积平原上,多山地森林,文献记载庆州境内有"太保山⋯⋯庆云山⋯⋯在州西二十里。有黑山、赤山、太保山、老翁岭、馒头山",这里山峦奇秀,古木参天,是辽主秋季射虎、鹿等野兽的重要捺钵地。特别是黑山、赤山、太保山、馒头山"山水秀绝,麋鹿成群,四时游猎,不离此山。"[6]据傅乐焕考订契丹皇帝经常秋猎的黑山、赤山、拽刺山、凤凰门、天梯山、玉山等,诸山均在上京西境(后庆州境内或附近),⋯⋯庆州西境诸山乃辽

---

[1] 韩茂莉:《辽代西辽河流域气候变化及其环境特征》,《地理科学》2004 年第 5 期,第 551 页。

[2] 李慎儒:《辽史地理志考》,载二十五史刊行委员会编集,《二十五史补编》,开明书店上海总店,1936 年,第 8098 页。

[3] (宋)王溥:《五代会要》,上海古籍出版社,2006 年,第 455 页。

[4] (宋)李焘:《续资治通鉴长编》卷 97,引宋绶《契丹风俗》,中华书局,2004 年,第 2253 页。

[5] 张柏忠:《北魏至金代科尔沁沙地的变迁》,《中国沙漠》1991 年第 1 期,第 40 页。

[6] (宋)叶隆礼:《契丹国志》卷 5《穆宗天顺皇帝》,上海古籍出版社,1985 年,第 54 页。

帝秋猎最主要之地点[1]。在《辽史》所记载的山地中"提到最多的是黑岭，共23次，其次为赤山，共18次，黑山10次。"[2]契丹帝王爱其山奇秀，流连忘返。沈括使辽时在永安看到了茂密的森林，"永安（今巴林左旗西北）……帐之东南有土山，痹迤盘折，木植甚茂，所谓永安山也。"[3]这条记载表明，永安山为茂密的森林覆盖。可见，上京周围的这些山地林深树茂、苍翠葱郁，是契丹人狩猎的首选之地。

此外，《辽史·地理志》还记载了上京临潢府辖境内的其他山地，如"马盂山[4]、兔儿山、野鹊山、盐山、凿山、……大斧山、列山、屈劣山、勒得山。……青山、大福山、松山。"[5]这些山地中有些也是契丹帝王常去的狩猎之地，想必也是密林丛生之处。

另外，考古发现也说明了辽代西辽河流域某些区域森林的分布情况。"黑麻营子冶炼遗址的发现，说明辽代以前科右后旗西部生长着大片的森林，与今大青沟自然保护区的森林连为一体。在科尔沁沙地的南缘，库伦旗、奈曼旗一带丘陵地区森林面积当更大。这一带的辽墓多为大型辽墓，每个墓葬中都用木材制作葬具，营造大型墓室，小型墓葬用木材也需数米，大型墓葬用木材可达数百米，说明了这一地区有森林。"[6]

据统计辽代帝王仅在西辽河流域及周边地区就有16次射虎，41次射鹿，17次获熊的记录[7]。鹿是食物链中的初级动物，它的生存环境必须是森林草地，而且鹿对生态环境的改变反应比较敏感，辽代西辽河流域有大量野鹿生存，证明这里有相当广袤的山林草地；而虎、熊都是森林动物，特别是虎被誉为"森林之王"，虎、熊大量存在的地方也一定是森林密布、野草繁茂之处。另外，虎是生态系统食物链中最高级的动物，它们主要的猎食对象是鹿、野猪等食草动物，这些野生动物栖息生活在西辽河流域构成了完整的食物链，可以推测，辽代这里生态环境良好，森林茂密野兽繁多。

---

[1] 傅乐焕：《辽史丛考》，中华书局，1984年，第57页。

[2] 王守春：《〈辽史〉"平地松林"考》，邹逸麟、张修桂主编：《历史地理》第20辑，上海人民出版社，2004年，第131页。

[3] （宋）沈括：《熙宁使虏图抄》，载贾敬颜：《〈熙宁使虏图抄〉疏证稿》，中华书局，2004年，第151页。

[4] 《辽史》记载有两个马盂山，分别在上京道和中京道。

[5] 《辽史》卷37《地理志一》，中华书局，1974年，第437页。

[6] 张柏忠：《北魏至金代科尔沁沙地的变迁》，《中国沙漠》1991年第1期，第40页。

[7] 王守春：《全新世中期以来西辽河流域动物地理与环境变迁》，《地理研究》2002年第6期，第717-718页。

辽境南部地区也有部分为森林覆盖。如燕山、军都山、大房山等，这些山脉在《辽史》中都有记载。乾亨二年（980年）十二月，景宗"猎于檀州之南"，太平五年（1025年）八月，圣宗"猎于檀州北山"。檀州在今天北京密云附近，景宗、圣宗都曾到此行猎，说明当时这里有森林分布。苏颂《奚山道中》诗提到："山路萦回极险难，才经深涧又高原。……岩下有时逢虎迹，马前终日听夷言。"[1]"奚山，泛指古北口外今滦平、承德周围辽代奚族人生活的山岭，这里地形复杂，山路曲曲弯弯，有时颇为险峻。"[2]这里能时而看到虎的踪迹，说明此处有森林分布。王曾使辽途经冀北山地南部地区时记录"山中长松郁然，深谷中多烧炭为业"[3]，这里郁郁葱葱的松林，为人们烧炭提供了燃料资源。北京西北的丰山"峰峦相属，绵亘百有余里，……草树丛灌……奇兽珍禽，驯狎不惊。……林影稠密。"[4]《重修范阳白带山云居寺碑》记载白带山（位于北京周口店西南）"嘉木荫翳于万壑"[5]，可见，这一带森林分布广泛，林深树茂。

医巫闾山是阴山余脉，位于辽宁北镇，辽时此山森林茂密，植被葱郁繁盛。辽初契丹帝王就是因为爱医巫闾山山水奇、秀、特，所以选此山为万年兆域，此后这里成为自然保护区，统和三年（985年）八月，辽圣宗"命南、北面臣僚分巡山陵林木"，使辽代医巫闾山的森林处于天然状态。契丹统治集团多次到此地射虎猎熊。咸雍元年（1065年）冬十月，道宗"幸医巫闾山。……皇太后射获虎。"重熙十年（1041年）八月，兴宗"射虎于医巫闾山"，重熙十九年（1050年）八月，兴宗"射熊于医巫闾山"，这里生息着大型野兽也证明医巫闾山山深林密。

史籍记载的辽境南部的山还有"七金山、马盂山、双山、松山"等。马盂山是今平泉市北大光顶子山，属于七老图山脉的一部分，"其山南北一千里，东西八百里，连亘燕京西山"[6]，契丹帝王经常在此围猎，森林植被较好，王曾使辽时亲见"马云山（即马盂山），山多禽兽、林木，国主多于此打围。"[7]《辽

[1] 蒋祖怡、张涤云整理：《全辽诗话》，岳麓书社，1992年，第296页。

[2] 孙冬虎：《北宋诗人眼中的辽境地理与社会生活》，《北方论丛》2005年第3期，第32页。

[3] （宋）叶隆礼：（宋）叶隆礼：《契丹国志》卷24《王沂公行程录》，上海古籍出版社，1985年，第232页。

[4] （辽）了洙：《范阳丰山章庆禅院实录》，载陈述辑校：《全辽文》，中华书局，1982年，第270页。

[5] （辽）王正：《重修范阳白带山云居寺碑》，载陈述辑校：《全辽文》，中华书局，1982年，第79页。

[6] （宋）叶隆礼：《契丹国志》卷22《州县载记》，上海古籍出版社，1985年，第216页。

[7] （宋）叶隆礼：《契丹国志》卷24《王沂公行程录》，上海古籍出版社，1985年，第231页。

史》亦载："上猎马盂山，草木蒙密。"

辽代史籍中还多次提到夹山，特别是辽朝末年"金人陷中京，诸将莫能支。天祚惧，奔夹山"[1]，"耶律大石林牙领兵七千到夹山。"[2]此后，夹山成了辽金战争的核心地区，双方以夹山为中心进行了长达三年的持久战，当时的夹山能藏匿上万人马数年之久，证明夹山森林茂密，资源丰富，水草丰美，生态环境良好。学者研究认为，辽代云内州的夹山就是今天的大青山[3]。大青山地处阴山山地的中段，"是一条并不很高但很宽阔的山脉"[4]。在辽代这里古树参天，草木茂盛，多禽兽，辽帝亦到此射猎，大康五年（1079年）秋七月，道宗"猎夹山"[5]。

根据《辽史》记载，契丹境内还有许多山地是皇家射猎之所，如小满得山、郭里山、西山、赤苏隐山、三岭、七鹰山、碓觜岭、东古山、画达刺山、白杨岭、西括折山、盘道岭、缅山、陷岭、画卢打山、奴穆真峪、吾鲁真峪、野葛岭、沙渚卷峪、括只阿刺阿里山、贾曷鲁林、沙岭、锅林、雪林、桦山、浅岭山、涅烈山、跋恩山、鹘子山、沙山、狐岭、只舍山、陉山、习礼吉山、牛山、不野山、凉陉诸山、平顶山、黑林、北牡山、白石山、分金山、乌里岭、漫牙睹山、撒不烈山、柏山、白鹰山、牛山、直舍山、果里白山、荞麦山、榆林、娥儿山、颇罗扎不葛、阴山。

此外，还有具体记载射虎的山：东山、松山、吾刺里山、辋子山、烽台山、束刺山；猎熊的山：虎特岭、青林川、曷朗底、沙只直山、睹里山、瓦石刺山、善山；获鹿的山：白羊山、遥斯岭、玉山、白岭山、皇威岭、汤山、虎特岭、铁里必山、耶里山、金山、辖刺罢、鹰子岭、拜马山、浅林山、讹鲁古只山、都里也刺、击轮山、索阿不山、门岭、泼山、沙只山、三石岭；障鹰的山：花山、合不刺山、辋山、直舍山、霞列山、羊亘羊山。

上述诸山都是契丹帝王射猎游幸过的，特别是有些山是虎、熊、鹿的栖身之所，说明这些山多为森林覆盖，植被非常茂盛，野兽种类繁多。

[1]（宋）叶隆礼：《契丹国志》卷11《天祚皇帝中》，上海古籍出版社，1985年，第119页。
[2]（宋）叶隆礼：《契丹国志》卷12《天祚皇帝下》，上海古籍出版社，1985年，第130页。
[3] 武成、燕晓武：《辽代夹山考》，《内蒙古文物考古》2009年第2期，第78页；孟广耀：《夹山小议》，载内蒙古自治区对外文化交流协会编：《草原春秋》第1卷，内蒙古日报社，1987年，第142页。
[4] 蓢伯赞：《内蒙古访古》，载《蓢伯赞史学论文选集》（第3辑），人民出版社，1980年，第384页。
[5]《辽史》卷24《道宗四》，中华书局，1974年，第284页。

综上所述，在辽国广阔的地域内，有一望无际的草原、沙海、茂密葱郁的天然森林，有纵横交错的河流及星罗棋布的湖泊，冬季漫长严寒，春季大风多沙，地形地貌复杂，气候与中原迥异，这样的自然地理环境和生态资源养育了这个游牧民族，契丹人世代生活于此，生生不息，创造了草原帝国的文化。

第二节　环境与契丹人的衣食住行

人类的生活方式与其所处的自然环境息息相关，独特的自然地理环境塑造了颇具民族性和地域性的文化习俗，不同地域特定的生态环境造就了与其相适应的生活方式。辽国境内的茫茫大草原，冬季漫长而严寒，白雪皑皑，滴水成冰，春季风大而多沙，这决定契丹人的衣食住行等习俗都需与此种环境条件相适应，带有明显的生态环境特征，正如史籍记载的"大漠之间，多寒多风，畜牧畋渔以食，皮毛以衣，转徙随时，车马为家。"[1]

一、环境与契丹人的服饰

如前所述，辽境夏季短暂多雨，春季风大多沙，冬季漫长严寒，特别是高寒的气候环境尤为明显，从文献记载的辽境内"三时多寒"以及局部地区的"七月寒如深冬"，"七月阴霜，三月释冻"来看，严寒是辽国与中原气候的最大差异，这种特殊的生存环境决定了契丹人的服饰选择主要考虑保暖防寒。

有鉴于此，契丹人的服饰最大的特点就是"皮毛以衣"。动物的皮毛有很强的防风抗寒能力，所以对契丹人来说尤为重要，正如留居金朝的宋人洪皓所云："北方苦寒，故多衣皮，虽得一鼠，亦褫皮藏去。妇人以羔皮帽为饰。"[2]辽国亦是如此，契丹统治者非常珍视动物皮毛，甚至要求其附属部族岁时进贡，契丹"北有秣宜国，有铁骊国，二国产貂鼠，尤为温润，岁输皮数千枚。"[3]可以说，动物的皮毛对生活在高寒地区的契丹人来说是御寒最好的衣料。

契丹人从上层到百姓都"皮毛以衣"，所穿的衣服多为裘服、套裤，戴毡帽、

---

[1]《辽史》卷32《营卫志中》，中华书局，1974年，第373页。

[2]（宋）洪皓：《松漠纪闻续》，吉林文史出版社，1986年，第39页。

[3]（宋）路振：《乘轺录》，载赵永春编注：《奉使辽金行程录》，吉林文史出版社，1995年，第20页。

皮帽，穿毡靴、皮靴等以挨过漫长而寒冷的冬天。资料显示，契丹人"贵者被貂裘，貂以紫黑色为贵，……贱者被貂毛、羊、鼠、沙狐裘。"[1]契丹人的裘服中有一种套裤是绝好的御寒服饰，颇受青睐，其实物曾在法库叶茂台辽代墓葬中发现，其款式为："只有两个裤腿，上系带子悬绑在腰带上，裤筒塞在靴筒之内。"[2]套裤在当时被称为吊墩（钓墩），政和七年（天祚帝天庆七年，1117年），宋徽宗下诏禁汉人衣契丹服，"敢为契丹服若毡笠、钓墩之类者，以违御笔论"[3]，看来套裤作为御寒服饰也被中原宋人所认同。套裤的作用就是对腿部的保暖，因为在骑马时裘袍护不到腿，而这种套裤就可以避免腿部被冻伤。

契丹人的裘服给出使辽国的中原人留下了深刻的印象，特别是冬季到达辽国的中原人，最难挨的就是北国的寒冷。为了御寒，他们都着重裘。会同元年（938年），冯道使辽，"尝大寒，（契丹）赐锦袄、貂袄、羊狐貂表各一。每入谒，悉服四袄衣。……诗曰：'朝披四袄专藏手，夜盖三衾怕露头'。"[4]如此寒冷的天气，中原人很难忍受，故当他们完成出使任务离开辽国南返时喜悦的心情油然而生，有的使臣还作诗表达内心的喜悦，欧阳修于清宁元年（1055年）使辽，当他完成使命从辽上京返程时，路过西拉木伦河，举目远眺，冰封的河面在冬日阳光照耀下光芒四射，身穿紫貂裘的欧阳修在凛冽的寒风中艰难行进，但想到自己即将离开千里冰封的北国，喜悦之情溢于言表，为此作《奉使契丹回出上京马上作》诗："紫貂裘暖朔风惊，潢水冰光射日明。笑语同来向公子，马头今日向南行。"[5]在其另一首诗中也谈到了冰冷的北国穿貂裘的事，"归路践冰雪，还家脱狐貂。"[6]由此可见，宋人在冰天雪地的北国感到的就是气候的寒冷和抗寒裘服的厚重。

"虽盛夏必重裘"的契丹人为抵御高寒，从头到脚要"全副武装"，除身穿裘袍、套裤外，还头戴毡帽，足登毡靴，以抵御寒风侵袭。毡帽是契丹上下都戴的御寒服饰，上层官僚贵族的毡帽装饰十分考究，资料显示，辽国"臣僚戴

[1]（宋）叶隆礼：《契丹国志》卷 23《衣服制度》，上海古籍出版社，1985 年，第 225 页。

[2] 田广林：《契丹体衣、手衣、足衣研究——契丹衣饰文化研究之三》，《昭乌达蒙族师专学报》1997 年第 4 期，第 6 页。

[3]《宋史》卷 153《舆服五》，中华书局，1977 年。

[4]（清）厉鹗：《辽史拾遗》卷 3，引（宋）阮阅：《诗话总龟》，中华书局，1985 年，第 40 页。

[5]（宋）欧阳修：《欧阳修集编年笺注》，巴蜀书社，2007 年，第 489 页。

[6]（宋）欧阳修：《欧阳修集编年笺注》，巴蜀书社，2007 年，第 223 页。

毡冠，金花为饰，或加珠玉翠毛，额后垂金花，织成夹带，中贮发一总。"[1]
而平民带的毡帽多无配饰，更注重其防寒功能，在内蒙古解放营子辽墓壁画《毡车出行图》中，"一正在车前牵引驾车白骆驼的契丹男子，身穿圆领紧袖红袍，腰系带，头上即戴一顶毡笠。"[2]

契丹女子冬季常戴用动物毛皮做的皮帽。元代人李孝光《题辽人射猎图》中说："美人貂帽玉骢马，谁其从之臂鹰者。"[3]契丹人的毡帽或皮毛的款式在辽墓壁画中也多有发现，大体上形如一小笠，圆顶或方顶，紧罩头上，有缨系于颊下。

契丹人常以靴子作为他们的足衣，靴子多数是用动物的毛皮或毛毡做成的，这是契丹人颇具生态特征的服饰。契丹人从皇帝到平民都穿靴子，皇帝、皇后或皇亲国戚多着"络缝乌靴"，契丹平民多穿长筒皮靴或毡靴，只是做工不那么精细，契丹平民穿靴子的形象常见于辽墓壁画中。可以说，靴子是契丹人御寒的最好足衣，但夏季契丹人也常穿长靴。因为契丹人所生活的地区多是茫茫草原，在盛夏季节草木茂盛，有的地方有齐腰深的密草，在雨后或早、晚，草上会有露水，为了便于在草地上行走而不被露水打湿，契丹人在夏季穿短衣、长靴。沈括出使辽国时亲见契丹人此种服饰"窄袖、绯绿短衣、长腰靴、有蹀躞带，皆胡服也。窄袖利于驰射，短衣、长（靴）皆便于涉草。胡人乐茂草，常寝处其间，予使北时皆见之。……予至胡庭日，新雨过，涉草，衣裤皆濡，唯胡人都无所沾。"[4]另外，草原上亦多有荆棘，长靴也可以保护脚和腿不被扎伤。总之，靴子耐水耐寒，防沙防露，是很适合北方草原环境的足衣。

契丹人为抵御严寒，制作出各种服饰保护身体各部位免遭冻伤。除裘袍、套裤、毡帽、皮靴外，契丹人还发明了一种用锦貂或其他毛皮裁制的类似于今天披肩的服饰称"贾哈"，在寒冷时披在肩背处。文献记载："贾哈：辽代披领的别称，其制俩角尖锐，式样像箕，左右垂丁两情，必以锦貂为之。此式辽时已有，元代仍用。"[5]其实这种抵御北方寒冷气候的服饰到今天依然沿用，只是款式有所改变罢了。

---

[1]《辽史》卷56《仪卫志二》，中华书局，1974年，第906页。
[2] 张国庆：《辽代契丹人的冠帽、鞋靴与佩饰考述》，《内蒙古社会科学》1994年第4期，第44页。
[3] 蒋祖怡、张涤云整理：《全辽诗话》，岳麓书社，1992年，第179页。
[4]（宋）沈括：《梦溪笔谈》，辽宁教育出版社，1992年，第2页。
[5] 中国文物学会专家委员会编：《中国文物大辞典》上，中央编译出版社，2008年，第632页。

　　由此可见，正是为了与严寒作斗争，契丹人才充分利用他们在畜牧和渔猎生产中获得的动物皮毛等原料，加工成了形形色色颇具东北地域和契丹民族特色的御寒服饰，体现了契丹人衣着的环境特征。

　　辽地不但多寒，而且多风多沙，这在前文已经有所叙述。"大风忽起，飞沙眯目"[1]的极端天气在辽代特别是中后期经常出现，这不仅破坏生态环境，也给人们的生活带来不便。多寒、多风、多沙的气候，使皮肤极易受伤害。为了使"朱颜长美好"，契丹女人有用"佛妆"护面的习俗。张舜民使辽亲见契丹妇女"以黄物涂面如金，谓之'佛妆'"。宋人朱彧记录其父朱服出使辽国的见闻时说："先公言使北时，见北使耶律家车马来迓，毡车中有妇人，面涂深黄、红眉黑吻，谓之'佛妆'。"[2]契丹妇女在"冬月，以栝蒌涂面，谓之佛妆。但加傅而不洗，至春暖方涤去。久不露风门所侵，故洁白如玉也。"[3]查阅资料可知，"栝蒌"是一种草本植物，很多医书上都记载其有药用和美白功效。契丹妇女用这种"栝蒌"做成面膜涂在脸上，既有效地抵御了塞外的严寒和风沙，同时又美白皮肤。皮肤细腻白皙的妇女，宋人称其为"细娘"，宋彭汝砺就有诗云："有女夭夭称细娘，真珠络臂面涂黄，南人见怪疑为瘴，墨吏矜夸是佛装。"[4]此外，契丹宫廷妇女还用牛鱼骠做成花，贴在"佛妆"上，起到装饰的作用，如史籍所载，"夏至年年进粉囊，时新花样尽涂黄。……中官领得牛鱼鳔，散入诸宫作佛妆。"[5]这是在特定生存环境影响下衍生出来的化妆方式。

　　尽管契丹人为了御寒已经全副武装，但是遇到奇寒天气还是会有被冻伤的时候。于是在长期与严寒抗争的过程中，契丹人研制了颇为有效的治疗冻伤的药物，契丹的冻伤药分为宫廷御用和百姓常用两种。宫廷御用的冻伤药史籍未记载药名和药的成分，只知道其"色正黄"，涂在伤处，不久就会痊愈，药效很好。此药非常名贵，市价"方匕直钱数千。"宋人赵相挺在辽道宗时出使辽国，因正遇寒冬，耳朵被冻伤，后来契丹人告诉他："大使耳若用药迟，且拆裂缺落，甚则全耳皆堕而无血。"由于及时涂了冻伤药，不久就治愈了。至于百姓常用的

[1]《辽史》卷93《萧惠传》，中华书局，1974年，第1375页。
[2] 金沛霖主编：《四库全书子部精要》（下册），天津古籍出版社，1998年，第766页。
[3] 北京图书馆古籍出版编辑组编：《北京图书馆古籍珍本丛刊72子部》，北京书目文献出版社，1995年，第330页。
[4]（清）厉鹗：《辽史拾遗》，中华书局，1985年，第436页。
[5] 蒋祖怡、张涤云整理：《全辽诗话》，岳麓书社，1992年，第520页。

冻伤药，史籍只是记载"以狐溺调涂之"[1]，也颇为有效。

总之，为了抵御塞外多寒多风，契丹人形成了与环境相适应的服饰习俗，这种习俗是特定的生存环境下形成的特色民族文化，为北国所独有。

二、环境与契丹人的饮食

契丹人的饮食习俗受其生境内资源条件所限，带有典型的区域特征和民族特色。契丹人在茫茫草原上蓄养了数以百万计的马、牛、羊、驼，这些牲畜是契丹人的重要生活资料，所以食肉饮乳是契丹人的主要饮食方式，即"仰给畜牧，绩毛饮湩，以为衣食"。沈括所说契丹人"食牛羊之肉酪，间啖麨粥。"[2]一语道破了契丹人食肉饮乳的饮食习惯。

统和二十六年（1008年），路振出使辽国受到契丹官员的热情款待，他记载了这次宴会上的饮食："先荐驼麋，用杓而啖焉。熊、肪、羊、豚、雉兔之肉为濡肉，牛、鹿、雁鹜、熊貊之肉为腊肉，割之令方正，杂置大盘中。"[3]可见这是一次颇具契丹民族特色的盛宴，从中可以看出契丹人以食肉为主，这里包括他们牧养的羊、驼、牛，还有熊、鹿、大雁、天鹅等野味。

由于辽境三时多寒，农作物生长期短、产量低，粮食不足。正如苏颂《发柳河》诗所云："辽土神沃，而地寒不可种，春深始耕，秋熟即止。"[4]甚至有的地方"四月始稼，七月毕敛"。[5]此外，飞沙扬天的气候条件种植作物也非易事。宋人王曾使辽时目睹了这一现象："自过古北口，即蕃境。居人草庵板屋，亦务耕种，但无桑柘，所种皆从陇上，盖虞吹沙所壅。"[6]由于多寒多风的自然环境不利于耕种，所以辽代粮食显得尤为珍贵，由此形成了契丹人特定的饮食习俗。

契丹人把珍贵的粮食做成粥或炒面，即"食止麋粥、麨糒"，而且多用来待客。重熙二十三年（1054年），宋人王洙使辽就亲历契丹人"馈客以乳粥，亦北

[1]（宋）陆游：《老学庵笔记》，上海书店出版社，1990年，第123页。
[2]（宋）沈括：《熙宁使虏图抄》，载贾敬颜：《〈熙宁使虏图抄〉疏证稿》，中华书局，2004年，第124页。
[3]（宋）路振：《乘轺录》，载赵永春编注：《奉使辽金行程录》，吉林文史出版社，1995年，第15页。
[4]（宋）苏颂：《苏魏公文集》卷13《发柳河》，中华书局，1988年，第176页。
[5]（宋）沈括：《熙宁使虏图抄》，载贾敬颜：《〈熙宁使虏图抄〉疏证稿》，中华书局，2004年，第125页。
[6]（宋）叶隆礼：《契丹国志》卷24《王沂公行程录》，上海古籍出版社，1985年，第231-232页。

方之珍。"[1]北宋诗人梅圣俞《送刁景纯学士使北》诗中也提到："尝闻朔北寒尤甚，……朝供酪粥冰生碗，夜卧毡庐月照沙。"[2]朱彧《萍州可谈》记载："先公至辽日，供乳粥一碗，甚珍，但沃以生油，不可入口。"[3]在宋朝的使臣看来乳粥不可入口，但契丹人视为"甚珍"，用以款待贵客，此种习俗应与粮食珍贵有关。当然契丹也有一些馒头、油饼、糕点等面食，但不是契丹人的主要食物。

辽地寒冷的气候导致鲜水果存在时间很短，为了一年四季都能吃到水果，契丹人学会了制作"蜜果"或"冻果"。蜜果犹如今天的果脯，冻果类似今天东北地区的冻梨、冻柿子。每当宋朝皇帝生日或正旦节，辽主都要派人送去贺礼，其中就有"蜜晒山果十束棯碗，蜜渍山果十束棯。"[4]契丹人冬天吃冻果的习俗被宋人记录下来，庞元善使辽"至松子岭，……坐上有上京压沙梨，冰冻不可食，接伴使耶律筹取冷水浸良久，冰皆外结，已而敲去，梨已融释，……味即如故也。"[5]看来契丹人的冻果也得到了宋人的青睐。

此外，契丹人也喜欢辛辣的味道，这与其生活地区冬长夏短、气候寒冷有关[6]。饮酒的习俗就是一个例证。无论是岁时节日还是婚丧嫁娶以及各种重要的典礼都离不开酒。大同元年（947年），述律太后为庆耶律德光灭后晋之功，遣使"以其国中酒馔脯果赐契丹主（太宗），贺平晋国，契丹主与群臣宴于永福殿，每举酒，立而饮之，曰：'太后所赐，不敢坐饮。'"[7]后妃生子，也要饮酒庆贺。契丹皇后"若生男时，方产子，戎主著红衣服于前帐内动番乐，与近上契丹臣僚饮酒，皇帝即服酥调杏油半盏。如生女时，戎主著皂衣，动汉乐，与近上汉儿臣僚饮酒，皇后服黑豆汤调盐三钱。"[8]

三、环境与契丹人的居址

契丹人居所的建造及居住习俗与其所生活的自然环境息息相关，其生境内

[1] 蒋祖怡、张涤云整理：《全辽诗话》，岳麓书社，1992年，第165页。
[2] （宋）梅尧臣著，朱东润选注：《梅尧臣诗选》，人民文学出版社，1980年，第215页。
[3] （清）李有棠：《辽史纪事本末》，中华书局，1983年，第472页。
[4] （宋）叶隆礼：《契丹国志》卷21《南北朝馈献礼物》，上海古籍出版社，1985年，第200页。
[5] （清）厉鹗：《辽史拾遗》，中华书局，1985年，第438页。
[6] 程妮娜：《东北史》，吉林大学出版社，2001年，第181页。
[7] （清）厉鹗：《辽史拾遗》，中华书局，1985年，第73页。
[8] 蒋祖怡、张涤云整理：《全辽诗话》，岳麓书社，1992年，第517页。

的地理环境和物产资源是契丹人居住方式的自然基础。契丹人生活在北方草原地带，境域内有广袤无垠的草原及莽莽群山，可谓草深林密，而草原是契丹人生存的主要生态背景。在一望无际的草原上，契丹人逐水草迁徙，四时游牧，频繁更换牧场，这样的生活方式决定了契丹人居无定所，转徙随时，车马为家。

1. 草原上的穹庐、毡车

北方草原独特的自然地理环境决定了"随阳迁徙，岁无宁日"的契丹人日常住所以"穹庐"为主。"穹庐"即指帐篷，因其便于安装和拆卸成了草原上通用的活动建筑，当契丹人变换牧地，向新的草场进发时，帐篷也便于运输，故帐篷是草原游牧民族最适合的居住形式。有的学者曾对鄂温克族社会进行调查时了解到，一个人在一个小时之内就能把包建立起，如果全家一起动手，无论是拆还是建，在十分钟内都能完成[1]。这样方便拆卸和搭建的住所是游牧民族顺应生存环境而发明的。

契丹早期没有城池宫殿，上至统治者下至普通牧民都住在穹庐中。后唐姚坤谒见阿保机时就见"（阿保机）与其妻对坐穹庐中"[2]。萧总管《契丹风土歌》中描述契丹牧民在一望无垠的大草原上生活的场景："契丹家住云沙中，耧车如水马若龙。春来草色一万里，芍药牡丹相间红。大胡牵车小胡舞，弹胡琵琶调胡女。一春浪荡不归家，自有穹庐障风雨。"[3]"耧车如水马若龙"生动形象地描述了契丹人逐水草迁徙的游牧场景，而每到新的草场都要重新搭建帐篷以遮蔽风雨。

契丹人后来虽然受汉文明影响有的过着农耕定居生活，但是游牧依然是这个草原民族的主要生活方式，所以终辽一代，毡帐一直是契丹人主要的民居形式，二百年间鲜有变化。契丹人受汉文明影响在草原上兴建了五京和一些城镇，但是草原的自然地理环境决定了这个"不土著"的行国永远是流动的，皇帝并不经常居住的五京宫殿内，即使居住在城市里，契丹上层也依然保持着传统的穹庐居住形式，在城内搭设毡帐居住。统和二十六年（1008年），路振使辽在辽中京见到："内城中，止有文化、武功二殿，后有宫室，但穹庐毳幕。"[4]八年

---

[1]《中国少数民族社会历史调查资料丛刊》修订编辑委员会编：《鄂温克族社会历史调查》，内蒙古人民出版社，1986年，第471页。

[2]《姚坤使辽》，载赵永春编注：《奉使辽金行程录》，吉林文史出版社，1995年，第1页。

[3] 陈述辑校：《全辽文》卷12，引《白石道人诗集》，中华书局，1982年，第251页。

[4]（宋）路振：《乘轺录》，载赵永春编注：《奉使辽金行程》，吉林文史出版社，1995年，第19页。

后，即开泰五年（1016年），薛映使辽看到上京临潢府，城内"有昭德、宣政二殿，皆东向。其毡庐亦皆东向。"[1]也就是说，契丹建国百年后，京城里依然还是以"毡庐"为主要居住形式。

契丹统治集团四时捺钵之时都以毡帐为主要居所。如契丹皇帝冬捺钵地点在广平淀，因为这里冬月稍暖，所以契丹人在此避寒。宋朝使臣对辽帝冬捺钵地的行宫做了记载，彭汝砺到广平淀看到皇帝的行营："殿皆设青花毡。"[2]苏辙《虏帐》诗亦云："虏帐冬住沙陀中，索羊织苇称行宫。从官星散依冢阜，毡庐窟室欺霜风。……礼成即日卷庐帐，钓鱼射鹅沧海东。秋山既罢复来此，往返岁岁如旋蓬。"

宋朝使臣对辽帝在其他捺钵地的行宫毡帐样式也记忆尤深。开泰九年（1020年），宋绶使辽，在木叶山看见了辽帝的行宫"东向设毡屋，署曰省方殿。无阶，以毡藉地，后有二大帐。次北，又设毡屋，曰庆寿殿，去山尚远，国主帐在毡屋西北，望之不见。"[3]五十五年后，大康元年（1075年），沈括到永安山时看见契丹王庭，"庭依犊儿山之麓，广荐之中，毡庐数十，无垣墙沟表，至暮，则使人坐草，□庐击柝。"[4]直到道宗清宁四年（1058年），王易使辽看到皇帝的牙帐依如此，"小禁围在大禁围外东北角，内有毡帐二三座，（大禁围）有毡帐十座，黑毡兵幕七座。"[5]宋朝使臣对契丹皇帝所居毡帐的大小、数量、门户方向、建造形制、设施等进行了全面记载，使我们较为清晰地了解了行营毡帐的面貌。

考古发现的契丹墓葬壁画中也生动地描绘了契丹人的毡帐形式。如《契丹住地生活小景》中描绘大树旁横排三座毡包，中间一座为白色，两侧为黑色，形制大体相同：半圆形顶，并用皮绳拴缚，南向开设半圆形券顶状小门，外观似近代草原牧民居住的穹庐式蒙古包[6]。

由上述记载看，契丹皇帝捺钵之时一直居住在毡帐之中，同时，跟随皇帝捺钵的文武百官及眷属，以及扈从的士兵，这个庞大游动王朝的所有人都居住

[1] 蒋祖怡、张涤云整理：《全辽诗话》，岳麓书社，1992年，第514页。
[2] 蒋祖怡、张涤云整理：《全辽诗话》，岳麓书社，1992年，第325页。
[3] （宋）李焘：《续资治通鉴长编》卷97《真宗》，中华书局，1985年，第2254页。
[4] （宋）沈括：《熙宁使契丹图抄》，载贾敬颜：《〈熙宁使契丹图抄〉疏证稿》，《文史》第22辑，中华书局，1984年，第124页。
[5] （清）厉鹗：《辽史拾遗》卷15，中华书局，1985年，第317页。
[6] 项春松：《克什克腾旗二八地一、二号辽墓》，载孙进己主编：《中国考古集成·东北卷》，北京出版社，1997年，第1312页。

在毡帐中，可以想见茫茫草原上成百上千的帐篷散布其间是何等壮观。

另外，辽国的驿馆很多也都是毡帐形式。沈括记载："三十余里至麇驼帐，皆平川。帐以毡为之，前设青布拂庐，其他毡帐类此。"[1]宋绶使辽从木叶馆到中京"皆无馆舍，但宿穹帐。"契丹境内还有很多以毡帐命名的馆舍，如咸熙毡帐、牛山毡帐、锅窖帐、大和毡帐、牛心山毡馆、新添毡帐等，想必这些驿馆也都是毡帐形式。毡帐对契丹人来说是最方便适宜的住所，但宋使对北国这样独特的居所颇不适应，刘敞有诗云："千山雪绕帐庐寒，一半冰消塞井乾。忆卧衡门甘泌水，可怜孤枕未曾安。"[2]北国的寒冷，夜宿毡帐的不适应，引起了使臣的思乡之情。

契丹人的住所除了毡帐，还有一种毡车，即车帐一体，这种居所更容易搬迁和移动，适用于短期的停留或在草原上往复。太祖阿保机进围幽州时就"毡车毳幕弥漫山泽"[3]，这种便于移动的居所适合战争之用。统和二十六年（1008年），使辽的路振听中京里民言："虏所止之处，官属皆从。城中无馆舍，但于城外就车帐而居焉。"[4]随行的官属在皇帝回京时，在城外住车帐，当皇帝捺钵出行时，这些车帐随时可以出发。另外，在一望无垠的草原上没有可以遮风避雨的地方，有了随时移动的毡车，这一问题就迎刃而解了。苏颂使辽途中，在"鹿儿馆中，见契丹车帐，全家宿泊坡坂"[5]。普通契丹平民在游牧生活中所用的毡车，就是在车舆上用木料做成框架，在框架上覆盖毛毡，车载毡帐，四处游动。这种毡车既可遮风避雨，运载货物，又可住宿寝卧。可以说，毡车是契丹人流动的家，给他们的游牧生活提供了诸多方便。

2. 林海草原为契丹人提供建筑材料

居所的建造受生态环境影响最为明显，住所的建筑材料、建筑样式与其所处的生态环境和自然资源密切相关。建筑材料的选取多受生存地域自然资源的制约，带有鲜明的区域生态环境的特征。

契丹人建造居所的用料主要是毛毡和木材。如《辽史·营卫志》记载契丹

---

[1] （宋）沈括：《熙宁使契丹图抄》，载贾敬颜：《〈熙宁使契丹图抄〉疏证稿》，《文史》第22辑，中华书局，1984年，第145页。

[2] 蒋祖怡、张涤云整理：《全辽诗话》，岳麓书社，1992年，第274页。

[3] （宋）叶隆礼：《契丹国志》卷1《太祖大圣皇帝》，上海古籍出版社，1985年，第2页。

[4] （宋）路振：《乘轺录》，载赵永春编注：《奉使辽金行程》，吉林文史出版社，1995年，第17页。

[5] （宋）苏颂：《苏魏公文集》卷13《契丹帐》，中华书局，1988年，第171页。

皇帝行宫："皇帝牙帐……皆木柱竹榱，以毡为盖……窗槅皆以毡为之……基高尺余，两厢廊庑亦以毡盖，无门户。"也就是说，契丹人的帐篷以木材做框架，以毡子覆盖整个帐篷，所以毛毡和木料是契丹人建造穹庐不可或缺的材料，而契丹境内特定的自然地理环境为契丹人提供了丰富的生存资源。浩瀚的草原上牧养着不可胜数的马、牛、羊、驼，这些动物的皮毛为契丹人建造毛毡提供了充足的原料；而莽莽森林为契丹人建造帐篷、毡车提供了丰富的木材资源。

　　毛毡是草原环境的产物，是长期生活在北方草原上的游牧民族为御寒防潮的需要而发明的，反映了独特的自然地理环境下草原游牧民族特殊的生活方式。毛毡是契丹人建造居所的必备材料，史籍中直接将契丹人的穹庐记载为毡帐或毡屋，足以证明毛毡在建造帐篷中的重要性。契丹人的帐篷四壁与幕顶都用毛毡覆盖，有的甚至"以毡藉地"。广袤草原上成千上万的帐篷需要大量的毛毡，而契丹人牧养的不可胜数的马、牛、羊、驼为他们制造毡毯提供了充足的资源。正如文献记载："自太祖及兴宗垂二百年，群牧之盛如一日。天祚初年，马犹有数万群，每群不下千匹。""羊以千百为群，纵其自就水草，无复栏栅，而生息极繁。"[1]早期契丹人在生活中用兽皮当铺盖御寒，但兽皮不耐用，毛易脱落，使用起来不方便，于是人们把动物的毛加工成经久耐用的毡子，以更好地抵御风雪和严寒。毛毡的制作过程比较简单，"毛、绒加水，反复擀压，粗毛与绒毛粘结在一起就成了毡，俗称'擀毡'。擀毡同擀面差不多，工具只有一根木棒。它的制作工艺最为简单，用途却十分广泛，使用价值比毛毯有过之而无不及。毡子的出现，应该早于任何一种毛织毯。"[2]毛毡的使用是契丹人对特定的生存环境的一种顺应，是生活在草原上的人们抵御风雪严寒最好的建筑材料。毡子因为在契丹人的生活中不可或缺，而且需求量大，所以辽国对毡子的控制和管理很严格，如辽兴宗重熙十一年（1042年）六月就下了"禁毡、银鬻入宋"的诏令。

　　除毡子外，契丹人建造居所的另一重要材料就是木材。契丹人的帐篷、毡车都需要大量的木材，这些木材皆取自当地的森林。如前文所述辽境内分布着广袤的森林，这莽莽森林为契丹人建造帐篷和家具提供了丰富的木材资源，为契丹人建造穹庐保证了充足的木材供应。

[1]（宋）苏颂：《苏魏公文集》卷13《辽人牧》，中华书局，1988年，第173页。

[2] 曹春梅：《由新疆毡毯看维吾尔族的游牧文化特征》，《西北民族大学学报》2007年第3期，第79页。

3．为避风取暖，穹庐门户东向

契丹人的居所无论是穹庐还是城邑绝大多数都坐西朝东，门户皆东向。"辽俗东向而尚左"的习俗终辽一代鲜有变化。文献记载："其俗旧随畜牧，素无邑屋。得燕人所教，乃为城郭宫室之制于漠北。……邑……屋门皆东向，如车帐之法。"[1]也就是说，契丹人毡帐的门户初始时期就是东向的，尽管受汉文化的影响契丹人在草原上兴建了宫室，但依然保留了契丹人门户"东向"的习俗。如辽初曾建西、东、南、北四楼，"其城与宫殿之正门，皆向东辟之。"[2]赵士喆有诗云，契丹"四楼城阙尽东开，正旦诸王面面来"[3]。

契丹人门户东向习俗宋朝使臣多有记载。开泰五年（1016年），薛映使辽至上京临潢府看到城内"有昭德、宣政二殿，皆东向。其毡庐亦皆东向。"[4] 59年后，大康元年（1075年）沈括使辽，此时虽已是辽代后期，但是门户东向的习俗依然未改。沈括当时在庆州永安山亲见了辽道宗的行宫："有屋，单于之朝寝、萧后之朝寝凡三，其余皆毡庐，不过数十，悉东向。"[5]

门户东向是契丹人对其生存环境的顺应与调适。契丹人所生活的塞北草原地区，冬季漫长严寒，正所谓"胡天八月即飞雪"，白雪皑皑，与严寒抗争成为他们维持生存的首要任务之一。特别是草原上的生产力比较低下，当时的契丹人无法征服自然，只能被动地顺应其生存区域内的自然环境。他们在茫茫草原上游牧的过程中渐渐地意识到太阳是最能够给他们带来温暖的自然景物，日出则温，日落则寒，于是在建造住所的时候就以太阳的出没，定其屋庐的方向，并且久而久之契丹人对给自己带来温暖的太阳倾注了深厚的感情，于是形成了东向拜日的习俗。正如史籍所记载："契丹好鬼而贵日，每月朔日，东向而拜日。其大会聚、视国事，皆以东向为尊。四楼门屋皆东向。"[6]所以契丹国俗就有"凡祭皆东向，故曰东祭。"另外，契丹人生活的区域除高寒外，还多风多沙，特别是严冬时节由于该地区受到西伯利亚强冷空气的影响，常常刮着强劲的西北风。

---

[1]《旧五代史》卷 137《外国列传》，中华书局，1976 年，第 1269 页。

[2]（宋）叶隆礼：《契丹国志》卷 1《太祖大圣皇帝》，上海古籍出版社，1985 年，第 7 页。

[3] 蒋祖怡、张涤云整理：《全辽诗话》，岳麓书社，1992 年，第 191 页。

[4] 蒋祖怡、张涤云整理：《全辽诗话》，岳麓书社，1992 年，第 514 页。

[5]（宋）沈括：《熙宁使契丹图抄》，载贾敬颜：《〈熙宁使契丹图抄〉疏证稿》，《文史》第 22 辑，中华书局，1984 年，第 124 页。

[6]《新五代史》卷 73《四夷附录·契丹》，吉林人民出版社，1995 年，第 518 页。

为了避开呼啸的西北寒风破门而入，契丹人选择朝东的背风方向开门，正所谓"毡帐望风举，穹庐向日开。"这也正是契丹人对其生存环境的顺应，即"向阳可以避开草原上漫长冬季凌厉的西北风和狂暴的飞雪。"[1]

4. 顺应游牧生活的室内设计

契丹穹庐内的设计史籍中没有详细的记载，但通过零星的记载也可以大致了解其居所的室内设计情况。契丹毡帐中的家具主要是为适应草原游牧生活的需要而设计的，即所有家具便于搬迁、安装和拆卸。

根据文献记载，契丹人毡帐内的主要家具是床和榻，因为床榻便于拆卸和搭建，适用于经常移动的帐蓬。《辽史·百官志》中有专门管理床榻的机构床幔局。统和四年（986年）契丹于越耶律逊宁迎战北宋，宋叛将贺令图引麾下数十骑逆之，将至其帐数步外，耶律逊宁"据胡床"[2]骂之。这种"胡床"可以折合，形似今天的"马扎"，携带非常方便[3]。统和二十六年（1008年），路振使辽至中京（今内蒙古宁城县大明城）看见萧太后"方床累茵而坐。"宋人程大昌记载辽道宗在达鲁河钩牛鱼情况时也说："虏主与其母皆设帐冰上，……其床前预开冰窍四。"[4]除了床以外，史籍中还记载了契丹人的睡榻。榻比较矮且长，可坐卧，比床更方便实用。后唐姚坤"谒见阿保机，延入穹庐……阿保机与妻对榻引见坤"。阿保机皇后述律平"有母有姑，皆踞榻受其拜"[5]。辽景宗耶律贤少弱多病，皇后主政，"刑赏政事，用兵追讨，皆皇后决之，帝卧床榻间，拱手而已。"[6]乾统六年（1106年），王鼎"憩于庭，俄有暴风举卧榻空中"。这些记载说明，契丹穹庐内榻是主要的家具之一。

随着汉化程度的加深，也有一些契丹人过上了农耕定居生活，于是随之而来的室内设置也发生了相应变化，即由床榻改为火炕，据考古发现，"在德德乌兰艾莱格古城（克鲁伦河沿岸），还发现了火炕遗址。同毗邻民族一样，契丹人也使用火炕"[7]。生活在东北地区定居的契丹人在室内搭建火炕，能更好地抵

[1] 王明哲：《新发现的阿勒泰岩刻画考述》，《新疆社会科学》1986年第6期，第79页。
[2] （清）毕沅：《续资治通鉴长编》，岳麓书社，1992年，第165页。
[3] 张国庆：《辽代契丹人的"住所"论略》，《辽宁师范大学学报》1990年第5期，第63页。
[4] 蒋祖怡、张涤云整理：《全辽诗话》，岳麓书社，1992年，第514页。
[5] （宋）叶隆礼：《契丹国志》卷13《后妃传》，上海古籍出版社，1985年，第138页。
[6] （宋）叶隆礼：《契丹国志》卷6《景宗孝成皇帝》，上海古籍出版社，1985年，第57页。
[7] 林树山：《契丹人及其历史作用》，《辽金契丹女真史研究》1988年第2期。

御严寒。

四、环境与契丹人的交通

人类群体所处的自然地理环境对其交通方式的建构具有重要影响。地理环境与资源条件是一定区域内交通设施的基础，地形、地貌、气候、水文等自然条件都是制约与影响交通的生态环境因素。人们会顺应和利用生存境域内的自然资源来制造交通工具，根据地理环境选择交通方式，于是生活在某一特定区域内的人类群体的交通就带有鲜明的区域生态特征。可以说，任何一种生活方式都有其固有的生态文化环境，契丹人生活的区域有一望无际的草原、茫茫林海及广阔的沙漠，另外，契丹境域内还有众多的江河湖泊。山环水绕、草原辽阔是契丹人交通环境的地理特征。长期生活在这种地理环境中的契丹人逐渐形成了许多与所处环境相应的交通习俗，发明制造了诸多交通工具，形成了颇具生态特色的交通方式。

契丹人根据不同的地形、地貌，使用不同的交通工具。契丹人的交通运输工具主要为马、驼、牛、车为主，以船为辅。马、牛、驼主要用于骑乘、驮运和牵引车辆。船只主要是在江河湖泊中运行。

1. 草原上交通的畜力

辽国境内浩瀚无垠的大草原为契丹人蓄养大量牲畜提供了充足的牧草资源，在广阔的草原上契丹人牧养着千百成群的马、牛、驼等家畜，尤其以马为最多。《辽史》记载："（契丹）其富以马"，"自太祖及兴宗垂二百年，群牧之盛如一日。天祚初年，马犹有数万群，每群不下千匹。"宋朝使臣也亲见了这一盛况："马群动以千数，每群牧者才二三人而已，纵其逐水草。"[1]除养马外，牛和骆驼数量也很可观，天复二年（902年）七月，阿保机伐代北"获生口九万五千，驼、马、牛、羊不可胜纪。"神册元年（916年）七月，阿保机率兵征突厥、吐浑等部，获得"宝货、驼马、牛羊不可胜算。"道宗寿隆五年（1099年），西北路招讨使耶律斡特剌讨耶杨刮部"获马、驼、牛、羊各数万。"兴宗重熙十七

[1]（宋）苏颂：《苏魏公文集》卷13《契丹马》，中华书局，1988年，第175页。

年（1048年）六月，"阻卜献马、驼二万。"这些战争所得和属部进贡的马、牛、驼都放养在水草丰美的草原上。

大量的牲畜为契丹人提供了便捷、快速的交通工具，而马是其中最重要的。契丹是马背上的民族，无论是骑射、放牧、运输还是骑兵都离不开马。契丹铁甲骑兵威名远扬，东拼西杀，所向披靡，主要倚仗的就是优良的战马。北方草原上牧养的都是优良马种，"终日驰骤，而不困乏"[1]，成为契丹人主要的代步工具，即宋人所说的契丹人"行则乘马"[2]。骑射是契丹人生活的重要内容，契丹儿童能走马，妇女亦弯弓，他们常常策马驰骋于广阔的草原与山林之间放牧、射猎，尽显粗犷豪放、刚健勇武的民族气质。特别是山路，山地地形崎岖，沟壑纵横，是交通的障碍，而马因为形体小于牛、驼，而且行动敏捷，成为契丹人走崎岖山路不可替代的交通工具。宋使过古北口看见道路险狭，"两旁峻崖，中有路，仅容车轨"[3]。马除了骑乘，还可以牵引车辆。

2. 草原上的契丹车

草原地貌的典型特征就是比较平坦，四野皆为路，适合于车辆通行，"北车南楫"就是对南北地区不同的地理环境决定的交通工具的最好概括。在辽代，车是契丹人广泛使用的交通工具。契丹人顺应北方地理环境选择车作为草原上运载和出行的交通工具。车的使用给契丹人的生产生活提供了诸多方便，契丹人"草枯水尽时一迁"的游牧生活需要不断更换牧场，每当向新的牧场进发时，所有的毡帐及生活用品都需要用车来运输，史籍记载："契丹旧俗，便于鞍马。随水草迁徙，则有毡车。任载有大车。"[4]由此可见，当契丹人向新的草场进发时，浩浩荡荡的车队载着毡帐及生活用品在草原上穿行，这是契丹人逐水草迁徙生活的真实写照。车除运输外，也是契丹人出行时不可或缺的工具。契丹"妇人乘马，亦有小车。"对一些年老体弱的重臣，契丹皇帝特许他们"乘小车入朝"。如邢抱质、耶律俨等，可见小车是契丹贵族常用的出行工具。契丹人出行时常在车上搭建帐篷，因为契丹人生存环境中大部分地区是草原，缺乏地形地物的障蔽，在车上搭建帐篷，车帐一体，这样可以避免风吹雨淋和冰雪严寒的侵袭，

---

[1]（宋）苏颂：《苏魏公文集》卷 13《契丹马》，中华书局，1988 年，第 175 页。

[2]（宋）沈括：《熙宁使虏图抄》，载贾敬颜：《〈熙宁使虏图抄〉疏证稿》，中华书局，2004 年，第 124 页。

[3]（宋）叶隆礼：《契丹国志》卷 24《王沂公行程录》，上海古籍出版社，1985 年，第 231 页。

[4]《辽史》卷 55《仪卫志一》，中华书局，1974 年，第 900 页。

"契丹骈车依水泉""尽室穹车往复还"。可以说，车既是契丹人便利的交通工具，又是流动住宿的毡帐，反映北方草原游牧民族的生活气息。

契丹车多由驼、牛、马来牵引。驼车在契丹人的生产生活中广泛应用，占有重要地位，是这个草原民族颇具特色的交通方式。驼车特别受契丹统治阶层的青睐，辽宋交战期间，北宋曾派曹利用出使辽国兵营，曹利用见萧太后与韩德让"偶坐驼车上"。北宋蔡卞使辽，"辽人闻其名。适有寒疾，命载以白驼车。车为国主所乘，乃异礼也。"[1]因为蔡卞是名人，地位很高，所以契丹才以皇帝乘坐的白驼车迎接他。皇族公主出嫁时皇帝赐给公主驼车，"青幰车二，螭头，盖部皆饰以银，驾驼"，所赐驼车用于公主平时出行坐乘。由此可见，驼车是契丹人高贵身份的象征。契丹人的驼车一般都是双驼驾驶，苏辙曾有诗云："邻国知公未可风，双驼借与两轮红。"[2]

牛车也是契丹人常用且实用的交通工具，并且更趋贫民化。吴奎《使北诗》云："奚车一牛驾"，用牛驾车比较平稳，利于行山路。另外，契丹公主下嫁时皇帝要赐给公主一辆用牛驾的送终车，"车楼纯锦，银嫡，悬铎，后垂大毡，驾牛"[3]，以便将来公主死后用于送葬。

除驼、牛、马驾车以外，契丹人还偶尔用鹿驾车。契丹境内生息着大量的野鹿，是最容易猎取的野生动物，契丹人通过驯鹿来驾车是很容易的。库伦一号辽墓壁画中就有契丹贵族妇人乘坐的小型精巧鹿车[4]。

另外，契丹人还用舟车载物或出行，这种舟车水陆两用，即遇水为舟，登陆为车，特别适用战争之需。宋人记载"契丹……惟与中原为敌国，兵马略集，便有百万，多作大舟，安四轮陆行，以载辎重，遇塘水、黄河，则脱轮以度人马。"[5]百万人马及辎重用舟车顺利渡河，可见所用舟车规模之大。宋朝使臣也亲身感受到了这种舟车的便利，张舜民等过卢沟河"伴使云，恐乘轿危，莫若车渡极安，且可速济"[6]，以契丹车渡河不但安全而且方便快捷，这一颇具民族特色的交通方式宋人闻所未闻。

[1]（清）李有棠：《辽史纪事本末》卷29《重熙增币之议》，引明邵经邦：《宏简录》，中华书局，1983年。
[2]（宋）苏辙：《栾城集》卷16《赵君偶以微恙乘驼车而行戏赠二绝句》，上海古籍出版社，1987年。
[3]《辽史》卷52《礼志五》，中华书局，1974年，第864页。
[4]王健群、陈相伟：《库伦辽代壁画墓》，文物出版社，1989年，第5页。
[5]（宋）方勺撰，许沛藻、杨立扬点校：《泊宅编》，中华书局，1983年，第55页。
[6]（宋）叶隆礼：《契丹国志》卷25《张舜民使北记》，上海古籍出版社，1985年，第242页。

契丹人运输和出行时用的车几乎全部由奚人建造，正如沈括所说："奚人业伐山，陆种矻车，契丹之车，皆资于奚。"[1] "契丹主乘奚车，卓毡帐覆之，寝处其中，谓之车帐。"[2] 奚人所造之车称"奚车"，宋朝使臣看到的打造馆就是奚人专门制造车辆的地方。奚人所造的车深受契丹贵族和牧民的喜爱，沈括对奚车的形制做了详细的描述："后广前杀而无毂，材简易败，不能任重而利于行山。长毂广轮，轮之牙，其厚不能四寸，而轸之材不能五寸，其乘车驾之以驼，上施流，惟富者加毡幰、文绣之饰。"[3] 这种车车轮高大，适合在沼泽、荒原、山林等不同地带行驶。在翁牛特旗解放营子契丹墓壁画中有毡车出行图，与沈括记载基本一致，车"长辕、高轮。车上前后有彩色车棚，棚辕有黄色垂幔，并垂有流苏。车棚用四根细木立于车辕之上。后棚较小，棚顶有朱红彩绘。车盖做轿顶状，青色之上绘有彩云。车之前后各设一门，四框均有朱红彩绘。毡车用白骆驼驾辕。……车顶后的横木架上站一鹰。"[4]

3. 河湖交通工具——船、桥

契丹境内河网密集，湖泊众多，所以船是契丹人生产生活必不可少的交通工具。契丹人渡河、捕鱼、运输都使用大量的民用船只。圣宗太平六年（1026年）九月，燕地发生大饥荒，"户部副使王嘉复献计造船，使其民谙海事者，漕粟以振燕民。水路艰险，多至覆没。"[5] 除了民用船只，契丹人还建造了适用于军事战争的大船，建造这些规模庞大的战舰需要的良材巨木都取自境内的森林。契丹战舰主要用于南征和西讨，特别是远征西夏，必须要过黄河，船就是必备的交通工具了。重熙十五年（1046年），萧蒲奴"为西南面诏讨使，西征西夏，蒲奴以兵二千据河桥，聚巨舰数十艘，仍作大钩，人莫侧。战之日，布舟于河，绵亘三十余里。遣人伺上流，有浮物辄取之。大军既失利，蒲奴未知，适有大木顺流而下，势将坏浮梁，断归路，操舟者争钩致之，桥得不坏。"[6] 浩浩荡荡的战船绵亘三十余里，蔚为壮观。重熙十七年（1048年），辽兴宗令驻守西南边

[1]（宋）沈括：《熙宁使虏图抄》，载贾敬颜：《〈熙宁使虏图抄〉疏证稿》，中华书局，2004年，第126页。
[2]《资治通鉴》卷271"契丹主车帐在定州城下"。胡三省注。
[3]（宋）沈括：《熙宁使虏图抄》，载贾敬颜：《〈熙宁使虏图抄〉疏证稿》，中华书局，2004年，第126页。
[4] 项春松：《辽宁昭乌达地区发现的辽墓绘画资料》，《文物》1979年第6期，第26页。
[5]《辽史》卷17《圣宗八》，中华书局，1974年，第204页。
[6]《辽史》卷87《萧蒲奴传》，中华书局，1974年，第1335页。

防的耶律铎轸"相地及造战舰，因成楼船百三十艘。上置兵，下立马，规制坚壮，称旨。及西征，诏铎轸率兵由别道进，会于河滨。敌兵阻河而阵，帝御战舰绝河击之，大捷而归。"[1]这种楼船上载兵，下立马，载重量很可观，说明战船规模之大。契丹征西夏多次都有战舰和粮船，重熙十八年（1049年）攻西夏，萧惠率军 "自河南进，战舰、粮船绵亘数百里。"[2]契丹人除用车、船渡河外，还建造了不同种类的桥以便通行于江河之上。契丹桥有石桥、木桥和临时建设的浮桥。

综上所述，契丹人生境内广阔的草原和茫茫林海决定了契丹以放牧和射猎为主要的生活方式，而在草原上放牧和在山林中射猎，只有骑马才是最适宜的选择。另外，草原一马平川的地形便于车辆驰骋，而转徙随时的游牧生活又常常需要运输大量物品，车就成了契丹人运输和出行的必备交通工具。可以说，契丹境内独特的自然地理环境和生态资源条件给其交通方式打上了深深的烙印，具有鲜明的民族及生态地域特色。

第三节 环境与契丹畜牧业

作为北方游牧民族，畜牧业是契丹人赖以生存的衣食之源，是契丹社会的物质基础，也是财富和国力的象征，对辽朝的发展起着关键的作用。关于契丹畜牧业的研究，学界已取得了诸多成果，主要集中在契丹游牧方式、牲畜种类、畜牧业管理等方面，但从生态环境的角度研究契丹畜牧业还比较鲜见。在传统畜牧时代，牲畜的繁衍生息很大程度上依赖其境域内的自然地理环境和生态资源条件，如气候条件、水源情况、季节交替、牧草盛衰等都会对畜牧业产生重要影响，但是契丹人顺应环境的同时，也在积极地利用环境，发展畜牧业。

一、水草与契丹牧民

辽国幅员广阔，其疆域鼎盛时期"东至于海，西至金山，暨于流沙，北至

---

[1]《辽史》卷93《耶律铎轸传》，中华书局，1974年，第1379页。

[2]《辽史》卷93《萧惠传》，中华书局，1974年，第1375页。

胪朐河（今克鲁伦河），南至白沟，幅员万里。"[1]在其广阔的疆域内分布有森林、草原、山地、丘陵、沙漠、河流、湖泊等多种地貌、地形；从气候类型上看属于典型的季风气候，冬季漫长严寒而干燥，夏季短暂温湿而多雨，春、秋两季是冬夏的过渡期，气候变化多端。年温差较大，四季分明。辽国境内广袤无垠的草原是天然的牧场，水草丰茂，最适合畜牧业生产，对此文献多有记载，辽代的官营群牧的牧场都是"无蚊蚋、美水草之地"[2]。上京"水草便畜牧"[3]，"乌古部水草肥美。"[4]入辽的中原人也感受到了其地草原的盛况，"登天岭，岭东西连亘，有路北下，四顾冥然，黄云白草，不可穷极"，"汤城淀，地气最温。……其水泉清冷，草软如茸，可藉以寝，而多异花。"[5]汤城淀草原即指今天的巴林草原，《契丹风土歌》也赞叹契丹境内的草原："春来草色一万里，芍药牡丹相间红。"[6]正因为辽国境内水草丰茂，所以契丹"自太祖及兴宗垂二百年，群牧之盛如一日"[7]，畜牧业非常繁荣。

牧草和水源是牲畜赖以生存的资源，水草的好坏关涉到契丹畜牧业的盈亏，甚至关系到政权的兴亡。契丹人根据水源和牧草的状况"随水草就畋猎"，过着游牧生活。

1. 牧草与牧民

牧草是畜牧业发展的命脉，对牧民来说，"草即是肉"[8]。草原的负载量直接关系到牲畜的数量，决定着游牧经济的成败，甚至是牧民的温饱问题，特别是契丹早期更是如此。根据自然地理及行政区划，辽国横跨中国两大草原区，即东北草原区和蒙宁甘草原区，且以蒙宁甘草原区为主[9]。该区东部气候相对湿润，牧草茂密，且河湖众多，水源充足，是游牧的绝佳之地，适合牧养牛羊等牲畜；西部则比较干燥，适合生长耐寒、耐旱植物，如灌木、半灌木，适合牧养骆驼和山羊等牲畜。从草场类型上看这两大草原区主要由疏林草原、草甸

[1]《辽史》卷37《地理志一》，中华书局，1974年，第438页。

[2]《金史》卷44《兵志》，中华书局，1975年，第1005页。

[3]《辽史》卷37《地理志一》，中华书局，1974年，第440页。

[4]《辽史》卷4《太宗下》，中华书局，1974年，第46页。

[5]（宋）叶隆礼：《契丹国志》卷25《胡峤陷北记》，上海古籍出版社，1985年，第237、第202页。

[6]（宋）姜夔著，夏承焘校辑：《白石诗词集》，人民文学出版社，1959年，第25页。

[7]《辽史》卷60《食货志下》，中华书局，1974年，第932页。

[8] 江帆：《生态民俗学》，黑龙江人民出版社，2003年，第111页。

[9] 张明华：《中国的草原》，商务印书馆，1995年，第20页。

草原、干草草原组成。契丹人世代繁衍生息在这茫茫大草原上，随水草迁徙，发展畜牧经济，创造游牧文明。

史籍中关于契丹牧草种类的记载寥寥无几，因为那时的契丹人还没有掌握将牧草科学分类的知识，也没有区分牧草的意识，所以文献中记载极少，只有到过辽境的中原人在其行程录中有少许记载，如息鸡草、荔梃、枲耳、蒹芋、稗草等。胡峤"自上京东去四十里，……多草木，……又东行，至袠潭，始有柳，而水草丰美；有息鸡草尤美而本大，马食不过十本而饱。……自此西南行，曰六十里，……（有）长松、丰草、珍禽、异兽、野卉。"[1]从这段史料中可知，上京一带水草丰茂，与《辽史》记载相吻合，其中息鸡草最为著名，是契丹马的优质饲草，但是具体科属不详。东京道辽阳府境内"蒹芋渰，水多蒹芋之草。"蒹芋草是一种水生草，是一些牲畜喜食的牧草。沈括使辽经永安山，记载："永安地宜畜牧，畜以马、牛、羊，草宜荔梃、枲耳"[2]。荔梃是形似蒲但比蒲小的一种牧草，枲耳就是苍耳，一年生草，嫩苗人也可食用，这两种牧草马、牛、羊都喜食。目前见于史籍记载的牧草就这区区几种。毫无疑问，契丹境内的牧草种类应该非常丰富。契丹人生息的蒙宁甘草原区包括四大著名草原，由东向西依次为呼伦贝尔草原、锡林郭勒草原、鄂尔多斯草原和阿拉善草原，根据现代学者的研究，目前这四大草原"牧草种类丰富，饲用植物达900多种，其中优良牧草200多种，如羊草、披碱草、雀麦草、狐茅、针茅、隐子草、冰草。早熟禾、野苜蓿、草木栖、冷蒿、野葱、锦鸡儿等，青嫩多汁，营养丰富，各种牲畜都爱吃。"[3]由此推断，在1000年前的辽代，特别是前期，生态资源相对较好，这一地区的牧草种类应该更丰富，只是文献没有记载罢了。

草原上的天然牧草基本可以满足契丹牧民夏秋两季的放牧之需，政府和牧民需解决的重要问题是冬、春两季的饲草。特别是在漫长而严寒的冬季，牧草稀少，尤其是牧草被大雪覆盖时，牲畜整个冬天几乎都啃食不到牧草，所以储备饲草就非常重要了。关于契丹牧民冬季牧草的储存史籍并未记载，但是"在气候干旱寒冷的北方地区，如果没有供给漫长的寒冬所需要的牧草和饲料储备，

---

[1]（宋）叶隆礼：《契丹国志》卷25《胡峤陷北记》，上海古籍出版社，1985年，第238页。

[2]（宋）沈括：《熙宁使契丹图抄》，载贾敬颜：《〈熙宁使契丹图抄〉疏证稿》，《文史》第22辑，中华书局，1984年，第123-124页。

[3] 张明华：《中国的草原》，商务印书馆，1995年，第20页。

游牧生产将是十分困难的，更不用说备荒、备战了。"[1]所以契丹牧民在长期畜牧生产中应该很早就总结出了储存牧草过冬的畜牧业经验，虽然史籍无记载，但可以从相关的史料中求得旁证。如契丹与西夏交往密切，政治上西夏是辽的藩属国，并且两朝有姻亲关系，西夏的畜牧经验契丹人肯定了解，史籍记载西夏政府以法律的形式征集牧草，"一诸租户家主除冬草蓬子、夏蒡等以外，其余种种草一律一亩当纳五尺捆一捆，十五亩四尺背之蒲苇、柳条、萝萝等一律当纳一捆。"[2]由此可推测，辽朝政府对牧草也会有征收，辽国有诸多官营牧场，即群牧所，契丹群牧可谓是国家的经济命脉，也是战争胜利的保障，成千上万群牲畜在官营牧场繁衍生息，政府务必竭尽全力保障群牧所的牲畜安全度过无草或缺草期，重要的办法就是向牧民征收牧草，供给群牧所。另外，契丹牧民会自行采集牧草过冬。当然牧草的储备是有限的，如果遇到严重的灾害还是无法满足数以万计的牲畜之需。

除天然牧草外，农作物秸秆及人工种植的稗草、苜蓿等成为契丹冬春牲畜的重要饲草之一。契丹人很早就经营粗放型农业，建国后随着疆土的扩大和大量汉人的涌入，草原上出现了大量的插花田，多种谷物都在辽地种植，主要有粟、黍、糜、粱、稗、荞、麦、稻等，如"永安……谷宜粱荞。"[3]特别是燕云地区乃膏腴之地，"蔬益、果实、稻粱之类，靡不毕出；而桑柘麻麦……不问可知。"[4]这些谷物的秸秆成为契丹牲畜冬季饲草的重要组成部分。契丹政府还组织牧民种植稗子作为饲草，稗子耐干旱、能抗寒，适应性强，繁殖力强，生长茂盛，是一种很好的饲草。路振使辽所见"（刑头）东北百余里有鸭池，鹙之所聚也，虏春种稗以饲鹙，肥则往捕之。"[5]契丹人种稗草除了饲鹙，主要用来喂养牲畜。

2. 水源与牧民

畜牧业生产的另一个重要条件就是水，驻牧地的选择与水草关系最为密切，与草相比，牲畜的饮水更重要。尤其是夏天温度较高牲畜饮水次数较多，"以羊

[1] 申友良：《辽朝对中国北方地区农业开发的贡献》，《湛江师范学院学报》1999 年第 2 期，第 2 页。
[2] 史金波、聂鸿音、白滨译：《天盛改旧新定律令》卷 15，法律出版社，2000 年，第 503 页。
[3] （宋）沈括：《熙宁使契丹图抄》，载贾敬颜：《〈熙宁使契丹图抄〉疏证稿》，《文史》第 22 辑，中华书局，1984 年，第 123-124 页。
[4] （宋）叶隆礼：《契丹国志》卷 22《州县载记》，上海古籍出版社，1985 年，第 217 页。
[5] （宋）路振：《乘轺录》，载赵永春编注：《奉使辽金行程录》，吉林文史出版社，1995 年，第 20 页。

而论，夏天一日需饮水2～3次，……因此营盘必须接近饮水处。"[1]所以契丹牧民常"择善水草以立营"[2]，即以饮水点为核心决定放牧的距离。契丹牲畜饮水以天然水源为主，夏季主要是河湖水，冬季是雪水。虽然河湖水是季节性的天然降水，水量会随季节变化，但在传统畜牧经济时代有举足轻重的地位。辽地广阔的草原上河湖众多，特别是辽前期气候温暖湿润，境内河湖纵横，这在此前已经有所论述。这些河流湖泊在草原上纵横交错，基本可以满足牧民夏季放牧之需。夏季契丹牧民会将百万畜群集中在这些河湖附近，而在河湖周围往往生长着茂密的牧草，是牧民放牧的最佳之处。

　　除这些天然的河湖外，草原上还有丰富的地下水源，如泉水也是牲畜的重要水源，辽国境内有丰富的泉眼，文献记载"手山。山巅平石之上有掌指之状，泉出其中，取之不竭。"[3]"滦州……有扶苏泉，甚甘美"[4]，丰州有"九十九泉"[5]等，这些从山上流淌下来的泉水汇成溪流穿行草原之中，供牲畜饮用。

　　地下水要通过凿井的方式才能有效利用。可以说，打井是促进畜牧业发展的最好技术。北方游牧民族通常将水井开凿在草场丰茂之处，水井周围的草场是牧民营盘的理想场所，有了水井，牧民放牧就可以不为天然水源所限，相对比较自由灵活，也可以更充分地利用草场，非常有利于畜牧业发展。但在草原上打井起源的比较晚，据《元朝秘史》记载出现在蒙古窝阔台时期，目前多数学者认为契丹人还没有掌握在草原上凿井的技术。笔者认为这还值得商榷，辽代相关史籍确实没有关于契丹牧民在草原上凿井的记载，但是有资料显示，契丹人早在立国之初就有水井，如太宗会同七年（944年），"太守吴峦投井死。"[6]中京大定府"城池湫湿，多凿井泄之，人以为便。"[7]这就说明契丹人是掌握凿井技术的，既然能在城中凿井，那么在草原上凿井也是可能的。另外，同时期的北宋和西夏都早已掌握了凿井技术，辽与宋、夏交往密切，关于凿井之事契丹人不可能不知晓。特别是同为游牧民族的西夏在草原上凿井有明确记载，《西

[1] 韩茂莉：《历史时期草原民族游牧方式初探》，《中国经济史研究》2003年第4期，第98页。

[2] 《辽史》卷30《天祚皇帝四》，中华书局，1974年，第357页。

[3] 《辽史》卷38《地理志二》，中华书局，1974年，第457页。

[4] 《辽史》卷40《地理志四》，中华书局，1974年，第501页。

[5] 《辽史》卷41《地理志五》，中华书局，1974年，第508页。

[6] 《辽史》卷4《太宗下》，中华书局，1974年，第53页。

[7] 《辽史》卷39《地理志三》，中华书局，1974年，第482页。

夏谚语》云："凿井草中畜不渴"。另外，当时大量中原汉人工匠涌入辽境，这些工匠中定有"井匠"，他们会带去更先进的凿井技术，帮助契丹人在草原上凿井。由此可以推断，契丹牧民为放养牲畜在草原上凿井是可能的，甚至政府亦可能以行政的手段组织牧民凿井，但是因人力、物力所限，契丹草原上应该不会出现大规模的水井。

牲畜冬季饮水主要靠积雪，北方草原上的冬季，多数时候都是白雪皑皑，正常情况下都可以满足牲畜饮水之需，正如欧阳修《马啮雪》诗云："马饥啮雪渴饮冰，北风卷地来峥嵘。"[1]契丹牧民把夏天不能利用的无水草原作为冬营地，"传统时代冬营地面积不会少于草原总面积的一半"[2]，在这样大面积的冬营地里，雪水是牲畜的重要水源。

二、契丹人的牧养方式

契丹人在长期的畜牧生产过程中总结出了丰富的畜牧经验，通过轮牧、混牧、散牧等放牧方式对水草资源合理利用，保持草原生态环境的平衡。

1. 轮牧

草原上的生态资源条件决定了其载畜量的有限性，没有任何一个草场能经得起长期放牧或超负荷放牧，契丹牧民在长期的畜牧实践中逐渐意识到，要想让畜牧经济长久发展成为可能，就必须保护草原生态环境的平衡，为了使牧草能有效恢复，也为了秋冬违寒、春夏避暑，契丹人实行春、夏、秋、冬四季轮牧的方式。契丹统治集团四时捺钵就是随季节轮牧的最好体现，"因宜为治，秋冬违寒，春夏避暑，随水草，就畋渔，岁以为常，四时各有行在之所，谓之捺钵。"契丹牧民通常把放牧的场地分为春夏营地和秋冬营地。春夏营地多选择在水草丰美、河湖众多且清爽宜人之处，秋冬营地则主要选在草木茂盛且向阳避风之所。《辽史·营卫志》记载的五院部大王及都监"春夏居五部院之侧，秋冬居羊门甸"，六院部大王及都监"春夏居泰德泉之北，秋冬居独庐金（今山西大同附近）"，都是按季节轮牧的体现。

[1]（宋）欧阳修：《欧阳修全集》卷6，中华书局，2001年，第92-93页。
[2] 朱延生主编：《呼伦贝尔盟畜牧业志》，内蒙古文化出版社，1992年，第85页。

苏颂使辽时记载了契丹人四时轮牧的场景,"马牛到处即为家,一卓穹庐数乘车。千里山川无土著,四时畋猎是生涯。"[1]这种随着季节的变化而更换牧场的轮牧方式既可以使草场得以恢复,保护草原生态平衡,又有利于牲畜的繁殖。可以说,逐水草而居是游牧民族对草原生态环境的适应与利用。即使在一个牧场内契丹牧民也会循环式移动放牧,即依据草场好坏,实行不同频率的放牧。放牧频率与牧草的再生能力成正比,学者研究认为"放牧频率一般为牧草再生次数加一。如我国北方草原地区牧草在生长季节内,一般可再生2~3次,其放牧频率可达3~4;荒漠地区,牧草在生长季节内,一般只能再生一次,其放牧频率为2。放牧频率过高,影响牧草的再生,易导致草场的破坏;放牧频率过低,则牧草得不到充分利用,从而降低草场的生产力。"[2]所以说,轮牧方式在有效利用草场的同时,也对草场资源进行保护。

2. 混牧

马、牛、羊各种牲畜食草的能力是不同的,马和牛的唇比较厚,太矮的草吃不到,而羊唇比较薄,可以一直啃到草根,这样马、牛吃过的草场还可以继续牧羊,但是羊吃过的草场就不能再放牧任何牲畜了,这时必须给草场休养生息的时间,再生后才可利用。这一经验是契丹人在长期的游牧生活中总结出来的,契丹牧民为了有效利用草场,常常采取混牧的方式,这是传统游牧时代颇具生态学和经济学意义的放牧行为。克什克腾旗二八地1号辽墓,在石棺右内壁描绘有夏季草原上契丹人放牧的情景,马群在最前面,牛群在中间,羊群在最后,这种放牧方式很显然就是混牧[3]。这三种牲畜混合在一起放养,食草时各取所需,互不干涉,能最大限度地利用草场。事实也证明,这种放牧方式是有生态学道理的,这一点古人早已总结出来了。史载"牛群可无羊,羊群不可无牛。……羊食之地,次年春草必疏。牛食之地,次年春草必密,草经羊食者,下次根出必短一节,经牛食者,下次根出必长一节。牛羊群相间而牧,翌年之草始均。"[4]这是古代牧民总结出来的畜牧业经验,直到今天草原牧民也在采用。美国著名学者舒斯基在研究撒哈尔牧民放牧时

---

[1] (宋)苏颂:《苏魏公文集》卷13《契丹帐》,中华书局,1988年,第171页。

[2] 张秉铎:《畜牧业经济辞典》,内蒙古人民出版社,1986年,第102页。

[3] 项春松:《辽代壁画选》,上海人民美术出版社,1984年,图版六。

[4] 徐珂:《清稗类钞》第5册,中华书局,1984年,第2277页。

说："牧民在撒赫尔的牧群中，一般将绵羊与骆驼和牛群混合放牧，有时这四种动物组成一个牧群。山羊和骆驼是喜食叶类植物的动物，绵羊和牛群则喜欢青草。"[1]当然这种混牧方式会因为几种牲畜的移动速度不同而不适合在广阔的草原上进行，主要适合在山谷中或者小面积的草场上，如王曾使辽过古北口后就看到"山中长松郁然，……时见畜牧，牛、马、橐驼，尤多青羊、黄豕。"[2]苏颂也说此地"牛羊遍谷"。因为这种混牧方式能经济地利用草场，所以一直被北方游牧民族沿用至今。

3. 散牧

除了混牧，契丹人也实行分群散牧，这种方式又称"满天星"式放牧，适合于在广阔的草原上使用。据史籍记载这种放牧方式是草原民族匈奴人发明的，后来被契丹人沿用。苏颂使辽亲见契丹人散牧的盛况，"契丹马群动以千数，每群牧者才三二人而已。纵其逐水草，不复羁绊。有役则旋驱策而用，终日驰骤而力不困乏。……马遂性则滋生益繁，此养马法也。"[3]而苏颂《北人牧羊》诗注云："羊以千百为群，纵其自就水草，无复栏栅，而生息极繁。"[4]这种散牧之法，就是把马群、羊群散放在茫茫草原上，顺应其天性，让其自由生长。事实证明这种放牧方式是成功的，直到辽朝末年，契丹"马犹有数万群，每群不下千匹"[5]，而羊也千百成群。

三、牧民对草原灾害的应对

中古时期的契丹畜牧业还处于传统经营时代，对自然环境有很大的依赖性，所以牧民们总结草原上的牲畜"夏饱、秋肥、冬瘦、春死"等受制于自然的规律。特别是草原上雪灾、风灾、旱灾、狼灾等各种灾害发生时，牧民往往损失惨重，政府及牧民面对灾害积极采取一些应对措施。

[1]〔美〕舒斯基著，李维生等译：《农业与文化——传统农业体系与现代农业体系的生态学介绍》，山东大学出版社，1991年，第98-99页。
[2]（宋）叶隆礼：《契丹国志》卷24《王沂公行程录》，上海古籍出版社，1985年，第232页。
[3]（宋）苏颂：《苏魏公文集》卷13《契丹马》，中华书局，1988年，第175页。
[4]（宋）苏颂：《苏魏公文集》卷13《辽人牧》，中华书局，1988年，第173页。
[5]《辽史》卷60《食货志下》，中华书局，1974年，第932页。

北方草原的冬季漫长而严寒，白雪皑皑、千里冰封是常见现象，冬季牲畜的饮水主要靠吃雪，但是降雪过大将牧草埋在下面，牲畜就会因为吃不到草而饿死，这种气候牧民称白灾。更严重的是雨夹雪的天气，雨雪混杂，伴随骤然降温，直接将牧草封冻，这时就连有刨雪能力的牲畜也吃不到草了，而牧民储备的饲草不足以长时间喂养大量的牲畜，这样牲畜就会大批死亡，畜牧经济严重受损，甚至关系到政权的成败。史籍中关于契丹境内的白灾多有记载，太祖天赞三年（924年）春，"大雪弥旬，平地数尺，人马死者相属"[1]。道宗大康八年（1082年），在捺钵地遇大风雪，"马、牛多死"，次年四月，"大雪，平地丈余，马死者十六七"[2]。连刨雪能力很强的马都死亡十分之六七，其他牲畜就更可想而知了。所以契丹牧民总结认为，冬季畜牧业丰歉要看草原上的降雪量，"有雪而露草一寸许，此时牛马大熟。若无雪，或雪没草，则不熟。"[3]也就是说，冬季北方草原上，如果降雪后草能露出一寸左右，这样牲畜就既能吃到草，又能吃到雪，食草和饮水都能保证，这样牛马就会膘肥体壮，牧民就会大丰收，但是如果整个冬天无雪，牲畜就会因吃不到雪而渴死，而降雪太大，牲畜就会因为吃不到草而饿死，这样畜牧业就会歉收，牧民损失惨重。

契丹人为了应对雪灾，并且挨过寒冷的冬季，采取了一些应对措施，如根据气候及季节的变化，采取了定期放牧、定期收回的牧养方法，即每年从4月至8月出牧，令牲畜"自逐水草"，到8月末收归圈养，以保护牧群安全过冬[4]。另外，契丹人取得燕云地区后，为了避开雪灾，牧民往往把牲畜赶到燕地放牧，因为这里的燕山和军都山能有效地抵制凛冽的西北寒风，降雪量相对少一些，苏辙曾记载："契丹人每冬月避寒于燕地，放牧住坐。"[5]

旱灾也是畜牧经济的大敌。如前所述，辽代中后期气候转为干冷导致旱灾频发，有时赤地数千里，草木尽枯。苏颂使辽所见："北中久旱，经冬无雨雪"[6]。夏季干旱牧草枯竭，冬季干旱会使草原上无雪，牧民称其为"黑灾"。特别是干

[1]（宋）叶隆礼：《契丹国志》卷1《太祖大圣皇帝》，上海古籍出版社，1985年，第5页。
[2]《辽史》卷24《道宗四》，中华书局，1974年，第287、第288页。
[3]（清）厉鹗：《辽史拾遗》卷24引"东斋纪事"，中华书局，1985年，第437页。
[4]杨树森：《辽史简编》，辽宁人民出版社，1984年。
[5]（宋）苏辙：《栾城集》卷41，上海古籍出版社，1987年。
[6]蒋祖怡、张涤云整理：《全辽诗话》，岳麓书社，1992年，第308页。

旱时常常伴随大风，辽代史籍中"大风""伤草"记录颇多。如天祚帝乾统年间（1101—1110年），"大风伤草，马多死"[1]。特别是羊群最忌大风，"羊顺风而行，每大风起，至举群万计皆失亡。牧者驰马寻逐，有至数百里外方得者。"[2]甚至当大风瞬间改变风向，牧民也很难找到羊群，往往造成数以万计的羊损失殆尽，为避风灾，契丹牧民往往将羊群赶到山谷里放牧。

除了这些自然灾害，草原上大型食肉动物对牧民来说也是不小的威胁，契丹草原上野兽众多，特别是草原狼是羊群的大忌。文献中虽然没有关于契丹牲畜受到狼群攻击的记载，但是在生态环境相对较好的辽境草原上，狼群是一定存在的，太宗会同二年（939年）"夏四月……东京路奏狼食人。"[3]狼都可食人，羊群更不能幸免了，且直到辽末，草原上依然有大量的狼群活动，天祚帝之子梁王耶律雅里"猎查剌山，一日而射……狼二十一。"[4]可以推断，契丹草原上狼灾频发，特别是那些散牧的羊群很少有牧人看管，很容易遭到狼群袭击，狼群一次可以咬死大批羊，给牧民造成的损失也不小。

另外，契丹牧民对牲畜疾病的预防和控制能力也是很有限的，草原上由于气候、水草、灾害等因素很容易发生牲畜疫病，所以瘟疫也是牧民在畜牧业生产中要面对的灾害。

综上所述，契丹人在长期与自然环境做斗争的过程中总结了经营畜牧业的经验，采取轮牧、混牧、散牧等放牧方式以使水源和草场有效利用，这些经验都值得后世借鉴。但因为契丹畜牧业尚属于传统经营的时代，对自然的依赖性很大，气候、水源、草场对契丹畜牧业都有重要的影响。

第四节　西辽河流域农田开发与环境变迁

辽代西辽河流域的农业与环境问题韩茂莉、邓辉、邹逸麟、杨军、张国庆

[1]《辽史》卷101《萧陶苏斡传》，中华书局，1974年，第1433页。

[2]（宋）洪皓：《松漠纪闻》，吉林文史出版社，1986年，第41页。

[3]《辽史》卷4《太宗下》，中华书局，1974年，第46页。

[4]《辽史》卷30《天祚皇帝四》，中华书局，1974年，第354页。

等诸位学者已经做了较为深入的研究[1]，为我们揭示了辽代特定区域内人们农业生产活动对环境的影响，笔者将在此基础上做更进一步的探讨。

一、西辽河流域的地理解读

研究辽代西辽河流域的农田开发与环境变迁，首先要确定西辽河流域的地理范围及环境特征。西辽河流域主要包括西辽河干流及其支流流经区域，即西拉木伦河、老哈河、教来河、新开河，同时其北面的乌尔吉木伦河，据学者研究考察，辽时有古河道流入新开河，当时也属于西辽河水系。这些河流所流经的区域即为西辽河流域，面积约8.5万平方千米[2]。从行政区上划分，辽代西辽河流域主要包括上京道的东南部和中京道的北部，特别是临潢附近的州县都在这一地区。这里地处我国北方农牧交错带的东段，生态环境脆弱，历来人地关系比较紧张。在气候方面，西辽河流域地处中温带半干旱气候区，四季分明，春季干燥多风，夏季湿润多雨，80%的降雨都集中在6—9月，故夏季容易河流泛滥，河流含沙量较大，水土容易流失。空间分布也不均，中部雨量最少，毗邻科尔沁沙地西缘，土地容易沙化。植被主要是典型草原植被、乔木植被和草甸植被。

二、西辽河流域的农田开发

西辽河流域是契丹族的发祥地，研究者们称之为契丹腹地，契丹人世代在这里繁衍生息，特定的地理环境和地表植被决定了契丹人以游牧为主，在"春来草色一万里，芍药牡丹相间红"的广袤草原上，逐水草而居，过着游牧生活。

---

[1] 韩茂莉：《草原与田园——辽金时期西辽河流域农牧业与环境》，生活·读书·新知三联书店，2006年；《辽金农业地理》，社会科学文献出版社，1999年；《辽代西拉木伦河流域及毗邻地区聚落分布与环境选择》，《地理学报》2004年第4期；《辽金时期西辽河流域农业开发核心区的转移与环境变迁》，《北京大学学报》2003年第4期；《辽金时期西辽河流域农业开发与人口容量》，《地理研究》2004年第5期；《辽代前中期西拉木伦河流域以及毗邻地区农业人口探论》，社会科学辑刊，2001年第6期；邓辉：《辽代燕北地区农牧业的空间分布特点》，载侯仁之、邓辉主编：《中国北方干旱半干旱地区历史时期环境变迁研究文集》，商务印书馆，2006年；邹逸麟：《辽代西辽河流域的农业开发》，载陈述主编：《辽金史论集》第二辑，上海古籍出版社，1987年；杨军：《辽代契丹故地的农牧业与自然环境》，《中国农史》2013年第1期；张国庆：《辽代后期契丹腹地生态环境恶化及其原因》，《辽宁大学学报》2014年第5期。
[2] 邹逸麟：《辽代西辽河流域的农业开发》，载陈述主编：《辽金史论集》第二辑，上海古籍出版社，1987年，第69页。

虽然契丹人主要的生活方式是"马逐水草，人仰湩酪"，但是契丹早期亦有小规模粗放型的农业生产。早在阿保机的祖父均德实时就"喜稼穑……相地利以教民耕。"[1]阿保机的伯父述澜也"教民种桑麻，习织组"[2]，当时首领提倡农耕，但是通过"教民种桑麻"来看，契丹百姓还不熟悉农耕，直到太祖平诸弟之乱还"专意于农"。由此可见，当时在契丹腹地农田开发的规模是很小的，加之契丹早期西辽河流域气候适宜，所以此时的农田开发不会对环境造成干扰，西辽河流域依然是"风吹草低见牛羊"的景观。

辽代西辽河流域真正的农田开发肇始于太祖、太宗两朝大规模农业人口的迁入。其实早在契丹建国前就有汉人或因流亡，或因被俘而进入契丹腹地。如唐朝末年，阿保机率四十万大军"伐河东代北，攻下九郡，获生口九万五千"，又在中原"拔数州，尽徙其民以归"[3]，五代时期中原战乱，"幽、涿之人，多亡入契丹"。这些进入辽境的汉人多被安置在西辽河流域从事农业生产。之后随着辽朝的建立，契丹人开疆拓土，攻宋朝，灭渤海，更多的自发式移民和强制性移民大规模涌入西辽河流域，尤其是太祖太宗时期形成了首次移民高潮。对此史籍多有记载，"太祖下扶余，迁其人于京西，……分地耕种。"[4]天显元年（926年），阿保机灭掉渤海，随后为了加强对渤海人的控制，将相当一部分渤海人迁到西辽河流域，如"太祖破蓟州，掠潞县民，布于京东，与渤海人杂处。"[5]说明上京东部早有渤海人迁于此地。"太宗分兵伐渤海，迁于潢水之曲。"[6]直到开泰八年（1019年）五月，还"迁宁州渤海户于辽、土二河之间"[7]。那么在近半个世纪的时间内，迁入西辽河流域的农业人口到底有多少呢？这一问题很多学者进行了研究。邹逸麟先生研究认为，汉人和渤海人迁入西辽河流域大多集中在上京临潢府周围，即西拉木伦河流域，其中汉人十五六万，渤海人十六七万[8]。韩茂莉先生认为辽初从中原和渤海迁入上京地区的农业人口到辽中

[1]《辽史》卷59《食货志》，中华书局，1974年，第923页。

[2]《辽史》卷2《太祖纪》，中华书局，1974年，第24页。

[3]《辽史》卷1《太祖纪》，中华书局，1974年，第2页。

[4]《辽史》卷37《地理志》，中华书局，1974年，第439页。

[5]《辽史》卷37《地理志》，中华书局，1974年，第439页。

[6]《辽史》卷37《地理志》，中华书局，1974年，第448页。

[7]《辽史》卷16《圣宗纪》，中华书局，1974年，第186页。

[8]邹逸麟：《辽代西辽河流域的农业开发》，载陈述主编：《辽金史论集》第二辑，上海古籍出版社，1987年，第79页。

期大约有三十五万人[1]。杨军先生则认为分布于西拉木伦河和老哈河流域的农业人口有四五十万[2]。张国庆先生认为自辽建国前后至辽太宗耶律德光执政后期，仅被俘掠和流亡到契丹辽地的中原汉民大约有五六十万人，这些人绝大部分从事农耕种植生产[3]。学者们的研究结果尽管不尽相同，但是综合来看，最保守的估计辽代前期进入西辽河流域的农业人口下限不少于三十五万。

大批农业人口进入草原地区，契丹统治者建立了诸多州县安置他们，让他们过着定居的农耕生活。在契丹早期因滦河上游北岸"其地可植五谷"，耶律阿保机就建了汉城，安置大批中原汉民。后又建龙化州（今内蒙古通辽市奈曼旗境），安置"伐河东代北"时俘掠来的汉族百姓。《胡峤陷房记》载："过卫州，有居人三十余家，盖契丹所房中国卫州人筑城而居之。卫州在上京临潢府附近"。此后又陆续建立了许多这样的州、县。

根据史籍记载统计，辽廷在西辽河流域建立安置农业人口的州县有四十多个，这些州县多数都集中在上京临潢府周围及中京道北部的契丹腹地。一是便于加强控制，二是因为上京临潢府周围"地沃宜耕种"适合农业开发。神册三年（918年），阿保机建皇都，后改名上京（今内蒙古巴林左旗），并且在上京周围新增了一批州、县。如定霸县、临潢县、保和县、宣化县、兴仁县、易俗县等都在临潢府周围，这些州县安置了大量的农业人口，《辽史》记载，定霸县"本扶余府强师县民，太祖下扶余，迁其人于京西，与汉人杂处，分地耕种。"[4]临潢县"太祖天赞初南攻燕、蓟，以所俘大户散居潢水之北，县临潢水，故以名。地宜种植。户三千五百。"[5]易俗县，"本辽东渤海之民，太平九年（1029年），大延琳结构辽东夷叛，围守经年，乃降，尽迁于京北，置县居之。是年，又迁徙渤海叛人家属置焉。户一千。"[6]圣宗时期老哈河流域的中京大定府建城，"实以汉户"，其辖境内有十个州，居民多数从事农业生产。由此看来，辽代西辽河流域的州县地区就是农田开发的核心区，也呈现了西辽河流域独具特色的城郭农业。

[1] 韩茂莉：《辽代前中期西拉木伦河流域以及毗邻地区农业人口探论》，《社会科学辑刊》2001年第6期，第109页。
[2] 杨军：《辽代契丹故地的农牧业与自然环境》，《中国农史》2013年第1期，第56页。
[3] 张国庆：《略论辽代农耕种植业的发展》，《黑河学刊》1992年第2期，第105页。
[4] 《辽史》卷37《地理志》，中华书局，1974年，第439页。
[5] 《辽史》卷37《地理志》，中华书局，1974年，第439页。
[6] 《辽史》卷37《地理志》，中华书局，1974年，第440页。

迁入西辽河流域的农业人口，带来了先进的农耕技术、先进的生产工具以及先进的农业生产经验，同时也带来了适合北方旱地种植的作物品种。在西辽河流域出土的辽时的农具，如犁铧、镰、锄、镐、铡刀、禾叉等，形制与中原相同。另外，修渠灌溉、休耕轮作等农耕技术也都在这里广泛运用，这在文献记载及考古发现中都有据可查。中原地区的牛耕技术在辽境普遍使用，皇帝就曾经下诏"田园芜废者，则给牛、种以助之"[1]。另外，辽朝历代统治者非常重视农业发展，辽太宗"诏征诸道兵，仍戒敢忧伤禾稼者，以军法论"[2]；圣宗诏"禁刍牧伤禾稼"[3]，"诏诸军官毋非时畋猎妨农"[4]；兴宗诏令"禁扈从践民田"[5]。这些诏令为农业生产的顺利进行提供了有力保障。

先进的农耕技术加之统治者的重视，使辽代西辽河流域的农田开发规模迅速扩大，草原上出现了成片农田，陈述先生称之为"插花田"[6]。此后被学者沿用。就西辽河流域"插花田"的规模，韩茂莉先生研究认为到辽中期以西拉木伦河流域为核心的上京地区，开垦耕地与撂荒地约5万顷，以老哈河流域为核心的辽中京地区辽中期以后农田开垦面积达8万顷[7]。也就是说，西辽河流域的草原上到辽代中期已经开发了约13万顷农田，可谓规模空前，且颇具成效。因为辽代前期气候适宜，加之因为滦河以北西拉木伦河以南之间的区域土地肥沃，适宜农耕，宜种五谷，特别是老哈河流域的中京城附近是辽境的重要农业开发区，农业生产尤盛。苏颂使辽时在老哈河流域见到"耕耘甚广""田畴高下如棋布"的农耕盛况。马人望于天祚帝时被迁置中京任度支使，"视事半岁，积粟十五万斛"[8]。到10世纪末辽境已经是"编户数十万，耕垦千里。"《辽史》亦载，有辽一代"二百余年，城郭相望，田野益辟。"这里自然也包括西辽河流域的农业成就。西辽河流域农业的兴盛促进了辽王朝的经济发展，但是这一农牧交错地带生态环境非常脆弱，大规模农田开发势必对环境产生一定的扰动，一旦破坏了生态平衡，那环境的恶化将是不可逆转的，事实证明确实如此。

[1]《辽史》卷59《食货志》，中华书局，1974年，第924页。
[2]《辽史》卷59《食货志》，中华书局，1974年，第924页。
[3]《辽史》卷12《圣宗纪》，中华书局，1974年，第134页。
[4]《辽史》卷13《圣宗纪》，中华书局，1974年，第148页。
[5]《辽史》卷19《兴宗纪》，中华书局，1974年，第233页。
[6] 陈述：《契丹社会经济史稿》，生活·读书·新知三联书店，1978年，第17页。
[7] 韩茂莉：《辽金时期西辽河流域农业开发与人口容量》，《地理研究》2004年第5期，第684页。
[8]《辽史》卷59《食货志》，中华书局，1974年，第925页。

三、农田开发引发的环境变迁

西辽河流域作为生态敏感地带，地表植被脆弱，气候干旱少雨，一经扰动，如不注意修复，环境就会迅速恶化。辽代在此地进行大规模的农田开发，确实引发了一系列环境问题。

1. 农田开发与土地沙化

辽代前期虽然"契丹家住云沙中"，但是从"春来草色一万里"来看，这里的"沙"是被植被固定覆盖着的，没有形成流动的沙丘，也没有出现大面积沙化现象，生态环境良好。老哈河下游的白马淀在辽代中期以前还是契丹皇帝的冬捺钵地，"地甚坦夷，四望皆沙碛，木多榆柳。其地饶沙，冬月稍暖，牙帐多于此坐冬。"虽然这里"四望皆沙碛""其地饶沙"，但因"木多榆柳"，有植被覆盖，所以环境宜人，野生资源丰富，皇帝经常来此行猎。

但是随着大量农业人口的涌入，草原上出现了大规模的农田，三十多万的农业人口，开垦十几万顷的耕地，使西辽河流域的很多地区草场变农田，即人工植被取代了天然植被，这极易导致环境问题的出现。因为农作物防风固沙的能力很弱，况且北方气候条件和地理环境决定这里一年中作物覆盖土地的时间仅仅三四个月，其余大部分时间地表是裸露在外；而且因为西辽河流域土壤层比较薄，为了利用地利，人们采取休耕轮作的耕种方式，一片农田可能两三年轮耕一次，那么休耕期间的土地整年无植被覆盖，致使裸露在外的地表迅速沙化，在风力作用下出现扬沙天气。尤其是辽朝中期以后气候转为干冷，更加剧了西辽河流域的土地沙化进程，沙地物质受气候波动影响很大，随着降水量减少，气候变干，不仅沙地范围会扩大，原已固定的沙丘也会出现活化现象[1]。所以辽代中期以后西辽河流域土地沙化加剧，科尔沁沙地面积不断扩大，沙尘天气频发。咸雍三年（1067年），陈襄使辽，途中记述了科尔沁沙地西部的西拉木伦河上游南北两侧的沙漠景观，他在赴上京临潢府的途中，"经沙坨六十里，宿会星馆。九日至咸熙毡帐，十日过黄河（今西拉木伦河）。"[2]途经了60里的

---

[1] 韩茂莉：《草原与田园——辽金时期西辽河流域农牧业与环境》，生活·读书·新知三联书店，2006年，第161页。
[2]（宋）陈襄：《神宗皇帝即位使辽语录》，载赵永春编注：《奉使辽金行程录》，吉林文史出版社，1995年，第63页。

沙坨，可见沙地面积之大。大安五年（1089年），苏辙使辽记录了西拉木伦河与老哈河交汇处的木叶山一带的沙漠，"辽土直沙漠。……兹山亦沙阜"[1]。大安七年（1091年），彭汝砺使辽，也记载了西辽河流域的沙漠，此地"南障古北口，北控大沙陀。……大小沙陀深没膝，车不留踪马无迹。"[2]由此可知，辽中期以后从老哈河到西拉木伦河之间沙地景观不断出现，给宋朝使臣留下了深刻印象，所有途经此地的宋人都记载了沙漠地貌，表明西辽河流域沙化程度很严重了。辽朝中期以后契丹统治者将主要捺钵地由西辽河流域转向了松嫩平原也说明此地的生态环境已经恶化，不能满足皇帝捺钵的需要了。西辽河流域沙地面积的扩大，更导致大风扬沙天气频发，甚至作物种植后"虞吹沙所壅"[3]，严重影响了农业生产。

2. 农田开发与草场退化

草原上大规模农田的出现，也就意味着牧场面积相应的缩小，在牲畜数量不变的情况下，单位面积的载畜量会过高，于是过度放牧就不可避免，由此导致了草原生态系统的退化。《辽史·耶律引吉传》载："大康元年（1075年），乙辛请赐牧地，引吉奏曰：'今牧地褊狭，畜不蕃息，岂可分赐臣下。'帝乃止"。这说明辽道宗时期，辽境草场已经严重不足，导致"畜不蕃息"的现象出现，统治者不得不采取应对措施以缓解草场压力，其中之一就是将大量马匹迁入燕云地区，史籍记载"常选南征马数万匹，牧于雄、霸、清、沧间，以备燕、云缓急。"[4]虽然资料显示军马南下是为了军备需要，但也不排除是为了缓解内地草场压力而采取的一种措施。韩茂莉先生认为辽代庆州（巴林右旗索博日嘎苏木）、临潢府（今内蒙古巴林左旗林东镇）所设群牧司的马群规模已超过600万匹，存在明显的超载、过牧现象[5]。

同时为了灌溉农田，人们在草原上修筑了众多水渠或简易的河坝，这些水利工程截流了一部分河流，使原本滋润流经区域植被的水源断流，致使流域内植被特别是牧草长势不好，动物被迫迁徙，导致区域生态环境的恶化。

---

[1] 北京大学古文献研究所：《全宋诗》，北京大学出版社，1998年，第864页。

[2] 蒋祖怡、张涤云整理：《全辽诗话》，岳麓书社，1992年，第324页。

[3]（宋）叶隆礼：《契丹国志》卷24《王沂公行录》，上海古籍出版社，1985年，第231-232页。

[4]《辽史》卷60《食货志》，中华书局，1974年，第134页。

[5] 韩茂莉：《辽金时期西辽河流域农业开发与人口容量》，《地理研究》2004年第5期，第681页。

3. 农田开发与生态移民

辽代西辽河流域的过垦、过牧以及气候环境本身转向干冷等原因，使这一地区生态系统退化，造成了人地关系的紧张。对此，辽朝政府只能通过生态移民来缓解环境压力。关于这一问题韩茂莉、杨军等诸位学者做过系统研究，笔者在此基础上加以梳理论证。

有辽一代西辽河流域经历了二次农业人口的迁徙，虽然史籍没有明确记载这两次移民是为了缓解环境的压力，但是经过梳理分析，辽朝中期一部分农业人口由上京临潢府周围迁徙到中京大定府，即从西拉木伦河流域迁入老哈河流域，而且此次迁徙的农业人口大约有10万[1]。有的学者认为这次人口的迁徙是为了加强对奚人的控制，这种观点有待商榷，如果是为了加强对奚人的控制为什么不迁徙战斗力很强的契丹人，而只迁出不善于骑马射箭的农业人口，很显然是西拉木伦河流域的生态环境已经不适合农耕，所以不得不迁出大量农业人口以缓解环境压力。西拉木伦河流域比老哈河流域生态更脆弱，地处科尔沁沙地的腹心地带，辽初这里涌入了大批农业人口，环境压力剧增，随着农田开发，土地沙化加剧，导致土地不适合种植，而老哈河流域与之相比环境好些，更适合农田开发，但10万农业人口的涌入也不可避免地造成这一地区的环境压力，长此以往势必会导致环境的恶化。人们不得不重新寻找生存空间，到了金代又一次生态移民开始了，即从老哈河流域移到大凌河流域。辽代在科尔沁沙地上建立的州城，到金代几乎全被废除就是最有力的佐证。

第五节　环境与契丹人的四时捺钵

契丹人的四时捺钵是以草原为生态背景的颇具民族特色和北方地域特色的游猎文明，在一定程度上体现着环境特征，是契丹人在特定的生存环境下生活方式的选择和习俗文化的体现。

---

[1] 韩茂莉：《辽金时期西辽河流域农业开发核心区的转移与环境变迁》，《北京大学学报》2003年第4期，第475页。

一、四时捺钵制度形成的环境因素

辽国疆长域广，自然地理环境与中原迥异，这在此前已论述。天气寒冷、多风多沙、干旱少雨的气候环境使辽地不适合农耕，"辽土甚沃，而地寒不可种。"[1]正如日本学者江上波夫所言："骑马民族的发生和发展，极大程度上决定于地理环境。尤其欧亚大陆中部的茫茫草原，因干旱缺雨而无法进行农耕。"[2]

辽国的自然地理环境虽不适合农耕，但境内有浩瀚的草原和茫茫林海，为契丹人四时游牧提供了得天独厚的条件。但仅靠游牧还不足以满足契丹人的衣食之需，特别是契丹早期尤为如此，故为了生存，契丹人必须向自然界获取更多的生活资料，采取的方式就是狩猎，"春粱煮雪安得饱，击兔射鹿夸强雄"[3]是契丹人生活的真实写照。即使后来生活资料得以满足，契丹人依然把四时行猎当作练兵习武和休闲娱乐的方式延续下去。契丹境内种类繁多的野生动物为契丹人四时捺钵提供了得天独厚的生态资源，为契丹统治集团四时畋猎提供了有力保障。同时由于生境内气候寒冷，契丹人要秋冬违寒，春夏避暑，久而久之形成了随水草就畋渔的捺钵习俗。可以说，契丹人的四时捺钵"所独有的特点，就是由地理环境所形成的生活方式。"[4]所谓"风气异宜，人生其间，各适其便"。生活其中的契丹人顺应和利用环境选择了游猎为主的生活方式，"大漠之间，多寒多风，畜牧畋渔以食，皮毛以衣，转徙随时，车马为家。此天时地利所以限南北也。"[5]可以说，长城塞外独特的地理环境及生态资源孕育了契丹特色鲜明的捺钵文化。

二、捺钵地选择的生态依据

契丹统治集团春、夏、秋、冬捺钵地的选择首先要考虑气候条件、物产资源等环境因素，即"秋冬违寒，春夏避暑，随水草就畋渔，岁以为常。四时各

---

[1]（宋）苏颂：《苏魏公文集》卷13《和富谷馆书事》，中华书局，1988年，第176页。

[2][日]江上波夫著，张承志译：《骑马民族国家》，光明日报出版社，1988年，第3-6页。

[3]（宋）苏辙：《栾城集》卷16《房帐》，上海古籍出版社，1987年，第399页。

[4]姚从吾编：《东北史论丛》（下），正中书局，1959年，第1页。

[5]《辽史》卷32《营卫志中》，中华书局，1974年，第373页。

有行在之所，谓之'捺钵'。"这段史料说明了契丹捺钵地选择所考虑的气候环境是秋冬向阳、春夏清爽，所考虑的资源环境是水草丰美，物种丰富，这样的地方才是契丹帝王捺钵的行在之所。

1. 春捺钵——河湖众多之地

契丹统治集团春捺钵地的选择与环境关系最密切，特别是湖泊是春捺钵必需的生态背景。辽代前期契丹帝王主要的春捺钵地是长泺（今内蒙古奈曼旗工程庙泡子）、鸳鸯泺（今河北尚义东北之安固里淖）等西辽河流域的河湖地带。当时西辽河流域分布众多水草丰美的湖泽，环境比较优越，西辽河流域的众多大小湖泊为契丹统治集团的四时捺钵提供了得天独厚的资源环境，是理想的捕鱼猎鹅之处。

西辽河流域的长泊（长泺），"今天是盖克河尾端，为一片低洼地，有若干小湖沼。"[1]当时长泊生态资源丰富，多水鸟。"长泊，周围二百里，泊多野鹅鸭，戎主射猎之所。"[2]开泰二年（1013年），出使辽国的晁迥回宋时言及长泊"多野鹅、鸭。"[3]水草丰美的湖畔鸥鹭凌空，鹅鸭鸣唱，是天然的渔猎之地，所以辽代前期契丹皇帝频繁游幸长泺。据笔者统计，从太宗到圣宗共有11次"如长泺""幸长泺""驻跸长泺"的记载。

圣宗以后契丹统治集团的主要捺钵之地由西辽河流域转向了松嫩平原。捺钵地改变的原因，很多学者认为是政治所需，但也有的学者认为是西辽河流域生态环境发生变化的原因，王守春就持这一观点。他认为由于辽河冲积平原自然环境的整体恶化或这些湖泊面积缩小或消失，如长泺，辽代后期一百多年的时间中一直就没有再被提到[4]，可能已经消逝了，所以契丹皇帝不得不另外寻找春捺钵地。笔者赞同这一观点，因为自辽代中期开始中国气候逐渐由暖湿转为干冷，科尔沁沙地不断扩大，河湖面积缩小甚至干涸，野生动物锐减，这一环境的变迁导致西辽河流域不再适合春捺钵，而河湖密布、林草广袤的东北地区正是他们理想的选择。关于契丹四时捺钵的记载就是以辽代后期东北地区为基础来撰写的，其记载的契丹主要的春捺钵地尤以东北地区为主，如鸭子河、

[1] 王守春：《辽代西辽河冲积平原及邻近地区的湖泊》，《中国历史地理论丛》2003年第1辑，第133页。

[2]（宋）曾公亮：《武经总要前集》卷22《北蕃地理》，中华书局，1959年，第143页。

[3]（宋）叶隆礼：《契丹国志》卷23《渔猎时候》，上海古籍出版社，1985年，第226页。

[4] 王守春：《辽代西辽河冲积平原及邻近地区的湖泊》，《中国历史地理论丛》2003年第3辑，第137-138页。

混同江、挞鲁河、长春河、鱼儿泺等[1]。李健才先生统计，辽圣宗以后契丹皇帝到混同江29次、鸭子河14次，长春河6次[2]。这些江河湖泊之所以成为契丹统治集团春捺钵地的首选，主要是因为这里独特的环境为契丹人捺钵提供了丰富的渔猎资源。

文献记载，"春捺钵：曰鸭子河泺。……鸭子河泺东西二十里，南北三十里，在长春州东北三十五里，四面皆沙埚，多榆柳杏林"[3]；"春捺钵多于长春州东北三十里就泺甸住坐。"[4]长春州在今吉林省前郭县巴郎乡的他虎城，"他虎城北距嫩江下游十里，东距松花江曲折处约五十里，西距月亮泡约八十里，南距查干泡约二十里，东北距肇源县茂兴泡三十五里。境内主要有渔儿泺（今月亮泡）、鸭子河（混同江）、挞鲁河（长春河）等，即今东流松花江的西段和嫩江下游、月亮泡一带。这一带是洮儿河、嫩江、松花江汇流处，湖泊较多，自古以来就是著名的产鱼区和鹅、雁、野鸭的群集之处，是进行渔猎的理想地带。"[5]辽代后期帝王最频繁的春捺钵地就是鱼儿泺（今月亮泡），鱼儿泺当时是较大的水体，湖水幽深、鹅雁栖集，为辽帝春水提供了优越的生态资源环境。笔者根据《辽史》记载统计，从圣宗到天祚帝，契丹皇帝共有24次"如鱼儿泺""幸鱼儿泺"。另一处较频繁的就是鸭子河，"在大水泊之东，黄龙府之西，是雁鸭生育之处。"[6]辽帝常去的春捺钵之地大水泊"周围三百里"[7]，据学者考证大水泊当即今查干泡（位于吉林省松原市）[8]。今天的查干湖水域总面积依然有300余平方千米，这里水产资源丰富，特别是查干湖冬捕，这种古老的凿冰取鱼的狩猎方式经过世代传续现在已经是东北一大美景奇观。

由此可见，契丹皇帝春捺钵地的选择主要是在江河湖泊之地，只有这样的环境才能为契丹人春捺钵提供必要的渔猎资源，人们把春捺钵称为"春水"，就足以说明水域对契丹人春捺钵的重要意义。

[1] 傅乐焕：《辽史丛考》，中华书局，1984年，第40页。

[2] 李健才：《东北史地考略》，吉林文史出版社，1986年，第79页。

[3] 《辽史》卷32《营卫志中》，中华书局，1974年，第373-374页。

[4] （清）厉鹗：《辽史拾遗》卷13，引《燕北录》，中华书局，1985年，第247页。

[5] 李健才：《辽代四时捺钵的地址和路线》，《博物馆研究》1988年第1期，第33-34页。

[6] （宋）曾公亮：《武经总要前集》卷22《北蕃地理》，中华书局，1959年，第145页。

[7] （宋）曾公亮：《武经总要前集》卷22《北蕃地理》，中华书局，1959年，第144页。

[8] 李健才：《东北史地考略》，吉林文史出版社，1986年，第111页。

2. 夏捺钵——清爽怡人之处

习惯于在寒冷气候中生活的契丹人，难以忍受夏季的炎热，所以要选择凉爽宜人之处度过短暂的盛暑时光。另外，夏捺钵地还要山清水秀，草茂林密，鸟兽众多，便于游猎，即气候环境和物产资源俱佳之地。

有辽一代，契丹帝王的夏捺钵地主要在庆州、怀州、归化州等州境内的诸山及凉殿。庆州地处大兴安岭一带的高寒山区，史籍记载："庆州……本太保山黑河之地，岩谷险峻……地苦寒"[1]。直到今天这里依然山川壮美，景色秀丽，既有茫茫原始森林，又有水草肥美的草原，在密林茂草中栖息着种类繁多的珍禽异兽。可以想见，当时庆州诸山为契丹统治集团的夏捺钵提供了宜牧宜猎及避暑的优越环境。《辽史·营卫志》记载："夏捺钵，无常所，多在吐儿山。……吐儿山在黑山东北三百里，近馒头山。黑山在庆州北十三里，上有池，池中有金莲。子河在吐儿山东北三百里。怀州西山有清凉殿，亦为行幸避暑之所。"这段史料中提到的吐儿山、馒头山、黑山都在庆州（今赤峰巴林右旗白塔子乡古城）境内。吐儿山，又称犊儿山，太康元年（1075年）沈括使辽，在吐儿山亲见辽道宗夏捺钵地的行宫，"单于庭依犊儿山之麓，广荐之中，毡庐数十，无垣墙沟表，至暮，则使人坐草，袭庐击析。大率其俗简易，乐深山茂草，与马牛杂居，居无常处。"[2]契丹皇帝的捺钵行宫就设在深山茂草之中，在此纳凉游猎。开泰五年（1016年），薛映出使辽国还记载了"临潢西北二百余里，号凉淀，在漫头山南，避暑之处，多丰草，掘丈余，即坚冰云。"[3]由此可知，辽临潢西北二百余里馒头山附近也是凉爽的山区，适于避暑。辽代庆州境内除上述诸山外，还有赤山、太保山、老翁岭、兴国湖、辖失泺、黑河以及永安山等山地及河湖，山清水秀、清爽宜人，是近乎原生态的避暑胜地。永安山属于大兴安岭，在今内蒙古西乌珠穆沁旗与巴林左旗之间，辽帝"夏捺钵多于永安山住坐"，"契丹主……夏避暑于永安山"[4]。这里山势险峻、蜿蜒盘旋且森林茂密，是众多野兽的栖息之所，沈括亲见永安山"逾迤盘折，木植甚茂。"太平六年（1026年）

[1]《辽史》卷37《地理志一》，中华书局，1974年，第444页。

[2]（宋）沈括：《熙宁使契丹图抄》，载贾敬颜：《〈熙宁使契丹图抄〉疏证稿》，《文史》第22辑，中华书局，1984年，第124页。

[3]（宋）叶隆礼：《契丹国志》卷24《富郑公行程录》，上海古籍出版社，1985年，第232页。

[4]（宋）宇文懋昭撰，崔文印校证：《大金国志校证》卷11《熙宗孝成皇帝三》，中华书局，1986年，第166页。

五月，圣宗就"避暑于永安山之凉陉"。

辽代夏捺钵之地除在庆州诸山外，还有怀州西山之清凉殿和归化州之炭山（即凉陉）等地。"怀州……有清凉殿，为行幸避暑之所，皆在州西二十里。"辽代的怀州城在今巴林右旗幸福之路乡岗庙村内，这里群山环绕，凉爽宜人，是天然的避暑之地。隶属于归化州的炭山[1]，又称凉陉，也是契丹皇帝时常临幸的避暑游猎之地。史载："炭山，又谓之陉头，有凉殿。"《契丹国志》有云："陉，北地，尤高冻。北人常以五月上陉避暑，八月下陉。"关于这里的清凉，宋人也有记载："炭山……地寒凉，虽盛夏必重裘。宿草之下，掘深尺余，有层冰，莹洁如玉。至秋分，则消释。山北有凉殿，虏每夏往居之。（中京）西北至刑头五百里，地苦寒，井泉经夏常冻。虏小暑则往凉殿，大热则往刑头，官属、部落咸辇妻子以从。"[2]由此可见，炭山从气候环境来讲确实是避暑的好地方。除气候条件适宜外，这里的生态资源也非常丰富，林深草密，禽鸟野兽众多，路振就见到炭山"东北百余里有鸭池，鹜之所聚也，虏春种稗以饲鹜，肥则往捕之。"

3. 秋捺钵——草深林密之地

从史籍记载来看，契丹人的秋捺钵地亦主要在庆州境内的诸山及"平地松林"之中进行。"秋捺钵，曰伏虎林。七月中旬，自纳凉处起牙帐，入山射鹿及虎。林在永州西北五十里。"据傅乐焕考证，伏虎林所在的永州为庆州之误[3]。这里不但自然环境优美，而且茫茫林海虎鹿藏，野生动物繁多，庆州诸山"山水秀绝，麋鹿成群"[4]，所以契丹皇帝"四时游猎，不离此山"。辽穆宗、景宗、圣宗、道宗、天祚帝时的"秋山"均在庆州群山中进行。此外，分布于大兴安岭西侧，今西拉木伦河上源地区的"平地松林"也是契丹皇帝时常临幸的秋捺钵地，见于《辽史》记载的辽代诸帝"猎平地松林""幸平地松林"的记载就有12次之多，而且多为秋猎。

---

[1] 关于炭山的地理位置，学界有不同说法。"炭山，又名陉头，凉陉。在今河北独石口外西北滦河上游。一说是独石口外东黑龙山，一说为今万全县南炭山；又有在今北京古北口附近之说。为辽帝、后避暑、秋猎之地。"（中国历史大辞典·历史地理卷编纂编委会会编：《中国历史大辞典 历史地理》，上海辞书出版社，1996年，第636页。）

[2]（宋）路振：《乘轺录》，载赵永春编注：《奉使辽金行程录》，吉林文史出版社，1986年，第20页。

[3] 傅乐焕：《辽史丛考》，中华书局，1984年，第56-59页。

[4]（宋）叶隆礼：《契丹国志》卷5《穆宗天顺皇帝》，上海古籍出版社，1985年，第54页。

4. 冬捺钵——向阳避寒之所

避寒是契丹人的大事，体现在捺钵文化中就是捺钵地的选择，即主要是考虑向阳背风，同时也考虑生态环境适合游猎。木叶山附近的广平淀就符合这一条件，这里气候温暖、物产资源丰富，所以是契丹皇帝冬捺钵比较固定的地方。文献记载，"冬捺钵曰广平淀。在永州东南三十里，本名白马淀。东西二十余里，南北十余里。地甚坦夷，四望皆沙碛，木多榆柳。其地饶沙，冬月稍暖，牙帐多于此坐冬。"[1]这段史料印证了契丹皇帝冬捺钵地选择的环境因素。"地甚坦夷"说明这里面积广大，一马平川，在这广袤平川之域，分布着众多大小湖泊便于冰下钩鱼，并有榆柳疏林草原便于射猎，更重要的是此地"冬月稍暖"是避寒的好地方。

使辽的宋人多有到过广平淀者，如宋绶（1020年）、彭汝励（1091年）、苏颂（1068年、1077年），在他们的行程录中对广平淀的地理环境都有描述，宋绶于辽圣宗开泰九年（1020年）使辽，在《上契丹事》中云："过白马淀，……少人烟，多林木，其河边平处，国主曾于此过冬。"彭汝励于辽道宗大安七年（1091年）使辽见广平淀"广大而平易"，宋使对广平淀环境的记载都突出了此地地势平坦、气候温暖的地理环境特征。傅乐焕对冬捺钵广平淀考证也说："潢河土河合流处之平原，地势坦夷，薪水易得，兼以多沙天暖，为辽诸帝主要冬季居地。"[2]由此可见，契丹帝王冬捺钵地的选择主要是考虑环境因素。直到今天，"此地冬季气候较暖，低纬度的乌丹每年秋季树叶已落，而这里还是绿叶满树"[3]，这与文献所载的"其地饶沙，冬月稍暖"的环境基本是相符的。

三、契丹人四时捺钵活动的生态性

契丹人四时捺钵活动与其捺钵地的生态环境密切相关，地理环境、气候条件等自然因素决定了捺钵地的物种数量、种类与分布状况，可以说，契丹统治集团捺钵活动的内容主要是由捺钵地的自然物产资源决定的。正如中原人总结

---

[1]《辽史》卷32《营卫志中》，中华书局，1974年，第375页。
[2] 傅乐焕：《辽史丛考》，中华书局，1984年，第73页。
[3] 姜念思、冯永谦：《辽代永州调查记》，《文物》1982年第7期，第34页。

的那样，"北人……正月钓鱼海上，于冰底钩大鱼，二三月放鹘子海东青打雁，四五月打麇鹿，六七月凉淀坐夏，八九月打虎豹之类，自正月至岁终，如南人趁时耕种也。"[1]这则史料比较全面地概括了契丹四时捺钵的主要活动内容。大体上来说，契丹统治集团春捺钵在河湖广布之地钓鱼、捕鹅；夏捺钵在清爽宜人之处避暑、议政、障鹰；秋捺钵在广袤山林中射虎及鹿；冬捺钵在气候稍暖之水淀旁避寒、射猎、议政。其中春、秋捺钵内容最为丰富。

1. 春捺钵——钓鱼、捕鹅

契丹皇帝春捺钵的内容，首先是凿冰取鱼，其次是纵鹰鹘捕鹅雁。史籍记载，"春捺钵……皇帝正月上旬起牙帐……天鹅未至，卓帐冰上，凿冰取鱼。冰泮，乃纵鹰鹘捕鹅雁。晨出暮归，从事弋猎。"正月浩浩荡荡的队伍出发，到江河湖泊众多的春捺钵地，这时北国大地依然千里冰封，河湖冻结，生活在冰天雪地中的契丹人利用生存环境，卓帐冰河之上，进行颇具民族特色和地域特色的寒冬捕鱼。这一活动，宋人有记载："蕃俗喜罩鱼，设毡庐于冰河之上，密掩其门，凿冰为窍，举火照之，鱼尽来凑，即垂钓竿，罕有失者。"[2]宋人程大昌称契丹人春捺钵凿冰捕鱼的活动是"北方盛礼"[3]，一语道破了这一活动的地域特色和环境特征。凿冰取鱼是契丹人在长期与自然环境做斗争的过程中总结出来的生产经验，而且这一习俗一直被后世传承。今天居住在黑龙江北岸及嫩江流域的达斡尔人，每到河湖封冻后，就开始凿冰网鱼，俗称"打冬网"。有的学者认为达斡尔人是契丹人的后裔，他们继承祖先凿冰捕鱼的习俗，世代繁衍生息在河湖之畔。

春捺钵的第二项活动就是捕鹅、雁及野鸭等禽鸟。三、四月，北方大地万物复苏，冰雪消融，喜欢群栖在湖泊和沼泽地带、水丰草茂之处的天鹅、大雁等候鸟成群结队地飞越崇山峻岭，来到北国大地，栖息在江河湖泽中，成为契丹人的理想猎物。如前文所说："延芳淀方数百里，春时鹅鹜所聚"；"（炭山）东北百余里有鸭池，鹜之所聚也。虏春种稗以饲养鹜，肥则往捕之。"[4]曾经使辽的晁迥言及长泊时也说："泊多野鹅、鸭。"《武经总要·北蕃地理》记载："鸭

[1]（清）厉鹗：《辽史拾遗》卷13，中华书局，1985年，第247页。
[2] 贾敬颜：《五代宋金元人边疆行记十三种疏证稿》，中华书局，2004年，第117页。
[3]（宋）程大昌：《演繁露》卷3，四库影印本第852册，第176页。
[4] 贾敬颜：《五代宋金元人边疆行记十三种疏证稿》，中华书局，2004年，第70页。

子河……是雁鸭生育之处。"由此可见，春暖花开之际，河湖水波荡漾，禽鸟翔集，一派生机盎然的自然景观。契丹人就在这样的生存环境中自由地生活，放牧、捕鹅，体现了人与环境的互动。

契丹统治集团春捺钵捕鹅的过程史籍记载比较详尽，"皇帝每至，侍御皆服墨绿色衣，各备连锤一柄，鹰食一器，刺鹅锥一枚，于涞周围相去各五七步排立。皇帝冠巾，衣时服，系玉束带，于上风望之。有鹅之处举旗，深骑驰报，远泊鸣鼓。鹅惊腾起，左右围骑皆举帜麾之。五坊擎进海东青鹘，拜授皇帝放之。鹘擒鹅坠，势力不加，排立近者，举锥刺鹅，取脑以饲鹘。"[1]从这段史料分析，捕鹅时侍御都穿墨绿色衣服，为的就是与周围环境一致，起到掩护的作用，并且在水泊周围每隔一段距离站一人，当鹅聚集时围骑举帜麾之，这是一种湖边围猎场景，对此《契丹国志》也有类似的记载。另外，《契丹风土歌》更生动形象地描述了契丹春捺钵捕鹅的壮观场景："春来草色一万里。……平沙软草天鹅肥。胡儿千骑晓打围。皂旗低昂围渐急。惊作羊角凌空飞。海东健鹘健如许。韝上风生看一举。万里追奔未可知。划见纷纷落毛羽。"[2]值得一提的是，契丹帝王"春水"期间用海东青捕鹅已经成为最具民族特色的渔猎方式，这在辽墓壁画以及器物纹饰中都有反映，特别是"春水玉"，海东青、天鹅、水草、荷花在玉雕中栩栩如生的展现，向今天的人们诉说着古老的契丹族与大自然亲密接触的生活场景。

2. 秋捺钵——射虎及鹿

契丹统治集团猎捕野兽的活动主要是在秋捺钵时，因为此时野兽正膘肥体壮，无论是肉还是皮毛都是优质时期。当然其他季节捺钵也有相应的狩猎活动。据《辽史》记载，契丹人秋捺钵主要是射鹿，还有虎、熊等野兽，据王守春统计，契丹皇帝仅在西辽河流域及其附近地区共射鹿44次，射虎15次，射熊15次[3]，其中绝大多数都是秋猎。契丹帝王"七月中旬自纳凉处起牙帐，入山射鹿及虎。"契丹秋捺钵的诸山中麋鹿成群、虎、熊等野兽众多，其中秋捺钵地的伏虎林就是因"有虎据林……虎伏草际"而得名，这些林中野兽为契丹统治集团行猎提

[1]《辽史》卷32《营卫志中》，中华书局，1974年，第374页。
[2]（宋）姜夔著，夏承焘校辑：《白石诗词集》，人民文学出版社，1959年，第25页。
[3] 王守春：《全新世中期以来西辽河流域动物地理与环境变迁》，《地理研究》2002年第6期，第717-718页。

供了丰富的资源。

契丹秋捺钵射虎、鹿多为围猎，"常以千人以上为大围，则所获甚多，其乐无涯也。"[1]契丹人围猎射鹿的方法也颇具生态特色，"每岁车驾至，皇族而下分布泺水侧。伺夜将半，鹿饮盐水，令猎人吹角效鹿鸣，既集而射之。谓之'舐碱鹿'，又名'呼鹿'。"这是契丹人在长期的狩猎活动中，观察总结出来的野鹿"嗜盐"之习性，通过在水泊旁盐撒，同时仿效鹿鸣，引来成群野鹿饮盐水，然后集中围猎。有时皇帝也带领小队人马出猎，确也收获颇丰。大康二年（1076年），道宗秋猎"一日射鹿三十。"[2]道宗每到秋捺钵之时还率群臣及后妃们去伏虎林行猎射虎。清宁二年（1056年）八月，道宗率皇后萧观音及嫔妃至伏虎林秋猎，皇后萧观音作《伏虎林应制》诗："威风万里压南邦，东去能翻鸭绿江。灵怪大千俱破胆，那教猛虎不投降"。秋捺钵除了射野鹿、虎、熊，《辽史》中还记载了秋猎射豹、野猪、野马、黄羊等野生动物。由此可知，秋捺钵之时骑马善射的契丹人穿行于茫茫林海中，同大自然亲密接触，享受着自然带给他们的福祉。

综上所述，契丹四时捺钵制度的形成是由其所处的生存环境决定的，一望无垠的草原和莽莽群山决定了契丹人"千里山川无土著，四时畋猎是生涯"的生活方式。四时捺钵就是契丹人向自然界获取生活资料的一种行为，这种捺钵制度终辽一代未曾有变。辽朝末年，在内忧外患的时刻，天祚帝依然在四时游猎，天庆元年（1111年）"春正月，钩鱼于鸭子河。二月，如春州。三月乙亥，五国部长来贡。夏五月，清暑散水原。秋七月，猎。冬十月，驻跸藕丝淀。"[3]可见，捺钵对契丹统治集团的重要性。契丹四时捺钵消暑避寒、网钩弋猎、骑射练兵、商讨国政、接见使臣，震慑属部，可以说，捺钵是契丹这个不土著的行国颇具生态特色的习俗文化。

契丹捺钵制度不仅对当时的契丹社会产生了重要影响，而且也被金、元、清三朝所承袭。金代女真统治者"循契丹故事，四时游猎，春水秋山，冬夏刺钵。"[4]金人赵秉文《扈从行》就记载了其扈从章宗捺钵行猎的宏大场面："马翻翻，车辚辚，尘土难分真面目。年年扈从春水行，裁染春山波漾绿。……朝

---

[1]（清）厉鹗：《辽史拾遗》卷24，国语补解苏颂使辽观北人打围诗题注，中华书局，1985年。

[2]《辽史》卷110《张孝杰传》，中华书局，1974年，第1486页。

[3]《辽史》卷27《天祚皇帝一》，中华书局，1974年，第325-326页。

[4]（宋）宇文懋昭撰，崔文印校证：《大金国志校证》卷11《熙宗孝成皇帝三》，中华书局，1986年，第166页。

随鼓声起，暮逐旗尾宿……圣皇岁岁万机暇，春水围鹅秋射鹿。"[1]元代的蒙古人春秋出塞，在漠北草原及群山中狩猎，史载"上京之东五十里有东凉亭，西百五十里有西凉亭。其地皆饶水草，有禽鱼山兽，置离宫。巡守至此，岁必猎校焉"[2]，元朝的上都（在今内蒙古正蓝旗境内）北靠群山、南临滦河、水草丰美、气候宜人、禽鸟山兽云集，皇帝每年都会定时到此游猎，其实质上就是一种捺钵文化的承袭。清代满族人建热河山庄避暑纳凉，建木兰围场秋季行猎，这都是对辽代捺钵文化的吸收与传承。辽朝捺钵文化之所以被金、元、清三朝传承下去，延行不衰，主要是因为契丹、女真、蒙古、满族等北方民族所处的地理环境、生态资源相近的缘故。这几个民族都起源于东北，境内浩瀚的草原和茫茫林海为他们四时行猎提供了丰富的自然资源，特别是早期，射猎是其经济生活的重要组成部分，是他们维持生计的必然选择。另外，北方是高寒地区，抵御严寒是东北各族人维持生存的重要内容，所以他们都需秋冬违寒、夏季避暑。可见，在相似的地理环境中生存的人群，所选择的生活方式是相近的，体现了人类对环境的利用。

第六节　契丹人对野生动物资源的保护

辽国境内野生动物资源非常丰富，茂密的森林、广阔的草原、众多的河湖繁有很多野生动物，它们在相互依存中繁衍生息，保持着完整的区域生态系统链。逐水草而居、四时游猎的契丹人，在尽情享用这些衣食之源时，也注意到了对野生动物资源的保护，不竭泽而渔，不焚林而猎，确保野生动物资源的再生利用。

一、契丹人保护野生动物资源的缘由

野生动物资源在当时的契丹社会有不可替代的作用，它在契丹王朝的经济、政治和军事等领域占有重要地位，可以说，野生动物关涉到契丹王朝的兴衰。

---

[1] 薛瑞兆、郭明志编纂：《全金诗》卷 67，南开大学出版社，1995 年，第 408 页。

[2] （清）顾嗣立：《元诗选·初集》，（元）周伯琦：《立秋日书事三首》，中华书局，1987 年，第 1866 页。

1．野生动物资源是契丹人的衣食之源

对"畜牧畋渔以食，皮毛以衣"的契丹人来说，野生动物的皮毛是他们重要的御寒衣料，史籍记载，契丹人"贵者被貂裘，貂以紫黑色为贵，……贱者被貂毛、羊、鼠、沙狐裘。"[1]这里的貂、鼠、沙狐都是野生动物；另外，野生动物也是契丹人餐桌上的美味佳肴，必不可少。即使辽国立国百年后的高级宴会上野味依然占有很大的比重，圣宗统和二十六年（1008年），宋人路振出使辽国，在幽州契丹副留守的府第享宴时的菜肴中就有鹿、雁、鹜、熊、貉、兔等野味。由此可见，只有保证境内野生动物种群数量繁多才能满足契丹人经济生活的需要，所以野生动物资源是关系到契丹王朝国计民生的大事。

2．保护野生动物是保证契丹皇帝"春水秋山"的重要前提

契丹人四时捺钵的重要内容之一就是射猎，"春捺钵，鸭子河泺。皇帝……卓帐冰上，凿冰取鱼。冰泮，乃纵鹰鹘捕鹅雁。……弋猎网钩，春尽乃还。夏捺钵……暇日游猎……秋捺钵……入山射鹿及虎。……每岁车驾至，皇族而下分布泺水侧。伺夜将半，鹿饮盐水，令猎人吹角效鹿鸣，既集而射之。冬捺钵……时出校猎讲武。"契丹皇帝的在捺钵期间射猎，除为获取生活资料外，也是重要的军事演习，长期的行猎培养了契丹人骑马擅射的本领和桀骜不驯的性格，"弯弓射猎本天性""击兔射鹿夸强雄"[2]，狩猎活动使契丹人有尚武精神，骁勇无畏，"善战，能寒，此兵之所以强也。"[3]由此可见，契丹皇帝的"春水秋山"，具有重要的军事和政治意义，而只有丰富的野生动物资源才能使捺钵行猎成为可能，这是契丹人保护野生动物资源的政治、军事因素。

二、契丹人保护野生动物资源的措施

契丹人在长期的狩猎过程中，逐渐意识到了滥捕滥猎的危害，出于上述目的，契丹人产生了保护野生动物资源的思想，并且采取了相应的措施，如颁布

---

[1]（宋）叶隆礼：《契丹国志》卷23《衣服制度》，上海古籍出版社，1985年，第225页。

[2]（宋）苏辙：《栾城集》卷16《房帐》，上海古籍出版社，1987年，第399页。

[3]《辽史》卷34《兵卫志上》，中华书局，1974年，第400页。

诏令、制定法律、设置专门的管理机构，如辽代监管鸟兽的机构鹰坊、监鸟兽详稳司、医兽局等，同时还有具体负责"掌猎事"的官员，这些措施有效地保护了野生动物资源繁衍生息，维持了区域生态系统的平衡。

1. 设立围场，实行封禁

为保证皇家射猎的特权和练兵习武的需要，契丹人设置了诸多皇家围场。苏颂记载契丹人围猎场面说："莽莽寒郊昼起尘，翩翩戎骑小围分。引弓上下人鸣镝，罗草纵横兽轶群"，千百骑兵从四面八方围捕野兽，气势极其雄壮，场面极为壮观，可以想见围场的规模是很大的。

契丹人的围场与清代木兰围场一样，多设在森林茂密，水草丰美之处，如马盂山就是当时的围场之一，"马云山（马云山即马盂山，在今河北省平泉市境内，属冀北山地东侧的七老图山脉），山多禽兽、林木，国主多于此打围"[1]，史载辽兴宗"猎马盂山，草木蒙密，恐猎者误射伤人，命耶律迪姑各书姓名于矢以志之。"由此记载可知，马盂山是森林繁茂，野兽出没的皇家禁苑，保持着原始的自然景观。另外，契丹统治者在今天的北京附近也设置了皇家猎场，延芳淀就是其中之一，"辽每季春，弋猎于延芳淀，……延芳淀方数百里，春时鹅鹜所聚，……国主春猎。"延芳淀是契丹国主春水之地，这里水草繁茂，是水鸟群集栖息之地，当时契丹人已将此地划为禁苑。

契丹统治者对皇家围场管理得非常严格，禁止吏民进入围场樵采和狩猎，景福十年（1040年）七月，兴宗下诏："诸帐郎君等于禁地射鹿，决三百，不徵偿；小将军决二百以下；及百姓犯者，罪同郎君论。"[2]清宁元年（1055年）九月，道宗下诏："常所幸围外毋禁"[3]，由此可知，围场内是封禁的。但有自然灾害发生时，围场内部分地区会暂时允许百姓樵采。咸雍八年（1072年）十一月，道宗下诏："大雪，许民樵采禁地。"[4]天庆七年（1117年）五月，天祚帝诏："诸围场隙地，纵百姓樵采。"[5]但在平常不许契丹百姓到围场内樵采。为了更好地保护围场，契丹人设置了专门的机构加以管理，管理围场的官员有围

---

[1]（宋）叶隆礼：《契丹国志》卷24《王沂公行程录》，上海古籍出版社，1985年，第231页。
[2]《辽史》卷19《兴宗二》，中华书局，1974年，第226页。
[3]《辽史》卷21《道宗一》，中华书局，1974年，第258页。
[4]《辽史》卷23《道宗三》，中华书局，1974年，第274页。
[5]《辽史》卷28《天祚皇帝二》，中华书局，1974年，第335页。

场都太师、围场都管、围场使、围场副使等。

契丹人设置的这些皇家禁苑主观上虽是为满足契丹帝王的娱乐及练兵习武的需要，但客观上这些禁苑成为实际上的自然保护区，围场内茂密的森林、丰美的水草，成为各种野生动物繁衍生息的乐园，不过猎、不滥猎，令野生动植物得以繁衍恢复，维持生态环境的平衡。

2. 对含胎动物及幼崽加以保护

为保护怀孕的鸟兽及其幼崽，辽国统治者下诏禁止契丹吏民网捕。统和七年（989年），圣宗下诏"禁置网捕兔"[1]，重熙十五年（1046年），兴宗亦下诏"禁以置网捕狐兔"[2]，网捕野兽的方法危害很大，因为这种方法会把含胎的狐兔及幼崽一网打尽，非常不利于野生动物的再生利用，而且网捕时可能将其他动物的幼崽（大小与狐兔相当）连带捕杀，甚至会伤及稀有的野生动物。从圣宗、兴宗接连下诏禁止网捕来看，在辽朝中期这种网捕现象普遍存在。禁止网捕狐狸、野兔，保证其种群的繁衍，维系生态系统链，促进了人与自然的和谐发展。

在野生动物繁殖期，契丹统治者发布了保护诏令，为其顺利繁殖提供保障。清宁二年（1056年）四月，道宗下诏："方夏，长养鸟兽孳育之时，不得纵火于郊。"[3]纵火于郊会将生活在山林中处于孳育期的鸟兽烧死，或者迫使它们逃亡，"动荡"的环境会导致这些鸟兽数量锐减，这与焚林而猎无二，契丹统治者的保护诏令使孕育期的野生动物得以顺利繁殖，是保护野生动物种群和数量的一项非常有效的措施。

契丹帝王在狩猎时不射杀野生动物的幼崽，遵循着中国古人"不麛，不卵，不杀胎，不妖夭，不覆巢"[4]的狩猎原则，大康二年（1076年）八月，道宗狩猎"遇麛失其母，……不射。"麛指幼鹿，孔颖达疏，"麛乃是鹿子之称，而凡兽子也得通名也。"[5]古人认为，"放麛"是仁德之典，草原帝国的君主能做到

---

[1]《辽史》卷12《圣宗三》，中华书局，1974年，第135页。

[2]《辽史》卷19《兴宗二》，中华书局，1974年，第233页。

[3]《辽史》卷21《道宗一》，中华书局，1974年，第254页。

[4]《礼记·王制》，载裴泽仁注译：《礼经》，中州古籍出版社，1993年，第104页。

[5] "士不取麛卵"（《礼记·曲礼下》），载黄中业等主编：《五经格言名句》，吉林人民出版社，2006年，第122页。

这一点是难能可贵的。契丹国主不猎小兽，不取鸟卵的节制行为，被契丹吏民效仿，有效地保护了野生动物繁殖生长，以便再生利用。

3. 对珍稀动物的保护

辽国境内有一种珍稀动物——麌鹿，金人赵秉文扈从皇帝秋山时曾有过记载，"麈班剥落错古锦，麌角轮囷生肉芝。"[1]因麌角具有独特的食用、药用价值，所以颇受契丹皇帝喜爱，但由于数量绝少，所以辽国不许契丹吏民射猎，并且以法律形式来限制捕杀，"辽法，麌歧角者，惟天子得射。"[2]该法律禁止所有契丹官员和百姓猎杀有歧角的麌，这就大大降低了猎捕数量，客观上保护了稀有物种，使其得以延绵生息。

水獭在辽时也是稀有物种，水獭是贵重的毛皮资源动物，是契丹人非常珍视的服饰和配饰。水獭皮毛厚密而柔软，抗寒能力极强，而且不透水，颇受契丹上流社会的青睐，故官吏争相猎捕，致使水獭数量急剧下降。契丹皇帝也对其采取保护措施。清宁元年（1055年）九月，道宗下诏："夷离堇及副之族并民如贱，不得服驼尼、水獭裘……惟大将军不禁。"[3]契丹统治者下诏禁止官员衣水獭裘，连夷离堇这样的高官都在禁之列，这一诏令有效地制止了契丹人对水獭的猎杀，保护其种群数量的繁衍生息。现在水獭在黑龙江、吉林、辽宁、内蒙古等地都有分布，不过因为水獭皮毛珍贵，同时水獭肝有很大的药用价值，由于人们过度捕猎，水獭已经是濒危动物了。

契丹国主出于各种原因还颁布一些临时性、短期的禁猎或罢猎的诏令。统和七年（989年），圣宗下诏："禁诸军官非时畋牧妨农。"清宁五年（1059年）十一月，道宗下诏："禁猎"，咸雍六年（1070年），"禁汉人捕猎。"咸雍七年（1071年）八月，"罢猎，禁屠杀。"这些诏令虽然带有临时性，但在禁猎期间野生动物资源也得到了一定程度的恢复。

[1]（金）赵秉文：《闲闲老人滏水文集》卷9《呼群鸣鹿二首》，商务印书馆，1937年，第133页。
[2]《辽史》卷78《耶律夷腊葛传》，中华书局，1974年，第1265页。
[3]《辽史》卷21《道宗一》，中华书局，1974年，第258页。

三、契丹人保护野生动物资源的意义

契丹人对野生动物资源的保护，对当时和后世都产生了积极的作用。

首先，契丹人对野生鸟兽的保护，使野生动物得以顺利繁衍生息，源源不断地为契丹人提供生活资料，同时为其练兵习武提供保障。

其次，契丹人对野生动物的保护，有效地维护了生态平衡。四时行猎的契丹皇帝穿行于黑山、潢水之间，驻跸于老哈河、广平淀、马盂山、永安山、木叶山等林深草茂之地尽情行猎，虎、熊、獐、貂奔跑在千里松林之中，鹿、野兔、黄羊、貔狸生活在茫茫草原之上，野鹅、野鸭、大雁栖息在河湖之边，展现了一个生机勃勃的塞外草原。

最后，契丹人对野生动物资源的保护，维持了野生动物的物种和数量的繁多，制止或延缓了某些珍稀动物的灭绝，保证了野生动物的生态系统链得以完整。如果契丹人不限制猎捕就会使很多动物数量急剧减少，逐渐成为濒危动物；而在当时就已经处于濒危状态的野生动物，如果不加以保护，可能很快就会灭绝，那么就会使食物链断裂，以灭绝的野生动物为食的鸟兽就会因无法觅到食物而大量死亡，连锁反应就会对整个生态系统造成危害，破坏生态平衡。从这个意义上说，契丹人对野生动物资源的保护客观上保护了区域生态环境。

结　语

契丹人所建立的辽朝上起，国祚存续209年，在这段时期中国的气候由暖湿转为干冷，对辽朝而言，前期气候温暖湿润，中期以后逐渐干冷，受此影响辽朝前期河湖纵横、水草丰美，环境适宜人群生存，但洪涝等极端天气频发对人们的生活造成了一定的干扰；中期以后寒冷天气常见，雪灾频发，大风扬沙天气时常出现，环境不适宜人群生存。在这一地理区位，草原是契丹人生存的生态背景，所以契丹人顺应环境形成了以游牧为主的生产方式。在这一区域内生活的契丹人衣食住行等方方面面都充分体现了生态环境特征。如服饰方面，最大的特点是防寒保暖，所以契丹人"皮毛以衣"，穿裘服、套裤，戴毡帽、皮帽，穿毡靴、皮靴以度过漫长的冬季。饮食方面，受生境内资源条件所限以食肉饮

乳为主，为抗寒契丹人养成喜食辛辣的习惯，如饮酒等。另外，野生食物资源在契丹社会中占有重要地位，野生动物、野生蔬菜瓜果都是契丹人生活资料的重要来源，是契丹人向自然界索取生活资料的一种方式，同时获取野生动物资源也是契丹人练兵习武的过程，契丹骑兵一度所向披靡与其射猎习俗是分不开的。居住方面，在草原上游牧的契丹人居所以便于安装和拆卸的穹庐为主，这可以使契丹人随时向新的草场进发，而辽国境内的茫茫森林为契丹人建造居址提供了丰富的木材，大量的牲畜为契丹人提供了充足的皮毛，所以契丹人的穹庐是木结构框架的毡屋，同时为避免寒风的侵袭，毡帐门户皆东向，体现了环境特征。交通方面，契丹人顺应和利用生存境域内的自然资源来制造交通工具，根据地理环境选择交通方式，草原辽阔、山环水绕是契丹人交通环境的地理特征，而契丹人蓄养的马、牛千百成群，为交通提供了得力的工具。鉴于此，契丹人交通工具主要以马、驼、牛、车为主，以船为辅。马、牛、驼主要用于骑乘、驮运和牵引车辆。

茫茫草原为契丹人发展畜牧业提供了得天独厚的条件，所以畜牧业是契丹人赖以生存的衣食之源。辽国属于传统畜牧时代，牲畜的繁衍生息很大程度上依赖其境域内的地理环境和生态资源，如气候、水源、牧草等都会对畜牧业产生重要影响。在长期的畜牧生产中契丹人总结出丰富的畜牧经验。根据水源和牧草的状况，契丹人"随水草就畋猎""择善水草以立营"。为充分利用草场，契丹人采用轮牧、散牧和混牧的放养方式，并且面对自然灾害采取了诸多应对措施，如储存冬草、牲畜寒冬收回圈养、向阳放牧等，契丹人与环境的互动使畜牧业繁荣发展，经久不衰，"自太祖及兴宗垂二百年，群牧之盛如一日。天祚初年，马犹有数万群，每群不下千匹。"[1]而"羊以千百为群，纵其自就水草，无复栏栅，而生息极繁。"[2]

在长期游牧中契丹人形成了颇具生态特色的生活方式即四时捺钵，这种生活方式的形成根源在于特定的地理环境，所谓"风气异宜，人生其间，各适其便。"契丹统治集团捺钵地的选择首先要考虑的就是环境因素，即"秋冬违寒，春夏避暑"，捺钵活动也具有生态性。大体上来说，契丹统治集团春捺钵在河湖广布之地钓鱼、捕鹅；夏捺钵在清爽宜人之处避暑、障鹰；秋捺钵在广袤山林

[1]《辽史》卷60《食货志下》，中华书局，1974年，第932页。

[2]（宋）苏颂：《苏魏公文集》卷13《辽人牧》，中华书局，1988年，第173页。

中射虎、鹿、熊；冬捺钵在气候稍暖之处避寒、射猎，正如时人概括的那样："北人……正月钩鱼海上，于冰底钩大鱼，二三月放鹘子海东青打雁，四五月打麋鹿，六七月凉淀坐夏，八九月打虎豹之类，自正月至岁终，如南人趁时耕种也。"[1]

契丹人虽以游牧为主，但狩猎也是这个民族必不可少的生活方式。辽国境内野生动物资源非常丰富，契丹人在享用这些资源的同时，也注意到了对野生动物资源的保护，不竭泽而渔，不焚林而猎，以确保野生动物资源的再生利用。

---

[1]（清）厉鹗：《辽史拾遗》卷 13，中华书局，1985 年，第 247 页。

第五章

金代的环境与社会

第一节　金境的自然地理环境

金朝地处北方，地域范围在东经102°～146°，北纬28°～52°，全盛时期疆域东极吉里迷兀的改诸野人之境，至日本海，北自蒲与路之北三千余里，西接西夏，南以秦岭—淮河为界，与宋为表里。其广阔的疆域内地形复杂，地貌多样，包括山地、丘陵、平原、沙漠、河湖等多种地貌形态，这里的气候、水文、土壤、植被等都颇具北方中高纬度区域的特征，在这种生态环境中繁衍生息的女真人其生产生活方式都带有明显的区域生态环境特征。

一、气候环境

根据竺可桢研究，第三个寒冷期是在公元1000—1200年。女真人于1115年建立金朝，1234年金为蒙古所灭，政权存续120年。根据竺可桢的研究推算可知，整个金代女真人都生活在寒冷期，正如竺可桢所言："十二世纪初期，中国气候加剧转寒"，[1] "十二世纪是中国近代历史上最寒冷的一个时期。"[2]再加之所处的地理区位的原因，所以冬季出奇的寒冷是金代突出的气候特征，而寒冷的气候又可直接导致干旱和沙漠化。所以金代的气候总体来说以寒冷、干旱、风沙为主要特征。

---

[1] 竺可桢：《中国近五千年来气候变迁的初步研究》，《竺可桢文集》，科学出版社，1979年，第482页。
[2] 竺可桢：《中国近五千年来气候变迁的初步研究》，《竺可桢文集》，科学出版社，1979年，第495页。

1．高寒

关于金代的寒冷，相关史籍多有记载。东北地区属于金源内地，是女真人的发祥地，处在高纬度地区，气温本就很低，加之此时又处于寒冷期，所以严寒是该区域最突出的气候特点。资料显示，女真人生活的东北地区"冬极寒，……厚毛为衣，非入室不撤。衣屡稍薄则堕指裂肤。"[1] "以化外不毛之地，非皮不可御寒，所以无贫富皆服之。富人……秋冬以貂鼠、青鼠、狐貉或羔皮为裘……贫者……秋冬亦衣牛、马、猪、羊、猫、狗、鱼、蛇之皮或獐鹿麇皮为衫。裤袜皆以皮。"[2]这种极寒的气候甚至把人冻伤到堕指裂肤。为了御寒，生活在东北地区的女真人从头到脚全部用皮毛包裹，所以动物的皮毛对女真人来说异常珍贵。这一点后来留居金朝的宋人洪皓也深有感触，其在《松漠纪闻》中记载："北方苦寒，故多衣皮，虽得一鼠，亦褫皮藏去。"[3]

女真人建立金朝后，开疆拓土，与宋朝划淮为界，尽管疆域南扩，但是总体上说金朝还是处在中国北部地区，每到冬季千里冰封的北国依然寒冷难耐，冻伤人畜，甚至冻死人畜的事时有发生，并且对人们的生产生活都造成影响。太祖收国二年（1116年）"是年，北方寒甚，裂肤堕指，多有死者。"[4]章宗承安三年（1198年）"十二月甲子朔，猎于酸枣林。大风寒，罢猎，冻死者五百余人。"[5]长期生活在高寒地区的女真人，隆冬季节应该已经很注意保暖，但是还是时常发生冻伤，甚至发生冻死人的事件，可见当时气温之低。

金代不但隆冬季节酷寒，就是在春秋季节也很寒冷，这就会对农业产生影响。哀宗正大三年（1226年）"春，大寒……五年（1228年）春，大寒"[6]，春季大寒，就会推迟农作物的种植时间，本来北方无霜期就短，不利于农作物的生长、成熟。泰和五年（1205年）"中都、西京、北京、上京、辽东、临潢、陕

[1]（宋）宇文懋昭撰，崔文印校证：《大金国志校证》卷39《男女冠服》，中华书局，1986年，第553页。

[2]（宋）宇文懋昭撰，崔文印校证：《大金国志校证》卷39《男女冠服》，中华书局，1986年，第553页。

[3]（宋）洪皓：《松漠纪闻》，吉林文史出版社，1986年，第39页。

[4]（宋）宇文懋昭撰，崔文印校证：《大金国志校证》卷1《太祖武元皇帝上》，中华书局，1986年，第14页。

[5]《金史》卷11《章宗三》，中华书局，1975年，第249页。

[6]《金史》卷23《五行志》，中华书局，1975年，第544页。

西地寒、稼穑迟熟"[1]，气候寒冷导致广大北方地区庄稼迟熟，所以女真统治者不得不将本该六月起征收的夏税推迟到七月初征收。

对于北国的严寒，宋朝使臣感受最深，本就生活在黄河及以南地区的宋人，他们来到北方，无论当时金朝气候处于什么样的状态，南北的温差都会给他们留下寒冷的印象，加之此时正处在气候寒冷期，所以对宋朝使臣来说出使金朝最难忍受的就是严寒的气候。

大定十年（1170年），宋人范成大出使金国，阴历九月初九到达金中都，此时正值重阳节，他看到中都已经雪满西山。在其《燕宾馆》诗中云："苦寒不似东篱下，雪满西山把菊看。"其诗自注云："（燕宾馆）燕山城外馆也。……西望诸山皆缟，云初六日大雪。"[2]九月初，还属于秋季，中都地区已降大雪，这对来自江南的范成大来说实属罕见的奇观，所以特别作诗记录这件事。但这对女真人来说，是习以为常的事，正像有的学者分析的那样，查遍《金史》"本纪""五行志"，均不见记载这年九月降雪之事。大概在当时的金人看来，此乃属寻常事，只有从南宋来使的范成大才会感到惊异，故特别注意记录下来，为后世认识辽金时期的寒冷气候提供了有力证据。[3]竺可桢也认为："这种情况现在极为罕见，但在十二世纪时，似为寻常之事。"[4]大定十六年（1176年），宋人周辉使金，次年四月返回，在其使金语录《北辕录》中多有"甚寒""烈寒"的记载。他还在《清波杂志》中记载了使金期间一些关于严寒的见闻，如"朔庭苦寒"条记载："使虏者，冬月耳白即冻堕，急以衣袖摩之令热，以手摩即触破。……同涂（途）官属有至黄龙者，云燕山以北苦寒，耳冻宜然。凡冻欲死者，未可即与热物，待其少定，渐渐苏醒，盖恐冷热相激。"[5]在周辉使金的三十五年后，宋人程卓于宋嘉定四年，金卫绍王大安三年（1211年）使金，在其《使金录》中也多有"烈寒""寒甚"的记载。卫绍王崇庆元年（1212年）正月初一，东北地区"寒甚……驰道柳木皆凝霜如积雪。"由此可见，从大定十年（1170年）到大安三年（1211年），三位宋朝使臣在金境最大的感受就是寒冷，可见这时期北方气温确实很低。

[1]《金史》卷47《食货志二》，中华书局，1975年，第1055页。
[2]（宋）范成大：《范石湖集》卷12《燕宾馆》，中华书局，1962年，第157页。
[3] 尹钧科等：《北京历史自然灾害研究》，中国环境科学出版社，1997年，第23页。
[4] 竺可桢：《中国近五千年来气候变迁的初步研究》，科学出版社，1979年，第483页。
[5]（宋）周辉撰，刘永翔校注：《清波杂志校注》，中华书局，1994年，第198-199页。

寒冷的气候是导致干旱和风沙的直接原因，再加之人类活动的加剧，农田开垦、过度放牧对地表植被的破坏，特别是因建城、战争等原因砍伐大量森林，导致风沙盛行。

2.干旱

金代没有干旱的气象记录，但通过金代频发的旱灾可以推测这一历史时期干旱的气候特征。据《金史》记载，大定十六年（1176年）"中都、河北、山东、陕西、河东、辽东等十路旱、蝗。"[1]明昌二年（1191年）五月，"桓、抚等州旱。秋，山东、河北旱，饥""三年秋，绥德好蚂虫生。旱。"承安元年（1196年），"自正月不雨"，直到五月才下雨，次年，"自正月至四月不雨。"连年的久旱不雨，土地干裂，禾苗枯萎，甚至颗粒不收，严重影响百姓生计，为此金章宗下令祈雨，承安元年（1196年），"三月丁酉，如万宁宫。不雨，遣官望祭岳镇海渎于北郊。……甲辰，遣参知政事尼庞古鉴祈雨于社稷。丁未，复遣使就祈于东岳。夏四月辛亥，命尚书右丞胥持国祈雨于太庙。……京城禁伞扇。乙丑，命御使大夫移剌仲方祈雨于社稷。壬申，命参知政事马琪祈雨于太庙。……戊寅，上以久不雨，命礼部尚书张晖祈于北岳。"[2]泰和四年（1204年），又遭遇罕见的大旱。章宗再次下令祈雨，"（二月）丁酉，以山东、河北旱，诏祈雨于东、北二岳。……（三月）癸酉，命大兴府祈雨。……乙酉，祈雨于北郊。……壬辰，祈雨于社稷。……（四月）己亥，祈雨于太庙。（丙午）以祈雨，望祀岳镇海渎于北郊。癸丑，祈雨于社稷。……庚申，祈雨于太庙。……五月乙丑，祈雨于北郊。"[3]上述记载可以证明金代从世宗中期到章宗朝的30年里旱灾频发，受灾地区很广，干旱程度严重，不仅影响了受灾百姓的生活，而且严重影响政府的赋税收入，所以金朝政府出面祈雨，希望能尽快解决旱灾。

金朝中后期干旱越来越严重。据学者研究，在金自立国至灭亡的120年里，平均约1.8年发生1次旱灾。自金初至金世宗时期的74年间，共发生旱灾15次，平均每5年发生1次。自金章宗至金末的45年间，共发生旱灾53次，平均0.85年

[1]《金史》卷23《五行志》，中华书局，1975年，第538页。
[2]《金史》卷10《章宗二》，中华书局，1975年，第238页。
[3]《金史》卷12《章宗四》，中华书局，1975年，第267-268页。

发生1次，几乎是年年不断[1]。大安二年（1210年）"是岁四月，山东、河北大旱"。大安三年（1211年）"山东、河北、河东诸路大旱。"至宁元年（1213年），"宣宗彰德故园竹开白花，如鹭鸶藤。"学者研究认为："环境条件和人类活动可以使竹子提前或延迟开花。特别严重的干旱，使土壤长期缺水，竹子体内含水量减少，于是发育已经成熟的竹子加快形成花芽，引起竹子开花……严重干旱可能会引起大片竹林开花。"[2]从金代旱灾频发来看，宣宗彰德故园竹子开花很可能是气候干旱所致。

另外，从金代的蝗灾频发也可推知金代气候干旱的情况，因为旱灾与蝗灾如影随形，二者密切相关，干旱过后往往会出现蝗灾，所以《金史》中常常出现"旱蝗"的记载。皇统元年（1141年）"秋，蝗。"大定三年（1163年）三月，"中都以南八路蝗。"大定四年（1164年）九月，"平蓟二州近复蝗旱。"大定十六年（1176年）五月，山东大旱，"六月，山东两路蝗。"正隆二年（1157年）"秋，中都、山东、河东蝗。"泰和八年（1208年）"闰四月……河南路蝗。六月戊子，飞蝗入京畿。"宣宗贞祐初年，久旱无雨，"河南大蝗。"贞祐四年（1216年）七月，大旱。"癸丑，飞蝗过京师。"蝗灾分布地域之广，次数之多，是金代气候干旱的有力证明。

土地沙化是干旱的直接产物。由于金代气候干旱，使科尔沁沙地的生态急剧恶化，沙漠化现象十分严重。辽代在今科尔沁沙地范围内建立的州城，几乎全部废弃。永州、乌州、龙化州等都不复存在了。韩州也因"常苦于风沙"而不得不迁徙。由于科尔沁沙地严重沙化，州县废弃，人民流散，出现了大规模的生态移民。所以在金代的史籍中没有留下对科尔沁沙地上农牧业生产和有关生态环境、沙漠变迁的直接记录。金代也没有把这里视为土肥民富的农业区。考古工作者在这里也没有发现更多金代的遗物和遗迹。辽代在这里建筑了二十余座古城，金代沿用者仅三四座而已，且无一座州城。金代可谓是科尔沁沙地历史上沙漠化最严重的时期[3]。不但沙化严重，而且因为干旱导致某些河流断流，甚至干涸。

大定十年（1170年）范成大使金，北行途中作有《汴河》诗，其自注云：

---

[1] 武玉环：《金代自然灾害的时空分布特征与基本规律》，《史学月刊》2010年第8期，第96页。

[2] 龚高法、张丕远等：《历史时期气候变化研究方法》，科学出版社，1983年，第163页。

[3] 张柏忠：《北魏至金代科尔沁沙地的变迁》，《中国沙漠》1991年第1期，第41-42页。

"汴自泗州以北皆涸，草木生之。"楼钥《北行日录》云："……乘马行八十里宿灵壁，行数里汴水断流……又六十里宿宿州，自离泗州循汴而行，至此河益湮塞，几与岸平。"六年后（1176年），周辉使金，看到了同样的状况，"是日（二月一日）行循汴河，河水极浅，洛口即塞，理固应然。承平漕江淮米六百万石，白杨子达京师，不过四十日。五十年后乃成污渠，可寓一笑，随堤之柳无复彷佛矣。二日至虹县，晚宿灵壁县，汴河自此断流。自过泗地，皆荒瘠。"[1]金代汴河部分河段断流，甚至干涸可能有诸多原因，但干旱的气候环境是其中的重要因素之一。

由此可知，金代在历史上属于气候干旱的罕见时期。金的干旱与当时气候寒冷和水资源的减少有关。寒冷和缺水导致了干旱，干旱反过来又破坏了人类的生产和生存环境，加剧了土地的沙漠化，风沙肆虐的天气时常发生[2]。

金朝时期随着北方环境的变迁，干旱日益严重，草场的退化，森林的砍伐，沙漠的扩大，使金代风沙天气日益增多，甚至导致了灾害频发。

3．多风多沙

干旱与大风如影随形，金代史籍中虽然没有明确的大风天气的气象记录，但是从金代风灾的点滴记录中可见此时期气候的一些特征。

金代大风天气时常出现，特别是金代后期风灾频发，狂风刮起，飞沙折木，毁坏庄稼、城门、民宅，甚至造成人畜伤亡。《金史》记载，熙宗皇统九年（1149年）："大风坏民居官舍十六七，木瓦人畜皆飘扬十余里，死伤者数百，同知州事石抹里压死。"[3]人畜飘扬十余里，造成数百人伤亡，可见此次风力之强，损害之大。类似的大风天气《金史》记载还有很多，如正隆五年（1160年），"镇戎、德顺等军大风，坏庐舍，民多压死。……六年（1161年）六月壬戌，大风坏承天门鸱尾。"大定四年（1164年）七月"辛丑，大风雷雨，拔木。"泰和四年（1204年）"大风，毁宣阳门鸱尾，四月，旱。"卫绍王大安三年（1211年）"大风从西北来，发屋折木，吹清夷门关折。"宣宗贞祐三年（1215年）二月"大风，隆德殿鸱尾坏。"不但《金史》有诸多这样的记载，宋朝使臣对金境内的大

---

[1]（宋）周辉：《北辕录》，中华书局，1991年，第2页。

[2] 朱震达、王涛：《中国土地的荒漠化及其治理》，宋氏照远出版社，1998年，第33-36页。

[3]《金史》卷23《五行志》，中华书局，1975年，第536页。

风天气也记忆尤深，甚至深受其苦，这在他们的语录中多有体现。乾道六年，金大定十年（1170年），楼钥使金，遭遇大风，其《北行日录》记载，正月三日"晴，风益甚。……是日，风既暴狂，几不可行。"[1]同年范成大使金，也遭遇了同样的天气，范成大途经良乡（今北京市房山良乡镇）时，遇到狂风，在其《揽辔录》中记载："是日大风几拔木。"[2]金人王寂于明昌二年（1191年）巡查鸭绿江，也同样遭受大风之苦，他"行复州（今瓦房店市）道中。辰巳间，风大作，飞沙折木，对目不辨牛马。所幸者，自北而南，若打头风，则决不能行也。午后，风势转恶。予怪而问诸里巷耆旧云：'飘风不终朝，何抵暮尚尔？'耆旧云：'此地濒海，每春秋之交，时有恶风，或至连日，所以禾黍垂成，多有所损，固亦不足怪也'。"[3]

由上述记载可知，肆虐的狂风摧毁了坚固的城门，甚至将树木连根拔起，说明此时的风力当在10级以上，这样的大风所过之处毁坏民舍，甚至造成人畜伤亡。强烈的旱风致使大量秧苗折断或倒伏更是在意料之中的，这必将给人们的经济生活造成影响。另外，从史籍记载看，金代的风灾越到后期越频繁，说明金代气候越来越恶劣，干旱程度越来越严重。

研究表明，历史时期我国大风天气的分布特点与沙尘天气的分布特征是一致的，这就说明二者有直接联系。故此金代大风天气频频出现，也连带沙尘天气频发，这是金代气候的另一个显著特征。

沙尘天气的发生与气候条件有很大关系。金代因为气候寒冷、干旱，同时科尔沁沙地面积不断扩大，土地沙化越来越严重。特别是金朝后期大风扬沙天气经常出现。

在气象学中科学家将沙尘天气分为浮尘、扬沙和沙尘暴三个等级。浮尘是指无风或在风力较小的情况下，尘土、细沙均匀地浮游在空中，使水平能见度小于10千米的天气。浮游的尘土和细沙多为远地沙尘经上层气流传播而来，或为沙尘暴、扬沙出现后尚未下沉的沙尘。扬沙指由于风力较大，将地面沙尘吹起，使空气相当浑浊，水平能见度在1～10千米的天气。沙尘暴则指强风将地面大量沙尘卷入空中，使空气特别浑浊，水平能见度低于1千米的恶劣天气。强烈

[1]（宋）楼钥：《北行日录》，载赵永春编注：《奉使辽金行程录》，吉林文史出版社，1995年，第263页。

[2]（宋）范成大：《揽辔录》，载赵永春编注：《奉使辽金行程录》，吉林文史出版社，1995年，第279页。

[3]（金）王寂著，罗继祖、张博泉注释：《鸭绿江行部志注释》，黑龙江人民出版社，1984年，第43页。

的沙尘暴瞬时风速大于25米/秒，风力10级以上，可使地面水平能见度低于50米，破坏力极大，俗称"黑风"[1]。在《金史》中常有"雨土""风霾"的记载。学者研究认为，历史文献中记载的"雨土"就相当于今天的扬沙天气，包括沙尘暴。"风霾"大致相当于今天的浮尘天气。《金史》记载，大定十二年（1172年），"三月庚寅，雨土。四月，旱。"大定二十三年（1183年）"三月乙酉，氛埃雨土。四月庚子亦如之。"大定十二年（1172年）和二十三年（1183年）发生的沙尘天气在《金史》的"本纪"和"五行志"中都做了专门记载，说明比较严重，极有可能是沙尘暴，而且大定二十三年（1183年）连续两个月都有"雨土"，想必对人们的生产和生活造成了严重的影响。

金代浮尘天气更是多见，特别是金代后期频频发生。章宗承安五年（1200年）十月庚子，"天久阴，是日云色黄而风霾。"宣宗贞祐三年（1215年）"三月戊辰，大风，霾。……十月丙申昏，西北有雾气如积土，至二更乃散。四年（1216年）正月己未旦，黑雾四塞，巳时乃散。"哀宗正大元年（1224年）正月"昏霾不见日，黄气塞天。"这种浮尘天气黄沙飘浮在空中，昏暗不见天日，能见度极低，而且对人畜的健康都有严重影响。

除"雨土""风霾"的记载外，从一些具体事例中也可见金代风沙之大。金朝为防御蒙古入侵在北部大规模地修筑界壕。大定二十一年（1181年）四月，世宗派吏部郎中奚胡失海经画壕堑，但是界壕修好后"旋为沙雪堙塞，不足为御。"[2]到了明昌年间（1190—1195年），由于蒙古骑兵频频南下，又有人建议修筑沿临潢达泰州沿线的壕堑，但卿史台言："所开旋为风沙所平，无益于御侮，而徒劳民。"[3]当时李石也指出："塞北多风沙，曾未期年，堑已平矣。"[4]

金代的沙尘天气不但正史中记载，金人的文集及宋人的语录中也多有涉及。金人王寂曾经两次路过懿州（今阜新县塔营子乡古城）都遇到了当地风沙弥漫的天气。金大定十四年（1174年），王寂提点辽东刑狱，路过此地时遭遇狂沙，不得不中断旅行，被迫投宿。其有诗云："塞路飞沙没马黄，解鞍投宿赞化房"[5]，

[1] 中国科学院地学部：关于《我国华北沙尘天气的成因与治理对策》，《地理科学进展》2000年4月。
[2] 《金史》卷24《地理志》，中华书局，1975年，第564页。
[3] 《金史》卷95《张万公传》，中华书局，1975年，第2104页。
[4] 《金史》卷86《李石传》，中华书局，1975年，第1915页。
[5] （金）王寂著，张博泉注释：《辽东行部志》，黑龙江人民出版社，1984年，第31页。

这场狂风飞沙走石，路上积聚的黄沙都已经埋没了马腿，使人马不可行，交通中断。十六年后，明昌元年（1190年）春，王寂出使辽东再次途经此地，这里风沙尤甚从前，刮起了强烈的沙尘暴，"丁巳，晨发懿州。是日大风，飞尘暗天，咫尺莫辨，驿吏失途。"这场肆虐的狂风，刮得天昏地暗，漫天扬沙，能见度极低，以致连熟悉道路的驿站官吏都迷失了方向。后来王寂对这次经历作诗记述："逆风吹面朝连暮，蓬勃飞尘涨烟雾，前驺杳不辨西东，驻马临流不能渡。"[1]

大定时期，周昂北行由燕京（今北京）往隆州（今吉林农安）赴任，途经科尔沁沙地南缘时困于风沙之中，其《莫州道中》诗云："屋边向外何所有，唯见白沙垒垒堆山丘。车行沙中如倒拽，风惊沙流失前辙。"[2]可见此地风沙的严重程度。宋宁宗嘉定四年，金大安三年（1211年）程卓使金，在北上途中连连遭遇沙尘暴，十二月行至开封以北四十五里时，遭遇连日沙尘暴，"（十日）暴风大作，飞沙蔽空……（十一日）风益甚，车多弊，渐茸以前，至敦桥镇早顿。"次年正月"（五日）风大作，寒甚……（六日）大风复作……风沙尤甚。"[3]

另外，沙尘天气中的浮尘天气虽然没有沙尘暴那么强烈，但是对环境的破坏也是很严重的，给人们的生产生活造成严重影响。南宋范成大于乾道六年，金大定十年（1170年）使金，在其行至北京以北时就遭遇了沙尘天气，"在涿北燕南之间，两旁皆高冈无风，而路极狭。尘土垒积，咫尺不辨人物。"为此他作诗记录此事："塞北风沙涨帽檐，路经灰洞十分添。据鞍莫问尘多少，马耳冥蒙不见尖。"[4]根据气象学家的界定，推测此次范成大遭遇的就是浓重的浮尘天气，尘土、细沙均匀地浮游在空中，使水平能见度极低。与范成大同年出使金朝的楼钥，十二月在沙店与宿华州之间也遭遇到了浮尘天气，"途中有土山，夹道尘埃最甚，咫尺不可辨，俗号小灰洞。"[5]这种浮尘会污染空气、水源，对生态环境危害很大，同时浓重的浮尘可使牲畜窒息死亡，是农牧业生产中的灾害性天气。

通过上述史实可知，金代沙尘天气时常出现，特别是沙尘暴频发。根据中国科学院地学部2000年5月7日上报国务院的《关于我国华北沙尘天气的成因与

[1]（金）王寂著，张博泉注释：《辽东行部志》，黑龙江人民出版社，1984年，第46页。
[2]（金）元好问：《中州集》卷4《莫州道中》，中华书局，1959年，第175页。
[3]（宋）程卓：《使金录》，载赵永春编注：《奉使辽金行程录》，吉林文史出版社，1995年，第331页。
[4]（宋）范成大：《使金绝句七十二首》，载赵永春编注：《奉使辽金行程录》，吉林文史出版社，1995年，第308页。
[5]（宋）楼钥：《北行日录》，载赵永春编注：《奉使辽金行程录》，吉林文史出版社，1995年，第254页。

治理对策》报告可知：强冷空气是形成沙尘暴天气的驱动力，只有足够强的冷空气，才有可能形成强的气压梯度，促进大气环流的运行。而此时的金朝正处在寒冷期，为沙尘天气的形成创造了条件。据统计，历史时期我国沙尘天气大致有五个高发期。其中第四个高发期是在公元1001—1350年（辽统和十九年至元至正十年）[1]。也就是说，整个金代正处在沙尘天气的高发期，强烈的沙尘暴导致风沙肆虐，飞沙折木，空气混浊，能见度极低，干扰人们正常的生产生活。

综上所述，金代风沙频发是其气候的显著特征之一，风沙天气的出现，除金代气候寒冷、干旱等原因外，人类活动造成的土地沙化等也加剧了风沙天气的频发，恶化了女真人的生存环境。

二、女真人的生存环境与生计方式

1. 金源内地女真人的生存环境与生计方式

女真人在建国前和金初主要生活在金源内地。关于金源内地，《金史·地理志》记载："上京路，即海古之地，金之旧土也。国言'金'曰'按出虎'，以按出虎水源于此，故名金源……国初称为内地，天眷元年（1138年）号上京。"也就是说，在地理范围上金源地区主要指上京路，四至大致为北达外兴安岭，西抵大兴安岭，南至长白山，东临鄂霍次克海及日本海。从自然地理上看，外兴安岭、大兴安岭、长白山等山地，环列于金源地区的北、西、南三面。嫩江、黑龙江、乌苏里江、松花江等诸水系川流其中，形成了三江平原和松嫩平原。女真人在建国前和金初就生活在这山环水绕的金源内地，过着渔猎和农耕生活。

早期女真人生活的东北东部山区，"地饶山林，田宜麻谷，土产人参、蜜蜡、北珠、生金、细布、松实、白附子，禽有鹰、鹘、海东青之类，兽多牛、马、麋、鹿、野狗、白兔、青鼠、貂鼠。"[2]金朝的建立者生女真之完颜部"世居混

[1] 王社教：《历史时期我国沙尘天气研究》，《中国历史地理论丛》2001年增刊。

[2] （宋）宇文懋昭撰，崔文印校证：《大金国志校证》卷39《初兴风土》，中华书局，1986年，第551页。

同江之东，长白山、鸭绿江之源。"[1]依现代地理学划分，混同江之东，长白山、鸭绿江水之源这一地区，基本位于东北东部山地范围之内，分布有长白山、老爷岭、张广才岭、吉林哈达岭等多条山脉，受山地的抬升作用，这里降水量普遍偏高，一般可达600～800毫米，冷湿是这里最重要的气候特征，与气候特征吻合，植被以森林为主[2]。因女真人生活在森林密布的自然环境中，所以"其居多依山谷，联木为栅，或覆以板与桦皮如墙壁，亦以木为之。"[3]此时期的女真人过着半定居生活，"夏则出随水草以居，冬则入处其中。迁徙不常。"[4]被茂密森林覆盖的东北山区，野生动物繁多，鹿、虎、豹、狼、熊、黄羊等野生动物出没其间，所以女真人这时主要以渔猎为生，特别是精骑射，"每见鸟兽之踪，能蹑而推之，得其潜伏之所，以桦皮为角，吹作呦呦之声，呼麇鹿，射而啖之；但存其皮骨。"[5]长期的射猎生活练就了女真人骑马善射的本领和骁勇善战的性格，这为日后女真骑兵的强大和开疆拓土奠定了基础。

随着完颜部不断发展壮大，于收国元年（1115年）建立金朝，在松花江支流阿什河一带，建立了都城，即上京会宁府（今哈尔滨市阿城南之白城），《金史》记载，上京："山有长白、青岭、马纪岭、完都鲁，水有按出虎水、混同江、来流河、宋瓦江、鸭子河。"青岭即今张广才岭，张广才岭余脉之西麓被女真统治者视为"护国林"（因保护上京城免受寒风侵袭而得名，又因在上京以西，又称西林），护国林莽莽群山，绵延起伏近百里，森林茂密，古木参天，气势恢宏，《金史·礼志》记载："蔚彼长林，实壮天邑，广袤百里，惟神主之。"西林是皇家猎场，林内野生动物繁多，熙宗天会十三年（1135年），"以京西鹿圈赐农民。"[6]皇统八年（1148年）八月，"宰臣以西林多鹿，请上猎"，金代护国林受到了女真统治者的保护，生态环境良好；马纪岭即今老爷岭；完都鲁即今完达山，属长白山支脉；按出虎水，即今阿什河；混同江为东流松花江；涞流河，即今拉林河；宋瓦江即今松花江下游，吉林第一松花江；鸭子河，今北流松花江末段及东流松花江起始一段。金朝初年在这一环境中生活的女真人狩猎经济依然占

[1]（宋）徐梦莘：《三朝北盟会编》卷3，政宣上帙三，上海古籍出版社，2008年，第16页。
[2] 韩茂莉：《辽金农业地理》，社会科学文献出版社，1999年，第145-146页。
[3]（宋）宇文懋昭撰，崔文印校证：《大金国志校证》卷39《初兴风土》，中华书局，1986年，第551页。
[4]《金史》卷1《世纪》，中华书局，1975年，第3页。
[5]（宋）徐梦莘：《三朝北盟会编》卷3，政宣上帙三，上海古籍出版社，2008年，第17页。
[6]《金史》卷4《熙宗纪》，中华书局，1975年，第70页。

有重要地位，马扩使金到上京随阿骨打行猎，"行二里许，一黄獐跃起，阿骨打传令云：'诸军未许射，令南使先射。'某跃马驰逐，引箭（弓）一发毙之。"[1]皇统五年（1145年）二月，熙宗"次济州（今吉林省农安县）春水"；在上京周围很多地方都是皇帝春水秋山的射猎之地，熙宗行宫就有"天开殿，爻剌春水之地也。有混同江行宫。"[2]

除狩猎经济外，农业也有一定的发展，早在献祖绥可时，女真人就"种植五谷，建造屋宇。"[3]金太祖天辅四年（1120年），马扩见上京地区的女真人村寨："每三、五里间有一、二族帐，每族帐不过三、五十家。"可见金初女真人开始有了定居生活，他们在今拉林河东北的平原地区（阿城、双城、哈尔滨一带）从事农业生产，但受地理环境和气候所限，作物品种比较单一。"自过咸州至混同江以北，不种谷麦，所种止稗子舂粮。"[4]到天辅五年（1121年），"摘取诸路猛安中万余家，屯田于泰州，婆卢火为都统，赐更牛五十。"[5]说明上京路有大规模的农垦区了。

金源内地植被虽以森林为主，但也有广阔的草原适合放牧。马扩使金，"自涞流河阿骨打所居止带，东行约五百余里，皆平坦草莽，绝少居民。"[6]天会三年（1125年），许亢宗到上京，所看到的景象是："一望平原，旷野间有居民数十家，星罗棋布，纷揉错杂，不成伦次，更无城郭。里巷率皆背阴向阳，便于放牧。"[7]

女真建国后用十余年亡辽灭宋，疆土迅速扩大，与宋划淮为界，大量女真猛安谋克户南迁，遍布金朝全境，女真人生存环境发生了新的变化。

2. 金朝中部地区女真人的生存环境与生计方式

生活在中部地区的女真人顺应和利用该区域内的自然环境和生态资源维持生计。金朝中部主要包括东京路、咸平路和北京路的大部分地区，自然环境以山地、平原为主，是典型的森林草原地区。河流主要是辽河及其支流。辽河上游分东、西辽河，西辽河是西拉木伦河和老哈河合流之后的称谓，东、西辽河

---

[1]（宋）徐梦莘：《三朝北盟会编》卷4，引（宋）马扩：《茆斋自叙》，上海古籍出版社，2008年，第30页。
[2]《金史》卷24《地理志上》，中华书局，1975年，第550页。
[3]（宋）徐梦莘：《三朝北盟会编》卷18，政宣上帙一八，上海古籍出版社，2008年，第127页。
[4]（宋）徐梦莘：《三朝北盟会编》卷4，引（宋）马扩：《茆斋自叙》，上海古籍出版社，2008年，第30页。
[5]《金史》卷71《婆卢火传》，中华书局，1975年，第1638页。
[6]（宋）徐梦莘：《三朝北盟会编》卷4，引（宋）马扩：《茆斋自叙》，上海古籍出版社，2008年，第30页。
[7]（宋）许亢宗：《宣和乙巳奉使金国行程录》，载赵永春编注：《奉使辽金行程录》，吉林文史出版社，1995年，第155页。

汇流后称为辽河。辽河水系支流众多，许亢宗于宣和六年，即金天会二年（1124年）使金，记载了辽河及其支流的情况："离兔儿涡东行，即地势卑下，尽皆萑苻，沮洳积水。是日凡三十八次渡水，多被溺。有河名辽河。濒河南北千余里，东西二百里，北辽河居其中，其地如此。……秋夏多蚊虻，不分昼夜，无牛马能致。行以衣被包裹胸腹，人皆重裳而披衣，坐则蒿草薰烟，稍能免。务基依水际，居民数十家环绕，弥望皆荷花，水多鱼。"[1]可见该地区河湖纵横，水网繁密。在辽河中下游有辽河平原，水源充足，地势平坦，土壤肥沃，适合农业生产。许亢宗使金出辽宁开原北行看到，"州平地壤，居民所在成聚落，新稼殆遍，地宜稷黍。"[2]明昌元年（1190年），提点辽东路刑狱使王寂巡视辽东时过懿州（今辽宁阜新蒙古族自治县东北塔营子乡）看到百姓耕田的场景，作诗云："欲寻山崦问津焉，山下野老方耕田。举鞭绝叫呼不得，俯首伛偻驱乌犍。可怜野老头如葆，龟手扶犁赤双脚。"[3]另外，金代的遗址中出土了很多铁制农具，说明生活在该地区的女真人主要从事农业生产。

中部地区山脉主要有医巫闾山、千山、大兴安岭南段山区。医巫闾山山林茂密，峰峦起伏，湿润多雨，许亢宗使金到显州（今辽宁北镇西）时记载："出榆关以东行，南濒海，而北限大山，尽皆粗恶不毛。至此，山忽峭拔摩空，苍翠万仞。全类江左，乃医巫闾山也。"[4]千山山脉是长白山脉的支脉，重峦叠嶂，林木繁茂，皇统二年（1142年）九月，熙宗如东京，"畋于沙河，射虎获之。"[5]大兴安岭南段山区也是草深林密，女真皇帝常来此行猎，《金史·地理志》记载北京路临潢府，"有天平山（今扎鲁特旗西北），好水川（今扎鲁特旗西），行宫地也。"大定二十五年（1185年）五月，世宗"次天平山，好水川。"[6]

3. 金朝南部地区女真人的生存环境与生计方式

女真人生活的南部地区主要包括中都路、西京路、河东南路、河东北路、

[1]（宋）许亢宗：《宣和乙巳奉使金国行程录》，载赵永春编注：《奉使辽金行程录》，吉林文史出版社，1995年，第152页。
[2]（宋）许亢宗：《宣和乙巳奉使金国行程录》，载赵永春编注：《奉使辽金行程录》，吉林文史出版社，1995年，第154页。
[3]（宋）王寂著，张博泉注释：《辽东行部志》，黑龙江人民出版社，1984年，第46页。
[4]（宋）许亢宗：《宣和乙巳奉使金国行程录》，载赵永春编注：《奉使辽金行程录》，吉林文史出版社，1995年，第152页。
[5]《金史》卷4《熙宗纪》，中华书局，1975年，第80页。
[6]《金史》卷8《世宗纪》，中华书局，1975年，第189页。

河北东路、河北西路、大名府路、山东东路、山东西路及南京路等。这一地区地理环境复杂，主要以山地和平原为主。燕山、军都山、大房山、吕梁山、恒山、五台山、中条山、太行山等众多山脉分布在中都路、西京路、河东北路等地。这些山脉在当时多为植被茂盛，灌木、杂草丛生，森林面积广阔，而且位于燕山山脉，地接太行山，处于"中华北龙"的主龙脉之上的大房山"峰峦秀出，林木隐映"[1]，"冈峦秀拔，林木森密"[2]，是金代皇陵所在地。淳熙四年（1177年），周辉使金，途经河北内丘时看到，"西望太行山，冈峦北走，崖谷秀杰，如昔所闻，山延袤八十里。"[3]太行山山势陡峭，峰峦重叠，古树苍郁，风景幽美。这些山地中多盆地和平原，如承德、怀柔、平泉、滦平、兴隆、延庆等盆地及河北平原、黄淮平原等，女真人在这些地区从事农业生产。

金朝南部地区有些山脉是众多河流的发源或流经地，使得南部地区水系发达，河流广布，如滦河、漳河、永定河、滹沱河、潮白河、拒马河等川流其中。天会三年（1125年），许亢宗行至滦州记载："州处平地，负麓面冈。东行三里许，乱山重叠，形势险峻。河经其间，河面阔三百步，亦控扼之所也。水极清深。"[4]大定九年（1169年）使金的楼钥记载了漳河的状况："至漳河，水缩沙出，中多石子，俗传可以暖腹。……闻水盛时，至与高岸平，阔可数里，土人号'小黄河'。北行沙中，又数里，复渡一小桥，即漳支流也。"[5]大定十年（1170年），范成大过永定河看到"草草鱼梁枕水低，匆匆小驻濯涟漪"[6]的景观；过琉璃河时作诗云："烟林匆蒨带回塘，桥眼惊人失睡乡。健起褰帷揩病眼，琉璃河上看鸳鸯。"其诗原注："琉璃河又名刘李河，在涿州北三十里，极清泚，茂林环之，尤多鸳鸯，千百为群。"[7]七年后，大定十七年（1177年），周辉使金至真定府（今河北正定县），先过滹沱河"河流不甚阔，闻当春涨时，殊湍急也。"[8]

在西京路等地还分布着广阔的草原，辽代在这里建有诸多群牧司，"金初因

---

[1]（宋）宇文懋昭撰，崔文印校证：《大金国志校证》卷33《陵庙制度》，中华书局，1986年，第474页。

[2]（宋）宇文懋昭撰，崔文印校证：《大金国志校证》附录二《山陵》，中华书局，1986年，第596页。

[3]（宋）周辉：《北辕录》，中华书局，1991年，第4页。

[4]（宋）许亢宗：《宣和乙巳奉使金国行程录》，载赵永春编注：《奉使辽金行程录》，吉林文史出版社，1995年，第150页。

[5]（宋）楼钥：《北行日录》，载赵永春编注：《奉使辽金行程录》，吉林文史出版社，1995年，第255页。

[6]（宋）范成大：《范石湖集》卷12《卢沟》，中华书局，1962年，第157页。

[7]（宋）范成大：《范石湖集》卷12《琉璃河》，中华书局，1962年，第156页。

[8]（宋）周辉：《北辕录》，中华书局，1991年，第4页。

辽诸抹而置群牧，抹之为言无蚊蚋、美水草之地也。"[1]辽代除浑河群牧司设在
东京道，倒塌岭西路群牧司设在西京道，其余均在上京道，金代各群牧的分布
也应如此。从《金史·兵志》的记载可知，特满、忒满群牧位于抚州（今内蒙
古兴和境），斡睹只、蒲速碗、欧里本、合鲁碗、耶庐碗在武平县及临潢、泰
州境内。抚州属西京路，武平县及临潢、泰州均属临潢路，即故辽上京道。
这一分布与辽代完全吻合。[2]生活在这里的女真人以畜牧业为主，赵秉文《抚
州》诗云："燕赐城边春草生，野狐岭外断人行，沙平草软望不尽，日暮惟有
牛羊声。"[3]金代抚州隶属西京路，在今张家口之北百里。金代皇帝的避暑胜
地金莲川也隶属西京路，地在今内蒙古自治区正蓝旗和河北沽源县之间的滦
河南岸，世宗大定八年（1168年），"改旺国崖曰静宁山，曷里浒东川曰金莲
川。"《金史·地理志》记载："曷里浒东川更名金莲川，世宗曰：'莲者连也，
取其金枝玉叶相连之义。'"世宗在此建立景明宫、扬武殿，盛夏到此避暑。
今天美丽的金莲川草原东西长60千米，每到夏季便开满了金莲花，当地人称
为"沙拉塔拉"，意为"黄色的平野"，亦即"金莲川"之意[4]。金代这里水草
丰美，羊马成群。

　　金朝迁都中都后，统治者的春水秋山之地也随之南移，女真帝王多数在中
都附近行猎。承安四年（1199年），章宗"如蓟州秋山猎"。中都附近有皇帝的
行宫，承安三年（1198年）正月，"以都南行宫名建春"，建春宫在中都城南，
大兴县境。建春宫是春水之地，必当有河流、湖泊。以此条件考之，建春宫应
当在永定河（卢沟河）附近。在永定河东岸有湖泊，即元代所称的飞放泊，在
明清时代称作南海子的地方[5]。另外，中都路遂城县因山环水绕，女真统治者
在此建行宫，《金史·地理志》称："遂城。有光春宫行宫。有遂城山、易水、
漕水、鲍河。"滦州石城县（今河北唐山市东北）有长春宫。大凡行宫所在之地
都是皇帝春水秋山之所，这些地区都会有山林、河湖。

　　生活在金朝南部地区的女真人还以猛安谋克组织方式从事农业生产，皇统
五年（1145年）"创屯田军，凡女真、契丹之人皆自本部徙居中州，与百姓杂处，

[1]《金史》卷44《兵志》，中华书局，1975年，第1005页。
[2] 韩茂莉：《辽金农业地理》，社会科学文献出版社，1999年，第290-291页。
[3]（金）赵秉文：《闲闲老人滏水文集》卷8《抚州》，商务印书馆（上海），1937年，第121页。
[4] 陈高华、史卫民：《元上都》，吉林教育出版社，1988年，第10页。
[5] 景爱：《金中都与金上京比较研究》，《中国历史地理论丛》1991年第2辑，第159页。

计其户，授以官田，使其播种。春秋量给衣马，若遇出军，始给其钱米。凡屯田之所，自燕山之南，淮、陇之北，皆有之。多至六万人。皆筑垒于村落间。"[1]据日本学者三上次男统计，女真猛安谋克屯田之地：西京路九、中都路八、河北东路二、河北西路四、山东东路五、山东西路七、大名府路二、南京路一等，计达三十八处之多[2]。南宋时楼钥出使金国在河北相州（今安阳）见到："土地平旷膏沃，桑枣相望。"[3]安州（今河北省安新县）在金代也是"群山连属，西峙而北折，九水合流，南灌而东驰，陂池薮泽，映带左右。夏潦暴集，塘水盈溢，则有菰蒲、菱芡、莲藕、鱼虾之饶；秋水引退，土壤衍沃，则得禾麻薥麦，亩收数种之利。"[4]太行山之麓是很好的农业区，此地平原沃野，水量充足，适合农业生产，故金人称"太行之麓，土温且沃；而无南州卑溽之患"[5]。"怀卫之间，清漳绕其北，太行阻其西……东西延袤几百里，其川衍，其野沃，其气候平，其风物阜"[6]。大名府路开州的清丰县，"魏地之大邑也，桑麻四野，鸡犬之声相闻"[7]显然是人烟稠密，农业发达之地。

　　综上所述，金朝境域内山地、丘陵、平原、河湖等地貌并存，森林、草原广布。生活在这一地域的女真人，顺应自然环境，并充分利用生态资源从事着渔猎、农耕、畜牧生活，形成了特定生境内的生计方式。

第二节　环境与女真人的衣食住行

　　环境是人类赖以生存的自然基础，在不同地域生存的人群其衣食住行等生计方式都受到当地地理、气候等生存环境的制约，体现着对其生存区域内生态环境的顺应与调适，久而久之形成了颇具生态特征的生计习俗。

　　女真人崛起于东北地区，其衣食住行等生计方式受到了东北这一生态区域内的地理、气候、资源等生态环境的制约，处处体现了东北的地域特色，如以渔猎为主要生计，食肉衣皮、生食冷饮等，随着金朝疆域的扩大，女真人生存

[1]（宋）宇文懋昭撰，崔文印校证：《大金国志校证》卷12《熙宗孝成皇帝四》，中华书局，1986年，第173页。
[2]［日］三上次男著，金启琮译：《金代女真研究》，黑龙江人民出版社，1984年，第163页。
[3]（宋）楼钥：《北行日录》，载赵永春编注：《奉使辽金行程录》，吉林文史出版社，1995年，第255页。
[4]（清）张金吾：《金文最》卷25《云锦亭记》，中华书局，1990年，第342页。
[5]（清）张金吾：《金文最》卷37《水龙吟词序》，中华书局，1990年，第539页。
[6]（清）张金吾：《金文最》卷83《商王河亶甲庙碑》，中华书局，1990年，第1211页。
[7]（清）张金吾：《金文最》卷80《清丰县重修宣圣庙碑》，中华书局，1990年，第1170页。

环境有了新的变化，衣食住行等生计方式也随着生存环境的改变而改变，但其在衣食住行方面的民族性和地域性的特征依然保留。

一、环境与女真人服饰

服饰是人类适应自然生存环境的物质保障，不同的人群因其所处的地理位置、气候条件等自然环境以及生态资源的差别，其对服饰的材质、样式、花色、图案等的选择也各异，通常情况下都充分体现其生活境域的生态特征。女真人的服饰就具有明显的地域性和生态性生计方式的特点，衣兽皮、穿白衣就是女真人无论贫富贵贱喜穿的服饰，是女真先民长期在白雪皑皑的山林中狩猎而形成的服饰形制。

受自然环境和气候条件的制约，女真人的衣料很长一段时间都是以兽皮为主。无论男女老幼、贫富贵贱从头到脚都衣兽皮。只是贫富不同的人，所穿的兽皮略有区别，富者以"貂鼠、青鼠、狐貉皮或羔皮为裘"，贫者"衣牛、马、猪、羊、猫、犬、鱼、蛇之皮，或獐、鹿皮为衫。裤袜皆以皮。"[1]女真人普遍衣皮主要是受生存环境所迫，如前所述，北方最显著的气候特征就是寒冷，裂肤堕指的现象时有发生。这种极寒的天气是女真人经常遭遇的，所以御寒是女真人生计中的重要课题，在长期与严寒抗争的过程中，女真人发现动物的皮毛具有极好的御寒性能，于是兽皮就成为身处寒冷地带的女真人最好的衣料选择。史籍记载，女真人处于"外化不毛之地，非皮不可御寒，所以无贫富皆服之。"女真地"冬极寒，多衣皮，虽得一鼠亦褫皮藏之，皆以厚毛为衣，……稍薄则坠指裂肤。"[2]

鞋帽虽不是主要服饰，但对女真人来说却不可忽视，生活在北方的女真人冬天头和脚必须保暖，否则会被冻伤。女真人的鞋帽都用兽皮，"以羊裘狼皮等为帽"[3]。《金史·舆服志》记载："金人之常服四：带，巾，盘领衣，乌皮靴。"皮靴可谓是女真人主要的御寒鞋。许亢宗在上京看到金太宗穿"皮鞋"。考古发

[1]（宋）宇文懋昭撰，崔文印校证：《大金国志校证》卷39《男女冠服》，中华书局，1986年，第553页。
[2]（宋）宇文懋昭撰，崔文印校证：《大金国志校证》卷39《男女冠服》，中华书局，1986年，第553页。
[3]（宋）徐梦莘：《三朝北盟会编》卷99《靖康中帙四十九》，引范仲熊《北记》，上海古籍出版社，2008年。

现也证实了这一点，亚沟石刻的武士像，就是穿高筒皮靴[1]。女真人长期在冰雪中射猎，脚部的保暖尤为重要，用兽皮缝制的靴子具有很好的御寒功能，可以长时间在雪地中行走，而不被冻伤。

女真人除衣皮外，有时也穿布衣，但因北方地区受气候和地理区位的制约，金源内地不产桑蚕，唯多织布，贵贱以布之粗细为别，"富人春夏多以伫丝绵纳为衫裳，亦间用细布。……或做伫丝绸绢……贫者冬夏并用布为衫裳"[2]，女真人虽然已经穿布衣，但是由于御寒的需要，仍以皮毛为主要衣料。

女真人服饰颜色和图案的选择也与自然环境和生计方式相适应。女真人的服饰多为白色，《金史·舆服志》记载："其衣色多白"。《大金国志》云："其衣服则衣布，好白。"《金志·男女冠服》亦云："金俗好衣白"。女真服色尚白之俗，与当时女真人的生存环境和生计活动特点密切相关。北方的冬季漫长严寒，山川大地长时间被白雪覆盖，长期在冰雪环境中从事射猎的女真人，穿着与冰雪同色的白衣，能与周围环境融为一体，既可容易接近猎物而不被发现，又可避免野兽在背后袭击，具有保护色的作用，这种模仿自然、融入自然的衣着方式世代相袭，就形成了女真人尚白的习俗。

女真人服饰的图案纹饰也源于自然环境。因为女真人长期从事渔猎，对山林、草木、花卉以及野生动物，如鹿、熊、鱼、蟹等最为熟悉，他们把这些自然景观绘制在衣服上，使服饰的纹饰生动地体现了生态环境和女真人的生计方式。如鱼纹就是女真上层服饰的主要纹饰，女真人经常在河湖中观鱼、捕鱼，对各个水域所产的鱼类都颇为熟悉，受此影响，女真人的服饰上多有鱼类纹饰。范成大《揽辔录》记载：女真有"佩服之制……自太子而下有玉带、玉双鱼、玉鱼、金鱼及金笏头球、大荔枝、御山仙花及草犀、红鞓等带，皆金鱼。服绯者，红带银鱼。武官自二品以上得佩鱼，其告身有翔鸾、云鹤、龟莲、龟藻、瑞草等锦。"[3]《金史·舆服志》亦云：金代官服中的带制中"皇太子玉带，佩玉双鱼袋。亲王玉带，佩玉鱼。一品玉带，佩金鱼。二品笏头球文金带，佩金鱼。三品、四品荔枝或御仙花金带，并佩金鱼。五品服紫者红鞓乌犀带，佩金鱼，服绯者红鞓乌犀带，佩银鱼。"这些鱼类纹饰就是女真人取自自然的题材。

[1] 景爱：《金上京》，生活·读书·新知三联书店，1991年，第173页。

[2] （宋）宇文懋昭撰，崔文印校证：《大金国志校证》卷39《男女冠服》，中华书局，1986年，第553页。

[3] （宋）范成大：《揽辔录》，载赵永春编注：《奉使辽金行程录》，吉林文史出版社，1995年，第283页。

另外，春水秋山是女真人受契丹人影响形成的生活习俗，女真人在春水秋山之时经常看到水中天鹅、野鸭等禽鸟凫游嬉戏，草原上山花烂漫、竞相争艳，鹿、虎、熊等野兽在山林中奔跑，这些绚丽多姿的自然景观成为女真人在构想服饰纹饰时的必选题材。《金史·舆服志》载女真人"（三品）其从春水之服则多鹘捕鹅、杂花卉之饰，其从秋山之服则以熊鹿山林为文。"可见，女真人服饰上的图案和花纹是其对大自然的瞬间感受而形成的永久凝固，是女真人融入自然环境之审美情趣的表现。

二、环境与女真人的饮食

民以食为天，食是人类维持生存的根本条件，但是由于人类群体的地理分布不同，其生存环境千差万别。所谓一方水土养育一方人，地理区位与气候条件严格限定了每一区域生境内物种的种类、数量与分布状况，也严格限定了栖息于不同生态区位环境的人类群体在食物资源与种类方面的选择[1]。也就是说，人类的饮食习俗取决于其所生存区域的自然环境，体现着人类对生态环境中食物资源的充分利用。不同的生存环境养成了人类群体不同的饮食习俗，食材的选择、食用的方法、烹饪的方式、使用的食器、饮食的习惯等都受其生存环境的制约，具有明显的地域性特色，越是久远的年代，人类饮食对自然的依赖性就越强。

1. 肉类及粮食

女真人的生存强烈地依赖自然环境，特别是建国前及金初尤为明显。金代的东北地区一年四季，三时多寒，千里冰封，万里雪飘，生活在这一生态区位的女真人需要食用高热量的食物来抵御严寒天气，同时因受气候、地域、土壤所限，粮食种类不多，产量亦少，于是肉类就成为女真人的主要食物。女真人食用的肉类除饲养的畜禽，如猪、羊、驴、犬、牛、马、鸡、鸭、鹅等外，野生动物占有相当大的比重。东北地区得天独厚的生态环境使女真人获取大量的野生动物成为可能。女真人生活的东北地区，多山地丘陵，森林广袤，水草丰

---

[1] 江帆：《满族生态与民俗文化》，中国社会科学出版社，2006年，第41页。

美，其生产方式依赖于森林资源与水草环境，当时上京地区的山林河湖中野生的禽兽、水产很多，山林和草原上奔跑着狼、獐、鹿、狐狸、兔、黄羊等，黑龙江、鸭绿江、松花江等水域内有各种鱼、蟹，《金史·地理志》记载会宁府"岁贡秦王鱼"，这里的秦王鱼就是今天的鳇鱼，是黑龙江自然繁殖生长的名贵特产淡水鱼类。湖泊及水边处还栖息着各种野生禽鸟，如大雁、野鹅、野鸭等，正如史籍记载的那样，东北地区："兽多……麋鹿、野狗、白彘、青鼠、貂鼠；……海多大鱼、螃蟹。"[1]这些野生动物为女真人提供了丰富的食物资源。金初，生活在该生态区位的女真人顺应环境，以渔猎为生，"精射猎，每见巧兽之踪，能蹑而摧之，得其潜伏之所。"[2]阿骨打曾说射猎是"此吾国中最乐事也"[3]；史籍还记载："金国酷喜田猎，昔都会宁，四时皆猎。"[4]所获得的野生动物成为女真人的主要食物，"呼麋鹿，射而啖之，但存其皮骨。"[5]马扩随阿骨打围猎时说："自过嫔（今辽宁鞍山东北）、辰州（今辽宁盖州）、东京（今辽宁辽阳）以北，绝少麦面，每日各以射到禽兽荐饭。"[6]特定的生态环境决定了女真人对食物资源的选择，喜食野味是女真人顺应环境和依赖环境的体现。即使后来金国疆域扩大，汉文化影响加深，但女真统治者春水秋山的渔猎活动还是时常进行的。

如前所述，渔猎也是女真百姓重要的生活方式。天德三年（1151年），海陵"命太官常膳惟进鱼肉，旧贡鹅鸭等悉罢之。"[7]明昌五年（1194年），七月章宗"猎于豁赤火，一发贯双鹿。是日，获鹿二百二十二，……辛巳，次鲁温合失不。是日，上亲射，获黄羊四百七十一。"[8]可见，整个金代，女真人都在充分利用自然资源，获取的这些野味成为他们食物的重要补充，也是女真人带有地域性和民族性的饮食特征。

特定的生存环境造就了女真人独特的食肉方式，金初女真人"下粥肉味无

[1]（宋）宇文懋昭撰，崔文印校证：《大金国志校证》附录一《女真传》，中华书局，1986年，第584页。
[2]（宋）宇文懋昭撰，崔文印校证：《大金国志校证》附录一《女真传》，中华书局，1986年，第584页。
[3]（宋）宇文懋昭撰，崔文印校证：《大金国志校证》卷1《太祖武元皇帝上》，中华书局，1986年，第19页。
[4]（宋）宇文懋昭撰，崔文印校证：《大金国志校证》卷36《田猎》，中华书局，1986年，第520页。
[5]（宋）宇文懋昭撰，崔文印校证：《大金国志校证》附录一《女真传》，中华书局，1986年，第584页。
[6]（宋）徐梦莘：《三朝北盟会编》卷4，引（宋）马扩：《茆斋自叙》，上海古籍出版社，2008年，第31页。
[7]《金史》卷5《海陵纪》，中华书局，1975年，第97页。
[8]《金史》卷10《章宗二》，中华书局，1975年，第232页。

多品，止以鱼生，獐生，间或烧肉。"[1]马扩亲历女真人的盛宴，"猪、羊、鸡、鹿、兔、狼、獐、麂、狐狸、牛、驴、犬、马、鹅、雁、鱼、鸭、虾蟆等肉，或燔或烹，或生脔，多以芥蒜汁渍沃，陆续供列，各取佩刀脔切荐饭。"[2]许亢宗过咸州（辽宁开原）看见，"地少羊，惟猪、鹿、兔、雁。……以极肥猪肉或脂润切大片，一小盘虚装架起，间插青葱三数茎，名曰'肉盘子'，非大宴不设，人各携以归舍。"[3]由上述史料可以看出，女真人对各种野味及家畜肉制作和食用方法比较简单，生食肉片或鱼片，这是女真先民在严酷的环境中维持生存的必要方式，烤肉既是狩猎经济生活中饮食方式的一种方便选择，即猎即食，同时也是女真人对生态环境的一种依托，东北地区多林木，女真人可以随时随地获得燃料，使烤肉成为极为方便的食物。直到今天生鱼片和烤肉仍然是东北人喜食的美味佳肴。另外，女真人喜欢吃极肥的猪肉，而且非大宴不设。这主要是因为肥猪肉高脂肪、高热量，能有效地抵抗北方的严寒，故猪肉一直是女真人的必备食品，史籍记载，直到世宗后期上京会宁府每年还贡猪二万头供女真上层食用。由于北方气候寒冷，不宜蔬菜种植，所以女真人很少食用蔬菜，只是多以葱、韭、芥、蒜等调味菜佐食。女真人的上述饮食习惯是在特定的生存环境下形成的，是女真人对生存环境的顺应与适应。

女真人是颇重视农耕的民族，金源内地的东北平原，地宜麻谷，但因气候寒冷，作物生长期短，种类比较单一，产量也不高，所以可供女真人食用的粮食很有限，天辅四年（1120年），马扩使金"白过咸州（今辽宁开原）至混同江以北不种谷麦，所种止稗子。"在阿骨打的御宴上，"人置稗子饭一碗，加匕其上，列以薤韭野蒜长瓜，皆盐渍者。"[4]

女真人"最重油烹面食"，这与其生活地域的寒冷气候有关，油炸食品热量高，能有效抵御风雪严寒，所以女真人的面食中"馒头、炊饼、白熟、胡饼之类最重油煮。"洪皓记载女真人婚宴："酒三行，进大软脂、小软脂，如中国寒具"[5]。《本草纲目》记载："寒具即今馓子也。以糯粉和面，入少盐，牵索纽

[1]（宋）徐梦莘：《三朝北盟会编》卷3，政宣上帙三，上海古籍出版社，2008年，第17页。

[2]（宋）徐梦莘：《三朝北盟会编》卷4，引（宋）马扩：《茆斋自叙》，上海古籍出版社，2008年，第30页。

[3]（宋）许亢宗：《宣和乙巳奉使金国行程录》，载赵永春编注：《奉使辽金行程录》，吉林文史出版社，1995年，第153页。

[4]（宋）徐梦莘：《三朝北盟会编》卷4，引（宋）马扩：《茆斋自叙》，上海古籍出版社，2008年，第31页。

[5]（宋）洪皓：《松漠纪闻》，吉林文史出版社，1988年，第28页。

捻成环钏之形，油煎食之。"[1]可见，大软脂、小软脂都是油炸的面食。宋淳熙三年，金大定十六年（1176年），周辉使金，在泗州（今江苏淮安盱眙县）看到女真人的婚宴中有："蜜和面，油煎之，虏甚珍此。"[2]甚至日常早餐中也有油腻食物，如其《北辕录》记载："灌肺油饼，枣糕面粥。"食用过多的油腻食物不宜消化，所以女真人在食用油炸食品或肉类时亦食粥。史籍显示，女真人"春夏之间，止用木盆贮口粥，随人多寡盛之，以长柄木勺子数柄，回环共食。"[3]金兵攻宋，"自粘罕至步军，率皆粟米粥，或烧猪肉，别无异品。"[4]许亢宗在清州（今河北青县）受到金国接伴使的款待时，"别置粥一盂，钞一小杓，与饭同下。"

金与宋划淮为界后，女真人生存区域向南扩展到了发达的农耕区，其生存环境比金源内地优越，如南京路"膏腴蔬蔌，果实、稻粱之类，靡不毕出。而桑、柘、麻、麦、羊、豕、雉、兔，不问可知。水甘土厚，人多技艺。"[5]女真人与优越的生态环境相适应，特别是南迁后饮食习俗也发生了改变，与宋人相差无几，但是带有女真民族特色和东北地域特色的饮食习惯还是保留下来了。

2. 蔬菜瓜果

金代女真人生活的北方地区，气候寒冷、干旱少雨，无霜期短，不利于蔬菜瓜果的生长，特别是金源内地更是如此，许亢宗出使金国到东北时对南北自然环境做了对比描述：渝关之南"地则五谷百果、良材美木，无所不有。出关未数十里，则山童水浊，皆瘠卤。弥望黄茅、白草，莫知其极，盖天设此以限南北也。"[6]故金初生活在东北地区的女真人从饮食结构上来说蔬菜瓜果占有的比重很少，即使后来开疆拓土，占据北部半壁江山，蔬菜瓜果品种有所增加，但是与南面的宋朝也是无法相比的。据文献记载，女真人食用的蔬菜瓜果有荠菜、白芍药花、长瓜、蔓菁、回鹘豆、苦菜、蒲笋、榆荚、松皮、韭、葱、姜、蒜、芥、西瓜、樱桃、枣、榛、李、栗、梨、杏、石榴、蒲桃（葡萄）等，这

[1]（明）李时珍：《本草纲目》，人民卫生出版社，1978年，第1542页。
[2]（宋）周辉：《北辕录》，中华书局，1991年，第1页。
[3]（宋）宇文懋昭撰，崔文印校证：《大金国志校证》附录一《女真传》，中华书局，1986年，第585页。
[4]（宋）徐梦莘：《三朝北盟会编》卷99《靖康中帙七四》，上海古籍出版社，2008年。
[5]（宋）叶隆礼：《契丹国志》卷22《州县载记》，上海古籍出版社，1985年，第217页。
[6]（宋）宇文懋昭撰，崔文印校证：《大金国志校证》卷40，中华书局，1986年，第563页。

些果蔬既有野生的，也有人工栽培的。果蔬的食用对丰富女真人的饮食结构，增强女真人的身体素质大有裨益。同时女真人对有些蔬菜瓜果的食用方法和储存方式也很有创新性，并且极具地域特色，对后世影响颇深。

（1）野生蔬菜

女真人生活的地域因为有山地、丘陵、平原、森林、草原等多种地形地貌，其中很多地方适合野生植物的生长，特别是有很多野生蔬菜，女真人喜欢采食。根据文献记载，女真人采集的野菜有荠菜、白芍药花、苦菜、蒲笋、榆荚、松皮、山葱、野韭、野蒜等。

野生白芍药多生长在山坡、山谷的灌木丛或草丛中，具有一定的耐寒性，今天在东北地区仍多有分布。女真人喜欢采白芍药芽为菜，史载"女真多白芍药花，皆野生，绝无红者。好事之家，采其芽为菜，以面煎之，凡待宾斋素则用，其味脆美，可以久留。"[1]女真人采摘白芍药花的幼芽，和在面里煎而食之，不但味道脆美，而且可以长时间保存，女真人十分珍视，常用来款待宾客。

荠菜和蒲笋是女真农家常食的野生蔬菜，在当时的东北很常见，野生于河旁、塘边及浅水滩上，出淤泥而不染，是美味野菜，深受女真百姓的青睐。荠菜，俗称地菜，一年或多年生草本植物，叶子羽状分裂，花白色，性耐寒。荠菜嫩时可以食用，含有很多有机酸类，营养丰富，同时有药用价值。蒲笋在金代多为野生，其色柔和如象牙白，悦目雅致，其质脆嫩爽滑，其味清淡隽永，其香清新绵长，被誉为"天下第一笋"。明昌元年（1190年）春，提点辽东路刑狱的王寂巡视辽东，在开原东部的清河地区看到了三四个女真农家女在溪边采集野菜，她们"手携篮子满新蔬，……踏青挑菜共嬉游"，由此可知，清河地区野菜很多，农家女在采摘的过程中因心情愉悦而嬉戏。这些新鲜的野生蔬菜主要是荠菜和蒲笋，当时王寂赋诗云："荠牙蒲笋绕溪生，采缀盈筐趁早烹。想得见郎相妩媚，饭笋携去饷春归。"[2]这些早春时节就可以采食的野菜，对于地处东北高寒地区的女真人来说是非常珍贵的。这些野菜直到元代仍受人们青睐。元人许有壬《始食蒲笋品味在竹笋上》诗云："渭川常羡锦口儿，盘馔今朝得此奇。心卷清冰微有晕，肪裁寒玉莹无玼。（阙）乡甘脆应无敌，风味豪华定不如。

[1]（宋）洪皓：《松漠纪闻》，吉林文史出版社，1986年，第39页。
[2]（金）王寂著，张博泉注释：《辽东行部志》，黑龙江人民出版社，1984年，第75页。

好与散人供口腹，休教长到作轮时。"[1]

苦苣，又称甜苣菜、苦荬菜。《辞海》载，野生苦苣，鲜根、叶作蔬菜，干根可代咖啡。苦苣多野生于山坡、草地乃至平原的路边，农田或荒地上长势更旺。这种野菜分布很广，东北地区尤多，是东北地区农村常见的野菜。其根系发达，耐旱也耐寒，能在干旱的荒野中深深扎根，生命力很强，适合在金境内生长。春夏之交，苦苣便露出红芽，这时根白嫩鲜脆，而且味不苦，菜叶味甘苦，可清热去火、解毒，是金人观念中的上乘野菜。金代全真道士尹志平《食豆粥寄燕京道众》诗咏苦苣云："苦苣菜软，绿豆粥薄。……食罢后，四大冲和，饱足时，六神踊跃。老来得这些受用，把世间事都尽忘却。"[2]这说明苦菜易消化，食后使人感觉很舒服。

女真人在长期食用野菜的过程中总结出采摘苦菜的最佳时节，《金史·历志》记载："小满四月中，苦菜秀。"由于苦菜耐干旱，生命力强，分布广泛，所以在金代每当旱灾，或粮食短缺时，苦菜就成了金人充饥之物。如金朝末年粮食奇缺，有些地方的百姓只能挑菜充饥，纷纷"出近郊。采蓬子窠、甜苣菜，杂米粒以食。"[3]

榆荚，别名榆钱。《医林纂要》记载："榆荚，圆薄如钱，嫩者可食。"自古以来，榆荚就是人们喜爱食用的一种野菜，主要做榆荚羹和榆荚酱，另外也可以用来酿酒。南朝陶弘景："初生榆荚仁，以作糜羹。"《本草纲目》亦记载，榆"三月生荚，古人采仁以为糜羹，今无复食者，惟用陈老实作酱耳。……榆未生叶时，枝条间先生榆荚，形状似钱，而小，色白或串，俗呼榆钱。后生叶，似山茱萸而长，尖艄润泽，嫩叶炸，浸淘过可食。……三月采榆钱可作羹，亦可收至冬酿酒。瀹过晒干可为酱，即榆仁酱也。"[4]榆钱吃起来清香脆嫩，绵软爽口，又由于榆荚可食用的时间非常短暂，一年中只有在清明前后，榆树开花结荚之际，及时采食才可以吃到，所以金人十分珍惜。元好问《食榆荚》诗赞美了榆荚的鲜美，反映了金人对这种野菜的喜爱之情。诗云："露葵滑寒羊蕨膻，春榆作荚绝可怜。榆令人瞑何暇计，田舍年例须浓煎。箫声吹暖卖饧天，家人

[1]（元）忽思慧著，尚衍斌等注释：《〈饮膳正要〉注释》，中央民族大学出版社，2009年，第312页。

[2] 薛瑞兆、郭明志编：《全金诗》（第三册），南开大学出版社，1995年，第107页。

[3]（清）张金吾：《金文最》卷119《录大梁事》，中华书局，1990年，第1702页。

[4]（明）李时珍：《明清名医全书大成·李时珍医学全书》，中国中医药出版社，1996年，第897页。

钻火分青烟。长钩矮篮走童稚，顷刻绿萍堆满前。炊饭云子白，薶韭青玉圆。一杯香美荐新味，何必烹龙炮凤夸肥鲜。……先生扪腹一莞然，此日何功食万钱。"[1]在诗人看来，榆荚是蔬菜中的上品，味道鲜美胜过"烹龙炮凤"。

小的野生榆荚又称芜荑，李时珍云："山榆之荚名芜荑。……芜荑有大小两种，小者即榆荚也。揉取仁，酝为酱，味尤辛，人多以外物相和，不可择去之。"[2]这种榆荚女真人多佐饭以食之，"以半生米为饭，渍以生狗血及葱韭之属和而食之，芼之以芜荑。"[3]即以芜荑为蔬菜。

女真人还用松树皮做菜，颇受人们喜欢。留居金朝十六年的朱弁对此有记载，朱弁云："北人以松皮为菜，予初不知味，虞侍郎分馈一小把，因饭素，授厨人与园蔬杂进，珍美可喜，因作一诗。"诗中云松皮菜"滋旨却膻荤……香厨留净供，频食不言顿。……食之不敢余，感激在方寸。"[4]由此可见，女真人烹制的松皮菜味道鲜美，诗人觉得珍美可喜，故"食之不敢余，感激在方寸。"女真人之所以爱食松皮菜，主要是其饮食中肉类太多，油腻不易消化，而松皮菜恰好有"却膻荤"的功效。

除上述的野生蔬菜外，还有葱、蒜、韭、芥之类调味类的野生蔬菜。女真人常"以半生米为饭，渍以生狗血及葱韭之属和而食之。"[5]这些蔬菜虽然很早就有栽培，但在金代野生居多，苏颂云："山葱生山中，细茎大叶，食之香美如常葱。"[6]明人金幼孜《北征录》亦记载："北边云台戍地，多野韭沙葱，人皆采而食之。"这种野菜生命力极强，而且分布广泛，金代东北地区处处都有山葱野韭，非常容易采食，因其味道辛香，可以驱寒，故深得女真人喜爱，是女真人佐食的重要调料。

许亢宗天会三年（1125年）出使金国贺金太宗即位，在清州（今河北青县），受到金国接待使的款待，在晚宴的饭食中有"好研芥子，和醋伴肉食，心血脏瀹羹，芼以韭菜，秽污不可向口，虏人嗜之。"其中"芼"就指可食用的野菜，"芼以韭菜"即是指食用野生韭菜。女真人的饭食对中原人来说秽污不可入口，

[1]（金）元好问，（清）施国祁注：《元遗山诗集笺注》卷 5，人民文学出版社，1958 年，第 1171 页。

[2]（明）李时珍：《明清名医全书大成·李时珍医学全书》，中国中医药出版社，1996 年，第 898 页。

[3]（宋）徐梦莘：《三朝北盟会编》卷 3，政宣上帙三，上海古籍出版社，2008 年，第 17 页。

[4]（金）元好问：《中州集》卷 10《朱奉使弁》，中华书局，1959 年，第 515 页。

[5]（宋）徐梦莘：《三朝北盟会编》卷 3，政宣上帙三，上海古籍出版社，2008 年，第 17 页。

[6]（宋）苏颂编撰，尚志钧辑校：《本草图经》，安徽科学技术出版社，1994 年，第 575 页。

但是女真人却喜食，而且"嗜之"。

金朝初年宋人马扩随父亲出使金国，看到金主阿骨打聚诸酋共食的场景，御宴中除了各种肉类，"人置稗子饭一碗，……列以擂韭野蒜长瓜。"肉类"或燔或烹，或生脔，多以芥蒜汁渍沃。"[1]这里的"擂韭、野蒜"就是捣碎的韭菜和野蒜，女真人在食用各种肉类时常用芥蒜汁渍沃而食，这种食用方法一直流传到今天，今天肉蘸蒜泥仍然是东北地区的一道名菜。女真人之所以喜欢食用这种辛辣的野菜，一是其所生存的自然环境使然，由于温度较低，一年四季三时寒冷，食用辛辣野菜可以驱寒；二是其菜肴中多以肉食为主，这些辛辣野菜可以减轻油腻和腥膻。而女真人喜食山葱野韭的习惯对后世产生了重要影响，直到今天东北地区的农村，人们还喜欢吃野葱、野韭菜，其味道比人工栽培的香美。

另外，夏季女真人还常食一些水生野菜，如菰蒲、菱芡、莲藕等。史载："安之为郡……群山连属，西峙而北折，九水合流，南灌而东驰，陂池薮泽，映带左右。夏潦暴集，塘水盈溢，则有菰蒲、菱芡、莲藕、鱼虾之饶。"[2]

（2）种植蔬菜

随着文明的进步，女真人学会种植蔬菜，尤其是与宋人划淮为界后，疆土南扩，自然条件适宜，种植蔬菜的种类就多了起来，并且出现了许多官、民菜园。

海陵为南侵宋朝筹集军饷，无所不用其极，即"为一切之赋"，其中有一条规定："有菜园、房税、养马钱。"[3]把菜园作为一项税收来源，说明在金境内菜园数量不少，而且种植的蔬菜种类很多，产量也很可观，应该是专门以卖菜为生的菜农经营的大规模菜园。史籍记载，天兴二年（1233年），金兵在解州（今山西解县）与蒙古军交战失利，总领王茂率军士三十人入陕州"匿菜圃中凡三四日。"[4]三十人藏匿在菜园中，可见菜园面积之大，而且产量不小，不然不足以维持三十人三四天的食量。女真人种植的蔬菜具体的名称史籍记载极少，应该在气候条件允许的情况下都有种植。其中比较受女真人喜欢的有蔓菁、回鹘豆等。

[1]（宋）徐梦莘：《三朝北盟会编》卷4，引（宋）马扩：《茆斋自叙》，上海古籍出版社，2008年，第31页。
[2]（清）张金吾：《金文最》卷25《云锦亭记》，中华书局，1990年，第342页。
[3]《金史》卷73《完颜宗尹传》，中华书局，1975年，第1675页。
[4]《金史》卷116《徒单兀典传》，中华书局，1975年，第2541页。

蔓菁是金人喜欢食用的蔬菜，又名芜菁，诸葛菜。蔓菁既有野生的，也有人工栽培的。叶子狭长，花黄色，块根肉质。北方尤多，唐人陈藏器云："芜菁，北人名蔓菁。今并汾、河朔间烧食，其根呼为芜根。塞北、河西种者为九英。"苏颂曰："北土尤多，四时常有。春食苗；夏食心，亦谓之薹子；秋食茎；冬食根。"[1]因其从叶到根都能吃，被视为食之不尽的蔬菜。唐刘禹锡《嘉话录》记载了蔓菁的六大优点："取其才出甲可生啖，一也；叶舒可煮食，二也；久居则随之滋长，三也；弃之不令惜，四也；回则易寻而采，五也；冬有根可食，六也；此诸菜其利甚博。"[2]《蔬谱》记载了其优点："人久食蔬，无谷气即有菜色，食蔓菁者独否。四时皆有，四时可食。春食苗；初夏食心，亦谓之薹；秋食茎；秋（按："秋"字后脱一"冬"字）食根。数口之家，能莳百本，亦可终岁足蔬。子可打油，燃灯甚明。每亩根叶可得五十石，每三石可当米一石，是一亩可得来十五、六石，则三人卒岁之需也。"[3]上述史料说明，蔓菁自古以来就是人们喜爱的蔬菜，而且优点颇多，不但四季常食，而且烹饪方法多样，可弥补粮食不足，同时因其营养丰富，对人体健康大有裨益。

金代女真人常常采集新鲜的蔓菁菜做羹齑，深得人们喜爱。朱弁在居留金朝时就写诗称颂蔓菁作齑之美。朱弁记录说："初春以蔓菁作齑，因忆往年逃难大隗山，采蘋涧中为齑。齑成汁为粉红色，而香美特异，乃信郑人所言为不诬矣。今食新齑，因成长韵"，诗中云："……春畦芜菁苗，入眼渐可喜。青黄含风露，采摘从此始。持归作新齑，一饱竞鲜美。芬香溢肺肝，甘脆响牙齿。扪腹幽窗下，刍豢讵能比。"[4]另一首诗《龙福寺煮东坡羹戏作》，诗云："手摘诸葛菜，自煮东坡羹。虽无锦绣肠，亦饱风露清。钩帘坐扪腹，落日千峰明。"[5]春天来临之际，人们开始采摘蔓菁，"持归作新齑"，蔓菁菜做的羹齑不但清爽可口，味道鲜美，而且芳香溢肺肝，以致饱得两手扪腹，使人食之久久回味。

金朝境内蔓菁多有分布，不但可做蔓菁羹齑，而且根可生食。靖康元年（1126年），宋人范仲熊被金人所俘，"金人坚要仲熊拜降，乃使之他居，绝其粮食。

[1]（清）夏曾传，张玉范、王淑珍注释：《随园食单补证》，中国商业出版社，1994年，第250页。
[2]（清）夏曾传，张玉范、王淑珍注释：《随园食单补证》，中国商业出版社，1994年，第250页。
[3]（清）夏曾传，张玉范、王淑珍注释：《随园食单补证》，中国商业出版社，1994年，第251页。"秋"字后脱一"冬"字。
[4]（金）元好问：《中州集》卷10《朱奉使弁》，中华书局，1959年，第514-515页。
[5]（金）元好问：《中州集》卷10《龙福寺煮东坡羹戏作》，中华书局，1959年，第520页。

正是大雪，并无盖卧，身上雪厚一二尺，饥则吃雪，或拨雪取土中蔓菁根食之。"[1]可以推测，女真人冬季很有可能挖掘蔓菁根食用。

回鹘豆也是女真人喜欢吃的一种蔬菜，是豌豆的别名，经契丹传入金朝。"回鹘豆，高二尺许，直干，有叶，无旁枝。角长二寸，每角止两豆，一根才六七角。色黄，味如栗。"[2]金源内地不产姜，"至燕方有之，每价至千二百金，人珍甚，不肯妄设，遇大宾至，缕切数丝置碟中，以为异品，不以杂之饮食中也。"[3]

（3）蔬菜的保存

北方气候寒冷，蔬菜生长期短，为了一年四季都能吃到新鲜的蔬菜，生活在这一生态区域内的女真人创造了独特的蔬菜保存方法，即制作咸菜和酸菜。马扩所见女真国宴上除各种肉类外，还"列以齑韭野蒜长瓜，皆盐渍者"，盐渍齑韭，就是韭菜花。盐渍野蒜、长瓜，就是咸蒜、咸黄瓜了。另外，还有其他腌菜，赵秉文《松糕》诗中就有"辽阳富冬菹"之句，就是说东北地区的女真人冬天擅于腌菜，直到今天东北地区的咸菜、酸菜仍然备受青睐，尤其酸菜是东北人冬季饭桌上的主要菜肴之一。

由此可见，由于自然环境和生态资源所限，女真人食用的蔬菜种类不多，女真人的特色饮食对东北地区的饮食习惯更有深远的影响。如东北人喜食野菜、咸菜、酸菜，还喜食刺激性强的作料如韭、芥等。

（4）瓜果

金代女真人生活在北方地区，独特的气候、土壤、水文等条件决定了女真人食用瓜果的种类。女真人食用的瓜果见于《金史》、宋使行程录及金代诗文记载的主要有西瓜、梨、杏、石榴、樱桃、李、桃、蒲桃（葡萄）、栗、枣等。这些瓜果生长在金境内环境适宜的地方，有的是人工栽培的，有的是野生的。

西瓜是女真人食用的瓜果中最负盛名的果品之一。西瓜据说原产自非洲热带的干旱沙漠地带，亦说产自中亚，目前尚无定论，但至少在唐末五代时期已经在我国的新疆地区广泛种植。西瓜适合在沙质土壤中生长，比较适应干旱环境和昼夜温差较大的北方气候，因此北方西瓜素来颇负盛名。女真人种植的西

---

[1]（宋）徐梦莘：《三朝北盟会编》（附索引），上海古籍出版社，2008年，第460页。

[2]（宋）洪皓：《松漠纪闻》，吉林文史出版社，1986年，第42页。

[3]（宋）洪皓：《松漠纪闻》，吉林文史出版社，1986年，第39页。

瓜是从契丹传入的,《胡峤陷北记》记载 "契丹破回纥得此种,以牛粪覆棚而种,大如中国冬瓜而味甘。"辽上京就曾出土大量的西瓜籽堆积层,赤峰市敖汉旗发掘的辽代壁画上有西瓜图,说明西瓜已经是契丹人食用的主要水果了。金灭辽后,西瓜传入女真境内,至金大定时中原已广有种植。

范成大自南宋使金,路过开封,亲见女真人经营的大面积西瓜园,并且作《西瓜园》诗云:"碧蔓凌霜卧软沙,年来处处食西瓜。形模濩落淡如水,未可蒲萄苜蓿夸。"在该诗的自注中还说 "(西瓜)味淡而多液,本燕北种,今河南皆种之。"[1]留金十五年的洪皓,描述了金境内的西瓜,"西瓜形如匾蒲而圆,色极青翠,经岁则变黄。其颗类甜瓜,味甘脆,中有汁,尤冷。……予携以归,今禁圃、乡囿皆有。亦可留数月,但不能经岁仍不变黄色。"[2]可见,金境内从燕北到河南都有西瓜种植。金人元好问在《续夷坚志》中记载了这样一个故事,"临晋上排乔英家业农,种瓜三二顷。英种出西瓜一窠,广亩二分结实一千二三百颗。他日耕地,瓜根如大椽"[3]。这虽有夸张之意,但说明金代培育的西瓜产量很高。因西瓜内含有大量甘甜的汁液,且清热解暑,除烦止渴,清爽可口,是其他果品所不能比拟的,故深受女真人的喜爱,是女真人食用的主要水果。

除西瓜之外,梨、枣、栗、杏、石榴、樱桃等也是女真人常食且喜食的水果。这些水果在女真境内已经广泛种植。

女真境内的白梨颇负盛名,金代文人和宋朝的使臣都曾记载。金人王寂明昌年间(1190—1195年)提点辽东刑狱时到过广宁,记载了医巫闾山的秋白梨。"次广宁,宿于府第之正寝。以驱驰渴甚,斯须得秋白梨,其色鲜明,如手未触者。……食之,使人胸次洒然,如执热以濯也。"为此王寂赋诗云:"医巫珍果惟秋白,经岁色香殊不衰。霜落盘盂批玉卵,风生齿颊碎冰澌。故侯瓜好真相敌,丞相梅酸谩自欺。向使马卿知此味,莫年消渴不须医"[4]。医巫闾山的白梨色、香、味俱佳,食之清热解渴,甚至有"消渴不须医"的药用价值,是可以与故侯瓜相媲美的"医巫珍果"。直到今天东北地区医巫闾山的白梨等水果仍然远近闻名,医巫闾山"全山区果园面积达12万多亩*,盛产鸭梨、白梨、秋子

[1](宋)范成大:《石湖居士诗集》卷12,商务印书馆,1937年,第110页。

[2](宋)洪皓:《松漠纪闻》,吉林文史出版社,1995年,第39页。

[3](金)元好问;常振国点校:《续夷坚志》卷4,中华书局,2006年,第76页。

[4](金)王寂著,张博泉注释:《辽东行部志》,黑龙江人民出版社,1984年,第9-10页。

* 1亩=666.667平方米。

梨、花盖梨、苹果梨、麻梨、香水梨、南果梨、苹果、甜杏、李子、山楂和葡萄等，每年产量达8 000多万斤*。秋季的医巫闾山林茂粮丰，梨果飘香。尤其是北镇鸭梨肉细质脆，甘甜多汁，芳香可口，品质极佳，在国内外市场上，久享盛誉。"[1]

另外，河北内丘的梨、枣也很有名。此地有大片的梨园和枣林。范成大《大宁河》诗云："梨枣从来数内丘，大宁河（在今河北内丘县北）畔果园稠。荆箱扰扰拦街卖，红皱黄团满店头。"其诗原注云："在内丘北河之东，皆梨、枣园，二果正熟。"（南宋）程卓《使金录》记载："内邱（今河北内丘）有梨，为天下第一。枣林绵亘。"尤其是内丘鹅梨（今称鸭梨），是深受欢迎的水果，范成大《内丘梨园》记载："汗后鹅梨爽似冰，花身耐久老犹荣。园翁指似还三笑，曾共翁身见太平。"当时的人们已经有了丰富的栽培鹅梨的经验，史载："内丘鹅梨为天下第一，初熟收藏，十月出汗后方佳。园户云："梨至易种，一接便生，可支数十年，吾家园者犹圣宋太平时所接。"[2]

金境内盛产的枣及栗子也是女真人日常生活中的主要果品。枣树虽是果木，但是与其他果树相比有其特殊之处，即其果实不但可以当作水果食用，同时还可以充饥，这一点女真人已经意识到了，天兴二年（1233年）六月，金哀宗逃离开封，"车驾发归德，时久雨，朝士扈从者徒行泥水中，掇青枣为粮。"[3]另外，枣木又是非常有实用价值的木材，因其质地坚硬，木纹细密，虫不易蛀，因此古代刻书多用枣木雕版，也是家具和农具的上好选材，所以历代王朝的统治者都会将桑枣并列强行推广种植，女真统治者也不例外，金朝政府规定："凡桑枣，民户以多植为勤，少者必植其地十之三，猛安谋克户少者必课种其地十之一，除枯补新，使之不阙。"[4]可见，女真统治者不但强行百姓种植枣树，甚至规定了最低数额，且要随时除枯补新，使之不缺。故金境内凡是适合枣树栽培的地方，都有大量的枣林，成为女真人的主要食物之一。

金代中都路之良乡、渔阳、易州等地生产的栗子远近闻名。范成大使金途经良乡时盛赞该地出产的栗子："驿中供金栗梨、天生子，皆珍果，又有易州栗，

---

* 1 斤=0.5 公斤。

[1] 关瀛主编：《中国五镇》，中国旅游出版社，2009 年，第 114 页。
[2] （宋）范成大：《范石湖集》卷 12《内丘梨园》，中华书局，1962 年，第 152 页。
[3] 《金史》卷 119《乌古论镐传》，中华书局，1975 年，第 2600 页。
[4] 《金史》卷 47《食货志二》，中华书局，1975 年，第 1043 页。

甚小而甘。"诗云："新寒冻指似排签，村酒虽酸未可嫌。紫烂山梨红皱枣，总输易栗十分甜。"[1]从其诗中可以看出这里特产栗、梨、枣等果品，但是栗子是此地最优质的水果，其味道甘甜远胜梨、枣。《金史·地理志》记载，蓟州"产栗"。金代文人赵秉文《栗》诗云："渔阳上谷晚风寒，秋入霜林栗玉干。未折棕榈封万壳，乍分混沌出双丸。宾朋宴罢煨秋熟，儿女灯前爆夜阑。千树侯封等尘土，且随园芋劝加餐。"[2]由此可见，今北京及天津一带在金时盛产栗子。除此之外，很多建在深山中的寺院，僧人不但种植苍松翠柏，也会种植多种果树，栗子就是其中的一种，熙宗天眷年间（1138—1140年），泰安县谷山寺僧人善宁"自是涧隈山肋，稍可种艺，植栗树千株，迨于今充岁用焉。"[3]由此可见，栗子亦有水果和粮食的双重品质。

女真人在境内适宜的地方种植桃树、李树。文献记载一些地方桃李皆成园，并且在长期培育桃李的过程中，也积累了丰富的培植经验，有的方法至今还在沿用。宁江州（今吉林扶余北伯都讷古城）地处东北，金代此地有大片桃李园，"如桃李之类，皆成园。"在果农的精心培育下，这里的桃、李能结出"其大异常"的果实，可见这里的果农栽培技术之高。因为东北地区高寒，果农们成功地创造了土埋窖藏法，保护桃、李等果木安全过冬。具体做法是，"至八月，则倒置地中，封土数尺，覆其枝干，季春出之。厚培其根，否则冻死。"[4]这种保护果树安全过冬的方法至今仍然被东北人沿用。

樱桃是女真人非常珍视的水果。史籍记载，金代的平州（今河北卢龙）、许州（今河南许昌）、大名（今河北大名）等地出产樱桃。樱桃树对生长环境要求比较高，喜光、喜温、喜湿，而且需要在年均气温10～12摄氏度的气候条件下才能生长，且要求土质疏松、土层深厚的沙壤土，但金境内很多地方的气候和土壤条件不适合樱桃的种植，所以樱桃是金朝很稀有的水果，女真人非常珍爱，往往用于进贡。《金史》记载，平州 "贡樱桃"，天兴元年（1232年）四月"许州进樱桃。"[5]可见金境内只有河南、河北等中原地区才适合樱桃的种植，但女真人也试着在金源内地种植樱桃，但由于东北地区气温太低，樱桃长势非常不

[1]（宋）范成大：《范石湖集》卷12《良乡》，中华书局，1962年，第157页。
[2]（金）赵秉文：《闲闲老人滏水文集》卷7《栗》，商务印书馆（上海），1937年，第107页。
[3]（清）张金吾：《金文最》卷70《谷山寺碑》，中华书局，1990年，第1035页。
[4]（宋）洪皓：《松漠纪闻》，吉林文史出版社，1986年，第26页。
[5]《金史》卷17《哀宗上》，中华书局，1975年，第387页。

好。王寂在明昌元年（1190年）四月初二，宿清安县（今昌图县）看见当时有樱桃正发，但"乃朱樱数株，长五尺许，每枝才三四花，憔悴有可怜之色。"之所以如此，是因为"此方地寒，经冬畏避霜雪，辄埋于地，以是顿挫如此"[1]。由此可见，金代东北地区不适合樱桃的培植，产量极低。女真人除鲜食樱桃外，也将樱桃做成菜肴，《金史·地理志》记载：大名产"梨肉、樱桃煎、木耳"。这里的樱桃煎的做法是樱桃汁与糖同熬成煎。元人忽思慧在《饮膳正要》中记载："樱桃五十斤，取汁；白沙糖二十五斤，同熬成煎。"[2]樱桃略酸，放入糖调和，是女真人深爱的美味佳肴。

石榴根系发达，生命力很强，抗旱、耐贫瘠，对土壤要求不高，平原、丘陵、沙滩都可种植，故处于北部的金朝，境内也出产石榴。石榴不仅是人们喜欢的水果，而且石榴花色鲜艳，颇具观赏价值，故金代文人有许多歌咏石榴的诗句。王庭筠《河阴道中二首》诗云："梨叶成荫杏子青，榴花相映可邻生。""微行入麦去斜斜，才过深林又几家。一色生红三十里，际山多少石榴花。"[3]另外元德明（元好问的父亲）一生放浪山水间，饮酒赋诗以自适，有咏石榴果和石榴花诗留存于世，如"竹马儿童厌梨栗，绿囊聊为剥红珠。""庭中忽见安石榴，叹息花中有真色。生红一撮掌中看，摹写虽工更觉难。"[4]

橙子也是金人常食的水果，范成大《橙纲》诗有云："尧舜方堪橘柚包，穷庐亦复使民劳。"说明女真百姓种植橙子，而且金境内有橙子园，《橙纲》诗自注云："燕城外遇数车载新橙，云修贡种之汴京撷芳园也。"[5]从数车载新橙看，产量不少，由此可知，燕京城外橙子园规模之大，而且撷芳园的橙子要进贡朝廷，供女真统治集团食用，说明此地的橙子品质也是上乘。金朝后期，怀州的治所河内"民家有多美橙者，岁获厚利"[6]，这是北方少见的江南水乡气象。

荔枝是女真统治者都很少吃到的珍稀水果，世宗曾对臣下说："朕尝欲得新荔枝。"为此，大定二十六年（1186年），"兵部遂于道路特设递铺。"[7]设立急递铺，用驿马昼夜兼程五百里运送荔枝到金都，供统治者享用。后来，急递铺

[1]（金）王寂著，张博泉注释：《辽东行部志》，黑龙江人民出版社，1984年，第97页。

[2]（元）忽思慧著，尚衍斌等注释：《〈饮膳正要〉注释》，中央民族大学出版社，2009年，第122页。

[3]（金）元好问：《中州集》卷3《黄华先生庭筠》，中华书局，1959年，第151页。

[4]（金）元好问：《中州集》卷10《榴花》，中华书局，1959年，第529页。

[5]（宋）范成大：《范石湖集》卷12《橙纲》，中华书局，1962年，第157页。

[6]《金史》卷128《石抹元传》，中华书局，1975年，第2770页。

[7]《金史》卷8《世宗下》，中华书局，1975年，第196页。

成为金朝传递紧急军情的重要驿站。

另外，女真人除食用境内自产的水果外，还通过榷场与南宋交换北国不产或稀有的水果。大定年间（1161—1189年），泗州场每年供荔枝五百斤、圆眼五百斤、金橘六千斤、橘子八千个，栀子九十称，这些从榷场贸易中得来的罕见水果只有女真上层有幸食用。正如清人陆长春所云："泗上新闻置榷场，北珠南货往来忙。后宫分赐江南物，金桔堆盘橄榄香。"[1]

金朝地处北方地区，三时多寒、干旱少雨，由于气候条件、水文环境、地形地貌等多方面的限制，女真人食用的蔬菜瓜果品种较少；另外，女真人主要以渔猎为生，文明程度不高，栽培技术较低，特别是金初女真人食用的蔬菜瓜果中野生的居多。从整体上看，蔬菜瓜果在女真人的饮食结构中所占比例较小，但是女真人所创造的蔬菜瓜果的某些食用方法和储存方法非常具有民族特色和地域特色；女真人食用野生蔬菜瓜果的方法和经验为后世承袭，对今天东北地区人们的饮食习惯产生了很大的影响。

3. 女真人饮酒

女真人无论男女老幼都有饮酒嗜好，无论是婚丧嫁娶、岁时节日，还是在日常生活中酒都必不可少。这与女真人长期生活在寒冷的东北地区有密切关系，是女真人饮食习惯的生态性体现。东北地区冬季漫长严寒，加之金朝正处于我国历史上的第三个严寒期，冰雪严寒是女真人必须长期面对的。为了抗争严寒，饮酒就成了女真人在饮食方面的一种选择，并逐渐成为一种习惯。史籍记载女真人"嗜酒而好杀"，金朝建国后，自上到下的饮酒之风盛行，金朝也有专门的尚酿署和酒坊为皇室酿酒，金熙宗"荒于酒，与近臣饮，或继以夜"，宴请群臣"皆尽醉而罢。"[2]章宗也时常纵饮达旦。女真猛安谋克户也同样嗜酒，甚至有人"惟酒是务"[3]。女真人的豪饮往往误事，使统治者多次下禁酒令，海陵曾下诏："禁朝官饮酒，犯者死。"世宗也规定猛安谋克"虽闲月亦不许痛饮，犯者抵罪。"

严酷的生存环境造就了女真人"耐寒忍饥，不惮辛苦。食生物，勇悍不畏

---

[1]（清）陆长春：《辽金元宫词》，北京古籍出版社，1988年，第63页。
[2]《金史》卷4《熙宗纪》，中华书局，1975年，第78-79页。
[3]《金史》卷47《食货二》，中华书局，1975年，第1047页。

死"[1]的品质，冷饮就是女真人适应生存环境的又一体现，史载女真人"冬亦冷饮"，马扩与阿骨打聚诸酋共食"食罢，方以薄酒传杯冷饮。"[2]

女真人充分利用其生存地域的自然资源，如金上京路、东京路、北京路等为典型的森林地区，特别是上京之地多林木，因而女真人就地取材制造各种生活器物，所以最初女真人的日用生活器物多是木制的，饮食用具尤其如此。史籍记载，女真人的食器"皆以木为盘……木碟盛饮，木盆盛羹"，用木勺舀酒，"自下而上，循环酌之。"[3]许亢宗《宣和乙巳奉使金国行程录》也说：女真人"器无陶埴，惟以木刊为盂碟，糅以漆，以贮食物。"这种木制的饮食器物，直到今天在东北地区的偏僻农村依然可以见到。

总之，女真人在饮食上充分利用生态资源的同时，又受到自然环境的制约。金境内特别是东北地区森林广袤，河湖纵横，野生动物种类繁多，女真人充分利用生态资源，从自然环境中获取生活资料，维持其族群的繁衍生息，而严酷恶劣的自然环境又使女真人的饮食受到了制约，生活在北方的女真人常常要与严寒作斗争，使女真人选择高热量食物，如肉类和油炸食品，同时饮酒驱寒也是女真人与自然环境相抗争的一种方式，而且即使是严寒的隆冬季节也多为冷饮。可见，独特的地理环境和自然资源造就了女真人特色的饮食习惯。

三、环境与女真人的居所

人类的居所受生态环境的影响最为明显。女真人的居住方式，与他们所处的地理位置、气候条件等环境因素密切相关。住所的建筑材料、建筑样式、室内的设计都与其所处的生态环境和自然资源相关。

女真人在建筑材料的选取上多受生存地域自然资源的制约，带有鲜明的区域生态环境的特征。女真人最初生活的金源内地地饶山林，兴安岭、长白山、张广才岭、完达山等山地分布广袤的森林，平原之地生长着茂草，正如马扩所见："自涞流河阿骨打所居止带，东行约五百余里，皆平坦草莽。"[4]许亢宗到

[1]（宋）宇文懋昭撰，崔文印校证：《大金国志校证》附录一《女真传》，中华书局，1986年，第584页。
[2]（宋）徐梦莘：《三朝北盟会编》卷4，引（宋）马扩：《茆斋自叙》，上海古籍出版社，2008年，第31页。
[3]（宋）宇文懋昭撰，崔文印校证：《大金国志校证》附录一《女真传》，中华书局，1986年，第585页。
[4]（宋）徐梦莘：《三朝北盟会编》卷4，引（宋）马扩：《茆斋自叙》，上海古籍出版社，2008年，第30页。

金源内地也看到："一望平原旷野……便于放牧，（女真人）自在散居。"[1]

　　草深林密的东北地区为生活在此地的女真人修筑房屋提供了便利的草、木资源，所以女真人"居多依山谷。联木为栅，或覆以板与梓皮，如墙壁亦以木为之。"[2]渤海人李善庆也说女真："其俗依山谷而居，联木为栅。屋高数尺，无瓦，覆以木板，或以桦皮。或以草绸缪之。墙垣篱壁，率皆以木。"[3]女真人以木为墙体、为屋顶，有的用桦树皮盖顶，亦有用草紧密缠缚于屋顶之上。总之，最初女真人的居所是木架构的，兼用草或桦树皮苫盖屋顶，这一建筑材料的选择就是充分利用其生活地域内丰富的森林、草场等自然资源，就地取材，颇显东北地区的生态特色。

　　建国后，女真民居仍以木架茅草房为主，金朝"国初无城郭，四顾茫然，皆茅舍以居。"[4]许亢宗在上京居住的馆舍也是"惟茅舍三十余间。"[5]不但上京如此，"自沈州七十里至兴州"，许亢宗看到女真人的屋宇仍"皆茅茨"，即房屋依然是木架茅草结构。即便是到金朝中后期，女真乡村民居也依然是茅屋，元好问《倪庄中秋》云："露气人茅屋，溪声喧石滩。"[6]这种民居的建造是女真人充分利用北方地区广袤的森林和茫茫草原提供的便利的自然资源，建造茅草屋，是女真人居住习俗的生态性的体现。

　　不仅乡村民居，城市、官府的建筑也充分考虑地形、气候、水源、植被等重要因素。以上京城为例，金代上京城的选址就充分考虑了自然地理因素，金上京建在阿什河畔，临近水源，能为城市居民日常生产和生活提供便利条件；上京西部的丘陵地带生长着广袤的森林，女真人称之为西林，是保护上京城的一道天然屏障，能有效地阻止冬季西北风的侵袭；阿什河东岸的张广才岭，森林茂密、古木参天，能为营建上京城提供丰富的林木资源；同时西林与张广才岭深山密林中野生动物繁多，亦可满足女真人狩猎的需要。综合以上自然环境因素，女真人选择此地营建上京。许亢宗看到了金初上京宫殿的情况："木建殿

[1]（宋）许亢宗：《宣和乙巳奉使金国行程录》，载赵永春编注：《奉使辽金行程录》，吉林文史出版社，1995年，第155页。
[2]（宋）宇文懋昭撰，崔文印校证：《大金国志校证》卷39《初兴风土》，中华书局，1986年，第551页。
[3]（宋）徐梦莘：《三朝北盟会编》卷3，政宣上帙三，上海古籍出版社，2008年，第17页。
[4]（宋）宇文懋昭撰，崔文印校证：《大金国志校证》卷3《太宗文烈皇帝一》，中华书局，1986年，第40页。
[5]（宋）许亢宗：《宣和乙巳奉使金国行程录》，载赵永春编注：《奉使辽金行程录》，吉林文史出版社，1995年，第155页。
[6]（金）元好问：《元好问全集》卷7，山西人民出版社，1990年，第180页。

七间。甚壮，未结盖，以瓦仰铺，及泥补之。以木为鸱尾及屋脊用墨，下铺帷幕。"[1]可见上京各个宫殿都是木结构的。

阿什河是女真人的发祥地，自然环境相对优越、生态资源较为丰富。有金一代，女真人利用丰富的自然资源在这里大量筑城，有学者统计在阿什河流域女真人营建了170余座城市。这些古城以上京城（今黑龙江阿城）为中心，以松花江干流为主线，其左右两岸的大小支流，如呼兰河、木兰河、阿什河、柳板河、蚂蜒河、拉林河、运粮河、马家沟河、何家沟河畔均分布着大量金代古城，并形成了星罗棋布的城镇文化网络[2]。

女真人除了利用自然资源建造木构草房，其居所的建筑还体现了北方地区高寒的气候特点。北方地区，特别是东北地区冬季漫长严寒，滴水成冰，白雪皑皑，所以女真人在建筑房屋时必须考虑如何防寒、御寒，这是关系到女真居民生活的重要问题。金朝初期女真人的房屋非常注重坐向，通常都是背阴朝阳、东向，同时屋子空间不大，而且密闭性很好。这主要是为抵御严寒的气候而设计建造的。许亢宗见到金初上京民居的住所："一望平原旷野，间有居民数十家，星罗棋布，更无城郭里巷，率皆背阴向阳。"[3]李善庆也介绍女真民居"门皆东向。"[4]女真人居室门户之所以"东向"，就是为了抵御北方冬季的严寒，特别是东北地区冬季常受来自西伯利亚的寒流侵袭，时常刮西北风，凛冽的寒风会冲破门窗入室，将住所设计成"东向"就可以避免这一问题。即使后来受中原汉制影响，民居改为坐北朝南方向，但也考虑到气候和环境因素，即背阴朝阳，最大限度地采光，这样既可充分利用日照取暖，又能避冬季强烈的西北风。

女真民居通常比较矮，而且房间比较小，屋舍矮能有效降低寒风的侵袭程度，房间小更容易取暖，同时可以节省漫长冬季中的取暖燃料。文献记载了女真人房屋的建造情况："冬极寒，屋才高数尺，独开东南一扉。"赵秉文《赴宁化宿王道》诗亦云："山屋如鸡栅，才容卸马鞍。"[5]女真人房屋不但矮小，而且非常注重密闭保温。通常房屋以木构草顶，泥土为墙，在墙体的最外层抹上

---

[1]（宋）许亢宗：《宣和乙巳奉使金国行程录》，载赵永春编注：《奉使辽金行程录》，吉林文史出版社，1995年，第155页。

[2] 王禹浪、王海波：《黑龙江流域金代女真人的筑城与分布》，《满语研究》2009年1期，第122页。

[3]（宋）许亢宗：《宣和乙巳奉使金国行程录》，载赵永春编注：《奉使辽金行程录》，吉林文史出版社，1995年，第155页。

[4]（宋）徐梦莘：《三朝北盟会编》卷3，政宣上帙三，上海古籍出版社，2008年，第17页。

[5]（金）赵秉文：《闲闲老人滏水文集》卷6《赴宁化宿王道》，商务印书馆（上海），1937年，第80页。

厚厚的黏泥，以防寒保温。许亢宗在离上京十余里，居住的馆舍就是"墙壁全密，……铺厚毡褥及锦绣、貂鼠被。"[1]

由东北寒冷的气候环境所决定的女真人房屋建筑中一项必备的生活设施就是火炕。火炕起源于东北少数民族，它是东北居民与冰雪严寒抗争的产物。文献记载，女真人"屋才高数尺，……穿土为床，塭火其下，而寝食起居其上。"[2]李善庆介绍女真民居时说："环屋为土床，炽火其下，而寝食起居其上，谓之炕，以取其暖。"[3]可见女真百姓已家家户户用火炕取暖、抗寒了。其实不但女真平民用火炕取暖，金初女真皇帝的殿宇也是如此，"绕壁尽置火炕，平居无事则锁之。或开之，则与臣下杂坐之于炕。"[4]阿骨打云："我家自上祖相传，止有如此风俗，不会奢饰。只得个屋子冬暖夏凉，更不必修宫殿劳使百姓也。"[5]可以说，在漫长的冬季，取暖是女真人生活中非常重要的事，冬季卧于火炕之上，温暖而享受，对女真人来说是一件非常幸福的事。赵秉文《夜卧炕暖》诗有云："京师苦寒岁，桂玉不易求。斗粟换束薪，掉臂不肯酬。……地炕规玲珑，火穴通深幽。长舒两脚睡，暖律初回邹。门前三尺雪，鼻息方鼾驹。田家烧榾柮，湿烟炫泪溜。浑家身上衣，炙背晓未休。"[6]火炕是生活在寒冷地带的人们必备的取暖设施，后来流传到中原，亦被汉人使用。直到今天东北地区的农村也普遍用火炕取暖。

总之，女真人的居所深受其生存境域内自然环境的影响，带有明显的环境特征。女真人充分利用森林、茂草等自然资源建构木架草房，为抵御高寒的气候环境，屋舍矮小密闭，使用火炕取暖等，可以说，独特的生存环境造就了女真人独特的居住方式。

四、环境与女真人的交通

人类群体所处的自然地理环境对其交通方式的建构具有重要影响。自然环

[1]（宋）许亢宗：《宣和乙巳奉使金国行程录》，载赵永春编注：《奉使辽金行程录》，吉林文史出版社，1995年，第153页
[2]（宋）宇文懋昭撰，崔文印校证：《大金国志校证》卷39《初兴风土》，中华书局，1986年，第551页。
[3]（宋）徐梦莘：《三朝北盟会编》卷3，政宣上帙三，上海古籍出版社，2008年，第17页。
[4]（宋）宇文懋昭撰，崔文印校证：《大金国志校证明》卷10《熙宗孝成皇帝二》，中华书局，1986年，151页。
[5]（宋）徐梦莘：《三朝北盟会编》卷4，引（宋）马扩：《茆斋自叙》，上海古籍出版社，2008年，第31页。
[6]（金）赵秉文：《闲闲老人滏水文集》卷5《夜卧炕暖》，商务印书馆（上海），1937年，第63页。

境与资源条件是一定区域内交通设施的基础，人们会顺应和利用生存境域内的自然资源来制造交通工具，根据地理环境选择交通方式，于是生活在某一特定区域内的人群其交通就带有鲜明的区域生态特征。

地形、地貌、气候、水文等都是制约与影响交通的生态环境因素。女真人在对北方自然生境的长期适应中，形成了许多与所处环境相应的交通习俗。北方地区地貌多样，多山地丘陵，有茫茫林海，林海中间亦有辽阔的平原；另外，金国境域内还有众多的江河湖泊。山环水绕，平原辽阔是东北地区的地理特征。生活在这样地理环境中的女真人发明制造了诸多交通工具，形成了颇具生态特色的交通方式。女真人根据不同的地形、地貌，使用不同的交通工具。陆路交通工具主要是畜力和车，水陆交通主要是船筏。

女真地区以盛产名马著名，马是女真人主要的交通工具，当然，牛、驴也常用于陆路交通。在崎岖的山地或丘陵地区，女真人发挥了"善骑"的特长，将马作为主要的交通运输工具，女真人善骑射，"上下崖壁如飞"。许亢宗也说："金人居常行马，率皆奔轶。"[1]也就是说马是女真人主要的骑乘工具。有时女真百姓也骑驴代步，宋人周辉在归德府（今河南商丘）看到"北使率皆骑驴，不约束步武，便乘骑也。"[2]

而作为交通运输的工具则主要是牛、驴，即多以牛、驴负物，或牵引车辆运输货物。在广阔的平原地区，障碍物较少，一马平川之地适合车辆通行，所以女真人在这样的地方多用车做交通工具。女真人的车辆分细车和粗车，细车通常为富贵人家的交通工具，而粗车通常为女真百姓使用，或者用来运输货物。周辉看见女真车的情况："细车四辆，……车之形既不美观。……车每辆用驴十五头，把车五六人，行差迟，以巨挺击驴，谓之走车，其震荡如逆风上下波涛间。粗车三十六辆，每辆挽以四牛，礼物、私觌、使介三节行李皆在焉。"[3]用车载物，以驴、牛牵引，在平原上行走。周辉在邯郸县，"路逢一细车，盖以青毡，头段人家也。头段者，谓贵族及将相之家。"[4]

金国境内江河湖泊众多，黑龙江、松花江、乌苏里江、辽河等诸多大水域分布在金国境内，为了在这些水域捕鱼或通行，女真人很早就制造船筏渡河。

[1]（宋）宇文懋昭撰，崔文印校证：《大金国志校证》卷40《许奉使行程录》，中华书局，1986年，第564页。
[2]（宋）周辉：《北辕录》，中华书局，1991年，第2页。
[3]（宋）周辉：《北辕录》，中华书局，1991年，第2页。
[4]（宋）周辉：《北辕录》，中华书局，1991年，第4页。

史籍记载献祖绥可时就"教人烧炭炼铁，刳木为器，制造舟车。"[1]《松漠纪闻》云，女真"其俗刳木为舟，长可八尺，形如梭，曰梭船。上施一桨，止以捕鱼，至渡车则方舟或三舟。"女真人利用东北地区丰富的林木资源制作独木船，用以捕鱼，用三舟或四舟拼在一起做成浮桥供车辆渡河。浮桥是临时性的桥梁，完颜宗弼在与宋作战时就曾经"作筏系桥"[2]。周辉使金至黄河，"浮航以渡，自南抵北，用船八十五只，各阔一丈六七尺。其布置相去又各丈余，上实算子木，复覆以草，曳车牵马而过，如履平地。虏以顺天名桥。予观骈头巨舰，纤以寸金，规制坚壮。"[3]可见这时女真人已经能制作大规模浮桥了。后来又造大船，供运输之用，资料显示女真人"始造船如中国。运粮者，多自国都往五国头城（黑龙江省依兰县）载鱼。"[4]这些船只的建造都是女真人就地取材，利用北方地区广袤的森林提供的良材巨木而建造的。除此之外，女真人还常以马横渡江河，"济江不用舟楫，浮马而渡。"[5]

第三节　女真人对山林及野生动物资源的保护

生活在白山黑水之间的女真人于1115年建立金朝，随后开疆拓土，十余年的时间亡辽灭宋，居祖国北部百余年。在其境域内分布着广阔的草原、茂密的森林，纵横的湖泊以及各种野生动植物，女真人在充分利用这些资源的同时，也出于各种目的对其进行保护，在客观上保证了森林和野生动植物资源的可持续利用，在一定程度上维持了区域生态环境的平衡。

一、女真人对山林资源的保护

1. 女真人对天然森林的保护

金朝境域内森林资源丰富，女真人在利用这些资源的同时也因敕封、祭祀

[1]（宋）徐梦莘：《三朝北盟会编》卷18，政宣上帙十八，《神麓记》，上海古籍出版社，2008年，第127页。
[2]（宋）宇文懋昭撰，崔文印校证：《大金国志校证》卷11《熙宗孝成皇帝三》，中华书局，1986年，第161页。
[3]（宋）周辉：《北辕录》，中华书局，1991年，第3页。
[4]（宋）洪皓：《松漠纪闻》，吉林文史出版社，1986年，第40页。
[5]（宋）宇文懋昭撰，崔文印校证：《大金国志校证》卷39《初兴风土》，中华书局，1986年，第584页。

山神、林神，或对墓地、御林苑囿等皇家禁地实行封禁，在客观上起到了保护森林及林内野生动植物资源的作用。

（1）对长白山及护国林的保护

中国古代崇拜大自然，名山大川被看作是神仙造化，并为神所居、由神主管，因此历代帝王都有敕封、祭祀山神、林神的传统。金建国后，随着汉化程度的加深，女真帝王也仿效中原皇帝祭祀山川的礼仪，敕封神山，岁时望祭，以祈江山永固，王朝永存。因其"世居混同江之东长白山下"[1]，故女真人把长白山看作兴王之地，即《金史》所云："盖长白山，金国之所起焉。"[2]因而女真统治者视长白山为护国神山，并对其敕封。大定十二年（1172年），金世宗下诏"长白山在兴王之地，礼合尊崇，议封爵，建庙宇。"同年十二月，"奉敕旨封长白山为兴国灵应王，即其山北地建庙宇"。十五年（1175年）三月，"奏定封册仪物，冠九旒，服九章，玉圭，玉册、函、香、币、册、祝。遣使副各一员，诣会宁府。……礼用三献，如祭岳镇。其册文云：……四海之内，名山大川靡不咸秩。……今遣某官某，持节备物，册命兹山之神为兴国灵应王，仍敕有司岁时奉祀。"[3]章宗明昌四年（1193年）"册长白山之神为开天弘圣帝。"[4]

长白山被封王后就成为皇家禁地，不仅严禁百姓樵采，而且禁止猎捕，严禁破坏林中的植被，几乎是"全封闭"式管理，使那时的长白山几乎达到绝对天然的标准。巍巍长白山具有灵秀之气，如《八旗通志》记载长白山："高二百余里，绵亘千余里，雄观峻极，扶舆灵气所钟。"可见，直到清代长白山依然被女真人（满人）视为神山。

长白山这座东北第一高峰，是松花江、鸭绿江、图们江、牡丹江、绥芬河等诸水系的发源地，山区分布广袤的森林，动植物资源十分丰富。据统计，现在长白山"高等植物有127科1 477种，低等植物510种。动物中仅脊椎动物就有300多种。有闻名国内外的名贵药材。……是天然动植物王国。"[5]可以说长白山目前仍是整个东北的生态屏障。可以想象，当年处于敕封时期的长白山森林资源和动植物物种比今天更为丰富，女真人的举措在客观上使长白山成了"自

[1] （宋）宇文懋昭撰，崔文印校证：《大金国志校证》附录三《初兴本末》，中华书局，1986年，第612页。

[2] 《金史》卷135《外国下》，中华书局，1975年，第2881页。

[3] 《金史》卷35《礼志八》，中华书局，1975年，第819-820页。

[4] 《金史》卷10《章宗二》，中华书局，1975年，第231页。

[5] 陶炎：《辽海沧桑》，吉林人民出版社，1989年，第62页。

然保护区"，保护了当时东北地区的生态环境。

除册封兴王之地外，女真统治者对其护国林也进行册封。金代护国林指金上京城以西的森林，位于张广才岭余脉之西麓，莽莽群山，绵延起伏近百里，森林茂密，古木参天，气势恢宏。因"北方冬季多寒流，寒流均来自西北方的西伯利亚。上京城西漫岗上的大森林，可以阻止寒风的侵袭，保护上京城，故有护国林之称。"[1] 因护国林在金初是保护上京城的天然屏障，所以大定二十五年（1185年），世宗敕封上京护国林神为护国嘉荫侯，在其祝文里赞颂护国林："蔚彼长林，实壮天邑，广袤百里，惟神主之"，并且"逢七日，令上京幕官一员烧香。"[2]"广袤百里"足见护国林规模之大，"蔚彼长林，实壮天邑"可知林木繁茂，气势宏大。其实，早在金建国初期，这片天然的森林就是皇家苑囿，不许百姓进入，但由于某种原因，女真统治者也偶尔将部分禁地赐民耕种，如天会十三年（1135年）十二月，太宗"以京西鹿囿赐农民"，也就是说在这之前上京城西就有鹿囿，天眷元年（1138年）三月，熙宗"以禁苑隙地分给百姓"，皇统七年（1147年）正月，"以西京鹿囿为民田"。从太宗到熙宗，女真统治者出于某种目的曾三次将护国林中皇家禁地的一部分赐给百姓耕种，但这不影响其作为皇家苑囿的功能，史籍记载皇统八年（1148年），林中还有大量的野鹿，"宰臣以西林多鹿，请上射猎，上恐害稼，不允。"这里的西林就是指上京城以西的护国林。自从世宗敕封护国林为嘉荫侯后再也未见女真统治者将此地赐给百姓耕种的记载，世宗时期大兴土木重建上京，也未见砍伐上京护国林的记载。可以想见，此后的护国林得到了有效的保护，护国林不仅防止寒风的侵袭，也保持了水土、涵养了水源，森林里野生动植物资源能自然的繁衍生息，使这里的生态环境在自然中发展，正因为如此，直到清代这里依然古木参天，清人萨英额在《吉林外记·嘉荫侯庙》中记载："金大定中，册上京诸林为嘉荫侯，立庙。后废。今其地大木丛然。"[3]

（2）陵区山林的保护

中国人自古就有"天人合一"的宇宙观念和崇尚自然、寄情山水的审美思想，历代王朝在选择万年吉壤之地时都非常注重地质、生态、景观等方方面面

---

[1] 景爱：《金上京》，生活·读书·新知三联书店，1991年，第106页。

[2]《金史》卷35《礼志八》，中华书局，1975年，第822页。

[3]（清）萨英额撰，史吉祥、张羽点校：《吉林史志·吉林外记》，吉林文史出版社，第132页。

的因素，他们所选中的"风水宝地"多为深山幽谷，女真人建国后随着文明程度的加深，也本着这样的观念择地建陵。

女真人在建国初期，本无山陵，仪制极为草创，"祖宗以来，止卜葬于护国林之东，"[1]，金太祖、太宗即葬于此。海陵迁都燕京后，卜地燕山四围，选中大房山（今北京房山内）为金朝的万年兆域，大兴土木，广建陵园，之后将始祖以下十二帝的梓宫迁葬到这里，后来的海陵至章宗诸帝也都葬在这里。文献记载，金代大房山"峰峦秀出，林木隐映，真筑陵之处"[2]，此地"冈峦秀拔，林木森密。"[3]也就是说，大房山雄峻秀丽，而且林深树茂，女真帝王的陵区就分散于林区各山谷中，以山林为本，是所谓的风水宝地。

历代皇家陵区都是当朝的绝对禁地，历代王朝除了对祖宗陵寝有严格的法律保护，很多还封陵区所在的山为神山并加以敕封，金代也如此。大定二十一年（1181年），世宗封大房山神为保陵公，并如册长白山之仪。其册文云："……古之建邦设都，必有名山大川以为形胜。我国既定鼎于燕，西顾郊圻，巍然大房，秀拔混厚，云雨之所出，万民之所瞻，祖宗陵寝于是焉依。……今遣某官某，备物册命神为保陵公。申敕有司，岁时奉祀。"大房山神被封为保陵公后，"其封域之内，禁无得樵采弋猎。著为令。"[4]此后大房山受到了女真政府的保护，使这里的森林植被得到了更好地恢复和发展。

女真统治者不但对本朝的陵区山林实行封禁，对辽宋墓区的山林也加以保护。位于今辽宁省北镇的医巫闾山是辽朝的皇家陵区，契丹人选择这里为陵墓区主要是因为医巫闾山威严高峻，巍峨灵秀。宋朝许亢宗《奉使行程录》记载："出渝关以东行南濒海，山忽峭拔摩空，苍翠万仞，乃医巫闾山也。"医巫闾山是阴山山脉的余脉，东北三大名山之一，《辽海丛书·全辽志》记载："辽境内，山以医巫闾为灵秀之最"，植被葱郁茂盛，钟灵毓秀，所以被契丹人选为风水宝地。辽代在此建陵后，陆续有三位皇帝、十多位后妃、二十多位大臣埋葬在这里，其中包括阿保机皇太子、东丹王耶律倍，辽国赫赫有名的承天太后萧燕燕以及位极人臣的汉官韩德让等重要人物。金建国后，并未破坏前朝陵寝，相反对其实行了保护。天会七年（1129年），金太宗就下诏："禁医巫闾山辽代山陵

[1]（宋）宇文懋昭撰，崔文印校证：《大金国志校证》附录二《山陵》，中华书局，1986年，第596页。

[2]（宋）宇文懋昭撰，崔文印校证：《大金国志校证》卷33《陵庙制度》，中华书局，1986年，第474页。

[3]（宋）宇文懋昭撰，崔文印校证：《大金国志校证》附录二《山陵》，中华书局，1986年，第596页。

[4]《金史》卷35《礼志八》，中华书局，1975年，第821页。

樵采"，世宗大定年间（1161—1189年），祭"北镇医巫闾山于广宁府"，章宗时始封"医巫闾山为广宁王"，女真统治者保护辽代陵区的诏令，使医巫闾山的森林资源免遭破坏，使这里成为自然保护区，山中林木茂密，苍松翠柏，生长在云峰峭壁间，现今医巫闾山仍有"松、柏、柞、槐、杨、柳、椴、榆等30多种"，植被繁茂，"植物约有88科，303属，483种，特别适合松柏、梨果生长，中草药材和各种山货野果遍布山中，仅药材一项，每年就可采集10万余斤。"[1]各种山果自然生长，特别是鸭梨最受金人喜爱，金人王寂《辽东行部志》记载医巫闾山的鸭梨："其鲜明，如手未触者。"并专门作诗记录此事："医间珍果惟秋白，经岁色香殊不衰。霜落盘盂比玉卵，风生齿颊碎冰澌。故侯瓜好真相敌，丞相梅酸漫自欺。向使马卿知此味，暮年消渴不须医。"[2]除此之外，女真统治者对北宋重臣陵区也加以保护，泰和六年（1206年）六月，章宗诏"彰德府，宋韩侘胄祖琦坟毋得损坏，仍禁樵采。"[3]

女真统治者对本朝及辽宋陵区的保护，使大房山、医巫闾山等地成了自然保护区，使这里的森林资源免遭破坏，维持了生态平衡。

（3）对皇家苑囿森林的保护

金代为了满足女真人狩猎和习武的需要，设置了诸多皇家围场，学者认为，"金代围场盖与清代围场相似。金代的田猎也颇与清代相同。"[4]即围场多选在水草丰美、森林茂密、野兽繁多之地，围场是皇家猎场，故禁止百姓在围场内樵采和狩猎。大定十年（1170年）四月，世宗曾下诏："禁侵耕围场地。"除了有自然灾害等特殊原因允许百姓在围场内砍柴，其他时间都是禁止的。承安二年（1197年）十一月，章宗"以薪贵，敕围场地内无禁樵采。"这说明平日里围场内是不许樵采的。兴定二年（1218年）十二月，宣宗谕旨有司："京师丐食死于祁寒，朕甚悯之。给以后苑竹木，令居获爨所。"说明皇家后苑有竹林，平常时间禁止百姓砍伐竹木。

总之，女真人出于迷信的观念对长白山、护国林、大房山、医巫闾山等地的封禁，客观上使这里的天然森林得到保护，使其更好地发挥涵养水源、防风固沙、净化空气的功能，有效地维持了东北地区的生态环境。

---

[1] 关瀛主编：《中国五镇》，中国旅游出版社，2009年，第114页。
[2] （金）王寂著，张博泉注释：《辽东行部志》，黑龙江人民出版社，1984年，第9-10页。
[3] 《金史》卷12《章宗四》，中华书局，1975年，第276页。
[4] 姚从吾：《姚从吾先生全集——辽金元史讲义 乙·金朝史》，正中书局，1973年，第112页。

2. 植树造林，发展山林资源

金代女真统治者为发展经济、整治河防、绿化环境而进行了大规模的植树造林，使金境内出现了大规模的人工林，进而发展了金代的林木资源。

女真人建国后，随着汉化程度的加深，统治者也逐渐重视农业发展，其中发展桑枣经济是农业的重要组成部分。早在天会九年（1131年），太宗下诏遣诸路劝农使谕民农桑。后来金政府出台了相关政策，规定了百姓种植桑枣的指标："凡桑枣，民户以多植为勤，少者必植其地十之三，猛安谋克户少者必课种其地十之一，除枯补新，使之不阙。"同时金政府对已有的经济林木加以保护，大定五年（1165年），世宗"以京畿两猛安民户不自耕垦，及伐桑枣为薪鬻之，命大兴少尹完颜让巡察。"通过派官员巡察制止砍伐桑枣等林木。大定十九年（1179年），金世宗"见民桑多为牧畜啃毁，诏亲王公主及势要家，牧畜有犯民桑者，许所属县官立加惩断。"采取法律的途径保护桑林。

章宗时为了推动经济林的发展，于明昌元年（1190年）制定了奖惩措施及官吏政绩考核制度，规定"近制以猛安谋克户不务栽植桑果，已令每十亩须栽一亩，今乞再下各路提刑及所属州县，劝谕民户，如有不栽及栽之不及十之三者，并以事怠慢轻重罪科之。"明昌五年（1194年），又谕旨尚书省："辽东等路女直、汉儿百姓，可并令量力为蚕桑。"[1]泰和元年（1201年），章宗继续推行世宗的政策，"猛安谋克户每田四十亩树桑一亩，毁树木者有禁。"[2]女真统治者的这些政策或诏令有力地保护了经济林和园圃林，推动了金代经济林的发展，使金代一些州县地区出现了大规模的人工林。南宋楼钥于乾道五年，金大定九年（1169年）使金贺正旦，沿途亲见河北相州桑麻耀林的旺盛景象，"土地平旷膏沃，桑枣相望。"[3]程卓在大安三年，宋嘉定四年（1211年）使金途中所见："内邱（今河北内丘）有梨，为天下第一。枣林绵亘。"[4]这里大片的人工经济林不但有重要的经济效益，而且有利于生态环境的改善。金政府对人工经济林的重视还表现在将乡村种植的桑枣等林木的数量记录在案，防止百姓随意砍伐，保证经济林木的规模。章宗明昌五年（1194年）刊行的《京兆府提学所帖碑》

[1]《金史》卷47《食货二》，中华书局，1975年，第1050页。

[2]《金史》卷11《章宗三》，中华书局，1975年，第256页。

[3]（宋）楼钥：《北行日录》，载赵永春编注：《奉使辽金行程录》，吉林文史出版社，1995年，第255页。

[4]（宋）程卓《使金录》，载李德辉辑校：《晋唐两宋行记辑校》，辽海出版社，2009年，第473页。

中就记载了当时京兆府长安县各乡村桑枣等经济林木的种植情况，"元村赡学地中有桑14根，枣30根；江村有桑35根；辛村有桑25根，另有大小林木2根；赵院村有桑10根；成村有桑4根；义阳乡有桑12根；华林乡任村有桑118根，另有柿、果、枣木71根；西田村有杨海棠10根。"[1]这些经济林的种植无疑从客观上增加了乡村林木覆盖率，改善了区域生态环境。

此外，建于深山幽谷之中的寺院，四周也多种植果树。熙宗天眷年间（1138—1140年），泰安县谷山寺僧人善宁"植栗树千株，迨于今充岁用焉。"[2]栗子有食用价值和经济价值，既可代粮充饥，亦可出售，至今玉泉寺周围栗树仍有很多，是泰山干果特产的主要基地[3]。

女真人为防治河患在黄河两岸营造堤防林。12世纪的黄河极不稳定，决溢现象频发，《金史·河渠志》记载："金始克宋，两河悉界刘豫。豫亡，河遂尽入金境。数十年间，或决或塞，迁徙无定。"为此，女真统治者采取诸多措施防治河患，其中一项重要的举措就是营造护岸林，即沿河两岸种植榆柳巩固堤防。大定初年，世宗采纳户部员外郎刘玑"河堤种柳可省每岁堤防"[4]的建议，命沿河两岸种植柳树。大定二十五年（1185年），进士高霖又上奏："乞并河堤广树榆柳，数年之后，堤岸既固，埽材亦便，民力渐省。"[5]金世宗采纳了这个建议，大力营造堤岸林。事实证明，这种方法十分有效，因为柳树容易成活，生长迅速，几年就可长成大树，最重要的是柳树根系发达，密如蜘蛛网，盘根错节的根系，可以抗冲和固结土壤，在黄河两岸形成了茂密的防护林；榆树有深根性，主根强大，侧根发达，纵横交错，盘结土层，主根深扎，侧根密布并向四周扩展，固土、抗风力极强。女真统治者用榆柳营造堤防林有效的固定堤岸，减少了河患的发生。这种方法直到现在某些地方的河防也采用。此外，女真统治者为美化环境亦在京师、府州的行道植树造林，中都"将至宫城，东西转各有廊百许间，驰道两傍植柳"，[6]大定四年（1164年）十月，世宗"命都门外夹道重行植柳各百里。"[7]

[1] 郭文毅、秦竹：《金代京兆府长安县的经济林木》，《中国历史地理论丛》1999年第3辑，第208页。
[2] （清）张金吾：《金文最》卷70《谷山寺碑》，中华书局，1990年，第1035页。
[3] 柳建新主编：《泰山文博研究》，山东画报出版社，2008年，第148页。
[4] 《金史》卷97《刘玑传》，中华书局，1975年，第2157页。
[5] 《金史》卷104《高霖传》，中华书局，1975年，第2289页。
[6] 《金史》卷24《地理志上》，中华书局，1975年，第572页。
[7] 《金史》卷24《地理志上》，中华书局，1975年，第573页。

女真统治者通过颁布政策或诏令的方式发展林木资源，使金朝境内出现了诸多颇具规模的人工林，这些人工林在客观上增加了金朝的植被覆盖率，在净化空气、涵养水源、防风固沙方面起到了一定的作用，有效地改善了境域的生态环境。

二、女真人对野生动物资源的保护

金朝境内野生动物资源非常丰富，飞禽走兽种类、数量繁多，是以渔猎为生的女真人的重要生活资料，也是女真人练兵习武的重要保障，为了生活（特别是金前期）和练兵，女真人在猎捕野生动物时也注意到对其进行保护，不竭泽而渔，不焚林而猎，并且为此女真帝王数次下诏并制定了相关的法令保护野生动物资源。

春季是野生动物的繁殖季节，此时无限度地猎捕就会杀掉很多含胎动物，不利于动物的繁衍，而且长此以往野生动物的数量就会逐年减少，最终变得稀有，甚至灭绝，这样以渔猎为生的女真人生活资料就会不足，同时也无法练兵习武，所以保护野生动物资源是关系到女真王朝国计民生的大事。女真帝王注意到了这一点，大定二十四年（1184年），世宗将幸上京，如走近路，五月即可到达，但因"春月鸟兽孳孕，东作方兴"，为不干扰鸟兽孕育，世宗"由南道往焉"[1]。世宗禁止射杀怀孕的动物，即使是皇室人员或达官显贵违反规定也要处罚。大定二十五年（1185年）五月，"平章政事襄、奉御平山等射怀孕兔。上怒杖平山三十，召襄诚饬之，遂下诏禁射兔。"[2]平章政事襄是海陵的同母弟弟，是地位很高的皇室成员，但因射怀孕兔被皇帝训诫，其随行人员则被杖责之，并且下诏此时期禁射兔，保证野兔的顺利繁殖。同年十月"甲子，禁上京等路大雪及含胎时采捕。"[3]泰和元年（1201年），金章宗下诏："上以方春，禁杀含胎兔，犯者罪之，告者赏之。"[4]女真统治者对怀孕动物的保护，使这些动物免遭捕杀和惊扰而顺利繁殖，保证了物种的繁衍生息，也使女真人世代狩猎成为可能，既保证了生活资料的充足，也给女真士兵习武提供了保障。

[1]《金史》卷 73《宗尹传》，中华书局，1975 年，第 1675 页。
[2]《金史》卷 8《世宗下》，中华书局，1975 年，第 189 页。
[3]《金史》卷 8《世宗下》，中华书局，1975 年，第 190 页。
[4]《金史》卷 11《章宗三》，中华书局，1975 年，第 255 页。

　　女真统治者除禁止猎捕含胎动物外，对动物的幼崽也加以保护，严禁网捕走兽，因为网捕会将动物无论长幼一网打尽，这种狩猎方法极不利于野生动物资源的再生利用，为此女真统治者颁布保护法令。正隆五年（1160年）十二月，海陵下诏："禁中都、河北、山东、河南、河东、京兆军民网捕禽兽及畜养雕隼者。"[1]这条诏令是针对随海陵迁都而南徙的女真百姓颁布的。海陵迁都后大量女真人南迁，散居在华北中原地区，这些农耕区的野生动物的种类和数量远不如金源内地，而习惯于狩猎生活的女真人为了能猎捕足够多的走兽就采取网捕的方法，这使野生动物数量大大减少，长此以往会影响女真人必要生活资料的获取，也不利于女真皇室狩猎和士兵习武，因为此时政治中心已经在中都，皇帝要在中都附近狩猎；另外，大量女真镇防军也要在中原地区镇守，他们需要通过围猎来练兵习武，以保证骑兵的战斗力，确保镇戍地的安全，所以必须保证足够的野生动物的数量和种类才满足上述需要，故统治者下令上述地区禁止网捕。这种网捕禁令也为后继者承袭，并且由区域性的诏令变为全国性的法令，大定九年（1169年），世宗制定禁网捕走兽法，"以尚书省定纲捕走兽法，或至徒，上曰：'以禽兽之故而抵民以徒，是重禽兽而轻民命也，岂朕意哉。自今有犯，可杖而释之。'"[2]从此，网捕走兽处以杖刑的法律就固定下来了。为保证野生动物数量和种类繁多，大定二十五年（1185年）十一月，世宗下诏："豸未祭兽，不许采捕。冬月，雪尺以上，不许用网及速撒海，恐尽兽类。"[3]金章宗继位后，为防止野生动物的灭绝。"谕有司，女直人及百姓不得用网捕野物及不得放群雕枉害物命，亦恐女直人废射也。"[4]章宗时，女真政权已经完成封建化进程，农业占有的比例越来越大，通过猎捕野生动物维持生活已经不是必需的了，但是通过狩猎练兵习武是不能废弃的，因为这关系到女真王朝的生死存亡，所以章宗下诏禁止网捕野兽更具有政治、军事意义，正如诏谕所说的"恐女直人废射"。世宗、章宗保护动物的诏令颇为有效，泰和八年（1208年），"有虎至阳春门外，驾出射获之"；贞祐三年（1215年），"京城中夜妄相惊逐狼，月余方息。"都城门外都有虎狼出没，可见野生动物的数量之多。

　　海陵迁都后，在中都附近设立了大规模的皇家围场以便女真帝王狩猎，围

---

[1]《金史》卷 5《海陵纪》，中华书局，1975 年，第 112 页。

[2]《金史》卷 6《世宗上》，中华书局，1975 年，第 144 页。

[3]《金史》卷 8《世宗下》，中华书局，1975 年，第 190 页。

[4]《金史》卷 9《章宗一》，中华书局，1975 年，第 213 页。

场内禁止百姓行猎，使这里的野生动物资源受到了一定的保护。贞元元年（1153年），海陵下诏"禁中都路捕射獐兔。"大定九年（1169年），宋人楼钥出使金朝亲眼见到了这一事实，"初至望都，闻国主近打围曾至此，自后人家粉壁多标写禁约，不得采捕野物，旧传为禁杀下令，至此乃知燕京五百里内皆是御围场，故不容民间采捕耳。"[1]次年，宋人范成大使金，至卢沟河附近也看到了这一事实，"卢沟，去燕山三十五里。虏以活雁饷客，积数十只，至此放之河中，虏法五百里内禁采捕故也。"[2]五百里范围的皇家围场禁止女真百姓采捕，这对野生动物的保护是有利的，因为女真百姓对野生动物资源的保护意识不强，出于谋生等目的，采取的狩猎方法不科学，捕杀怀孕动物或用网捕猎的现象时有发生，通过上述女真帝王的禁令可见一斑，这非常不利于野生动物的繁衍生息，而皇家围场尽管是女真统治者的围猎场所，但为了能够持久围猎，女真帝王会选择适宜的时间及合适的狩猎方法，使围场内的野生动物在种类和数量上维持平衡，以保证女真贵族长期狩猎成为可能。围猎是女真人练兵习武的重要方式，同时也是女真贵族的一种娱乐活动，正如宋人所云："虏人无他技，所喜者莫过于田猎。……每猎，则以随驾军密布四围，名曰'围场'。待狐、兔、猪、鹿散走于围中，国主必先射之，或以鹰隼击之。次及亲王、近臣。"[3]这种行猎方式会捕杀大量的野生动物，从章宗时的一次围猎就可见一斑，承安二年（1197年）十一月，章宗"猎于酸枣林。大风寒，罢猎，冻死者五百余人。"[4]至少500人参与围猎，可以称得上是围猎大军了，这种大规模的围猎一定会捕杀大量野生动物，但是女真统治者为了保证皇家围场有足够的野生动物可以猎取，对围猎还是有所限制的。大定二十九年（1189年）六月，章宗继位，同知登闻检院孙铎等上书"谏罢围猎，上纳其言。"[5]当然绝对禁止围猎是不可能的，因为围猎是最好的军事演习，这是关系女真王朝兴衰成败的大事，章宗也深知围猎对女真王朝的重要意义，但为了保护围场内的野生动物资源，必须对围猎做一些限令，明昌元年（1190年）春正月，制定"诸王任外路者许游猎五日，过此禁之，仍

[1]（宋）楼钥：《北行日录》，载赵永春编注：《奉使辽金行程录》，吉林文史出版社，1995年，第258页。
[2]（宋）范成大：《范石湖集》卷12《卢沟》，中华书局，1962年，第157页。
[3]（宋）宇文懋昭撰，崔文印校证：《大金国志校证》附录二《田猎》，中华书局，1986年，第601页。
[4]《金史》卷11《章宗三》，中华书局，1975年，第249页。
[5]《金史》卷9《章宗一》，中华书局，1975年，第209页。

令戒约人从，毋扰民"[1]的制度，为了不干扰百姓，限女真贵族游猎五日，无论出于何种目的，女真帝王限制围猎的诏令，在客观上还是保护了野生动物的繁衍生息，减少了对野生动物资源的破坏。

女真人还注意对稀有的野生动物加以保护，防止其物种灭绝。大定十三年（1173年）七月，世宗下诏："罢岁课雉尾"[2]，雉俗称"野鸡"，大多数栖息在开阔的林地和田野，能在冰天雪地中行动觅食，其雄性尾长，羽毛光艳美丽，女真皇帝坐朝时左右侍从所执的扇障多是用雉的尾羽制成，而且用雉尾做成的其他装饰品也备受女真贵族青睐，因此雉尾成为女真百姓的"岁课"，每年会有大量野生雉因此遭到猎杀，由于这个原因当时金境这种野鸟数量已经急剧减少，鉴于此，世宗诏"罢岁课雉尾"，以避免女真百姓大量捕杀野生雉，保存其种群的延续，世宗的诏令是很有远见的，今天我们依然能看到野生雉或许得益于那时金统治者对它的保护。

正大六年（1229年），陇州防御使契丹人石抹冬儿进黄鹦鹉，哀宗下诏："外方献珍禽异兽，违物性，损人力，令勿复进。"[3]珍禽异兽如此稀有，很难捕获，会耗费大量人力，更重要的是长期猎捕这些稀有动物，会导致种群灭绝，这种"竭泽而渔"的狩猎方式是不可取的。

综上所述，女真人对山林资源的保护与发展的政策和措施客观上维持了区域生态平衡，使各个封禁区以及经济林区有效地发挥调节自然环境的作用，创造了良好的区域生态环境，有的甚至起到了生态屏障的作用；而对野生动物资源的保护，则有效地控制了滥捕滥杀，保护了野生动物自然的种群繁衍，为女真人获取必要的生活资料及练兵习武提供保障，同时对生态环境的和谐发展产生了积极作用。

第四节　女真人对森林的砍伐及对环境的影响

女真人因种种特殊原因对境内特定区域的森林加以保护，维持了区域生态环境的平衡。但是在女真不断发展壮大的过程中因为种种需要也砍伐了大量森

---

[1]《金史》卷9《章宗一》，中华书局，1975年，第213页。
[2]《金史》卷7《世宗中》，中华书局，1975年，第159页。
[3]《金史》卷17《哀宗上》，中华书局，1975年，第381页。

林。早在献祖绥可时女真人就使用木材"烧炭炼铁，刳木为器，制造舟车，……建造屋宇"[1]。建国后，女真人亡辽灭宋，开疆拓土，建立了幅员辽阔的女真王朝，随后大兴土木，广建京师、府州县城及寺观庙宇，随着人口的增加，农田开发加速，民宅建筑激增、薪炭等能源需求量增大；另外，为交通、战争之需大造船舶，为防御蒙古大修边壕，这一切都要消耗大量的林木，而金朝境域内分布着的众多天然森林为这些活动提供了丰富资源，大兴安岭、张广才岭、阴山山地东段、太行山、吕梁山、六盘山中段以及西辽河平原、辽嫩平原的天然森林都是金朝的取材之地，但是随着伐木声声，森林资源不断遭到破坏，导致区域生态环境恶化，青山绿水变成了穷山恶水，土地沙化、洪涝灾害频发，由此破坏了人与自然的和谐。

一、金代对森林的砍伐

1. 建筑用材对森林的砍伐

金朝初期并无城郭，星散而居，呼曰"皇帝寨""国相寨""太子庄"，但是在随后的灭宋战争中，受汉文化影响开始大规模的建造宫廷苑囿、官府、庙宇，座座宫殿拔地而起，官府、庙宇高大巍峨，这些建筑都需要砍伐大量的良材巨木，尤其是京城的建造甚至毁掉整个山林，"平地松林消失主要在于大型建筑毁林取材。"[2]

（1）建上京，砍伐张广才岭及大青山等地林木

金建国初"无城郭，四顾茫然，皆茅舍以居。"[3]建国后不久，升"皇帝寨"为上京，开始大规模地兴建上京城，天会二年（1124年），已是"方营大屋数千间，日役万人，规模亦宏侈矣。"[4]天会三年（1125年），宋使许亢宗到金国，看到上京及其附近正大兴土木，"……望平原旷野，间有居民数十家，星罗棋布，纷揉错杂，不成伦次，更无城郭里巷。率皆背阴向阳，便于放牧，自在散居。又一二里，命撤伞，云近阙。复行百余步，有阜宿围绕三四顷，北高丈余，云

[1]（宋）徐梦莘：《三朝北盟会编》卷18，政宣上帙十八引，《神麓记》，上海古籍出版社，2008年，第127页。
[2] 韩茂莉：《辽代西辽河流域气候变化及其环境特征》，《地理科学》2004年5期，第551页。
[3]（宋）宇文懋昭撰，崔文印校证：《大金国志校证》卷3《太宗文烈皇帝一》，中华书局，1986年，第40页。
[4]（宋）宇文懋昭撰，崔文印校证：《大金国志校证》卷3《太宗文烈皇帝一》，中华书局，1986年，第40页。

皇城也。至于宿门，就龙台下马行入宿围。西设毡帐四座，各归帐歇定。……
其山棚，左曰'桃源洞'，右曰'紫极洞'，中作大牌，题曰'翠微宫'，高五、
七尺……木建殿七间，甚壮，未结盖，以瓦仰铺及泥补之，以木为鸱吻，及屋
脊用墨，下铺帐幕，榜额曰'乾元殿'。阶高四尺许，阶前土坛方阔数丈，名曰
'龙墀'。两厢旋架结小苇室，幂以青幕……日役数千人兴筑，已架屋数百千间，
未就，规模也甚多也。"[1]这是金上京最初兴建时的状况，架屋数百千间，规模
宏大。此后熙宗皇统六年（1146年）春，"以上京会宁府旧内太狭，……遂役五
路工匠，撤而新之，规模虽仿汴京（今河南开封），然仅得十之二三而已。"[2]
扩建后的上京城，规模虽不如开封雄浑壮观，但亦十分宏伟。正隆二年（1157
年），海陵迁都燕京，"命吏部郎中萧彦良尽毁（上京）宫殿、宗庙、诸大族邸
第及储庆寺，夷其趾，耕垦之。" 大定二十一年（1181年），世宗重建上京，"复
修宫殿，建城隍庙。"[3]

　　以上即是史籍记载的关于上京城的兴建、扩建和重建，其实对上京城的每
次营建都要消耗大量的良材巨木，甚至是千年古树，仅从金初建上京城就有"木
建殿七间，甚壮，……以木为鸱吻"看，木材的需求量是不小的。金初女真人
营建上京城所需的林木为就近取材，上京会宁府（今黑龙江阿城），位于张广才
岭西麓的大青山脚下，大青山茫茫林海，翠绿浓郁，树木有松、桦、杨、椴等
天然林，特别是松树是建筑的好材料，建筑上京城所用的木材取于此地。上京
城经过金朝几代皇帝的一次又一次的营建，大青山及张广才岭的林木不断被砍
伐，使此地的森林资源遭到了一定的破坏。

　　上京城除皇宫、官署建筑用材外，还有众多的居民住宅，特别是金在灭亡
辽、宋的过程中，女真统治者将大批人口强迁至上京及附近地区，人口的激增，
需要大量的木材建造民宅，这无疑加剧了对周围森林的砍伐。

　　（2）建中都，采伐潭园、太行山及燕山等地材木

　　海陵决议迁都燕京后，开始大规模营建中都（今北京），都城依照汴京模式
改建、扩建。天德三年（1151年），海陵"始图上燕城宫室制度，三月，命张浩

[1]（宋）徐梦莘：《三朝北盟会编》卷20《宣和乙巳奉使行程录》，上海古籍出版社，2008年，第146页。
[2]（宋）宇文懋昭撰，崔文印校证：《大金国志校证》卷12《熙宗孝成皇帝四》，中华书局，1986年，第174页。
[3]《金史》卷24《地理上》，中华书局，1975年，第551页。

等增广燕城。"[1]此次扩建，工程量极大，仅营建中都宫室就征民120万人，历时三年燕京宫城才竣工。大规模地营建宫室需要大量的木材，《金史》记载此次兴建宫室所用的木材取自真定府潭园，"（张）浩等取真定府潭园材木，营建宫室及凉位十六。"[2]《金史·张仲轲传》亦载："营建燕京宫室，有司取真定府潭园材木。"潭园位于当时的河北西路真定府境内，其历史悠久，始建于唐朝末年，宋代成为帝王行宫，潭园规模甚大，园内林木繁茂、鸟语花香，宋人吕颐浩《燕魏杂记》载："潭园，围九里，古木参天，台沼相望。"[3]但是这次修建燕京宫室使潭园大木千章根株断，百年古木被采伐，这座古木繁茂的园林横遭罹难，从此风景日渐萧条[4]。其实，除采伐潭园材木外，此次营建燕京还从太行山及燕山砍伐大量木材，使这一带森林遭到较大破坏。

（3）建南京，砍伐六盘山、青峰山等森林

金代，曾在海陵和宣宗时两次对汴京城（今河南开封）进行营建。靖康元年（1126年），金军攻打北宋都城汴京，使汴京城遭到破坏，大炮集中攻城，毁坏了城楼建筑，"城楼橹皆遭焚烧"[5]，随后"金人尽得四壁，乃伐城上材木，并斫取枢板作障，反蔽城内。炮架笮篱巴皆回之内向。城外尽作慢道，城内则系为吊桥，不三、四日皆备。"[6]为了攻城，城上林木皆被斫伐，而开封城由于围城太久，造成薪炭奇缺，皇家苑囿万岁山不得不"许军民任便斫伐"[7]，致使"班竹紫筠馆、丁香障、酴醾洞、香橘林、梅花岭、瑞香苑、碧花洞、翠云洞等百余所，及奇怪松柏桧木桔柚花柳，一采殆尽"[8]，可见金人此次围攻使开封城内外大量林木被毁，山林苑囿遭到一场浩劫，破城后又下令纵火屠城，"自城破纵火烧瓮城，楼橹三夕不灭。"[9]城内"骑桥门近皇后宅、孟昌龄家、神卫营蓝从熙家、五岳观沿烧数千间。"[10]当时的汴京城已是颓垣断壁，满目疮痍。金朝接管后，直到海陵时才大规模重建。

[1]《金史》卷24《地理上》，中华书局，1975年，第572页。
[2]《金史》卷24《地理上》，中华书局，1975年，第572页。
[3]（宋）吕颐浩：《燕魏杂记》，中华书局，1985年，第4页。
[4] 陈登林、马建章编著：《中国自然保护史纲》，东北林业大学出版社，1991年，第107页。
[5]（宋）徐梦莘：《三朝北盟会编》卷69，靖康中帙四十四，上海古籍出版社，2008年，第522页。
[6]（宋）徐梦莘：《三朝北盟会编》卷69，靖康中帙四十四，上海古籍出版社，2008年，第526页。
[7]（宋）徐梦莘：《三朝北盟会编》卷72，靖康中帙四十七，上海古籍出版社，2008年，第547页。
[8]（宋）徐梦莘：《三朝北盟会编》卷73，引《泣血录》，上海古籍出版社，2008年，第552页。
[9]（宋）徐梦莘：《三朝北盟会编》卷73，引《泣血录》，上海古籍出版社，2008年，第533页。
[10]（宋）徐梦莘：《三朝北盟会编》卷70，引《宣和录》，上海古籍出版社，2008年，第331页。

　　海陵为了实现其"千里车书一混同"的愿望，欲将都城从中都（今北京）迁至汴京（今河南开封），以便伐宋。文献记载，海陵"欲迁都于汴京，遂以伐宋，使海内一统。"[1]为此正隆三年（1158年）开始大兴土木，重建南京。当年"起天下军、民、工匠、民夫，限五而役三，工匠限三而役两，统计二百万，运天下林木花石，营都于汴。将旧营宫室台榭，虽尺柱亦不存，片瓦亦不用，更而新之，至于丹楹刻桷，雕墙峻宇，壁泥以金，柱石以玉，华丽之极，不可胜计。"[2]可见，此次对南京的兴建是全新的，旧营宫室台榭，尺柱不存。毁而重建的豪华都城需要消耗大量林木，而汴京城内外木材已在当年围城时采伐殆尽，较近的吕梁山的苍松翠柏早在北宋兴建汴京时就已经被砍伐殆尽了，不仅如此，当时附近的山林都已经枯竭，正如沈括所云："今齐、鲁间松林尽矣，渐至太行、京西、江南，松山大半皆童矣。"[3]金朝此次重建汴京，采伐重点只好转移到更为偏僻的六盘山中段[4]。即史籍记载的关中青峰山。文献记载，"正隆营汴京新宫，（张）中彦采运关中材木。青峰山巨木最多，而高深阻绝，唐、宋以来不能致。中彦使构崖驾壑，起长桥十数里，以车运木，若行平地，开六盘山水洛之路，遂通汴梁。"[5]据文焕然先生考证，青峰山是六盘山地的一部分（可能在今米缸山之南）。水洛县河水上游山高谷深，因此张中彦派人从六盘山地至当时水洛县治，架设数十里长桥，用车先将木料运到河谷较宽的水洛县，再转水路运木至汴梁[6]。路途如此遥远，运输如此困难，耗费大量人力物力，"运一木之费至二千万"。当时河东、陕西巨木被大肆采伐运往汴京，正如史籍记载："是时营建南京宫室，大发河东、陕西材木，浮河而下。"[7]古木参天的青峰山经过此次浩劫几乎变成了荒山秃岭。

　　此外，海陵营缮南京时，专"典浮桥工役"的同知河中府（今山西永济）事杨仲武，征大量工匠砍伐岐、雍间的木材建造浮桥，当时由金投归南宋的"归朝官"李宗闵向宋高宗上疏说："臣窃闻近者金人岐、雍间伐木以造浮梁。"[8]

[1]（明）陈邦瞻：《宋史纪事本末》卷74，中华书局，1977年，第773页。

[2]（宋）徐梦莘：《三朝北盟会编》卷242，炎兴下帙一百四十二，上海古籍出版社，2008年，第1747页。

[3]（宋）沈括著，胡道静校注：《梦溪笔谈校证》卷24《杂志一》，中华书局，1959年。

[4]马尚英：《甘肃林情与科学发展》，甘肃科学技术出版社，2006年，第72页。

[5]《金史》卷79《张中彦传》，中华书局，1975年，第1789页。

[6]文焕然遗稿，文榕生整理：《中国历史时期植物与动物变迁研究》，重庆出版社，2006年，第57页。

[7]《金史》卷82《郑建充传》，中华书局，1975年，第1846页。

[8]（宋）李心传撰：《建炎以来系年要录》卷181，上海古籍出版社，1992年。

由此可见，岐、雍间的山林也遭到破坏。

宣宗时为避开蒙古的兵锋，迁都汴京，迁都后对其进行修建。《金史·宣宗纪》记载"筑汴京城里城"，此次修建尽管规模不如海陵时大，但也会消耗不少木材。

（4）其他建筑消耗的林木

金灭辽后，对辽代的五京等重镇进行了改建或扩建，也耗费大量木材，如金曾经改建辽朝的中京大定府，作为金北京路的治所，此次改建所需要的大量木材取自平地松林。

随着女真王朝的发展壮大，京府重镇修建了越来越多的规模宏大的宫室、官府、庙宇，而这些工程需要耗费大量的木材，特别是金代佛教盛行，许多寺院、塔、庙等佛教建筑多在山中就地取材。据《元一统志》记载，"乾山在惠州西南二百五十里，辽金采伐树木，运入京畿，修盖宫殿及梵宇琳宫"[1]。在惠州（今辽宁建平县境内）西南二百五十里的乾山是金代重要的采伐区。

另外，金代在州县等城市中建筑的官衙、民宅等消耗的木材更无法计算。天德三年（1151年）四月，归德军节度使阿鲁补"在汴时，尝取官舍材木，构私第于恩州，至是事觉，……遂论死。"由此可见，木料是官府衙署及民宅建筑的主要材料，大量木材的使用，无疑会砍伐许多森林。金代为了满足建筑伐木之需，官府设立专门林场从事采伐。《金史》记载："中都木场，使一员，……副使一员……掌拘收材木诸物及出给之事。"[2]不仅中都，可能每一个府州的营建都设有专门负责采伐的木场。

2．船舶建造采伐大量森林

金朝境内河流纵横，仅白山黑水之间较大的河流就有黑龙江、松花江、嫩江、辽河等。随着疆域的扩大，黄河的部分河段也纳入金境。为了便利交通，女真人很早就刳木为舟，《松漠纪闻》载："其俗刳木为舟，长可八尺，形如梭，曰梭船。上施一桨，止以捕鱼，至渡车则方舟或三舟：后悟室得南人，始造船如中国运粮者，多自国都往五国头城载鱼。"[3]太宗时期，女真人已经使用较大

[1]（元）孛兰肹等著，赵万里校辑：《元一统志》卷2，中华书局，1966年，第201页。
[2]《金史》卷57《百官志三》，中华书局，1975年，第1321页。
[3]（宋）洪皓：《松漠纪闻》，吉林文史出版社，1986年，第40页。

的船只，天会二年（1124年）五月，"曷懒路军帅完颜忽剌古等言：'往者岁捕海狗、海东青、鸦、鹊于高丽之境，近以二舟往，彼乃以战舰十四要而击之，尽杀二舟之人，夺其兵仗。'"[1]此时，许亢宗出使金朝渡来流河（今吉林省拉林河）时，"以船渡之"[2]。这时的造船规模不大，对山林的毁坏不十分明显。

金代为对宋发起战争制造了大量战船，耗费大量林木。可以说，森林在军事战争中具有非常重要的价值，天会十二年（1134年），女真统治者采纳"刘豫尝献海道图及战船木样"[3]，天会十三年（1135年），金熙宗"兴燕云、两路河夫四十万人之蔚州交牙山，采木为筏，由唐河及开创河道，运至雄州之北虎州造战船，欲由海道入侵江南。"[4]虽然此事不久后，因为"盗贼"蜂起而停止，但是四十万大军上山采木，即使时间很短也足以对交牙山的森林造成严重破坏。

海陵正隆四年（1159年）二月，为举兵伐宋，"造战船于通州"[5]。通州地处北京郊区，北接军都山，此山是北京的主要山脉，山上分布着茂密的天然林，便于获取造船木料，同时又紧邻运河北起点，便于下水南进，这里是制造战船的绝佳之处。此次造船消耗木材无以计数，使这里的天然森林遭到极大破坏，时人周麟之《造海船行》诗云："坐令斩木千山童，民间十室八九空，老者驾车輂输去，壮者腰斧从鸠工。"[6]此次造船可谓是全民总动员，壮者做伐工，即"存者十万挥斧斤"，老者则运输，大规模地采伐之后出现"千山童"的惨状，周围林木被砍伐殆尽后，甚至"材有不足屋舍倾"，推倒民房取其木材以补充原料，这与《金史》记载的"其南征造战舰于江上，毁民庐舍以为材，煮死人膏以为油"相印证。可以想见，此次造船砍伐和消耗了大片天然森林，是北京周围山林的一场浩劫。正如于希贤先生所说，"辽、金两代，是北京地区森林开始遭受大规模破坏的时期。"[7]而这次造船取材是其中破坏最严重的一次。除了造船，将造好的船运到水里仍然需要大量木料，当时彰德军节度使张中彦等负责将造好的战船发舟入水，张中彦"召役夫数十人，治地势顺下倾泻于河，取新秫秸

[1]《金史》卷3《太宗纪》，中华书局，1975年，第50页。
[2]（宋）宇文懋昭撰，崔文印校证：《大金国志校证》卷40《许奉使行程录》，中华书局，1986年，第569页。
[3]（宋）李心传：《建炎以来朝野杂记·甲集》卷20《李宝胶西之胜》，江苏广陵古籍刻印社出版，1981年，第77页。
[4]（宋）宇文懋昭撰，崔文印校证：《大金国志校证》卷9《熙宗孝成皇帝一》，中华书局，1986年，第138页。
[5]《金史》卷79《徐文传》，中华书局，1975年，第1786页。
[6]（宋）周麟之：《造海船行》，载《通县志》，北京出版社，2003年，第688页。
[7]于希贤：《森林破坏与永定河的变迁》，《光明日报》，1982年4月2日，第3版。

密布于地，复以大木限其旁，凌晨督众乘霜滑曳之，殊不劳力而致诸水。"[1]

另外，在章宗承安五年（1200年），和龙帅完颜太康与宋军战东津，"太康令人椎冰、伐柴薪烧川，燎于岸，刳木为舟，中积炽炭，冰不能合。"[2]军队伐柴薪烧川、刳木为舟对当地的森林无疑是一场浩劫。

世宗、章宗时期虽然造战船规模不大，但是航运所需的船只也不少。沿河诸州税粮多以漕运或者海运到京师，需要载重量很大的船舶，这些船舶的制造也需要大量的木材，各地官、私船厂都在就近的山林中取材，对当地的天然森林造成不同程度的破坏。《河防通议》一书是宋人沈立初编，金代都水监吏人予以增补，元代色目人沙克什根据沈立本及金都水监本合编而成，流传至今。该书对造船所用木料、规格、数量等都有详细记录，而金代的造船技术主要源于宋朝。如海陵时期制造战舰具体负责人就是宋朝的降臣倪询、商简、梁三儿等人，而实际造船的工匠也多是汉人，《三朝北盟会编》记载："金人所造战船，系是福建人，……指教打造七百只，皆是通州样"[3]。由此可以推断，金代的船舶构造基本与宋代相同。根据《河防通议》记载，此时期造船所用的木料颇多，"船每一百料，长四十尺，面阔一丈二尺，地阔八尺五寸，斜深三尺，计用板木二百二十三条片。底版二十四片，长一丈，阔一尺四寸，后一寸半。远板四片，长一丈四尺，阔一尺一寸，厚二寸半。……腰梁一十二条，长一丈二尺，阔四寸，后三寸。"[4]可见，造船所用木料粗细、长短都有严格要求，特别是不同宽度的木料需要砍伐不同树龄的林木，这就破坏了森林的自然更新能力。

桥梁是渡水的重要交通工具，金人常常用船造浮桥渡河。天会三年（1125年），宋使许亢宗"过卢沟河，水极湍激，燕人每候水浅深，置小桥以渡，岁以为常。近年，都水监辄于此河两岸造浮梁。"[5]兀术在对宋作战中屡屡"作筏系桥"[6]"造舟为梁"[7]。南宋周辉《北辕录》记载，宋使大定十六年（1176年）二月十三日至黄河，"浮航以渡，自南抵北，用船八十五只，各阔一丈六七尺。

[1]《金史》卷79《张中彦传》，中华书局，1975年，第1790页。

[2]（宋）宇文懋昭撰，崔文印校证：《大金国志校证》卷20《章宗皇帝中》，中华书局，1986年，第277页。

[3]（宋）徐梦莘：《三朝北盟会编》卷230引《崔阶、孙淮夫、梁史上两府札子》，上海古籍出版社，2008年，第1653页。

[4]（元）沙克什撰：《河防通议》，"造船物料"条，中华书局，1985年，第13页。

[5]（宋）宇文懋昭撰，崔文印校证：《大金国志校证》卷40《许奉使行程录》，中华书局，1986年，第560页。

[6]（宋）宇文懋昭撰，崔文印校证：《大金国志校证》卷11《熙宗孝成皇帝三》，中华书局，1986年，第161页。

[7]（宋）李心传撰：《建炎以来系年要录》卷143，绍兴十一年（1141年）辛酉，上海古籍出版社，1992年。

其布置相去又各丈余，上实笲子木，复覆以草，曳车牵马而过，如履平地。虏以顺天名桥。予观舻头巨舰，纤以寸金，规制坚壮，扫兵守护甚严。"[1]这些浮桥的建造也需要采伐大量木材。

3．柴炭等能源的需求对森林的毁坏

柴炭是金代日常生活中的基本燃料，特别是原料来源于森林的木炭，是金代宫廷、官署以及很多家庭取暖的主要能源，同时也是冶铁、炼铜等各种窑厂的基本燃料。这些能源的供应需要消耗大量林木，使森林资源遭到破坏，影响了区域生态环境。

金代为保证宫廷能源供应，在京师要地附近设有柴炭机构，专门负责管理采薪、烧炭及规运柴炭等事务。资料显示，"南京提控规运柴炭场：使，从五品。副使，正六品。京西规运柴炭场：使，从八品。副使，正九品。"正八品官员"中运司柴炭场使"，正九品"中运司柴炭场副"[2]。宫中还专门设立负责柴炭分配的机构："典给署……丞，……掌宫中所用薪炭冰烛、并管官户。"[3]除宫廷需要消耗大量薪炭外，木材也是百姓取暖的最廉价燃料，仅此项砍伐的林木就不计其数。

除了基本的日常生活燃料，金属冶炼，也以材炭为主要燃料，这对森林也有不同程度的破坏。目前在黑龙江阿城、大庆以及山西大同等地都发现了大量的金代冶铁遗址，仅黑龙江五道岭金代早期冶铁遗址就有五十余处，开采总量可达五六十万吨，[4]这将会消耗大量燃料。20世纪60年代在黑龙江阿城小岭地区的金代冶铁遗址中发现："炼铁炉遗址附近散布有大量炉渣和木炭，木炭均为直擢3～5厘米的四五年生小树，烧炭木材为柞树、黄檗、椴树等。"为取材方便，金代的冶铁窑场多选在山林附近，"葛家屯冶铁遗址位于小岭公社葛家屯东山，该屯四面环山，中间为山间沟谷平地。炼铁炉遗址时发现，炉底尚保存有30厘米厚的木炭，很坚实。从炉壁遗留的炭痕看来，当时炭层应厚60厘米。"[5]

冶炼对林木消耗是很大的，有时会将窑厂周围的林木砍光，为了获取冶炼燃料，不得不将厂址搬迁到有林木的地方。据考古工作者调查，在张广才岭的

[1]（明）陶宗仪：《说郛三种》第5册，上海古籍出版社，1988年，第2587页。
[2]《金史》卷57《百官三》，中华书局，1975年，第1323页。
[3]《金史》卷56《百官二》，中华书局，1975年，第1273页。
[4]王永祥：《黑龙江省阿城五道岭地区金代冶铁遗址》，《考古》1960年第3期。
[5]黑龙江省博物馆：《黑龙江阿城县小岭地区金代冶铁遗址》，《考古》1965年第3期，第125-126页。

西麓大山坡附近的黄土漫岗上发现了金代的冶铁遗址，所用的铁矿石，都是从五道岭搬运来的。这主要是受燃料的限制，因炼铁需大量木炭，而五道岭附近的老林已被开空，必然向有林木之处扩展，才能继续进行冶炼。之所以把冶炼炉址搬到黄土漫岗上，主要是因为黄土漫岗上生长着杂树，便于就地取材，烧炭炼铁[1]。

另外在采矿过程中，依然需要大量木材。20世纪60年代，阿城小岭地区发现铁矿坑，在其中一个铁矿坑深5米的地方发现了大量的朽木，长度在1～1.6米，直径5～10厘米，似为坑道顶木[2]。

4. 边壕的修筑对森林的破坏

金代中后期为了防御蒙古入侵而修筑的界壕、边堡使大兴安岭及阴山部分地区的森林又一次遭到破坏。界壕是在金西北与蒙古的临界开挖的壕堑，边堡是在边界要冲之地屯兵戍守的堡垒。

据李文信先生1939—1944年的实地考察得知，金代的边壕分为东北、西南二线，西南线"由黑龙江省纳河县（博尔多）西北嫩江右岸起，西南过诺敏河，阿伦河，经甘南县北境过音河（今称卧牛河），稚尔河，济沁河。（今作麒麟）于扎赉特旗王府西北过绰尔河，西南于科尔沁右翼后旗界过洮尔河，西南至右翼中旗北境之桂勒尔河（今作霍勒河）为一大段。"[3]即经过今天的科尔沁右翼中旗、扎鲁特旗、巴林左旗、巴林右旗、克什克腾旗。"东北及西南两大段界壕之位置，东北段则沿嫩江流域平原西边，大兴安岭山脉东麓，以东北西南方向横走，……西南段则起自阴山东端，沿阴山山脉东西向横走。"[4]这两条"横走"的界壕穿过了森林地区，对森林有一定的毁坏。

另外，屯兵边堡的修筑，也要砍伐许多林木。如大定二十一年（1181年），世宗以东北路招讨司十九堡在泰州之境以及临潢路旧设二十四堡障参差不齐，皆取直列置堡戍。当时省议"可筑二百五十堡，堡日用工三百，……自撒里乃以西十九堡，旧戍军舍少，可令大盐泺官木三万余，与直东堡近岭求木，每家

[1] 黑龙江省博物馆：《黑龙江阿城县小岭地区金代冶铁遗址》，《考古》1965 年第 3 期，第 129 页。
[2] 黑龙江省博物馆：《黑龙江阿城县小岭地区金代冶铁遗址》，《考古》1965 年第 3 期，第 125 页。
[3] 辽海引年集编纂委员会编：《辽海引年集》，北京和记印书馆，1947 年，第 155 页。
[4] 辽海引年集编纂委员会编：《辽海引年集》，北京和记印书馆，1947 年，第 156 页。

官为构室一椽以处之。"[1]据《金史·食货志》记载:"临潢之北有大盐泺。"并且从"大盐泺官木三万余,与直东堡近岭求木"来看,此地筑堡的林木取之大兴安岭南段山脉,无疑使这里的森林资源遭到破坏。同时戍守的士兵及家属的生活也会毁掉一些森林树木,如士兵的屯田,戍守民户的伐薪烧炭等都会对森林有所破坏。据《金史》记载,每个边堡戍守民三十户,此次二百五十堡,就有七千五百户,按照每户五口之家计算,就有近四万人在戍边之地生活,不知道要砍伐多少木材。

5. 农田的开发对森林的破坏

女真人是农耕渔猎民族,特别是建国后随着疆域的扩大和受汉文明的影响以及人口的激增,开发了大量的农田。史载:"太祖每收城邑,往往徙其民以实京师。"[2]如收国二年(1116年),"分鸭挞、阿懒所迁谋克二千户,以银术可为谋克,屯宁江州。"[3]天辅五年(1121年)"遣昱及宗雄分诸路猛安谋克之民万户屯泰州,以婆卢火统之。"[4]后来又将奚人六猛安,徙居咸平、临潢、泰州之地屯田。泰州、临潢在大兴安岭以东,《辽史·地理志》记载上京临潢府有"平地松林",这些移民到此毁林开荒发展农田,无疑会破坏此地的森林。

金代的农田开发对西辽河平原的天然森林也是一场浩劫。近年考古工作者在西拉木伦河流域发现辽、金时代大量的文化遗址和遗址中出土的文物[5],证明当时这一带农业曾有较大的发展,现在这些遗址大多掩埋在黄沙中了,这在很大程度上是森林被破坏的结果。

金代在六盘山附近的屯田也毁坏了这里的大片森林。宋、金与西夏曾在六盘山附近展开过长期的争夺战。北宋与金先后以今原州为军事镇所,为了维持驻军的基本生活和军事给养,金朝曾长期在此大规模屯垦。兴定三年(1219年),元帅右都督,行平凉元帅府事石盏女鲁欢上书:"镇戎赤沟川,东西四十里,地无险阻,当夏人往来之冲,比屡侵突,金兵常不得利……如此则镇戎可城,而彼亦不敢来犯。又所在官军多河北、山西失业之人,其家属仰给县官,每患不

[1] 《金史》卷 24《地理上》,中华书局,1975 年,第 563 页。
[2] 《金史》卷 133《张觉传》,中华书局,1975 年,第 2844 页。
[3] 《金史》卷 72《银术可传》,中华书局,1975 年,第 1658 页。
[4] 《金史》卷 2《太祖纪》,中华书局,1975 年,第 35 页。
[5] 吉哲文等:《统一的多民族国家的历史见证》,《光明日报》,1977 年 11 月 25 日。

足。镇戎土壤肥沃，又且平衍，臣裨将所统几八千人，每以迁徙不常为病。若授以荒田，使耕且战，则可以御备一方，县官省费而食亦足矣。其余边郡亦宜一体措置。"[1]从这一力主屯田的奏疏看不仅原州一地屯田如此，其余边郡也"一体措置"，可见其屯田规模之大，此奏疏最后得到金宣宗嘉许采纳。虽然说该地"土壤肥沃，又且平衍"，但"事实上丘陵、沟壑亦所不免，即或垦殖于川，薪秸良木之需必求之于山。所以，历史上屯田是六盘山一带森林变迁的主要因素之一。"[2]而金代应该是非常重要的破坏期。

总之，金代的农田开发特别是大规模的军事屯田，使植被以农作物代替森林或草被，改变了自然景观，影响整个区域植被的变迁。特别是北方地区庄稼生长期很短，从庄稼长出到收割仅仅4～5个月，致使一年中有大半年的时间土壤没有植被的保护，裸露的土壤无法抵御风雨的侵蚀，于是水土流失、干旱及沙化等现象频发，最终导致生态环境日益恶化。

二、金代砍伐森林引发的环境问题

森林是陆地生态系统的主体，具有涵养水源、防洪保土、防风固沙、净化空气、调节气候等功效。由于金代开垦农田、兴建城市、薪炊燃料、交通国防以及战争等的需要，大肆采伐林木，使金境内很多森林遭到毁坏，甚至有的森林被砍伐殆尽，使古木参天的崇山峻岭变成了濯濯童山，由于金代对森林的破坏速度超过了森林自然更新的能力，使森林失去涵养水源和保持水土的功能，从而破坏了生态平衡，使环境日趋恶化，最终导致河流泛滥改道、洪涝灾害频发、土地沙化、野生动物减少等现象的出现。

1. 河流泛滥，洪灾频发

金代是太行山、燕山等地森林遭到大规模破坏时期，对森林的浩劫，使土壤遭到水蚀破坏，削弱了森林涵养水源的能力，造成了严重的水土流失，使其境内某些河流的河床不断升高，并淤积了大量流沙，使洪水变浊，引发洪灾，

[1]《金史》卷116《石盏女鲁欢传》，中华书局，1975年，第2542页。
[2] 文焕然遗稿，文榕生整理：《历史时期宁夏的森林变迁》，载《中国历史时期植物与动物变迁研究》，重庆出版社，2006年，第67页。

金代永定河的变迁就是最好的例证。金代是永定河变化最激烈的时期之一，其重要原因就是其周边森林的严重破坏。永定河汉魏时期称"清泉河"，意思就是河水清澈如泉，但由于金代对冀北山地森林破坏的加剧，使清泉河水逐渐变黑。宋人周辉在其《北辕录》中记载其过卢沟河时的景象："燕人呼水为龙，呼黑为卢，亦谓黑水河，色黑而浊，其急如箭。"[1]由此可见，永定河的含沙量已经急剧增加。正史的记载也证实了这一事实，《金史·河渠志》记载："大定十年（1170年），议决卢沟以通京师漕运。"十二年（1172年），"渠成，以地势高峻，水性浑浊。峻则奔流漩洄，啮岸善崩，浊则泥淖淤塞，积淳成浅，不能胜舟。"[2]此时的永定河已经不可利用，哺育北京城的这条"清泉河"，在金代已经变成了害河祸水。随着森林破坏的加剧，永定河泛滥也日益频繁，据统计永定河在辽代平均每九十四年泛决一次，而金代平均二十二年就泛滥一次[3]，周期大大缩短。另外，金代黄河泛滥，水灾频发也说明这一问题。

2. 土地沙化，风沙盛行

森林保存土壤的能力最强，其保存土壤的作用是草地的6倍，玉米地的1万倍，而森林的破坏使土壤失去了保护而裸露出来，强风会"吹失土中粒径较小、比重较小的土粒，留在地面的便只有砂粒，砂粒再被吹拂，在近地面大气中成为砂流或形成流动沙丘，为害下风地方的农田、村落和交通。"[4]金代因建筑、造船及农田开发对森林的大肆破坏，削弱了森林保持水土的能力，土地出现沙漠化。金代是科尔沁沙地历史上沙漠化最严重的时期，此时科尔沁沙地的生态急剧恶化，沙化现象十分严重。辽代在科尔沁沙地上建立的州城，到金代几乎全被撤销，居民被迫迁离。金代已经无法把这里作为土壤肥沃的农耕区了。张柏忠先生在科尔沁沙地的考察得知，辽代在这里建筑的古城有二十余座，金代沿用者仅三四座而已，且无一座州城[5]。这就说明科尔沁沙地因生态环境的恶化，已经不适合在此建州城了。

另外，金代边壕的修建破坏了大片森林，使边壕沿线山区之地也风沙盛行。

[1]（宋）周辉：《北辕录》，中华书局，1991年，第4页。

[2]《金史》卷27《河渠志》，中华书局，1975年，第686页。

[3]于希贤：《森林破坏与永定河的变迁》，《光明日报》，1982年4月2日，第3版。

[4]黄秉维：《森林对环境作用的几个问题》，《中国水利》1982年第4期，第29页。

[5]张柏忠：《北魏至金代科尔沁沙地的变迁》，《中国沙漠》1991年第1期，第41页。

由于风沙侵袭，界壕有的被吹毁，有的被掩埋，金人早已看出修筑边壕的弊病，大定年间（1161—1189年），李石指出："若徒深堑，必当置戍，而塞北多风沙，曾未期年，堑已平矣，不可疲中国有用之力，为此无益。"[1]明昌年间（1190—1195年），御史台也上疏："所开（壕堑）旋为风沙所平，无益于御侮，而徒劳民。"[2]由此可见，边壕之地流沙的严重程度，由于过度的砍伐和沙化的加剧，金代在东北及临潢等曾经的"平地松林"地区已经出现"土埵樵绝，当令所徙之民姑逐水草以居"的现象。

因土地的沙漠化，每到冬春干旱季节，大风席卷着沙粒漫天飞舞，这种极端恶劣的天气，在金代文人的笔下多有记载，金人王寂曾经两次路过懿州（今阜新县塔营子乡古城），都遇到了当地风沙弥漫的现象。金大定十四年（1174年），提点辽东刑狱的王寂，路过此地时遇狂风，不得不中断旅行，被迫投宿。其有诗云："塞路飞沙没马黄，解鞍投宿赞化房。"[3]这场狂风飞沙走石，路上积聚的黄沙都已经埋没了马腿，可见风沙之大。

明昌元年（1190年）春，王寂出使辽东再次途经此地，这里风沙尤甚从前，刮起了强烈的沙尘暴："丁巳晨，发懿州。是日大风，飞沙暗天，咫尺莫辨，驿吏失途。"[4]这场肆虐的黄风，刮得天昏地暗，能见度极低，以致连熟悉道路的驿站官吏都迷失了方向。由此可见，辽东之地在金代生态环境遭到严重破坏。

另外，由于金代营建中都对太行山及燕山等地森林的砍伐，使北京及其附近地区生态环境急剧恶化，风沙等灾害性天气时有发生。南宋范成大于乾道六年，金大定十年（1170年）使金，过良乡县（今北京市房山良乡镇）时，遇到狂风，在其《揽辔录》中记载："是日大风几拔木。"[5]几乎能把树木连根拔起的大风，至少有九级。由此可以推断，当时太行山的支脉房山森林覆盖率极低。

此外，在其行至北京以北时也遇到了沙尘天气，"在涿北燕南之间，两旁皆高冈无风，而路极狭。尘土坌积，咫尺不辨人物。"为此他作诗记录此事："塞北风沙涨帽檐，路经灰洞十分添。据鞍莫问尘多少，马耳冥蒙不见尖。"[6]此次

[1]《金史》卷86《李石传》，中华书局，1975年，第1915页。
[2]《金史》卷95《张万公传》，中华书局，1975年，第2104页。
[3]（金）王寂著，张博泉注释：《辽东行部志》，黑龙江人民出版社，1984年，第31页。
[4]（金）王寂著，张博泉注释：《辽东行部志》，黑龙江人民出版社，1984年，第46页。
[5]（宋）范成大：《揽辔录》，载赵永春编注：《奉使辽金行程录》，吉林文史出版社，1995年，第279页。
[6]（宋）范成大：《使金绝句七十二首》，载赵永春编注：《奉使辽金行程录》，吉林文史出版社，1995年，第308页。

范成大遭遇的是浓重的浮尘天气，尘土已经盖住了马的耳朵，空气的混浊导致能见度极低。这种浮尘会污染空气、水源，对生态环境危害很大，同时浓重的浮尘可使牲畜窒息死亡，是农牧业生产中的灾害性天气。通常情况下，这种灾害性的风沙天气是由于远地或当地产生沙尘暴或扬沙后，尘沙等细粒浮游空中而形成的，也就是说，当时北京附近或更远的地方有沙尘暴或扬沙天气，这也是范成大入金境后的感觉，"塞北风沙涨帽檐"。

诚然，导致金代土地沙漠化和风沙天气频发的原因不仅仅是金朝对境内森林的大肆砍伐，可能还有气候干旱等自然因素，但是金代毁坏森林的活动在一定程度上加剧了沙尘的肆虐，这一点是毋庸置疑的。

综上所述，女真是农耕渔猎民族，文明程度不高，建国前无宫殿楼宇，建国后随着文明程度的提高，开始大兴土木兴建京师、府州县城以及寺观、佛塔；同时为了交通和战争的需要大肆砍伐木材建造船舶，而修筑边壕以及开垦农田、伐薪烧炭等也毁掉部分森林。由于金代对森林大肆采伐，千年古树被采伐殆尽，森林遭到严重破坏，甚至有的大片森林从此消失，致使曾经古木繁茂的崇山峻岭变成了裸露的荒山秃岭，森林涵养水源和保持水土的能力减弱，甚至消失，因此打破了生态平衡，环境渐趋恶化，土地沙化、风沙肆虐、洪涝灾害频发。另外，森林是立体的自然资源，毁掉森林使依赖森林而生存的野生动物失去了美好的家园，野生植物失去生存的环境，甚至导致某些物种的灭绝。

结　语

环境是人类赖以生存的基础，人类群体生存区域内的气候、水文、土壤、植被对人类的生产、生活有决定性的影响，人们顺应其生活境域内的环境，形成具有环境特征的生产生活方式和习俗文化；反过来人类的生产生活活动在某种程度上也对环境产生了某些积极或消极的影响。这种人与环境的互动，促成了人类社会的发展及演变。辽金两朝地处中国北部地区，特定的地理区位和生态环境决定人们的生产方式和生活习惯，生活在这里的人们的生产生活活动对这一区位的生态环境也产生了重要影响。通过对辽金两朝环境与社会的研究，得出如下认识：

女真人所建立的金朝从太祖收国元年至哀宗天兴三年（1115—1234年），国祚存续120年。此时正值中国气候加剧转寒，气候干冷、旱灾、蝗灾、冻灾频发是这一时期较为典型的气候特征；女真境内有茫茫森林和众多河流，向南开疆拓土后农耕文明迅速发展，所以金代女真人的生产方式即以渔猎和农耕为主。

女真人崛起于东北地区，其衣食住行等生计方式都严重受到了东北这一生态区域内的地理、气候、资源等生态环境的制约，处处体现了东北的地域特色，特别是衣食住行方面尤为突出。女真人的服饰具有明显的地域性和生态性，衣兽皮、穿白衣就是女真人无论贫富贵贱喜穿的服饰，衣兽皮主要是为抗寒，尚白服是女真先民长期在白雪皑皑的山林中狩猎而形成的服饰特色。饮食方面，女真人以食肉为主，黏食和油炸食品为辅，且"最重油烹面食"，这是因为女真人需要食用高热量的食物来抵御严寒天气，同时因受气候、地域、土壤所限，粮食种类不多，产量亦少，于是肉类就成为女真人的主要食物。蔬菜和瓜果，尤其是一些储存蔬菜和水果的方法颇具特色，且对后世影响深远，如腌制蔬菜、冻制和蜜制水果等。居住方面，金朝"国初无城郭，四顾茫然，皆茅舍以居。"[1]也就是说，女真人充分利用境内的密林、茂草等自然资源建构木架草房，为抵御高寒的气候环境，屋舍矮小密闭，使用火炕取暖等，可以说，独特的生存环境造就了女真人独特的居住方式。在交通方面，山环水绕、平原辽阔、河湖众多是东北地区的地理特征，根据这样的地理环境，女真人发明制造了诸多交通工具，形成了颇具生态特色的交通方式。陆路交通工具主要是畜力和车，水陆交通主要是船筏。

女真人在充分利用这些资源的同时，也出于各种目的对其进行保护，在客观上保证了森林和野生动植物资源的可持续利用，在一定程度上维持了区域生态环境的平衡。如对长白山、护国林、陵区山林、皇家苑囿森林等天然森林的保护，有效地维持了东北地区的生态环境；同时大力发展人工经济林，如桑林、枣林、榆柳林等，客观上改善了生态环境。

同时，女真人也和契丹人一样为了永久从自然界获取生活资料，为了练兵习武，注重对野生动物资源的保护，并且采取了诸多措施，如禁止猎捕含胎动物、幼崽，严禁网捕走兽等，在一定程度上保证了野生动物的繁衍生息。

女真人在利用和保护资源的同时，其生产生活活动对生态环境也造成了扰

---

[1]（宋）宇文懋昭撰，崔文印校证：《大金国志校证》卷3《太宗文烈皇帝一》，中华书局，1986年，第40页。

动。如对森林的砍伐引发了环境的恶化。女真人建国之后，大肆建造五京宫殿及官府、庙宇及无数的民宅，这些建筑都要消耗大量的木材，如建上京、南京、中京等所需的木材取自张广才岭、太行山、燕山、平地松林、六盘山、青峰山等天然森林，而许多寺院、塔、庙等佛教建筑多建在山中，就地取材。州县城市中建筑的官衙、民宅等消耗的木材更无法计算。因为交通、运输、战争等建造了大量船只，尤其是战船的建造耗费大量森林，海陵时，"兴燕云、两路河夫四十万人之蔚州交牙山，采木为筏，由唐河及开创河道，运至雄州之北虎州造战船，欲由海道入侵江南。"[1]柴炭等能源的需求也耗费了大量林木。此外，金代农田的开发对森林也造成了一定程度的破坏。特别是建国后随着疆域的扩大和受汉文明的影响以及人口的激增，开发了大量农田，这些农田很多都是毁林开荒，特别是军事屯田对森林的毁坏更为严重，金代在六盘山附近的屯田就毁坏了这里的大片森林。森林的砍伐造成了环境的局部恶化，导致了河流泛滥，洪灾频发，以及土地沙化，风沙盛行，特别是金代的风沙尤为严重，这虽与气候干旱有关，但人类的活动起到了叠加的作用。

---

[1]（宋）宇文懋昭撰，崔文印校证：《大金国志校证》卷9《熙宗孝成皇帝一》，中华书局，1986年，第138页。

第六章

西夏时代的环境与社会

第一节　党项民族及生存环境概说

党项民族是中国古代民族之一。"党项"一词实为汉民族对这一民族的称呼，其他民族对其称呼则不同：吐蕃称其为"弥药"，其他北方少数民族则称其为"唐古特"（Tan gut）。有关"党项"一词的原意，中外西夏学者有不同的解释：或认为是"高寒平旷之地"之意，或为"荒野""二水之交"之意，或为"广大草原""野蛮人的原野"之意。[1]说法虽不同，但可看出学者们对"党项"一词原意的解释是从语言文字、民族特点和生存环境等方面着手的，而且用"野蛮"一词表达了党项民族作为一个北方民族所体现出来的野蛮粗犷的性格和生存环境的原始性。同时，因为党项民族是西夏王朝的主体民族，所以党项民族的生存环境在西夏境内众多民族中具有代表性。

一、党项族的源起与发展

党项是我国古代羌族的一支[2]，最早见于隋代的正史记载。他们从公元6

---

[1] 周伟洲：《唐代党项》，广西师范大学出版社，2006年，第7页。
[2] 学术界根据相关汉文记载还是倾向羌族说。但也有些学者认为党项源出鲜卑，如汤开建在《党项源流新证》（《西北民族研究》1995年第2期）一文中从党项与鲜卑的习俗相似度角度分八个方面进行了论证，认为党项源出鲜卑并非羌族，但此种争议至今还是无法达成最终的共识。

世纪左右出现于史书记载[1]，到公元13世纪由其所建立的西夏王国灭亡，再到西夏亡国后的西夏遗民，历经数个世纪。据学者们研究，西夏灭亡后，历经元、明、清，直到当代，还有西夏党项遗民的存在[2]，但这里的党项遗民已经不是一个单一的民族，而是在历史进程中融入其他民族（主要是汉族），也可认为是被"汉化"。

党项族原居于今青海省东南部黄河上游河曲地区的古析支(古西戎析支国)之地，种类繁多。魏、周之际，党项数次扰边。当时中原正值多事之秋，因此党项便"大为寇掠"，与中原地区建立了一定的联系。开皇十六年（596年），党项被隋朝"大破其众"，随后便"相率请降，愿为臣妾，遣子弟入朝谢罪。……自是朝贡不绝。"[3]

唐代初期，党项族逐渐走向繁盛，并开始内附。[4]党项族的八个大部族中，以拓跋氏为最强。唐朝曾遣使诏谕各部，后对党项出兵征伐，党项各部陆续归附唐王朝。唐则借此机会设置羁縻府州对党项各部进行安置。党项各部附唐以后，经常遭到吐蕃的侵扰，被其所逼，"遂请内徙"。唐遂将分散于甘南和青海附近的党项部落"始移其部落于庆州（今甘肃庆阳）"一带，并置"静边等州以处之"。"安史之乱"后，为切断党项与吐蕃间的联系，唐将郭子仪以党项部落分散于盐、庆等州和"其地域吐蕃滨近，易相胁"[5]为由，表奏朝廷将静边州、夏州、乐容等六府地区的党项部落迁徙至银州（治所旧址在今陕西榆林市横山区）以北、夏州（治所旧址在今陕西靖边县北）以东地区，而迁居夏州一带的平夏部落遂成为以后西夏立国之根基。

五代时期，党项李氏仍据故地，先后历经李思暕、李彝昌、李仁福、李彝超、李彝殷，世任定南军节度使，并依附于后梁、后唐、后晋、后汉、后周五

[1] 党项最早的正史记载当属《北史·党项传》，其记载："党项羌者，三苗之后也。"后在《旧唐书·党项传》又载："党项羌，在古析支之地，汉西羌之别种也。魏、晋之后，西羌微弱。"从两则材料可以看出，在此之前，党项族早已存在，且为西羌之一支，尚处于原始社会末期。
[2] 对于西夏遗民，学者们多角度地进行了研究，但都集中于元代，关于近现代的研究比较少，有周群华：《党项、"弥药"与四川西夏遗民》，《宁夏社会科学》1993 年第 4 期；李范文、杨慎德：《寻访西夏国相斡道冲的后裔》，《宁夏画报》2002 年第 1 期。
[3]《隋书》卷 83《党项传》，中华书局，1975 年，第 1846 页。
[4] 对于党项族的内附，如周伟洲：《唐代党项》，三秦出版社，1988 年；汤开建：《隋唐时期党项部落迁徙考》，《暨南学报》1994 年第 1 期；葛剑雄、吴松弟：《中国移民史》（第三卷），福建人民出版社，1997 年；杨蕤：《北宋初期党项内附初探》，《民族研究》2005 年第 4 期等一系列成果都进行过系统的研究。党项族内附后，其首领拓跋思恭赐姓"李"，李元昊称帝前将西夏皇族改"李"为"嵬名"。
[5]《新唐书》卷 221《党项传》，中华书局，1975 年，第 6216 页。

个政权。

　　公元960年，赵匡胤建北宋后，对仍居夏地的党项族首领李彝兴实行羁縻政策，加官进爵，使其依附于宋。后随着李继迁[1]的自立和李元昊的建国，党项族逐步走到了其民族发展之高峰。

　　党项族自魏晋始与中原联系以来，生存环境和范围在不断地发生变化：从起初的基本生活在今川西、甘南及青海东南部，到唐代受吐蕃的侵扰，逐渐向东迁徙。"安史之乱"以前，散居于"陇右道的北部诸州及关内道的庆、灵、夏、银、胜等州"；"安史之乱"以后，迎来了第二次大迁徙，陆续迁至银、绥等州，甚至"有渡过黄河向河东地区迁徙者"[2]。至宋代，党项族经过数年的浴血奋战，"自仁福至继筠，世居夏州，及保吉变诈跋扈，外侵西羌种族，内窃灵、绥、银、夏，至德明攻陷甘州，拔西凉府，其地东西二十五驿，南北十驿。自河以东北，十有二驿而达契丹之境。至曩宵，破爪、沙、肃州，遂尽得河西之地"[3]。"夏之境土，方二万余里"[4]。其范围大致囊括了"鄂尔多斯和甘肃走廊地区。在东北部，其国土沿黄河与金朝相邻；在西方，延伸到了敦煌至玉门以外的地区；在北方，到达了戈壁南缘的额济纳（即黑水城一带）；在南方则抵达了青海湖畔的西宁和兰州城。"[5]辽、北宋灭亡以后，西夏的控制范围逐渐缩小，北部和东南部与金接壤，西南和西北部与吐蕃和西辽相邻。所以，其生存环境的复杂性便显而易见。

二、党项民族的生存环境

　　史书记载，党项民族始终过着以畜牧业为主的生活。从起初"畜牦牛、马、驴、羊，以供其食。不知稼穑，土无五谷"[6]的原始生活，到唐代"其所业无农桑事，事畜马、牛、羊、橐驼"[7]，一直如此。虽然在宋代有部分的农耕区，

---

[1] 自李继迁始，宋王朝便赐其赵姓。之后，对中原而言，西夏王国的景宗元昊、毅宗谅祚、惠宗秉常、仁宗仁孝、桓宗纯祐、襄宗安全、神宗遵顼、献宗德旺、末主睍等九位国主都为赵姓。
[2] 周伟洲：《唐代党项》，广西师范大学出版社，2006年，第38、第45页。
[3] （宋）曾巩撰：《隆平集》卷20，清康熙四十年（1701年）彭期七业堂刻本，第688页。
[4] （元）脱脱等撰：《宋史》卷486《夏国传》，中华书局，1977年，第14028页。
[5] ［德］付海波、［英］崔瑞德编：《剑桥中国辽西夏金元史》，中国社会科学出版社，1998年，第153页。
[6] 《旧唐书》卷198《党项羌传》，中华书局，1975年，第5291页。
[7] （唐）沈下贤：《沈下贤集》卷3《夏平》，四部丛刊景明翻宋本，第8页。

但是畜牧业在社会生活中还是占据着很大的比重。试想：是什么样的生存环境致使党项民族有此生活传统呢？

众所周知，生存环境包括自然环境和社会环境。这两种环境互相联系，不可分割。首先窥探一下党项民族所处地区的自然环境。

党项民族建国之后，所辖版图东西跨度较大，地理环境复杂，所以自然环境对其影响很大。纵览历史上自然环境对人类社会发展带来影响的各因素中，以地形、气候、河流等为最大。

1. 地形

迄今为止，学术界对西夏地理环境的研究成果已不在少数，杜建录在《西夏的自然环境》一文中将西夏全境划分为鄂尔多斯高原、贺兰山与河套平原、阿拉善高原、祁连山与河西走廊、横山至天都山五个地理单元，并相应地进行了论述；杨蕤在《西夏地理研究》第四章第二节里面也分五个单元进行了论述，分类与杜建录的类似。[1]当然也有分区域、分角度对西夏自然环境与社会之间关系进行相关的论述。[2]那么，西夏的地形地貌有何特点呢？不同的地形又会有什么样的地表景观呢？《圣立义海》中记载了西夏民众对当时自然地理条件的认识，并分类描述了西夏的地貌特征和其使用价值：

> 诸物为载，地相五种：第一山林，野兽依蔽，牲畜宜居，土山种粮；第二坡谷，野兽伏匿，畜类饶逸，向柔择种；第三沙窝，小兽虫藏，畜类牧肥，不种禾熟；第四平原，畜兽多居，雨迎种地；第五河泽，野兽多居，畜类饶益，不种生菜，郊园见□。[3]

---

[1] 杜建录：《西夏的自然环境》，《宁夏社会科学》1999 年第 4 期；杨蕤：《西夏地理研究》，人民出版社，2008 年。

[2] 关于此，有如刘菊湘：《地理环境对西夏社会的影响》，《固原师专学报》1987 年第 5 期；宋乃平等：《西夏的地理环境与农牧业生产》，《宁夏社会科学》1997 年第 2 期；李并成：《西夏时期河西走廊的农牧业开发》，《中国经济史研究》2001 年第 4 期；李学江：《地理环境与西夏历史》，《中国历史地理论丛》2002 年第 2 辑；杨蕤：《西夏时期鄂尔多斯地区的生态与植被》，《宁夏大学学报（社会科学版）》2007 年第 6 期等一系列文章中均有涉及西夏自然环境及环境与社会之间关系的论述。

[3] 据〔俄〕Б и·克恰诺夫编，俄灏东、杨秀琴、罗矛昆译：《圣立义海研究》（宁夏人民出版社，1995 年）得知，《圣立义海》是西夏人编写的一部大型西夏文文献资料。共 15 卷，内容丰富，包括天体、天象、地貌特征、地物、物产、服饰、动植物、社会、建筑、器物、人事、亲眷等，是研究西夏自然、社会方面必不可少的文献资料。

《圣立义海》将西夏全境的自然形态划分为山林、坡谷、沙窝、平原、河泽五种类型，并描述了各种地貌表面的生态景观：

山林之中多野兽出没，如蛇、豹、虎、象、熊等，并依树林隐蔽生存，牲畜如牦牛、山羊等在山上生存。土山可种粮，待雨种粮，地多不旱，宜于作物生长。西夏境内有三大山对西夏影响最大。首推贺兰山，西夏人以贺兰为尊。贺兰山中有种种野兽、果树及众多草药，绵延数百余里，海拔高，地形复杂，既为西夏边防依靠之天然屏障，亦为西夏王宫、寺院、游猎之重地。次为积雪山，即今祁连山。此山山高悠长，山中冬温夏冷，水草丰美，为优良放牧之地，牛羊充肥，就连之前的匈奴民族亦有歌曰："夺我祁连山，使我六畜不蕃息"[1]。同时，祁连山"南边雪化，河水势涨，夏国引水灌禾也"[2]。祁连融水益诸河，使山底绿洲自古以来为农业灌溉之地，西夏也不例外。再为焉支山，亦称胭脂山，自元昊夺凉州后便居辖，此山亦是"民庶耕灌地，大麦、燕麦九月熟，利羊马，饮马奶酒也"[3]。

坡谷是山羊、顽羊（按：多指黄羊）等动物的隐身之所。坡谷地形较为平缓，适宜山羊、顽羊等动物生存。鉴于西北地区在北回归线以北，阴阳面明显，所以，在坡谷地向柔（即阴面）一处，人们等待天降甘霖以种荞麦等宜山地作物。

沙窝地，即沙漠地区或曰靠近沙漠的沙地或曰荒漠地，其处地软。坡窝之中易生长蓬类植物，蝎子、老鼠、沙狐等藏匿于其中，沙地之中的蓬类植物刚好是"沙漠之王"——骆驼理想的食料场所。西夏境内有阿拉善的巴丹吉林沙漠、腾格里沙漠，鄂尔多斯的毛乌素沙地，还有一些荒漠景观，这都为西夏牲畜和其他野生动物的生存提供了条件。

平原则是地形平坦之处，白黄羊、红黄羊适宜在此生存。平原地区也是西夏民众最为理想的生活居住地。当然，西夏民众的"聚居圈"，也同样是与人们生活密切相关的马被圈养的场所。平原土地肥沃，降雨又不违农时，粮果俱丰盈。西夏境内既有靠冰雪融水滋润的河西农业区，亦有河套平原和宁夏平原两个依靠黄河水灌溉的地区，为西夏民众的生存和发展提供了保障。

---

[1] 张澍编辑：《西河旧事》，中华书局，1985年，第3页。
[2] ［俄］Би·克恰诺夫编，俞灏东、杨秀琴、罗矛昆译：《圣立义海研究》，宁夏人民出版社，1995年，第33页。
[3] ［俄］Би·克恰诺夫编，俞灏东、杨秀琴、罗矛昆译：《圣立义海研究》，宁夏人民出版社，1995年，第59页。

河泽，即有河流、泉泽之地。其地水源充足，环境良好，草类茂盛，动物多现。牲畜多为□鸡，宜于养牛羊类，为其提供丰美的草料和甜美的水源。野兽多现于此地。草泽之中不种谷粮。夏季水分、阳光充沛，蔬菜可自行生长。

纵观西夏全境，地形以山地、沙漠、草原居多，宜于畜牧的山地要多于宜于耕种的平原。西部河西走廊农业区以冰雪融水灌溉为主，但在西夏时期的发展并不理想[1]，东部宁夏平原农业区以河流灌溉为主。由此，"夏国赖以为生者，河南膏腴之地，东则横山，西则天都、马衔山一带，其余多不堪耕牧。"[2]但是这种复杂特殊的地形地貌也造就了多种多样的动植物生长于此，丰富了生物多样性。同时，复杂干燥的环境给西夏带来了丰富的盐类资源，为民众的生活提供了重要支撑。

2. 气候

气候是地理环境的重要组成部分之一。西夏属典型的温带大陆性气候，冬冷夏热，年温差大，降水少而集中，四季分明，大陆性强。西夏恰逢我国历史上的第三个寒冷期，气候总体为干冷。昔日气温低于今日，寒冷干燥。《圣立义海·山之名义》记载当时贺兰山"冬夏降雪，炎夏不化"；今日牦牛主要生活于西藏高寒条件下，而昔日的贺兰山，却是西夏时期重要的牦牛产地[3]，这恰好印证了当时气候的寒冷。这样的气候条件，对人们的生活会有怎样的影响呢？据研究，西夏社会经常会受到如旱灾、水灾、沙尘暴等自然灾害的威胁[4]，而民众在无奈之下，只得去野外寻采野菜如苦苣、登厢草等来充饥；《西夏谚语》中也有西夏人祈雨的记载，如第70条"打火点燃烽火烧，数鸽立云国雨降"；第240条"风云二变雷声大，当雨无雨都着"[5]。寒冷的气候对人们的生活造成一定的影响。然而，在这样的条件下，西夏境内的生物多样性如何呢？《圣立义

---

[1] 赵永复：《历史时期河西走廊的农牧业变迁》，《历史地理》（第四辑），上海人民出版社，1986年，第84-86页。此文中认为：河西走廊的农业生产自中唐以后到西夏、元这段时间处于农业衰落期，其中缘由与吐蕃在河西的活动，虽有灌溉区，但河西其他地区在西夏建国后仍以畜牧业为主等因素有关。同时在［日］前田正名著，陈俊谋译：《河西历史地理学研究》（《西藏学参考丛书》第2辑，中国藏学出版社，1993年）中也认为在中唐至元这段时间内河西的农业开发处于低谷时期。此外，李并成在《西夏时期河西走廊的农牧业开发》（《中国经济史研究》2001年第4期）一文中认为，西夏时期河西的农业开发取得了一定的成绩，但是总体来说这一时期开发还是有限的。

[2] （宋）李焘：《续资治通鉴长编》卷466，元祐六年（1091年）九月壬辰条，中华书局，1995年，第11129页。

[3] 史金波、聂鸿音、白滨译注：《天盛改旧新定律令》，法律出版社，2000年。

[4] 杨蕤：《西夏地理研究》，人民出版社，2008年，第219-229页。

[5] 陈炳应译：《西夏谚语》，山西人民出版社，1993年，第10、第22页。

海》记载，境内很多山地都生长着郁郁葱葱的林木，且多有野兽出没，所以，气候虽对西夏民众的生存造成了一定影响，但对整个区域生物多样性的持续发展还是有一定好处的。

此外，宋夏战争期间的相关史料也能反映出当时西夏地区的气候条件。宋夏沿边地区，气候因素对战争的顺利进行有着很大的制约作用，在《续资治通鉴长编》中有不少关于这方面的记载，其他如宋代的文人笔记、边塞诗中也有类似的描述。[1]西夏文献《圣立义海·月之名义》、诗歌类文献《月月乐诗》中都有对西夏时期气候的描写。

3. 河流

水是自然界一切生物的生命之源。查看地图[2]，曾流经西夏境内的河流，大者几条，小者数条。按其版图可分为东西两大块，即东部以黄河为中心的河流区，西部自西向东以疏勒河、黑河、石羊河为主的河流区。关于西夏境内的河流，有学者已经进行了论述[3]，现在此基础上加以整理和总结。

（1）东部以黄河为中心的河流区

西夏东部的河流，首当其冲的要数黄河，黄河从兰州附近折而北流，过灵州、兴庆府，穿越宁夏平原，继续北流形成河套平原，复东流，再几乎沿宋夏边境南流，是流经西夏最大的一条河。同时，围绕黄河流入西夏境内的还有无定河、窟野河、清水河、马莲河、洛河、祖厉河、延河、秃尾河等。其中，无定河源于今陕西省白于山区，途经毛乌素沙地南部，也兼及黄土高原地区，其上游称为"红柳河"[4]，含沙量很大。窟野河源于今内蒙古自治区鄂尔多斯市东胜区巴定沟，干流长242千米，流经地貌以风沙区和黄土丘陵沟壑区为主，含沙量大，水质差。清水河（宋时称之为"葫芦河"）发源于六盘山东麓固原开城

---

[1]（宋）李焘：《续资治通鉴长编》卷129（康定元年，1040年九月辛酉），卷244（熙宁六年，1073年，四月甲戌），卷320（元丰四年，1081年，十一月乙酉），卷321（元丰四年，1081年，十二月戊寅、十二月癸亥），中华书局，1995年。宋人笔记如（宋）邵伯温《邵氏闻见录》、（宋）周密《癸辛杂识》，近人整编资料如张廷杰《宋夏战事诗研究》，傅璇琮《全宋诗》等中都有与气候相关的记载。

[2] 谭其骧主编：《中国历史地图集》（第六册），中国地图出版社，1982年，图36、图37。

[3] 关于此，如杨蕤的《西夏地理研究》和宋德金、史金波的《中国风俗通史》之《辽金西夏卷》中均作了简要的论述。

[4] 杨蕤：《西夏地理研究》，人民出版社，2008年，第342页。

乡境内，全长300多千米，其"矿化程度较高，水质较差"[1]，流经区域地形比较平坦。马莲河（宋代称之为"马岭水"）源头分为两条：一条为环江，源于陕西定边县，一条为柔远河，两者在今庆阳境内汇成一条，为马莲河，流经黄土高原沟壑区，含沙量大。洛河（人们为区别开来，将流经河南的洛河称南洛河，流经陕西的洛河称北洛河，此处为北洛河）源于陕西蓝田境内华山南麓，全长680千米，流经地区多为黄土高原沟壑区，河水侵蚀严重，含沙量大。祖厉河（宋代为"菀谷川"）源头有二：南源为厉河，属淡水，东源祖河为苦水，二者会于甘肃会宁县，称祖厉河，全长224千米，流经的还是黄土高原沟壑区，下游稍事平缓，由于其矿化程度高，故又为甘肃境内流入黄河的主要苦水河。延河位于无定河南部，源于陕西靖边县，呈西北东南走向，全长200多千米，流经地区河床较为狭窄。[2]秃尾河源于陕西神木市锦界镇的宫泊海子，全长140千米，流经地区仍为黄土高原地区，河水侵蚀严重，含沙量大。

（2）西部以疏勒河、黑河、石羊河为主的河西走廊三大河流区

西部的疏勒河、黑河（今额济纳河）、石羊河在祁连山冰雪融水和地下水的补给之下，自古至今都为这一地区的人们奉献着自己。同时也有浩叠河（湟水北支）流经西部地区。疏勒河源于祁连山西段疏勒南山附近，全长600多千米，向北流经敦煌、玉门、瓜州等地绿洲，水质较好，适宜灌溉农业发展。黑河（今额济纳河），"额济纳"，有人说为党项语"亦集乃"之意，意为黑水或黑河；额济纳河，古称弱水，位于今内蒙古额济纳旗境内，之前流经地区为沙漠地区，现在的黑河主要指弱水和黑河两部分。石羊河源于祁连山东端南部地区，全长200多千米，有古浪、黄羊、杂木、金塔、西营等多条支流，水质较好，灌溉农业发达。浩叠水为湟水北支，流经地貌有峡谷和盆地。

以上河流成就了西夏的农业生产主要分为三个区域：河套平原、宁夏平原和河西走廊灌溉区。同时，便利的河水使河西、宁夏地区在西夏之前就为人所用。这些地区支撑着西夏社会持续了近二百多年，使西夏民众的生活有了一定的改善，为西夏社会发展提供了必需的水源。

相较于自然环境，连年的战争使得西夏的社会环境也不安定。宋夏、辽夏之间的战争使党项民众的生活陷入了阴影：他们面对残酷的战争带来的食不果

---

[1] 杨蕤：《西夏地理研究》，人民出版社，2008年，第341页。
[2] 杨蕤：《西夏地理研究》，人民出版社，2008年，第341页。

腹，往往会采食野生植物，或者去往周边及宋夏沿边谋求生存。同时，战争作为党项民族区域性争夺资源的有效手段，为其获得更多的生存空间起到了重要作用。但是战争无常性，随时都会爆发，进而也影响着党项民族正常的生活。

纵观党项族的历史，起于游牧世界，后与农耕世界相互碰撞（但总体上畜牧占着主要地位）。有战争、有安宁，但前者总是多于后者，加之各种自然环境因素的影响和制约，使得党项民族的生存环境趋于复杂化。

第二节　水草与民族：季节影响下的畜牧业

据学者研究，西夏恰逢我国历史上的第三个寒冷期，气温总体低于今日[1]，且贺兰山、焉支山"冬夏降雪，炎夏不化"[2]。资料所示，西夏牧区水草条件较好，甘州"水草丰美，畜牧孳息"[3]；焉支山"东西百余里，南北二十里"，可谓"水草茂美，宜畜牧"[4]；银川平原地区"水深土厚，草木茂盛，真牧放耕战之地"[5]；地斤泽"善水草，便畜牧"[6]。根据西北的气候特点，以上水草条件应该是对于夏秋季而言，冬春季便很难有如此景象的记载。同时，这些记载也说明西夏时期气温总体虽低于今日，但还是有能够保证四大牧区牲畜所需的草原覆盖面，只是季节不同，水草的丰歉不同。故而，在不同季节背景下，畜牧业发展的两个基本因素——水、草的及时供应便成为西夏社会关注的问题。

一、畜群·政府·牧民与草料

牧草是畜牧业发展的命脉，畜牧业的发展若缺少它将是致命的。对牧民来

[1] 李学江：《地理环境与西夏历史》，《中国历史地理论丛》2002 年第 2 辑。西夏时期的气温，有关研究显示，西夏四大牧区，兴灵（宁夏地区）、鄂尔多斯两地区年平均气温比现在要分别低 1.5～2.0 摄氏度或更多、1.0～2.0摄氏度。数据出自汪一鸣：《宁夏人地关系演化研究》，宁夏人民出版社，2005 年，第 19 页。韩秀珍：《历史时期鄂尔多斯沙化的气候因素作用分析》，《干旱区资源与环境》1999 年第 10 期。至于河西、阿拉善两个地区，虽无区域性明确的研究说明，但相关全国性质的研究成果显示，西夏时这两个地区气候总体要低于现在。见竺可桢：《中国近五千年来气候变迁的初步研究》，《考古学报》1972 年第 1 期。
[2] ［俄］Б и·克恰诺夫编，俞灏东、杨秀琴、罗矛昆译：《圣立义海研究》，宁夏人民出版社，1995 年，第 57、第 59 页。
[3] （清）吴广成撰：《西夏书事》卷 11，《续修四库全书·史部·别史类》，上海古籍出版社，1995 年，第 377 页。
[4] （宋）曾公亮，丁度编：《武经总要前集》卷 19《西蕃地理》，中华书局，1959 年影印本，第 955 页。
[5] （宋）李焘：《续资治通鉴长编》卷 44，咸平二年（999 年）六月戊午条，中华书局，1995 年，第 947 页。
[6] （清）吴广成撰：《西夏书事》卷 4，《续修四库全书·史部·别史类》，上海古籍出版社，1995 年，第 318 页。

讲，"草即是肉，肉即是草"[1]。对此，先来了解一下西夏境内牧草的类型。

从自然地理及行政区划看，西夏四大牧区属于蒙甘宁草原区。从草原类型上看，牧区主要有干草原、荒漠草原和山地草原三种类型。[2]研究显示，河西牧区以山地草原为主，鄂尔多斯牧区和兴灵牧区以干草原为主，阿拉善牧区以荒漠草原为主。[3]这样的草原景观与四季分明的气候特点相结合，使得牧草在西夏畜牧业中的重要性更加凸显。

1. 牧草种类

有关西夏牧草的记载很少，可见的有（萨胡）草、黑草、（恰能）草、水草（黄羊食用）、青草、苜蓿、蒲草和沙窝中生长的白蒿、蓬头等草类。同时，西夏所种的麦、稻、粟等农作物的秸秆也是牧草的一种。据《番汉合时掌中珠》记载，西夏时期种植的农作物有麦、大麦、荞麦、燕麦、糜、粟、稻米和各种豆类。[4]

前三种牧草，有学者已做过解释，认为（萨胡）草牛和骆驼皆可食。（恰能）草是牛的另一种草料，特别是乳牛食用有助于产乳。黑草是一种叫"白缺"的牲畜的草料，其根系估计不是很牢固，如若有黑风暴或沙尘暴肆虐之时，有可能将其连根拔起，不给牲畜一点食用黑草的机会，"天边灰风一吹，地边黑草不植"。[5]

水草是否为现在所说的冰草，并无知晓。但在今天西北地区水源丰富的湖滩或者泉水边缘及其附近都生长有冰草。同时，就冰草的生物学特性看，其作为多年生禾本科植物，繁殖力强，适应性广，关键是具有高度的抗寒和抗旱能力，适于干燥、寒冷地区生长，这与西夏时期的气候条件相吻合。[6]所以，综合来看，冰草有可能是水草中的一种。

青草应该是比较笼统的叫法，遍布西夏山区，羊群多食之，《圣立义海》记

[1] 江帆：《生态民俗学》，《中国民俗学前沿理论丛书》之一，黑龙江人民出版社，2003年，第111页。
[2] 张明华：《中国的草原》，《中国自然地理知识丛书》之一，商务印书馆，1995年，第22、第44-49页。
[3] 中国科学院地理研究所经济地理研究室编：《中国农业地理总论·中国牧区分布图》，科学出版社，1980年，第287页。
[4] （西夏）骨勒茂才著，黄振华等整理：《番汉合时掌中珠》，宁夏人民出版社，1989年。
[5] 陈炳应译：《西夏谚语》，山西人民出版社，1993年，第54页。
[6] 甘肃农业大学畜牧系主编：《简明畜牧词典》，科学出版社，1979年，第242页。

载，"［魁虎］宝山……有种种青草，利羊诸畜"[1]。

苜蓿作为一种优良的牧草，自汉代从中亚引进中国[2]，西夏也将其作为牧草使用，而且应该是苜蓿属的紫色苜蓿。对此，有学者将作为牧草的苜蓿种类进行了相关说明：作为牧草的苜蓿种类主要有紫花苜蓿、短镰荚苜蓿和天蓝苜蓿三种，其中紫花苜蓿，通称"紫苜蓿"，是世界上分布最广的一种多年生豆科牧草，在我国的栽培历史已达二千多年。其根系发达，入土深，性喜半干燥气候，耐寒性强，产量高，品质好，消化率高，各类牲畜都喜食，而且其本身含有丰富的蛋白质以及较多的钙、钾等微量元素和多种维生素，是乳畜、幼畜、孕畜和老畜的好饲草。[3]

蒲草应是一种水生植物，生长于水多且较浊的地区，"水澄清，蒲会死"[4]可能说的就是蒲草的生长环境。

白蒿和蓬头草是沙地野生植物，根系发达，枝干细小，多数带有小刺，且多被骆驼食用。白蒿为大籽蒿类，属一二年生草本植物，在西北主要生长于海拔500～2 200米的路旁、荒地、河漫滩、草原、干山坡或林缘等地，为以上地区植物群落的建群种或优势种[5]。

从以上牧草种类的生物学特性看，在西夏牧区，除土壤条件逊色外，其他如水分、日照、温度等方面基本上能满足禾本科类的农作物、水草和豆科类的苜蓿的生长条件。[6]

对大多数牧草的生长环境来说，在夏秋和冬春两个时段差别较大。故而，对西夏畜牧业的发展来说，由于季节性差异而出现的牧草生长和供应问题便值得探讨。

2. 夏秋季节的牧草状况及应对措施

对于西北干旱半干旱地区来说，夏秋季节一般是降水量最多的时段，所以

---

[1] ［俄］Би·克恰诺夫编，俞灏东、杨秀琴、罗矛昆译：《圣立义海研究》，宁夏人民出版社，1995年，第60页。

[2] 乜小红：《唐五代畜牧经济研究》，中华书局，2006年，第119页。

[3] 甘肃农业大学畜牧系主编：《简明畜牧词典》，科学出版社，1979年，第234-235页。

[4] 陈炳应译：《西夏谚语》，山西人民出版社，1993年，第25页。

[5] 中国科学院中国植物志编委会：《中国植物志》第76卷第1分册，科学出版社，1991年，第10页。

[6] 岳文斌主编的《畜牧学》（中国农业大学出版社，1992年，第166-167页）中介绍，温带豆科和禾本科牧草（包括农作物秸秆），抗旱性较好，日照要求较高，最适宜温度在20摄氏度左右。上述西夏的大多牧草与此条件基本上是适宜的。

说，西夏时期牧场的牧草在夏、秋两季长势较好，草木葱茏，与冬春季节相比，要保证牲畜充足的牧草来源，并非难事。

西夏宫廷类诗歌《月月乐诗》记载，"月儿度入第四个月，万物开始变绿，塔脚下杂草丛生，草木葱茏，高可盈尺"[1]，说明在刚刚过去的春季里，气候逐渐温和起来，万物开始变绿，草木开始发芽，到四月时，西夏境内已成绿茵片片之状。如此之景象，对牧草来说，便被称为"返青"，即前一年秋末至冬季变黄变枯的牧草开始返青变绿，继续恢复生长。根据日常生活得知，返青的时间越短，牧草正常生长发育的时间越长，牲畜食取到新鲜牧草的时间也就越早。根据资料所记，到每年的第四个月，万物才开始变绿，这说明：与现今西北宁夏、鄂尔多斯和甘肃一些地区草的返青时间相比，西夏时期牧草返青的时间还是较为迟缓的。当然，这种迟缓现象的出现与西夏时期总体气温较现在稍低是有关系的。

"四月里，夏季的第一天降临，草木茂盛葱茏。苜蓿开始像一幅幅紫色的绸缎波浪般摇曳；青草戴着黑发帽子，山顶上的草分不清是为山羊还是为绵羊准备的"[2]，说明此时田野中的草已经长得有些茂盛。西夏文献《文海》也说："夏草：此者，夏草青也，夏时出青之谓也。"[3]

当"月儿度入第五个月时，国内开始降雨，草木更加欣欣向荣，山丘上长满青草"，所以在"五月里，家畜在绿色的牧场上放青"。可见夏季草类之茂盛，为牲畜在夏秋季节的生存提供了较为丰富的草料。

除生长于野外的各种牧草外，还有一类能保证牲畜健康生长的草料来源——农作物秸秆。故此，牧民用所收的各类禾谷的秸秆来畜养牲畜，因为"七月里，被风吹成一团的草稍开始发蔫"，而七月又是收获的日子，"各种各样的禾谷成堆，家畜野禽都膘肥体壮"[4]。同时，由于西夏东西跨度较大，所以农作物种类多样，有水稻、冬小麦、春小麦、荞麦、燕麦以及部分豆类作物等，如此，各种农作物秸秆均可作为牲畜的草料来源。

诗歌的记载难免会有夸大和渲染之处，而且也会与西夏饱受频繁战乱之苦

[1]［俄］Би·克恰诺夫编，俞灏东、杨秀琴、罗矛昆译：《圣立义海研究》，宁夏人民出版社，1995年，第59页。关于《月月乐诗》，该书中并未详细说明，只说是一部颂诗。
[2]［俄］Би·克恰诺夫编，俞灏东、杨秀琴、罗矛昆译：《圣立义海研究》，宁夏人民出版社，1995年，第59页。
[3] 史金波等：《文海研究》，中国社会科学出版社，1983年，第542页。
[4]［俄］Би·克恰诺夫编，俞灏东、杨秀琴、罗矛昆译：《圣立义海研究》，宁夏人民出版社，1995年，第17页。

的社会背景发生出入，但是对于紫色苜蓿、青草、禾谷的生长和收成时间的记载却是可以参考的。而且由于苜蓿的传入和种植带有一定的政府行为，西夏的畜牧业又以"国营"为主，所以，除了一些野生的苜蓿，其余大部分很有可能是西夏政府组织牧民种植而来。

以上措施在今天仍然存在，譬如，对紫花苜蓿进行规模性的人工栽培种植，农作物秸秆在作物收获之后加工成饲料提供给牲畜等。

由于夏秋季牧草较冬春季丰富，所以对农作物秸秆的利用在夏秋只是少量的与牧草辅助食用，主要还是解决冬春季的饲草。此外，相对于夏、秋两季来说，政府对草料（牧草和作物秸秆）的征收除战争等用途外，主要还是在冬春使用，故将其在冬春季节进行讨论。

普遍之中也存在着特殊，西夏也是灾害涉足较多的地区。倘若遇蝗灾，则很有可能草、稼俱无；若遇旱灾，牧草干枯，牲畜牧养困难，但或可另想他法。西夏天赐礼盛国庆四年（1072年）夏六月，"大旱，草木枯死，羊马无所食，监军司令（牧民）于中国边缘放牧。神宗诏六路经略司：'严查汉蕃，无致侵窃'"[1]。可见，若遇大旱之年，牧草干枯，监军司为了减轻牧草短缺的压力，允许牧民将牧群赶到宋夏沿边地区寻找牧草，进行放牧。宋方统治者对此种行为严查防范，以免外界（指夏）借机入侵。由此说明，这种允许牧民在宋夏沿边放牧的行为实属无奈之举。

所以，总体来讲，夏秋季节的牧草虽较丰裕，但是在遇到灾荒之年，牧草长势受到影响，于别处放牧或者类似于下面要说的积荟之法储存一定的牧草来抵御灾害也是必要的。

3. 冬、春季节的牧草状况及应对措施

冬、春两季是牧草稀少且贫乏的时期，牧草干枯，牲畜便不能吃饱。《圣立义海》记载，从九月开始，天气变冷，牧草开始枯萎，到十月，天寒降霜，有些牧草会被霜杀死，"九月，草枯匠停：九月末，阴力近尾，故蒲草叶枯，匠事减停也"；"十月，天降霜，蒲草尽枯死"[2]。可见冬季来临之前，牧草便已不能保证牲畜的及时取食。《月月乐诗》记载，西夏民众见到在"将近十一月，羊

[1]（清）吴广成撰：《西夏书事》卷24，《续修四库全书·史部·别史类》，上海古籍出版社，1995年，第481页。
[2]［俄］Би·克恰诺夫编，俞灏东、杨秀琴、罗矛昆译：《圣立义海研究》，宁夏人民出版社，1995年，第53页。

群在白色的西山上游荡，集聚在饮水的地方"[1]。由"十一月""白色""游荡"三个词可看出，地处西北地区的西夏，在十一月，山上草木枯萎，露出山体，远看似白色，故羊群只能在山上随意游荡，在光秃秃的山上寻觅着食物。"集聚"一词也可看到，在冬季，西北的河流处于枯水期，水量小，故羊群只能集中于水源较多的地方饮水。不仅仅是羊，如若马儿长时间缺少牧草，营养得不到及时补充，身体会失去固有的光泽，出现"马瘦毛长缘缺粮"的现象[2]。

雪灾也是冬春季节最普遍的灾害，积雪覆盖了牧草的供应，减少了牲畜获得食物的机会，如果积雪过厚，牲畜甚至会吃不到雪下面的牧草，所以冬春季节牲畜的牧草来源就成为一个很大的问题。设想一下：每年的十一月、十二月到次年的二三月间，天气寒冷，牧草干枯，牧场环境一片"狼藉之感"，此时，如果西夏牧民没有提前储存牧草，让畜群在荒野之中徘徊，采食干枯的牧草，最后瘪着肚子回家，那牧民怎么可能会有高质量的畜产品服务于生计呢？为此，对牧草的收集和储存是非常必要的。

资料显示，西夏与畜牧有关的官库有草库、蒲苇库，说明西夏政府有征收牧草的行为，并且在草料方面实行统一管理[3]。

（1）牧草的征收

有关牧草的征收，自古就有。就中原来说，唐代牲畜的草料，作物饲料和牧草并重，而且搭配合理，其中牧草的来源，一部分征自民间，另一部分来自地方官府自行贮备的牧草，而且当时政府还专门划地组织人们种植如苜蓿类的牧草。[4]宋代的官营畜牧业也比较发达，据张显运研究显示，宋代牲畜的草料也是每年由养畜户作为赋税交纳所得。[5]与西夏同时期的辽民族和以后的蒙古民族都是典型的"随牧草迁徙"的游牧民族，对草场的利用基本上采用带有季节性、迁徙性的游牧，也有定居性质的放牧，但牧草一般是自行采集，附带精饲料的畜养[6]，虽如此，也不排除有部落上层管理者征草的可能。

---

[1] [俄] Би·克恰诺夫编，俞灏东、杨秀琴、罗矛昆译：《圣立义海研究》，宁夏人民出版社，1995年，第19页。

[2] 中国民间文学集成全国编辑委员会编：《中国谚语集成·宁夏卷·附类·西夏谚》，中国民间文艺出版社，1990年，第752页。

[3] 史金波、聂鸿音、白滨译注：《天盛改旧新定律令》，法律出版社，2000年，第532页。

[4] 乜小红：《唐五代畜牧经济研究》，中华书局，2006年，第82-83、第118-119、第148页。

[5] 张显运：《宋代畜牧业研究》，中国文史出版社，2009年。

[6] 肖爱民：《辽朝契丹人牧羊牲畜技术探析》，《中国经济史研究》2010年第2期；王建革：《农牧生态与传统蒙古社会》，山东人民出版社，2006年。

　　以上政权均如此，西夏更不例外。为了保证牧草的充足和持续供应，西夏政府也通过法律的形式进行牧草的收集和存储。法律规定："一租户家主自己所属地上冬草、条椽等以外，一顷五十亩一块地，麦草七捆、粟草三十捆、捆绳四尺五寸，捆袋内以麦糠三斛入其中。……各自依地租法当交官之所需处，当入于三司库。"[1] 即每一租户家除自己所需草之外，每1顷50亩为一块地，相应征收的麦草7捆、粟草30捆等作物秸秆和每个捆袋内加入麦糠三斛，一并入库存储。其中的"条椽"，应该是西夏境内常见的红柳类植物所产。[2]麦糠，也称麦麸，是将麦子脱皮之后的产物，农家一般用于喂养牲畜，所以麦糠应该是作为牲畜饲料的加工原料而征收的。

　　另有一黑水城出土租税文书表明黑水城地区每户每亩应纳草一捆[3]，说明在边远地区也有征收草的行为，更加突出草对畜牧业的重要性。从畜牧学上讲，西夏农作物秸秆里，禾本科植物粟的秸秆营养价值最高，其次是麦、大麦、稻草等。[4]

　　同时规定："一诸租户家主除冬草篷子、夏蒡等以外，其余种种草一律一亩当纳五尺捆一捆，十五亩四尺背之蒲苇、柳条、萝萝等一律当纳一捆。"[5]即每租户家除冬草篷子、夏蒡[6]等草以外，其余的诸种草皆按相应的标准纳草，即一亩一捆长五尺，十五亩也纳一捆，但长四尺且杂以蒲苇、柳条、萝萝等。像蒲苇、柳条、萝萝则可能用作牲畜饲料的原料。所有的草（或称租佣草）均存于"草库局"，草库局即管理各种草料存储的机构。同时，还有"蒲苇库"[7]，可能是专门囤积蒲苇而专门设置的库，如此来看，蒲苇可能不只用于牧草，也有他途，而且，对于种种草和蒲苇的储存来说，"种种草、蒲苇百捆中可耗减十捆"[8]。总的来说，西夏冬、春两季牲畜的草料不至于太过紧张，或可维持到来年夏季牧草茂盛之时。

[1] 史金波、聂鸿音、白滨译注：《天盛改旧新定律令》第15《催租缴门》，法律出版社，2000年，第490页。
[2] 关于"椽"，下文"细致化、规范化的建修和使用"相关注释中有详细说明。
[3] 史金波：《西夏社会》（上），上海人民出版社，2007年，第101页。
[4] 岳文斌主编：《畜牧学》，中国农业大学出版社，1992年，第49页。
[5] 史金波、聂鸿音、白滨译注：《天盛改旧新定律令》第15《催租缴门》，法律出版社，2000年，第503页。
[6] 夏蒡是一种二年生草本植物，根多肉，根和嫩叶可食，也可入药。可见当时西夏人冬天的生活很艰苦，无粮食时靠这类野生植物进行充饥。
[7] 史金波、聂鸿音、白滨译注：《天盛改旧新定律令》第17《库局分转派门》，法律出版社，2000年，第532页。
[8] 史金波、聂鸿音、白滨译注：《天盛改旧新定律令》第17《物离库门》，法律出版社，2000年，第549页。

（2）牧民的应对方式

除了政府的征收，牧民们也在本能地储存牧草。《西夏谚语》中有"牧人睡，草堆摧"[1]的记载，意在暗示牧人要及时在秋季储存牧草，即牧人若想要使牧草堆堆得高，堆得大，想要牲畜在年底和来年春季有足够的牧草可食，就不能继续睡觉偷懒，否则就无更多、更充足的牧草储备。

西夏牧民们通常在冬季来临之前收割牧草，使其风干（阴干）成为干草，并加以储存，使草的营养保留下来，以备冬、春两季牲畜食用。因为草原上有些草在进入仲秋之后，很可能开始发黄、枯萎，所以在八月里，人们就需要开始准备储存牧草以备不时之需了，"时光流逝，将近九月。稻谷已收割完毕。人们在山顶上踩着草走着，对于在行的人来说，不论什么草他都干得出色"[2]，这种意境很可能是在说明提前采集牧草，"在行的人"指的就是牧民或者半农半牧的人，加之这时已收割稻谷，故"不论什么草"指的就是山上的牧草或者田地里的秸秆。从畜牧学上讲，干草指青草经过自然干燥或人工干燥而成，制备良好的干草仍然保持青绿色，故也叫青干草。[3]

有关北方冬季牧草的储存方法，典型的为"积茭法"。李并成先生根据敦煌出土汉简研究得知，这种方法在汉代就已使用于河西地区。[4]后在（北魏）贾思勰《齐民要术·养羊篇》也有记载，因为所记内容属北方地区，牧养具有一定的相似度，可作为佐证帮助理解：

积茭之法：于高燥之处竖桑棘木，作两围栅，各五六步许，积茭著栏中，高一丈依无嫌，任羊绕栅抽食，竟日通夜，口常不住，终绕过冬，无不肥充。若不作栅，假有干束茭，掷与十口羊，亦不得饱，群羊践蹋而已，不得一茎入口。[5]

资料所记的"茭"，《大广益会玉篇》解释为："茭，草，可供牛马"[6]。司

---

[1] 陈炳应译：《西夏谚语》第 243 条，山西人民出版社，1993 年，第 21 页。

[2] [俄] Би·克恰诺夫编，俞灏东、杨秀琴、罗矛昆译：《圣立义海研究》，宁夏人民出版社，1995 年，第 17 页。

[3] 岳文斌主编：《畜牧学》，中国农业大学出版社，1992 年，第 49 页。

[4] 李并成：《河西走廊历史时期沙漠化研究》，科学出版社，2003 年，第 150-152 页。

[5] （北魏）贾思勰：《齐民要术》卷 6《养羊第五十七》，王云五主编：《丛书集成初编》，商务印书馆，1936 年，第 124-125 页。

[6] （南朝梁）顾野王撰，（宋）陈彭年等重修：《大广益会玉篇·草部》，中华书局，2004 年，第 67 页。

马贞《史记索隐》解释为："荄，干草也，谓人收荄及牧畜于中也"[1]。由此可知，"荄"为草或干草之意，积荄即积累、储存草之意。古代积荄法，是一种露天储存牧草的方法，谢成侠解释其作用是为了保存过冬的青干草而采用的一种有围栏的草垛，兼供刍架之用[2]。据上述记载，其法可能是在地形较高且干燥之处竖相当于柱子的棘木，做两层围栏，围栏之间相隔五六步许，然后将牧草搭晾在上面储存，高一丈都不碍事。任由羊围在栏杆外食草，牧草足能保持冬季所用，羊也随之肥壮。如无围栏，则草任由羊食用，还伴随着践踏牧草，无法很好地采食，这样可能使羊或因牧草不够而无法正常越冬，或因牧草被践踏而不食用，足见围栏的重要。《大唐开元十三年陇右监校颂德碑》也记载，在陇右地区也使用蓄"荄"草的方法来储存牧草，以便牲畜过冬，"莳菵麦、苜蓿一千九百顷，以荄蓄御冬"[3]。同时，西夏汉文本《杂字》第十一《器用物部》记有"荄草""碾草"[4]，这里的"荄草"很可能就是牧民们储存的草，"碾草"很可能是人们把用石磨压过的草称为"碾草"。

由上可知，积荄之法效果甚佳，既可以使羊在栏杆外任意采食，提高对牧草最大限度地利用，以免浪费，也可使羊顺利地度过冬、春两季，有两全其美之效。此外，如若碰到之前所提及的大旱、大灾之年，此种方法似乎也可以为牲畜救灾时所用，达到对牧草利用的最大化。

除了储存的牧草，在每年的一月，牧民们也用青稞嫩叶来喂养牦牛和羊只来保证牲畜的日常饮食。同时，在每年冬季来临之前，收集枯死牧草的"草籽"也是备战冬春季牧草不足的一个方法。譬如每年九月，"蒲草结籽"，各种"草籽结果"[5]，故将有丰富的草籽采集和储存。

更有趣的是，为使牧草在野外牧牛区安全地储存，牧民采用将牧草装入牛皮的方式，将其"放在滩中牛不嗅"[6]。这是利用了牲畜马、牛、羊等食草动物不会食用同类的生活习性，牛皮上有同类的气味，故"放在滩中牛不嗅"。这

---

[1]（唐）司马贞撰：《史记索隐》卷9《河渠书》，《钦定四库全书·史部》，第246-512页。

[2] 谢成侠编著：《中国养牛羊史》，农业出版社，1985年，第125页。

[3]（唐）张说：《张说之文集》卷12，四部丛刊景明嘉靖本，第71页。

[4] 史金波：《西夏汉文本〈杂字〉初探》，白滨等编：《中国民族史研究2》，中央民族学院出版社，1989年，第167-185页。

[5]［俄］Би·克恰诺夫编，俞灏东、杨秀琴、罗矛昆译：《圣立义海研究》，宁夏人民出版社，1995年，第53页。

[6] 陈炳应译：《西夏谚语》，山西人民出版社，1993年，第59页。对于此句谚语的释解，在霍升平等：《西夏谚语初探——兼与陈炳应同志商榷》一文（《宁夏社会科学》1986年第3期）中解到："牛皮带装青草放到滩里牛嗅不出"，与陈炳应表达意思相似。

种方式在一年四季都实用。同时，为了更好地储存草料，牧民和狗一起昼夜分担，进行牧场和牧草的守护，"日有人，夜有狗；守牧场，看草料"[1]。

可见，牧草的储存主要是为了冬、春两季使用，但在遇到灾害的特殊时期，一年四季均可有效，而且政府和牧民对牧草的短缺都进行了各自不同方式的回应，保证了牧草的供应和利用。

二、畜群·政府·牧民与饮水

水作为生态系统的一员，是一切生命之源，牲畜也不例外。西夏气候干旱，年降水少，所以牲畜的日常饮水就成了问题。

1. 牲畜饮水来源

（1）河流水

一年之中，河流水是牲畜水源的重要来源之一，虽然河流水量会受季节性的影响，但其地位不可取代。文献记载，西夏在河流周围修复和新建了许多水利工程，以供农牧所需，如宁夏地区的唐徕渠、汉延渠，《天盛改旧新定律令》中所记的新渠、诸大渠等，这些河渠水也是牲畜日常饮水的来源之一。

（2）泉水

西夏境内分布的一些泉水和溪流也为人和牲畜提供必要的生活水源。《圣立义海》记载，西夏境内泉水、溪流多且常流不枯，"山中兰泽：野兽皆集，放牧牲畜，溪多泉流不竭也"[2]，正好说明泉水、溪流是西夏牲畜饮水必不可少的来源之一。《西夏谚语》第346条记载："泉水薄，饮不尽"[3]，说明在泉水分布区，虽水浅量小，但饮不尽，侧面反映了这些泉水也受地下水的补给。

（3）地下水

在蒸发量远大于降水量的西北干旱半干旱地区，有效利用地下水是解决牲

[1] 中国民间文学集成全国编辑委员会编：《中国谚语集成·宁夏卷·附类·西夏谚》，中国民间文艺出版社，1990年，第773页。
[2] ［俄］Б и·克恰诺夫编，俞灏东、杨秀琴、罗矛昆译：《圣立义海研究》，宁夏人民出版社，1995年，第57、第59页。
[3] 陈炳应译：《西夏谚语》第346条，山西人民出版社，1993年，第25页。

畜饮水一个很好的方法。西夏文本《碎金》提到"泉源兽奔绕，渠井牲畜饮"[1]，即通过开凿水井对牲畜进行所需水分的补给。通常，井中之水的主要补给方式是雨水和地下水，但后者占主导。从科学的角度看，牲畜饮用井水会涉及地下水水质的因素，也就是说，当时西夏四大牧区的地下水水质是否可以保证牲畜的正常饮用，这在不考虑气候、地形、人为破坏等因素的前提下可以从现在的相关研究中做一简单的推测。

一个地区地下水水质的优劣主要取决于水的矿化度，即地下水中所含离子、分子与化合物的总量，用一升水（升）中含有各种盐分总数的多少（克）来表示。[2]从相关水文地质图上获悉，四大牧区的地下水矿化度值大部分处在小于1克/升和1～3克/升两个范围内，只有兴、灵零星地区和阿拉善少许地区的地下水矿化度超过3克/升。[3]

从以上数据可见，四大牧区地下水的矿化度普遍较低，个中原因可能是牧区在河流、常年性冰雪融水、雨水等因素的补给作用下，虽属内陆干旱半干旱地区，但蒸发量比周边沙漠地区稍低，与周边相比地下水较充足，再加上以上数据显示的这些牧场大部分地区地下水水质总体较好，而且在古代凿井技术限制的条件下，人们饮用地下水的水质层一般位于潜水区（除非某些地区直接是承压水层）。同时，按《地下水质量标准》（GB/T 14848—1993）分类显示，Ⅰ类水的矿化度在≤0.554 364 17克/升，Ⅱ类水的矿化度≤1.109 142 06克/升，Ⅲ类水所含的各种矿物质总量为≤1.977 373 02克/升。[4]可见，Ⅰ类、Ⅱ类、Ⅲ类地下水的矿化度值均在之前所述西夏四大牧区的地下水矿化度的范围之内，这对本研究具有一定的参考价值。由此大致可推断出，西夏时期四大牧区

[1] 聂鸿音、史金波：《西夏文本〈碎金〉研究》，《宁夏大学学报（社会科学版）》1995年第2期。

[2] 据周维博等主编：《地下水利用》（中国水利水电出版社，2007年，第24页）一书介绍，国家按矿化度的多少，将地下水分为五类：淡水（矿化度小于1克/升）、微咸水（矿化度在1～3克/升）、咸水（矿化度在3～10克/升）、盐水（矿化度在10～50克/升）、卤水（矿化度在大于50克/升）。

[3] 数据来源于中国地质科学院水文地质环境地质研究所：《中国水文地质图集》（中国地质科学院网站）的甘肃、宁夏、内蒙古、陕西、河套等省和地区的水文地质图，地质出版社，1979年。另在中国地质调查局著：《西部严重缺水地区人畜饮用地下水勘查示范工程》中也显示，现代宁夏（兴灵）牧区地下水，埋藏深，水质较差，但矿化度大多在3克/升以下；阿拉善地区与其他地区相比地下水缺乏，水质虽差，但大部分矿化度不算高；鄂尔多斯盆地地下水浅埋藏区水化学类型以重碳酸盐型为主，矿化度小于1.2克/升，水质好，适宜开采利用。中国大地出版社，2006年，第25-26、第34-35、第29页。

[4] 地质矿产部地质环境管理司等起草：《地下水质量标准》（GB/T 14848—1993），国家技术监督局1993年12月23日批准，http://aqjdhhjbhj.tjftz.gov.cn/downloads/GBT14848-1993.pdf。文中各种矿物质离子总数的数据均为笔者根据此标准中的相关数据相加而成。

的地下水水质可以满足牲畜正常饮用的标准。

2. 牲畜的饮水状况及政府和牧民的应对措施

根据上面所述，西夏饮水来源有河流水、泉水和地下水，前两者不用说了，是自然形成的饮水场所，地下水的利用则不同。而且，即便有较丰裕的地下水可以利用，也得有合理有效的利用方式，这样才能做到既合理利用水源，又保证牲畜的正常饮用。西夏政府和牧民主要通过凿井的方式达到对地下水的利用，因为在牧区，无论是游牧民，还是半定居的牧民，水井是牲畜饮水很重要的来源。

《西夏谚语》说："凿井草中畜不渴"。陈炳应先生对此解释为：水和草不应太远，水井最好凿于草原中。[1]笔者赞同此观点，足见水对牲畜的重要性。[2]相应地，牧民也会采用在畜厩里放置水，让牲畜饮用的方法，"厩，此者，牲畜饮水处，食草处，厩之谓也。"[3]有关牲畜开凿水井的事宜，西夏政府也通过法律进行了政策上的支持，对修造水井做了严格的规定。凿井者是牧人，至于人数多少，有"一牧人""诸人"的记载，说明或由一人（一户）单独打井，或多人（多户）合作打井。《天盛改旧新定律令·臣僚》中也有关于"井匠"的记载，这说明除牧人一人或多人打井外，政府还设有专门负责打井的"井匠"[4]，使得凿井工作具有一定的规模性。规模性的凿井可以使水井在西夏牧场地区广泛地分布。这样一来，也可以保证牧民在短距离迁徙中，不会出现或较少出现牲畜饮水的短缺问题。

同时，水井要建在不妨碍牲畜正常生存的地方，且要保证水井的安全和水的质量，以免对牲畜正常饮水造成隐患。如有不合规定的：出现不便牲畜饮水、水井与牲畜饮水范围距离或远或近、诸人在方便凿井处凿井而牧人又进行阻拦（或政府提倡在不妨碍牲畜饮水的地方凿井，但遭到牧人阻拦）等问题时，将给予相应的惩罚。法律规定："一牧人当依前律令修造水井，倘若水井劣时，断十

[1] 陈炳应译：《西夏谚语》第 243 条，山西人民出版社，1993 年，第 10、第 59 页。
[2] 由于环境的作用使得西北地区的水资源于牲畜于西夏民众都很重要，不仅牲畜要凿井供水，民众们也离不开井，因为"一户不掘井，十户因渴亡"。参考中国民间文学集成全国编辑委员会编：《中国谚语集成·宁夏卷·附类·西夏谚》，中国民间文艺出版社，1990 年，第 769 页。
[3] 史金波等：《文海研究》，中国社会科学出版社，1983 年，第 549 页。
[4] 史金波、聂鸿音、白滨译注：《天盛改旧新定律令》第 5《军持工具供给门·臣僚》，法律出版社，2000 年，第 224 页。

三杖。又官地方水源泉有诸人凿井者，则于不妨害官畜处可凿井。若于妨害处凿井及于不妨害处凿井而牧人护之等，一律有官罚马一，庶人十三杖。"[1] 法律中的"十三杖"是针对一般平民而言。据研究，对庶人（牧人）的"杖刑"是有等级的，"犯人受七八杖，是最低刑；徒三个月以上至两年，杖十三；徒三年以上至四年，杖十五；徒五年以上至六年，杖十七；徒八年以上至无期，杖二十"[2]，由此可知，杖刑只是正式服刑之前的一个小小仪式而已，十三杖对庶人来说是二级刑罚。单从这一点，也能显示出西夏对牲畜的重视程度。

此外，在冬天，雪融化缓慢，牲畜也可通过舔雪的方式来补充体内的水分。若畜群被放牧于荒漠草原地区或不慎进入沙漠地区时，一来牧草枯萎或几无牧草，二来冬天的荒漠或沙漠地区，仅有的一些湖泊干枯或几乎无水可饮；那么这时如果下一场雪，将可能会是这一地区牲畜唯一的饮水来源了。同时，如有骆驼运输队在沙漠地区行走，雪也可作为人和驼队的紧急饮水来源。

可见，以上除河流水、泉水外，在政府的条令之下，西夏牧民建厩棚给牲畜饮水和政府发动牧民凿井解决了饮水问题，并通过法律对此做出了规定和警示等一系列措施；不但合理有效地利用了西夏牧区的水资源，而且一定程度上缓解或解决了西夏牲畜的日常饮水问题，总体上保证了牲畜的正常生活。

也正如上所述，西夏政府和牧民在牧草和饮水方面的不懈努力，才使得西夏牲畜的繁殖率和死亡率基本保持稳定。据《天盛改旧新定律令》记载："百大母骆驼一年内三十仔，……百大母马一年五十仔，百大母牛一年内六十犊，百大羖䍽一年内六十羔羊，……牦牛为十母五犊。"[3]这是西夏法令关于西夏每年骆驼、马、牛、羊四种牲畜的繁殖成活幼畜数的记录。西夏牲畜的交配时间在八月间，"八月后始放羊、牛马鸣配、孕驹（结果）"[4]。由此可推算出，西夏牲畜一年内繁殖时间集中于来年春季。在不考虑其他损失的条件下，我们来看一下：若按100头成年母畜为标准，则每100头骆驼、马、牛（应该属家畜类）、羖䍽羊、牦牛一年可分别产仔30头、50匹、60犊、60只、50犊。简单地计算

[1] 史金波、聂鸿音、白滨译注：《天盛改旧新定律令》第19《牧场官地水井门》，法律出版社，2000年，第598-599页。
[2] 王天顺主编：《西夏天盛律令研究》，甘肃文化出版社，1998年，第54页。
[3] 史金波、聂鸿音、白滨译注：《天盛改旧新定律令》第19《畜利限门》，法律出版社，2000年，第576页。
[4] ［俄］Б·и·克恰诺夫编，俞灏东、杨秀琴、罗矛昆译：《圣立义海研究》，宁夏人民出版社，1995年，第52页。

一下就可知，这五种牲畜每100头成年母畜一年的繁殖成活率[1]分别为30%、50%、60%、60%、50%。而且其成活率一般都保持在"十中减一死"[2]，若以100为标准，则死亡率为10%。这种繁殖成活率在古代已经算是比较高的了，死亡率相对来说也是很低的。这正是西夏政府和牧民在牧草和饮水方面努力的结果。

第三节　水利、作物与环境：西夏社会的农业生产

复杂的自然生态环境，使得西夏在农业生产方面存在着特殊性：其一，其主要农业区（宁夏平原、河西走廊、河套地区等）属于现代意识下的"绿洲农业区"，这就决定了水是西夏农业生产得以顺利进行的决定性因素。因为没有水，就谈不上"绿洲"；没有水利工程的灌溉，也就没有"绿洲农业"可言，正所谓"水利水利，见水得利"；"水利不修，有田也丢"[3]。故此，水环境的建设是西夏民众农业生产的重要环节。其二，在水因子主导和复杂的地形、气候等因子的综合作用下，西夏作物和农业生产过程又存在着内部差异。

西夏的水利建修是带有国家性质的，也就是说由政府主导，民众合作的方式展开的。[4]在开渠和灌溉方面有严格规定，而且过程和步骤明晰。

一、法律视野下的水利建修

西夏进行的"开渠"事宜，始于春季，原因是复杂的自然地理环境，使得境内的农作物种类多样，且耕种多在春夏之际，作物和土地均需水的滋润。

资料显示，西夏时期的开渠每年都有。如此一来，便不能单纯理解为开凿，还应包含在灌溉农田之前，疏浚已有渠道之意。原因在于如宁夏平原等地势平缓地区，黄河从中穿过，黄河雨季涨水时，水渠易被带泥沙的河水淤积，造成

---

[1] 甘肃农业大学畜牧系主编：《简明畜牧词典》中对繁殖成活率作了说明：繁殖成活率指本年度终成活仔畜数（可包括一部分年终初生仔畜）占上年度终能繁殖母畜数的百分比，它反映能繁殖母畜产仔终年成活情况。科学出版社，1979年，第218页。

[2] 史金波、聂鸿音、白滨译注：《天盛改旧新定律令》第19《死减门》，法律出版社，2000年，第575页。

[3] 中国民间文学集成全国编辑委员会编：《中国谚语集成》（宁夏卷），中国民间文艺出版社，1990年，第550页。

[4] 鉴于资料的集中程度，本节以今宁夏属西夏辖内的地区为主要研究范围。

渠道变浅现象，所以每年必须开渠，即疏通水渠。《西夏谚语》说，"天雨不来修水渠"，意思是在雨季到来之前赶紧修缮水渠，以便作物灌溉之用。[1]宁夏地区谚语也有说法表明了水渠修缮的重要性，即"修好渠和沟，排灌不用愁"；"沟渠不修，有地也丢"[2]。

1. 开渠前的准备工作

开渠前，首先由局分处对本年度的春季开渠时间及其他相关事宜做出提议，然后由伏事小监、诸司及转运司等相关管事大人、承旨、阁门、前宫侍等中及巡检前宫侍人等一起在宰相面前商议决定，同时选出此次水利工程建修工作的"实际总指挥"。此后，局分处好好准备开渠事宜，提前修造好开渠所需垫板，以便开修时坚固渠身之用。

一每年春开渠大事开始时，有日期，先局分处提议，伏事小监者、诸司及转运司等大人、承旨、阁门、前宫侍等中及巡检前宫侍人等，于宰相面前定之，当派胜任人。自□局分当好好开渠，修造垫板，使之坚固[3]。

2. 细致化、规范化的建修和使用

前期的准备工作完毕之后，便商议具体时日开始开渠。在这一过程中，相关的原则和硬性规定是必要的。首先，开渠者（或者说开渠役夫）的派发一般是按所灌溉田亩数的多少而分配，即王天顺所说的"计田出丁"[4]。每一范围田亩数对应的开渠时间都有明确规定。每年开渠的时间不能超过40日。具体规定是：1~10亩开渠5日，11~40亩开渠15日，41~75亩开渠20日，75~100亩开渠30日，100~120亩开渠35日，120~150亩一整幅开渠40日。即：

一畿内诸租户上，春开渠事大兴者，自一亩至十亩开五日，自十一亩至四十亩十五日，自四十一亩至七十五亩二十日，七十五亩以上至一百亩三十日，

[1] 陈炳应译：《西夏谚语》，山西人民出版社，1993年，第10页。
[2] 中国民间文学集成全国编辑委员会编：《中国谚语集成》（宁夏卷），中国民间文艺出版社，1990年，第553页。
[3] 史金波、聂鸿音、白滨译注：《天盛改旧新定律令》第15《催租罪功门》，法律出版社，2000年，第494页。
[4] 王天顺主编：《西夏天盛律令研究》，甘肃文化出版社，1998年，第77页。

一百亩以上至一顷二十亩三十五日，一顷二十亩以上至一顷五十亩一整幅四十日。[1]

资料所示，"一整幅"应该是西夏对开渠分配田亩数的一个最高标准。同时，对以上相关规定必须依据顷亩数计算开渠时间，先开完者当先派遣。若规定开渠时间满而不被派遣时，管事者佚事小监将受到"有官罚马一，庶人十三杖"[2]的惩罚。史金波曾说：在黑水城出土的相关文书中也记载了不同土地的农户出劳役的天数为土地越多，出工天数越多，并认为，这种现象与西夏首都畿内一带诸租户春开渠事的役工负担相同，不仅适用于畿内地区，在远离都城的黑水城地区亦不例外[3]。

开渠所调发役夫亦有相关要求。譬如，在开渠时，当集中唐徕、汉延等干渠上之二种役夫，分配其所负责劳务，令其好生开渠，并当按照规定修治渠之宽深。此处之"二种役夫"应因各自负责程序不同而分二种。若懈怠工事，不按标准渠之宽深开挖，则"有官罚马一，庶人十三杖"[4]之处罚。

挖渠事宜开始时，笨工必须先行动工，令其提前接受工事，并将其先行工期计入日数中。但也有不同之处，即对其中工作已经在前的笨（役）工，此日数不计其中。三日以内，已行工事所属者不派当事人时，会受到相应的处罚。即：

一春挖渠大兴时，笨工预先到来，来当令其受事，当计入日数中。其中已行头字，集日不计，三日以内事属者不派事人时，有官罚马一，庶人十三杖。[5]

此处之"笨工"，笔者认为，并非指开渠之人行动缓慢，效率不高之意，应该是开渠役工之一种，但限于资料，有待证实。

每20个开渠役夫中当由管事者抽派一"和众"、一"支头"等职人对开渠进展进行监督。如若违律增派人数，则要受到"一人十三杖，二人徒三个月，三

[1] 史金波、聂鸿音、白滨译注：《天盛改旧新定律令》第15《春开渠事门》，法律出版社，2000年，第497页。
[2] 史金波、聂鸿音、白滨译注：《天盛改旧新定律令》第15《春开渠事门》，法律出版社，2000年，第497页。
[3] 史金波：《西夏农业租税考——西夏文农业租税文书译释》，《历史研究》2005年第1期。
[4] 史金波、聂鸿音、白滨译注：《天盛改旧新定律令》第15《地水杂罪门》，法律出版社，2000年，第508页。
[5] 史金波、聂鸿音、白滨译注：《天盛改旧新定律令》第15《春开渠事门》，法律出版社，2000年，第497页。

人徒六个月，自私人以上一律徒一年。受贿则与枉法贪赃罪比较，从重者判断"[1]等不同程度的处罚。

　　另外，开挖水渠时节到来时，相关负责人必须告知中书，同时依据所属地及沿相应水渠渠干以计量开渠事宜，并在开渠期限之内，依所开水渠相应田亩数之高低来规定时间，令其完成开渠事宜。若在规定时间内未完成开渠，需告知局分处寻要谕文。若不寻谕文而耽误开渠，会受到不同程度，即"自一日至三日徒三个月，自四日至七日徒六个月，自七日以上至十日徒一年，十日以上一律徒二年"的处罚[2]。这里的"谕文"应该是由于未按规定时间完成开渠任务时，需报请局分处，征求相关处理意见的文件。

　　修建水渠时，也会在渠口、闸口和渠沿底部垫置草类，即"垫草：此者，垫草也，井壑渠口垫草之谓"[3]，以此来防止在渠道灌溉时水流冲刷渠口和渠道，也可起到"修好沟和闸，旱涝都不怕"的效果[4]。

　　渠干所需之"椽"，主要由做工之人纳交，这在西夏京畿地区表现比较明显。具体做法为：在春季开渠事兴之时，从100个伏事人所做工事量中减去一伏事人所做的工量，转以纳7尺长的细椽350根，并用于渠干。[5]如果350根仍不能满足需要，则按实际所需椽量告知管事处，当继续减伏事人工量而纳椽。若不告知管事处而私自进行继续减伏事人工量而令其纳椽，且在这一过程中出现"超派"但"未受贿"而"纳入官仓"时，"当比做错罪减一等"，但若"自食之"，则会被"当于枉法贪赃罪相同"[6]。

　　此外，对于刚刚开垦的新地需要灌溉时，必须在官、私田地的合适之处开渠，并告知转运司，确认新开渠对官、私熟地"有碍无碍"，"有碍则不可开渠，

[1] 史金波、聂鸿音、白滨译注：《天盛改旧新定律令》第15《春开渠事门》，法律出版社，2000年，第497页。

[2] 史金波、聂鸿音、白滨译注：《天盛改旧新定律令》第15《催租罪功门》，法律出版社，2000年，第494页。

[3] 史金波等：《文海研究》，中国社会科学出版社，1983年，第474页。

[4] 中国民间文学集成全国编辑委员会编：《中国谚语集成》（宁夏卷），中国民间文艺出版社，1990年，第553页。

[5] 这里的"椽"，根据汉语字典解释，则有支撑建筑顶部材料之木杆之意。在这里则有作为坚固渠身之木杆之意。然西夏时期，这里所用的椽具体指何物，尚未发现有关记载，聂鸿音先生倒是有一观点，他在文中认为，按照资料所记的"当所需之椽不够时，从百名工人中减一人来负担缺少量"，这样的任务——如若是小树木——对租户是很重的，故而，当时的"椽"应该是指红柳条。见聂鸿音：《西夏水利制度》，《民族研究》1998年第6期。同时，就西夏政府和民众对树木保护的行为来看，这里的椽也不大可能是树木。由此来看，也不无道理。此外，从资料所知，西夏当时京畿地区的土地以租户形式出现，故而，这里的"伏事人"应该是由租户家主所派遣出来做工的工人。

[6] 史金波、聂鸿音、白滨译注：《天盛改旧新定律令》第15《渠水门》，法律出版社，2000年，第503页。

无碍则开之";但在官、私熟地合适处开渠得不到熟地所述者的允许时,则"令有碍熟地处开渠,不于无碍处开渠",同时熟地拥有者将承受"有官罚马一,庶人十三杖"[1]的处罚。

可以看出,在西夏农业灌溉前的水利建修过程中,政府作为主导因素,以法律为依据,并与民众协力配合,促进了水利建修的顺利进行,为农业灌溉做了充分准备。

二、条理化、规范化的灌溉管理

开修水利工程的目的是为农区作物生长提供灌溉水源,故而严格的管理是农业灌溉得以有序进行的保障。

西夏政府对农业灌溉有着严格有序的管理。总的来说,从夏季至冬季结冰前的6~8个月,在渠水巡检和渠主、渠头等巡查者的监督下,排水者与灌水者相互协作,共同推进每个时节的灌溉工作。

西夏法典《天盛改旧新定律令》记载,西夏在春季开渠事毕后,自夏季开始,至冬季结冰之前进行"因时制宜"的农业灌溉,并依据灌水时节遣置负责灌水之人。

> 事始自夏季,至于冬结冰,当管,依时节当置灌水之人。[2]

设置"渠水巡检"和"渠主"紧紧指挥灌水者(农田需要灌水之农耕者),按田亩分布之先后依次灌溉。譬如,一租户家沿诸供水细渠给田地灌水时,需要监察人好好监察,在此家灌水事宜未结束之前,不许其他诸人地中同时放水,即

> 一租户家沿诸供水细渠地中灌水时,未毕,此方当好好监察,不许诸人地中放水。[3]

---

[1] 史金波、聂鸿音、白滨译注:《天盛改旧新定律令》第 15《渠水门》,法律出版社,2000 年,第 502 页。
[2] 史金波、聂鸿音、白滨译注:《天盛改旧新定律令》第 15《催租罪功门》,法律出版社,2000 年,第 494 页。
[3] 史金波、聂鸿音、白滨译注:《天盛改旧新定律令》第 15《地水杂罪门》,法律出版社,2000 年,第 507 页。

若出现在该给予水之处不给予水，不该给予水之处给予水时，监督者要受到"有官罚马一，庶人十三杖"[1]的处罚。同时规定，自大都督府至定远县沿诸渠渠干当派渠水巡检和渠主150人，即"一大都督府至定远县沿诸渠干当为渠水巡检、渠主百五十人"[2]，且不能超过这个数，否则"为超人引助者及超派人所验处局分大小等，一律依转院罪状法判断"[3]。

开始灌水时，需派排水人（即从总渠负责给支渠供应水源之人）调节灌溉水源。若出现水险（即水溢满渠道）状况，需另外派排水人进行控制和调节。若出现排水者未进行"依番予水"（即未依次供水），或者说是"未得时"（即没有遵循时间规定），当先告知管事处进行处理，"应派人则派人，应行则行"。若"原排水者有罪迹"，"应问则当问之"，并给予需水者灌溉水源。若管事处所派之人"受贿、殉情"于排水者而不问排水者之罪迹时，局分处不论事之大小，"一律依枉法贪赃罪法判断"，未受贿则"有官马罚一，庶人十三杖"[4]之处罚。

灌水时，每个渠干必须派"渠头"进行查水工作，各亲、议判大小臣僚、租户家主、诸寺庙所属及官农主等水口户当依次每年进行轮番派遣，不允许出现"不续派人"之现象，否则会受到"有官罚马一，庶人十三杖"的处罚，受贿者会以"枉法贪赃"[5]罪论处。

西夏的农业灌溉方式除了渠灌，还有一种较为重要的方式——井灌。《番汉合时掌中珠》中记有"渠井"[6]。李范文《夏汉字典》亦有"汲井"的解释，即"灌者汲也，汲水时井中拨水用之谓"[7]。西夏井灌的利用则是由"桔槔"来完成的。西夏汉文本《杂字》"农田部"记载有"桔槔"一词便可证明。据研究，桔槔是春秋时期或者更早时期发明的一种汲水灌溉农具[8]。它利用杠杆原理，结合人力操作使用。基本结构是：先在井旁立一根木棒，然后在所立木棒上找一合适点固定一横木，横木靠近井口的一端与立木的距离较短，且在端头

[1] 史金波、聂鸿音、白滨译注：《天盛改旧新定律令》第15《催租罪功门》，法律出版社，2000年，第494页。
[2] 史金波、聂鸿音、白滨译注：《天盛改旧新定律令》第15《渠水门》，法律出版社，2000年，第499页。
[3] 史金波、聂鸿音、白滨译注：《天盛改旧新定律令》第15《渠水门》，法律出版社，2000年，第499页。
[4] 史金波、聂鸿音、白滨译注：《天盛改旧新定律令》第15《催租罪功门》，法律出版社，2000年，第494页。
[5] 史金波、聂鸿音、白滨译注：《天盛改旧新定律令》第15《渠水门》，法律出版社，2000年，第499页。
[6]（西夏）骨勒茂才著，黄振华、聂鸿音、史金波整理：《番汉合时掌中珠》，宁夏人民出版社，1989年，第25页。
[7] 李范文：《夏汉字典》，中国社会科学出版社，1997年，第382页。
[8] 周昕：《桔槔小论》，《农业考古》2005年第4期。

挂一汲水器；远离井口的一端与立木较远，且在端头系石块等重物，这样操作起来方便、省力，不仅能灌溉，也能提供人畜用水。桔槔自发明以来，被广大农民所接受，西夏民众也受其影响，但与渠道灌溉不同之处在于：桔槔主要用于农耕者家园附近小块菜园或者田地急需水时使用。

至于灌溉区域，则主要以宁夏灌区为主，河西和河套地区次之。同时，在边远的黑水城地区亦有灌溉，一件黑水城出土户籍守实中，记有一户有4块地，1块接新渠，1块接律移渠，1块接习判渠，1块场口杂地，4块地中有3块接水渠[1]。足以说明渠道在西夏境内的密集程度和水源灌溉在西夏农业区的重要性。

良好的水渠环境不仅能保证农业灌溉的有序进行，保护水渠及其周边生态环境的良性循环，还能为水渠周边的生态环境起到很好的美化作用。为此，西夏政府从水渠"零部件"、水渠"配套设施"和水利纠纷等方面进行了规定和保护。

三、严格的水渠环境保护

1. 水渠"零部件"的保护

资料记载，某些不法之徒会在人不注意之时，破坏渠干的闸口、垛口、垫板等"部件"，致使渠水泄流，冲毁田地、舍屋等处，影响水渠的正常灌溉。

①如有人沿唐徕、汉延、新渠、其他大渠等所在闸口、垫板上无道路处破渠为桥时，"家主监者当捕之交于局分，庶人十杖。若放纵、监失误等，使同等判断。"[2]

②当违律沿唐徕、汉延及其他大渠的闸口、垛口、口口和垫板上取土、取材而致其损毁，并使水浸泡冲毁渠身时，"抽损者之罪与渠头放弃职守致渠断破罪状同样判断"；若未断破，则按相应情形判断惩处[3]。

③出现渠口垫板、闸口因常年受水冲刷不牢固需要修治时，渠主、渠头、渠水巡检、佚事小监等必须各司其职。若失职导致渠身破裂，水流出冲毁周边

[1] 史金波：《西夏社会》（上），上海人民出版社，2002年，第69页。
[2] 史金波、聂鸿音、白滨译注：《天盛改旧新定律令》第15《桥道门》，法律出版社，2000年，第505页。
[3] 史金波、聂鸿音、白滨译注：《天盛改旧新定律令》第15《地水杂罪门》，法律出版社，2000年，第506页。

事物，则要受到相应的惩处和赔偿[1]。

④在雨季，沿诸渠出现涨水、降雨会导致渠身不时断破而堵塞水渠。此时，必须使用"渠断取草法"，即用备草将破损之渠身重新修好，若破损渠身附近未及时"置官之备草"，则必须在附近家主"有私草处取而置之，草主人有田地则当计入冬草中"[2]。若"一大都督府转运司地水渠干头项"因为涨水、降雨等导致渠破缺及周围时，其破损渠道对应之所属转运司必须迅速按所损程度计量和修治，同时要告闻"管事处"，以便进行相关程序的处理[3]。

2. 水渠配套设施的修建与保护

在法律的效力之下，西夏民众必须沿唐徕、汉延等租户、官私家主所属之诸官渠渠段植柳树、柏树、杨树、榆树及其他种类的树。在令其成材的基础上，同之前已有树木一同监护。除依据其生长时间进行修剪树枝、砍伐及另外植树外，其他时间不许伐之，而且从转运司所属人员中派遣能胜任之人作为监察者。即：

> 一沿唐徕、汉延诸官渠等租户、官私家主地方所至处，当沿所属渠段植柳、柏、杨、榆及其他种种树，令其成材，与原先所植树木一同监护，除依时节煎枝条及伐而另植以外，不许诸人伐之。转运司人间当遣胜任之监察人。[4]

从"原先所植树木"可以看出，西夏沿渠干两旁植各种树木属于经常性的行为，也可以说每年都在植树，而且很注重所植树木的保护。修剪之时间、用材之砍伐都是按各类树木的生物学特性进行的，有一定的规律性。若是某些树木到所用之时被伐或者出现某些树木不能生长之时，便需在旁边新植树苗。如此，既可达到保护渠沿不受侵蚀，亦可起到美化环境、供人所需之效用。

此时，若出现以下各类违律现象时，便要受到相应的惩罚，以示警诫。

①应植树时却违律不植，则"有官马罚一，庶人十三杖。"[5]

②植树木事宜已经停止而不保护树木，以及无心失误出现牲畜采食树木时，

---

[1] 史金波、聂鸿音、白滨译注：《天盛改旧新定律令》的15《渠水门》，法律出版社，2000年，第499-502页。
[2] 史金波、聂鸿音、白滨译注：《天盛改旧新定律令》第15《地水杂罪门》，法律出版社，2000年，第507页。
[3] 史金波、聂鸿音、白滨译注：《天盛改旧新定律令》第15《渠水门》，法律出版社，2000年，第503页。
[4] 史金波、聂鸿音、白滨译注：《天盛改旧新定律令》第15《地水杂罪门》，法律出版社，2000年，第506页。
[5] 史金波、聂鸿音、白滨译注：《天盛改旧新定律令》第15《地水杂罪门》，法律出版社，2000年，第506页。

"畜主人等一律庶人笞二十，有官罚铁五斤。"[1]

③官属树木及私家树木被别人所伐时，"计价以偷盗法判断"；诸人所见而举报所伐之人时，"举赏当依偷盗举赏法得之"；所伐之人被监护者抓捕并上告时，"赦其罪"；若无砍伐之"上级同意书"，出现官家或私家自己砍伐所属渠旁树木时，"无论树木多少，一律庶人十三杖，有官马罚一。"[2]

④在渠干旁的树木上剥皮或用斧头等斫刻时，按剥皮或斫刻之树被伐而论，即"一树木全伐同样判断"；若出现剥皮者或斫刻者被举报时，则"举赏亦依边等法得之"[3]。

⑤在渠水巡检、渠主所管辖渠干范围内，出现其不尽职责指挥租户家主沿官渠植树时，不仅要受到"渠主十三杖，渠水巡检十杖"的杖责，还要令租户家主继续植树。此外，若出现渠水巡检和渠主见到诸人伐树而不报告时，也"同样判断"[4]。

由上可见，对水渠"配套设施"的修建和保护的相关规定是很必要的。但在分配水资源时不免会出现纠纷，给水资源管理带来不便，为此，西夏政府亦有相关法令规定。

3.水利纠纷的相关法则

水利纠纷一直是农业社会不可避免的问题，西夏也不例外，其严格的水利灌溉法令并不能一直顺利地控制农业灌溉。百密总有一疏，西夏还是不可避免地出现"混乱放水""无监给水""殴打供水者等"[5]现象，给水利工程的正常运行带来不便，故而西夏政府通过制定相关法令予以规定。

①沿唐徕、汉延、新渠、诸大渠等至千步以内，"当置土堆，中立一碣"，并在此碣上面书写"监者人之名字"并"埋之"。此时，诸渠所属两边之附近租户、官私家主所到之处当遣人作为监者人。诸渠无附近家主者，所对应田地之家应遣监者人，并"令其各自记名，自相为续"。同时，以上大渠之渠水巡检、渠主当进行检校，"好好审视所属渠干、渠背、土闸、用草等，不许使诸人断

[1] 史金波、聂鸿音、白滨译注：《天盛改旧新定律令》第15《地水杂罪门》，法律出版社，2000年，第506页。
[2] 史金波、聂鸿音、白滨译注：《天盛改旧新定律令》第15《地水杂罪门》，法律出版社，2000年，第506页。
[3] 史金波、聂鸿音、白滨译注：《天盛改旧新定律令》第15《地水杂罪门》，法律出版社，2000年，第506页。
[4] 史金波、聂鸿音、白滨译注：《天盛改旧新定律令》第15《地水杂罪门》，法律出版社，2000年，第506页。
[5] 史金波、聂鸿音、白滨译注：《天盛改旧新定律令》第15《养草监水门》，法律出版社，2000年，第498页。

抽之"[1]。

②为了能及时放水，会出现节亲、宰相及其他有地位的富贵人殴打渠头之现象，而放水者鉴于其势力不得不违背依次放水之原则。当此现象导致渠破时，对所"损失畜物、财产、地苗、佣草之数"当"量其价"，并依法赔偿和惩处[2]。

以上便是西夏政府为了创造一个良好的农业生态灌溉环境，与民众协力配合，在水利工程的建修、保护等方面做出的诸多措施，不仅推动着西夏农业灌溉的有序进行，也为农田生态系统的稳定做出了一定贡献。

第四节　食药之需：季节与野生植物

从生态学角度看，野生植物本属于自然生态系统，它们的生物群落可以说完全是靠自己通过共同进化、相互适应和群落构建形成的，它们存活的条件或许仅仅是阳光和水分的自然性输入，但当人类为了寻求食物进入它们所构建的群落环境时，人与野生植物之间就产生了联系。

宋代曾巩《隆平集》记："西北少五谷，军兴粮馈，多用大麦、荜豆、青麻子之类。其民春食苡子蔓、碱蓬子；夏食苁蓉苗、小芜荑；秋食席鸡子、地黄叶、登厢草；冬则畜沙葱、野韭、柜霜、莜子、白蒿、碱松子，以为岁计。"[3]说明西夏时期战争频发，导致作为主要军用物资的小麦、稻米等主粮供应不足，所以军备物资的供给便以大麦、荜豆、青稞等副粮为主。而此时的西夏民众在食不果腹之时，将目光转向境内所生长的野生植物。资料的记载明显是非正常时期的应急措施。这里所说的非正常时期除战争外，还有自然灾害的影响。据研究，西夏经常会受到如旱灾、水灾、沙尘暴等自然灾害的威胁，尤以水、旱灾害为重，而且次数频繁，这也成为促使西夏民众将目光转向采食野生植物的因素之一[4]。那么，正常时期是否也有采食野生植物的习惯呢？《番汉合时掌中珠》"菜蔬"一栏中有香菜、芥菜、薄荷、蔓菁（菜）、茵陈、百叶、萝卜、茄子、胡萝卜、瓜、蒜、苦荬、马齿菜、芜荑等蔬菜的记载[5]。其中的蔓菁、茵陈、苦荬、马齿菜、

[1] 史金波、聂鸿音、白滨译注：《天盛改旧新定律令》第15《渠水门》，法律出版社，2000年，第501页。
[2] 史金波、聂鸿音、白滨译注：《天盛改旧新定律令》第15《渠水门》，法律出版社，2000年，第502页。
[3] （宋）曾巩撰：《隆平集》卷20，清康熙四十年（1701年）彭期七业堂刻本，第689页。
[4] 杨蕤：《西夏地理研究》，人民出版社，2008年，第219-229页。
[5] （西夏）骨勒茂才著，黄振华等整理：《番汉合时掌中珠》，宁夏人民出版社，1989年，第26-27页。

芜荑等便是野生植物，资料将其列入菜蔬一栏，说明了两点：第一，这些野生植物在正常时期也是食物来源之一；第二，资料虽无明确记载对此类野生植物的人工栽培现象，但从其被列入"菜蔬"来看，似乎也不能排除人工种植的可能性。可以看出，这些具有季节性特征的野生植物在正常和非正常时期被利用，正常时期，野生植物只作为稻、麦等主食作物的"配角"；非正常时期，当主食作物缺乏时，其地位却能成为"主角"。

鉴于西夏文献资料缺乏，所以基于资料的传承性、记载内容的相合性、地域文化的相似性和传播性等因素，在论述中会以其他时代的相关资料加以印证。

一、西夏民众四季所食野生植物

由于季节的变化，在每个季节都有相应的野生植物生长，同一植物在不同季节也会有不同的部位为西夏民众所用。

1. 春季所食野生植物

春季乃万物复苏、土地解冻之时。经过漫长冬季的西夏民众，大宗类作物存粮已显不足。此时的作物虽开始返青，但距成熟时节尚远，加之此时可提供西夏肉食类主要来源的羊也处于孕育生产期。故此，采食碱蓬子、苦蕶、茵陈等野生植物便为解决食物不足提供了部分保障。

（1）碱蓬子

碱蓬，一名盐蓬，俗称猪毛菜，为藜科一年生草本，生长在沟沿、路边、荒地、沙丘或碱性沙质地。碱蓬子，应为碱蓬的果实。明代朱橚《救荒本草》记，"碱蓬，生水傍下湿地，茎似落莉，亦有线楞，叶似蓬而肥壮，比蓬叶亦稀疏。茎叶间结青子极细小，其叶味咸，性微寒。"[1] 西夏民众在春、夏两季可以采集碱蓬的苗叶，用沸腾之水浸泡，除去碱味，淘洗干净作为菜食用，其子实可提取油，用于调食。从碱蓬本身来看，它是受其生长环境的土壤含盐量的影响，植物与土壤之间长期的适应所形成的盐生植物。其形态类似旱生植物，体内有贮水组织，以资调节。西夏民众食其可补充体内盐分，在一定程度上能

---

[1]（明）朱橚：《救荒本草》卷 2，钦定四库全书本，第 6 页。

避免因缺少食用盐而造成的身体不适等现象。

（2）苦蕒

苦蕒，又名苦荬、苦菜等，为1～2年生草本植物。生长于路边及田野间，我国大部分均有分布。小苗紫红色，叶边有短刺，表面灰白色，折断流白浆，梗叶平滑柔软[1]。《诗经》所记"谁谓荼苦"里的"荼"便为苦菜之意。对于苦（蕒）菜，《文海研究》解释："蕒，此者，菜中苦蕒之谓。"[2]韩小忙解释："苦，苦蕒，莴苣胆□谓。"[3]可见当时西夏民众已将苦蕒作为日常生活频繁食用的蔬菜之一。苦蕒叶每年"三月生扶疏，六月华从叶出。"[4]故西夏民众在三月便可采集苦蕒叶。同时，为了方便，将苦蕒用阴干的方式保存，在食用时，只需将阴干的苦蕒经开水烫后，换清水再泡一天，去掉其苦味便可。《西夏谚语》第115条"苦蕒根须籽久苦"；第83条"嘴唇不甜苦蕒苦"[5]则体现出西夏民众在食用苦蕒的根须和籽粒时亲身尝到了苦蕒的味之苦，而且食用后连嘴唇都是苦味。这既是味之苦，亦是生活之苦。笔者也曾尝过用苦蕒做的凉菜，可谓清凉可口，有清热解毒之效。民间还有"苦菜里有三两粮，既饱肚子又壮阳"[6]的说法。说明苦蕒不仅能充饥，还可以治病。唐代孙思邈《千金翼方》记，苦菜久服可以"安心益气，轻身耐老，耐寒。"[7]

（3）茵陈

茵陈为菊科多年生植物，其茎历经冬季不死，次年春又生。西夏文献记有"茵陈"，并将其列入蔬菜类，说明茵陈对西夏民众而言是常食植物。检索明以来方志可知，茵陈在全国多数地区均有分布。有谚语云："三月茵陈四月蒿，五月便当柴草烧。"[8]可见茵陈在三月之前开始萌发，到三月便可采集，阴干食用，此时称其为"茵陈"；生长到四月时便称为"茵陈蒿"，茵陈蒿仍是幼枝嫩叶，对其存放仍采用阴干的方式。茵陈和茵陈蒿均可食用，既可凉拌，亦可做汤、馍用。至五月时，茵陈蒿大部分已干枯，所以被用来当作柴烧，可谓是"物

[1] 河北省卫生厅粮食厅合编：《野菜和代食品》（第一辑），1960年，第21页。

[2] 史金波等：《文海研究》，中国社会科学出版社，1983年，第527页。

[3] 韩小忙：《同音文海宝韵合编整理与研究》，中国社会科学出版社，2008年，第127页。

[4] （唐）苏敬等撰，尚志钧辑校：《新修本草》卷18《菜部》，安徽科学技术出版社，2004年，第266页。

[5] 陈炳应译：《西夏谚语》，山西人民出版社，1993年，第10-12页。

[6] 刘正才等编著：《四季野菜》，1998年，第10页。

[7] （唐）孙思邈：《千金翼方》卷4，元大德梅溪书院本，第77页。

[8] 牛宝善：《（民国）柏乡县志》卷3，民国二十一年（1932年）刻本，第309页。

同时异，用之各异"。同时，茵陈及其幼枝（茵陈蒿）还是古今周知的治疗黄疸型疾病的良药，宋代唐慎微《重修政和经史证类备用本草》记载，"茵陈蒿，味苦，平微寒，无毒，……结黄疸，通身发黄，小便不利，久服轻身益气。"[1]茵陈作为药用时，一般在三四月间采集。

如上所述，西夏民众春季所食之野生植物，确为此时急需之物。食用它们不仅能缓解此时粮食不足之现状，也可补充人体所需之营养素。

2. 夏季所食野生植物

夏季来临，自然万物吸收大地之精华，茁壮生长。此时，主要农作物仍然处于生长期，所以西夏民众依旧需采食芜荑、苁蓉等野生植物。

（1）芜荑

芜荑，为榆科多年生植物的果实，今陕西、甘肃、青海等地均有分布，生长于各地向阳山坡、荒原、平原等地。西夏文献《圣立义海》记，西夏贺兰山、东屏广山、[金子]山等山上均有芜荑，"贺兰山尊：有种种树丛、树、果、芜荑及草药。东屏广山：银州山，树果、芜荑……诸物皆出。[金子]山长：多榆，出芜荑……"[2] 同时，根据宋寇宗奭《本草衍义》记："芜荑：有大小两种，小芜荑即榆荚也，揉取仁，酝为酱，味尤辛。入药当用大芜荑，别有种。然小芜荑酝造，多假以外物相和，切须择去也。"[3] 可见，古人将芜荑分大、小两种，小芜荑即榆荚，也就是榆树的果实——榆钱。按资料所记，西夏也有榆树存在，"[韩林]残山，多生榆树；[金子]山长，多榆。"[4] 既然小芜荑为榆树之果实，那么很明显，民众在夏天采集小芜荑食用，《文海研究》说："荑，此者，皮荑也，又芜荑也，可食之谓也。"[5] 至于所食之法，或如之前所提，揉取榆荚中的"仁"，做成酱；或将榆荚采集后洗干净生食。资料只记载西夏出芜荑，并没有说明是小芜荑或大芜荑，且榆树也并非一种。笔者认为，若按一般的分类，除小芜荑只限食用外，西夏民众以大芜荑治病也不是没有可能，因为大芜荑为芜荑之一种，为榆科植物大果榆果实的产物，在今天陕西、内蒙古等

[1]（宋）唐慎微：《重修政和经史证类备用本草》卷7，四部丛刊景金泰和晦明轩本，第279页。
[2] [俄] Б и·克恰诺夫编，俞灏东、杨秀琴、罗矛昆译：《圣立义海研究》，宁夏人民出版社，1995年，第58-60页。
[3]（宋）寇宗奭：《本草衍义》卷13，清十万卷楼丛书本，第38页。
[4] [俄] Б и·克恰诺夫编，俞灏东、杨秀琴、罗矛昆译：《圣立义海研究》，宁夏人民出版社，1995年，第59-60页。
[5] 史金波等：《文海研究》，中国社会科学出版社，1983年，第418页。

地亦有分布[1]。同时，大部分古代汉文医药文献中与芜荑有关的记载，基本上与它的医疗作用相关，即具有杀虫、治疗西夏文献中的"疥癣""疮"等疾病的作用。所以无论是小芜荑还是大芜荑，对西夏民众均有益。

（2）苁蓉

苁蓉，古代文献中记有肉苁蓉、花苁蓉、草苁蓉等种类，这里主要指肉苁蓉，为唇形目列当科野生植物。肉苁蓉的最佳采集时间在每年的三至五月，因为此时肉苁蓉苗叶所含营养丰富，最宜食用。肉苁蓉还是珍贵的药材，不仅能治疗五劳七伤，还可养身。西夏汉文本《杂字》第十《药物部》中便有"苁蓉"的记载[2]。梁松涛在《黑水城出土4979号一则西夏文医药方考释兼论西夏文医药文献的价值》一文中考释：此药方为治疗男子痿病之方，方子中就有苁蓉，实为一种良药[3]。此外，肉苁蓉在这三种类型中是最珍贵的，而且治疗效力甚佳。因为草苁蓉（亦叫列当）在西北亦有分布，而且外形与肉苁蓉相似，采集时间亦在三至五月之间，储存方法亦使用阴干之法。故古人常以花苁蓉和草苁蓉代替肉苁蓉治病，宋代唐慎微《重修政和经史证类备用本草》注文记载："草苁蓉，四月中旬采。原州、秦州、灵州皆有之"[4]。宋代苏颂《本草图经》"肉苁蓉"条下亦云："又有一种草苁蓉，极相类，……比人来多取，刮去花，以代肉（肉苁蓉）者。"[5] 可见当时被西夏民众作为食用和药用的苁蓉种类不仅仅是肉苁蓉，也有可能使用草苁蓉。

从以上两类野生植物的论述中得知，小芜荑和苁蓉与春季野生植物一样，都是在大宗主食性作物缺乏，或者还未成熟时寻求生计的一种方式，并以此补充身体所需。

3. 秋季所食野生植物

按西夏"春种秋收"的耕作模式，秋季是大宗主食类农作物的收获期。但在喜获丰收之时，也不乏以马齿菜、登厢、地黄叶等野生植物作为"配角"使用。

---

[1] 苗明三主编：《食疗中药药物学》，科学出版社，2001年，第240页。

[2] 史金波：《西夏汉文本〈杂字〉初探》，白滨编：《中国民族史研究2》，中央民族学院出版社，1989年，第181页。

[3] 梁松涛：《黑水城出土4979号一则西夏文医药方考释兼论西夏文医药文献的价值》，《辽宁中医药大学学报》2012年第14卷第8期。

[4]（宋）唐慎微：《重修政和经史证类备用本草》卷7，四部丛刊景金泰和晦明轩本，第260页。

[5]（宋）苏颂编撰，尚志钧辑校：《本草图经》卷17《菜部》，安徽科学技术出版社，1994年，第118页。

（1）马齿菜

马齿菜，疑为马齿苋。宋朱熹说："马齿，菜名，今马齿苋也，一名五行草。"[1]
韩小忙解释："齿（菜），汉语马齿菜谓。"[2]其为一年生肉质草木，生长于田边、
荒芜地区、路旁及地边，国内各地都有分布，西夏境内就更不用说。既称菜，
便不免被人采食。马齿菜的食用期在夏末和秋季。每年收获农作物的秋季，西
夏民众便以马齿菜的茎和叶来做菜。据笔者亲历，现在的制作方法大致是将其
先用开水烫软，然后挤出汁液便可做菜使用，也可储干冷藏起来，以备不时之
需。古人食用方法其实并无多大差别，也是将其"洗净取汁"，将汁取出再使用[3]。
马齿菜也被称作"长命菜"，是因为食用它不仅可以延年益寿，还可治疗疾病。
唐代孟诜《食疗本草》记："马齿苋，延年、益寿，明目"，如患有"湿癣，白
秃"等疾病，也可将马齿苋做成"马齿膏，并和灰涂之"，其中的"湿癣"，按
现在的说法，即是一种皮肤病，表面瘙痒，抓之会有脓水渗出，白秃是一种皮
肤秃疮症。或可"细切，煮粥，治痢，治腹痛"；若患马毒疮，则以"水煮，冷
服一升，并涂疮上。"[4] 可谓双管齐下，食、疗并用。

（2）登厢

登厢为一年生草本植物，是藜科植物沙蓬的种子。明代张自烈《正字通》
记：登厢，"宁夏俗呼登粟，一名沙米，《宋史》瀚海沙中草名登相。《辽史》西
夏出登厢，亦作墙。《后汉书·乌桓传》：其土宜穄及东墙，似穄子可为饭。"[5]
可见登厢又可称"沙米""登粟""东墙"等。登厢生长于沙丘及其周围地区，
分布于中国北方地区，以鄂尔多斯地区为多。《宋史·高昌传》记：宋使王延德
在雍熙元年（984年）出使高昌国（今新疆地区），途经今乌兰布和地区时说当
时"沙深三尺，马不能行，行者皆乘骆驼。不育五谷，沙中生草名登相，收之
以食。"[6]登厢的花期在八月，果期在九月、十月，"至十月而熟"[7]。 故西
夏民众在秋季便采集登厢为食。至于如何处理，并无明确记载。同时，登厢亦

---

[1]（宋）朱熹：《通鉴纲目》卷46，清文渊阁四库全书本，第3226页。
[2] 韩小忙：《同音文海宝韵合编整理与研究》，中国社会科学出版社，2008年，第156页。
[3]（元）忽思慧：《饮膳正要》卷2，明景泰七年（1456年）内府刻本，第37页。
[4]（唐）孟诜撰，（唐）张鼎增补，吴受琚、俞晋校注：《食疗本草》，《中国烹饪古籍丛刊》之一，中国商业出版
社，1992年，第33页。
[5]（明）张自烈：《正字通》卷9，清康熙二十四年（1685年）清畏堂刻本。
[6]《宋史》卷490《高昌传》，中华书局，1977年，第14110页。
[7]《后汉书》卷90《乌桓传》，中华书局，1965年，第2890页。

有健体之效，其"性暖，益脾胃；好吐者食之，多有益。"[1]

（3）地黄叶

地黄叶，应为植物地黄的嫩叶，一名地髓，一名芐，一名芑[2]。其为玄参科地黄属多年生草本植物，今西北的陕西、甘肃、内蒙古都有分布。古人按地黄的炮制之法，将其分为三类，即干地黄、熟地黄和生地黄。干地黄是将地黄根洗净，然后在日光下晒干或者用火焙干所成，明代李时珍说："《本经》所谓干地黄者，即生地黄之干者也。其法取地黄一百斤，择肥者六十斤，洗净晒，令微皱，……日中晒干或火焙干用。"[3] 熟地黄，即采地黄根部，将其蒸两三日，使其煮烂，然后暴晒干所成，"采根蒸三二日，令烂暴干谓之熟地黄。"[4] 生地黄，亦叫鲜地黄，即将地黄根阴干所成，"阴干者是生地黄"[5]。采根主要在每年的二月和八月。地黄根自古至今在清热解毒、补益身体方面有很好的疗效，而且干、生、熟三种地黄各有不同效果，西夏法典《天盛改旧新定律令·物离库》中就将生地黄、熟地黄列入药类，说明西夏已将地黄用于治病，而且他们作充饥食用的主要是其叶部。每年秋季，西夏民众便采集地黄的叶和根加以食用。至于食用方法，很可能如资料所记，或做羹，或洗净食用，或用根做饼，或煎着食用，"采叶煮羹食。或捣绞根汁，搜面作馎饦，及冷淘食之。或取根浸洗净，九蒸九暴，任意服食。或煎以为煎食。"[6] 馎饦，指的是用面或米粉制成的食用品，宋代陈彭年《重修玉篇·食部》说："馎，馎饦，米食也。"[7] 即地黄根汁可加入面中作食料。地黄可谓叶、根均为宝。

从上述可看出，秋季虽为大宗农作物之收获期，但采食野生植物仍是西夏民众日常食物不可或缺的一部分。

4. 冬季所食野生植物

西北地区的冬季较为漫长。此时，大部分植物已枯萎。居于温带大陆内部的西夏民众在秋末便要为度过漫长的冬季储蓄食粮。如此，除已收割存储的主

---

[1]（清）爱新觉罗·玄烨著，李迪译注：《康熙几暇格物编译注》，上海古籍出版社，2007年，第41页。

[2]（宋）唐慎微：《重修政和经史证类备用本草》卷7，四部丛刊景金泰和晦明轩本，第260页。

[3]（明）李时珍：《本草纲目》卷16，清文渊阁四库全书本，第760页。

[4]（宋）唐慎微：《重修政和经史证类备用本草》卷6，四部丛刊景金泰和晦明轩本，第206页。

[5]（宋）唐慎微：《重修政和经史证类备用本草》卷6，四部丛刊景金泰和晦明轩本，第206页。

[6]（明）朱橚：《救荒本草》卷4，钦定四库全书本，第43页。

[7]（宋）陈彭年：《重修玉篇》卷9《食部》，清文渊阁四库全书本，第98页。

食粮外，采集并存储沙葱、白蒿、野韭等野生植物也很有必要。

（1）沙葱

沙葱，又名野葱、茖葱。其为多年生草本植物，外形似葱，叶细长，其味如葱。明代李时珍《本草纲目》记，其"山原平地皆有之，生沙地者名沙葱，生水泽者名水葱，野人皆食之。开白花，结子如小葱头。"[1] 据记载，沙葱主要生长于今陕西、甘肃、宁夏、内蒙古等西北干旱地区，属于野产植物，长四五寸，"夏秋雨广期间则繁盛，人多采食之"[2]。可见沙葱在每年的夏、秋（侧重后者）季节，雨水较多，便得雨速生，供人采摘食用。若哪年雨水不足或出现旱情，则可能出现绝生。这种干旱沙生植物的生长习性恰好验证了生态学上所说的"S-高严峻度，低干扰"的植物生活史对策，即指其生长环境比较严峻，在这种高严峻的环境下，其他种类的植物对其生活的干扰性不是很大。西夏民众"在五月里采沙葱"[3]。冬畜沙葱，正好说明沙葱夏秋季生长，冬季人们则将采集的沙葱储存，以备过冬。据介绍，今甘肃金昌，人们采集沙葱之后，用缸、坛之类的器具将其腌制，冬季作凉菜食用，口味独特。

（2）白蒿

白蒿，蒿之一种，为菊科类植物，生长在沙窝之中，"沙窝长草，白蒿、蓬头厚。"[4] 古人采集食用白蒿的记载，伊始于春秋战国时期的《诗经》，即"采蘩祁祁"中的"蘩"便为白蒿。到西夏时期，人们还在食用。白蒿"春始生，及秋。香美，可生食，又可蒸食。"[5] 生食则或可"采嫩苗叶，煤熟，换水浸，淘净，油盐调食。"[6] 即采其嫩叶，用开水烫熟，换水浸泡，淘洗干净，经油盐拌后可食。西夏民众将其用于冬季，也在于白蒿的生长期可以延续至秋季，便于人们在冬季来临之前采集，晾干，储存。白蒿还可入药，宋代唐慎微《重修政和经史证类备用本草》记载，"白蒿，味甘平，无毒。少食常饥，久服轻身，耳目聪明不老，二月采。"[7] 可见，白蒿少量食用可以充饥，久服可起到清热解毒、止血化淤之效。在二月采集，意味着入药主要在其刚生长的嫩叶部位。

[1] （明）李时珍：《本草纲目》卷26，清文渊阁四库全书本，第1149页。
[2] 高增贵：《（民国）临泽县志》卷1，民国三十二年（1943年）刊本，第73页。
[3] ［俄］Б и·克恰诺夫编，俞灏东、杨秀琴、罗矛昆译：《圣立义海研究》，宁夏人民出版社，1995年，第16页。
[4] ［俄］Б и·克恰诺夫编，俞灏东、杨秀琴、罗矛昆译：《圣立义海研究》，宁夏人民出版社，1995年，第16页。
[5] （唐）陆玑撰，丁晏校正：《毛诗草木鸟兽虫鱼疏》卷上，中华书局，1985年，第9页。
[6] （明）鲍山编，王承略点校：《野菜博录》卷1《草部》，山东画报出版社，2007年，第81页。
[7] （宋）唐慎微：《重修政和经史证类备用本草》卷6，四部丛刊景金泰和晦明轩本，第237页。

食、药并重，可谓一举两得。

（3）野韭

野韭，在现代植物学上属于百合科的葱属类。今天北方地区均有分布，生长于海拔460～2 100米的向阳山坡、草坡或草地上，花果期为6～9月，叶可食[1]。野韭属于不种自生，且生长于原泽之地，清吴其濬《植物名实图考》说道："咸阳泽，坦，卤不生五谷，惟野韭自生于蓬蒿沙草中，则又遍及原泽，而非宗生高冈。"[2] 明代鲍山《野菜博录》记载："野韭，形如韭苗，叶极细弱，叶圆，叶中撺葶开小粉紫花，似韭花状，苗叶味辛。"[3] 可见，野韭与韭菜的不同之处主要在于其叶子的形状圆且极细，韭菜呈扁平状；其花颜色为粉紫色，韭菜花为白色。两者共同之处在于叶子均可食用，叶均有辛辣味。古人对它也是情有独钟，宋代杨亿在《杨文公谈苑》中有《刘经野韭诗》记，一名叫刘经的人，以辽政事舍人的身份出使中原，在行走途中见有野韭可食，而且味道不错，并作诗云：野韭犹长嫩，沙泉浅更清[4]。由于野韭花果期在夏秋季，故当时此人应是在夏秋季的某一天出使中原。明代金幼孜《北征录》记载，永乐北征之时，也有人们采食野韭的现象，"永乐八年（1410年），五月初五日，发苍山峡，午次云台戍，地生野韭沙葱，人多采食。"[5] 既如此，西夏民众采食野韭也在情理之中。每年夏秋季节，野韭正值生长期，人们采集其苗叶，洗净后，可采用两种方式加以食用：一是先用热水顿时一过，然后用油盐调食；二是生腌后再食用。

由于西夏粮食最缺乏的是冬、春季节，故西夏文献《圣立义海》记载，每到八月末，人们便开始储存野生植物，"月末储藏：八月末，储干菜。"[6] 这里的干菜除西夏民众种植收获的蔬菜外，也包含着可食性野生植物。直到九月，西夏民众依然在将"日常需要的几种蔬菜都以各种方法储存过冬"[7]。 由此可见，西夏民众冬季所食之野生植物主要是采集秋季之部分进行存储，以此作为

---

[1] 中国科学院植物志编辑委员会：《中国植物志》第14卷，科学出版社，1980年，第223页。

[2]（清）吴其濬：《植物名实图考》卷3《菜蔬》，中华书局，1963年，第76页。

[3]（明）鲍山编，王承略点校：《野菜博录》卷1《草部》，山东画报出版社，2007年，第202页。

[4]（宋）杨亿口述，（宋）黄鉴笔录，（宋）宋庠整理，李裕民辑校：《杨文公谈苑》第57《刘经野韭诗》，上海古籍出版社，1993年，第35页。

[5]（宋）金幼孜撰：《北征录》，上海古籍出版社，1991年，第9页。

[6]［俄］Би·克恰诺夫编，俞灏东、杨秀琴、罗矛昆译：《圣立义海研究》，宁夏人民出版社，1995年，第18页。

[7]［俄］Би·克恰诺夫编，俞灏东、杨秀琴、罗矛昆译：《圣立义海研究》，宁夏人民出版社，1995年，第18页。

冬季主食缺乏时的应急粮。

总之，野生植物的青睐者主要集中于下层民众，而且不同季节的野生植物在西夏民众眼中都是不可或缺的食源。无论是在正常时期（主食充足）还是在非正常时期（即在军兴粮馈和灾年时期）都体现着其已有的食用价值，只是后者表现得更加突出。由于碱蓬子、苦藋、茵陈、芜荑、苁蓉、马齿苋、登厢、地黄叶、沙葱、白蒿、野韭等野生植物含有丰富的蛋白质、脂肪和各类维生素，所以在为西夏民众提供食物的同时，其药用价值也会有所体现。

由上可知，不同季节的野生植物在西夏民众需要之时"慷慨解囊"，以其食、药价值缓解了民众在正常和非正常时期的不同需求。然而，这些植物体内所含的营养素与人体有着何种联系呢？

二、野生植物与人体的内在关系

从生态人类学角度看，西夏民众与野生植物之间并不是一种简单的取食和被取食的关系，笼统地说是存在一个简单的"三角关系食物链"，即大自然给野生植物在不同季节提供能量，满足野生植物的生长。由于野生植物中含有从大自然吸收的各类营养物（包括微生物），当其被西夏民众食用后，营养物会通过人体消化系统进行消化、吸收，进而对人的身体起到不同的作用。民众食用后，通过新陈代谢作用产生的对植物生长有用的"营养物"回到大自然，又被野生植物不同程度地吸收。这种简单循环的"隐形食物链"恰好是西夏民众与野生植物之间相互利用的一种体现。

同时，西夏民众必须"消耗"大量的碳水化合物和脂肪来提供呼吸所需的热量，而以此方式消失掉的热量约有90%之多，但人体不仅仅只靠热量，还必须有维持身体运作的蛋白质。蛋白质包括身体的"建筑材料"（血液、骨骼、皮肤、肌肉、分泌腺和毛发）和负责身体化学反应（即负责生命本身）的各种酶。[1]众所周知，北方少数民族多喜食肉食和奶酪。肉制品中虽含有丰富的蛋白质和脂肪，但缺少碳水化合物和维生素，故将肉制品和野生植物结合食用，可以及时补充人体所需的各种营养素。所以，西夏民众人体所需的基本能量除来自

---

[1] ［美］唐纳德·L.哈迪斯蒂著，郭凡、邹和译：《生态人类学》，文物出版社，2002年，第55页。

各类农作物和动物外，还来自野生植物所含的各种热量、糖分、各类矿物质、维生素和各类酸等。这些营养素对民众身体的发育和成长起着重要作用。下面对部分野生植物所含营养素与人体之间的关系作以说明。

据科学检测成果显示，野生植物含有人体所需的诸多营养素，而且，某些野生植物所含的某种营养素比普通蔬菜还多。以此为线索，分析西夏境内部分野生植物所含的营养素成分，可以帮助我们了解西夏民众人体与所食野生植物之间的内在联系。具体见表6-1：

表6-1　西夏境内部分可食野生植物所含营养素一览表（100克为准）[1]

名称	水分/克	蛋白质/克	脂肪/克	碳水化合物/克	能量/卡	维生素A/毫克	维生素B₁/毫克	核黄素/毫克	尼克酸/毫克	维生素C/毫克	钙/毫克	磷/毫克	铁/毫克	胡萝卜素/毫克
蔓菁叶	—	2.4	0.2	3.0	23.4	—	—	0.5	—	—	252	67	5.7	2.18
碱蓬	89	2.8	0.3	5.2	31	0.667	0.26	0.28	0.7	86	480	34	8.3	4
马齿苋	92	2.3	0.5	3.9	27	0.372	0.03	0.11	0.7	23	85	56	1.5	2.23
沙葱	79	2.7	0.2	6.7	33	0.5	0.31	—	0.7	64	279	43	4.1	3
野韭	86	3.7	0.9	7.2	35	0.235	0.03	0.11	0.7	21	129	47	5.4	1.41
茵陈蒿	79	5.6	0.4	12	56	0.837	0.05	0.35	0.2	2	257	97	21	5.02

从表6-1可以看出，野生植物所含的营养素类型多样，对人体而言，各种营养素又有不同的功能。由此可见，在生存环境窘迫的条件下，西夏民众采食野生植物或并未意识到野生植物中含有诸多对人体有益的营养素，但却能使其身体的饥饿状态得以缓解。

继而也可认识到：西夏民众在正常时期和非正常时期食用野生植物这一行为的发生与西夏当时的自然环境和社会环境是离不开的。

其一，西夏境内地形地貌复杂，沙漠、平原、高山、高原并存。地貌的多样化，赋予了生存环境的复杂性，使得像碱蓬子、沙葱、茵陈、登厢等野生植物为西夏民众所用。如前所述，自然灾害也常侵扰西夏。同时，西夏境内宜农之地缺乏，"夏国赖以为生者，河南膏腴之地，东则横山，西则天都、马衔山一带，其余多不堪耕牧。"[2] 这种生存环境使西夏民众在食源不足时不得不采集

[1] 蔓菁叶的数据源于河北省卫生厅粮食厅合编：《野菜和代食品》（第一辑），1960年，第103页。其余野菜相关数据源于杨月欣、王光亚、潘兴昌主编：《中国食物成分表》，北京大学医学出版社，2002年，第68-70、第108页。
[2]（宋）李焘：《续资治通鉴长编》卷466，元祐六年（1091年）九月壬辰条，中华书局，1995年，第11129页。

野生植物以为岁计。

其二，社会环境也不容忽视。党项族初以羊马立国，铁骑的足迹踏遍了西北地区六十多万平方千米的土地[1]。但这是以常年征战换来的，造成了西夏社会和人们日常生活的不稳定。西夏"种落散居，衣食自给，忽尔点集"[2] 的作战方式，也给西夏民众造成了一定的生活负担，家中所积食粮多供给战备。同时，根据文献所记，西夏统治者发动战争基本上不会有特定的时间，一年四季都会有大大小小的战争发生。[3]战争常使下层民众集聚后方，造成"空守沙漠，衣食并竭，老幼穷饿，不能自存"[4]的现象。所以，民众采食不同季节的野生植物就具有了一定的必要性。

第五节　民众、野生动物与环境的相互依存

野生动物是生态环境优劣的"指示器"[5]。在西夏这一区域内，存在着多种多样的野生动物，并且与人们的生活发生着联系。学术界对野生动植物的关注已有数年，并且成果斐然，但大都为了体现某一野生动物（如野骆驼、野马、野驴、虎、大象、雕等）的分布变化，研究时段的选择比较长，涉及某一朝代野生动物和人类活动之间关系的研究很少。因此，以西夏野生动物的种类及所反映的生态环境整体面貌为线索，来探讨西夏境内的野生动物与西夏民众之间的关系就很有必要了。

一、野生动物反映生态环境

据学者计算，西夏当时所辖的范围有60多万平方千米[6]，相当于今中国疆域的十六分之一。殊不知，在这十六分之一的疆域上，却也分布着各种各样的

---

[1] 李新贵：《西夏牧业经济若干要素的考察与分析》，《青海民族研究》2004 年第 3 期。

[2] （宋）赵汝愚编，北京大学中国中古史研究中心校点整理：《宋朝诸臣奏议》卷 134，上海古籍出版社，1999 年，第 1499 页。

[3] 戴锡章编撰，罗矛昆点校：《西夏纪》，宁夏人民出版社，1988 年。

[4] （宋）李焘：《续资治通鉴长编》卷 404，元祐二年（1087 年）八月丁未条，中华书局，1995 年，第 9855 页。

[5] 杨蕤：《西夏环境史研究三题》，《西北民族第二学院学报（哲学社会科学版）》2007 年第 2 期。

[6] 杜建录：《西夏经济史》（中国社会科学出版社，2002 年，第 88 页。）一书中根据谭其骧的《中国历史地图集·西夏疆域图》测算，西夏面积为 66 万平方千米。而李虎在《西夏人口问题琐谈》（《首届西夏学国际学术会议论文集》，宁夏人民出版社，1998 年）一文中估算为 64.6 万平方千米。

野生动物。

西夏文献《圣立义海》中记载，不同的地形地貌生存着不同的野生动物。山林中，"野兽依蔽：九兽中，豹、虎、鹿、獐居，种种野兽凭山隐蔽。众鸟筑巢树上"。坡谷中，"野兽伏匿：九兽中，顽羊、山羊、豺狼等隐处也"。沙窝中，"小兽虫藏：蝎、蛙、鼠及沙狐多藏伏"。平原中，"九兽中白黄羊、红黄羊居平谷，食水草而长"。河泽中，"野兽多居：口鸡不少，野兔多居"[1]　西夏文书《番汉合时掌中珠》中也记载有豹、虎、象、熊、狮子、蛇、鹿、獐、兔（野兔）、沙狐、野狐、骆驼、狼、黄羊、顽羊、豺狼、牦牛等野生动物。

在整个西夏境内生存的野生动物中，不仅有如上所举之野兽类，还有飞禽类和鱼类，《番汉合时掌中珠》中记载的飞禽类动物有雁鸭、凤凰、孔雀、鹅、鹰雕、黑乌、老鸥、鸳鸯、黄鹃子、鹊鹌鸽、雀子、鸡、蝴蝶、鹌鹑、蜜蜂、蛆虫、蜘蛛蚁、蝇、龟哇、燕子、□□鹤，种类繁多。[2]

西夏境内的主要河流，"水至清"者占少数，多以"浊""较浊""较清"为主。古人说，"水至清则无鱼"，故而，西夏以浊为多的河流中也有鱼类生存，《西夏谚语》说，"河水深浅鱼可游"；"鱼都卧冰下，不觉冷"；"鱼卧，头迎向水"；"鱼活深水钓绳短"[3] 等便是体现西夏有鱼类分布的最好例证。以上记载虽不能完整地表现出西夏境内野生动物的具体分布和各个种群具体数量的多少，但至少可以说明，当时西夏境内野生动物的活动是比较频繁的，动物多样性也比较丰富。从总体上来看，西夏时期的生态环境整体上也要好于今日。

二、民众与野生动物的互动

从以上资料记载可知，西夏境内多山，生物多样性良好，动植物种群多样，不仅丰富了西夏的自然生态环境，也为人们的生产生活提供了必要的资源。在民众与野生动物的互动过程中，避免不了虎、狼、豹等动物对民众的安全构成威胁，但是总体来说，还是以民众和动物之间的相互利用为主。

西夏民众对野生动物的利用分为"陆""空""水"三种。以"陆"和"空"

---

[1] ［俄］Би•克恰诺夫编，俞灏东、杨秀琴、罗矛昆译：《圣立义海研究》，宁夏人民出版社，1995年，第57页。

[2] （西夏）骨勒茂才著，黄振华等整理：《番汉合时掌中珠》，宁夏人民出版社，1989年。

[3] 陈炳应译：《西夏谚语》，第29条、第211条、第51条，山西人民出版社，1993年，第8-25页。

为主。

1. 对野兽类的利用

西夏民众对野兽类动物的利用主要通过捕猎实现获取。那么这种获取资源的方式为何存在？捕猎者又是谁？捕猎时间有何特点？使用什么样的捕猎方式？在这里我们先作以简单说明。

（1）捕猎原因

捕猎原因其实很明显，基本有三点。第一，获取生活资料。从生态多样性角度看，就是为了"逐利以满足社会需求的人之杀戮行为"[1]。第二，消除野生动物如虎豹之类对人们安全的威胁。第三，训练党项民族固有的捕猎传统意识和技术。

（2）捕猎者与捕猎时间

西夏的捕猎者中除了贵族阶层如国王、贵族、官僚之外，还有平民，所以人数众多。《西夏书事》记载，"继迁善骑射，饶智数。尝从十余骑出猎，有虎突从山坂下，继迁令从骑悉入柏林中，自引弓踞树巅，一发中虎眼，毙之。"[2]

《圣立义海·月之名义》记载，皇帝行猎在十月。"御寇行猎：十月时，天降霜，使蒲草尽枯死，君依顺于天，率军行猎也"。十月蒲草皆被霜所打死，皇帝正好顺于天，行军打猎，《西夏书事》记载，西夏天盛七年（1155年），国主李仁孝"猎于贺兰原"[3]。十二月也有"年末腊日，君出射猎，备诸食"[4]的记载。同时，民众们为了需要，也在七月、八月间追捕鹿群。《月月乐诗》记载，"七月里，人们在追捕鹿群，收割稻谷，三种值钱的东西（鸟、鹿和稻谷）都要得到。八月里，人们在追捕鹿……一点也不敢疏忽"[5]。也有民众在十月射猎，《圣立义海·月之名义》载，"十月冬季，国人射雕，……黄羊逃丛林，边地国人追射。"[6]

[1] 侯甬坚、张洁：《人类社会需求导致动物减少和灭绝：以象为例》，《陕西师范大学学报（哲学社会科学版）》2007年第36卷第5期。

[2]（清）吴广成撰：《西夏书事》卷3，《续修四库全书·史部·别史类》，上海古籍出版社，1995年，第312页上。

[3]（清）吴广成撰：《西夏书事》卷3，《续修四库全书·史部·别史类》，上海古籍出版社，1995年，第586页上。

[4] ［俄］Б и·克恰诺夫编，俞灏东、杨秀琴、罗矛昆译：《圣立义海研究》，宁夏人民出版社，1995年，第54页。

[5] ［俄］Б и·克恰诺夫编，俞灏东、杨秀琴、罗矛昆译：《圣立义海研究》，宁夏人民出版社，1995年，第17页。

[6] ［俄］Б и·克恰诺夫编，俞灏东、杨秀琴、罗矛昆译：《圣立义海研究》，宁夏人民出版社，1995年，第54页。

（3）捕猎方式

《文海》中对西夏的捕猎方式做了相关解释，主要有捉、兜、熏三种。捉者，"巧捕使不解之以是"。兜者，"网也，羂也，捕物用也"；"罗网，捕黄羊用网之谓"；"网，羂也，罗也，捕飞鸟野兽等用也"。"熏出，穴中动物不出时，以火烟令出之谓"[1]。《宋史》载，每当举兵之前，李元昊都要与部落长官一起进行捕猎，有所收获后便下马环坐，饮酒食肉，借机谈论相关军政问题，"每举兵，必率部长与猎，有获，则下马环坐饮，割鲜而食，各问所见，择取其长。"[2]此外，南宋周密《癸辛杂识》续集卷上《大打围》的记载可作为西夏人狩猎的参考：

> 北客云：北方大打围，凡用数万骑，各分东西而往。凡行月余而围始合，盖不啻千余里矣。既合则渐束而小之，围中之兽皆悲鸣，相吊获兽凡数十万，虎、狼、熊、罴、麋鹿、野马、豪猪、狐狸之类皆有之，特无兔耳。猎将竟，则一门广半里许，俾余兽得以逸去，不然则一网打尽，来岁无遗种矣。又曰：未猎之前，队长去其头帽于东南方，开放生之门，如队长复帽，则其围复合，众始猎耳，此亦汤王祝网之意也。[3]

以上记载的是北方人打猎的情形：捕猎者先分东西而往，后合围猎杀野兽，所围野兽种类众多。猎杀时以队长的信号为准，若去掉头帽置于东南方，则为开放生之门，使余下的动物离去，若将帽子戴上，则说明放生之门关闭，又开始打猎。在这一过程中，他们很重视动物多样性的延续，猎杀过多会使动物不能及时繁殖，导致来年没有猎物。此外，材料中提及打猎的人数有"数万骑"，像这种规模的打猎在游牧民族之中应该比较常见。

由上来看，生活于西夏山林、坡谷、平原等地区的野生动物很容易成为被猎对象。为了需要，"人们在山上猎杀野牦牛"[4]。但是射杀牦牛并不是件容易的事，正所谓"牦牛射杀难，羖口屠宰易"[5]。

---

[1] 史金波等：《文海研究》，中国社会科学出版社，1983年，第562页上、第481页下、第427页下、第491页下、第409页下。

[2]《宋史》卷485《夏国传》，中华书局，1977年，第13993页。

[3]（宋）周密著，吴企明点校：《癸辛杂识》续集卷上《大打围》，《唐宋史料笔记丛刊》之一，中华书局，1988年，第116页。

[4]（俄）Би·克恰诺夫编，俞灏东、杨秀琴、罗矛昆译：《圣立义海研究》，宁夏人民出版社，1995年，第14-15页。

[5] 聂鸿音、史金波：《西夏文本〈碎金〉研究》，《宁夏大学学报（社会科学版）》1995年第2期。

不同的捕猎者所侧重的目的有所不同，对于上层皇室、贵族阶层及其他低于贵族高于平民的阶层来说，或在于娱乐、或在于训练围猎技术以防止长时间的不围猎导致其忘本，或在于向周围国家进贡，如鹿、野马等。对于下层平民而言，当然是为了生活、治病，如捕鹿之后或将其肉吃掉，或将鹿角、鹿胎等部位入药进行治病，俄藏黑水城出土文献中有一医方（俄 TK187，16—1）就明确记载有用鹿角治病。[1]麝所产的麝香既可制成香料，亦可入药，俄藏黑水城出土文献中也有一医方（俄 TK187，16—15）明确记载有用麝香入药。[2]《太平寰宇记》记载，靠近西夏的延州（治所今延安）、天水郡（治所今天水）、陇西郡（治所今临洮）将麝香列为土产。《圣立义海·山之名义》载，"[金子]山、长目山、神掌山、齿石[萨茄]黑月□，见黑山头，多榆，出芜荑，山羊、香麝、顽羊野兽多居也。"[3] 而且后来的《嘉靖宁夏新志》卷一中亦记载"灵州：贡红蓝、甘草、苁蓉、麝……"[4]可以想见，当时麝也处于人们的捕杀之列。

此外，像虎、豹等动物在西夏也有别的用途。西夏民众对虎、豹皮比较珍爱，所以虎、豹皮也被用作婆亲不可或缺的彩礼，上到皇室、贵族、一般官僚，下至平民都有此喜好。只不过不同的阶层，所需要的数量不同，《天盛改旧新定律令》卷八《为婚门》就有相关记载：

殿上坐节亲主、宰相等以自共与其下人等为婚者，予价一律至三百种以内，其中骆驼、马、衣服外，金豹、虎皮等勿超五百种。节亲主以下僚等以自共与民庶为婚……金豹、虎皮勿超百种。自盈能等头领以下至民庶为婚……金豹、虎皮勿超二十种。[5]

从材料所记金豹，虎皮五百种、百种、二十种等数字可以看出，西夏境内的虎、豹种类还是比较多的，同时也反映出西夏自然环境确实适宜较多的野生动物生存。

---

[1] 俄罗斯科学院东方研究所圣彼得堡分所，中国社会科学院民族研究所编：《俄藏黑水城文献（汉文部分）》第四册，上海古籍出版社，1997 年，第 174 页。

[2] 俄罗斯科学院东方研究所圣彼得堡分所，中国社会科学院民族研究所编：《俄藏黑水城文献（汉文部分）》第四册，上海古籍出版社，1997 年，第 188 页。

[3] [俄] Б и·克恰诺夫编，俞灏东、杨秀琴、罗矛昆译：《圣立义海研究》，宁夏人民出版社，1995 年，第 60 页。

[4] （明）胡汝砺编，（明）管律重修，陈猷明校勘：《嘉靖宁夏新志》卷 1，宁夏人民出版社，1982 年，第 26 页。

[5] 史金波、聂鸿音、白滨译注：《天盛改旧新定律令》第 8《为婚门》，法律出版社，2000 年，第 306 页。

2．对飞禽类的利用

飞禽类野生动物在西夏生活中也是比较重要的。除如射雕之类的捕杀之外，西夏民众还根据鹌鹑的叫声来象征国泰民安，"七月中，露降，鹌鹑鸣，民庶乐，国家安"[1]。通过鸠的叫声和日常表现来判断时间和气候，"八月冷时寒近，鸠鸟鸣时迎寒，露冷"[2]。"鸠"是一种伯劳鸟，李时珍《本草纲目》云："伯劳，夏鸣冬止，乃月令时之鸟"[3]，故这种鸟鸣叫停止之时，说明寒冷即将到来，而此时，燕子也在返往南方，"秋中后，天雷息声，燕子返往南海。"[4]燕子南飞，表明气候变冷，鸟开始迁徙。

还有如海东青之类的飞禽类动物，被当作进贡之物，在调节西夏内部以及西夏与邻国的纠纷上起了一定的作用。《宋史·夏国传上》记载，宋太宗淳化三年（992年），党项部族首领李继捧与其族弟李继迁之间发生内讧，"保忠乞师御继迁，遣商州团练使翟守素率兵援之，赐保忠茶百斤，上醝十石，乃献白鹘，名海东青，以久罢畋猎，诏慰还之。"[5]这些不仅仅是野生动物与西夏民众关系密切的体现，而且是长时间以来，他们与野生动物接触所形成的一种互动性经验，对生产生活有着重要的作用。

3．对鱼类的利用

西夏的水下野生动物主要为鱼类资源，其主要分布在河流和湖泊之中，但是受自然条件限制，鱼类资源也不见得有多丰富，《月月乐诗》说，"时光凉嗖嗖地流逝，将近十二月。错过了第五天连小鱼也抓不着"[6]就是例子，所以说，西夏民众想要吃鱼必须掌握好时机。

---

[1]［俄］Би·克恰诺夫编，俞灏东、杨秀琴、罗矛昆译：《圣立义海研究》，宁夏人民出版社，1995年，第52页。
[2]［俄］Би·克恰诺夫编，俞灏东、杨秀琴、罗矛昆译：《圣立义海研究》，宁夏人民出版社，1995年，第52页。
[3]（明）李时珍：《本草纲目》卷49，清文渊阁四库全书本，第1088页。
[4]［俄］Би·克恰诺夫编，俞灏东、杨秀琴、罗矛昆译：《圣立义海研究》，宁夏人民出版社，1995年，第52页。
[5]《宋史》卷485《夏国传上》，中华书局，1977年，第13985页。对此事件在（宋）曾巩《隆平集》卷2中有记载，"淳化中，夏州赵保忠献鹘，谓之海东青，上曰：朕久罢畋游，无所用也，还以赐之"。此事在王称：《东都事略》卷127附录五《李彝兴传》中也有相关记载，"保忠来乞师，太宗遣翟守素讨之，继迁皇惧，奉表归顺"。
[6]［俄］Би·克恰诺夫编，俞灏东、杨秀琴、罗矛昆译：《圣立义海研究》，宁夏人民出版社，1995年，第19页。

三、民众对野生动物的认识与态度

西夏野生动物种类多样，分布广泛，对西夏社会有着诸多积极作用。同样，西夏民众对这些野生动物的生活习性也有着较深的认识。

1．对野兽类的认识

《圣立义海·腊月之名义》记载，"冬腊月末，虎豹配，来年七月产仔"[1]。《西夏谚语》第190条，"虎豹无踪迹，蝼蛄留痕迹。"因为虎豹掌底有一层厚厚的肉，所以痕迹不明显，而蝼蛄足细长，容易留下痕迹，然实际上并非如此，只是当时人们的一种说法而已。第88条："勇鹰险处抓兔子，老虎情面弧饮酥。"第143条："虎豹威仪，美狐出去，深水苇长，老马憋气。"[2]显示出虎的威严，就是其他野兽也不敢与之抗衡，乖乖溜走。西夏谚语中对老虎的描述更加说明了当时虎经常出没于人们生活的地区。

谚语是一种社会文化现象的真实反映，是民众在长期的生活实践中得出的反映自身生活的一种语言。因此，通过谚语我们可以了解到民众对野生动物的相关认识。《西夏谚语》第300条说："鹿躲藏难安稳，角枝易暴露；虎豹出易辩认，皮毛眩人目。"[3]这说明民众通过动物的身体特征来判断遇到的是哪种动物，以便做出危险的"评估"。"老狼啼哭不掉泪，大鸟咬物没有牙"；"苦蘽根须籽久苦，豺狼小崽小又腥"，描写豺狼的小狼崽小，且具腥味，让人有一种天生的畏惧感，表明当时民众对狼比较熟悉；"狗狼足迹，露霜掩盖；头羊足迹，（吃）虫填埋。"[4] 说的是狼的足迹，被露霜所掩盖，表明当时狼也遍布于他们的活动范围之内。

2．对飞禽类的认识

对动物肢体语言的利用也是民众与动物互动的一种表现，民众根据鹿的叫

[1] ［俄］Би·克恰诺夫编，俞灏东、杨秀琴、罗矛昆译：《圣立义海研究》，宁夏人民出版社，1995 年，第 55 页。

[2] 以上谚语均选自陈炳应译：《西夏谚语》，山西人民出版社，1993 年，第 9、第 11、第 13、第 16 页。

[3] 中国民间文学集成全国编辑委员会编：《中国谚语集成·宁夏卷·附类·西夏谚》，中国民间文艺出版社，1990年，第 763 页。

[4] 陈炳应译：《西夏谚语》，山西人民出版社，1993 年，第 11-13 页。

声和杜鹃的出现来判断时间，"夜闻鹿鸣天晓，日见杜鹃天晚"[1]。还有如前所述的鹌鹑鸣叫时，说明国家安定，人民安乐。鸠这种鸟鸣叫之时，说明天气已经转冷。燕子返往南方时，表明气候北方变冷，鸟开始往南飞避冷等。这些都是他们根据日常观察所得出的各种认识，以此来为自己服务。同时，民众对飞禽类动物的繁殖时间也观察得很仔细，"腊月末，鹊集巢兽禽类相配鸣也"[2]。

3. 对鱼类的认识

西夏民众利用鱼类时，对其生活习性也有一定的认识，《西夏谚语》中说，"鱼都卧冰下，不觉冷"[3]，说的是在冬天，水的温度高于陆地，鱼利用冰隔离来自陆地的寒冷来保温。"鱼卧，头迎向水"[4]，说的是鱼儿在水中卧的时候，必须头迎向水。这里的"水"，应有两种含义：一是鱼儿的头迎向流水（流动之水）的方向，借助水的流动来呼吸氧气；二是将头直接迎向离水面最近的地方，因为水面是水中含氧量最丰富的地区。"鱼活深水钓绳短"[5]，说的是鱼生活于深水区时，钓绳太短无法获取，也证明民众有使用钓绳钓鱼的习俗。

4. 政府的保护方式

不单单是普通民众，西夏政府对野生动物也持有比较好的保护态度。政府通过制定相关法令加以保护，牦牛便是其中一分子。

为了避免牦牛在其生存环境中受到不必要的影响，西夏政府对牦牛进行严格的管理。牦牛生存于燕支山、贺兰山两地，并且燕支山的土质相对比较好。因为这两座山均为牦牛的生存地，牦牛每年利仔为十牛五犊，需要赔偿时，当属牦牛。在贺兰山中的牦牛，每年七月、八月间，都要被政府所配官员进行检视，已育成的幼犊当如数登记在册，如有死亡，当偿犊牛。如果违律，将受到惩罚：贺兰山上的检视牦牛者不依规定时日配遣，其他官吏如大人、承旨、都案、案头、司吏等都罚马一，庶人十三杖；如若检者、牧人等受贿，则从重者

[1] 陈炳应译：《西夏谚语》，山西人民出版社，1993年，第23页。
[2] ［俄］Би·克恰诺夫编，俞灏东、杨秀琴、罗矛昆译：《圣立义海研究》，宁夏人民出版社，1995年，第57页。
[3] 陈炳应译：《西夏谚语》，山西人民出版社，1993年，第23页。
[4] 陈炳应译：《西夏谚语》，山西人民出版社，1993年，第23页。
[5] 陈炳应译：《西夏谚语》，山西人民出版社，1993年，第9页。

判断；无贿、未知，则检者勿治罪，牧人依偷盗法当承担罪责[1]。由此可见牦牛在其社会生活中是比较重要的，同时也表明了西夏政府对牦牛的态度。

综上所述，在西夏这一区域内，丰富多样的野生动物与西夏民众共同生存，同时，相互之间也同样发生着利用关系。一些野生动物为了生存去袭击人，与人发生冲突，而西夏民众也在利用动物来满足自己的需求。侯甬坚先生在其文章中描述人们从古至今对付猛兽的方式时这样说道：人类在野外同兽类不断遭遇，从恐慌到沉着，从被动到主动大致可经历三个阶段。总结其说为，或出于自卫，或为了获取动物身上有用的器官，或为了获得丰厚的利润而进行捕猎[2]。对于此，在西夏社会中也有所体现。同时，西夏民众也通过动物的某些习性来观察生活，为生活所用。

第六节　池盐：民众与环境互动的"媒介物"

西夏境内多盐池，盛产青白盐，产盐规模大，为西夏社会的发展带去了财富，《文海》中解释："池，盐池也"；"碱，碱池也，如盐巴是也"[3]。青白盐，又可称青盐。俗话说，"柴米油盐酱醋茶"，盐在日常生活中扮演着不可替代的角色。它来自自然，经加工后为人所用、为社会所用。不论古今，盐带给人类社会的利益是巨大的。

一、采（种）盐：人与环境的互动

丰富的盐业资源对西夏好似一座座小型的"金库"。然而，若想得到盐池之盐，如何采盐（制盐）便为首要考虑因素。由于在疆域比对上唐代基本包含着西夏，宋代在食盐方面又与西夏联系密切，故西夏采盐、制盐的方法在很大程度上其实是受唐宋制盐法的影响，分为天然采掘和人工种盐两种方法。

---

[1] 史金波、聂鸿音、白滨译注：《天盛改旧新定律令》第 19《畜利限门》，法律出版社，2000 年，第 576-577 页。

[2] 侯甬坚、张洁：《从猎取到饲养：人类对付猛兽方式之演变》，《野生动物》2008 年第 5 期。

[3] 史金波等：《文海研究》，中国社会科学出版社，1983 年，第 538、第 415 页。

1. 天然采掘法

天然采掘法，顾名思义，主要是在风吹、日晒等条件下，盐自然成形于野外的盐池泽卤之中。是当人们需要之时在盐池中采集使用的一种生产方法。这种生产方式受自然条件的影响很大。在西北地区，风和阳光是不缺的，而且受到干旱少雨气候条件的制约，西夏境内有不少盐池均是自然形成，不需要人工加工，其"不劳煮泼，成之自然"[1]。《元和郡县图志》记载，陇右道的敦煌县境内有盐池，其中盐不种自生，"在县东四十七里，池中盐常自生，百姓仰给焉"[2]。看起来，使用天然采掘法，盐容易得到，但因其生产全赖自然，产量不稳定，容易出现"随月亏盈"的现象。

此外，张守节《史记正义》说，西夏境内著名的乌池，"其池中凿井深一二尺，去泥即到盐，掘取若至一丈，则著平石无盐矣。其色或白或青黑，名曰井盐。"[3]由此看来，西夏的井盐生产应该偏向于直接从盐池中采集，然后简单处理使用。

2. 人工种盐法

人工种盐法，又叫"畦种法"。古人云"西人谓盐为碱，谓洼下处为隈。有盐池长十里，产红盐、白盐，如解池，可作畦种云。"[4] 此处说的就是以畦种法制作可食用的池盐。畦种法与西夏制盐方法的关系，杜建录、赵斌等学者已做过相关研究[5]，兹不赘述。

关于西夏人工制盐的方法在西夏史籍中未见记载，但从传承的角度来看，西夏人或许继承了前朝的制盐方式。南朝梁元帝萧绎《金楼子》中描述凉州有一种池盐的形状为四方，有半寸大，似石头一般，生产方法是在盐池旁直接耕地（类似于畦种法中所讲的畦田）种盐，即将盐池中的卤水直接引到所耕地（畦田）中，人并不去管它，待风吹日晒，水分蒸发后，即生此种形制之盐。"有清

[1]（唐）虞世南：《北堂书钞》卷146《酒食部五·盐三十三》，中国书店，1989年，第616页。
[2]（唐）李吉甫撰：《元和郡县图志》卷40《陇右道下·沙州》，中华书局，1983年，第1026页。
[3]（汉）司马迁著，（宋）裴骃集解，（唐）司马贞索隐，（唐）张守节正义：《史记三家注》（下册），广陵书社，2014年，第1337页。
[4]（宋）李焘：《续资治通鉴长编》卷514，元符二年（1099年）八月辛巳条，中华书局，1980年，第12216页。
[5] 杜建录：《西夏池盐的生产与权榷》，《固原师专学报（社会科学版）》2001年第5期；赵斌、张睿丽：《西夏盐政述论》，《西北大学学报（哲学社会科学版）》2004年第2期。

池盐，正四方，广半寸，其形扶踈（疏），似石，人耕池旁地，取池水沃种之，去勿回顾，即生此盐。"[1]还有一种如敦煌文书中记载，由于盐在水中自为块状，所以西夏人将其从水中慢慢过滤出来进行暴晒，"盐在水中自为片块，人就水里漉出曝干"[2]。这种制盐方式与传统的畦种法相比，在技术和程序上要粗略许多，但与自然采掘池盐的方式相比较，里面又包含了西夏制盐人的辛勤劳动：耕（畦田）和引。既如此，制盐的参与者是谁？《天盛改旧新定律令》在记到对逃跑重归投诚者的安置时，提及"织布、采金、织褐、盐池出产者"[3]。由此看来，在合法的渠道下，这些"盐池出产者"很大程度上是依附于官府的下层民众，也就是池盐的生产者，他们很大程度应该来自盐池周边，或者是如上所述的投诚者。

此外，由于自然环境的缘故，制盐的时间也要把握好。西北地区每年春季到秋季之间阳光和风均较强，所以每年春秋之间是制盐最好的时机。季节的不同对盐的生产量是有很大影响的，宋夏时期西安州（今宁夏海原境内）河池的池盐生产受春夏季雨水的调控较大，"春夏因雨水生盐，雨多盐少，雨少盐多"[4]。

在西夏民众制盐的过程中，不论是自然采掘法，还是人工种盐法，均对环境有着很强的依赖性。所以在西北地区露天制盐，虽然会受春秋之间雨水的影响，导致盐产量多寡不定，但是露天制盐最基本的三个要素——风、卤水、阳光（蒸发）都是缺一不可的，只有这三个要素之间密切配合，在合适的季节刮风，有适量卤水的供应，加上西北干旱半干旱地区强大的蒸发力，三管齐下，才能制作出人们所需要的食盐。

二、管理·交易：盐与社会的互动

1. 政府对盐池和池盐的管理

纵观中国古代，对盐的控制和管理在每个时期都占有重要的地位，上至西汉，下至明清，都有严格的盐池管理制度，西夏也不例外。在西夏政府的法律

[1]（梁）萧绎撰，许逸民校笺：《金楼子校笺》，中华书局，2011 年，第 1183 页。
[2] 杜建录：《西夏池盐的生产与征榷》，《固原师专学报（社会科学版）》2001 年第 5 期；郑炳林：《敦煌地理文书汇辑校注》，甘肃人民出版社，1989 年。
[3] 史金波、聂鸿音、白滨译注：《天盛改旧新定律令》第 7《为投诚者安置门》，法律出版社，2000 年，第 270 页。
[4]（唐）李吉甫撰：《元和郡县图志》卷 4《关内道四·会州》，中华书局，1983 年，第 98 页。

法规之中，多涉及对盐池的管理和保护。

在管理制度上，首先，西夏政府根据各盐池的实际情况，设有一套有效的盐业管理机构。总设专门性的池税院，委派专职司吏主政，下设小监、出纳、掌斗、巡检等吏职对盐池进行监督和管理，以便盐池、池盐的管理和官榷盐税的征收。《天盛改旧新定律令》记载，"五州地租院、诸渡口租院、盐池等一律一司吏。"[1]在每一盐池设一司吏，对盐池的日常生产进行管理和记录。在盐池、□池、文池、萨罗池、红池、贺兰池、特克池七处盐池一律各设"二小监、二出纳、一掌斗"；在杂金池、大井集苇灰岬池、丑堡池、中田角、西家池、鹿□池、啰皆池、坎奴池、乙姑池九处盐池一律各设"一小监、二出纳、一掌斗"[2]。从前后小监数量来看，前七处盐池的规模应该要大于后九处盐池的规模，也就是说，西夏政府将盐池分为大、小两等级进行管理。西夏政府通过小监一职监督盐池中池盐的生产，设出纳一职进行池盐的进出流动工作，设掌斗一职监督所产池盐流动的数量。其次，为了防止百姓私自盗卖池盐，造成秩序混乱，西夏一边委派邻近盐池的一些部落首领以军主的身份做监护，如府州（今陕西府谷县）有"兀泥族大首领名崖从父盛佶，为赵德明白池军主"[3]。一边根据盐池的规模增设不同数量专职巡检，池大派两巡检，池小派一巡检，并与池税院共同监护盐池和池盐生产，"分遣监池者，池大则派二巡检，池小则派一巡检，与池税院局分人共监护之。"[4]

2. 池盐的多功能性

《续资治通鉴长编》说，"乌、白盐池之利在诸戎视之犹司命也"，说明池盐在西夏人的眼中已视如"生命"一般。既如此说，原因何在？

西夏并不缺盐，但对于生物群体本身来说，不论是人类，还是其他动植物，食盐均是有机生命体生长不可缺少的。正如宋韩绛在询问民间疾苦之时所说，"盐食，味之所急也"[5]，即盐在人们生活中扮演着不可替代的角色。其一，盐是有机生命体中的必需化合物，人和动物血液、肉体中均需要盐，人们直接或

---

[1] 史金波、聂鸿音、白滨译注：《天盛改旧新定律令》第17《库局分转派门》，法律出版社，2000年，第532页。
[2] 史金波、聂鸿音、白滨译注：《天盛改旧新定律令》第17《库局分转派门》，法律出版社，2000年，第535页。
[3]《宋史》卷491《党项传》，中华书局，1997年，第14140页。
[4] 史金波、聂鸿音、白滨译注：《天盛改旧新定律令》第17《库局分转派门》，法律出版社，2000年，第535页。
[5]（宋）李焘：《续资治通鉴长编》卷279，熙宁九年（1076年）十二月丙申条，中华书局，1980年，第6836页。

间接摄取的盐除进入血液和肌肉外，还有少量转化成盐酸，多数留在胃中帮助消食。研究显示，普通人体中约含有食盐一磅（约450克），胃液中含有盐酸0.2%，而人类为了防止由于新陈代谢流失过多盐分，每年需要摄取15～18磅（6.75～8.1千克）的食盐以满足身体需要[1]。至于其他食草性动物也需要及时补充盐分，比如西夏牲畜需要盐时，可以在盐池周边舔食池盐，或可喝含盐量较高的湖水，或可由牧民喂吃食盐等。其二，盐是人们餐桌美食的调味品之一。其三，对带有游牧性质的西夏民族来说，传统的畜牧业使肉制品在食物中占有重要地位，所以，在肉制品的储存和制作方面也需要盐。同时，北方天气寒冷，西夏民族会通过打猎获得兽皮，或者宰杀羊获得羊皮来做成皮衣以御寒，所以，对动物皮的处理和保存也需要盐来预防肉制品和动物皮腐烂变质。在今天的北方地区依然能见到类似方法，如新疆哈萨克族在冬季牧场的定居地储存马肉之时就在刚卸下来的肉块上均匀地抹上特制的"黑盐"以作风干肉[2]。不仅仅是少数民族，北方汉族在每年杀猪、杀牛之后，均在卸下的肉块上抹上食盐和花椒等调味品的混合物以做"腊肉"。

　　由于西夏长期的征战，版图逐渐扩大，人口增多，如此一来，即使有农耕区，西夏粮食也还是缺乏，若有旱年，则可能会颗粒无收。西夏池盐丰富，物美价廉，所以，为了解决生存，西夏民众把盐视为与宋夏沿边农耕民族交换粮食的最佳物品。据资料载，西夏边民用盐换粮，以维持生存，"平夏之西，盐池斯在，先是，贸易粟麦，用资糇粮"[3]。然而，随着时间的推移，这种现象势必会对宋方不利。于是在淳化二年（991年）陕西转运使郑文宝向宋太宗建议说要禁止这种贸易，以此来困李继迁和他的子民们，便上书言："银夏之北，千里不毛，但以贩青白盐与边民博籴粟麦充食，愿禁之"。数月之后，"羌戎乏食"。此时，求生的本能促使西夏边民冒死与宋方边民进行私下交换，而宋民也在利益的驱使下冒着犯罪的危险进行交换，"数月犯法者益众"。见到此种情形，宋方颁布诏书惩罚那些私自交易之徒，"诏自陕以西有私市青白盐者，皆坐死，募告者，差定其罪行之"[4]。另外，据宫崎市定研究，在宋夏沿边横山一带的横山部落（或称南山党项）生存的地区不产盐，多产粮食，盐主要是北部的平夏

[1] 郑宗法：《盐》，商务印书馆，1947年，第16页。
[2] 李娟：《冬牧场》，新星出版社，2012年，第45页。
[3] （宋）李焘：《续资治通鉴长编》卷50，咸平四年（1001年）十二月丁卯条，中华书局，1980年，第1098页。
[4] 以上皆出自（宋）彭百川：《太平治迹统类》卷2。

部落（最初属李继迁）所产，故南部的南山部落多以谷物至平夏部易盐，再将盐转手卖给宋边民。[1]这样既可缓解平夏部落粮食的缺乏，又可从中获利，一举两得，何乐而不为。

第七节　自然灾害与社会应对

自然界无所不有，无所不包，但也喜怒无常。宋景德四年（1007年）十一月，天突降大雪，致使宋朝皇帝心中堪忧。届时，宋真宗在对朝臣王旦等谈话时说道：自己常与邢昺讨论自然灾患与庄稼长势之间的关系时，邢昺云："民之灾患，大约有四，一曰人疫，二曰旱，三曰水，四曰牛瘴，必岁有其一，但或轻或重耳。四事之害，旱暵为甚。盖田无畎浍，悉不可救，所损必尽，即传所谓天灾流行国家代有者也。"[2]此句很好地表达了宋代境内的各类自然灾患，其中水、旱居于二三之位。同样，与宋同时代的西夏王朝也不可避免地承受着自然灾害的无情打击，因此，自然灾害也成为西夏民众的"心病"。

一、自然灾害：民众生存的"心病"

西夏的自然灾害种类繁多。据研究，西夏境内有水灾、旱灾、蝗灾、地震、风灾、疫疾、霜冻、冰雹等。其中水、旱灾害是最频繁发生的。据不完全统计，从943—1226年的二百多年中，与西夏相关的旱灾共发生57次：水灾11次，蝗灾5次，风灾5次，霜冻1次，冰雹1次，鼠灾2次，总灾害次数约占总时间段的四分之一。此外，西夏旱灾的频发分布在夏天授礼法延祚四年至夏大安六年（1041—1079年）、夏大庆三年至夏天盛二十一年（1142—1169年）、夏光定十一年至乾定三年（1221—1226年）三个时间段。[3]如果按照比值法来看，即某一时段水灾越多，则表示雨量越多，某一时段旱灾越多，则表示雨量越少，反之亦然。[4]说明西夏时期的气候干湿呈交替状发展。既然

---

[1] [日] 宫崎市定著，周伟洲译：《西夏的兴起与青白盐问题》，《西北历史资料》1984年第2期。

[2] 《宋史》卷431《邢昺传》，中华书局，1977年，第12799页。

[3] 杨蕤：《西夏地理研究》，人民出版社，2008年，第218-235页。

[4] 张丕远、吴祥定、张瑾瑢编著：《历史时期气候变化研究方法》，科学出版社，1983年，第46页。

在各种自然灾害中以旱灾、水灾居多，那么这些自然灾害对西夏社会有何种影响？

　　灾害对西夏境内的农牧业生产和其他社会财产造成不可挽回的巨大损失，最终导致出现大大小小的"饥荒现象"。受地理环境的影响，西夏的农作物主要分为旱地和水地作物两类。西夏境内的降水又主要集中于7—9月。这样一来，在雨季未到来之前，很容易形成春旱和伏旱。继而很可能诱发"饥荒"。《夏汉字典》释"旱"为"天旱无雨"[1]。

　　旱灾能使生长在地里的这些农作物因缺水而减产、因极度缺水而死去，绝收，譬如：

　　[夏大安十一年（1084年）]银、夏两州，自三月不雨，至于是月，日赤如火，……田野龟拆，禾麦尽稿。[2]

　　对此，庆州范纯祐也有描述：

　　[夏大安十一年（1084年）冬十月]近枢密院降到熙河奏邈川大首领温溪心所探事宜，言夏国今年大旱，人煞饥饿。及泾原路探到事宜，亦言夏国为天旱无苗，难点人马。[3]

　　同时，发生旱灾或水灾处理不及时，将会伴随着"饥荒"的来临。据统计，从夏州政权算起，在西夏境内及其周边的饥荒次数达到了41次[4]。由此造成的景象也是"不堪回首"。譬如：

　　宋大中祥符元年（1008年）六月，绥、银、夏三州旱。是时，天时亢旱，黄河淤浅，诸水源涸，居民惶乱。九月，灵、夏饥。时绥、银久旱，灵、夏禾麦不登，民大饥。[5]

[1] 李范文：《夏汉字典》，中国社会科学出版社，1997年，第178页。
[2]（清）吴广成撰：《西夏书事》卷27，《续修四库全书·史部·别史类》，上海古籍出版社，1995年，第509页。
[3]（宋）李焘：《续资治通鉴长编》卷360，元丰八年（1085年）十月丁丑条，中华书局，1990年，第8607页。
[4] 杨蕤：《西夏地理研究》，人民出版社，2008年，第240-241页。
[5]（清）吴广成撰：《西夏书事》卷9，《续修四库全书·史部·别史类》，上海古籍出版社，1995年，第363页上。

[夏天赐礼盛国庆四年（1072年）六月]大旱。草木枯死，羊马无所食。秋七月，诱环庆诸边熟户来归。中国陕西诸路旱饥……"[1]

[夏贞观九年（1109年）秋九月]瓜、沙、肃三州饥。……自三月不雨，至于是月，水草乏绝，赤地数百里，牛羊无所食，蕃民流亡者甚众。[2]

[夏光定十三年（1223年）五月]大旱。兴、灵自春不雨，至于五月，三麦不登……[3]

以上都是由于旱灾而引起饥荒的诸多实例。其实不单单是旱灾，鼠灾、地震和蝗虫泛滥也能带来饥荒，如：

[夏天授礼法延祚五年（1042年）秋七月]大旱，黄鼠食稼。元昊频年点集，种植不时。至是秋旱，有黄鼠数万，食稼且尽，国中大饥。[4]

[夏大庆四年（1143年）]三月地震。有声如雷，逾月不止，坏官私庐舍、城壁，人畜死者万数。……夏四月，夏州地裂泉涌。……秋七月，大饥。[5]

[夏乾祐七年（1176年）]秋七月，旱。蝗大起，河西诸州食稼殆尽。[6]

可见，灾害与饥荒之间有着一定的因果联系。史料所提及的连月不雨导致的水草乏绝、草木枯死等现象在很大程度上是由西夏所处的自然环境造成的。西夏境内虽有河流、湖泊分布、地下水也很丰富，每年降水集中于七、八月份，但是并不富裕。在强大的气压带的控制和蒸发作用之下，很容易造成干旱，继而有可能出现灾害。

然而，蝗灾则另有不同。研究表明，中国历史上出现并造成蝗灾的蝗虫种类主要有东亚飞蝗、亚洲飞蝗和西藏飞蝗。东亚飞蝗主要分布于华北和江淮海平原等地区，是我国历史上最重要的生物灾害。据学者统计，从汉高祖七年（公元前200年）到清光绪二十六年（1900年）的2 100年中，共发生蝗灾1 330次，

[1]（清）吴广成撰：《西夏书事》卷24，《续修四库全书·史部·别史类》，上海古籍出版社，1995年，第481页下。
[2]（清）吴广成撰：《西夏书事》卷32，《续修四库全书·史部·别史类》，上海古籍出版社，1995年，第552页上。
[3]（清）吴广成撰：《西夏书事》卷41，《续修四库全书·史部·别史类》，上海古籍出版社，1995年，第632页上。
[4]（清）吴广成撰：《西夏书事》卷16，《续修四库全书·史部·别史类》，上海古籍出版社，1995年，第419页上。
[5]（清）吴广成撰：《西夏书事》卷35，《续修四库全书·史部·别史类》，上海古籍出版社，1995年，第579页下。
[6]（清）吴广成撰：《西夏书事》卷38，《续修四库全书·史部·别史类》，上海古籍出版社，1995年，第601页上。

约隔一年就会有一次大蝗灾。亚洲飞蝗主要分布于我国西北、东北和华北部分河流及湖泊的沼泽芦苇丛生地带，在我国发生灾害的历史很长。西藏飞蝗主要分布于我国西南地区高山河谷地带。[1]据此推断，西夏境内的蝗虫很可能是亚洲飞蝗。蝗灾的发生与植被、气候、水、旱灾害以及蝗虫自身的生物性等诸多因素有关联。

上述所记的夏乾祐七年（1176年）秋七月河西地区的蝗灾则与当地的地理环境有着密切的关系。其一，河西地区深居大陆内部，多沙漠、戈壁，植被覆盖率低，气候干旱，夏秋季节日照充足，这给蝗虫的繁殖提供了低植被覆盖和适宜的高温。研究显示，华北和江淮地区东亚飞蝗的适宜繁殖温度在25～35摄氏度。[2]对于西北干旱半干旱地区的亚洲飞蝗来说，繁殖温度应该略低于此范围，但相关不大，加之此次蝗灾发生时间正值秋季，利于蝗虫繁殖。其二，荒漠和稀疏植被中的稗草、茅草等为蝗虫提供了繁殖的寄宿环境，同时河西地区的秋季是收获的季节，农作物籽粒饱满，也为专门以采食粟等作物为食的秋蝗提供了食物。从种群生态学来看，蝗虫的繁殖属于"r-选择"，此种选择具有所有使种群增长率最大化的特征，即快速发育，小型成体，数量多而个体小，高繁殖率，短的世代周期。[3]在干旱条件下，秋蝗的生殖间隔要短。同时，像西北地区的亚洲飞蝗一般来说一年产生一代，但有些地区也有可能发生两代。[4]如此说，西夏河西地区能够引发大规模的蝗灾，很可能是蝗虫的繁殖世代已超过了发生蝗灾的界限。

灾害在给人们带来饥荒的同时，也会造成物价的上涨：

宋咸平五年三月（1002年），（保吉）取灵州，杀知州事裴济，改州为西平府。河外五城相继陷没，灵州孤堞仅存。关陕之民困于转输，陷锋镝填沙碛者不下数十万。岁荐饥，城中斗米价至十贯。[5]

［夏乾道二年（1069年）］是岁饥。宋臣文彦博请禁止与西人私相交易，因

[1] 冯晓东、吕国强：《中国蝗虫预测预报与综合防治》，中国农业出版社，2011年，第2-4页。
[2] 冯晓东、吕国强：《中国蝗虫预测预报与综合防治》，中国农业出版社，2011年，第12页。
[3] 牛翠娟等：《基础生态学》（第2版），高等教育出版社，2007年，第111页。
[4] 陈永林编著：《中国主要蝗虫及蝗灾的生态学原理》，科学出版社，2007年，第88页。
[5] （清）吴广成撰：《西夏书事》卷7，《续修四库全书·史部·别史类》，上海古籍出版社，1995年，第346页下。

言西界不稔，斛食倍贵……[1]

为了生存，一些州的民众还集聚起来，组成多则万人，少者五六千人的团伙，到处抢夺食物，使社会陷入混乱，官兵镇压也无效。如夏大庆四年（1143年）三月的地震造成的饥荒情景就是例证，当时：

诸州盗起。诸部无食，群起为盗，威州大斌、静州埋庆、定州笆浪、富儿等族，多者万人，少者五、六千，四行劫掠，直犯州城。州将出兵击之，不克。[2]

二、内外兼顾：政府的特色赈灾

由此可见，频繁的灾害使粮食歉收或绝收，造成饥荒，给西夏民众的生产生活和社会安定造成了很大的影响，成为民众的"心病"。回顾中国古代，自古至今，自然灾害发生之后，都会有当时的统治者和社会团体，或者说是"志愿者"组织一系列的补救措施来稳定社会秩序，以缓解混乱之局面。那么西夏政府和民众又是如何应对的呢？

西夏政府通过内外兼顾的方式来缓解灾情。政府部门设有专门的赈灾机构，即"提赈司"[3]，故西夏赈灾的有关事宜由其统筹办理。

1．政府的境内政策

西夏政府的境内政策，主要有存粮赈灾、减免租税、移民赈灾和兴修水利及政府支持下的佛寺接济等方式。

（1）存粮赈灾

储存粮食是收获后的一件大事。根据西夏的环境特点，可将储存方式分为库藏和窖藏。西夏的粮仓规格大小不等，小的有几千斛，大的有几万斛，也有十万斛以上的。粮仓的规格不同，政府所派的官仓官吏的数量也不同：

[1] 戴锡章编撰，罗矛昆点校：《西夏纪》卷14，宁夏人民出版社，1988年，第324页。
[2] （清）吴广成撰：《西夏书事》卷35，《续修四库全书·史部·别史类》，上海古籍出版社，1995年，第579页下。
[3] 史金波：《西夏汉文本〈杂字〉初探》，白滨等编：《中国民族史研究 2》，中央民族学院出版社，1989年，第184页。

边中粮食库上：五千斛以内二司吏，五千斛以上至一万斛一案头二司吏，一万斛以上至三万斛一案头三司吏，三万斛以上至六万斛一案头四司吏，六万斛以上至十万斛一案头五司吏，十万斛以上一律一案头六司吏。[1]

可以看出，西夏将粮仓规格定为五等：五千斛以内为一等，只派两司吏；五千斛至一万斛为二等，派一案头两司吏；三万斛以上至六万斛为三等，派一案头四司吏；六万斛以上至十万斛为四等，派一案头五司吏；十万斛以上为五等，无论存粮高于十万斛多少，一律一案头六司吏。

西夏粮库的分布，据记载有官黑山新旧粮库、大都督府地租粮食库、鸣沙军地租粮食库、林区九泽地粮食库等。[2]对于这些粮库的管理，政府派案头、司吏等管理，在此之下还设有二小监、二出纳、二掌斗、四监库来负责具体事宜：

诸粮食等库二小监、二出纳、二掌斗、四监库。[3]

另外，西夏境内有一"摊粮城"，"地处贺兰山西北，为国中储粮处"[4]。此地很可能是西夏国内最大的"粮仓"之一。据《中国历史地图集》所示，在鸣沙河与葫芦河川交汇的东边，有一叫"鸣沙"的地方，也是西夏政府管制下的一个"粮仓"[5]，夏人称其为"御仓，可取而食之"，御仓内"窖藏米百万"[6]。

①库藏法。西夏的库藏法是在政府的统一管制之下进行的纳粮行为。"藏：此者，藏贮也，藏也。藏也，存也，贮也，储也，置库贮做谓"[7]。"库者隐也，藏也，库饿，种种宝物贮藏处也"[8]。同时，西夏政府对库房的建设选地

[1] 史金波、聂鸿音、白滨译注：《天盛改旧新定律令》第17《局分库转派门》，法律出版社，2000年，第532页。

[2] 据记载，西夏到仁宗李仁孝时期，行政制度趋于完备并基本定型。西夏将全国的行政机构分为上等司、次等司、中等司、下等司、末等司，资料中出现的"边中"是下等司的一种。像官黑山、大都督府、鸣沙军、林区九泽地等粮库，从这些名称看，应该是地方最高一级粮库的名称。此外，本书中其他各章提及的农田司、群牧司、监军司等属于中等司级别。具体见史金波、聂鸿音、白滨译注：《天盛改旧新定律令》第10《司序行文门》，法律出版社，2000年，第362-375页。

[3] 史金波、聂鸿音、白滨译注：《天盛改旧新定律令》第17《局分库转派门》，法律出版社，2000年，第534页。

[4] （清）吴广成撰：《西夏书事》卷19，《续修四库全书·史部·别史类》，上海古籍出版社，1995年，第445页下。

[5] 谭其骧主编：《中国历史地图集·宋辽金时期》，中国地图出版社，1982年，图36、图37。

[6] （宋）李焘：《续资治通鉴长编》卷318，元丰四年（1081年）十月辛巳条，中华书局，1990年，第7697页。

[7] 史金波等：《文海研究》，中国社会科学出版社，1983年，第405页。

[8] 李范文：《夏汉字典》，中国社会科学出版社，1997年，第428页。

和建筑材料也有相关规定：

有木料处当为库房，务需置瓦。[1]

即在有木料支持的情况下，可建置库房，但必须置瓦以防存粮被雨水渗透而受潮。

②窖藏法。窖藏，顾名思义，是在地下挖地窖来存放粮食的一种方法。此方法对西夏政府或西夏民众来说有效、常用。

首先，政府对窖藏的环境要求有如下规定：

无木料处当于干地坚实处掘窖，以火烤之，使好好干。垛囤、执草当为密厚，顶上当撒土三尺，不使官粮损毁。[2]

即在无木料之处，当于地面干燥之地且土质坚实处掘窖，并用火将窖里面的湿气烤干。窖或者所要储粮之地的垛囤（其形状可能类似于今草垛形样）和粮食底下需要垫的草必须密而厚，"垫草者垫草也，井壑渠口垫草之谓"[3]。同时在窖顶垫草的上面还要撒三尺厚的土，保证水不易渗透。倘若真有水分不慎渗入，密厚的垫草也会将其吸附，以防官粮受潮损毁。

此方法在战时军粮储备也有采用。《宋史》记载，政和四年（1114年），环州定远大首领，夏人李讹啰对自己在居汉期间储存粮食的亲历做过描述：

[政和四年（1114年）冬环州定远大首领夏人李讹啰以书遗其国统军梁哆唛说]……我储谷累岁，阙地而藏之，所在如是，大兵之来，斗粮无贵，可坐而饱也。[4]

[1] 史金波、聂鸿音、白滨译注：《天盛改旧新定律令》15《纳领谷派遣计量小监门》，法律出版社，2000年，第514页。
[2] 史金波、聂鸿音、白滨译注：《天盛改旧新定律令》15《纳领谷派遣计量小监门》，法律出版社，2000年，第514页。
[3] 李范文：《夏汉字典》，中国社会科学出版社，1997年，第328页。
[4]《宋史》卷486《夏国传》，中华书局，1977年，第14020页。

资料中所记"我储谷累岁，阙地而藏之，所在如是，大兵之来，斗粮无赍，可坐而饱也"就是对窖藏的描述，说明当时宋夏沿边多使用掘地窖存粮的方式。

宋夏沿边的西夏民众也经常使用窖藏法来存粮。庄绰《鸡肋编》里有寒冷气候影响之下的陕西民众使用窖藏的记载。虽为陕西，但当时陕北部分为西夏所居，故也可反映西夏民众的窖藏内容：

陕西地既高寒，又土纹皆竖，官仓积谷，皆不以物籍，虽小麦最为难久，至二十年无一粒蛀者。民家只就田中作窖，开地如井口，深三四尺，下量蓄谷多寡，四围展之。土若金色，更无沙石，以火烧过，绞草绚钉于四壁，盛谷多至数千石，愈久亦佳。以土实其口，上仍种植，禾黍滋茂于旧。唯叩地有声，雪易消释，以此可知。夷人犯边，多为所发，而官兵至虏寨，亦用是求之也。[1]

文中所说陕西地区"地高寒，又土纹皆竖"，说明此段所记地区应在靠近宋夏沿边的黄土高原地区。

资料所说的窖藏法，第一步，当时的民众为了方便，将地窖直接掘在田间，上面如井口，深有三四尺，窖下面的大小可以根据所藏粮食的多寡向四周延伸。第二步，若窖下土为金色，说明土中无沙石，要用火烧过烤干。由于黄土是由"黄灰色或棕黄色的尘土和粉砂细粒组成，质地均一，有显著节理，无层理"，加之黄土"本身在干燥时甚坚固"，但若"一遇浸湿和流水，通常容易剥落和遭受侵蚀"[2]，所以在存放粮食前，要将窖内烤干。第三步，将挤压处理后的绞草固定在窖壁的四周，存粮可达数千石[3]。第四步，粮食存放好之后，用土将窖口堵实，在上面继续种植作物，作物生长依如之前，唯有叩地听声，雪易消释之地，才知地下有窖。战争爆发时，一些窖被发现，所藏粮食被发放至民众或用于军粮补充。可见，在战争频繁的宋夏边境地区，这种方法很有效。

---

[1]（宋）庄绰撰：《鸡肋编》卷上，《唐宋史料笔记丛刊》之一，中华书局，1983年，第34、第35页。
[2] 潘德扬：《黄土》，地质出版社，1958年，第11页。
[3] "数千石"？的确如此，司马光《涑水记闻》写道，"元丰四年（1081年）秋，朝廷大举讨夏国，……及种谔既得诏，不受中正节制，委中正去，鄜延粮不可复得，人马渐乏食，乃遣官属引民夫千余人索胡人所窖谷糜，发之，得千余石。"既然在宋讨夏国时能搜索得"千余石"谷糜，那么，西夏刚收获的粮食存量在"数千石"也不无可能。这种窖藏方式下粮食的储存时间是越久越好，就连最难久藏的小麦也能储存多年不生蛀虫，效果确实不错。

同时，西夏汉文本《杂字》记载有仓库、囤笆、积贮等词。[1]可以看出，仓库是中上层统治者或者大家族使用的，只有囤笆这样的小型库才多用于下层民众。

由于西夏粮食有限，所以窖藏很受重视并得到保护。夏大安七年（1080年），河东兵侵宥州，在夏兵败之前，夏兵不顾安危，"千骑屯城西左村泽保守窖粟"[2]。

古人采用的窖藏法在今天的北方地区仍然使用，据笔者所历，现今的地窖形制跟资料所记相差不大，窖口依然如井口，深度在3～5米。窖内根据所存粮食的多少大小不一，整体来看像"锥形瓶"一般。只不过当时和现在所存之物不同，西夏民众储存小麦、黍、粟、糜等农作物外，还有杂食等，而现今的地窖中多存放土豆、胡萝卜等物。故此，利用自然环境的特点，采用窖藏存储方式，对军队和普通民众来说，都是比较实际的。

关于西夏政府如何使用存粮赈灾，资料亦有记载。夏大安十一年（1084年）银、夏大旱之时，由于西夏有信奉"天神"之习俗，故夏国主先遣官员组织进行"祈雨"活动，时间长达20日，仍旧无果，此时已是"民大饥"。西夏群臣见此状，便"咸请赈恤"，秉常遂下令运"甘、凉诸州粟济之"[3]。夏贞观九年（1109年）秋九月，瓜、沙、肃等州发生饥荒，监军司听闻并上报后，夏国主"乾顺命发灵、夏诸州粟赈之"[4]以便度过灾荒。夏大庆四年（1143年）三月的地震到七月引起了饥荒，出现民众"群起为盗"的现象，至八月，各郡县情势告急，诸臣请兵讨击。面对此现象，担任枢密承旨的西夏官员苏执礼向国主仁孝上言：

> 此本良民，因饥生事，非盗贼比也。今宜救其冻馁，计其身家，则死者可生，聚者自散，所谓救荒之术即靖乱之方。若徒恃兵威，诛杀无辜，岂所以培养国脉乎？[5]

此话意在说明："群起为盗"的现象是因为饥荒导致民众无粮充饥而引发的，

---

[1] 史金波：《西夏汉文本〈杂字〉初探》，白滨等编：《中国民族史研究 2》，中央民族学院出版社，1989 年，第 180 页。

[2] （清）吴广成撰：《西夏书事》卷 25，《续修四库全书·史部·别史类》，上海古籍出版社，1995 年，第 492 页。

[3] （清）吴广成撰：《西夏书事》卷 27，《续修四库全书·史部·别史类》，上海古籍出版社，1995 年，第 509 页。

[4] （清）吴广成撰：《西夏书事》卷 32，《续修四库全书·史部·别史类》，上海古籍出版社，1995 年，第 552 页。

[5] （清）吴广成撰：《西夏书事》卷 35，《续修四库全书·史部·别史类》，上海古籍出版社，1995 年，第 579 页。

是不得已而为之。苏执礼向国主言明，行赈法，即为今之计是尽快实施救援行动，及时赈灾，使饥者有粮可食，聚众为盗之人自然也自行解散了，正所谓救荒之法在于解决混乱的局面。如若举兵镇压，会适得其反。国主仁孝听后，顿觉此说甚善，遂"命诸州按视灾荒轻重，广立井里赈恤。"[1]

此外，《圣立义海》记载，西夏境内的草泽地区不种谷粮，但有可食植物生长，且为不种自生之物，故而，西夏政府也可以此来"赈济民庶"[2]。

（2）减免租税

在官员的建议之下，西夏统治者使用减免租税的方式减轻"灾区"民众的负担。夏大庆四年（1143年）三月、四月两次地震过后：

> 坏官私庐舍、城壁，人畜死者万数。……林木皆没，陷民居数千。[3]

西夏御史大夫苏执礼得知此状后，便向夏国主仁孝上言：

> 自王畿地震，人畜灾伤。今夏州又见变异，是天之所以示警于陛下也！不可不察。[4]

仁孝听其进言后，下令减免二州人民的赋税，减轻民众负担，以安定民心。同时，对在地震中有房屋损毁者，令"有司"帮助其修复，即：

> 二州人民遭地震地陷死者，二人免租税三年，一人免租税二年，伤者免租税一年；其庐舍、城壁摧塌者，令有司修复之。[5]

由此可见，西夏统治者对赈灾事宜的重视程度。

（3）政府引导下的"境内移民就食赈灾法"

所谓"境内移民就食赈灾法"，指将灾区的"难民"转移或者迁移至他地安

---

[1]（清）吴广成撰：《西夏书事》卷35，《续修四库全书·史部·别史类》，上海古籍出版社，1995年，第580页。

[2] [俄] Б и·克恰诺夫编，俞灏东、杨秀琴、罗矛昆译：《圣立义海研究》，宁夏人民出版社，1995年，第57页。

[3]（清）吴广成撰：《西夏书事》卷35，《续修四库全书·史部·别史类》，上海古籍出版社，1995年，第579页下。

[4]（清）吴广成撰：《西夏书事》卷35，《续修四库全书·史部·别史类》，上海古籍出版社，1995年，第579页下。

[5]（清）吴广成撰：《西夏书事》卷35，《续修四库全书·史部·别史类》，上海古籍出版社，1995年，第579页下。

置、寻食。关于此，杨蕤称其为"移民就食"[1]。宋咸平六年（1003年），夏州教练使安晏和其子安守正自夏州归，向宋真宗言明上年（1002年）六月夏州旱后的情景时说：

> 贼境艰窘，惟劫掠以济，又籍夏、银、宥州民之丁壮者徙于河外，众益咨怨，常不聊生。[2]

由此可见，西夏地方政府采取将灾区民众中的壮年迁至河外，以减轻灾区的压力。至于为什么会出现"众益咨怨"的现象，笔者认为可能是"河外"的生存条件并没有灾区的条件好，或者于灾区无多大差别，原因在于：其一，据《中国历史地图集》可知，夏、宥、银三州恰好地处无定河的旁边[3]，加之无定河流域在西夏时期本身就是水草较为丰美的地区，水源充足，西夏民众经常从事农业垦殖。既然无定河旁较优越的环境都遭受旱灾的侵扰，那么河外未受灾害涉足的环境未必好于无定河流域。其二，从地理环境分析，夏、宥、银三州濒临的无定河南部是呈东北西南走向的横山山脉，三州的北边又是毛乌素沙地的南缘地区。[4]所以说除无定河沿河流域外，河以南是山，河以北是沙地。虽然当时的毛乌素沙地南部环境好于今日，但是总体上来看，依旧不如无定河流域。其三，据"西夏交通图"和"西夏地形图"所示，在自然条件的限制之下，三州均在古丝绸之路上，若大规模地向"河外"迁移（这种迁移很大程度上是近距离的），银州很可能沿丝路向东边绥州和北边的石州方向迁移，夏州（南部是山脉）很可能向东边的石州地区迁移，宥州则很可能向西南方的盐州附近和南部的宋夏沿边地区迁移。[5]总体来说，三州周边地区的环境均没有无定河流域优越，所以才会出现"众益咨怨"之现象。但无论如何，西夏政府引导下"境内移民就食赈灾法"的初衷还是值得肯定的。

（4）兴修水利

旱则灌，涝则疏。水利在预防自然灾害方面也发挥着其应有的作用。如前

[1] 杨蕤：《西夏地理研究》，人民出版社，2008年，第243页。
[2] （宋）李焘：《续资治通鉴长编》卷55，咸平六年（1003年）九月壬辰条，中华书局，1980年，第1212页。
[3] 谭其骧主编：《中国历史地图集·宋辽金时期》，中国地图出版社，1982年，图36、图37。
[4] 刘明光主编：《中国自然地理图集》，中国地图出版社，1984年，第125-126页。
[5] 鲁人勇：《西夏地理志》附"西夏交通图""西夏地形图"，宁夏人民出版社，2012年。

所述，在宋咸平五年（1002年）六月夏州大旱之时，保吉令其民修筑加固河流渠道的堤防，引河水灌田，以缓解农作物之旱情：

> 宋咸平五年（1002年）六月，夏州旱。秋七月，筑河防。……保吉令民筑堤防，引河水灌田。[1]

宋大中祥符元年（1008年）六月，绥、银、夏三州也出现旱情，此时，绥、银两州便引大理河和无定河两河进行灌溉，保证农作物能较为顺利地度过艰难期，使"岁无旱涝之虞"[2]。

此外，灵州一带，不仅有较为密集的河、渠相连接，形成河、渠"相与蓄泄河水"之势，亦有贺兰、长乐、铎落诸山作为黄河的天然堤障。这种布局使得灵州一带黄河沿岸"向无水患"[3]。笔者认为，此说有绝对之嫌，像夏奲都五年（1061年）六月，"灵、夏二州大水，是时，七级渠泛溢，灵、夏间庐舍、居民漂没甚众"[4]的现象便是例证。但从文献记载来看，灵州所在的宁夏平原在西夏时期发生水灾似乎并不明显，说明西夏的水利开发和管理在防灾方面起到了一定的作用。

（5）政府支持下的佛寺接济

佛寺接济不论在平时还是灾难时都有，虽然成效不大，也算是一种社会救济。西夏的佛教很发达，统治者为了崇尚佛教，专门让佛寺在作大法会时进行施舍救济活动。如夏天盛十九年（1167年），汉文《佛说圣佛母般若波罗蜜多心经》发愿文有"作法华会，施贫济苦"的记载。夏乾祐十五年（1184年），汉文《佛说圣大乘三归依经》御制发愿文中有"饭僧设贫"的说法。夏乾祐二十年（1189年）的汉文《观弥勒菩萨上生兜率天经》发愿文记有"饭僧、放生、济贫"[5]等事。如此种种都说明当时确有以佛寺法会为辅助性质的接济措施。

---

[1]（清）吴广成撰：《西夏书事》卷7，《续修四库全书·史部·别史类》，上海古籍出版社，1995年，第347页。
[2]（清）吴广成撰：《西夏书事》卷9，《续修四库全书·史部·别史类》，上海古籍出版社，1995年，第363页。
[3]（清）吴广成撰：《西夏书事》卷9，《续修四库全书·史部·别史类》，上海古籍出版社，1995年，第362页。
[4]（清）吴广成撰：《西夏书事》卷20，《续修四库全书·史部·别史类》，上海古籍出版社，1995年，第456页。
[5] 史金波：《西夏佛教史略》，宁夏人民出版社，1988年，第259、第262、第267页。

2．政府的境外政策

所谓的境外政策，其实就是通过外交手段，寻求周边政权的援助。西夏政府在境外主要采取向邻国乞粮、榷场贸易和边境移民的方式赈灾。

（1）向邻国乞粮

西夏政府的这一政策可以说是在迫不得已的情况下，向周边政权"屈腰乞粮"，主要表现在与宋之间。

史料记载，在宋大中祥符元年（1008年）的那次饥荒中，党项首领赵德明深知民众饥苦，便向宋方上表乞粮，而且是狮子大开口，数目达"数百万"：

> 大中祥符元年（1008年）春正月……赵德明尝以民饥，上表乞粮数百万。[1]

此处的"数百万"，据《宋史·王旦传》记载为"百万斛"[2]。据史料记载，当时对此事有很多宋臣反对，最后真宗采纳王旦的建议，即：

> 臣欲降诏与德明，言尔土灾馑，朝廷抚御荒远，固当赈救，然极塞刍粟，屯戍者多，不可辄易。已敕三司在京积粟百万，令德明自遣众来取。[3]

真宗虽同意此举并下诏，德明受诏后也是"望阙再拜"，但德明并非无能之辈，定不会跳进王旦等人设下的"鸿门宴"，所以前去运粮也就不可能了。

（2）榷场贸易

榷场贸易主要表现在与宋、金之间以粮食为主的交易。

①与宋的贸易。饥荒发生之后，西夏政府便在宋夏沿边进行粮食贸易。令人欣慰的是，宋朝统治者也实行宽松的贸易政策，促使西夏与宋沿边顺利进行粮食贸易，便于赈灾。

宋大中祥符元年（1008年），真宗对臣子说：不要禁止西夏与沿边榷场贸易。

---

[1]（宋）李焘：《续资治通鉴长编》卷68，大中祥符元年（1008年）正月壬申条，中华书局，1980年，第1520页。

[2]《宋史》卷282《王旦传》，中华书局，1977年，第9547页。

[3]（宋）李焘：《续资治通鉴长编》卷68，大中祥符元年（1008年）正月壬申条，中华书局，1980年，第1520页。

上曰："朕知其旱歉，已令榷场勿禁西蕃市粒食者。盖抚御戎夷，当务含容，不然，须至杀伐，害及生灵矣。"[1]

可见，宋方的政策虽有"扶御戎夷"的隐意，但对西夏赈灾仍起到了一定的积极作用。

②与金的贸易。金与宋无异，也是在西夏方面的"请求之下"，下令与夏方市粮以济。史载，夏正德二年（1128年）饥荒之时，夏派使者至金国给皇帝贺诞辰，金国主便询问夏国相关事宜，夏使者抓住机会，以饥荒之事告之，金主为助夏，下令在西南边的榷场发放粟进行贸易：

［夏正德二年（1128年）春正月］使贺金正旦。金主问夏国事宜，使者以岁饥告，命发西南边粟市之。[2]

（3）政府引导下的边境移民

这种举措主要是在政府的引导下，民众向边境寻求生路的一种方式。譬如，旱灾来袭，境内所需诸物皆枯死，西夏政府会使沿边牧民迁至宋夏沿边放牧，虽然遭遇宋方的严查，但一定程度上还是有助于缓解灾害带来的影响。即：

［夏天赐礼盛国庆四年（1072年）六月］大旱。草木枯死，羊马无所食，监军司令于中国缘边放牧。神宗诏六路经略司："严察汉蕃，无致侵窃。"[3]

关于此事，《续资治通鉴长编》中也有记载，比较其内容为同一件事，只是时间相差一年，即"上批：'闻夏国旱灾，拥羊马牧于缘边河。令六路经略军马司严戒，当职官吏常禁察汉蕃户，无致侵窃。'"[4]

以上即在西夏政府的直接或者间接干预下，依靠境内及周边力量应对饥荒的诸多举措，在一定程度上缓解了灾害带来的饥荒现象，解救了民众，稳定了社会。

---

[1]（宋）李焘：《续资治通鉴长编》卷68，大中祥符元年（1008年）正月壬申条，中华书局，1980年，第1520页。
[2]（清）吴广成撰：《西夏书事》卷34《续修四库全书·史部·别史类》，上海古籍出版社，1995年，第567页。
[3]（清）吴广成撰：《西夏书事》卷24《续修四库全书·史部·别史类》，上海古籍出版社，1995年，第481页。
[4]（宋）李焘：《续资治通鉴长编》卷254，熙宁七年（1074年）六月辛巳条，中华书局，1980年，第6210页。

三、极端条件下的民众自救

当自然灾害导致民众饥饿难耐，不能自食其力，处于死亡边缘时，他们可能会做出比较极端的事情，譬如之前所述，灾害发生之后，民众无粮可食，便组成成百人、成千人、成万人的"群盗组织"，四处抢夺食物以求生路。

沿边民众私下交易也成为民众自救的一种方式。夏乾道二年（1069年）发生饥荒，物价上涨，西夏边民在宋方禁止交易的情境下，私自用牛、羊、青盐等物与宋交换粮食：

宋臣文彦博请禁止与西人私相交易，因言西界不稔，斛食倍贵，大段将牛、羊、青盐等物裹私博。[1]

更甚的是，在当时还出现了"鬻女于邻国以求食"和"饥民相食"的现象。

［夏天祐民安八年（1097年）］秋七月，饥。国中大困，民鬻子女于辽国、西蕃以为食。[2]

［夏光定十三年（1223年）］五月，大旱。……三麦不登，饥民相食。[3]

出现卖女求生、饥民相食的现象，说明当时的饥荒确实很严重，已使西夏民众不得不采取卖女和相食的方式为自己取得生存下去的一线生机。

还有一种自救方式是在宋方的诱惑之下，民众自发地向境外转移以谋生路，并得到了宋方相应的资助。宋熙宁七年（1074年）九月，据当时环庆路安抚使楚建中向宋神宗进言：

缘边旱灾，汉、蕃阙食，夏人乘此荐饥。[4]

---

[1] 戴锡章编撰，罗矛昆点校：《西夏纪》卷14，宁夏人民出版社，1988年，第324页。
[2] （清）吴广成撰：《西夏书事》卷30《续修四库全书·史部·别史类》，上海古籍出版社，1995年，第532页。
[3] （清）吴广成撰：《西夏书事》卷41《续修四库全书·史部·别史类》，上海古籍出版社，1995年，第632页。
[4] （宋）李焘：《续资治通鉴长编》卷256，熙宁七年（1074年）九月乙亥条，中华书局，1980年，第6248页。

（楚）奉手诏，以此为契机，自本年（1074年）八月开始，招诱熟户，实行"安辑救接之法"：

> 辄以赏物招诱熟户，至千百为群，相结背逃。若不厚加拯接，或致窜逸，于边防障捍非便，委臣讲求安辑救接之法。臣自八月首，户支粮一斛五斗至二斛，今又是九月，户计口借助钱三百至五百，来年四月计十二万缗。[1]

即通过向受灾每户支出一定数量的粮食，每户按人数借出相应数额的钱来招诱宋夏沿边的熟户。这样，既有缓解西夏饥荒的作用，又可实现宋方削弱西夏沿边人口的政治意图。但这种方法耗费不少，故而一月以后，被神宗以"散粮又支钱，所费既多"[2]为由停止助钱。

以上便是西夏民众在极端条件下自发谋取生路的几种方式。可以看出，"民以食为天，民无食则难安"，为了生存，民众与环境之间的"交锋"在所难免。

第八节　民众之环境利用和环境意识

自然界作为一个完整的生态系统，人是不可忽视的一个子系统，而人类所生存的那部分自然环境与人类本身的关系则更加成为了一个复杂多变的生态系统，西夏民众与其生存的区域就更不例外了。

众所周知，西夏地处西北干旱半干旱地区，自然环境并非想象的那么美好。而且西夏民众一直处在不断的战争和频发的自然灾害之中。

生存的需要使西夏的自然环境遭到了一定的破坏，但这并不能说明西夏民众就没有爱护环境的意识。关于此，杨蕤在《西夏地理研究》一书中以"西夏时期自然环境遭受破坏之表现及西夏人朴素的环保意识"为一节进行了系统详细的论述。[3]本节主要对其研究成果稍加改写和概括而成。

---

[1]（宋）李焘：《续资治通鉴长编》卷256，熙宁七年（1074年）九月乙亥条，中华书局，1980年，第6248页。
[2]（宋）李焘：《续资治通鉴长编》卷256，熙宁七年（1074年）九月乙亥条，中华书局，1980年，第6248页。
[3] 杨蕤：《西夏地理研究》，人民出版社，2008年。

一、民众利用自然环境的表现

从古至今，人为因素对环境的影响模式和方式主要取决于生产力发展的水平，也就是说，生产力决定生产方式，而生产方式又影响着人们对其周围环境的行为方式。西夏时处中古时代，虽说当时已有成熟的封建体制，但其民族主要还处在游牧状态向封建社会的过渡阶段。由此，在这种社会体制下，民众对环境的影响是不可避免的，这主要体现在战争、筑城、建宫殿、樵采、垦殖等方面。

1. 战争

从军事角度看，西夏可谓是"全民皆兵"。因此，战争对西夏境内自然环境的影响不言而喻。西夏以"羊马立国"，靠战争拓展疆域。在整个过程中，大大小小的战争不断，贯穿始终，在战争中更是烧杀抢掠。史载，夏拱化四年（1066年）秋九月，夏毅宗李谅祚率兵"分攻柔远寨，烧屈乞等三村，栅段木岭，势甚张"[1]。还有在兵败之际，焚烧大片草地来御敌之行为。夏辽河套之战中，"囊霄以未得成，言退三十里候之。凡三退，将百里。每退必赭其地，契丹马无所食，因许和"[2]。这种焚烧草地的战术，断了契丹军队继续追赶的后路，迫使辽夏在河套暂时休战，同时对焚烧地区的环境造成一定的影响。也许有人会问，这种影响是否是人们所谓的"环境破坏"？目前来看，是因为"火本身包含了一种侵略性的爆炸力，人们只能用它来摆脱束缚，因此，在自然环境中放火就是过度使用，而在战争情况下用它来作为武器，就是滥用。"[3] 就算它可以带来短暂的土壤肥力的上升，也只是稍纵即逝之快感，同时，"焚烧也损伤了

---

[1]（清）吴广成：《西夏书事》卷21，《续修四库全书·史部·别史类》，上海古籍出版社，1995年，第462页。

[2]（清）吴广成：《西夏书事》卷21，《续修四库全书·史部·别史类》，上海古籍出版社，1995年，第432页。对此，（宋）沈括著，胡道静校证：《梦溪笔谈校证》卷25也记载到："庆历中，契丹举兵讨元昊，元昊与之战，属胜，而契丹至者日益加众。元昊望之……退数十里以避之，契丹不许，引兵压西师而阵，元昊为之退舍。如是者三，凡退百余里，每退必尽焚其草莱，契丹之马无所食，因其退乃许平。"上海古籍出版社（影印本），1987年，第787页。

[3]［德］约阿希姆·拉德卡著，王国豫、付天海译：《自然与权力——世界环境史》，河北大学出版社，2004年，第53页。

表层的腐殖质"[1]。从生态学上讲，火既是一种自然因素，又是人类增加的因素，是一个重要的生态因子。那么此因子被人们有意或无意使用于森林或草地时，烟的挥发会造成大量的肥料丧失，尤其是氮。据证实，在高温下，750摄氏度时，氮和硫的丢失分别会达到总量的57%与36%；800摄氏度时，氮和硫的丢失比在600摄氏度的火中提高3～4倍。[2]可见，不论是生产中还是战争中，焚烧草地并不是一件益事，战争使得农民被迫转移，土地荒芜，鲁交在《经战地》一诗中对宋夏边境战争对当地土地耕种的情形时写道："西边用兵地，黯惨无人耕"[3]，说明战争间接地影响了生态环境。

2．筑城

宋代在历史上并未修筑长城，而且西夏与宋的边界是一个很热闹的地区，宋夏沿边相互碰撞主要在麟府地区、鄜延路、环庆路、泾原路和熙河路五个地带。由于宋夏间的长期战争，所以这一地带的防御军事城寨数量有不少。据杨蕤估算，北宋在宋夏沿边修筑的城寨数量有近300座（不包括西夏境内的城寨）[4]。由此可见，要先后修建这样数量的城寨，对所需的人、财、物三方面是很大的耗费。如此一来，宋夏沿边山中的林木就成了砍伐的对象。当时当值陕西的宣抚使韩琦在修筑水洛城至秦州沿路堡寨时言："盖水洛城通秦州道路，自泾原路新修章川堡，至秦州床穰寨百八十里，皆生户住坐，止于其中通一径，须筑二大寨、十小堡，方可互为之援。其土功自以为百万计，仍须采山林以修敌栅、战楼、廨舍、军营及防城器用。"[5]而且修筑城寨的木料，部分由将士砍伐，部分则通过沿边的城寨购买得来。宋元祐中，宋政府给赐城寨，"唯鄜延路米脂、浮图未曾修筑。将来秋冬，西贼万一困弱，可乘机便，次第修复，预计材植防城楼橹并版筑之具。况见今修葺沿边城寨及楼橹之类，若以此为名，选将佐量带兵甲领役兵于边界采木及优立价值，召蕃汉人户于沿边城寨中卖应

---

[1]［德］约阿希姆·拉德卡著，王国豫、付天海译：《自然与权力——世界环境史》，河北大学出版社，2004年，第53页。

[2] 牛翠娟等：《基础生态学》（第二版），高等教育出版社，2002年，第36页。

[3] 张廷杰：《宋夏战事诗研究》，陈育宁主编：《西夏研究丛书》之一，甘肃文化出版社，2002年，第43页。

[4] 杨蕤：《西夏地理研究》，人民出版社，2008年，第324页。

[5]（宋）李焘：《续资治通鉴长编》卷 145，庆历三年（1043 年）十二月辛丑条，中华书局，1995 年，第3512-3513 页。

用，免致于近里计置搬运。"[1] 对此，杨蕤曾假设，如果修筑一座城寨需要100棵成年树木，300座则需30 000棵成年树木，这对于林木稀疏的宋夏沿边而言，也并非小数目。[2]

3. 修建宫殿

纵观华夏大地，每一个朝代都有宫殿，在封建体制熏陶下的西夏也不例外。据研究，贺兰山不仅是西夏的皇家林苑，而且规模宏大，有离宫别院、佛寺遗址、军事要塞，同时天都山也是京城（银川）之宫殿和元昊宫（避暑）所在地。[3]历史时期，贺兰山森林茂密，"山有树木青白，望如驳马，北人呼为贺兰"[4]。西夏时期，贺兰"阳屏西夏，阴阻北蕃，延亘五百余里……"[5]并"冬夏降雪，有种种树丛，树、果、芜荑及药草，藏有虎豹鹿獐，挡风蔽众"[6]。故此，西夏时期，统治者凭借贺兰山丰富的林业资源，大兴土木，修建离宫别苑。《西夏书事》记载，宋真宗天禧四年（1020年）冬十一月，李德明"城之构门阙、宫殿及宗社、藉田，号为兴州、遂定都焉"[7]。夏天授礼法延祚九年（1046年）夏四月，李元昊"于城内作避暑宫，逶迤数里，亭榭台池，并极其胜。"[8]夏天授礼法延祚十年（1047年）秋七月，元昊又"筑离宫于贺兰山。并大役丁夫数万于山之东营，离宫数十里，台阁十余丈……"[9] 由此可见，西夏宫殿之宏大，耗材力之大，给贺兰山林木的更新造成了很大的负担。据研究，贺兰山脚下的西夏王陵规模本已庄严肃穆、瑰丽辉煌，王宫宫殿之气势就更加可想而知了，这种规模，不仅消耗大量的建材，而且烧制砖瓦等建筑部件费之材则更是惊人。[10]此外，还有"贺兰界树税院""木炭租院""木材租院"等名词的记载[11]，这

---

[1]（清）徐松辑：《宋会要辑稿》方域一九之五，中华书局，1957年影印本，第7628页。

[2] 杨蕤：《西夏地理研究》，人民出版社，2008年，第324页。

[3] 许成、汪一鸣：《西夏京畿的皇家林苑——贺兰山》，《宁夏社会科学》1986年第3期。

[4]（唐）李吉甫：《元和郡县图志》卷4《关内道四》，《中国古代地理总志丛刊》之一，中华书局，1983年，第95页。

[5]（清）吴广成：《西夏书事》卷21，《续修四库全书·史部·别史类》，上海古籍出版社，1995年，第440页。

[6]［俄］Би·克恰诺夫编，俞灏东、杨秀琴、罗矛昆译：《圣立义海研究》，宁夏人民出版社，1995年，第58页。

[7]（清）吴广成：《西夏书事》卷21，《续修四库全书·史部·别史类》，上海古籍出版社，1995年，第373页。对此时间，《宋史·夏国传》中记为夏乾兴二年，即1023年，但无从考证。

[8]（清）吴广成：《西夏书事》卷21，《续修四库全书·史部·别史类》，上海古籍出版社，1995年，第437页。

[9]（清）吴广成：《西夏书事》卷21，《续修四库全书·史部·别史类》，上海古籍出版社，1995年，第440页。

[10] 刘菊湘：《西夏地理中几个问题的探讨》，《宁夏大学学报（哲学社会科学版）》1998年第20卷第3期。

[11] 史金波、聂鸿音、白滨译注：《天盛改旧新定律令》第17《库局分转派门》，法律出版社，2000年，第534页。

些说明：其一，政府以税收的方式向民间征集木料；其二，西夏政府将所采伐或以税收形式征集的木料囤积起来，设立相应的租赁机构进行流通，从中牟利。可惜的是，目前并无量化的数据研究或者资料加以证明，否则其耗材规模便更加明朗易解。

4. 樵采

此处之"樵采"，并非上面所说的修建宫殿寺院、城寨之用。其主要用途是作为日常生活所需的各种柴薪，涉及烧火取暖、烧火制器、做饭、盖房等方面，上层统治者和下层民众都不例外。当时政府征收的柴薪均存放于"柴薪库"[1]。史载，西夏李保忠在入寇镇戎军（治今宁夏固原）时，令军士在宋夏沿边四处樵采，搜集柴薪，夏天仪治平二年（1088年）九月，"保忠令军士四散樵采，焚庐舍，毁冢墓"[2]。夏大安九年（1082年），跟随宋军出征西夏的监察御史张舜民在兵败回途路中写下了《西征途中二绝》，其中一首为"灵州城下千株柳，总被官军斫作薪，他日玉关归去路，将何攀折赠行人。"[3] 此诗形象地描写了军队在灵州城下砍柳做柴的情景，并担忧他日将连折柳送人的柳条都难以寻得。人们伐木作盖房、熔石炼铁、做饭之用。《圣立义海·月之名义》说，每年的九月是伐木盖房之时，"九月，伐木时也。九月诸物生长期过，盖房室，伐木干，炭□□□□"[4]。九月伐树，其生长期已过，可以伐到合适的木材用于建造房屋，用干燥的枝干和树根等当作柴薪，进行冬季的取暖和煮食。另在宁夏西夏方塔中出土的两首不完整的同时名为《樵父》的诗中描写了樵父早晨上山樵采的情景。第一首有两句："凌晨霜斧插腰［间］，……劳身伐木上高山。"[5]这首诗出土时虽不完整，但至少可以看出，樵父为了某种目的，在深秋季节，一大早就拿着落了一层霜的斧头，插在腰间，上山伐木，由于这种工作每天都在做，故身体已是疲倦劳累。第二首其中有六句："劳苦樵人实可怜，蓬头垢面手胝胼。

[1] 史金波、聂鸿音、白滨译注：《天盛改旧新定律令》第17《库局分转派门》，法律出版社，2000年，第536页。
[2] （清）吴广成：《西夏书事》卷21，《续修四库全书·史部·别史类》，上海古籍出版社，1995年，第515页下。
[3] （宋）张舜民：《画墁集》卷4《西征途中二绝》，王云五主编：《丛书集成初编》，商务印书馆，1935年，第34页。
[4] ［俄］Би·克恰诺夫编，俞灏东、杨秀琴、罗矛昆译：《圣立义海研究》，宁夏人民出版社，1995年，第53页。
[5] 宁夏文物考古研究所编著：《拜寺沟西夏方塔》，《宁夏万物考古研究所丛刊》之二，文物出版社，2005年，第269页。

星存去即空携斧，月出归时重压肩。伐木岂辞（？）逾涧岭，负薪□□□山川。"[1]
从第二首诗可以清楚地看到：诗人前两句描写樵父伐材工作非常辛苦，头发乱，
身上脏，加上长期的反复工作，手上留下了茧子；中间两句描写工作时间，即樵
父在天还未亮就携斧启程去伐材，到晚间月亮出来之时，背着重重的劳动成果回
家；后两句描写路途艰辛和伐材之目的，即为了保证自家每天所用的柴薪才穿行
于山岭之间。既表明伐薪工作的艰辛，又说明了木材对人们日常生活的重要。

　　《圣立义海·山之名义》说，人们伐山中木料来使用，"首选宝山：诸树梢
长，尽皆伐，熔石炼铁，民亦制器"；"一峰［巴陵］：黑山郁郁溪谷长，生诸种
树，熔石炼铁，民庶制器"；"泽山［昔］山：树稠林茂，人尽伐，烧炭利功多。"[2]
西夏树种多样，榆树所产的"榆柴"便是柴薪的一种。[3]同时，从"尽皆伐""人
尽伐"这些词可以看出，西夏民众对林木的砍伐量是很大的，到了近似滥伐的
地步。这是西夏人口增加的结果。据研究，西夏的总体人口在140万～200万[4]，
这样的人数对西夏有限的山林有很大的影响。宋夏沿边的人户也就近樵采放牧，
造棚屋生活，"麟、府州不耕之地亦许两界人户就近樵牧，不得插立梢，圈起造
棚屋，违者并捉搦付官"[5]。 如上所述，樵采作为山林利用的一大行为，虽造
福西夏民众，但也给生态环境的承载造成不利影响。

5. 垦殖

　　垦殖，意为将本来荒芜的"处女地"开垦成为良田。西夏政府为了自身发
展，在宁夏、河西、河套等地区进行了规模性的农业种垦。[6]这本是土地利用
的一种常规行为，但如果伴有侵掠意味的话，便成为不正当行为。鉴于西夏资
源匮乏，加之北宋边防的弱化，就出现了文献中称为"侵耕"的现象。侵耕是
指宋夏双方相互逾越界至，在对方沿边地区发生的耕稼放牧事件，这是一种

---

[1] 宁夏文物考古研究所编著：《拜寺沟西夏方塔》，《宁夏万物考古研究所丛刊》之二，文物出版社，2005 年，
第 274 页。

[2]［俄］Ви·克恰诺夫编，俞灏东、杨秀琴、罗矛昆译：《圣立义海研究》，宁夏人民出版社，1995 年，第 59-60 页。

[3] 史金波：《西夏汉文〈杂字〉初探》，白滨等编：《中国民族史研究 2》，中央民族学院出版社，1989 年，第
182 页。

[4] 李新贵：《西夏牧业经济若干要素的考察与分析》，《青海民族研究》2004 年第 15 卷第 3 期。

[5]（清）吴广成：《西夏书事》卷 20，《续修四库全书·史部·别史类》，上海古籍出版社，1995 年，第 455 页。

[6] 关于此，已有相关成果研究，在此仅各举一例，以示说明。如张维慎：《宁夏农牧业发展与环境变迁研究》，
文物出版社，2012 年；李并成：《西夏时期河西走廊的农牧业开发》，《中国经济史研究》2001 年第 4 期；李三谋：
《西夏境内河套地区的农经开发》，《古今农业》2009 年第 4 期。

"武装耕作行为"。宋沿边属户对西夏沿边土地的侵耕是普遍现象[1]。西夏对宋边的侵耕也非常频繁，其始于宋真宗咸平四年（1001年）八月，李继迁攻灵州不克，遂居于灵州城周川原。为解决军粮问题，"使部族万山等率蕃卒驻榆林、大定间为屯田计，垦辟耕耘，骚扰日甚"[2]。其范围东起麟、府，西至熙河、兰会地区，最典型的当属麟府地区的屈野河流域，资料记载也较为翔实。这一地区侵耕的领导者和组织者是没藏讹庞（元昊宠妃没藏氏之兄），宋宰相庞籍云："西人侵耕屈野河地，本没藏讹庞之谋"。侵耕开始于宋仁宗天圣初年。当时因"州官相与讼河西职田，久不决，转运司乃奏屈野河西田并为禁地，官私不得耕种。"由此使得夏至屈野河西六十多里地成为"闲田"。至"元昊之叛，……所侵才十余里"。元昊死后，朝政把持于讹庞之手，其"放意侵耕"，使得"州西犹距屈野河二十余里，自银城以南至神木堡，或十里，或五七里以外，皆为敌田矣。"到了宋仁宗嘉祐二年（1057年）五月庚辰，宋将郭恩战死后，讹庞更是肆无忌惮，他"自鄜延以北发民耕牛，计欲尽耕屈野河西之田"[3]。此类带有军事掠夺性质的侵耕垦殖现象具有短暂性，它不仅对生态环境造成不利影响，还成为黄河泛滥的一种推动因素[4]。

二、民众的环境意识

以上只是从对环境过度利用的角度进行论述，并不代表西夏民众就只是一味地利用。据《天盛改旧新定律令》（以下简称《律令》）、《圣立义海》《西夏谚语》等资料显示，西夏民众也有着"朴素的环保和生态意识"[5]。对于"环保"，即环境保护这个词，笔者认为欠妥，因为环境保护是在工业革命之后才逐渐产生的一个词，对中国古代人们对环境的态度只能说是一种"环境意识"而已。故可改为"朴素的环境和生态意识"。

[1] 陈旭：《宋夏沿边的侵耕问题》，《宁夏大学学报（人文社会科学版）》2000年第22卷第4期。

[2] （清）吴广成：《西夏书事》卷7，《续修四库全书·史部·别史类》，上海古籍出版社，1995年，第345页。

[3] （宋）李焘：《续资治通鉴长编》卷185，中华书局，1995年，第4470-4471、4476-4477页。

[4] 杨蕤：《西夏地理研究》，人民出版社，2008年，第323页。

[5] 杨蕤：《西夏地理研究》，人民出版社，2008年，第327页。

1. 政府环境意识的体现

对此主要以西夏法典《律令》为中心进行论述。《律令》中记载了不少有关西夏政府关注环境的措施：如关于植树及对毁坏树木处罚的规定。《地水杂罪门》载"沿唐徕、汉延诸官渠等租户、官私家主地方至处，当沿所属种植柳、柏、杨、榆及其他种种树，令其成材，与原先种下的树木一同监护，除依时节剪枝条及伐而另植之外不许诸人伐之"。又"沿渠干官植树中，不许剥皮及斧斤斫刻等。若违律时，与树全伐同样判断（原笔者译为处罚）"。西夏以法律的形式规定在水渠边植树："渠水巡检、渠主沿所属渠干不仅仅指挥租户家主，沿官渠不令植树时，渠主十三杖，渠水十杖，并令植树"。[1]可见，近一千年来，西夏人就已经知晓用生物方法来加固渠道和进行绿化，并且还注意到所植树木的多样性："柳、柏、杨、榆及其他种种树。"种植树木的多样性不仅能够制造美景，还有利于病虫害防治。若以今天的思维来看，还有一定的净化空气、消除噪声之功用，对宁夏地区的水利工程的保护有着一定的借鉴作用。

西夏还设立专门的机构对贺兰山等地的林地和草场进行管护。《事过问典迟门》载有"贺兰山等护林场、养草滩等护院"[2]。虽未明确说明，但可看出是对贺兰山等林地、草地进行维护和管理的机构。

作为一个完整的区域生态系统，西夏政府也有对动物保护的专门规定。《盗杀牛骆驼马门》中规定："诸人杀自属牛、骆驼、马时，不论大小，杀一头徒四年，杀两头徒五年，杀三头以上徒五年"等[3]。就连普通的猪、狗等动物也不能随便射杀："诸人刺射、斫杀羖羊、狗、猪等，则有官罚五缗，庶人丝杖。"[4]可见，不论出于何种目的，西夏政府在保护动物方面可谓是良苦用心。

2. 民众对植树造林的重视

除前引《律令》中有关植树造林的规定外，另一些文献也反映出西夏普通民众植树造林之行为。《文海研究》："栽，此者，植也。今陷土下伸根之义是也"[5]。

---

[1] 史金波、聂鸿音、白滨译注：《天盛改旧新定律令》第15《地水杂罪门》，法律出版社，2000年，第505-506页。

[2] 史金波、聂鸿音、白滨译注：《天盛改旧新定律令》第9《事过问典迟门》，法律出版社，2000年，第319页。

[3] 史金波、聂鸿音、白滨译注：《天盛改旧新定律令》第2《盗杀牛骆驼马门》，法律出版社，2000年，第154-156页。

[4] 史金波、聂鸿音、白滨译注：《天盛改旧新定律令》第11《射刺穿食畜门》，法律出版社，2000年，第391页。

[5] 史金波等：《文海研究》，中国社会科学出版社，1983年，第549页下。

同时，在植树之间，还要精心地"育树苗"："此者，为植树苗之谓"[1]。可见西夏人对植树的重视。《圣立义海·树之名义》载："树本土生。扩林植山。诸鸟夜宿。诸兽昼隐。夏日阴凉。冬时庇暖。"西夏先民们知道栽种树木来改善自己的生存环境，也懂得良好的生态环境对气候的调节作用："夏日阴凉。冬时庇暖。"[2] 西夏民众在山中"种植诸种树草"[3]，不仅有"生态林木"，也有"经济林木"，《圣立义海·山之名义》载："［布哈］大山：山高谷深，植树茂，山头雾罩，鹿獐居。［天都］大山：多树，种竹。［劈旺］秀山：栽种种树，亦有果树。"[4] 好一番人、动物、环境互相构成的美好生态景象！又如黑水城出土的一件文书（FW257：W6）讲道："……各家园内栽口口倘若依例每丁栽树二十株却缘本处地土多系硝碱沙漠石川不宜种。"[5] 此文书原件虽有残缺，但也可看出政府有每个丁必须植树的规定，似于今天的义务劳动一般。

在西夏谚语中也能反映出植树和保护树木的信息："铺石高下谁察度，植树长短谁度察"，不仅有民众植树，亦有派人检查植树的效果。"瑞树草上勿研毒，白（米）柏上勿涂朱"[6]，即不能在柏树上涂红色，反映了对林木的保护。

由于西北地区林木并不丰富，故在宋夏沿边，北宋政府或戍边疆臣也意识到植树的必要性。史载："定难军赵德明官告回言鄜延州保安军（横山南麓）绝少林木，可降谕逐处令以时栽植。"[7] 又《宋史》载："（郑）文宝至贺兰山下，……在旱海中，去灵、环皆三四百里，素无水泉。文宝发民负水数百里外，留屯数千人，又募民以榆槐杂树及猫狗鸦鸟至者，厚给其直。地舄卤，树皆立枯。"[8] 可见在环庆路植树的不易与艰难。

3. 西夏谚语所透露出的民众与大自然之间的亲近感和和谐感

谚语是人们在长期的生产生活过程中总结、创作的心得，具有很强的群众普及性和现实性。从西夏谚语中不仅能捕捉到西夏时期自然环境的相关信息

---

[1] 史金波等：《文海研究》，中国社会科学出版社，1983 年，第 514 页下。
[2] ［俄］Би·克恰诺夫编，俞灏东、杨秀琴、罗矛昆译：《圣立义海研究》，宁夏人民出版社，1995 年，第 61 页。
[3] ［俄］Би·克恰诺夫编，俞灏东、杨秀琴、罗矛昆译：《圣立义海研究》，宁夏人民出版社，1995 年，第 57 页。
[4] ［俄］Би·克恰诺夫编，俞灏东、杨秀琴、罗矛昆译：《圣立义海研究》，宁夏人民出版社，1995 年，第 60 页。
[5] 李逸友：《黑城出土文书》（汉文文书卷），科学出版社，1991 年，第 101 页。
[6] 陈炳应译：《西夏谚语》第 92 条、第 101 条，山西人民出版社，1993 年，第 11 页。
[7] （清）徐松辑：《宋会要辑稿》兵二七之一八，中华书局，1957 年，第 7255 页。
[8] 《宋史》卷 277《郑文宝传》，中华书局，1977 年，第 9427 页。

（如对动植物的描述），而且还透露出西夏民众与自然界之间的关系。在文献缺略的情况下，通过对西夏谚语的考察，可了解民众"朴素的生态观与环境观"。

就陈炳应《西夏谚语》看，其中有三分之二的涉及自然界，可粗略地分为天象、动物、植物、山川地理四大类。[1]杨蕤将其概括为"自然类"谚语。从内容来看，这些"自然类"谚语，一些是表现和赞美大自然的。如"多风难动大山是高，众水难盈大海是海深"。"大喉白鸟蹲地上，心欲吃蛙目一斜；云间垂鹫亦望影，地上老虎喜相见"[2]。诸如此类，不一而足。

另一些谚语则是通过自然景物来对民众进行"宣教"或"教育"。如"秋驹奔驰需母引；日月虽高浮于天。""是非语快如鸟有翼，利害意传如马善驰。""泽边蛙，脸上没有羞；夏蟑螂，皮下没有血。""老马无用，我不欲卖，知情形；瘦羊干瘪，我不欲吃，熟人情。"[3]西夏民众将熟知的动物编入谚语，以达到启发、教育的目的，这说明他们对这些动物已有很深的了解，甚至成为他们生活中的一部分，反映出西夏人能够与动植物和谐相处的"自然观"和"生态观"。

对山川、河流心存一种深深的敬畏感是古代许多民族的共性，党项亦然。《圣立义海·山之名义》载："河水在东，山有神宰，宿儒山名，善恶能隐。"[4]很显然，在党项民族的眼中，一座座山不仅是壮美的自然景观，也是赋有"灵性"与"神性"的膜拜与敬畏的对象。西夏仁宗时期《黑水建桥敕碑》亦载："敕镇夷郡境内黑水河上下，所有隐显一切水土之主：山神、水神、龙神、树神、土地神等，咸听朕命……"[5]可见西夏民众对自然山水的崇拜与敬畏，虽然此种行为是在生产力较为低下的背景下发生，是人们对客观世界认识的局限所引发的，但它是人与自然关系的另一种诠释：敬畏就意味着另一种方式的保护。尤其是在环境问题日益突出的今天，古人对自然的态度很值得我们思考。

---

[1] 陈炳应译：《西夏谚语》，山西人民出版社，1993年，第45页。

[2] 陈炳应译：《西夏谚语》，第168条、第222条，山西人民出版社，1993年，第14、第19页。

[3] 陈炳应译：《西夏谚语》，第168条、第222条，山西人民出版社，1993年，第9、第12、第14、第16页。

[4] ［俄］Би·克恰诺夫编，俞灏东、杨秀琴、罗矛昆译：《圣立义海研究》，宁夏人民出版社，1995年，第60页。

[5] 王尧：《黑水建桥敕碑考补》，《中央民族学院学报》1978年第1期。

第七章

元代的环境与社会

第一节　元代环境史概述

历史进入13世纪后，蒙古人在北方草原兴起，在随后的大半个世纪，他们相继征服了西夏、金、南宋等多个政权，到忽必烈时期，采行汉法，建国号大元。元朝疆域辽阔，境内区域特征差异明显，生态系统种类丰富，统治了广袤的地域和众多的民族。

从太祖元年（1206年）建国到至正二十八年（1368年）元顺帝退出大都，以蒙古贵族为统治阶级，以其他民族为主体的各类人群，在不同的地域内开展社会经济活动，并与自然环境之间产生了持续的互动。我们不仅能够见到时人为了生存而顺应自然的行为，更有出于某种需要而对自然做出改变的举动。由于环境史关注的内容多样而有趣，这就要求我们在进行元代的环境史相关研究中，去挖掘那些能够反映元人与自然互动关系的主题，探寻不同地域内，各色人群与环境之间那种既互利共生又竞争冲突的生动故事。

中国的环境历程是一个接续不断的过程，到了元代，在经历了之前长时间的人类活动开发之后，许多地区的环境面貌已经发生了较为复杂的改变。蒙古人在自北向南的征服中，将不同的生态区域连同生活于其间的人群逐渐纳入进来，相应地，这些人群与其周围环境的故事也就自然地过渡到元代这个时代中来。

一些传统的环境史主题在元代依旧是本章研究关注的重点，如在土地的开发与利用问题上，考察了元代是如何通过屯田和对地方的鼓励以实现高效的土地利用的，同时也带来相应的环境变化。类型多样的水利建设与环境密切相关，我们在研究中关注了元代在腹里地区的水利建设，涵盖了城市用水、漕运以及地方水害的治理等方面。其次是地方农田水利发展中的一些问题，包括取得的成绩以及暴露出来的问题，这些成绩与问题所体现出来的，是时人与水资源利用之间的交锋。最后是以太湖地区为水利个案，探讨了其在元代所存在的环境问题与解决方案。

土地利用与水利建设主题很大，难以在有限的篇幅论述清楚，但是对于包含在这些主题之中的一些方面，则可以作为研究的切入点，如水利主题下的黄河治理问题。黄河本身的特殊条件使其在中国历史上成为长久的一个问题，经常困扰着统治此区域的王朝。入元以来，黄河延续着12世纪改道南流的局面，但是决溢不断，对周边社会带来的灾难并没有减少。元人尝试解决黄河问题的努力，向我们揭示了自然力与人力之间无休止的冲突。

同样的研究还体现在元代的资源利用与保护方面，总体而言，元代仍旧沿用了传统王朝对资源征收课税的方式，国家控制了绝大多数的资源，并加以利用，这无可厚非。但是存在一个问题，那就是如何保障资源的可持续利用，即使是可再生资源，利用不当同样会枯竭，蚌珠的开采即如此。而那些不可再生的资源开采，形势或许更为严峻，蒙山银矿的枯竭与周围的环境破坏则为例证。元代也在很多方面对资源采取了保护措施，如对一些动物资源的禁猎规定、山林川泽的禁与弛禁、沿海荒地的有意保护等。

虽然研究以元代作为限定，但是环境史的许多研究主题却具有时间上的延续性，而不以一朝一代为始终，这尤其体现在中国连绵不断的历史中。土地利用和水利建设就是一个极好的例子，除非发生自然或人事方面的重大变故，使得人们不得不离开原先居住的地方，否则对这一地区的土地利用和水利建设就不会停止。但是这一过程并非一帆风顺，随着朝代的更迭，或时局政策的变化，人们的这些活动也会有高潮低谷之分，而对于环境的改造力度则在其中有所体现。

在元代环境史研究中，没有主题是唯一的、仅限于元代的，大多可以向前追溯，这也是环境史研究的意义所在。人类活动与自然环境之间的互动过程是一个长期的过程，无论是自然对人类活动的影响，还是人类对自然施加影响，都是在持续进行的。元人所处的时代虽然不同，但是同环境所进行的互动很多情况下却一如既往，只是会有不同的表现形式，元人在面对环境时的所作所为所思，恰恰体现了这个时代的环境史内容。

东南沿海地区由于容易受到海潮的危害，故而就有了为保护家园而修筑的海塘，持续到元代，东南沿海地区的海塘体系已经很完善，但是海潮仍旧不时为灾，问题依旧存在，元人在前代的基础上，进一步优化了海塘的修筑技术和结构，增强了海塘在抵御海潮时的稳定性。

不可否认的是，元代的许多环境史主题在以往都有所体现，元代作为中国历史延续中的一个组成部分，承接了这些内容。但这并非元代环境史的全部，因为元代也有属于自己的突出的环境史内容，海运就是最好的体现。海运早在元代之前就已经存在，但是元人将其发扬光大，成就了一代之辉煌，但是创造辉煌的过程却是需要水手克服艰难的海洋环境，同时探索一条便捷的海上航道，方能持续数十年而不中断。

元代环境史内容是丰富多样的，一些主题体现出环境史关注的普遍性，如土地利用、水利、资源利用等，也有属于这个时代的比较突出的内容，如海运。从比较的视角来看，元代环境史肯定有着其与众不同之处，但这需要进行更深层次的资料发掘与理论思考，从纵向来看的话，也有必要将元代同前后朝代连到一起进行考察，思考一些人类活动与环境互动事件的因袭继承。

第二节　屯田生产与地方开发

元代的农业生产经历了一个凋敝、恢复与发展的过程，金元之际，战争频仍，造成北方人口大量损失，大面积耕地被抛荒，农业生产环境遭到严重的破坏。元人胡祗遹就曾指出，"方今之弊，民以饥馑奔窜，地著务农，日减月削，先畴畎亩，抛弃荒芜，灌莽荆棘，何暇开辟。中原膏腴之地，不耕者十三四，种植者例以无力，又皆灭裂卤莽"。[1]战争造成北方许多地区耕地荒芜，荆棘丛生，人们流离失所，一幅残破凄凉的图景。相比较而言，江南的农业生产环境受到战争的破坏比北方轻得多，保持了较好的发展趋势。

本节从土地利用的角度考察元人的农业生产活动，用环境史的视角探讨元

---

[1]（元）胡祗遹：《宝钞法》，《紫山大全集》卷22，文渊阁四库全书本。

代屯田与环境之间的互动，以及地方在发展农业生产时所做出的努力与环境收效。作为人类生产活动干预下形成的人工生态系统，农业生产是由一定地域内相互作用的生物因素和非生物因素构成的功能整体，人类活动在其中起到了非常关键的作用。元代统治者相当重视恢复和发展农业生产，但前期战争造成的人口损失与耕地荒芜却严重影响到了地方的经济发展，为了尽快使土地恢复生产，元代设立了专门的管理机构，并制定相应的政策，鼓励地方官员努力开垦土地。同时元代还在全国各地广泛开展军、民屯田，去改变一些地区土地荒芜的情况，这实际上加强了人们与环境之间的互动，重塑了区域环境，推动了地区的开发。

一、战争、人口减少与环境

金大安三年，元太祖六年（1211年）秋，蒙古军队从北方进攻金朝边境，先后攻破昌州（今内蒙古太仆寺旗西南九连城）、桓州（今内蒙古正蓝旗北四郎城）、抚州（今河北张北）等城，蒙古军前锋突入居庸关，攻金中都不克。自此长达23年的蒙金战争（金大安三年至天兴三年，1211—1234年）开始，华北地区开始频繁遭受战乱的破坏，造成了人口的急剧下降。当然，这既有因战争带来的死亡率升高的原因，也有人口大量南迁避乱的原因。

战争过后，留存下来的人口相比于原来，形成了明显的对比。在河北地区的真定（正定）一带，"兵荒之余，骸骨蔽野。"[1]而南部的邢州（今河北邢台）原来有户万余，"兵后，户不满数百。"[2]山东"数千里，人民杀戮几尽。"[3]山西"平阳诸郡，被兵之余，民物空竭。"[4]河南一带，"兵荒之后，黎遗无几。"[5]孟州（今河南孟州市）"荒墟废井，狐兔蒿莱。"登城眺望，仅存"茅屋数家而已。"[6]蒙古军队在初期实行的掠夺破坏战术，极大地起到了摧坏当地社会经济秩序的作用，"既破两河，人烟断绝，赤地千里。"[7]河朔地区，"数千里间，人

---

[1]《元史》卷151《赵迪传》，中华书局，1976年，第3569页。

[2]（民国）柯劭忞：《新元史》卷229《张耕传》，开明书店，1935年，第437页。

[3]（宋）李心传：《建炎以来朝野杂记》（乙集）卷19《鞑靼款塞》，中华书局，2006年重印本，第850页。

[4]《元史》卷150《刘亨安传》，中华书局，1976年，第3559页。

[5]（金）元好问：《故河南路课税所长官兼廉访使杨公神道之碑》，《遗山先生文集》卷23，四部丛刊本。

[6]（元）尚企贤：《重修孟州记》，引自《古今图书集成·方舆汇编职方典》卷423，中华书局，1934年影印。

[7]（宋）李心传：《建炎以来朝野杂记》（乙集）卷19《鞑靼款塞》，中华书局，2006年重印本，第852页。

民杀戮几尽，其存者，以户口计，千百不一余。"[1]

元太宗七年（1235年），太宗遣使到各路计点人口、清查民户，这在历史上被称为"乙未籍户"，文献记载保存了位于山西南部泽州当时的统计情况：

> 本州司县共得九百七十三户：司侯司六十八户，晋城二百五十五，高平二百九十，陵州六十五，阳城一百四十八，端氏一百一十七，沁水三十。至壬寅（1242年），续括漏籍，通前实在一千八百一十三户，以乡观乡，以国观国，以天下观天下，其可知也。[2]

泽州在金代属河东南路管辖，根据《金史》记载，金时泽州有户"五万九千四百一十六"，[3]等级为上。元太宗七年（1235年）的这次详细统计则显示了人口的锐减，即使算上乃马真后元年（1242年）续括漏籍后的户数，与金代相比较，前后户数减少依旧达到96.95%，战争所带来的破坏如斯，令人唏嘘不已。

"乙未籍户"之前，蒙古人还曾括检中州（主要是"河北"，即腹里地区）户口，仅"得户七十三万余"，和金代原有600多万户相比，减少了十分之八九[4]。磁州（今河北磁县）大兵之余，"四境户版，仅及千数。"[5]"焚斩之余，八州十二县户不满万，皆惊忧无聊。"[6]山东莱阳地区，"金大定间，登版籍之家三万四千有奇，板荡之余，仅存者十无一二。"[7]

到中统三年（1262年）时，蒙古人统治着和金朝大体相当的土地，然而人口却只有700多万（以一户五口计），[8]人口密度非常低。等到灭亡南宋之后，根据记载核算当时全国人口5 000多万，相对于辽阔的疆土，这些人口依旧是很少。"以地区而论，历经兵燹后，人口减少最多的地区是北方的陕西、甘肃和河南北部，如陕西的京兆、延安、巩昌、凤翔等三路一府，宪宗二年（1252年）时，仅有户87 960，河南的汴梁、河南、南阳等二路一府，仅有人户40 212，均

---

[1]（元）刘因：《武强尉孙君墓铭》，《静修文集》卷17，文渊阁四库全书本。

[2]（元）李俊民：《泽州图记》，《庄靖集》卷8，文渊阁四库全书本。

[3]《金史》卷26《地理下》"泽州"，中华书局，1975年，第638页。

[4] 吴宏岐：《元代农业地理》，西安地图出版社，1997年，第2页。

[5]（元）姚燧：《磁州滏阳高氏坟道碑》，《牧庵集》卷25，四部丛刊本。

[6]（元）元明善：《参政商文定公墓碑》，《清河集》卷6，藕香零拾本。

[7]（元）张养浩：《莱阳庙学记》，《莱阳县志》卷三之三上，1953年。

[8] 韩儒林主编：《元朝史》（上），人民出版社，1986年，第381页。

不到金朝时同一地区人户数的六分之一。"[1]这些地区基本上以农业经营为主，战争带来的大量农业人口的减少，必然影响到这些区域农业生产的稳定，而这种情况在北方地区比较普遍。

北方地区人口稀少的景象频繁出现，令人印象深刻。中国的北方地区在数十年间，始终是一个巨大的战场，文献中关于死亡、毁灭和战争的残酷叙述起来是令人沮丧的，曾经富饶的土地如今变得一片荒芜。"自贞祐[2]兵火后，居民荡析，乡井荆棘"[3]，"贞祐甲戌二月初一日丙申，郡城失守，虐焰燎空。雉堞毁圮，室庐扫地，市井成墟，千里萧条，间其无人。"[4]当时战争之多，时人称之为"日寻干戈，无异于春秋之时"[5]，人们无法在稳定的土地上进行生产活动，"残伤驱迫，南奔北徙，殆无生全，郡县萧条，土著鲜矣"[6]就是鲜明的写照，农业生态无法维持，由此很多地区的农业生产陷入停顿状态。

太宗五年（1233年），田雄奉命镇抚陕西，当他于九月到达关中地区时，所见到的景象是"城郭萧条，不见人迹。残民往往窜伏山谷间，想与捋草实、啖野果以延旦夕之命。"[7]汉中地区自蒙古大军取道灭金，更是"无岁无兵，其地与民吾弃不有，敌不敢复，城郭隳而弗完，田野秽而缀耕，民窭艰食。"[8]

太宗六年（1234年），全真教的崔志隐、管志道、董道亨、李志希四人"共议采真之游"，他们"自北而南，遍历燕赵齐鲁之间，乘流坎止，未及覃怀。当是时也，始经壬辰之革，河南拱北，城郭墟厉，居民索寞。自关而东，千有余里，荒芜塞路，人烟杳绝，唯荷戈之役者往来而已。"[9]由于蒙古军队在战争初期采用了破坏性的掠夺战术，对于那些没有办法掠走的如城垣、房舍、农田及水利、桑枣等事物肆加摧毁，以至于"市井萧条，草莽葱茂。"[10]田地大片荒芜，范围多至百余里，杂草丛生，生产荒废。正如胡祗遹所说的，被抛弃的土

---

[1] 韩儒林主编：《元朝史》，人民出版社，1986年，第381页。

[2] 金宣宗年号，1213—1217年使用。

[3] （元）李俊民：《大阳资圣寺记》，《庄靖集》卷8，文渊阁四库全书本。

[4] （元）李俊民：《泽州图记》，《庄靖集》卷8，文渊阁四库全书本。

[5] （元）李俊民：《郡侯段正卿祭孤魂碑》，《庄靖集》卷9，文渊阁四库全书本。

[6] （元）虞集：《李氏先坟碑》，《雍虞先生道园类稿》卷45，新文丰出版公司影印《元人文集珍本丛刊》本。

[7] （元）李庭：《故宣差京兆府路都总管田公墓志铭》，《寓庵集》卷7，藕香零拾本。

[8] （元）姚燧：《颍州万户邸公神道碑》，《牧庵集》卷17，四部丛刊本。

[9] （元）姬志真：《洛阳栖云观碑》，陈垣编纂，陈智超、曾庆瑛校补：《道家金石略》，文物出版社，1988年，第557页。

[10] （金）宇文懋昭撰，李西宁点校：《大金国志》卷23《东海郡侯下》，齐鲁书社，2000年，第166页。

地"灌莽荆棘"，无暇耕作。在对南宋的战争中，江淮地区更是在很长时间内处于战争的破坏之下，"淮甸之间，环数千里，久苦战争，民散而土旷。"[1]四川、河南、湖北襄樊地区同样因为战争遭到巨大的破坏，人口减少，农民无法从事稳定的农业劳作，诸多土地荒芜。相比之下，"江南在入元时，农业生产受到的破坏比较小，不存在元建国时北方那种田土荒芜，人民流窜的现象。"[2]

忽必烈即位后开始较全面地实行汉法，对于战争造成大量人口减少的现象也予以了制止，因此攻取南宋时江南地区的人口损耗要比北方小得多。同时朝廷继续执行招集流亡等人口政策，在官方的努力下，随着时间的推移，不少地区减少的人口开始得到一定的恢复。到至元二十八年（1291年）时，全国的户数为13 430 322，口59 848 964，至元三十年（1293年）户数更达14 002 700。元成宗以后，由于社会安定，生产处于上升时期，人口有了进一步增加。人口增加的趋势一直保持到元顺帝后至元初，估计元顺帝初期是有元一代人口最多的年代。

需要注意的是，元代户口数量的变化，在很大程度上是随着版图的变动而有所不同的。从窝阔台时期开始，元代曾先后进行过多次的户口统计，由此得到一定的人口数量结果[3]。以至元十一年（1274年）为界，随着江南地区被纳入元代的版图之中，户口数量呈现出陡增的趋势。至元十二年（1275年）的人口相比前一年增幅达142.09%，如图7-1所示[4]。

在遭受到严重摧毁、人口稀少的很多北方地区，土地开始变得相对充足，但是进行劳动的农民却很少。如何利用这些土地曾一度引起过争论，最著名的莫过于太宗窝阔台时，中使别迭在朝议上提出，"虽得汉人亦无所用，不若尽去之，使草木畅茂，以为牧地。"[5]别迭的建议可能代表了当时一部分蒙古人的看法，体现了游牧与农业二者之间强烈的对立关系。但是这个建议随即受到耶律楚材的反对，他说服窝阔台相信汉地同样具有产生巨大财富的潜力，进而让其意识到维持汉地农业的必要性。大量荒芜的土地本身并不能为蒙古征服者提

[1]（元）虞集：《元故怀远大将军洪泽屯田万户赠昭勇大将军前卫亲军都指挥使上轻车都尉追封陇西郡侯谥昭懿董公神道碑》，清道光本《常山贞石志》卷23。
[2] 杨讷：《元代农村社制研究》，《历史研究》1965年第4期，第126页。
[3] 元代的户口统计制度及其中的问题有很多不确定之处，但因并非本书讨论重点，具体可参见吴松第：《中国人口史》（辽宋金元时期），复旦大学出版社，2000年。
[4] 吴松第：《中国人口史》（第3卷），复旦大学出版社，2000年，第261页。
[5]（元）宋子贞：《中书令耶律公神道碑》，《元文类》卷57，四部丛刊本。

供构建国家所需要的物质基础，那么，一个重要的生态问题就出现了：这些土地上发生了什么变化呢？

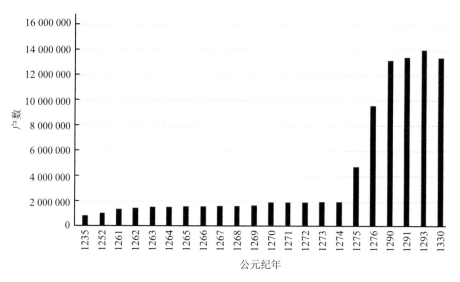

图7-1　《元史》中元代户口统计变化示意图

一方面，由于战争以及人口的骤减，通常会给环境以喘息的时间，从而可以在人类的开发中得以恢复，一定程度上延缓了人们对生态环境改造的进程。在破坏较为严重的华北平原，原来的许多耕地因无人耕种而抛荒，在这些土地上，很快就生长起来荆棘之类的次生植被，如果没有人去开垦，这些土地或许就会一直保持这种状态而存在下去，这是战争所带来的环境变化之一。文献记载表明，作为游牧民族，虽然蒙古人最终并没有把诸如华北平原上的全部耕地变为草场，但是这些土地也同样没有得到农业上的全面开发。统治者有选择地保留了一些地区，设立了官牧场，用来牧放数量众多的牲畜，除此之外，地方上也有不少的私人牧场。将部分土地变为牧场的做法，在事实上使其失去了再次用作农业用地的可能，一定程度上保证了土地覆被的多样性。

另一方面，对于那些因战争而变得荒芜的土地，最好的办法还是让其恢复生产，这样做的考虑，一是可以取得粮食，二是可以帮助稳定统治秩序，安抚流民。蒙古人较早实行的土地农业利用就是屯田，其最初的目的是为军队提供粮饷，但是随着大规模的发展，屯田日益成为开发荒地的重要形式。此外，随着统治的逐步建立，蒙古统治者也开始注意对汉法的采用，其中就包括确立农为国本的治国理念，由此朝廷设立专门的农业机构，派遣人员到地方劝课农桑，并对地方发展农业的成绩进行记录，以此作为官员奖罚的一个标准。

二、元代屯田制度的特殊作用

战争造成的大量土地荒芜为元代开展屯田提供了很好的环境基础，元代许多地区的屯田就是建立在对荒地进行垦辟的基础之上的，屯田的结果之一是改变了许多地区荒草丛生的场景，重塑了所在区域的环境，重新恢复了农业生产的繁荣，这种人地关系的转变是人类活动与环境强烈互动的产物。因此从环境史角度来探讨屯田活动与环境之互动，有着重要的意义。

屯田是土地利用的形式之一，曾经被汉、唐等王朝广泛地用于对边境地区的开发、控制上，这种"军事—农业联合拓殖机制"[1]到了元代，其作用得到进一步的发挥。元代的屯田在内地和边疆都得到发展，但从规模上看，反倒是内地占的比重很大。元代屯田的特点之一在于，其范围的变动是紧跟军队的前进步伐的，例如，在蒙宋战争期间，在靠近两国交战地区的边境部分，蒙古人就曾动用大批军队进行屯田，也有的招募农民，随着版图的扩大，原来是边地的部分变为了内地，但是这些屯田还是大量保存下来，"内而各卫，外而行省，皆立屯田，以资军饷"[2]。在屯田过程中，大量的荒地被用来开垦，官方提供牛、种子等工具，收获的粮食主要用来供给军饷，但毫无疑问，长期的屯田对于一个地区的开发、环境的影响是显而易见的。

元代屯田是我国屯田史上的一个重要发展阶段，与元代农业经济发展密切相关，向来为学术界所重视[3]。元代屯田分布范围广，向北深入漠北草原地区，向南则进入两广云贵山区，屯田成为元代开发地区经济特别是边疆地区的重要方式。元代屯田规模大，表现在屯田的人数和面积上。根据统计，元代各种类

---

[1] 马立博语，见《中国环境史：从史前到现代》，中国人民大学出版社，2015年，第80页。

[2]《元史》卷100《兵志三》，中华书局，1976年，第2558页。

[3] 有关元代屯田的研究，许多蒙元史研究著作中都有相当篇幅提及，因篇幅所限此处不一一列举。论文方面，有梁方仲：《元代屯田制度简论》，《历史论丛》（第三辑），齐鲁书社，1983年；国庆昌：《元代的军屯制度》，《历史教学》1961年Z2期；王珽：《元代屯田考》，《中华文史论丛》1983年第4期；李干：《元代屯田的发展和演变》，《中南民族学院学报》1984年第1期；周继中：《元代河南江北行省的屯田》，《安徽史学》1984年第5期；《元代北方的屯田》，《北方文物》1988年第3期；丛佩远：《元代辽阳行省的农业》，《北方文物》1993年第1期；张金铣：《蒙元时期淮河流域的农业生产》，《中国农史》2000年第4期；《元代两淮地区的屯田》，第二届淮河文化研讨会论文集，2003年。

型屯田总人数，共约三十九万以上，是一支客观的农业生产力量。另据文献记载显示，元代屯田土地的总面积约达十八万七千余顷。元代屯田成效显著，使很多地区荒废的土地得到重新利用，部分地区的屯田收效更是明显。

《元史·兵志》中记载元代屯田情形，"大抵芍陂、洪泽、甘、肃、瓜、沙，因昔人之制，其地利盖不减于旧；和林、陕西、四川等地，则因地之宜而肇为之，亦未尝遗其利焉。至于云南、八番、海南、海北，虽非屯田之所，而以蛮夷腹心之地，则又因制兵屯旅以控扼之。由是而天下无不可屯之兵，无不可耕之地矣。"[1]这段记载虽然简略，但却向我们透露了有关元代屯田的丰富信息，首先，它反映的是元代屯田强烈的为军事服务的性质，由"天下无不可屯之兵，无不可耕之地"即能看出。其次，元代屯田在地域上的广泛性，无论是内地还是边陲，只要是符合军事需要之地，皆能置屯田以屯兵。也正是这种现实的需要，使得元代的屯田在广阔的区域展开，特别是北方的漠北草原，南方的偏远山区，客观上促进了地区的开发。

1. 北方地区的屯田与环境效应

元代在内地展开了广泛的屯田，在腹里地区[2]，由于元初的战争等原因，造成人口和耕地大规模减少。在蒙古国时期，腹里地区的农业已经在地方官员及汉人世侯的努力下有所发展，忽必烈时期各地更是广泛开展了屯田活动，进一步对腹里地区的荒地进行改造。

元代腹里地区分布有大量的屯田，这些屯田分别隶属于不同机构，如枢密院、大司农司、宣徽院等，各机构所辖诸屯田于腹里地区选择合适的荒闲土地，立屯开耕。以枢密院所辖屯田为例，如表7-1所示。其下辖左、右、中、前、后、武六卫屯田，分布于大都周围，于有荒闲田地处立屯开耕，如中统三年（1262年）三月立左卫屯田，"于东安州南、永清县东荒土，及本卫元占牧地，立屯开耕。"[3]右卫屯田则在"永清、益津等处立屯开耕"[4]，至元四年（1267年）在武清、香河等县立中卫屯田，至元十一年（1274年）"以各屯地界，相去百余里，

[1]《元史》卷100《兵三》，中华书局，1976年，第2558页。
[2] 元代中书省的辖地，又被称为"腹里"，其范围大致包括今河北、山东、山西三省的全部，内蒙古大部，以及河南、黑龙江、吉林等省的部分地区。
[3]《元史》卷100《兵三》，中华书局，1976年，第2559页。
[4]《元史》卷100《兵三》，中华书局，1976年，第2559页。

往来耕作不便，迁于河西务、荒庄、杨家口、青台、杨家白等处。"[1]

表7-1　京师六卫屯田表

名称	屯驻地[2]	兵额	屯田数
左卫屯田	东安州南、永清县东	2 000	1 310顷65亩
右卫屯田	永清、益津等处	2 000	1 310顷65亩
中卫屯田	河西务、荒庄、杨家口、青台、杨家白等处	2 000	1 037顷82亩
前卫屯田	霸州、保定、涿州	2 000	1 000顷
后卫屯田	昌平县太平庄	2 000	1 428顷14亩
武卫屯田	涿州、霸州、保定定兴	3 000	1 804顷45亩

资料来源：《元史》，中华书局，1976年，第2559-2560页。

陕西诸地在金元之际的战争中损失也十分严重，之后为了提供粮饷给入蜀蒙军，朝廷又在关中地区积极开展移民屯垦活动。如太宗六年（1234年）"发平阳、河中、京兆民二千屯田凤翔"，"伐株橛，芟蒿莱。"[3]取得了不错的效果。至元九年（1272年），劝农副使许楫路遇安西王相商挺，便提出在京兆地区屯田的建议，他说："京兆之西，荒野数千顷，宋、金皆尝置屯，如募民立屯田，岁可得谷，给王府之需。"[4]三年之后，果然大获成功，不唯生产出足够的粮食，重要的是荒野得以开辟。

河南江北行省地区因战争存在大量的荒田，非常适合建立屯田，早在蒙宋战争期间，出于争夺河南地的需要，元人就已经开始择重要之地建立屯田，姚枢就建议忽必烈在开封设置屯田经略使，以支持对宋战争。姚枢认为如此一来，"以秋去春来之兵分屯要地，寇至则战，寇去则耕，积高廪，边备既实，候时大举，则宋可平。"[5]这种耕战结合的方式深得忽必烈赞同，随即派遣了杨惟中、史天泽作为经略使，在唐州（今河南唐河）、邓州（今河南邓州）、申州（今河南信阳）、裕州（今河南方城）、嵩州（今河南嵩县）、蔡州（今河南汝南）、颍州（今安徽阜阳）、息州（今河南息县）、亳州（今安徽亳县）等地区开展屯田[6]，

[1]《元史》卷100《兵三》，中华书局，1976年，第2559页。
[2] 本处屯驻地均指《元史》记载中最后确定之处，其间的个别调整过程没有显示。
[3]（元）姚燧：《武略将军知宏州程公神道碑》，《牧庵集》卷24，四部丛刊本。
[4]《元史》卷191《许楫传》，中华书局，1976年，第4358页。
[5]（元）姚燧：《姚枢神道碑》，《牧庵集》卷15，四部丛刊本。
[6]（元）姚燧：《张公神道碑》，《牧庵集》卷23，四部丛刊本。

并"授之兵牛，敌至则御，敌去则耕，仍置屯田万户于邓，完城以备之。"[1]

忽必烈即位之后，更加注重此地区屯田的建设，中统二年（1261年），张弘略率宣德、河南等路军屯戍于亳州，依旧采取耕战结合的方式。中统四年（1263年），依从河南军统司的请求，将3 400屯田民户安置在沿边州郡屯戍；万户张晋亨在宿州（今安徽宿县）地区镇守，当时"汴堤南北，沃壤间旷。"[2]很明显存在大量可以屯种的荒田，于是张晋亨分兵列营，开垦耕地并依时而种，同时命千夫长进行督劝，屯田很快获得成功，史载"期年皆获其利"[3]。至元二年（1265年），朝廷将黄河南北荒地分给蒙古军进行屯种，同时令南京等路的戍边士兵在闲暇之时同样进行屯田。朝廷还沿黄河划出了一个较大的范围，自"孟州之东，黄河南北，南至八柳树、枯河、徐州等处。"[4]这一东西狭长的范围内凡是荒闲的土地，命当时正率兵在淮南征战的阿术、阿拉罕等，以其所领士卒，择地立屯进行耕垦，再摘各万户所管汉军屯田。至元三年（1266年），滕州（今山东滕州市）同知郭侃向忽必烈建议在淮北地区开展屯田，他提出"淮北可立屯田三百六十所，每屯置牛三百六十具，计一屯所出，足供军旅一日所需。"[5]虽然这些屯田是为军事攻宋做准备，但也反映了淮北地区还是有不少可供屯田的土地，且从郭侃建议分析，规模或许还不小。至元六年（1269年），为了向围攻襄、樊之军提供粮饷，朝廷签发了南京、河南、归德等路编民二万多户，"于唐、邓、申、裕等处立屯"[6]。

长期的征战使两淮地区出现了大量的荒田，由于人口减少，导致这些荒田开发不足，一些有识之士早有认识，如元人王恽曾说道，"黄河迤南，大江迤北，汉水东西，两淮地面，在前南北边徼中间，歇闲岁久，膏肥有余，虽有居民耕种，甚是稀少"。[7]王恽认为如果把"上自钧、光，下至蔡、息"[8]的大量荒地分给边民开垦屯种的话，数年之后就可以达到"剪去荒恶，荡为耕野"

[1]《元史》卷4《世祖一》，中华书局，1976年，第58页。
[2]《元史》卷152《张晋亨传》，中华书局，1976年，第3590页。
[3]《元史》卷152《张晋亨传》，中华书局，1976年，第3590页。
[4]《元史》卷100《兵志三》，中华书局，1976年，第2566页。
[5]《元史》卷149《郭侃传》，中华书局，1976年，第3526页。
[6]《元史》卷100《兵志三》，中华书局，1976年，第2566页。
[7]（元）王恽：《开垦两淮地土事状》，《秋涧集》卷91，文渊阁四库全书本。
[8]（元）王恽：《论屯田五利事状》，《秋涧集》卷88，文渊阁四库全书本。

的效果。[1]至元十四年（1277年），昂吉儿也以庐州（今安徽合肥市）地区"每军多年征进，百姓每抛下的空闲田地多有。"[2]对这些荒田，昂吉儿建议限定时限让原来的主人来认领，如若到期无果，则鼓励自愿进行耕种的人来开垦，同时也令当地军人进行屯垦，朝廷则适当提供屯田所需的农具、耕牛。

　　元代在两淮地区的涟、海等州的屯田取得的效果很明显。久乱初定之后，涟州（后改为安东州，今江苏涟水县）到海州（后改为海宁州，今江苏连云港市海州区）存在大量的荒田，这为屯田创造了良好的条件。至元十四年（1277年），姚演就献涟、海荒田达11 817顷[3]，此后地方官员纷纷奏请朝廷在两淮进行屯垦，以改变其"荆榛蔽野"[4]的状况。至元十六年（1279年），朝廷开始募民开耕涟、海荒地，试行屯垦，由农民自备牛具，官府贷给种子，耕种所获，官四民六分成。次年又收集逃民到涟、海等地进行屯田。除此之外，至元十八年（1281年），朝廷招募农民于淮西地区开始屯田。至元二十二年（1285年），江淮行尚书省事燕公楠上奏朝廷，请置两淮屯田，募人开耕荒田，"劝导有方，田日以垦"[5]，燕公楠也以功绩"除大司农，领八道劝农营田司事"[6]。至元二十六年（1289年），朝廷对淮东西屯田打捕总管府所辖提举司进行调整，将原来的十九所合并为徐、邳、海州、扬州、安丰、镇巢等十二所，后来又并省为八所，这些屯田所有屯户一万一千七百余户，垦种屯田有一万五千一百余顷。大德二年（1298年），朝廷再以两淮地区闲荒田土分给蒙古军屯种。

　　元代对两淮地区荒田的垦辟是卓有成效的，元人袁桷在为友人送行时曾提到"淮南地广袤……水有菱芡鱼蟹之富，平陆则兔鹿驰逐，飞凫鸣雁，荫翳陂泽，网猎足食"，[7]然而到了元代后期这里已经是"田野皆辟，岁贡鹿獐，率远地买输"[8]了，足以反映此地经多年农业耕作之后，生态环境所发生的巨大变化。

　　因为长期的战争，河南江北行省有大量土地被荒废，这些荒田分布在许多

[1]（元）王恽：《论屯田五利事状》，《秋涧集》卷88，文渊阁四库全书本。
[2] 陈高华、张帆、刘晓等点校：《元典章》卷19《户部卷之五·开荒田土无主的做屯田》，天津古籍出版社、中华书局，2011年，第677页。
[3]（元）许有壬：《两淮屯田打捕都总管府记》，《至正集》卷37，文渊阁四库全书本。
[4]《元史》卷132《昂吉儿传》，中华书局，1976年，第3214页。
[5]《元史》卷173《燕公楠传》，中华书局，1976年，第4051页。
[6]《元史》卷173《燕公楠传》，中华书局，1976年，第4051页。
[7]（元）袁桷：《郭子昭淮东廉司经历饯行诗序》，《清容居士集》卷24，四部丛刊本。
[8]（元）许有壬：《两淮屯田打捕都总管府记》，《至正集》卷37，文渊阁四库全书本。

路府州县，为元代开屯耕种提供了很好的基础。世祖以降，到成宗大德初年，这30余年的时间，朝廷在河南江北行省范围内进行了大规模的屯田活动，大批荒闲土地得以开垦，使"丛菉灌莽，尽化为膏沃"[1]，在这些新开荒的土地上，农业迅速取得收成。位于黄河以南、长江以北的这些荒田，在以前就是很好的耕地，虽然暂时荒废，但是得益于所处区域内良好的农业发展环境，一旦重新垦种，就可以很快得到恢复。元代在此区域内的屯田不仅为进攻南宋解决了粮饷供应，最重要的是恢复发展了黄淮、江淮地区的农业生产，起到了很重要的作用。

2. 南方及西南地区的屯田活动

蒙宋间的长期战争在许多地区造成了宜于屯田的条件，居长江上游的川蜀之地，遭受战乱凡50余年，致使人口锐减，土地大片荒芜。元代在四川地区的屯垦，是与对宋战争的进展相应的。早在宪宗二年（1252年），汪德臣就已经开始在利州（今四川广元）屯田，中统三年（1262年）在潼川（今四川三台）一带开始屯田活动。到了元中后期，四川各地已遍布屯田区，土地肥沃的成都平原所设屯垦区，占整个行省的1/4以上，成为元代四川地区屯垦的重要地区。叙州路、顺庆路、潼川府、重庆路等地的屯田，在这些地区的农业开发中发挥了重要的作用。

湖广行省"南瞰交趾、占城，西掖蜀，西南接南诏，东连吴会，境壤且万里。"[2]其境内多山乡，形势险要，同时多种少数民族与汉族杂居，"八番两江蛮獠布溪峒间"，元代在湖广屯有重兵，因此设立了不少屯田区，"主要分布于湖南南部山区、广西两江地区和海北海南地区，促进了这些落后地区的农业开发。"[3]如静江路（今广西桂林市）地区的屯田，"上以岭南寇略不常，选将校屯田，乘山列队，绝诸仇塞，遏其逗渡。"[4]静江路西南茶峒地区，因处于军事要冲位置，朝廷在此设立屯田千户所，"兵二千八十六人，人授田六亩，计田万二千四百八十有奇"，[5]此地立屯之后，屯田军士"芟芜剃梗，连营树栅，息犍

---

[1]（元）宇术鲁羽中：《知许州刘侯民爱碑》，《元文类》卷17，四部丛刊本。

[2]（元）刘敏中：《敕赐太傅右丞相赠太师顺德忠献王碑》，《中庵集》卷4，文渊阁四库全书本。

[3] 吴宏岐：《元代农业地理》，西安地图出版社，1997年，第83页。

[4]（元）罗咸：《静江路屯田千户所记》，清光绪三十一年（1905年）《桂林县志》卷25。

[5]（元）罗咸：《静江路屯田千户所记》，清光绪三十一年（1905年）《桂林县志》卷25。

江流，作坍圳以溉泻卤，事以就绪，岁克有秋。"[1]通过去除杂草开垦出耕地，继而引水灌溉，获得成功，屯田在地区开发中对环境的改造作用可见一斑。

江西行省"东接闽浙，西连荆蜀，北逾淮汴，以达于京师。据岭海之会，斥交广之境，蛮服内向，岛夷毕朝，提封数千里"，[2]元代在江西行省南部的屯田活动，同样起到促进该地区农业开发的积极作用。如成宗大德二年（1298年），"以赣州路所辖信丰、会昌、龙南、安远等处，贼人出没，发寨兵及宋旧役弓手，与抄数漏籍人户，立屯耕守，以镇遏之"，共有屯户数3 265，屯田524顷68亩。由于当地山区条件差，很快"屯田赣州军兵多死瘴疠"，[3]仁宗年间郝天挺为江西右丞时，上奏"诸当戍龙南、安远、南恩、潮阳，岁岁瘴疠，杀不辜者常数千人，当移南安、肇庆、潮州善地"。[4]

江浙行省为农业经济发达地区，元人语"今天下为行省凡十有一，而江浙当东南之都会，生齿繁夥，物产富穰，水浮陆行，纷输杂集。所统勾吴与越，七闽之聚，讫于海隅，旁连诸番，椎结卉裳，稽首内向。"[5]江浙行省屯田主要分布在南部的汀州路和漳州路，至元十八年（1281年），按照腹里地区屯田的办法所置立，屯田人户来源为"镇守士卒年来不堪备征战者，得百有十四人，又募南安等县居民一千八百二十五户。"[6]到了成宗元贞三年（1297年），朝廷又在南诏等地立军屯，每屯1 500人，同时将所招陈吊眼[7]等余党入屯，至此汀州有屯军1 525名，屯田225顷，漳州路屯军1 513名，屯田250顷。

不可否认，元代于南北各地广泛开展的屯田确实在一定程度上起到了改变地区面貌的作用，特别是对于那些存在土地荒芜，或尚未开发的地区而言，屯田不仅仅带来的是土地景观上的改变，更会给当地社会风气带来变化。如至元二十五年（1288年），刘国杰率兵平息衡永、宝庆、武冈群盗之后，"乃度要害之地，得闲田三万余亩，创立三屯卫，曰清化永，曰乌符武冈，曰白仓，各置

[1]（元）罗咸：《静江路屯田千户所记》，清光绪三十一年（1905年）《桂林县志》卷25。

[2]（元）虞集：《江西行省平章政事伯撒里公惠政碑》，《雍虞先生道园类稿》卷39，新文丰出版公司影印《元人文集珍本丛刊》本。

[3]（元）姚燧：《荣禄大夫福建等处行中书省平章政事大司农史公神道碑》，《牧庵集》卷16，四部丛刊本。

[4]（元）刘岳申：《送郝右丞赴河南省序》，《申斋集》卷2，文渊阁四库全书本。

[5]（元）黄潜：《江浙行中书省题名记》，《金华黄先生文集》卷7，元刻本。

[6]《元史》卷100《兵三》，中华书局，1975年，第2570页。

[7]《元史》卷162《高兴传》载：至元"十八年（1281年），盗陈吊眼聚众十万，连五十余寨，扼险自固。兴攻破其十五寨，吊眼等走保千壁岭，兴上至山半，诱与语，接其手，制下擒斩之，漳州境悉平。"中华书局，1975年，第3805页。

军五百人，给以牛具种子，教之耕作，而以农隙阅习武艺。"与此同时，这些屯田还吸收了部分当地无产业之人耕种，"向之奔窜者稍出而自归，有家则令复业，无恒产则分隶诸屯，岁得谷三万余石，仓廪实而盗贼化为良民。"[1]类似的屯田不仅维护了地方的稳定，同时对于地方的开发也起到了一定的作用。元代屯田有军、民之分，以军屯为主，从都城周围到边疆地区广泛的开展。无论是哪一种形式的屯田，其目的都在于加强对土地的利用，特别是元代屯田很多都是在荒地的基础上发展而来，对于环境的改造效果更加明显。

三、地方官员发展农业的绩效

大德元年（1297年）十一月，禹城县"进嘉禾，一茎九穗"[2]，在时人看来，这是祥瑞之兆，是上天对人君施政的肯定，更是被县尹刘事义的"善政所感"之结果。刘事义于元贞初来到禹城后，就十分注意发展地方的农业经济：

> 时方春和，力于劝课，赍行粮，就食民家，见田父野老，勉其耕桑，为衣食本计，人由是感悟，皆以树艺为急。积三岁，计花果群木二十四万余许，野无旷土。[3]

刘事义的事迹，可以视为元朝地方官员努力发展地方农业的一个缩影。事实上，从成吉思汗到忽必烈，元朝对恢复与发展农业的态度，有着一个逐渐变化、发展的过程。直到忽必烈时，方确立农为国本的国策，开始大力发展农业，在农业机构设置、政策鼓励等多方面做出努力，去营造一个稳定的农业生产环境，以保障地方农业经济的恢复与发展。

1. 土地垦辟与环境改善

成吉思汗时期，对于汉地往往攻多守少，多掳掠人口财富而已，对此萧启庆曾评价道，"蒙古人入侵中原农业地区的目的，可说是纯掠夺性的，不外乎土

---

[1] 黄溍：《湖广等处行中书省平章政事赠推恩效力定远功臣光禄大夫大司徒柱国追封齐国公谥武宣刘公神道碑》，《金华黄先生文集》卷25，元刻本。

[2]《元史》卷19《成宗二》，中华书局，1976年，第414页。

[3]（元）张翼：《县尹刘事义去思碑》，清嘉庆十三年（1808年）《禹城县志》卷7，第457页。

地的占有和资源的利用”。[1]到了窝阔台汗时期，出于征收赋税的目的，太宗二年（1230年）"冬十一月，始置十路征收课税使"，开始注意到汉地的发展问题，这在一定程度上有助于地方残破的农业的恢复。如兴元（今陕西汉中）地区因战争遭到极大破坏，"田野秽而缀耕"，女真人瓜尔佳认为"兴元形势，西控巴蜀，东扼荆襄，山南诸城无要此者。"因此建议"为择良腴便水之田，授以耕耒，假与种牛"[2]。到了定宗年间，瓜尔佳行省兴元，遂"营城堑，内治堡垒，外增鼓柝，烽烟得警，日夜十里不绝。市肆村舍，民庐数万区，悉起于荡焚之余。垦田数千顷，灌以龙江之水，收皆亩锺，敖庾盈衍矣"，[3]使此地区残破的环境得以改善。

田雄在太宗五年（1233年）到达陕西的时候，面对的是一片萧条景象，不见人迹。田雄派人四处招诱，同时"水陆运漕河东之粟，以济饥羸。益市耕牛、子种以给之。"通过一系列的措施，"农事日修，人用饶足"，"五六年间流遄悉归，市井依旧。全秦千里，遂为乐郊。"[4]

蒙哥汗即位后，忽必烈承命负责漠南汉地的治理，另外，他周围还有很多熟悉汉地事务的幕僚，这些幕僚很多都是忽必烈在潜藩时召集或者任用的，对忽必烈后来重视汉地和倾向汉法颇有启迪。忽必烈曾设置过"邢州安抚使""京兆宣抚司"等官职来管理自己的封地，宪宗四年（1254年），又"以廉希宪为关西道安抚使，姚枢为劝农使。"在他即位之后，颁布了"国以民为本，民以衣食为本，衣食以农桑为本"的诏令，强调农业发展的重要性。

中统元年（1260年），朝廷"立十路宣抚司"，由各路宣抚司选择通晓农事之人担当劝农官。中统二年（1261年）夏四月，朝廷"命宣抚司官劝农桑"，八月，朝廷又设立了劝农司，任用了一批官员专司其制，"以陈邃、崔斌、成仲宽、粘合从中为滨棣、平阳、济南、河间劝农使，李士勉、陈天锡、陈膺武、忙古带为邢洺、河南、东平、涿州劝农使"，[5]任命姚枢大司农总其事，劝农使负责的范围集中在遭受战争破坏严重的淮河以北地区。至元七年（1270年）二月朝廷又立司农司，"劝课农桑，兴举水利，凡滋养栽种者，皆附而行焉。"以左丞

[1] 萧启庆：《内北国而外中国》（上），中华书局，2007年，第113页。
[2]（元）姚燧：《兴元行省瓜尔佳公神道碑》，《牧庵集》卷16，四部丛刊本。
[3]（元）姚燧：《兴元行省瓜尔佳公神道碑》，《牧庵集》卷16，四部丛刊本。
[4]（元）李庭：《故宣差京兆府路都总管田公墓志铭》，《寓庵集》卷7，藕香零拾本。
[5]《元史》卷4《世祖一》，中华书局，1976年，第73页。

张文谦为大司农卿，分设四道巡行劝农司。十二月改为大司农司，"不治他事，而专以劝课农桑为务"，以孛罗领之，"不数年功效昭著，野无旷土，栽植之利遍天下。"[1]

董文用曾奉命劝农山东，"山东中更叛乱，多旷土，公巡行劝励，无间幽僻。"[2] "躬自督视，辟其汙莱至于海濒，绩最诸道。"[3]王彦弼在至元十年（1273年）时来到安丰府，招募流民，"垦淮甸荒田万余顷为熟田。"[4]也速答儿在洋州任达鲁花赤时，"尝出郊劝课，相原隰之宜，筑堰潴水，溉田千余区。昔之蒿莱，化为粳稌。"[5]侯天孚在大德九年（1305年）知许州，"仁而有方，耕凿树畜，求底实效。及终三年，诸军籖牧外，丘陵、原隰，垦辟殆尽。"[6]

显然在政策的鼓励下，经过地方官员的努力，地方在土地垦辟上取得了不错的收效，一些地区农业景观得到恢复和发展，但是元代劝农的内容也并不仅限于对土地的农业耕作方面，除农作物种植以外，还有相关经济作物的栽种。至元六年（1269年）时，朝廷曾命堤防诸路正官"相风土之所宜"来合理安排农业生产，次年所颁的农桑之制十四条中，详细规定了种植之制，大抵"每丁岁种桑枣二十株。土性不宜者，听种榆柳等，其数亦如之。种杂果者，每丁十株，皆以生成为数，愿多种者听。"[7]

为了更好地指导地方，至元十六年（1279年）朝廷曾下令"于诸书内采择到树桑良法"[8]，教导农民"趁时栽种"。至元十七年（1280年）更是规定，地方"趁时多广开耕布种，开植桑枣树木。"[9]地方栽种桑枣之树的成绩也颇为不错，如至元二十八年（1291年），大司农司所上诸路"植桑枣诸树二千二百五十二万七千七百余株。"[10]

---

[1]（元）李谦：《中书左丞张公神道碑》，清宣统《涵芬楼古今文钞》卷69。

[2]（元）虞集：《翰林学士承旨董公行状》，《雍虞先生道园类稿》卷50，新文丰出版公司影印《元人文集珍本丛刊》本。

[3]（元）吴澄：《有元翰林学士承旨资德大夫知制诰兼修国史加赠宣猷佐理功臣银青荣禄大夫少保赵国董忠穆公墓表》，《吴文正公文集》卷33，文渊阁四库全书本。

[4]（元）吴澄：《大元少中大夫江州路总管赠太中大夫秘书大监轻车都尉太原郡侯王安定公墓碑》，《吴文正公文集》卷33，文渊阁四库全书本。

[5]（元）蒲道源：《送洋州达鲁花赤序并诗》，《闲居丛稿》卷19，文渊阁四库全书本。

[6]（元）孛术鲁翀：《知许州刘侯民爱铭》，清宣统《涵芬楼古今文钞》卷78。

[7]《元史》卷93《食货志》，中华书局，1976年，第2355页。

[8]《元典章》卷23《户部卷之九·劝课·种治农桑法度》，天津古籍出版社、中华书局，2011年，第927页。

[9]《元典章》卷23《户部卷之九·劝课·劝课趁时耕种》，天津古籍出版社、中华书局，2011年，第932页。

[10]《元史》卷16《世祖十三》，中华书局，1976年，第354页。

对于地方土地垦辟所带来的改变，元人李齐贤的《策问》中把这种变化说得很清楚，"国家服事皇元，中外无虞，闾阎栉比，行路如织，民日以殷，野日以辟，化斥卤以水耕。"[1]这已经足以显示出元代地方在努力垦辟土地、发展农业时，也在环境等方面取得了明显的收效。

2. 五事考课与"纸上载桑"

为了鼓励官员们努力推进土地开垦，根据官员在地方的政绩，朝廷制定了相应的升迁政策，即五事考课制度。同时朝廷下令地方官员需要每年奏报本地开垦的土地亩数，或地方的农业开发结果，称之为"农桑文册"。

（1）五事考课制度

忽必烈所确定"以农桑为本"的政策为以后诸帝所沿袭，如成宗铁穆耳的即位诏书中说："钦奉先皇帝累降圣旨，岁时劝课，当耕作时，不急之役一切停罢，无致妨农。公吏人等，非必须差遣者，不得辄令下乡。"[2]

朝廷为了发挥地方官员的积极性，实行五事考课制度。这项制度着眼于地方的发展与稳定，把"户口增、田野辟"作为地方官考绩的重要标志。

关于五事考课制度的规定，最早见于中统五年（1264年）所颁发的《饬官吏诏》中，规定，"仍拟以五事考课为升殿。户口增，田野辟，词讼简，盗贼息，赋役平，五事备着为上选，内三事成者为中选，五事俱不举者黜。"[3]"有能安集百姓，招诱逃亡，比之上年增添户口，差发办集，各道宣抚司关部申省，别加迁赏；如不能安集百姓，招诱逃户，比之上年户口减损，差发不办，定加罪黜。"[4]

自此以后五事考课成为衡量地方官员政绩的标准，在一定程度上调动了官员开发地方的积极性。但是其初效果并不显著，为此，朝廷在至元二十年（1283年）再颁《考课封赠诏》，加大了对地方官员的奖赏。具体内容如下：

考课虽以五事责办管民官，为无激劝之方，徒示虚文，竟无实效。自今每岁终考课，管民官五事备具，内外诸司官职任内各有成效者，为中考。第一考，

[1]（元）李齐贤：《策问》，《益斋乱稿》卷9下，粤雅堂丛书本。
[2]《元典章》卷2《圣政卷之一·劝农桑》，天津古籍出版社、中华书局，2011年，第53页。
[3]《元典章》卷2《圣政卷之一·饬官吏》，天津古籍出版社、中华书局，2011年，第39页。
[4]《元典章》卷19《户部卷之五·荒田·荒闲田地给还招收逃户》，天津古籍出版社、中华书局，2011年，第677页。

对官品加妻封号。第二考，令子弟承荫叙仕。第三考，封赠祖父母、父母。品格不及封赠者，量迁官品，其有政绩殊异者，不次升擢，仰中书参酌旧制，出给诰命。[1]

　　"徒示虚文，竟无实效"，这让朝廷意识到了问题所在，五事考课虽然同官员政绩相联系，仍不足以调动起地方发展农业的积极性。于是至元二十年（1283年）的诏命将五事考课制度同封赠结合起来，使官员看到若治理地方得当，受益的除本人之外，还可光大门庭，惠及子孙。至大四年（1311年）同样申明"五事备具者，从监察御史、肃政廉访司察举，优加迁擢。"[2]

　　五事考课制度是对官员治理地方规定的标准，若完成得好，就会得到朝廷认可。不可否认，这使得一些地方的治理特别是农业的恢复、发展收到了很好的成效。然而对于多数地方官员而言，要想在较短的任期内达到这种考课制度规定的全部事项，显然难度要更大一些。因此不免出现一些急功近利之举，许有壬曾在《风宪十事》中列"五事举人之弊"以指出，此处仅以户口和土地为例：

　　"五事"之目，因循虽古，实则虚文。户口之增，不过析居、放良、投户、还俗，或流移至此，彼减此增之数，夫何能哉！江南之田，水中围种。齐鲁之地，治尽肥硗。虽有真才，五终不备。辽海之沙漠莽苍，巴蜀之山林溪洞，龚黄继踵，能使田野辟乎？[3]

　　许有壬将五事考课归为"未尽善者"，逐事剖析其不足，文中提到的"户口增"之弊不一定全为实情，想来也不乏其人。而"田野辟"则更是直接道明了地理环境对农业发展所起到的某种限制作用，在诸如江南这样的开发比较充分地区，地狭人稠，本就已经与水争田了，另辟田地的空间已显不足，而对于辽海、巴蜀等开发不足的地区，又因为当地条件的限制，也难以做到大规模的田地开辟。

---

[1]《元史》卷84《选举四》，中华书局，1976年，第2114页。
[2]《元典章》卷2《圣政卷之一·饬官吏》，天津古籍出版社、中华书局，2011年，第43页。
[3]（元）许有壬：《风宪十事》，《至正集》卷74，文渊阁四库全书本。

　　五事考课制度其实在一定程度上限制了官员，"古之邑大夫去而有遗爱者盖鲜，且如田野、赋役、户口、盗贼、词论五事，咸治则为惠政，一有不治，即为瘝官之病。"[1]地方官员急于取得成绩，反而会导致人们对农业生产产生一种消极的态度，胡祗遹在至元十九年（1282年）曾提到过这种现象，在其《论司农司》一文中，他指出"今之为农者，卖新丝于二月，籴新谷于五月，所得不偿所费，就令丰积，亦非己有。加之事役逼迫，略无虚日，屋宇损坏，不暇修补，贫苦忧戚，遑遑相仍。……劝之以树桑，畏避一时捶挞，则植以枯枝，封以虚土，劝之以开闲田，东亩熟则西亩荒，南亩治则北亩芜。就有务实者从法而行，成一事而废一务，必不能兼全。"[2]

　　之所以如此，胡祗遹在《论农桑水利》中将原因说得很明白，即"人无余力而贪畎亩之多""牛力疲乏寡弱而服兼并之劳""有司夺农时而使不得任南亩"[3]等，指出了当时地方发展农业生产的困难所在，特别是当地方官员急于取得政绩之时，反而会对农业生产造成不利的影响。

　　（2）"纸上载桑"

　　"纸上载桑"是在许有壬的《风宪十事》中被提到的，指的是地方在攒造农桑文册时造假虚报的行为。农桑文册作为朝廷对地方劝农成绩考较的一种途径，"本欲岁见种植垦辟义粮学校之数，考较增损勤惰，所以见廉访司亲为之。"[4]"务要实效，无事虚文。"

　　至大二年（1309年）二月，朝廷颁发了一份圣旨，内容是对地方劝课农桑的诸多要求，其中一条特别谈到地方栽植桑枣上所出现的问题：

　　农民栽植桑枣，令行已久，而有司劝课不至，旷野尚多。是知年例考较，总为虚数。自今除已栽树株，以各家空闲地土十分为率，于二分地内，每丁岁载桑枣二十株。其地不宜桑枣，各随风土所宜，愿载榆柳杂果。若多载者，听。皆以生成为数，若有死损，验数补载。本年已载桑果等数，次年不得朦胧抵数重报。[5]

[1]（元）马豫：《刘侯去思碑》，正德《莘县志》卷8。
[2]（元）胡祗遹：《论司农司》，《紫山大全集》卷22，文渊阁四库全书本。
[3]（元）胡祗遹：《论农桑水利》，《紫山大全集》卷22，文渊阁四库全书本。
[4]（元）许有壬：《风宪十事》，《至正集》卷74，文渊阁四库全书本。
[5]《元典章》卷23《户部卷之九·劝课·农桑》，天津古籍出版社、中华书局，2011年，第933-934页。

至大元年（1308年）朝廷以地方"旷野尚多"，认为是地方执行相关栽植之令所致，因此重申了对于地方农民每年栽植桑枣树木的规定，总体上和至元七年（1270年）所颁无太大差别，并强调地方要如实攒造农桑文册。

根据前文提及，元代制定五事考课制度来激励官员治理地方，因此地方面临的问题就在于如何保持"田野辟"这样的要求。一些官员不惜弄虚作假来应付，"然养民以不扰为先，而害政惟虚文为甚。农桑所以养民也，今反扰之；文册所以责实也，今实废之。"[1]

许有壬对让地方每年攒造农桑文册表示了反对意见，他指出：

> 各道比及年终，令按治地面依式攒造，路府行之州县，州县行之社长、乡胥，社长、乡胥则家至户到，取堪数目。幸而及额，则责其答报之需。一或不完，则持其有罪，恣其所求。鸡豚尽于供饷，生计废于奔走。人力纸札，一切费用，首会箕敛，因以为市。卑职向叨山北宪幕，盖亲见之，而事发者，亦皆有按可考。以一县观之，自造册以来，地凡若干，连年栽植，有增无减，较其成数，虽屋垣池井，尽为其地，犹不能容，故世有纸上栽桑之语。大司农岁总虚文，照磨一毕，入架而已，于农事果何有哉！况分司所至去处，公事填委，忽忽未毕，已进程期，岂能一一点视盘量。兼中原承平日久，地窄人稠，与江南无异。若蒙详酌闻奏，依旧巡行劝课，举查勤惰，籍册虚文，不必攒造，民既勿扰，事亦两成。[2]

在以上引文中，许有壬指出了由于地方每年需要攒造农桑文册，由此造成的扰民现象，"鸡豚尽于供饷，生计废于奔走"，更严重的则是文册所反映出来的盲目追求政绩，却忽略了田土有限的现实，致使岁终的攒造农桑文册成为只重形式不重内容的无用之物，于农事反倒无益。

[1]（元）许有壬：《风宪十事》，《至正集》卷74，文渊阁四库全书本。
[2]（元）许有壬：《风宪十事》，《至正集》卷74，文渊阁四库全书本。

小　结

屯田伴随有元一代而不绝，从兴起到全面展开，再到末年的衰败，屯田在实践中加强了人与土地的联系，在地区开发中发挥了重要的作用。北方各地屯田规模大，尤以腹里、河南江北行省为重要，这些地区因为元初的战争造成大片土地荒芜，成为屯田的最佳对象，因此对当地的环境起到了重塑的作用。相对于北方的屯田，南方地区的江西、湖广等行省的屯田不仅在规模上要小得多，屯田所处的地区更偏于南方那些开发不充分的地区，这些地区展开的屯田活动，虽然大多是出于军事镇成保障的目的，但客观上推进了朝廷在这些地区的开发进程。

地方的土地垦辟同样取得了不错的环境绩效，这同朝廷的政策与地方官员的努力分不开，"野无旷土"虽然有夸大成分，但也足以反映出当时农业恢复与发展所带来的地方面貌改观。然而过于追求发展农业的成绩，而忽略了地方的实际情况，导致部分地区人们在农业生产中造假等问题，也引起了元代有识之士的反思。

第三节　水利建设与环境改造

中国水资源的分布在时空上不均衡，这种状况大大制约了人们对水资源的有效利用，对其加以适当的改造就变得十分有必要。水利建设在中国有着悠久的历史，人们通过一定的工程手段，对自然界的河流、湖泊等加以改造，使之变得符合人们的实际需要。传统的水利建设并不仅限于农业灌溉，还涉及生活用水、防洪排涝、漕运航运等，这些水利活动的开展，都离不开与自然环境的互动。水利与环境之间，有着密切的关联，水为利还是为害，同这二者之间的互动紧密相连。

本节将围绕元代的水利建设与环境改造之间的关系展开。有元一代，进行了数以百计的水利建设，这些水利系统也是多种多样的。统治中心所在的腹里地区，围绕大都城进行了一系列的河流引水、改造工程，有效地满足了城市生活、漕运等用水需要，在城市内还构成了良好的风景，除此之外，腹里地区还针对一些河流进行了治理，以最大限度地减少其给周围带来的灾患。与农业发展紧密相关的水利建设也蓬勃发展，元人在南北方展开了不同形式的改造活动，北方多修造沟渠，引水灌溉，南方较为突出的是人们与水争田较多，以此考察元人在农田水利中对自然环境的触动。最后以太湖地区水利环境治理做个案探讨，作为发达的粮食产区，素有"鱼米之乡"称呼的太湖流域同样面临长期发展所造成的水利环境问题，主要是太湖的泄水通道堵塞和人们的围湖造田，损害了太湖的区域调节能力，其结果就是这一地区灾害频发，严重影响了区域的发展。

一、水利机构与相关政策

在长期打交道的过程中，人们开始意识到，水的患与利是相对的，正如《元史·河渠志》记载，"水为中国患，尚矣。知其所以为患，则知其所以为利，因其患之不可测，而能先事而为之备，或后事而有其功，斯可谓善治水而能通其利者也。"[1]这段话向我们揭示了水利建设的必要性与重要性。

"元有天下，内立都水监，外设各处河渠司，以兴举水利、修理河堤为务。"[2]有关元代的水利机构建置，如图7-2所示，王培华曾进行过详细的论述[3]。

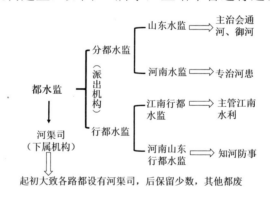

图7-2　元代水利机构示意图

都水监在元代先后隶属过工部、大司农司，到仁宗时以都水监直隶于中书

---

[1]《元史》卷64《河渠一》，中华书局，1976年，第1587页。
[2]《元史》卷64《河渠一》，中华书局，1976年，第1588页。
[3] 王培华：《元朝水利机构的建置及其成就评价》，《史学集刊》2001年第1期。

省，其"掌治河渠并堤防水利桥梁闸堰之事"[1]，山东分监负责会通河工程及维修等事务，"雨潦将降，则命积土壤、具畚插，以备奔轶冲射；水将涸，则发徒以道淤阏塞崩溃；时而巡行周视，以察其用命不用名，而赏罚之，故监之责重以烦。"[2]河南分监与河南山东行都水监主管黄河河患的治理，江南行都水监（或江南都水庸田司）负责江南水利，督责"修筑围田，疏浚河道"，对于势家侵占湖畔等有害水利行为负责追究。

都水监下属机构河渠司，其职责有二，一是掌管地方河渠修浚，如至元七年（1270年）所颁《农桑之制》十四条就有规定，"凡河渠之利，委本处正官一员，以时浚治。或民力不足者，提举河渠官相其轻重，官为导之。地高水不能上者，命造水车；贫不能造者，官具材木给之。俟秋成之后，验使水之家，俾均输其值。田无水者凿井，井深不能得水者，听种区田。其有水田者，不必区种。"其二则是调节各河渠灌溉用水的分配。如兴元路山河堰，"设河渠司以领之，……视夫水之多寡以为水额，强不得以欺弱，富不得已兼贫。浇灌之法，自下而上，间有亢旱之年，而无不收之处。"[3]

司农司还发布了《劝农立社事理条画》，其中有专门谈水利灌溉问题的一款，内容如下：

随路皆有水利，有渠已开而水利未尽其地者，有全未曾开种并创可挑掘者。委本处正官一员，选知水利人员一同相视，中间别无违碍，许民量力开引。如民力不能者，申覆上司，差提举河渠官相验过，有司添力开挑。外据安置水碾磨去处，如遇浇田时月，停住碾磨，浇溉田禾。若是水田浇毕，方许碾磨依旧引水用度，务要各得其用。虽有河渠泉脉，如是地形高阜不能开引者，仰成造水车，官为应副人匠，验地里远近，人户多寡，分置使用。富家能自置材木者，令自置，如贫无材木，官为买给，已后收成之日，验使水之家均补还官。若有不知造水车去处，仰申覆上司官样成造。所据运盐运粮河道，仰各路从长讲究可否，申覆合干部分定夺，利国便民，两不相妨。[4]

[1]《元史》卷90《百官志六》，中华书局，1976年，第2295页。
[2]（元）揭傒斯：《建都水分监记》，《文安集》卷10，豫章丛书本。
[3]（元）蒲道源：《论兴元河渠司不可废》，《闲居丛稿》卷17，文渊阁四库全书本。
[4] 黄时鉴点校：《通制条格》卷16《田令·农桑》，浙江古籍出版社，1986年，第189-190页。

在这里，我们可以看到，朝廷通过法律的形式具体规定了地方农田水利灌溉的种种情况，首先是允许百姓根据自己的情况进行开挑，若能力不够，还可申请官府的帮助，其次是在水力分配上，农忙时节以农田为先，其他一切事项如碾磨等暂停运行，同时鼓励人们使用水车克服地形不利的环境。同时还规定了调整运盐、运粮河道同灌溉用水的关系。

出于不同目的所修建的水利设施，在不同的自然环境中发挥着它们的作用。良好的农田水利灌溉系统加强了对自然水的盈亏调节能力，可以有效地保障农业生产的顺利进行；浩大的水运工程，克服自然地势等因素的同时沟通了不同的水系，便利了区域间的交流；城市通过改造周边水系，满足了居民生产、生活用水，同时对城市的环境起到了美化的作用等。凡此种种，皆为水之有利于人类社会的表现。

二、腹里地区的河流改造与治理

元代的腹里地区为中书省直接管辖，地域包括今河北、山东、山西三省全部和京、津两市，以及内蒙古大部分地区。这一地区河流众多，大多数分属黄河、海河水系，山东半岛上的河流则独流入海，而在内蒙古地区的河流或为内流河，或汇入其他水系入海，此为这一地区河流概况。

对腹里地区河流改造的迫切性于忽必烈即位之后开始显现，元代在腹里地区进行的河流改造活动，大体上集中在大都附近及其以南地区。首先是围绕大都所进行的一系列工程，不仅解决了都城的供水问题，同时还向东延伸，通过运河进行物资的运输。其次是腹里地区一些河流如浑河、滹沱河水患的治理。

1. 围绕大都城的河流改造

至元九年（1272年）二月，忽必烈改燕京为大都，定为元代的国都。大都城的位置在原金中都城东北，金中都屡经战火，已经残破不堪，失去了一座城市的面貌，加上其水源主要依靠城西莲花池水系，水量不足，"土泉疏恶"[1]。于是忽必烈即位之后，不久便组织力量，在金中都城的东北，重新建造一座城

---

[1]（元）陆文圭：《中奉大夫广东道宣慰使墓志铭》，《墙东类稿》卷12，文渊阁四库全书本。

市，即后来的元大都城。

历经十余年的时间，大都城的建造告一段落，在这个过程中，为了解决大都城供水等方面问题，元人在这个时期围绕大都城进行了一系列的河流改造工程，通过引水、开凿等工程，建立起一些人工运河，将大都与城外联系起来（见图7-3）。

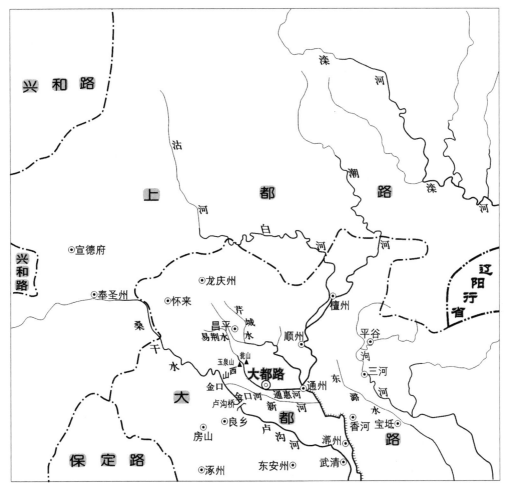

说明：本图以谭其骧主编《中国历史地图集》第7册，"元·中书省"图幅为底图改绘而成。

图7-3　元大都附近水系形势图

（1）重开金口运河

金口运河早在金朝时就已开通，为当时连接中都和通州的唯一漕运水道，然而由于其水引自卢沟河，河水暴涨暴落，严重影响了漕运，并且经常引起决溢，泛滥成灾，最终金口运河被堵塞。到了元代，由于兴建大都需要运送大量木、石等材料以及漕运的需要，水利专家郭守敬便提议"按视古迹，使水得通流，上可以致西山之利，下可以广京畿之漕。"为避免发生决溢等灾害，"当于金口西，预开减水口，西南还大河，令其深广，以防涨水突入之患。"[1]这条建议在于为金口运河开一条溢洪道，使洪汛时期进入运河的洪水顺此回泄到卢沟河内。

史书记载，至元三年（1266年）十二月，此时正值卢沟河的枯水期，"凿金口，导卢沟水以漕西山之木石。"[2]工程很快完工，为至元四年（1267年）开始营建大都运送了大量的木材、石材。同时，因为是"按视古迹"，重开后的金口运河还负担了一段时间的通州至大都的漕运，直到至元二十八年（1291年）因开凿通惠河而止，此为后话。

金口运河水源自卢沟河，卢沟河在元代又有"浑河"之称，皆因其上游桑干河携带大量泥沙，河水浑浊所致。金口设闸，可以有效控制卢沟河的水量，还可以避免在夏季汛期时上游的洪水危害。如大德二年（1298年），"浑河水发为民害，大都路都水监将金口下闭闸板。大德五年（1301年），浑河水势浩大，郭太史恐冲没田薛二村、南北二城，又将金口已上河身，用砂石杂土尽行堵闭。"[3]

（2）通惠河工程

开凿通惠河的目的在于解决物资由通州运入大都的问题，"其源出于白浮、瓮山诸泉水也。"[4]但是在此之前的金朝，由于尝试过引浑河水来解决这个问题，结果"以地势高峻，水性浑浊，峻则奔流漩洄，啮岸善崩，浊则泥淖淤塞，积淳成浅，不能胜舟。"[5]工程以失败告终。郭守敬据此，一改前朝做法，不以浑河水作运河水源（"改引浑水溉田"），而是"导清水"，他在至元二十八年（1291年）的奏议中提出，"上自昌平县白浮村引神山泉，西折南转，过双塔、榆河、一亩、玉泉诸水，至西水门入都城，南汇为积水潭，东南出文明门，东至通州高丽庄入白河。"但是问题在于，相较于浑河，新引的泉水水量不能满足物资运

[1]《元史》卷164《郭守敬传》，中华书局，1976年，第3847页。
[2]《元史》卷6《世祖纪三》，中华书局，1976年，第113页。
[3]《元史》卷66《河渠三》，中华书局，1976年，第1695页。
[4]《元史》卷64《河渠一》，中华书局，1976年，第1588页。
[5]《金史》卷27《河渠志》，中华书局，1976年，第686页。

输的需要，为此，郭守敬建议"塞清水口一十二处"，设置"坝闸一十处，共二十座，节水以通漕运。"[1]郭守敬的规划得到了朝廷的大力支持，"役兴之日，命丞相以下皆亲操畚锸为之倡。"[2]可见通惠河对于朝廷的意义之重大，整个工程至元二十九年（1292年）春开始，至元三十年（1293年）秋即告成，"船既通行，公私两便。"自此极大地方便了从通州向大都运送物资，特别是从江南而来的海运粮运输。

通惠河修建用时短，由此在工程材料运用上的问题在日后暴露了出来，武宗至大四年（1311年），据省臣言，"通州至大都运粮河闸，始务速成，故皆用木，岁久木朽，一旦俱败，然后致力，将见不胜其劳。今为永固计，宜用砖石，以次修治。"[3]这表明至少在通惠河完工之后的一段时间里，出现过河闸损坏的情形，这次用砖石修治持续到泰定四年（1327年）方才完工。

至正二年（1342年），一项取代通惠河的工程提议被中书参议孛罗帖木儿、都水傅佐向朝廷提出。他们认为可以开凿一道新河，直接将金口和通州地区连接起来，这条新河计划"深五丈，广二十丈，放西山金口水东流至高丽庄"。朝廷大臣多持反对意见，而左丞许有壬指出了其中诸多不合理之处，他主要从三个方面论述了新河不可开凿的理由。

第一，河流本身不具航行条件。首先如果从金口引水直接到通州，中间地势阻碍。早在至顺二年（1331年）时，行都水监郭道寿就曾提过"金口引水过京城至通州，其利无穷"，朝廷命工部官员、河道提举司、大都路及所属官员等查看确认，其结论是"水由二城中间室碍"。其次则是虽然卢沟河到大都比通州近，却无航行经历，甚至连渔船都没有，因此更不适合漕船。

第二，新河有可能对大都造成威胁。许有壬指出，由于卢沟河上游的水势较急，加上位于大都西南，因此"加以夏秋霖潦涨溢，则不敢必其无虞。"若在金时，只是流经郊野地区，危害较轻，而现在则对大都有着很大的威胁，不敢心存侥幸。

第三，卢沟河多泥沙，不适合做运河水源。因为上游流经黄土高原，所以卢沟河含沙量较大，所以时人也称为浑河。早在郭守敬时，就因"此水浑浊不

---

[1]《元史》卷64《河渠一》，中华书局，1976年，第1588页。坝：筑在河上或户口狭处，用以挡水并提高水位的建筑物。闸：泛指以门控制通道的设施。
[2]《元史》卷64《河渠一》，中华书局，1976年，第1589页。
[3]《元史》卷64《河渠一》，中华书局，1976年，第1590页。

可用也"。许有壬又指出，若新河引卢沟水，首先因为地形高下不同必须作闸调节，若如此则易致泥沙淤积，反而浪费人力物力"挑洗"。

然而丞相脱脱一意孤行，新河"正月兴工，至四月功毕。起闸放金口水，流湍势急，沙泥壅塞，船不可行，而开挑之际，毁民庐舍坟茔，夫丁死伤甚众，又费用不赀，卒以无功。"挑开新河以失败告终。

（3）通惠河的引水问题

按照郭守敬的规划，通惠河西接来自西北的白浮、瓮山诸泉水，过大都城，东南到通州后，接入白河。通惠河对大都意义重大，自白浮、瓮山诸处的引水，在方便了朝廷的同时却有可能妨碍地方用水，如前文提及的"塞清水口一十二处"，极有可能阻碍了地方的引水。尽管修筑了坝闸以抬高水位，但是其上游来水仍然会受到地方影响。文宗天历三年（1330年）三月，中书省臣就曾上奏说，"今各枝及诸寺观权势，私决堤堰，浇灌稻田、水碾、园圃，致河浅妨漕事，乞禁之。"[1]

不只是水源面临争夺的问题，还有堤坝的溃决问题。或许是之前塞清水口的缘故，泄水口的减少使得河道分流宣泄作用的能力有所减弱，再加上汇几处泉水于一处之后，河道水量增加，也变得容易因短时降雨水面上涨，冲毁堤岸。成宗大德七年（1303年）六月，瓮山等处的看闸提领就曾上报，"自闰五月二十九日始，昼夜雨不止，六月九日夜半，山水暴涨，漫流堤上，冲决水口。"[2]这次山洪冲毁水口后，直到九月二十一日，才由都水监委官督军夫修补，到月底方完成。这次修补共役军夫993人，再加上从冲决水口到动工间隔较久，估计所造成的破坏并不大。

大德十一年（1307年）三月，都水监在巡视白浮瓮山等处河堤的时候，发现有三十余里呈现倒塌之势，于是向朝廷建议"编荆笆为水口，以泄水势。"荆笆是用牡荆（又称为荆条）的枝条编成，这是一种广泛生长于北方的落叶灌木，常用来编织筐子等器具。这次工程"计修笆口十一处，四月兴工，十月工毕。"这些笆口可以预先起到疏泄水势的作用，然而荆笆在水中长久浸泡，易腐烂，造成笆口被冲毁的可能性增加。到了泰定四年（1327年）八月，都水监上报，"八月三日至六日，霖雨不止，山水泛溢，冲坏瓮山诸处笆口，浸没民田。"在

---

[1]《元史》卷64《河渠一》，中华书局，1976年，第1590页。

[2]《元史》卷64《河渠一》，中华书局，1976年，第1594页。

筹集了相关物料后,移交工部来支配,"自八月二十六日兴工,九月十二日工毕,役军夫二千名,实役九万工,四十五日。"[1]

对通惠河上游水源的修治亦在不时进行,如仁宗皇庆元年(1312年)正月,都水监言:"白浮瓮山堤,多低薄崩陷处,宜修治。"这次修治耗时近半年,"总修长三十七里二百十五步,计七万三千七百七十三工。"同样,延祐元年(1314年)四月的时候,都水监上报,"自白浮瓮山下至广源闸堤堰,多淤淀浅塞,源泉微细,不能通流,拟疏涤。"于是差军千人加以疏浚。

2. 腹里南部地方水患的治理

（1）浑河水害及治理

上文提到,卢沟河因其上游桑干河所携带大量泥沙的缘故,又有浑河之称。卢沟河自金口分水入金口运河后,其主河道继续向东南汇入海河,其间正好经过京师左卫屯田地界。根据记载,世祖中统三年(1262年)三月,朝廷"调枢密院二千人,于东安州南、永清县东荒土及本卫元占牧地,立屯开耕",共得屯田一千三百一十顷六十五亩。元代浑河多次发生水害,对于流经地区的民田及左卫等的屯田造成了较大的影响。

大德六年(1302年)五月,浑河在东安州发生决溢,毁坏民田达一千八十余顷,在延祐元年(1314年)六月,在涿州的范阳、房山二县,浑河发生决溢,破坏民田四百九十余顷。至治元年(1321年)六月,霸州大水,浑河决溢,"被灾者三万余户",而泰定三年(1326年)的浑河决口,则是由于东安、檀、顺、漷四州的大雨所导致。

浑河水的决溢同样危害到了京师左卫等在这些地区的屯田。至大二年(1309年)十月,"浑河水决左都威卫营西大堤,泛溢南流,没左右二翊及后卫屯田麦","十月五日,水决武清县王甫村堤,阔五十余步,深五尺许,水西南漫平地流,环圆营仓局,水不没者无几。恐来春冰消,夏雨水作,冲决成渠,军民被害,或迁置营司,或多差军民修塞,庶免垫溺。"[2]

皇庆元年(1312年)二月十七日,浑河水再次决口,东安州上报,"浑河水溢,决黄埚堤一十七所。"由都水监计算修补用料后移交工部。二十七日,浑河

---

[1]《元史》卷64《河渠一》,中华书局,1976年,第1594页。

[2]《元史》卷64《河渠一》,中华书局,1976年,第1595页。

于左卫屯田附近决堤两处，"屯田浸不耕种"，左卫发军五百修治。到了七月，工部官员张彬将巡视浑河的情况上报朝廷，提及"六月三十日霖雨，水涨及丈余，决堤口二百余步，漂民庐，没田禾，乞委官修治，发民丁刈杂草兴筑。"

延祐年间浑河也多次决口，为此延祐三年（1316年）时，省议：

> 浑河决堤堰，没田禾，军民蒙害，既已奏闻。差官相视，上自石径山金口，下至武清县界旧堤，长计三百四十八里，中间因旧修筑者大小四十七处，涨水所害合修补者一十九处，无堤创修者八处，宜疏通者二处，计工三十八万一百，役军夫三万五千，九十六日可毕。如通筑则役大难成，就令分作三年为之，省院差官先发军民夫匠万人，兴工以修其要处。[1]

（2）滹沱河水害及治理

腹里南部的滹沱河，流经真定路一带，其水患对于本地州县有很大的影响。有元一代，围绕滹沱河的治理主要集中在上游支流冶河的疏导问题上。滹沱河"其源本微，与冶河不相通，后二水合，其势遂猛，屡坏金大堤为患。"[2]至元三十年（1293年）时，朝廷曾计划开凿冶河故道，真定路达鲁花赤哈散认为"引辟冶河自作一流，滹沱河水十退三四。"[3]后因忽必烈的去世而告罢，元贞元年（1295年）丞相完泽等再次建议治理冶河，皇庆元年（1312年）真定路亦上言"疏其淤淀，筑堤分其上源入旧河，以杀其势。"[4]

开凿冶河故道曾取得一时成功，然而至大元年（1308年）冶河再度淤塞，冶河水重新汇入滹沱河，"自后岁有溃决之患"，[5]从大德十年（1306年）到皇庆元年（1312年），为了维修堤坝，耗费了大量人力、物力。延祐二年（1315年）真定路总管马思忽尝试开冶河口，到延祐七年（1320年）已经淤塞不通。

朝廷在滹沱河"数年修筑，皆于堤北取土，故南高北抵，水愈就下侵啮。"[6]为此真定路提出截河筑堤，疏浚一段旧堙河道，引滹沱河水南流，并闸闭滹沱

---

[1]《元史》卷64《河渠一》，中华书局，1976年，第1595-1596页。
[2]《元史》卷64《河渠一》，中华书局，1976年，第1605页。
[3]《元史》卷64《河渠一》，中华书局，1976年，第1605页。
[4]《元史》卷64《河渠一》，中华书局，1976年，第1604页。
[5]《元史》卷64《河渠一》，中华书局，1976年，第1605页。
[6]《元史》卷64《河渠一》，中华书局，1976年，第1606页。

河口，"如此去城稍远，庶无可患。"[1]这一方案在至治元年（1321年）、泰定四年（1327年）多次提出，然而由于其工程难度大，耗时费力，先后遭到了都水监和工部的否定，认为"夫治水者，行其所无事，盖以顺其性也。闸闭滹沱河口，截河筑堤一千余步，开掘故河老岸，阔六十步，长三十余里，改水东南行流，霖雨之时，水拍两岸，截河堤堰，阻逆水性，新开故河，止阔六十步，焉能吞授千步之势？上咽下滞，必致溃决，徒糜官钱，空劳民力。若顺其自然，将河北岸旧堤比之元料，增添工物，如法卷扫，坚固修筑，诚为官民便益。"[2]

三、地方农田水利与环境

农业的恢复与发展离不开水利灌溉，正如元人所说，"农田之有水利，犹人之有血脉。血脉不畅，则人病；水利不通，则田病。"[3]人们建立水利系统的一个主要目的，就在于能够控制水在农业系统——人们创造的高效生态系统中的流动。通过工程措施加以控制，既能达到减轻洪水季节来自河湖的压力，也能应付缺水时的需要。水利系统往往需要投入大量的人力和物力才能得以建立，并需要持续的维护，才能一直发挥它的作用。

太宗十二年（1240年），梁泰上奏，请求修治位于关中地区的三白渠，获允后，"充宣差规措三白渠使"，地方调集了大量的人力物力来修治。三白渠在蒙金战争期间遭到破坏，"渠堰缺坏，土地荒芜"[4]，严重影响到了当地的农业生产，"虽欲种时，不获水利，赋税不足，军兴乏用。"[5]

同样的事情发生在北方多地，依靠黄河进行灌溉的如宁夏地区，有汉延、唐来等大渠，入元之后也不复从前。至元元年（1264年），张文谦行省西夏，同行的还有水利专家郭守敬。他们对当地原有的水渠进行了修复，"先是西夏濒河五州，皆有古渠，其在中兴者，长袤四百里；一名汉延，长袤二百五十里。其余四州，又有正渠十，长袤各二百里，支渠大小共六十八。计溉田九万余顷。

---

[1]《元史》卷64《河渠一》，中华书局，1976年，第1606页。

[2]《元史》卷64《河渠一》，中华书局，1976年，第1607页。

[3] 元顺帝：《至正九年修陂塘诏》，康熙四十六年（1707年）《太平府志》卷35。

[4]《元史》卷65《河渠二》，中华书局，1976年，第1629页。

[5]《元史》卷65《河渠二》，中华书局，1976年，第1629页。

兵乱以来，废坏淤浅。"[1]郭守敬"因旧谋新，更立牌闸"，对这些渠道进行疏通，很快就实现了"渠皆通利"的效果。

郭守敬是元代一位著名的水利学家，他精通水利且善于思考，中统三年（1262年）中书左丞张文谦将其推荐给忽必烈时，郭守敬就提出了他所设想的一系列水利工程计划，主要围绕着当时冀南豫北地区进行了一系列的水利设计，而且尽可能地兼顾了灌溉、防洪和航运三项内容，受到忽必烈的重视。

北方地区平原广阔，水利建设多以开渠引水为主，如至元二年（1265年），元人郑鼎任平阳路总管，"以平阳境内地窄人稠，民艰于食，乃自赵城卫店开引汾水浇溉民田，南抵临汾刘村还河，上下一百二十余里，溉田一千余顷，渠上置立水磨十余所。"[2]绛州地区"虽润蓄两河，岛则腴而亢，下者卤而瘠，时雨稍愆，岁功不稔"，州尹马某对当地情况了解之后，"度原隰，顺水势，距郡治东南三十里曰杨程乡，浍入汾，所至横截水冲，楗石为堰者三，袤可六十步武，穿崖堑阜，激之北骛。……其间长沟通洫，蔓引枝分，溉田度二千余亩。水性浊滓，流恶溢腴，于田甚宜，业已波及，获可亩一钟。"[3]"水性浊滓"表明河水含沙量较大，当地正是通过开渠引水，将混杂了泥沙的河水引入田地，借泥沙淤积而增强土壤的肥力。

相较于北方地区，南方地区则由于山地丘陵地形分布较广，许多地区通过修筑陂塘来蓄水，进行水利建设。例如，通过对雷陂、芍陂、木兰陂等灌溉工程的复修与扩修，很好地支持了这些地区的屯田开展，发挥了它们巨大的灌溉作用。

更明显的变化还在许多地方发生，如四明奉化州对陂塘的治理。四明奉化州有陂塘闸口名"进林碶"，年久失修，以致陂塘蓄水功能损坏，"民病之"。至元二十七年（1290年）间曾予以修理，不久又坏。马致远到奉化州上任，关注此事，在对相关河渠进行疏导，使水流畅通后，开始针对此碶进行治理。"命作坝以断江潮之来，旁疏水源入江，列水车数十，以去深不可出之水洞……俾谙水利者董其役。"[4]从延祐七年（1320年）十月开工到至治元年（1321年）四月工成。重修进林碶后，显然改善了当地的农业生产环境，"江之泲潮不得啮河之

[1]（元）齐履谦：《知太史院事郭公行状》，《元文类》卷50，四部丛刊本。

[2]（元）王磐：《元中书右丞谥忠毅郑公神道碑》，明成化十一年（1475年）《山西通志》卷15。

[3]（元）王恽：《绛州正平县新开博润渠记》，《秋涧集》卷37，文渊阁四库全书本。

[4]（元）翁元臣：《进林碶重修记》，清顺治十八年（1661年）刻本《奉化县志》卷11。

漏，水潴而不浅，雨不至涝，旱不至涸，土粪而腴，岁熟而获，秋风南亩，摆丫连云。"[1]

建宁路崇安县"沟湮而田荒"，无人过问。县尹邹伯颜上任后，"修长沟十里，绕枫树陂，叠石以为固。陂当大溪之冲，水溢则堤易败。君又凿石山数十丈，疏渠以分其势。"[2]消除水患。

以上事例是元代地方官员改善水利环境的缩影，事实上，许多地方官员到任后，往往能够结合当地自然地理条件，修复当地的水利设施，从而达到改善农田水利、促进当地农业发展的效果。

在南方地区，一个典型的水利问题出现在拥有湖泊的地区，这些湖泊在当地往往起着十分重要的调节作用，既可以灌溉农田，又可以调节水资源的分配，然而人们有时希望通过围垦从湖泊中取得田地，由此产生了许多矛盾。位于杭州湾南岸的慈溪县，"县之东并出为田，诸山之水奔流汗漫，易致涸竭，必藉潴蓄，以备灌溉。"[3]早在唐代时便已修筑有花屿东西二湖，造福一方，然而难免豪右奸民觊觎，夺湖为田，湖见废弛。入元之后，花屿湖同样面临着被侵占的危险，先是"东皋寺僧首谋佃占，始割十余亩以种蒲莲"，到了大德初，又有豪贵"斸田一十七顷"，遭到里民的抵抗，并上告省台。时冯辅为都水使者，在查明事情原委之后，"遂复为湖"。到了天历初，又有豪右联合道人李至善，以道教名义请求占湖为田，"奸民乘时群集徒党，破堤决水，以为平畴。"[4]同样愤怒的里民诉于有司，花屿湖得以保存。后至元五年（1339年）废湖之议再起，时慈溪县丞程郇不忍夺民利，诉于上司，"豪右奸谋因得以寝"。至此围绕花屿湖的斗争告一段落，最终此湖得以保留。"湖水潺潺，鱼鳖藻荇，游泳畅茂，其中湖下之田，岁获全穰。"[5]

与慈溪县相邻的上虞县，同样面临着废湖为田的问题。上虞县的西北有永丰、上虞、祈兴、宁远、孝义五乡，五乡有三湖，即上妃、白马、夏盖。白马湖"三面环大山复谷，周四十五里，受涧三十六而潴其中"[6]，但是"方春潦

[1]（元）翁元臣：《进林碶重修记》，清顺治十八年（1661年）刻本《奉化县志》卷11。
[2]（元）虞集：《建宁路崇安县尹邹君去思碑》，《雍虞先生道园类稿》卷39，新文丰出版公司影印《元人文集珍本丛刊》本。
[3]（元）吴全节：《花屿湖记》，清光绪二十五年（1899年）刊本《慈谿县志》卷10。
[4]（元）吴全节：《花屿湖记》，清光绪二十五年（1899年）刊本《慈谿县志》卷10。
[5]（元）吴全节：《花屿湖记》，清光绪二十五年（1899年）刊本《慈谿县志》卷10。
[6]（元）贡师泰：《上虞县复湖记》，《玩斋集》卷7，文渊阁四库全书本。

暴涨，或不能容，则淫溢奔放，洼下罹害。"[1]为此唐长庆中，"民始辟夏盖湖，以疏其势，限以堤防，节以堰埭，视盈涸时启闭。"夏盖湖作为一个人工湖，"其周一百五里，其门三十有六，其溉一十三万亩，其赋一万石有奇。"[2]除在农业灌溉方面发挥的作用外，由于上虞县"地势倚江枕海，咸卤浸淫，伤败禾稼。东南又多大山深谷，一遇暴涨，则奔溃莫御，旱即枯涸可待"[3]，因此夏盖湖作为一个较大的人工水体，可以蓄积从山中奔涌而出的水流，不仅可以调节水旱，而且更是"叠堰分埭，以时蓄泄；限量晷刻，以节多寡；序次先后，以均远近；而后民免凶荒捐瘠之忧，官无侵夺分争之讼矣。"[4]

　　白马湖和夏盖湖在宋时曾经被废，变为农田，但因得不偿失，又得以重新蓄水为湖。入元以后，此地一些居民"窃缘堤高仰，以私播种"，导致湖面逐渐被侵占，到了元贞年间占湖为田行为更加严重，"蔓延莫禁，湖之存无几"，其后果则是失去了调节水量的能力，"即有旱干水滥，则五乡咸受其害矣。"位于上虞县西南的西溪湖也面临着同样的问题。

　　至正十二年（1352年），林希元任上虞县尹，随即着手解决上虞县境内存在的占湖为田问题。首先是夏盖湖，"定其垦数，余悉为湖"[5]，对于西溪湖，则力陈其不可废之五条理由，即蓄积西南溪涧之水灌田、保障河渠用水、免平原之野受旱涝之灾、湖泥可供贫者为种植之用、湖中水产可供傍湖人家采以资食。夏盖湖在至正十六年（1356年）又遭侵种，县尹李睿复湖，至正十七年（1357年）"或妄言湖膏腴，可屯田"，湖面再遭垦种，至正十八年（1358年）又有人欲献湖开垦，遭到阻止。最终夏盖湖"积水盈溢，惠及远近，而湖之利益博矣。"[6]"旱则决水以灌田，涝则导水以注海，用力寡而成功多。"[7]

四、太湖流域的水利环境与治理

　　元代建都北方，远离江南，却又要依赖于来自江浙地区的税粮，故而对这

---

[1]（元）贡师泰：《上虞县复湖记》，《玩斋集》卷7，文渊阁四库全书本。
[2]（元）贡师泰：《上虞县复湖记》，《玩斋集》卷7，文渊阁四库全书本。
[3]（元）贡师泰：《上虞县复湖记》，《玩斋集》卷7，文渊阁四库全书本。
[4]（元）贡师泰：《上虞县复湖记》，《玩斋集》卷7，文渊阁四库全书本。
[5]（元）贡师泰：《上虞县复湖记》，《玩斋集》卷7，文渊阁四库全书本。
[6]（元）贡师泰：《上虞县复湖记》，《玩斋集》卷7，文渊阁四库全书本。
[7]（元）贡师泰：《上虞县复湖记》，《玩斋集》卷7，文渊阁四库全书本。

一地区极为重视，"无不仰给于江南"。元人周文英曾说过，"天下之利莫大于水田，水田之美无过于浙右。"[1]元代太湖流域位于江浙行省治下，承担着南粮北运的重任，是大都等地倚重的粮食来源地，"苏湖熟，天下足"的谚语即为真实写照。

1. 太湖流域的水利问题

太湖流域河网密布，湖泊众多，是典型的江南水乡。浙西地区以太湖为中心，连同四周的大小河流、湖泊，形成相互交汇连成一体的河湖体系，构成了浙西地区水利灌溉的核心。太湖地区的发展得利于发达的水利灌溉，"天下之利莫过于水田，水田之美莫过于浙右。"[2]然而地狭人稠，随着经济的发展，人们对这一地区的土地利用日益加剧，尤其是圩田的发展，很容易影响到这里密集的河流渠堰，太湖水利最突出的问题就是由于水系的混乱而导致的排水不畅，容易引起各种灾害。

《太湖水利史》对元代太湖地区发生过的灾害进行过统计，至元十七年到至正二十七年（1280—1367年），太湖地区灾害频发，排在首位的是水灾，有49次之多，其次是旱灾，有13次，另外湖灾10次，频发的灾害对该地区正常的农业生产造成了极大的影响，如至大元年（1308年）的一次霖雨，就让太湖地区的苏、湖、常、秀等路"塘路冲陷，围岸崩颓，稻秧浸烂"[3]，进而引起米价上涨。之所以如此，实与本地区水利不治有着很大的关系，如元人周文英在《水利书》中所言，"太湖三万六千顷，西北有荆溪、宣、歙、芜湖、宜兴、溧阳、溧水、江东数郡之水，西南又天目、富阳、分水、湖州、杭州诸山诸溪分注之水，宗会潴聚于湖，由震泽、吴江、长桥东入松江、青龙江而入海……震泽固吐纳众水者也，源之不治，既无以杀其来之势；委之不治，又无以导其去之方：是纳而不吐也，水如之何不为患也！"[4]太湖在本地区中所起的调节作用可见一斑。

周文英提到的太湖水利源委不治主要体现在两个方面，一是过度围田，造成生态环境恶化。适度的围田既能够让人们取得农业用地，同时也不至于对水

---

[1]（元）周文英：《水利书》，清抄本《虞邑遗文录》卷4。
[2]（元）周文英：《水利书》，清抄本《虞邑遗文录》卷4。
[3]《元典章》卷22《户部卷之八·课程、河泊·山场河泊开禁诏》，天津古籍出版社、中华书局，2011年，第899页。
[4]（元）周文英：《水利书》，清抄本《虞邑遗文录》卷4。

利体系造成太大的损害，"度地置围田，相将水陆全。万夫兴力役，千顷入周旋。"然而在太湖地区，自南宋以来，围田得到迅速的发展，造成了包括太湖在内的当地诸多湖泊面积的缩小，随之而来的则是湖泊对洪水等的调节能力受到很大的影响。以淀山湖为例，由于南宋时期大面积的围垦，致使泄水通道不畅，一遇洪水很容易泛滥成灾。

二是太湖出水不畅，以吴江长桥为例，周文英在《水利书》中提到，"每有西风、西北风，湍决太湖，水过桥下，源源混混，不舍昼夜，由江入海。以此三江水源势大，日夜冲洗，混潮沙泥，随水东流，不能停积。……以泄太湖都会之水，冲击三江之潮淤也。"[1]然而后来在吴江长桥旧址筑石堤，堵塞了湖水宣泄的通道，"水势既分，又且浅涩，不能通泄太湖奔冲之水，塘岸之东又有占种、菱荷、陂塘障碍，以致上流细缓，难以冲激。……则浙西数郡之田，每遇涝岁，恶得而不为水废也？"[2]

这些出现在太湖流域的问题严重损害了当地发达的水利系统，使水利环境恶化。任仁发曾谈到，由于权势之家对淀山湖的围田，加之潮沙淤淀，"东南风，水回太湖，则长兴、宜兴、归安、乌程、德清等处水涨泛滥。西北风，水下淀山湖、泖，则昆山、常熟、吴江、松江等处水涨泛滥"[3]，"去复一水，淀山湖、太湖四畔良田至今不可耕种。"由于出水不畅，稻田外河渠水"高于田内三五尺"，人们对水田用心维护，是"以人力与天时争胜负"，有的稻田在即将收获之时，"暴风骤雨激破围塍，全围淹没"，则"子女号天恸哭，老农血泪交颐"[4]，痛苦不堪。

2. 太湖流域的治理措施

以太湖为中心的流域，河网密布，港汊纵横，土地虽然肥沃，但是因为出水不畅带来的灾害已经极大地危及正常的生产活动。有元一代对太湖流域采取了多次的工程措施，目的就是解决本地区灾害多发的情况，但是收效并不是很好。

---

[1]（元）周文英：《水利书》，清抄本《虞邑遗文录》卷4。
[2]（元）周文英：《水利书》，清抄本《虞邑遗文录》卷4。
[3]（元）任仁发：《至元二十八年潘应武言决放湖水》，《水利集》卷3，文渊阁四库全书本。
[4]（元）任仁发：《至元二十八年潘应武言决放湖水》，《水利集》卷3，文渊阁四库全书本。

（1）湖泊清淤

早在至元年间，就有中书左司郎中梁德珪提出，"漕运根本江南，浚治诸湖堤，不宜使富民侵塞，以杀水势。"[1]对太湖、淀山湖等湖泊的浚治在至元末开始进行，但是疏浚的效果却不好。以淀山湖清淤为例，由于被当地势家大族围垦，湖水容易涨漫淹没周围田地，朝廷于至元二十八年（1291年）组织民力开挑。元人潘应武知晓水利，他在至元二十九年（1292年）时曾对这次开挑的结果予以批评，指出"去冬今春，开浚沟浦三百余处，并无一处通彻，仅有迄淀湖之曹家门百余丈而已。"[2]至元三十年（1293年），正值霖潦，"都省复奏命断事官图珲实（脱列失）等相视到合修湖泖河港、合置桥梁闸坝九十六处，总用夫匠一十三万，可修一百日了毕。"[3]至元三十一年（1294年），平章铁哥上奏，世祖时曾用民夫二十万，对太湖、淀山湖进行过疏掘，"今诸河日受两潮，渐致沙涨，若不依旧宋例，令军屯守，必致坐縻成功。臣等议，常时工役拨军，枢府犹且吝惜，屯守河道用军八千，必辞不遣。淀山湖围田赋粮二万石，就以募民夫四千，调军士四千与同屯守。立都水防田使司，职掌收捕海贼，修治河渠围田。"[4]

离淀山湖不远的练湖同样遇到淤浅的问题，为此，至治三年（1323年）时，元人毛庄提出"宜依澱山湖农民取泥之法，用船千艘，以五十料为率，每船用夫三名，以竹箅捞取淤泥，日可取泥三载。千船计三千载，三月通计二十七万载。今附近田多上户，验粮出备船夫。每夫官给米三升，钞一两，如此于民便。"[5]

（2）围田的整治与土地改良

世祖之时，不仅对淀山湖和练湖等巨浸进行治理，也曾积极修筑圩岸，综合整治围田。对于本地区的围田情况，任仁发曾评论过，"浙西之地低于天下，而苏湖又低于浙西，澱山湖又低于苏湖。彼中富户数千家，每岁种植菱芦，编钉桩筱，围圩埂岸。"[6]使其成为膏腴之地。围田和水利修治二者之间关系紧密，元人对此有着深刻的认识，"浙西水乡，农事为重，河道田围必常修浚，二事可

[1]（元）袁桷：《推诚保德功臣开府仪同三司太傅上柱国追封蓟国公谥忠哲梁公行状》，《清容居士集》卷32，四部丛刊本。
[2]（明）张国维：《吴中水利全书》卷18，文渊阁四库全书本。
[3]（明）张国维：《吴中水利全书》卷18，文渊阁四库全书本。
[4]《元史》卷65《河渠二》，中华书局，1976年，第1638页。
[5]（元）毛庄：《练湖议》，民国刊本《至顺镇江志》卷7。
[6]（明）顾炎武：《天下郡国利病书》卷5《任仁发水利议》，四部丛刊本。

以兼行，而不可偏废。"[1]

至元三十一年（1294年）成宗即位，平章铁哥上奏，请立都水防田使司，"修治河渠围田"[2]，元代太湖流域围田广泛存在，正如王祯在《农书》所写"连属相望"，不仅官方注重对围田的建设与维护，富豪大家也视地形进行围田，元代政府对于如何进行围田甚至规定了固定的体式。

除围田之外，元代在太湖流域还通过沙田、涂田等对土地进行改良，其目的主要是在于防止海潮的侵害。由于太湖流域东临大海，加之部分区域地势低平，容易发生海潮倒灌，咸海水以及所带来的泥沙淤积既对沿海田地造成危害，但同样提供了改良的空间，沙田、涂田就是人们在实践中摸索出来的有效的改良方法。具体而言，沙田是"南方江淮间沙淤之田"，濒临江海，"四围芦苇骈密以护堤岸"，在沙田中，人们主要用来种植水稻，即"普为塍埂可种稻秫"，也"间为聚落可艺桑麻"。沙田中修有"潮沟"，顾名思义，乃是引堤外之水灌溉之用，或"旁绕大港"，雨涝之时用以排水，以此确保水旱无虞。

涂田则是"位于濒海之地"，是一个对土地逐渐改良，使之变得适宜耕种的过程。"潮水所泛沙泥，积于岛屿，或垫溺盘曲，其顷亩多少不等，上有咸草丛生，候有潮来，渐惹涂泥。"这样就有了涂田的基础，但是因为海水之故，土壤中盐分过多，尚不能直接耕种，需要"初种水稗"，待"斥卤既尽，可为稼田，所谓'泻斥卤兮生稻粮'"。[3]为了保护涂田，人们在"沿边海岸筑壁，或树立桩橛，以抵潮泛"，同时在田边开沟渠"以注雨潦，旱则灌溉。"[4]人们将之称为"甜水沟"，大概因其可以蓄泄淡水之故而名之。

太湖流域经过两宋的发展，成为人口密集、农业发达之地，但是在同时，由于不合理的围田等活动，造成了本地区水利系统的紊乱，进入元代后，灾害频发，严重影响到了农业生产。作为一个重要的经济区，政府投入了大量的人力物力对存在的问题进行治理，在短时间内，采取的措施收到了一定的成效。

[1]（明）王鏊：《姑苏志》卷12《水利下》，文渊阁四库全书本。

[2]《元史》卷65《河渠二》，中华书局，1976年，第1638页。

[3]（元）王祯：《农书》卷11《农器图谱一·田制门》，文渊阁四库全书本。

[4]（元）王祯：《农书》卷11《农器图谱一·田制门》，文渊阁四库全书本。

小　结

中国古代的水利系统是多种多样的，一些用来防止水患，一些用来进行航运，更多的是用来进行农田灌溉，帮助发展农业生产。水利系统是社会、经济与自然环境的遭遇之所，人们与水资源之间多是对抗性的关系，在努力利用河流、湖泊的同时，人们还要想办法减少其对社会的危害。元代一次会试中，就将水利问题作为考题，其言：

> 汉唐循良之吏，所以衣食其民者，莫不以行水为务。今畿辅东南，河间诸郡地势下，春夏雨霖，辄成沮洳。关陕之交，土多燥刚，不宜于叹。河南北，平衍广衰，旱则千里赤地，水溢则无所归。……思所以永相民业，以称旨意者，岂无其策乎？五行之材，水居其一，善用之则灌溉之利，瘠土为饶，不善用之则泛溢填淤，湛渍啮食。兹欲讲究利病，使畿辅诸郡岁无垫溺之患，而乐耕桑之业。其疏通之术何先？使关陕、河南北高亢不干，而下田不浸，其潴防决引之法何在？江淮之交，陂塘之迹，古有而今废者，何道可复？愿详陈之，以观诸君子之学。[1]

水利问题的存在，恰恰是环境影响人类社会的体现，因此水利系统的建设是在很大程度上对环境有所变动的，"一旦修建了大型水利系统，它就会成为当地迈入佳境的基础，而且由于可能会涉及生计乃至身家性命，因此不可能轻易地被废弃。"[2]然而这些水利系统在改变环境的同时，仍旧受到环境的制约，河流的堤坝是否满足抵御洪水的需要，运河的水源是否充足，湖泊能否在容纳上游来水的同时，还能满足人们从中索取更多的土地，诸如此类问题，都是值得引起我们注意的。人们通过修建水利设施，与自然环境进行互动，在得利的同时，还要防止因环境的变化而带来的诸多不利。

[1]（元）虞集：《会试策问》，《雍虞先生道园类稿》卷12，新文丰出版公司影印《元人文集珍本丛刊》本。
[2]［英］伊懋可著，梅雪芹、毛利霞、王玉山译：《大象的退却：一部中国环境史》，江苏人民出版社，2014年，第2页。

第四节　黄河水患与官方应对

元代是中国历史上黄河河患非常严重的一个时期，黄河南下夺淮，河道形势更为复杂，淤积严重，决口频繁，有时一次多达几处、十几处甚至几十处，淹没数十州县，不仅给开封等城市带来安全威胁，亦恶化了河淮间部分区域的生态环境，给人们的生命财产带来巨大损失，同时不利于地区的社会稳定。

南宋建炎二年（1128年），东京留守杜充为阻金兵，下令决开了黄河大堤，自此黄河脱离了原来由东北入海的河道，开始进入东南入淮入海的历史阶段。在此后的百余年间，黄河的主河道"势益向南"，同时自开封以下，黄河也侵袭了多条不同的水路，以多种方式与淮河相互作用。

到了元代，黄河下游河患日益严重的趋势已不可逆转，而这种趋势早在唐代后期就已经开始显现，即谭其骧先生在其研究中指出的，"唐代后期黄河中游边区土地利用的发展趋向，已为下游伏下了祸根。五代以后，又继续向着这一趋势变本加厉地发展下去。"[1] 缘于黄河流域中游地区的长期过度开发，流域内森林、植被等遭到严重破坏，水土流失加剧，进而引起下游河湖大量被淤、被垦，最终引起环境的恶化。目前，学界关于元代黄河河患的研究较少[2]，大部分是集中在元末的贾鲁治河工程上，却忽略了对整个元代黄河情况的梳理，以及期间有关黄河治理所产生的争论。

元人在同黄河打交道过程中，不仅探查黄河源头，利用黄河水利，更要应对河患为社会带来的灾难。在本节中，关注重点就是元代河患给社会所带来的灾难及官方如何进行应对的问题。首先，通过梳理相关的文献资料，以元代的黄河水患为对象进行考察，对元代河患的发生情况进行分析，透过时人描写，可以一窥黄河决口、改道给周边地区生态环境所带来的影响。其次是探讨官方的应对措施，针对频繁出现的河患，朝廷与地方虽然采取了多种应对措施，但是在治理上却存在诸多问题，导致不能有效地改变河患多发的态势。

---

[1] 谭其骧：《何以黄河在东汉以后会出现一个长期安流的局面——从历史上论证黄河中游的土地合理利用时消弭下游水害的决定性因素》，《学术月刊》1962年第2期，第34页。

[2] 已有的研究如秦新林：《试论贾鲁对黄河的治理》，《安阳师专学报》1982年第4期；林观海：《金元两代的黄河及其治理》，《人民黄河》1980年第5期；王质彬：《金元两代黄河变迁考》，《史学月刊》1987年第1期等。专著有岑仲勉：《黄河变迁史》，中华书局，2004年；杜省吾：《黄河历史述实》，黄河水利出版社，2008年等。

一、黄河下游的河道变迁与决溢泛滥

黄河在中国历史上扮演了比较复杂的角色，一方面，在它流经的下游地区，塑造出了广阔的平原，形成了壮观的农业景观，养育了众多的人口；另一方面，它又时不时地在这片土地上决溢改道，冲毁农田、居住地等，带来了不小的灾难。

元代黄河决口的地方繁多错综，正显示出当时黄河下游河道的分歧。"分歧处乃在原武、阳武以下。其中一股经中牟、尉氏、洧川、鄢陵、扶沟，由颍水入淮；一股由祥符、开封、通许、太康，由涡水入淮；一经陈留、杞县、睢县，由汉时汴梁故道入泗。"[1]直到顺帝时贾鲁治河成功，黄河才"由封丘、开封之北，经今河南、山东两省之间，东至徐州入于泗水，再合泗水入于淮水。"[2]

蒙古人在对西夏和金朝的战争中，曾经利用过黄河作为军事进攻的手段，随着金朝的灭亡，黄河流域彻底地被纳入蒙古人的统治版图中。然而由于文献记载的缺失，在此后的四十余年时间中，黄河下游河道的变迁及决溢情况很不明确，可以确定的是由于战争的影响，黄河的堤防不能得到有效维护，这一期间肯定是存在泛滥的。如位于黄河南岸的杞县就受到了黄河决口的很大影响，元人刘飞曾根据当地百姓的相告，而将此事记载了下来。当时的情形为贞祐南迁后，蒙金在开封附近展开激烈的争夺，"当壬辰（1232年）之变，河南破，郡县废，堤防不修。翌岁（1233年），河失故道；己亥（1239年），又决于杞；遂播而为三，东汇宋亳间，满满澶澶，下连淮海，为不测渊"[3]，和淮河的相通被宋人利用，"窃河为间，舳舻千里，逆流而上。"[4] 从淮河下游的泗州，沿着淮河西上，"沿黄淮水系，经亳州以达汴、洛。"[5]

根据记载，当时黄河在杞县附近形成了三股分流的局面，"中流荡杞北雉而东且南，北河决汴北堤而且东，南河循杞西城而且南。"[6]杞县县城位于中流和

---

[1] 史念海：《中国的运河》，山西人民出版社，1988年，第271页。

[2] 史念海：《中国的运河》，山西人民出版社，1988年，第271页。

[3] （元）刘飞：《万户张公城杞碑》，清乾隆五十三年（1788年）《杞县志》卷21，第1345页。

[4] （元）刘飞：《万户张公城杞碑》，清乾隆五十三年（1788年）《杞县志》卷21，第1345页。

[5] 陈世松等：《宋元战争史》，四川省社会科学院出版社，1988年，第103页。

[6] （元）刘飞：《万户张公城杞碑》，清乾隆五十三年（1788年）《杞县志》卷21，第1345页。

南流的环绕之下，"七月秋潦大至，三河合而为一，环城为海，巨浸稽天。"

在此之后，关于黄河的决口泛滥情况就鲜见于记载了，至元九年（1272年）黄河决口开始见于记载，在之后的近百年间，黄河下游河道不时发生决溢泛滥（见表7-2），不仅在主河道，其他所占入淮水道也同样存在，元人需要面对其所带来的巨大灾难。频繁的决溢泛滥对流经地区的社会生产秩序造成了严重影响，对经济、人口、环境都造成了巨大的破坏。

表7-2　元代河患简表

元代纪年（公元）	月	受灾地区	灾害描述	灾情
太宗六年（1234年）	八月	开封、杞县等地	蒙军决祥符县北寸金淀水灌之	
至元九年（1272年）	七月	新乡县	河北岸决五十余步	
至元二十三年（1286年）	十月	开封、祥符、陈留、杞、太康、通许、鄢陵、扶沟、洧川、尉氏、阳武、延津、中牟、原武、睦州十五处	河决	
至元二十五年（1288年）	五月	襄邑；太康、通许、杞县，陈、颍二州皆被害	河决 河决	
	六月	睢阳；考城、陈留、通许、杞、太康五县	河溢	
至元二十七年（1290年）	六月	太康	河溢	没民田三十一万九千亩
	十一月	祥符义唐湾	河决	太康、通许、陈、颍二州大被其患
元贞二年（1296年）	九月	杞、封丘、祥符、宁陵、襄邑五县	河决	
	十月	开封县	河决	
大德元年（1297年）	三月	归德，徐州，邳州宿迁、睢宁、鹿邑三县，河南许州临颍、郾城等县，睢州襄邑、太康、扶沟、陈留、开封、杞等县	河水大溢	漂没田庐
	五月	汴梁	河决	发民夫三万五千塞之
	七月	杞县蒲口	河决	
大德二年（1298年）	六月	蒲口	河决	凡九十六所，泛溢汴梁、归德二郡
大德三年（1299年）	五月	蒲口等处	河决	浸归德府数郡，百姓被灾

元代纪年（公元）	月	受灾地区	灾害描述	灾情
大德八年（1304年）	五月	汴梁之祥符、太康、卫辉之获嘉，太阳之阳武	河溢	
大德九年（1305年）	六月	汴梁武阳县思齐口	河决	
	八月	归德府宁陵、陈留、通许、扶沟、太康、杞县	河溢	
至大二年（1309年）	七月	归德府，汴梁封丘县	河决	
皇庆元年（1312年）	五月	归德睢阳县	河溢	
皇庆二年（1313年）	六月	陈、亳、睢三州，开封陈留等县	河决	
延祐二年（1315年）	六月	郑州	河决	坏汜水县治
延祐三年（1316年）	四月	颍州泰和县	河溢	
	六月	汴梁	河溢	
延祐七年（1320年）	六月	荥泽塔海庄，开封县之苏村及七里寺	河决	是岁，河决原武，浸灌诸县
至治二年（1322年）	正月	仪封县	河溢	
泰定元年（1324年）	七月	曹州楚丘县、开州濮阳县	河溢	黄河决大清口，从三汊河东南小清河合于淮，自此黄河南入于淮
泰定二年（1325年）	五月	汴梁路十五县	河溢	
	七月	睢州	河决	
	八月	卫辉路汲县	河溢	
泰定三年（1326年）	二月	归德府属县	河决	
	七月	郑州阳武县	河决	漂没阳武等县民一万六千五百余家
	十月	汴梁路	河溢	乐利堤坏
	十二月	亳州	河溢	
泰定四年（1327年）	五月	睢州	河溢	
	六月	汴梁路	河决	
	八月	汴梁路扶沟、兰阳二县，虞城县	河溢	
	十二月	夏邑县	河溢	
致和元年（1328年）	三月	砀山、虞城	河决	
天历二年（1329年）		开、滑诸州	河溢	
至顺元年（1330年）	六月	大名路东明、长垣二县；曹州济阴县	河决	
至顺三年（1332年）	五月	汴梁之睢州、陈州，开封之兰阳、封丘诸县	河溢	
元统元年（1333年）	五月	阳武县	河溢	害稼
	六月	黄河	大溢	

元代纪年（公元）	月	受灾地区	灾害描述	灾情
元统二年（1334年）	九月	济阴	河决	
后至元元年（1335年）		汴梁封丘县	河决	
后至元二年（1336年）	五月	黄河	复于故道	
后至元三年（1337年）	七月	汴梁兰阳、尉氏二县、归德府	河溢	
后至元四年（1338年）		山东、河南、徐州等十五州县	河决	
后至元五年（1339年）		济阴	河决	
至正二年（1342年）	九月	归德府睢阳县	河患	
至正三年（1343年）	五月	白茅口	河决	
至正四年（1344年）	正月	曹州，汴梁	河决	
	五月	白茅堤、金堤	河决	曹、濮、济、兖皆被灾
	六月	金堤	河北决	并河郡邑济宁、单州、虞城、砀山、金乡、鱼台、丰、沛、定陶、楚丘、武城以至曹州、东明、巨野、郓城、嘉祥、汶上、任城等处，皆罹水患
至正五年（1345年）	七月	济阴	河决	
至正八年（1348年）	正月		河决	陷济宁路
至正十一年（1351年）	七月	归德府永城县	河决	坏黄陵岗岸
至正十四年（1354年）		金乡、鱼台	河决	
至正十六年（1356年）	八月	郑州河阴县	河决	官署、居民尽废，遂成中流
至正十九年（1359年）	九月	济州任城县	河决	
至正二十二年（1362年）	七月	范阳县	河决	
至正二十三年（1363年）	七月	东平寿张县	河决	
至正二十五年（1365年）	七月	东平须城、东阿、平阴三县	河决小流口	达于清河
至正二十六年（1366年）	二月		河北徙	河北徙，上自东明、曹、濮，下及济宁，皆被其害
	八月	济宁路	黄河溢	

资料来源：《元史》，中华书局，1976年；岑仲勉：《黄河变迁史》，中华书局，2004年，第426-430页。

　　造成黄河下游河段容易发生决溢灾害受很多的因素影响。首先，同河道内水量的突然增加有关。"黄河流域的降水量和泥沙量均集中在汛期，其中降水量以6—9月为最多，约占全年降水量的71%；泥沙量在7—10月最多。"[1]因此在降水增多的季节，汇入黄河干流的水量增加，容易出现决溢等灾害，胡长孺的"连宵达旦雨如倾，绿野黄流混为一"说的就是这种情况。大德二年（1298年）七月，汴梁等州大雨连绵，导致黄河决口，"漂归德数县田庐禾稼"[2]。后至元三年（1337年）六月，"卫辉淫雨至七月，丹、沁二河泛涨，与城西御河通流，平地深二丈余，漂没人民房舍田禾甚众。民皆栖于树木，……月余水方退。"[3]沁水是黄河一级支流，持续降雨使注入黄河的水量大增，七月，下游"汴梁兰阳、尉氏二县、归德府皆河溢。"[4]至正四年（1344年）五月，"大霖雨，黄河溢，平地水二丈。"[5]正是因为受到流域气候环境的影响，降水成为黄河发生决溢灾害的主要原因，这也可以解释为什么在有元一代，发生河患的时间在分布上有着明显的季节性，以夏秋居多，如图7-4所示。

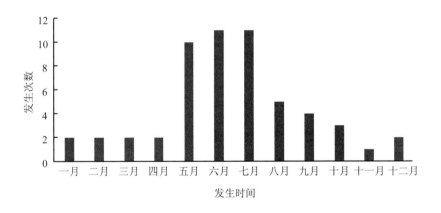

图7-4　元代黄河河患发生季节分布示意图

　　其次，黄河中游流经我国著名的黄土高原，由于自然环境变化和人类活动的双重影响，造成这个地区长期水土流失严重，黄河经过时携带了大量泥沙。

[1] 吴祥定：《历史时期黄河流域环境变迁与水沙变化》，气象出版社，1994年，第58页。

[2] （明）陈邦瞻：《元史纪事本末》卷13《治河》，中华书局，1979年，第102页。

[3] 《元史》卷51《五行二》，中华书局，1976年，第1093-1094页。

[4] 《元史》卷51《五行二》，中华书局，1976年，第1094页。

[5] 《元史》卷41《顺帝四》，中华书局，1976年，第870页。

到了下游河段，水势平缓，泥沙淤积容易抬高河床。从战国时期开始，人们在黄河下游修建堤坝，试图通过约束河道减少其泛滥。

　　入元以后，黄河的决溢乃至改道层出不穷，究其原因，一是黄河下游大体上承袭的仍是金时期遗留下来的旧道，黄河汇淮入海，而黄淮之间在金末元初是主要战场，社会经济受到严重破坏，人口减少，生产凋零，自是无暇也无力顾及黄河的全面治理。二是朝廷的被动治河没有取得理想的效果。何为被动治河，即在有元一代，无论是朝廷还是地方，在治理河患方面预防少于治理，而治理又多是在河患发生之后。从这一点来看，元代治河比较被动。王质彬在研究中谈到，元代"虽也曾经修大堤、堵决口，进行过一些防御黄河泛滥的工作，但大都是头疼医头，脚疼医脚，采取临时应付的被动措施，并没有筑起完整的堤防，更没有提出过任何统筹治理之策。"[1]杜省吾在其《黄河历史述实》[2]中，更是认为元代的河防"有防无治"，所谓"有防"指的是元人确实下了很大的工夫去应对黄河决溢改道对周边社会造成的影响，对于需要修补的地方都是尽量及时地去修复，然而缺少一种真正的、大局上的治河方略，没有从一个整体的角度去考虑如何让黄河下游能够顺畅起来，从而避免灾害频发的情况。

　　黄河下游河道经过人们长期的维护已经有着比较完善的堤坝体系，但是这并不足以保证周围地区的安全。黄河河道虽然为大堤约束，然而这些堤坝也不是完全牢固，况且元代黄河下游是数股河道汇淮入海，其治理难度显然高于一股河道。倘若监管不力，一些河段很容易发生崩溃，这使得周围地区的生态环境依旧面临着很大的威胁。因为没有人可以预料，距离不远的黄河堤防，一次突降的暴雨，或者一次春季的冰消，都有可能将其冲破，混着中游泥沙的黄水奔出河道，进而淹没周边的村庄、土地。元代黄河下游的情况见图7-5。

---

[1] 王质彬：《金元两代黄河变迁考》，《史学月刊》1987年第1期，第30页。
[2] 杜省吾：《黄河历史述实》，黄河水利出版社，2008年。

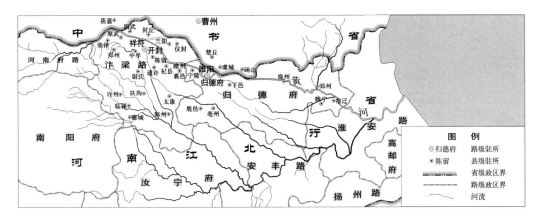

说明：本图以谭其骧主编《中国历史地图集》第7册，"元·河南江北行省"图幅为底图改绘而成。

图7-5　元代黄河下游示意图

二、时人所见之黄河灾难

黄河下游河道由于泥沙淤积，河床抬高，许多河段形成地上河，形势险恶。加之流经地区大多是平原地带，遇到夏季发生决溢改道，就会给沿岸人民的生产、生活带来莫大的灾难。人们在某些情况下可以发现黄河决口的征象，从而及时逃离。"黄河决道时，有清水先流至，名曰渐水。曹濮之人见此水，皆迁居高丘预避。"[1]但更多的记载却是在告诉我们，黄河的决溢泛滥带来的灾难有多么严重。"黄河决溢，千里蒙害。浸城郭，漂室庐，坏禾稼，百姓已罹其毒。"[2]两岸"濒河膏腴之地浸没，百姓流散。"[3]

黄河水的泛滥首先会淹没大片的区域，在这些区域内，有许多的农田，当黄河水经过，其所携带的泥沙沉积下来，由此带来了当地土壤成分的变化，最重要的是，这种泛滥极易造成一些地区的土壤盐碱化，从而导致肥力下降。蒙哥即位后，"大封同姓"，让忽必烈"于南京、关中自择其一"，南京即开封，其附近地区在北宋时就已深受黄河水患影响。汉人幕僚姚枢因此建议忽必烈选择关中，理由即"南京河徙无常，土薄水浅，舄卤生之，不若关中。"[4]说明这里

[1]（元）廼贤：《新堤谣》，《元诗选·初集》（中），中华书局，1987年，第1469页。

[2]《元史》卷65《河渠志》，中华书局，1976年，第1620页。

[3]《元史》卷65《河渠志》，中华书局，1976年，第1623页。

[4]（元）姚燧：《中书左丞姚文献公神道碑》，《牧庵集》卷15，四部丛刊本。

长期受黄河泛滥的影响，已经导致这一地区的土壤肥力下降了。

黄河下游河道水势减缓，自中游而来的泥沙逐渐沉积，导致河床的逐渐抬高，而长期以来人们的筑堤更是对河道加以约束，使得部分河段地上河现象严重，早在蒙金战争时期，就有金人赵秉文指出，黄河"今改而南由徐、邳。水行处，下视堤北二三丈，有建瓴之便。可使行视故堤，稍修筑之。河复故道，则山东、河南合，敌兵虽入，可阻以为固矣。"[1]至元十四年（1277年），朝廷派王恽与张文贞视察黄河水情，王恽作"涛头况与酸枣直，南北高下尤相悬"[2]的诗句，用来形容当时所见的河高于岸的情形。

相比于一些文献中对河患的简短描述，元人的一些诗歌作品所表达的就要丰富许多了，虽然在这些诗歌的描写中，我们可以看到一些夸张的成分，但是这是建立在客观现实的基础之上的，目的是让人们对河患发生时的场景获得鲜明的印象，以及具体深刻的感受。例如，在元代中期，官员贡师泰（同时又是著名的散文家）作《河决》[3]一诗，用来描写当时黄河接连决溢给周边社会、环境带来的巨大影响。

诗的题目就直截了当地告诉人们即将要看到的内容，贡师泰在开篇向人们描述了黄河的接连泛滥决溢，这对于周边地区而言在环境上承受了巨大的压力，所带来的改变给人以骤起骤落之感，同时，这些诗句还向人们展示了黄河泛滥时洪水滔天的情形。

> 去年黄河决，高陆为平川。今年黄河决，长堤没深渊。
> 浊浪近翻雪，洪涛远春天。滔滔浑疆界，浩浩襄市廛。
> 初疑沧海变，久若银汉连。怒声恣砰磕，悍气仍洄漩。
> 毒雾饱鱼腹，腥风喷龙涎。鼋鼍出滚滚，雁凫下翩翩。

黄河的决溢冲毁了房屋，淹没了土地，人们流离失所，虽然避免了漂溺的结果，但是房屋田地已经一片荒凉。

> 人哭菰蒲裹，舟行桑柘颠。岂惟屋庐毁，所伤坟墓穿。

---

[1]（金）元好问：《闲闲公墓铭》，《遗山先生文集》卷17，四部丛刊本。
[2]（元）王恽：《小边行一百五日同总尹张彦亨赴小边口相视河流回马上偶作此诗》，《秋涧集》卷8，文渊阁四库全书本。
[3]（元）贡师泰：《河决》，《元诗选·初集》（中），中华书局，1987年，第1397页。

除家园被毁之外，人们还要承担修筑决口的劳役，忍受生计上的艰难处境，虽然泛滥的河水已渐渐退去，但是疲惫的人们依旧无家可归。

> 丁男往北走，老稚向南迁。县官出巡防，小吏争弄权。
> 社长夜打门，里正朝率钱。鸠工具畚锸，排户加笞鞭。
> 分程杵登登，会聚鼓阗阗。虽云免覆溺，谁复解倒悬。
> 弥漫势稍降，膏血日已腴。流离望安集，荒原走疲癃。
> 孤还尚零丁，旅至才属联。园池非故态，邻里多可怜。

但是并非所有人都是河患的受害者，贫者失去了自己的土地，只能耕种租佃而来的农田，富有之家却可以趁机兼并土地。由于黄河的决口泛滥，农田里作物大多被毁，收获欠丰，人们没有足够的粮食，只能吃用榆树叶煮成的稠粥，采摘莼芹等水生菜来维持生计。

> 贫家租旧地，富室买新田。颓垣吠黄犬，破屋鸣乌鸢。
> 秋耕且未得，下麦何由全。窗泥冷窥风，灶土湿生烟。
> 顷筐摘余穗，小艇收枯莲。卖嫌鸡鸭瘦，食厌鱼虾鲜。
> 榆膏绿皮滑，莼菹紫芽圆。乍见情多感，久任心少便。

元人成廷珪亦有"中原九月黄河水，平陆鱼龙吹浪起。飞霜萧萧鸿雁来，禾黍漂流桑枣死"的诗句来描述黄河水患给农业生产所带来的破坏。

元代末年，黄河决白茅东北，北向泛滥千余里，浑浊的河水淹没数十州县，人民遭逢此患，流离失所，朝廷为了修筑河堤，又驱使数十万百姓于艰难之际，黄河两岸人们遭受了沉重的苦难。此情此景，恰为萨都剌和廼贤所见到，于是萨都剌作《早发黄河即事》一诗，其中有"去年筑河防，驱夫如驱囚。人家废耕织，嗷嗷齐东州。饥饿半欲死，驱之长河流。"[1]元人廼贤也作有《新堤谣》一诗，其中既有对于河患场景的描述，也有人们被迫修堤带来的苦难：

---

[1]（元）萨都剌：《早发黄河即事》，《元诗选·初集》（中），中华书局，1987年，第1195页。

老人家住黄河边，黄茅缚屋三四椽。有牛一具田一顷，艺麻种谷终残年。
年来河流失故道，垫溺村墟决城堡。人家坟墓无处寻，千里放船行树杪。
朝廷忧民恐为鱼，诏蠲徭役除田租。大臣杂议拜都水，设官开府临青徐。
分监来时当十月，河冰塞川天雨雪。调夫十万筑新堤，手足血流肌肉裂。
监官号令如雷风，天寒日短难为功。南村家家卖儿女，要与河伯营祠宫。
陌上逢人相向哭，渐水漫漫及曹濮。流离冻饿何足论，只恐新堤要重筑。
昨朝移家上高丘，水来不到丘上头。但愿皇天念赤子，河清海晏三千秋。[1]

　　廼贤此诗深刻反映了元末在治河中所出现的种种境况，一如之前的河患，平民百姓首先是河患的直接受难者，"垫溺村墟决城堡"，民不聊生。朝廷在蠲除徭役、田租的同时，也在为修治之事而开官设府，"临青徐"应是指至正九年（1349年）朝廷在山东、河南等处所设行都水监，专一负责治理河患。但是"杂议"却也反映出了当时在治河的相关事宜上所存在的争论，而类似的争论在有元一代发生过多次，具体将在下文探讨。诗中后半部分描述了当时人们冒着严寒、苦于河役的情形，一句"只恐新堤要重筑"足以道出当时人们对于筑堤防河一种无奈的心情。

三、围绕黄河治理的争论

　　杜省吾认为"黄河历史是人事之物质条件和黄河本身之自然条件进行斗争之成果或实录"，"这宗斗争过程不限于技术范围，而是各时代全面政治行动之表现，是政治经济之重要环节。因此，不论当时统治者对黄河本身有无企图，而其经营之结果，对黄河本身却发生巨大影响。"[2]同样，当黄河发生水患的时候，元代的统治者们在采取必要的工程措施治理的同时，一些官员也就如何治理提出了自己的看法。

---

[1]（元）廼贤：《新堤谣》，《元诗选·初集》（中），中华书局，1987年，第1469页。
[2] 杜省吾：《黄河历史述实》，黄河水利出版社，2008年，第1页。

1. 治河机构的调整

元代"内立都水监，外设各处河渠司，以兴举水利、修理河堤为务。"[1]
早在至元七年（1270年）的时候，就有"以都水监隶大司农司"[2]的记载，后
来可能罢废，至元二十八年（1291年）复置，因此《元史·百官志》中记都水
监为至元二十八年（1291年）置有误。都水监"秩从三品，掌治河渠并堤防水
利桥梁闸堰之事。"[3]成为治理河患的负责机构，都水监又在地方设立分监，以
负责并协助地方官员一同治理河患。如泰定二年（1325年）姚炜"以河水屡决，
请立行都水监于汴梁，仿古法备捍，仍命濒河州、县正官皆兼知河防事。"[4]
至正八年（1348年）立行都水监与济宁郓城，至正九年（1349年）立山东河南
等处行都水监，至正十一年（1351年）设隶属于行都水监的河防提举司，如图
7-6所示。

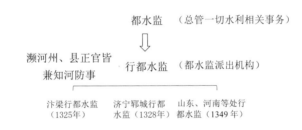

图7-6　元代治河相关机构示意图

修筑堤防是元代治河的标准方法之一，为了应对频繁的决口，朝廷和地方
动用了大量的人力物力来修治堤岸，详见表7-3。

表7-3　元代修治河患简表

元代纪年（公元）	修治详情
至元九年（1272年）	修卫辉路新乡县广盈仓南河北岸决口二百三十余步
至元二十三年（1286年）	调民夫二十余万，分筑堤防
至元二十五年（1288年）	修治汴梁路阳武县诸处河决二十二所
大德元年（1297年）	发丁夫三万塞汴梁决口

[1]《元史》卷64《河渠一》，中华书局，1976年，第1588页。
[2]《元史》卷7《世祖四》，中华书局，1976年，第132页。
[3]《元史》卷90《百官六》，中华书局，1976年，第2295页。
[4]《元史》卷29《泰定帝一》，中华书局，1976年，第102页。

元代纪年（公元）	修治详情
大德二年（1298年）	塞浦口等河决处九十六所
大德三年（1299年）	修蒲口等处七堤二十五处，共长三万九千九十二步，总用苇四十万四千束，径尺桩二万四千七百二十株，役夫七千九百二人
大德十年（1306年）	发河南民十万筑河防
泰定二年（1325年）	发丁夫六万四千人筑乐利堤
泰定三年（1326年）	修夏津、阳武河堤三十三所役丁万七千五百人
至正四年（1344年）	发丁夫万五千八百修筑曹州决口
至正十一年（1351年）	发河南、北兵民十七万修河

资料来源：《元史》，中华书局，1976年；（明）陈邦瞻撰：《元史纪事本末》，中华书局，1979年。

　　如前所述，元代在设立专门治水机构的同时，还将与黄河治理有关的事宜同濒河州县联系起来，这样地方官员就负有一定的巡视河堤、治理河患等职责。从史料分析，元代的许多治河行为也都是由地方官府开展。至元二十八年（1291年）博罗欢为河南行省平章政事，河水泛滥，"堤埽横溃，归德、睢州、汴梁水及城下，潴为巨浸。"[1]后来为有司修治。成宗时，"河决东安州之蓝合，秀堤尽毁，水行地上，冒原田，败庐舍。"[2]事情上报到朝廷，朝廷命当时的都水监丞卢景总其事，很快秀堤得以修复。

　　大德十一年（1307年）秋，黄河决口原武东南，流入汴河，威胁汴梁城。地方官吏纷纷打算避逃，而百姓惊恐。官员王忱向省臣建议导水东下，"而省臣大家田畴多在汴、宋间，不用公言。"王忱亲自"乘舟行视河分，命决其壅塞，于以分流杀水，而汴城始完，其民至今以为德。水害既息，复大发民增筑堤防。"[3]到了至治年间（1321—1323年），黄河再次于原武决口，河北、河南道肃政廉访使买奴亲自督视堤防的修筑，这次工程"用役夫一万人，稍草六万束。命摘夫五百，采退滩野生芦苇，得十余万束，民不扰而河患息。"同时为了做好预防，"又令汴梁属邑预备稍草，连岁所积。至六十余万束，免取具与临时，人甚便之。"[4]

---

[1]（元）姚燧：《平章政事蒙古公神道碑》，《牧庵集》卷14，四部丛刊本。
[2]（元）黄溍：《元故正议大夫卫辉路总管兼本路诸军奥鲁总管管内劝农事知河防事卢公形状》，《金华黄先生文集》卷23，元刻本。
[3]（元）苏天爵：《元故参知政事王宪穆公行状》，《慈溪文稿》卷23，民国徐世昌刻本。
[4]（元）黄溍：《宣徽使太保定国忠亮公神道第二碑》，《金华黄先生文集》卷24，元刻本。

2．围绕治河方略的争论

（1）王恽论黄河利害

王恽曾在至元年间相视河患，有诗句"堤防不议四十年，河行虚壤任徙迁"的感叹，同时对于当时朝廷在治河问题上的意见不一，也有所表达，"正有避移策上闻，放之旷野从奔冲。不然建议以土湮，大堤缕水横西东，椹以木石束逾钟。"[1]诗句隐约透露出在当时针对如何治理河患方面，可以分为两种方式，一是放任河水泛滥的"避移策"；二是筑堤捍御的治理方法。此后，王恽又作《论黄河利害事状》[2]，主要是针对汴梁城所受到的威胁而写，对当时的形势以及治理方案提出了自己的看法，是元人中较早论述黄河治理的。王恽的见解归纳起来主要有以下几个方面：

第一，针对汴梁城周边形势，强调对河患的预防工作。王恽说道，"夫古人作事虑未然，不治已然。治未然，用力少而收功多，况预备不虞，古之善教也"。[3]他指出，"自河抵京，北郊地势渐下，南北争悬七尺之上，中间土脉疏恶，素无堤防固护以捍水冲，……北势既高，水性趋下，断无北泛之理。故识者云已隐犯京之势，似非过论也"。[4]黄河的南流早已对汴梁城形成了比较大的威胁。

第二，指出官方在治理黄河上的不用心。"每岁有司规画，不过今夏役夫数千，明年兴工半万，缕水筑堤以应一时，极其所至，仅能防备淹水，终非缓急可恃得济之用，但幸其不为旧耳。"[5]这也透露出了当时在对待黄河治理的问题上，官方不甚积极的一种态度。

第三，强调治理河患的重要性，且形势已然紧迫。王恽认为，黄河"万一侵犯，岂惟使民居荡析，且废通漕控制之利，民之大命又所系有重焉者。盖开封、祥符、陈留、通许等数县之地，耕种不下数万余顷，若漫为淀洑，岁记先失，民何以生，此最可虑也"。[6]

第四，提出自己治理河患的建议。王恽指出，"增卑培薄分流杀势之议"不

[1]（元）王恽：《小边行一百五日同总尹张彦亨赴小边口相视河流回马上偶作此诗》，《秋涧集》卷8，文渊阁四库全书本。
[2]（元）王恽：《论黄河利害事状》，《秋涧集》卷91，文渊阁四库全书本。
[3]（元）王恽：《论黄河利害事状》，《秋涧集》卷91，文渊阁四库全书本。
[4]（元）王恽：《论黄河利害事状》，《秋涧集》卷91，文渊阁四库全书本。
[5]（元）王恽：《论黄河利害事状》，《秋涧集》卷91，文渊阁四库全书本。
[6]（元）王恽：《论黄河利害事状》，《秋涧集》卷91，文渊阁四库全书本。

可等到河患发生之后再议，应尽早计划。"今体访得，河自台头寺西，东接杞县西界，两势平无槽岸，行流虚壤中。故卧南卧北大势走作，所以渐为京城害者，不出此百里间而已。"[1]王恽认为解决方案莫若"舍小就大，广为规制，……遮障奔冲使东过三汊，散为巨浸，可毋虑也。"[2]如此"以图一劳永逸之举，实为便当。"还建议在要害去处建立祠庙，祈求神灵庇佑。

（2）蒲口塞与不塞之争

大德元年（1297年），黄河在杞县蒲口决口，文献记载显示，在河决蒲口期间，黄河泛滥南北数郡县，造成大面积的破坏。于是第二年朝廷命大臣尚文"按视防河之策"，尚文因此上奏，建议蒲口不塞为便，其言为下：

长河万里西来，其势湍猛，至盟津而下，地平土疏，移徙不常，失禹故道，为中国患，不知几千百年矣。自古治河，处得其当，则用力少而患迟，事失其宜，则用力多而患速，此不易之定论也。[3]

尚文指出黄河自出孟津之后，遭遇到了地势上的变化，加之黄河本身携带了大量的泥沙，水势平缓之后泥沙沉积，容易决口迁徙。他指出在黄河的治理上应当把握时机，才能达到事半功倍的效果，反则事倍功半。紧接着尚文又对当时黄河陈留到睢州河段的堤岸情况作了说明：

今陈留抵睢，东西百有余里。南岸旧河口十一，已塞者二，自涸者六，通川者三，岸高于水，计六七尺，或四五尺。北岸故堤，其水比田高三四尺，或高下等。大概南高于北，约八九尺，堤安得不坏，水安得不北也。[4]

黄河虽然在元代东南汇淮入海，但是并不排除其北决的情况。尚文在视察陈留到睢州河段堤岸之后，看到了黄河南岸远高于北岸的现实，得出北岸易决的结论。然而当时情况为河决于蒲口，河水向南宣泄，"迅疾东行，得河旧渎，

[1]（元）王恽：《论黄河利害事状》，《秋涧集》卷91，文渊阁四库全书本。

[2]（元）王恽：《论黄河利害事状》，《秋涧集》卷91，文渊阁四库全书本。

[3]《元史》卷170《尚文传》，中华书局，1976年，第3987页。

[4]《元史》卷170《尚文传》，中华书局，1976年，第3987页。

行二百里，至归德横堤之下，复合正流。"[1]

> 或强湮过，上决下溃，功不可成。揆今之计，河西郡县，顺水之性，远筑
> 长垣，以御泛滥。归德徐邳民避冲溃，听从安便，被患之家，宜于河南退滩地
> 内，给付顷亩，以为永业。异时河决他所者，亦如之。信能行此，亦一时救荒
> 之良策也。蒲口不塞便。[2]

尚文认为强行塞蒲口的话会造成"上决下溃"，不易成功。他建议由河水从
蒲口南流，决口以西郡县遥筑长堤，抵御河水，而下游徐、邳等地区受灾人口
则迁离原地，另择黄河南边退滩地以给生业，以后河决之处亦如此法。很明显，
尚文的方法只能称为防河，谈不上治，属于消极被动的方法。

尚文的建议经过廷论之后被采纳，然而却遭到了黄河下游河南、山东地区
的官员的强烈反对，"果然，则河北桑田尽化鱼鳖之区矣。塞之便。"[3]于是蒲
口终被塞堵。围绕蒲口塞与不塞所展开的争论，让我们看到了元代在黄河水患
治理中对存在的一些问题没有一个总体上的规划，只是徒劳地去应付，所收到
的效果也就不可能长久。蒲口在大德三年（1299年）再次被河水冲决，"障塞之
役，无岁无之。"

（3）汴梁都水分监设立之争

尽管元代设有都水监这样负责水利的专门机构，而且对河患的治理也在其
职责之内，然而其行事效率上却不能令人满意，尤其是当河患经年不止，治河
卒无成效的时候，问题便暴露出来了。武宗至大三年（1310年），围绕如何有效
地治理河患，在河北、河南道廉访司、都水监和工部之间展开了一场争论。

问题首先由河北、河南道廉访司（以下简称"廉访司"）提出，主要是针对
当时朝廷在治河方面所显露出来的诸多弊病。一是延误时机。廉访司指出：

> 黄河决溢，千里蒙害，浸城郭，漂室庐坏禾稼，百姓已罹其毒。然后访求
> 修治之方，而且众议纷纭，互陈利害，当事者疑惑不决，必须上请朝省，比至
> 议定，其害滋大，所谓不预已然之弊。[4]

[1]《元史》卷170《尚文传》，中华书局，1976年，第3987页。
[2]《元史》卷170《尚文传》，中华书局，1976年，第3987页。
[3]《元史》卷170《尚文传》，中华书局，1976年，第3987页。
[4]《元史》卷65，《河渠二》，中华书局，1976年，第1620页。

因为没有建立一个有效的决策机制，所以当众人意见不统一时，难以及时做出合理的判断而影响了河患的治理。如同沙克什《河防通议》中所记，"其有可行之事，为一人所沮，则遂为之罢。有不可兴之功，为一人所主，则或为之行。上下相制，因循败事。"[1]

二是监官不懂水利，每遇治河之时，既不懂根据实地情况察明地形、水势，又容易争论不断，贻误治河良机，甚至采取不当的方法，反而造成灾患。

今之所谓治水者，徒尔议论纷纭，咸无良策，水监之官，既非精选，知河之利害者百无一二。虽每年累驿而至，名为巡河，徒应故事，问地形之高下，则懵不知；访水势之利病，则非所习。既无实才，又不经练。乃或妄兴事端，劳民动众，阻逆水性，翻为后患。[2]

为此廉访司建议朝廷在汴梁立分都水监，选派知水利之人专任其职，专一治理河患，在治理措施上，建议根据实际情况运用疏、堙、防等方法来治河，这样总比"河已决溢，民已被害，然后卤莽修治以劳民者"[3]要好。

然而廉访司的建议遭到了都水监的反对，都水监认为没有专立分监治理河患的必要，"难与会通河有坝闸漕运分监守治为比"，若设分监，则有碍御河之事。都水监认为在黄河沿岸的州县正官本已经兼河防事，不如每年十月由都水分监派遣官吏前往这些地区，与各处官司一同沿河巡视河防，商议修治事宜，"比年终完，来春分监新官至，则一一交割，然后代还，庶不相误。"[4]

鉴于大德九年（1305年）因地方官司在治理黄河决口时出现的失误，工部否定了都水监的建议，认为"黄河危害，难同余水，欲为经远之计，非用通知古今水利之人专任其事，终无补益。河南宪司所言详悉，今都水监别无他见，止依旧例议拟未当。"[5]赞同廉访司所提议的任用熟悉水利之人，专任河防官员，适时巡视，及时疏塞，方可以减轻河患。

[1]（元）沙克什：《河防通议》，丛书集成初编本。
[2]《元史》卷65，《河渠二》，中华书局，1976年，第1620页。
[3]《元史》卷65《河渠二》，中华书局，1976年，第1621页。
[4]《元史》卷65《河渠二》，中华书局，1976年，第1621页。
[5]《元史》卷65《河渠二》，中华书局，1976年，第1621页。

（4）治河救汴议

延祐五年（1318年），为了减轻黄河决口对开封可能造成的威胁，元人奥屯上治河救汴之说，其言：

近年河决杞县小黄村口，滔滔南流，莫能御遏，陈、颍濒河膏腴之地浸没，百姓流散。今水迫汴城，远无数里，倘值霖雨水溢，仓卒何以防御！方今农隙，宜为讲究，使水归故道，达于江、淮，不惟陈、颍之民得遂其生，窃恐将来浸灌汴城，其害匪轻。[1]

黄河水自杞县小黄口分泄而出，向东南淹没陈留、通许、太康多地，实际上自延祐元年（1314年）就已经开始，之所以如此，并非朝廷不加治理，而是权衡利弊的结果。延祐元年（1314年），据河南等处行中书省上报，黄河自睢州等处决口数十，其中开封东杞县小黄口处筹划修建月堤一道抵御河患，汴梁都水分监则打算修筑障水堤堰，不能统一。

最终由太常丞郭奉政、前都水监丞边承务、都水监卿朵儿只、河南行省石右丞、本道廉访副使站木赤、汴梁判官张承直一起，从河阴到陈州一路察看实际情况。由于小黄口的分泄作用，从河阴到归德的河段在当年夏季水涨之时没有地方出现溃决，若加以堵塞，则"必移患邻郡。决上流南岸，则汴梁被害；决下流北岸，则山东可忧。事难两全，当遗小就大。"[2] 由此决定保留小黄口作为分水口，让一部分河水经此下泄到陈留、通许等地，借此来保障黄河不会发生更多的决口。

然而终究小黄口离开封城太近，且黄河水泥沙含量多，到延祐五年（1318年）时，因长期放任其南流，泥沙淤积之后使河水四处漫流，淹没附近膏腴之地，迫近并威胁到开封城的安全，因此才有奥屯治河救汴之议，最终朝廷令汴梁分监负责修治，自延祐六年（1319年）二月十一日至三月九日工毕。

（5）至正河患治理之争

进入至正年间（1341—1370年），黄河开始频繁的决溢，先是至正二年（1342年）八月，归德府睢阳县因黄河为患，民饥，至正三年（1343年）五月，黄河

[1]《元史》卷65《河渠二》，中华书局，1976年，第1623页。
[2]《元史》卷65《河渠二》，中华书局，1976年，第1623页。

于白茅口决口，这一年的四月到七月，河南霖雨不止，造成饥荒。连续的决溢表明黄河大堤已经处于疲惫不堪的状态，终于元顺帝至正四年（1344年）五月，在连续下了二十多天大雨之后，黄河水位上涨，"平地水二丈"，先决白茅堤，后决金堤。这次黄河北向决口，造成沿河许多州郡"民老弱昏垫，桩者流离四方。"[1]这次决口影响范围很广，今河南、山东、安徽、江苏交界地区，成为千里泽国（见图7-7）。

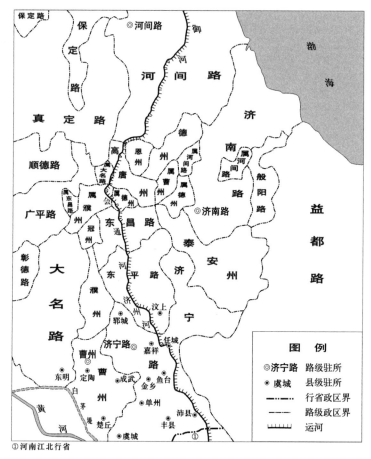

说明：①本图以谭其骧主编《中国历史地图集》，"元·中书省南部"图幅为底图改绘而成。②图中加粗部分显示了至正四年（1344年）黄河决口所影响到的州县，在《元史》中记载如下："并河郡邑济宁、单州、虞城、砀山、金乡、鱼台、丰、沛、定陶、楚丘、武城，以至曹州、东明、巨野、郓城、嘉祥、汶上、任城等处皆罹水患。"

图7-7　至正四年（1344年）河决影响范围示意图

[1]《元史》卷66《河渠三》，中华书局，1976年，第1645页。

但是此次黄河大决口，朝廷并没有立刻治理，直到这一年的十月，朝廷才"议修黄河、淮河堤堰"，但没有结果。接下来几年，黄河依旧决溢不断，至正五年（1345年）七月，河决济阴，十月，黄河泛溢。至正六年（1346年）黄河决口，至正七年（1347年）"以河决，命工部尚书迷儿马哈谟行视金堤"，至正八年（1348年）正月，黄河决口，朝廷迁济宁路于济州，四月，河间等路"以连年河决，水旱相仍，户口消耗，乞减盐额。""河水北侵安山，沦入运河，延袤济南、河间，将隳两漕司盐场，实妨国计。"[1]至正九年（1349年）立山东河南等处行都水监，专治河患，五月即对黄河金堤进行修治。至正十年（1350年）十二月，"以大司农秃鲁等兼领都水监，集河防正官议黄河便宜事。"

这次关于如何治理黄河的讨论中，众人意见不一，"或言当筑堤以遏水势，或言必疏南河故道以杀水势"，而时任漕运使的贾鲁则认为"必疏南河，塞北河，使复故道。役不大兴，害不能已。"[2]其实贾鲁早在至正四年（1344年）时即"循行河道，考察地形，往复数千里，备得要害[3]，了解了实际情形后，贾鲁提出了治理河患的两种方案，第一种"修筑北堤"，用功省但是作用有限，仅可以"制横溃"，第二种方案即让黄河恢复故道，其方法则是"疏塞并举"，但是耗费人力物力大增，可惜未有下文。鉴于治河意见不一，朝廷派工部尚书成遵与大司农秃鲁一起行视黄河，"议其疏塞之方以闻。"成遵等人于至正十一年（1351年）春，"自济宁、曹、濮、汴梁、大名，行数千里，掘井以量地形之高下，测岸以究水势之浅深，遍阅史籍，博采舆论，以谓河之故道，不可得复，其议有八。"[4]

由此，成遵、秃鲁就与丞相脱脱、贾鲁的意见出现不同，前者经过实地勘测，认为河故道不可复，后者则极力主张使黄河归于故道。照当时的情形推测，恐怕成遵等人的建议要更合理一些，他们是在至正十一年（1351年）行视黄河情况，要更符合当时实际，而贾鲁依旧坚持至正四年（1344年）时的治河之策，未免有脱离实际之嫌。今人杜省吾称"贾鲁亦是急进之流"，没有借鉴历史上治河之经验，"而只曰省功费之差，刺激脱脱之好大喜功，以企取堵筑决口，挽归旧河之方案，贾鲁之计亦已险矣。"[5]

[1]《元史》卷187《贾鲁传》，中华书局，1976年，第4291页。
[2]《元史》卷186《成遵传》，中华书局，1976年，第4280页。
[3]《元史》卷187《贾鲁传》，中华书局，1976年，第4290-4291页。
[4]《元史》卷186《成遵传》，中华书局，1976年，第4280页。
[5]杜省吾：《黄河历史述实》，黄河水利出版社，2008年，第125页。

丞相脱脱因"已先入贾鲁之言"，遭到了成遵等人的极力反对，"济宁、曹、郓，连岁饥馑，民不聊生，若聚二十万人于此地，恐后日之忧又有重于河患者。"[1] "自辰至酉，辨论终不能入。"第二日有人劝成遵，"修河之役，丞相意已定，且有人任其责矣，公其毋多言，幸为两可之议。"[2]成遵因坚持己见最终为大都河间等处都转运盐使，而这次讨论之后，元廷最终耗费大量人力物力，以贾鲁为总治河防使，全权负责修治黄河，终导河归于故道。

至正二十六年（1366年）二月，黄河再度决口北徙，这次决口影响的范围涉及东明、曹州、濮州，一直到济宁路，都受到影响。黄河复徙而东北流，结束了贾鲁治河的成绩，黄河复故道东南流只持续了十五年，黄河在有元一代的历史至此也告一段落。

小　结

历史时期的黄河决溢改道，是受到自然和人为双重因素影响的，这两者之间是一种相互影响、相互制约的关系。元人在同黄河打交道的过程中，通过对黄河源头的探察，进一步增强了对这条河流的认识，在人们认识黄河的历史上是一个进步。然而受制于当时的社会发展，元人面对最多的依旧是黄河下游河道的频繁决溢问题。

元太宗六年（1234年）蒙古人灭金，在之后的四十余年时间中，无论是关于黄河下游河患的记载还是治理都少见于文献记载，其原因之一是当时的蒙古人忙于对宋战争，无暇顾及。至元中期以来，黄河下游决溢的记载开始增多，有元一代，黄河下游河道决溢的频率较高，受流域环境的影响，容易在夏秋季节发生决溢，元人在记载这些灾害的同时，还通过诗歌的形式将当时黄河给周边地区带来的灾难场景做了展现。如何有效地治理河患成为当时朝廷亟须解决的问题，围绕是否在汴梁设置专治河患的都水分监，从侧面反映了这个现实。元人在治理河患的手段上大多延续前朝的方法，动用大量人力、物力修筑堤堰，对黄河部分河段采取分流疏导，以期最大限度地减少黄河决溢的次数，同时减轻部分地区受黄河的影响程度。然而这种方法只能救治部分地区，就如同延祐

---

[1]《元史》卷186《成遵传》，中华书局，1976年，第4280页。
[2]《元史》卷186《成遵传》，中华书局，1976年，第4280页。

年间（1314—1320年）从小黄口导流一样，是以牺牲其他地区的利益和环境来换取的，终究是不能长远的。

第五节　经营南方——元人如何应付瘴疠之害

元代是中国历史上疆域面积最广的朝代，随着北方游牧民族——蒙古族的入主中原，广阔的蒙古高原随之纳入王朝的版图之中。在攻灭南宋之后，元朝军队并没有停止南征的脚步，进一步将其目光投向更远的南部地区。在南进的过程中，元人遭受到瘴疠并受到其一定程度的影响，由此影响到元廷对南方的经营策略。

一、瘴疠之气的分布

中国古代的人很早就注意到因环境特殊而导致的疾病现象，在长期的接触中逐渐对"瘴"有了固定的表述，文献记载中多有"瘴疠""瘴气""烟瘴""瘴毒"等记载，用来指人们初到南方湿热地区水土不服而感染的一种疾病[1]。瘴气已经成为有着明显的区域性、历史性的名词，是对我国南部、西南部等地区一种历史自然生态现象的泛指。在现今研究所做出的区别中，"瘴"作为特殊自然生态环境下形成的一种自然生态现象，而"瘴气"则是指它的外在气体形式，"瘴疠"则为人感染瘴气等后的病理表现。

越来越多对瘴的研究表明，我们在对瘴及其派生出来的词汇的认识上要分别看待，瘴气与瘴疾所代表的，既有病理学意义上的诸多亚热带、热带疾病的统称，也有着文化角度上的地域偏见与族群歧视。

瘴疠的分布与地理环境有着密切的关系，宋代的周去非曾对此做过分析，"盖天气郁热，阳多宣泄，冬不闭藏，草木水泉皆乘恶气，日受其毒，元气不固，发为瘴疾。"[2]元代也有记载，"会昌介万山间，地多瘴。"[3]现代研究表明，气候湿热、地形闭塞、有着茂密植被的地方容易发生瘴病，因为这样的环境对蚊

---

[1] 徐时仪：《说"瘴疠"》，《江西中医药》2005年第2期，第61页。

[2] （宋）周去非：《岭外代答》卷10，文渊阁四库全书本。

[3] （元）欧阳玄：《元故翰林待制朝列大夫致事西昌杨公墓碑铭》，《式古堂书画汇考》卷18，文渊阁四库全书本。

蚋滋生十分有利，进而为瘴气所引起的传染病的传播创造条件，此外，瘴疠一般发生在高热多雨的夏秋季节。正因为如此，当环境变化时，其分布也就随之变化。历史上瘴病的分布呈逐渐缩小的趋势，这既有历史时期气候变化的缘故，也与区域环境的改造有关。

通过对史料的检索，我们可以发现在元人的文献记载中，仍然有着大量的关于瘴疠的记载，如表7-4所示。

表7-4　元代文献中瘴疠的记载与分布

元代纪年（公元）	文献记载	历史人物/事件	今地
宪宗九年（1259年）	蜀道险远，瘴疠时作	商挺建言忽必烈	四川
至元十二年（1275年）左右	自江淮抵闽越，触炎热瘴疠	翟良佐	福建
至元十三年（1276年）	薄静江，兄中瘴毒死	刘成兄长	广西桂林
至元十四年（1277年）	公率舟师，冒瘴疠，所向风靡，广东、南恩等州皆归职方氏	哈剌带	广东
至元十五年（1278年）	以川蜀地多岚瘴，弛酒禁	忽必烈诏令	四川
至元十六年（1279年）左右	授金岭南广西道按察司事。岭海瘴乡，人多不怪其行……	梁天翔	广东、广西
至元二十一年（1284年）	广东宣慰司其地倚山濒海，极边烟瘴	中书省言	广东岭南
至元二十三年（1286年）	广东群盗并起，军兵远涉江海瘴毒之地	刘宣谏言	广东
至元二十三年（1286年）	交广炎瘴之地，毒气害人甚于兵刃	刘宣谏言	广东、广西
至元二十五年（1288年）	左、右江口……所调官畏惮瘴疠，多不敢赴	湖广省言	广西
至元二十六年（1289年）	退屯封之开建，还次贺州，士卒冒炎瘴，疾疫大作	刘国杰	广东、广西
至元二十九年（1292年）左右	发湖湘富民屯田广西……王以徙民瘴乡，事固难成，必且怨叛，遣使密奏	答剌罕	广西
至元二十九年（1292年）	两江荒远瘴疠，与百夷接，不知礼法	乌古孙泽	广西
至元三十年（1293年）	擢奉议大夫、广西肃政廉访副使。故事，烟瘴之地，行部者多不躬至	臧梦解	广西
元贞元年（1295年）	海南、海北等处，其地多瘴疠	成宗诏令	广西、广东、海南
大德初	镇广东惠州，感瘴疾，不任事	邸荣仁	广东惠州
至大年间（1308—1311年）	秩满，御史台擢海南海北道廉访司照磨，巡历遐僻，不惮风波瘴疠	范梈	广东、广西、海南
皇庆元年（1312年）	诏江西省瘴地内诸路镇守军，各移近地屯驻	仁宗诏令	江西、广东

元代纪年（公元）	文献记载	历史人物/事件	今地
仁宗初	诸当戍龙南、安远、南恩、潮阳，岁岁瘴疠，杀不辜者常数千人，当移南安、肇庆、潮州善地	郝天挺	江西、广东
延祐年间（1314—1320年）	友人杨贤可既第而官会昌。官瘴疠地，俗又险恶	杨贤可	江西会昌
泰定元年（1324年）	福建八路瘴疠少，地富庶	宋本	福建
泰定三年（1326年）	闽、浙二帅府，府更迭受任，然终以闽地烟瘴蒙犯，少忧其岁月	闵思齐	福建
天历二年（1329年）	移湖南道宣慰使。公闻命就道，以宿染瘴疠成疾	于九思	湖南
至顺三年（1332年）	公不惮山溪之阻、瘴毒之所侵加，遍履其地	苏天爵	湖北西南地区
后至元二年（1336年）	本道所辖七路八州，平土绝少，加以岚瘴毒疠	韩承务	广东
至正二年（1342年）	不避瘴疠，不惮险阻	琐达卿	广东
—	旧制：中州军士镇江南者，逾岭以戍，率二年以代，遭犯瘴疠，十无一还	—	广东
—	禄丰……其地瘴热	《元史·地理志》	云南禄丰县
—	泸水，深广而多瘴	《元史·地理志》	云南地区

资料来源：《元史》，中华书局，1976年；李修生主编：《全元文》，江苏古籍出版社（凤凰出版社），1999—2004年。

文献记载只能大致反映出当时瘴气所存在的地域，如果拿来和前代相比，元代瘴气的分布还是比较广泛的，诸如福建、江西、川蜀、云南、广东、广西、海南等地依然是人所惮行的瘴域。福建、江西、川蜀等地偶有记载，而两广地区则是瘴疠的高发区。就目前所见到的文献记载而言，对于瘴气发生地点的记载大多模糊不实，很多无法精确定位到具体的发生地，这对我们讨论元代瘴疠所分布的区域时带来一定的难度。

元代瘴疠分布的这些区域在元代版图中所占比重很大，所谓的"瘴域"则只可能是其中的一些点或小部分区域而已。在古代文献记载中，人们对于哪些地方存在瘴疠并不是很清楚，因此很容易将瘴疠肆虐描述到很大的区域范围内，如广东被看作"江海瘴毒之地"。为什么会出现这样夸大的表述，或许与古代人们对南方的认识有一定关系。"南方的瘴，体现了士大夫心目中南方的陌生、野蛮、奇异和危险。"[1]随着势力向南方的推移，人们的地理视野逐渐扩展，而作为一种对当地的地理体验表达，那些到过此地的人，或许亲身经历过，或许听当地人谈起，不自觉地将自身的感受与经验传播开来。再结合从书上了解到的记载，自然而然会形成在传闻基础上的对南方瘴疠发生区域的恐惧。

二、瘴对元人经营南方的影响

瘴作为一种自然环境病，其存在是长期的，因此不可避免地会对当地人民的生产生活产生影响。而对于这些地区的经营，朝廷在制定相应的政策时，也很有必要考虑到瘴的因素，而其结果则是在某些政策上有所偏斜。

1. 对官僚制度的影响

前文已述及，士大夫们将南方瘴重之地视为险域，视南宦为畏途。早在至元二十五年（1288年），湖广行省就提到，在广西的左、右江地区，"所调官畏惮瘴疠，多不敢赴。"[2]元成宗年间（1295—1307年），郑介夫在《论边远状》中也指出，当时部分官吏"就安避危"，"万里之远，炎瘴之区，在常选中者必不肯往。"[3]泰定三年（1326年），在送闵思齐到福建任职所作的序中，袁桷就曾提及官员因身处瘴地，怠于行政的现象，"闽郡县蓄产饶给，仕于彼者，咸曰可善更。盖其疆理与京师相远，浙为要冲，贡赋考工之役，使者督责亡虚月。……闽、浙二帅府，府吏更迭受任，然终以闽地烟瘴蒙犯，少优其岁月。"[4]至顺年间（1330—1332年）元人雅琥调选广西静江路同知，马祖常为其送别作的序中，同样提及"中州士大夫仕于南越者，往往不乐其土。其仕皆有苟且而无忧勤之心，以其故政事解弛，莫致其治教之意。"[5]

也正因如此，南方部分多瘴地区存在官员缺员甚多的现象，如延祐四年（1317年）的一份有关迁调官员的文书显示，"福建、两广等田地里委付将管民

[1] Bin Yang，The Zhang on Chinese Southern Frontiers：Disease Constructions，Environmental Changes and Imperial Colonization，The Bulletin of the History of Medicine，John Hopkins Univ.，27 April 2010.
[2] 《元史》卷 15《世祖十二》，中华书局，1976 年，第 315 页。
[3] （元）郑介夫：《论边远状》，《历代名臣奏议》卷 68，文渊阁四库全书本。
[4] （元）袁桷：《送闵思齐调闽府序》，《清容居士集》卷 23，四部丛刊本。
[5] （元）马祖常：《送雅琥参书之官静江诗序》，《石田文集》卷 9，元刻本。

官去呵，为田地远些、有烟瘴么道，不肯去有。为那么上头，见阙多有。"[1]
元代统治者在考虑到部分地区边远、有瘴的实际情况下，为鼓励官吏赴南方地
区任职，对于这些地区的官员迁调给予了一定的优惠政策，如缩短考核时间。
至元二十一年（1284年），针对吏员考满授正八品事宜，吏部上奏，拟"广西、
海北海南道宣慰司令史、译史、奏差人等，与岭南广西道等处按察司书吏人等
一体，二十月理算一考，拟六十月同考满。"元代针对流外官一般三十月为一考，
九十月考满，在处理两广地区官员迁调时，中书省认为，"广东宣慰司其地倚山
濒海，极边烟瘴，令史议合优升，依泉州行省令译史等，以二十月理算一考。"[2]
除此之外，泰定元年（1324年）朝廷还曾下诏，对官员"远仕瘴地，身故不得
归葬，妻子流落者，有司资给遣还。"[3]可以视为对在瘴地任职官员的一种抚慰。

地理遥远，加以瘴疠之害，无形中对到此任职的官员带来很大的威胁，
如延祐四年（1317年），御史台在一份上奏中提到，"南台文字里说将来：'广
东、广西、海北，烟瘴歹地面有。五六月里省台差去的使臣，着烟瘴，多有
死了的。廉访司官暑月审囚去呵，也着烟瘴死了有。'"[4]对此，朝廷通过调整
使臣往来的时间进行应对。"'今后审囚呵，只交巡按时分一时审呵，便当。'
么道。俺商量来：这三道并云南，具系烟瘴重地。今后除结案重型出去审复，
暑月有的轻囚，催督交有司依例发落，毋得淹禁。其余罪囚，巡按时分一就
审呵，怎生？"[5]

元统三年（1335年）朝廷颁布圣旨，对出巡官吏在瘴区的停留时间做出了
调整。

云南广海地面，多系烟瘴，又经值变乱以来，生民百无一二。虽有郡名，
无州县之实。若与中原一体，八月中分巡，次年四月中还司，正当烟瘴肆毒之
时。其出巡官吏多系生长中原，不服水土。刷按已毕，他每不敢回还。坐待日
期，虚啮着祗应。久在瘴乡，因而感冒成疾，死于边荒，诚可哀悯。今后至十

---

[1]《元典章》卷8《吏部卷之二·选格·迁调官员》，天津古籍出版社、中华书局，2011年，第251页。
[2]《元史》卷84《选举四》，中华书局，1976年，第2102页。
[3]《元史》卷29《泰定帝一》，中华书局，1976年，第648页。
[4]《元典章》卷6《台纲卷之二·按治·巡按一就审囚》，天津古籍出版社、中华书局，2011年，第176页。
[5]《元典章》卷6《台纲卷之二·按治·巡按一就审囚》，天津古籍出版社、中华书局，2011年，第176页。

月初间分巡，二月末旬还司。首思省久之费，分司官吏免烟瘴之害么道。[1]

瘴疠在某些情况下甚至成为某些官员维护私利的借口。元代对于岭南地区官员的考察升迁被称为"调广海选"：

仕于是者，政甚善者不得迁中州、江淮。而中州、江淮夫士，一或贪纵不法，则左迁而归之是选焉，终身不得与朝士齿。[2]

"调广海选"制度行于岭南地区，对官员造成的影响就是，政绩好的官员只能于此地区流转升迁，而调任中州、江淮地区官员到此则是作为一种惩罚措施，对于这样的官员，离开岭南的概率小之又小。为此他们转向谋取财富，"夫如是则孜孜为利，旦旦而求，仇贼其民而鱼肉之。"为了避免每年朝廷派遣人员进行的考课，瘴疠就成为了其"趋避之"的借口之一。

部使者每至，必相语曰：某郡瘴疠甚，某邑猛獠杀人，某使者行部几不免焉。则巧计而趋避之。

相反的是，人们对于那些冒着风险，出入瘴疠所在地区的官员大加赞扬，"杨贤可既第而官会昌。官瘴疠地，俗又险恶，贤可终三年淹，而无天时人事之患，其政行焉，其归也贫如未第时。"[3]苏天爵于至顺三年（1332年）任职御史南台，"分莅湖北"，"湖北所统地大以远，其西南诸郡，民獠杂居，俗素犷悍，喜斗争，狱事为最繁。公不惮山溪之阻，瘴毒之所侵加，遍履其地。"[4]

所有这些都让我们认识到，在元代人们面对瘴疠这种环境疾病时的复杂心情及表现，更认识到环境对于人类群体所产生的影响，地方官员是冒着极大的风险在行事，稍有不慎，就有可能感染瘴疠乃至身亡，元人孙泽在南方地区任职，"不避炎瘴"，当其结束在海南的任职返回开封时，母子相拥而泣，自谓"慈

---

[1]（元）刘孟琛等编撰，王晓欣点校：《南台备要》，《宪台通纪》（外三种），浙江古籍出版社，2002年，第198-199页。
[2]（元）朱思本：《广海选论》，《贞一斋文稿》，《委宛别藏》丛书本。
[3]（元）刘岳申：《送杨贤可宜黄县尹序》，《申斋集》卷2，文渊阁四库全书本。
[4]（元）黄溍：《苏御史治狱记》，《金华黄先生文集》卷7，元刻本。

颜喜生还炎瘴之乡"。[1]

2. 对军事征防的影响

瘴毒之害严重，也影响到了元代对南方地区的军事征讨和驻防，因染瘴疾而客死他乡的将士为数众多，而对于屯驻于瘴地的军队来说，也构成了一个较大的障碍。

早在宪宗九年（1259年），宪宗蒙哥亲率大军征蜀，商挺在分析军事形势之时就对忽必烈说过，"蜀道险远，瘴疬时作，难必有功，万乘岂宜轻动？"[2]这是元代文献中较早提到瘴疬对军事征讨影响的记载。也就在这年正月，宪宗蒙哥在四川重贵山召开置酒大会，向诸王、驸马、百官问到，"今在宋境，夏暑且至，汝等其谓可居否乎？"札剌亦儿部人脱欢认为"南土瘴疬，上宜北还。所获人民，委吏治之，便。"[3]阿尔剌部人八里赤将脱欢的看法视为一种胆怯的表现，并表示"愿往居焉"。

渡江灭宋之役，元人翟良佐"自江淮抵闽越，触炎热瘴疬，遂病不起。"[4]丞相伯颜率大军在鄂州渡江之后，命阿里海牙率万户张兴祖等军，分徇湖广等地，真定人刘成时为百夫长，与其兄一同随军征进，当迫近广西静江时，"兄中瘴毒死"。[5]

在元代，南方部分地区瘴气严重，所以极大地影响到了元代对南方的用兵，如至元二十六年（1289年）夏五月，刘国杰率军"伐山通道"，击败占据德庆金林山的曾大獠部五千人后，"退屯封之开建，还次贺州，士卒冒炎瘴，疾疫大作。"[6]大德六年（1302年）朝廷派兵征讨八百媳妇国等地，军队途经云南顺宁、元江等地，"行未及半，变生八番，傍虏乘之，地丧师燔，奉头鼠窜。后复发陕西、河南诸道民为兵数万，命平章刘国杰将之，期以必取，转输益亟，所在弗堪。且闻所径委狭，多崇山盲壑，恶林毒草。群獠安沈斥瘴沴，出入兽如。""远

---

[1]（元）陆文圭：《中大夫江东肃政廉访使孙公墓志铭》，《墙东类稿》卷12，文渊阁四库全书本。
[2]（元）元明善：《参政商文定公墓碑》，《清河集》卷6，藕香零拾本。
[3]《元史》卷3《宪宗本纪》，中华书局，1976年，第53页。
[4]（元）刘因：《送翟良佐序》，《静修集》卷19，文渊阁四库全书本。
[5]（元）马祖常：《征行百户刘君墓碣铭》，《石田文集》卷13，元刻本。
[6]（元）黄溍：《湖广等处行中书省平章政事赠推恩效力定远功臣光禄大夫大司徒柱国追封齐国公谥武宣刘公神道碑》，《金华黄先生集》卷25，元刻本。

冒烟瘴，未战，士卒死者已十七八。"[1]事实上，陈天祥在其《谏伐西南夷疏》
中就已经指出，"西南远夷之地""毒雾烟瘴之气，皆能伤人"，倘若应对不力，
"士兵饥馁，疫病死亡，将有不战自困之势，不可不为深虑也。"[2]

　　元人陈孚曾在《柳州道中》如此描述五岭地区给军士带来的问题。

> 五岭炎蒸苦，征夫各惮行。荒哉秦象郡，痛矣柳龙城。
> 水毒人多病，烟昏马易惊。闾阎雕瘵甚，边将莫言兵。[3]

　　除行军时受到瘴疠的影响外，驻扎屯守的军士同样会受到影响。如有记载
在江西境内的赣州路屯田，"军民多死瘴疠"[4]。马祖常也谈到，"汉军征戍岭
海之南，岁病而死者十率七八。"[5]"北军之戍者，不能其水土，多瘴疠死。"[6]

　　对于在南方尤其是岭南地区驻扎的军队来说，避免瘴疠造成更大伤害的办
法就是调整驻扎地。"诸当戍龙南、安远、南恩、潮阳，岁岁瘴疠，杀不辜者常
数千人，当移南安、肇庆、潮州等地。"尽可能地使之避开瘴疠的重灾区。

　　皇庆元年（1312年）八月，张珪拜荣禄大夫、枢密副使。在这之前，根据
规定，"中州军士镇江南者，逾岭以戍，率二年以代，遭犯瘴疠，十无一还。"
张珪认为这"是徒置之死地耳！"因此"奏请屯置近边，其岭表要塞，因其土人
以戍。不幸前死者，官给槥传还其家。从之。"张珪建议用当地人来戍守一些地
区，以避免因瘴疠而造成过大的人员伤亡，不无道理。在瘴区驻扎，有些时候
都要有所约束，不敢轻易让士卒犯险。"夫岭海要荒之服，其人愿而暴，其俗朴
而悍，无外郡告许之长，无他土变诈之习……一有剽劫，严军于要害，勿轻用
士卒，犯瘴毒，争溪洞之险，趣斯须之利。"[7]

　　在揭傒斯《雨述三篇》中，曾提及一次瘴疠暴发带来大量人口死亡的事件。

> 江南腊月天未雪，居者单衣行苦热。连山郡邑瘴尽行，岂独岭南与闽越。

[1]（明）陈邦瞻：《元史纪事本末》卷6《西南夷用兵》，中华书局，1979年，第37页。
[2]《元史》卷168《陈天祥传》，中华书局，1976年，第3949页。
[3]（元）陈孚：《柳州道中》，《元诗选·二集》（上），中华书局，1987年，第248页。
[4]（元）姚燧：《平章政事史公神道碑》，《牧庵集》卷16，四部丛刊本。
[5]（元）马祖常：《建白一十五事》，《石田文集》卷7，元刻本。
[6]（元）程钜夫：《元都水监罗府君神道碑铭》，《学楼集》卷20，文渊阁四库全书本。
[7]（元）李存：《赵舜咨海南海北还役序》，《番阳仲公李先生文集》卷19，明永乐三年（1405年）刻本。

逋民穰穰度闽山，十人不见一人还。明知地恶去未已，可怜生死相追攀。
近闻闽中瘴大作，不闻村原与城郭。全家十口一朝空，忍饥种稻无人获。
共言海上列城好，地冷风清若蓬岛。不见前年东海头，一夜潮来迹如扫。[1]

同时，对于在南方瘴区驻扎将士的俸禄及因瘴而死的官兵都给予了优厚的待遇和抚恤。如马祖常向朝廷建议，"今后如蒙将在岭海及漳、汀等数处征戍军人，果有病患，除官为看医外，其贫苦阙用之人，比及取发封装以来，宜令本处有司约量借放，封装到日，拟除还官，并不收息。"[2]予以经济上的救助。

小　结

瘴是一种依赖于特殊环境而存在的、危害人们身心健康甚至是生命安全的疾病，在古代社会医疗条件不甚发达的情况下，会给时人造成心理上的重大影响，导致人们谈"瘴"色变。而对于南方的部分地区，瘴疾肆虐，其存在极大地阻碍了元代对这些地区的开发，也在一定程度上导致了地区的封闭，影响了朝廷对这些地区的统治。在元代，在因南方地区瘴的存在对官僚制度和军事驻扎均造成影响的前提下，朝廷在考虑诸多方面政策时都有不小的调整，以保证正常的统治秩序。因此，瘴是元代影响朝廷对南方经营政策的重要因素。

第六节　沿海地区捍海塘修筑技术的改进

我国遭受海洋灾害的历史是非常久远的，根据历史文献的记载，可以追溯到春秋时代。随着历史的发展，人们加强了对沿海地区的开发，更多有关海洋灾害的记载也开始逐渐增多，为我们留下了更详细的信息。现代对于海洋灾害的定义是明确的，即"因海洋自然环境发生异常性激烈变化，导致在海上或海岸地带发生的自然灾害。"[3]海洋带来的灾害种类繁多，如风暴潮、海啸、赤潮

---

[1]（元）揭傒斯：《雨述三篇》，《元诗选·初集》（中），中华书局，1987年，第48页。
[2]（元）马祖常：《建白一十五事》，《石田文集》卷7，元刻本。
[3] 李树刚主编：《灾害学》，煤炭工业出版社，2008年，第105页。

等都属于海洋灾害。

对于元人特别是生活在沿海的元人而言，海洋不仅仅是可以获取海盐、珍珠等生产、生活所用的地方，它也有让人胆战心惊的一面，那就是不时发生的海洋灾害。在技术条件落后的当时，人们很难有效地预报诸如风暴潮之类海洋灾害的发生，更不用提抵御这样的灾害，因此损失在所难免。

本节所言海患，其实还是主要集中在灾害性海潮方面，这方面的资料较为丰富，而且人们出于保卫家园的需要兴修捍海塘，同样符合环境史中有关人类活动与自然相互作用、相互影响的主题。有元一代，东南沿海地区频频遭受来自海洋的海潮破坏，在记载中，对这种灾害性海潮的描写最常见的是"海溢"，给沿海地区人们生命财产造成巨大损失。

一、平阳海溢与《风潮赋》

元贞元年（1295年），朝廷根据户口的变化，"以户为差，户至四万五万者为下州。"[1]升江浙沿海的平阳、瑞安二县为下州。然而大德元年（1297年）七月，一场突如其来的飓风袭击了平阳、瑞安二州所在地区，伴随狂风暴雨而来的是浪高三丈有余的风暴潮，给当时居住在沿海的人们造成了巨大的损失，"平阳、瑞安，二州水，溺死六千八百余人。"[2]另据明嘉靖四十年（1561年）的《浙江通志》记载，"元大德元年（1297年）七月十四日夜，飓风、暴雨、海溢，平阳濒海民居漂溺，浪高三丈余，死者六千六百人，坏田四万四千余亩，没屋二千余区。瑞安县亦溺死千余人。"[3]

平阳人章嚞在这次海患后，专门作《风潮赋》[4]一文送交官府，不仅向我们展示了平阳等地遭受海患的情形，其中对海溢气势的描写，当地触目惊心的受灾惨象，更使我们了解到这次海患给沿海地区环境所带来的严重破坏。

在《风潮赋》中，章嚞首先用"桑田几变沧海，沧海几变桑田"来感慨沿海地区在遭受海患时的环境巨大变化。大德元年（1297年）的海溢来势汹汹，"歘飞廉之熛怒，发土囊而轰掀。健六鳌之过宋，鼓大鹏之南迁。白犬为之出穴，

[1]《元史》卷62《地理五》，中华书局，1976年，第1492页。
[2]《元史》卷50《五行一》，中华书局，1976年，第1054页。
[3]《浙江通志》卷63《杂志》"天文祥异"，明嘉靖四十年（1561年）本。
[4]（元）章嚞：《风潮赋》，《平阳县志》卷69，民国十五年（1926年）刻本。

鹢鹛为之止门。疑神女符灌坛之梦，塕堀埵而飐烟。"对于身处其中的人来说，所见到的情形定是非常恐怖，"巨涛倾雷，摧艨覆艇。凭澳淘澌，灛濭洞澋。牛鱼起毛，鳅鳞缩颈。崩乎堤阕而碑矼，雷响响兮涌澹潎之沸鼎。恍若倒三亿三万三千五百九十一处之泉源，一时逆入乎此境。"面对如此灾难，人们无法应对，只能看着家园被毁，"俄而混汪湟，迷田畴；围山狱，汨陵丘。禾登场而梗泛，茅罩林而桴浮。片片翔鸳瓦，层层压蜃楼。小屋如蹒块，大屋如行舟。"财产损失巨大，人员伤亡更是惨重，"搜遗躯于狼藉，历尸堆之稠叠。"

《风潮赋》的价值体现在用文字向我们展示了平阳海溢所带来的环境破坏，虽然用了很多晦涩的词语，但是我们仍然可以明白其大意，这更像是对平阳海溢场景的一场再现，大段的文字用来描述这场海溢带来的恐怖景象，读之让人动容。章嚞开篇的"桑田几变沧海，沧海几变桑田"，更是道出了海洋对人类生存场所的巨大影响。

平阳、瑞安的遭遇，只是元代东南沿海地区海患的一个缩影，我们不禁要问，元代究竟发生了多少这样的海患？这些海患给沿海地区造成了哪些环境方面的影响？元人是如何去同海洋天灾做对抗来保卫自己的家园的？

二、东南沿海海患的发生及特点

元代东南沿海地区发生过多次灾害性的海潮，涉及范围大致北到长江三角洲，南到雷州半岛，详见表7-5。

表7-5 元代灾害性海潮史料

元代纪年（年）	月	地点	海患描述
至元十四年（1277年）	六月十二日	杭州	飓风大雨，潮入城，堂奥可通舟楫
至元十九年（1282年）	夏六月	香山县	大雨水，海水溢，伤稼
至元二十二年（1285年）	八月	永嘉县	大风海溢
元贞元年（1295年）	七月	镇洋县	暴风雨雹，江湖（恐为"潮"之误）泛溢，沿海民伤不可计
元贞二年（1296年）	七月	嘉定县	大雨雹，暴风海溢
元贞三年（1297年）		绍兴	海溢
大德元年（1297年）	七月	平阳、瑞安	水，溺死六千八百余人
大德二年（1298年）	秋七月	泰兴县	暴风，江水大溢，高四、五丈，漂没庐舍
大德三年（1299年）		海宁县	海决

元代纪年（年）	月	地点	海患描述
大德五年（1301年）	七月戊戌朔	东起通泰崇明，西尽真州	昼晦，暴风起东北，雨雹兼发，江湖泛溢……民被灾死者不可胜数
大德七年（1303年）		余姚县	海溢
大德八年（1304年）	八月	潮阳	飓风海溢，漂民庐舍
大德十年（1306年）	七月	平江路	平江路大风、海溢
皇庆元年（1312年）	八月	松江府	大风，海水溢
皇庆二年（1313年）	八月	崇明、嘉定	二州大风海溢
延祐元年（1314年）	九月	盐官州	海溢，陷地三十余里
延祐五年（1318年）			海溢复圮
延祐六、七年（1319年、1320年）		杭州	海汛失度，累坏民居，陷地三十余里
延祐七年（1320年）		杭州	常乐寺潮坏
至治元年（1321年）	八月	雷州路海康、遂溪二县	海水溢，坏民田四千余顷
泰定元年（1324年）	八月二十七日	温州	飓风大作，地震，海溢
	十一月	海宁县	海溢进城郭
	十二月	盐官州	海水大溢，坏堤堰，侵城郭，有司以石囤木柜捍之不止
泰定二年（1325年）		海宁县	海决冲堤
泰定三年（1326年）	八月	盐官州	大风海溢，捍海塘崩，广三十余里，袤二十里，徙居民千二百五十家以避之
	十一月	崇明州	三沙镇海溢，漂民居五百余家
泰定四年（1327年）	正月	盐官州	潮水大溢，捍海堤崩二千余步
	二月	海宁县	风潮大作，坏州城郭
	四月	盐官州	潮水浸盐官地十九里
	七月	温州	飓风大作，地震，海溢
	八月	杭州	大通庵海溢，基存
泰定五年（1328年）		通州	大风，海溢
致和元年（1328年）		盐官州	三月，盐官州海堤崩。……四月，盐官州海溢，益发军民塞之，置石囤二十九里
天历元年（1328年）		盐官州	海潮
天历二年（1329年）		南汇县	漂溺万八千人
天历三年（1330年）		海宁县	春潮击海宁，变桑田为洪荒，没州境之半
至顺元年（1330年）	七月	河间	海潮溢，漂没河间运司盐二万六千七百引
后至元元年（1335年）	夏	通州	海潮涌溢，溺人无算
后至元二年（1336年）	正月及四月	盐官州	潮水大溢，捍海堤崩。四月复崩十九里
	六月	余姚	海溢
	七月	永嘉县	飓风大作，漂民居，溺死人甚众
后至元六年（1340年）	六月	上虞县	潮复大作，遂成海口，陷毁官民田三千余亩
至正元年（1341年）	六月	扬州路崇明、通、泰等州	海潮涌溢，溺死一千六百余人

元代纪年（年）	月	地点	海患描述
至正二年（1342年）	十月	海州	飓风作，海水溢，溺死人民
至正四年（1344年）	七月	温州	飓风大作，海水溢，漂民居，溺死者甚众
至正八年（1348年）	五月	钱塘江	潮比之八月中高数丈，沿江民皆迁居以避之
至正十六年（1356年）		瑞安	大风海溢，海州吹上高坡二、三十里，水溢数十丈，死者数千，谓之海啸
至正十七年（1357年）	六月	温州	飓风携雨，海潮涨溢，死者万数
至正二十二年（1362年）	八月	温州	海溢
至正二十四年（1364年）	六月	台州路黄岩州	海溢，飓风拔木，禾尽偃

资料来源：陆人骥编：《中国历代灾害性海潮史料》，海洋出版社，1984年，第53-74页。

《中国历代灾害性海潮史料》中虽然统计了大量的灾害性海潮资料，但肯定不是元代海潮灾害的全部，即便如此，通过对这些灾害进行分析，仍然可以让我们对元代海患的发生规律有所了解。有元一代共发生灾害性海潮计53次，[1]能够具体到发生月份的共计41次，如图7-8所示。

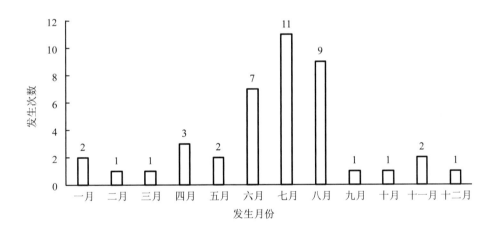

图7-8　元灾害性海潮次数季节分布图

统计结果显示，有元一代可以统计的灾害性海潮，发生在6月、7月、8月三个月份的有27次，占到具体记载数的65.8%，将近2/3。受到海陆热力性质差异的影响，我国东部地区处于季风气候影响之下。灾害性海潮频发的6月、7月、8月恰恰正是夏季风盛行的时间，同时也是台风活动较为频繁的时候，很容易引起灾害性的海潮。而从灾害性海潮发生的地域范围来看，绝大多数都是发生在

[1] 延祐七年（1320年）表中出现两次，但因都发生在杭州附近，且同一年，笔者将其算作一次；另表中如出现"正月及四月"字样，算作两次海潮。特此说明。

东南沿海地区，只有至顺元年（1330年）发生在北方的河间地区，当然以上统计均是针对现有记载而言的。

海潮灾害是历史时期危害人类生命和财产安全的主要灾害之一，元代灾害性海潮发生的时间较为集中，地域也以东南沿海地区为主，这一地区在元代恰恰是人口稠密地区。海潮和一般水灾相比，具有突发性和狂暴性等特点，因而一旦暴发更容易给人们造成较大的损失。元代因海潮伤亡人数在千人以上的就有数次，最多的达万人以上。如天历二年（1329年）漂溺万八千人，至正十七年（1357年）海潮，造成死者万数。除此以外，记载中还有"溺人无算"这样的记载。

海潮不仅造成沿海居民巨大的生命损失，也会对人们赖以生存的环境加以破坏，主要表现在摧毁房屋、冲垮盐场、毁坏农田等方面。几乎每一次的人口损失都伴随着房屋的大量摧毁。如大德八年（1304年），潮阳受到海潮影响，"飓风海溢，漂民庐舍。"[1]泰定三年（1326年），盐官州因避海潮威胁，曾"徙居民千二百五十家以避之"，后至元元年（1335年）永嘉县"漂民居"，至正八年（1348年）沿钱塘江民"皆迁居以避之"。有时海潮会造成长久性的损害，元时盐官州经常受到海潮的危害，就"以朝决南岸，州治将尽入于海，民吏悚惧"，为此曾大费周章兴修捍海塘，效果却不尽如人意，"捍以数郡之力而决犹不止"，在海潮平息之后，盐官州遂改名海宁，但最后还是不得不另选址建城，"大抵境内地下淖如洳，高者又皆沙土，故城址漫无存者。"[2]

最值得注意的还应是海患给沿海地区带来的生态环境上的灾难，主要体现在淹没农田，造成土壤肥力的下降。农田被冲毁，不仅会对当时的农业生产造成困难，海水带来的土壤盐渍化更是会对土壤环境带来影响。如至元十九年（1282年）香山县海溢，"伤稼"，延祐元年（1314年）盐官州"海溢，陷地三十余里，"至治元年（1321年）雷州路海康、遂溪二县"坏民田四千余顷"。泰定四年（1327年）盐官州"潮水浸盐官地十九里"，天历三年（1330年）海宁春潮，"变桑田为洪荒，没州境之半"，后至元六年（1340年）上虞县"陷毁官民田三千余亩"。余姚州遭受海患较为严重，"谢家塘南为汝仇湖，大将千顷，余支湖连之，其大强半州，西北田悉受灌注。海既迫湖，夺为广斥，而潮势玕于平地，

---

[1]《元史》卷50《五行一》，中华书局，1976年，第1054页。

[2]（元）贡师泰：《江浙分省陈都事城海宁诗序》，《玩斋集》卷6，文渊阁四库全书本。

咸流入港，遂达内江，田失美溉，故连岁弗获，而殚民力、瘵农功，与风涛亢而卒不胜，盖四十年矣。"[1]发生海患时，海水涌上陆地，破坏河流湖泊，淹没农田，由此严重影响到了当地的农业生产。为了保卫自己的家园，兴筑海堤成为一种选择。

三、捍海塘的兴修及其生态效应

早在元代之前，中国沿海地区就已经修筑了漫长的捍海堤堰，用来抵御海潮灾害。历经唐宋，在江苏沿海地区形成了一条数百千米长的捍海堰，成为人们抗潮的有效屏障。元代灾害性海潮频发，所以元人在因袭前代的基础上，对沿海的捍海塘修筑不遗余力，不仅开始采用石囤木柜的方法，而且到了后期叶恒修筑余姚海塘时，更是进一步改进塘工技术，增强了捍海塘的稳定性。

元代有记载的捍海塘修筑目前以杭州湾沿岸的余姚州和盐官州（后改为海宁州）最为丰富。杭州湾地区的海塘修筑持续了数百年，所产生的环境影响是显著的，"以前，该地人烟稀少，沼泽盐碱化，溪流被海洋侵蚀；后来它变成了有排水围田和运河的一马平川。"[2]由于杭州湾是一个喇叭状的巨大潮汐湾，所产生的潮汐赫赫有名，对杭州湾沿岸地区产生巨大的冲击，而海塘则为沿岸居民提供了一道防线。到了元代，这种冲击依旧在持续影响着这一地区人们的生活，"自盐官之邑，北至秀之海盐，昔有以堤捍海，今水利不修，龙宫失职，井邑民居，尽为所贪，啮齿之势未已，何以御之欤？"[3]而海塘的修筑一样在继续。

1. 余姚州海塘的修筑

余姚州位于杭州湾南岸，"其地曰兰风、东山、开元、孝义、云柯、梅川、上林者，皆潮汐之所争也。"[4]宋朝时人们就先后修筑海堤共计7万余尺，除5 700余尺为石堤外，"余尽累土耳"。土堤可以对海潮起到一定的防护作用，然

---

[1]（元）陈旅：《余姚州海堤记》，《安雅堂集》卷7，四库全书本。
[2]［英］伊懋可著，梅雪芹、毛利霞、王玉山译：《大象的退却：一部中国环境史》，江苏人民出版社，2014年，第154页。
[3]（元）陆文圭：《水利》，《墙东类稿》卷3，文渊阁四库全书本。
[4]（元）陈旅：《余姚州海堤记》，《安雅堂集》卷7，文渊阁四库全书本。

而不能持久，特别是遇到较大海潮时容易崩塌。入元以后，余姚州遭受的海患并未减轻，海潮反复侵蚀沿海地区，致使海岸线内缩，"盖海壖自宝庆内移，大德以来复益冲溃。今壖去旧涯之垫海中者十有六里，岁楗木笼竹纳土石，潮辄啮去之。"[1]

由于不断受到海潮的侵袭，余姚州部分地区海水倒灌，破坏当地水利环境，导致良田变为盐碱地。上文提到的余姚州面积达千顷的汝仇湖，就因为受到海水内侵的逼迫，"夺为广斥，而潮势邘于平地，咸流入港，遂达内江，田失美溉，故连岁弗获，而殚民力、瘗农功，与风涛亢而卒不胜，盖四十年矣。"[2]

这样的情况在地势低洼的沿海地区并不少见，海水容易倒灌入内地，卤水充斥田间，淹没大片靠近海岸的土地、庐舍和盐灶，给沿海地区生态环境带来的影响十分巨大。

后至元四年（1338年），余姚州新修海堤再度被潮汐破坏，为此绍兴路总管府委任州判叶恒负责修治。叶恒，字敬常，鄞县（今宁波市鄞州区）人，鄞县在宁绍平原东端，其海岸地带同样会受到海潮的危害。叶恒首先察看了海堤的损毁情况，"自开元至兰风，见凡土为者皆缺恶"，"遂与其乡老人议，为石堤宜"。于是发动地方士绅，筹集工费，"于是有田者愿计亩出粟，或输其直，至者以力，亦喜于服役。"[3]这次海堤的修筑工程可谓是尽心谋划之举，叶恒"先使人浚河渠，复废防，畜湖水，伐石于山，以舟致之。"将筑堤所需材料备齐之后，开始筑堤。

其法布杙为址，前后参错，杙长八尺，尽入土中，当其前行。陷寝木以承侧石，石与杙平，乃以大石衡纵积叠而厚密其表，堤上侧置衡石若比栉然，又以碎石傅其里而加土筑之。堤高下视海地浅深，深则高丈余，浅则余七尺，长则为尺二万一千二百十又一也。其中旧石塘之危且阙者，亦皆治万之。[4]

这里的"布杙为址"乃是以木桩打入沿岸泥土之中作为基础，木桩长八尺，在木桩中陷置寝木，寝木上置侧石，再以条石纵横堆砌其上。在内侧填入碎石

[1]（元）陈旅：《余姚州海堤记》，《安雅堂集》卷 7，文渊阁四库全书本。
[2]（元）陈旅：《余姚州海堤记》，《安雅堂集》卷 7，文渊阁四库全书本。
[3]（元）陈旅：《余姚州海堤记》，《安雅堂集》卷 7，文渊阁四库全书本。
[4]（元）陈旅：《余姚州海堤记》，《安雅堂集》卷 7，文渊阁四库全书本。

块，作为附土与堤身之间的过渡层。

叶恒在余姚主持修筑的海堤，相对于前代有重要改进，一是在附土与堤身之间加入碎石过渡层，通过这样石塘对侧向土压力的承受得以减缓，还可以起到防止泥土渗水，避免其从堤身块石缝隙中流失。二是寝木和侧石的增加，其位置是在塘基的迎水面处。当海潮来时，其强烈的动力使波浪底部水流流速加大，容易掏刷塘基造成破坏。在塘基的迎水面安置寝木与侧石，就起到了相应的"防止潮流掏刷塘脚的功效"[1]（见图7-9）。

此次叶恒筹划的余姚州海堤筑防"累石代土，以为经远之谋。"[2]所创纵横措置桩基之法，是长期以来人们在对抗海潮中根据经验的改进，是适应当地地理环境、海岸条件和潮汐动力状况的一种形式，进一步增强了海塘的稳定性，对改善余姚州沿海地区的生态环境起到了巨大的作用。

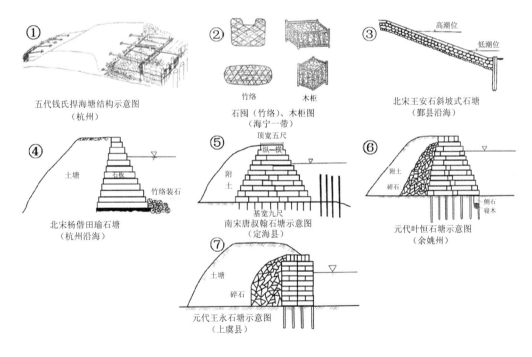

说明：①图中数字序号代表了江浙沿海海塘塘工技术演进的历史阶段；

　　　②各示意图下括号内地点表示当时海塘修筑所在，海宁为今浙江省海宁市，鄞县为浙江省宁波市鄞州区，定海县为宁波市镇海区，余姚州为浙江省余姚市，上虞县为浙江省绍兴市上虞区。

图7-9　江浙沿海海塘塘工技术演进示意图

[1] 张芳：《中国古代灌溉工程技术史》，山西教育出版社，2009年，第235页。

[2]（元）柳贯：《海堤录后序》，《柳待制文集》卷17，文渊阁四库全书本。

元人丁鹤年在《题余姚叶敬常州判海堤卷》诗中，就描述了余姚州海堤的修建给人们的生产、生活带来的变化，值得注意。

阴霾夜吼风雨急，坤维震荡玄溟立。桑田变海人为鱼，叶侯诉天天为泣。侯奉天罚诛妖霓，下平水土安群黎。嶙峋老骨不肯朽，化作姚江捍海堤。海堤蜿蜒如削壁，横截狂澜三万尺。堤内耕桑堤外渔，民物欣欣始生息。潮头月落啼早鸦，柴门半启临沤沙。柳根白舫卖鱼市，花底青帘沽酒家。花柳村村各安堵，世变侯仙侯成古。……江平河塞世犹骇，何况堂堂障沧海。[1]

诗中所描述的从"桑田变海人为鱼"到"堤内耕桑堤外渔"的变化，就是捍海塘修筑所带来环境效益最好的体现，似乎一道海堤就可以把灾难隔于千里之外。但是这并不是全部事实，患有大小，堤有好坏，捍海塘毕竟只是一种对抗自然的手段，有成有败在所难免，然而在当时仍给人们带来了积极的鼓励。

2. 盐官州海塘的修筑

盐官州位于杭州湾北岸，与余姚州相对，同样饱受海潮侵袭之害，在元之前亦修筑有捍海塘。大德三年（1299年），盐官州塘岸遭受海潮发生了崩塌，都省委礼部郎中游中顺等实地察看，结果因为"虚沙复涨，难于施力"作罢。到了仁宗延祐六年、七年（1319年、1320年），"海汛失度，累坏民居，陷地三十余里"，"盐官海堤为风涛激蚀而崩，田庐亭灶皆沦没，危及于城廓。"[2]当时官府经过商议，决定在"州后北门添筑土塘，然后筑石塘，东西长四十三里"，但最终以"潮汐沙涨而止。"[3]

泰定四年（1327年）盐官州海塘几遭破坏，先是正月，"潮水大溢，捍海堤崩二千余步。"[4]二月"风潮大作，冲捍海小塘，坏州郭四里。"[5]四月更是严重，"潮水浸盐官地十九里。"[6]朝廷命"都水少监张仲仁及行省官发工匠二万

[1]（元）丁鹤年：《题余姚叶敬常州判海堤卷》，《元诗选·初集》（下），中华书局，1987年，第2299-2300页。
[2]（元）黄溍：《嘉议大夫婺州路总管兼管内劝农事捏古歹公神道碑》，《金华黄先生文集》卷27，元刻本。
[3]《元史》卷65《河渠二》，中华书局，1976年，第1640页。
[4]《元史》卷50《五行一》，中华书局，1976年，第1057页。
[5]《元史》卷65《河渠二》，中华书局，1976年，第1639页。
[6]《元史》卷50《五行一》，中华书局，1976年，第1057页。

余人，以竹落木栅实石塞之。"[1]这次筑堤规模很大，在长达三十余里的海岸地区，"下石囤四十万三千三百有奇，木柜四百七十余，工役万人。"[2]频繁的海溢使盐官州海塘的修筑迫在眉睫。杭州路与都水庸田司商议之后，"欲于北地筑塘四十余里，而工费浩大，莫若先修咸塘，增其高阔，填塞沟港，且浚深近北备塘濠堑，用桩密钉，庶可护御。"[3]都水庸田司还建议从仁和、钱塘、嘉兴附近州县调集人力，迅速修治。这次修筑海塘取得不错的效果，到了后来杭州路上奏，"八月以来，秋潮汹涌，水势愈大，见筑沙地塘岸，东西八十余步，造木柜石囤以塞其要处。本省左丞相脱欢等议，安置石囤四千九百六十，抵御镂啮，以救其急，拟比浙江立石塘，可为久远。计工物，用钞七十九万四千余锭，粮四万六千三百余石，接续兴修。"[4]

泰定四年（1327年）修筑海塘所安置的石屯，其方法乃是"作竹蓬篍，内实以石，鳞次垒叠以御潮势。"[5]但是到了致和元年（1328年）被海潮所坏，"又沦陷入海"。为了寻求一个坚久之策，朝廷召集众大臣"会议修治之方"，其后又"遣户部尚书李家奴往盐官祀海神，仍集议修海岸。"[6]同时在盐官州修佛事，造浮屠，"以厌海溢"。

其实早在大德、延祐年间（1297—1320年），盐官州就曾有过修建石塘的打算，只是受到潮汐沙涨的影响而功未就。后来泰定四年（1327年）海潮再次侵袭，地方通过增筑土塘的方法，"不能抵御"，后又尝试设置板塘，终因潮水冲击难以施工，又"作蓬篍木柜，间有漂沉，"[7]最终还是决定实行大德、延祐年间（1297—1320年）修筑石塘的方案，"叠石塘以图久远。"[8]在修筑石塘时，元人同样根据盐官州沿海的实际情况而制订方案，例如，注意到盐官州"比定海、浙江、海盐地形水势不同"，"地脉虚浮"，为此首先在堤塘崩坏之处"造石囤"，"以救目前之急"，"已置石囤二十九里余，不曾崩陷，略见成效。"[9]紧接着，在已有石囤处东西接续十里，"其六十里塘下旧河，就取土筑塘，凿东山之

[1]《元史》卷30《泰定帝二》，中华书局，1976年，第678页。
[2]《元史》卷62《地理五》，中华书局，1976年，第1492页。
[3]《元史》卷65《河渠二》，中华书局，1976年，第1639页。
[4]《元史》卷65《河渠二》，中华书局，1976年，第1640页。
[5]《元史》卷65《河渠二》，中华书局，1976年，第1640页。
[6]《元史》卷30《泰定帝二》，中华书局，1976年，第685页。
[7]《元史》卷65《河渠二》，中华书局，1976年，第1641页。
[8]《元史》卷65《河渠二》，中华书局，1976年，第1641页。
[9]《元史》卷65《河渠二》，中华书局，1976年，第1641页。

石以备崩损。"[1]通过在沿岸造石囤来抵御海潮，显然取得了不错的效果，根据天历元年（1328年）都水庸田司的报告，当年八月中旬的大汛期间，"元下石囤木植，并无颓圮，水息民安。"[2]

海潮对盐官州的不断侵袭，令朝廷和地方数度修筑海塘抵御，与此同时朝廷也多次派遣使者进行祭祀，以求换得海患安息。虞集曾做《祭海神文》，通过其内容，可以感受到当时应付海潮灾害的情形。

潮失故道，犯我盐官，有司捍防，民力既殚。阅历岁时，靡既兹害，浙郡多下，恐就沦败。民实何辜，不德在予，相臣来言，交修用孚。乃敕中外，悉智展力，相尔有神，亦克受职。我土既固，民生底安，六府治修，报祀万年。[3]

小　结

捍海塘既是一种手段，也是一种象征，是人与海潮对抗的直接产物，其出现、发展及演变，无不体现了人们在同海潮的斗争中，认识的逐步加深。无论如何，在捍海塘最初修筑之时，对海塘内人们的生产生活环境起到的保护都是显而易见的。就如同元人爱理沙作诗来歌颂海堤修筑给人们带来的巨大的安全保障。

潮汐东来势蹴天，一堤横捍万家全。陵迁谷变人谁在？海晏河清事独贤。晓日山川神禹迹，秋风禾黍有虞田。河渠他日书成绩，应并宣房与代传。[4]

灾害多发的东南沿海一带，人口密集，海潮来临时往往造成人口伤亡、居所受损，而且沿岸分布的大量土地也会因为海水的入侵遭受损失，庄稼受损，严重的土壤盐碱化，影响后续耕种，生态环境受到影响。人们持续修建捍海塘，就是试图对抗大海的力量，来保卫自己的家园。捍海塘开始的修筑材料多是用土，土堤易崩，后来余姚州等地改用石囤，取得了不错的效果，这是在同海洋

---

[1]《元史》卷65《河渠二》，中华书局，1976年，第1641页。
[2]《元史》卷65《河渠二》，中华书局，1976年，第1641页。
[3]（元）虞集：《祭海神文》，《雍虞先生道园类稿》卷50，新文丰出版公司影印《元人文集珍本丛刊》本。
[4]（元）爱理沙：《题前余姚州判官叶敬常海堤遗卷》，《元诗选·初集》（下），中华书局，1987年，第2319页。

打交道的过程中取得的经验。从"桑田变海人为鱼"到"堤内耕桑堤外渔"，正是在一些地区捍海塘改善环境的体现。

第七节　近海区域——元代海运的新尝试

元代攻灭南宋之后，富庶的江南地区和大都之间便能够联系起来，最重要的是前者可以输送大量粮食北上。在至元十九年（1282年）以前，元代政府一直尝试通过开凿运河，以达到运粮的目的，然而"劳费不赀，卒无成效。"[1] 于是丞相伯颜在至元十九年（1282年）提出仿效至元十三年（1276年）运送南宋库藏图籍的方法，从海上运粮，这也被视为元代海运的开始。

关于元代海运的研究，学界已有较多的研究[2]，此处不再赘述。本节从环境史的角度出发，以元代海运航路的开通为切入点，通过分析文献记载，考察在海道开辟的过程中，13—14世纪的元代航海人是怎样处理遇到的海洋问题的，通过探讨海洋环境在这个过程中的影响，以及元代航海人为保障海运顺利进行所采取的措施，以期能够加深对元代海运的认识。

一、海运航道的探寻

就中国古代的海上运粮来说，无论是在持续的时间上，还是在运粮的规模上，元代都是可以大书特书的。从史料中明确的记载来看，元世祖至元二十年（1283年）到元文宗天历二年（1329年），元代海运持续了共47年的时间，这期间的运粮数更是达到8 290余万石。从后世的评价来看，元代的海运是成功的，达到了其"仰给于江南"的目的，保障这种成功的因素是多方面的，海道的开辟即为其一。

唐代诗人杜甫写过"渔阳豪侠地，击鼓吹笙竽。云帆转辽海，粳稻来东吴"[3] 这样的诗句，被认为是海运沟通南北的事例[4]。有研究表明，唐代存在过大致

[1]《元史》卷93《食货志》，中华书局，1976年，第2364页。

[2] 孟繁清：《元代海运与河运研究综述》，《中国史研究动态》2009年第9期，第11-18页。

[3]（唐）杜甫《后出塞五首》，（宋）郭茂倩：《乐府诗集》卷22，中华书局，1979年，第324页。

[4] 王兆祥：《明清繁荣商业城市的形成》，《天津经济》2003年第3期，第61页。另见王珏：《锦州的工商业发展与海上运输》，《中国地名》1996年第1期，第30页。

从长江口岸沿海一带北上，中经山东半岛，再北上转今河北东北部和辽宁西部沿海地区的海运路线[1]，然而其主要是出于军事需要而形成，并且是临时性的。元代则有所不同，元代"海运江南粮至大都（今北京），是元代政府应对南北经济差异，保障京师用粮的重要举措。"[2]"按海运之法自秦已有之，而唐人亦转东吴粳稻以给幽燕，然以给边方之用而已。用之以足国则始于元焉。"[3]可见元代的海运之重要性，也正因为如此，才能够从制度上保证其较长时间、稳定地进行。

在保障海运的前提下，元人不断探寻新的路线，来增加海上运粮的安全。元代海运的航行路线前后一共有过三条，即至元十九年海道（1282年）、至元二十九年海道（1292年）和至元三十年海道（1293年）。

至元十九年（1282年）八月初始海运，由60艘平底海船组成的运粮船队，载着46 000石粮食，从刘家港出发，驶往大都。在这一年的早些时候，丞相伯颜向朝廷提出建议，即由江淮行省负责，委派上海总管罗壁、张瑄、朱清等来负责试验海上运粮。张瑄和朱清曾在至元十二年（1275年）的时候运送过南宋的库藏图籍，走的就是海路，而且这两人"海上亡命也，久为盗魁，出没险阻，若风与鬼。"[4]可见是具有丰富的海上航行经验的，由他们来创行海运最合适不过。

但是初次航行并不顺利，没有在当年抵达，至元十九年（1282年）十二月，朝廷设立了京畿、江淮两个都漕运司，漕运来自江南的粮食，下设分司负责运河不同路段。而此时海上的船队"在山东刘家岛压冬。至二十年（1283年）三月，放莱州洋，始达直沽。因内河浅涩，就于直沽交卸。"[5]之所以压冬，是因为"风汛失时"，显然是因此而躲避。尽管没有及时到达，然而从记载来看，所损失粮食数量也不多，因此元代的这次创行海运是比较成功的。朝廷在至元二十年（1283年）设立了万户府，任命了朱清等官员负责海运，但同时运河运粮

[1] 王振芳：《唐五代海运勾沉》，《山西大学学报》1989年第1期，第69页。

[2] 孟繁清："至大新政"与元武宗时期的海运》，《河北师范大学学报（哲学社会科学版）》2006年第1期，第123-128页。

[3] （元）危素撰：《元海运志》，学海类编本。

[4] （元）危素撰：《元海运志》，学海类编本。

[5] （元）赵世延、揭傒斯等纂修，（清）胡敬辑：《大元海运记》，《续修四库全书》（第835册），上海古籍出版社，2002年，第413页。

依旧在进行，史称"犹为专于海道也。"[1]

从至元二十年（1283年）开始，通过海道运到北方的粮食逐年增多，由开始的4万多石，到至元二十八年（1291年）时已经增到140多万石，但问题从创行海运时就已存在。至元二十年（1283年）八月，丞相火鲁火孙、参议秃鲁花等奏，"今日扬州以船一百四十六，运粮五万石，四万六千石已到，其余六船尚未到，必是遭风来着。又言此海道初行，多不晓会，沿海来去纤绕辽远。今海中闻有径直之道，乞遣人试验。"[2]元代海运一年分春夏二次，八月左右应为夏粮运到，既是海道初行，船队在途中所遇问题肯定要向上反映，主要是提出了将海道由"纡绕"到"径直"的解决对策。

至元二十九年（1292年），朱清等人以之前海道"其路险恶，复开生道。"[3]新开的海道开始远离海岸，进入较深的海域，至元三十年（1293年），千户尹明略又开新道，只不过是在前一年基础上进行了修正，船只出发后很快进入深水海域，而且路径较之前"径直"，从而缩短了行船时间，也最大限度地保证了船只安全。

元代至元十九年（1282年）初试海运，是根据丞相伯颜"以为海道可行"的假设而进行的，意在寻求运河之外的其他途径，但同时也在进行新河的开凿，是以未专以发展海运。而这次试行因"沿山求屿，风信失时"，历时近八个月才抵达直沽，但其成功也证明了海道确实可行。

二、船队与海洋——海道的选择智慧

元代运粮海道在至元十九年（1282年）初次确定之后，有过两次改变。这两次改变是为了更有效地保证运粮船队的顺利航行。在这几条海道的选择上，体现出了元代航海人的选择智慧。在海上航行，受地理环境、航道条件、气象因素等影响会很大。元代海运航行路线的几次改变也与所行水域的海况有着很大的关联。三次航路均以山东半岛的成山为中间点，可以分为南北段，而变化则主要发生在南段，即自长江口出发到成山的海路。

---

[1] 《元史》卷93《食货志》，中华书局，1976年，第2364页。
[2]（元）赵世延、揭傒斯等纂修，（清）胡敬辑：《大元海运记》卷下，《续修四库全书》（第835册），上海古籍出版社，2002年，第417页。
[3]（元）赵世延、揭傒斯等纂修，（清）胡敬辑：《大元海运记》卷下，《续修四库全书》（第835册），上海古籍出版社，2002年，第514页。

1. 避开浅沙——由纤绕之道到径直之道

至元十九年（1282年）的海道不仅"沿海来去纤绕辽远"，而且被当时的人描述为"路多浅沙"，皆因靠近海岸行船所致。

自平江刘家港入海，经扬州路通州海门县黄连沙头、万里长滩开洋，沿山嶼而行，抵淮安路盐城县，历西海州、海宁府东海县、密州、膠州界，放灵山洋投东北，路多浅沙，行月余始抵成山。[1]

从已有记载中可以得知，元代在开辟海道的过程中没有多少以前经验可供借鉴，更像是一种探索。由此第一次航行时打造的是平底海船，一种可以在海洋的浅水区行驶的船只。从对这次航行的记载中我们也可以看出初次航行元人的线路选取原则。一是离海岸不太远，多"沿山嶼而行"；二是要有相当的深度，适于行船。至元十九年（1282年）的这次海运符合这样的原则，但是因为不熟悉海路的情况，如火鲁火孙等人所言，"沿海来去纤绕辽远"，导致耗费时日，特别是"路多浅沙""黄连沙头"[2]"万里长滩"[3]的近海岸水域，多浅滩，严重影响了船只航行的速度，而且危及粮船的安全。因此，如何避开浅沙，成为海道选择的一个重要因素。

元代海运初开，分春夏两次，"二月开洋，四月直沽交卸，五月还。复运夏粮，至八月回，一岁两运。"[4]当时的船载粮不多，"船大者不过千石，小者三百石"，至元二十六年（1289年），海运粮食增加到八十万石，任务繁重，"人多恐惧"。于是在至元二十七年（1290年），朱清请来长兴李福四来负责押运，"自扬子江开洋，落潮，东北行离长滩，至白水、绿水，经黑水大洋北望延真岛，转成山西行入沙门，开莱州大洋，进界河，不过一月或半月至直沽，漕运便利如是者二十余年。"[5]这一次所行海道明显带有探寻的性质，李福四必然是其中一个关键人物，否则也不会劳烦万户朱清来请。这条海道在至元二十九年（1292

---

[1]《元史》卷93《食货志》，中华书局，1976年，第2365页。
[2] 黄连沙头：今江苏启东以东海中。"沙头"指海边的沙洲或者沙滩，有时随海水的涨潮、退潮而沉浮于海面。
[3] 万里长滩：自长江口至苏北盐城的浅水海域。
[4]（元）危素撰：《元海运志》，学海类编本。
[5]（元）危素撰：《元海运志》，学海类编本。

年）时应该基本确定了，即《元史》中记载的朱清等人的"踏开生路"。

> 自刘家港开洋，至撑脚沙转沙嘴，至三沙、洋子江，过匾（担）沙大洪，又过万里长滩，放大洋至清水洋，又经黑水洋至成山，过刘岛，至芝罘、沙门二岛，放莱州大洋，抵界河口。[1]

这段叙述向我们展现了元人海道选择的智慧，自万里长滩附近向东北驶过青水洋，进入黑水洋，到达成山，直到界河口。其变化在于"其道差为径直"，不至于"纡绕辽远"，同时开始远离海岸，更有利于避开浅沙。但是自刘家港出发后，到万里长滩之前，这之间的水域仍有不少浅沙区域存在。

因为"自刘家港开洋，过黄连沙，转西行使至膠西，投东北取成山亦为不便"，千户尹明略于至元三十年（1293年）再次"踏开生路"，从刘家港出发后，"至崇明岛三沙放洋，向东行，入黑水大洋，取成山转西至刘家岛，又止登州沙门岛，于莱州大洋入界河。"这次改变，路线较前者更为便捷，不仅避开了三沙之后的浅沙，而且更快进入深水区域。"当舟行风信有时，自浙西至京师，不过旬日而已，视前二道为最便云。"[2]

航行路线的改变确实避开了大部分存在浅沙的水域，但有两个地方依旧需要面对这个问题，一是出发地，即太仓的刘家港。

> 粮船聚于刘家港入海，由黄大郎觜、白茅撑脚、唐浦等处一带率皆沙浅，其洪道阔，却无千丈长之潮，两向皆有白水，潮退皆露沙地。[3]

刘家港是集中出发的地点，从这里到入海之间的浅沙区域不可避免。另外，集中于此的粮船也是来自不同地方，章巽称之为海运的支线，笔者认为这也可以看作是粮船的出发地。长江下游地区，元代从江浙一带运粮，有时也会到湖

[1]《元史》卷93《食货志》，中华书局，1976年，第2366页。开洋：海运船开航。《元典章·户部八·市舶》："差正官一员于泊船开岸之日，亲行检视，各各大小船内，有无违禁之物，如无夹带，即时开洋。"沙嘴：今刘家港西北甘草沙一带。匾（担）沙：今崇明岛西南一侧。
[2]《元史》卷93《食货志》，中华书局，1976年，第2366页。
[3]（元）赵世延、揭傒斯等纂修，（清）胡敬辑：《大元海运记》卷下，《续修四库全书》（第835册），上海古籍出版社，2002年，第515-516页。

广、江西等处，《新元史》中记载，至大四年（1311年），中书省派官员"至江浙行省议海事。时江东宁国、池、饶、太平等处及湖广、江西处等运粮至真州泊水湾，勒令海船从扬子江逆流而上，至泊水湾装发，海船重大底小，江流湍急，又多石矶，走沙涨浅，粮船损坏，岁岁有之。"[1]可见江中的暗礁、浅沙对于装运粮食的船只也是一个威胁。

来自长江口以南，也就是今浙江、福建两省等地的运粮船只也面临此类问题。如延祐三年（1316年）正月，绍兴路申报海道都府，绍兴路一处水域叫作铁板沙，是从三江陡门至下盖山一带，有一百余里，加上潮汛猛恶，从温州路、台州路过来的尖底船只，因吃水较深，加上船户梢水"不识三江水脉，避怕险恶"[2]，不敢前来。

第二个不能避免浅沙的地方是在转过成山之后，沿渤海航行直到界河口，根据《大元海运记》记载，在这段航程中有三山、矛头嘴、大姑河、小姑河、两头河等滩，再往北有曹婆沙、梁河沙，南有刘姑蒲滩，最后的界河海口复有滩浅。这些被时人称为"险恶去处"，可见是造成了不小的麻烦。这一段水程在记载中不曾见到有过变化，也就说明不论何时船队到此，都需要面对这些浅沙存在的水域。

这两个地方是元代海运航道的重要组成部分，其面对的问题不像在外海航行，可以绕开。如何解决此类问题，下文会进行进一步探讨。

2. 利用风汛——放舟万里惊涛骇浪中

"风汛"该作何解？依笔者之见，"风"当指季风，也可理解为航行时所遇风向，"汛"一是潮汛，二是航海利用的海流。宋元时期，海上航行主要利用风力，无风时用橹，特别是元代由南向北海运粮食，更是深受此影响。元时时海运"若遇风涛，不甚猛恶"，就可躲避待风平浪静后再行出发，如果"骤风急雨，巨飓涌浪危险之时"，则非人力可及，要"赖圣朝洪福天地神明护佑"了[3]。若能够利用季风和海流，对船队而言大有裨益。

中国有着随季节显著转换的季风气候，在下半年盛行的是从陆地吹向海洋的西北风，对由南向北的行船很不利，同时还要受到黄海沿岸流的影响，这是

[1]《新元史》卷75《食货志八》，开明书店，1935年，第176页。
[2]《新元史》卷75《食货志八》，开明书店，1935年，第178页。
[3]（元）赵世延、揭傒斯等纂修，（清）胡敬辑：《大元海运记》卷下，《续修四库全书》（第835册），上海古籍出版社，2002年，第517页。

自渤海湾起，沿山东北部向东，直达成山角，绕过成山角后进入黄海南部，到达苏北沿岸，并能越过长江浅滩，侵入东海的一支属寒流性质的洋流。

至元十九年（1282年）的船队北上时逆风逆水，故而"风汛失时"。

至元二十九年（1292年）探寻新海道的记载则可以证明把握好风向和海流的重要性，如表7-6所示。

表7-6 至元二十九年（1292年）开辟海路航程表

起一止	海况	用时
刘家港到撑脚沙	东南水疾	需时一日
撑脚沙海域	有浅沙	日行夜泊
过沙嘴到三沙洋子江	西南便风	一日
三沙洋子江至扁担沙	再遇西南风色	一日至
扁担沙大洪	抛泊，来朝探洪行驾	一日可过万里长滩
万里长滩到清水大洋	得西南顺风	一日夜约行一千余里
过黑水洋	得值东南风	三昼夜过
望见沿津岛大山	再得东南风	一日夜可至成山
一日夜至刘岛又一日夜至芝罘岛再一日夜至沙门岛		
沙门岛放莱州大洋	守得东南便风	三日三夜方到界河口

资料来源：（元）赵世延、揭傒斯等纂修，（清）胡敬辑：《大元海运记》，《续修四库全书》（第835册），上海古籍出版社，2002年，第514-515页。

至元二十九年（1292年）的这次航行，充分利用了风和海流的变化来缩短航行所用的时间，对于解决"风汛失时"的问题很有帮助。从刘家港出发后，利用西南风驶向深海，对于浅沙海域，则泊船，"来朝探洪行驾"，利用了潮水的涨落规律。在驶入黑水洋后，除可以利用东南风外，还可以利用下半年来临的黑潮暖流帮助航行，顺风顺水，省时省力。按照表中记载，走这条海道，如果前后"具系便风径直水程"，确实约半个月时间就可抵达，如果"风水不便迂回盘折"，就需要"一月四十日之上方能到彼"[1]。如此，相比之前也是一大进步了。

浅沙、风和海流是海洋环境的一部分，但是对于元人而言，这些却成为影响海运的一系列问题。由纡绕之道转为径直之道，元人有效地避开了大部分的浅沙水域，加上对于风和海流规律的利用，缩短了航程和时间，在海水较深地

[1]（元）赵世延、揭傒斯等纂修，（清）胡敬辑：《大元海运记》卷下，《续修四库全书》（第835册），上海古籍出版社，2002年，第515页。

区航行，也可以使用装载粮食较多的海船。所有这一切，促进了元代海运的繁荣发展。

三、记标指浅与测候潮汛——保障海运的方法

如前文所言，改变航道确实避开了大部分浅沙水域，但比较重要的粮船出发地和海道的北段的浅沙水域仍不可避免。同时元人能够很好地利用风向和海流，也是建立在丰富的经验之上的，是值得我们关注的。

1. 记标指浅——对船只的引导

"记标指浅"是元代的船户想出的引导船只驶出"沙浅水暗"之地的方法。元代海运，年例是到刘家港聚齐后出发，而沿途经过的"甘草等沙浅水暗，素于粮船为害，不知水脉之人，多于此上搂阁，排年损坏船粮，溺死人命，为数不少。"常熟州经验丰富的船户苏显想到了解决办法，在需要避开浅沙的水域建立标示，来引导船只，即"记标指浅"。为此他先用两只自己的船，"抛泊西暗、沙嘴二处，竖立旗缨，指领粮船出浅。"若非经验丰富，绝难办到此事，且此法可行。至大四年（1311年）十二月，海道府根据苏显的建议召集老旧运粮千户殷忠显、黄忠翊等商议此事。认为此法"诚为可采"。

> 画到图本，备榜太仓周泾桥路漕宫前，聚船处所晓谕，运粮船户，起发粮船，务要于暗沙东，苏显鱼船偏南正西行使，于所立号船西边经过，往北转东，落水行使至黄连沙嘴抛泊，候风开洋。如是潮退，号上桅上不立旗缨，粮船只许抛住，不许行使。若有不依指约因而凑浅损失官粮之人，船主判院痛行断罪，所陷官粮，临事斟酌着落陪还。[1]

要将船只引导出浅沙区域，有着严格的规定，什么时间，船只在号船的什么方位行驶，都是有着明确的信号的。所有这些"画到图本"，令运粮船户可以知晓。同时，设置了指浅提领一职负责此事，苏显即充任此职。

---

[1]（元）赵世延、揭傒斯等纂修，（清）胡敬辑：《大元海运记》卷下，《续修四库全书》（第 835 册），上海古籍出版社，2002 年，第 519-520 页。

用专门的号船引导船只的办法对于解决在航行过程中遇到的浅沙大有帮助，而且同样适用于江河水道。元代海运船只有时需要逆长江而上，去装载沿江各地运往大都的税粮，也难免遭遇浅沙问题，且因江流湍急险恶，损坏船只。如延祐元年（1314年）七月：

> 据常熟江阴千户所申，为江阴州界杨子江内巫子门等处，沙浅损坏粮船，唤到本处住坐船户袁源、汤与，讲究得江阴州管下夏港至君山，直开沙浅。至马驮沙南一带，至彭公山、石牌山、浮山、巫子门、镇山、石头港、雷沟、陈沟九处，约有一百余里，俱有沙浅暗礁，江潮冲流险恶。潮长则一概俱没，潮落微露沙脊。递年支装上江、宁国等处粮船，为不知各处浅沙暗礁，中间多有损坏。[1]

由此可见江流险恶，给运粮船只造成极大的威胁。

> 宜从官司差拨附近小料船只，设立诸知水势之人，于每岁装粮之际，驾船于沙浅处立标，常川在彼指引粮船过浅，不致疏虞。为是江东各路船户顾文宽、林德明等粮船，俱于巫子门等处着落浅渰没，其余不及枚数。据袁源等所言，实为官民便益。申奉省府给降札付，令袁源等充指浅提领，照依议到事理，预备船只旗缨，依上指浅施行。[2]

"知水势之人"则是有经验的水手，他们善于判断水流，躲避暗礁，对于保证运粮船只安全通过相关水域起到了重要的作用。让他们驾驶小船在"每岁装粮之际"于沙浅处引导粮船，住坐船户袁源等人则充任指浅提领，来负责此事。

延祐四年（1317年）十二月，海道府向朝廷提出了海运船只过成山之后的问题。

> 每年春夏二次海运粮储，万里海程，渺无边际，皆以成山为标准。俱各定

---

[1]（元）赵世延、揭傒斯等纂修，（清）胡敬辑：《大元海运记》卷下，《续修四库全书》（第835册），上海古籍出版社，2002年，第520-521页。

[2]（元）赵世延、揭傒斯等纂修，（清）胡敬辑：《大元海运记》卷下，《续修四库全书》（第835册），上海古籍出版社，2002年，第520-521页。

北行使，得至成山，转放沙门岛、莱州等洋，约量可到直沽海口。为无卓望，多有沙涌淤泥去处，损坏船只。[1]

　　船只在进入渤海地区后，依旧沿岸行驶，但是对于目的地直沽海口，却是"约量可到"，文中的"卓望"当作标记的意思来理解，即没有可以看到的标记来指出直沽海口的大致位置，以方便海船做出判断，顺利抵达。为此，朝廷专门"设立标望于龙山庙前，高筑土堆，四旁石砌，以布为旗。"每年四月十五日开始，由专人负责，"日间于上悬挂布旗，夜则悬点火灯，庶几运粮海船，得以瞻望。"[2]

　　借助指浅提领和设于龙山庙前的标望，元代的整个海运航程就头尾衔接了起来，出发时由指浅提领负责引领船只避过开始阶段的浅沙水域，随即开洋，进入深水海域，走"径直之道"到达山东半岛的成山，转而向西进入渤海海域，沿岸行驶，依靠设立于龙门庙的标望，调整航向，顺利到达直沽海口。

2. 天气歌谣及注释

　　自然界处于不停的运动变化之中，大气层里壮观的风雨雷电、绚丽斑斓的奇光异彩，无不引起古人的注意和探寻[3]。正是这种注意和探寻，增加了古人对天气现象的认识，这种认识可以帮助他们判断天气，服务于生产和生活。

　　古人的天气经验随着与天斗争的经历越来越丰富，有助于对天气的预报及验证。到了元代，随着航海事业的发展，海上天气预报也变得更重要。这些来自水手和渔民的天气经验用简短的韵语表达出来，方便记忆和传诵，而又不失其准确性。这些歌谣长期口授心传，是在民间逐渐充实，长期积累起来的文化成果，其形成、流传涉及的时间要远远超过元代统治的时间。

　　元代海道都漕运万户前照磨徐泰亨，余杭（今杭州）人，曾写过《海运纪原》七卷，行于当时。徐泰亨曾经下海押粮赴北，并记录下了他的见闻，"万里海洋，渺无涯际。阴晴风雨，出于不测，惟凭针路，定向行船，仰观天象，以卜明晦。"拥有丰富经验的"惯熟捎工"成为了船主高价招募的对象，"凡在船

[1]（元）赵世延、揭傒斯等纂修，（清）胡敬辑：《大元海运记》卷下，《续修四库全书》（第 835 册），上海古籍出版社，2002 年，第 522 页。

[2]（元）赵世延、揭傒斯等纂修，（清）胡敬辑：《大元海运记》卷下，《续修四库全书》（第 835 册），上海古籍出版社，2002 年，第 522-523 页。

[3] 张德二：《我国古代对大气物理现象的认识》，《气象》1978 年第 4 期，第 13 页。

官粮人命，皆所系焉。稍有差失，为害甚大。"[1]对于当时的海上经验，徐泰亨有心询访，将其作为民间总结，记成口诀，编为潮汛、风信、观象、行船，以方便记诵，并且屡验皆应。

（1）潮汛

前月起水二十五，二十八日大汛至。次月初五是下岸，潮汛不曾差今古。次月初十是起水，十三大汛必然理。二十还逢下岸潮，只隔七日循环尔。[2]

"起水"指涨水、涨潮之意，"下岸"是落潮，这段口诀通过起水、下岸出现的时间，作为判断潮涨潮落的依据。潮汛是有规律可循的，生活在海边的人们将这些经验口口相传，宋吴自牧《梦粱录》："若以每月初五、二十日，此四日则下岸，其潮自此日则渐渐小矣。以初十、二十五日，其潮交泽起水，则潮渐渐大矣。"[3]

（2）风信

春后雪花落不止，四个月日有风水。[4]

成书于明代的《海道经》记述了自江浙到辽宁沿海的航路指南和预测沿海气象变化的歌谣，其中有"春雪百二旬，有风君须记。"[5]明张尔岐《相角书》"海运风占"篇中有"五月忌雪至风。以正月下雪日为始，算至五月乃一百二十日之内，主有此风。"立春之后降雪并不奇怪，从节气上进入春季，但从气候统计上看仍达不到春天的温度条件，在冷空气的作用下，容易出现下雪天气，并伴有偏北风。"月日"指旧历一个月的时间，"四个月日有风水"和《海道经》《海运风占》中的记载有着异曲同工之妙。

---

[1]（元）赵世延、揭傒斯等纂修，（清）胡敬辑：《大元海运记》卷下，《续修四库全书》（第835册），上海古籍出版社，2002年，第524页。

[2]（元）赵世延、揭傒斯等纂修，（清）胡敬辑：《大元海运记》卷下，《续修四库全书》（第835册），上海古籍出版社，2002年，第524页。

[3]（宋）吴自牧撰，符均、张社国校注：《梦粱录》卷12《江海船舰》，三秦出版社，2004年，第178页。

[4]（元）赵世延、揭傒斯等纂修，（清）胡敬辑：《大元海运记》卷下，《续修四库全书》（第835册），上海古籍出版社，2002年，第524-525页。

[5]（明）佚名撰：《海道经》，王云五主编：《潞水客谈及其他五种》，商务印书馆，1936年《丛书集成初编》版，第15页。

二月十八潘婆飓，三月十八一般起。四月十八打麻风，六月十九日彭祖忌。

这几句中出现了具体的日期，但是根据时间间隔来说，前后之间应该没有必然的联系。此处记载的应是在这些时间点经常发生的现象，"飓"是古人对海中大风的称呼，二月十八日出现的"潘婆飓"有可能是温带气旋引起的大风现象。《海道经》"占风门"一节有"三月十八雨，四月十八至。风雨带来潮，傍船入难避。"[1] "彭祖忌"是六月十二日，而非六月十九日，《海运抄略》中有"六月十一、二日，有彭祖连天忌风"的记载。

秋前十日风水生，秋后十日亦须至。八月十八潮诞生，次日须宜预防避。白露前后风水生，白露后头亦未已。霜降时候须作信，此是阴阳一定理。九月二十七日无风，十月初五决有矣。每月初三飓若无，初四行船难指拟。如遇庚日不变更，来到壬癸也须避。

这是沿海渔民、船夫历年在海上劳动中对风信规律的总结，是与节气、具体的日期相联系的经验，可以帮助行船的人掌握躲避海上风浪的时机，根据实际情况来对海船的行程进行调整。

（3）观象

日落生耳于南北，必起风雨莫疑惑。[2]

色彩绚丽的大气光象（如晕、华、虹、极光等）能够吸引人们的瞩目，特别是晕，具有多种奇怪而多样的形状，更引起古人注意。"日落生耳"中的"耳"通"珥"，是晕的一种。"日珥是罕见的光学现象，它是阳光遇到卷云或卷层云折射而产生的。而卷云、卷层云是气旋前部云的形状，所以见到这种云时，随后必来风雨。"[3]

---

[1]（明）佚名撰：《海道经》，王云五主编：《潞水客谈及其他五种》，商务印书馆，1936 年《丛书集成初编》版，第 15 页。

[2]（元）赵世延、揭傒斯等纂修，（清）胡敬辑：《大元海运记》卷下，《续修四库全书》（第 835 册），上海古籍出版社，2002 年，第 525—526 页。

[3] 杨熺：《〈海道经〉天气歌谣校注释理》，《海交史研究》1999 年第 2 期，第 42 页。

落日犹如糖饼红，无雨必须忌风伯。日没观色如胭脂，三日之中风作厄。

《海道经》作"日没暗红，无雨必风。"《海运风占》则为"日没燕脂红，无雨必有风。"

若还接日有乌云，隔日必然风雨逼。

《海道经》中为"乌云接日，雨即倾滴。"《海运抄略》中为"乌云接日，必雨。"杨熺在为《海道经》天气歌谣做注释时解释道，日落时西方若有浓云密布且和地平线连在一起，将有风雨，因除台风外，其他任何种类的风暴或降水，都是随着大气环流从西向东移行的，至于风雨何时来临，主要是决定于环流天气系统运行的速度与其结构。[1]

乌云接日却露白，晴明天象便分得。

《海道经》中为"云下日光，晴朗无妨。"当太阳隐于零星分散的黑云之中，云下仍见日光时，则为天气晴稳的预兆。这类云是由西部地区晴朗天热力对流所产生的晴天积云蜕变而成，叫作晚层积云，到黄昏时即自行消失，若正当阴雨时，见云开日露，则为天气转晴之象。[2]

对日有垢雨可期，不到巳中要盈尺。雨余晚垢横在空，来日晴明须可克。
北辰之下闪电光，三日之间事难测。大雨若无风水生，阴阳可以为定则。
东南海门闪电光，五日之内云泼黑。纵然无雨不为奇，必作风水大便息。
东北海门闪电光，三日须防云如织。否则风水必为忧，屡尝实验无差忒。

这些都是沿海渔民、船户们通过对大气奇异光象、云等的观测，将其与晴雨联系起来，掌握了其变化的规律，对于有效地规避风浪起到了很大的作用。

---

[1] 杨熺：《〈海道经〉天气歌谣校注释理》，《海交史研究》1999 年第 2 期，第 42 页。
[2] 杨熺：《〈海道经〉天气歌谣校注释理》，《海交史研究》1999 年第 2 期，第 42 页。

（4）行船

迟了一潮搭一汛，挫了一线隔一山。十日滩头坐，一日过九滩。[1]

既是讲行船，自然离不了对时机的掌握。"潮"指海水的涨落，而"汛"则是江河定期的涨水或泛滥，错过海潮则搭江汛。"挫了一线隔一山"则是形容海上航行精度的重要，如前面说到的"惟凭针路，定向行船"，元代海上航行广泛用指南针指航，还编制出使用罗盘导航，在不同航行地点指南针针位的连线图，叫作"针路"。船行到某处，采用何针位方向，一路航线都一一标识明白，作为航行的依据。了解了滩面变化规律后，方能坐滩十日，一旦时机合适，顺风顺水而"一日过九滩"。

小　结

随着环境史的兴起，研究者对于历史上自然在人类活动中所扮演的角色愈加关注，如唐纳德·休斯所言，"历史叙述必须把人类时间置于地方和地区生态语境之中。"[2]如果从环境史的角度去考察元代的海运，也有值得我们注意的地方。元代选择海运的原因之一就是因为"运渠未浚"，满足不了需求。海运的航道几经变更，最直接的原因则是受当时所经行地区海洋环境不利航行的影响，了解元代海运航道的变化，其背后的环境因素不可忽视。

至元十九年（1282年）初开海道，在航海人眼里，沿海行船纡绕辽远，"路多浅沙"的环境使得海道变得险恶，"风汛失时"更会耽误运粮，以上种种，成为了促使元代航海人另行踏开生路的契机。生路的出现也就意味着险路的远离。随后的海道探寻证明了踏开生路的成功，船队在很大程度上远离了之前的浅沙水域，从港口出发后，他们驶入了较深的海域，同时海道由原来的纡绕变为径直，缩短了行程。在总结经验的基础上，他们利用风力和海流，从而"扬帆恃风，径绝海洋"[3]，"放舟万里惊涛骇浪中"[4]，极大地减少了一次运粮所需的

---

[1]（元）赵世延、揭傒斯等纂修，（清）胡敬辑：《大元海运记》卷下，《续修四库全书》（第 835 册），上海古籍出版社，2002 年，第 526 页。

[2]［美］J.唐纳德·休斯著，梅雪芹译：《什么是环境史》，北京大学出版社，2008 年，译者序第 3 页。

[3]（元）柳贯：《接运海粮官王公董鲁公旧去思碑》，1934 年《天津卫志》卷 4。

[4]（元）程端礼：《送刘谦父海运所得代序》，《畏斋集》卷 3，文渊阁四库全书本。

时间。

新海道的成功主要体现在从出发后到山东半岛成山之间的海道，对于船聚集之时和转过成山后到直沽之间存在的不利航行的问题，元人同样找出了有效的应对之策。如设立指浅提领、利用号船引导船只避开艰险所在，在直沽附近设立标望，用来给运粮船只指明方向等。总而言之，元代在海运过程中不断开辟新的航道，是受到了海洋不利环境的影响，从而使得人们主动进行探寻，以避开这些不利的海洋因素。元代海运能够发展和得到长期持续，和前期的这些努力是分不开的。

第八节　城市建设中的环境要素考量

五代、宋、元时期（907—1368年），处于中国城市发展史上一个十分重要的阶段，东南沿海的海港城市获得了很大的发展，核心城市在地理位置上的转移比较频繁。13世纪初蒙古人在北方草原崛起，在随后的数十年间与金、南宋等政权战争不断，这期间不少地方的城市遭到毁坏，环境趋于恶化。

本节的内容即围绕元代的城市与环境展开，首先是对在战争、灾害等背景下的元代城市存在状态进行一番考察，探讨环境变化对城市影响的体现。其次是以元代和林、上都、大都三座城市为例进行比较，考察城市与其周围赖以生存的自然环境之间相互交织、作用等互动过程。最后则是以元代张柔重建顺天府为个案，探讨从城市建筑的恢复到环境的改善，元人如何在荒芜基础上重新建造一座城市的过程。

一、由动乱到恢复的元代城市建设

元代政权是在战火纷飞的环境下建立起来的，大规模的战争不仅引起剧烈的社会动荡，打断了正常的社会经济发展，许多城市也因此或毁于兵燹，或陷于萧条。从蒙金战争到蒙宋战争，长期的战乱使广大地区陷入战火之中，从河北、山西、山东到四川、两淮地区，硝烟四起，烽火遍地，百姓流散，城乡变成了一片荒芜之地。

　　战争对城市的破坏很直接，所产生的影响也是很显著的。在金大安三年至天兴三年（1211—1234年）的蒙金战争中，蒙古人"加兵中原，围燕不攻，而坑中山，蹂山东河北，诸名城皆碎"[1]，如地处河北的金保州城（即后来元代的顺天府）就遭到焚毁，城市残破，直到后来张柔将其重建，才得以重新繁荣起来。蒙古军队在对金作战时，对占领地区总是大肆掠夺一番，"所过无不残灭，两河山东数千里，人民杀戮几尽，金帛子女牛羊马畜皆席卷而去，屋庐焚毁，城廓丘墟。"[2]许多被攻破的城市，其本身许多建筑物遭到焚毁，而城市周边环境的恶化，如田野荒芜、人口减少等，同样不利于城市保持一个较好的面貌。

　　蒙古军在攻下城池之后，弃而不守，在兵火之后，"两河赤地千里，人烟断绝"，金中都"僧寺道观、内外园苑、拜百司庶府，室屋华盛。至是焚毁无遗"[3]，正是由于对金中都较为严重的破坏，到忽必烈时期直接放弃修复，而是择址重建都城。蒙古军队采用的破坏性的掠夺战术，对于无法掠取的城垣、房舍、农田及水利、桑枣肆加摧毁，造成"市井萧条，草莽蓊茂"，"田之荒者动至百余里，草莽弥望，狐兔出没"[4]。

　　地处山西南部的泽州，因战争"虐焰燎空，雉堞毁圮，室庐扫地，市井成墟，千里萧条，阒其无人。"[5]河北的赵州"焚毁尤甚，民居、官司，百不存一。"[6]太宗六年（1234年）秋九月，全真教崔志隐等四人"共议采真之游"，他们"自北而南，遍历燕赵齐鲁之间，乘流坎止，未及覃怀。当是时也，始经壬辰之革，河南拱北，城郭墟厉，居民索寞。自关而东，千有余里，荒芜塞路，人烟杳绝，唯荷戈之役者往来而已。"[7]文中提到的"壬辰"为太宗四年（1232年）。此四人游历之时正值蒙古灭金不久，中原地区战火方息，而战争对社会的影响于记载中可见一斑。

　　蒙宋战争期间，对城市的破坏同样广泛存在。如"凡四川府州数十残其七八"，"汉中……城郭隳而不完，田野薉而辍耕。"[8]元军将领邸泽在上任颍州的

---

[1]（元）姚燧：《怀远大将军招抚使王公神道碑》，《牧庵集》卷21，四部丛刊本。

[2]（宋）李心传：《建炎以来朝野杂记》（下）卷19《鞑靼款塞》，中华书局，2006年重印本，第850页。

[3]《大金国志》卷23《东海郡侯下》，齐鲁书社，2000年，第165页。

[4]《大金国志》卷23《东海郡侯下》，齐鲁书社，2000年，第166页。

[5]（元）李俊民：《泽州图记》，《庄靖集》卷8，文渊阁四库全书本。

[6]（金）元好问：《赵州学记》，《遗山先生文集》卷32，四部丛刊本。

[7]（元）姬志真《洛阳栖云观碑》，陈垣编纂，陈智超、曾庆瑛校补：《道家金石略》，文物出版社，1988，第557页。

[8]（元）姚燧：《兴元行省瓜尔佳公神道碑》，《牧庵集》卷16，四部丛刊本。

时候面对的是"城久荒弃"的景象。[1]在战乱中，作为各级政治中心和工商业中心地的城市所遭受的破坏尤为惨烈。

壬辰之变后，开封附近黄河决口，由于正处于对宋战争期间，在此后数十年间黄河的堤防一直处于不修的状态，河道的变迁影响到附近的城市，如开封城东的杞县县城就被黄河改道后的河道所包围，"中流荡杞北雉而东且南，北河决汴北堤而且东，南河循杞西城而且南。"[2]为此"乃于故城北二里河水北岸，筑新城置县，继又修故城，号南杞县。"[3]开封城因黄河决溢受到的威胁更大，早在至元年间（1264—1294年），元人王恽就曾指出，自黄河到开封城之间的地势已经是"南北争悬七尺以上"，城市北郊地势低下且堤防不修，"河自台头寺西，东接杞县西界，两势平无槽岸，行流虚壤中。故卧南卧北大势走作，所以渐为京城害者，不出此百里间而已。"[4]果如其言，黄河在有元一代曾多次于汴梁决口，不仅威胁到汴梁城的安全，黄河下游河道的南移及不断决溢泛滥，导致开封城及其周围区域容易出现生态环境上的恶化，从而对城市所依存的环境造成破坏。

由于军事战争的需要，元代在边境和一些军事要地重要城市曾进行过城墙的修筑，如在与南宋争战的过程中，就曾对双方边界附近一些重要城市的城墙进行修筑。在江淮一带，宪宗时曾在邓州设置屯田万户，并因此修治城池。中统元年（1260年）李璮建议对城池进行修缮以防备南宋，次年李璮就擅自发兵修缮了益都城，中统三年（1262年）朝廷下令"修深、冀、南宫、枣强四城"[5]，同时朝廷"诏济南路军民万户张宏、滨棣路安抚使韩世安，各修城堑。"[6]

随着战乱的逐渐结束，同时统治者也开始注意到保存城市的重要性，加之政策调整，原先遭受战乱的地区逐渐开始摆脱残破局面，社会和经济走向恢复，伴随这种趋势的是地方城市的恢复。到任的地方官员开始致力于修复被毁坏的城市，同时对于城市的环境也有所维护。

金亡之后不久，元人程达就"发平阳、河中、京兆民二千，屯田凤翔，实侨客。其地城中犹荒，错荆棘，逐虎狼，则田畴非立芟舍，伐株橛，芟蒿莱。"[7]

[1]（元）姚燧：《颍州万户邸公神道碑》，《牧庵集》卷17，四部丛刊本。

[2]（元）刘飞：《万户张公城杞碑》，《杞县志》卷21，清乾隆五十三年（1788年）。

[3]《元史》卷59《地理二》，中华书局，1976年，第1402页。

[4]（元）王恽：《论黄河利害事状》，《秋涧集》卷91，文渊阁四库全书本。

[5]《元史》卷5《世祖二》，中华书局，1976年，第82页。

[6]《元史》卷5《世祖二》，中华书局，1976年，第82页。

[7]（元）姚燧：《武略将军知弘州程公神道碑》，《牧庵集》卷24，四部丛刊本。

至元七年（1270年），邸泽率兵移戍颍州的时候，城市荒废已久，于是"剪荆以芟，隍垫楼堞，官舍民庐，皆所经始。"[1]至元二十一年（1284年），冀德芳任济州达鲁花赤，城市"西有地卑污，人谓之黄土湾，霖潦之际，居民数被漂没。为雇役夫迹访故渠，疏导填阏，水出城，达隍中，居者赖之以安。"[2]

　　元代地方官员在改善城市居住环境方面也做出不少努力，如后至元二年（1336年），张裕任沙河县令，时沙河县城"南门临沙河，沙积城平，每南风，尘沙飞激，居民不能饭。"[3]为此，张裕率人"树高柳三匝，近南万株柳茂密，沙尘不能入。炎夏行人困渴，休息于绿阴芳草，解鞍停辀，移时不忍去。所剥繁枝，充公私薪爨。不数年，巨材足以充梁栋。一举而四美具。"[4]至正六年（1346年）十月，江浙行中书省下令对杭州郡城的河渠进行疏浚，作为东南地区一座重要的城市，杭州城"山川之盛跨吴越闽浙之远，土贡之富兼荆广川蜀之饶。"[5]杭州城引西湖水入城，"联络巷陌，凡民之居，前通阛阓，后达河渠，舟帆之往来，有无之贸易，皆以河为利。"[6]然而长久以来，"或时填淤，居者、行者胥以为病，在上者日理政务，有不屑为，长民者压于大府，不敢擅为，观望因循，天下之事日渐废坏。"[7]这次城内河渠的疏浚，"南起龙山，北至猪圈坝，延袤三十余里。"[8]

二、蒙元三都之城市环境比较

　　蒙元时期先后存在过四座都城，分别为哈剌和林（太宗窝阔台时建造），元上都和元大都（元世祖忽必烈营建），以及元中都（元武宗海山建造），由于元中都营建和使用时间较短，故在此暂不予以讨论。

　　从漠北草原的和林城，到华北平原的大都城，元代都城经历了一个由草原到汉地的南移过程。和林、上都和大都这三座在元代政治中有着重要地位的城

---

[1]（元）姚燧：《颍州万户邸公神道碑》，《牧庵集》卷17，四部丛刊本。

[2]（元）李谦：《前济州达鲁花赤冀侯颂》，清咸丰《济宁直隶州志》卷9。

[3]（元）胡祗遹：《大元故奉训大夫知宿州事张公神道碑铭》，《紫山大全集》卷17，文渊阁四库全书本。

[4]（元）胡祗遹：《大元故奉训大夫知宿州事张公神道碑铭》，《紫山大全集》卷17，文渊阁四库全书本。

[5]（元）苏天爵：《江浙行省浚治杭州河渠记》，《慈溪文稿》卷3，民国徐世昌刻本。

[6]（元）苏天爵：《江浙行省浚治杭州河渠记》，《慈溪文稿》卷3，民国徐世昌刻本。

[7]（元）苏天爵：《江浙行省浚治杭州河渠记》，《慈溪文稿》卷3，民国徐世昌刻本。

[8]（元）苏天爵：《江浙行省浚治杭州河渠记》，《慈溪文稿》卷3，民国徐世昌刻本。

市，代表了蒙古人发展的不同阶段，而城市本身的出现及存在，更是多种因素作用下的结果。

1．草原深处的和林城

一座约六米长的大理石龟趺是现今和林古城遗址的唯一明显标志，随着时间的流逝，曾经在13世纪的草原上繁荣一时的和林城已经消失不见，荒芜后的城市默默地沉睡于杭爱山与鄂尔浑河的环抱之中，曾经作为城市一部分的基石、石碑等，在16世纪末期被用来作为新建的额尔德尼召寺庙的材料。

元人耶律铸在《忆尊大人领省二首》诗中曾写道，"居庸关上望和林，和林城远望不见。"[1]这座位于草原深处的城市，曾经在元代前期吸引了众人的目光，来自西方的使者和各地络绎不绝的商队汇集在这里，为这座草原都城增添了更多的风采。

和林城的故址位于今蒙古国中部后杭爱省杭爱山南麓、鄂尔浑河上游右岸的额尔德尼召近旁，距离蒙古首都乌兰巴托约380千米。所在区域处于温带大陆性气候的控制之下，季节变化明显，冬季漫长且风雪较多，夏季短暂，有着较大的昼夜温差变化，春季、秋季短促。和林地区身处漠北草原的中心地区，鄂尔浑河、土兀剌河等河从周围流过，有杭爱山包围，周围是天然形成的优质牧场，十分利于畜牧业的发展。

根据文献记载，和林城得名于其西的哈剌和林河，"因以名称"，最初是太祖成吉思汗的驻帐之地。和林城的进一步完善建设在太宗窝阔台时期，太宗七年（1235年），"城和林，作万安宫。"[2]利用从中原地区带来的工匠，扩建和林城，使其成为大蒙古国的政治、经济、文化中心。

和林城的兴起是由所处地区特殊的地理环境所决定的，城市西依连绵起伏的杭爱山脉，鄂尔浑河环绕其地，在附近自西南朝东北缓缓流过，拥有一片水草丰美的冲积平原，为和林城的建设提供了相当不错的基础。现代的考古调查证实，和林城"建筑物系由多种材料构成，包括石料、木材和砖瓦等"[3]。由此可以看出，从内地来的工匠们，可以从和林城周边取得建城所需要的一些资

[1]（元）耶律铸：《忆尊大人领省二首》，《双溪醉隐集》卷6，文渊阁四库全书本。
[2]《元史》卷2《太宗本纪》，中华书局，1976年，第34页。
[3][日]白石典之：《蒙古帝国首都哈剌和林的城市平面图》，《内蒙古文物考古》1999年第2期，第89页。

源，如石料、木材等，但同时还要在当地烧制砖瓦，来进行城市建设。

和林城虽然在太宗时开始建设，但却持续了较长时间，加之地处漠北草原，其城市便不可避免地带有明显的游牧特征，如窝阔台汗在城四周建有四季离宫，以供其随着季节变化周转于其间。这些离宫与和林城一道，构成了元代前期蒙古上层统治者及居民的活动范围，日本学者白石典之将之称为"哈剌和林首都圈"[1]。

既称为"哈剌和林首都圈"，则意味着这座草原都城与周围环境有着密不可分的关系。如上文提及，和林所在的周边地区既有能够提供建筑石材的杭爱山脉，又有着丰富的森林提供木材，无论是作为建筑所用，还是燃料所需，都发挥了重要的作用。

和林城最需要关注的地方，在于这座城市与周围环境的物资交换，例如，为了获得足够多的粮食来满足城市所需，元代主要采取了两种方式，本地屯垦与外地输入。首先，元代曾尝试在和林所在区域持续投入较多的精力进行屯垦，以解决对粮食的需求，规模有时很大，如大德十一年（1307年）十二月，曾经派出汉军万人于和林屯田，在次年秋成之时收获粮食九万余石。但是这样的屯垦似乎只是起到暂时的作用，更多的是解决了当地驻军所需，就连元人自己也意识到岭北地区地寒，不适宜种植的环境条件。

和林城所需粮食的解决更多的还是靠从外地输入，有元一代曾多次从外地向和林地区转运粮食，如至元十八年（1281年），朝廷遣兀良合带从沙城等地运粮六千石到和林，至元二十三年（1286年）从大都输米万石以解决和林军储，同时还从当地购买粮食。大德七年（1303年）十一月，朝廷下州"大同、静州、隆兴等路运粮五万石入和林。"中书省大臣曾经上奏，"法忽鲁丁输运和林军粮，其负欠计二十五万余石"，由此可见和林城所需粮食之多，"岁籴军饷恒数十万"，单靠屯田肯定无法满足。

中统元年至至元元年（1260—1264年）的忽必烈与阿里不哥之战，让和林失去了它的都城地位，蒙古人的统治中心移至漠南中原地区。在战争期间，和林城本身遭到了严重的破坏，但因其所处位置的重要性，它仍然是漠北草原上最主要的城市。忽必烈及其之后的朝廷不断派遣宗王、重臣驻守和林城，"和宁，

[1]［日］白石典之文，魏坚译校：《蒙元四都记之一窝阔台的哈剌和林》，《文物天地》2003年第10期，第5-9页。

即哈剌禾林，乃圣武始都之地。今岭北行中书省治所，常以勋旧重臣为之。外则诸王星布棋列，于以藩屏朔方，控制西域，实一巨镇云。"[1]朝廷于其地开屯田、建仓廪，不时从内地运粮支持，一定程度上维持了和林城的发展。"岭北地寒，不宜稼。岁饥，赈以钞，无从籴。王请转京仓米百万石贮和宁，由是备先具而民不告病。"[2]

和林城的衰落固然有战争方面的原因，但根本上还是其地处漠北，随着时势的发展，已经不能满足统治者统御天下的现实需要了。随着忽必烈把都城迁至汉地，和林城不仅失去了其往昔的繁荣场景，而且内地之人对和林的了解也开始减少，不愿前往这座位于草原深处的城市。如元中期政治家张养浩就曾如此说过：

余少闻和林，漫不知为何许，及来京师，得诸常往者。和林为朔漠穷处，地冱寒，不敏艺植，禽鸟无树栖，而畜牧逐水草转徙。举目莽苍，无居民。盛夏亦雪，风则沙砾骨飕，咫尺无所辨。行者日一再食，惟马湩禽炙而已。夜则直斗取道以前，茫乎若迷者，累月乃至。驿置五十，为里六千有奇。朝廷以濒冲边要，往年诏辟元帅府填之。又选贵胄者德参莅厥职，而责任之专，殆与一行省埒。今年春，帅府都事阙选，数辈俱以远辞。[3]

张养浩的描述清楚地向我们表达了当时人的一般看法，和林城虽然作为岭北行省省治位置依然重要，但是其所处自然环境实在太过恶劣，不适合发展农业，在张养浩看来是十足的游牧地区。即使朝廷仍视为军事要冲之地，但是依旧"数辈俱以远辞"。

元人王恽也描述过和林的重要地位，他这样写道：

和林乃国家兴王地，有峻岭曰抗海答班，大川曰也可莫澜，表带盘礴，据上游而建瓴中夏，控右臂而扼西域，盘盘郁郁，为朔土一大都会。然去京师数千里，地连广漠，气肃玄冥，中土人闻话彼间风景，毛发森竖，已不胜其凛然

---

[1] （元）朱思本：《和宁释》，《贞一斋文稿》，《委宛别藏》丛书本。
[2] （元）黄溍：《敕赐康里氏先茔碑》，《金华黄先生文集》卷28，四部丛刊本。
[3] （元）张养浩：《送田信卿上和林宣慰司都事序》，《张文忠公集》卷12，元至正四年（1344年）刊本。

矣，况行役于其间哉。[1]

和张养浩的描述一样，王恽在对和林的地位进行了描述之后，同样写出了内地人对和林的感觉，所谓"闻话彼间风景，毛发森竖"，虽有夸张之意，却显示了和林在大多数元人心中已经渐行渐远的状况，昔日繁华已不在。

2. 避暑胜地上都

宪宗六年（1256年）可以说是上都城历史上关键的一年，在此之前，此地只是宗王忽必烈的驻帐之地，用来总管漠南汉地军国庶事。它所在的金莲川草原，环境优美，早在辽金时期就已经是帝王的避暑胜地，在宪宗六年（1256年）之前，这里仍然只是零星的有着一些建筑。

宪宗六年（1256年），刘秉忠来到金莲川草原，为在此建城作选址考察。作为忽必烈的藩邸幕僚，他在元代国家政治体制、典章制度的奠定上发挥了重要的作用，但此时他的使命是在这片草原上为忽必烈选址建立一座新城。最终刘秉忠将城址确定在了滦水以北的龙冈之上，南面金莲川草原。宪宗六年（1256年）城郭建成，命名为"开平府"，次年忽必烈在此登上大汗之位，将开平作为临时首都。从宪宗六年（1256年）始建到至正十八年（1358年）第一次被焚毁，开平（后称上都）经历了百年陪都的历程，作为一座草原上的城市，其存在本就建立在当地优美的自然环境之上，但其本身的存在、发展却依赖于内地资源，同样受制于自然环境因素，其作为一座城市功能的发挥却是受到限制的。

（1）上都建立的生态背景

"圣上龙飞之地，岁丙辰始建都城。龙冈蟠其阴，滦江经其阳，四山拱卫，佳气葱郁。都东北不十里，有大松林，异鸟群集，曰察必鹊者，盖产于此山。有木，水有鱼，盐货狼籍，畜牧蕃息，大供居民食用。然水泉浅，大冰负土，夏冷而冬冽，东北方极高寒处也。"[2]此段话大体上对上都所依托的生态环境进行了描述，涵盖了上都城所在的地形、植被、动物、气候等情况，但却不够详细。

---

[1]（元）王恽：《总管范君和林远行图诗序》，《秋涧集》卷43，文渊阁四库全书本。
[2]（元）王恽：《中堂事记》，《秋涧集》卷81，文渊阁四库全书本。

首先，上都城周围有不少山岗，如龙冈，上都城即建于其上。铁幡竿山，即因"上京西山上树铁幡竿"[1]之故而得名，南屏山，在上都城南四十里，"……正位宸极召公……采祖宗旧典，参以古制之宜于今者，条列以闻。……上命有司择上都南山之胜地，营建庵舍而居公焉，公号其山曰南屏。……车驾岁时行幸两都，公必随之。"[2]此外，在城东三十里有东山，"极高峻，上有墩可瞭望百余里。"[3]城西北则有毡帽山。

其次，上都城附近有河流名为滦河，"源出金莲川中，由松亭北，经迁安东、东州西，濒滦州入海也。王曾《北行录》云：自偏枪岭四十里，过乌滦河，东有滦州，因河为名。"[4]流经途中汇合了宜孙河、热河、兔儿河、香河、簸箕河、间河等河流。

上都城坐落于金莲川草原，景色优美，地形平坦，其间野生动植物种类繁多，为帝王在此避暑、围猎提供了条件。上都周边草原物产丰富，野生植物有金莲花、紫菊、地椒、芍药、长十八、蘑菇、芦菔（萝卜）、白菜、韭花、荞麦、粟、黍、蕨菜、枸杞等，野生动物则有秋羊、对角羊、黄羊、黄鼠、白翎雀等。

上都城地处漠北草原南端，气候冬季寒冷，夏季凉爽，这使上都成为元代帝王夏季避暑的地方，因此又称为夏都。元人诗词中多有赞叹，如张养浩的"幽都风土异，六月亦冰霜。"[5]刘敏中甚是喜欢上都的凉爽，作诗"遥遥瑞气笼金阙，隐隐明河傍玉楼。四海暑天三伏夜，六街凉月万家秋。"[6]元人范玉壶亦有诗，"上都五月雪花飞，顷刻银汝十万家。说与江南人不信，只穿皮袄不穿纱。"[7]

上都是一座草原城市，其建立固然有政治、经济等因素在其中，"开平位于蒙古草地的南缘，地处冲要，它北连朔漠，便于与和林的汗廷保持联系，南便于就近控制华北与中原。把它定为驻节之所，不但符合忽必烈以一个蒙古藩王总领汉地的统治需要，而且'展亲会朝，兹为道里得中'，有地理上的便近。"[8]然而不可否认的是，其优美的草原生态环境也为上都增添了别样的风采。

---

[1]（元）周伯琦：《立秋日书事五首》，《近光集》卷2，文渊阁四库全书本。

[2]（元）张文谦：《刘秉忠行状》，《藏春集》附录，文渊阁四库全书本。

[3]（明）李贤等撰：《大明一统志》卷5《万全都指挥使司·山川》，文渊阁四库全书本。

[4]《元史》卷64《河渠志一》，中华书局，1976年，第1601页。

[5]（元）张养浩：《上都道中二首》，《张文忠公文集》卷6，元至正四年（1344年）刊本。

[6]（元）刘敏中：《上都凉甚喜书四绝》，《中庵集》卷6，文渊阁四库全书本。

[7]（元）范玉壶：《上都诗》，引自（元）杨瑀：《山居新语》，文渊阁四库全书本。

[8] 韩儒林主编：《元朝史》，人民出版社，1986年，第280页。

（2）元上都的营建与布局

忽必烈在蒙哥汗时受命总理漠南汉地事务，金莲川是其在夏季的驻帐之地，冬天则临时寻找避寒的地方居住。忽必烈身边招纳了不少幕僚，这些人大多数已经习惯于城居生活，对"居穹庐，无城壁栋宇，迁就水草无常"的草原生活方式难以适应。为了解决这一问题，忽必烈在为幕僚寻找临时住所的同时，开始着手在驻帐处营建城池，做长期经营的打算。

宪宗六年（1256年），刘秉忠受命在金莲川选择合适的地点修筑新城，最终选在了桓州之东、滦水北岸的龙冈作为建城地点。"龙冈北依南屏山，南临金莲川，东、西都是广阔的草原，地势比较平坦，宜于建城。"[1]新城被命名为开平，即后来的上都城，如图7-10所示。

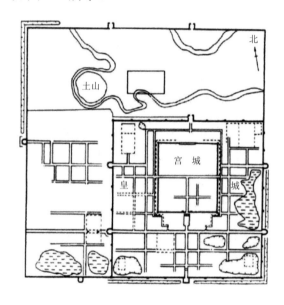

图7-10　元上都平面图

资料来源：陈高华、史卫民：《元上都》，吉林教育出版社，1988年。

史载开平城的建造用时三年，第一年"始营宫室"，第二年"复修宫城"。真定藁城人董文炳、获鹿人贾居贞和丰州丰县人谢仲温统领工程。建好后的新城建筑既有采自汉制，也有承袭蒙古习俗的。由于没有具体的记载，营建新城的工匠来自何方不确定，但肯定有部分来自中原内地。而营建城市所需的材料如木料、砖瓦、石块等的来源同样不见于记载。经过对上都城墙夯土的分析，

---

[1] 陈高华、史卫民：《元上都》，吉林教育出版社，1988年，第24页。

其土质反映是就地取材所得，"在遗址区域可供修筑城墙的土层一般在0.50～1.50米之间。"[1]

开平城依金莲川地势而建，对于建造过程中遇到的一些问题需要进行环境的改造，例如，大安阁的建造，因为宫殿选址处恰好有一个湖，因此需要首先把积水排除。拉施特在书中描写了人们改造的过程，首先"人们用石灰和碎砖把那个湖和它的源头填满；熔了很多锡进行加固。"不仅仅是填平而已，元人还继续抬高地基，"在升起达一人之高后，再在上面铺上石板。"改造完成之后，"在那石板上面，建造了一座中国风格的宫殿。"[2]

上都城的城墙用黄土版筑而成。城墙外层在地基上先铺一层0.5米厚的石条，然后以青砖横竖交替砌起。在青砖与土墙之间，夹一层厚1.4米的残砖。城墙高约5米，下宽10米，上宽2.5米。宫城四角建有角楼。[3]

皇城在外城的东南角，方形，每边长1 400米。皇城的东、南墙是外城东南墙的一部分。但皇城城墙虽亦用黄土版筑，表层却用石块堆砌而成。墙身残高约6米、下宽12米、上宽2.5米。[4]

外城在皇城西、北两面，其南、东两面修建城墙，与皇城东、南墙连接。城墙全用黄土版筑，现高约5米、下宽10米、上宽2米、每边长2 200米。[5]

（3）元上都的功能

现在的元上都已经失去了昔日的风采，在故宫和城墙的断垣残壁间已是杂草丛生，人迹罕至。这座远离帝国都城的陪都从其建立到毁灭，虽只有短短百年，却也发挥了重要的作用。

我们前文已提及这座城市建立的自然环境、建立过程以及其城市的大体布局，却忽略了其和周边地区的联系，而一座城市作为人类改造大自然的产物，其功能的发挥，不仅依靠其自身设施的完善，更体现在对周边区域自然资源的利用方面。自然环境构成城市环境的基础，它能够提供一定的空间区域，是城市环境赖以生存的地域条件。

[1] 郭殿勇：《从元上都的兴衰看人类活动对自然环境的影响》，《西部资源》2005 年第 1 期，第 15 页。
[2] [波斯] 拉施特主编，余大钧、周建奇译：《史集》（第 2 卷），商务印书馆，1985 年，第 325 页。
[3] 陈高华、史卫民：《元上都》，吉林教育出版社，1988 年，第 98-99 页。
[4] 陈高华、史卫民：《元上都》，吉林教育出版社，1988 年，第 110 页。
[5] 贾洲杰：《元上都调查报告》，《文物》1977 年第 5 期，第 65-74 页。

　　上都虽然地处漠北草原，但通过驿站交通系统，它和内地（主要是大都）还是保持着紧密的联系。从大都前往上都，按照拉施特《史集》中的记载，一共有三条道路。"一条是供打猎用的禁路，除持有诏书的急使外，任何人不得由此路通过；另一条路经过撒马耳干人居住的荨麻林，沿上都河直行；第三条路需通过名为 Syklynk 的高地进入草原。"[1]元人周伯琦则说有四条路可通上都："大抵两都相望，不满千里，往来者有四道焉，曰驿路，曰东路二，曰西路。东路二者，一由黑谷，一由古北口。"[2]这些道路把大都和上都联系起来，从而上都的功能才得以发挥出来（见图7-11）。

图7-11　元代两都交通示意图

资料来源：陈高华、史卫民：《元上都》，吉林教育出版社，1988年。

[1]［波斯］拉施特主编，余大钧、周建奇译：《史集》（第2卷），商务印书馆，1985年，第324-325页。
[2]（元）周伯琦：《扈从集·前序》，文渊阁四库全书本。

中统四年（1263年）忽必烈将开平城升为都城，定名上都，次年将燕京改名为中都[1]，从而确定了两都制度。自此元代皇帝每年都要"北巡"上都，逐渐形成一套巡幸制度。巡幸上都并非简单的游玩，元代皇帝每年在此停留的时间将近半年，"宰执大臣下至百司庶府，各以其职分官扈从。"[2]在这里处理军国大事。

上都又被称为夏都，是其城市环境功能的一个体现，那就是避暑。元代帝王赶在大都夏季来临之前动身，前往上都避暑，正所谓"三十六宫齐上马，太平清暑幸滦都。"[3]大体是每年的二三月出发，到八九月时候，趁草原寒冷气候来临之前南下返回大都。

除此之外，元上都周围是辽阔的金莲川草原，水草丰美，其间存在种类繁多的野生动植物，对帝王而言是绝佳的狩猎之地。元代在上都周围还设有官牧场，蓄养大量牲畜。元代皇帝在上都期间，也会利用此地的草原，举行宴会、狩猎活动。"嘉鱼贡自黑龙江，西域蒲萄酒更良。南土至奇夸凤髓，北陲异品是黄羊。"[4]"狩猎有固定的场所，主要是三不刺（北凉亭）、东凉亭、西凉亭和察罕脑儿（白海）。"[5]这些狩猎场所距上都城从数十里到数百里不等，"上京之东五十里有东凉亭，西百五十里有西凉亭。其地皆饶水草，有禽鱼山兽，置离宫。巡守（狩）至此，岁必猎校焉。"[6]三不刺距离更远，在"上都西北七百里外"。[7]元代有不少诗篇描述了皇家在上都的大规模畋猎，如"离宫秋草仗频移，天子长杨羽猎时。"[8]"凉亭千里内，相望列东西。秋狝声容备，时巡典礼稽。"[9]"鹰房晓奏驾鹅过，清晓銮舆出禁廷。三百海青前骑马，一时随扈向凉陉。"[10]

3．大都的兴建与环境

元大都在中国古代都城中属于另辟新址重建的类型，新城位于原金中都城

---

[1] 至元九年（1272 年）在金中都东北建新城，是为后来元大都城。

[2]（元）黄潛：《上都御史台殿中司题名记》，《金华黄先生文集》卷 8，元刻本。

[3]（元）柯九思：《宫词十首》，（清）顾嗣立编《元诗选·三集》，中华书局，1987 年，第 185 页。

[4]（元）杨允孚：《滦京杂咏》，文渊阁四库全书本。

[5] 陈高华、史卫民：《元上都》，吉林教育出版社，1988 年，第 131 页。

[6]（元）周伯琦：《立秋日书事五首》，《近光集》卷 1，文渊阁四库全书本。

[7]（元）王恽：《董承旨从北回，酒间因今秋大狝书六绝》，《秋涧集》卷 32，文渊阁四库全书本。

[8]（元）马祖常：《丁卯上京》，《石田文集》卷 4，元刻本。

[9]（元）周伯琦：《立秋日书事五首》，《近光集》卷 1，文渊阁四库全书本。

[10]（元）宋本：《上京杂诗》，《永乐大典》卷 7702。

东北。金中都在蒙金战争期间经历了长期的包围，城市遭到了很大的破坏，即使是在蒙古人占领的情况下，城市依旧没有得到恢复，满目荒凉，"可怜一片繁华地，空见春风长绿蒿。"[1]

在忽必烈登基之前，曾与蒙古人霸突鲁论形势之地，后者对曰："幽燕之地，龙蟠虎踞，形势雄伟，南控江淮，北连朔漠。且天子必居中以受四方朝觐。大王果欲经营天下，驻跸之所，非燕不可。"[2]可见当时已有人注意到燕京所在之地对经营天下的重要性。开平即位后，汉族谋士郝经等人也提出定都于燕的建议，依旧是强调此地的地理优越性，"燕都东控辽碣，西连三晋，背负关岭，瞰临河朔，南面以莅天下。"[3]

虽然有着绝佳的地理位置，但是由于战争破坏太严重，原来的金中都城已经失去了一座城市的面貌。更重要的是，金中都城的水源主要依靠城西莲花池水系，水量不足，"土泉疏恶"[4]，于是忽必烈决定在东北另选新址，从头建造一座新的城市。大都城从至元四年（1267年）开始兴建，到至元二十二年（1285年）初步完工，历时18年之久。

建好后的元大都城城市形态整齐划一，建筑繁荣，街巷井然，在马可·波罗的游记描述中可见一斑，"全城中划地为方形，划线整齐，建筑房舍。"这些地方足以容纳房屋建筑及其庭院、苑囿。大都城的道路显然也经过了仔细的规划设计，"方地周围皆是美丽道路，行人有斯往来。全城地面规划有如棋盘，其美善之极，未可言宣。"[5]元人黄文仲在《大都赋》中这样描述大都城，"因沧海以为池，即琼岛而为囿。近则东有潞河之饶，西有香山之阜，南有柳林之区，北有居庸之口。远则易河滹水带其前，龙门狐岭屏其后。"[6]大都城在元代时有多少居民，目前没有明确记载可以说明，按照一些笼统的记载，大都城居民在十万户左右，如至元三十年（1293年），元代统治者说："大都民有十万。"[7]文人王恽亦有"波及都城十万家"的诗句。

---

[1]（元）魏璠：《燕城书事》，《元文类》卷6，四部丛刊本。

[2]《元史》卷119《木华黎附霸突鲁传》，中华书局，1976年，第2942页。又"帝者必居中，抚八极，朝觐会同，道里惟均。中都南俯吴越，北接朔漠，左控燕齐，右挟韩晋。犬王必欲佐天子一大统，非此不可。"见（元）元明善《丞相东平忠宪王碑》，《清河集》卷3，藕香零拾本。

[3]（元）郝经：《便宜新政》，《陵川集》卷32，文渊阁四库全书本。

[4]（元）陆文圭：《广东道宣慰使都元帅墓志铭》，《墙东类稿》卷12，文渊阁四库全书本。

[5]（法）沙海昂注，冯承钧译：《马可波罗行记》，第2卷第84章，注7，中华书局，2004年，第338-339页。

[6]（元）黄文仲：《大都赋》，《历代赋汇》卷35，文渊阁四库全书本。

[7] 佚名撰：《大元仓库记》，出自《史料四编》，广文书局，1972年，第15页。

大都城建筑所用的材料大多取自其周边地区，如至元三年（1266年），为配合大都城的修建，朝廷下令重开金口，以便"导卢沟水，以漕西山木石"，为城市建设提供所需材料。大都的城墙全部用夯土筑成，这样做的结果导致这些城墙经不住北方夏季雨水集中时的冲刷，容易倒塌。至元八年（1271年）有人建议"辇石运甓为固"，遭到王庆瑞反对，他说，"车驾巡幸两都，岁以为常。且圣人有金城，奚事劳民，重兴大役！"[1]他建议"苇城"防水，具体做法就是"以苇排编，自下砌上"，所用苇草从周边收取，"乃于文明门外向东五里，立苇场，收苇以襄城。每岁收百万。"[2]

除从大都周边地区获取建筑材料外，如前文所述，元人还围绕大都城进行过一系列的河流改造活动，从西北山地引泉水入城，在城内汇集成人工湖泊（海子），既满足了城市内的用水需求，同时还能够形成不错的人工景观。元人陆仁曾写道，"驾鹅飞海子，杨柳荫宫沟。"[3]大都城在金中都东北择址新建，城市内用水也就随之从莲花池水系转移，大体而言，元大都城内的水系分布，基本上可以归为两大系统，一为"以白浮泉、一亩泉为源头的高梁河—抄纸坊泓澄—积水潭水系"，一为"以玉泉山泉为源头的金水河—太液池水系。"[4]两套水系源头不同，前者在南，后者靠北，经过元人修渠引水之后进入大都城，发挥着不同的功能作用，在大都城内塑造了良好的水环境。

元人从邻近地区取得了建设大都城所需之材料与水源，但是还有一种物资需要解决，那就是对粮食的需求。大都所在的华北平原地区本身有着较好的自然条件，"水深土良厚，物产宜硕丰。"[5]粮食作物主要有麦、黍、豆和水稻等，然而经过蒙金战争后，农业经济受到严重的破坏，而元廷又在大都周围设置如左手永平、右手固安等几处官牧场，占据了不少土地。种种原因导致粮食的产量不足，尽管在后期为了解决粮食问题，元代曾经试着从江南招募农民，在南起保定、河间，北到檀、顺的广大地区之内推广水稻，却没有成功。为此，元廷在攻灭南宋政权之后，通过开辟海运，开始源源不断地将江南的粮食运到大都地区。来自海上的粮食到直沽交卸，一部分进入朝廷设立在运粮河沿岸的仓

[1]（元）阎复：《王公神道碑铭》，《常山贞石志》卷17。
[2]（元）熊梦祥著，北京图书馆善本组编：《析津志辑佚》，北京古籍出版社，1983年，第1页。
[3]（元）陆仁：《送强彦粟之京都》，（清）顾嗣立编：《元诗选·三集》，中华书局，1987年，第636页。
[4] 邓辉：《元大都内部河湖水系的空间分布特点》，《中国历史地理论丛》2012年第3辑，第32页。
[5]（元）胡助：《京华杂兴诗》，《纯白斋类稿》卷2，文渊阁四库全书本。

库，一部分通过运河进入大都。通过修建通惠河，大都城和通州联系起来，进而再通过一段人工运河连接到直沽。

元人还先后开凿了御河、会通河等人工运河连接南北，与海运一道为大都地区输送给养，《元史·食货志》中记载，"元都于燕，去江南极远，而百司庶府之繁，卫士编民之众，无不仰给于江南。"[1] "公府之储偫，官府之廪稍，宿卫之供亿，至以京城游食之民，其用至夥，而所系甚重者也。"[2]

除对江南粮食的依赖之外，还有一方面职能是通过周边郡县为大都城分担的，那就是对卫士驼马的饲养。元代在大都城的周围设有官牧场，其国马的饲养范围向南达到真定路，周边郡县不仅要提供饲养国马的牧地，还要负责收集并提供部分饲草。通过"申严京畿牧地之禁"来加强对大都地区牧地的管理，确保牧草资源不受到破坏。其次，通过和籴的方法购买草料，即盐折草之法。主要在大都京畿地区实施，"畿内州县，岁赋刍秣饲国马，每先期散盐于民，秋而敛之，谓之盐折草。"[3]通过这种方法来减轻大都的压力。

和林是一座完全的草原都城，但是随着蒙古人在汉地征服的推进，远处漠北的和林城已变得不适应统治的需要。忽必烈时确立了上都和大都的两都制，每岁于两城间来往。上都虽然同样位于草原地区，然而因其地理位置的关系，与内地的联系更加紧密，需要依靠内地输送的物资来维持城市的运转，每年夏天从大都而来的众多人口为这座城市增加了活力。大都虽然位于农业地区，却不得不依赖于南方地区的粮食，同时还要依靠周边郡县来分担其部分压力。

三、顺天府的城市重建

1. 重建前的顺天府

顺天府前为清苑县，《隋书》记载，"旧曰乐乡。后齐省樊舆、北新城、清

[1]《元史》卷93《食货一》，中华书局，1976年，2364页。

[2]（元）虞集：《京畿都漕运使善政记》，《雍虞先生道园类稿》卷26，新文丰出版公司影印《元人文集珍本丛刊》本。

[3]（元）虞集：《天水郡侯秦公神道碑》，《雍虞先生道园类稿》卷43，新文丰出版公司影印《元人文集珍本丛刊》本。

苑、乐乡入永宁，改名焉。开皇十八年（598年）改为清苑。"[1]到唐时，"武德四年（621年），属蒲州。贞观元年（627年），改属瀛洲。景云二年（711年），属莫州。"[2]历经唐、五代，宋时为莫州属县。北宋时，因地处与北辽边境处，"建隆初，置保塞军；太平兴国六年（981年），建为州。"[3]时称为保州，是与辽对峙的重地。北宋在此有屯田建设。后来金亡北宋，遂改为顺天军，元太宗十三年（1241年）时，"升顺天路，置总管府。至元十二年（1275年），改保定路。"[4]

顺天府地理位置优越，"太行诸山东走辽、竭，盘礴堰塞，挟大川以入于海。而州居襟抱之下，壁垒崇峻，民物繁夥，辇谷而南，最为雄镇。"[5]

金末，蒙古人大举经略中原，顺天府因其位置首当其冲，遭到严重的破坏。史载"累经兵燹，焚荡殆尽"，时间在元太祖八年（1213年，当金贞祐元年十二月十有七日，此时顺天府（尚称为保州）被攻陷，"尽驱居民出……是夕下令，老耆杀，卒闻命，以杀为嬉。"[6]"焚屠三日，除工匠外，老幼无孑遗"，还有如"北兵屠保，尸积数十万，磔首于城，殆与城等"[7]之类的记载。在经历了此次毁灭性的兵燹之后，历经多年营造的保州城变为一片废墟。所以，当元太祖二十二年（1227年）春，张柔率其众来到此地时，"时顺天为芜城者，十五年矣。"[8]一切处于"城无寸甓、尺橼之旧。"[9]百废俱兴。

2. 张柔规划顺天府

顺天府的营建是在旧城址上的一次重建，主导这次工程的人物正是元代万户侯张柔。张柔字德刚，易州定兴（今河北保定市定兴县）人，元史有传，先事金，后蒙古兵南下，出紫荆口，张柔率兵抗拒，马跌被执，遂以众降[10]。张

[1]《隋书》卷30《地理中》，中华书局，1973年，第857页。
[2]《旧唐书》卷39《地理二》，中华书局，1975年，第1515页。
[3]《宋史》卷86《地理二》，中华书局，1977年，第2129页。
[4]《元史》卷58《地理一》，中华书局，1976年，第1354页。
[5]（金）元好问：《顺天府营建记》，《遗山先生文集》卷33，四部丛刊本。
[6]（元）刘因：《孝子田君墓表》，《静修集》卷9，文渊阁四库全书本。
[7]（元）郝经：《须城县令孟君铭》，《陵川集》卷35，文渊阁四库全书本。
[8]（金）元好问：《顺天府营建记》，《遗山先生文集》卷33，四部丛刊本。
[9]（金）元好问：《顺天府营建记》，《遗山先生文集》卷33，四部丛刊本。
[10]《元史》卷1《太祖本纪》，中华书局，1976年，第20页。原文为"十三年（1218年）戊寅秋八月，兵出紫荆口，获金行元帅事张柔，命还其旧职。"

柔用其威信对其他州县进行招降，"遂下雄、信、安、保诸州，留戍满城。"[1]满城在保州以西，"城小而缺，且无御备。"[2]在当时情况看来，要想抵御群寇，是有些难度的。而且最重要的一点，此时张柔已经率众略取了深、冀以北，真定以东众多州县，随着归附者日益增多，满城日益显得狭隘，于是在元太祖二十二年（1227年）春天，张柔决定将治所从满城迁至保州，同时"以遏信安行剽之党"。[3]

前文提到，当张柔到达保州时，此地已为空城十五年，满目疮痍。张柔"于是立前锋、左、右、中翼四营，以安战士。置行幕荒秽中，披荆棘，拾瓦砾，力以营建为事。"[4]同时张柔还辟大名（今河北大名县）的毛居节为计议官，率领众人建城，毛居节其人事迹不详，但其后来在顺天府城建设中与张柔"共为经度"，谋划甚多。

一个城市在发展过程中，会受到诸多因素的影响，或由小而大，由弱而强，也有相反的发展方向。顺天府的前身保州城因战争而毁坏，遭废弃达十五年之久，张柔到时也正值蒙金战争激烈之际，能在此时期有如此大的气魄，实在让人敬佩不已。

3. 重建过程及环境改造

在张柔及其属下的努力下，经过筹备，顺天府的营建如火如荼地展开了。此次的建设主要集中在两个方面，其一，府城水环境的建设，主要是引水贯城、储水为湖，使得整个城市处于一个比较好的环境之中；其二，府城建筑的恢复与新建，时人记为"民居、官府截然一新"。府城建筑的增建，使这个城市初具面貌，而引水贯城的举措，无疑增添了这个城市的活力，同时水所带来的各种效应，更是对顺天府的发展大有益处。

（1）水环境的改变

从记载中来看，对水环境的改造在很大程度上决定并深刻地影响了顺天府的城居环境。因此对这一改变发生的前前后后的变化有必要进行一些阐述。

在荒废了十五年之后，顺天府已经成为一座废城，城市环境几乎完全被破

[1]（金）元好问：《顺天府营建记》，《遗山先生文集》卷33，四部丛刊本。
[2]（金）元好问：《顺天万户张侯勋德第二碑》，《遗山先生文集》卷26，四部丛刊本。
[3]（金）元好问：《顺天府营建记》，《遗山先生文集》卷33，四部丛刊本。
[4]（金）元好问：《顺天府营建记》，《遗山先生文集》卷33，四部丛刊本。

坏。而顺天府周围的水资源利用情况，也不容乐观，史载"承平时，州民以井泉咸盐，不可饮食为病。"[1]可见至少在生活用水方面，和平时当地的井泉也因盐度较高而利用的不充分。同时又因地形地势的缘故，"沟浍流恶"，这是张柔移军顺天时所见到的情形。

面对的是一座几乎废弃的城市，还有比较糟糕的水资源情况，对张柔而言，恢复城市的功能是亟须解决的一个问题，而他的选择，则是先从水出发来恢复这个城市的活力。

①两道泉的引入。可供规划者利用的水源有两个，位于满城东面的南、北两道泉水。南边一道是"以形似言"的"鸡矩"泉，北道则是"以输广言"的"一亩"泉，北宋时此地有十八塘滦，即由此发源，规模可谓不小。这两道泉水汇合之后，从满城外壕的减水口流出。张柔之前率军驻扎于满城，显然对此情况有所了解，加上满城距顺天并不远，所以要加以利用还是可以的。张柔发出了"水限吾州硅步间耳"的感慨。对此笔者认为可以从两个方面进行解读。其一，张柔看到如此好的水资源没有被利用好，白白浪费而可惜（或许有少许利用，但肯定不充分），所以"奇货可居"；其二，如果我们结合了以后顺天府的发展情况来看的话，引水贯城其实起了很大的作用，这样的话似乎又可以理解为对本地发展的一种束缚。既是"水限吾州硅步间耳"，也是"水限吾州（于）硅步间耳"。

改造者的决心是很大的，不愿意让如此好的资源"弃之无用空虚之地"，他的自信与抱负，体现在"吾能指使之，则井泉有甘冽之变"这句话中。那么，在重建的过程中，水资源改造与利用是如何进行的呢？

改造中，一些必要的工程措施难以避免。张柔及其幕僚首先"相度地势，作为新渠"，以改变其"沟浍流恶"之势。通过新渠，将泉水引到新城，"凿西城以入水"，"由古清苑几百举武而北，别为东流，垂及东城，又折而西。双流交贯，由北水门而出。"[2]水从西城而入之后，分为两支，一支直接向北流去，另一支则向东，到达东城之后，向北然后再折向西，与之前分出的一支汇合之后，从北水门流出城。这样，在城内便形成水流环绕之势，而且"水占城中者十之四"，是很大的一个比例。在经过了这样的工程后，整个城市以后的建造中

---

[1]（金）元好问：《顺天府营建记》，《遗山先生文集》卷33，四部丛刊本。
[2]（金）元好问：《顺天府营建记》，《遗山先生文集》卷33，四部丛刊本。

就要求建筑物与之相配合以及城市景观改造中的协调，同时也打下了一个很好的基础。

②城市水环境的变化和利用。鸡距泉和一亩泉水的引入并非简单的流过，而是对其加以适当的利用，在最大限度上增加所建新城的景观。当时的情形是"渊绵舒徐，青绿弥望"[1]，利用充足的水源，张柔为这个城市设计了柳塘、西溪、南湖、北潭和云锦五个"人工湖泊"，增色不少。"荷芰如绣，水禽容与，飞鸣上下，若与游人共乐而不能去。舟行其中，投网可得息。风雨鞍马间，令人渺焉有吴儿洲渚之想。"[2]由此可以看出，水环境的改变，一改往日盐卤、流恶之景，呈现出景色怡人、一派和谐的景观。

除以上利用外，还建了两个水门：西曰通津，北曰朝宗。这与两道泉水的入城和出城相一致。"为园囿者四，西曰种香，北曰芳润，南曰雪香，东曰寿春。"[3]在城内外建四个水碾。引水自朝宗门流出后，又引蒲水，在城的西南灌溉土地为稻田。同时，"患其浅漫而不能载舟也，为之十里一起闸，以便往来。每闸所在，亦皆有灌溉之利焉。"[4]

综上所述，在顺天府城的建设过程中，至关重要的一个环节就是水环境的改变，包括引水入城、营造景观、农田灌溉和舟船往来等，都得益于此。一个城市的活力即以此为基础得以重新展现出来。

（2）城市建筑的恢复

顺天府内一部分城市建筑属于完全新建，如"以甲乙次第之"的北卫和南宅，后者为张柔所居住，"工材皆不资于官，役夫则以南征生口为之。"[5]在已成为废墟的保塞故堞上建南楼，"位置高敞，可以尽一州之胜。"这显得有些夸张，但确实可以开阔眼界。

西望郎山，如见吴岳于汧水之上，青碧千仞。颜行而前，肩骈指比，历历可数，浓淡覆露，变态百出，信为燕赵之奇观也。[6]

[1]（金）元好问：《顺天府营建记》，《遗山先生文集》卷33，四部丛刊本。
[2]（金）元好问：《顺天府营建记》，《遗山先生文集》卷33，四部丛刊本。
[3]（金）元好问：《顺天府营建记》，《遗山先生文集》卷33，四部丛刊本。
[4]（金）元好问：《顺天府营建记》，《遗山先生文集》卷33，四部丛刊本。
[5]（金）元好问：《顺天府营建记》，《遗山先生文集》卷33，四部丛刊本。
[6]（金）元好问：《顺天府营建记》，《遗山先生文集》卷33，四部丛刊本。

还有一些则是在以前的基础上加以恢复和增筑，这里和新建的其他建筑物一起列表，详见表7-7。

表7-7　顺天府重建建筑表

类别	建筑名称	备注
为坊十	溪泉、吴泽、懋迁、归厚、循理、迁善、由义、富民、归义、兴文	增于旧者七
为佛宇十五	栖隐、鸿福、天宇、兴国、志法、洪济、报恩、普济、大云、崇严、天王、兴福、清安、净土、永宁	由栖隐而下，创者四，而十一复其旧
为道院十一	神霄、天庄、清宁、洞元、玄武、全真、朝元、玄真、清为、朝真得一	创者九，而复其旧者二
起楼者四	西曰来青，北曰浮空，南曰薰风，东曰分潮	
为谯楼四	北曰拱极，南曰蠡吾，西曰常山，东曰碣石	
为庙学一	增筑堂庑，三倍其初	
为神祠四	三皇、岱宗、武安、城隍	
为酒馆二	浮香、金台	
为乐棚二		

资料来源：（金）元好问：《顺天府营建记》，《遗山集》卷33，文渊阁四库全书本。

这次有计划地营建给这个新的城市带来了较为完善的布局，"为驿舍，为将佐诸第，为经历司，为仓库，为刍草场，为商税务，为祗应所，为药局，为传舍暖室，为马院。"借此次建设，对城市的整体布局进行了规划，"市陌纡曲者，侯所甚恶，必裁正之。"

元太祖二十二年（1227年）的这次营建对于这个城市功能的恢复是至关重要的。所谓"城居既有定属，即听民筑屋四关，以复州制。近而四郊，周泊千里，完保聚，植桑枣，树艺之事，人有定数，岁有成课，属吏实任其责。"[1]张柔这次对保州的重建，不仅使其恢复了城市应有的面貌，而且进一步扩大了它的地区影响力，"此州遂为燕南一大都会，无复塞垣之旧矣。"对于它在以后的发展奠定了很好的基础。

---

[1]（金）元好问：《顺天府营建记》，《遗山先生文集》卷33，四部丛刊本。

小　结

环境史的研究注重从人与自然的界面为出发点，来考察二者之间的关系。对人类社会而言，最重要的还是在对自然的改造过程中可以获取什么，同时也要注意这种改造的环境效应。自然和城市在历史背景下的结合，使城市成为一个人类文化与自然共同进化的生态系统。这个系统所产生的生态影响和人类与自然之间进行的生态交换（包括自然生态的改变和人工环境的形成）吸引了研究者的目光。

从和林到上都，再到大都的过程，既是元代政治中心转移的过程，也是蒙古人从草原地区到定居地区的一个转变。无论在哪一个阶段，都城都要依托周围的环境来为城市输入所需物质与能量，这种流动对城市的发展至关重要。大都与上都之间形成了一种独特的联系，上都依托周围良好的草原生态为帝王提供夏天活动的场所，但是维持其所需的物质有很大一部分要靠内地的支持，一旦这种支持消失，上都城的城市功能就会受到较大的限制。大都城同样通过改变周边环境来构建一个良好的城市生态系统，但仍需要通过运河与海路从江南获取粮食所需，在城市周边划定区域保证资源的获取。

第九节　基于生态实践的资源利用及管理

对于蒙古统治者而言，拥有了天下的他们对区域内的事物自然有着天然的支配权，在这些地域，有着多种类型的生态环境，山林、湖泊、河流等，这些不同类型的生态环境又有着各自丰富的生物资源可供利用。所谓"山林川泽之产，若金、银、珠、玉、铜、铁、水银、朱砂、碧甸子、铅、锡、矾、硝、碱、竹、木之类，皆天地自然之利，有国者所必资也，而或以病民者有之矣。"[1]

名山大泽归国家所有并非元代独创，自古以来，中国封建统治者对这些事关国计民生的自然资源，其控制都是极为严格的。虽然说山林川泽等作为自然资源，在原则上可以对所有人无偿开放，然而至迟到了西周中期，就已经出现

---

[1]《元史》卷94《食货二》，中华书局，1976年，第2377页。

了将这些自然资源"君主私有化"的倾向。随着历史的前进，这种倾向呈现出扩大化趋势。控制这些资源的朝廷往往在一些地方设置禁区，将其纳入到帝王家，其各种资源的产出也以贡赋的名义收入。

本节考察的是元代政府对区域内自然资源的利用与管理，这些自然资源包括各种矿产、林木、野生动物等。元代设立了多种机构来对这些自然资源加以利用，通过课税的形式征收各地出产。长期采伐使得一些地区资源出现枯竭的现象，不足以满足朝廷的要求。而对于一些可以捕获的野生动物资源，元代特意规定了禁止捕猎的时间和区域，这在一定程度上起到了保护的作用。

一、蒙古人在草原时期的生态实践

现在，如我们所知，蒙古族是一个长于游牧的民族，事实上，他们也善于狩猎。基于所生活地区——这里指蒙古高原——所能提供的种种条件（不太好的气候、贫瘠的土壤但是大片可供放牧的草场等），蒙古族的先人们从森林里来到草原上时，他们的选择的确不会太多，"草原牧民靠饲养牲畜过活，因此，他们由于需要成了游牧民。"[1]

在经历了从森林狩猎到草原游牧的一个角色的基本转换之后，畜牧业成为了蒙古人的经济基础，游牧则是其主要方式。一个民族的生存与发展，离不开其所依赖的生态环境，作为游牧民族的蒙古族，其逐水草而居的游牧生活便是对草原生态环境的一种深沉关怀。在长期的生产、生活实践中形成的习惯法（约孙），更是成为一种行之有效的对草原的保护。

蒙古族对放牧草地的利用和保护十分关心，其对放牧地的选择是与自然的变化紧密联系在一起的，"迁就水草无常"本质是出于草地利用的经济选择，但也正是其善于随环境变化而作调整的最好说明，可以让牲畜在不同季节皆能得到适宜的环境资源。传统的蒙古人对所生活的草原中草地的形状、性质、草的长势、水利等具有敏锐的观察力，长期的游牧生活让蒙古人与草原生态之间有了良好的互动，对于保护草原生态发挥了重要的作用。在13世纪初，铁木真统一了蒙古草原后，颁布了"大扎撒"这一蒙古族的第一部成文法，其中对于草

---

[1] ［法］勒内·格鲁塞：《草原帝国》，商务印书馆，1998 年，第 14 页。

原的保护规定相当严格，"保护草原。草绿后挖坑致使草原被损坏的，失火致使草原被烧的，对全家处死刑。"[1]这是基于蒙古族对草原的依赖和其萨满教的信仰基础之上的，而类似的规定在入主中原后依然有所体现。

除保护草原之外，蒙古人在草原上进行的狩猎同样体现了其生态观念，是对共处同一生态环境中动物资源的持续利用。狩猎一直是作为一种"与游牧经济并行的重要领域"存在于蒙古人生活之中，而非"狩猎生活残余"。[2]也就是说，狩猎可以视作蒙古族在游牧生活之外，另一种重要的生活方式，日本学者吉田顺一称之为"草原型的游牧民狩猎"，它的形成则是以草原上栖息的丰富猎兽作为基础的。[3]苏联学者符拉基米尔佐夫则按照当时诸多蒙古部族的"生活方式和经济情况"，将其划分为森林或狩猎部落群、草原或畜牧部落群两种，按照符氏的观点，当时的蒙古族，虽然其经济生活是建立畜牧业的基础之上，但是也同时充当了狩猎民的角色。

在成吉思汗颁布的大扎撒中，规定"狩猎结束后，要对伤残的、幼小的和雌性的动物进行放生。"[4]在这部法典中，狩猎在性质上属于一种强制化的军事化活动，通过围猎对蒙古族人进行军事有关的训练，"培养勇敢精神和令行禁止的纪律。"[5]除此之外，蒙古族的狩猎同保护野生动物之间还有着密不可分的关系，他们对野生动物的围猎多是季节性的，一般在冬季初举行，此时草原上的野生动物经过了春、夏、秋季节的繁衍生息，数量增多，一定程度的围猎实际上起到了维持草原生态系统平衡的作用。围猎总是以放生作为结束，任何人不得再触犯被放生的野兽，"不竭泽而渔，不焚林而狩，野兽便能滋生繁衍起来。不仅达到了围猎的目的，也有效地保护了野生动物，维护了人与自然的和谐统一。"[6]

[1] 内蒙古典章法学与社会学研究所编：《〈成吉思汗法典〉及原论》，商务印书馆，2007年，第9页。

[2] 相关观点见［日］吉田顺一：《蒙古族的游牧和狩猎——十一至十三世纪时期》（上、下），《民族译丛》1983年第4期、第5期。

[3] ［日］吉田顺一：《蒙古族的游牧和狩猎——十一至十三世纪时期》（上），《民族译丛》1983年第4期，第48页。

[4] 内蒙古典章法学与社会学研究所编：《〈成吉思汗法典〉及原论》，商务印书馆，2007年，第5页。

[5] 内蒙古典章法学与社会学研究所编：《〈成吉思汗法典〉及原论》，商务印书馆，2007年，第94页。

[6] 内蒙古典章法学与社会学研究所编：《〈成吉思汗法典〉及原论》，商务印书馆，2007年，第98页。

二、元代对自然资源的经济利用

然而在统治初期，在相关的赋税体系没有完整建立起来的时候，蒙古统治者似乎尚未意识到这些自然资源的价值。"元太祖起自朔土，统有其众，部落野处，非有城郭之制，国俗淳厚，非有庶事之繁，惟以万户统军旅，以断事官治政刑，任用者不过一二亲贵重臣耳。及取中原，太宗始立十路宣课司，选儒术用之。金人来归者，因其故官，若行省，若元帅，则以行省、元帅授之。草创之初，固未暇为经久之规矣。"[1]

直到太宗窝阔台时，围绕汉地是否"悉空其人以为牧地"的争论，耶律楚材才把这些"山泽之利"展示给窝阔台。然而这个时期依然谈不上对自然资源进行有效的利用和管理，忽必烈即位之后，"大新制作，立朝仪，造都邑，遂命刘秉忠、许衡酌古今之宜，定内外之官。"[2]相关的管理机构才逐渐建立起来。

1. 管理机构与课税征收

在对待类型众多的自然资源的态度上，加以经济上的利用是朝廷所关注最多的，为此，朝廷建立了一套从中央到地方的两级资源管理体系。首先，中书省为最高管理机构，拥有官员的任命、地方矿产资源的开采与罢采、矿课征集、地方资源管理机构的变动、职能转移等诸多决策权。除此之外，中政院与徽政院也管理部分资源，但多是用于供给后宫。

至元三年（1266年）正月，朝廷设立制国用使司，主理财政，由中书平章正事阿合马兼领。制国用使司的主要职责在于规划矿产开采、课程的征收与督办、解决生产过程中的问题等。至元七年（1270年）正月，改制国用使司为尚书省，其资源管理方面相关职能也转入尚书省。尚书省在元代三置三废，机构设置甚不稳，其以综理财用为主要职能，设置期间与中书省并存。

元代地方设立的资源管理机构表现出类型多样、各有所属、多变化等特点。朝廷设在地方的众多提举司和总管府，总是优先对有经济价值的自然资源进行利用与管理，所要做的就是为满足朝廷需要提供足够的物资。部分如表7-8所示。

---

[1]《元史》卷85《百官一》，中华书局，1976年，第2119页。
[2]《元史》卷85《百官一》，中华书局，1976年，第2119页。

表7-8中所列部分机构，负责一些地方区域内如矿产、林木、动物等资源的利用与管理，进行采集后供给朝廷所需。如诸多打捕人户及机构的存在，正是对相应区域内的动物资源进行获取，像管领诸路打捕鹰房纳绵等户总管府，就专门负责"采捕野物鹰鹘，以供内府"。

表7-8　元代资源管理机构与分布简表

管理机构	资源类型	分布或管辖范围
檀景等处采金铁冶都提举司	金、铁矿等	景州、栾洋、新匠、双峰、暗峪、大峪五峰等
河东、山西、济南、莱芜等处铁冶提举司		
益都、般阳等处淘金总管府		
管领诸路打捕鹰房总管府	动物资源	管领随路打捕鹰房民匠总管府
		管领本投下大都等路打捕鹰房诸色人匠都总管府
		随路诸色民匠打捕鹰房等户都总管府
		管领本位下打捕鹰房民匠等户都总管府
大宁海阳等处屯田打捕所	动物资源	北京、平滦等处
淮东淮西屯田打捕总管府	湖泊山场渔猎	淮安州、高邮、招泗、安东海州、扬州通泰、安丰庐州、镇巢、塔山徐邳沂州等处
管领珠子民匠官	海洋生物资源	杨村、直沽等处
金银场提领所	金、银矿	梁家寨银场、明世银场、密务银场、宝山银场、烧炭峪银场、胡宝峪金场、七宝山炭场
河泊所		安庆等处河泊所、建康等处三湖河泊所、池州等处河泊所
管领诸路打捕鹰房纳棉等户提领所	采捕野物鹰鹘，以供内附	上都、顺德、冀宁、大都左右巡院、固安、中山、济南、德州、益都、大同、济宁、兴和、晋宁、檀州、大宁、蓟州、真定、赵州、保定、冀州、汴梁等处
凡山采木提举司	掌采伐车辆等杂作木植	上都、凡山万平

资料来源：《元史》卷85-92《百官志》，中华书局，1976年，第2119-2346页。

这些山林川泽之产乃"有国者所必资也"，本着"多者不尽收，少者不强取"的原则，朝廷围绕这些自然资源征收一定的岁课，如表7-9所示。

表7-9　《元史》岁课表

产地课目		产地
金	腹里	益都、檀州、景州
	辽阳	大宁、开元
	江浙	饶州、徽州、池州、信州
	江西	龙兴、抚州
	湖广	岳州、澧州、沅州、靖州、辰州、潭州、武冈、宝庆
	河南	江陵、襄阳
	四川	成都、嘉定
	云南	威楚、丽江、大理、金齿、临安、曲靖、元江、罗罗、会川、建昌、德昌、柏兴、乌撒、东川、乌蒙
银	腹里	大都、真定、保定、云州、般阳、晋宁、怀孟、济南、宁海
	辽阳	大宁
	江浙	处州、建宁、延平
	江西	抚州、瑞州、韶州
	湖广	兴国、郴州
	河南	汴梁、安丰、汝宁
	陕西	商州
	云南	威楚、大理、金齿、临安、元江
珠		大都、南京、罗罗、水达达、广州
玉		于阗、匪力沙
铜	腹里	河东、顺德、檀州、景州、济南
	江浙	饶州、徽州、宁国、信州、庆元、台州、衢州、处州、建宁、兴化、邵武、漳州、福州、泉州
	江西	龙兴、吉安、抚州、袁州、瑞州、赣州、临江、桂阳
	湖广	沅州、潭州、衡州、武冈、宝庆、永州、全州、常宁、道州
	陕西	兴元
	云南	中庆、大理、金齿、临安、曲靖、澄江、罗罗、建昌
朱砂、水银	辽阳	北京
	湖广	沅州、潭州
	四川	思州
碧甸子		和林、会川
铅、锡	江浙	铅山、台州、处州、建宁、延平、邵武
	江西	韶州、桂阳
	湖广	潭州
矾	腹里	广平、冀宁
	江浙	铅山、邵武
	湖广	潭州
	河南	庐州、河南
硝、碱		晋宁
竹、木		所在有之，不可以所言也

资料来源：《元史》卷94《食货二》，中华书局，1976年，第2337-2385页。

以上金银、珠玉、铜铁、竹木等资源，皆"因土人呈献，而定其岁入之课"，对这些地区资源的开采利用，既有官方拨民为矿冶户，设官开采，也有令地方人员包认采炼，贡献科额，在规模和科额上往往相差很多。如金课，至元五年（1268年），"命于从刚、高兴宗以漏籍民户四千，于登州栖霞县淘焉"，而在辽阳行省，至元十年（1273年），"听李德仁于龙山县胡碧屿掏采，每岁纳课金三两。"[1]对比鲜明。

元代在对地方资源征收科额的时候，有时依据前朝所留而定，而非当下实际情况，这导致一些地区因此出现问题。如陕西的永寿县，朝廷在大德四年（1300年）"檄县输箭竹一节十握者三万五千。派昇平、善化、福德、民苏四里，地非其产，……强其所无……四里之民，奔驰邻境数百里外，求买者不计其直，窃取者不顾其身。……沿袭为例，民甚病焉。"[2]为此地方政府申请免征，延祐元年（1314年）才被获准。

元代在定额岁课之外，对于竹木水产之类，又有额外课征收。额外课，顾名思义，是元廷岁课定额以外的赋税收入。"岁课皆有额，而此课不在其额中也。然国之经用，亦有赖焉。"[3]池塘、蒲苇、鱼苗、柴、姜、白药等都收税，统称额外课。《元史》中记载的额外课留下来的记录只有天历元年（1328年）可资参考，见表7-10。

表7-10　《元史》"额外课"表（部分）

课目	总额				地方额数		
额数	锭	两	钱		锭	两	钱
河泊课	57 643	23	4	腹里	406	46	2
				行省	57 236	27	1
山场课	719	49	1	腹里	239	13	4
				行省	480	35	6
池塘课	1 009	26	5	江浙省	24	22	7
				江西省	985	3	8
蒲苇课	686	33	4	腹里	141	5	8
				行省	545	27	6
荻苇课	724	6	9	河南省	644	5	8
				江西省	80	1	8

[1]《元史》卷94《食货二》，中华书局，1976年，第2379页。
[2]（元）林泉生：《永寿主簿钱宗显免征箭竹碑》，清乾隆五十二年（1787年）《永春州志》卷12，第1395-1396页。
[3]《元史》卷94《食货二》，中华书局，1976年，第2403页。

额数	总额			地方额数			
课目	锭	两	钱		锭	两	钱
鱼课				江浙省	143	40	4
漆课	112	26		四川省广元路	111	25	8
山泽课	24	21	1	彰德路	13	40	
				怀庆路	10	31	1
荡课				平江路	886		7
柳课				河间路	402	14	8
蒲课				晋宁路	72		
鱼苗课				龙兴路	65	8	5
柴课				安丰路	35	11	7
竹苇课				丰元路	3 746	3	6
姜课				兴元路	162	27	9
白药课				彰德路	14	25	

说明：锭、两、钱兑换：10钱=1两，50两=1锭。

资料来源：《元史》卷94《食货二》"额外课"部分，中华书局，1976年，第2403-2407页。

2. 开采矿产与资源枯竭现象

因为不少地方的矿物所产为"土人呈献"，所以在很多地区开采矿产的行为或许是从前朝一直延续下来的。问题在于，对于此类矿产，元初并没有统一的管理机构，这种情况延续到至元四年（1267年）正月，朝廷终于发布一道圣旨，成立洞冶总管府，其内容如下：

道与随路达鲁花赤、管民官、转运司、管军奥鲁官、工匠、鹰房打捕诸色头目人等。据制国用使司奏："诸路盐场酒税醋课额，元委转运司管领外，随处洞冶出产诸物，别无亲临拘榷规画官司，以致课程不得尽实到官。又随处炉冶见今耗垛官铁数多，未曾变易。"此上，设置诸路洞冶总管府，专以掌管随处金银铜铁丹粉锡碌，从长规画，恢办课程，听受制国用使司节制勾当。[1]

根据条画，新设置的诸路洞冶总管府主要有六个方面的作用，即督促各地洞冶自备工本，趁时煽炼，从长办课；对势要之家所占旧有洞冶进行核查，由制国用使司制定额数，重新办课入官；负责管理各地炉冶户所用供炉矿炭等差役，将其数目攒造文册，申报洞冶总管府；维持随处系官并自备诸色洞冶采打

[1]《元典章》卷22《户部卷之八·洞冶·立洞冶总管府》，天津古籍出版社、中华书局，2011年，第894页。

矿炭大石硙工的正常运行；负责管理诸处洞冶官吏及工役人等，不受地方官司过问，保护地方洞冶所在不受经过军马人等骚扰；对于不尽合行事理，洞冶总管府可以申覆制国用使司加以改进。

虽然设置了诸路洞冶总管府来专掌各地矿产科额，但是还是受到制国用使司的节制，后者于至元三年（1266年）设立，以阿和马为使，"专制财赋"[1]，兼各地矿产开采事项。如当年十一月，制国用使司究上奏，"桓州峪所采银矿，已十六万斤，百斤可得银三两、锡二十五斤。采矿所需，鬻锡以给之。"[2]至元七年（1270年）改为尚书省，"综理财用"[3]，仍负责诸路课程之事，至元二十七年（1290年）五月，"尚书省遣人行视云南银洞，获银四千四十八两。奏立银场官，秩从七品。"[4]至大三年（1310年）时，尚书省臣言："别都鲁思云云州朝河等处产银，令往试之，得银六百五十两。"诏立提举司，以别都鲁思为达鲁花赤。[5]

至元二十六年（1289年），朝廷在建德路"籍六邑民为金户"，然而三年之后，即至元二十九年（1292年），建德路金课就为朝廷所罢免。

> 至元己丑（1289年），始籍六邑民为金户，……官授之方，督具器物，使之披沙抉石而汰焉。……初岁粗给，再岁而亏，三岁而竭，其故何哉？……盖睦居歙下流，岁春夏潦涨，歙之江滨，扬涛吹沙，澎湃而下，故金之琐屑如糠秕者从之，遇洄汩而伏焉为洲，矗焉为屿。民日爬摘于此，所得盖锱铢而已，抑不知几千百年之所积，犹不能以供旦夕之所采取，欲久而弗穷，得乎？[6]

建德路采金的失败显然是朝廷失于调查的结果，但也不排除地方有些人献媚于朝廷，以谋取个人利益，而不惜给当地民众带来巨大的负担。

对于地方采矿冶炼之事，元代的文献记载并不是很详细，但是也有部分资料显示出因为开采出现的区域矿产枯竭、环境破坏之现象。

---

[1]《元史》卷170《张昉传》，中华书局，1976年，第4000页。

[2]《元史》卷205《阿合马传》，中华书局，1976年，第4558页。

[3]《元史》卷22《武宗一》，中华书局，1976年，第488页。

[4]《元史》卷16《世祖十三》，中华书局，1976年，第337页。

[5]《元史》卷22《武宗二》，中华书局，1976年，第525页。

[6]（元）何梦桂：《建德路罢金课记》，《潜斋先生文集》卷9，文渊阁四库全书本。

江西瑞州的蒙山银矿，南宋时已经开采五十余年，入元之后则继续开采，到至大年间（1308—1311年）已显枯竭之象，并且由于为了取得冶炼所需木炭，当地林木受到大规模伐取，对当地环境产生恶劣的影响。元人许有壬指出：

> 每岁办纳不前，往往于民间收买，回炉销炼解纳。盖缘归附以来近五十年，本处地面都能几何？所用矿料必取于坑洞，薪炭必取于山林。铢两而求，尺寸而伐，以有限之出，应无穷之求，其地产不已竭乎？……为是本处坑谷已空，薪炭已竭，人力凋弊已甚，侵渔已极，逃移者众，连年亏兑。踪迹显露，计无所施，勉强支撑，中实忧悔。既任其责，欲罢不能。是以又将兴国地面银场协济煽办，移江西之害，及湖广之民。及言宁州等处可以煽银，请于所属，改拨户粮。造此妄言，苟延残喘。……今银一两，虽曰止该官本十四两，然因矿炭尽绝，烧炼不前，俱系炉户用钱收买输纳，已是添答钞两。[1]

许有壬的这段批评的文字向我们揭示了蒙山银矿在元代遭受到掠夺性的开发，进而导致区域性的资源衰竭，我们在此可以讨论的是，虽然文字大部分是在批评人们急功近利下的表现，但是许有壬仍然意识到了银矿开采中所发生的环境破坏问题。由于冶炼矿石需要当地林木资源提供的燃料支持，他特地指出长时间的开采与当地林木资源紧张之间的对应关系，当时的蒙山已经是变成"坑谷已空，薪炭已竭"的状态了。

此外，在蚌珠的采取上，同样面临产量不足、扰民等事。采珠之地分布南北方，在南者有广州东莞县大步海、惠州珠池。元人张珪在上奏中曾提及，"奸民刘进、程连言利，分蜑户七百余家，官给之粮，三年一采，仅获小珠五两六两，入水为虫鱼伤死者众，遂罢珠户为民。其后同知广州路事塔塔儿等，又献利于失列门，创设提举司监采。廉访司言其扰民，复罢归有司。既而内正少卿魏暗都剌，冒启中旨，驰驿督采，耗廪食，疲民驿，非旧制，请悉罢遣归民。"[2]很明显，张珪意在通过采珠一事反映扰民之事，却在无意之中向我们透露出了当时官方所控制的珠池，由于采取频繁，珍珠等资源已接近枯竭。

采珠之人需要深潜入海底，同样也会冒有极大的生命危险，张惟寅就曾指

[1]（元）许有壬：《蒙山银》，《至正集》卷75，文渊阁四库全书本。
[2]《元史》卷175《张珪传》，中华书局，1976年，第4078-4079页。

出采珠人所面临的危险的海洋环境。

> 夫珠生于蚌，深在数十丈，水中之所聚，必有恶鱼水怪以护之。取之之法，以绳引石缒人而下，欲其没水疾也。没水者取捞蚌蛤，或得与不得，其气欲绝者，即掣动其绳，舟中之人疾引而出之，稍迟则没者七窍流血而死。或值恶鱼水怪，必为所噬，无以回避，而况剖蚌逾百十得珠仅一二者乎？[1]

古代采珠是一项众人合作的工作，其中采珠人承担了最大的风险，为了能够潜到蚌蛤所在的海底，采珠人需要依靠绳端所系重物快速下沉。不论顺利与否，他们要么可能遇到水中的"恶鱼水怪"，要么来不及上浮而溺死，但是采珠所取得收获却与这种风险不符。

不唯采珠人在海中采珠所面临的风险很大，张惟寅的担忧还表现在对于珠池的现状，以及人们受珠池所处环境影响等方面，正如他所指出的：

> 况蚌蛤含生之物，三百余年不经采捞，取仅有获，采捞数年，蚌蛤不尽则去。上司只以原捞珠数责办其民，为害何可胜言？且珠池去县二百余里，穷山极海，虫蛇恶物，涵淹卵育，毒气瘴雾，日久发作，人所难居。上司委官采捞，多染瘴疠，而百姓劳于供给，往还动经旬日，疲困道路，何以堪命？愚但见其蠹国害民，未见其为利也。……早赐革罢，庶存活海滨百姓。[2]

至大三年（1310年），监察御史张养浩向皇上进《时政书》，直陈当时利弊，其中提到"采玉者蹈不测之危，煎卤者抱无涯之苦，拣金求珠者冒莫能度量之深。"[3]批评了当时的统治者在享受各地资源时，不能体谅地方在开采这些资源时所面临的困难。

[1]（元）张惟寅：《上宣慰司陈采珠不便状》，民国刻本《东莞县志》卷54。
[2]（元）张惟寅：《上宣慰司陈采珠不便状》，民国刻本《东莞县志》卷54。
[3]（元）张养浩：《时政书》，《张文忠公集》卷11，元至正四年（1344年）刊本。

三、对动物资源的保护与利用

1. 狩猎与禁令

狩猎，作为一种人类猎取自然界现成动物的生产活动，是建立在自然界能够提供足够猎取的野生动物的基础上。人类通过这种活动同周围的环境（特别是各种野生动物）建立了直接的联系，在这个过程当中，狩猎者们积累了丰富的经验，他们掌握每种野兽的生活习性和活动规律，熟悉它们交配、生子的时间、地点，不同季节的休息、活动和避风雨处，还有觅食的时间、地点和路线等，然后根据这些具体情况采取相应的狩猎方法[1]。除此之外，出于信仰还有其他方面的因素，狩猎者们并没有采取赶尽杀绝的猎取方法，而是给予动物们繁殖生长的时间。

在拥有草原、森林、山地、戈壁等多种生态系统的蒙古高原，诸部族也按照生活地域的不同进行了划分，因此也就有了森林狩猎和草原狩猎的区分。蒙古森林部族活动范围在高原北部的贝加尔湖、叶尼塞河等地，而草原上的畜牧部落活动范围，大致在呼伦贝尔湖向西到阿尔泰山之间，但这种区分并非截然分开，"在蒙古诸部族里头也可以发现同时属于草原及森林两方面的部族。"[2]居住在森林中的人是以狩猎作为主要经济方式的，而在草原地区的则虽以游牧为主，但狩猎同样起着很重要的作用。

冬季围猎是蒙古族先民的一种习惯，世代流传，成吉思汗时期被提升到了法律的高度，"从冬初头场大雪始，到来年牧草泛青时，是为蒙古人的围猎季节[3]。"翻看《元史》记载，蒙古皇帝的围猎很多都是在冬季进行。如太宗六年（1234年）"冬，猎于脱卜寒地。"[4]九年（1237年）"冬十月，猎于野马川。"[5]十三年（1241年）"十一月丁亥，大猎。"[6]贵由汗更是"性喜畋猎，自谓遵祖

[1] 孟广耀撰：《蒙古民族通史》（第1卷），内蒙古大学出版社，2002年，第73页。

[2] ［苏联］乌拉吉米索夫著，瑞永译：《蒙古社会制度史》，南天书局，1982年，第12页。

[3] 赛熙亚乐：《成吉思汗史记》，内蒙古人民出版社，1980年，第252页。

[4] 《元史》卷2《太宗本纪》，中华书局，1976年，第34页。

[5] 《元史》卷2《太宗本纪》，中华书局，1976年，第35页。

[6] 《元史》卷2《太宗本纪》，中华书局，1976年，第37页。

宗之法，不蹈袭他国所为。"[1]蒙哥汗也是多次在冬季进行围猎。

　　元代统治者对于狩猎时间有着专门的规定，从现有的资料来看，宪宗蒙哥汗时规定正月至六月为禁猎的时间。从《元典章》中来看，禁猎的时间规定是正月至七月二十日[2]。至元年间（1264—1294年）更是多次颁布狩猎的禁令，如至元九年（1272年）冬十月"己亥，敕自七月至十一月终听捕猎，余月禁之。"[3]至元三十年（1293年）五月规定，在九、十、十一月三个月可以进行围猎，其余月份禁止。禁猎期的规定有着时代的特殊性，是统治者为了狩猎目的所设立，最明显的效果自然是在禁猎范围内的动物能够有时间得到繁殖，正如马可·波罗所见到的，禁止捕杀的"野兔、小种鹿、黄鹿、赤鹿等动物和其他鸟雀。""每一种猎物都能大量地繁殖起来。"[4]大德二年（1298年）六月政府规定，"正月初一为头至七月二十日，不拣是谁休打捕猎物者。"皇庆元年（1312年）五月规定，"今后围猎呵，十月初头围猎"。

　　禁猎期实质就是动物的繁殖生养期。我国自周代就有四时田猎的制度，春夏时禁止捕杀孕兽，秋冬则无此约束。元代的禁猎时间也大致相当于动物的繁殖期，同时正好与中原农耕的时间相吻合，既能够有效地保护动物的繁殖，也有利于农民的庄稼收成。对于在禁猎期违例打猎飞放的，元代也有相应的处罚措施，如表7-11所示。

表7-11　《元典章》"打捕围猎飞放违例"表

断例	七下	一十七	二十七	三十七	五十七	
正月为头，至七月廿日，除毒禽猛兽外，但是禽兽胎孕卵之类，不得捕打，亦不下捕打猪鹿獐兔					违者，那一日骑着马、弓箭断没者。么道	打捕呵，肉瘦，皮子不成用，可惜了性命
禁月因放牛马，赶起野猪獐兔，因而打死		从	首			即非故犯，难同私偷围场断没
背地里飞放	拿住的					骑坐的马匹、鞍辔、弓箭、鹰鹘、野物、穿的袄子、衣服他每的，要了

资料来源：陈高华、张帆、刘晓等点校：《元典章》卷38《兵部卷之五·捕猎》，天津古籍出版社、中华书局，2011年，第1314页。

[1]《元史》卷3《宪宗本纪》，中华书局，1976年，第54页。

[2]《元典章》卷38《兵部卷之五·捕猎》，天津古籍出版社、中华书局，2011年，第1314页。

[3] 郭成伟点校：《大元通制条格》，法律出版社，2000年，143页。

[4]［意］马可·波罗著，梁生智译：《马可·波罗游记》，中国文史出版社，1998年，126页。

　　元代不仅规定了禁猎期，还对狩猎的区域有所限制。蒙古高原上草原广布，野生动物繁多，为蒙古人的狩猎活动提供了充分的空间，包括成吉思汗在内的众多统治者曾经在这里驰骋打围。忽必烈建立两都巡幸制度，"次舍有恒处，车庐有恒治，春秋有恒时，游畋有度，燕享有节，有司以时供具有法寓焉。"[1]

　　在农业地区，由于经历了长期的人类开发，野生动物活动的空间相比草原而言，在范围上已经大大退缩。在这些地区，野生动物的领域和人类活动的领域，已经不是一种能够明确分开的东西，在很大程度上是互相影响的。

　　蒙古人在农业地区的狩猎在很大程度上与其在草原所遵循的原则保持了一致，这首先表现在前面提到的对狩猎的时间规定上。然而在狩猎地域上，却是明显受到了所在区域环境的影响。元代曾颁布一些法令，明确规定了一些区域作为禁猎地的存在，这些禁猎地中存在的野生动物，首先是满足帝王的狩猎需要，同时供专门的猎户采捕以供内廷所需，中统三年（1262年）十月，忽必烈颁旨，规定按照以前体例，"中都四面各五百里地内"除去打捕人户外，禁止其余人等打猎，打捕人户也是对那些在需要缴纳皮货的范围内的野物进行打捕。

　　至元十年（1273年）九月，朝廷又颁下圣旨，对禁猎的区域有更明确的划分，"东至滦州，南至河间府，西至中山府，北至宣德府。"同时申明禁猎区内不准放鹰，对于违反的人处以严厉的惩罚，"若有违反者人呵，将他媳妇孩儿每头匹事产都断没也者。"[2]这与《元史》所记载的"禁京畿五百里内射猎"是同一件事。动辄数百里的禁猎范围，事实上也就是围绕大都构成了一个有限的保护区，而这个保护区在大德元年（1297年）的规定中扩大到了八百里。

　　至顺元年（1330年），"诏宣忠扈卫亲军都万户府：凡立营司境内所属山林川泽，其鸟兽鱼鳖悉供内膳，诸捕猎者罪之。"[3]

　　除了京畿地区，元代在其他地区也多次设有禁猎区或者是临时禁猎地区，如表7-12所示。

---

[1]《经世大典序录·礼典·行幸》，《元文类》卷41，四部丛刊本。
[2]《元典章》卷39《兵部卷之五·违例·禁地内放鹰》，天津古籍出版社、中华书局，2011年，第1324页。
[3]《元史》卷34《文宗三》，中华书局，1976年，第770页。

表7-12　元代禁猎区列表

元代纪年（公元）	月	地点
至元元年（1264年）	冬十月	禁上都畿内捕猎
		景州之东二百里外，平乐州西南海边，易州之北，及武清、宝坻、霸州、保定、东安州亦禁
至元十六年（1279年）		禁归德、亳、寿、临淮等处田猎
至元十九年（1282年）	三月	禁益都、东平、沿淮诸郡军民官捕猎
至元二十八年（1291年）	九月	禁宣德府田猎
	冬十月	严益都、般阳、泰安、宁海、东平、济宁田猎之禁
至元二十九年（1292年）	二月	禁杭州放鹰
至大元年（1308年）	秋七月	禁鹰坊于大同、隆兴等处纵猎
	冬十月	禁奉符、长清、泗水、章丘、沾化、利津、无棣七县民田猎
至大三年（1310年）	十一月	以益都、宁海等处连岁饥，罢鹰坊纵猎，其余猎地，并令禁约
延祐三年（1316年）	春正月	以真定、保定荐饥，禁田猎

资料来源：（元）苏天爵：《元文类》，四部丛刊本；《元史》，中华书局，1976年。

　　主观上来讲，元代在狩猎的时间和范围上进行限制，是为了满足统治者的狩猎及对皮毛的需求，但是这样做的结果却是有利于促进局部地区的动物繁殖，在一定程度上对某些动物资源起到了保护作用。元代在地方许多州县设有专职的"猎户"，用来为统治者获取足够的猎物，因此狩猎权并非人人都有，一般人若要进入禁猎区狩猎，是不允许的，并有相应的处罚规定，如《元典章》中就有规定，凡"禁地面诈称打捕户捕猎"者，不仅要对犯者本人处以鞭笞三十七下的刑罚，还要"要了鞍马、弓箭、衣服"，[1]还会追究本管官员的责任，但是蒙古人例外。

2．弛山林川泽之禁

　　至元二十六年（1289年）十二月二十八日，有民刘德成者，因在檀州禁地内杀食野物而被捕，此事上奏到朝廷。在元代，是不允许在规定的地区内捕猎的，否则就会受到严厉处罚，甚至会"籍其家"。刘德成冒死偷猎，"缘自因缺食，违禁救死，出不得已。"所以免去处罚，第二年房山有人"亦以饥犯禁，依前例奏免之。"

　　对于"以饥犯禁"的人能够按照前例免除其惩罚，表明了元代会在某些情

[1]《元典章》卷38《兵部卷之五·捕猎》，天津古籍出版社、中华书局，2011年，第1314页。

况下放松对自然资源的控制，而这也正是本部分所要讨论的问题。在元代的文献记载中，不乏弛山林川泽之禁，任民采取的记载，而且大多数是在地方遭灾的情况下发生的。一般而言，朝廷在救荒时所采取的措施，主要是赈济、蠲免课税等方式，开放国家控制的山林川泽等资源任人采取，既体现了朝廷对地方灾害的重视，也反映了在利用这些资源时的一种态度。另外，虽然政府下达的开禁山场、河泊的禁令比较常见，但是从另一方面来说，元代政府在日常情况下是对这些地区依旧有着严格的管理，所以不是一种常态的开放，具体开放山泽情况如表7-13所示。

表7-13　元代开放山泽简表

元代纪年（公元）	月	内容	原因
中统二年（1261年）	五月	弛诸路山泽之禁	
至元十四年（1277年）	五月	除河泊课，听民自渔	以河南、山东水旱
至元十五年（1278年）	冬十月	弛山场樵采之禁	
至元二十二年（1285年）	春正月	民间买卖金银、怀孟诸路竹货、江淮以南江河鱼利，皆弛其禁	
至元二十四年（1287年）	闰二月	罢江南竹木柴薪及岸例鱼牙诸课	
	十二月	免浙西鱼课三千锭，听民自渔	
至元二十五年（1288年）	二月	弛鱼滦禁	
至元二十六年（1289年）	冬十月	弛河泊之禁	以平滦、河间、保定等路饥
至元二十八年（1291年）	三月	仍弛湖泊蒲、鱼之禁	辛酉，杭州、平江等五路饥
	夏四月	弛杭州西湖禽鱼禁，听民网捕	
至元二十九年（1292年）	三月	中书省臣言……汉地河泊隶宣徽院，除入太官外，宜弛其禁，便民取食	
元贞元年（1295年）	六月	弛江河湖泊之禁，听民采取	江西行省所辖郡大水无禾，民乏食
大德元年（1297年）	闰十二月	弛湖泊之禁，仍听正月捕猎	淮东饥
大德二年（1298年）	春正月	弛梁泽之禁，听民渔采	建康、龙兴、临江、宁国、太平、广德、饶池等处水
大德三年（1299年）	五月	弛其湖泊之禁，仍并以粮赈之	江陵路旱、蝗
大德四年（1300年）	二月	仍弛山泽之禁	发粟十万石赈湖北饥民
大德五年（1301年）	冬十月	弛山泽之禁，听民捕猎	以岁饥禁酿酒
大德七年（1303年）	春正月	弛饥荒所在山泽河泊之禁一年	
	八月	山场河泊听民采捕	夜地震，平阳、太原尤甚，村堡移徙，地裂成渠，人民压死不可胜计

元代纪年（公元）	月	内容	原因
大德八年（1304年）	春正月	仍弛山场河泊之禁，听民采捕	隆兴、延安及上都、大同、怀孟、卫辉、彰德、真定、河南、安西等路被灾人户，免二年。大都、保定、河间路免一年
大德九年（1305年）	八月	弛山泽之禁，听民采捕	以冀宁路岁复不登
大德十一年（1307年）	五月	山场湖泊课程，权且停罢，听贫民采取	被灾之处
	九月	敕弛江浙诸郡山泽之禁	
至大二年（1309年）	春正月	诏天下弛山泽之禁	恤流移
	九月	禁权豪畜鹰犬之家不得占据山场，听民樵采	以薪价贵
至大四年（1311年）	二月	禁诸王、驸马、权豪擅据山场，听民樵采	
皇庆元年（1312年）	秋七月	诸被灾地并弛山泽之禁，猎者毋入其境	保定、真定、河间流民不止，命所在有司给粮两月，仍悉免今年差税
延祐六年（1319年）	六月	开河泊禁，听民采食	以济宁等路水，遣官阅视其民，乏食者赈之，仍禁酒
延祐七年（1320年）	二月	括民间系官山场、河泊、窑冶、庐舍	
	九月	弛其山场河泊之禁	滨阳水旱害稼
	十二月	开燕南、山东河泊之禁，听民采取	
至治元年（1321年）	十一月	以辽阳行省管内山场隶中政院	
至治二年（1322年）	闰月	弛其河泊之禁	真定、山东诸路饥
泰定三年（1326年）	十一月	弛永平路山泽之禁	
泰定四年（1327年）	十一月	开内郡山泽之禁	以岁饥
天历元年（1328年）	十二月	弛山场河滦之禁	
天历二年（1329年）	夏四月	乞弛山林川泽之禁，听民采食	河南廉访司言：河南府路以兵、旱民饥，食人肉事觉着五十一人，饿死者千九百五十人，饥者二万七千四百余人
	冬十月	弛陕西山泽之禁以与民	
元统三年（1335年）	二月	开所在山场、河泊之禁，听民樵采	赈江浙等处饥民四十万户

资料来源：《元史》，中华书局，1976年。

弛山林川泽之禁被视作救民之急务，亦是救荒之良策，然而这种开禁有着诸多的限制，除前文提到的并非常态化之外，在弛禁地点、可采取的资源等方面同样有所限制。在弛禁地点上，虽然大多数是灾伤地面的山场河泊一并开禁，但也并非全部如此。大德八年（1304年）一款诏令就规定，"禁断野物地面，除上都、大同、山北等处，大都周回百里，其余禁断去处并山场、河泊，依旧例并行开禁一年，听从民便采捕。"[1]大德十一年（1307年）朝廷下令，以"近年以来，水旱相仍，缺食者众"，为此，在上都、大同、隆兴三路，以及大都周围五百里范围内依旧禁捕野物，"其余禁断处所及应有山场、河泊、芦场，诏书到日，并行开禁一年，听民从便采捕。"[2]至大二年（1309年）这些开禁并没有关闭，而是依前例继续开禁一年。在开禁的同时，还规定了"有力之家不得揽夺。"[3]以保证开禁的山场河泊能够发挥作用。

在可供采取的资源方面，朝廷同样有所限制，至元十三年（1276年）江南归附之时，曾下令"所在州郡山林、河泊出产，除巨木、花果外，虾鱼、菱芡、柴薪等物，权免征税，许令贫民从便采取，货卖赈济。"[4]至大二年（1309年）的开禁"除天鹅、鹔鹅外，听从民便采捕。"[5]值得一提的是，天鹅、鹔鹅等飞禽在正常情况下也在禁止打捕、买卖的范围内，违者会受到严重处罚，如至元八年（1271年）曾有圣旨，"打捕鹰房民户，天鹅、鹔鹅、仙鹤、鸦鹘休打捕者。私下卖的，不拣谁，拿住呵，卖的人底媳妇、孩儿每，便与拿住的人者。……除这的以外，鸭、雁其余飞禽，诸人得打捕者。"[6]

在听民从便采捕的情况下，元代依旧禁止汉人持弓矢进行围猎，大德十一年（1307年）规定"汉儿人等不得因而执把弓箭，聚众围猎"，至大二年（1309年）同样如此。在元代，只有正打捕户被允许持有弓箭，早在至元六年（1269年）就有圣旨规定，"随路打捕御膳野物，除正打捕户执把弓箭外，其余人等并行禁断。"但是在至元七年（1270年）曾准许开元路打捕户不禁弓箭，"本路所辖，俱系诸王投下女直打捕人户，每年春种些小油麻，并无营运。从秋至冬，执把弓箭，打捕水獭、貂鼠、青鼠等皮货。如逢虎豹，射捕得到皮货，折纳包银布匹。如无器械，野兽定伤人命。"[7]此处"人户别无出产，为藉打捕到皮货折纳差发，难同别路一体禁断弓箭。"[8]

[1]《元典章》卷3《圣政卷之二·赈饥贫》，天津古籍出版社、中华书局，2011年，第102页。
[2]《元典章》卷3《圣政卷之二·赈饥贫》，天津古籍出版社、中华书局，2011年，第103页。
[3]《元典章》卷3《圣政卷之二·赈饥贫》，天津古籍出版社、中华书局，2011年，第102页。
[4]《元典章》卷3《圣政卷之二·赈饥贫》，天津古籍出版社、中华书局，2011年，第101页。
[5]《元典章》卷3《圣政卷之二·赈饥贫》，天津古籍出版社、中华书局，2011年，第103页。
[6]《元典章》卷38《兵部卷之五·捕猎·禁捕鹔 鹅鹘》，天津古籍出版社、中华书局，2011年，第1315页。
[7]《元典章》卷35《兵部卷之二·许把·开元路打捕不禁弓箭》，天津古籍出版社、中华书局，2011年，第1229-1230页。
[8]《元典章》卷35《兵部卷之二·许把·开元路打捕不禁弓箭》，天津古籍出版社、中华书局，2011年，第1230页。

小　结

元代绝大部分的山场、河泊等置于国家的控制之下，对其进行严格的管理，将山林川泽所产矿物和生物资源纳入国家的赋税体系之中。大多数情况下，政府对控制的山场、河泊有着较为严格的规定，但是遵循"多者不尽收，少者不强取"的态度，实际上，山场、河泊及其所产的作用远不限于为国家提供资源，当遇到灾害发生时，以有限的开放状态进入百姓的生计中，此时其救荒功能也得到体现。元代对自然资源的控制，可以作为一种可持续利用的方式来看待，国家的管理实际上对这些自然资源起到了一定的保护作用，有效地维护了这些生态系统的完整性，防止过度的开发。

但是元代资源的开发利用也并非全然合理，部分矿产资源的开采由于缺少规划而导致出现区域性的衰竭，如蒙山银矿不仅矿石开采将尽，而且由于冶炼砍伐大量林木，导致附近山体的森林植被减少，环境恶化。而蚌珠的开采事例则是元代在生物资源利用上竭泽而渔的表现。

第十节　沿海盐草和荒地的保护与开发

元代的沿海地区，由于不同程度的人类活动原因而呈现出多种的景观，这些景观的出现或持续存在，很大程度上是人们出于自身的实际需要而对自然进行的干涉。本章将围绕元代的煎盐烧盐草保护以及元末北方沿海荒地开发方案进行探讨。

一、元代的盐场与煎盐烧盐草

元人柯九思在《送程鹏翼赴山东运司经历》诗中，描述了元代海盐生产的壮观场景。

> 齐人富国书犹在，煮海为盐属县官。
> 千灶飘烟云树湿，万盘凝雪浪花干。

西曹儒雅声华旧，东郡司存礼数宽。

谈笑云霞公事了，大明湖上凭栏干。[1]

诗中的"千灶飘烟云树湿，万盘凝雪浪花干"是元代海盐生产繁荣的一个例证。古人对于从海水中获取食盐的行为，多用"煮海"一词来表达，元人如何操作以及维持"煮海"所需之物则涉及众多方面，这也是我们将目光转向元代海盐盐场的原因，元代盐场分布如表7-14所示。

表7-14　元代盐场分布

盐区	盐场数	盐区	盐场数
大都之盐	不详	两浙之盐	34
河间之盐	22	福建之盐	7
山东之盐	19	广东之盐	13
辽阳之盐	不详	广海之盐	不详
两淮之盐	29		

资料来源：《元史》卷94《食货二》，中华书局，1976年，第2386-2392页。

元代的海盐生产分布情况如下，大都、河间、辽阳、山东盐区环绕渤海，渤海受大陆影响剧烈，降水少且集中在夏季，虽然渤海的盐度低，但是由于渤海特别是其西部，四季都是太阳总辐射的高值区，所以蒸发量大，由此得以弥补盐度过低而产盐率较低的情况。同时在渤海沿岸还有许多入海河流带来的泥沙所形成的海滩，这些海滩所产的芦苇为海盐生产提供了充足的燃料。两淮、两浙等盐区则分布在东南沿海，这里有着绵长的海岸线，海水的盐度也较渤海地区高，因此海盐的生产量是非常大的。

元人杨维桢作有《海盐赋》，此赋乃描写海盐生产场景之作，从地域到生产环境，都有所涉及。特别是其描述生产过程之语，更是能让我们看到元代海盐生产过程中，燃烧薪柴所带来的震撼场面。

鲸波际天，蛟门飞烟。截流云于银浦，峙群玉于琼田。征夏后制贡之书，考管氏海王之篇。知海盐之为利，实民用之所先。青齐之境，吴越之壖，斥卤

[1]（元）柯九思：《送程鹏翼赴山东运司经历》，（清）顾嗣立编《元诗选·三集》，中华书局，1987年，第200页。

万里，宵烹夜煎。因润下之至味，取作咸之自然。尔乃牢盆庖司，亭民输力。铲镵广场，刮磨荒碛。畦塍棋布，坎壤山积。朝雨令而润滋，清暾上而蒸湿。且锸且畚，载酾载纍。沦龙堆而沃澍，溜甘雨而滴沥。洒天地之清流，泻土膏之湛液。沟冷漫淫，陂池衍溢。于是函以鼎釜，燎以薪蒸。万灶烟青，晴𤍠若云。响鲲涛于乍浦，漂蜃沫于余腥。浩浩绵绵，泓泓渟渟。[1]

　　在海盐的生产技术上，有煎、晒两种方法，元代以煎盐为主，也有部分盐场有过晒盐的记载。煎盐之法，在环渤海盐区是"取一种极咸的土，聚之为丘，泼水于上，俾浸到底，然后取此出土之水，置于大铁锅中煮之，煮后俟其冷，结而成盐，粒细而色白，运贩于附近诸州，因获大利。"[2]东南沿海的海盐生产技术则反映在元人陈椿最终完成的《熬波图》上。

　　海盐的生产固然要从海水中获得资源，但是在以煎法为主要获取手段的当时，还有一个问题至关重要，那就是煎盐所需燃料从何而来。《熬波图》中有"樵斫柴薪"一幅图，如图7-12所示，其解说如下：

资料来源：（元）陈椿：《熬波图》，《上海掌故丛书》（第一集），上海通社，1936年。

图7-12　樵斫砍柴图

---

[1]（元）杨维桢：《海盐赋》，《铁崖赋稿》卷上，清劳权家抄本。

[2]［法］沙海昂注，冯承钧译：《马可·波罗行纪》，中华书局，2004年，第319页。

办盐，柴为本，向者额轻荡多，今则额重荡少。为因盐额愈增而荡如旧故也。春首柴苗方出，渐次长茂，雇人看守，不得人牛践踏，谓之看青。及过五月，小暑梅雨后，方可樵斫。间有缺柴之家，未待四月，柴方长尺许，已斫之矣。雇募人夫入荡砍斫，人夫手将铁镶，脚着木履，为荡内柴根刺足，难于行立也。上则月分卤咸，每盐一引用柴百束，下则月卤淡，用柴倍其数。至如四五月乏柴，则买大小麦秆柴接济煎烧。浙西为有官荡，每引工本比浙东减五两。[1]

《熬波图》反映的浙西地区盐场的海盐生产过程，从上文中可以得知，盐场有属于自己的苇荡，即文中提到的"官荡"，为煎盐供应燃料所需。平时苇荡有人看守，既给柴苗足够的生长时间，也防止平常人家滥加砍伐。但是受盐场所受盐额的变化，原有苇荡已渐不足用，必要时需要额外购买麦秆等以供煎盐所用。

元代南北盐场采用煎盐之法居多，所以应该每个盐场都会有属于自己的燃料供应之地，或称为"煎盐烧盐草"。我们可以肯定会有这样的场景，平日里在盐场周围一定范围内，存在着大面积的、人为留下的荒地，用来煎盐所用柴禾的生长。在官方划定的范围内，不允许与煎盐无关人员进入这个范围，或樵采，或畜牧。到了每年煎盐的高峰期，大量雇佣人员进入这里，樵斫砍柴。照《熬波图》中记载，煎盐所需最少也要每引百束，两浙盐场岁办盐额多在四五十万引，由此可以想到所需煎盐柴草之多。

盐场附近有足够的柴草提供燃料，对于盐场的繁荣发展有不小的帮助，山东运司下辖的固堤场就是一个很好的例子。固堤场创建于至元十六年（1279年），"斥衍而草繁，醝户并居，四远悉阜庶焉，以故岁课恒最诸场。"[2]

为了方便海盐的生产，元代在盐场周边人为地保留了一定范围的荒地，且有一些规模还很大。这些荒地作为煎盐燃料供应地受到一定的保护，因此在繁忙的盐场周围形成了大片荒芜的景象。即使雇人看守，这些荒地还是面

---

[1] （元）陈椿：《熬波图》"樵斫砍柴"，《上海掌故丛书》（第一集），上海通社，1936 年，标点为笔者所加，原文无。

[2] （元）李裕：《元固堤场鼓楼碑》，《潍县志》卷 41，1943 年刻本。

临着一些问题，如偷采偷樵、失火延烧等，这会影响到海盐生产的正常进行，为此，朝廷专门颁布一些法令来加强对荒地的保护，并对违反之人采取一定的惩治措施。

早在中统二年（1261年）《恢办课程条画》规定，"煎盐烧盐草，每年常有野火烧延，靠损草地，及有破伐柴薪之人，以致失误用度。仰邻接管民正官，专一关防禁治。但犯，决八十，因致阙用者，奏取敕裁。"[1]

到了至元二十九年（1292年）的《立都提举司办盐课》中写道，"运司煎盐地面，如有系官山场、草荡、煎盐草地，诸人不得侵占斫伐及牧放头匹，胤火烧燃。仰所在官司常切用心关防禁治，如有违犯之人，断罪赔偿。"[2]这里将需要保护的范围扩大到了系官山场、草荡等地，应是为了应对煎盐所需燃料不够的情况下，可以到此进行砍伐来补充。

为煎烧海盐所保留的柴地，自元代之前有些就已经存在，到了元代，有些地方的煎盐柴地渐有不受控制之势，典卖者有之，被开垦者亦有之，为了加以规范，大德四年（1300年）十一月颁布的《新降盐法事例》中提到："诸场煎盐柴地，旧来官为分拨，初非灶户己业。亡宋时禁治豪民不许典卖，亦不许人租佃耕种。今知各场富上灶户往往多余冒占，贫穷之人内多买柴煎盐，私相典卖，开耕租佃，一切无禁。今后运司严加禁治，更为差官体究，若有似此情弊，即仰依理归着。无柴去处，从公分拨，务要贫富有柴煎盐，不得似前违错。"[3]

延祐五年（1318年）三月十六日，《申明盐课条画》重申了对煎盐烧盐草的保护，"煎烧盐草，每年常有野火烧延，靠损草地，及有砍伐柴薪之人，以至失误用度。仰本处邻接官司，委自管民正官，专一关防禁治。但犯杖八十，因而阙用者，奏取敕裁。"[4]

除去必要的保护之外，由于盐草分布的地区大多在海滨，因此在供应盐场生产的同时，有些情况下还要面临着来自海运烧柴方面的竞争。元代从江南海路运粮到直沽，最快也要在海上航行十余日，期间难免下船"搬柴取水"来补给，但是这种补给只能在靠近海岸地区进行。柴从何来？海滨为煎盐预留的荒地无疑是最好的选择。我们在文献记载中可以看到此类例子。西域唐兀人黄头

---

[1]《元典章》卷22《户部卷之八·课程·恢办课程条画》，天津古籍出版社、中华书局，2011年，第793页。
[2]《元典章》卷22《户部卷之八·课程·恢办课程条画》，天津古籍出版社、中华书局，2011年，第793页。
[3]《元典章》卷22《户部卷之八·盐课·新降盐法事理》，天津古籍出版社、中华书局，2011年，第823-824页。
[4]《元典章》卷22《户部卷之八·盐课·申明盐课条画》，天津古籍出版社、中华书局，2011年，第832页。

在武宗至大年间到仁宗延祐年间（1308—1320年）担任海运官员，在其解决的有关海运问题中，就曾提到"海运之舟，众数十万，薪爨之用，取诸水滨，道经河间，盐司率以盐草为辞，而执掠之，无所得爨。公请正盐草之界，得取其短小于钩断之外，不预盐草者。"[1]

元代海运规模庞大，对薪柴的需求也很大，虽然在粮船出发时会自备一些，但仍显不够，正如海道副万户燕只哥所说，"粮船既开太仓，风顺浪平，瞬息千里，设风涛不测，动淹旬朔，舟载薪有限，而涉险无涯。"[2]遇到此种情况，船队只能"取薪海壖，蒲苇葭葭，匪求赢余，俾不乏爨斯足矣。"[3]而盐司却会"以海草薪官给烧盐，漕民何得薅取？"[4]为由与海运船队相争，甚至于将进行樵采的人员拘禁、拷打。

二、元末北方沿海荒地开发方案

元代疆域辽阔，"东近辽左，南越海表"，广大的国土之东，则是绵延万里的海疆。在入海河流和海洋的交互作用下，海岸地带的变化也是非常精彩的。自海运开启之后，通过海洋，将江南的粮食与北方的需求快捷地联系起来，一岁运粮数百万石有之，然而几十万石亦有之。海运其任至重，"仰东南之粟以给京师，视汉、唐尤为重。"然而也利害并存，"以数百万斛委之惊涛骇浪，冥雾飓风，帆樯失利，舟人隳守，危在瞬息。"[5]稍有不测运舟则有覆溺之虞，为此，元代的一些有识之士曾提出解决方案，通过开发北方沿海荒地来缓解此种情况。

虞集，字伯生，号邵庵，又号道园。泰定年间（1324—1328年）在经筵讲读，史载虞集"尝论京师恃东南运粮以为实，竭民力以乘不测，非所以宽远人而因地利也。"[6]其时每年从江南海运而来的税粮数目在三百万石左右，维持在

[1]（元）虞集：《平江路达鲁花赤黄头公墓碑》，《雍虞先生道园类稿》卷44，新文丰出版公司影印《元人文集珍本丛刊》本。

[2]（元）郑元祐：《亚中大夫、海道副万户燕只哥公政绩碑》，《侨吴集》卷11，明弘治九年（1496）张习刻本。

[3]（元）郑元祐：《亚中大夫、海道副万户燕只哥公政绩碑》，《侨吴集》卷11，明弘治九年（1496）张习刻本。

[4]（元）郑元祐：《亚中大夫、海道副万户燕只哥公政绩碑》，《侨吴集》卷11，明弘治九年（1496）张习刻本。

[5]（元）程端学：《灵济庙事迹记》，《积斋集》卷4，文渊阁四库全书本。

[6]（元）虞集：《书袁诚夫征赋定考后》，《雍虞先生道园类稿》卷35，新文丰出版公司影印《元人文集珍本丛刊》本。

一个较高的水平，"日输月运，无有穷已"，可以说是元代海运的一个高峰期。也就在此时，"大农以乏用告。会议廷中，各陈裕财之说。"[1]虞集连同鲁叔仲等借此机会提出了针对北方沿海地区进行开发的方案。

在《元史·虞集传》中，详细记载了虞集等人所提出的对于北方沿海进行开发的内容[2]。首先，虞集等人分析了当时北方沿海可供开发的情况。

京师之东，濒海数千里。北极辽海，南滨青齐。萑苇之场也，海潮日至，淤为沃壤。

虞集等人口中的"濒海数千里"可能有些夸张，但是从辽东半岛向南到山东半岛的整个环渤海区域，确实存在大片可供开发的土地。至元时就曾有过军人屯田驻扎。"山东濒海地面土广人稀，……其濒海去处，在前有东路蒙古汉军都元帅也速解儿管领军马行营种田，并有守把海口壮丁，军人屯驻，以备不虞。"灭宋后军马南移，此地又因海船沿近海水面行驶，曾发生过过往行船人员下岸劫掠事件，"兼濒海去处田野宽广，合无量移军人置立屯田，以备不虞，实为长便。"[3]

有了可以进行开发的地区，如何进行，虞集等人建议用浙人之法。具体如下：

用浙人之法，筑堤捍海以为田，慕富民之欲得官者，得合其众，分授以地。出牛、种、日食，召合众夫以耕之。其地也，官定其畔以为限，制亩必加倍以授之。能以万夫耕者，授万夫之田，为万夫之长。千夫、百夫皆如之。

针对濒海地区的开发，虞集等人建议效仿南方修筑捍海堤塘的方法，如前所言，海潮可以帮助"淤为沃壤"，然而同样对海边的土地形成危害。如遇海潮较为迅猛，则不仅有漂没庐舍之患，造成人员财产损失，民田亦不得保。修筑海塘早在宋代即已有之，对于防范海潮起到了很好的作用，对土地也有一定的

[1]（元）虞集：《送祠天妃两使者序》，《雍虞先生道园类稿》卷19，新文丰出版公司影印《元人文集珍本丛刊》本。
[2]《元史》卷181《虞集传》，中华书局，1976年，第4177页。以下引文若非注明，皆引自此处。
[3] 佚名等撰：《大元海运记》，广文书局，1972年，第39页。

保护。其次官方出面，对能够召集民众进行耕垦的人员予以奖励，授以万夫之长、千夫之长等职位。同时朝廷帮助对土地进行划界，并加倍授予，由政府资助农耕所需之物。

为了避免在开垦初期因征收赋税而导致开发不力，虞集等人还给出了减免赋税的建议。"一年勿征也，官视其勤惰，察其惰者而易之。二年又如之，亦勿征也。三年视其成，以次渐征之。"以三年为期，前两年不征税，并视开垦人员勤惰以更替。即使在第三年，也是"渐征之"。土地在开垦之初，因地力不足，开始的时候产量必然不高，随着耕作时间的加长，肥力不断增加，粮食产量也会有所提升。

当以上的设想都实现之后，再"以地之高下，定名于朝廷。五年有蓄积，命以官就所储给以禄。十年授以命佩之符印，得以传之子孙，如军官之法。"如此，对于朝廷来说，得到的好处更是甚多。

> 则东面强兵数万，可以近卫京师，外御岛夷，远宽东南海运之征，以息吾民。遂富民得官之志，而得其用，江海游食盗贼之类，皆有所归属。

若开发得当，必然会吸引更多的人口，长此以往，朝廷不仅可以就近得到粮食从而"远宽东南海运之征"，还可得数万强兵，以拱卫京师，抵御岛夷。同时，可以借此招抚"江海游食盗贼之类"，为濒海之地取得安宁。"疆实畿甸之东鄙如此，则其便宜，又不止如海运者。"[1]相比于海运而言，开发京师之东濒海地区可谓有一举多得之利。

虞集等人提出的方案并非一蹴而就，而是需要投入大量的人力、物力对濒海之地进行改造，积数年之功方可见成效，如果从这一点来看，又不如每年的海运来得简单快捷。当时的海道已经不同于初开之时，安全已经大有保证，且海船只需十余日便可抵达。因此当他们提出建议并"会议廷中"时，"时宰以为迂而止。"[2]除此之外，"说着以为一有此制，执事者必以贿成，则不可为矣。"[3]虽此议未行，但提议中的海口万户之设，其后"大略宗之"。

---

[1]（元）程端学：《灵济庙事迹记》，《积斋集》卷4，文渊阁四库全书本。
[2]（元）程端学：《灵济庙事迹记》，《积斋集》卷4，文渊阁四库全书本。
[3]《元史》卷181《虞集传》，中华书局，1976年，第4177页。

明人丘濬《大学衍义补》卷三五《治国平天下之要》这样评价虞集等所提的建议。

臣按虞集此策，在当时不曾行。及其末世也，海运不至，而国用不给。谋国者思集之言，于是乎有海口万户之设，大略宗之，每年亦得数十万石，以助国用。吁！亦已晚矣。[1]

事情过去几年之后，"天历中，关中大饥，民枕藉而死，至有郡县无孑遗者。大臣有受命往治，而粟无所从出。至哀痛以死，卒无如之何。"[2]考《元史》，知事当在天历二年（1329年）正月，"陕西大饥，行省乞粮三十万石、钞三十万锭，诏赐钞十四万锭，遣使往给之。"[3]"陕西诸路饥民百二十三万四千余口，诸县流民又数十万，先是尝赈之，不足。"[4]此时海运已经不能如期而至，而"大都府藏，闻亦悉虚"，治国救民之粟无所从出，引人深思。

小　结

为了获得足够的煎盐所用燃料，从北到南，盐场的周围都可能存在大量荒地、草场、苇荡，只为了取得燃料，官方人为保持了这些景观的存在，并竭力通过制定一些政策来保证这些地方不被人们开垦。

北方沿海荒地开发方案的提出还和海运的不足有关，元末海运时断时续，已经不能满足需求，因此为了解决这些地区的粮食供应问题，虞集等人才将目光转向沿海的荒地。然而土地开发利用不可能一蹴而就，况且沿海的土地受海水影响，一些盐碱地确实不能利用。要将这些荒地转向农业利用，需要大量的人力物力投入和长时间的持续，显然在元末不稳定的局势下是无法办到的。

---

[1]（明）丘濬撰：《大学衍义补》卷35《治国平天下之要》，文渊阁四库全书本。

[2]（元）虞集：《书袁诚夫征赋定考后》，《雍虞先生道园类稿》卷35，新文丰出版公司影印《元人文集珍本丛刊》本。

[3]《元史》卷33《文宗二》，中华书局，1976年，第729页。

[4]《元史》卷33《文宗二》，中华书局，1976年，第733页。

第十一节 元代环境与社会的总体认识

元代统治的时间并不算长，却是中国历史上一个重要的朝代，因为它的建立者是来自北方蒙古高原的游牧民族——蒙古族，是中国历史上第一个少数民族建立的统一王朝。元代统治了辽阔的疆域，并把广大的边疆地区纳入版图之中，从根本上改变了以往中央王朝对边疆少数民族地区仅限于羁縻政策的局面，达到了大统一的政治局面。统一有效地促进了各民族间的融合，不同族群人口跨地区流动，并从事各类生产活动，在加强边疆与内地往来的同时，促进了不少地区的经济开发。

唐纳德·休斯说，"幸运或者说不幸的是，在人类社会、自然界以及两者的关系中，改变都是一种必然。……历史上有很多人与自然的对抗，同时也不乏二者再次修好、走向和谐的事例"[1]。生态的发展帮助塑造了人类的历史进程，而人类也在很大程度上改变了他们赖以生存的自然环境，对于所造成的环境改变，人们必须学会如何去适应，如何调整社会结构以求得更好的发展。

元代跨13、14两个世纪，在前一个世纪大部分的时间里，蒙古人忙于通过战争手段来取得土地和人口。在最终完成统一之后，又集中精力去修复之前战争所带来的破坏，同时在继承前代王朝社会发展积累的基础上，争取进一步的发展。这是一个破坏与建设兼具的时代，元人在社会经济发展中遇到了各种各样的问题，相同的情况同样发生在他们与自然的相遇之中。

一、不同人群面临的环境挑战

数十年的征战之后，蒙古人完成了中国的统一，这幅辽阔的版图实际上可以看作由两大区域组成，北方是游牧民族生息的草原地区，有着独特的生态环境，南方则是面积广大的定居地区，从华北平原到江南地区，这两大区域的自然与人文环境互异。蒙古人从蒙古高原一路南下，在征服定居地区的同时，也在经历着不同生态区域的转变，面临着来自环境方面的挑战。

---

[1] ［美］J. 唐纳德·休斯著，赵长凤、王宁、张爱萍译：《世界环境史：人类在地球生命中的角色转变》，电子工业出版社，2014年，第1页。

　　元人郝经在宪宗六年（1256年）上《东师议》，分析了蒙古人在面临地理环境转变的情况下，军事征服上遇到的困难。

　　国家以一旅之众，奋起朔漠，斡斗极以图天下，马首所向，无不摧破。灭金源，并西夏，蹂荆、襄，克成都，平大理，蹒轹诸夷，奄征西海，有天下十分之八，尽元魏、金源故地而加多，廓然莫与侔大也。惟宋不下，未能混一，连兵构祸，逾二十年。何曩时掇取之易，而今日图惟之难也？……国家用兵，一以国俗为制，而不师古。不计师之众寡，地之险易，敌之强弱，必合围把稍，猎取之若禽兽然。……其初以奇胜也，关陇、江淮之北，平原旷野之多，而吾长于骑，故所向不能御。……今限以大山深谷，扼以重险荐阻，迁以危途缭迤，我之乘险以用奇则难，彼之因险以制奇则易。[1]

　　地形环境方面遇到的不利一度对给蒙古人的征服造成极大的困难，为了适应新情势，蒙古人逐渐建立了一支以骑兵为核心，兼有步、工、炮等军种的复合军队，吸取了汉人、南人的长处，建立了强大的水军，最终完成了对广大地区的征服。

　　与地形不利相伴随的还有气候适应方面的问题。从这个角度来看，从高原走出来的这些蒙古人包括军队和平民摆脱了高原上比较恶劣的气候，来到了南方更温暖的地方，这里四季分明（如华北平原、黄河流域等地），甚至一些地方的炎热如长江地区的亚热带气候以及过了南岭之后的热带气候已经开始使他们难以忍受。

　　草原地区与定居地区气候的巨大差异，给人们留下了深刻的印象，这也就为蒙元时期的统治者们比较热衷于在夏季来到时回到北方草原之上度夏提供了一种解释。忽必烈在草原地区建上都，夏季避暑办公是其功能之一，所建立起来的两都巡幸制度为后代帝王所遵守。

　　气候的问题并不止于炎热，当人们来到南方，不只是蒙古人，包括汉人，甚至那些原本就生活在南方的人，仍旧面临着早就存在的、因湿热环境而产生的瘴疠问题，在元代的文献中屡有记载。瘴疠的存在在一定程度上对元代经营

---

[1]（元）郝经：《东师议》，《陵川集》卷32，文渊阁四库全书本。

南方产生了影响，部分官员对到南方尤其是偏远地区任职不甚情愿，导致了一些地区出现缺官现象，而对于那些从北方派遣到南方地区屯驻的士兵，受到的影响似乎要更严重一些，虽然文献中的记载不是很多，但透过现有的资料，屯驻的军士有时因瘴疠影响而死伤众多，朝廷不得不通过调整驻地来应对。

不同区域的人群面临着不同的环境挑战，对于那些在元代航行海上的水手来说，一个最重要的任务就是每年两次的运粮，船队从江南地区出发，沿海路一路北上，运往遥远的直沽交卸。这个过程中最困难的不是装粮与卸粮，而是中间的海上历程。至元年间（1264—1294年）为运粮所开辟的海上航道，体现了时人的智慧，陌生的海洋环境存在着很多的凶险，暗礁、浅沙，以及海上风浪，人们不畏险阻，数次出入于深海大洋之中，只为找寻一条便捷的水路。这个过程中充满了风险，也极具开拓性，水手不仅要熟知季风与洋流，同时还要有直面不测之渊的勇气，在对海洋环境不断地适应、利用中，进行自我行为的调整，最终实现预定的目标。在元代的人看来，天下至险莫过于海，稍有不慎，"鲸波鼓怒，袭我粮道，坚舟利楫，苍黄失错，鞠为灰烬。"[1]而他们却可以"道海为渠"，成就了"旷古以来所未有之大利捷"。

二、传统主题下的人与环境互动

本章所进行的几项专题研究中，涉及农田水利、黄河治理、城市建设、资源利用等内容，这些都在常见的历史研究主题之列，在本章中将这些研究内容引入环境史的视野当中，尝试着将人类的制度、国家、经济、社会置于自然生态系统的语境当中进行考察。

13世纪长期进行的战争，带来的首先是大范围的破坏，特别是在北方地区，社会生产秩序陷入混乱，人口大量减少，土地大片荒芜。剧烈的变化损坏了农业生态系统，而蒙古人游牧传统的进入，出现了对于土地利用上的争论，围绕发展农业还是畜牧业，从成吉思汗到忽必烈经历了一个态度上的妥协，结果就是强烈要求把农田变为牧地的声音不再出现，朝廷致力于恢复与发展地方的农业生产，但同时又不得不去协调农牧业之间的冲突，尤其是那些设置在农耕地

---

[1]（元）陈基：《海道都漕运万户府达鲁花赤脱因公纪绩颂》，《夷白斋稿》卷12，四部丛刊初编本。

区的官牧场。地方农业景观的恢复是人们努力经营的结果，北方地区大量的土地从荒芜重新变得繁荣，农作物的种植与各种经济林木的栽种让部分地区呈现欣欣向荣的面貌，成为一方乐土。在受战争破坏较小的江南地区，农业生产在南宋基础上得到了进一步的发展，特别是江浙地区，成为了对北方粮食海运的基地。

在与环境进行的互动之中，水利建设活动是不能被忽略的，人们通过不同的水利工程对河流湖泊加以利用，最广泛的是应用于农业生产，元代各地开展的农田水利兴修，就很好地改善了地区的农业生产环境，同时还能在一定程度上起到防洪排涝的效果。为了满足大都城市用水以及漕运需求，朝廷对大都周边进行了一系列河流改造，通过修筑堤堰和开凿人工运河，将优质水资源集中起来。连接南北的大运河也在元代开凿成功，在花费大量人力物力，克服了地形与水源问题之后，南方的粮食可以源源不断地通过这些人工运河到达北方，和位于海上的航道一起，构成了维持元代政权的两条生命线。

历史时期黄河下游河道的决溢泛滥，是受到了自然和人为双重因素影响的，河患频发，是生态环境恶化的一个重要表现，对于受影响地区而言，一系列生态退化现象如土地沙化、土壤盐渍化、水系紊乱等的发生，给当地民众带来了深重的灾难。在元代，对黄河的治理经历了两个不同的阶段，第一个阶段是蒙古灭金之后的四十余年，这期间有关黄河河患的发生及相关治理活动少见于文献的记载。第二个阶段则是从至元中期到元末，是元代黄河治理的重要时期。黄河决溢泛滥的次数逐渐增多，危害逐渐加大，围绕如何对黄河进行治理，元代也有过数次的争论。这些争论各有其目的所在，且多数人也注意到治理黄河要顺水之性。但是纵观有元一代的河患治理，以筑堤堵塞决口较多，在治河策略上缺乏整体的筹划，事实上并没有取得良好的效果。

灾害性海潮的发生，给元代东南沿海地区生活的人们带来了不小的危害，海水入侵会冲毁农田，摧毁居所，甚至造成巨大的人员生命损失。为了保卫家园，元代在因袭前代的基础上，对沿海的捍海堤塘进行增修，改进海塘塘工技术，增强了海塘的稳定性，可以有效地抵御海潮灾害。捍海堤塘既是一种手段，也是一种象征，是生活于沿海地区的人们同海洋灾害斗争的结果。

在草原时期，蒙古人就有着自己独特的生态观与生态实践，当进入内地之后，这种生态实践的范围也随之扩大。元代对于自然资源的控制较为严格，通过征收课税的方式加以经济利用，但是遵循"多者不尽收，少者不强取"的态度。当灾荒发生时，国家所控制的资源，也会以有限的开放状态进入到百姓的生计之中。元代对自然资源的控制，可以视为一种可持续的利用，特别是对于动物资源，朝廷设置了禁猎时间与禁猎范围，提供了休养生息的空间。

总体而言，元代人们对自然环境进行了持续的开发利用，不仅力图恢复因战争遭受破坏的地区面貌，而且范围、规模上相比前代也都有很大的扩展，边疆与内地同样得到了开发。水利建设在南北各地展开，人们把河流湖泊之水引向农田，导入运河，通过合理的控制进行水资源的分配调节，深刻体现了人与环境之间的往来互动。

三、对元代人与自然环境关系的总体认识与思考

元代在中国历史与文化的发展中，地位颇为特殊，蒙古人一改往昔游牧民族对汉地征服的历史，以雷霆万钧之势，成为第一个入主中原并建立了兼统漠北、汉地与江南的王朝，南北遂告混一。元代虽然历年不久，但是其在政治、经济、社会、民族、文化等诸多方面却造成了大小不一的影响，在中国历史文化发展中留下了自己的烙痕。

进行环境史研究是为了更好地探求人类与自然之间的相互关系，层次不同，内容的表现也就不一样。唐纳德·休斯将环境史的主题大致划分为三类，第一类是有关环境因素对人类历史的影响，即人类本身所处的自然世界是如何限制和塑造历史的。自然环境对人类活动的影响在元代有着明显的表现，无论是向社会发展提供必要的物质支持，还是以灾变的形式影响人们的生产生活，都是自然环境参与元代社会发展的一种表现，其中自然所扮演的角色复杂易变。

同样，自然环境对元代社会发展的参与也引起自身面貌的诸多变化，有些情况下，环境本身由于人类活动的干扰所经历的变化要更为复杂，随着社会的发展很难再保持"置身事外"的状态。人类活动对自然环境的影响，既有积极的一面，也有消极的一面，很多活动的目的就是让环境更听从人类的遣用。人类活动与自然之间的互动并非静止，这包含了两层意思：一是人为了生存不仅要适应自然还要对其加以改造，这可能是一个长期并持续的过程，即使改造完成，也要对其不间断地维护以保持稳定。水利建设就是一个最佳的反映。二是

随着人的生存空间发生转移或扩展，与环境的互动也随之发生变化，而且有可能增添新的内容。蒙古人在草原上一直遵循着长久适用的生态法则，然而当期活动范围大大超出草原时，他们所面临的环境发生巨大转变，面临的挑战增加，与环境的互动不仅在更广阔的范围进行，而且内容更加丰富多彩。

在历史长河中，人类活动与环境互动的持续性，不会因统治种族与王朝规模而中断，不同的只是内容和形式上的变化。人类作为生态系统的一分子，与周围动植物和其他环境要素一同塑造着历史，与此同时人类本身也在不断对所处生态环境做出种种恰当或不恰当的改变，这是由其自身生存和发展的需求所决定的，而且这种改变也会一直持续下去。在元代，元人对生态环境的改造既延续了前代的故事，也依据自身的需求做了某种限制，如对山林川泽、动物资源的一些保护禁令，自有那个时代的考虑。

在今后的元代环境史研究中，应当加深对其整体的认识与思考，深入挖掘史料中存在的能够反映那个时代人与自然关系的有效信息，构建元代环境史发展的整体概貌，更好地训练自己用环境史的思维来看待元代的人类活动与环境互动，从而更好地讲述特殊时空下特定人群与其周遭世界的故事。

第八章

明代的环境与社会

第一节　明人及其生存环境概说

明代幅员辽阔，地貌复杂，生态多样性明显。在明帝国的版图内，明政府将居住其中的国人按照职业分为不同的户，其中从事粮食生产的民户最多。明人宋应星在《天工开物》中指出明代的粮食构成比例："今天下育民人者，稻居十七，而牟、黍、稷居十三。"[1]占粮食作物70%的水稻主要在南方出产。南方地处亚热带湿润地区，高温多雨，满足了水稻生产的水热条件。南方的河谷平原和山地都能够出产水稻，但是因地貌差异导致的水热分布不均，产量和耕作制度也有差异。明代人口已经大幅增殖，大量人口移民山区。南方水稻生产区域由原来人口集中的大河干流向支流沿线扩展，由河谷平坝向山坡地带发展。随着大河干流所在平原河谷人口与土地矛盾的加深，人们将生存环境逐渐向二级支流、三级支流乃至山区扩展。在人口的压力下，除了生存区域的向外扩展，明代还形成并保持了对稻作生产的精耕细作的技术文化，尽最大的努力开发原来生存环境的潜力，增加粮食产量。民户所产的水稻等粮食作物，也通过运河或者海运源源不断地输入明代帝国的心脏——首都北京。当然，北方受水热条件的制约，旱地出产的小麦杂粮作物也维持着多数北方人的生存。

明王朝对蒙古作战，需要大量的战马，但是中国北部的草原地带多为蒙古人所控制，难以获得草原的马匹，这就迫使明王朝在内部解决这个问题。明王

---

[1] （明）宋应星：《天工开物》卷上，明崇祯刻本。

朝在华北平原上的马户，成为明王朝专门养马的专业户。明朝初年，华北平原地广人稀，由于人口稀少，缺乏劳动力，明政府在应天府（今南京）附近养马，实行非常苛刻的民牧制度。养马需要草场环境的支持，明朝建立后在大江南北把金、元统治时代化良田为牧地而遗留下来的草场变为官牧的土地。另外，军民屯垦的草场被称为熟地，并租给马户，每年征收租赋，成为国家库收的主要来源。但是到了后期，随着人口的增殖和土地的兼并，养马的草场不断被破坏，养马制度难以为继。正如明代官员叶盛所奏："当时马足而民不扰者，以刍牧地广，民得以生，马得以自便也。厥后，豪右庄田渐多，养马日渐不足。"故在土地兼并与人口压力下农业扩张，侵占了养马牧地。

元明之际的战争，使得长江流域人口大减，明代前期，长江流域地旷人稀，河网密集，渔村成片，中小湖泊众多。湖泊多系长江及其支流的附属产物。这些湖泊多为河间洼地湖，由漫滩或河间凹地渍水而成，呈碟状水体，以宽浅为特点。这些湖泊营养程度较高，水生生物较繁盛，饵料丰富，故成鱼产量高。明代的渔户多聚集于此，以打鱼为业，明政府也在这些湖泊周围设置河泊所，管理渔户，征收鱼课。

在明代，海洋也是部分明人生存的来源，灶户从海水中煮盐或者晒盐，大海为人们提供绝大部分食盐供应，还为人们提供部分鱼类的供给和皇亲贵胄奢侈品的来源。另外，明代海外航运业发达，航运中的造船技术、航海技术等，是人类与环境博弈的成果。由于海外交往的频繁，玉米、甘薯等高产美洲作物也在明代的时候从海上登陆中国，对中国人的生存产生了巨大的影响。这一切都得益于人们对海洋环境的认识与利用。

明朝末年，中国东部发生了大范围的连续干旱。《河内县灾伤图序》曾经记载了一个县令亲身经历过的明末时典型旱灾："……臣以崇祯十二年（1639年）六月初十日，自高平县调任河内，未数日水夺民稼，又数日蝗夺民稼。自去年六月雨，至今十一月不雨，水、旱、蝗，一岁之灾民者三。旱既太甚，民不得种麦，而蝗蝻乃已种子，亡虑万顷。冬无雪，蝻子即日而出。去年无秋，今年又无春，穷民食树皮尽，至食草根，甚至父子夫妻相食。人皆黄腮肿颊，眼如猪胆。饿尸累累，嗟乎嗟乎。"[1]持续的干旱主要发生在华北地区，该区域多数

---

[1] 道光《河内县志》卷22。

地区大致自崇祯八年（1635年）起出现严重干旱，以后几乎连年发生，直至崇祯十七年（1644年）才结束。其中崇祯十三年（1640年）和崇祯十四年（1641年）连续出现4个严重的干旱年份，其中包括1个特大干旱年和3个毁灭性干旱年，崇祯十三年（1640年）、崇祯十四年（1641年）的干旱范围均达到94%以上。文献中记载的干旱是农业意义上的干旱，其成因则主要是因降水连年持续偏少而引起的。从文献中普遍使用的"夏大旱""旱蝗"等记载知，夏旱不仅使华北传统农业区秋稼无法播种，而且有严重的蝗灾发生，从而酿成了历史上罕见的饥荒。

明末的干旱除导致粮食的歉收而引起大范围的饥荒外，还在一定程度上为鼠疫等重大传染病的传播提供了条件。旱灾之年，由于食物的匮乏，也使人类个体的体质下降，抵抗疾病的能力随之下降，加上灾年外出觅食人口的流动，卫生状况的恶化，都会导致鼠疫流行范围的扩大和流行强度的增加。崇祯初年山西旱情不重，崇祯六年（1633年）则为大旱，尤其是中部和南部地区，皆为持续数月或跨季的大旱灾。这一年鼠疫起自山西中部地区，当与此次大旱有关。崇祯十年（1637年）、十一年（1638年）两年中，山西各地乃至华北皆为大旱，崇祯十三（1640年）及十四年（1641年）复又如此，这几年正是山西及华北鼠疫大流行的时期，鼠疫流行与旱灾的关系也就昭然若揭。

第二节　江南民户的水稻种植

明代民户的水稻种植是我国封建时代后期精耕细作农业的典型代表。精耕细作一般是指作物在栽培过程中，从整地到收获所做的一系列的细致周到的技术措施[1]。李根蟠指出："我国精耕细作技术，在本质上都是对自然环境的应对，是发扬自然环境中的有利条件、克服其不利条件而创造的一种精巧的农艺。"[2]作物的种植技艺是在农民长期的生产实践与当地环境博弈中逐渐适应形成的结果。明代水稻的种植技艺是民户的生产经验总结，种植技艺体现在整地、育秧、移栽、除草、施肥、收获、贮藏等生产环节中，每个生产环节都要求农民与土

---

[1] 万国鼎：《中国农业精耕细作传统的发生发展及其影响》，王思明等主编：《万国鼎文集》，中国农业科学技术出版社，2005年，第3页。

[2] 李根蟠：《环境史视野与经济史研究——以农史为中心的思考》，王利华主编：《中国历史上的环境与社会》，生活·读书·新知三联书店，2007年，第23页。

地、气候等自然环境和种植制度等社会环境相适应。

一、整地、育秧与移栽的技艺

整地是种稻的第一步。水田整地要经过耕、耙、耖三道工序。耕即把土翻起，耙是把翻起的土倒碎，耖是把田整平，这三道整地的工序是水稻种植中最耗体力的活之一。《便民图纂》中的竹枝词将这三道工序说得很形象："翻耕须是力勤劳，才听鸡啼便出郊。耙得了时还要耖，工程限定在明朝。""耙过还须耖一番，田中泥块要匀摊，摊得匀时秧好插，摊弗匀时插也难。"经过这三道工序，将稻田整理平整后，才好插秧。如果不把田耖平，那么田面深浅不一，灌水之后，有的禾苗被淹，有的禾苗遭旱。对于整地，古人一直讲究深耕，认为深耕与增产有密切联系。"湖耕深而种稀，其土力本饶沃，种不稀者至秋多病虫。尝见归云庵老僧，言：'吾田先用人耕，继用牛耕，大率深至八寸，故倍收'。"[1] 可见在江南的种稻经验中深耕是高产的保障。明末的《沈氏农书》讲了深耕的技术标准："古称深耕易耨，要见田地全要垦深，切不可贪阴雨工闲，须要晴明天气，二层起深，每工止垦半亩，倒六七分。春间倒二次，尤要老晴时节。头番倒不必太细，只要棱层通晒，彻底翻身，若有杂草，则合墑倒好，若壅灰与牛粪，则撒于初倒之后，下次倒入土中更好。"[2] 由此可见，深耕在水稻种植中的细致程度，深耕可以加厚耕作层，使得土壤变得疏松多孔，有利于作物根系伸展发育，提高土壤蓄水、保肥和抗旱的能力，也可以使土壤容纳更多的肥料，这也就是深耕能够高产的原因之一。秧田的整治也有其不同的要求，"须犁耙三四遍，青草或粪穰灰土厚铺于内，盦烂打平方可撒种，则肥而发旺。"[3]水稻田杂草很多，其中又以稗草的危害为大，治秧田时就要采取除稗措施了，先将泥面刮去一层，再垦倒，再用河泥铺面，然后撒种[4]，用这样的方法可以有效地除掉上年落在表土的稗子。

水稻浸种催芽的方法在《齐民要术》中就已经有了记载："净淘种子，渍经

[1]（明）徐献忠撰：《吴兴掌故集》卷 13《物产类·禾稻》，成文出版社，1983 年影印明嘉靖三十九年（1560 年）刊本，第 775 页。

[2] 陈恒力校释，王达参校、增订：《补农书校释》上卷《沈氏农书·运田地法》，农业出版社，1983 年，第 25 页。

[3]（明）王象晋撰：《二如亭群芳谱》卷 3《谷谱》，清康熙刻本，第 25 页。

[4] 陈恒力校释，王达参校、增订：《补农书校释》上卷《沈氏农书·运田地法》，农业出版社，1983 年，第 67 页。

三宿，滤出；内草篇中裹之。复经宿，芽生，长二分。一亩三升掷。"经过宋元时期经验的积累，明代基本继承了前代的育秧技术并有所发展。浸种的时间一般在清明前后，"湿种之期，最早者春分以前，名为社种（遇天寒有冻死不生者），最迟者后于清明。"[1]早稻与晚稻的浸种时间又有所不同，"早稻清明节前浸，晚稻谷雨前后浸。"[2]浸种的方法是用稻草包裹谷种掷于池塘、河水或者缸内，晚上取出晾干，如此几日，用草覆盖催芽。"不拘粳、糯，以稻秆为包，至清明时悬浸于水间，日举而击濯，防有淤泥涴芽，因带包晒之，催其芽发，夜复浸于水中，既见甲拆露芽，遂以乱穰覆于暖室中，其芽已长乃播于既耕平整田内。"[3]谷种撒入秧田后要注意施肥和看水，"芽长二三分许，拆开斗松撒田内，撒时必晴明则苗易竖，亦须看潮候，二三日后撒稻草灰于上则易生根。"[4]"必欲水满以防骤雨濯入于泥，俟其芽立，更看水之深浅，无为热日所郁。"[5]水稻的浸种从时间的选取，方法上的注意事项，撒种的管理等方面，每一个环节几乎都做到细致的"呵护"的程度。

雪水浸种是古人的一种经验，雪水浸种能够提高作物发芽率和促进作物生长、增产已被现代科学所证明，古人虽然不能明白雪水浸种的科学机理[6]，但是在长期的实践观察中已经知道雪水浸种的好处。《天工开物》记载："凡早稻种，秋收初藏，当午晒时烈日火气在内，入仓廪中关闭太急，则其谷黏带暑气（勤农之家，偏受此患）。明年田有粪肥，土脉发烧，东南风助暖，则尽发炎火，大坏苗穗，此一灾也。若谷种晚凉入廪，或冬至数九寒天收贮雪水、冰水一瓷（交春即不验），清明湿种时，每石以数碗激撒，立解暑气，则任从东南风暖，

---

[1]（明）宋应星撰：《天工开物》卷上《乃粒第一卷》，明崇祯刻本，第 2 页。

[2]（明）王象晋撰：《二如亭群芳谱》卷 3《谷谱》，清康熙刻本，第 25 页。

[3]（明）宋诩：《竹屿山杂部》卷 11《树畜部三·种五谷法》，商务印书馆（台北）影印文渊阁四库全书，1983 年，第 260 页。

[4]（明）邝璠撰：《便民图纂》卷 2《耕获类》，《续修四库全书》影印明万历二十一年（1593 年）刻本，上海古籍出版社，2002 年，第 230 页。

[5]（明）宋诩：《竹屿山杂部》卷 11《树畜部三·种五谷法》，商务印书馆（台北）影印文渊阁四库全书，1983 年，第 260 页。

[6] 据研究，雪水浸种增产的机理，一是雪水中重水含量比普通水少 1/4，而重水对各生命活动有抑制作用；二是雪水经过冷冻，排除了其中的气体，导致电性能发生了变化，密度增加，变得更"稠"了，表面张力增大，水分子内部压力和相互作用的能量都显著增加，表现出与生物细胞内的水的性质相似的强大生物活性，因此，植物吸收雪水能力比吸收自来水能力大 2～6 倍；三是雪水中所含氮化物比普通水要高得多。参见林莆田：《中国古代土壤分类和土地利用》，科学出版社，1996 年，第 144 页。

而此苗清秀异常矣（祟在种内，反怨鬼神）。"[1]明代耿荫楼的《国脉民天》也记载了雪水浸种能够防旱："如遇冬雪，多收在缸内化水，至下种时先将雪水浸种一日一夜，每浸一炷香时捞出滴干看些，又浸又捞，如此五六次，吃雪水既饱自然耐旱，腊雪更妙。"[2]雪水浸种的技术经验是民户继承前人在观察自然经验的基础上形成的育秧技术之一。

在明代江南地区，每年的芒种前后是插秧的最佳时节，这时降雨开始增多，非常有利于农民整田插秧。如果遇上旱年缺水，农民等雨不到，只能靠车水来种田，因为必须在夏至之前把秧插下才能保证收成。

秧苗在秧田中生长到一定的秧龄就要移栽到本田中，《天工开物》载"秧生三十日，即拔起分栽"，这是最普通的秧龄。如果早稻秧龄太长，就容易在秧田期间满足其从播种至幼穗分化所需积温，提早进入生殖生长，造成超龄早穗，"秧过期老而长节，即栽与亩中，生谷数粒，结果而已。"[3]明代江南地区的插秧季节多在芒种前后，"插秧在芒种前后，低田宜早，以防水涝；高田宜迟，以防冷侵。"[4]徐光启在《农政全书》中记述了他的家乡南直隶松江府上海县的农民在芒种前因棉花种植而不得不推迟插秧的季节，造成插秧过晚，从而插秧密，用种多的经验："今人用谷种，亩一斗以上，密种而少粪，难耘而薄收也。但插莳早者用种须少，插莳迟者用种稍多。吾乡人多种吉贝（按：即棉花），芒种以前甚无暇，夏至前方插莳，亦有过夏至者，用秧不得不多。（亦有小暑后插莳，而用种如常，则先种麻灯心席草之属，田底极肥故也。）"[5]这是因为插秧季节的推迟而使得秧龄过长，而秧龄过长的秧苗体内碳水化合物绝对量小，氮化物含有率低，碳氮比低，秧苗发根力弱，[6]从而不得不通过密植来弥补这一缺陷，以保证产量。插秧时把握秧龄是重要的技术环节，控制秧龄有时成为必要，"若秧色太嫩，不妨搁干，使其苍老。所谓养好半年田，盖本壮易发生也。若亢旱之季，又不可早壅秧兴，恐插莳迟秧蒿败也。"[7]这是通过控制水肥来控制秧苗

---

[1]（明）宋应星撰：《天工开物》卷上《乃粒第一卷》，明崇祯刻本，第5页。

[2]（清）潘曾沂：《丰豫庄本书·耿嵩阳先生种田说》，清道光二十年（1840年）刊本，第3（b）页。

[3]（明）宋应星撰：《天工开物》卷上《乃粒第一卷》，明崇祯刻本，第2页。

[4]（明）邝璠撰：《便民图纂》卷2《耕获类》，续修四库全书影印明万历二十一年（1593年）刻本，上海古籍出版社，2002年，第230页。

[5]（明）徐光启撰：《农政全书》卷25《树艺》，清道光二十三年（1843年）重刊本，第10（b）页。

[6]浙江农业大学等编：《实用水稻栽培学》，上海科学技术出版社，1981年，第174页。

[7]陈恒力校释，王达参校、增订：《补农书校释》上卷《沈氏农书·运田地法》，农业出版社，1983年，第67页。

的生长，使得秧龄能与移栽要求相适应。

插秧时步法和手法要协调，脚步不可频繁挪动以致田中脚印过多而插秧不稳。"插栽每四根为一丛，约离五六寸插一丛，脚不宜频那（挪），舒手只插六丛，却那一遍，再插六丛，再那一遍，逐旋插去务要整直。"[1]

水稻插秧要讲究合理密植，明代马一龙《农说》中提出了水稻插秧的原则，"达顺则丰，覆逆乃稿，纵横成行，纪律不违，密□为俦，尺寸如范，载苗者当如是也。"也就是要求插秧时秧根要直顺，不可拳曲，否则容易死秧，具体做法是"先以一指搪泥，然后以二指嵌苗置其中"，这样"苗根顺而不逆，纵横之列整，则易耘荡。"[2]插秧的密度也有讲究，"插种，行贵稀，大约相隔六七寸；段贵密，容荡足矣。"[3]马一龙认为"疏密各因其地之肥瘠为俦，疏者每亩约七千二百棵，密则数逾于万。"马一龙如此精确的栽培统计，反映出明代水稻精耕细作技术的总结达到了令人惊异的程度。

二、田间管理的技艺

农人种田讲究的是"粪多力勤"四个字，这是精耕细作的水稻田的重要特征。粪多就是要肥田，力勤就是要管好田中的草和水。肥田是保持地力，确保作物生长的重要手段。宋应星在《天工开物》中记述了稻田肥料的来源和因地制宜地在稻田中施加肥料：

凡稻，土脉焦枯，则穗实萧索。勤农粪田，多方以助之。人畜秽遗、榨油枯饼（苦者，以去膏而得名也。胡麻、莱菔子为上，芸苔次之，大眼桐又次之，樟、柏、棉花又次之）、草皮木叶，以佐生机，普天之所同也。（南方磨绿豆粉者，取溲浆灌田肥甚。豆贱之时，撒黄豆于田，一粒烂土方寸，得谷之息倍焉。）土性带冷浆者，宜骨灰蘸秧根（凡禽兽骨），石灰淹苗足，向阳暖土不宜也。土脉坚紧者，宜耕垄，叠块压薪而烧之，填坟松土不宜也。

---

[1]（明）王象晋撰：《二如亭群芳谱》卷3《谷谱》，清康熙刻本，第26页。

[2]（明）马一龙：《农说》，丛书集成初编，商务印书馆，1935年，第10页。

[3] 游修龄：《〈沈氏农书〉和〈乌青志〉》，《中国科技史料》1989年第1期。

田里肥料的主要来源有三个。首先来源于整田，将田里的杂草深耕入土，使其腐烂成肥，耕得越深肥料越沉底，到时禾苗的根也就长得越深。"治水田芟柞须尽，耕犁须深，膏以肥，草须匀，入土易朽，则发苗也。"[1]宋应星也强调深耕对水稻生长的作用，"凡稻田刈获不再种者，土宜本秋耕垦，使宿膏化烂，敌粪力一倍。"[2]其二来源于插秧之前的"垫底"，也就是先在耕好的田中撒一次肥后再插秧，"垫底"多禾苗就长得快，遇到大水也不至于被淹没，遇到干旱插秧晚了，有肥，禾苗也容易生长，所以"垫底"是非常要紧的。"故善稼者皆于耕时下粪，种后不复下也。大都用粪者要使化土，不徒滋苗，化土则用粪于先，而使瘠者以肥；滋苗则用粪于后，徒使苗枝畅茂而实不繁。"[3]明人王芷在《稼圃集》中记述了太湖地区垫底的量和方法："壅田麻饼、豆饼每亩三十斤，和灰粪或棉花饼，每亩下二百斤。插秧前一日将棉花饼化开，摊均于田。秒转，然后插秧。"也就是将一定比例的肥料调好后撒入田中，然后再浅耕，将肥料均匀地耕入土中才插秧。河泥在明代一直被认为是种稻的好肥料，湖泥在江南的湖州也成为垫底的肥料，"初种时必以河泥作底，其力虽慢而长。"[4]第三个来源于"接力"，也就是大暑之后禾苗孕胎之时再施一次肥。"立秋后交处暑，始下大肥壅，则其力倍而穗长矣。"[5]这次施肥十分关键，要"相其时侯，察其颜色"，这是农夫种田最要紧的一关，禾苗孕胎之时便是苗色正黄之时，所以要等到苗色黄了之后才能下，如果苗未黄便下肥就会有好苗而无好稻了[6]。所下之肥以柴灰最好，芝麻茟、菜子饼、豆饼也可以，视田的肥瘠定量，下得太多就会使秆盛实秕，肥不够会使秆小穗短[7]。马一龙提出了施肥的原则："今有上农土地，饶粪多而力勤，其苗勃然兴之矣。其后徒有美颖而无实栗，俗名肥

[1]（明）宋诩：《竹屿山杂部》卷 11《树畜部三·种五谷法》，商务印书馆（台北）影印文渊阁四库全书，1983年，第 260 页。

[2]（明）宋应星撰：《天工开物》卷上《乃粒第一卷·稻工》，明崇祯刻本，第 3 页。

[3]（明）袁黄撰：《劝农书·粪壤第七》，续修四库全书影印明万历三十一年（1603 年）刻本，上海古籍出版社，2002 年，第 211 页。

[4]（明）徐献忠撰：《吴兴掌故集》卷 13《物产类·禾稻》，成文出版社，1983 年影印明嘉靖三十九年（1560 年）刊本，第 775-776 页。

[5]（明）徐献忠撰：《吴兴掌故集》卷 13《物产类·禾稻》，成文出版社，1983 年影印明嘉靖三十九年（1560 年）刊本，第 776 页。

[6] 陈恒力校释，王达参校、增订：《补农书校释》上卷《沈氏农书·运田地法》，农业出版社，1983 年，第 36 页。

[7]（明）宋诩：《竹屿山杂部》卷 11《树畜部三·种五谷法》，商务印书馆（台北）影印文渊阁四库全书，1983年，第 261 页。

腊。"[1]所以施肥也要讲求适当原则，肥少自然不利于禾苗的生长，但是过肥也不利于收成。

除了肥料，田间杂草和水的管理是决定水稻收成的另一个重要技术措施。插秧的时候一定要保证田中没有杂草，因为只有插秧二十天之后，秧已成活了才能下田拔草。如果插秧的时候田里有草，那么秧没有成活草已经长满田间了，这样拔草就会很费力，俗称"亩三工"。如果插秧前田里的草被清除干净，那么二十天后拔草就很省力了，俗称"工三亩"[2]。给稻田除草称为耘田，耘田又有足耘与手耘两种形式，手耘主要存在于长江中下游太湖地区，而足耘主要存在于长江中上游地区[3]。陶渊明的《归去来兮辞》有"怀良辰以孤往，或植杖而耘耔"之句，所谓的"植杖而耘耔"便是指足耘。这种足耘的方法在《王祯农书》中有专门的记载："为木杖如拐子，两手倚以用力，以趾塌拔泥上草秒，壅之根苗之下。"[4]明代宋应星的《天工开物》中也记载了这种耘田的方法，称为"耔"，"凡稻分秧之后数日，旧叶萎黄而更生新叶。青叶既长，则耔可施焉（俗名挞禾）。植杖于手，以足扶泥壅根，并屈宿田水草使不生也，凡宿田菌草之类，遇耔而屈折"，但是"稊稗与荼蓼非足力所可除者，则耘以继之"[5]。宋应星所说的"耔"与"耘"的方法是不同的，"耘者苦在腰手，辨在两眸"，在《天工开物》的附图中也可以看出这两者的不同，《天工开物》中的"耔"与"耘"便是足耘与手耘的两种形式，这两种形式在稻田除草中是配合着使用的。这种足耘与手耘相配合的除草方法在明代的《便民图纂》中也可以见到，但是足耘被用挞扒来代替了，叫作"挞稻"，"俟稻初发时用挞扒于稞行中，挞去稗草则易耘，搜松稻根则易旺。""挞稻"之后便是"耘稻"，耘稻有时还与"下接力"结合起来，"挞稻后将灰粪或麻豆饼屑撒入田内，用手耘去草净。"[6]"挞田"与"耘田"的过程在《便民图纂》的务农女红图中的竹枝词里更通俗明白"草在田中没要留，稻根须用挞扒搜。挞过两遭耘又到，农夫气力最难偷。""挞过

[1]（明）马一龙：《农说》，丛书集成初编，商务印书馆（上海），1935年，第5页。
[2] 陈恒力校释，王达参校、增订：《补农书校释》上卷《沈氏农书·运田地法》，农业出版社，1983年，第32页。
[3] 游修龄、曾雄生：《中国稻作文化史》，上海人民出版社，2010年，第271页。
[4]（元）王祯：《王祯农书》卷3《农桑通诀集之三·锄治篇第七》，商务印书馆（台北）影印文渊阁四库全书，1983年，第34页。
[5]（明）宋应星撰：《天工开物》卷上《乃粒第一卷》，明崇祯刻本，第4页。
[6]（明）邝璠撰：《便民图纂》卷2《耕获类》，《续修四库全书》影印明万历二十一年（1593年）刻本，上海古籍出版社，2002年，第230页。

秧来又要耘，秧边宿草莫留根。治田便是治民法，恶个祛除善个存。"[1]耘田或用脚和揚将禾垄间的草踩入泥中，或用手拔除稻根边上的杂草溺入水底，这样既除灭了杂草，又增加了禾苗生长所需的有机质；耘田过程中还把空气带入耕作层，促进土壤微生物的活动，有助于有机质的矿化，释放出有效养分[2]，"凡一耕之后，勤者再耕、三耕然后施耙，则土质匀碎而其中膏脉释化也。"[3]这样就可以促进禾苗的生长和产量的提高，所以农谚有云："禾耘三道米无糠。"[4]

　　耘田是一项非常艰苦的农活，烈日暴晒，劳动强度特别大，"暑日如金，田水若沸，耘耔是力，稂莠是除，爬沙而指为之，痀偻而腰为之折，此耘苗之苦也。"[5]为了减轻劳动强度和加强对劳动者的保护，古人发明了很多辅助农具，前述务农女红图中的"揚扒"便是足耘的辅助农具，在宋元时期就已经发明了，叫作"耘荡"，它"形如木屐，而实长尺余，阔约三寸，底列短钉二十余枚，篾其上，以实竹柄，柄长五尺余。耘田之际，农人执之，推荡禾垄间草泥，使之溺溺，则田可精熟，既胜耙锄，由代手足，况所耘田数，日复兼倍。"[6]手耘的辅助农具有"耘爪"，"耘爪，耘水田器也，即古所谓鸟耘者。其器用竹管，随手指大小截之，长可逾寸，削去一边，状如爪甲，或好坚利者，以铁为之，穿于指上，乃用耘田，以代指甲，犹鸟之爪也。"[7]这种耘爪可以有效地减轻农人手耘时因手指长时间浸泡在泥水中引起的感染和损伤。

　　水稻是需水量特别大的作物，整个生长过程需水量又有所不同，立秋前后的孕穗期需水量最大。宋应星指出："凡稻旬日失水则死期至"，"凡苗自函活以至颖栗，早者食水三斗，晚者食水五斗，失水即枯（将刈之时，少水一升，谷虽数存，米粒缩小，入碾臼中亦多断碎）。"[8]马一龙也指出："成谷将获，土太燥则米粒干损；水太多而过没，则斑黑成腐。"[9]由此可见水在稻生长的不同时

---

[1]（明）邝璠撰：《便民图纂》卷1《务农女红之图》，《续修四库全书》影印明明万历二十一年（1593年）刻本，上海古籍出版社，2002年，第223-224页。

[2] 游修龄、曾雄生：《中国稻作文化史》，上海人民出版社，2010年，第281页。

[3]（明）宋应星撰：《天工开物》卷上《乃粒第一卷》，明崇祯刻本，第3页。

[4] 张佛编：《农谚》，商务印书馆（上海），1935年，第5页。

[5]《弘治吴江志》卷4《风俗》，学生书局，1987年影印本，第228页。

[6]（元）王祯：《王祯农书》卷13《农器图谱四·耘荡》，商务印书馆（台北）影印文渊阁四库全书，1983年，第452页。

[7]（元）王祯：《王祯农书》卷13《农器图谱四·耘爪》，商务印书馆（台北）影印文渊阁四库全书，1983年，第453页。

[8]（明）宋应星撰：《天工开物》卷上《乃粒第一卷》，明崇祯刻本，第3、6页。

[9]（明）马一龙：《农说》，丛书集成初编，商务印书馆（上海），1935年，第12页。

期的重要作用。立秋后禾苗需水，古人早有认识，宋人吴怿《种艺必用》中引老农烟云"稻苗，立秋前每夜溉水三合，立秋后至一斗五升，所以尤畏秋旱。"元人张福对该书补遗时进一步指出："凡晚禾最怕秋旱，秋旱则槁枯其根，虽羡得雨，亦收割薄而鲜矣。故谚云：'田怕秋时旱，人怕老时贫。'诚哉是言也。"[1]明代的水稻田间管理也继承了宋元以来的经验。

稻田水层管理的另一项重要技术烤田，是一种用控制水分来促进水稻生长的措施。烤田一般在耘田之后，立秋水稻孕穗之前进行。"揚稻后将灰粪或麻豆屑撒田内，用水耘去草尽净，近秋放水将田泥涂光，谓之熇稻，待土裂车水浸灌之，谓之还水，谷成熟方可去水。"[2]"熇稻"就是烤田。耘田下"接力"之后禾苗快速生长，为了固根而进行烤田，"固本者，要令其根深入土中，法在禾苗除旺之时，断去横面丝根，略燥根下土皮，稗顶根直生向下，则根深而气壮，可以任其土力之发生实颖实栗矣。"[3]这是用使田龟裂的烤田之法，来使长在泥面的"丝根"断裂，抑制其生长，从而促进"顶根"向下生长，从而达到固根的作用。古人说"六月不干田，无米莫怨天"，这里的"干田"也就是烤田，"立秋边或荡干或芸干，必要裂缝方好"，这样烤田之后就能使"根深干苍，结秀成实，水旱不能为旱矣。"烤田要在立秋之前进行，立秋到处暑之间是禾苗的孕穗期，是断不能缺水的，这时要保证在收割之前田里都要有水。这时田里的水还可以防止天气突然变冷，霜下得早造成的冻害，"若值天气骤寒霜早，凡田中有水者不损，无水者稻即秕矣。"[4]

三、收获与贮藏的技艺

南方的早稻在寒露前后成熟可以收获，晚稻则到霜降前后，不同地区成熟期不同，也有延迟至立冬才收获的。明代江南精耕细作的水稻种植区主要采用镰刀从近稻根处收割水稻，与少数民族地区只收取稻穗将稻秆直接留在田里的收割方式有很大不同。这主要是与江南地区的积肥与种植制度有关。从前面的论述来看，水稻种植所需的肥料补充主要来源于人工追肥，而不是靠稻秆的腐

[1]（宋）吴怿撰，张福补遗，胡道静校录：《种艺必用》，农业出版社，1963年，第17、第47页。
[2]（明）王象晋撰：《二如亭群芳谱》卷3《谷谱》，清康熙刻本，第26页。
[3]（明）马一龙：《农说》，丛书集成初编，商务印书馆（上海），1935年，第7页。
[4] 陈恒力校释，王达参校、增订：《补农书校释》上卷《沈氏农书·运田地法》，农业出版社，1983年，第36页。

烂或焚烧来补充土壤的肥力。另一方面，至宋代以来江南较多地实行稻麦轮作制度，收毕水稻就要整地种麦，自然要清除田中的稻秆，从《沈氏农书》中的《逐月事宜》中就可以看到，九月寒露霜降"收早稻"后就有"垦麦墢"之事，十月立冬小雪"斫稻"之后也是"垦麦墢"[1]。

水稻收割之后便是脱粒，主要有掼稻和连枷脱粒两种方式，脱粒方式的选择与水稻品种、天气、劳动力等因素有关。掼稻的方法在元代的《王祯农书》中做了描述：

掼稻簟。掼，抖擞也；簟，承所遗稻也。农家禾有早晚，次第收获，即欲随手得粮，故用广簟展布，置木或石于上，各举稻把掼之，子粒随落，积于簟上，非唯免污泥沙，抑且不致耗失，又可晒谷物，或卷作囤，诚为多便。南方农种之家，率皆制此。[2]

《天工开物》中所描绘的掼稻之法，"簟"用"木桶"来代替，但是操作方法是一样的。用木桶是为了与收稻时多雨的气候相适应，"收获之时，雨多霁少，田稻交湿，不可登场者，以木桶就田取之。"[3]这种将刚刚割下的稻子用桶掼脱粒方式主要可能用于脱粒相对容易的籼稻。对于脱粒较困难的粳稻则需要用连枷脱粒；另一方面，粳稻的叶片比较锋利，用手掼则容易割破手，连枷可以减少手与稻的接触[4]。连枷是在长木柄上安装一组能够转动的平排的竹条或木条，以用于拍打稻子，使稻谷脱落。用这种方式脱粒得先将稻子割下晾晒干，可以将割下的稻子枕在根茬上晾，田里有水就晾于田埂上，或者将禾捆扎挂在竹架上晒，再运到谷场陈铺于场上拍打。《天工开物》中所说的"聚稿于场而曳牛滚石以取者"的脱粒方式与连枷脱粒相似，都是用物加于稻上，使之脱粒，只不过连枷换成了石碾而已。这种脱粒方式与晴日相适宜，正所谓"无雨无风斫稻天，斫归场上便心宽。收成须趁晴明好，叶也干时米也干。"[5]而且晾晒干的稻子可以堆放，

[1] 陈恒力校释，王达参校、增订：《补农书校释》上卷《沈氏农书·逐月事宜》，农业出版社，1983年，第20页

[2]（元）王祯：《王祯农书》卷15《农器图谱集之八·掼》，商务印书馆（台北）影印文渊阁四库全书，1983年，第481页。

[3]（明）宋应星撰：《天工开物》卷上《粹精第四卷》，明崇祯刻本，第53页。

[4] 游修龄、曾雄生：《中国稻作文化史》，上海人民出版社，2010年，第336、第340页。

[5]（明）邝璠撰：《便民图纂》卷1《务农女红之图》，《续修四库全书》影印明万历二十一年（1593年）刻本，上海古籍出版社，2002年，第224页。

待农闲的时候再脱粒，这样就可以为"垦麦塏"等农事活动调配出劳动力。

稻子脱粒之后还要经过簸扬去除秕谷，"连枷拍拍稻铺场，打落将来风里扬。芒须秕谷齐扬去，粒粒珍珠着斗量。"[1] "凡去秕，南方尽用风车扇去。"[2]晒干去秕的稻谷就可以加工成大米了，稻谷加工要经过去壳、去糠秕、去膜等环节。《天工开物》记载了明代稻谷加工的这几个环节和使用的工具："凡稻去壳用砻，去膜用舂、用碾……凡（稻）既砻，则风扇以去糠秕，倾入筛中团转，谷未破者浮出筛面，重复入砻……凡稻米既筛之后，入臼而舂……既舂以后，皮膜成粉，名曰细糠……细糠随风扬而去，则膜尘净尽而粹精见矣。"[3]稻谷加工一般选择在冬季进行，叫作冬舂米，这时属于农闲季节，劳动力比较宽裕，另外根据老农的经验，冬舂米还有利于减少损耗提高出米率，明代陆容在《菽园杂记》中对此专门做了记载："吴中民家，计一岁食米若干石，至冬月，舂臼以蓄之，名冬舂米。尝疑开春务农将兴，不暇为此，及冬预为之。闻之老农云：不特为此。春气动则米芽浮起，米粒易不坚，此时舂者多碎而为粞，折耗颇多；冬月米坚折耗少，故乃冬舂之。"[4]另外，冬舂之后将之贮藏，冬舂之米贮藏一段时间后也可以提高米的口感，"冬舂米，腊月多聚杵臼并力舂之，为一岁计，藏之仓囤中，必俟发热过而后可食，色微黄，味佳，吴人之所常用者。"[5]贮藏的方法也有讲究，要保证干燥"将稻草去谷，围囤收贮，白米仍用稻草盖之，以收气米，踏实则不蛀，且屏热，若板仓藏米，必用草荐衬板则无水气，若藏糯米勿令发热。"[6]由于米谷中含有一定的水分，会出现自主呼吸，从而造成米谷发热，如果不及时通风、冷却，容易烧坏米谷。因此，稻谷贮藏必须防潮和排热。

小　结

明代江南民户水稻种植技艺体现在整地、育秧、移栽、除草、施肥、收获、

[1]（明）邝璠撰：《便民图纂》卷1《务农女红之图》，《续修四库全书》影印明万历二十一年（1593年）刻本，上海古籍出版社，2002年，第224页。

[2]（明）宋应星撰：《天工开物》卷上《粹精第四卷》，明崇祯刻本，第53页。

[3]（明）宋应星撰：《天工开物》卷上《粹精第四卷》，明崇祯刻本，第53-54页。

[4]（明）陆容撰：《菽园杂记》卷2，中华书局，1985年，第19页。

[5]《弘治吴江志》卷6《土产》，学生书局，1987年影印本，第240页。

[6]（明）邝璠撰：《便民图纂》卷2《耕获类》，《续修四库全书》影印明万历二十一年（1593年）刻本，上海古籍出版社，2002年，第230页。

贮藏等各个生产环节中，这些生产环节都包含了众多的技术经验，这些技术经验是精耕细作农业的具体体现。而明代的民户又在继承了历代水稻栽培的技术经验中有所发挥，根据所处的自然环境与社会环境作用于大自然。水稻种植的技术经验是人们在长期的观察自然中总结出来的，明代民户就是依靠这些技术经验来展开劳动，对每一个环节都一丝不苟，将巨大的劳力用于其中，以期望获得高产的回报。

水稻种植的每个环节中所包含的技艺，都是与季节、水土环境、种植制度等自然环境与社会环境相适应的，也只有保持这种适应才有可能保证水稻的收获。水稻种植技艺使得农民能够适时适地地作用于自然，保持着农业生态系统中物质的有效循环、能量的正常流动，从而可以不断地从自然中获取人类生存所需要的物质。

第三节　两浙灶户的海盐生产

明代的盐场分布在两淮、两浙、山东、福建、广东、长芦、四川、陕西等十个区域内，其中两淮和两浙所产海盐数量最多，产额几乎占了全国总量的大半。明朝政府实行食盐专卖制度，为了管制盐的生产，除了限定产品、产额，在产盐区设立独立的行政组织外，还为专卖建立了管理盐业生产者——灶户的管理制度。明朝政府签编特定的人户为灶户，世代以生产食盐为专门职业，官府给工本银以维生，免除杂役，使得灶户能够尽力完成定额的盐课，以维持各盐场盐业的产量。朱元璋在改进了元代的灶户管理办法之后，建立起明代的灶户制度，日后逐渐完善，规定每个盐场灶户要承担的定额盐课生产，经若干年后要清查一次，以调查盐户丁口数，并补充缺额。本节主要利用绘图资料，考察明代两浙盐场上灶户的生产与生活情况，以窥视灶户与海洋环境的互动关系。

一、《两浙盐场图咏》简述

《两浙盐场图咏》是明代中期著名大臣彭韶所作。彭韶，字凤仪，莆田人，天顺元年（1457年）进士，授刑部主事，进员外郎。明孝宗即位不久，便召彭韶为刑部右侍郎，命他前往浙江嘉兴府巡视一起劫掠府城的叛乱，当他到达嘉兴的时候，叛乱已经平息，于是皇帝又任命他兼任都察院左金都御史，整理浙江盐法，并由右侍郎进为左侍郎。从弘治二年（1489年）二月至八月，彭韶整理浙江盐法，提出减免盐课的办法，而最为后人称道的是他"仿古人进《农桑耕织图》之意，绘盐场景物，及灶户艰辛之状，为八图以进。"[1]这"八图"即《两浙盐场图咏》，又称《恤灶图》。该图的基本内容为"图分为八节：曰盐场，曰山场，曰草荡，曰淋卤，曰煎盐，曰征盐，曰放盐，曰追盐……图各有叙，复系以诗，诗咏其情，叙叙其事，图写其状，即之以观，则灶丁之贫难困苦，一展舒可得之。"[2]可见，《两浙盐场图咏》由三部分组成，分别是图、叙、诗。叙和诗作为图的说明，三者联系起来就是描绘了明代两浙灶户盐业生产生活的缩略图。

何维宁编的《中国盐书目录》著录该图说："弘治二年（1489年）进呈盐场图册疏及所咏诗，见《彭惠安集》，图及夏时正序见《万历两浙盐志》。"[3]日本学者吉田寅曾查阅东洋文库所藏明嘉靖十八年（1539年）序刊本《彭惠安公集》，但并未见收录《两浙盐场图咏》[4]，而《四库全书》收录的《彭惠安集》（福建巡抚采进本）中包括《彭惠安集》十卷、《附录》一卷，其中卷一《奏议》中有《奏为进呈盐场图册事》，其中未见有图，但是有叙、有诗。

《万历两浙盐志》，明王圻撰，"是书分图说二卷，附彭惠安恤灶图，诏令一卷，兼及盐场界域。盐政十三卷凡各场盐课之办纳、开中、引目、余盐、票盐、通商、恤灶、捕获派则及盐政禁约属之、职官表及官纪一卷，列传及吏役一卷，奏议三卷，艺文三卷。"[5]今日比较容易见到的是1996年齐鲁书社出版的《四库全书存目丛书》所收录的影印吉林大学图书馆藏明末刻本《重修两浙盐志》，即《万历两浙盐志》，但非常遗憾的是该书仅存三至二十二卷，而《两浙盐场图咏》的图和夏时正序刚好在缺卷之中，未能见到。何维宁所见的《万历两浙盐志》今日或已难寻。而清嘉庆年间修的《钦定重修两浙盐法志》卷二八"艺文二"收录了夏时正的《两浙盐场图咏序》，我们可以通过这篇序了解《两浙盐场图咏》的绘作过程。

---

[1]《明孝宗实录》卷 23，弘治二年（1489 年）二月戊申条。

[2]（明）夏时正：《两浙盐场图咏序》，《钦定重修两浙盐法志》卷 28《艺文二》，收入《续修四库全书》，上海古籍出版社，2001 年，第 661 页。

[3] 何维宁：《中国盐书目录》，财政部财务人员训练所盐务人员训练班编印，1942 年，第 86 页。

[4] ［日］吉田寅撰，刘淼译：《熬波图的一考察（续）》，《盐业史研究》1996 年第 1 期。

[5] 何维宁：《中国盐书目录》，财政部财务人员训练所盐务人员训练班编印，1942 年，第 90 页。

虽然今日易寻的《万历两浙鹾志》已经看不到《两浙盐场图咏》的八幅图，但是笔者在其他的古籍中发现了其中的六幅。《两浙盐场图咏》中的六福图被收入史起蛰和张矩编的《两淮盐法志》中，史起蛰认为彭韶所绘的八幅《两浙盐场图咏》"意虽为两浙"，"然两淮岁额浮浙三倍，亭民（按：即灶户）之苦当益为甚"，于是他们在编《两淮盐法志》时"乃取其事之同者六图并诗，系诸场图之末"，这样两淮的"灶情之艰此亦足观矣"，最后还感叹"噫，采山刮咸炼池烹井，其艰甚独两淮也哉！"[1]所以《两浙盐场图咏》通过嘉靖时成书的《两淮盐法志》保存了六幅，分别是草场图、淋卤图、煎盐图、征盐图、放盐图、追盐图，只是缺了盐场图和山场图两幅。这六幅图再加上《四库全书》收录的《彭惠安集》[2]所著录的叙和诗，我们基本可以窥视《两浙盐场图咏》的全貌。

二、《两浙盐场图咏》所见明代灶户的盐业生产和生活实况

明代制盐业的人户被称为灶户，他们世代世袭这份职业，而《两浙盐场图咏》反映的正是明代浙江地区生产海盐的灶户的生产、生活实况。彭韶在巡抚浙江时"旁求民情病利"，因为"悯灶户煎办、征赔、折阅之困"，而"绘八图以献"[3]，希望皇帝不出宫廷亦晓天下之疾苦。彭韶在献图的奏疏中，将灶户的生产和生活概括为居食、蓄薪、淋卤、煎办、征盐、赔盐六苦：

小屋数椽，不蔽风雨，脱粟粝饭，不能饱餐，此居食之苦也。山荡渺漫，人偷物践，欲守则无人，不守则无入，此蓄薪之苦也。晒淋之时，举家登场，刮泥汲海，午汗如雨，虽至隆寒砭骨亦必为之，此淋卤之苦也。煎煮之时，烧灼熏蒸，蓬头垢面，不似人形，虽至酷暑如汤亦不能离，此煎办之苦也。不分寒暑，无问阴晴，日日有课，月月有程，前者未足，后者又来，此征盐之苦也。客商到场咆哮如虎，既无见盐，又无抵价，百般逼辱，举家忧惶，此赔盐之苦也。[4]

[1]（明）史起蛰、（明）张矩撰：《两淮盐法志》卷1《图说》，《四库全书存目丛书》影印明嘉靖三十年（1551年）刻本，齐鲁书社，1996年，第160页。
[2]（明）彭韶：《彭惠安集》卷1，《四库全书》影印本，商务印书馆（台北），1985年，第14-19页。本章所引资料未注明出处者，均出此处，特此说明。
[3]《明史》卷183《彭韶传》，中华书局，1976年，第4857页。
[4]（明）彭韶：《彭惠安集》卷1，《四库全书》影印本，商务印书馆（台北），1985年，第15页。

这"六苦"其实反映了灶户海盐生产的完整过程。海盐的生产流通过程，可以视为一个完整的人类生态系统：能量输入（灶户所需的粮食、取卤的太阳能、煎盐的柴草）——提取海水中的盐——海盐按照一定的社会制度流通，灶户完成社会制度规定的义务，获取生存的能量。而"居食""蓄薪"是灶户维持生存和进行生产的能量来源，"淋卤""煎办"是海盐的生产过程，"征盐""赔盐"是灶户完成社会制度规定的义务。

1. 灶户煎盐的燃料来源——草荡和山场

《两浙盐场图咏》第一幅是"盐场图"，这幅图虽然没能见到，但是通过《彭惠安集》所载的"叙"可以大致推断图的内容，彭韶主要绘出了两浙盐运司所辖三十五个盐场的分布情况。这三十五个盐场包括：许村、仁和两场直属于两浙都转运盐司；西安、鲍郎、芦沥、横浦、海沙等五场隶属于嘉兴分司；下沙、下沙二场、下沙三场、青村、袁浦、浦东、天赐、青浦等八场隶属于松江分司；西兴、钱清、三江、曹娥、龙头、石堰、鸣鹤、清泉、长山、玉泉、穿山、大嵩等十二场隶属于宁绍分司；永嘉、双穗、长林、黄岩、杜渎、长亭、天富南监、天富北监等八场隶属于温台分司。[1]

从"叙"中可以知晓，彭韶不仅仅是将两浙盐运司所辖三十五个盐场的分布情况做出平面的描绘，他还注意到了具体的自然地理环境对各个盐场盐利的影响。浙水将三十五个盐场大致分为东西大部分，"青浦等一十三场在苏松嘉兴地方，居浙水之西；天赐一场隔涉崇明县海面；西兴等二十场在宁绍温台地方，居浙水之东；而玉泉一场隔涉象山县海面，其杭州仁和县许村二场地方，虽居浙西，场分则归浙东。"然而浙东与浙西的自然地理环境相差较大，浙东属于平原地区，土地平旷，河流密布，运盐交通便利，而浙东却有不少山地，运盐交通不便。由于地形导致的交通情况不同，从而影响了盐的折价。"浙西多平野广泽，宜于舟楫，盐易发散，故其利厚，解京银两每一大引折银六钱。浙东多阻山隔岭，舟楫少通，不便商旅，故其利薄，解京银两每一大引折银三钱五分。"[2]由此可见，自然地理条件的差异导致了区域内的物质流动，灶户从自然中提取出了盐，但是盐在进入人类生态系统时却因交通的不同而受阻。

---

[1]（明）申时行等：《万历重修本明会典》卷32《课程一》，中华书局，1989年，第228-229页。

[2]（明）彭韶：《彭惠安集》卷1，《四库全书》影印本，商务印书馆（台北），1985年，第15页。

海盐生产与自然生态环境有着密切的关系。在传统海盐制法的技术条件下，成品盐大都是以柴草为燃料进行煎制，这就需要在海盐产区附近有充足的柴草供应地，以解决煎盐所需燃料的自然条件。两浙的海盐生产所需燃料来源，由于盐场所属地形不同，而各有不一。浙东盐场靠近山地，故其燃料主要来源于山中樵薪，这种燃料供应地叫作山场；浙西盐场没有山地，其燃料来源主要靠的是海滩沙地的芦获，这种燃料供应地叫草荡。

在明朝政府的盐业管理系统中，浙东山场并不属于盐场管理，属于灶户自置的产业。早期人口不多的时候，灶户在盐场附近的山场周围的樵薪就足够用了，然而"百年生聚，樵苏日广，但是附近去处无不枯竭，必于离远之山方有可樵。"由于人口的增加导致的人地关系紧张，灶户必须到更远的山场去樵采，才能满足盐场煮盐的燃料需求。

浙西盐场的草荡是属于盐场管理的，"灶户随团照丁均分，地广处，每丁有二三十亩，狭处每丁不及十亩。然其土肉有厚薄，潮汐有冲缓，而草生稠稀，因亦不能齐焉。"浙西灶户煮盐所占有的燃料，因草荡的面积和土地肥瘦而有所不同。

灶户内部有贫富之分，不同经济状况的灶户能够占有的燃料资源就有很大的区别。浙东盐场的灶户中，上等灶户因自己有山地产业，可以"禁蓄柴薪"，或者可以出钱买柴料，燃料是非常充足的；次等灶户可以雇人到无主山地樵采柴薪，或者租典他人柴山，基本可以满足煎盐所需的燃料；下等灶户人力、财力不足，既得亲自去樵采柴薪做燃料，又得同时兼顾煎盐，产盐很少，度日艰难。浙西盐场中的灶户同样可分上中下三等，"上等之家，常时照管，不令牲畜作践及外人偷窃，一年蒛薪，自有余用。次等中户，人力寡弱，收采不全而用颇不给。贫难下户，有以荡地先典与人，取钱应急，而一年煎办，遂缺烧用，其佣雇与人，及逃移避住，皆所不能免焉。"灶户中不同的人力资源，意味着能够获取的煎盐燃料能力的差别。人力资源充足的上等灶户，可以有余力照看、经营草荡，从而保证燃料的充足甚至有余；而次等灶户人力稍有不足，燃料的采给就出现了问题；下等缺乏人力的灶户情况就更不容乐观了，为了还债，不得不先把草荡典当出去，以获得应急的钱，但是草荡的生产有很强的季节性，被别人先收割过一道的草荡，所剩资源几乎无几，自然燃料难以满足基本的煎盐需要。生产不出足够数额的盐的灶户，为了躲避赋役的征收，往往被迫走上了逃亡之路。明人郭五常的《盐丁叹》描绘了灶户为获取煎盐燃料的辛酸:"煎盐苦,煎盐苦,濒海风霾恒弗雨。斥卤芒芒草尽枯,灶底无柴空积卤。借贷无门生计疏,十家村落逃亡五。"[1]而获取燃料能源的能力与灶户的人力往往互为影响。《草荡图诗》云:"刍荛忽萃止,縛芟无留行。辇运积官所,来岁事煎烹。"描绘了灶户艰辛收割草荡芦苇,为煎盐做准备的情形,如图8-1所示。燃料的准备是灶户进行海盐生产的第一步,且是非常重要的一步,能量的充足与否决定了接下来的煎煮卤水的效率。

资料来源:(明)史起蛰、(明)张矩撰:《两淮盐法志》卷1《图说》,《四库全书存目丛书》影印嘉靖三十年(1551年)刻本,齐鲁书社,1996年,第156页。

图8-1 两浙盐场图咏之草场图

2. 灶户提取海盐的生产环节:淋卤和煎盐

海盐的生产一般都有四道工序,即晒灰取卤、淋卤、试卤、煎晒成盐[2]。《两浙盐场图咏》中的"淋卤图"(见图8-2)和"煎盐图"(见图8-3)基本反映了海盐生产这几道工序的实况。从大海中提取高浓度的卤水是海盐生产中非常重要的环节,提取卤水是人类作用于环境的表现。提取卤水一般有两种方法,一曰"刮硷淋卤法",即刮取盐田之中富集盐分的碱土或沙,再用海水浇淋,使土或沙中盐分溶解到卤水中,以提高卤水浓度;二曰卤"晒灰淋卤法",即将煎

---

[1](明)史起蛰、(明)张矩撰:《两淮盐法志》卷3《土产第四》,《四库全书存目丛书》影印明嘉靖三十年(1551年)刻本,齐鲁书社,1996年,第201页。

[2] 刘淼:《明代盐业经济研究》,汕头大学出版社,1996年,第23页。

盐所剩草灰摊铺于亭场，压使平匀以吸收海水，经日晒蒸发后，扫去回盐，在沃以海水而得卤水，如图8-4所示[1]。

资料来源：（明）史起蛰、（明）张矩撰：《两淮盐法志》卷1《图说》，《四库全书存目丛书》影印嘉靖三十年（1551年）刻本，齐鲁书社，1996年，第157页。

图8-2　两浙盐场图咏之淋卤图

资料来源：（明）史起蛰、（明）张矩撰：《两淮盐法志》卷1《图说》，《四库全书存目丛书》影印嘉靖三十年（1551年）刻本，齐鲁书社，1996年，第157页。

图8-3　两浙盐场图咏之煎盐图

---

[1] 白广美：《中国古代海盐生产考》，《盐业史研究》1988年第1期。

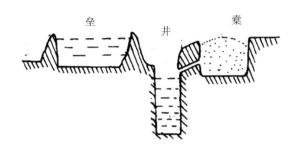

垄　　　　井　　　　橐

资料来源：刘淼：《明代盐业经济研究》，汕头大学出版社，1996年，第33页。

图8-4　两浙晒灰淋卤剖面示意图

"淋卤图"咏中所说"有沙上漏过不能成咸者，必须烧草为灰，布在摊场，然后以海水渍之，俟晒结浮白，扫而复淋"，就是用的"晒灰淋卤法"。这种提取卤水的方法，是与海边地形较高的地理环境相适应的，《天工开物》中说"高堰地，潮波不浸者，地可种盐……度诘朝无雨，则今日广布稻、麦、藁灰及芦茅灰寸许于地上，压使平匀，明晨露气冲腾，则其下盐茅勃发。日中晴霁，灰盐一并扫起淋煎。"[1]这种用草木灰"压使平匀"的压灰法，充分利用了草木灰吸附作用的原理，让草木灰与含有卤水的地表形成毛细现象，卤水沿毛细管上升至地表浸润草木灰，风吹日晒蒸发一定的水分后便可得到富集盐分的草木灰。

刮碱法在两浙盐场的使用是非常普遍的，《明太祖实录》明确记载了这种方法，"其下砂、青村等场晒灰，余场俱取泥土晒之，用海潮浇晒，朝晒暮收，五七日间其土起花，乃入溜淋卤。"[2]只有下砂、青村等场用晒灰法，其余多用刮碱法。"淋卤图"咏说。"有泥土细润，常涵咸气者，止用刮取浮泥，搬在摊场，仍以海水浇之，俟晒过干坚，聚而复淋，夏用二日，冬则倍之，始咸可用。"可见这种方法的使用是与低地势下海泥沙含盐量较大的自然环境相适应的。

"淋卤图"反映的就是灶户刮取碱泥和吸附了卤水的草木灰，然后堆积成"高阜"的生产情形。收集了碱泥后，下一道工序就是提取卤水了。如何提取卤水，用什么方法提取卤水？顾炎武《肇域志》记载了浙江省松江府海盐生产提取卤水的办法："滨海业盐者各有盐场，每场亩许，址圆而平，聚细沙为垄，垄傍凿一卤井，傍井有方池，深迟许，名曰橐，侧施竹筒，潜通于井。清明日，取洼

---

[1]（明）宋应星：《天工开物》卷5，《作卤》，明崇祯刻本，第66页。
[2]《明太祖实录》卷22，吴元年（1367年）春正月条。

水浇场上晒之，见有皑皑起白者，谓之盐花，所垒之沙匀覆场上，复晒几日，则盐花上升，垒花又白矣。乃以柴铺橐底，以灰覆柴上，取场沙聚之，灌以洼水，水由竹筒渗入井中，是曰滴卤。井满，汲取贮之，俟有数十石，倾置于锅。"[1]可见提取卤水还要有好的天气，如果天气不佳就苦了灶户，正如明人郭五常所云："晒盐苦，晒盐苦，水涨潮翻波没股。雪花点散不成珠，池面平铺尽泥土。"[2]提取的卤水要经过浓度测定，才能放到锅里煎煮，达不到浓度要求的卤水会非常浪费燃料，只有达到一定浓度的卤水出盐率才高，才能提取出优质的食盐。测定卤水浓度的工具叫"石莲"，用竹筒从井中提取卤水，然后将莲子放入竹筒中，"若浮而横倒者则卤极咸，乃可煎烧；若立浮于面者，稍淡；若沉不起者，全淡，俱弃不用。"

　　经过测试合格的卤水就可以进入下一道工序——煎煮了。煎盐所用的锅分两种，一种用铁做的叫鏊锅，一种用竹篾编织，在其表面涂上灰做成的叫篾锅。把卤水倒入锅中，用之前采办好的柴草煎煮一天一夜，可以煎三大盘。一大盘可以得盐二百斤以上。小锅一盘可以得盐三十斤以上。大锅煎盐需要人力很多，耗柴也多，但是盘不容易坏，浙西盐场一般采用这种煎法；而小锅容易坏但用柴少，便于人力不足之家，浙东盐场一般采用这种煎法。浙东和浙西在锅的选择上也与他们的燃料结构和燃料获取的难易程度相对应。浙东的燃料主要来源于山场，燃料是柴薪，获取燃料比较困难，所以浙东采用更为节约燃料的小锅煎煮卤水；而浙西的燃料来源是草场，燃料是芦苇，燃料获取相对容易于浙东，所以浙西能够采用大锅煎煮卤水，另外，这种大锅煎煮的方法，由于使得灶户相对集中，从而利于政府对灶户的管理，政府也更加提倡浙西使用这种煎煮方法。

3. 盐的流通——征缴和开中

　　灶户生产出盐后要向政府征缴盐课，就像民户生产出了粮食向政府征缴田赋一样，盐课是与地租性质相同的国家赋税。正如张萱所说的"灶丁煎办课，即是民户私田交粮。"[3] "盐丁之办纳盐斤，犹里甲之供纳赋税；盐归于仓，犹赋税

[1] 谢国桢编：《明代社会经济史料选编》，福建人民出版社，2004年，第134页。
[2]（明）史起蛰、（明）张矩撰：《两淮盐法志》卷3《土产第四》，《四库全书存目丛书》影印明嘉靖三十年（1551年）刻本，齐鲁书社，1996年，第201页。
[3]（明）张萱：《西园见闻录》卷36《盐法后》，明文书局，1986年影印本，第689页。

纳于官也。"[1]明朝刚建立的时候灶户办纳的盐课是"仍依旧额"[2]，也就是仍然按照元代的定额来征收，但是经过元末明初的几十年战乱，各盐区灶户的变动很大，仍然按照旧额征收就出现了"其间有丁产多而额盐少者，有丁产少而额盐多者"的混乱局面[3]。于是在洪武十三年（1380年），户部奏准命官和各道分司官员就盐场所属地方"验其（灶户）丁产之多寡，随其地利之有无，官田草荡，除额免课，薪卤得宜，约量增额，分为等则，逐一详定。"[4]经过重新审定灶户人丁，一些隐藏的丁口被查出，重新要求这些灶户丁口缴纳盐课，从而增加了明代的盐额收入。两浙盐场中，以松江府为例，该府需征办盐七万六千多引，每引重四百斤，比元代旧额多征一千八百多引[5]。洪武二十三年（1390年），经过审定灶户人丁后，定两浙各灶户每丁岁办小引盐十六引，重二百斤。两浙共有灶丁七万多丁，以每丁办盐六小引计，该办盐四十四万六千六百七十六引[6]。

《两浙盐场图咏》中的"征盐之图"（见图8-5）正是反映了灶户按照规定，在总催头目的组织下向官仓征缴盐赋的情形，其中诗云："担石四面至，仓庾一朝盈。盐官唱簿历，折阅频呼声"；其序云："盐既煎成，总催头目人等，俱各催征，运赴官仓称收……有装包上厫者，有散放上厫者。"[7]然而总催是管理灶户的头目，原定由灶户中推举充任，但是后来任其职者多属地方光棍恶劣之徒，在其监督生产、经办盐引、催办盐课的时候，常常为害灶户。《盐政考》云："灶丁之困，自总催始也，场灶归其兼并，盐课为其乾没，灶丁不过总催家一佣而已，分业荡然，亏贷为生。"[8]周忱在正统初年奉命兼理两浙松江府的盐课时指出：总催"中间富实良善者少，贫难刻薄者多。催纳之际，巧生事端，百计腋削，以致灶丁不能安业，流移转徙"，因此 "今后总催头目宜点选殷实良善之人，常川应当，若有仍前剥民者逮问革役。"[9]由此可以看出，灶户生活的困苦，

[1]（明）林烃：《福建运司志》卷6《经制志》，中正书局，1981年重印玄览堂丛书影印万历本，第244页。
[2]《明史》卷80《食货志·盐法》，中华书局，1976年，第1932页。
[3]（明）王圻：《续文献通考》卷24《征榷考三》，《续修四库全书》影印明万历三十年（1602年）刻本，上海古籍出版社，1998年，第233页。
[4]（明）王圻：《续文献通考》卷24《征榷考三》，《续修四库全书》影印明万历三十年（1602）刻本，上海古籍出版社，1998年，第233页。
[5]正德《松江府志》卷8，《天一阁藏明代方志选刊续编》影印本，上海书店，1990年，第497页。
[6]（明）王圻：《重修两浙鹾志》卷4《各场煎办》，《四库全书存目丛书》影印明末刻本，齐鲁书社，1996年，第483页。
[7]（明）彭韶：《彭惠安集》卷1《四库全书》影印本，商务印书馆（台北），1985年，第18页。
[8]（明）李廷玑：《盐政考》，见《皇明经世文编》卷460，明崇祯年间平露堂刻本，第31页。
[9]（明）周忱：《盐课事疏》，见《皇明经世文编》卷22，明崇祯年间平露堂刻本，第6页。

多是由于总催的盘剥。总催作为管理灶户的最基层管理者，选择高素质的总催，才能使得灶户少遭剥削。

资料来源：（明）史起蛰、（明）张矩撰：《两淮盐法志》卷1《图说》，《四库全书存目丛书》影印嘉靖三十年（1551年）刻本，齐鲁书社，1996年，第158页。

图8-5　两浙盐场图咏之征盐图

另外，除上面所说的数目之外，灶户还往往要多交一定数量的盐，叫作"加耗"，这是因为"然盐卤容易消拆，每引必加耗四五十斤以备称盘，至于五年之外，始定而不拆，又恐有海潮暴溢，风雨吹淋，而盐之坏势所不免也。"[1] "加耗"由于没有统一的标准，所以常常成为盘剥、为害灶户的一种手段，使得灶户不堪其苦而逃亡。故曰灶户"况乃逃亡多，荒额重加征。展限谅未允，努力事余生。"

灶户生产的盐上缴到官仓之后，便由政府实行专卖，流向全国各地。明政府食盐实行专卖制度，叫作开中制度，也就是"招商输粮而与之盐"的办法，开中制度就是户部根据边方或所需纳粮地区军政官员的报告，视上纳边粮所在地区的米价贵贱及道路远近险易，定出开中则例（盐粮比价），经向皇帝奏准后，出榜给发各司、府、州、县与淮浙等运司张挂，榜示挂在纳中米粮的地点和仓口，公布上纳米粮额数及所中盐运司的盐引额数，上纳米粮的商人可根据户部榜示的开中则例，自行选择所报中的盐运司，然后到指定的仓口报中，运粮到

---

[1]（明）彭韶：《彭惠安集》卷1，《四库全书》影印本，商务印书馆（台北），1985年，第18页。

边境，纳粮上仓。仓口官给予仓钞，由管粮衙门给予勘合，填明商人所纳粮数及该支引盐数目。之后，商人赴所属运司或盐课提举司验核勘合，比对明白，取得盐引，商人据此到指定的盐运司比兑，由盐运司指派到盐场支取盐货，商人就沿着规定的水陆运行路线，再经过沿途关津严格盘查方将盐运到限定的行盐地区发卖。卖毕，商人就得向当地政府退引[1]。其实这就是《两浙盐场图咏》所描绘的"放盐之图"（见图8-6）。

资料来源：（明）史起蛰、（明）张矩撰：《两淮盐法志》卷1《图说》，《四库全书存目丛书》影印嘉靖三十年（1551年）刻本，齐鲁书社，1996年，第158页。

图8-6 两浙盐场图咏之放盐图

然而按照开中制度，灶户生产的食盐上缴官仓之后，基本可以视为完成了规定的任务了，接下来的流通环节已经跟灶户不太相干，但是后来出现了"守支"的现象，也就是盐商在开中赴边纳粮后，明廷却无现成官盐供其支取，使其被迫困守盐场，长期待支。也就是"催目征收灶盐之时，上纳多不能足，间有上足，又多损折，价物领出，或不买课，及至商到无盐可支。"[2]孙晋浩研究认为出现"守支"现象有两个原因：其一，开中无度，明廷以边粮供给为重，故凡有需求，辄行开中，全然不顾官盐存量之多少，以致开中量超出官盐供给量，盐商纳粮而无盐可支。其二，官盐缺额，由于灶户两极分化难以抑制，部

---

[1] 蒋兆成：《明代两浙商盐的生产与流通》，《盐业史研究》1989年第3期。

[2]（明）彭韶：《彭惠安集》卷1，《四库全书》影印本，商务印书馆（台北），1985年，第18页。

分灶户每况愈下，逐渐丧失完纳盐课的能力，出现盐课逋负，使官盐定额无法完成。这样，即使开中量得到控制，由于实有官盐与额定官盐之间存在缺口。仍有盐商无盐可支。[1]因此，自宣德以来，两浙各场所办盐课，有时逐年止纳原额的十之七八，"下习以为常"。[2]到了成化的时候，每年办课多者七、八分，少者四、五分。松江、嘉兴二分司，额课十一万四千余，每岁办盐不及四、五分毕。因而，"客商经年累岁，无盐支给，照数追并，多致逃移。"[3]

在这样的情形之下，官员为了安抚商人，常将商人的不满转嫁到灶户身上，"于是告官杖追紧并"，逼得灶户"不得已而弃产卖子以偿目前之急，生意索然，逃亡数多。"《两浙盐场图咏》最后一幅图"追赔之图"（见图8-7）将这种现象描绘为"侵耗岁已久，夤缘具虚文。商算无从给，鞭棰不堪闻。"[4]灶户前有总催的盘剥，接着又受到官员和盐商的催逼，灶户辛辛苦苦生产出来的海盐常常难以满足社会的需求，他们却常常成为社会压力的最直接的承担者。灶户实在无法完成苛刻的国家义务的时候，只有选择逃亡。灶户的逃亡，使得最直接的海盐生产者锐减，使得盐业社会生态系统因此而瓦解。

资料来源：（明）史起蛰、（明）张矩撰：《两淮盐法志》卷1《图说》，《四库全书存目丛书》影印明嘉靖三十年（1551年）刻本，齐鲁书社，1996年，第159页。

图8-7　两浙盐场图咏之追盐图

---

[1] 孙晋浩：《明代开中法与盐商守支问题》，《晋阳学刊》2000年第6期。
[2] （明）李嗣：《整理盐法疏》，《钦定重修两浙盐法志》卷27《艺文一》。
[3] 《明宪宗实录》卷87，成化七年（1471年）春甲午条。
[4] （明）彭韶：《彭惠安集》卷1，《四库全书》影印本，商务印书馆（台北），1985年，第18页。

小　结

通过对多种历史文献的比对，使得《两浙盐场图咏》的图、叙、诗三部分基本得到复原。通过对《两浙盐场图咏》的盐场、山场、草荡、淋卤、煎盐、征盐、放盐、追盐各图的分析，可以清晰地看到明代灶户通过制盐技术，将海水中的盐分提取出来，然后按照一定的分配制度，将盐这种自然资源输送到人类社会系统之中。这种海盐的生产和流通过程就是人类生态系统与自然生态系统互动的过程。

燃料的获取是海盐生产的第一步，而灶户能够占有燃料的数量，也在一定程度上决定了灶户在海盐生产过程中的地位，可见环境中的自然资源对灶户社会地位的影响。灶户所处的濒海环境，也影响着灶户使用的海盐生产技术。低洼的濒海环境下，灶户采用的是"刮碱淋卤法"提取卤水，因为低洼之地常被海水浸泡，沙土中的盐分含量较高，可以较省力地刮取这些沙土提取卤水。而濒海地势较高的地方只能使用"晒灰淋卤法"提取卤水，因为地势较高，海水的浸泡时间较短，沙土中的盐分含量较低，灶户于是利用草木灰的毛细吸附原理，将盐分聚集到草木灰中，用高含盐量的草木灰来提取卤水，从而到达"刮碱淋卤法"中的高含盐量沙土的效果，这是灶户用不同的技术作用于自然的表现。

社会制度是人类生态系统的重要组成部分，不合理的社会制度会使得人类生态系统的运行发生异常。明代灶户在不尽合理的社会制度中，常常遭到极不合理的剥削，使得海盐资源的直接生产者被迫逃亡。灶户逃亡之后，无人向自然获取资源，盐就没法流入人类生态系统之中。任何一个部分的缺失，都会导致整个生态系统的破裂。

第四节　农区马户的战马畜养

马在古代战争中是不可缺少的装备，因此战马在军事上占有极其重要的地位。所谓"马，甲兵之本，民之大用也。"朱元璋将蒙古人逐出中原后，蒙古游牧民族仍然在北方草原地区威胁着明朝政权的安全，因此明朝战马的需求非常大。朱元璋于是提出在广大农耕区养殖战马："国家征伐必资马匹，宜于两淮空闲之地，设牧马之官，选牝马养于其中，数年之后，孳息蕃衍，足以备武事。"[1]明政府于是签编百姓养马，这些百姓成为职业养马户，专职国家战马的养殖，从而希望保证明朝政府在对付北方游牧民族时战马之需。明朝政府在农耕区养殖战马经历了官牧和民牧两种形式，这两种形式看似有制度上的区别，其实两种制度背后是马匹养殖技术的不同。

一、官方群牧战马

养马一般包括两种形式，一种是大规模的集中群牧养马，另一种是小规模分散的散牧养马。在明代，官方的养马形式一般采用群牧的办法，而农耕区民间的养马形式一般采用散牧的办法。

1. 洪武时期的牧监群养马

明初养马的形式被称为户马。成书于万历年间（1573—1619年）的《皇朝马政纪》对"户马"是这样解释的："户马者，编户养马，收以公厩，放以牧地，居则骦驹，征伐则师行马从，《诸司职掌》所称厩牧者也。"[2]由此可见，户马是政府编捡百姓牧养官马，马厩和牧场等公共养马设施由政府提供，在平时无战事的时候，战马用于繁殖新马匹，战时马匹就跟随军队出征。这种"收以公厩，放以牧地"的"户马"养殖形式可以说是大规模的集中群牧养马。

《皇朝马政纪》说"太祖高皇帝定都金陵，吴元年（1367年），凡兵马所在屯聚放牧，在京师有典牧所。"[3]明太祖朱元璋统兵占领江南，吴元年（1367年）定都金陵的时候，下令在各路军队屯驻的地方，对军马实行集中放牧，并在南京设典牧所对军马的集中放牧进行管理，典牧所是明代马政最初的管理机构。在这些最初的养马机构中官马的牧养实行的是大规模的集中群牧养马方式。到了洪武六年（1373年），明朝政府在滁州设立太仆寺，作为马政的最高管理机构。在太仆寺下设有牧监和牧群等机构，分别管理官方军马的牧养和使用事宜。

---

[1]《明太祖实录》卷 53，洪武三年（1370 年）六月辛巳条。

[2]（明）杨时乔：《皇朝马政纪》卷 1，中正书局，1981 年重印玄览堂丛书影印明万历刊本，第 35 页。

[3]（明）杨时乔：《皇朝马政纪》卷 1，中正书局，1981 年重印玄览堂丛书影印明万历刊本，第 36 页缺页，据四库全书本补。

太仆寺以卿为正职，少卿为副职，另外还设有寺丞、知事、主簿等官；牧监下设有监正、监副、录事等官职，各群设有群长。"牧监群者，编户为群，群长养马之法，官牧也。"[1]《诸司职掌》对太仆寺各牧监、群养马有专门的规定：

> 凡太仆寺所属十四牧监，九十八群，专一提调牧养孳生马赢驴牛，其养户俱系近京民人，或五户、十户共养壹匹，每骒马岁该生驹一匹，若人户不用心孳牧，致有亏欠倒死，就便着令买补还官。每岁将上年所生马驹起解赴京调拨，本寺每遇年终比较，或群监官员怠惰，或人户奸顽，致令马匹瘦损亏多，依例坐罪。[2]

牧监和群的数量各有变化，洪武七年（1374年）时，设置了5个牧监，下辖98群马。到了洪武二十三年（1390年），牧监增加到了14个，下辖120个群[3]。"洪武二十三年（1390年），令五军都督府、锦衣旗手虎贲、左右兴武鹰扬、金吾前后、羽林左右、龙骧豹、韬天策神策府军前后左右等卫，各置草场于江北汤泉、滁州等处牧放马匹。洪武二十五年（1392年）罢民间岁纳马草，凡军官马令自养，军士马令管马官，择水草丰茂之所，屯营牧放。"[4]可见此时的养马形式是官方划定牧场，集中群牧战马。

到了洪武二十八年（1395年），这是一个具有转折意义的一年。这一年明代初年的养马方式由官方组织的大规模集中群牧养马的方式，转为马匹分散到民间进行小规模分散饲养的形式。造成这一转变最初的缘由是，和州百姓晏仁向政府提意见说："民间马户既养孳生马匹，又于有司供应差役，是一户而充两差，实为重复。"[5]于是皇帝要求群臣在廷臣会议讨论，大臣认为"府州县专理民事，牧监群专理民户马，府州县重民，牧监重马，各有所责，权势不一，法令牵掣互争未定，"于是"以牧监群马归有司专令民间孳牧，太仆寺专督理焉，而牧监群革，监正等官俱罢。"[6]

[1]（明）杨时乔：《皇朝马政纪》卷1，中正书局，1981年重印玄览堂丛书影印明万历刊本，第44页。
[2]《诸司职掌》兵部，中正书局，1981年重印玄览堂丛书影印明万历刊本，第191-192页。
[3]（明）杨时乔：《皇朝马政纪》卷1，中正书局，1981年重印玄览堂丛书影印明万历刊本，第36页。
[4]（明）杨时乔：《皇朝马政纪》卷11，中正书局，1981年重印玄览堂丛书影印明万历刊本，第412-413页。
[5]《明太祖实录》卷237，洪武二十八年（1395年）三月戊午条。
[6]（明）杨时乔：《皇朝马政纪》卷1，中正书局，1981年重印玄览堂丛书影印明万历刊本，第39页。

洪武二十八年（1395年）的牧监、群数如下：

滁阳牧监及大胜关、柏子、骦兴、保宁、草堂五群；

大兴牧监及永安、如皋、沿海、保全、朝阳、永昌、安定七群；

香泉牧监及大全、铜城、永丰、龙胜、龙山、永宁、新安、庆安、襄安九群；

仪真牧监及华阳、寿宁、广陵、善应四群；

定远牧监及龙江、龙安、万胜、龙泉四群；

天长牧监及天长、怀德、招信、得胜、武安五群；

长淮牧监及长安、白石、荆山、南山、团山、草平六群；

江都牧监及万宁、广生、万骥、顺德、大兴、骥宁、崇德七群；

句容牧监及句容、易风、仍信、福胙、通德、承仙、上容、政仁、练塘、寿安十群；

溧阳牧监及举福、从山、明义、永定、福贤、崇来、永城、永泰、奉安九群；

江东牧监及开宁、泉水、惟政、清化、神泉、新亭、长泰、光泽八群；

溧水牧监及仪凤、仙坛、立信、归政、丰庆、安兴、游山、永宁八群；

当涂牧监及石城、永保、化洽、姑熟、繁昌、多福、丹阳、德政八群；

舒城牧监及枣林、海亭、伏龙、龙河、会龙、九龙、万龙七群。

这些牧监及其下辖的群，在这一年全部罢去，原来这些牧监、群所管理的马匹归入以下37个州县管理：

直隶、凤阳府：寿州及凤阳、临淮、定远、盱眙、怀远、霍丘、蒙城七县；

扬州府：高邮州及泰兴、江都、如皋、仪真、四县；

庐州府：无为州、六安州及巢、舒城、合肥、庐江四县；

镇江府：丹徒、丹阳、金坛三县；

太平府：当涂、芜湖、繁昌三县；

应天府：上元、江宁、江浦、六合、句容、溧阳、溧水七县；

滁州及全椒、来安二县；和州及含山县。[1]

---

[1]《明太祖实录》卷237，洪武二十八年（1395年）三月戊午条。

以上所引牧监群和府州县情况并没有为过去的研究者所重视,这其实是同一地方中两种不同的管理体系,即牧监群和府州县。牧监群管的是马,府州县管的是民,即所谓的"府州县专理民事,牧监群专理民户马,府州县重民,牧监重马。"牧监群中的马是集中管理放牧,只是所需牧民从当地府州县中的百姓提调,几户人家负责一匹马的养殖,也就是《诸司职掌》所说的"其养户俱系近京民人,或五户、十户共养壹匹。"此时的马户养马属于服徭役的性质,虽然数户共养一匹马,但是养殖的办法却是马户在牧监群下养殖,马户与马是分离的,马户除养马之外,还有在府州县下的其他赋役,所以和州百姓晏仁向政府提意见说:"民间马户既养孳生马匹,又于有司供应差役,是一户而充两差,实为重复。"在洪武二十八年(1395年)罢去牧监群,马匹归府州县"有司",将马分散到马户手上,此时马户与马便不再分离,此时马户专门养马,按规定课驹。课驹也就不同于原来的徭役,已经属于赋役范畴了。牧监群被裁革,其职能归府州县,就养马形式而言,这一变革意味着马由群牧变为散牧。朱元璋死后发生的"靖难之役"造成了社会经济的各方面破坏,这期间,散牧养马的形式又在短时间内恢复到群牧制,也就是永乐时期的苑监养马形式。

2. 永乐时期的苑监养马

永乐四年(1406年),先后设立陕西、甘肃、北京、辽东苑马寺,每个苑马寺按规定下辖6个监,每监下辖4个苑[1],苑下设若干围长,一围长率五十夫,每夫牧马十匹。苑马寺设卿、少卿、寺丞等官职,各监设监正、监副等官员。每个苑以地理的旷狭为依据,分为上、中、下三等,上苑养马万匹,中苑养马七千匹,下苑养马四千匹[2]。陕西、甘肃、北京、辽东苑马寺下辖各监和苑见表8-1。

---

[1] 陕西苑马寺下的长乐监所辖有 5 个苑。辽东苑骑只下辖永宁 1 个监,该监下辖 2 个苑。

[2]（明）杨时乔:《皇朝马政纪》卷 1,中正书局,1981 年重印玄览堂丛书影印明万历刊本,第 42-43 页。

表8-1　永乐年间（1403—1424年）所设苑马寺所辖监、苑表

苑马寺	监	苑	资料来源
北京	清河	顺义、常春、咸和、训良	《明太宗实录》卷72，永乐五年冬十月戊戌条
	金台	永川、隆骅、大牧、遂宁	
	涿鹿	泔池、鹿鸣、龙河、长兴	
	卢龙	辽阳、龙山、万安、蕃昌	
	香山	清流、广蕃、龙泉、松林	
	通川	河阳、崇兴、义宁、永成	
辽东	永宁	清河、深河	（明）申时行等：《万历重修本明会典》卷150《马政一》，中华书局，1989年，第768页
陕西	长乐	开城、安定、弼隆、广宁、黑水	
	灵武	清平、万安、定远、庆阳	
	同川	天兴、永康、嘉静、安腾	
	威远	武安、陇阳、宝川、泰和	
	熙春	康乐、凤林、香泉、会宁	
	顺宁	云骥、升平、巡宁、永昌	
甘肃	甘泉	广牧、麒麟、温泉、红崖	
	祁连	西宁、大通、古城、永安	
	武威	和宁、大川、宁番、洪水	
	安定	武腾、永宁、青山、大山	
	临川	暖川、岔山、巴山、大海	
	宗水	清水、美都、永川、黑城	

　　永乐时期的苑监养马制大致与洪武初期的群牧监制相似，但是除了北京苑马寺是在传统农耕区，其他三个苑马寺是在边地的牧区。《皇朝马政纪》载"苑监既有官以统之，又公围厩而居之，画牧地而喂之。"[1]可见永乐时期的苑监养马制，是官方组织的群牧形式，设有专门的官员管理，配有公共的马厩，划拨大片的牧地，以供马匹的群牧。不按规定对马匹进行散养群牧，造成马匹死亡的，相关人员要被问罪。永乐九年（1411年）兵部尚书金钟等上奏曰："近闻北京苑马寺官违背号令，不以马散牧，率縶维于皂栿，致有归啮而死者，有饲秣失宜而死者，有病不治而死者，其遣人巡视果如所闻者，悉罪之。"[2]这段资料所说的"散牧"不是指洪武二十八年（1395年）改革之后将战马"散牧"于民间养殖的"散牧"，而是指将马匹集中放养于牧地之上，与后面提到的将战马拴在马厩中养殖相对应。"縶维于皂栿"就是将马匹拴在马厩中饲养，这种养殖形

---

[1]（明）杨时乔：《皇朝马政纪》卷1，中正书局，1981年重印玄览堂丛书影印明万历刊本，第44-45页。
[2]《明太宗实录》卷117，永乐九年（1411年）七月甲申条。

式一般多是马户负责在自己家中养殖马匹时采用的养殖方式。

到了永乐十八年（1420年），北京苑马寺六监二十四苑被裁革，"前悉用军士畜，比调军保安守备马，悉散民间畜牧"[1]，"以其马属北京行太仆寺，牧于民间。"[2]此时，北京苑马寺的养马形式也由官方的大规模集中群牧，转变为分散于民间的小规模舍饲。但是其余的三个边地苑马寺仍然保留，内地农耕区至此结束了明政府官方群牧战马的历史。永乐十八年（1420年）的变革与洪武二十八年（1395年）的变革有非常大的相似性，都是将农耕区的战马养殖形式由群牧改为散牧。

二、民间散牧战马

纵观整个明代的养马史，官方群牧养马的时间不算长，而民间散牧战马的形式却占据整个明代比较长的时间。

1. 明代民间散牧战马的发展历程

明代养马由官牧到民牧有一个变化发展的过程："国初战马，原系官牧，嗣因承平无事，散养于省直民间，课驹起俵。后因多事，课驹不堪征战，改为买解大马之法，寄养近郊，缓急足恃。"[3]这段话概括了明代战马的几种变化形式：户马到种马，种马到寄养马，寄养马到买解马。

上节已经提到，"户马"是官方的群牧，这时尚在明朝初年，战事仍频，马匹要随时调动参战，后来"承平无事，散养于省直民间，课驹起俵。"天下太平时期这些散养于民间的马匹成为专门用于孳生马驹的种马，"及种马时，天下大定，不用征伐，专主孳息，故称种马。"[4]到了洪熙之后由于马匹日益繁多，宣德四年（1429年）开始将原来养在两畿之地的种马扩散到山东济南、兖州、东昌三府，到了正统十一年（1446年），又将种马养殖扩展到河南的彰德、卫辉、开封等府[5]。

---

[1]《明太宗实录》卷231，永乐十八年（1420年）十一月甲戌条。
[2]（明）杨时乔：《皇朝马政纪》卷1，中正书局，1981年重印玄览堂丛书影印明万历刊本，第43页。
[3]（明）冯可可：《请变卖种马疏》，《皇明经世文编》卷434，明崇祯年间平露堂刻本，第4页。
[4]（明）杨时乔：《皇朝马政纪》，凡例，中正书局，1981年重印玄览堂丛书影印明万历刊本，第19页。
[5]《明史》卷92《兵志四》，中华书局，1976年，第2271页。

正统十四年（1449年），瓦剌入侵，英宗被掳，即"土木之变"，京师操备缺马紧急，太仆寺秦州县起俵马匹，但是"路途近者五六百里，远者七百里，起俵之时，催促赴京，草料不时，多致瘦损，军不领用，百姓往复艰难。其顺天府所属养孳马匹，遇紧不便取用。"因此"于孳牧内取备用马二万匹，寄养京辅三府，以备不时调兑"[1]，这也就是寄养马的由来。寄养马是要求马户从种马孳生的马匹中选取送到京师附近备用的马匹。这些选送上来的马匹本来是要求"惟择种必高大如式，可以征战"[2]，备用马匹是用于直接应对北方蒙古游牧民族入侵中原时的战马，事关国家安危。

然而，随着时间的推移，民间散牧所养马匹的质量越来越难以达到战马的标准。正德二年（1507年），监察御史王济奉命前往直隶、河南、山东印记孳生马驹回朝，向皇帝报告所见各地散养马匹的情形："诸处驹数，不能十二，且皆赢小，堪起俵能用者，百无二三矣。"[3]其中原因在于：种马生驹后又直接让原来的马户领养，新领养的马匹又成新种马，新种马又得按照规定课新驹，马户不堪其累，因此"民间苦于有驹，宁听种马赢饿而死无驹，甘以亏欠偿银。有驹亦任其倒死，甘以倒死例偿银。其不至倒死之驹，又皆赢小。"因此，王济提出允许马户卖掉赢弱的马匹，保留优质强壮的，而备用马的征收"则如种马额派，行各府州县，视其地亩人丁，合力买解。"这样改革之后，希望"民间设有好驹可以起俵者，听其自卖。则民以孳生为己利，而马比蕃息矣。"[4]经过这一改革，种马在提供孳息俵解的备用马上已经没有了直接关系，因为备用马的来源可以是市场上所买，不一定非得来源于马户所养的种马孳生。

种马的养殖也出现了上述备用马改革之前的各种弊病，在备用马改革为买俵之后，太仆寺少卿武金目提出了对种马的改革："种马之设，专为孳生备用。但孳驹类弱下，解俵不堪，逋欠日积，马户逃窜，是民牧之法难行。今备用马既已别买，则种马可遂者。"于是"乞命兵部验计，每年应解之马若干，某省若干，某州县若干，俱照原数买马，按季查解。"[5]经过各方的讨价还价，最后明穆宗基本认可武金目的奏议，命令北直隶、河南、山东及两京太仆寺将原养种

[1]（明）杨时乔：《皇朝马政纪》卷3，中正书局，1981年重印玄览堂丛书影印明万历刊本，第131页。

[2]（明）杨时乔：《皇朝马政纪》卷2，中正书局，1981年重印玄览堂丛书影印明万历刊本，第79页。

[3]《明武宗实录》卷22，正德二年（1507年）闰正月庚午条。

[4]《明武宗实录》卷22，正德二年（1507年）闰正月庚午条。

[5]《明穆宗实录》卷2，隆庆二年（1568年）五月辛未条。

马选其老弱瘦小的变卖一半，解兵部发太仆寺备用。到了万历九年（1581年），张居正当首辅时再次推动变革，将剩下的一半种马也全部卖掉，国家所需马匹全部摊派征收银两后，由太仆寺买补。至此，明代民间散养国家战马的形式结束，在一定程度上可以说是民间散养战马制度的破产。

2. 明代民间散牧战马的技术形式

民间养马肇始于洪武二十八年（1395年）废除群牧监制，将官马的养殖事务交给地方政府管理，这样就把原来浩大的马群分散到民间，由原来大规模的群牧制变成了小规模的，甚至是一些小家小户单独的牧养。为此，"各府设通判，各州设判官，县、丞或主簿，俱一员"对民间牧养事务进行管理，太仆寺由原来的养马机构变为管理、监督地方养马事务的机构，"太仆寺专督有司提调民间孳牧。"[1]

洪武时期民间养马的范围不大，主要在南京附近，"南应天、镇江、太平、宁国四府，广德州"，长江以北"则凤阳、庐州、淮安、扬州四府，滁、和、徐三州"，南北总共有67处民间牧养的地方[2]。永乐十八年（1420年）罢去北京苑马寺，原来属于官牧的战马变成了民间散牧，只保留了边区的官方苑马寺。

洪武二十八年（1395年），朱元璋曾要求大臣结合古书与当时的实际养马经验，总结出若干可行的养马技术，包括饲料的调配、放牧的方法、马房的建筑、马匹的交配等，以榜文的形式榜示民间，要求百姓以此方法牧养马匹：

一、马料豆煮熟，务要凉冷，多用料水与草拌匀，方可喂马。不许热料喂养，饮水毕缓缓牵行，回转约有五七里，然后，拴系闲沙土地上，随意睡卧，不许在槽拴系，不便；

二、春草生发时月，或马十匹或二十匹或三五十匹，随趁水草便利去处，昼夜牧放。如遇炎暑、蚊虫、水发时月，务要马乘高阜无蚊虫、水净去处收养，每日午间，赶树阴下歇凉，无树阴，辂搭凉棚歇凉。夏天炎热，辰时饮水一次，午时饮水一次，至晚饮水一次。春秋冬月巳时饮水一次，未时饮水一次，每月，二十日或半月一次，将盐水喂唻马匹。亦不许与牛拴系一处喂养；

---

[1]（明）杨时乔：《皇朝马政纪》卷1，中正书局，1981年重印玄览堂丛书影印明万历刊本，第48页。
[2]（明）杨时乔：《皇朝马政纪》卷1，中正书局，1981年重印玄览堂丛书影印明万历刊本，第52-53页。

三、如是马头家内生畜不旺，许令人户议和，于生口旺相贴户家内看养。务要置立马房，马槽，地下不许用砖石垫砌，常川扫除洁净，不许纵放鸡鹅等畜在马槽、马草内作践，亦不许梳篦头发，马食了生病；

四、儿马，春间群牧时月，务要加料喂养臕壮，照依原搭配定骒马，依时群盖定驹。如果原关儿马软弱不堪，着令民人另寻好壮儿马群盖。但，有盖过骒马，只将原盖儿马群盖，再不许将其余儿马混杂花盖，定驹不便。[1]

以上这些养马技术，从今日畜牧兽医学上来看，是比较符合马的生理特点和生物学特性的。如马的嗅觉神经和嗅觉感受器非常敏锐，马拒绝饮食粪尿、药物污染过的水和饲草饲料，因此在对马匹的饲养管理要特别注意水源、料池、水槽、饲槽的卫生。马的饮水次数随气候和习惯有所不同，但是与牛相反，喜欢饮用干净的水，一般不喝污染过的水，而马作为食草动物，需要钠和氯，因此给马喂一定的食盐是必要的，马若长期缺盐，会食欲减退，被毛粗硬，生长缓慢，生产力降低[2]。这些马匹的生物学特性在上引明代养马技术文献中都多有注意，这些养马技术一定程度上是符合马匹的自然特性的。甚至也可以看到这些官方发布于民间的养马技术也同样吸收了群牧养马形式的优点来扩充到民间散牧养马。然而随着时间的推移，这些技术并没有得到一贯的执行，以至于到了景泰三年（1452年），皇帝又专门下诏马户，重申这些养马技术方法[3]。

以上官定的养马方式逐渐难以实现，以至于到后来民间养马的质量难以有保障。到了成化时期，明朝著名的大臣邱濬已经指出当时民间散养马匹的困境："今官散马于编民户丁，分日而饲，各家分次而牧，委之以老稚，食之以芜杂，处之以汙秽，而欲其生育之蕃多，体力之壮健，习性之调伏，难矣。"[4]也有大臣指出："牧饲失时，羸瘠尪隳，种且日毙，安望其驹。乃至别买大马以备解俵，是未尝有孳生之实也"，从而导致"顾民间种马，率多不堪。"[5]因此民间分散牧养马匹的养殖形式，由于饲养管理技术等方面的不足，导致了马匹质量的下降。

[1]（明）杨时乔等纂，吴学聪点校：《新刻马书》卷1《养马法》，农业出版社，1984年，第15页。
[2] 甘肃农业大学主编：《养马学》，农业出版社，1990年，第25、第31、第97页。
[3]（明）雷礼撰：《南京太仆寺志》卷2，《四库全书存目丛书》影印明嘉靖刻本，齐鲁书社，1996年，第508页。
[4]（明）邱濬：《大学衍义补》卷124，日本东京大学东洋文化研究所藏明正德元年（1506年）刊本，第14页。
[5]（明）冯时可：《请变卖种马疏》，《皇明经世文编》卷434，明崇祯年间平露堂刻本，第3页。

然而明代对于征俵的马匹的大小有一定的标准，规定"七岁以下三岁（以上），尺数四尺者，为上等，三尺九寸者为中等，三尺八寸为下等。如果膘壮，无鞍疮、瘸病者，姑准验收册内，即填上中下等第，（三尺）七寸以下者，终是矮小，不收。"[1] 民间散饲的马常常达不到这样的标准，这就迫使官方做出改革，要求马户另外买符合标准的马匹应征，"宣德、成化间……岁俵所孳驹备用。正德间敕御史按视，有司病马驹小，令市大马，匹费伍陆拾金，不中格辄令更市，马户往往破产。"[2] 由于民间所养马匹达不到战马的标准，迫使马户为了完成规定的养马任务，而不得不卖掉自己所养不合格的马匹，再去市场购买合格的马匹来交差，从而导致马户因养马而破产。发展到最后，不论是孳生马还是备用马，马户都要以缴纳折银的方式向国家提供买马钱，国家用这些银两再去跟边境的少数民族买优质的战马，这也就意味着民间散养国家战马的办法最后走向了破产。

三、由官牧到民牧——群牧和散牧两种养马技术的评价

从官牧到民牧的变化，看似养马制度的转变，其实反映了养马技术的变迁，实质是战马养殖方式的转变，由群牧养马转变为散牧舍饲养马。

明太祖永乐皇帝在"靖难之役"夺取皇位后，力图恢复因战争造成的养马业的破坏，就曾考虑过这两种办法，交给大臣们议论，永乐帝曾敕西宁侯宋晟、左都督何福、江阴侯吴高等大臣：

> 朕欲马蕃息，思有二策，一欲略如朔漠牧养之法，择水草之地，其外有险阻，只用数人守之，而足纵马其中，顺适其性，至冬寒草枯则聚而饲之；一欲散与军民牧养，设监牧统领之。二策孰善，宜精思条，画以闻朕，将择之。[3]

永乐帝"欲马蕃息"的二策，其实就是群牧之法养马与散牧民间饲养马匹两种不同的养马形式。第一种办法就是模仿草原民族的放牧方法，选择水草丰

---

[1]（明）杨时乔等纂，吴学聪点校：《新刻马书》卷 1《养马法》，农业出版社，1984 年，第 17 页。

[2] 乾隆《夏津县志》卷 4。

[3]《明太宗实录》卷 58，永乐四年（1406 年）八月丁酉条。

盛之地，用几个牧民牧守，让马顺着它们的性子，奔跑于牧场之上，这显然就是现代畜牧业所说的群牧养马。第二种方法是将马匹分散到民间、军队中，让军民分散独自牧养，这种养殖方法一定意义上就是散牧舍饲法。对于这两种养马方法对马的质量的影响，明成祖是看得比较透彻的，永乐九年（1411年）明成祖就指出："马撒在草场里牧散，水草自在，养得肥，又无病，孳生蕃息，这是马的真性，不劳苦。若是拴着时，都生出瘦损了。如今却又要搭盖马棚，置办锅、瓮、槽、铁，圈在房子里，又拴着，这等时那马怎莫得自在，人又劳苦，马又坏了。"[1]选择牧场集群放牧的养马方式是符合马的性情的，而拴在马厩中饲养马匹的养殖方式既费人力物力，所养马匹质量也不高。

依照现代畜牧学的研究，群牧养马更符合马的生物学特性的要求。群牧马主要靠采食天然牧草来取得营养物质。牧草的营养成分，随季节改变而有差异。因而影响马的四季膘情：夏秋季节，水草丰盛，马体蓄积大量脂肪，有利于安全越冬；冬春季节，天寒雪大，牧草枯黄，采食困难，马匹膘情下降。马在长期适应这种自然条件的过程中，形成上膘快、掉膘慢、恋膘性强的特性。在群牧管理下，马匹固有的特性可以得到发展。由于能获得全价营养的青绿饲草，有利于马匹的生长和发育；各种自然条件的锻炼，促使马匹运动器官发达，增强了对外界的适应性。因此群牧马形成了体质结实、不苛求饲料、抗病力强等优良特性。凡不能适应群牧的马匹，均被自然淘汰而死亡，只有能适应放牧的马匹，才被保留下来[2]。邱濬也对明朝战马没能实现群牧放养，而是实行散牧养殖，因而不能蕃息发出感叹："盖马所以蕃息者以其群聚之相资，腾游之有道，今小民一家各絷一马，而欲其生息固难矣，况求其皆良乎？"[3]可以看出，马匹"群聚之相资，腾游之有道"才能繁盛，这种"群聚"的牧马方法道出了牧养优质战马的真意。

而散牧舍饲马却难以得到上述的自然选择，并且马户为了完成养马任务极力阻碍自然选择，因为政府对马户养马的存活率要求很高。按照明政府的规定，最初马户负责养殖的每一匹骒马每年纳驹一匹，理论上每一匹马所生驹都要存活，否则马户就要追赔。没有自然的选择，"一刀切"的养殖成功率，使得马户

---

[1]（明）杨时乔：《皇朝马政纪》卷11，中正书局，1981年重印玄览堂丛书影印明万历刊本，第413页。

[2] 甘肃农业大学主编：《养马学》，农业出版社，1990年，第201页。

[3]（明）邱濬：《大学衍义补》卷124，日本东京大学东洋文化研究所藏明正德元年（1506年）刊本，第18页。

极力维持马的数量，而难顾马的质量，使得很多病马、弱马也不敢轻易淘汰。正如徐恪《宽民力以修马政疏》中所云："孳牧种马，一有倒失，随即买补，相因无穷。孳生马驹，今年印记。明年搭配，又明年算驹，相继不绝。算驹之中，有定驹而未成者，有显驹而坠胎者，总为亏欠，俱在赔偿……然倒失之中，有老病而自死者，亏欠之数，亦有坠胎而未成者。事非得已，情或可容。"[1]所以明代的民间散牧孳养战马的制度，在一定程度上讲是没有顺从马匹的自然属性的，最终结果就是战马质量下降，同时马户养马也因此困难重重。

其实要求牝马每年纳驹一匹，这是不太合理的。马的妊娠期多为三百三十天，发情周期大概为十天，发情四至五天时为最合适的交配期。马匹虽然产后七至十一天就会发情，可以进行交配，但是一般情况下不太容易受孕。要求每一匹牝马都一年生一驹，有些马在某一时期是可以达到的，但是将所有牝种马都按照这样的生产效率来计算，从而成为课驹的通则，事实上是难以达到的[2]。这种情形在当时已经被发现了，所以令每群买附牝马一匹，以备生驹抵补。万历《舒城县志》载："战马养于天下卫所民间，令江北五户共养马一群，儿马一，骒马四，岁征一驹外，仍给钞三百贯，买附余种马一匹，如原养马无驹，则以附余之驹补数。若皆无驹，许卖本群无驹者还官。其户内田地税粮免征。是五户养六马也。"[3]虽然官方给钞买付余马，产驹以备顶补不足，但是五牝马未必能年年出驹，这在原则上仍然要遵循每匹牝种马一年课驹一匹的规定。后来改为"令民养官马者二岁纳驹一匹"，到了成化元年（1465年）又改为"每三年纳驹一匹"，成化三年（1467年）又恢复为"二年纳驹一匹"。[4]

针对这种现象，明代名臣邱濬曾提出了相应的改进办法："旧例，凡群头管领骒马一百匹为一群，每年孳生驹一百匹，不及数者坐以罪，请酌为中制，每骒马十匹止取孳生七匹，其年逾数者除以补他年欠阙之数，今年不足明年补之。"[5]邱濬虽然是站在宽恤马户的立场上提出的改进办法，其实也就是建议允许散牧舍饲养马有一定的淘汰率，这样既减轻了马户的负担，也在一定程度上

[1]（明）徐恪：《宽民力以修马政疏》，《皇明经世文编》卷82，明崇祯年间平露堂刻本，第20页。
[2] 陈文石：《明代马政研究之一——民间孳牧》，陈文石：《明清政治社会史论》（上册），学生书局，1991年，第14页。
[3] 万历《舒城县志》卷3《食货志·马政》。
[4]（明）申时行：《万历重修本明会典》卷150《马政一》，中华书局，1989年，第768页。
[5]（明）邱濬：《大学衍义补》卷125，日本东京大学东洋文化研究所藏明正德元年（1506年）刊本，第9页。

提高了马匹的质量。

群牧制的实现有赖于宽广的牧地，洪武初年，人口尚在恢复之中，故人地关系尚不那么紧张，内地尚能支撑群牧所需的牧场，"国初都金陵，设太仆寺董牧事，……滁多旷土饶荐，草莽水泉利可牧，洪武六年（1373年）建寺于滁，领滁、阳等八监骒骁等十八群。"[1]永乐初年群牧制又得以短暂恢复，是因为靖难之役之后，北方人口大量损失，内地又出现了类似洪武初年宽松的人地关系，从而保证了群牧养马所需的大面积牧场。随着时间的推移，内地实行的群牧养马方式终将难以推行，就像洪武二十八年（1395年）废除牧监群一样，永乐十八年（1420年），废除了北京苑马寺六监二十四苑，仅保留位于边区的辽东、陕西、甘肃苑马寺，处在华北农耕区的北京苑马寺群牧的马匹再次分散到民间牧养。

然而散牧制其实是在人地关系紧张的情况下不得不实行的养马方式，由牧地到农地的转变，是人口压力下不得不面对的现实。草场牧地可以说是孳牧之源，草场日益被侵占之后，马匹牧地缺乏，这影响到马的孳生蕃息。而较肥沃的土地被占垦之后，只能将一些草塘，或者不能耕种的土地划为牧地，"将高阜低洼止堪牧马地土，责付养马人户轮流管顾、放牧，中间果有肥饶地土，即今空堪以开垦成田，照例看验顷亩，拨与有力马户耕种"[2]，因此有些牧地非常狭小，如万历《滁阳志》所记本州草场16处，最大的也只是八顷九亩有余，小的甚至只有十七亩[3]。牧地被侵占之后，导致一些牧地距离马户家太远，放牧多有不便，或者人稠地狭，放牧无所，以致马各自分散，不能以时群盖（交配），马不生驹。正如万历《镇江府志》指出的"江以南田地狭窄，无场放牧，不能以时群盖，每年马不生驹。"[4]

另外，在农耕区内很多地方的自然环境也不适合战马的养殖，"江南应天、太平等处非产马之地。"[5]浙江道监察御史钱𤱊奏言"臣生长其地，实目见之，见计养马八百五十匹，缘地碛水咸，草土不服。虽称种马，并不产驹，而瘦损

---

[1] （明）雷礼撰：《南京太仆寺志》卷2，《四库全书存目丛书》影印明嘉靖刻本，齐鲁书社，1996年，第504页。

[2] 《皇明成化二十三年条例》，参见杨一凡等编：《中国珍稀法律典籍集成》乙编第二册《明代条例》，科学出版社，1994年，第73页。

[3] 万历《滁阳志》卷7《田赋志》。

[4] 万历《镇江府志》卷9《赋役志·马政》。

[5] （明）归有光著，周本淳点校：《震川先生全集》卷3《论议说》，上海古籍出版社，1981年，第69页。

倒死，十常八九。一经费补之期，动至倾家卖子，买地他乡，不数月间瘦死，赔买又复如前。"[1]历史上优质的马匹也多是出自草原牧区，在农耕区内所养马匹一般也多是挽用型的农耕用马，其自然环境难以培育乘用型的战马。战马与农耕马的气质是完全不一样的，他们要求的环境与养殖的方式也是各有不同。群牧有利于战马活泼气质的养成，而民间散牧往往养殖不注意，将原本的战马往农耕马方向培养，明朝政府对战马有严格的保护措施，严禁将战马用于负重拉货，这样容易导致战马损伤，而民间散养的马匹却是"往往将官马驮载粮食、煤炭，并驮私盐等物货卖，甚至赁借与人骑坐驮脚等项，并不爱惜，以致伤损倒死的多。"[2]

小　结

明代初年（洪武、永乐时期）在内地分别先后实行了群牧战马养殖形式，后来都改为了散牧的养殖形式，由群牧到散牧的技术变迁，其实反映了明代在农耕区养殖战马面临的难以解决的困境。面对战马是养于官还是养于民的难题，归有光已经意识到这样的困境："两京畿、河南、山东编户养马……盖不独养于官而又养于民也……夫马既系于官，而民以为非民之所有；官既委于民，而官以为非官之所专，马乌得而不敝？"[3]群牧制下的战马养殖，本是更适合战马繁育的技术形式，但是需要宽广的牧地作为支撑，而散牧于民间的养马方式有利于在人口密度较大的农耕区畜牧养马与农业相协调，但是这种养马方式却不是战马的最佳养殖形式，以至于后来出现了马匹质量下降，马户因此受累的情况，最终民间散牧战马走到了尽头。

第五节　南海蛋户的珍珠采捕

从海里采捕珍珠贝，剖取珍珠这个行业至少在秦汉时代已经见诸史籍记载，

[1] 万历《通州志》卷4《物土志·贡赋》。

[2]（明）雷礼撰：《南京太仆寺志》卷1，四库全书存目丛书第257册，齐鲁书社，1996年影印明嘉靖刻本出版，第498页。

[3]（明）归有光著，周本淳点校：《震川先生全集》卷3《论议说》，上海古籍出版社，1981年，第68页。

从宋代开始，蛋户[1]成为这个行业的主要从业者，也就是说珍珠的采捕主要靠的是蛋户来完成。宋朝人蔡绦认为采珠人必定只能是疍民，"凡采珠必置人，号曰疍户，丁为疍丁，亦王民尔。特其状怪丑，能辛苦，常业捕鱼生，皆居海艇中，男女活计，世世未尝舍也。"[2]"珠，出合浦海中。有珠池，蜑户投水采蚌取之。"[3]蛋户从宋代开始已经是职业的采珠人了，而且这种职业采珠活动与政府有较大的联系。《宋史·高宗纪七》记载有绍兴二十六年（1156年）"罢廉州贡珠，纵蜑丁自便。"同书《食货志》亦记载："罢廉州贡珠，散蜑丁。盖珠池之在廉州凡十余，接交趾让者水深百尺，而大珠生焉。蜑往采之，多为求人所取，又为大鱼所害，至是，罢之。"[4]关于元代蛋户采珠的情况在《元史》中也有记载，《元史》载泰定元年（1324年），"罢广州、福建等处采珠蜑户为民，仍免差税一年。"[5]可见元代采取珍珠的仍然是蛋户，延续了宋代蛋户的职业采珠制度。明代继承了元代的分户管理制度，蛋户成为一种专门的职业户，一部分蛋户专门负责珍珠的采捕，《明会典》载："洪武三十五年（1402年），差内官於广东布政司，起取蜑户采珠。蜑户给与口粮"[6]明代珍珠的采捕基本都是蛋户完成的，蛋户成了明代官方南海珍珠专采制度下的职业户。

一、明代蛋户采珠与环境的互动

珍珠的采捕时节一般是在冬季，因为冬季收的珍珠，其光泽度要比夏季收的好。珍珠光泽度主要是由霰石结晶的大小和聚合形态的变化决定的，如霰石结晶的大聚合形状比较规则，珍珠的光泽度最大，如果结晶小或结晶不完全聚合形状不规则，珍珠的光泽度则大幅度下降。若结晶溶解时光泽度最差。而水温和育珠贝的生理状态则与霰石结晶的大小、结晶完全与否、结晶聚合形状有密切的关系。在水温较高，育珠贝比较衰弱时，则结晶小或不完全。聚合不规则，甚至结晶溶解光泽度下降，直至无光泽。收获珍珠的光泽从时间上说，以

---

[1] 史籍中"蛋户"也常常写成"疍户""蜑户""蜒户"。
[2]（宋）蔡绦：《铁围山丛谈》卷5，中华书局，1983年，第99页。
[3]（宋）范成大著，严沛校：《桂海虞衡志》，广西人民出版社，1986年，第118页。
[4]《宋史》卷31《高宗八》、卷168《食货下八》，中华书局，1977年，第586、第4565页。
[5]《元史》卷29《本纪第二九泰定帝一》，中华书局，1976年，第649页。
[6]（明）申时行等：《明会典》卷37《课程六》，中华书局，1989年，第269页。

十二月或一月至二月（水温在13摄氏度以上17摄氏度以下时）光泽最好，三至四月和十一月差一些，七月和八月最差[1]。虽然明代的蛋户并不可能对此明白得这么透彻，但是他们在长期的采珠实践中已经知道冬天采的珍珠质量好，故采捕珍珠时节多定在冬天。朝廷下诏采珠，开池（明代的珠池有军队看守，只有皇帝下诏开采才能采捕）的时间也多是在十一或者十二月，"弘治十二年（1499年），诏采珠。是岁十月开池，讫于明年之正月"，"正德九年（1514年），诏采珠。是岁十月开池，讫于明年之二月"，"嘉靖五年（1526年），诏采珠。是岁十一月开池，讫于明年三月。"[2]可见蛋户采珠的实践经验在明代的官方采珠活动中是受到重视的。

珍珠贝的采捕属于深水作业，具有极高的危险性，明代前期的叶盛在《水东日记》中记载了明代采珠技术的变迁过程：

珠池居海中，蜑人没而得蚌剖珠。盖蜑丁皆居海艇中，采珠以大舶环池，以石悬大絚，别以小绳系诸蜑腰，没水取珠，气迫则撼绳，绳动，舶人觉，乃绞取，人缘大絚上。前志所载如此。闻永乐初，尚没水取，人多葬鲨鱼腹，或只绳系手足存耳。因议以铁为耙取之，所得尚少。最后得今法：木柱板口，两角坠石，用本地山麻绳绞作兜如囊状，绳系舶两傍，惟乘风行舟，兜重则蚌满，取法无逾此矣。[3]

叶盛记载了蛋户采珠方法的变迁，最初的方法是蛋户直接潜入海水中采捞珍珠贝的方法，这种方法是宋代以来蛋户一直在使用的方法，宋人周去非在《岭外代答》载："合浦产珠之地，名曰断望池。在海中孤岛下，去岸数十里，池深不十丈，蛋人没而得蚌，剖而得珠。取蚌，以升绳系竹篮，携之以没。既拾蚌于篮，则振绳，令舟人没取之。没者，呕浮就舟。"也就是说，蛋户乘船到离岸边数十里的珠池，然后多人分工，一人带着系了绳子的竹篮没入海水中拾取珍珠贝，当没入海底的蛋户将要达到憋气的极限时就晃动绳子，船上的人就快速地将篮子提出水面，没入海水取贝的蛋户就可以相对轻松地快速游出水面，或

[1] 蔡庭：《海康珍珠志》，广东人民出版社，1992年，第142页。
[2]（明）郭棐撰，黄国声、邓贵忠点校：《粤大记》卷29《政事类·珠池》，中山大学出版社，1998年，第854页。
[3]（明）叶盛：《水东日记》卷5，中华书局，1980年，第54页。

者由船上的人拉出水面。这种采珠的方法极具危险性，因为海底情况复杂，经常会遇到鲨鱼等动物，这些是蛋户最忌惮的，"不幸遇恶鱼，一缕之血浮于水面，舟人句哭，知其已葬鱼腹也。亦有望恶鱼而急浮，至伤股断臂者。海中恶鱼，莫如刺纱，谓之鱼虎，蛋所忌也。"[1]这种直接由蛋户没入海水拾采珍珠贝的采珠方法到了明代永乐年间（1403—1424年）仍然在使用，以至于仍然听说蛋户采珠时"多葬鲨鱼腹，或只绳系手足存耳。"

《天工开物》中记载了一种改良过的潜水捕捞的方法："凡采珠舶，其制视他舟横阔而圆，多载草荐于上。经过水漩，则掷荐投之，舟乃无恙。舟中以长绳系没人腰，携篮投水。凡没人以锡造弯环空管，其本缺处对掩没人口鼻，令舒透呼吸于中，别以熟皮包络耳项之际。极深者至四五百尺，拾蚌篮中。气逼则撼绳，其上急提引上，无命者或葬鱼腹。凡没人出水，煮热毳急覆之，缓则寒栗死。"[2]这种采珠方法是在采珠船上设一部绞车以放绳和提绳，潜水者把一个锡制的、像牛角似的空管扣在口鼻上，并用熟牛皮包缠在耳、项之间，以便在水中可换几口气，延长采珠的时间。该采珠方法和以前的采珠方法相比，既增加了防护设备，又提供了呼吸的方便，但身体的其他部位仍缺乏安全保护措施，如图8-8所示。[3]然而潜水采珠的方法对于蛋户来说，其生命极不保障，蛋户每次潜入海中采珠，能否活着回来都很难说，而窒息毙命，手足仅存或者葬身鱼腹者当不在少数。可以说蛋户的采珠活动是用生命做赌注的作业，而《天工开物》所记载的这种改进办法，或多或少对蛋户在海水中采珠起到了一定的保护作用。

为了减少采珠的伤亡，蛋户尝试用另一种方法采珠，即"以铁为耙取之"，也就是用铁耙从船上捞取珍珠贝，但是这种方法效率极其低下，也难以采捞到好的珍珠。这是因为天然珍珠是由珍珠贝体内的外套膜的一部分细胞，在结缔组织内形成珍珠囊分泌珍珠质而产生的。在自然条件下，砂砾和寄生虫等外来物质的偶然侵入，就给珍珠质分泌组织（外套膜外侧上皮细胞）以有效刺激，引起该组织的畸形增殖，并在结缔组织内形成包围外来物质的珍珠囊，分泌珍

[1]（宋）周去非：《岭外代答》卷7，《宝货门·珠池》，商务印书馆（上海），1936年，第75页。

[2]（明）宋应星：《天工开物》下卷《珠玉第十八》，明崇祯刻本，第54页。

[3] 廖国一：《环北部湾沿岸历代珍珠的采捞及其对海洋生态环境的影响——环北部湾沿岸珍珠文化系列研究论文之一》，《广西民族研究》2001年第1期。

珠质沉积在砂砾等外来物质上，从而形成天然珍珠。可以说天然珍珠的形成是大自然的意外产品。所以不是每一个珍珠贝里都会有天然的珍珠，因此，有经验的采珠者都知道，凡是发育不良的、两壳合闭不严的、生长赘肉的，以及被寄生虫穿孔的蚌蛤才容易有珍珠[1]。蛋户在没水取蚌时是有选择性的，而"以铁为耙取之"的方法却是盲目的，故采珠效果不甚佳。这种采珠方法是蛋户为了减少直接没入海水中采珠造成的伤亡而不得已想出的办法，这种方法虽然采珠效率低，但是蛋户的安全有了保障。要实现效率与安全并举，还得继续改进采珠技术。

资料来源：（明）宋应星：《天工开物》，世界书局，1936年，第312页。

图8-8　《天工开物》蛋户没水采珠图

为了解决采珠时的安全与效率问题，蛋户发明了网捕的方法，也就是用山麻绳绞成囊状的兜，用木棍撑起兜口，在兜口拴上两块大石头以使兜沉入海底，将兜用绳子系在船的两边，船依靠风力行驶，待兜装满了珍珠贝，便将兜拉出

---

[1] 张莉：《中国珍珠产业振兴研究》，中国经济出版社，2004年，第28页。

水面，剖蚌取珠。这种方法在清初的时候仍然使用，只是将兜改成了网，康熙时人吴震方在《岭南杂记》中说："珠池在廉州海中，取珠人泊舟海港数十联络，天气晴爽，万里无云，同开至池处，以铁物坠网海底，以铁拨拨蚌，蚌满网举而入舟，舟满登岸取而剖之，皆凡珠也。"[1]这种网捕的方法避免了蛋户直接潜入海水中取蚌带来的危险，王士性在《广志绎》中评价这种采珠的方法时说"用网以取，则利多害少。"[2]

网捕的技术得以实现，跟珍珠贝的分布状态有一定的关系，日本学者研究发现，珠母栖息最多的地方是：海底面和富于小石的沿岸斜面的境界、岩石露出而且潮流较急的地方，栖息分布的状况是呈线状附着，面状的分布是很少的[3]。而且珍珠贝一般栖息在低潮线附近至水深二十多米的地方区域，以水深十米为多。珍珠贝的这种分布状态和栖息深度，也正好反映了李约瑟对蛋户潜水采珠深度极限的研究结论。李约瑟认为如果不用现代的潜水设备和头盔直接下潜，20米可以作为不带呼吸设备的潜水人员能够进行水下作业的极限[4]。珍珠贝的这种分布状态和栖息深度，使得这种固定绳索长度的网捕法才成为可能。网捕的方法也有其局限性：这种方法采珠，不论老蚌、嫩蚌都被网打捞上来，对珍珠贝类资源有很大的破坏作用；另外，在海中兜取的可能不只是珍珠贝，还有珊瑚、石头、海草等杂物，这就在一定程度上影响了采蚌的效率。

明末清初的屈大均在《广东新语》中记载了对网捕珍珠贝的另外一种改进方法——诱捕法，"凡采生珠，以二月之望为始。……采珠之法，以黄藤、丝棕及人发纽合为缆，大径三四寸，出铁为耙，以二铁轮绞之。缆之收放，以数十人司之。每船耙二，缆二，轮二，帆五六，其缆系船两旁以垂筐，筐中置珠媒引珠。乘风张帆，筐重则船不动，乃落帆收耙而上。剖蚌出珠。"[5]这种用"珠媒"把珍珠贝引诱到筐里，筐装满了珍珠贝后拉上船来，这种诱捕法，一定程度上避免了网捕法将海底其他杂物一并打捞上来的局限性，提高了采珠的效率，也可避免蛋户直接潜入海水中遭遇不幸。

---

[1]（清）吴震方：《岭南杂记》，丛书集成本，商务印书馆（上海），1936年，第26页。

[2]（明）王士性著，周振鹤点校：《广志绎》卷之四，中华书局，2006年，第296页。

[3][日] 小林新二朗、[日] 渡部哲光著，熊大仁译：《珍珠的研究》，农业出版社，1966年，第99页。

[4][英] 李约瑟原著，[英] 科林·罗南改编，上海交通大学科学史系译：《中华科学文明史》，上海人民出版社，2002年，第275页。

[5]（清）屈大均：《广东新语》卷15《货语》，中华书局，1985年，第412页。

不论用兜、用网还是用筐，这些采珠技术形式本质上是一样的，都可以避免蛋户直接潜入水中采珠的危险，只是用筐采珠效率更高，采捞上来的都是珍珠贝，而用兜和网采珠却将海底的其他杂物也捞上来，影响采珠效率。而用"珠媒"的诱捕方式最巧妙，只是这"珠媒"的含义，还需要专业人员予以合理解释。这些方法都避免了蛋户直接潜入海水中遭遇不幸，是蛋户在采捕珍珠的过程中提炼总结出来的智慧，反映了蛋户与海洋相互影响的结果。海洋带给蛋户采捕珍珠的危险，蛋户以技术的变革来规避各种危险。

蛋户采珠的危险除来自水中的攻击性鱼类外，还有难以预测的大风大浪，"凡是蛋户采珠，多在岛屿礁石之滨，而起船率狭小以便采捞，不似巨舰可以冲涛破浪，时值飓风一起，倒海排空，一叶簸扬漂没者常什九，恐鲛人之室未问而琼瑰先盈怀矣，此其天时之不测。"[1] 蛋户为了便于采捞珍珠贝一般只能使用小船作业，而小船的抗风浪能力是极其有限的，一旦遇到飓风大浪便难免有生命危险。

面对凶猛的海中怪物和难以预料的风浪对蛋户采珠时的危险，蛋户除改进捕捞技术积极应对之外，他们还有一种方法对此做出回应，这便是求助在他们眼里强大无比的神灵。面对大自然的强大，渺小的蛋户便希望通过虔诚的祭祀活动来求得海神的帮助，因而蛋户采珠之前一般都有祭祀活动，"蛋户采珠每岁必以三月，时牲杀祭海神，极其虔敬。"[2] "凡采生珠，以二月之望为始。珠户人招集赢夫，割五大牲以祷，稍不虔洁，则大风翻搅海水，或有大鱼在蚌蛤左右，珠不可得。又复望祭于白龙池，以斯池接近交趾，其水深不可得珠，冀珠神移其大珠至于边海也。"[3] 蛋户希望用强大的神灵来应对同样强大的自然，以克服内心对变幻莫测的海洋之恐惧，求得心灵的平静，以完成采捕珍珠的任务。故蛋户对海洋的祭祀、崇拜同样是反映了人与环境的关系。

二、皇权与珍珠

汉朝晁错说："夫珠玉金银，饥不可食，寒不可衣，然而众贵之者，以上用

[1]《两广军门陈大科奏停采珠使疏》，万历《广东通志》卷 53《郡县志四十廉州府》，明万历三十年（1602 年）刻本，第 56 页。
[2]（明）宋应星：《天工开物》下卷《珠玉第十八》，明崇祯刻本，第 53 页。
[3]（清）屈大均：《广东新语》卷 15《货语》，中华书局，1985 年，第 412 页。

之故也。"作为比金子还贵重的珍珠，向为历代统治者所刻意追求，《墨子》也有提到说："和氏之璧，夜光之珠，三棘六异，此诸侯之良宝也。"珍珠因此被皇族诸侯广泛用于管冕衮服、簪珥首饰、车乘器用以及陪葬等方面，作为尊贵无比的象征。

从《明史·舆服志》中可以了解到，皇帝乘坐的车子垂帘串以白珠。皇帝冕旒前后十二旒，各旒都垂白珠。皇太后、皇后谒太庙礼服都缀珠子，凤冠上大量使用宝石和珍珠，簪珥垂珰、步摇等首饰亦以白珠为缀。公卿列侯和夫人的冠服用珠多少都按品级而定[1]。《明会典》中记载了永乐三年（1405年）定的皇后的礼服为九龙四凤冠，"上饰翠龙九，金凤四，正中一龙衔大珠一，上有翠盖，下垂珠结，余皆口衔珠滴，珠翠云四十片……" 另配一条皂罗额子，描画金龙，饰珍珠二十一颗。常服也规定了大量用珠。同样对皇妃冠服规格的规定中，也是大量地使用珍珠[2]。明王朝皇家对珍珠的喜好从定陵的考古发掘中也可以得到很好的印证。定陵是明代神宗万历皇帝的陵墓，其中孝端王太后和孝靖王皇后同葬，1956年考古工作者对定陵进行了考古发掘，出土了大量与珍珠有关的陪葬品，帝、后的首饰和冠、带及其佩饰中大量使用珍珠。其中珍珠用量最惊人的是出土的四顶分别属于孝靖后和孝端后的凤冠：三龙二凤冠，属孝靖后，冠上饰金龙三、翠凤二，正中一龙及二凤皆口衔珠宝结，每结系珍珠三颗，红、蓝宝石各一块，凤背满饰珍珠，冠上共嵌红、蓝宝石九十五块，珍珠三千四百二十六颗；十二龙九凤冠，属孝靖后，全冠共有宝石一百二十一块，珍珠三千五百八十八颗；九龙九凤冠，属孝端后，冠上共嵌宝石一百一十五块，珍珠四千四百一十四颗；六龙三凤冠，属孝端后，所镶宝石共一百二十八块，珍珠五千四百四十九颗[3]。考古报告中这一串惊人的数字，可见明代皇室珍珠需求之大，而这只是其中的一部分，其他的各种饰品也还需要大量的珍珠。

另外，天子、亲王、公主等皇亲国戚在筹备婚事的过程中也要使用大量的珍珠，或者用珍珠编串的珍贵物品。皇帝纳后时，采纳问名礼物中开列与珍珠有关的礼物有：珍珠五样、珠儿粉十两、珠翠花一朵；纳吉钠征告期礼物中开列与珍珠有关的礼物有：五样珍珠二十八两、青素苎丝滴珍珠描金云龙鸟一只、

---

[1]《明史》卷66《舆服二》，中华书局，1976年，第1615页。

[2]（明）申时行等：《明会典》卷60《婚礼一》，中华书局，1989年，第403页。

[3] 中国社会科学院考古研究所等编：《定陵》（上册），文物出版社，1990年，第206页。

珠儿粉十两、金链珠镯一双、珠面花二副、四珠葫芦花一双、八珠环一双、珠翠花四朵、抹金银脚珠翠花一朵[1]。另外，皇太子纳妃、亲王婚礼等也需要大量使用与珍珠有关的礼物。明代皇亲国戚的婚礼中使用的珍珠的量也是非常大的，万历五年（1577年），户部曾"奏进大婚铺宫钱粮、各样珍珠计重八万两，足色金二千八百两，九成色金一百两。"[2]

明代也有将珍珠用于封赏亲王的，太宗永乐帝时曾"赐蜀王椿珍珠一百九十二两，白金一千五百两，钞二万锭。"[3]孝宗弘治帝在分封王侯的时候，也曾经颁赐珍珠："苏州吴姓者商贩广东，己老，言：孝宗弘治年间欲分封诸王，取珠于广，得一珠甚大，半黑如墨，绝然平分，稀世之宝也。名天地分。"[4]

皇家所需的珍珠等奇珍异宝，对于采珠人来说有时却是"以人命易珠"[5]，对于皇家向民间索取珠宝的危害，明代的大臣也曾向皇帝指出："盖此物非出于所贡之人，必取于民，取于民不足，又取于土官夷人之家，一物之进，必十倍其直，暴横生灵，激变边方，莫此为甚。"[6]虽然如此，仍然无法消减皇家对珍珠的追求。珍珠作为皇权的象征，广泛用于皇家的各项礼仪活动中，用以显示皇家的端庄高贵，但是有时并不特别实用。黄仁宇先生曾经这么解释珍珠在明代皇家礼仪中的作用："皇帝在最隆重的典礼上使用的皇冠是冕，冕上布板是长方形而非正方形，前后两端各缀珍珠12串。这种珠帘是一种有趣的道具，它们在皇帝的眼前脑后来回晃动，使他极不舒服，其目的就在于提醒他必须具有端庄的仪态，不能轻浮造次。"[7]珍珠能够被外化为彰显皇权的象征，其实归根结底应该归结于它"物以稀为贵"的生物属性，前面已经讲到，天然珍珠的形成是大自然意外的产物，珍珠贝在生长过程中，要受外来异物刺激（或病理变化），引起外套膜部分表皮细胞随着异物凹陷入外套膜结缔组织中，形成珍珠囊，包围异物并分泌珍珠质，这样才能形成天然珍珠。也就是说在自然状态下，绝大多数的珍珠贝因没有被异物入侵而不会产生珍珠，因而在人工养殖珍珠技术没有大规模推开之

---

[1]（明）申时行等：《明会典》卷 67《冠服一》，中华书局，1989 年，第 373-377 页。

[2]《明神宗实录》卷 62，万历五年（1577 年）五月辛丑条。

[3]《明太宗实录》卷 59，永乐四年（1406 年）九月辛巳条。

[4]（明）李诩：《戒庵老人漫笔》卷 2，中华书局，1982 年，第 45 页。

[5]（明）林富：《乞罢采珠疏》，见崇祯《廉州府志》卷 11，《日本藏中国罕见地方志丛刊》，书目文献出版社，1992 年，第 168 页。

[6]《明宪宗实录》卷 155，成化十二年（1476 年）七月癸亥条。

[7] 黄仁宇：《万历十五年》，生活·读书·新知三联书店，1997 年，第 6 页。

前，珍珠是极其难得的。因其难得而珍贵，因而能够成为皇权的象征。

三、采珠定制的破坏与生态变迁

根据现代养珠的经验，无核珍珠的育珠时间需要三到四年，加上珍珠贝原来大概三年左右的贝龄，生产无核珍珠的珍珠贝的生长年限达六至七年时间。而天然的珍珠贝孕育珍珠却需要十年以上的时间。

根据天然珍珠的生长规律，明代官方采珠设有一定的定制，"自有珠池以来，祖宗时率数十年而一举"，只是因为"珠之为物也，一采之后，数年而始生；又数年而始长；又数年而始老，故禁私采数采所以生养之。"[1] "明时率十五六年或十年一采，始得美珠。迩者三年一采，俱碎小，藩臬有司颇受诘责。"[2] 据统计[3]，皇帝下诏采珠的年份有：洪武二十九年（1396年）、永乐十四年（1416年）、洪熙元年（1425年）、天顺三年（1459年）、成化元年（1465年）、成化二年（1466年）、弘治十二年（1499年）、弘治十五年（1502年）、正德九年（1514年）、嘉靖五年（1526年）、嘉靖九年（1530年）、嘉靖十二年（1533年）、嘉靖十三年（1534年）、嘉靖二十二年（1543年）、嘉靖二十四年（1545年）、嘉靖三十六年（1557年）、嘉靖三十七年（1558年）、嘉靖四十一年（1562年）、隆庆六年（1572年）、万历二十六年（1598年）、万历二十七年（1599年）、万历二十九年（1601年）、万历四十一年（1613年）。由这份采珠年表可以看到，明代前期的采珠频率基本都控制在十年一采，甚至三十年一采，越到后期，虽然仍然坚持十年一采的旧制，但是在嘉靖和万历两朝的采珠活动中，已经多次突破十年一采的旧制，有时甚至是连续几次几年就开采。

明朝廷下诏开采珠池的捕捞强度是非常大的，这是举政府之力进行开采，通过政府的征调等强制手段，能够短时间内聚集大量的人力、物力、财力来支持采捕工作。下面这则资料全面地反映了政府的这种强大力量：

---

[1]（明）林富：《乞罢采珠疏》，见崇祯《廉州府志》卷11，《日本藏中国罕见地方志丛刊》，书目文献出版社，1992年，第170页。

[2]（明）谈迁：《枣林杂俎》中集《珠池》，中华书局，2006年，第368页。

[3]（明）郭棐撰，黄国声、邓贵忠点校《粤大记》卷29，《政事类·珠池》，中山大学出版社，1998年，第853-855页；（明）谈迁：《枣林杂俎》中集《珠池》，中华书局，2006年，第368页；（明）叶盛：《水东日记》卷5，中华书局，1980年，第54页。

查得弘治十二年（1499年）采珠事体，合用船只：东莞县与雷廉琼三府人民往来买卖熟知海利。东莞县行取大槽船二百只，琼州府白槽船二百只；共四百只。每只雇夫二十名；共夫八千名，每月雇觅夫船并工食银十两，共该银四千两。雷廉二府各小槽船一百只，共二百只，每只雇夫十名，共夫二千名，每月雇觅夫船并工食银伍两，共该银一千两，合用器具、耙网、珠刀、大桶、瓦盆、油铁、木柜等件。今各船人夫自行整备应用，给与价钱。雷廉二府每府又用厂一座，共一应该用银两行令广州等府于赃罚缺官皂隶马夫并均徭饶剩冠带等项银内查取：广州府二千两，潮州府六千两，惠州府四千两，肇庆府三千两，琼州府四千两。若有不敷，另于税亩户口食盐等项银两凑支，解发雷廉二府官库收贮给散，事完造册缴报。采取夫船应该委官部押，具由呈奉三府察院。[1]

从这则材料中可以看到政府筹集采珠的物资、人力、财力的途径和方法，官方通过征调各府州县的船只，征集船夫，开厂造具，调拨资金等强制手段，短时间内聚集了大量采珠所需的人力物力。而这些官方的强力措施的保障，极大地增强了人类干预自然的力量，政府组织的采珠活动对自然资源的索取强度是个体分散自行组织的采珠活动无法比拟的。

正是因为政府组织的采珠活动对自然资源的干预强度过大，所以严格的采珠时间间隔制度成为必要，明朝政府设定的是"数十年一采"，以此来保证每次珍珠开采之后的自然恢复。在这种制度的实施得到充分的保障的时候，是能够保持持续的珍珠获取量的。洪熙元年（1425年）下诏放宽开采珍珠的禁令之后，到天顺三年（1459年）才有下诏开采，在这35年期间，宣宗宣德年间（1426—1435年）曾宣布"有请令中官采东莞珠池者，系之狱"[2]，英宗正统年间（1436—1449）派内监常驻广东各地珠池，专门负责监守珠池，天顺三年（1459年）下诏开采后，发现安南人与广东沿海人有相互勾结盗采珠池的情况，明政府下令派人严控珠池。因为几十年对珠池的开采频度不大，加上官方对珠池的严格管控，到了成化元年、二年（1465年、1466年）下诏开采时，收获很庞大，

---

[1]（明）林富：《乞罢采珠疏》，见崇祯《廉州府志》卷11《日本藏中国罕见地方志丛刊》，书目文献出版社，1992年，第166页。

[2]《明史》卷82《食货六》，中华书局，1976年，第1996页。

"珍珠，（成化）初（1465年）采一万四千五百余两，大约三石五斗。次年（成化二年，1466年）采九千六百余两，每百两余四五两，大约一升重四十六七两。次年大者五十余颗，计一斤重，云价近白金五千两。"[1]成化初这两年采捕收获珍珠达两万四千两，收获量非常大。到了弘治十二年（1499年）才下令再次开采，时隔三十三年后"岁久珠老，得最多，费银万余，获珠二万八千两"[2]，这次开采有可能是整个明代珍珠开采获取数量最多的一次。这两次开采均是间隔了三十年多年，因此收获量极大，都达到两万多两。然而此后的采珠间隔年限多缩短至十年，甚至十年以下，世宗嘉靖帝在位45年，曾9次下诏开采珠池，开采频度非常密集，几乎已经达到了环境承载极限，最后几乎是无珠可采了，嘉靖二十四年（1545年），广州知府胡鳌上书请求缓采珠以苏民困，他的奏报中摘录了采珠档案中的采珠情况：

　　天顺年间（1457—1464年）采珠以后，直至弘治十二年（1499年）方采，年月已久，螺蚌生孳者众，老大者多，所以彼时得珠二万八千两。正德九年（1514年）采取，又隔一十五年，止得珠一万四千两。嘉靖五年（1526年）采取，亦越一十二年，止得珠八千余两。嘉靖九年（1530年）采取，亦隔三年，止得珠五千七百余两解纳，碎小不堪。嘉靖十二年（1533年），行回复取，得珠一万二千余两。至嘉靖二十二年（1543年）采取，又隔十年……共计用过官民银不下七千余两……仅得珠四千余两，所得不偿所费，尚且碎小歪匾不堪。今［嘉靖二十四年（1545年）］蒙复取，缘照前次采纳，至今止隔一年，螺蚌未生，纵有一二生息，俱系嫩小，亦未有珠，恐复虚费钱粮。[3]

　　从"数十年一采"到"十年一采"，最后甚至隔数年便再次开采，采珠旧制被破坏之后，由于采珠频度的加大，珍珠蚌的生长没有得到很好的恢复，蚌嫩无珠。世宗从嘉靖四十一年（1562年）最后一次采珠后，时隔十年到了隆庆六年（1572年）下诏"令采珠八千两"[4]。到了神宗万历登基，下令停止采珠，直到万历二十六年（1598年）"以太后进奉，诸王、皇子、公主册立；分封；婚

[1]（明）叶盛：《水东日记》卷5，中华书局，1980年，第54页。
[2]《明史》卷82《食货六》，中华书局，1976年，1996页。
[3]《广州知府胡鳌采珠议》，见万历《广东通志》卷53《廉州府》。
[4]《明穆宗实录》卷69，隆庆六年（1572年）四月甲子条。

礼，令岁办金珠宝石"，与上次采珠时隔26年之后再次下令采珠，采得五千一百余两[1]。从这次开采之后，到万历年间（1573—1620年）在15年里开采了4次，开采频度不可谓不大，所采的珍珠也越来越少。到明朝天启年间（1621—1627年）珠池太监专权虐民，造成合浦珠蚌"遂稀，人谓珠去矣。"[2]基本上无珠可采了，廖国一先生研究认为"明朝末年以后至清朝、民国期间，大规模的采珠活动未见有记载。其中清朝末年，合浦沿海只有20余艘疍家船采捕珍珠，每天采珠5～10市斤。民国采珠业更是一落千丈，1944年合浦沿海只有几艘船采捕珍珠，每日只采珠1～2市斤，可见珠源已十分枯竭。"[3]明代中后期对珍珠资源的过度采捕，对天然珍珠资源造成了难以恢复的破坏。整个清代虽也有大量用珠的需求，但清代珍珠的来源已经不能仰给南海了，而是开采东北的淡水珍珠，号曰"东珠"。从秦汉时期延续下来的对"南珠"资源的获取传统，珍珠资源在明代最终走向了枯竭与几乎不可恢复，可以说明代是南海珍珠资源的巨变期。

小　结

明代珍珠的采捕主要依靠疍户。采珠环境——海洋极具危险性，疍户在长期的采珠过程中，通过改进采珠技术来保护自己的身体以及提高采珠效率。明代疍户为了保护自身的生命安全以及提高作业效率，对采珠技术进行了改进。珍珠的采捕由原来的直接潜入海底拾取珍珠贝的方法，改进为用铁耙在船上捞取珍珠贝的方法，这个方法虽然避免了疍户直接潜入海底的危险，但是效率低下。为了兼顾安全与效率，疍户又有了用网捕捞珍珠贝的方法，这个方法也已经不需要疍户直接潜入海中，也比用铁耙打捞珍珠贝效率高，但是还是不能解决效率的问题，因为网捕将海底珍珠贝与其他无用的东西也一并打捞上来。最后有用"珠媒"引珠的办法，这就使得网捕的效率问题得到解决。这个技术的改进过程其实是人与环境互动的结果。疍户要从海洋中获取珍珠资源，但是海洋却极具威胁性，技术的不断改进，使得海洋带给疍户的危险性逐渐降低，而且获取资源的效率得到提高。因此可见技术在人与环境互动过程中发挥的巨大

[1]《明史》卷82《食货六》，中华书局，1976年，1996页。

[2] 民国《合浦县志·事纪》。

[3] 廖国一：《环北部湾沿岸历代珍珠的采捞及其对海洋生态环境的影响——环北部湾沿岸珍珠文化系列研究论文之一》，《广西民族研究》2001年第1期。

作用。

　　珍珠能够成为明王朝皇权的象征，是因为天然珍珠在自然界中稀有的生物属性和难以获取的社会属性，使得珍珠在社会的供应极其不容易，对这种稀有资源的独占就成为皇家权力的象征。明王朝的统治者为了享受珍珠烘托下的高贵皇权，因而用手中集中的强权去获取珍珠资源，以国家的力量组织人力、物力来开采珍珠资源。由于国家的力量突破了制度的限制，由原来"数十年一采"到"十年一采"，最后甚至发展到"数年一采"的强度，这种强大的国家力量对珍珠资源越来越没有节制的干预，最终导致了资源的枯竭。明代对珍珠的巨大需求，使得采珠旧制被破坏，孕育珍珠的珍珠贝无法得到自然恢复，最后导致了南海珍珠贝几近灭绝。明代南海珍珠资源的变迁，是人类挣脱自身的制度约束和改进应对自然的技术，强力作用于自然的结果。人与自然的互动中，人类应该保持一定程度对自然的敬畏，人类的欲望应该被限制在法律下的制度之中。这样才能保证人与自然的和谐共生，以及人类生态系统与自然生态系统的协同演进。

第六节　荆襄流民入山地

一、生态系统的变动与社会制度的僵化——流民的形成

　　明代流民的形成，是自然因素与社会因素相互作用的结果。自然灾害发生之后，社会制度无法对其做出适当的应对，百姓迫于生存的需要，被迫离开故土，流徙他乡觅食求生，流民由此而形成。正统十年（1445年）八月，陕西发生旱灾，陕西右都御史陈镒奏报"陕西安、凤翔、乾州、扶风、咸阳、临潼等府州县旱伤，人民饥窘，携妻挈子，出湖广、河南各处趁食，动以万计。"[1]

　　当自然灾害发生的时候，一些官员为了维持原有的纳税、服役居民，依旧严格限制百姓的流动，宣德三年（1428年）行在工部郎中李新在河南目睹了这样的现象，向皇帝汇报："山西饥民流徙至南阳诸郡，不下十万余口，有司、军

---

[1]《明英宗实录》卷132，正统十年（1445年）八月壬戌，第2630页。

卫及巡检司各遣人捕逐，民愈穷困，死亡者多。"[1]之所以出现这样的现象，是因为明代的人口政策禁止百姓随意迁徙，《万历大明会典》载洪武二年（1369年）令："凡军民医匠阴阳诸色人户，许各以原根抄籍为定，不许妄行变乱，违者治罪，仍从原籍。"[2]各处户口的情况，每年都要经州、府、布政使司、户部逐级上报，对于逃移的百姓，"所在有司必须穷究所逃去处，移文勾取赴官，依律问罪，仍令复业。"[3]所以有了上述李新所见山西的官员到河南缉捕逃亡的百姓的现象。

面对逃荒形成的流民，官府即使抚恤，但也以招民回原籍为出发点，一般是令"秋成之后劝谕复业，各具户口贯址造册缴报"，景泰六年（1455年），山东、河南、浙江、湖广、南北直隶被灾，户部奏请宽恤各处灾民，"人户因灾伤流移者，所在官司即移文沿途驿传，给与口粮，送原籍复业。"[4]成化十年（1474年）五月，面对逃往荆襄等处的山东、北直隶贫民，宪宗皇帝采纳大臣的意见"往来抚治，暂令存住，候秋成之日遣发，仍令各处有司招抚复业。"[5]成化十一年（1475年）十一月册立太子之后照例下诏天下，宽恤百姓，其中对荆襄流民的抚恤依旧是希望其"悉听各回原籍"，只是对回籍者给予"沿途官司量给口粮，所司务加存恤，优免粮差三年，公私债负不许追取"的优待[6]，其主旨还是希望流民返回原籍。

景泰时人刘斌已经意识到灾荒与赋役对百姓造成的穷困，他指出"穷困之民，田多者不过十余亩，少者或六七亩，或二三亩，或无田而佃佃于人。幸无水旱之厄，所获不能充数月之食，况复旱涝乘之，欲无饥寒，胡可得乎！及赋税之出，力役之征，区长里正往往避强凌弱，而豪宗右室，每纵吞噬，贪官污吏，复肆侵虐。"[7]可见百姓一旦遇到"旱涝"等自然灾害，官员的"赋税""力役"依然加之其上，百姓的生存将难以为继，迫使他们流移四方，成为流民。

到了荆襄流民起义爆发之后，官员不得不正视灾荒与赋役制度的关系。原杰受命抚恤流民，发现流民是"先因原籍粮差浩繁，及畏罪弃家偷生置有田土，

[1]《明宣宗实录》卷42，宣德三年（1428年）闰四月甲辰，第1036页。
[2]《万历大明会典》卷19《户口一》，中华书局，1989年，第129页。
[3]《万历大明会典》卷20《户口二》，中华书局，1989年，第132页。
[4]《明英宗实录》卷252，景泰六年（1455年）四月丰卯，第5450页。
[5]《明宪宗实录》卷128，成化十年（1474年）五月戊戌，第2241页。
[6]《明宪宗实录》卷147，成化十一年（1475年）十一月癸丑，第2695页。
[7]（明）刘斌：《复仇疏》，《皇明经世文编》卷23，明崇祯年间平露堂刻本，第181页。

盖有房屋，贩有土产货物，亦不过养赡家口而已。"[1]逐渐有大臣意识到"比年以来，救荒无术，一遇水旱饥荒，老弱者转死沟壑，贫穷者流徙他乡，至今南阳荆襄等处流民不下十余万人。而南、北直隶、浙江、河南等处或水，或旱，夏麦绝收，秋成无望，米价翔贵，人民饥窘，恐及来春必有死亡流移之患，啸聚意外之虞"，因此建议皇帝"通计缺食人民多寡，所在仓粮有无设法赈济，民有储积者劝贷，与民官为立券，稔岁计息以偿，凡递年负欠，不许有司追征，一应户口食盐、科派、颜料、厨役、班匠等，项俱暂停止。"[2]迫使政府通过调整社会制度来应对灾害，以减少灾民流离失所而成为流民。

二、生境之扩展——流民入山

荆襄山区是河南、湖北、陕西、四川交界处大片山区的泛称。地理范围包括秦岭南侧以及向东延伸的丘陵地带、武当山、大巴山和荆山山区；按行政区划分，这一区域以湖广的荆州府、襄阳府为中心，包括德安府、随州及荆州府的一部分、陕西的汉中和西安府的一部分以及河南南阳府、汝宁府的部分区域。

1. 荆襄环境之优越

元末，南锁、北锁红军在襄阳起义，朱元璋"命邓愈以大兵剿除之，空其地，禁流民不得入。"明朝初期，政府对荆襄山区实行封禁政策。该地区政府控制的人口稀少。但是根据张建民的研究，明初的秦巴山区并非处于"人口与耕地的空白状态"，有不少未登籍注册的户口[3]。但是这些人口主要集中在山地，平坝地区尚有大量肥沃的土地未加开垦，洪武七年（1374年）陕西按察司事虞以文巡视汉中时发现：

其民多居深山少处平地，其膏腴水田，除守御官军及南郑等县民开种外，余皆灌莽弥望，虎豹所伏，暮夜辄出伤人。臣尝相视其地，本皆沃壤，若剃其榛莽，修其渠堰，则虽遇旱涝可以无忧。已令各县招谕山民，随地开种，鲜有

---

[1]（明）原杰：《处置流民疏》，《皇明经世文编》卷93，明崇祯年间平露堂刻本，原襄敏公奏疏。

[2]《明宪宗实录》卷19，成化元年（1465年）七月辛未，第390页。

[3] 张建民：《明清长江流域山区资源开发与环境演变：以秦岭—大巴山为中心》，武汉大学出版，2007年，第92页。

来者。盖由归附之后，其民居无常所，田无常业，今岁于此山开垦，即携妻子诛茅以居，燔爇下种谓，之刀耕火种，力省而有获。然其土硗瘠不可再种，来岁又移于他山，率以为常。暇日持弓矢，捕禽兽以自给。所种山地皆深山穷谷，迁徙无常。故于赋税官不能必其尽实，遇有差徭，则鼠窜蛇匿，若使移居平地开种水田，则须买牛具，修筑堤堰，较之山地用力多而劳。又亩征其租一斗，地既莫隐，赋亦繁重，以是不欲下山。今若减其租赋，宽其徭役，使居平野，以渐开垦，则田益辟而民有恒产矣。

可见这个地区此时人口还不算太多，山地尚能够支撑这些人口的游耕生活，在山中刀耕火种远比在平坝地区农耕容易过活，加之山中丰富的动植物资源，也能够实现自给。这样的地方，还有很大的环境容量，还能养活得了不少迁入的流移人口。巡按湖广御史吴道宏说："荆、襄、郧阳、西安、汉中、南阳六府州县数千余里，皆深山大箐，穷谷茂林，其中土地肥美，物产富饶，自古及今聚隐盗贼。"具体就特定地区的流民来说，如陕西的灾民而言，"东北邻境山西、河南皆无可仰之地，所可求活者，惟南山汉中与四川、湖广边境耳。民之有识有力者，携家前往，采山求食，或幸过活。"[1]这是典型的流民环境选择过程。

随着时间的推移，不少流民进入该山区，荆襄山区"地介湖广、河南、陕西三省间，又多旷土，山谷厄塞，林箐蒙密，中有草木可采掘食，天顺中岁，馑民徙入，不可禁。"[2]项忠于成化七年（1471年）所上《善后十事疏》中也说："荆州、襄阳、河南南阳、西安、汉中、夔州七郡所属州邑，在山谷中者三十三，介山地间者十四，国初禁不许入，自禁弛致流民啸聚。"[3]

到了荆襄流民起义基本镇压之后的弘治年间（1488—1505年），大臣徐恪总结为何流民会向这个地区聚集，他认为"陕西汉中地方，皆倚终南面看巴荆。其山之厚，类七八百里，皆草木蒙密，人迹罕至……东南接湖广之襄、郧，河南之南阳，西南连四川之夔州、保宁，山多地僻，川险林深，中间仍多平旷田地，可屋可佃，及产银矿沙金，可淘可采……人性猛悍，且连年丰收，逋逃多

[1]（明）朱英：《救荒疏》，见乾隆《桂阳县志》卷12《艺文》。
[2]（明）高岱：《鸿猷录·开设郧阳》，上海古籍出版社，1992年，第256页。
[3]（明）项忠：《善后十事疏》，《皇明经世文编》卷46，明崇祯年间平露堂刻本。

往，以故寇贼窃发每在此中。"[1]这种有地可种，且容易连年丰收的地方，对于被天灾人祸逼得外出讨生活的流民来说，是极具吸引力的。即便"流民啸聚荆襄，朝廷已诛其元恶而驱之出境"暂时平定了荆襄的流民叛乱，但是"其地连络陕西之汉中，河南之南阳，旷远肥饶，趋利者易于往"[2]。

在天灾与人祸面前，百姓为了生存，必须扩展自己的生境。百姓的逃移，就是寻找新的生境使自己存活下来。景泰五年（1454年）任河南参政的孙原贞，他向代宗皇帝描述了因环境的演变，百姓为了生存，寻找新的生境，流民迁徙进入荆襄山区的过程，他在调阅逃名文册后发现，逃户达二十余万户，他们先逃到河南、山东、直隶交界的"近黄河湖泊蒲苇之乡"，这些地方"因水泄水消变为膏腴之地，逋逃潜住其间者尤众"，但是后来"河溢，此处数水荒，逃户复转徙南阳、唐、邓、湖广襄、樊、汉、沔之间逐食。"[3]

2. 流民入荆襄

流民进入荆襄地区并非一蹴而就，而是有一个渐进的过程。曹树基认为洪武年间（1368—1398年），江西移民及山西移民已经从东面、南面和北面逼近荆襄地区，不可能不进入这一人口稀疏之地[4]。正统之后，人民的流移开始受到朝野的关注，正统元年（1436年）户部右侍郎李新奏称"河南南阳府邓州、内乡等州县，及附近湖广均州、光化等县，居民鲜少，郊野荒芜。各处客商有自洪武、永乐间潜居于此，娶妻生子，成家业者，丛聚乡村，号为客朋，不当差役，无所钤辖。"这些客朋从洪武、永乐时期就已经进入荆襄地区，并且不受官府管控，不当差役。

正统二年（1437年）三月就有大臣报告说直隶、河南、陕西有"逃民聚居各处，殆四五万人先后入山，抵汉中府深谷中潜住"[5]正统八年（1443年）十一月于谦破获张端卜"假佛法扇众谋为乱"的案子，要求"湖广、河南三司官常巡视其地，但有啸聚或为不法者，即收治之。"[6]自此以后，荆襄流民问题开

[1]（明）徐恪：《议处郧阳地方疏》，《皇明经世文编》卷81，明崇祯年间平露堂刻本。
[2]《明宪宗实录》卷150，成化十二年（1476年）二月戊戌。
[3]《明英宗实录》卷274，景泰五年（1454年）十一月辛酉。
[4] 曹树基：《中国移民史》（第五卷），福建人民出版社，1997年，第378页。
[5]《明宪宗实录》卷28，正统二年（1437年）三月戊午。
[6]《明宪宗实录》卷110，正统八年（1443年）十一月辛未。

始在各种官书文献中大量出现，几乎是言及流民，必涉荆襄。例如，正统年间（1436—1449年）官员马文升报告"汉中府地方广阔，延袤千里，人民数少，出产甚多。其河南、山西、山东、四川并陕西所属八府人民，或因逃避粮差，或因畏当军匠，及因本处地方荒旱，俱各逃往汉中府地方金州等处居住。彼处地土可耕，柴草甚便，既不纳粮，又不当差。所以人乐居此，不肯还乡。即目各处流民在彼，不下十万之上。"[1]

景泰五年（1454年）十一月曾任河南参政的孙原贞奏："曾"阅各处逃民文册，通计二十余万户⋯⋯复转徙南阳、唐、邓、湖广襄、樊、汉、沔之间逐食。"[2]天顺元年（1457年），在汉中府发生了以逃民或流民为依托的"妖僧扇乱"事件，随即遭到官军的镇压。正统元年（1436年）四月，在荆襄山区爆发了刘千斤、石和尚领导叛乱，朝廷派兵讨伐。这次声势浩大的叛乱与次年发生的饥荒相结合，"正统二年（1437年），岁饥，民徙不可禁。聚既多，无所禀约束，中巧黠者，自相雄长，稍能驱役之。"[3]次年五月，刘千斤被兵部尚书白圭擒获，送至京师斩首，十月叛乱余党也被击溃。刘千斤的叛乱被镇压之后，朝廷并没有对荆襄地区设专官加以管理，后来又"会岁大旱，流民入山者九十万人。"正统六年（1441年）十月，刘千斤的余党李胡子再次在荆襄地区聚众造反，十一月，项忠受命讨伐。项忠先派人到山中招抚流民，使流民脱离叛乱者，"流民携扶老幼出山，日夜不绝，计四十余万"[4]，叛乱者势力被严重削弱，最后也被镇压下去。

三、新生态系统的形成——附籍与设府

明朝政府对于流民的迁徙，虽然希望流民能够回到原籍，但是这个政策执行得并不彻底。在流民产生的初期，皇帝在仁政的旗帜下，对流民抱有一定的同情，宣宗皇帝即曰："民饥流移，岂其得已，仁人君子所宜矜念。"[5]英宗皇帝也认为"彼亡命者，皆朕赤子也，比因徭役频繁，饥寒迫切，遂至转徙尔"，要求抚辑逃

---

[1]（明）马文升：《添风宪以抚流民疏》，《皇明经世文编》卷62，明崇祯年间平露堂刻本。

[2]《明宪宗实录》卷247，景泰五年（1454年）十一月辛酉。

[3]《明史纪事本末》卷38《平郧阳盗》，中华书局，第561页。

[4]《明史纪事本末》卷38《平郧阳盗》，中华书局，第565页。

[5]《明宣宗实录》卷42，宣德三年（1428年）闰四月甲辰。

民的官员"往视之，其愿回故乡者，令有司善加抚绥，蠲其逋租，愿占籍于所寓者，复其徭役二岁，果有梗化者，按之，锄其首恶，毋及不辜。"[1]所以在项忠武力驱逐流民之前，部分流民已经得到政府的允许，开始在当地附籍。宣德五年（1430年）报告"近年各处间有灾伤，人民乏食，官司不能抚恤，多致流徙……请严禁令，责限回还，仍依先行榜例，如每丁种有成熟田地五十亩之上，已告在官者，准令寄籍。"[2]成化十二年（1476年），原杰抚治流民前夕，北城兵马指挥司带俸吏目文会言："荆襄自古用武之地，宣德间有流民邹百川、杨继保等聚众为恶，正统间民人胡忠等开垦荒田，始入版籍，编成里甲，事妥民安。"[3]

　　向忠驱逐流民五年之后，又陆续有人奏报"比年荆襄流民复聚"，建议皇帝早日派大臣前往抚恤，以免又造成之前的流民作乱，此时"立州县卫所以统治控制"荆襄流民的呼声日起。马文升认为要防流民叛乱于未然，"何不分立州县以治之？"因为"此等之徒，若逼赶紧急，又恐激变为患；若听令在彼居住，难保久远无虞。况汉中山势之险，尤甚于竹房，流民之多，不减于襄、邓，虽尝委官巡视，终是责任未专，必须添官以专其任"，这样才能"使地方可保无虞。"[4]在这样的情况下，宪宗皇帝便派出原杰，专门考察新聚集的流民情况，寻求合适的安置流民之策，希望他对宣德、正统以来处置流民的政策进行实地调研，"宣德、正统年间以来官司行过事迹，或编排户籍附入州县，或驱遣复业严立禁防，二者孰得孰失，务在询察人情，酌量事势。众以为是，虽已废之法在所当行，众以为非，虽已行之事亦所当改，用图经久之计，毋徇目前之谋。"[5]可见，面对再次聚集的流民，皇帝已经对之前的驱逐政策加以反思，开始认真考虑承认流民开山的事实，从长治久安上考虑准许其附籍。

　　成化十二年（1476年）十二月，原杰在基本摸清荆襄山区流民的情况后，向皇帝提出了一个抚治流民的详细方案。原杰查得荆襄山区中流民之数，户凡113 317，口448 644，俱山东、山西、陕西、江西、四川、河南、湖广及南、北直隶府卫军民等籍。对其中"近年逃来，不曾置有产业，原籍田产尚存"以及"平昔凶恶，断发原籍者"的16 630户、45 892口流民，"照例遣回"。剩下的96 654

[1]《明英宗实录》卷28，正统二年（1437年）三月戊午。
[2]《明宣宗实录》卷69，宣德五年（1430年）八月乙未。
[3]《明宪宗实录》卷155，成化十二年（1476年）秋七月丙午。
[4]（明）马文升：《添风宪以抚流民疏》，《皇明经世文编》卷62，明崇祯年间平露堂刻本，。
[5]《明宪宗实录》卷153，成化十二年（1476年）五月丁卯。

户、392 752口"本分营生流民""仰遵圣谕编附，各该州县户籍应当粮差。"[1]

对于这些流民所在的荆襄山区的管理，原杰将明王朝的地方管理制度如数，并结合当地自然环境和社会情况，搬到了荆襄这个原来管理薄弱的山区中。将原襄阳府所属的竹山、房县、上津、郧四县析出，设立郧阳府，府城设在郧县。郧阳府辖七县，除以上四县外，还又于竹山之尹店置竹溪县；郧之南门堡置郧西县；于陕西汉中之洵阳、白石河置白河县三县。另外对陕西、河南交界的流民也设立新县进行管理，析陕西西安府之商县地为山阳县于丰阳镇；析河南南阳府之南阳县地为南召县于南召保；析唐县地为桐柏县于桐柏镇上店；析汝州地为伊阳县于旧固县。对于这些新设立的县分别规定了各县的纳粮数额。

除此之外还配套军事设施对这些地方和流民进行管理。在郧阳府设立湖广行都司和郧阳卫，并对"要害之地，亡命所必经者"调整或者新设立巡检司、军堡等。另外还"升郧县学为郧阳府学"。对于这些府、县、都司卫所的人事任命也都做了详细的方案安排[2]。

这次在荆襄山区规模如此之大的行政、军事机构的调整，是数十年来进入这个地区的流民与明王朝政权斗争的结果。一方面，流民迁入荆襄山地谋生，开拓生境最终得到了承认和一定程度的保障；另一方面，明王朝政权也将这片"自古用武之地"纳入其资源配置体系中，通过对附籍流民赋役的征收，获取这片地区的资源。

荆襄山区的流民附籍和明王朝在这个地区设立行政、军事设施之后，这个地区由原来"灌莽弥望，虎豹所伏"的自然生态系统，变成了"山岭之下，多成平坝，居民开城水田，连阡逾陌"[3]的人类社会生态系统。

第七节　南方山地的梯田经营

在山区、丘陵区的山坡上开垦出来的田地，分为坡地、梯田两种，二者皆可以叫作山田。山田的叫法，在云南早有，唐人樊绰所著《云南志·云南管内物产第七》中，曾记录下"蛮治山田，殊为精好"的文字。先有坡地而后改进

---

[1]（明）原杰：《疏处置流民疏》，《皇明经世文编》卷93，原襄敏公奏疏，明崇祯年间平露堂刻本。
[2]《明宪宗实录》卷160，成化十二年（1476年）十二月己丑。
[3]（明）杨石淙：《为修复茶马旧制第二疏》，《皇明经世文编》卷115，明崇祯年间平露堂刻本。

为梯田是正常的，在南方地区多有这种情况，尽管史书中留下的记载很少。当然，也有一步到位的，即直接在山坡上开垦出梯田，但这需要成熟的经验和特别的社会压力。在历史上，开垦出水平梯田的目的，就是为了种植水稻，如果没有种植水稻的需要，许多地方（尤其是北方地区）的坡地就会一直延续下去。在这里，一个关键的地方，就是绝不能把坡地称为梯田。坡地也是有田埂的（或称田坎），这样的坡地，自远处视之，层层坡地有如梯田，走近一看实际上并不是梯田，因为在并不需要种植水稻的情况下，一家一户经营的地块，在历史上实在是缺乏改坡地为水平梯田的动力因素。

梯田必须有田埂，必须有坚固、平直、能够顶托住水平田面的田埂，而不似坡地上那些可以走斜、高低不等的田埂，它是最体现梯田等高意义的不可缺少的地物标志。如《诗经·小雅》中的《节南山之什·正月》"瞻彼阪田"句，此"阪田"若无平直的田埂，那只能看作是坡地，而不是梯田。这个田埂还必须是坚固耐用的，犹如一道道护墙，可以顶托住水田田面，如南方少数民族所居住的山区，所依靠的梯田，每年一项重要的、不可缺少的田间作业，就是加固梯田田埂。

因此，将水平梯田出现之前的坡地类田地称为梯田的"雏形"，虽有体现前人基础性垦辟贡献之理由，但田地的性质毕竟不同，那样称呼容易引起概念上的混淆和混乱。

一、记入史籍的梯田

入宋之后，秦岭、川峡等深山之处仍有畬田行为，渐渐地，在江西袁州出现的水田梯田，终于被吴郡文人范成大《骖鸾录》记录下来了。那一年，为宋孝宗乾道九年（1173年）：

（正月）十九日二十日二十一日二十二日，泊袁州。闻仰山之胜久矣，去城虽远，今日特往游之。二十五里先至孚忠庙。……出庙三十里，至仰山，缘山腹乔松之蹬甚危。岭阪上皆禾田，层层而上至顶，名梯田。

袁州即今江西宜春地区。仰山之胜，与唐代僧慧寂的"仰山门风"有关[1]。范成大到仰山，是冲着对慧寂事迹的瞻仰之情而来的，对仰山周围岭阪上层层至顶的梯田的描述，则属于他随手所记的意外收获。由于这一记录，《骖鸾录》成为目前所知最早记述我国梯田的历史著作。尽管梯田作为一种土地经营方式，在实际生活中的出现，会早于这一记述时间，但有关梯田名称的使用，在现存历史文献中已很难再有新的发现了。在引用《骖鸾录》之后，再加之其他引证，李剑农先生才做出"故至南宋时代，浙、赣、湘之山岭间，殆无不有梯田"的判断[2]。

作为一种专题探讨，1956年华南农学院梁家勉先生发表的《中国梯田考——祖国梯田的出现及其发展》长文，属于农史学家较早而有影响力的作品[3]。在这篇论文中，梁家勉先生根据范成大的记述，概括出梯田的若干特征：

①建立在陵阪即山坡上；

②成为"田"，有其阡陌形制，亦即有其"阶埂"；

③田面随山坡倾斜度、层层而上、呈不等高的梯层式；

④栽种植物，特别是禾谷类作物。

最后一点实际上提出了非常重要的"梯田诞生于种水稻"的学术观点，应该加以坚持和深化。更进一步的记述，为元代产生的农学著作《农书》。

元人王祯《农书》卷五《田制》记载："梯田，谓梯山为田也。夫山多地少之处，除磊石及峭壁例同不毛，其余所在土山，下自横麓，上至危巅，一体之间，栽作重磴，即可种艺。如土石相半，则必叠石相次，包土成田。……此山田不等，自下登陟，俱若梯磴，故总曰梯田。上有水源，则可种粳秫；如止陆种，亦宜粟麦。盖田尽而地，地尽而山……"王祯叙述的梯田情形，透露出农人在梯田上生产的特有情景。"山势峻极，不可展足，播殖之际，人则伛偻，蚁沿而上，耨土而种，蹑坎而耘"，即便如此，"山乡细民，必求垦佃，犹胜不稼"，这是在生活所迫条件下，依赖自己的能力可以做到的事情。"然力田至此，未免

[1]《宋高僧传》卷第12，慧寂事迹。有《袁州仰山慧寂禅师语录》1卷传世。

[2] 李剑农：《中国古代经济史稿》第三卷"宋元明部分"，武汉大学出版社，2005年，第24-25页。

[3] 梁家勉：《中国梯田考——祖国梯田的出现及其发展》，倪根金主编：《梁家勉农史文集》，中国农业出版社，2002年，第218-236页。编者注：原载《华南农学院第二次科学讨论会论文汇刊》，1956年。经检索，另有梁家勉：《中国梯田的出现及其发展》，《中国农史》1983年第1期，第54-56页。附注：感谢华南农业大学倪根金教授馈赠该部文集，为本章撰写提供不可或缺的珍贵文献。

艰食，又复租税随之，良可悯也。"同卷所录王祯《梯田》诗[1]，更是细致入微地观察到农人遭遇的穷困生活，其背后则为可以感觉到的社会压力：

世间田制多等夷，有田世外谁名题？
非水非陆何所今？危巅峻麓无田蹊。
层磴横削高为梯，举手扪之足始跻。
佝偻前向防颠挤，佃作有具仍兼携。
随宜垦辟或东西，知时积旱无噬脐。
稚苗丞耨同高低，十九畏旱思云霓。
凌冒风日面且黧，四体臞瘁肌若刲。
冀有薄获胜稗稊，力田至此嗟彼啼。
田家贫富如云泥，贫无锥置富望迷。
古称井地今可稽，一夫百亩容安栖。
余夫田数犹半圭，我今岂独非黔黎？
可无片壤充耕犁，佃业今欲青云齐。
一饱才足及孥妻，输租有例将何齐？
惭愧平地田千畦。

可以说王祯的论述是沿着山—土—水的顺序加以展开的：

①从大处着眼，梯田诞生最基本的地形条件是"山多地少之处"。这一点很关键，"地少"是因为"山多"，"地少"的地方，土壤资源才更加珍贵，如果是相反，情况就变得两样了。

②即便是"山多"的地方，也有"土山"，具有一定的土层厚度，次一些的就是"土石相半"之地，用石头砌筑田埂，侧看犹如"包土成田"。而"磊石及峭壁例同不毛"，在农人眼里是没有耕种价值的地方。

③虽然是山地丘陵，也"上有水源"，山体上部植被茂密，可以涵养水分，加之山地降雨时多（"雨露所养"），农人引水入田，开辟梯田种植水稻，"不无少获"，可谓大自然对勤劳农人的一种回报了。

---

[1] 石声汉校注：《农政全书校注》卷5，"梯田"下所出校注云："原谱所附诗，本书引用时删去末四句"。

借助清人吴颖炎所辑《策学备纂》卷二〇"农政一"中有"开山法"条资料[1]，也是前人用来分析梯田生产的重要资料。"开山法"一开始即云："凡山除巉岩峭壑，莫施人力，及已标样柴薪外，其人众地狭之所，皆宜开种"。其中所提供的一个基本认识，是"人众地狭之所"，这一条是对王祯所云"山多地少之处"的必要补充。正是因为人口增加了，有限的土地就显得愈益狭小，人们在寻找出路的时候，把山下的水稻种植，搬上了山地。

二、云贵高原的哈尼族梯田

云贵高原的情况，元人李京所撰写的《云南志略》[2]，论述"诸夷风俗"，白人（由僰人转音变字而成白人）居住之所"冬夏无暑，四时花木不绝。多水田，谓五亩为一双。山水明秀，亚于江南，麻麦蔬果颇同中国。"反映了这一地区的水热条件是非常好的，当地民族以"水田"为业。叙述叙州南、乌蒙北的土僚蛮，"山田薄少，刀耕火种，所收稻谷悬于竹栅之下，日旋捣而食，常以采荔枝贩茶为业云。"处于山地之上的当地民族，面临着土地资源紧缺的困难，采用刀耕火种的生产方式，仍然可以带来农业上的收成（稻谷），一方面说明此处的"山田"为水平性质的梯田，另一方面说明其产量还是可以维持日常所需。

云贵高原的情况，唐人徐云虔《南诏录》曾有记述[3]："犁田以一牛三夫，前挽、中压、后驱。然专于农，无贵贱皆耕。不徭役，人岁输米二斗。一艺者给田，二收乃税。"所记是有赋税的，但来自统治者的压迫程度，记载的还不明显。

在《云南志·云南管内物产第七》中，唐人樊绰的记录就细致多了：

从曲、靖州已南，滇池已西，土俗惟业水田。种麻豆黍稷，不过町疃。水田每年一熟。从八月获稻，至十一月十二月之交，便于稻田种大麦，三月四月

---

[1] 此条《开山法》资料，引自包世臣所著《齐民四术》，见《安吴四种》。1977 年 11 月，广东农林学院水利测量教研组所编《开山造田测量》一书（测绘出版社），使用的也是"开山"一词，而"开山造田"的组词，直接说明了"开山"的目的所在。

[2]（元）李京：《云南志略》，方国瑜主编，徐文德、木芹纂录校订：《云南史料丛刊》（第 3 卷），云南大学出版社，1998 年，第 120-133 页。

[3]《玉海》卷 16 引书目曰："《南诏录》三卷，唐徐云虔撰。乾符中，南诏请通好，邕州节度使辛谠遣徐云虔复命，使回，录所见闻上之。"唐僖宗乾符年，在 874—879 年。

即熟。收大麦后，还种粳稻。小麦即于冈陵种之，十二月下旬已抽节，如三月小麦与大麦同时收刈。其小麦面软泥少味。大麦多以为麨，别无它用。酝酒以稻米为曲者，酒味酸败。每耕田用三尺犁，格长丈余，两牛相去七八尺，一佃人前牵牛，一佃人持按犁辕，一佃人秉未。蛮治山田，殊为精好。悉被城镇蛮将差蛮官遍令监守催促。如监守蛮乞酒饭者，察之，杖下捶死。每一佃人，佃疆畎连延或三十里。浇田皆用源泉，水旱无损。收刈已毕，蛮官据佃人家口数目，支给禾稻，其余悉输官。

此处的"山田"，因为后续有"浇田"之生产环节，有"禾稻"这样的生产果实，只能确定它为具有水平性质的梯田。这里面的统治者属于土司系统（蛮将、蛮官等），而"监守蛮乞酒饭者，察之，杖下捶死"，可能反映了食物紧张的现实情况。"收刈已毕，蛮官据佃人家口数目，支给禾稻，其余悉输官"，也反映了食物紧张的情况。我们推测，在梯田诞生前后，食物都是紧张的，不同之处在于，之前是为了自身求生而去垦辟梯田，之后则是为了完税而不停地投入生产。宋人杨佐《云南买马记》里有"遥见数蛮锄高山"的记载，联系唐人樊绰"蛮治山田，殊为精好"的记录，推测梯田生产还在继续进行之中，而当地民众所受到的社会压力同样还是继续存在。

现在出版的长篇迁徙史诗《哈尼阿培聪坡坡》[1]、殡葬祭词《斯批黑遮》[2]、哈尼族古歌《窝果策尼果》[3]等，都来自"摩匹"（又译"莫批"）的口头传承。在哈尼族社会中，"摩匹"被看成是能与神鬼相通的智慧源泉，拥有无限能力的先知先觉者，并且有很高的社会地位。同时，"摩匹"和普通的人一样，有共同的社会属性，有家有业，靠劳动生存。他们在哈尼族原始宗教的活动中被认为是可以同神通话，上达民意，下传神旨，预知吉凶祸福，为人消灾免难，具有"一半神仙一半人"的特征[4]。据哈尼族学者卢朝贵的调查，在哀牢山、蒙乐山区就有"罗克""唐婆""苏督"的一脉，朱小和则是苏督宗支的传人，到他已

[1] 朱小和演唱，史军超等翻译：《哈尼阿培聪坡坡》，云南省少数民族古籍整理出版规划办公室编：《云南省少数民族古籍译丛》（第6辑），云南民族出版社，1986年。

[2] 赵乎础等演唱，李期博等翻译：《斯批黑遮》，云南省少数民族古籍整理出版规划办公室编：《云南省少数民族古籍译丛》（第31辑），云南民族出版社，1990年。

[3] 西双版纳傣族自治州民族事务委员会所编：《窝果策尼果》，云南民族出版社，1992年。

[4] 李宣林：《"摩尼"在哈尼族社会中的文化功能》，《云南民族大学学报（哲学社会科学版）》2004年第4期。

有近百代。这父子连名制、师徒连名制的体系，保证了哈尼族文化的代代传承。

对于古歌里讲的时间，《哈尼族古歌》第一章"烟本霍本"（即"神的诞生"）里，说是"在那最老的老人也难以记清的时候"。对于其来源，第三章"查牛色"（即"杀土牛补天地"）里，有这样的描述：

听了，亲亲的兄弟姐妹/一寨的阿波阿匹（指阿爷阿奶）/这是先祖传下来的烟嘎（指故事）/是真的我也没有见过/是假的我也分不清/我只是把先祖的话传给大家！

第二章"俄色密色"，即"造天造地"。这部分传说，有关于造天的想法，除造天眼、天门之外，还有：

造天还要挖出两条银河/东边一条/西边一条/东边的是留给雨水过的路/没有雨水过的路/天干不会下雨；/西边的是留给露水过的路/没有露水过的路/月亮上来也不会降露水；/没有雨水/人要干死/没有露水/庄稼不饱。

在造地的过程中，一般意义上说"造地要造平/造地要造宽"。在实际叙述中，却使人感觉到其中有一种对平地或不平之地的选择意向，反映了哈尼先祖的生活环境。如在叙述了"地"的具体造法后，在有了地脚、地柱（"撑地壳的大柱"）、地眼（"气走的路"）之后的要求是：

造地要造得有高有低/要留出高山和平地/不留下高山和平地/七月的大水漫不出三排/大地就会变成一片汪洋/世上万物一个也活不成。

这个道理是谁讲的？/这是天神养的蜂子来讲的/蜂子见地神不会造地/要学天神一样把天造平/就急急忙忙地飞来讲：/嗡嗡嗡!造地要象蜂饼一样才好/嗡嗡嗡!造地不能象手板心样平/嗡嗡嗡!地上要有高山河谷/要有老崖平地/要有坝子凹塘/这些一样不能少！

如果人们在了解了哈尼人以前的迁徙史后，再来读上述文字，可能就好理解一些了。

（先祖仰者说）我们哈尼人，经受了数不尽的灾难/平平的坝子虽然好/天灾人祸太多我们不能在/子子孙孙都不要到坝子安寨。

高高的山梁/山青水秀灾害少/山高不怕大水淹/坡陡恶人很难爬上来；/密密森森难开路/坏人也不敢轻易进山寨；/从今以后，子子孙孙都在山上安寨。[1]

对于哈尼人的家园营造过程，《哈尼族古歌》第七章"湘窝本"（即"开田种谷"）是了解这部分内容的关键。从中可知，哈尼人经过了撵山堵口—烧地盘（开田）—找田—挖田—挖水路几个阶段，而每一阶段都是摸索着进行。

撵山堵口：是针对野生动物而言。

烧地盘：是针对野生动植物而言。

找田：哈尼"高能的先祖惹罗阿波"，带人到山顶、山坡、山凹、山背、山腰都找了，按照白天晚上都能"长庄稼""出庄稼"的要求，最后在半山上找到"上面系着腰带一样的好地"，"上面摆着手板心一样的好地"。

挖田：哈尼人叙述盖房倒是朝上盖，挖田顺着朝下挖。之后进行生产的主要工序是打埂、犁田。关于打埂、犁田的要领，古歌中也有篇什叙述。

挖水路：哈尼人认为挖田的同时，需要挖水路，没有水路不会成。

那么，古歌中有无关于梯田的描述呢？有的。第七章"湘窝本"里讲的"田坝"，即是梯田。

叶落水清的季节到了/哈尼的老人说话了/"一寨的老老小小/我的后辈儿孙/快歇下撵山的嘎德/快放下拿鱼的罩笼/跟我去山坡上瞧瞧/跟我到田坝里望望"/……/……/从此田坝里的黄鳝/鬼拿着鬼得吃/人拿着人得吃。

人架大火到处烧/山头烧一下/山头着火了/山脚烧一下/山脚着火了/老林老林着/田坝田坝着/不着的一处也没有了/到处都是人的地盘了。

这时，他们已有水稻种植：

金黄的牛毛/变成金黄的稻谷/今天的大田里/金谷象奔下的马尾巴。

[1] 张牛朗等演唱，赵官禄等搜集整理：《十二奴局》，《哈尼族民间史诗》，云南人民出版社，1989年，第140-141页。

水稻种植的重要环节是育秧，哈尼族古歌中也有叙述：

屋里的秧种唧唧地叫了/告诉先祖捂种的三夜到了/捂种的头夜/秧种没有被盖/阿妈下过九道箐/摘野芋头叶当被盖；/捂种的二夜/秧种伸手蹬脚/它要伸伸懒筋/它的觉睡醒了；/捂种的三夜/秧种冒出头来/笑眯眯地望着哈尼/先祖阿妈老实开心。

根据古歌的叙述，也使今人对哈尼先祖生存地域的初始环境有所了解。原先这里的一架架大山，植物茂密，动物繁多，虎豹类大型兽类动物亦复不少。由于受到许多自然生物启发，哈尼人看中了这里的水土资源，通过艰苦的劳动，他们度过了本民族的采集、打猎阶段，迎来了富有朝气的农耕阶段。有关梯田的归属权，受制于唐代以来鬼主制度（政教合一的氏族部落制）、封建领主制度下的土地占有形式，森林、牧场属于村社公有[1]，梯田的日常使用频率比较高，在缺乏田地的情况下，哈尼人只得自己再去开垦造田，或租田劳作。

哈尼先祖营造梯田中讲求人群合作，有歌曰：

世上的哈尼再不能各在各的山头/所有的先祖再不能各在各的老林/百座山上的哈尼/十片林中的先祖/快快集合到一起来/就像十股大水淌进一道山箐。

最引人深思的是，哈尼先祖营造梯田过程中，受到了生猪、水牛的很大启发，甚至直接利用畜力进行开田：

听了，水牛望见清水淌/急急忙忙跑去喝/花瓣样的牛蹄子/把坝子踩出花花的脚印；/大猪瞧见清水流/急急忙忙去打滚/凸凸凹凹的土地/被大猪滚平。
寨头的十座山包/被水牛大猪拱过了/草坡拱开口口/露出红红的土心；/寨脚宽宽的大坝/被水牛大猪滚平/打过滚的泥塘/象平平的手心。
……

---

[1] 卢黛维、卢朝贵编著：《红河哈尼梯田农耕文化》第三章，昆明市政协机关印刷厂，内部准引证红新出（2004）准引证字第 250 号，2004 年。

听了，亲亲的兄弟姐妹/翻地要人教/开田要师傅；/教翻地的是大猪/教开田的是水牛，世上的哈尼永远离不开猪喝牛/世代哈尼牢牢记着猪喝牛的情。

对于人类早期农业活动中使用畜力的记录线索，据以云南稻作为例的专题研究[1]，在特定的自然环境下，稻作农耕技术的演进是一个随着时代和环境的变化而不断调适的动态过程。相异的环境条件，往往意味着稻作农耕技术演进的方式、途径和速度之不同，但稻作技术演进过程中从徒手而耕到役象、牛等动物踏耕，从耙耕到锄耕再到犁耕等各个关键的技术环节，这是人类稻作技术演进过程中带有普遍意义的问题。哈尼族古歌的翻译问世，又为这一研究增加了生动的内容。

我们有一个猜测，即修筑为了种植水稻的梯田，客观上存在着较易实现的条件，即旱地种植的话，人们对平整土地的要求不是太高，尤其是坡地较多的情况下。而种植水稻对此要求很高，灌水后的水田，由于水面的水平性质的作用，可以提示人们注意田地不平处，给予挖平矫正。因此，哈尼人虽然依靠长缓的山坡开垦土地，在坡面上求取田地的平衡、平整，还并不是一件很难或无法做到的事情。这一猜想，是否可以说得到了哈尼族古歌的证实：

水田挖出九大摆/田凸田凹认不得/哪个才会认得呢？/泉水才会认得清/挖田要挖水的路/没有水路不会成/水不够到山坡上去短/水不够到石崖里去引。

今人理解一边挖田一边挖水路，是为了保证日后水源的供给，现在看来，挖水路的作用是多方面的，即挖田过程中，把水放进来，可以帮助人们看清什么地方凹凸不平，需要进行修整。对于梯田的开垦方式，古歌资料仍显模糊，而20世纪的开田资料则要具体清楚得多[2]。

山地的自然条件有许多不方便的地方，古代民族到此居住，许多情形下都是被迫无奈的。哈尼族的迁徙古歌也反映了这样的内容。长篇迁徙史诗《哈尼阿培聪坡坡》里说：

---

[1] 管彦波：《稻作农耕技术的演进：以云南稻作为例》，《古今农业》2004年第3期，第66-74页。又参见李昆声：《云南牛耕的起源》，《考古》1980年第3期。
[2] 侯甬坚：《人类家园营造的历史：初探云南红河哈尼梯田形成史》，收入王利华主编：《中国历史上的环境与社会》，生活·读书·新知三联书店，2007年，第126-151页。

逃难的哈尼顺着红河/走到江尾下方/下方的天气扎实热/好像背着大大的火塘/牛妈猪鸡张嘴喘气/大人小娃身上发痒。

老林厚是厚了/草也发得很旺/只是处处爬大蛇/沿途到处遇大象/猪羊蹄子烂/骏马牙掉光/公鸡不啼鸣/狗儿不会咬/母牛生犊难成活/母马生驹全死光/阿妈生养儿/只能活三天/下方住不得/沿着红河来上方。

从前,哈尼爱找平坝/平坝给哈尼带来悲伤/哈尼再不去找坝子了/要找厚实的森林和高高的山场/山高林密的凹塘/是哈尼亲亲的爹娘。

凹塘所在,即长缓的半山上略微出现收缩的凹处,有若一个土台,便于哈尼人在这里建立山寨。住在山上(上方)总是有好有不好,离开山下那瘴气弥漫和世态复杂的地方,是好的方面,凡事总要上下山,有许多不便,是不好的地方。还是哈尼民歌唱得好:

要烧柴上高山砍/要吃饭下山耕田/要生娃娃住山腰。

在梯田广布的大山坡上,有许多星星点点的小房子,哈尼人称其为田棚。干活的人下到地里,可以在田棚里休息、吃晌午,甚至过夜,田棚里还可以储放杂物、饲养鸡鸭。小小的田棚,竟然成为当地人在高山地带养精蓄锐、延续生命的地方,在高山地带有效抵消山地垂直影响的地方。

相反,长期住在山下(下方)的人畜,对高山环境也不能适应。在红河县城驻地迤萨镇买了令人满意的牛,由于买牛的人考虑不到牲畜对山地气候条件的适应性,买来以后就下田使唤,自然就不能保证对牛的安全使用。哈尼古歌唱道:

松格梁子的牛在不惯高山/买来几天就死了。[1]

相比之下,作为期望自由生活的人类而言,躲避炎热之地,寻找高处凉爽

---

[1] 张牛朗等演唱,赵官禄等搜集整理:《十二奴局》,《哈尼族民间史诗》,云南人民出版社,1989年,第178-179页。

之所，则是一种相当自然的选择。

三、哈尼族的历史经验

哈尼先祖"逐水土而居"的做法，有许多可取之处。他们在元江南岸一架架大山的长缓山坡上选择凹塘，立足建家，可以称之为"逐水土而居"，固然有过去遭遇其他民族许多歧视和不公平待遇的因素，也有不能摆脱的当地鬼主制度、封建领主制度的剥削压迫，促使他们在生存条件恶劣的原始山地，辛勤垦荒耕作，施展智慧寻求生路，成为营造家园的一个实例、一个典型，应该受到所有人的尊敬、尊重。如果这是一条人类发展的道路，就尤其应该受到所有人的尊敬、尊重。有人评论："梯田是哈尼民族战胜自然的成功典范，但哈尼人从来不认为人类具有改天换地的力量，不奢望将人类的意志强加于大自然，而是更多地感受到大地非凡的繁殖能力，并享受大地的'恩惠'。"这一评论还在继续："哈尼人民在这样一个偏僻山区里相互依托，埋头苦干，耐心等待，满足于现成的经验。"这种看法表明，凡事以汉族或其他民族的经验及对待自然的态度，来分析哈尼族长期养成的生活习惯，显然不合哀牢山区的实际，缺乏应有的环境公正（Environmental Justice）态度，也不符合哈尼族人民创造的历史，需要予以反省。

在这里，哈尼人采取敬畏自然的态度是可取的。"战胜自然"，从来就不是哈尼族的语言！按照他们的生活经验，还没有足够的想象空间去说自己以外人类的事情，做好自己的事情，搞好生产，不给国家添麻烦，对于他们来说，对于国家来说，才是最重要的。从这里可以感觉到，一个民族想要守望自己的家园是不容易的，今人要给这个古老的民族开出太多的"药方"，以指导他们取得与外界一致的进步和发展，问题是这些"药方"有多少是现实的、是符合可持续发展思想的。

一个民族生存的自然环境，是孕育这个民族的摇篮。人类适应和利用自身周边的自然条件，建立起自己的家园（包括田园），并想将其建成生活乐园，是自然而朴素的理想和希望。在这方面，哈尼族坚守着自己的传统，成为一个典范。

多少年来，哈尼族缓慢而顽强地求取发展，《哈尼族古歌》第七章"湘窝本"

（即“开田种谷”）云：

……盖房倒是朝上盖/挖田顺着朝下挖/房子盖了在百年/大田挖了吃千年。

有了可持续利用，才会有永久生产力（Persistent Productivity），才会有可持续发展。

第八节　册封船往返琉球国的海上经历

在明朝诸多人士看来，琉球国是一个颇具“华风”的海上岛国，只是限于海路遥远而艰险，能到达者少，因而琉球的故事更加具有传奇色彩和传播性。

从明初开始，就有了出使琉球国的海上航行。按照《使琉球录三种》提要的说法，“考明代历遣使臣册封琉球中山王，除洪熙元年（1425 年）遣内监柴山外，其后均以给事中为正使、行人为副使。自正统八年至崇祯六年（1443—1633 年），凡十二使”[1]。自嘉靖十三年（1534 年）陈侃、高澄正副使归来撰写《使琉球录》，16—17 世纪先后五批明廷册封使都完成了往返琉球国的使命，且都撰写过自己的《使琉球录》，此举甚佳。而此前属于 15 世纪的多位册封使事迹并不清楚，因为陈侃的记述是“衔命南下，历询往迹；则自成化己亥（1479年）清父真袭封时，距今五十余祀，献亡文逸，怅怅莫知所之”。[2]

对于这些《使琉球录》，此处最感兴趣的是：在近代轮船出现以前，这些使臣乘坐的海船情况，船上载人的情况，及前往琉球的海路情况；其中最危险的航段在哪里？海船及乘舟人在那些紧急危险时刻是怎样度过来的？按照环境史的研究旨趣，海上环境史应该具有哪些研究内容？当遭遇海上风暴的时候，海路、封船、乘船人三者怎样才能做到高度一致的配合，怎样才能摆脱危险，逃离困境，避免船毁人亡的悲剧发生。

今日得知，位于闽江下游的福州，处于北纬 25°15′～26°39′和东经 118°08′～120°37′的位置上，而钓鱼岛及其附属岛屿处于北纬 25°40′～26°00′和东经 123°20′～124°40′的海域上，也就是说，明朝时期从福州至钓鱼屿的海道大致是

---

[1]（明）陈侃：《使琉球录》之“群书质异”，《使琉球录三种》，大通书局，1970 年，第 32 页。

[2]（明）陈侃：《使琉球录》之“使事纪略”，《使琉球录三种》，大通书局，1970 年，第 7 页。

取由西向东的方向。而启程季节，按照琉球位于福建的东北方向，故"去必仲夏，乘西南风也；回必孟冬，乘东北风也"。据"琉球过海图"判断，从福建至琉球之海道，为一条比较成熟的海上航线。

这条航线的特点是"自西徂东"，到达目的地后再"自东还西"，不同于大多航线走的"由南而北或北而南"的航线，也就是时人所云的"去由沧水入黑水，归由黑水入沧水"之路。"由沧水入黑水"这句概括之语，所能表达的意思就是航船离开了陆架冲淡水的沧水，进入到黑水所在的海槽里了，惟因进入了琉球海槽，海洋地貌变得复杂起来，方才容易遭遇巨大的风浪。

通过追溯得知：嘉靖五年（1526年）冬，琉球国中山王尚真去世，过了一年后，"世子尚清表请袭封"，明廷命礼部琉球长史司对此事予以复核，复核无误后，"礼部肇上其议，请差二使往封，给事中为正、行人为副；侃与澄适承乏焉"。陈侃、高澄担任新的册封使消息传出，马上就有人为他们的出海安全表示极大的担忧。

担忧最切者说："海外之行，险可知也。天朝之使远冒乎险，而小国之王坐享其封，恐非以华驭夷之道。盍辞之，以需其领！"这样说的依据，其实也是出于《使职要务》，那里面说："迩者鉴汩没之祸，奏准待藩王继立，遣陪臣入贡丐封，乃命使臣赍诏敕驻海滨以赐之。得此华夷安危之道，虽万世守之可也。"——这些担忧者建议琉球国派遣使者来明朝领回册封诏，很明显他们还不太了解陈侃的性格。

正使陈侃等回曰："君父之命，无所逃于天地之间；况我生各有命在天，岂必海外能死人哉！领封之说，出于他人之口，则为公议；出于予等之口，则为私情。何以辞为！"接下来，陈侃、高澄二使受赐"一品服一袭"，还有一应出使物品，比较特别的是，"又各赐家人口粮四名，悯兹遐役，优以缗御；恩至渥也"。

在以季节风为动力的帆船时代，对于一艘出洋大船的基本目标，就是无论遭遇再大的风暴，能够做到桅杆不倒，舵不失灵，船不解体或倾覆，船上的人员能够安全抵达目的地，并与航船顺利返回。在琉球国完成册封使命后，封船能够安全返回，即是陈侃、高澄等五批明朝册封使心中的理想。

嘉靖十二年（1533年）五六月，陈侃、高澄二使先后到达福建三山（福州之别称），随即进入造船之环节。明代的福建布政使管辖之下，在福州、泉州、漳州三府都设有官营造船厂，出厂船只一般称为"福船""福舶"，专门为琉球册封使所造的大船，直接称之为"封船""封舟""使舟"。为节省国帑，陈侃等人将费用集中在一条封船上，且确知必须以"铁梨木为舵杆，取其坚固厚重"，价虽高一倍，亦在所不惜，因"财固当惜，舵乃一船司命，其轻重有不难辨者"。[1]还有就是封船之底木——专名为舟远，也具有同样的重要性，一旦确定购下，册封使不得不为之松上一口气。

关于这条封船的形制和特点，陈侃记之甚详，甚至于其中的每一个环节皆需考虑周全，制作安装时都有必要的祭祀内容，如陈侃所说："靡神不举、靡爱斯牲者，王事孔艰，利涉大川祈也"，为了顺利完成册封使命，众人均遵照祭礼展开相应的祈祷活动。

副使高澄也是一位有心人，他撰写的《操舟记》弥足珍贵，很可能当时是由他来负责造船和选择水手的事项。当他听招募来的水手谢敦齐说刚造好的封船有三处"不善"，非常着急，求其所以，得知其一为"海舶之底板不贵厚，而层必用双"；其二为舱小人多，易生"疫痢之患"；其三为"舵孔狭隘，移易必难"，需要扩展舵孔。高澄立即嘱其一一实施救补。

接续陈侃、高澄二使顺利归来之后的是郭汝霖、李际春二使，中间相隔27年，按出海时间不可谓其短，却还是按照"旧式"造的封船。却因启程推迟，封船停放经年，出了一些问题，监造者便提出改进意见，所以出洋之前对封船均有一些相当具体的"改造"。

16—17世纪明朝册封使所监造的封船，无不船大体重，载人可观。以陈侃封船为例，在尽量裁剪之后，乘舟之人仍有四百人左右。丙午之役（1606年）后夏子阳上报自己所乘封船上的人数为391名，开支总数为2 358两。

在降低封船造价方面，多个册封使也都是极力为之。如万历七年（1579年）册封使萧崇业所说："凡木之伐自山者、输及水者、截为舟者，丝忽皆公帑云。费已不赀而丝忽又公帑出，余心内弗自安，时时与谢君商之，舟从汰其什一、军器损其什五、交际俭其什七。"[2]这些费用的减少，乃是他和副使谢杰一道合作的结果。

造船及一应开支如上，究竟怎样才能保证一船之人安全往返海上，册封使

[1]（明）陈侃：《使琉球录》之"使事纪略"，见《使琉球录三种》，大通书局，1970年，第9-10页。
[2]（明）萧崇业：《使琉球录》之"使事纪"，见《使琉球录三种》，大通书局，1970年，第77页。

们早已认识到有经验水手的作用及其重要性。经过一次海上的生离死别，陈侃更加认识到"浮海以舟、驾舟以人，二者济险之要务也"之真谛，他把自己的经历写出来供后人参考，其忠告为："人各有能、有不能，唯用人者择之"[1]，首选者为漳州人（水手）。

诸位册封使在海洋中出生入死，完成琉球国王册封事宜归来，见及上司故人，无不长嘘短吁，感慨万千！为国家利益计，他们秉笔直书，提出了诸多宝贵建议，期待后继者能够有更好的安全保障，以便能出色地完成出海的册封使命。这中间，汲取海上遭遇连续飓风、饱受吹打的教训，己卯之役（1579 年）正使萧崇业主张造舟之事必须在船舵上下大的功夫。

去程中遇险的主要区段是在离开沧水海域后进入的黑水海域。从专题地图上获知，琉球海槽底最大深度 2 719 米的位置就在钓鱼岛东黄尾屿、赤尾屿的南面[2]，从这样的海底形势来阅读上引夏子阳使臣写下的"过黄尾屿。是夜，风急浪狂，舵牙连折。连日所过水皆深黑色"的文字，就易于理解了。因此，黑水海域虽然为水深险要去处，却是前往琉球国所必须越过的海上区段，经历越过中的危险，诸多使臣才对之格外留心，严加防范，唯其在这里经历了惊涛骇浪，遭遇了舵断船漏的危险境地，才会在自己的出使记中留下详实的记录和感受。

返程中经过深邃的黑水海域后，由于路远风向变数多，封船仍然会面临一些不测，即如己卯之使萧崇业、癸酉之使杜三策统御的封船，在返回福建途中仍然遭到风暴袭击，船只遭到不小的损坏。

环境史研究的一个突出角度，乃是密切关注特定时空背景里，人物及其群体如何在适应、利用环境条件和自我行为的调整中，一步步实现了预定的政治社会经济方面或文化意图上的目标。就本节论题而言，到了明代陈侃、高澄这批册封使，从福建往返琉球之海道确实属于一条比较成熟的海上航线，为确保封船安全往返、完成册封使命起见，各批册封使周密部署，尽职尽力，临危不乱，发挥的统御作用明显。在监督造船过程中注意细节，汲取前人经验和不同意见，防微杜渐，处事果断，取得了全体人员安全出海的最基本保证。

---

[1]（明）陈侃：《使琉球录》之"使事纪略"，见《使琉球录三种》，大通书局，1970 年，第 22 页。

[2] 刘明光主编：《中国自然地理图集》（第二版）"海域"部分之"中国近海地貌"图幅，中国地图出版社，1998 年，第 60 页。

在渺无涯际的大海中，封船犹如一叶之舟，为了增加最大的安全系数，须将"浮海以舟、驾舟以人"的根本认识落在实处。如高澄这样的册封使，听取了友人的意见，采用了招募水手的方式，来物色具有"操舟之术"的专门人员，得到了如谢敦齐这样富有实际经验的优秀操舵师，然后予以重用，促使他们在封船航行面临灭顶之灾时，可以发挥他人所不能起到的作用。

在依赖"朝廷之威福与鬼神之阴隲"两方面，册封使们做的也是谨守维诺，遇事必祭，这符合当时民众的心理状态。在暴风雨袭来和海水震荡的过程中，船体失重，人心失衡，人们于无奈之中求救于皇恩浩荡和天妃女神，乃是情不自禁的求生表现，只有险情消除，人们的沮丧心情才会好转。

海洋环境史研究的迷人之处似乎在于，是以承载数百人的封船倾覆大海之厄运或者死里逃生的侥幸结果，来验证乘船人与海洋风暴搏击下的最后命运，可以体验帆船时代的过人智慧因此而得以催生，多篇《使琉球录》文献因此而愈显精彩。

第九节　人生高峰——明代士人登临华山之生命体验

一、"太华之下，白骨狼藉"

按照唐以前各方人士的描述，西岳华山最大的特点在于它的神灵性。人们相信那里有神仙居住，神仙们掌握有指导凡人人生的本领，所以许多人都自发前往那里求签许愿，多事祈祷[1]。

古人对于华山最富有创造性的一种想象，是创造了"巨灵擘开"的故事。如宋人谢维新所述："华山与首阳本一山，河神巨灵擘开以通河流，故掌迹存焉。"[2]黄河南下穿透晋陕峡谷，至风陵渡拐向东去的河道形成演化史，一直为

---

[1] 东汉北地太守段煨撰文的《造华山堂阙碑》（原碑不存，录文见《华阴县志》），所云"郡国方士，自远而至者，充严塞崖。乡邑巫觋，崇祀乎其中者，盈谷溢溪，咸有浮飘之志，愉悦之色，必云霄之路，可升而越，果繁昌之福，可降而至也"，为一段入华山景象的轻松描写。唐代情形可参考贾二强：《论唐代的华山信仰》，《中国史研究》2000年第2期。
[2]（宋）谢维新：《事类备要》前集卷5，地理，清文渊阁四库全书本。此处所云首阳山，即山西省永济市南面的中条山或其一部，相传为周初伯夷、叔齐隐居采薇之地。

现代地质学家努力探讨的经典性论题[1]，而古人也是关注于此，大概在公元前5世纪就产生了一个"巨灵擘开"的传说，同大禹治水中"导山""导水"的故事并存。这是那一个时代可以放开的想象，想象之人不负众望，凭借黄河两岸地形、秦岭东段山势、华山苍龙岭上东峰岩石上痕迹，给出了这一说法的依据，长久地流传下来，成为至今西岳华山值得深度发掘的文化财富。

相传汉武帝在华山下建造了一座"集灵宫"，宫中有一所"存仙殿"，南面朝向华山的端门被取名为"望仙门"[2]，非常明显地表现了武帝渴望得到众仙帮助的急迫而虔诚之心情。可是，华山山势奇险，攀登不易，已有学者断言，数千年来"皇帝们还没有一个能登上华山之巅的，虽然他们当中的许多人都抱有这种强烈的愿望。"[3]

皇帝们不能登上华山，还有谁可以上去呢？东晋葛洪《抱朴子》里记载："凡为道合药及避乱隐居者，莫不入山。但入山不知法者，多遇祸害。故谚有之曰：太华之下，白骨狼藉。"[4]葛洪自号抱朴子，在《抱朴子》一书中声称"余考览养性之书，鸠集久视之方，曾所披涉篇卷，以千计矣，莫不皆以还丹、金液为大要者焉。然则此二事，盖仙道之极也。服此而不仙，则古来无仙矣。"其中"第一之丹名曰丹华"[5]。前往华山"为道合药"者自然是道教徒们，他们是积极攀登华山的第一类人，而"避乱隐居者"就是进入华山的第二类人，此外还有前往山上求愿、祈雨的人，这些人人数众多，自发性和组织性兼有，只是那时登山的路况很差，在攀登悬崖绝壁之中，不少人坠下山崖，死于非命。

西岳华山的吸引力，在于它那几座似手掌、若莲花的山峰之奇特形状，这几座山峰簇拥在秦岭东段山脉的最高处，在晴好的天气里总是吸引着山下人们的各种目光。几座山峰上，迎接日出的东峰又称朝阳峰（海拔2 096.2米），对面沐浴着落日余晖的西峰即为莲花峰（海拔2 082.6米），偏向南面的是南峰落雁峰（海拔2 154.9米），人称"华山三峰"，皆可视作是华山之巅。上山之人，不论怀

---

[1] 王苏民、吴锡浩、张克振等：《三门古湖沉积记录的环境变迁与黄河贯通东流研究》，《中国科学（D辑：地球科学）》2001年第31卷第9期，第760-768页；蒋复初、傅建利、王书兵等：《关于黄河贯通三门峡的时代》，《地质力学学报》2005年第11卷第4期，第293-301页；王均平：《黄河中游晚新生代地貌演化与黄河发育》，博士学位论文，兰州大学，2006年。

[2] （汉）桓谭：《集灵宫赋》，录自《全汉文》，商务印书馆，1999年。

[3] 李之勤：《论华山险道的形成过程》，《中国历史地理论丛》1997年第4辑，第173-187页。

[4] （东晋）葛洪：《抱朴子内篇·登陟卷十七》，中国中医药出版社，1997年。

[5] （东晋）葛洪：《抱朴子内篇·金丹卷四》，中国中医药出版社，1997年。

着一种什么目的，皆要登上山巅，才能看到华山的真面目。由于攀登华山很危险，登上华山之巅的人也不多，在唐代以前，古人是如何登上去的，在文献资料里难以得到清楚的叙说。

二、初识华山面目

欲了解天下名山的真实情况，古人遗留下来的游记资料格外重要。陈桥驿先生曾经评论："先秦以后，游记的数量和种类增加，除那种内容虚构的游记仍然存在外，由旅游者按照自己的旅游见闻写作的第一手游记和其他学者按他人旅游的记录或别的资料编写而成的第二手游记纷纷出现。"[1]较早记述唐人攀登华山情景的《王玄冲登华山莲花峰》[2]，实际上正是一篇记述他人活动的第二手游记资料。

对比唐人皇甫枚《王玄冲登华山莲花峰》、宋人王得臣《登莲花峰记》两文，主人翁名有王玄冲、王元冲之别，次要人物有鼎臣兄、吕巧臣兄之别，记时有"咸通癸巳岁（1873年）""嘉祐癸巳之岁"之异[3]，撰著人由来有由汝入秦、由江入秦之异，主人翁所自有天姥、天雄之差，其他内容则基本相同，而后一篇的叙述更为详瞻。皇甫枚撰写的《王玄冲登华山莲花峰》这篇文献，取材于山下义海主僧的口述材料，反映的是讲述者生活中的一段遭遇，没有传奇小说那种神奇，内容显得相当平实。若阅读前人留下的历代祭祀西岳文告、修庙碑文等资料，都没有反映人们如何登上华山的经过，而王玄冲只身上山的故事就具有很特别的价值。

王玄冲上山的时间为唐懿宗咸通十三年（872年）的冬季十二月，他投宿义

---

[1] 陈桥驿：《序》（1986年8月），李自修译注《宋代游记选粹》，天津教育出版社，1989年，第1-12页。
[2] 原文为晚唐皇甫枚《三水小牍》中的作品（见张友鹤编《唐宋传奇选》卷上，人民文学出版社，1979年新1版），宋人王得臣据此写就的《登莲花峰记》，在后世反而流传较广，而编者不察其出自皇甫枚的《三水小牍》，致使兹篇在游记所属时代、内容所及年代上出现明显的失误。见上引李自修译注《宋代游记选粹》及韩理洲主编《华山志》第13编文学部分（三秦出版社，2005年，第817-818页）。
[3] 韩理洲主编《华山志》一书，收入了王得臣《登莲花峰记》一文，第818页有编者按："今查宋仁宗嘉祐年号止八年，其间无'癸巳'，而有'癸卯'，但癸卯年的四月，英宗即位，改元'治平'，而王得臣《记》有'冬十有二月'之语，故知不是'癸卯'之误，因此，'嘉祐癸巳'显系'皇祐癸巳'之误，亦即宋仁宗皇祐五年（1503年）"。末句当为1053年。王得臣于嘉祐四年（1059年）中了进士，他先将《王玄冲登华山莲花峰》首句"咸通癸巳岁"改为"嘉祐癸巳之岁"，透露出自己的改写时间在嘉祐年间，而王玄冲攀登华山莲花峰这件事，据文意只能属于唐懿宗咸通十四年（癸巳岁，873年）的前一年（壬辰岁，872年）。

海主僧所在的佛寺，说明自己是冲着华山莲花峰而来的，并约好了到达山巅后以"燔烟为信"的通知方式，及至返回佛寺后他做了这样生动的讲述：

> 前者既入华阳山，寻微径至莲华峰下。初登虽峻险，犹可垂足一迹；既及峰三分之一，则劣容半足。乃以死誓志，作气而登。时遇石室，上下悬绝，则有萝茑及石发垂下，接之以升，果一旬而及峰顶。顶广约百亩，中有池亦数亩。菡萏方盛，浓碧鲜妍，四旁则巨桧乔松。池侧有破铁舟，触之则碎。既周览矣，乃燔火焉。既而循池玩花，探取落叶数片及铁舟寸许怀之。一宿乃下，下之危栗，复倍于登陟时。

据义海主僧转述的王玄冲自述，他是沿华阳山（当为今华山峪）循小路上行，石崖上已是险峻，但尚可落脚踩实，余下三分之一陡峭的崖壁，则仅能踩上半只脚，他本能地"以死誓志，作气而登"，跃上悬崖。中途遇到山洞，上下都是悬崖绝壁，就伸手抓住女萝和茑这些蔓生植物或突出的石头往上爬，用一旬时间到达了山顶。未曾想到山顶上有约百亩的空旷之地，其中还有数亩水池，池中荷花盛开，色彩鲜艳，四旁都是巨桧乔松，池边有一破铁舟，一碰就碎。周围看完后，就点起了篝火。在池边玩赏荷花时，顺便取了几片落叶及方寸铁舟片，揣于怀中。住了一晚后下山，下山时的害怕劲儿，是倍于向上攀登时的心情。

核实而论，上引皇甫枚《王玄冲登华山莲花峰》一文所述，在"同登南坡兰若""入华阳山""一旬而及峰顶""后二旬而玄冲至"几处，与现今华山情形有些不易对应，宋人王得臣据此文改写的《登莲花峰记》，没有也不可能增加新的细节。不过，从第二天"发笈取一药壶并火金以去"细节来看，"士人王玄冲"倒是具有道士风格的形象，义海主僧称他"君固三清之奇士也"，与事实当相差不远。

唐代时登山不易，或可从华山名士陈抟事迹中得到一些说明。陈抟籍贯为淮南亳州真源县（今河南鹿邑县太清宫镇陈竹园村），"后唐长兴中，举进士不第，遂不求禄仕，以山水为乐。"[1]年轻时，陈抟听从高人的建议，在武当山九

---

[1]《宋史》卷457《陈抟传》，中华书局，1977年，第13420页。

室岩隐居，历时20余年，之后转移到了华山之云台观及少华石室，竟达40余年，因修行有道，周世宗、宋太宗都召见过他。宋太宗还"下诏赐号希夷先生"，此后，尊字图南的陈抟老祖便以希夷先生闻名于世。

陈抟居住的云台观，在华山山麓下[1]，现今从玉泉院进山，沿途有希夷峡景点名称，位于刚进山不远处。陈抟的一个特点是"每寝处，多百余日不起"，留给世人一个"睡仙"美名。到了端拱初，时近晚年，陈抟吩咐弟子贾德升"汝可于张超谷凿石为室，吾将憩焉。"至"二年秋七月，石室成，抟手书数百言为表，其略曰：'臣抟大数有终，圣朝难恋，已于今月二十二日化形于莲花峰下张超谷中'。如期而卒，经七日支体尤温。有五色云蔽塞洞口，弥月不散。"[2]陈抟老祖生年不详，一直追求"导养及还丹之事"，宋太宗端拱二年（989年）八月二十五日化形于华山莲花峰下，有人声称陈抟老祖享年119岁。自古以来，诸多道士入华山修行，到陈抟老祖这里则达到了一个道行声望上的高峰。云台观建在山麓，陈抟老祖临终之前方才进入莲花峰下新凿的张超谷石室里，在相当程度上说明在当时条件下，升山仍属不易之事。

与此同时进行的，是升山条件的逐步改进，也就是对登山道路的不断改善。意欲登山的人们，身份和目的虽有不同，尽可能地登上山巅的目的却都是一致的。很长时间内，从莎萝坪向西登上上方峰（今已习称上峰山），曾经是众多入山者的一个目的地，原因就是登上更高的华山之巅几乎难以做到。元代《太华真隐主君传》记云："云台，华岳也，为山益奇，上方又天下之绝险，自趾望之，石壁切云霄，峻削正矗，非恃铁絙不得缘缒上下。不知铁絙成于何代何人，意者，古能险之圣也。"[3]推测这是唐代以来逐渐出现的助人升山方式，行人借助铁索攀缘，可以节省力气，而主持者当为在山上居住修行的道士们。

三、揭开华山真容

在现存各种华山游记著作中，明朝士人以登山人数和创作作品数量较多、

---

[1] 清人陈梦雷编纂《古今图书集成·方舆汇编山川典》卷 67，华山部汇考所载《西岳华山图》，所绘云台观大致在今玉泉院的位置上。

[2]《宋史》卷 457《陈抟传》，中华书局，1977 年，第 13421 页。

[3]（元）摇燧：《太华真隐主君传》，陕西省考古研究院、西岳庙文物管理处编著：《西岳庙》附录一，历代修庙碑文及修庙记，陕西省考古研究院田野考古报告第 46 号，三秦出版社，2007 年，第 578-579 页。

记录细致而引人注目，尤其是这一个时代士人的精神风貌，比之历朝士人多有进步，这主要体现在对于自然世界、社会风尚和人生思想的表达上面。

进入到明朝洪武年间，有昆山人王履（字安道）入秦王府担任医者（他是中医丹溪学派的一名代表性人物）[1]，留住长安。据王履撰写的《始入华山至西峰记》[2]，起初是"寓长安之逾年，新丰邱文来，偶谈登华山所得，且怂恿余，遂诺焉。"这一年是洪武十六年（1383年），他入住长安当为前一年。阴历七月十八（公历为8月16日）这一天，王履、书童同邱文外孙沈生出城东行，王履骑着驴，两日到华阴，第三日开始登山，有"惯登者二人"导行。王履善画，此行自然"以纸笔自随，遇胜则貌"，"貌不能尽者，俾记之"，是夜宿于山峰之上，第四天可能就下山了。《明史》卷二九九《方伎·王履传》记的是"尝游华山绝顶，作图四十幅，记四篇，诗一百五十首，为时所称"。这些图画、记述和诗词都是以华山为主题，以此为凭证，可以说一进入明朝，对于华山的认识就获得了一个很大的进步！

时年52岁的王履，登山步伐虽然不快，凭借医者的感受和画家的慧眼，他留下的华山游记和"华山图册"[3]，共同构成了后世了解明初华山状况的珍贵资料，《华山图册》中展示西岳华山全貌如图8-9所示，展示华山道路如图8-10所示。王履记入的值得留意的地方有：

①山泉。原文记云："泉淙淙然，如琴，如筑，如珮环，不少休。其停汇处，澄澈如镜，微涟动摇，日影上壁，中多红白砾。余盥颊，清寒透骨，试尝焉，甚甘美。"

②索道。原文记云：上方峰下，"峰直立，铁索下垂，望峰端，漫不辨何似，但峰腰杂树倒悬斜倚，而幽意可人。索两畔，多小坎，从下达上，深可二寸，仅容履端，盖登则缘索以托足者。"

---

[1] 焦振廉：《王履生平补事》，《江苏中医杂志》1987年第3期，第41页。

[2] （明）王履：《始入华山至西峰记》，韩理洲主编：《华山志》，三秦出版社，2005年，第819-822页。

[3] （明）王履：《王履华山图画集》，天津人民美术出版社，2000年。该图册共66帧正页，计图40幅，另作记8帧、111首诗加自跋14帧，其中有"游华山图记诗叙"1帧，"重为华山图序"2帧，"画楷叙"1帧。

图8-9 王履《华山图册》中展示西岳华山
全貌的图幅

图8-10 王履《华山图册》中展示华山道路的
一幅图画

③怪石。原文有云："少选，一峰前障，不甚峻，上大下小，所谓巘也。"

④老树。原文有云："既至，老木赤立，唯东南一枝仅存，微有叶，根乱布石上，若万小蛇攒缀蠕动，余骇焉，貌其大较。"

⑤河流。原文有云："倚窗望西北，平田无际，荒烟莽然，中有渭水，委蛇如龙。日射水中，金光闪烁，不敢正视。"

⑥气温。原文记云：东峰之上，"风怒号，御夹犹冷，视苍龙岭裸体，其寒暑之异乃尔哉！"

王履冒险登临华山，似乎事出偶然，实际上却是他内心的一个向往，他返回长安后的系列华山画作，论者以为真实全面地再现了西岳华山的"秀拔之神、雄特之观"，塑造出类如险峻、苍茫、空旷、幽深、秀丽、壮伟等各异其趣的意境，其笔力刚劲挺拔，浑厚沉着，墨气明润，浓淡虚实相生，最终在创作思想上提出了"吾师心，心师目，目师华山"之宏旨，说明华山之行在他思想上引发的极大震动，也间接证明他这种向往自然之情所达到的强烈程度。在另一方面，也就是基于人生的基本意义来说，王履登临华山之心则是不可动摇的。在一系列作品完成之后，他几乎是对自己说道：

太华，天下名山之冠也，故古人以得游为快，以不得游为恨。余也恨于昔，而快于今。可无图欤，无记欤，无诗欤，备三者矣。……余今年五十有二岁矣，惰与老俱至，气与病相靡，一游已不胜其难，况再嗣而往首越北辕耳。然则是图是记是诗，其可离乎。故笥之左右，以玩于乎。文且游者，其何人乎。[1]

一直到生命的最后时刻，这一笥有关华山的图、记、诗，都是王履本人的精神寄托，之后又成为士人们观赏、临摹、收藏的珍品。

王履时去约二百年，浙江台州人氏王士性，在万历十六年（1588年）这一年，终于有了兑现"与山灵十年之约"的一个机会，这一座"山灵"，很大程度上即是西岳华山。可是，有人论述他这一年"转任吏部给事中。与刘元承奉命典试四川。调任川北参议命，未上任。再补少仆太卿"，却没有记入他途中去了华山那一段刻骨铭心的经历。[2]

与王士性一同上山的是刘元承、头陀玄龢，另有黄冠道士至少两人，作为"善导者"在前面开路，或在攀岩时相助。王士性上山的特点是，此行必之山巅览胜，再大的风险也甘愿亲身加以体会。从登华山之始因，到沿途所经每一处景致都记录详细，且及自己亲身体验之感受，所以出手的《华游记》一文颇多引人入胜之细节。可品读履至青柯坪那一段文字[3]：

是夜宿坪中，窗外雨忽霏霏，至明不休。雾弥漫布山谷，已稍薄，见远山如黛，跃而起，则益复合，咫尺不辨人。黄冠向余曰："高山雾重则霖，不可登也"。元承请稍俟之。余自忖与山灵十年之约，今日过其下，不登则不登矣。乃更强起之曰："雾厚则不见险，正易登山耳"。遂奋而拉元承为樵人装，插衣于祓，易芒鞋曳杖，头佗玄龢后随，崎岖三里至回心石。元承见雨复丝丝下，微视余，余心不回矣。

王士性的登华山之念，系受陈以忠（贞父）、艾穆（淳卿）的影响，听友人津津乐道如何登上华山绝顶的故事，他自己的心情是"念何得一飞越其间"。及至亲临回心石、千尺撞、百尺峡、二仙桥、云台石、车厢峡、白鹿龛、老君犁沟、擦耳岩、白云峰、阎王边（仙人砭）、日月崖等处，处处胆战心惊，同行之

[1]《游华山图记诗叙》图版64。题款为洪武十六年（1383年）岁次癸亥秋九月十有二日畸叟。这是推断王履生年的基本依据，而其卒年则缺乏可依凭的材料。

[2]《王士性大事年表》，徐建春、石在、黄敏辉：《俯察大地——王士性传》，浙江人民出版社，2008年，第238-240页。

[3]（明）王士性：《华游记》，周振鹤编校：《王士性地理书三种》，上海古籍出版社，1993年，第39-46页。

人不由得魂飞魄散，方才想起陈贞父《华游》中所写到的登华山须"经七死乃免"的说法：

> 盖登华惟不堕，堕则皆万仞。故千尺撞枯枝折而堕一，犁沟足一失堕二，擦耳崖手一脱坎堕三，阎王边值神晕眼花而堕四，苍龙岭遇风掀而举诸岭外以堕五，卫叔卿下棋、贺老避静处崖滑栏折而堕六七……

王士性身为官员，却好游历，《华游记》一文收于《五岳游草》著作中，可以想见五岳在他心目中的地位。42岁这一年，他登上华山，毫无疑问是他一生中的很大满足。他在《华游记》中有一总结性的评价：

> 王士性曰："余睹苍龙岭石栏绵亘，志者谓为汉武帝、唐玄宗升岳之御道，二君故自豪举哉。盖余家东海上，尝问四明，上雁湖，过白岳，历嵩、少，观封泰岱，宿太行、燕山以西，已而啮峨嵋雪，寻真玄岳，吾行已半天下矣，得为岳者四，其他山川弗论。既至华山，而后知天下无复险，亦无复胜云"。

这刚好应和古语"以险取胜"这句话了，自然符合华山实际，一座大山与众名山并论，能够获得这样高的评价，当然是对大自然鬼斧神工之造势极高的赞誉了。王士性意犹未尽，又作《登太华绝顶四首》诗，其四云："搔首问天天不言，踏翻玉女洗头盆。百盘鸟道魂应堕，五岳名山势独尊。嘘吸不须论帝座，等闲已自压昆仑。怪来讶得乾坤小，足底阳生是海门"。

此一座名山，性情中人王士性去后，又来了在文坛上倡导"性灵说"的荆州公安（今属湖北公安）人袁宏道（字中郎）。据言，宏道与其兄宗道（字伯修）、弟中道（字小修）并有才名，合称"公安三袁"[1]。宏道所作《华山别记》曾云："少时，偕仲弟读书长安之杜庄，伯修出王安道《华山记》相示，三人起舞松影下，念何日当作三峰客？"宏道兄弟要做华山的"三峰客"，并云"吾三十年置而不去怀者，慕其险耳"，及至万历三十七年（1609年）他登上华山之巅时，他的那些"山侣"——兄长袁伯修、父亲的侍御龚惟长、一同游过天目山的陶

---

[1]《明史》卷288《袁宏道传》，中华书局，1976年。

周望等人已一一谢世。

宏道在文学上反对"文必秦汉，诗必盛唐"的风气，提出过"独抒性灵，不拘格套"的创作主张，所撰写的华山游记却有与众不同之处，首篇《华山记》即云[1]：

凡山之有名者，必有骨，率不能倍肤，得三分之一，奇乃著。表里纯骨者，惟华为然。骨有态，有色。黯而浊，病在色也；块而狞，病在态也。华之骨，如割云，如堵碎玉，天水烟雪，杂然缀壁矣。方而削，不受级，不得不穴其壁以入。壁有罅，才容人，阴者如井，阳者如溜。如井者曰幢曰峡，如溜者曰沟，皆斧为衔，以受手足，衔穷代以枝。受手者不没指，受足者不尽踵。铁索累千寻，直垂下，引而上，如粘壁之鼯。壁不尽罅，时为悬道巨峦，折折相逼，若故为亘以尝者。横亘者缀腹倚绝厓行，足垂蹬外，如面壁，如临渊，如属垣，撮心于粒，焉知鬼之不及夕也。长亘者擺其脊，匍匐进，危蹬削立千余仞，广不盈背，左右顾皆绝壑，惟见深黑。吾形垒垒然如负瓮，自视甚赘。然微风至，摇摇欲落，第恐身之不为石也。……

从《明史》本传，其弟中道"从两兄宦游京师，多交四方名士，足迹半天下"来看，宏道游历颇广。但在登临华山过程中，华山之险峻还是出乎宏道之意外，所以，他才惟妙惟肖、精彩无比地予以观察记录，用笔之细腻，遣词之独异，前人游记中罕有出其右者。譬如他还写道：当时"余衣不蔽腰，上着穷裤，见影乃笑。登厓下望，攀者如猱，侧者如蟹，伏者如蛇，折者如鹳，山之戏剧乃至此！自恨无虎头写真笔也。"倘若借得前辈王履的画笔，用来绘出登山人的种种姿态，倒是宏道极愿意做的事情。

目前所知较晚来到华山游历的明朝游山之士为徐霞客，天启三年（1623年）的早春，江苏江阴人氏徐霞客从中岳嵩山游历后，入潼关，进谒华岳庙，然后直奔华山，也为后人留下了一篇脍炙人口的《游太华山日记》[2]。他的文笔洗练，善于从大处着眼，日记式的记述方式，显然十分适合于这位行旅匆匆的独

---

[1]（明）袁宏道：《华山记》，见韩理洲主编《华山志》，三秦出版社，2005年，第824-825页。另二篇《华山后记》《华山别记》，见第825-826页。
[2]（明）徐弘祖著，褚绍唐、吴应寿整理：《徐霞客游记》，上海古籍出版社，2007年，第46-49页。

行侠。霞客时年38岁，时常外出游历，早已练得身手敏捷，艺高而胆大，通读全文，可以感到登上华山对他而言是一件不太费力的事项，且看他记二月初二（公历3月2日）这一天的活动：

从南峰北麓上峰顶，悬南崖而下，观避静处。复上，直跻峰绝顶。上有小孔，道士指为仰天池。旁有黑龙潭。从西下，复上西峰。峰上石笋起，有石片覆其上如荷叶。旁有玉井甚深，以阁掩其上，不知何故。还饭于迎阳。上东峰，悬南崖而下，一小台峙绝壑中，是为棋盘台。既上，别道士，从旧径下，观白云峰，圣母殿在焉。下到莎萝坪，暮色逼人，急出谷，黑行三里，宿十方庵。出青柯坪左上，有枯渡庵、毛女洞；出莎萝坪右上，有上方峰；皆华之支峰也。路俱峭削，以日暮不及登。

登山的感受，的确是很个人化的事情，到达南峰上的霞客又"悬南崖而下，观避静处"，一会儿"复上，直跻峰绝顶"，这些是常人不做、想做也不敢做的事项。还有，"上东峰，悬南崖而下，一小台峙绝壑中，是为棋盘台"，这就是东峰南侧极为险要的鹞子翻身处，顺着山脊走下去，就是现今所称的下棋亭。王士性到达这里的描写："东下半里为卫叔卿下棋处。石山突起，笼以铁亭，一横石卧断崖上。余栗不能践，命羽士为取一棋子而还"[1]。相比之下，霞客真是登山英雄了。限于行程时间，对于一些去不了的地方，霞客一定是边走边询问，在日记中记下了这些景致的名称，也就为后世留下了华山当时景致的基本情况。

从明初开始，领时代风气之先的东南人士，陆续登上华山游览，他们书写游记叙述登山经历，细致描写沿途景致，其文章或图画为人们所阅读和观摩，结果引起了更多人的兴趣，华山的神秘面纱自此便款款落下。而世人对大自然所充满的与生俱来的好奇心和求知欲，所激励出的冒险精神，在华山这里可以得到一次次的满足，成为一种通过自身努力即可以获得的精神享受。

历代游历或修行于华山的人们，不断地向上攀登，越来越了解华山的自然面目，用身体、生命与大自然的一种杰作——奇险山脉所做的最大程度的贴近，

[1]（明）王士性：《华游记》，周振鹤编校：《王士性地理书三种》，上海古籍出版社，1993年，第43页。

属于人与自然关系的细节内容。通过山地种种特殊性、攀登山岩的亲身体验等内容，将人的勇气、胆识和灵性最大限度地显现出来，事实上是集中展现了中国文化的优秀分子——士人，在服膺天地万物的神圣职责和使命上，业已具备的勇于担当、一往无前的风格禀赋。

第十节　鼠疫与明朝的灭亡[1]

在对19世纪以前的鼠疫史进行的研究中，由于缺乏现代细菌学和血清学方法作诊断，所以，对鼠疫的判断只能根据文献记载的患者临床症状来进行。鼠疫是一种传染极快的烈性病，它的潜伏期很短，腺型为2～8日，肺型为数小时至3日。两种鼠疫中，以腺型最为常见。腺鼠疫常发生于流行初期，急起寒战、高热、头痛、全身疼痛，偶有呕吐、瘀斑、出血。发病间有淋巴组织肿大症状，其部位多在鼠蹊、颈部和腋下。如不及时治疗则淋巴结迅速化脓、破溃、病情加重，于3～5日内因心力衰竭或继发败血症或肺炎而死。病情轻缓者则腺肿逐渐消散或伤口愈合而恢复。肺型鼠疫可原发或继发于腺型，该病发展迅速，急起高热，伴有全身中毒症状，数小时后出现剧烈疼痛、咳嗽、咳痰，痰中含有大量泡沫血痰或鲜红色血痰。抢救不及时，大多于3日内因心力衰竭、休克而死亡。一般来说，腺鼠疫的病死率为30%～70%，肺鼠疫的病死率高达90%以上。此外，还有败血型鼠疫，病死率几达100%[2]。

一、崇祯时期的鼠疫流行

明代万历年间（1573—1620年）和崇祯年间（1628—1644年）曾暴发过鼠疫，而崇祯年间的鼠疫流行在一定程度上造成了大明王朝的灭亡。崇祯年间的鼠疫流行是从山西开始的，据载，山西太原府的西部兴县，崇祯"七年、八年（1634年、1635年），兴县盗贼杀伤人民，岁馑日甚。天行瘟疫，朝发夕死。至

---

[1] 本节据曹树基：《鼠疫流行与华北社会的变迁（1580—1644 年）》，《历史研究》1997 年第 1 期；曹树基：《鼠疫：战争与和平——中国的环境与社会变迁（1230—1960 年）》，山东画报出版社，2006 年，第五章《老鼠"消灭"了明朝》改写。

[2] 黄玉兰主编：《实用临床传染病学》，人民军医出版社，1990 年，第 310-314 页。

一夜之内，一家尽死子遗。百姓惊逃，城为之空。"[1]从这一记载中可见，在兴县发生的瘟疫当为鼠疫，从"朝发夕死"一词看，则可肯定为肺鼠疫流行。崇祯年间山西的鼠疫大流行即源于此。

崇祯十年（1637年）以后，大同府也开始暴发瘟疫。这一年，"瘟疫流行。右卫牛亦疫。""十四年（1641年）瘟疫大作吊问绝迹岁大饥。"……"十七年（1644年）瘟疫又作。"直到顺治八年（1651年），"瘟疫传流，人畜多毙。"[2]疫病发展到不敢吊问的地步，无疑为烈性传染病。又因人牛共患，就排除了天花的可能性。鼠疫为人畜共患，故判断此疫仍为鼠疫。

在大同浑源，"崇祯十六年（1643年）浑源大疫，甚有死灭门者。"[3]在灵丘，"崇祯十七年（1644年）瘟疫盛作，死者过半。"[4]两条资料揭示的高死亡率，都可以看作是鼠疫流行的结果。据此亦可知，崇祯年间的鼠疫已经扩散到了大同府与河北毗邻的地区。

至于潞安府，据顺治十八年（1661年）《潞安府志》卷一五《纪事》，崇祯十七年（1644年）"秋大疫。病者先于腋下股间生核，或吐淡血即死，不受药饵。虽亲友不敢问吊，有阖门死绝无人收葬者"。大疫症状是清晰可辨的。这表明鼠疫已经从山西中部或北部流传到南部。

河北的疫情从崇祯八年（1635年）开始出现，到了崇祯十四年（1641年），疫情进一步发展。在大名府，"春无雨，蝗蝻食麦尽，瘟疫大行，人死十之五六，岁大凶。"[5]死亡人口的比率相当高。在广平府，"大饥疫，人相食。"[6]顺德府，"连岁荒旱，人饥，瘟疫盛行，死者无数。"[7]真定府，"正定大旱，民饥，夏大疫。"[8]顺天府的良乡县，"瘟疫，岁大饥"，第二年则"大瘟"[9]。"崇祯十四年（1641年）七月，京师大疫"[10]，疫情向北京城中发展。然从此时的记载来看，都没有确切的临床症状的描述，此疫究竟为何种疫病，尚难以断论。

[1]《古今图书集成·职方典》卷 306《太原府部纪事》。

[2] 雍正《朔平府志》卷 11。

[3]《古今图书集成·职方典》卷 350《大同府部纪事》。

[4] 康熙《灵邱县志》卷 1。

[5] 顺治《滑县志》卷 10《纪事》。

[6] 乾隆《广平府志》卷 23。

[7] 乾隆《顺德府志》卷 16《祥异》。

[8] 乾隆《正定府志》卷 7。

[9] 康熙《良乡县志》卷 8《灾异》。

[10] 光绪《顺天府志》卷 69。

崇祯十六年（1643年）的几条记载表明这一轮瘟疫的流行仍为鼠疫。如在顺天府通州，"崇祯十六年（1643年）癸未七月大疫，名曰疙疸病，比屋传染，有阖家丧亡竟无收敛者。"[1] "疙疸"实为对腺鼠疫患者的淋巴结肿大的称呼，且因其传染之烈，非一般传染病所为。昌平州的记载相同，"十六年（1643年）大疫，名曰'疙疸病'，见则死，至有灭门者。"[2]这是肺鼠疫患者的典型症状。在保定府之雄县，"郡属大疫，雄县瘟疫甚行，人心惊畏，吊问之礼几废。"[3]是疫传染之烈，让人"惊畏"，联系周边各县的情况看，判断应该是鼠疫了。

从北京近郊通州和昌平的疫情可以推知北京城中有可能陷入同样的传染病肆虐之中。《明史·五行志》记载，崇祯十六年（1643年）"京师大疫，自二月至九月。"第二年骆养性在天津督理军务，就提到崇祯十六年（1643年）北京城的大疫情："昨年京师瘟疫大作，死亡枕藉，十室九空，甚至户丁尽绝，无人收敛者。"崇祯十七年（1644年）天津暴发肺鼠疫流行，"上天降灾，瘟疫流行，自八月至今（九月十五日），传染至盛。有一、二日亡者，有朝染夕亡者，日每不下数百人，甚有全家全亡不留一人者，排门逐户，无一保全。……一人染疫，传及阖家，两月丧亡，至今转炽，城外遍地皆然，而城中尤甚，以致棺蒿充途，哀号满路"，一片悲惨凄惶。骆养性将天津的鼠疫流行归结为李自成部队的活动，他说："该职看得灾异流行，史不绝书，往往人所召致"，天津之疫正发生在李自成部经过之后，"斯民甫遭闯逆蹂躏之后，孑遗几何，宁再堪此灾疹也耶？"他请求政府急行赈恤，自己并"步祷城隍庙、玉皇阁，率属祈禳"[4]，不见用药，却见祷神。而李自成部进入北京是在崇祯十七年（1644年）三月，因此北京城的鼠疫不是李自成部带入的。

北京的鼠疫虽然不是李自成部带入的，而宣府地区的鼠疫疫情却与李自成部的活动有关。"崇祯十七年（1644年）三月十五日闯贼入怀来，十六日移营东去。是年凡贼所经地方，皆大疫，不经者不疫。"究竟为何种瘟疫呢？"顺治元年（1644年）秋九月大疫，保安卫、沙城堡绝者不下千家。生员宗应祚、周之正、朱家辅等皆全家疫殁，鸡犬尽死。黄昏鬼行市上，或啸语人家，了然闻见，

[1] 康熙《通州志》卷11《灾祥》。
[2] 《古今图书集成·职方典》卷38《顺天府部纪事（六）》。
[3] 《古今图书集成·职方典》卷82《保定府部》。
[4] 清代内阁大库原藏明清档案，B383A1～162（现存于台北"历史语言研究所"）。

真奇灾也。"[1]我们知道，李自成是从山西进入河北的，由他的部队活动所引发的瘟疫当然与同时期山西流行的鼠疫有关。从此疫人畜共患和大量人口的死亡这两个特征看，可断定为鼠疫。只是在李自成进入北京之前，北京城已经成为肺鼠疫的流行区。李自成的部队在京城只待了短短的43天，就被清军逐出了北京。

从某种意义上说，他们也是被迅速传染的鼠疫逐出了北京。崇祯时期的河北鼠疫流行从南部向北部扩散，又因李自成部的流动从山西北部传入河北北部，呈现南北两头向中间传染的趋势。

二、北京的陷落

在李自成进入北京之前，北京城已经成为鼠疫的流行区。攻打一座被鼠疫折磨了将近一年的城市，对于李自成的部队来说，是很容易了。古应泰说当时"京师内外城堞凡十五万有奇，京营兵疫，其精锐又太监选去，登陴羸弱五六万人，内阉数千人，守陴不充。"[2]京营兵士在遭受鼠疫侵袭之后，元气大伤，以至于北京城墙上，平均每三个堞口才有一个羸弱的士兵守卫，怎么能抵挡李自成精锐之师的进攻。事实上，北京城是不攻而克的。

事实上，在李自成攻打北京之前，北京已经是一座恐怖的疫城。抱阳生提到崇祯十六年（1643年）二月的北京城，"大疫，人鬼错杂。薄暮人屏不行。贸易者多得纸钱，置水投之，有声则钱，无声则纸。甚至百日成阵，墙上及屋脊行走，揶揄居人。每夜则痛哭咆哮，闻有声而逐有影。"[3]死人太多，白天已可见城中处处鬼影，真令人毛骨悚然。昌平州沙河镇的情况相同，这年十月，"沙河城内群鬼夜号，月余乃止。"[4]

再看看北京城内的情况。最详细的一份记载来自一名为"花村看行侍者"的笔记，兹引如下文：

[崇祯十六年（1643年）]八月至十月，京城内外，病称疙瘩，贵贱长幼，呼病即亡，不留片刻。兵科曹直良、古遗正与客对谈，举茶打拱，不起而殂。

[1] 康熙《怀来县志》卷2《灾异》。

[2] （清）古应泰：《明史纪事本末》卷79《甲申之变》，上海古籍出版社，1994年，第348页。

[3] （清）抱阳生：《甲申朝小纪》初编卷6《灾异》，书目文献出版社，1987年，第162-163页。

[4] 《古今图书集成》卷39《顺天府部·顺天府部纪事七》。

兵部朱希莱（念祖）拜客急回，入室而殂。宜兴吴彦升授温州通判，方欲登舟，一仆先亡，一仆为买棺，久之不归，已卒于棺店。有同寓友鲍姓者，劝吴移寓，鲍负行李，旋入新迁。吴略后至，见鲍已殂于屋。吴又迁出，明辰亦殂。又金吴钱（晋明）同客会饮，言未绝而亡，少停，夫人、婢仆辈一刻间殂十五人。又两客坐马而行，后先叙话，后人再问，前人已殒于马鞍，手犹扬鞭奋起。又一民家，合门俱殂，其室多藏，偷儿两人，一俯于屋檐，一入房中，将衣饰叠包递上在檐之手，包积于屋已累累，下贼擎一包托起，上则俯接引之。擎者死，俯者亦死，手各执包以相牵。又一长班方煎银，蹲下不起而死。又一新婚家，合卺坐帐，久不出，启帏视之，已殒于床之两头。沿街小户，收掩十之五六，凡楔杆之下更甚。街坊间的儿为之绝影，有棺无棺，九门计数已二十余万。大内亦然。张真人辑瑞入都，出春明不久，急追再入，谕其施符喷咒，唪经清解，眠宿禁中一月，而死亡不减。发内帑四千，三千买棺，一千理药，竟不给。十月初，有闽人补选县佐者，晓解病由，看膝弯后有筋肿起，紫色无救，红则速刺出血可无患，来就看者日以万计。后霜雪渐繁，势亦渐杀。闽医以京衔杂职酬之，明春为流贼所杀。[1]

　　综合上引各条记载，可以大致看出，在北京城之内外，崇祯十六年（1643年）的腺鼠疫流行至十月基本停息。至崇祯十七年（1644年），疫情在天津一带有转炽的趋势。经过一个漫长的流行季节，崇祯十六年（1643年）的冬天，北京城里的老鼠大概已经死得差不多了，人口因大量死亡，导致人口密度大大降低，腺鼠疫停止流行，且未转成肺疫。李自成的部队就是在这个时期进入北京城的。所以，在各种记载中，既找不到李自成部感染的记载，也找不到李自成部的将领染疫的记载。尽管如此，在一个被死亡笼罩的城市里，在一个阴森森的"鬼城"中，任何武力防守其实都是无益的。满洲铁骑兵不血刃地拿下北京，实与这一因素有关。

---

[1]（清）花村看行侍者：《花村谈往》卷1《风雷疫疠》，《适园丛书》，民国刊本，第10-12页。

三、鼠疫流行的生态背景和社会环境

鼠疫是一种自然疫源性疾病，也是一种与动物生态循环有关的野生动物病。这种野生动物病向人类传染时，与鼠疫生态系统有很大的关系。鼠疫生态系统的构造如下：鼠及其他啮齿类动物是鼠疫菌的主要宿主；寄生性鼠疫菌是鼠疫自然疫源地形成的基本成员；为了能够顺利地侵入到寄主——啮齿动物的机体，媒介昆虫——跳蚤担负起这一职责，跳蚤也是寄生物，靠吸吮动物的血液生活和繁殖，它的生命过程离不开温血动物，适宜的温度对于鼠疫生态系统中的任何一个成员来说都是非常必要的。上述三个成员在它们相应的地区占据一定的地理范围，便构成了"鼠疫自然疫源地"。鼠疫自然疫源地的形成，是长期生物演化的结果。

当人类的活动涉及鼠疫自然疫源地时，就有被疫蚤叮咬和患疫的可能，鼠间鼠疫就会向人间扩散，演化为人间鼠疫。由此可知，鼠疫的自然疫源地事实上为鼠疫的人间流行一次又一次地提供了鼠疫菌的来源。也可以说，人类对鼠疫生态系统的干扰导致了鼠间鼠疫向人间的传播，从而引发人间鼠疫的大流行。

自明清以来，山西长城口外地区的自然环境发生巨大的变化。随着汉人的大量迁入，大片牧场垦辟为农田，农牧分界线渐次北移。大批的汉人迁入是在嘉靖十二年、十三年（1533年、1534年），大同边卫发生变乱，残余的党羽逃往塞外，投靠蒙古俺答。这批汉人叛民不仅从事军事方面的活动，而且在蒙古地面从事建筑和农耕，并大肆招徕汉族逃民，在蒙古地面专事农业生产，导致山陕长城边外地区的农业人口迅速增加。至清代初年，随着清廷对西北的用兵，这一区域成为重要的军屯之地，农业垦殖的强度增大。到清代后期，口外土地全面放垦，山陕口外的大片牧场已全面转化为农业区，以致形成今天所见之农牧分界线。

牧场变成农田对原有的鼠疫自然疫源地会产生很大的影响，土地的垦殖破坏了长爪沙鼠原有的生活环境，人鼠之间的大量接触在使人类鼠疫不断发生的同时，人类对鼠类的清剿使得鼠类个体大量减少，从而导致一些疫源地消失。

　　总之，明代中国北方的鼠疫自然疫源地要比今天的范围大得多，其南缘已邻近山西、河北北部的长城一线。甚至在山西境内，也有鼠疫自然疫源地存在的可能。这些鼠疫自然疫源地为明代华北地区的人间鼠疫大流行，提供了直接的鼠疫菌来源。嘉靖时期汉族移民开始对山西长城口外的蒙古草原实施移民开垦，扰乱了当地长爪沙鼠的生态环境，人、鼠的接触增多，染疫的可能性也就随之增加。

　　人间鼠疫的流行也与气候条件有关。在年景不好发生旱灾，饲草歉收时，鼠和旱獭等啮齿类动物会通过迁徙寻求食物，相当多的一部分会迁徙不同景观的结合处，促使动物种群接触增加；啮齿动物机体一般会减轻，降低了对疾病的抵抗力；由于饲草不足使体质变弱的动物体蚤增加，有可能增加对病原体的传播；干旱也使得鼠洞中的温度相对升高，促进了鼠疫菌在蚤体内的繁殖[1]。

　　同样，在干旱灾荒之年，人类也加强了对鼠疫生态系统的干扰。根据现代鼠疫工作者的调查，灾荒之年，当地居民有到长爪沙鼠集中栖息地挖窝巢中贮粮的习惯。秋冬季节，长爪沙鼠窝巢中蚤的种类和数量很多，把大量鼠洞中的贮粮和草籽搬回家中，不可避免地要带回大量的跳蚤，其中就可能有疫蚤。挖洞时也可能碰到疫鼠和疫蚤，因而感染鼠疫。不仅如此，在中国北方地区，灾荒之年，不仅鼠粮成为人粮，且死鼠本身也会成为人食。一般来说，自毙的老鼠大多为疫鼠。取之为食，染疫的可能性就相当大了。

　　山西中、北部地区年降水量不及500毫米，干燥度在1.5以上，属半干旱气候，旱灾成为本地区经常性的自然灾害。明代中期以后中国进入了一个空前少雨的年代，出现全国性的大旱灾。具体说来，在成化、弘治年间（1465—1505年），山西省的旱灾年份占全部年份的37%，正德、嘉靖年间（1506—1566年）降至25%，万历年间（1573—1619年）降至21%，崇祯年间（1628—1644年）则升至50%。可见明代山西的旱灾经历了由多到少再由少至多的过程。在这4个时段中，成化、弘治时期的大旱灾仅占全部年份的6%，正德、嘉靖时期占3%，万历时期占13%，崇祯时期占24%。据此可见，万历至崇祯时期的旱情在加重，尤其是崇祯年间，不仅旱年比率增加，且大旱之年的比率也在增加[2]。

[1] 方喜业：《中国鼠疫自然疫源地》，人民卫生出版社，第31-32页。

[2] 据中国气象局气象科学研究院所作《中国近五百年旱涝分布图集》中"各地历年旱涝等级资料表"统计。

山西旱情的变化，与同时代华北地区是一致的。

旱灾之年，由于食物的匮乏，也使人类个体的体质下降，抵抗疾病的能力随之下降，加上灾年外出觅食人口的流动，卫生状况的恶化，都会导致鼠疫流行范围的扩大和流行强度的增加。崇祯初年山西旱情不重，崇祯六年（1633年）则为大旱，尤其是中部和南部地区，皆为持续数月或跨季的大旱灾。这一年鼠疫起自山西中部地区，当与此次大旱有关。崇祯十年、十一年（1637年、1638年）两年中，山西各地乃至华北皆为大旱，崇祯十三及十四年（1640年、1641年）复又如此，这几年正是山西及华北鼠疫大流行的时期，鼠疫流行与旱灾的关系也就昭然若揭。

明代后期，尤其是明代末年气候异常的背景下，华北地区以及中国北方各地普遍干旱少雨，生态系统趋于脆弱。明代后期的华北人口已相当密集，觅食人口的数量和流动性大大增加；干旱状态下啮齿动物的觅食性迁移也大大加强，不同景观结合部的人、鼠接触概率增加，终于酿成万历和崇祯年间华北两次鼠疫大流行。因此，区域社会的变迁不仅与本区域的生态环境密切相关，还与相邻区域的生态环境密切相关。这一点，对于我们理解历史时期华北及其他区域社会的发展，都是有益的。

在以往有关明末历史的研究中，考虑最多的是政治斗争、阶级冲突和民族对抗。然而生态环境的异常变化其实也是造成明王朝崩溃的主要原因之一。崇祯年间的鼠疫在风起云涌的起义浪潮中加速了它的传播和扩散。因此明王朝是在灾荒、民变、鼠疫和清兵的联合作用下灭亡的。

参考文献

一、古籍

（唐）李延寿撰：《北史》，中华书局，1975 年。

（唐）魏徵撰：《隋书》，中华书局，1975 年。

（唐）李吉甫撰：《元和郡县图志》，《中国古代地理总志丛刊之一》，中华书局，1983 年。

（后晋）刘昫等：《旧唐书》，中华书局，1975 年。

（宋）欧阳修等：《新唐书》，中华书局，1975 年。

（宋）王溥：《五代会要》，上海古籍出版社，2006 年。

（宋）钱俨：《吴越备史》，杭州出版社，2004 年。

（宋）钱若水：《宋太宗实录》（残卷本），甘肃人民出版社，2005 年。

（宋）司马光撰、（元）胡三省注：《资治通鉴》，中华书局，1956 年。

（宋）沈括：《梦溪笔谈》，上海书店出版社，2009 年。

（宋）单锷：《吴中水利书》，清嘉庆墨海金壶本。

（宋）李焘：《续资治通鉴长编》，中华书局，2004 年。

（宋）王应麟：《玉海》，江苏古籍出版社，1987 年。

（宋）李埴撰，燕永成校注：《皇宋十朝纲要》，中华书局，2013 年。

（宋）陈均：《宋九朝编年备要》，宋绍定刻本。

（宋）江少虞：《宋朝事实类苑》，上海古籍出版社，1981 年。

（宋）江少虞：《新雕皇朝类苑》，日本元和七年（1621 年）活字印本。

（宋）李攸：《宋朝事实》，文海出版社，1967 年。

（宋）王称：《东都事略》，文渊阁四库全书本。

（宋）徐梦莘：《三朝北盟会编》，上海古籍出版社，2008 年。

（宋）洪皓撰，崔立伟等校注：《松漠纪闻》，吉林文史出版社，1986 年。

（宋）叶隆礼：《契丹国志》，上海古籍出版社，1985 年。

（宋）宇文懋昭撰，崔文印校证：《大金国志校证》，中华书局，1986 年。

（宋）曾公亮：《武经总要前集》，中华书局，1959 年。

（宋）范成大：《范石湖集》，中华书局，1962 年。

（宋）梅尧臣著，朱东润选注：《梅尧臣诗选》，人民文学出版社，1980 年。

（宋）陆游：《家世旧闻》，中华书局，1985 年。

（宋）李心传：《建炎以来系年要录》，中华书局，2013 年。

（宋）佚名：《皇宋中兴两朝圣政》，北京图书馆出版社，2007 年。

（宋）佚名编：《宋大诏令集》，中华书局，1962 年。

（宋）赵汝愚编：《宋朝诸臣奏议》，上海古籍出版社，1999 年。

（宋）赵汝适原著，杨博文校释：《诸蕃志校释》，中华书局，2000 年。

（宋）章如愚：《山堂考索》，文渊阁四库全书本。

（宋）唐慎微：《证类本草》，四部丛刊景金泰和晦明轩本。

（宋）洪迈：《夷坚志》，中华书局，1981 年。

（宋）周去非：《岭外代答》，上海远东出版社，1996 年。

（宋）谢深甫：《庆元条法事类》，清钞本。

（宋）袁采：《袁氏世范》，知不足斋丛书本。

（宋）陈旉：《陈旉农书》，知不足斋丛书本。

（西夏）骨勒茂才著，黄振华、聂鸿音、史金波整理：《番汉合时掌中珠》，宁夏人民出版社，1989 年。

（金）赵秉文：《闲闲老人滏水文集》，商务印书馆，1937 年。

（金）元好问撰，（清）施国祁注：《元遗山诗集笺注》，人民文学出版社，1958 年。

（金）元好问：《中州集》，中华书局，1959 年。

（金）王寂著，张博泉注释：《辽东行部志注释》，黑龙江人民出版社，1984 年。

（元）脱脱：《辽史》，中华书局，1974 年。

（元）脱脱：《金史》，中华书局，1975 年。

（元）脱脱：《宋史》，中华书局，1977 年。

（元）沙克什：《河防通议》，中华书局，1985 年。

（元）苏天爵：《元朝名臣事略》，王云五主编：《丛书集成初编》，商务印书馆，1936年。

（元）刘孟琛等编撰，王晓欣点校：《南台备要. 宪台通纪（外三种）》，浙江古籍出版社，2002年。

（元）陶宗仪著，武克忠、尹贵友校点：《南村辍耕录》，齐鲁书社，2007年。

（元）忽思慧，尚衍斌等注释：《饮膳正要注释》，中央民族大学出版社，2009年。

（元）王祯：《王祯农书》，农业出版社，1981年。

（元）马端临：《文献通考》，中华书局，1986年。

（元）熊梦祥著，北京图书馆善本组辑：《析津志辑佚》，北京古籍出版社，1983年。

（元）佚名撰：《大元仓库记·史料四编》，广文书局，1972年。

（明）张国维：《吴中水利全书》，文渊阁四库全书本。

（明）唐顺之撰：《荆川先生右编》，明万历三十三年（1605年）刊本。

（明）唐顺之：《荆川禆编》，文渊阁四库全书本。

（明）丘濬撰：《大学衍义补》，文渊阁四库全书本。

（明）佚名撰：《海道经》，王云五主编：《潞水客谈及其他五种》，商务印书馆（上海），1936年。

（明）黄准、杨士奇编：《历代名臣奏议》，上海古籍出版社，1989年。

（明）冯琦：《宋史纪事本末》，明万历刻本。

（明）申时行等：《万历重修本明会典》，中华书局，1989年。

（明）宋应星撰：《天工开物》，明崇祯刻本。

（明）邝璠撰：《便民图纂》，续修四库全书影印明万历二十一年（1593年）刻本，上海古籍出版社，2002年。

（明）徐光启撰：《农政全书》，清道光二十三年（1843年）重刊本。

（明）马一龙：《农说》，丛书集成初编，商务印书馆，1935年。

（明）袁黄撰：《劝农书》，续修四库全书影印明万历三十一年（1603年）刻本，上海古籍出版社，2002年。

（明）陆容撰：《菽园杂记》，中华书局，1985年。

（明）王士性：《广志绎》，中华书局，2006年。

（明）李诩：《戒庵老人漫笔》，中华书局，1982 年。

（明）谈迁：《枣林杂俎》，中华书局，2006 年。

（明）彭韶：《彭惠安集》，台湾商务印书馆影印四库全书本。

（明）史起蛰、张矩撰：《两淮盐法志》，四库全书存目丛书影印明嘉靖三十年（1551 年）刻本，齐鲁书社，1996 年。

（明）王圻：《续文献通考》，续修四库全书影印明万历三十年（1602 年）刻本，上海古籍出版社，1998 年。

（明）王圻：《重修两浙鹾志》，四库全书存目丛书影印明末刻本，齐鲁书社，1996 年。

（明）杨时乔等纂，吴学聪点校：《新刻马书》，农业出版社，1984 年。

（清）纪昀：《阅微草堂笔记》，上海古籍出版社，1980 年。

（清）李有棠：《辽史纪事本末》，中华书局，1983 年。

（清）厉鹗：《辽史拾遗》，中华书局，1985 年。

（清）英额撰，史吉祥，张羽点校：《吉林史志·吉林外记》，吉林文史出版社，1986 年。

（清）顾嗣立：《元诗选·初集》，中华书局，1987 年。

（清）陆长春：《辽金元宫词》，北京古籍出版社，1988 年。

张金吾：《金文最》，中华书局，1990 年。

陈述辑校：《全辽文》，中华书局，1982 年。

（明）雷礼撰：《南京太仆寺志》，四库全书存目丛书影印明嘉靖刻本，齐鲁书社，1996 年。

（明）邱濬：《大学衍义补》，日本东京大学东洋文化研究所藏正德元年刊本。

（明）归有光著，周本淳点校：《震川先生全集》，上海古籍出版社，1981 年。

（明）郭棐撰，黄国声，邓贵忠点校：《粤大记》，中山大学出版社，1998 年。

（明）叶盛：《水东日记》，中华书局，1980 年。

（明）王士性：《广志绎》，中华书局，2006 年。

（明）李诩：《戒庵老人漫笔》，中华书局，1982 年。

（明）谈迁：《枣林杂俎》，中华书局 2006 年年版。

正德松江府志：《天一阁藏明代方志选刊续编》，上海书店，1990 年。

万历镇江府志：《南京图书馆藏稀见方志丛刊》，国家图书馆出版社，2012 年。

万历通州志：《四库全书存目丛书》，齐鲁书社，1997 年。

（清）张廷玉：《明史》，中华书局，1974 年。

（清）延丰等：《钦定重修两浙盐法志》，《续修四库全书》，上海古籍出版社，2002 年。

（清）屈大均：《广东新语》，中华书局，1985 年。

（清）徐松辑：《宋会要辑稿》，中华书局，1957 年。

二、近人研究论著

1. 著作和论文集

张佛编：《农谚》，商务印书馆（上海），1935 年。

何维宁：《中国盐书目录》，财政部财务人员训练所盐务人员训练班编印，1942 年。

岑仲勉：《黄河变迁史》，人民出版社，1957 年。

陈述：《契丹经济史稿》，生活·读书·新知三联书店，1963 年。

熙亚乐：《成吉思汗史记》，内蒙古人民出版社，1980 年。

史念海：《河山集》（第二集），生活·读书·新知三联书店，1981 年。

中国科学院：《中国自然地理》，编辑委员会：《中国自然地理·历史自然地理》，科学出版社，1982 年。

陈高华：《元大都》，北京出版社，1982 年。

漆侠：《求实集》，天津人民出版社，1982 年。

张博泉：《东北地方史稿》，吉林大学出版社，1985 年。

宋德金：《金代的社会生活》，陕西人民出版社，1988 年。

傅乐焕：《辽史丛考》，中华书局，1984 年。

李健才：《东北史地考略》，吉林文史出版社，1986 年。

陈述：《契丹政治史稿》，人民出版社，1986 年。

祝启源：《唃厮罗—宋代藏族政权》，青海民族出版社，1989 年。

李逸友编《黑城出土文书》（汉文文书卷），科学出版社，1991 年。

谢成侠：《中国养马史》，农业出版社，1991 年。

黄家蕃等著：《南珠春秋》，广西人民出版社，1991 年。

岳文斌主编：《畜牧学》，中国农业大学出版社，1992 年。

周宝珠：《宋代东京研究》，河南大学出版社，1992 年。

程民生：《宋代地域经济研究》，河南大学出版社，1992 年。

陈炳应译：《西夏谚语》，山西人民出版社，1993 年。

邹逸麟：《黄淮海平原历史地理》，安徽教育出版社，1993 年。

韩茂莉：《宋代农业地理》，山西古籍出版社，1993 年。

何业恒：《中国珍稀鸟类的历史变迁》，湖南科学技术出版社，1994 年。

刘翠溶、［英］伊懋可主编：《积渐所至：中国环境史论文集》，"中央研究院"经济研究所，1995 年。

王颋：《黄河故道考》，华东理工大学出版社，1995 年。

何业恒：《中国虎与中国熊的历史变迁》，湖南师范大学出版社，1996 年。

赵冈：《中国历史上生态环境之变迁》，中国环境科学出版社，1996 年。

文焕然、文榕生：《中国历史时期冬半年气候冷暖变迁》，科学出版社，1996 年。

项春松：《辽代历史与考古》，内蒙古人民出版社，1996 年。

张丕远：《中国历史气候变化》，山东科技出版社，1996 年。

刘淼：《明代盐业经济研究》，汕头大学出版社，1996 年。

南炳文：《明清史蠡测》，天津教育出版社，1996 年。

林莆田：《中国古代土壤分类和土地利用》，科学出版社，1996 年。

李根蟠：《中国农业史》，台湾文津出版社，1997 年。

漆侠、乔幼梅：《中国经济通史辽夏金经济卷》，经济日报出版社，1998 年。

刘建丽：《宋代西北吐蕃研究》，甘肃文化出版社，1998 年。

王玉德、张全明等：《中华五千年生态文化》，华中师范大学出版社，1999 年。

尹永文：《宋代市民生活》，中国社会出版社，1999 年。

史金波、聂鸿音、白滨译注：《天盛改旧新定律令》，法律出版社，2000 年。

宋德金、史金波著：《中国风俗通（史）辽金西夏卷》，上海文艺出版社，2001 年。

史念海：《黄土高原历史地理研究》，黄河水利出版社，2001 年。

王利华：《中古华北饮食文化的变迁》，中国社会科学出版社，2001 年。

姜锡东：《宋代商人和商业资本》，中华书局，2002 年。

程遂营：《唐宋开封生态环境研究》，中国社会科学出版社，2002 年。

姚汉源：《黄河水利史》，黄河水利出版社，2003 年。

王星光：《生态环境变迁与夏代的兴起探索》，科学出版社，2004 年。

钞晓鸿：《生态环境与明清社会经济》，黄山书社，2004 年。

王曾瑜：《锱铢编》，河北大学出版社，2006 年。

林正秋：《南宋都城临安研究》，中国文史出版社，200 年。

李华瑞：《宋夏史研究》，天津古籍出版社，2006 年。

文焕然等：《中国历史时期植物与动物变迁研究》，重庆出版社，2006 年。

汪圣铎：《宋代社会生活研究》，人民出版社，2007 年。

汤开建：《宋金时期安多吐蕃部落史研究》，上海古籍出版社，2007 年。

王子今：《秦汉时期生态环境研究》，北京大学出版社，2007 年。

王利华主编：《中国历史上的环境与社会》，生活·读书·新知三联书店，2007 年。

邓广铭：《邓广铭自选集》，首都师范大学出版社，2008 年。

程民生：《宋代物价研究》，人民出版社，2008 年。

徐吉军：《南宋都城临安》，杭州出版社，2008 年。

吴松第：《南宋人口史》，上海古籍出版社，2008 年。

漆侠：《宋代经济史》，中华书局，2009 年。

王建革：《传统时代末期华北的生态与社会》，生活·读书·新知三联书店，2009 年。

方健：《南宋农业史》，人民出版社，2010 年。

石涛：《北宋时期自然灾害与政府管理体系研究》，社会科学文献出版社，2010 年。

侯甬坚：《历史地理学探索（第二集）》，中国社会科学出版社，2011 年。

吕卓民：《西北史地论稿》，社会科学出版社，2011 年。

程民生：《东京气象编年史》，人民出版社，2012 年。

王利华：《徘徊在人与自然之间——中国生态环境史探索》，天津古籍出版社，2012 年。

［苏联］乌拉吉米索夫著，瑞永译：《蒙古社会制度史》，南天书局，1982 年。

［日］三上次男著，金启琮译：《金代女真研究》，黑龙江人民出版社，1984 年。

［美］J. 唐纳德·休斯著，梅雪芹译：《什么是环境史》，北京大学出版社，2008 年。

［法］谢和耐著，刘东译：《蒙元入侵前夜的中国日常生活》，北京大学出版社，2008 年。

［日］久保田和男著，郭万平译：《宋代开封研究》，上海古籍出版社，2010 年。

［日］斯波义信著，方健、何忠礼译：《宋代江南经济史研究》，江苏人民出版社，2012 年。

［英］伊懋可著，梅雪芹等译：《大象的退却：一部中国环境史》，江苏人民出版社，2014 年。

［美］马立博著，关永强、高丽洁译：《中国环境史：从史前到现代》，中国人民大学出版社，2015 年。

2. 研究论文

何维凝：《明代之盐户》，《中国社会经济史集刊》1944 年第 2 期。

陈诗启：《明代的灶户和盐的生产》，《厦门大学学报》1957 年第 1 期。

王仲荦：《古代中国人民使用煤的历史》，《文史哲》1956 年第 12 期。

章巽：《元"海运"航路考》，《地理学报》1957 年第 1 期。

秦新林：《试论元代北方水利灌溉事业成就》，《殷都学刊》1958 年第 3 期。

郭庆昌：《关于元代的马政》，《历史教学》1960 年第 5 期。

谭其骧：《何以黄河在东汉以后会出现一个长期安流的局面——从历史上论证黄河中游的土地合理利用时消弭下游水害的决定性因素》，《学术月刊》1962 年第 2 期。

王兴亚：《关于元朝前期黄河中下游地区的农业问题》，《郑州大学学报》1963 年第 4 期。

杨讷：《元代农村社制研究》，《历史研究》1965 年第 4 期。

王仲荦：《古代中国人民使用煤的历史》，《文史哲》，1956 年第 12 期。

宁可：《宋代的圩田》，《史学月刊》1958 年第 12 期。

竺可桢：《中国近五千年来气候变迁的初步研究》，《考古学报》1972 年第 1 期。

文焕然、何业恒等：《历史时期中国马来鳄分布的变迁及其原因的初步研究》，《华东师范大学学报（自然科学版）》1980年第3期。

邹逸麟：《黄河下游河道变迁及其影响概述》，《复旦学报（社会科学版）》1980年第S1期。

何业恒、文焕然：《中国野犀的地理分布及其演变》，《野生动物》1981年第1期。

何业恒、文焕然等：《中国鹦鹉分布的变迁》，《兰州大学学报》1981年第1期。

文焕然、何业恒：《中国珍稀动物历史变迁的初步研究》，《湖南师院学报（自然科学版）》1981年第2期。

吴智和：《明代职业户的初步研究》，《明史研究专刊》1981年第4期。

高耀亭、文焕然、何业恒：《历史时期我国长臂猿分布的变迁》，《动物学研究》1982年第2期。

张天麟：《长江三角洲历史时期气候变迁的初步研究》，《华东师范大学学报（自然科学版）》1982年第4期。

郑学檬：《宋代两浙围湖垦田之弊—读〈宋会要辑稿〉"食货"、"水利"笔记》，《中国经济史研究》1982年第3期。

游修龄：《占城稻质疑》，《农业考古》1983年第1期。

唐森：《古广东野生象琐议——兼叙唐宋间广东的开发》，《暨南学报（哲学社会科学版）》1984年第1期。

程民生：《宋代的野生动物保护法》，《野生动物》1984年第3期。

冯永林：《宋代的茶马贸易》，《中国史研究》1986年第2期。

许惠民：《北宋时期煤炭的开发利用》，《中国史研究》1987年第2期。

曾昭璇：《论韩江流域的鳄鱼分布问题》，《华南师范大学学报（自然科学版）》1988年第1期。

许惠民、黄淳：《北宋时期开封的燃料问题——宋代能源问题研究之二》，《云南社会科学》1988年第2期。

景爱：《平地松林的变迁与西拉木伦河上游的沙漠化》，《中国历史地理论丛》1988年第4辑。

方如金：《宋代两浙路的粮食生产及流通》，《历史研究》1988年第4期。

白广美：《中国古代海盐生产考》，《盐业史研究》1988年第1期。

蒋兆成：《明代两浙商盐的生产与流通》，《盐业史研究》1989 年第 3 期。

游修龄撰：《沈氏农书和乌青志》，《中国科技史料》1989 年第 1 期。

石秀清：《北宋时期的灾患及防治措施》，《中州学刊》1989 年第 5 期。

杜文玉：《宋代马政研究》，《中国史研究》1990 年第 2 期。

景爱：《科尔沁沙地考察》，《中国历史地理论丛》1990 年第 4 辑。

李锡厚：《辽中期以后的捺钵及其与斡鲁朵、中京的关系》，《中国历史博物馆馆刊》1991 年第 1 期。

张柏忠：《北魏至金代科尔沁沙地的变迁》，《中国沙漠》1991 年第 1 期。

曾雄生：《试论占城稻对中国古代稻作之影响》，《自然科学史研究》1991 年第 1 期。

何业恒：《试论金丝猴的地理分布及其演变》，《中国历史地理论丛》1991 年第 4 辑。

向海洋：《论宋代圩田》，《湘潭大学学报（社会科学版）》1992 年第 2 期。

韩茂莉：《论宋代小麦种植范围在江南地区的扩展》，《自然科学史研究》1992 年第 4 期。

漆侠：《宋代植棉续考》，《史学月刊》1992 年第 5 期。

刘杰：《华南地区的食人鳄鱼》，《化石》1993 年第 3 期。

满志敏：《黄淮海平原北宋至元中叶的气候冷暖状况》，《历史地理第十一辑》1993 年。

韩茂莉：《宋代东南丘陵地区的农业开发》，《农业考古》1993 年第 3 期。

赵冈：《南宋临安人口》，《中国历史地理论丛》1994 年第 2 辑。

康弘：《宋代灾害与荒政述论》，《中州学刊》1994 年第 5 期。

程民生：《宋代林业简论》，《农业考古》1995 年第 1 期。

曹树基：《地理环境与宋元时代的传染病》，《历史地理第十二辑》1995 年。

王铮、张丕远、周清波：《历史气候变化对中国社会发展的影响——兼论人地关系》，《地理学报》1996 年第 4 期。

吴松弟：《唐后期五代江南地区的移民》，《中国历史地理论丛》1996 年第 3 辑。

刘传武、何剑叶：《潮神考论》，《东南文化》1996 年第 4 期。

谢志成：《宋代的毁林造林对生态环境的影响》，《河北学刊》1996 年第 4 期。

谢志成：《从生态效益看宋代在平原区造林的意义》，《中国农史》1997 年第 1 期。

石文：《建设城市森林生态系统》，《城市开发》1998 年第 4 期。

吴涛：《靖康之变与开封人口的南迁》，《黄河科技大学学报》1999 年第 1 期。

张全明：《简论宋人的生态意识和生物资源保护》，《华中师范大学学报（人文社会科学版）》1999 年第 5 期。

包茂红：《环境史：历史、理论和方法》，《史学理论研究》2000 年第 4 期。

张全明：《论宋代的生物资源保护》，《史学月刊》2000 年第 6 期。

陈旭：《宋夏沿边的侵耕问题》，《宁夏大学学报（人文社会科学版）》2000 年第 4 期。

张德二：《我国历史时期降尘记录南界的变动及其对北方干旱气候的推断》，《第四纪研究》2001 年第 1 期。

王社教：《历史时期我国沙尘天气时空分布特点及成因研究》，《陕西师范大学学报（哲学社会科学版）》2001 年第 3 期。

李并成：《西夏时期河西走廊的农牧业开发》，《中国经济史研究》2001 年第 4 期。

张邦炜：《靖康内讧解析》，《四川师范大学学报（社会科学版）》2001 年第 3 期。

罗家祥：《靖康党论与"靖康之难"》，《华中师范大学学报（人文社会科学版）》2002 年第 3 期。

李根蟠：《长江下游稻麦复种制的形成与发展——以唐宋时代为中心的讨论》，《历史研究》2002 年第 5 期。

张全明：《〈桂海虞衡志〉的生态文化史特色与价值》，《华中师范大学学报（人文社会科学版）》2003 年第 1 期。

郭文佳：《简论宋代的林业发展与保护》，《中国农史》2003 年第 2 期。

李亚：《历史时期濒水城市水灾问题初探——以北宋开封为例》，《华中科技大学学报（社会科学版）》2003 年第 5 期。

韩茂莉：《论中国北方畜牧业产生与环境的互动关系》，《地理研究》2003 年第 1 期。

韩茂莉：《辽金时期西辽河流域农业开发核心区的转移与环境变迁》，《北京大学学报》2003 年第 4 期。

李爱军：《我国北宋时期占城稻的推广与发展》，《河北科技师范学院学报》2004 年第 2 期。

王尚义、任世芳：《唐至宋代黄河下游水患加重的人文背景分析》，《地理研究》2004 年第 3 期。

侯文蕙：《环境史和环境史研究的生态学意识》，《世界历史》2004 年第 3 期。

景爱：《环境史：定义、内容与方法》，《史学月刊》2004 年第 3 期。

程遂营：《北宋东京的木材和燃料供应——兼谈中国古代都城的木材和燃料供应》，《社会科学战线》2004 年第 5 期。

张明华：《"靖康之难"被掳被掳宫廷及宗室女性研究》，《史学月刊》2004 年第 5 期。

何玉红：《宋代西北森林资源的消耗形态及其生态效应》，《开发研究》2004 年第 6 期。

韩茂莉：《辽代西辽河流域气候变化及其环境特征》，《地理科学》2004 年第 5 期。

孙冬虎：《辽金时期环北京地区生态环境管窥》，《首都师范大学学报》2005 年第 1 期。

孙冬虎：《北宋诗人眼中的辽境地理与社会生活》，《北方论丛》2005 年第 3 期。

曾雄生：《析宋代"稻麦二熟"说》，《历史研究》2005 年第 1 期。

高国荣：《什么是环境史》，《郑州大学学报（哲学社会科学版）》2005 年第 1 期。

王曾瑜：《北宋末开封的陷落、劫难与抗争》，《河北大学学报（哲学社会科学版）》2005 年第 3 期。

丁建军、郭志安：《宋代依法治蝗述论》，《河北大学学报（哲学社会科学版）》2005 年第 5 期。

王建革：《技术与圩田土壤环境史：以嘉湖平原为中心》，《中国农史》2006 年第 1 期。

李根蟠：《再论宋代南方稻麦复种制的形成和发展——兼与曾雄生先生商榷》，《历史研究》2006 年第 2 期。

李根蟠：《环境史视野与经济史研究——以农史为中心的思考》，《南开学报（哲学社会科学版）》2006 年第 2 期。

刘翠溶：《中国环境史研究刍议》，《南开学报（哲学社会科学版）》2006 年第 2 期。

王利华：《中国生态史学的思想框架与研究理路》，《南开学报（哲学社会科学版）》2006 年第 2 期。

朱士光：《关于中国环境史研究几个问题之管见》，《山西大学学报（哲学社会科学版）》2006 年第 3 期。

石涛：《黄河水患与北宋对外军事》，《晋阳学刊》2006 年第 2 期。

魏华仙：《〈鸡肋编〉的生态环境史料价值》，《中国历史地理论丛》2006 年第 4 辑。

邹逸麟：《历史时期黄河流域的环境变迁与城市兴衰》，《江汉论坛》2006 年第 5 期。

王利华：《生态环境史的学术界域与学科定位》，《学术研究》2006 年第 5 期。

杨英姿：《张载"天人合一"思想的生态伦理意蕴》，《兰州学刊》2006 年第 6 期。

张全明：《简论宋代儒士的环境意识及其启示》，《文史博览》2006 年第 8 期。

马强：《唐宋时期西部气候变迁的再考察——基于唐宋诗文的再分析》，《人文杂志》2007 年第 3 期。

潘云等：《从元代王祯〈农书〉中透视农业生态思想》，《安徽农学通报》2007 年第 3 期。

顾静等：《关中地区元代干旱灾害与气候变化》，《海洋地质与第四纪地质》2007 年第 6 期。

王玉德：《试析环境史研究热的缘由及走向——兼论环境史研究的学科属性》，《江西社会科学》2007 年第 7 期。

邹逸麟：《我国生态环境演变的历史回顾——中国环境变迁问题初探（上）》，《秘书工作》2008 年第 1 期。

王建革：《宋元时期太湖东部的水环境与塘浦置闸》，《社会科学》2008 年第 1 期

王利华：《作为一种新史学的环境史》，《清华大学学报（哲学社会科学版）》

2008 年第 1 期。

曾雄生：《虎耳如锯猜想：基于环境史的解读》，《中国历史地理论丛》2008年第 2 辑。

曾雄生：《北宋熙宁七年的天人之际——社会生态史的一个案例》，《南开学报（哲学社会科学版）》2008 年第 2 期。

王建革：《水流环境与吴淞江流域的田制（10—15 世纪）》，《中国农史》2008年第 3 期。

钱克金：《宋代苏南地区人地矛盾及其引发的农业生态环境问题》，《中国农史》2008 年第 4 期。

淮建利：《北宋河清兵考论》，《史学集刊》2008 年第 4 期。

马莉、赵景波：《宋代关中平原洪涝灾害研究》，《干旱区资源与环境》2008年第 10 期。

郭志安：《北宋黄河治理弊病管窥》，《中州学刊》2009 年第 1 期。

郭志安：《论北宋河患对农业生产的破坏与政府应对——以黄河中下游地区为例》，《中国农史》2009 年第 1 期。

郭志安、张春生：《北宋黄河的漕粮运营》，《保定学院学报》2009 年第 1 期。

梅雪芹：《环境史的兴起和学术渊源问题》，《南开学报（哲学社会科学版）》2009 年第 2 期。

张全明：《宋代君臣士民的"环保"言行评价》，《南都学刊》2009 年第 2 期。

王建革：《泾、浜发展与吴淞江流域的圩田水利（9—15 世纪）》，《中国历史地理论丛》2009 年第 4 辑。

陈丽：《唐宋时期瘟疫发生的规律及特点》，《首都师范大学学报（社会科学版）》2009 年第 6 期。

邱云飞、孙良玉：《宋代农业自然灾害史论》，《安徽农业科学》2009 年第7 期。

陈曦：《宋代荆湖北路的水神信仰与生态环境》，《湖北社会科学》2009 年第 9 期。

王利华：《浅议中国环境史学构建》，《历史研究》2010 年第 1 期。

王先明：《环境史研究的社会史取向——关于"社会环境史"的思考》，《历史研究》2010 年第 1 期。

邹逸麟：《有关环境史研究的几个问题》，《历史研究》2010 年第 1 期。

朱士光：《遵循"人地关系"理念，深入开展生态环境史研究》，《历史研究》2010 年第 1 期。

蓝勇：《对中国区域环境史的四点认识》，《历史研究》2010 年第 1 期。

李华瑞：《劝分与宋代荒政》，《中国经济史研究》2010 年第 1 期。

程民生：《宋代老虎的地理分布》，《社会科学战线》2010 年第 1 期。

李铁松、任德友等：《两宋时期自然灾害的文学记述与地理分布规律》，《自然灾害学报》2010 年第 1 期。

金勇强：《军事屯田背景下北宋西北地区生态环境变迁》，《古今农业》2010 年第 1 期。

郭志安、张春生：《略论黄河河患影响下北宋河北地区的人口迁移》，《赤峰学院学报（汉文哲学社会科学版）》2010 年第 2 期。

余小满：《宋代城市的防疫制度》，《甘肃社会科学》2010 年第 4 期。

王建革：《10—14 世纪吴淞江地区的河道、圩田与治水体制》，《南开学报（哲学社会科学版）》2010 年第 4 期。

魏华仙：《北宋治河物料与自然环境——以梢为中心》，《四川师范大学学报（社会科学版）》2010 年第 4 期。

谢湜：《11 世纪太湖地区农田水利格局的形成》，《中山大学学报（社会科学版）》2010 年第 5 期。

邹彦群：《宋代环保思想刍议》，《自然辩证法通讯》2010 年第 6 期。

侯甬坚：《历史地理学、环境史学科之异同辨析》，《天津社会科学》2011 年第 1 期。

王建革：《宋元时期吴淞江流域的稻作生态与水稻土形成》，《中国历史地理论丛》2011 年第 1 辑。

谢湜：《太湖以东的水利、水学与社会（12—14 世纪）》，《中国历史地理论丛》2011 年第 1 辑。

谢湜：《十一世纪太湖地区的水利与水学》，《清华大学学报（哲学社会科学版）》2011 年第 3 期。

程民生：《靖康年间开封的异常天气述略》，《河南社会科学》2011 年第 1 期。

龚胜生、刘卉：《北宋时期疾疫地理研究》，《中国历史地理论丛》2011 年第 4 辑。

　　吴铮强、杜正贞：《北宋南郊神位变革与玉皇祭典的构建》，《历史研究》2011年 5 期。

　　郭志安、王晓薇：《论北宋黄河治理中的民众负担》，《保定学院学报》2011年第 6 期。

　　郭志安、淮建利：《论北宋黄河物料的筹集和管理》，《历史教学》2011 年第 24 期。

　　满志敏：《全球环境变化视角下环境史研究的几个问题》，《思想战线》2012年第 2 期。

　　赵杏根：《宋代蝗灾应对和灾异观之变化》，《重庆文理学院学报（社会科学版）》2012 年第 5 期。

　　陈贤波：《明代中后期粤西珠池设防与海上活动——以〈万历武功录〉"珠盗"人物传记的研究为中心》，《学术研究》2012 年第 6 期。

　　孙方圆：《北宋前期动物保护诏令中的政治文化意蕴——以〈宋大诏令集〉为考察中心》，《史学月刊》2012 年第 6 期。

　　陈业新：《中国历史时期的环境变迁及其原因初探》，《江汉论坛》2012 年第 10 期。

　　邓辉：《元大都内部河湖水系的空间分布特点》，《中国历史地理论丛》2012年第 3 辑。

　　赵杏根：《元代生态思想与实践举要》，《哈尔滨工业大学学报（社会科学版）》2013 年第 3 期。

　　林乐昌：《论张载的生态伦理观及其天道论基础——兼论张载生态伦理观的现代意义》，《孔子研究》2013 年第 2 期。

　　侯甬坚：《"环境破坏论"的生态史评议》，《历史研究》2013 年第 3 期。

　　夏明方：《生态史观发凡——从沟口雄三〈中国的冲击〉看史学的生态化》，《中国人民大学学报》2013 年第 3 期。

　　钞晓鸿：《当代史学新支——环境史》，《文化纵横》2013 年第 5 期。

　　乐爱国：《儒家对生态和谐的追求——以朱熹〈中庸章句〉的生态观为中心》，《自然辩证法通讯》2014 年第 3 期。

　　王利华：《探寻吾土吾民的生命足迹：浅谈中国环境史的"问题"和"主义"》，

《历史教学》2015 年第 12 期。

张全明：《论宋代道学家的环境意识：人与自然的和谐》，《江汉论坛》2007 年第 1 期。

曹瑞娟：《宋代生态诗学研究》，博士学位论文，苏州大学，2007 年。

曹志红：《老虎与人：中国虎地理分布和历史变迁的人文影响因素研究》，博士学位论文，陕西师范大学，2010 年。

张洁：《中国境内亚洲象分布及变迁的社会因素研究》，博士学位论文，陕西师范大学，2014 年。

后　记

这部《中国环境通史》第三卷（五代十国—明朝）著作的撰写，是近十年我参加原环境保护部组织的科研活动的一个结果。

按照当时的分工，所划分出来的五代十国至明朝这一长段的环境史撰写工作，似乎是很巧妙而又沉重地落到了我的肩膀上。以前的论文著述基本是以不大的区域为写作范围，以专题性质的地理要素为研究对象，而新兴的环境史领域的研究，其内容、材料、方法和思路大家都在摸索，一下子接受这么一长段的环境史撰写任务，我是有相当压力的。

自己有所熟悉的历史地理学领域的研究，有一种就已选定的题目，做出先秦到明清时期贯通式研究的做法，其有益之处是可以在较长的历史过程中考察它的演变轨迹、问题症结和学术价值，对此我有一定的期待。多位长期执教于大学历史系的学者，擅长于历史编纂学的著述工作，其成果引起过我发自内心的艳羡，寻思在接下来的研究写作中加以留心观摩和体会学习。

进入 21 世纪后，受各种因素的引导、推动、影响和约束，高等院校普遍重视起科研工作，大家的学术交流活动明显增多，其中的一个方面，就是所指导的研究生人数增加，工作压力不断增大。于是，我开始考虑安排我指导的博士生、硕士生，还有申请进入陕西师范大学中国史博士后流动站的科研人员，一起来参加这部著作的撰写工作。具体分工如下：

刘闯硕士生（2011—2014 年），现为河南省许昌学院历史文化学院讲师。承担第一章五代十国时期的撰稿工作。

聂传平博士生（2011—2015 年），现为山西师范大学马克思主义学院副教授。承担第二章、第三章两宋时期的撰稿工作。

夏宇旭博士后（2011—2015 年），现为吉林师范大学历史文化学院教授。承担第四章、第五章辽金时期的撰稿工作。

董立顺硕士生（2011—2014年），现为甘肃省定西市第一中学教师。承担第六章西夏时期的撰稿工作。

赵彦风博士生（2013—2016年），现为陕西省商洛学院经济管理学院讲师。承担第七章元时期的撰稿工作。

梁志成硕士生（2011—2014年），现为广东省东莞市石龙中学教师。承担第八章明时期的撰稿工作。

这些年轻人聚集在一起成为一个活生生的课题组，这也是一种天作之合。聂传平、赵彦风二位结合他们的硕士学位论文选题，继续在宋朝、元朝方面做出拓展和深入的探讨。来自吉林师范大学的夏宇旭副教授，充分发挥自己的辽金史研究专长，不仅增加了环境史的视角，而且开始做起了环境史方面的构思和梳理，最终形成了《辽金环境史研究》报告，为课题组做出了他人无法替代的工作。刘闯、董立顺、梁志成三位硕士生同级同门，不畏艰难，知难而进，积极进取，数易其稿，所撰写的三章各具特色，而且写出了环境史的独有内容。我自己在总体把握上和对每人的指导上尽心尽力，协助他（她）们完善文稿，汇成本卷的最终文本。在此，我要对课题组每一位成员表示衷心的感谢！并预祝各位倾心尽力写作的本卷著作早日出版，好以这种方式获得向学术界请教的机会。

最后，我还要感谢原环境保护部政策法规司和中国环境出版集团对新兴的中国环境史研究工作的重视和扶持，感谢中国环境出版集团的唐大为、李恩军、曹靖凯、李雪欣等编辑对我们多年来的支持和关照！

侯甬坚

2019年12月2日夜，于陕西师范大学雁塔校区